Dr. Josef Hohnvehlmann
Immanuel-Kant-Str. 13
48161 Münster
Tel.: 02533/1340

Prof. Dr. Dr. Dr. h. c. Eduard Mückenhausen

Die Bodenkunde
und ihre geologischen,
geomorphologischen,
mineralogischen und
petrologischen
Grundlagen

Die Bodenkunde

und ihre geologischen, geomorphologischen, mineralogischen und petrologischen Grundlagen

Prof. Dr. phil. Dr. rer. techn. Dr. rer. nat. h. c. Eduard Mückenhausen, Institut für Bodenkunde der Rheinischen Friedrich-Wilhelm-Universität, Bonn

3., ergänzte Auflage

DLG-Verlag, Frankfurt am Main

CIP-Kurztitelaufnahme der Deutschen Bibliothek

Mückenhausen, Eduard:
Die Bodenkunde und ihre geologischen, geomorphologischen,
mineralogischen und petrologischen Grundlagen /
Eduard Mückenhausen. – 3. ergänzte Auflage –
Frankfurt am Main:
DLG-Verlag, 1985. ISBN 3-7690-0421-3

Die Vervielfältigung und Übertragung einzelner Textabschnitte, Zeichnungen oder Bilder, auch für Zwecke der Unterrichtsgestaltung, gestattet das Urheberrecht nur, wenn sie mit dem Verlag vorher vereinbart wurden. Im Einzelfall muß über die Zahlung einer Gebühr für die Nutzung fremden geistigen Eigentums entschieden werden. Das gilt für die Vervielfältigung durch alle Verfahren, einschließlich Speicherung und jede Übertragung auf Papier, Transparente, Filme, Bänder, Platten und andere Medien.
© 1985, DLG-Verlags-GmbH, D-6000 Frankfurt am Main, Rüsterstraße 13
Gesamtherstellung: Wetzlardruck GmbH, 6330 Wetzlar (Lahn)
Printed in Germany: ISBN-3-7690-0421-3

Vorwort

Diese 3. Auflage wurde gemäß dem wissenschaftlichen Fortschritt seit dem Erscheinen der 2. Auflage 1982 ergänzt.

Das vorliegende Buch soll einen Überblick geben über die Allgemeine Bodenkunde, aufbauend auf deren geologischen, geomorphologischen, mineralogischen und petrologischen Grundlagen. Eine Hauptaufgabe des Buches ist, dem Studienanfänger alles das zu bieten, was er von dem heute umfangreichen Wissensgut der Bodenkunde und ihren Grundlagen wissen sollte, um entweder ein spezielles Studium der Bodenkunde anzuschließen oder die Basis für eine Fachrichtung zu gewinnen, die u. a. auf der Bodenkunde aufbaut (Land- und Forstwirte u. a. m.). Es ist mithin bewußt darauf verzichtet worden, bis in die teils noch spekulative Forschungsfront einzelner Teilgebiete der Bodenforschung, z. B. Humus- und Tonmineralforschung, vorzudringen. Dafür gibt es Spezialliteratur, die man gebrauchen kann, wenn man die bodenkundlichen Grundkenntnisse erlernt hat. Um dem Lernenden die Übersicht über den Stoff zu erleichtern und die Zusammenhänge der Teilgebiete aufzuzeigen, ist der Buchinhalt stark aufgegliedert. Auf den Studierenden fällt heute allgemein eine schwere Last neuer Begriffe, Vorstellungen und Sachzusammenhänge. Um damit fertig zu werden, hilft ihm sehr die Anschauung, das einprägsame Bild. Deshalb ist das Buch überwiegend mit gezeichneten und gemalten Bildern ausgestattet, auf welchen das Darzustellende bewußt betont ist.

Die Schwarz-Weiß-Zeichnungen und die farbigen Aquarelle von Bodenprofilen, Mineralen und Gesteinen hat die Wissenschaftliche Zeichnerin, Frau Cilli KRAHBERG, meisterhaft hergestellt, wofür besondere Anerkennung und aufrichtiger Dank ausgedrückt wird. Außerdem hat sie dankenswerterweise beim Lesen der Korrektur geholfen. Ferner danke ich meinen Mitarbeitern, die in verschiedener Weise bei der Herstellung der Druckvorlagen und beim Korrekturlesen behilflich waren; diese sind: Akadem. OR Dr. H. BECKMANN, Frau Dr. G. FRANZ, Akadem. OR Dr. H. GEWEHR, Frau H. GIESEN, Frau R. GILLE, Frau C. HOFFMANN, Frau I. KUNZE, Prof. Dr. H. W. SCHARPENSEEL, Dr. S. STEPHAN, Frau I. STRENG, Frau C. ULLM und meine Frau. Für fachliche Hinweise möchte ich Herrn Prof. Dr. H. ZAKOSEK aufrichtigen Dank sagen. Einen besonderen Dank schulde ich der Rheinischen Friedrich-Wilhelms-Universität, Bonn, welche die reiche Bildausstattung durch einen beachtlichen Zuschuß ermöglichte, ferner dem Vorstand der LANDWIRTSCHAFTLICHEN RENTENBANK, Frankfurt (M.), der als Förderung der Wissenschaft die Kosten für die Herstellung der Farbklischees übernahm. Auch danke ich Herrn Ministerialdirektor Dr. K. PETRICH für das bekundete Interesse an diesem Buch und seine wirksame Hilfsbereitschaft. Schließlich habe ich dem DLG-Verlag Dank zu sagen, besonders den Herren Dr. E. SCHNEIDER und Dr. H. LÜDEMANN sowie den Frauen H. KRAUS-RABENSTEIN und M. SENS für das lebhafte Interesse an dem Inhalt dieses Buches.

Der Verfasser

Bonn, im Frühjahr 1985

Inhaltsverzeichnis

A. Die geologischen, geomorphologischen, mineralogischen und petrologischen Grundlagen der Bodenkunde 17

   I. Das Wesen und die Teilgebiete der geologischen Wissenschaft . . 17

   II. Die Erde als Himmelskörper . . 19

   III. Überblick über die Oberfläche der Erde 21

   IV. Der Aufbau der Erde 25
      a. Atmosphäre 25
      b. Hydrosphäre 25
      c. Aufbau des Erdkörpers 25

   V. Die Wirkung der endogenen geologischen Kräfte 29
      a. Magmatismus 29
      1. Vulkanismus 30
      (a) Arten der vulkanischen Tätigkeit . 30
      (b) Vulkanformen 32
      (c) Stoffe des Vulkanismus . . . 36
      2. Subvulkanismus 37
      3. Plutonismus 37
      4. Abtragsformen magmatischer Körper 38
      5. Magmatite und ihre Minerale . . 38
      (a) Mineral und Gestein 38
      (b) Die wichtigsten Minerale der Magmatite 40
      (c) Die wichtigsten Magmatite 42
      6. Einfluß des Magmatismus auf Oberflächenformung u. Bodenentstehung 48
      b. Metamorphose der Gesteine 49
      1. Kontaktmetamorphose 50
      2. Regionalmetamorphose 50
      3. Minerale der Metamorphite . . . 52
      4. Metamorphite 55
      5. Einfluß der Metamorphite auf Oberflächenformung u. Bodenentstehung 56
      c. Tektonik 57
      1. Epirogenese 58
      2. Orogenese 62
      (a) Bautypen der Gebirge 62
      (b) Entstehung der Gebirge . . . 64
      (c) Entwicklung einer Landschaft . . 66
      (d) Theorien der Gebirgsbildung . . . 67
      (1) Kontraktions- oder Schrumpfungstheorie 67
      (2) Expansionstheorie 67
      (3) Kontinentalverschiebungstheorie . 67
      (4) Oszillationstheorie und Undationstheorie 68
      (5) Unterströmungstheorie 68
      (e) Tektonische Strukturen 70
      (1) Lagerung 70
      (2) Falten 70
      (3) Tektonische Störungen 72
      3. Tektonik und Landschaftsformung 74
      4. Erdbeben 75
      (a) Ursache 75
      (b) Erscheinungsbild 75
      (c) Messen der Erschütterungen . . . 76
      (d) Verbreitung 78

   VI. Die Wirkung der exogenen geologischen Kräfte 79
      a. Wetter, Witterung, Klima, Klimabereiche 79
      1. Warmer, humider Klimabereich . . 80
      2. Arider Klimabereich 80
      3. Gemäßigt warmer, humider Klimabereich 80
      4. Nivaler Klimabereich 81
      b. Verwitterung 81
      1. Physikalische Verwitterung 81
      (a) Temperaturverwitterung durch Sonnenbestrahlung (Insolation) . . 81
      (b) Frostverwitterung 82
      (c) Salzsprengung 83
      (d) Geologische Faktoren 84
      2. Chemische Verwitterung 84
      (a) Atmosphärilien und ihre Wirkung . 84
      (b) Lösungsverwitterung und Verkarstung 85
      (c) Silikatverwitterung 88
      3. Biologische Verwitterung 89
      (a) Physikalisch-biologische Verwitterung 90
      (b) Chemisch-biologische Verwitterung 90
      c. Verlagerung von Gesteins- und Verwitterungsmassen 92
      1. Verlagerung von lehmig-steinigen Massen 92
      2. Verlagerung lockerer Gesteinsmassen 94
      3. Verlagerung zusammenhängender Gesteinsmassen 95
      d. Flächenhafte Abspülung oder Denudation 96

e. Arbeit der fließenden Gewässer . . 98
1. Wesen der fließenden Gewässer . . 98
2. Erosion 100
3. Transport und Akkumulation . . . 102
4. Fluviatile Erosion und Talbildung . 106
5. Entwicklung fluvialer Oberflächenformen 108

f. Unterirdisches Wasser 110
1. Grundwasser 110
2. Quellen 112
3. Karstwasser und unterirdische Gewässer 114

g. Meer und seine Küsten 114
1. Meeresboden 114
2. Meerwasser 115
3. Küsten 115

h. Eis und seine Wirkungen . . . 118
1. Entstehung des Gletschereises . . . 118
2. Bewegung der Gletscher 120
3. Gletschertypen 120
4. Gletscherschwankungen 121
5. Wirkung der Gletscher 122
(a) Transport und Ablagerung von Gesteinsmaterial 122
(b) Wirkung der Gletscher auf den Untergrund 122
6. Eiszeiten und Inlandeis 124
7. Periglazialer Raum 128
8. Ursachen der Eiszeiten 131

i. Wirkungen des Windes 132
1. Windstärke und Winddruck . . . 133
2. Winderosion und Korrasion . . . 133
3. Transport und Sedimentation durch den Wind 134
(a) Dünen 134
(b) Löß und lößähnliche Sedimente . 136
(c) Verwehung von Staub 138
4. Bedeutung der Windwirkung für den Boden 139

j. Sedimentgesteine und ihre Minerale 139
1. Typische Minerale der Sedimentgesteine 140

2. Tonminerale der Sedimente und Böden 143
(a) Chemische Zusammensetzung und Gitteraufbau der Tonminerale . . 144
(b) Entstehungsbedingungen der Tonminerale 151
3. Wichtigste Sedimentgesteine 152
(a) Klastische Sedimentgesteine 153
(b) Chemische Sedimente 157
(1) Ausfällungsgesteine 158
(2) Eindampfungsgesteine 161
(c) Biogene Sedimente 162
(1) Biogene Carbonate 162
(2) Kieselige biogene Sedimente . . . 163
(3) Phosphorsäurereiche biogene Sedimente 163
(4) Chilesalpeter 163
(5) Kaustobiolithe 163
(6) Bonebed 164
(7) Bernstein 164
(d) Einfluß der festen Sedimentgesteine auf Oberflächenformung und Bodenentstehung 164

VII. Die Erdgeschichte 166

a. Archäikum 170

b. Algonkium 171

c. Paläozoikum 171
1. Kambrium 172
2. Ordovizium und Silur 172
3. Devon 173
4. Karbon 174
5. Perm 175

d. Mesozoikum 176
1. Trias 177
2. Jura 178
3. Kreide 179

e. Känozoikum 180
1. Tertiär 181
2. Quartär 182

B. Die Bodenkunde 187
  I. Geschichtliches 187
  II. Definition 188
  III. Die Textur (Bodenart, Körnung) 189
    a. Entstehung und allgemeine Bedeutung 189
    b. Ermittlung der Körnung 189
    c. Einteilung der Kornfraktionen . . 190
    d. Ermittlung der Texturen (Bodenarten) 191
      1. Bestimmung der Textur mit der Körnungsanalyse 191
      2. Bestimmung der Textur im Gelände 196
      3. Textur-bedingte Bodeneigenschaften 197
      4. Verteilung der Texturen in der Bundesrepublik Deutschland . . . 198
      5. Bodenfarbe 201
  IV. Die stoffliche Zusammensetzung des anorganischen Bodenanteiles . 202
    a. Primäre Minerale 202
    b. Kieselsäure 203
    c. Metalloxide 205
      1. Aluminiumoxide 205
      2. Eisenoxide 205
      3. Manganoxide 207
      4. Titanoxide 207
    d. Tonminerale 207
  V. Die organische Substanz des Bodens 209
    a. Definition 209
    b. Ausgangsstoffe 209
    c. Abbaubedingungen der organischen Substanz 209
      1. Standortbedingtes Gleichgewicht . 210
      2. Mineralisierung der organischen Substanz 211
      3. Hemmung des Abbaues der organischen Substanz 211
        (a) Hemmung durch Sauerstoffmangel . 212
        (b) Hemmung durch hohe Wasserstoff-Ionen-Konzentration 212
        (c) Hemmung durch niedrige Temperatur 212
        (d) Hemmung durch Trockenheit . . 213
        (e) Hemmung durch Pflanzenart . . 213
        (f) Hemmung durch die Tonsubstanz . 213
    d. Humusformen 214
      1. Humushorizonte 214
      2. Subhydrische Humusformen . . . 214
      3. Semiterrestrische Humusformen . . 215
      4. Terrestrische Humusformen . . . 215
      5. Humusform und Humusqualität . . 218
    e. Gehalt und Menge der organischen Bodensubstanz 218
    f. Huminstoffe 219
      1. Begriffserklärung für Huminstoffe und Nichthuminstoffe 219
      2. Bildung von Huminstoffen 220
        (a) Huminstoff-Synthese 220
        (b) Phasen der stofflichen Umbildung der organischen Bodensubstanz . . 220
        (c) Aufbau der Huminstoffe 221
        (d) Bauelemente der Huminstoffe . . 221
        (e) Einteilung der Huminstoffe . . . 222
        (f) Eigenschaften der Huminstoffe . . 223
    g. Organo-mineralische Verbindungen 224
      1. Art der Bindung 225
      2. Bedeutung der Verbindungen . . . 226
    h. Organische Substanz und Bodennutzung 226
      1. Organische Substanz des Waldes . . 226
      2. Organische Substanz des Ackerbodens 227
      3. Organische Substanz des Grünlandbodens 229
      4. Organische Substanz des Gartenbodens 229
    i. Wirkung der organischen Substanz auf Boden und Pflanze 229
      1. Wirkung der organischen Substanz auf den Boden 229
      2. Wirkung der organischen Bodensubstanz auf die Pflanzen . . . 230
    j. Bestimmung der organischen Bodensubstanz 230
  VI. Die Physikalisch-chemischen Bodeneigenschaften 232
    a. Sorption von Wasser und Ionen . 232
    b. Kationenaustausch 232
      1. Wesen des Kationenaustausches . . 232
      2. Austauscher und ihre Ladung . . . 233
      3. Oberfläche der Austauscher . . . 234
      4. Ladungsdichte der Austauscher . . 235
      5. Kationen-Austauschkapazität (KAK) 235
      6. Mechanismus des Kationenaustausches 236
        (a) Elektrisches Feld der Austauscher . 236
        (b) Einflüsse auf den Austauschvorgang der Kationen 237
        (1) Wertigkeit der Kationen 237
        (2) Hydratation der Kationen . . . 237
        (3) Konzentration der Lösung . . . 238
        (4) Spezifische Eigenschaften der Austauscher 239
        (5) Gleichung des Kationaustausches und ihre Schwierigkeiten 240
        (6) Kationenaustausch des Bodens als Ganzes 241

c. Anionenaustausch	242
d. Bodenreaktion	243
1. Wesen der Bodenreaktion	243
2. Maß für die Bodenreaktion	244
3. Basensättigung und das pH	244
4. Einflüsse auf die Bodenreaktion	245
5. Anzustrebende pH ($CaCl_2$)-Werte im genutzten Boden	246
6. Bestimmung des pH-Wertes	248
7. Bodenreaktion anzeigende Pflanzen	249
(a) Reaktions-Zeigerpflanzen des Ackers	249
(b) Reaktions-Zeigerpflanzen des Grünlandes	250
(c) Reaktions-Zeigerpflanzen des Waldes	251
8. Einwirkung der Bodenreaktion auf den Boden	251
9. Einfluß der Bodenreaktion auf die Kulturpflanzen	253
e. Pufferung	254
1. Wesen der Pufferung	254
2. Pufferstoffe des Bodens	254
3. Bedeutung der Pufferung für die Pflanzen	255
f. Redox-Potential des Bodens	255
1. Wesen des Redox-Potentials	255
2. Maß für das Redox-Potential	256
3. Beeinflussung des Redox-Potentials	257
4. Bodeneigenschaften und die Redox-Potentiale	257
5. Bedeutung der Redox-Eigenschaften für Boden und Pflanzen	258
VII. Das Gesamtgefüge des Bodens	260
a. Faktoren der Gefügebildung	260
1. Flockung und Peptisation	260
(a) Wesen und Grundbegriffe	260
(b) Mechanismus der Flockung und Peptisation	261
2. Menge, Art und Ionenbelag der Tonsubstanz	262
(a) Menge der Tonsubstanz	262
(b) Art der Tonminerale	262
(c) Eisen- und Aluminium-Oxide	262
(d) Ionen-Belag der Tonsubstanz	263
3. Kieselsäure	263
4. Organo-mineralische Kolloide	263
5. Organische Substanz und Bodenorganismen	264
6. Bodenreaktion	265
7. Physikalische Faktoren	265
(a) Wasser	265
(b) Frost	265
(c) Wärme	266
(d) Quellung und Schrumpfung	267
8. Bodenbedeckung	269
9. Höhere Pflanzen	269
b. Makrogefüge	270
1. Grundformen des Makrogefüges	270
(a) Einzelkorngefüge	272
(b) Kohärentgefüge	272
(1) Plastisch-kohärentes Gefüge	272
(2) Brüchig-kohärentes Gefüge	272
(3) Kohärentes Hüllengefüge	272
(c) Aggregatgefüge	272
(1) Aufbaugefüge	273
(aa) Krümelgefüge	273
(bb) Wurmlosungsgefüge	273
(2) Absonderungsgefüge (Segregatgefüge)	274
(aa) Splittergefüge	274
(bb) Korngefüge	275
(cc) Subpolyedergefüge	275
(dd) Polyedergefüge	276
(ee) Scherbengefüge	276
(ff) Prismengefüge	277
(gg) Säulengefüge	277
(hh) Plattengefüge	278
(ii) Graupengefüge (oder Schorfgefüge)	278
(jj) Andere Gefüge	279
(d) Bodenfragmente	279
(1) Bröckel	279
(2) Klumpen	279
c. Mikrogefüge	281
1. Grundlagen	281
(a) Gefügeelemente	281
(b) Teilgefüge	282
2. Elementargefüge	282
(a) Porphyropektisches Elementargefüge	282
(b) Porphyropeptisches Elementargefüge	282
(c) Intertextisches Elementargefüge	282
(d) Plektoamiktisches Elementargefüge	282
(e) Chlamydomorphes Elementargefüge	282
(f) Agglomeratisches Elementargefüge	283
(g) Bleicherde-Elementargefüge	283
(h) Mörtelartiges Elementargefüge	284
(i) Rendzina-Elementargefüge	284
(j) Magmoidisches Elementargefüge	284
(k) Schwammartiges Elementargefüge	284
3. Gefüge höherer Ordnung	284
(a) Mikrogefüge in grobkörnigen Böden	285
(b) Mikrogefüge in feinkörnigen Böden	286
(c) Mikrogefüge in tonreichen Böden	286
(d) Neubildungen im Mikrobereich	287
4. Herstellung von Bodendünnschliffen	288
d. Porenvolumen und Porensystem	290
1. Dichte und Raumgewicht	290
2. Porenvolumen	291
3. Porengröße und Porengrößenverteilung	292
4. Porengestalt oder Porenform	295
5. Gefügestabilität und ihre Messung	295
(a) Feldmethoden	296
(b) Labormethoden	297

6. Gefügeverbesserung 298
(a) Gefügeverbesserung durch ackerbauliche Maßnahmen 299
(b) Gefügeverbesserung mit synthetischen Stoffen 299
(1) Verklebende Substanzen 299
(2) Lockernde Substanzen 300
(c) Gefügeverbesserung durch Tieflockerung 300
(d) Gefügeverbesserung durch Tiefpflügen 302
(e) Gefügeverbesserung durch Auftragen und Einmischen von mineralischem und organischem Material 302

VIII. Das Wasser im Boden 305
    a. Arten des Bodenwassers 306
      1. Oberflächenwasser 306
      2. Sickerwasser und Sinkwasser . . . 306
      3. Haftwasser 306
      (a) Adsorptionswasser 306
      (b) Osmotisches Wasser 307
      (c) Kapillarwasser 308
      (d) Stehendes Kapillarwasser 308
      (e) Grundwasser 309
      (f) Stauwasser 310
      (g) Wasserdampf 312
    b. Wasserbindung und Wasserkapazität 312
      1. pF-Wert 313
      2. Feldkapazität 313
      3. Maximale Wasserkapazität . . . 314
      4. Bodenwasser und Pflanze 315
      5. Bestimmung der Wasserspannung (pF-Wert) und des Bodenwassergehaltes 317
      (a) Bestimmung der Wasserspannung (pF-Wert) 317
      (1) Messung mit Überdruck 317
      (2) Messung mit Unterdruck 317
      (3) Messung mit einer Zentrifuge . . 317
      (4) Messungen mit Lösungen hoher Dampfspannungen 317
      (5) Tensiometer-Methode 317
      (b) Bestimmung des Bodenwassergehaltes 318
      (1) Gravimetrische oder Trockenschrank-Methode 318
      (2) Neutronensonde-Methode . . . 318
      (3) Messung der elektrischen Leitfähigkeit 319
      (4) Messung der Bodenfeuchte über die Wärmeleitfähigkeit 319
      (5) Carbid-Methode 319
    c. Bewegung des Bodenwassers . . . 319
      1. Infiltration und Influktuation . . 319
      2. Kapillarer Aufstieg vom Grundwasser 320
      3. Bewegung des Wassers im wasserungesättigten Zustand des Bodens (kapillare Leitfähigkeit) 323
      4. Bewegung des Wassers im wassergesättigten Zustand des Bodens . . 324
      (a) Bestimmung des k_f-Wertes mit Hilfe von Stechzylinder-Proben 326
      (b) Bestimmung der Infiltrationsrate mit dem Doppelring-Infiltrometer . . . 327
      (c) Bestimmung der Felddurchlässigkeit mit dem Bohrloch-Verfahren . . . 327
      5. Bewegung des Bodenwassers in der Dampfphase 327
    d. Wasserhaushalt der Landschaft Mitteleuropas 329
      1. Wichtigste klimatische Daten . . 329
      2. Wasserhaushalt der Naturlandschaft 333
      3. Wasserhaushalt der Kulturlandschaft 335

IX. Der Lufthaushalt des Bodens . . 341
    a. Bodenluft als Wachstumsfaktor . . 341
    b. Bodenluft und Bodenmikroben . . 341
    c. Bodenluft und Oxidation 341
    d. Luftgehalt und Luftkapazität . . . 342
    e. Zusammensetzung der Bodenluft . 342
    f. Austausch der Bodenluft 344
    g. Luftdurchlässigkeit 344
    h. Messen der Luftdurchlässigkeit . . 345

X. Der Wärmehaushalt des Bodens . 347
    a. Herkunft der Bodenwärme 347
    b. Wärme als Wachstumsfaktor . . . 347
    c. Wärmebeeinflussende Faktoren . . 347
      1. Spezifische Wärme und Wärmekapazität 347
      2. Wärmeleitfähigkeit 348
      3. Bodenfarbe 348
      4. Exposition und Inklination . . . 349
      5. Bodenbedeckung 349
      6. Verdunstungskälte, Kondensationswärme 349
    d. Verbleib der Bodenwärme 350
    e. Bodenfrost 350
    f. Wärmegang im Boden 350
    g. Bodenwärme und Bodenbildung . . 351

XI. Die Bodenbiologie 353
    a. Bodenflora 353
      1. Systematische Einteilung und Beschreibung 353
      (a) Mikroorganismen 353
      (1) Bakterien 353
      (2) Actinomyceten 353

(3) Pilze 353
(b) Algen 353
  2. Lebensbedingungen der Bodenflora 356
  (a) Nahrung 356
  (b) Feuchtigkeit 357
  (c) Durchlüftung 357
  (d) Temperatur 357
  (e) pH-Wert 358
  3. Zahl und Verteilung der Bodenmikroflora und Methoden zu ihrer Isolierung 358
 b. Bodenfauna 359
  1. Systematische Einteilung und Beschreibung 359
  (a) Protozoa (Einzeller) 359
  (b) Metazoa (Vielzeller) 359
  (1) Niedere Würmer 359
  (2) Annelida (Ringelwürmer) . 359
  (3) Arthropoda (Gliederfüßer) . . . 361
  (4) Mollusca 361
  (5) Vertebrata (Wirbeltiere) . . 361
  2. Lebensbedingungen der Bodenfauna 362
  (a) Nahrung 362
  (b) Feuchtigkeit 362
  (c) Durchlüftung 363
  (d) Temperatur 363
  (e) pH-Wert 363
  3. Anzahl der Bodentiere und Methoden zu ihrer Isolierung . . . 363
 c. Einfluß der Bodenorganismen auf die Bodeneigenschaften 363
  1. Einfluß auf chemische Eigenschaften 363
  (a) Umwandlung der Nichthuminstoffe des Bodens 363
  (1) Mineralisation 364
  (2) Humifizierung 364
  (3) Bildung von Ton-Humus-Komplexen 365
  (b) Huminstoffabbau 366
  (c) Nährstoffgewinn aus anorganischen Quellen 366
  (d) Nährstoffverluste 366
  (e) Nährstoff-Festlegung 366
  (f) CO_2-Bildung 366
  (g) Veränderung der Bodenreaktion und des O_2-Partialdruckes 367
  2. Einfluß auf physikalische Eigenschaften 367
  (a) Erhöhung des Porenvolumens . . . 367
  (b) Durchmischung und Entmischung . 367
  (c) Einfluß auf das Bodengefüge . . 367
  3. Profilbildung 368

XII. Die Faktoren und Prozesse der Bodenbildung, Bodenentwicklung 370
 a. Faktoren der Bodenbildung 370
  1. Klima 370
  2. Vegetation 373
  3. Wasser (Stau- und Grundwasser) . 374
  4. Relief (Bodenerosion) 375
  5. Tiere 376
  6. Mensch 377
  7. Gestein (Ausgangsmaterial) . . . 378
  8. Zeit (Bodenbildungsdauer) . . . 381
 b. Prozesse der Bodenbildung 381
  1. Bildung der Tonsubstanz 382
  2. Bildung von Eisenverbindungen . . 383
  3. Humusbildung (Humifizierung) . . 383
  4. Stabilisierung der Tonsubstanz . 384
  5. Entbasung 385
  6. Tonverlagerung 385
  7. Podsolierung 387
  8. Naßbleichung 388
  9. Vergleyung 388
  10. Pseudovergleyung 389
  11. Versalzung 390
  12. Krustenbildung 391
  13. Lateritisierung 392
  14. Bioturbation 393
 c. Bodenentwicklung 393

XIII. Die Bodensystematik 396
 a. Klassifikation und Systematik . . 396
 b. Bodenklassifikationen anderer Länder 396
 c. Neue, weltweite Bodengliederung . 406
 d. Bodensystematik der Bundesrepublik Deutschland 407
  1. Genetisch fundiertes System . . 408
  2. Bodensystematische Kategorien und ihre Kriterien 408
  (a) Kategorien 408
  (b) Kriterien der Kategorien . . . 409
  (c) Komplex »Textur und Gestein« als pedogener und lithogener Faktor . 410
  (d) Bodentypologische Übergänge . . 411
  (e) Horizontsymbole 413
  (f) Zusammenstellung der wichtigsten bodensystematischen Kategorien für Mitteleuropa: Abteilungen, Klassen, Typen und Subtypen 415
  (g) Neuer Vorschlag für eine Bodenklassifikation 419

XIV. Die Bodentypen 421
 a. Bodentypen Mitteleuropas 421
 b. Bodentypen außerhalb Mitteleuropas 480
  1. Bodentypen des kalten, feuchten (arktischen) Klimas 480
  2. Bodentypen des kühlen bis gemäßigt warmen, feuchten Klimas (Podsolregion) 483
  3. Bodentypen des mediterranen Klimas und ähnlicher Klimate 484
  4. Brunizem und ähnliche Bodentypen 487

5. Bodentypen der semihumiden und semiariden Steppe 488
6. Bodentypen der Halbwüste und der Wüste 490
7. Salzböden 493
8. Bodentypen der feuchten und wechselfeuchten Subtropen und der Tropen 494
9. Bodentypen der Hochgebirge . . . 500

XV. Die Paläoböden (fossilen Böden) 506
   a. Paläoböden Mitteleuropas 506
    1. Präpleistozäne Paläoböden 506
    (a) Fersiallitische Böden (Plastosole) . 506
    (b) Ferrallitische Böden (Roterde) . . 508
    (c) Edaphoide 508
    (d) Terra fusca und Terra rossa . . . 508
    2. Pleistozäne Paläoböden 509
    (a) Paläoböden der Glaziale 509
    (b) Paläoböden der Interglaziale und Interstadiale 509
    (1) Paläoböden aus Terrassenablagerungen 509
    (2) Paläoböden aus Ablagerungen der Riß-Vereisung 510
    (3) Präholozäne Böden aus Löß . . . 511
   b. Paläoböden außerhalb Mitteleuropas 511
    1. Paläoböden der kalten Klimaräume 512
    2. Paläoböden der kühlen und der gemäßigt warmen, humiden Klimaräume 512
    3. Paläoböden des mediterranen Klimaraumes 512
    4. Paläoböden der semiariden und ariden Klimaräume 512
    5. Paläoböden der feuchten Subtropen und Tropen 512
    6. Boden-Datierung 513

XVI. Die Bodenkartierung 515
   a. Wesen der Bodenkarte 515
   b. Grundeinheiten der Bodenkartierung und Bodengeographie 515
   c. Maßstab 516
   d. Karteninhalt 517
   e. Kartenauswertung 517
   f. Herstellung 517
   g. Vorhandene Bodenkarten 519

XVII. Die Bodenerhaltung 522
   a. Bodenabtrag durch Wasser 522
    1. Erscheinungsformen des Bodenabtrages 522
    2. Ursachen des Bodenabtrages . . . 522
    (a) Niederschlag 522
    (b) Hangneigung 523
    (c) Vegetation 525
    (d) Boden 525
    (e) Bodenbearbeitung 526
    3. Folgen des Bodenabtrages 526
   b. Bodenabtrag durch Wind 527
   c. Erhaltung der Waldböden 528
   d. Erhaltung der Ackerböden 529
   e. Rekultivierung 531
   f. Bodenschutz 532

XVIII. Der Kreislauf der Stoffe in der Erdkruste und an deren Oberfläche 534
   a. Kreislauf der Gesteine 534
   b. Mobilisation und Verlagerung von Stoffen im Boden in Abhängigkeit vom Klima 535
   c. Kreislauf der Stoffe im System Boden – Pflanze – Atmosphäre unter Einschluß von Düngung und Ernte . 536

XIX. Die Bodenschätzung 538
   a. Geschichtliches 538
   b. Bewertungsverfahren 538
    1. Schätzung des Ackerlandes 540
    2. Schätzung des Grünlandes 542
   c. Ergebnisse der Bodenschätzung . . 545

XX. Die Untersuchung des Bodens im Felde 547
   a. Allgemeines 547
   b. Untersuchungsgerät 547
   c. Allgemeine Geländeübersicht . . . 549
   d. Untersuchung des Bodenprofils . . 549
   e. Untersuchung des Bodens im Felde für spezielle Zwecke 550

Zusammenfassende bodenkundliche Literatur 552
Bodenkundliche Zeitschriften . . . 553
Sachregister 555

Anhang: 24 farbige Tafeln:
Minerale, Gesteine, Bodendünnschliffe und Bodenprofile mit Beschreibung

Einleitung

Unter der Allgemeinen Bodenkunde verstehen wir die bodenkundlichen Erkenntnisse, die als Grundlage dem Acker- und Pflanzenbau, dem Garten-, Wein- und Waldbau, der Pflanzenernährung (einschl. Waldernährung) sowie der land- und forstwirtschaftlichen Betriebslehre dienen. Darüber hinaus ist die Allgemeine Bodenkunde die Voraussetzung für die *speziellen* Forschungen in der Bodenkunde, z. B. in der Bodenchemie, der Bodenphysik, der Bodenbiologie, der Tonmineralogie des Bodens, der Bodengenetik, der Bodensystematik, der Bodengeographie (= Regionale Bodenkunde) usw. Die Allgemeine Bodenkunde gibt einen Überblick über das folgende Wissensgut: Verwitterung, Zusammensetzung der anorganischen Bodensubstanz, Bildung, Zusammensetzung und Eigenschaften der organischen Bodensubstanz (Humus), Bodengefüge, Wasser-, Luft- und Wärmehaushalt des Bodens, Ionenaustausch (einschl. Reaktion und Pufferung), Grundzüge der Bodenbiologie, Faktoren der Bodenbildung, Bodenprofil, Bodentypen, Grundzüge der Bodensystematik, der Bodenkartierung und der Bodenschätzung. Auf diesen bodenkundlichen Grundkenntnissen können die obengenannten Fachgebiete aufbauen.

Die Allgemeine Bodenkunde muß von geologischen, geomorphologischen und petrologischen (einschl. mineralogischen) Grundkenntnissen ausgehen. In jedem Falle entsteht der Boden aus Gestein (ob fest oder locker), das ihm bestimmte Eigenschaften verleiht. Zwar werden diese lithogenen, d. h. gesteinsbedingten Eigenschaften durch die Bodenbildung, also durch pedogenetische Vorgänge, gleichsam ergänzt oder abgewandelt, aber das Korngerüst wird dem Boden vom Gestein gegeben und ist nur bis zu einem gewissen Grade von pedogenetischen Prozessen veränderbar. Damit ist dargetan, daß das Gestein ein untrennbarer Bestandteil des Bodens ist, und deshalb muß die Allgemeine Bodenkunde die Gesteine in den Kreis der Betrachtung einschließen, und zwar in erster Linie die stoffliche (mineralogische) Zusammensetzung der Gesteine.

Die wissenschaftliche Betrachtung des Bodens ohne Einbeziehung der Landschaft ist bei dem heutigen Wissensstand unzulänglich. Eine Beschränkung auf das Gestein genügt also der Allgemeinen Bodenkunde nicht. Darüber hinaus muß bekannt sein, wie die Gesteine entstanden sind, denn daraus ergibt sich ihre Verteilung in der Landschaft. Entstehung, Verteilung und Lagerungsverhältnisse der Gesteine gehören in den Fachbereich der Allgemeinen Geologie; es sind dies aber auch notwendige Grundvorstellungen der Allgemeinen Bodenkunde. Aus der Erdgeschichte erklären sich das Über- und Nebeneinander sowie bestimmte spezifische Eigenschaften der Gesteine (z. B. fossile Wüstenbildungen in Mitteleuropa). Die geologisch bedingte Geländelage des Bodens (Höhenlage, Exposition) ist für seine Entstehung und für seine Eigenschaften als Pflanzenstandort von großem Einfluß. Die bodenkundliche Landschaftsanalyse, d. h. das Herausfinden der Bodenverteilung in der Landschaft, ist ohne geomorphologische Vorstellungen, also ohne Kenntnisse von der Morphogenese, nicht möglich. Deshalb muß aus der Geologie die Landschaftsformung (Geomorphologie) entwickelt werden, und dazu muß wiederum die Bodenentstehung in Verbindung gebracht werden. Nur so kann eine Vorstellung von den komplizierten Zusammenhängen von Bodenentstehung, Bodenverteilung in der Landschaft und Bodeneigenschaften vermittelt werden. Der Boden darf nicht aus der Landschaft herausgelöst, sondern muß als ein Bestandteil der Landschaft angesehen werden. Will man das, so ist das Studium der Landschaftsentstehung Grundbedingung.

Aus dieser Sicht ist dieses Buch geschrieben. Es wendet sich besonders an die Studierenden der Land- und Forstwirtschaft, des Garten- und Weinbaues sowie der Geodäsie, der Geologie, Geographie und Biologie. Auch diejenigen, die bereits mehr oder weniger lange diese Berufe ausüben und sich in deren Grundwissenschaften vertiefen wollen, finden in dem vorliegenden Buch eine gedrängte Zusammenfassung der Allgemeinen Bodenkunde und ihrer Grundlagen.

Schließlich muß noch gesagt werden, daß dieses Buch nur soweit die geologischen, geomorphologischen und petrologischen (einschl. der mineralogischen) Grundlagen bringen kann, als diese für das Verständnis der Allgemeinen Bodenkunde notwendig sind. Es kann mithin für diese Grundlagen keine Vollständigkeit erwartet werden. Ferner muß im Hinblick auf die Aufgabe dieses Buches auf eine einfache Darstellung geachtet werden. Das alles geschieht bewußt mit dem Ziel, in einem Zuge, d. h. in einem Buch die Allgemeine Bodenkunde auf ihre geologischen, geomorphologischen und petrologischen Grundlagen aufzubauen.

Um aber dem, der tiefer in das eine oder andere Teilgebiet eindringen will, durch geeignete Literatur zu helfen, wird am Schluß der Hauptteile des Buches ergänzende Literatur für die Fachgebiete Geologie, Geomorphologie, Petrologie, Mineralogie und Bodenkunde angegeben. Für jedes Fachgebiet werden kleinere, allgemein verständliche Fachbücher, aber jeweils auch größere Lehrbücher, die als Nachschlagewerke dienen, aufgeführt. Dabei werden auch wichtige Werke der englischen und französischen Fachliteratur angegeben.

A. DIE GEOLOGISCHEN, GEOMORPHOLOGISCHEN, MINERALOGISCHEN UND PETROLOGISCHEN GRUNDLAGEN DER BODENKUNDE

Das geologische Geschehen an der Erdoberfläche ist die Ursache der Oberflächenformung (= Geomorphologie). Aus diesem Grunde werden diese beiden Fachgebiete zusammen behandelt, indem die Entstehung der Oberflächenformen aus den geologischen Vorgängen abgeleitet wird. Geologie und Geomorphologie sind mithin untrennbar miteinander verbunden.

I. Das Wesen und die Teilgebiete der geologischen Wissenschaft

Der Begriff »*Geologie*« bedeutet die Lehre von der Erde (von gr. ge = Erde und logos = Kunde, Lehre). Dieser Name ist sehr umfassend, so daß genauer gesagt werden muß, was unter »Geologie« zu verstehen ist. Geologie ist die Lehre vom Aufbau und der Geschichte der Erde sowie den Vorgängen in ihrem Innern und an ihrer Oberfläche. Nach dieser kurzen Definition sollte man annehmen, daß die Lehre von den Mineralen und den Gesteinen ein wesentlicher Teil der Geologie sei. Indes werden schon lange Zeit die *Mineralogie* und *Petrologie* (früher Petrographie bezeichnet), also die Lehre von den Mineralen und den Gesteinen, als selbständige Wissensgebiete betrachtet. Die Arbeitsweise dieser Wissenschaften ist eine andere als die der Geologie. Die Geologie sieht in Mineralen und Gesteinen in erster Linie die Zeugen von geologischen Vorgängen, so daß mithin die Entstehung der Minerale und der Gesteine im Vordergrund steht, und aus deren Entstehung lassen sich andere, für die Geologie wichtige Begleitumstände ableiten. Dagegen betrachten der Mineraloge und der Petrologe die Minerale und Gesteine in erster Linie von deren physikalischem und chemischem Aufbau her. Eine genetische Betrachtungsweise ist auch hierbei notwendig, aber sie geht nicht so weit, wie die des Geologen, weil dieser notwendigerweise andere Schlußfolgerungen aus der Gesteinsentstehung ziehen muß als der Mineraloge und der Petrologe.

Die wesentlichste Arbeit der Geologie besteht darin, aus dem jetzigen Bild der Erde die geologischen Prozesse der Vorzeit zu rekonstruieren und zeitlich zu ordnen. Aus dieser Arbeit wurde die Geschichte der Erde (*Erdgeschichte* = Historische Geologie) entschleiert. Die Zeitmarken für den Ablauf des geologischen Geschehens bilden die in den Gesteinen enthaltenen Pflanzen und Tiere (meistens nur Teile und oft nur als Abdruck »versteinert« erhalten), die sog. Leitfossilien (von lat. fossilis = ausgraben); sie »leiten« den Geologen bei der Feststellung des Alters der Gesteine. Die spezielle Wissenschaft von den Fossilien und der Geschichte des Lebens ist die *Paläontologie* (von gr. palaios = alt, ontos = Wesen, logos = Lehre). Die erdgeschichtliche Einordnung der Gesteinsschichten mit Hilfe der Fossilien und besonderer Merkmale ist die Aufgabe der *Stratigraphie* (von lat. stratus = Schicht und gr. graphein = beschreiben). Die geologischen Vorgänge in der Erdkruste und an der Erdoberfläche werden in der *Allgemeinen Geologie* behandelt. Aus den zur Zeit ablaufenden geologischen Prozessen und deren stofflichen und geomorphologischen Zeugen werden die Vorgänge früherer Zeiten gedeutet; diese Schlußfolgerung aus den aktuellen Vorgängen auf die vergangener Zeiten wird *Aktualismus* genannt.

Die geologischen Kräfte, welche die Erde an ihrer Oberfläche verändern, werden unter dem Begriff *Exogene Dynamik* zusammengefaßt, während die geologischen Kräfte, die sich in und unter der Erdkruste auswirken und diese verändern, als *Endogene Dynamik* bezeichnet werden. Die besondere Lehre von der Lagerung der Gesteinsschichten und darüber hinaus vom gesamten strukturellen Bau der Erdkruste und dessen Entstehung ist die *Tektonik* (von gr. tektonikos = zum Bau gehörig). Den Aufbau der tieferen Erdschichten erforscht die *Geophysik* mit besonderen geophysikalischen Methoden (z.B. Seismik, Gravimetrie).

Die Verteilung von Land und Meer, von Gebirge und Flachland änderte sich im Ablauf der Erdgeschichte; damit befaßt sich die *Paläogeographie*. Ebenso war das Klima im erdgeschichtlichen Ablauf großen und kleineren Schwankungen unterlegen, deren Erforschung in das Spezialgebiet der *Paläoklimatologie* gehört. Die geologische Beschreibung von Landschaften, Ländern und Kontinenten ist die Aufgabe der *Regionalen Geologie* (von lat. regio = Land). Die *Angewandte Geologie* richtet sich auf praktische Fragestellungen, die mit geologischen Arbeitsmethoden gelöst werden und wirtschaftliche Bedeutung haben. Dazu gehören die *Lagerstättengeologie*, welche die Vorkommen der nutzbaren Erze (Eisen, Kupfer, Kobalt, Mangan, Blei u. a.) und Energieträger (Braunkohle, Steinkohle, Erdöl, Erdgas, Uran) erforscht, ferner die *Hydrogeologie*, welche sich mit den Wasservorräten der Erdkruste beschäftigt, und die *Ingenieurgeologie*, auch *Baugrundgeologie* genannt, welche die Beurteilung der obersten Erdkruste für die verschiedensten Bauvorhaben als Aufgabe hat. Die *Geochemie* befaßt sich mit der spezifischen Element- und Mineralzusammensetzung bestimmter Gesteine, Gesteinskomplexe und Böden, um vor allem genetische Prozesse in der Kruste und an der Oberfläche der Erde aufzuklären, z. B. die Verschmelzung von Gesteinen, ferner auch die Zuführung von Stoffen in Böden durch Immissionen (z.B. Blei, Cadmium, Zink).

Zur Geologie gehört auch die *Bodenkunde* als naturwissenschaftliche Disziplin, international Pedologie genannt, die im Boden das Verwitterungsmaterial der Gesteine sieht, das im spezifischen Bodenbildungsprozeß je nach den äußeren Einflüssen (Klima, Vegetation, Wasser, Relief) eine mehr oder minder starke Abwandlung erfährt; dadurch und in Abhängigkeit von den Gesteinsarten entstehen die sehr verschiedenen Böden. Die auf praktische Aufgaben ausgerichteten bodenkundlichen Arbeiten sind speziell zur Angewandten Bodenkunde zu zählen, z.B. die bodenkundlichen Teilgebiete, die sich besonders mit den bodenkundlichen Voraussetzungen des landwirtschaftlichen Pflanzenbaues, des Wald-, des Garten- und des Weinbaues sowie der Kulturtechnik, der Siedlungsplanung usw. befassen. Die Kulturtechnik, ein alter Begriff, umfaßt die vielfältige Melioration des Bodens, z.B. Dränung, Bewässerung, Tieflockerung, Tiefumbruch, Landgewinnung aus Moor und Marsch. Die auf bodenkundlichen Grundkenntnissen aufbauenden praktischen Aufgaben werden heute auch mit der Bezeichnung *Bodentechnologie* zusammengefaßt (z.B. Entwässerung, Tieflockerung).

II. Die Erde als Himmelskörper

Die Erde ist ein Planet unseres Sonnensystems, und zwar ist sie der drittnächste zur Sonne. Die *Entstehung* dieses *Planetensystems* hat verschiedene Deutungen gefunden. Bekannt sind die Theorien von KANT und LAPLACE. KANT nahm einen Urgasnebel aus Materie unseres Sonnensystems an, aus dem sich durch Verdichtung die Planeten bildeten. LAPLACE erweiterte diese Theorie, indem er eine rotierende Bewegung des Urgasnebels annahm. CHAMBERLAIN und MOULTON nehmen an, daß ein Stern nahe an der Sonne vorbeiging und dabei Teile der Sonnen-Eruptionsmasse losriß. Diese umkreisen als kleine Himmelskörper, sog. Planetesimale, weiter die Sonne und vergrößerten sich durch Aufnahme von ebenso abgelöster, feiner verteilten Sonnenmasse zu Planeten (Planetesimal-Theorie). Die Gezeiten-Theorie von JEFFREYS ist ähnlich. Dieser nimmt an, daß die Sonne passierende Sterne ähnlich den Gezeiten Flutberge von Sonnenmaterie erzeugten, von denen immer wieder Teile abgelöst wurden und selbständig die Sonne umkreisen; diese Massen verdichteten sich zu den Planeten. Von den sonstigen Theorien der Entstehung unseres Planetensystems sei nur noch die neue von WEIZSÄCKER kurz genannt. Er geht von der Vorstellung aus, daß in dem Urkörper des Sonnensystems äußere und innere Wirbelbewegungen stattfanden, wobei sich die äußeren, größeren Wirbel langsamer als die inneren, kleineren bewegten, und außerdem noch entgegengesetzt. Dadurch kam es zu starken Reibungen an der Berührungsfläche der verschiedenen Wirbel und dadurch zur Abspaltung von Teilen, nämlich den Planeten. Neuerdings ist die Vorstellung geäußert worden, daß durch eine Explosion in der Sonne, ähnlich wie bei einer Nova-Explosion im Kosmos, Massen abgeschleudert worden seien, aus denen sich die Planeten bildeten.

Unser Planetensystem besitzt 9 große Planeten, rund 1600 kleine Planeten (Planetoide) mit berechneten Bahnen und noch eine große Zahl weiterer Planetoiden, 31 Monde und noch etwa 1400 Kometen sowie Schwärme von Meteoriten, d. h. kleine Himmelskörper, von denen jährlich eine große Zahl in den Anziehungsbereich der Erde kommt. Ein Teil vergast durch die starke Reibung in der Atmosphäre, ein kleiner Teil fällt auf die Erde (Abb. 51). Ihre Zusammensetzung zeugt davon, daß die Himmelskörper die gleichen Elemente besitzen, wenn auch die quantitative Zusammensetzung verschieden ist.

Die Erde besitzt ein Volumen von rund 1083 Milliarden km^3 und eine Oberfläche von 509,9 Millionen km^2. Der Polarradius mißt rund 6357 km und der Äquatorradius 21,3 km mehr, d. h. der Erdball ist an den Polen etwas abgeflacht, bildet also ein Ellipsoid, das rotiert (Rotations-Ellipsoid). Da die Gestalt der Erde durch Gebirge und Meere von einem idealen Rotations-Ellipsoid abweicht, bezeichnet man die Erde auch als Geoid. Der Äquatorumfang beträgt rund 40 000 km.

Der Erdball bewegt sich mit 30 km/sec auf einer Ellipsenbahn mit einer langen Achse von rund 940 Mio. km um die Sonne, die in einem Brennpunkt dieser Ellipse steht. Dabei hat die Erde einen mittleren Abstand von der Sonne von 149,5 Mio. km. Die Erde rotiert zugleich in west-östlicher Richtung um ihre eigene Achse, die eine Neigung zur Erdbahn (um die Sonne) von 66°33′ aufweist. Die Drehgeschwindigkeit beträgt am Äquator 465 m/sec.

Durch die Meeresgezeiten, die als Flutberge die Erde entgegengesetzt ihrer Drehrichtung umkreisen, nimmt die Umdrehungszeit der Erde im Jahrhundert um eine 1 Millisekunde zu. Das bedeutet, daß in der geologischen Vergangenheit die Tage kürzer waren; allerdings müssen wir weit in die geologische Geschichte zurückgehen, bis dadurch bedeutende Zeitunterschiede der Tageslänge eintreten.

Die Rotationsachse der Erde stimmt nicht genau mit der Symmetrieachse des Erdellipsoides überein. Dieses ist darauf zurückzuführen, daß durch die ständige Verlagerung von Luft-,

Wasser- und Erdmassen das Gleichgewicht gestört wird und demzufolge sich der Drehpol vom Idealpol bis zu 10 m verschiebt. Eine ständige Verlagerung des Drehpols über die genannte Entfernung hinaus ist z. Z. nicht nachzuweisen. Es ist jedoch möglich, daß es in der geologischen Vergangenheit zu weiten Polwanderungen gekommen ist, wie es paläoklimatische Theorien nahelegen.

Die feste Erdkruste unterliegt auch den Gezeiten, wenngleich die dadurch bewirkte elastische Verformung auch nur ⅓ m ausmacht. Die genaue Messung dieser Verformung gehört in das Spezialgebiet der Theoretischen Geodäsie.

Das Sonnensystem, dem die Erde als Planet zugehört, ist ein kleiner Anteil einer Galaxis, des Milchstraßensystems. Galaxien sind dynamisch stabile, rotierende Systeme, die verschiedene Formen und Massen besitzen. Galaxien treten auch in verschieden großen Gruppen und Haufen auf und weiterhin als Supergalaxien, die Haufen von Haufen darstellen. Die Gesamtheit der beobachteten Galaxien, die in Gruppen, Haufen und Supergalaxien angeordnet sind, bilden den Kosmos (Universum), dem vom Urknall, dem Ursprung des Kosmos, her ein Alter von etwa 18 Milliarden Jahren zugeschrieben wird. Diese relativ neuen Vorstellungen vom Kosmos, die für den Menschen zu den tiefsten Grundlagen seines Daseins gehören, sind so lehrreich, daß zur Vertiefung empfohlen wird: Appenzeller, I.: Kosmologie. Struktur und Entwicklung des Universums. (Verständliche Forschung). – 208 Seiten, Spektrum der Wissenschaft, Heidelberg 1984. Priester, W.: Urknall und Evolution des Kosmos – Fortschritte in der Kosmologie. – Vortrag Nr. 333 der Rheinisch-Westfälischen Akademie der Wissenschaften, Westdeutscher Verlag, Opladen 1984.

Den Menschen stellte sich schon immer die spekulative Frage, ob auch andere Himmelskörper von Menschen oder menschenähnlichen Wesen bewohnt sind. Die unendliche Zahl von Himmelskörpern legte schon vor vielen Jahren den Gedanken nahe, daß es unter diesen Himmelskörpern auch solche geben muß, die gleiche oder ähnliche Bedingungen aufweisen wie die der Erde und somit auch die Möglichkeit für die Entwicklung des Menschen. Diese Annahme ist naheliegend und ist noch in der jüngsten Vergangenheit bejahend diskutiert worden. Jedoch melden Wissenschaftler, die sich mit der Entwicklung der Lebewesen auf der Erde befassen, Zweifel an. Sie sagen, daß der Entwicklungsweg des Menschen über Jahrmillionen zu jeder Zeit immer wieder durch neue Einflüsse Tausende Male und immer wieder neu und andersartig gesteuert wurde, so daß dieser lange und für uns bis ins einzelne nicht übersehbare Entwicklungsweg sich nicht ein zweites Mal auf einem anderen Himmelskörper wiederholen konnte. Diese Vorstellung von der Einmaligkeit der Menschen im Universum stellt dem Menschen, der von seinem kleinen Punkt im Universum aus in dieses weit hineinschauen kann, eine unlösbare Frage. Wer diesem Gedanken weiter folgen will, dem sei folgendes Werk empfohlen: Erben, H. K.: Intelligenzen im Kosmos? – Die Antwort der Evolutionsbiologie. Piper-Verlag, München 1984.

III. Überblick über die Oberfläche der Erde

Die Hauptgroßformen der Erde sind die Landmassen und die Meeresräume. Nach der heutigen Kenntnis nimmt das Land rund 149 Mio. km² ein und das Meer rund 361 Mio. km². Das Verhältnis von Land zu Meer ist demnach 29 : 71 oder 1 : 2,4.

Land und Wasser sind auf der Erde unregelmäßig verteilt. Das Verhältnis von Land zu Meer ist auf der Nordhalbkugel 39 : 61, auf der Südhalbkugel dagegen 19 : 81. Auf der Nordhalbkugel massiert sich das Land zwischen 70° und 45° nördlicher Breite und nimmt mehr als die Hälfte des Raumes ein, nach Süden nimmt der Landanteil beständig ab, um dann in der Antarktis, etwa südlich des 80. Breitengrades, wieder fast den ganzen Raum einzunehmen.

Das Land erscheint als Inseln im weiten Meer; man unterscheidet konventionell *Festländer* oder *Kontinente* und *Inseln*. Man stellt heute meistens sechs Kontinente mit insgesamt 138,6 Mio. km² und folgender Größe heraus (rund 10,5 Mio. km² entfallen auf die Inseln):

Eurasien	50,7 Millionen km²
Afrika	29,2 Millionen km²
Australien	7,6 Millionen km²
Nordamerika	20,0 Millionen km²
Südamerika	17,9 Millionen km²
Antarktika	13,2 Millionen km²
	138,6 Millionen km²

Wenn es auch üblich ist, Europa als selbständigen Erdteil anzusehen, so ist das zwar kulturgeographisch, jedoch nicht physiogeographisch gerechtfertigt, vielmehr ist Europa als europäische Halbinsel Eurasiens zu betrachten. Nord- und Südamerika werden nicht einheitlich als ein Erdteil oder zwei Erdteile aufgefaßt. Wegen der trennenden Merkmale dieser beiden Landmassen ist es besser, in ihnen selbständige Erdteile zu sehen.

Das Weltmeer wird üblicherweise in drei *Ozeane* aufgeteilt, der Atlantische, der Indische und der Pazifische Ozean. Der Atlantische wird vom Pazifischen Ozean durch die Linie von Kap Hoorn (Südspitze Südamerikas) über die Südshetlands nach Louis-Philippe-Land in der Westantarktis getrennt. Der Indische Ozean wird abgetrennt durch die Meridiane des Nadelkaps von Südafrika und des Südkaps von Tasmanien.

Von den Ozeanen sind die *Nebenmeere* durch Landflächen und Inseln getrennt. Das arktische Mittelmeer wird vom Atlantik durch die Inseln Grönland, Island und Färöer und die dazwischen liegende untermeerische Schwelle getrennt; es gehört aber zum Atlantik. Das europäische Mittelmeer liegt zwischen Eurasien und Afrika, das australische Mittelmeer zwischen Asien und Australien und das amerikanische zwischen Nord- und Südamerika.

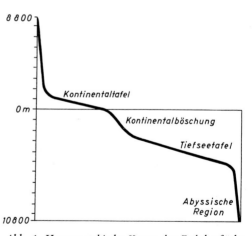

Abb. 1. *Hypsographische Kurve der Erdoberfläche* (nach MACHATSCHEK 1968).

Eine grobe Vorstellung vom *vertikalen Aufbau der Erdkruste* gibt die *Hypsographische Kurve*. Bei dieser Kurve sind die Höhen und Tiefen auf der Ordinate und die flächenmäßige Ausdehnung der Höhen- und Tiefenstufen auf der Abszisse aufgetragen (Abb. 1). Den Höhenendpunkt dieser Kurve bildet der höchste Berg der Erde, der Mt. Everest oder Tschomolungma mit 8880 m und den Tiefenendpunkt der Kurve die bisher gefundene größte Tiefe im Marianen-Graben mit fast 11 000 m. Die Prozentanteile folgender Höhenstufen (bzw. Tiefenstufen), einschließlich der noch wenig bekannten Antarktis, sind nach T. KOSSINNA:

Land	Meer
0 – 200 m = 25,4 %	0 – 200 m = 7,6 %
200 – 2000 m = 61,4 %	200 – 3000 m = 15,3 %
> 2000 m = 13,2 %	> 3000 m = 77,1 %

Aus dieser Übersicht ist zu entnehmen, daß die Kontinente nur einen geringen Flächenanteil über 2000 m Höhe besitzen, dagegen ist die Fläche des Meeres mit mehr als 3000 m Tiefe sehr groß; die großen Höhenunterschiede hat also das Meer und nicht das Land. Aus dem Verlauf der Hypsographischen Kurve läßt sich ferner ablesen, daß die Kontinente, wozu auch der bis etwa 200 m Tiefe reichende *Schelf* gehört, mit 34,7 % der Erdoberfläche relativ

und 800 km Länge, der Philippinen-Graben mit 10 800 m und der Kermadec-Graben, alle im westlichen Pazifik gelegen. Die großen Tiefen des Ozeans können auch kesselartig ausgebildet sein, z. B. die Tuscarora-Tiefe mit rund 7000 m unter dem Meeresspiegel, östlich von Japan gelegen.

Die Höhenunterschiede des Landes und Meeres erscheinen sehr hoch. Wenn wir diese aber in Relation zur ganzen Erde sehen, sind sie gering. Wenn wir uns die Erde als Modell mit 2 m Durchmesser vorstellen, so würden das höchste Gebirge und der tiefste Tiefseegraben vom mittleren Oberflächen-Niveau nur 2 mm abweichen, also kaum wahrnehmbar sein.

Auffallend ist, daß der überwiegende Teil des Landes, die Kontinentaltafeln, zwischen etwa + 1000 m und — 200 m (Schelf einbezogen) und der überwiegende Teil des Meeres, die Tiefseetafeln, zwischen etwa 4000 m bis 6000 m liegen. Für die einzelnen Kontinente und Ozeane ergeben sich nach T. KOSSINNA folgende Durchschnittshöhen bzw. -tiefen:

Europa	Asien	Afrika	Australien	Nordamerika	Südamerika	Antarktika	Landoberfläche
340 m	960 m	750 m	340 m	720 m	590 m	2200 m?	875 m

Atlantischer Ozean	Pazifischer Ozean	Indischer Ozean	Weltmeer
3330 m	4030 m	3900 m	3800 m

klein sind. An den Schelf anschließend folgt die *Kontinentalböschung*, oder *aktische Stufe* genannt, die bis rund 3000 m Tiefe reicht und nur 7,9 % der Erdoberfläche einnimmt. Mit dieser Tiefe von 3000 m beginnt die *abyssische Region* mit der *Tiefseetafel*, und diese hat eine große Ausdehnung von 57,4 % der Erdoberfläche. Meist an den Rändern dieser Tiefseeregion befinden sich die *Tiefseegräben*, denen auf dem benachbarten Festlande teils große Höhen parallel laufen, so daß große Höhenunterschiede auf relativ kurze Entfernung gegeben sind, z. B. beträgt bei einer Entfernung von nur 290 km der Höhenunterschied zwischen dem Llullaillaco in Chile und dem der chilenischen Küste parallel laufenden Atakama-Graben über 14 000 m. Weitere, große Tiefseegräben sind der Marianen-Graben mit fast 11 000 m Tiefe

Die Verteilung der Höhen und Tiefen ist weiterhin wichtig. Höhere Lagen laufen im pazifischen und indischen Raum vorwiegend der Küste parallel; in Asien liegen die großen Hochgebirge im Inneren, Süden und Osten; in Europa sind sie inselartig verteilt; in Afrika liegt der ganze Südteil höher; in Australien befinden sich die höheren Lagen im Osten; in beiden Amerika verlaufen die Hochgebirge am westlichen Rande. Eigentümlich ist, daß oft die hohen Gebirge am Rande der Kontinente liegen, und andererseits die größten Tiefen des Meeres, die Tiefseegräben, auch überwiegend Randlage haben, also nahe der Küste liegen und dieser parallel laufen. Meistens stoßen tiefer gelegene Festlandsflächen an den Atlantik und seine Nebenmeere, besonders vollkommen gilt das für das arktische Mittelmeer.

Die augenblickliche Verteilung von Land und Meer ist im Laufe der Erdgeschichte nichts Stabiles gewesen. Hebungen und Senkungen haben die Grenze zwischen Land und Meer oft geändert. Wenn wir uns heute eine Hebung oder Senkung des Meeresspiegels von nur 200 m denken, so würde eine erhebliche Veränderung des Küstenverlaufs eintreten. Eine Hebung des Landes bedeutete stets ein Zurückweichen des Meeres, *Regression* genannt, eine Senkung des Landes führte zum Übergreifen des Meeres auf das Land, was als *Transgression* bezeichnet wird. Ohne diese Vorgänge wären auf dem Festlande die Vorkommen von marinen, d. h. vom Meereswasser abgelagerten Sedimente, die zu Gestein wurden, nicht denkbar. Diese vertikalen Bewegungen haben immer nur einzelne Landteile betroffen, dagegen blieben große Teile der Kontinente und Ozeane in ihrer Höhen- bzw. Tiefenlage stabil, so daß für diese Teile von einer *Permanenz* der Kontinente und Ozeane gesprochen werden kann. Permanente Krustenteile der Erdrinde sind große Gebiete des nördlichen Asiens und des nördlichen Nordamerikas, ferner ausgedehnte Flächen von Afrika, Südamerika und Australien sowie der weite, innere Teil des Pazifik und auch andere Teile der Ozeane.

Abgesehen von den Änderungen des Küstenverlaufes ist das geomorphologische Bild der Erdoberfläche laufend durch die *endogenen* oder innenbürtigen und *exogenen* oder außenbürtigen Kräfte der Erde verändert worden und wird dadurch noch ständig verändert. Unter den endogenen Kräften verstehen wir die Bewegungen und Verschiebungen in der Erdkruste allgemein, auch *Tektonik* genannt, ferner den *Vulkanismus*. Die exogenen Kräfte der Erde sind die Tätigkeit des fließenden Wassers, des Eises und des Windes. Dementsprechend unterscheiden wir zwei große Gruppen von Formen: 1. Formen, die durch die endogenen Kräfte bedingt sind, bei denen innerer Bau oder innere Struktur mit der topographischen Form in Einklang stehen; es sind die *Strukturformen*. Reine Strukturformen sind nur selten, da die exogenen Kräfte dauernd an der Oberfläche wirksam sind. 2. Formen, die von den exogenen Kräften herausgearbeitet, also modelliert sind, nennt man *Skulpturformen*; im Innern können diese tektonische Struktur haben. *Kleinskulpturformen* sind unbeeinflußt von endogenen Vorgängen gebildet. *Aufgesetzte Formen* entstehen durch die Aufhäufung von Ablagerungen. Für die Formen der Erdoberfläche gilt allgemein folgendes *geomorphologische Grundgesetz*: Die Formen und Formengruppen der Erdoberfläche sind aus dem gleichzeitigen Gegeneinander- oder Zusammenwirken der endogenen und exogenen Prozesse entstanden.

Es müssen noch mehrere *geomorphologische Begriffe* erläutert werden, die später öfter gebraucht werden. Man bezeichnet die tiefer als 200 m liegende Landfläche als *Tiefland*, die höher liegende als *Hochland*. Als *Flachland* werden ausgedehnte Räume mit geringen Höhenunterschieden (überwiegend unter 200 m) verstanden, z. B. das Norddeutsche Flachland. Dagegen werden große Flächen ohne unmittelbar wahrnehmbare Höhenunterschiede als *Ebenen* bezeichnet, wobei die zu dem Meere offenen *Rand-* oder *Küstenebenen* (Niederrheinische Tiefebene) und die *kontinentalen Tiefebenen* (Ungarische Tiefebene) zu unterscheiden sind. Neben dieser klaren Unterscheidung wird der Begriff Tiefebene gleichbedeutend mit Flachland gebraucht, z. B. Norddeutsche Tiefebene. Die über 200 m hoch gelegenen, weiten Flächen mit geringen Höhenunterschieden ($<$ 200 m) werden demgegenüber auch als *Hochebenen* bezeichnet, z. B. Oberbayerische Hochebene. Das sind konventionelle Namen, die unsere geomorphologischen Vorstellungen nicht verwirren dürfen.

Die Tiefebene, die unter dem Meeresspiegel liegt, wird *Depression* genannt, und wenn das zudrängende Wasser wegen der Bodennutzung herausgepumpt wird, spricht man von *Polder*, z. B. der Haarlemer Polder in den Niederlanden.

Nach dem Gefälle der Ebene und des Flachlandes unterscheidet man die *Abdachungsebene*, die sich nach einer Richtung neigt, *Hohlebene*, deren Gefälle von allen Seiten zur Mitte gerichtet ist, und *Wellungsebene*, deren Gefälle in der Richtung wechselt, die also schwach gewellt ist.

Ferner können die Ebene und das Flachland nach der Entstehung differenziert werden. Die *Aufschüttungsebene* wird durch fluviatile Anhäufungen gebildet, der Form nach ist es eine

Abdachungsebene oder Hohlebene. Demgegenüber gibt es die *Abtragungsebene*, die dem Abtrag unterliegt und meistens die Form der Wellungsebene hat.

Nach der Vegetation können die Ebenen auch noch unterschieden werden. So besitzen die Ebenen des Kongo- und Amazonas-Beckens Urwälder, während die Ebene Mittelrußlands Baumsteppe und die südrussische sowie die südsibirische Ebene, ferner die Prärie Nordamerikas, die Pampas Südamerikas und die Llanos im südlichen Nordamerika Grassteppe (Grasebenen) tragen. Wüstenebenen (z. B. die Namib) sind praktisch frei von Vegetation.

Die hoch gelegene, ebene, meist von tiefeingeschnittenen Tälern zerschnittene Landoberfläche nennt man *Hochplateau* oder *Tafelland*, z. B. das Appalachische Tafelland, die Prärie-Tafel in Nordamerika und die Russische Tafel. Nach dem Gestein wird das *Schichttafelland*, wozu die vorhin genannten zählen, und das *Ergußtafelland* unterschieden; als letzteres gilt das Columbia-Tafelland oder Colorado-Plateau, das Südbrasilianische Tafelland und das Deccan-Tafelland Indiens. Die Täler zerschneiden die Tafelländer mehr und mehr, so daß schließlich eine Vielzahl von *Tafelbergen* aus der ehemals geschlossenen Tafel entsteht. Besteht das Schichttafelland aus harten und weichen Schichten, so werden die weichen Schichten durch den Abtrag relativ schnell weggeräumt, während sich die harten Schichten oft lange als einzelne Tafelberge oder *Mesas* erhalten und das Abtragsniveau der weichen Schichten weit überragen.

Bei den Gebirgen unterscheidet man zunächst nach der Höhenlage *Mittelgebirge* bis etwa 1000 m Höhenunterschiede und *Hochgebirge* mit noch größeren Höhenunterschieden als 1000 m. Während das Mittelgebirge meistens weniger steile, zugerundete, konvex gewölbte Formen zeigt, hat das Hochgebirge im allgemeinen zugeschärfte, steilere Formen. Manche Gebirge mit großen Höhenunterschieden besitzen trotzdem nur Formen des Mittelgebirges, und andererseits gibt es in nördlichen Breiten (Nordnorwegen, Lofoten) typische Hochgebirgsformen bei geringeren Höhenunterschieden, jedoch mit steilen Hängen.

Nach der Gestaltung der Gipfelregion lassen sich *Gratgebirge, Kammgebirge* und *Kuppengebirge* unterscheiden. Gebirge mit gedrungenem Umriß und ohne klar herausgearbeitete Kamm-Gipfelbildung werden als *Massengebirge* den *Kettengebirgen* gegenübergestellt, welche die jungen Faltengebirge repräsentieren.

Vom Grad der Abtragung hängt die vertikale Gliederung des Hochgebirges ab. Solange noch die Rücken bzw. Grate die Täler ganz umschließen, sprechen wir vom *geschlossenen Gebirge,* und wenn zwischen den Tälern schon stark erniedrigte Pässe gebildet worden sind, vom *geöffneten Gebirge.* Durch weiteren Abtrag entstehen zwischen den Längstälern die Talpässe, so daß dann das *durchgängige Gebirge* erreicht ist. Schließlich führt fortgesetzter starker Abtrag zu *Einzelberggruppen.*

In der Gebirgslandschaft läßt sich feststellen, daß benachbarte Gipfel fast gleiche Höhe haben, d. h. die Gipfelhöhen liegen fast in einer Ebene, die A. PENCK *Gipfelflur* genannt hat. Die Bildung der Gipfelflur ist weniger vom geologischen Bau abhängig, sondern in erster Linie von der Verschiedenheit der Gesteine, von der Taldichte und Taltiefe sowie von der linearen Entfernung zwischen Tal und Gipfel, also zwischen der örtlichen Erosionsbasis und den Gipfeln der Bergkuppen und -rücken.

Als *Bergland* bezeichnet man eine gebirgige Oberfläche mit schwachem Mittelgebirgscharakter, z. B. das Ostwestfälische Bergland. Ein *Hügelland* ist die abgeschwächte Form des Berglandes; hügelige Formen mit mäßiger Hangneigung und kleinen Höhenunterschieden grenzen unmittelbar aneinander, z. B. das Tecklenburger, das Osnabrücker und das Ravensberger (Bielefelder Gebiet) Hügelland.

Die geomorphologischen Einzelformen Berg, Hügel und Buckel bedürfen keiner Erläuterung. Weitere geomorphologische Begriffe werden in den folgenden Kapiteln im Zusammenhang mit ihrer Entstehung erläutert.

IV. Der Aufbau der Erde

a. ATMOSPHÄRE

Um die Erde legt sich die Lufthülle, die *Atmosphäre*, die in Schichten gegliedert ist. Nach BATES besteht die trockene Luft aus (Vol.-%): 78,08 % Stickstoff, 20,95 % Sauerstoff, 0,93 % Argon, 0,03 % Kohlendioxid, 0,01 % Seltene Gase. Bis 11 km Höhe reicht die *Troposphäre*, in der sich die Wetterbildung abspielt, d. h. der Kreislauf des Wassers zwischen Erd- und Meeresoberfläche einerseits und Luft andererseits. Der Luftausgleich, die Windbildung, vollzieht sich ebenfalls in diesem Bereich der Atmosphäre. Damit ist die Troposphäre der Sitz von zwei wichtigen geologischen Kräften, des Regenwassers und des Windes. An der oberen Grenze der Troposphäre herrscht eine mittlere Temperatur von etwa $-80°$ C, und der Druck beträgt nur etwa 200 mm. Bis in 20 km Höhe sind 90 % der gesamten Luftmasse der Erde enthalten. Um die Troposphäre legt sich bis zur Höhe von rund 50 km die *Stratosphäre*, darüber folgt bis 80 km die Mesosphäre, an die sich bis zur Höhe von 500 km die *Thermosphäre* mit hohen Temperaturen anschließt; bei letzterer können noch weitere Schichten unterschieden werden. Nur bis zu 7 km Höhe reicht der Sauerstoff für den Menschen aus.

b. HYDROSPHÄRE

Die Wasserhülle der Erde, die *Hydrosphäre*, nimmt 361 Mio. km² der Erdoberfläche ein, wogegen auf das Land nur 149 Mio. km² entfallen; Land zu Hydrosphäre stehen demnach in einem Verhältnis wie 1 : 2,4. Über 98 % des Wassers der Erde befindet sich in den Meeren, der Rest entfällt auf Eis, Flüsse und Binnenseen. Die größten Landmassen befinden sich auf der Nordhalbkugel, die größten Wassermassen auf der Südhalbkugel. Die durchschnittliche *Dichte* des Meerwassers beträgt bei $0-15°$ C infolge des Salzgehaltes 1,027. Der Salzgehalt der Weltmeere beträgt 3,7 %, mit folgender durchschnittlicher Zusammensetzung: 77,85 % $NaCl$, 11 % $MgCl_2$, 4,74 % $MgSO_4$, 3,6 %, $CaSO_4$, 2,46 % K_2SO_4, 0,35 % $CaCO_3$. Im europäischen Mittelmeer beträgt der Salzgehalt 3,93 %, da die Verdunstung stark ist und der Ausgleich des Wassers mit dem Ozean nicht ausreicht, um den gleichen Salzgehalt wie dieser zu haben. Das Rote Meer hat aus den gleichen Gründen einen Salzgehalt von 4,3 %. In der geologischen Vergangenheit entstanden in abgeschnürten Meeresbecken die so bedeutungsvollen Salzlagerstätten, u. a. auch die Kalisalze.

Je nach Breitenlage und Strömung liegen die *Temperaturen* der Ozeane sehr verschieden hoch; sie schwanken zwischen $+35°$ und $-3°$ C. Mit der Tiefe nimmt die Wassertemperatur ab; in 750 – 1100 m Tiefe ist die Temperatur etwa $+4°C$. Selbst am Äquator liegen die Temperaturen in größerer Meerestiefe etwa zwischen $+2°$ und $-2°$ C, da von den Polen her kühles Wasser in der Tiefe zuströmt. Warme Meeresströme (Golfstrom) begünstigen örtlich das Klima.

Das Meerwasser reguliert den CO_2-Gehalt der Luft, so daß dieser trotz unterschiedlicher Produktion oder Bindung von CO_2 im Laufe der Zeit als ziemlich konstant anzunehmen ist.

c. AUFBAU DES ERDKÖRPERS

Als *Lithosphäre* bezeichnet man die Gesteinskruste der Erde, die meistens eine dünne Haut von Verwitterungsmaterial trägt; letztere stellt in ihrer mannigfachen Ausbildung die *Pedosphäre*, also den Boden, vor.

Die *Dichte*, d. h. das spezifische Gewicht, der Gesteinskruste beträgt im Durchschnitt 2,8, die des ganzen Erdkörpers aber 5,5. Aus diesen beiden Werten ergibt sich, daß die Dichte im Innern der Erde weit höher sein muß als in den obersten Bereichen der Kruste. Aus dem Stu-

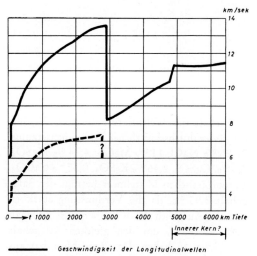

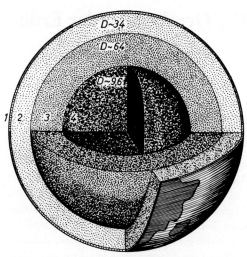

Abb. 2. Geschwindigkeit der elastischen Raumwellen im Erdinnern als Funktion der Tiefe (nach H. Haak).

Abb. 3. Schalenaufbau der Erde: 1 = Ober- und Unterkruste, 2 = Mantel mit Astenosphäre im oberen Teil, 3 = Kernschale, 4 = Kern.

dium des Verlaufes der Erdbebenwellen im Erdinnern wissen wir, daß die Erde *schalenförmig* aufgebaut ist; an den Grenzen dieser Schalen erfahren nämlich die Erdbebenwellen eine Änderung ihrer Geschwindigkeit (Abb. 2). Wenn auch die Ansichten über die Mächtigkeit und die stoffliche Eigenart der Schalen teils auseinandergehen, so entspricht die Darstellung in Abb. 2 den meisten Auffassungen.

Die Kruste der Erde wird unterteilt in *Oberkruste*, die auch wegen der hohen Anteile an den Elementen Si und Al Sial genannt wird, und *Unterkruste*, die wegen des hohen Gehaltes der Elemente Si und Mg als Sima bezeichnet wird (Abb. 3). Die Oberkruste ist 15 – 25 km und die Unterkruste 40 – 60 km mächtig, und zwar ist die Mächtigkeit unter den Ozeanen geringer. Das Sial hat etwa granitische, das Sima basaltische Zusammensetzung. Die Temperatur an der Untergrenze der Oberkruste dürfte etwa bei 700° C liegen. Etwa in der Tiefe zwischen 60 bis 1200 km folgt der *Mantel* mit peridotitischer Zusammensetzung, d. h. mit hohen Anteilen an Fe und Mg (Abb. 3). An der Grenzfläche zwischen Kruste und Mantel, die auch Mohorovičić-Unstetigkeit genannt wird, wird eine Temperatur von 1000 – 1200° C vermutet. Unter dem Mantel folgt bis 2900 km Tiefe die *Kernschale*, die den *Erdkern* umgibt und wahrscheinlich aus Fe-Oxiden und Fe-Sul-

fiden besteht. An der Grenze zwischen Mantel und Kernschale wird eine Temperatur von etwa 3400° C angenommen, während im Erdkern vermutlich die Temperatur bei 4000 bis 5000° C liegt; es werden andererseits Temperaturen bis zu 20 000° C geschätzt. Bei 2900 km befindet sich eine ausgeprägte Unstetigkeit, wie aus Abbildung 2 hervorgeht. Unklar sind die Zusammensetzung und der Aggregatzustand des Erdkerns. Während bis vor nicht langer Zeit allgemein angenommen wurde, daß dieser aus den schweren Elementen Fe und Ni besteht, wird neuerdings teils angenommen, daß er Solarmaterie mit hohem Anteil an Wasserstoff enthält, die unter sehr hohem Druck steht. Die vermutliche Dichte der einzelnen Kugelschalen und des Erdkerns sind aus Abbildung 3 zu entnehmen.

Wie die oben angegebenen Temperaturwerte zeigen, nehmen diese von außen nach dem Inneren zu. Von großer praktischer Bedeutung ist die Temperaturzunahme in der Oberkruste. Die *Temperatur der obersten Meter* der Erdkruste schwankt mit dem Jahresgang des örtlichen Klimas. In 10 bis 20 m Tiefe, je nach den örtlichen, klimatischen Verhältnissen, ist die Temperatur konstant und entspricht dem Jahresmittel der Erdoberfläche des betreffenden Ortes. Das Mittel für alle Festlandsgebiete beträgt + 14,3° C. Nach der Tiefe nimmt die

Temperatur stetig zu, und zwar im Durchschnitt 1° C auf 33 m oder 3° C auf 100 m. Diese Temperaturzunahme, die *Geothermische Tiefenstufe* genannt wird, ist aber nicht überall gleich. In Gebieten mit jungem Vulkanismus und jüngerer Gebirgsbildung ist die Geothermische Tiefenstufe geringer; hier kann die Temperaturzunahme um 1° C bereits bei etwa 10 – 20 m Vertikalentfernung liegen, also auf 100 m etwa 5 — 10° C (Uracher Vulkangebiet auf der Schwäbischen Alb). Andererseits zeigen die vulkanisch inaktiven und die tektonisch schon lange konsolidierten Kontinentalmassen eine große Geothermische Tiefenstufe, z. B. 0,8° C auf 100 m Tiefe im Norden des nordamerikanischen Kontinentes.

Der *Druck* nimmt nach dem Erdinnern stetig zu, da die Auflast der Gesteinsmassen nach der Tiefe größer wird. An der Unstetigkeitsfläche bei 2900 km Tiefe wird der Druck auf 1,5 Mio. bar und im Erdmittelpunkt auf 3,5 Mio. bar geschätzt. In größerer Tiefe ist die Gesteinsmasse unter dem hohen Druck nicht flüssig wie Lava, sondern von glasartiger Zähflüssigkeit, so daß immerhin bei langandauernder Krafteinwirkung Fließvorgänge möglich sind.

Die *Schweremessungen* an der Erdoberfläche weichen überwiegend wenig vom Normalwert ab; allerdings gibt es lokale, größere Abweichungen vom Normalwert. Da an der Erdoberfläche dauernd Massenverlagerungen stattfinden und somit eine ungleiche Schwere erwartet werden müßte, ist naheliegend, daß die Erde die Fähigkeit besitzt, ihre Kruste im Gleichgewichtszustand zu halten. Dieses Phänomen wird *Isostasie* genannt. Die Schwere ist im Bereich der Ozeane, wo eine mächtige Schicht des gegenüber Gestein viel leichteren Wassers liegt, meistens die gleiche wie im Gebirge, wo Gesteinsmaterial aufgetürmt ist. Man sollte im Bereich der Ozeane ein Schweredefizit und im Gebirge ein Schwereplus erwarten. Da dies aber nicht zutrifft, muß geschlossen werden, daß die Massen der Erdkruste nach der Tiefe hin schweremäßig ausgeglichen sind. Das bedeutet, daß in den Ozeanen schwerere Krustenteile höher anstehen, im Gebirge dagegen schwerere Krustenteile tiefer liegen (Abb. 3). Diese Vorstellung entspricht der Theorie von AIRY, der die oberen, leichteren Krustenteile mit Eisschollen vergleicht, die entsprechend ihrer Mächtigkeit verschieden tief in das Wasser eintauchen. So sollen auch die oberen, leichteren Krustenschollen je nach Dicke mehr oder weniger tief in die schwerere Unterkruste eintauchen. Wo die leichten Wassermassen sind, müssen schwerere Schichten dem Ozeanboden näherücken. PRATT hat demgegenüber die Auffassung vertreten, daß die schwerere Unterkruste in gleicher Tiefe ansteht und die verschiedene Mächtigkeit der Oberkruste durch verschiedene Dichte ausgeglichen wird, d. h. die geringere Mächtigkeit wird durch größere Dichte gegenüber der größeren Mächtigkeit mit geringerer Dichte kompensiert.

Wo *Schwereanomalien* auf der Erde vorliegen, kann durch Hebung bzw. Senkung ein Ausgleich erwartet werden. Auf Hawaii hat ein noch tätiger Vulkanismus ein gewaltiges Gebirge aus schwerem, basaltischem Gestein geschaffen, wodurch ein Schwereplus von + 120 mgal entstand. Die Folge ist ein epirogenes Absinken dieser Insel durch die örtliche Überlastung. In Verbindung damit ist anzunehmen, daß in der Tiefe plastische Massen der Auflast ausweichen, also vom Schwereplus aus abwandern, wodurch der Isostasie dieses Ortes zugestrebt wird. Ein umgekehrter Fall liegt im nördlichen Ostseegebiet vor. Hier hebt sich epirogen die Erdkruste seit der Entlastung durch das abgeschmolzene Eis des Jungpleistozäns. Das dadurch entstandene Schweredefizit wird also durch Hebung ausgeglichen, wobei wir eine Massenverlagerung in der Tiefe zum Hebungsgebiet annehmen müssen. Wir können also allgemein folgern, daß Massenverlagerungen an der Erdoberfläche entsprechende plastische Massenverschiebungen in der Tiefe kompensierend gegenüberstehen, um die Isostasie der Erdkruste zu erhalten. Die Massenbewegungen in der Tiefe erfolgen im Bereich der sogenannten Isostatischen Ausgleichsfläche.

Der Aufbau der Erde ist auch, was die *chemischen Stoffe* betrifft, schalig gestaltet. Über den chemischen Stoffbestand der Atmosphäre, der Hydrosphäre und der Oberkruste haben wir ein verläßliches Bild, während wir über den chemischen Aufbau der tieferen Schalen nur indirekte Kenntnisse haben. Von den bis-

Tab. 1: Mittlere Zusammensetzung (Elemente in Gew.-%) der festen Erdrinde bis zu ca. 16 km Tiefe		
O	Sauerstoff	46,46
Si	Silicium	27,61
Al	Aluminium	8,07
Fe	Eisen	5,06
Ca	Calcium	3,64
Na	Natrium	2,75
K	Kalium	2,58
Mg	Magnesium	2,07
Ti	Titan	0,62
H	Wasserstoff	0,14
P	Phosphor	0,12
C	Kohlenstoff	0,09
Mn	Mangan	0,09
S	Schwefel	0,06
Cl	Chlor	0,05
Br	Brom	0,04
F	Fluor	0,03
Alle übrigen Elemente		0,50
		~ 100,00

Tab. 2: Mittlere Zusammensetzung (Elemente in Gew.-%) der Magmatite		
O	Sauerstoff	46,42
Si	Silicium	27,59
Al	Aluminium	8,08
Fe	Eisen	5,08
Ca	Calcium	3,61
Na	Natrium	2,83
K	Kalium	2,58
Mg	Magnesium	2,09
Ti	Titan	0,721
P	Phosphor	0,158
H	Wasserstoff	0,130
Mn	Mangan	0,125
Cl	Chlor	0,097
Ba	Barium	0,081
S	Schwefel	0,080
Cr	Chrom	0,068
Zr	Zirkonium	0,052
C	Kohlenstoff	0,051
V	Vanadium	0,041
Sr	Strontium	0,034
Ni	Nickel	0,031
F	Fluor	0,030
Cu	Kupfer	0,010
Li	Lithium	0,005
Zn	Zink	0,004
Pb	Blei	0,002

her bekannten 105 chemischen Elementen sind die meisten am Aufbau der Erdkruste beteiligt, aber nur acht davon sind in der festen Oberkruste mit > 2 Gew.-% vorherrschend und bestimmen das geologische Geschehen (Tab. 1). Im Vergleich dazu zeigt die Tabelle 2 die mittlere Zusammensetzung (Gew.-%) der Magmatite, aus denen ursprünglich alle Gesteine stammen. Die Übereinstimmung der Elementanteile in den Tabellen 1 und 2 ist weitgehend.

Der Sauerstoff überwiegt schon gewichtsmäßig alle anderen Elemente bedeutend; volumenmäßig aber noch weit mehr, so daß die feste Oberkruste schematisch als ein Kristallgitter von Sauerstoffatomen erscheint, in das die übrigen Elemente eingelagert sind. Die Verteilung der Elemente außer Sauerstoff ist aber keineswegs regelmäßig; örtlich können seltene Elemente (Platin, Gold, Silber) sogar konzentriert sein und wirtschaftlich bedeutsame Lagerstätten bilden. Neben Sauerstoff herrschen in der Oberkruste Si und Al vor, daher wird sie auch als Sial bezeichnet, während die Unterkruste wegen des hohen Gehaltes an Si und Mg auch Sima genannt wird. Die tieferen Schalen der Erde sind chemisch wesentlich anders zusammengesetzt, was sich aus der hohen durchschnittlichen Dichte der Gesamterde von 5,5 und auch aus der Fortpflanzungsgeschwindigkeit der Erdbebenwellen im Erdinnern ergibt (Abb. 2). Man darf annehmen, daß die Zusammensetzung von Meteoriten, die in großer Zahl auf die Erde gelangen, den spezifisch schweren Massen im Erdinnern im wesentlichen entsprechen. Ein großartiges Beispiel für einen gewaltigen Meteoriteneinschlag stellt das Nördlinger Ries dar (Abb. 51). Auch aus den Vorgängen im Hochofen und neuerdings aus Hochdruckversuchen hat man Rückschlüsse auf den chemischen Aufbau des Erdinnern gezogen. Die vermutlich vorherrschenden Stoffe unterhalb der Oberkruste sind oben schon genannt.

V. Die Wirkung der endogenen geologischen Kräfte

Als endogene oder innenbürtige Kräfte der Erde bezeichnet man die Kräfte, die unter der Erdoberfläche ihren Sitz haben. Es sind der Magmatismus, die Tektonik und die Metamorphose. Die Auswirkung dieser Kräfte ist zwar meistens unterirdisch, indessen teilen sie sich oft der Erdoberfläche mit. Wenn ein Vulkan ausbricht, so ist die auslösende Kraft innenbürtig, aber sie fördert Stoffe an die Erdoberfläche und gestaltet diese um. Schmilzt sich ein Pluton tief unter der Erdoberfläche in das den Pluton umgebende Gestein ein, so ist zu diesem Zeitpunkt davon an der Erdoberfläche nichts zu sehen, jedoch später, wenn das den Pluton überlagernde Gestein abgetragen ist und das plutonische Gestein die Erdoberfläche bildet, beeinflußt es deren geomorphologische Gestaltung. Wir müssen also die endogene geologische Kraft als solche und deren Wirkung unterirdisch und oberirdisch unterscheiden.

a. MAGMATISMUS

Der Begriff Magmatismus (von gr. magma = Teig) soll die Aktivität des Magmas, des glutflüssigen Gesteins oder der Silikatschmelze ausdrücken, soweit diese sich über oder in der Erdkruste abspielt und damit Einfluß nimmt auf den stofflichen Aufbau und die Oberflächengestalt der Erdkruste. Dringt das Magma bis zur Oberfläche, so wird diese magmatische Tätigkeit als *Vulkanismus* (von Vulcanus = römischer Gott des Feuers) bezeichnet. Vulkanische Massen, welche zwar bis nahe an die Oberfläche dringen, aber nicht an die Erdoberfläche austreten, kennzeichnen den *Subvulkanismus*. Magmatische Massen, die tief unter der Erdoberfläche sich langsam nach oben in das überlagernde Gestein einschmelzen und dann sehr langsam erkalten, bilden den *Plutonismus* (von Pluto = griechischer Gott der Unterwelt).

Abb. 4. Schematische Darstellung eines typischen, kegelförmigen Vulkans, hauptsächlich aus losen Aschen (Tephra) und Schlacken aufgebaut, daneben ist Lava (gepunktet auf der Abbildung) den Hang hinabgeflossen. Die Hangflächen sind von Runsen stark zerfurcht durch abfließendes Wasser. An der Spitze befindet sich der junge Krater, aus dem Vulkangase ausströmen. Dieser junge, kleine Krater befindet sich inmitten eines älteren, größeren Kraters, dessen Boden durch Abtrag der Ränder eingeebnet worden ist.

1. Vulkanismus

Der Vulkanismus kann kurz als die Entgasung der Erdkruste bezeichnet werden. Das Wesentliche dabei ist, daß glutflüssiges Gestein aus einem *Magmaherd* an die Erdoberfläche oder bis nahe an die Erdoberfläche tritt (Abb. 4). Das kann nur geschehen, wenn das Magma in seinem Herd unter hohem Druck steht und die Gesteinsdecke über dem Magmaherd in ihrem Gefüge geschwächt wird und dadurch dem Druck des Magmas nicht mehr widerstehen kann. In diesem Falle dringt das Magma mit seinem Gas nach oben und durchschlägt die über ihm liegende Gesteinsdecke, das *Nebengestein*. Die Lockerung des Gefüges im Nebengestein geschieht durch Bewegungen in der Erdkruste, die man Tektonik nennt. Es ist natürlich vorstellbar, daß der Gasdruck in einem Magmaherd so groß wird, daß die Gesteinsdecke auch ohne vorhergehende Gefügelockerung durchschlagen wird (Abb. 5).

Die Art, wie sich der Vulkanismus entfaltet, ist sehr mannigfaltig. Dabei kann vorwiegend nur Vulkangas ausgestoßen werden, es kann überwiegend nur Vulkanasche geliefert werden, es kann aber auch nur das glutflüssige Gestein an der Oberfläche ausfließen oder nahe der Oberfläche als Subvulkan-Körper steckenbleiben. Oft werden alle Medien geliefert, nämlich Gas, Asche und Gestein. Das an der Erdoberfläche ausfließende Magma nennt man *Lava*, und zwar sowohl im glutflüssigen als auch im erkalteten Zustand. Die lockere Vulkanasche wird heute *Tephra* genannt. Wenn sie nach Tausenden von Jahren verfestigt ist, braucht man die Bezeichnung *Tuff*. Stofflich ist die Asche der durch das auftreibende Vulkangas zerfetzte (= zerspratzte) Gesteinsschaum und mitgerissene Stücke des Nebengesteins (Xenolithe).

(a) Arten der vulkanischen Tätigkeit

Von der Art der vulkanischen Tätigkeit hängen in erster Linie der stoffliche und geomorphologische Aufbau der Vulkangebilde ab. Der Vulkanausbruch wird bestimmt durch den Druck und die Menge des Gases im Magmaherd, schließlich aber auch dadurch, wie sich aufgrund des einschließenden Nebengesteins der Vulkan entladen kann. Hält das Nebengestein dem Gasdruck lange stand, so daß schließlich das Gas des Magmaherdes unter sehr hohem Druck steht und dadurch die Gesteinsdecke aufsprengt, so ist die Entladung plötzlich und katastrophal. Ist dagegen die Gesteinsdecke zermürbt, so können die vulkanischen Produkte (Gas, Asche, Lava) schon bei geringerem Druck den Weg nach außen finden; der Ausbruch verläuft gemäßigt. Nach diesen Gesichtspunkten wurde die vulkanische Tätigkeit nach der Heftigkeit abgestuft. Die Betrachtung des Vulkanismus nach der Heftigkeit ist nicht zuletzt wichtig für die Menschen, die am Vulkan wohnen und die fruchtbaren Böden aus dem vulkanischen Gestein (vor allem der Asche) nutzen.

Die *hawaiianische* Tätigkeit ist nach dem gewaltigen Vulkangebäude Mauna Loa mit dem aufgesetzten Einzelvulkanberg Kilauea auf Hawaii benannt. Bei dieser Tätigkeit fließt die Lava unter geringem Gasdruck ruhig aus (effu-

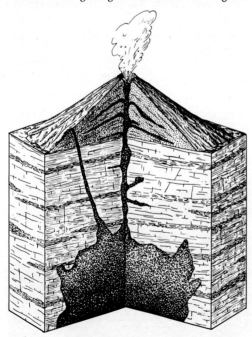

Abb. 5. Blockdiagramm eines typischen Vulkans mit Magmaherd (dicht punktiert) im Nebengestein (horizontal gestrichelt), Magmaschlot (zentraler, senkrechter, dicht gepunkteter Schlot), Magmagang (schräger, dichtgepunkteter Spalt), Aschenkegel (Tephra) und Krater an der Spitze des Kegels.

sive Tätigkeit). Der Gasgehalt und der Gasdruck sind so gering, daß keine oder nur wenig Asche ausgeschleudert wird. Seit langer Zeit findet diese vulkanische Erscheinung auf dem Kilauea statt, dessen Krater Halemaumau mit glutflüssiger Lava (Feuersee) ständig gefüllt ist und aus dem von Zeit zu Zeit Lava den Hang des Kilauea herabfließt, ohne daß die Umgebung gefährdet wird; denn der Vorgang verläuft langsam. Lange Zeit muß dieser Vulkan in dieser Weise tätig sein, denn es wurde dadurch ein gewaltiges Vulkangebäude aus basaltischem Gestein von 400 km Basisdurchmesser und rund 10 000 m Höhe (vom Meeresboden gerechnet) geschaffen. Neuerdings wird angenommen, daß bei diesen ozeanischen Schildvulkanen das Magma aus dem Magmaherd des Erdmantels zunächst hochsteigt in eine Magmakammer des Vulkangebäudes und dann erst weiter zur Oberfläche (Abb. 6).

Etwas heftiger läuft die *strombolianische* Tätigkeit ab, sie wurde nach dem Vulkan Stromboli an der italienischen Westküste genannt. Seit Menschengedenken zeigt der Stromboli die gleiche Tätigkeit; er fördert dauernd etwas Gas, er raucht, und in bestimmten, kurzen Abständen erfolgt eine geringe Eruption (= Ausbruch) von Asche und Lavafetzen, die aber nicht weit geschleudert werden. Dann beschränkt sich die Tätigkeit wieder auf die Gasförderung.

Die *plinianische* Tätigkeit ist nach PLINIUS dem Jüngeren genannt, der das vulkanische Geschehen des Vesuvs geschildert hat. Diese Tätigkeit ist typisch für den Vesuv, den Ätna und noch viele andere Vulkane der Erde. Der

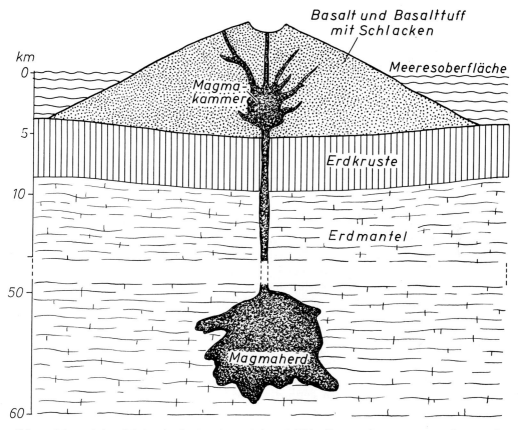

Abb. 6. Schematischer Schnitt durch einen ozeanischen Schildvulkan nach neueren Forschungen des Geological Survey der USA (nach SCHMINCKE 1971). Aus dem Magmaherd in großer Tiefe steigt das Magma zunächst höher in eine Magmakammer, die sich in dem gewaltigen Vulkankegel befindet, der sich vom Meeresboden aus aufbaut.

Vesuv war vor dem Ausbruch 79 n. Chr. Jahrhunderte ruhig gewesen. Plötzlich brach er mit großer Heftigkeit aus (explosive Tätigkeit) und förderte große Mengen von Gas und Asche; letztere begrub in kurzer Zeit die Städte Pompeji und Herkulaneum unter eine 9 m mächtige Decke. Typisch für diese Art vulkanischer Tätigkeit ist also folgender Ablauf: Ruhepause, plötzlicher Ausbruch von Gas und Asche, unmittelbar anschließend Ausfluß von Lava, dann wieder mehr oder weniger lange Ruhe des Vulkans.

Die *peléeanische* Tätigkeit ist nach der Montagne Pelée auf der Insel Martinique genannt. Dieser Vulkan brach 1902 sehr plötzlich mit katastrophaler Wucht aus und vernichtete die Stadt St. Pierre mit ihren 26 000 Einwohnern. Das Kennzeichnende dieser Erscheinung ist die plötzliche und gewaltige Explosion, das Ausstoßen von Gas und Asche, und danach tritt wieder Ruhe ein. Durch derartige explosive Ausbrüche entstanden auch die Maare der Eifel und die Durchschlagsröhren auf der Schwäbischen Alb bei Urach.

(b) Vulkanformen

Die Form des Vulkans ist in der Vorstellung des Menschen normalhin ein kegelförmiger Berg (Abb. 4). Indessen sind aber die Vulkanformen recht verschieden, und wenn wir nicht nur die Form als solche, sondern auch den materialmäßigen Aufbau und das jeweilige Abtragungsstadium einbeziehen, so präsentieren sich mannigfaltige Vulkanbauten. Wir können jedoch entsprechend dem vulkanischen Geschehen einige Vulkantypen klar herausstellen und bewußt die Übergänge zwischen diesen und die Sonderformen außer acht lassen. Im wesentlichen wird die junge Vulkanform von dem *effusiven* oder dem *explosiven Vulkanismus* gestaltet (Abb. 7).

Die *Tafelvulkane*, auch Lavavulkane und Deckenvulkane genannt, entstehen durch das flache (tafelartige) Ausfließen von dünnflüssiger, meistens basaltischer Lava aus vielfach langen Spalten der Erdkruste. Solche linearen Ergüsse können sich mehrmals wiederholen, so daß eine bedeutende Mächtigkeit von Lava entsteht; zudem ist die Ausdehnung solcher Deckenergüsse, gemessen an mitteleuropäischen Basaltvorkommen (z. B. Westerwald) gewaltig. So mißt die Lavadecke des Paraná-Beckens in Südamerika und des Columbia-Plateaus in Nordamerika bis über 1500 m und des Deccans in Indien bis 3000 m. Die ungefähre Ausdehnung dieser Gebiete ist in der erwähnten Reihenfolge 800 000, 400 000 und 1 000 000 km². Diese Zahlen dokumentieren die regionale Bedeutung dieser Lavadecken für Boden und Bodennutzung. Diese Tafelvulkane sind alt; Verwitterung und Erosion haben die großen Lavatafeln zerschnitten, sie bilden also heute nicht mehr große, zusammenhängende, ebene Flächen.

Die *Schildvulkane* (oder Lavaschild) gehören auch zu den Lavavulkanen. Sie entstehen auch effusiv, d. h. durch das Ausfließen von Lava, und zwar in diesem Falle von einer zentralen Förderstelle, von der aus die Lava nach allen Seiten abfließt, so daß ein Kegel mit kleinem Böschungswinkel entsteht, der dem Schilde eines römischen Kriegers gleicht. In Island und auf Hawaii ist dieser Vulkantyp ideal ausgebildet. Der Vogelsberg galt lange Zeit auch als Schildvulkan. Gewiß sind hier auf kleinem Raum große Mengen basaltischer Lava ausgeflossen, wodurch ein dem Schildvulkan ähnliches Vulkangebäude entstand, indessen ist aber die Lavaförderung nicht nur zentral erfolgt.

Die *Schichtvulkane*, auch Stratovulkane oder gemischte Vulkane genannt, sind der plinianischen Tätigkeit zuzuordnen. Das bedeutet, daß explosive Tätigkeit mit dem Ausstoß von Gas, Asche und Lavafetzen und effusive Tätigkeit mit Lavaausfluß einander folgen, wodurch schichtweise Lockerprodukte (Asche, Schlacken) und feste Lava den meist kegelförmigen Vulkan aufbauen. Zu diesem Vulkantyp gehören die meisten der Erde, so auch Vesuv und Ätna.

Abb. 7. Blockdiagramme der wichtigsten Vulkanformen. Der effusiven vulkanischen Tätigkeit entsprechen Tafelvulkan und Schildvulkan, der explosiven Tätigkeit Schichtvulkan, Aschenvulkan, Wallberg und Maar. Die Kaldera stellt einen alten Vulkan mit eingeebnetem Kraterboden dar, in welchem sich später neue Vulkankegel bilden können (zweite Generation). →

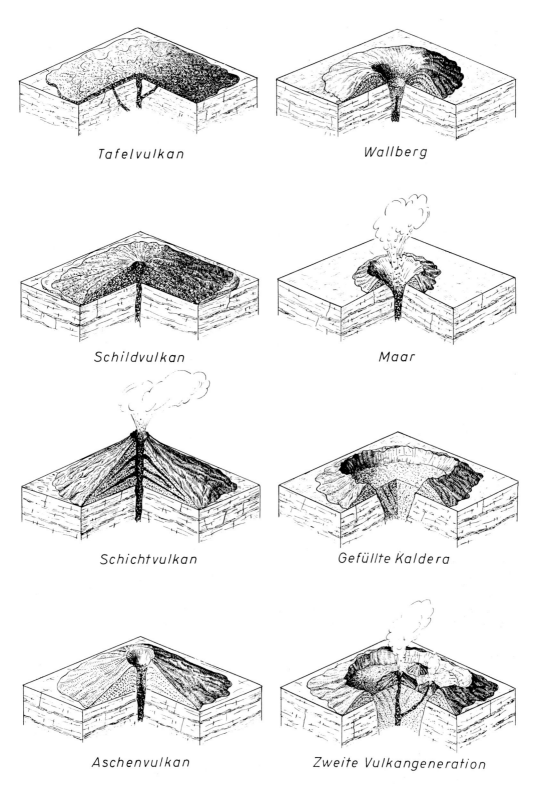

Meistens folgt der Vulkantätigkeit eine längere Zeit der Ruhe, wie es beim Vesuv bzw. Monte Somma vor dem gewaltigen Ausbruch 79 n. Chr. der Fall war.

Die *Aschenvulkane* oder Lockervulkane entstehen durch eine explosive Tätigkeit, die mehr oder weniger der strombolianischen entspricht. Diese Vulkane werden ausschließlich von Aschen, teils auch Schlacken, aufgebaut; es fehlt die Lava. Bei gleichmäßiger Förderung entsteht ein ebenmäßiger Kegel, der *kegelförmige Lockervulkan*, für den der bekannte Fujiyama Japans ein eindrucksvolles Beispiel ist. Ist der Krater sehr weit und die Höhe des Vulkans niedrig, so sprechen wir von *Wallberg* oder Ringwall. Viele Aschenvulkane dieser Art mit zentraler Förderung gibt es in den Phlegraeischen Feldern bei Neapel. Die Lockermassen können auch weite Gebiete deckenartig überkleiden, wie z. B. der Bims im Neuwieder Becken, den die Laacher Vulkane geliefert haben. Es sind die *deckenförmigen Lockervulkane*. Aus vulkanischen Glutwolken abgesetzte Massen, die durch die große Hitze miteinander verschweißt sind, nennt man *Ignimbrit*.

Die *Maare* entstanden durch eine starke vulkanische Explosion, wodurch eine rundliche Vertiefung im Nebengestein entstand, die sich später in der Regel mit Wasser füllte. Bei solchen Vulkanexplosionen wurden wenig Asche und keine oder wenig Lava gefördert. Neben den Maaren gibt es einerseits kleine Durchschlagröhren (auf der Schwäbischen Alb) und andererseits auch große Sprengtrichter von über 1000 m Durchmesser.

Die *Caldera* (auch Kaldera) stellt einen kesselartigen, weiten Krater dar mit ebenem Boden und relativ steilem Rand; meistens sind es alte Vulkane. Sie können durch gewaltige Explosionen oder langandauernde Förderung von Massen und anschließender Nachsackung (Vulkanotektonik) entstehen. Einebnung des Krater- bzw. Calderabodens durch Ab- und Auftrag von Lockermassen ist in jedem Falle anzunehmen. Auf dem Boden der Caldera bauen sich oft neue Vulkankegel auf.

Als Vulkane besonderer Art sind Quellkuppe, Staukuppe und Stoßkuppe aufzufassen. Die *Quellkuppe* (z. B. der Drachenfels im Siebengebirge) entsteht, indem das Magma in eine vorher geförderte Aschendecke eindringt und dabei einen keulenartigen Vulkankörper mit Fließstruktur bildet. Die *Staukuppe* (z. B. die Wolkenburg im Siebengebirge) wird gebildet, indem zähe Lava in einem Schlot an die Oberfläche emporgetrieben wird, die aber wegen ihrer Zähigkeit nicht ausfließt. Im Vulkanschlot bereits weitgehend erstarrte Lava kann als Gesteinszylinder durch Gasdruck über den Kraterrand hochgeschoben werden; diese Gebilde nennt man *Stoßkuppen* oder Lavanadeln (z. B. Pue du Dom in der Auvergne).

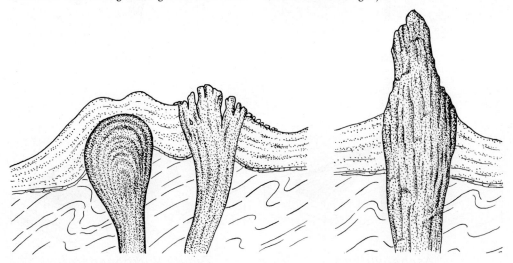

Abb. 8. Schematischer Schnitt durch Sonderformen der Vulkane: links Quellkuppe (z. B. Drachenfels im Siebengebirge), Mitte Staukuppe (z. B. Wolkenburg im Siebengebirge), rechts Stoßkuppe oder Lavanadel (z. B. Pue du Dom in der Auvergne).

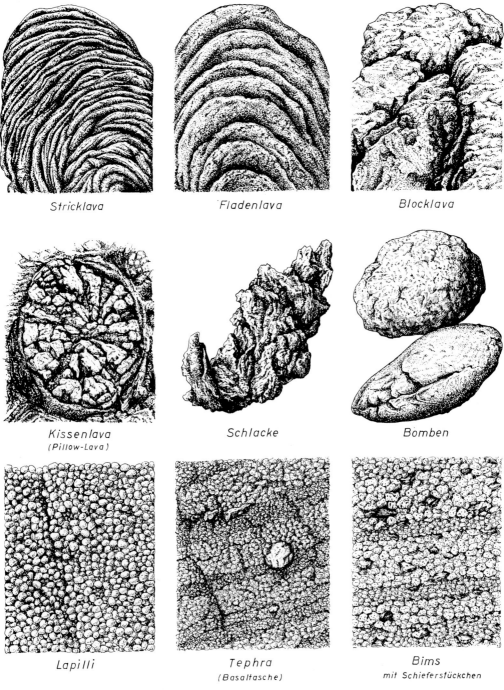

Stoffe des Vulkanismus

Abb. 9. Schematische Darstellung der von den Vulkanen geförderten Stoffe. Die Lava (glutflüssige und erkaltete Gesteinsmasse) tritt je nach Temperatur und Fließmöglichkeit (Hangneigung) in verschiedenen Formen auf: Strick-, Fladen-, Block- und Kissenlava (letztere unter Wasser erkaltet). Die Lockerprodukte (Pyroklastite) sind teils grob (Schlacken und Bomben), teils feiner (Asche=Tephra; Lapilli und Bims sind Sonderformen der Asche).

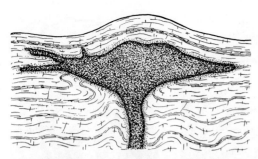

Abb. 10. Schematischer Schnitt durch einen Subvulkan, ein Lakkolith (dicht gepunktet), in Metamorphit (gewellte Linien) eingedrungen (z. B. Südwestafrika).

(c) Stoffe des Vulkanismus

An erster Stelle sollte die *Lava*, die geschmolzene, silikatische Gesteinsmasse als Förderprodukt des Vulkans genannt werden (Abb. 9). Dieser Name wird sowohl für die glühend-flüssige als auch für die erstarrte Lava gebraucht. Die vom Vulkan unmittelbar entströmende Lava hat eine Temperatur von etwa 1000 bis 1100° C, teils auch bis 1300° C (Hawaii). Je heißer und je ärmer an SiO_2 die Lava ist, desto dünnflüssiger ist sie; sie kann flüssig wie Wasser sein. An der Oberfläche erkaltete, sich aber noch bewegende Lava zerreißt in Blöcke; so entsteht die schlackenartige Brockenlava oder die eckige Blocklava. Zähflüssige Lava bricht in Schollenlava oder runzelt sich bei der Bewegung zur Seil- oder Stricklava. Fließt die Lava auf dem Meeresboden (submarin) aus, so entsteht eine kissenartige Absonderung, die Kissenlava oder Pillow-Lava.

Die vom Vulkan ausgeworfenen Lockermassen nennt man *Pyroklastite*. Sie enthalten Lavafetzen verschiedener Form und Größe, bereits erstarrte magmatische Gesteinsstücke sowie Stücke der vom Vulkan durchbrochenen Nebengesteine. Die lockeren Pyroklastite werden heute Tephra (gr. Asche), die verfestigten Tuff (ital. tufo) genannt; ist dem Tuff klastisches Sediment beigemischt, so spricht man von Tuffit. Ablagerungen von Sand- bis Staubgröße bezeichnet man je nach Korngröße als Vulkansand bzw. Vulkanstaub. Größere, poröse, leichte, helle Stückchen von kieselsäurereichem Magma nennt man Bims oder Bimsstein. Aus dünnflüssigem, basaltischem Magma werden bei der vulkanischen Eruption unregelmäßig geformte *Schlacken*, aber auch rundliche und spindelförmige *Bomben* herausgeschleudert. Rundliche, erbsen- bis nußgroße Auswürflinge heißen *Lapilli* (ital. Steinchen) (Abb. 9).

Die vulkanischen *Gasausströmungen* oder Exhalationen sind in ihrer Zusammensetzung von der Temperatur abhängig. Überwiegend sind es SO_2, HCl, H_2S, CO_2 und Wasserdampf (juveniles Wasser). *Fumarolen* (ital. fumare = rauchen) sind sehr heiße Dämpfe verschiedener Zusammensetzung, die *Solfataren* (ital. solfatara = Schwefelgrube) besitzen eine niedrigere Temperatur und scheiden Schwefel ab, und schließlich ist die *Mofette* (ital. mofeta = Ausdünstung) eine kühle, trockene Ausströmung von Kohlendioxid, das mit Wasser den Kohlensäuerling (Mineralwasser) ergibt.

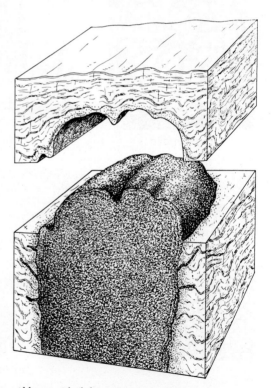

Abb. 11. Blockdiagramm eines Plutons (dicht gepunktet), der in Metamorphit (gewellte Linien) eingedrungen ist (z. B. Zentralalpen). Das über dem Pluton anstehende Gesteinspaket ist abgehoben. Die Punkte in der Berührungszone des Metamorphits mit dem Pluton sollen die Kontakt-Metamorphose im Metamorphit andeuten. (Nach H. Cloos).

2. Subvulkanismus

Der Subvulkanismus spielt sich in geringer Tiefe unter der Erdoberfläche ab, d. h. das Magma steigt nicht bis zur Oberfläche, sondern macht sich Platz in dem Gestein, in das es von unten eindringt. Dadurch entstehen je nach dem Nachgeben des Gesteins verschiedene Formen magmatischer Körper. Bekannte Subvulkane sind die pilzartigen *Lakkolithe* (Abb. 10). Hierbei hat sich das Magma zwischen die Gesteinsschichten gepreßt und diese angehoben. Bekannte Subvulkane in Deutschland sind Hohentwiel, Hohenhöven, Mägdeberg und Hohenkrähen (Südwestdeutschland) sowie der Große Weilberg im Siebengebirge. Teils zählen die Quellkuppen zu den Subvulkanen, teils stellt man die Subvulkane zu den Plutonen. Zweifelsohne stellen die Subvulkane ein Zwischenglied zwischen Vulkan und Pluton dar.

3. Plutonismus

Der Plutonismus stellt den Magmatismus in der Tiefe dar; er spielt sich ein bis mehrere Kilometer tief ab. Hierbei dringen gewaltige Magmamassen empor und bilden große Gesteinskörper, die Plutone oder Tiefengesteinsmassive genannt werden (Abb. 11). Die Abkühlung der Silikatschmelze tief unter der Oberfläche erfolgt langsam; infolgedessen entstehen Gesteine mit gut ausgebildeten, relativ großen Kristallen. Diese Gesteine nennt man

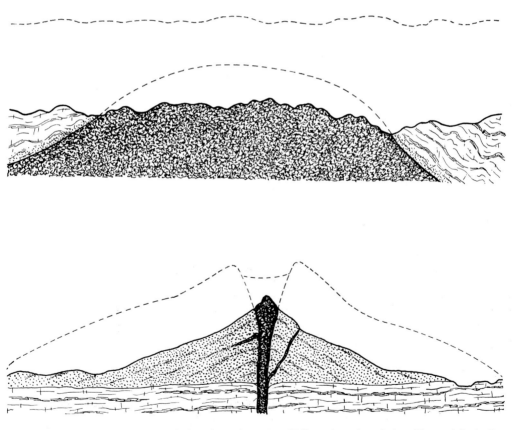

Abb. 12. Schematischer Schnitt durch die Abtragsform eines Vulkans (unten) und eines Plutons (oben). Das magmatische Gestein ist jeweils dicht gepunktet, der Rest des Aschenkegels des Vulkans ist weit gepunktet. Das metamorphe Nebengestein ist mit gewellten Linien dargestellt. Die Kontaktzone von Pluton und Nebengestein ist gepunktet. Die ursprüngliche Oberfläche des Vulkans und Plutons ist mit gestrichelter Linie angedeutet; ebenfalls ist so die Erdoberfläche zur Zeit der Plutonbildung markiert.

Plutonite, Tiefengesteine oder Intrusivgesteine. Sie verwittern schneller und lassen weichere Oberflächenformen entstehen als die feinkristallinen Vulkanite.

Die Form der Plutone ist sehr verschieden; nach dieser und ihrer Lage im Gefüge der Gesteinskruste werden sie unterteilt. Günstige Bildungsbedingungen finden die Plutone bei der Gebirgsbildung; hierbei steigen sie vorwiegend in der Zentralzone hoch. In Mitteleuropa finden wir Plutone in den Zentralalpen, im Schwarzwald, in den Vogesen, im Odenwald und im Harz. Durch die langsame Bewegung des Magmas haben die Plutonite oft eine Regelung der größeren Kristalle erhalten. Bei der Erkaltung entstand ein Kluftsystem, wodurch die Gewinnung der Plutonite als Bausteine erleichtert und die Verwitterung begünstigt wird. In den Klüften dringt nämlich die Verwitterung schneller vor, so daß sich an freistehenden Gesteinswänden die Klüfte klar abzeichnen und die sog. Wollsack-Verwitterung in Erscheinung tritt (Abb. 15).

Seiner Entstehung entsprechend liegt über dem jungen Pluton ein mächtiges Gesteinspaket, in das er eindrang. Durch Verwitterung und Abtragung seines »Daches« kommt er an die Oberfläche und ist dann dem eingehenden Studium zugänglich (Abb. 12).

4. Abtragungsformen magmatischer Körper

Nur wenige Vulkane der Erde besitzen noch ihre ursprüngliche Oberflächenform. Nach Beendigung der eruptiven Tätigkeit beginnt bereits die Zerstörung, die zunächst vor allem im Abtrag der losen Aschen besteht. Die Aschenhänge werden vom abströmenden Wasser zerfurcht; es entstehen grabenartige Runsen, die auf den Canaren Barrancas genannt werden. Nach langer Ruhe bildet sich aus dem Krater die Caldera (Abb. 7). Die Vulkane tertiären Alters sind meistens soweit abgetragen, daß die harte Schlotfüllung nun eine Bergspitze bildet, an die sich steile Hänge anlehnen. Solche Kegelberge werden bisweilen als typische Vulkane bezeichnet, indessen sind es Vulkanruinen (Abb. 12). Auch die heute durch Abtrag freigelegten Subvulkane (z. B. Hohentwiel) erwecken oft den Eindruck, typische Vulkanbauten zu sein; bei ihnen haben die exogenen geologischen Kräfte noch mehr das ursprüngliche geologische Gebilde verändert. Noch mehr gilt das für die Plutone, die ursprünglich tief in der Erde verborgen waren und durch den langwährenden Abtrag der mächtigen, überlagernden Gesteinsdecke an die Oberfläche kamen (Abb. 11 und 12); sie können dann gewaltige Bergmassive bilden, wie in den Zentralalpen und im Harz (Brocken). Daraus geht hervor, daß die heutigen Oberflächenformen magmatischer Körper nur durch eine mehr oder minder lange geologische Geschichte erklärt werden können.

5. Magmatite und ihre Minerale

Nachdem ein wichtiger Prozeß der Gesteinsbildung besprochen ist, soll nunmehr eine Übersicht über die Minerale und Gesteine des Magmatismus gegeben werden, letztere werden zusammenfassend Magmatite genannt (Tab. 3, 4 und 5).

(a) Mineral und Gestein

Bei genauer Betrachtung grobkörniger Gesteine erkennt man mit bloßem Auge, daß sie aus kleinen Bausteinen aufgebaut sind. Es sind Minerale, die – soweit es sich um Magmatite handelt – durch Kristallisation aus der Silikatschmelze entstanden. Somit stellen sie Kristalle dar, soweit ihre Atome nach bestimmten Gesetzmäßigkeiten in einem Kristallgitter geordnet sind. Ist letzteres nicht der Fall, so handelt es sich um nichtkristalline, amorphe Minerale. Die gesetzmäßige Anordnung der Atome in den Mineralen gibt ihnen bestimmte Eigenschaften: Kristallformen mit spezifischen optischen Werten, Dichte, Härte, Schmelztemperatur, Bruch, Glanz, Sprödigkeit u. a. Die Kristallformen können sich nur dann gut ausbilden, wenn die Minerale frei in einem Hohlraum (Spalten) oder in einem weichen Substrat (Ton) wachsen können. Kristallisiert jedoch die Silikatschmelze aus, so stören sich meistens die Minerale gegenseitig in der Kristallausbildung. In diesem Falle

Tab. 3: Die wichtigsten Minerale der Magmatite und ihre wichtigsten Eigenschaften

Die wichtigsten Minerale der Magmatite	Chem. Formel	Dichte	Härte	Farbe	Spaltbarkeit; Bruch	Glanz; Durchsichtigkeit	Kristallsystem, Kristallform
Quarz (Bergkristall, gemeiner Quarz, Amethyst, Rosenquarz, Citrin, Rauchquarz, Chalcedon)	SiO_2	2,65	7	farblos u. gefärbt, milchweiß	keine; musch.	Ggl.–Fgl.; ds., uds. trübe	ditrigonal (pseudo-hexagonal), derb, Kristalle
Orthoklas } Sanidin } Kalifeldspat	$KAlSi_3O_8$	2,53–2,56	6	farblos, fleischrot, weiß, grau, grünlich	vollk. z. T. weniger; musch.-uneben	Perlmgl., Ggl.; ds., trüb, uds.	monoklin, Kristalle, derb
Plagioklas = Kalknatronfeldspat, Albit = Natronfeldspat Anorthit = Kalkfeldspat	$NaAlSi_3O_8$ $CaAl_2Si_2O_8$	2,61–2,77	6–6,5	farblos, weiß, grün, grau, rot	vollk.; musch., uneben, spröd	Ggl.-Perlmgl.	triklin, leistenförmig, Viellinge, derb, Kristalle
Leuzit	$KAlSi_2O_6$	2,5	5,5–6	weißlichgrau	unvollk.; musch., spröd	Ggl.-Fgl.; uds.	tetragonal, (pseudo-regulär), Kristalle T>605° C = regulär (kubisch)
Nephelin Eläolith	$NaAlSiO_4$	2,6–2,65	5,5–6	weiß, farblos, lichtgrau, rötlich	unvollk.; musch., uneben	Fgl.-Ggl.; ds., uds.	hexagonal, Kristalle
Augit	$CaMgSi_2O_6$ + Al, Fe	3,3–3,5	6	pechschwarz, grünlichschwarz	teilw. gut; musch., uneben	Ggl. matt; uds.	monoklin, Kristalle, derb
Hornblende	$Ca_2(Mg, Fe)_5$ $(OH)_2(Si_8O_{22})$ + Al, Fe + Na, Mn, F, H_2O	2,9–3,4	5,5–6	schwarzbraun – schwarz	teilw. vollk.; rauh	Ggl.; uds.	monoklin, Kristalle, derb, faserig
Muskovit (Kaliglimmer)	$KAl_2(OH, F)_2$ $(AlSi_3O_{10})$	2,78–2,88	2–2,5	farblos, gelblich, bräunl.	vollk.; biegsam, blätterig	Perlmgl.; ds., dsch.	monoklin (ps.-hex.), Kristalle, tafelig, Blättchen
Biotit (Magnesiaeisenglimmer)	$K(Mg, Fe II)_3$ $(OH, F)_2$, $(Al, Fe III)$ (Si_3O_{10})	2,8–3,2	2,5–3	schwarz – dunkelbraun	vollk.; elastischbiegsam	Perlmgl., Mgl.; dsch.-uds.	monoklin (ps.-hex.), Kristalle, Blättchen
Apatit	Ca_5 (F, Cl, OH) $(PO_4)_3$	3,2	5	grün, gelb, blau, rosa, meist hell o. farblos	unvollk.; musch., uneben	Ggl.; dsch. – uds.	hexagonal, Kristalle, derb
Olivin	$(Mg, Fe)_2SiO_4$	3,2–4,2	6,5–7	olivgrün, gelbgrau	gut; musch.	Ggl.; ds.-dsch.	rhombisch, Kristalle, körnig

Die Abkürzungen sind auf der Tabelle 5 unten erklärt.

können wir nur mit Hilfe anderer Eigenschaften die Mineralart ermitteln. Das einfachste Hilfsmittel stellt die Farbe dar, indessen ist diese aber nicht immer spezifisch. Verläßlich ist die Härte, die mit Hilfe einer einfachen relativen Härteskala nach Fr. MOHS ermittelt wird. Es sind 10 Minerale, nach steigender Härte geordnet: 1. Talk, 2. Gips, 3. Kalkspat, 4. Flußspat, 5. Apatit, 6. Feldspat, 7. Quarz, 8. Topas, 9. Korund, 10. Diamant. Mit dem härteren kann man das weichere Mineral ritzen (Ritzhärte). Das Bestimmen der Minerale muß in einer Übung erlernt werden; darauf kann hier nicht eingegangen werden.

Ein größeres Lehrbuch der Mineralogie weist eine Fülle von Mineralen auf, so daß man annehmen könnte, es sei unmöglich, in kurzer Zeit einen Überblick über die wichtigsten Minerale und Gesteine zu gewinnen. In der Tat sind aber an der Zusammensetzung der wichtigsten Gesteine etwa 25 Minerale beteiligt, davon etwa 12 vorherrschend. Nach T. W. CLARKE enthalten die Gesteine der Erdrinde bis 16 km Tiefe folgende Mineralanteile in Gew.-%: Feldspäte und Feldspatvertreter 60, Augite und Hornblenden 16, Quarz 12, Glimmer 4, alle übrigen Minerale 8. Demnach werden 92 % der festen Erdrinde von 6 Mineralarten gebildet, indessen ist aber zu bedenken, daß die genannten Minerale Gruppen mit mehreren Arten sind.

Tab. 4: Der Anteil der Minerale am Aufbau der Magmatite (Gew.-%)

Feldspäte	59,5 %
Pyroxene und Amphibole	16,8 %
Quarz	12,0 %
Glimmer	3,8 %
Titanminerale	1,5 %
Apatit	0,6 %
Alle übrigen	5,8 %

(b) Die wichtigsten Minerale der Magmatite

Die *Hauptgemengteile* der Magmatite sind Quarz, Kalifeldspat, Kalknatronfeldspat, Leuzit, Nephelin, Muskovit, Biotit, Augit, Hornblende und Olivin. Die idealen Kristallformen dieser Minerale sind auf Abbildung 13, ihre vollkommene Ausbildung in der Natur auf Tafel 1 dargestellt; ihre Eigenschaften sind in Tabelle 3 zusammengestellt. Tabelle 4 zeigt die Anteile der Minerale am Aufbau der Magmatite.

Der *Quarz* als bekanntestes Mineral ist chemisch SiO_2, er ist sehr hart, jedoch spröde (zerspringt leicht) und in der Natur nur wenig angreifbar; darum reichert er sich bei der Umlagerung von Gesteinsmassen an (Sand). Meistens ist der Quarz farblos und durchsichtig oder weiß (Milchquarz), sind ihm färbende Stoffe beigemengt, so treten sehr verschiedene Farben auf. Klare und schöne Farben haben: Amethyst (violett), Rauchquarz (braun), Citrin (gelb), Morion (schwarz). Der glasklare, in Prismen mit Pyramide kristallisierende Quarz ist der bekannte Bergkristall. Wasserhaltiger, nicht kristallisierter Quarz ist der Opal.

Der *Kalifeldspat*, auch Orthoklas genannt, besitzt folgende Formel $KAl Si_3O_8$. Er enthält also Kalium, das bei der Verwitterung leicht frei wird, und 65 % SiO_2. Bei gleicher Dichte wie Quarz ist er nicht so hart wie Quarz, er läßt sich durch diesen ritzen, ferner ist er leicht spaltbar, wobei rechtwinkelige Spaltstücke entstehen (daher der Name »gerade zerbrechend«). Die Farbe variiert sehr: farblos, weißlich, gelblich, rot, grün. Kristallographische Abarten sind Adular, Sanidin und Mikroklin.

Der *Kalknatronfeldspat* stellt eine Mischung dar von Natriumalumosilikat ($NaAl Si_3O_8$ = Albit) und Calciumalumosilikat (Ca $Al_2Si_2O_8$ = Anorthit). Diese Endglieder Albit mit 70 % SiO_2 und Anorthit mit 45 % SiO_2 kommen selten vor, dagegen meistens die Kalknatronfeldspäte als Mischungen, auch *Plagioklase* genannt. Härte, Glanz und Spaltbarkeit sind wie beim Kalifeldspat, indessen ist aber der Spaltwinkel der Spaltstücke kein rechter wie bei Orthoklas, daher kommt der Name Plagioklas (= schief zerbrechend).

Der *Leuzit* (von gr. leukos = weiß; er ist stets weiß) ist einer der Feldspatvertreter, ein Kaliumalumosilikat mit der Formel $K AlSi_2O_6$. Er enthält weniger SiO_2 (55 %) als der Orthoklas, aber mehr K_2O (21,5 %) als dieser. Der Leuzit bildet Vielflächner (24 Deltoide) und erscheint fast rund, besitzt keine Spaltbarkeit und zerbricht unregelmäßig-zackig. Seine Härte erreicht nicht die der Feldspäte; er verwittert schnell. Früher wurden leuzitreiche Gesteine als Kalidüngemittel verwendet.

Der *Nephelin,* auch ein Feldspatvertreter, enthält noch weniger SiO_2 als der Leuzit, und zwar nur 42 %; er ist ein Natriumalumosilikat mit der Formel Na $AlSiO_4$. Das Mineral ist größtenteils farblos, aber nicht durchsichtig, sondern weißlich getrübt, gleichsam »nebelartig«; daher kommt der Name (von gr. nephele = Nebel). Seltener besitzt er eine grünliche, gelbliche oder rötliche Farbe. Er zeigt keine Spaltbarkeit, die Bruchflächen sind fettglänzend, die Härte liegt unter der der Feldspäte; er ist leicht verwitterbar. Seine Kristallgestalt bildet sechsseitige Täfelchen oder Säulchen. Die Feldspatvertreter bilden sich aus kieselsäurearmen Schmelzen, die keinen Quarz und keine Feldspäte entstehen lassen. In diesem Falle vertreten gleichsam Leuzit und (oder) Nephelin die Feldspäte.

Der *Muskovit,* auch Kaliglimmer genannt, mit der komplizierten Zusammensetzung KAl_2 $[(OH,F)_2 AlSi_3O_{10}]$ spaltet sich leicht in dünne, biegsame und elastische Platten bzw. Blättchen, er ist durchsichtig und trotz sehr geringer Härte widerstandsfähig gegen hohe Temperaturen und Verwitterung. Größere, aus Rußland eingeführte Platten wurden früher als »Fensterglas« in Schiffskajüten und in Öfen sowie in Schutzbrillen für Schweißarbeiten gebraucht (daher der Name »Moskauer Glas«). Der deutsche Name Glimmer rührt von dem Glitzern her, das die Oberfläche der Glimmerplättchen zeigt. Da der Muskovit nur schwer verwittert, finden wir ihn oft in den Sedimenten, welche aus den Trümmern anderer Gesteine entstanden, z. B. in Sand, Sandstein, Ton usw.; hierin erzeugt der Muskovit ein Glitzern, so daß der Volksmund von »Katzensilber« spricht. In vielen Stufen der Verwitterung geht er in das Tonmineral Illit über. Als hervorragender Isolator hat der Muskovit große Bedeutung in der Elektroindustrie bekommen.

Der *Biotit,* genannt nach dem französischen Physiker Jean Baptiste Biot, ist ein dunkler, oft schwarzer Glimmer mit der Formel

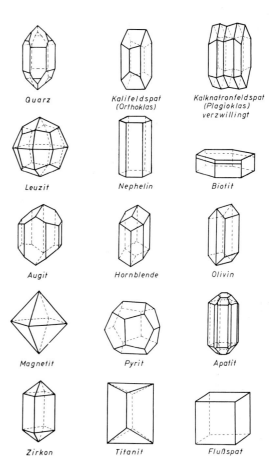

Abb. 13. Kristallformen (-modelle) der wichtigsten Minerale der Magmatite. Vom Quarz bis zum Olivin sind Hauptgemengteile, vom Magnetit bis zum Flußspat sind Nebengemengteile dargestellt.

K $(Mg,Fe)_3$ $[(OH,F)_2 \cdot AlFeSi_3O_{10}]$. Wegen des Gehaltes an Mg und Fe wird er auch als Magnesium-Eisen-Glimmer bezeichnet. Viele Eigenschaften hat der Biotit mit dem Muskovit gemeinsam (Kristallgestalt, Spaltbarkeit, Härte), indessen gibt ihm der Eisengehalt eine dunkle Farbe, eine höhere Dichte und einen geringen elektrischen Widerstand. Er verwittert schneller als der Muskovit. Muskovit und Biotit stellen Glimmergruppen dar, die viele Arten umfassen.

Der *Augit,* genannt nach seinem Glanz (von gr. auge = Glanz), vertritt wieder eine ganze Gruppe kristallographisch gleich gebauter und chemisch ähnlich zusammengesetzter, SiO_2-armer Minerale, die z. B. folgende Formel haben können Ca(Mg,Fe) $(SiO_3)_2$. Diese Mineralgruppe wird auch unter der Bezeichnung *Pyroxene* zusammengefaßt. Der Augit ist allgemein dunkel gefärbt (braun, grünlichschwarz oder schwarz), besitzt eine hohe Dichte von 3,3; seine Härte liegt unter der der Feldspäte. Die Spaltbarkeit der säulenartigen Kristalle ist sehr gut, die Spaltflächen schneiden sich unter $86^{1}/_{2}°$. Die zur Augitgruppe gehörenden Minerale, die sich in Zusammensetzung und Aussehen unterscheiden, tragen besondere Namen, wie Bronzit, Diallag, Diopsid u. a.

Die *Hornblende* (von Horn = hart; Blende = durchsichtig) ähnelt dem Augit in Farbe, Härte, Säulchenform und Dichte, indessen ist ihre Spaltbarkeit noch besser, und zwar bilden die Spaltflächen einen Winkel von 124°. Sie stellt wieder eine Mineralgruppe dar, die auch den Namen *Amphibole* trägt. Diese in Zusammensetzung und Aussehen abweichenden Minerale haben verschiedene Namen erhalten, wie gemeine Hornblende, basaltische Hornblende, Glaukophan, Strahlstein u. a. Der Strahlstein besitzt z.B. die Formel $Ca_4(Mg, Fe)_{10}[(OH)_4Si_{16}O_{44}]$.

Der *Olivin* (Name von olivgrün) entsteht in SiO_2-armen Schmelzen; er besitzt nur 30 bis 40 % SiO_2. Die chemische Zusammensetzung ist $(Mg,Fe)_2SiO_4$, aber auch andere Elemente können eingebaut sein. Der Gehalt an Mg und Fe schwankt; somit liegt wieder eine Mineralgruppe vor, so daß man von Olivinen sprechen muß. Die Endglieder der Olivine sind Mg_2SiO_4 = Forsterit und Fe_2SiO_4 = Fayalit. Die Dichte der Olivine schwankt je nach Eisengehalt zwischen 3,2 und 4,2, meist bilden sie kornartige Kristalle mit sehr schlechter Spaltbarkeit, sie brechen muschelig und splitterig, die Härte liegt zwischen Feldspat und Quarz. In SiO_2-armen Basalten ist der Olivin häufig (Olivinbasalt). Die Olivine verwittern schneller als die schon genannten Minerale.

Die wichtigsten *Nebengemengteile* der Magmatite sind Magnetit, Pyrit, Apatit, Zirkon, Titanit und Flußspat (Abb. 13). Diese und noch andere Minerale enthalten wichtige Spurenelemente für die Pflanzen (Tab. 5).

Der *Magnetit* oder Magneteisenstein: Fe_3O_4 enthält 72,41 % Fe, Dichte 5,2, Härte etwa des Feldspates, ohne Spaltbarkeit, oft schöne Kristalle des Oktaeders, schwarz, metallglänzend, magnetisch (daher der Name).

Der *Pyrit* (von gr. Feuer), Schwefel- oder Eisenkies: Eisensulfid = FeS_2, Dichte 4,9 bis 5,2, messinggelb, wichtiges Eisen- und Schwefelerz, enthält bisweilen Spuren von Gold, häufig Kristalle des Würfels und des Pentagondodekaeders (begrenzt von 12 gleichartigen Fünfecken), ohne Spaltbarkeit, muscheliger Bruch, Härte 6 bis $6^{1}/_{2}$. Schwefeleisen kristallisiert auch in rhombischen Kristallen, dem Markasit.

Der *Apatit* (von gr. täuschen): Formel $Ca_5(F, Cl, OH)(PO_4)_3$, Dichte 3,2, Härte 5, ohne Spaltbarkeit, vielfältige Farben, leicht verwitterbar, in vielen Gesteinen als kleine Körner vorkommend, fast aller Phosphor der Erdrinde entstammt ursprünglich dem Apatit, wichtige Nährstoffquelle für die Pflanzen.

Der *Zirkon* (von gr. Habicht, habichtfarben): Formel $ZrSiO_4$, Dichte 4,5, meist säulig, Härte 7,5, ohne Spaltbarkeit, spröde, muschelig bis uneben brechend, verschiedene Farben, verwittert sehr langsam.

Der *Titanit* (von gr. Gottheit): Formel $CaTiSiO_5$, Härte 5–5,5, nicht deutlich spaltbar, muschelig brechend, meist dunkelbraun, tafelig, säulig oder keilförmig, in fast allen Magmatiten vorhanden.

Der *Flußspat* (Flußmittel beim Verhüttungsprozeß): Formel CaF_2, Dichte 3,0–3,3, Härte 4, oft Würfel bildend, gut spaltbar, muschelig brechend, verschiedene Farbe, nicht nur in Magmatiten, sondern auch häufig auf Gängen (ausgefüllte Gesteinsspalten) vorkommend.

(c) Die wichtigsten Magmatite

Die Magmatite, auch magmatische Gesteine oder Erstarrungsgesteine genannt, sind die Gesteine, die unmittelbar aus dem Magma auskristallisieren. Teils entstanden sie tief unter der Erdoberfläche, wo sie langsam erkalteten und größere Kristalle bildeten; es sind die Tiefengesteine oder Plutonite. Die an oder nahe der Erdoberfläche entstandenen Magmatite erkalteten relativ schnell und bildeten kleine

Tab. 5: Minerale mit wichtigen Spurennährstoffen für die Pflanze

Minerale mit Spurenelementen	Chem. Formel	Dichte	Härte	Farbe	Strich	Spaltbarkeit; Bruch	Glanz; Durchsichtigkeit	Kristallsystem, Kristallform
Rutil	TiO_2	4,2–4,3	6–6,5	braun, schwarz, rotbraun	blaßgelb bis grün	z. T. gut; z. T. weniger gut; musch., spröd	Mgl.; dsch.-uds.	tetragonal, Kristalle, derb, Einschlüsse
Zirkon	$ZrSiO_4$	3,9–4,8	7,5	braunrot	weiß	unvollk.; musch.	Dgl.-Fgl.; ds.-uds., dsch.	tetragonal
Zinnstein	SnO_2	6,8–7,1	6–7	braunrot b. schwarz	weiß b. hellgelb	unvollk.; musch.	glänzend; dsch.-uds.	tetragonal, Kristalle, derb, körnig
Zinkblende	ZnS	3,9–4,2	3,5–4	gelb, rot, braun, schwarz	gelblich, weiß, braun	gut; spätig	Dgl.-Fgl.; ds., dsch.-uds.	regulär-tetraedrisch, Kristalle, derb, schalig
Zinkspat	$ZnCO_3$	4,3–4,5	5	weiß, gelb, graugrünl., braun, farbl.	weiß	gut; musch., uneben	Ggl. Perlmgl.; dsch.-uds.	derb, nierig, zellig, schalig
Kupferglanz	Cu_2S	5,7–5,8	2,5–3	dunkelbleigrau	dunkelgrau	unvollk.; musch.	Mgl.; uds.	rhombisch, Kristalle, derb
Kupferkies	$CuFeS_2$	4,1–4,3	3,5–4	messinggelb	grünlichschwarz	selten; musch., uneben	Mgl. (gelb); uds.	tetragonal, meist derb
Kobaltglanz	$CoAsS$	6,0–6,4	5,5	silberweiß, ins rötl.	grau	z. T. gut; musch.	Mgl.; uds.	regulär (kubisch), Kristalle, derb, körnig
Pyrolusit	MnO_2	5	2–2,5	schwarz, dunkelgrau	schwarz	gut; –	Mgl.; uds.	rhombisch, Kristalle, faserig
Pentlandit = Eisennickelkies	$(Fe,Ni)_9S_8$	4,6–5	3,5–4	licht, tombakbraun	schwarz	gut; spröd	Mgl.; uds.	regulär (kubisch), körnig
Spodumen	$LiAlSi_2O_6$	3,1–3,2	6,5–7	gelb, grau	–	gut; musch.	Ggl.; ds.	monoklin, Kristalle

Borsäure ($B_2O_3 \cdot 3H_2O$) aus Vulkanen und heißen Quellen, Borate (= borsaure Salze) z. kl. T. auf Gängen, meist in Salzlagerstätten und Boraxseen.

Haloidsalze von Brom und Jod, Sublimationsprodukte von Vulkanen, flüchtig und viele wasserlöslich, meist in Salzlagerstätten. Molybdän in Molybdänglanz Mo S_2

vollk. = vollkommen; unvollk. = unvollkommen; musch. = muschelig; Ggl. = Glasglanz; Fgl. = Fettglanz; Dgl. = Diamantglanz; Perlmgl. = Perlmutterglanz; Mgl. = Metallglanz; ds. = durchsichtig; uds. = undurchsichtig; dsch. = durchscheinend; ps.-hex. = pseudo-hexagonal.

Kristalle; es sind die Vulkanite oder auch Erguß-, Eruptiv- oder Oberflächengesteine genannt. Im Mineralbestand und somit auch chemisch sind die Plutonite und Vulkanite gleich, d. h. in großen Zügen bei gleicher SiO_2-Menge. Die feste Erdrinde bis in 16 km Tiefe besteht zu fast 90 % aus Magmatiten. Allerdings trifft das nicht zu für die Erdoberfläche, wo die Sedimentgesteine vorherrschen (Tab. 6 und 7).

Die SiO_2-reichen Magmatite besitzen mehr helle (leukokrate) als dunkle (melanokrate) Minerale, daher ist ihr Farbton im ganzen hell. Andererseits enthalten die SiO_2-armen Magmatite mehr dunkle als helle Minerale und sind daher dunkel in der Gesamtfarbe (Tab. 7). Diese Farbgebung erlaubt eine einfache, wenn auch nur grobe Orientierung über den Mineralinhalt der Magmatite. Die Magmatite können nach verschiedenen Prinzipien eingeteilt oder systematisiert werden, z. B. nach der stofflichen Zusammensetzung (mineralogisch oder chemisch), wobei eine Alkalikalk-Reihe (= pazifische Sippe) und eine Alkali-Reihe (= atlantische Sippe) unterschieden werden, ferner auch nach dem Ort der magmatischen Tätigkeit und nach dem geologischen Alter. Wir wollen bewußt im folgenden der Einfachheit wegen nach der gebräuchlichsten Einteilung, nämlich nach dem Mineralinhalt der Magmatite, vorgehen.

Die wichtigsten *Plutonite* sind Granit, Syenit, Diorit und Gabbro. Alle entstanden unter der Erdoberfläche, sind grobkristallin und verwittern schneller als die feinkristallinen Vulkanite (Tab. 6 und 7, Taf. 2).

Der *Granit* (von lat. granum = Korn) ist das bekannteste und auch das verbreiteste Tiefengestein, das vorwiegend aus Feldspäten,

Tab. 6: Chemische Zusammensetzung von Granit und Basalt (nach DALY*)*

Stoffe	Mittel aus 19 Analysen von Granit	Mittel aus 161 Analysen von Basalt
SiO_2	72,02	48,78
TiO_2	0,34	1,39
Al_2O_3	13,13	15,85
Fe_2O_3	1,46 } ca. 3 %	5,37 } ca. 12 %
FeO	1,77	6,34
MnO	0,11	0,29
MgO	0,55	6,03
CaO	1,48	8,91
Na_2O	3,50	3,18
K_2O	4,77	1,63
H_2O	0,72	1,76
P_2O_5	0,15	0,47
	100,—	100,—

Tab. 7: Die wichtigsten Magmatite mit ihren wichtigsten Mineralen und Eigenschaften

		Saure Gesteine mit über 65 % Kieselsäure		Neutrale oder intermediäre Gesteine mit 52—65 % Kieselsäure	Basische Gesteine mit weniger als 52 % Kieselsäure
Plutonite, Tiefengesteine, meist körnig		Granit	Syenit	Diorit	Gabbro
Vulkanite, Ergußgesteine, oft porphyrisch	alte	Quarz-porphyr	Porphyr	Porphyrit	Melaphyr Diabas
	junge	Rhyolith (Liparit)	Trachyt Phonolith	Andesit	Basalt
Wichtige Minerale		Orthoklas, Plagioklas, Quarz, Biotit (oder Muskovit)	Orthoglas, ± Plag., Biotit, Hornblende, *meist ohne Quarz*	Vorwiegend Na-reicher Plagioklas, Biotit, Hornblende, Augit	Ca-reicher Plagioklas, Augit, Olivin
Kennzeichnende Eigenschaften		hell = leukokrat leicht (spez.) salisch Kalifeldspat ⟵⟶ natronreicher Plagioklas ⟵ (Muskovit) ⟵⟶ Hornblende-Augit ⟵ Biotit *reich* an Kieselsäure ⟵		dunkel = melanokrat schwer (spez.) femisch ⟶ calciumreicher Plagioklas ⟶ Biotit (vorwiegend), Augit-Olivin ⟶ *arm* an Kieselsäure	

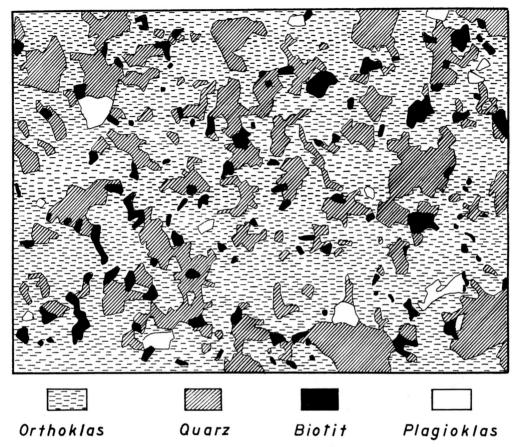

Abb. 14. Gefüge eines Granits, d. h. Anteile, Form und Verteilung der Hauptgemengteile Feldspat (Orthoklas), Quarz und Glimmer (Biotit), untergeordnet Plagioklas. Gezeichnet nach einem Anschliff.

Quarz und Glimmern besteht (Abb. 14). Ein typischer Granit enthält: 30 % Kalifeldspat, 36 % kieselsäurereicher Kalknatronfeldspat, 26 % Quarz, 7,0 % Biotit, 0,5 % Muskovit, 0,5 % Apatit, Titanit und andere Nebengemengteile. Bei diesen Prozentangaben müssen wir einen gewissen Spielraum unterstellen. Der Gesamtgehalt an SiO_2 beträgt 70 % (Tab. 6), der Anteil an Alkalien ist hoch, an Eisen, Calcium und Magnesium relativ gering. Der Quarz erscheint grau (glasig), die Feldspäte weißlich, gelblich oder rötlich, selten grünlich, der Biotit schwarz. Neben Biotit können auch Augit und Hornblende beteiligt sein. Beim Emporsteigen des Magmas kann dieses auch Stücke vom Nebengestein aufgenommen haben, das sich von der Granitmasse deutlich unterscheidet. Überwiegend sind die beteiligten Minerale spezifisch leicht, so daß die Dichte des Granits etwa 2,7 ausmacht. Der Granit verwittert relativ leicht, bevorzugt auf den Klüften (feine Risse), wodurch die Granitmassive in meist rechteckige Blöcke zerlegt werden; so entsteht die sogenannte Wollsack-Struktur (Abb. 15). Der Granit ist ein wichtiger Baustein seit Jahrhunderten. Er kommt vor im Erz- und Riesengebirge, im Harz, Schwarzwald und Odenwald; große Verbreitung hat er in Nordeuropa, in Afrika und Nordamerika.

Der *Syenit* (von Syene, heute Assuan) ist dem Granit sehr ähnlich. Er unterscheidet sich von diesem hauptsächlich durch folgendes: keinen oder nur sehr wenig Quarz, etwa 70 % Feldspäte insgesamt, viel Alkalifeldspat (daher hoher Alkaligehalt) oder auch Feldspatvertreter, dunkle Minerale wenig mehr als beim Granit. Der Syenit steht also dem Granit sehr nahe.

Abb. 15. Verwitterungsform des Granits, sog. Wollsackverwitterung (z. B. Fichtelgebirge). Die Verwitterung setzt an den Texturfugen des Granits an, d. h. an den bei der Bewegung und Abkühlung des Magmas entstandenen »Schwächezonen«.

Der *Diorit* (von gr. diorizein = unterscheiden) ist wie der Granit grobkörnig, die Kristalle sind selten vollkommen ausgebildet und liegen richtungslos; seine Farbe ist im ganzen ziemlich dunkel (Taf. 2). Im Mineralbestand bestehen wesentliche Unterschiede gegenüber dem Granit: kein oder sehr wenig Quarz und Kalifeldspat, aber viel kieselsäureärmer und calciumreicher Kalknatronfeldspat sowie Biotit und Hornblende oder Augit. Infolge des größeren Anteils an eisenhaltigen Mineralien ist seine Farbe im ganzen dunkler als die des Granits, und seine Dichte liegt höher als bei diesem, nämlich bei 2,7 – 3,0. Der Diorit ist vergesellschaftet mit dem Granit, so z. B. in den Alpen, im Schwarzwald und in den Vogesen.

Der *Gabbro* (genannt nach der Lokalität Gabbro in Toskana) ist ebenfalls grobkörnig, aber im ganzen grauschwarz, obschon das Verhältnis von hellen zu dunklen Mineralen etwa 1 : 1 ist (Taf. 2). Er enthält keinen Quarz und keinen Kalifeldspat, aber viel kieselsäureärmen und calciumreichen Kalknatronfeldspat (Plagioklas) sowie viel Augit (daher Dichte von 2,9–3,1), seltener Hornblende, teils auch Olivin. Wegen des geringen Gehaltes an SiO_2 (nur 48 %) und des hohen Anteiles an CaO (14 %) und MgO (8 %) bezeichnet man den Gabbro und ähnliche Gesteine als basisch, die granitischen Gesteine dagegen als sauer. Der Gabbro kommt nicht häufig vor (Harz, Schlesien, Labrador, Lake Superior).

Der *Peridotit* (genannt nach dem edlen Olivin Peridot) wird als ultrabasisch bezeichnet, da er nur 43 % SiO_2 enthält, aber einen hohen Gehalt an MgO (43,5 %) und Eisen. Seine wichtigsten Minerale sind Olivin mit 66 % und Enstatit (eine Augitart) mit 31 %. Der viele Olivin verleiht ihm eine dunkelgrüne Farbe und eine hohe Dichte von 3,3. Der Peridotit ist selten, er wird aber in großer Verbreitung unter der Erdkruste vermutet.

Die *Vulkanite* oder Ergußgesteine bilden die Magmatite der Erdoberfläche. Das Magma wurde von Vulkanen (daher Vulkanit) an die Erdoberfläche (daher Oberflächengesteine) befördert, wo es sich als Lava ergießt (daher Ergußgesteine). Im Gegensatz zu den Plutoniten erkalten die Vulkanite schneller, für die Kristallisation bleibt weniger Zeit, und infolgedessen bleiben die Minerale überwiegend klein, so daß sie mit bloßem Auge und mit Lupe meist nicht erkennbar sind. Im Magma mancher Vulkanite sind einzelne größere Kristalle schon in der Tiefe entstanden; sie sind gerichtet oder richtungslos in der feinkörnigen Masse verteilt und bilden die porphyrische (von Porphyr) Struktur. Nur selten kommt es nicht zur Mineralbildung, es entsteht dann ein vulkanisches Glas, dessen Zusammensetzung nur chemisch ermittelt werden kann. Entsprechend der mineralogischen und chemischen Zusammensetzung der Plutonite ist eine Einteilung der Vulkanite möglich, also von SiO_2-reichen, hellen zu SiO_2-armen, dunklen Vulkaniten. Wir brauchen also hier nur die Vulkanite den entsprechenden Plutoniten zuzuordnen. Allerdings wollen wir darüber hinaus eine Einteilung in alte (paläozoische) und junge (tertiäre und quartäre) Vulkanite vorsehen. Bei beiden Gruppen ist der Mineralbestand in großen Zügen gleich, jedoch haben teilweise bei der älteren Gruppe infolge des hohen geologischen Alters Neubildungen von Mineralen stattgefunden, so daß auch aus diesem Grunde die Trennung in »alt« und »jung« gerechtfertigt ist. Es ergibt sich nach diesen Prinzipien die in Tabelle 7 vorgenommene Parallelisierung mit den Plutoniten, die bewußt vereinfacht ist.

Der *Quarzporphyr* (von gr. porphyreos = purpurfarbig, weil oft rot) hat eine porphyrische Struktur, d. h. größere Kristalle (Feldspat und/oder Quarz) befinden sich in einer »dichten« Masse aus kleinen und kleinsten Mineralkörnchen, bisweilen teils aus Glas. Seine Farbe ist mannigfaltig: grau, gelblich, bräunlich oder rötlich. Der Mineralbestand ist granitisch.

Der *Rhyolith* oder *Liparit* (von den Liparischen Inseln) hat die gleiche Zusammensetzung wie der Quarzporphyr, aber er gehört zu den jungen Vulkaniten; seine Farbe ist hellgelblich oder weißlich. Chemisch gleich sind der *Obsidian*, ein schwarzes vulkanisches Glas, der bei schneller Erkaltung der Schmelze entsteht, und der rhyolithische *Bimsstein,* der im Gegensatz zum Obsidian Wasser und Gas abgegeben hat und dadurch porös wurde. Die gleiche magmatische Schmelze hat also verschiedene Erscheinungsformen ergeben.

Der *Porphyr* hat die gleiche Struktur und das gleiche Alter wie der Quarzporphyr, aber syenitische Zusammensetzung.

Der *Trachyt* (von gr. trachys = rauh, da porös) besitzt ebenfalls syenitische Zusammensetzung, gehört aber zu den jungen Vulkaniten (Taf. 2). Ein bekannter Trachyt ist der des Drachenfels im Siebengebirge am Rhein; er besitzt große Einsprenglinge von glasigem Kalifeldspat, dem Sanidin.

Der *Porphyrit* stammt aus dioritischem Magma und gehört den alten Vulkaniten an. Die Einsprenglinge der porphyrischen Struktur bilden Alkalifeldspäte oder Kalknatronfeldspäte; ferner enthält er Hornblende, Augit oder Biotit.

Der *Latit* (Name von der Landschaft Latium) gehört zu den jungen Vulkaniten und steht mit seiner Mineralzusammensetzung zwischen Trachyt und Andesit.

Der *Andesit* (Name von den Anden Südamerikas) stellt den jüngeren Vulkanit des dio-

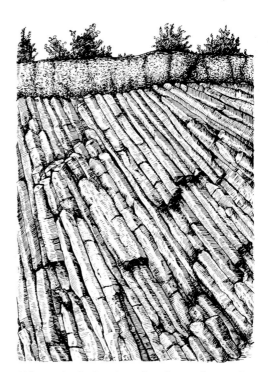

Abb. 16. Säulenförmige Absonderung des Basaltes (z. B. bei Linz a. Rhein), entstanden durch Volumenschwund bei der Abkühlung des Magmas. Das feste Gestein ist von Verwitterungsschutt überlagert.

ritischen Magmas dar; er hat meist eine mittelgraue Farbe (Taf. 2). Er kommt im Siebengebirge, im Saar-Nahe-Gebiet, im Harz, in Sachsen und Thüringen vor. Gestein gleicher Art und gleichen Alters mit Quarz nennt man *Dazit* (von Dazien = Siebenbürgen).

Der *Diabas* (von gr. hindurchschreiten, da sie andere Gesteine durchbrochen haben) besaß ursprünglich mineralogisch eine gabbroide Zusammensetzung, er hat vorkarbonisches Alter und sich meistens in der langen Zeitspanne in seinem Mineralbestand stark verändert; dadurch ist er grünlich geworden, vor allem durch die Neubildung von Chlorit und grüner Hornblende.

Der *Melaphyr* (von gr. melas = schwarz und phyrein = besprengen) hat karbonisches und permisches Alter und zeigt eine grauschwarze Farbe; oft ist die Struktur porphyrisch. Häufig ist er mehr oder weniger verwittert. Die Vorkommen im Nahegebiet sind besonders bekannt.

Tab. 8: Chemische Charakteristik, Oberflächenformen, Verwitterung, Bodenart und wichtige Pflanzennährstoffe der Magmatite Mitteleuropas

Gestein	Chemische Charakteristik des Gesteins	Oberflächenformen	Angriff der Verwitterung	Bodenart oder Textur	Wichtige Pflanzennährstoffe
Plutonite oder Tiefengesteine (grobkörnig)	sauer (Granit)	sanfte Bergformen im Kern der Gebirge (Alpen, Schwarzwald, Odenwald, Riesengebirge, Harz), teils auch steile Formen	schnell und tiefgreifend	grusiger, stark sandiger Lehm	kalireich, mäßig Ca, Mg u. P
	basisch (Gabbro)			schwach grusiger Lehm	reich an Ca u. Mg, mäßig K, relativ viel P
Vulkanite oder Ergußgesteine (sehr feinkörnig) und deren Tuffe	sauer	Gestein (Trachyt) steile Kegel (Siebengebirge, Nahe, Mitteldeutschland)	langsam, daher flachgründig	steiniger, stark sandiger Lehm	kalireich, mäßig Ca, Mg u. P
		Tuff (Trachyttuff) sanftere Formen (Siebengebirge)	schnell und tiefgreifend	grusiger, stark sandiger Lehm	
	basisch	Gestein (Basalt) steile Kegel (Siebengebirge, Eifel, Hessen, Südwestdeutschland)	langsam, daher flachgründig	steiniger, schwerer Lehm	reich an Ca u. Mg, mäßig K, relativ viel P
		Tuff (Basalttuff) sanftere Formen (Eifel, Südwestdeutschland)	mittelmäßig	grusiger Lehm, teils leichter	

Der *Basalt* (den lateinischen Namen »basaltes« gab es schon im Altertum) ist der junge Vertreter des gabbroiden Magmas; er ist weitverbreitet, auch in Mitteleuropa (Taf. 2). Seine mineralogische Zusammensetzung, die natürlich variiert, ist z. B.: Kalknatronfeldspat 45 %, Augit 50 %, Erze, Apatit und Olivin 5 %. Das ist ein Feldspatbasalt mit einer Dichte von 2,8, der am häufigsten vorkommt und eine grauschwarze oder schwarze Farbe trägt. Statt Feldspäte können auch Feldspatvertreter in diesem Gestein auftreten; das ist der *Tephrit*. Die Basalte haben bei der Abkühlung durch Volumenschwund oft mehreckige Säulen gebildet (Abb. 16), teils sind plattige oder unregelmäßige Absonderungen entstanden. Der körnige Basalt wird *Dolerit* genannt.

Der *Pikrit* entspricht im Mineralbestand und chemisch dem Peridotit; er ist wenig verbreitet und wird der Vollständigkeit wegen genannt.

Die *Ganggesteine* nehmen in bezug auf den Entstehungsort eine Zwischenstellung ein zwischen Plutoniten und Vulkaniten. Sie bildeten sich in Spalten der Erdkruste, die sie ausfüllten; so entstanden Gänge. Sie können, wie die übrigen Magmatite, mineralogisch gegliedert werden. Darauf kann hier nicht näher eingegangen werden.

6. Einfluß des Magmatismus auf Oberflächenformung und Bodenentstehung

Im Kapitel V a 1 (b) sind die Vulkanformen und ihre Entstehung bereits erläutert. Entscheidend für die jeweilige Oberflächenform ist die Förderung und Aufhäufung von magmatischem Material. Ferner hängt die Oberflächenform davon ab, mit welcher Energie die Förderung stattfindet und ob diese aus einem zentralen Schlot, aus mehreren Ausbruchsstellen, aus einem Spalt oder mehreren geschieht. Sodann ist bedeutsam, ob es sich um lockeres (Aschen) oder festes (Lava) Material handelt. Davon ist vor allem die Herausmodellierung der Abtragsformen abhängig (Tab. 8).

Soweit die Vulkane einen kegelförmigen Bau besitzen, sind sie als solche unverkennbar. Meistens sind ihre Hänge steil, so daß die Bodenbildung durch die Abtragungstendenz dauernd gestört wird. Im allgemeinen sind deshalb die Böden flachgründig, besonders auf den Festgesteinen. Für die landwirtschaftliche Nutzung sind diese Hänge wegen Steilheit und Flachgründigkeit nicht geeignet. Bei der forstlichen Nutzung sollte ein geschlossener Bestand angestrebt werden, der den meist geringmächtigen Boden vor Abtrag schützt. Auf den ebenen Gesteinsdecken der Tafelvulkane dagegen kann die Bodenbildung ungestört verlaufen, so daß trotz langsamer Verwitterung mit der Zeit ein mächtigerer Boden entsteht, der je nach den klimatischen Bedingungen bodentypologisch gestaltet ist.

Die freigelegten Plutone bilden je nach Abtragsenergie sehr verschiedene Oberflächenformen. Im Hochgebirge finden wir im allgemeinen steile Reliefformen, wenn auch die körnige Struktur dieser Gesteine eine relativ schnelle Verwitterung und Rundung des Reliefs begünstigt. Die Verwitterung ist natürlich ferner von den jeweiligen Klimabedingungen abhängig.

Die vulkanischen Lockermassen werden zwar bisweilen auch kegelförmig aufgeschüttet, indessen ist die Verbreitung ausgedehnter Aschendecken bedeutender, z. B. die Trachytasche der Laacher Vulkane sowie die Aschen und Tuffe der übrigen Eifel und des Westerwaldes sowie die Rhyolithasche im nördlichen Neuseeland. Im allgemeinen handelt es sich dabei um ebene und wenig geneigte Reliefformen, so daß Bodenbildung und Nutzung nicht gestört sind. Auf diesen Aschen und Tuffen entstehen weltweit warme, nährstoffreiche und gut bearbeitbare Böden. Bodenkundlich sind aber nicht nur die mächtigeren Aschen- und Tuffdecken wichtig, sondern auch dünne Auflagen von ursprünglich etwa 5 bis 25 cm, die durch Tiere und Pflanzen mit dem unterlagernden Boden vermischt wurden. Inzwischen kann die Asche bzw. der Tuff so stark verwittert sein, daß sie bzw. er mit bloßem Auge zwar nicht mehr, wohl aber mit Hilfe mineralogischer Methoden erkennbar ist, sich aber auch im Bodenwert deutlich kundtut.

Generell sind die SiO_2-reichen Magmatite (Granit, Quarzporphyr, Rhyolith) kalireich, aber ärmer an Calcium, Magnesium und Phosphor, dagegen sind die SiO_2-armen Gesteine (Gabbro, Diabas, Melaphyr, Basalt) relativ reich an Calcium, Magnesium und Phosphor, jedoch relativ arm an Kali. Syenit, Porphyr und Trachyt stehen in bezug auf den Mineralbestand den SiO_2-reichen Magmatiten nahe; Diorit, Porphyrit und Andesit stehen zwischen den SiO_2-reichen und den SiO_2-armen Gesteinen. Diese so gegebenen natürlichen Nährstoffvorräte sind für die Pflanzen sehr bedeutsam vor allem dann, wenn eine Düngung mit Handelsdünger nicht oder nicht ausreichend erfolgen kann (Wald und nicht erschlossene Länder). Meistens besitzen die Böden der Magmatite, vor allem die aus den SiO_2-armen Gesteinen, ausreichend Spurennährstoffe, in einzelnen Fällen jedoch nicht. Ein eindrucksvolles Beispiel dafür ist die Kobaltarmut eines bestimmten Granits im Schwarzwald, wodurch eine Mangelerkrankung (Hinschkrankheit) beim Rindvieh verursacht wird.

b. METAMORPHOSE DER GESTEINE

Unter der Metamorphose der Gesteine wird ihre Umwandlung unter veränderten Druck- und (oder) Temperaturbedingungen verstanden, d. h. die betreffenden Gesteine gelangen unter andere Druck- und (oder) Temperaturbedingungen und passen sich diesen physikalisch und chemisch an. Dieser Prozeß spielt sich unterhalb der Zone der Verwitterung ab, so daß diese nicht als Metamorphose gilt. Auch Sedimentation und Diagenese (Verfestigung) der Gesteine sind auszuschließen, ferner auch die Aufschmelzung der Gesteine in großer Tiefe. Dagegen wird eine Umwandlung der Gesteine in der Tiefe durch chemische Einwirkungen zur Metamorphose gestellt. Die Abgrenzung der Metamorphose ist schwierig, da es naturgemäß Übergänge zu anderen Prozessen in der Erdkruste gibt.

Die Metamorphose kann also je nach der Art und dem Grad der einwirkenden Kräfte sehr verschieden sein, zudem wirken sich diese Kräfte auf die mannigfaltigen Gesteinsarten verschieden aus. Wenn wir sehr vereinfachen, so können wir die Metamorphosen nach den einwirkenden Kräften und nach den Auswirkungen dieser Kräfte in einige Arten zusammenfassen.

1. Kontaktmetamorphose

Die Kontaktmetamorphose stellt die Veränderung der Gesteine dar, welche diese an der Berührungsfläche (Kontakt) mit dem Magma erfahren (Abb. 17). Diese Veränderung ist je nach Temperatur, Druck und Zusammensetzung sowohl des Magmas als auch des Nebengesteins verschieden. Im Kontakt mit den schnell erkaltenden Ergußsteinen ist die Metamorphose geringer als im Kontakt mit langsam erkaltenden Plutonen. Den Einwirkungsbereich des Magmas im Nebengestein nennt man Kontakthof, der bei Vulkanen einige Meter, bei Plutonen einige Kilometer messen kann, wie bei dem Brocken-Pluton im Harz. Teilweise ist hierbei nur die Temperatur *(Thermometamorphose)* wirksam, wodurch eine Umkristallisation stattfinden kann, z. B. kann aus einem Kalkstein-Sediment ein Marmor entstehen.

Vielfach läuft die Kontaktmetamorphose mit Stoffzufuhr ab (Abb. 17, unten). Teils sind es leichtflüchtige (Kontakt-Pneumatolyse) und teils lösliche Bestandteile des Magmas, die in das Nebengestein eindringen, hier niedergeschlagen werden oder mit dem Nebengestein reagieren. Werden hierbei Stoffe aus dem Nebengestein durch zugeführte verdrängt und neue Minerale gebildet, so liegt eine Kontakt-Metasomatose vor.

Die Veränderungen, welche das Nebengestein erfährt, sind mannigfach. Durch die vom Magma ausgehende Hitze werden Eisenverbindungen im Nebengestein oxidiert, das Nebengestein wird dadurch ziegelrot gefärbt. Durch die Hitze wird das Volumen des Nebengesteins vergrößert, und beim Erkalten findet wieder ein Volumenschwund statt, wobei eine Absonderung in Strukturkörper, z. B. in Säulen, erfolgen kann, wie bei Sandstein beobachtet wurde. Weicher Ton kann durch die Hitze gehärtet, gebrannt werden, auch kann Gestein an der Oberfläche bis zum Schmelzen erhitzt werden und eine Glasur erhalten. Tonschiefer und andere Tongesteine werden zu Hornfels (z. B. am Brocken) gehärtet, aus Tonmergel entsteht Kalksilikat-Hornfels (Taf. 4). Gesteine mit einem geringen Gehalt an organischen Bestandteilen erhalten gut sichtbare, dunkle Gebilde; je nach Form spricht man von Knotenschiefer, Fleckschiefer und Fruchtschiefer (Taf. 4). Hierbei handelt es sich um thermisch bedingte Mineralneubildungen. Weit wichtiger sind Neubildungen, welche durch die Stoffzufuhr aus dem Magma in das Nebengestein bedingt sind. Es handelt sich dabei unter anderem um die wirtschaftlich wichtigen Konzentrationen von Metallen, z. T. Edelmetallen, wie Gold, Silber, Platin, Wolfram, Blei, Zinn, Quecksilber u. a. Hierbei entstehen auch neue Minerale, z. T. wertvolle Edelsteine, wie Turmalin und Topas. In die Kontakthöfe basischer Magmen können heiße Dämpfe, die Calcium- und Magnesium-Ionen enthalten, einströmen und die Bildung von Montmorillonit bewirken. Dieser kann im verwitterten Nebengestein bodenbürtigen Montmorillonit vortäuschen.

2. Regionalmetamorphose

Die Regionalmetamorphose erfaßt ausgedehnte Krustenregionen der Erde, und zwar meistens im Zusammenhang mit Bewegungen in der Erdkruste, mit der Gebirgsbildung. Dabei

Abb. 17. Schematische Darstellung der Kontaktmetamorphose. Schnitt durch einen Vulkan und durch einen Pluton (vertikal und horizontal) mit Nebengestein. Die magmatischen Körper sind dicht gepunktet. Das Nebengestein ist mit gewellten Linien dargestellt und seine metamorphe Zone ist je nach Intensität der Metamorphose (am Kontakt intensiver) dichter oder weiter gepunktet. ➡

Kontaktmetamorphose am Vulkan
(Vertikalschnitt)

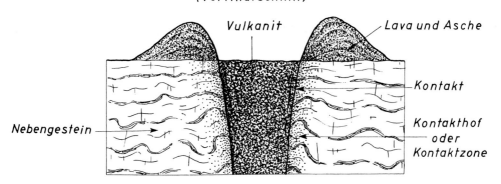

Kontaktmetamorphose am Pluton
(oben Vertikalschnitt, unten Horizontalschnitt)

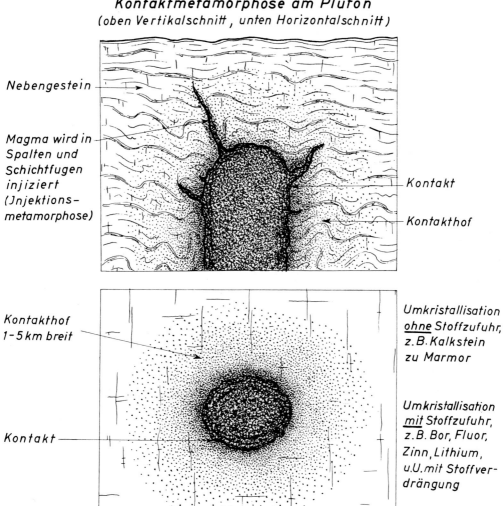

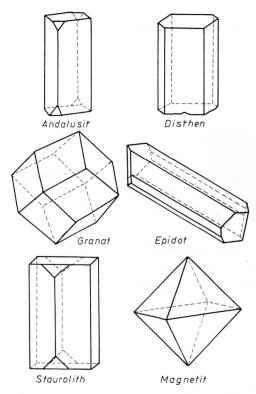

Abb. 18. Kristallformen (-modelle) wichtiger Minerale der Metamorphite.

handelt es sich zwar auch um Wärmeeinfluß, da diese Vorgänge in der Regel tief unter der Erdoberfläche ablaufen. Aber wichtiger noch ist die Druckwirkung, die als allseitiger Belastungsdruck oder (und) einseitiger Druck (auch Streß genannt) auftreten kann. Wird die Metamorphose hauptsächlich durch Druck ausgelöst, so spricht man auch von *Dynamometamorphose*.

Diese Kräfte wirken im allgemeinen sehr langsam, so daß sich die Gesteine mit ihren Mineralen an die neuen Beanspruchungen anpassen können. Diese Anpassung geschieht im wesentlichen, indem sich die Minerale der Druckbeanspruchung entsprechend einregeln, d. h. die Längsachsen der Minerale werden parallel zur Druckrichtung gelegt, wodurch ein lagiges, schiefriges Gesteinsgefüge entsteht, das beim Gneis besonders typisch ist (Taf. 4). Dieses Gefüge hat die frühere Bezeichnung »Kristalline Schiefer« für die Metamorphite veranlaßt. Hohe Temperatur und hoher Druck führen aber auch zu einer Umkristallisation,

ohne daß dabei eine stoffliche Umgestaltung einzutreten braucht, z. B. entsteht aus feinkörnigem Kalkstein der Marmor, dessen Calcitminerale eine verschiedene Größe erhalten können (Taf. 4). Es entstehen aber bei dieser Metamorphose vielfach auch neue Minerale, die für diesen Vorgang spezifisch sind, z. B. Granat, Sillimanit und Disthen (Taf. 3). Bei diesen Neubildungen veranlaßt der hohe Druck eine dichtere Packung der Atome, z. B. kann aus Forsterit und Anorthit ein Granat entstehen, wobei sich das Volumen um 13 % verringert. Bei der Umkristallisation stören sich vielfach die Minerale im Wachstum, so daß sie meist nicht ihre Kristallformen ausbilden können, es entsteht ein kristalloblastisches (gr. blastein = sprossen) Gefüge. Hingegen sind aber einige dazu sehr wohl imstande, z. B. bilden sich der Granat und der Staurolith voll aus, eine Erscheinung, die Blastese genannt wird. Bei starker Druckerhöhung, vor allem bei einseitigem Druck, zerbrechen das Gestein und die Minerale; in diesem Falle handelt es sich um eine mechanische Metamorphose, die auch als *Kataklase* bezeichnet wird. Durch sie entsteht ein Gestein, das aus kantigen Stücken besteht, die Breccie; starke Zertrümmerung des Gesteins führt zu Mylonit.

Der Grad der Metamorphose ist naturgemäß sehr verschieden und hängt im großen betrachtet von der Tiefenlage des Gesteins unter der Oberfläche ab. Indessen ist zu berücksichtigen, daß der Druck nicht allein von der Tiefenlage abhängt, sondern auch ein hoher seitlicher Druck in geringerer Tiefe wirksam werden kann. Nach Tiefenlage und Umwandlungsgrad unterscheidet man von oben nach der Tiefe folgende Zonen der Metamorphose: Epizone, Mesozone und Katazone.

3. Minerale der Metamorphite

Durch die Metamorphose werden neue Minerale gebildet, die spezifisch für die Metamorphite (Tab. 9, Abb. 18, Taf. 3), d. h. für die durch die Metamorphose entstandenen Gesteine, sind, hingegen nicht für die Magmatite und Sedimente. Die Metamorphite enthalten zwar meistens überwiegend Minerale, die auch

Tab. 9: Einige typische Minerale der Metamorphite (Kristalline Schiefer) und ihre wichtigsten Eigenschaften

Name	Chemische Formel	Dichte	Härte	Farbe	Kristallsystem
Sericit (Abart des Muskovits)	$KAl_2(OH)_2[AlSi_3O_{10}]$	2,78–2,88	2–2,5	gelblich	monoklin, feine Blättchen
Chlorit	Wasserhaltiges Magnesium-Aluminium-Silikat, z. B. $Mg_4Al_2(OH)_8[Al_2Si_2O_{10}]$	2,55–2,95	1–2,5	dunkelgrün	monoklin, schuppig
Talk	$Mg_3(OH)_2Si_4O_{10}$	2,7–2,8	1	weiß oder gefärbt	monoklin, derb u. feinschuppig
Epidot	$Ca_2(Al,Fe)_3(OH)Si_3O_{12}$	3,3–3,5	6–7	dunkelgrün	monoklin
Andalusit	Al_2SiO_5	3,1–3,2	7,5	rötlichgrau, verschieden gefärbt	rhombisch
Sillimanit	Al_2SiO_5	3,2	6–7,5	gelbgrau, graugrün	rhombisch
Disthen	Al_2SiO_5	3,6–3,7	4–4,5 u. 6–7	blau, auch weiß, rosa u. a.	triklin
Granat (z. B. Pyrop)	$Mg_3Al_2Si_3O_{12}$	3,5	6,5–7,5	verschieden, Pyrop blutrot	regulär

Ferner Quarz, Feldspäte (bes. Albit), Glimmer, Pyroxene, Amphibole, Staurolith, Carbonate, Dolomit, Roteisen (Fe_2O_3), Magnetit (Fe_3O_4), Rutil (TiO_2), Korund (Al_2O_3), Graphit (C).

in den Magmatiten, teils auch in den Sedimenten auftreten, indessen sind die für die Metamorphose spezifischen Minerale meistens nur untergeordnet, sie können auch ganz darin fehlen. Von dieser Mineralgruppe können hier die wichtigsten beschrieben werden, d. h. diejenigen, welche eine große Verbreitung haben oder (und) durch ihre Eigenart besonders hervortreten. Ihre idealen Kristallformen (-modelle) zeigt die Abbildung 18, ihre vollkommene Ausbildung in der Natur die Tafel 3; ihre Eigenschaften sind in Tabelle 9 zusammengestellt.

Die *Aluminiumsilikate* mit der Zusammensetzung Al_2SiO_5 entstehen in metamorphen Gesteinen mit Tonerdeüberschuß und bilden drei wichtige Modifikationen: Andalusit, Sillimanit und Disthen.

Der *Disthen* (von gr. dis = zweierlei und sthenos = Kraft; wegen verschiedener Härte) entsteht bei sehr hohem Druck, besitzt die dichteste Packung und hat daher eine hohe Dichte von 3,5 bis 3,7, bei einer Härte von 4–4,5 und 6–7. Er ist meistens blau (Taf. 3), dann auch Cyanit (gr. blau) genannt, tritt aber auch weiß, gelb und grün auf. Er bildet breitstengelige Kristalle, breite Täfelchen oder auch strahlige, faserige Aggregate. Nach der Hauptkristallfläche ist er gut spaltbar, ähnlich wie Glimmer; diese Fläche ist glänzend.

Der *Sillimanit* (Name von einem amerikanischen Mineralogen) ist zwar chemisch wie der Disthen zusammengesetzt, aber er ist bei weniger hohem Druck, wenn auch bei hoher Temperatur gebildet worden. Er bildet weißliche Stengel oder Fasern, die in bestimmten Metamorphiten die Schieferungsflächen bedecken; auch graue, blaue, grünliche und braune Farben kommen vor. Die Dichte ist 3 bis 3,2, die Härte 6 bis 7,5.

Der *Andalusit* (Name von Andalusien) ist das dritte Mineral mit der Formel Al_2SiO_5; er entsteht bei niedrigen Temperaturen und Drukken. Er bildet vierseitige, dicke Prismen; die Farbe ist bräunlich (Tafel 3), rötlich, graublau, fast schwarz oder grünlich. Die Dichte ist 3,1 bis 3,2, die Härte 7 bis 7,5, die Kristalle sind spaltbar nach der Prismenfläche.

Der *Granat* ist ein besonders charakteristisches und verbreitetes Mineral der Metamorphite (Tafel 3); nur selten kommt er in Magmatiten vor, jedoch ist er nur in geringen Mengen als Verwitterungsrest in den Sedimenten verbreitet. Sein Name wurde wahrscheinlich von Granatapfel hergeleitet, und zwar wegen der rundlichen Form dieses Minerals und der roten Farbe der besonders auffälligen Granate. Die rundliche Form ist meistens von 12 Flächen (Rhomben) oder 24 Flächen (Deltoiden) begrenzt. Die Zusammensetzung gestaltet sich mannigfaltig, die allgemeine Formel ist $R_3^{++}R_2^{+++}Si_3O_{12}$; R^{++} kann Ca, Mg, Fe oder Mn sein, R^{+++} kann Al, Fe oder Cr sein. Der Magnesiatongranat ist der bekannte rote Edelstein *Pyrop* (gr. Feuerauge). Ein häufiger Vertreter ist der rötlich bis zu schwarz gefärbte *Almandin,* der Eisentongranat. Die Farbe der Granate hängt von der Zusammensetzung ab, sie kann viele Nuancen von farblos bis dunkelrot haben, aber auch braun, schwarz, gelb oder grün sein. Auch die Dichte ist von der Zusammensetzung abhängig, sie liegt zwischen 3,0 – 4,3; die Packung ist sehr dicht. Aus Forsterit und Anorthit kann unter hohem Druck ein Granat entstehen, wobei eine dichte Packung mit 13 % Volumenminderung entsteht. Der Granat ist sehr hart (6,5 – 7,5), spröde und nicht spaltbar.

Der *Wollastonit* (Name von dem Physiker Wollaston) bildet sich aus kalk- und kieselsäurereichen Gesteinen; er stellt ein Calciumsilikat mit der Formel $CaSiO_3$ dar. Er bildet breitstengelige bis tafelige, kurzprismatische oder nadelförmige Kristalle; er ist meist grau, weiß, farblos oder auch bräunlich, grün oder rot, die Härte ist 4 bis 5, die Dichte ist 2,8 bis 3 und ist gut spaltbar nach der Hauptkristallfläche.

Der *Vesuvian* (von Vesuv) ist ein hydroxylhaltiges Kalktonsilikat, das manchmal noch etwas Fluor, teils auch Fe und Al enthält.

Der *Staurolith* (von gr. stauros = Kreuz) kommt in eisen- und tonerdereichen Metamorphiten (Gneis und Glimmerschiefer) vor und hat die Zusammensetzung $Al_4[FeO_3(OH)_2(SiO_4)]_2$; er stellt also ein hydroxylhaltiges Eisentonerdesilikat dar (Tafel 3). Er bildet oft kurze, sich durchkreuzende, kastanienbraune oder bräunlichschwarze, bis 2 cm lange Kristalle (Durchkreuzungszwillinge). Seine Härte ist 7 bis 7,5, die Dichte 3,4 bis 3,8, er ist spaltbar nach einer Kristallfläche und zeigt einen muscheligen bis splitterigen Bruch. Er gehört, wie der Granat, zu den Schwermineralen.

Der *Cordierit* ist ein Magnesium-Aluminium-Silikat und kommt vorwiegend in tonerderreichen Gesteinen der Katazone vor. Er ist meist hell- bis dunkelblau oder grünlich, säulenförmig und nur nach einer Kristallfläche spaltbar; seine Härte ist 7 bis 7,5, die Dichte 2,6.

Der *Epidot* ist ein eisenreiches, hydroxylhaltiges Calcium-Aluminium-Eisen-Silikat mit verschiedenen Mengenanteilen dieser Elemente (Tafel 3). Er bildet säulige oder stengelige, glasglänzende Kristalle von gelblichgrüner bis schwarzgrüner Farbe. Seine Härte ist 6 bis 7, die Dichte je nach Zusammensetzung 3,2 bis 3,5; er ist sehr gut spaltbar nach einer Kristallfläche. *Zoisit* und *Klinozoisit* sind ähnliche Minerale wie Epidot, indessen sind sie eisenärmer als dieser.

Die *Chlorite* (von gr. chloros = grün) stellen eine Mineralgruppe mit gemeinsamen spezifischen Eigenschaften dar, es sind hydroxylhaltige Magnesium-Aluminium-Silikate. Sie bilden wie die Glimmer sechsseitige Blättchen, sind überwiegend grünlich, sehr gut spaltbar, biegsam, haben eine sehr geringe Härte (2 bis 3) und eine Dichte von 2,8. Thermisch und chemisch sind sie schwer zersetzbar und daher auch als Verwitterungsrest in den Sedimenten zu finden.

Der *Talk* ist ein hydroxylhaltiges Magnesium-Silikat mit der Formel $Mg_3(OH)_2Si_4O_{10}$ und ähnelt dem Chlorit, ist aber weicher. Er bildet feine Blättchen und ist in der Ebene der Blättchen ausgezeichnet spaltbar, hat Fettglanz und fühlt sich fettig an. Er ist widerstandsfähig gegen Hitze und auch chemische Einflüsse und wird als Gleit- und Schmiermittel sowie für feuerfeste Massen verwendet. Der *Serpentin* ist den Chloriten und dem Talk in vielen Eigenschaften ähnlich.

Tab. 10: Einteilung der Metamorphite (Kristalline Schiefer) (nach R. BRINKMANN 1967)

Grad der Metamorphose: Tiefenstufen	Hauptgemengteile	Gefüge	Ausgangsgesteine → Meist Orthogesteine (leukokrate Eruptiva), seltener *Paragesteine* (Grauwacken)	Orthogesteine (melanokrate Eruptiva) und *Paragesteine* (Mergel)	*Paragesteine* (Tone)	*Paragesteine* (Kalkmergel und Kalke)
Epizone	Quarz Sericit Albit Chlorit Epidot Zoisit Serpentin Talk	feinkörnig, schiefrig, mylonitisch, kataklastisch	Sericitalbitgneis Phyllit	Chloritschiefer Talkschiefer Epidotchloritschiefer Grünschiefer	Sericitchloritschiefer Phyllit	Kalkphyllit Marmor
Mesozone	Quarz Muskovit Biotit Albit Oligoklas Epidot Zoisit Amphibol Disthen Almandin	mittelkörnig, schiefrig	Zweiglimmergneis Muskovitgneis Biotitgneis	Amphibolit Hornblendegneis	Glimmerschiefer	Kalkglimmerschiefer Marmor
Katazone	Quarz Orthoklas Plagioklas Biotit Amphibol Pyroxen Sillimanit Cordierit Pyrop	grob- bis mittelkörnig, schwach flaserig, schiefrig bis fast massig	Orthoklasgneis Plagioklasgneis Granulit	Amphibolit Eklogit	Sillimanitgneis Cordieritgneis	Marmor Kalksilikatfels

Der *Magnetit* oder Magneteisenstein ist ein schwarzes Eisenoxid (Fe_3O_4) von der Härte 5,5 und der Dichte 5,2, oft als Oktaeder vorkommend (Tafel 3).

Der *Graphit* (von gr. graphein = schreiben), der aus dichtgepackten C-Atomen (Dichte 2,2) besteht, gehört auch zu den Mineralen der Metamorphite. Er ist schwarzgrau, metallglänzend, weich, ausgezeichnet spaltbar, bildet kleine Schüppchen und ist deshalb gleitfähig, so daß er als Schreibmaterial, aber auch als Gleit- und Schmiermittel sowie für feuerfestes Material verwendet wird.

Der *Calcit* und der *Dolomit* sind nicht nur verbreitete Minerale der Sedimente, sie entstehen auch durch die Metamorphose; dabei findet aber nur eine metamorphe Umkristallisation statt. Der Marmor besteht z. B. fast nur aus Calcitkristallen und entsteht durch die Umkristallisation sedimentärer Kalke.

Der *Sericit* (von gr. serikos = seidig) stellt ein feinschuppiges, dünnes, seidigglänzendes Mineral, die metamorphe Anfangsbildung von Muskovit dar.

4. Metamorphite

Die Metamorphose erzeugt in tieferen Stockwerken der Erdrinde schieferige Metamorphite, die auch Kristalline Schiefer genannt werden. Von der Metamorphose können alle

Gesteine erfaßt werden, so daß eine große Mannigfaltigkeit bei den Metamorphiten zu erwarten ist. In bezug auf das Ausgangsgestein der Metamorphite faßt man die Magmatite als Orthogesteine und die Sedimente als Paragesteine zusammen. Für die Einteilung der Metamorphite können verschiedene Gesichtspunkte herangezogen werden, und zwar die Tiefenzone als Ort der Entstehung (abhängig von Temperatur und Druck), das Ausgangsgestein und die Mineralfazies. Diese Kriterien sind auch der Tabelle 10 von R. BRINKMANN (1967) zugrunde gelegt worden. In dieser Tabelle wurden nur einige wichtige Metamorphite in ein System gestellt. Für die Namengebung werden vorwiegend die das betreffende Gestein kennzeichnenden Minerale herangezogen. Die wichtigsten Sammelbezeichnungen sind Gneis, Metamorphe Schiefer und Phyllit.

Die *Gneise* (von mittelhochdeutsch geneiste = Funke, da glänzend) sind unregelmäßig-grobschieferige Metamorphite (Tafel 4), in welchen die Minerale schichtig eingeregelt sind, mit hauptsächlich Quarz, Feldspat (> 20 %) und Glimmer (wie beim Granit). Einzelne Minerale können besonders hervortreten, was in der Namengebung zum Ausdruck kommt, wie Muskovitgneis, Biotitgneis, Zweiglimmergneis, Orthoklasgneis, Plagioklasgneis, Hornblendegneis, Sericitalbitgneis u. a. Ferner kann ein spezifisch metamorphes Mineral in den Namen eingehen, wie Sillimanitgneis, Cordieritgneis u. a.

Die *Metamorphen Schiefer* (Sammelbezeichnung) sind dünnschieferige Metamorphite mit einem hervortretenden Hauptgemengteil, ferner Quarz und < 20 % Feldspat sowie Nebengemengteilen. Metamorphe Schiefer sind z. B. Glimmerschiefer (Tafel 4), Chloritschiefer, Talkschiefer, Epidotschiefer, Grünschiefer (grünlich durch Chlorit oder Epidot), Sericitchloritschiefer, Kalkglimmerschiefer u. a.

Der *Phyllit* (von gr. phyllas = Blätter, da wie aufeinanderliegende Blätter) ist ein schwach metamorphes, dünnschieferiges Gestein, das aus Tonschiefer entstand und als Hauptgemengteile Sericit und Quarz, daneben aber auch Feldspat und andere Nebengemengteile enthält (Tafel 4). Abweichungen von dieser Zusammensetzung werden im Namen gekennzeichnet, wie Kalkphyllit.

Der *Marmor* (von gr. marmaros = Felsblock) ist ein metamorpher, körniger, meist weißer Kalkstein, der durch Umkristallisation entstand und aus mehr oder weniger großen Calcitmineralen besteht (Tafel 4).

Der *Amphibolit* (von Amphibol) ist ein dunkles, metamorphes Gestein, das aus basischen Magmatiten (vielfach Diabas) hervorging und hauptsächlich aus Amphibol (Hornblende) und Plagioklas besteht, teils auch etwas Quarz und sonstige Nebengemengteile enthält.

Der *Kalksilikatfels* ist ein metamorphes Gestein mit Granat, Vesuvian und Wollastonit als Hauptgemengteile.

Der *Granulit* ist ein metamorphes, helles, gebändertes Gestein der Katazone und besteht hauptsächlich aus Quarz und Feldspat und enthält untergeordnet noch Granat, Pyroxen, Biotit, Turmalin u. a.

Der *Eklogit* (von gr. eklekteos = auserwählt) ist ein metamorphes, farbenprächtiges, hartes Gestein der unteren Katazone, das aus grünen Pyroxenen und rotem Granat besteht, dazu kommen Amphibole, Glimmer oder Disthen.

5. Einfluß der Metamorphite auf Oberflächenformung und Bodenentstehung

Von den Kontaktmetamorphen Gesteinen haben nur die am Pluton entstandenen flächenmäßige Bedeutung, weil der Kontakthof am Pluton einige Kilometer Mächtigkeit haben kann, wie z. B. am Brocken im Harz. Die durch Kontaktmetamorphose gehärteten Gesteine (Hornfels) bilden steilere Reliefformen (Tafel 4). Während z. B. der Tonschiefer leicht verwittert und zu sanften Reliefformen neigt, bildet er ein steileres Relief, wenn er durch Kontaktmetamorphose zu Hornfels umgewandelt worden ist. Durch Kontaktmetamorphose kann auch Marmor entstehen, der auch zu einem steileren Relief neigt als der nicht umgewandelte Kalkstein (z. B. im Kaiserstuhl); indessen sind diese Flächen nicht groß.

Die Gesteine der Regionalmetamorphose nehmen größere Komplexe ein; sie bilden vor allem die Kerne der Gebirge. Die geschieferten Metamorphite verwittern relativ leicht; sie

Tab. 11: Oberflächenform, Verwitterung und einige Eigenschaften der Böden (Gründigkeit, Bodenart, Steingehalt und wichtige Pflanzennährstoffe) aus Metamorphiten Mitteleuropas

Gestein	Oberflächen- form	Verwitter- barkeit	Gründig- keit	Bodenart	Steingehalt	Nährstoffe
Gneis (Orthogneis und Paragneis)	vielfach gerundete Formen, teils auch steil, besonders in den Alpen	mäßig, die Verwitterung verläuft schneller, wenn die Schieferung schräg oder steil zur Oberfläche steht	mittelgründig	grusiger, stark sandiger Lehm	mäßig	ziemlich viel; meist reichlich Kali, mäßig Ca u. Mg, wenig P
Glimmerschiefer Sericitschiefer	schwach gewölbte Kuppen und Rücken, allgemein wellig, in den Alpen auch steil		mittelgründig	grusiger (z. T. stark) sandiger Lehm	mäßig	wenig; etwas Kali, arm an Ca u. Mg
Phyllit Sericitphyllit Kalkphyllit	sanfte Formen		mittelgründig	grusiger, sandiger Lehm und Lehm; bei ebener Lage wasserstauend	meist wenig	mäßig; wenig Ca, jedoch Böden aus Kalkphyllit reich an Ca
Glimmerquarzit Sericitquarzit	steile Formen	sehr langsam	flachgründig	lehmiger Sand bis Sand	stark	sehr wenig
Marmore	steile Formen	schnell, aber wenig Rückstand	flachgründig	lehmig-tonig	stark	reich an Ca, etwas K, sonst wenig

bilden deshalb rundliche Oberflächenformen und haben meistens mittelgründige, meist wenig oder mäßig steinige, grusige, lehmig-sandige oder sandig-lehmige Böden mit meist mehr oder weniger Kali und Calcium sowie sehr wenig Phosphor (Tab. 11). Hingegen gibt es quarzreiche Metamorphite, die langsam verwittern, steile Reliefformen aufweisen und aus denen sich flachgründige, steinige, lehmig-sandige bis sandige, arme Böden bilden. Die Marmore zeigen ebenfalls steile Formen, unterliegen der Lösungsverwitterung und lassen flachgründige, steinige, calciumreiche Böden entstehen (Tabelle 11).

c. TEKTONIK

Die Tektonik (von gr. tektonikos = zum Bau gehörig) ist die Lehre vom Bau der Erdkruste sowie von den Bewegungsvorgängen, welche den Aufbau der Erdkruste gestalten. Wäre die Erdkruste starr, würden keine Bewegungen darin stattfinden, so würden die Kräfte an der Erdoberfläche (Verwitterung, Abtrag und Ablagerung) die Landflächen einebnen und die Meeresbecken auffüllen. Diese einebnenden Kräfte wirken den inneren Kräften der Verformung der Erdkruste (Hebung, Senkung, Gebirgsbildung) entgegen. Solche Bewegungen in der Erdkruste werden fühlbar durch Erdbeben.

Die Tektonik ist in den letzten 60 Jahren ein großes Teilgebiet der Geologie geworden. Wir können hier nur die großen Linien dieses Wissenszweiges aufzeigen, wobei vor allem Wert gelegt wird auf die Entstehung der großen Oberflächenformen der Erdrinde.

Nach der Art der tektonischen Bewegungsvorgänge lassen sich herausstellen: großräumige, langsame Vertikalbewegungen, die Epirogenese (von gr. epeiros = Festland und gene-

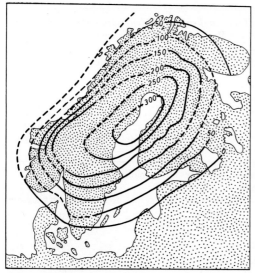 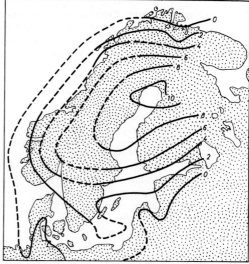

Abb. 18a. Die nacheiszeitliche, epirogene Hebung Fennoskandiens (nach R. BRINKMANN 1967). Linkes Bild: Gesamthebung (in m) seit der Yoldiazeit (seit 7700 v. Chr. G.). Rechtes Bild: Gegenwärtige Hebung in mm/Jahr.

sis = Entstehung) und rascher verlaufende, überwiegend seitliche Krustenbewegungen, die zur Gebirgsbildung führen, die Orogenese (von gr. oros = Gebirge und genesis = Entstehung), auch Tektogenese genannt.

1. Epirogenese

Der Begriff der Epirogenese beinhaltet großräumige Hebungen und großräumige Senkungen. Erstere führen zu großen, schildförmigen Aufwölbungen, den *Geantiklinen* oder Schwellen; letztere bilden weitgespannte Becken, die *Geosynklinen*, auch Tröge genannt. Diese Verformungen der Erdkruste können wieder rückgängig gemacht werden; sie unterscheiden sich auch dadurch von den orogenetischen Verformungen. Finden weder Hebungen noch Senkungen statt, befindet sich also ein Erdkrustenteil in tektonischer Ruhe, so wird die Erdoberfläche durch die exogenen Kräfte mehr und mehr eingeebnet, Gebirge werden zu einer Rumpffläche abgetragen.

Ein bekanntes Beispiel für eine epirogene Hebung stellt der fennoskandische Schild dar (Abb. 18a). Seit dem Abschmelzen des pleistozänen Inlandeises, das Fennoskandien mit einer mächtigen Decke überzog, hat sich dieses Gebiet ständig gehoben und hebt sich noch. Der Hebungsbetrag ist seit 7700 v. Chr. maximal 300 m und macht zur Zeit maximal 10 mm/Jahr aus. Eine solche Hebung des Festlandes gegenüber dem Meer ist an der Verschiebung des Meeresstrandes gut wahrnehmbar, das Meer weicht zurück, was als *negative Strandverschiebung* oder *Regression* bezeichnet wird.

Der Hebung Fennoskandiens steht die Senkung des Nordseeraumes gegenüber, und auch

Abb. 19. Schematischer Schnitt durch das Terrassen-System des Rheins, das durch periodische, epirogene Hebung entstand. Bei jeder Hebung schnitt der Rhein in die breite Talsohle ein. Meistens blieb dabei ein Teil der aufgeschotterten Talsohle erhalten, die jeweils nach dem Flußeinschnitt höher lag als das neue Flußbett und als Terrasse bezeichnet wird.

hier ist das Maß der Absenkung ungleich, d. h. der innere Teil des Nordseebeckens senkt sich am stärksten ab. Das wird bewiesen durch Torfe, also Landbildungen, die in der Nordsee gefunden wurden, und zwar auf der Doggerbank in 40 m Tiefe und nach der Nordseeküste zu in geringeren Tiefen. Bei Helgoland wurde durch Lotung eine Brandungsplattform unter dem Meeresspiegel gefunden, was auch eine Absenkung des Nordseebodens unter Beweis stellt. Die Senkung des Meeresbodens bedingt ein Vordringen des Meeres auf das Festland; dies wird als *positive Strandverschiebung* oder *Transgression* bezeichnet.

Die Geantikline Fennoskandiens und die Geosynkline der Nordsee bilden zusammen einen weitgespannten Faltenschlag, eine *Großfaltung* oder *Undation*. Nach der Vorstellung der Undationstheorie gehören diese Vorgänge deshalb bereits der orogenetischen Entwicklung an (s. weiter unten). Bei solchen Vertikalbewegungen darf man unterstellen, daß diesen eine Massenverlagerung im tieferen Erdkrustenbereich entspricht, d. h. daß aus dem Untergrund der Geosynkline Massen in den der Geantikline langsam einströmen. Diese Vorgänge laufen sehr langsam ab; man muß dafür Jahrtausende ansetzen. Dabei muß dieser Vorgang nicht gleichmäßig ablaufen, es können vielmehr diese Vertikalbewegungen zeitweilig durch Ruhepausen unterbrochen sein, auch sind Aufwölbung und Einsenkung meistens nicht gleichförmig. Vielmehr bilden solche Krustenteile ein Schollenmosaik, dessen Einzelschollen eine verschieden starke vertikale Bewegung erfahren.

Die Epirogenese ist ein wesentlicher Motor für die Formung der Erdoberfläche. Durch die Hebung wird das Gefälle des oberirdisch fließenden Wassers und damit auch dessen Abtragungskraft verstärkt. Die Flüsse schneiden sich stärker ein, die Talhänge werden steiler, die Berge werden zugespitzt und gegenüber der Talsohle höher. Kommt die Hebung zum Stillstand, so weiten die Flüsse die Täler, und schließlich lagern sie Geröll, Sand und Lehm ab. Bei erneuter Hebung schneiden die Flüsse in die von ihnen gebildeten Geröllfluren ein, lassen aber Reste davon als *Flußterrassen* stehen (Abb. 19). Dieser Vorgang von Hebung –

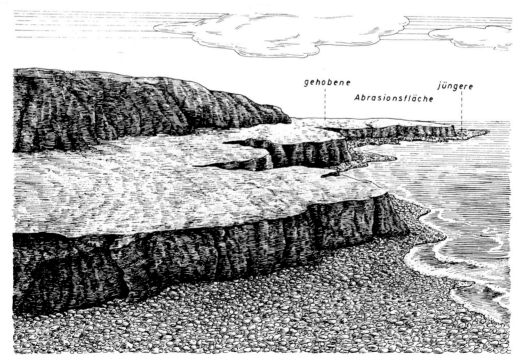

Abb. 20. Durch Epirogenese gehobene Abrasionsfläche (Brandungsplattform) der Küste (z. B. die Küste von Islay/Hebriden, die Küste von Cornwall/SW-England und die Küste von Payta/Nordperu).

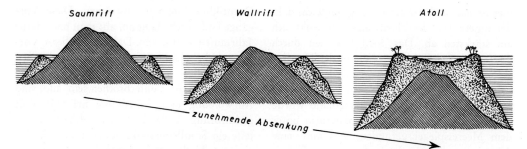

Abb. 21. Schematische Darstellung der Absenkung (in drei Senkungsstufen) einer Insel mit Korallenriff unter den Meeresspiegel infolge epirogener Senkung des Meeresbodens und Bildung eines Atolls. Bei der Absenkung der Insel wuchs gleichzeitig das Korallenriff, zunächst war es ein Saumriff, dann ein Wallriff. Bei weiterer Senkung verschwand die Insel unter dem Meeresspiegel, und das Korallenriff kam als kranzartiges Gebilde (Atoll) an die Meeresoberfläche (nach Ch. Darwin 1838).

Ruhe – erneuter Hebung kann sich mehrmals wiederholen, so daß verschiedene Terrassen übereinander entstehen, wie z. B. am Rhein. Man kann also aus der Terrassentreppe eines Tales die periodischen epirogenen Hebungen ableiten.

Eine Brandungsplattform (Abrasionsfläche), die höher liegt als das heutige Spielfeld der Meeresbrandung, verrät eine Hebung des Landes gegenüber dem Meeresspiegel (Abb. 20).

Die epirogenen Senkungen sind auf dem Festland seltener zu beobachten, da hier doch überwiegend die Tendenz des Abtrages vorherrscht. Das ist wohl in ariden Gebieten zu erwarten, in denen geringerer Niederschlag und starke Verdunstung den Abtrag verlangsamen. Hier gibt es größere Becken und breite Talwannen, deren Entstehung wenigstens in der Anlage auf Senkung beruht und die meistens mächtige Schuttmassen enthalten. Die großen Senkungsfelder der Erde sind die Meeresräume; sie sind gleichzeitig die Auffangtröge für die vom Festland kommenden Abtragsmassen. Eine schon von Ch. Darwin entwickelte Vorstellung von der Entstehung eines Atolls setzt eine Senkung des Meeresbodens voraus (Abb. 21).

Die Entwicklung geht aus von einem Saumriff von Riffkorallen um eine kleine Insel; der Meeresboden senkt sich mit der Insel, und das Saumriff wächst weiter zum Wallriff; weitere Absenkung läßt die Insel ganz unter dem Meeresspiegel verschwinden, und durch das weitere Hochwachsen der Riffkorallen entsteht schließlich ein Atoll. In der Tat hat man unter einigen Atollen etwa 1000 m Korallenkalk nachgewiesen, der bei allmählicher Absenkung des Meeresbodens in Millionen von Jahren zu dieser Mächtigkeit aufwuchs. Da diese Riffkorallen nur bis zu 90 m unter dem Meeresspiegel gedeihen können, ist der Beweis für die Absenkung erbracht.

Auch die submarinen *Tafelberge* oder *Guyots*, die heute in 1000 bis 2000 m Meerestiefe liegen, sind durch eine langsame, aber beachtliche Senkung des Meeresbodens zu erklären. Es sind wahrscheinlich ehemalige, über dem Meeresspiegel aufragende Vulkane, die nach Erlöschen durch die Brandung gekappt und zu einer Brandungsplattform eingeebnet wurden; dann begann die langwährende Absenkung. Die Senkung des Meeresbodens ist häufig am Rande der Kontinente besonders stark. So wurde an der atlantischen Küste Nordamerikas ein langer Trog mit einer jungen Sedimentfüllung von 5000 m Mächtigkeit festgestellt. Der Boden der Geosynklinen ist nicht etwa ebenmäßig ausgebildet. Nicht selten bilden parallel liegende, flache Tröge und Schwellen ein ausgeprägtes Bodenrelief. Die Absenkung bedingt manchmal Bruchbildung und submarinen Vulkanismus.

Eine weitgespannte Geosynkline bestand in paläozoischer Zeit im heutigen Mitteleuropa, deren Senkungsgeschwindigkeit aus Mächtigkeit und Art der Sedimente erschlossen werden kann. Die Senkung betrug im Devon $1/10$ mm/Jahr, im Oberkarbon des Ruhrgebietes $1/4$ mm/Jahr. Die Sedimentation in den Geosynklinen ist nicht stetig, vielmehr wiederholen sich bestimmte Sedimentfolgen, was auf einer perio-

I Germanotype Gebirge

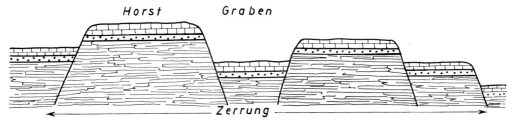

1. Schollengebirge, entstanden durch Zerrung und Bruchbildung in der Erdkruste

2. Bruchfaltengebirge, entstanden teils durch Zerrung, teils durch Zusammenschub der Erdkruste

II Alpinotype Gebirge

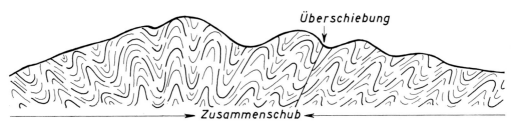

1. Faltengebirge, entstanden durch Zusammenschub

2. Deckengebirge, entstanden durch starken Zusammenschub

Abb. 22. Schematische Darstellung der wichtigsten Bautypen der Gebirge. Die Darstellung ist sehr vereinfacht und stellt nur die grundsätzlichen Bautypen in Abhängigkeit von den Bewegungen in der Erdkruste dar. In Wirklichkeit haben zeitlich nacheinander wechselnde Krustenbewegungen kompliziertere Baustrukturen geschaffen als in dieser Abbildung dargestellt ist.

disch wechselnden Senkungsgeschwindigkeit beruht.

Bei dem Heranziehen des Meeresspiegels als Bezugsfläche für epirogene Bewegungen muß berücksichtigt werden, daß der Meeresspiegel selbst sogenannten *eustatischen Schwankungen* unterliegt, die in erster Linie zu suchen sind in der mehr oder weniger großen Bindung des Wassers als Eis auf den Kontinenten. Infolge zunehmender Wärme in den letzten Jahrzehnten haben die Gletscher mehr Wasser den Ozeanen zugeschickt, wodurch die ozeanischen Pegelstände seit 1880 an allen Küsten um etwa 1 mm/Jahr gestiegen sind. Würde alles Eis der Arktis abschmelzen, so würde der Spiegel der Ozeane um 75 m ansteigen, wenn nicht gleichzeitig der Meeresboden unter der zunehmenden Wasserlast etwas nachgeben würde, was anzunehmen ist, so daß nur ein Spiegelanstieg von etwa 50 m zu erwarten wäre. Starke Schwankungen von 100 bis 200 m hat der Meeresspiegel im Laufe der pleistozänen Klimaschwankungen und den damit verbundenen Eiszeiten und zwischengeschalteten Warmzeiten erfahren. Neben dem Schmelzwasser der Gletscher kann auch der Pegelstand der Ozeane gehoben werden durch Wasser aus den vulkanischen Exhalationen und durch Abnahme der chemischen Wasserbindung sowie durch Sedimentzufuhr in die Meeresbecken und tektonische Vorgänge; indessen sind diese Einflüsse nicht groß. Die eustatischen Schwankungen erschweren die Herleitung von Vertikalbewegungen aus der Strandverschiebung.

2. Orogenese

Die Bildung der Gebirge, die Orogenese, beruht auf Bewegungen in der Erdkruste, und zwar sind das meistens solche, die zu einer Einengung von Krustenteilen der Erde führen, wobei die Gesteinsschichten gefaltet und emporgewölbt werden. Ein Gebirge kann aber auch durch die vertikale Bewegung von Krustenteilen, teils auch durch horizontale Verschiebung von Schollen gegeneinander (ohne Faltung) entstehen, wobei eine Ausweitung der Kruste die Ursache der Bewegung ist.

(a) Bautypen der Gebirge

Die Bewegungen in den Krustenteilen der Erde führen zu bestimmten Bautypen der Gebirge (Abb. 22).
1. Die *germanotypen Gebirge,* die in Blockgebirge und Bruchfaltengebirge unterteilt werden (Abb. 22).
2. Die *alpinotypen Gebirge,* die in Faltengebirge und Deckengebirge unterteilt werden (Abb. 22).

Das *Blockgebirge* entsteht durch vertikale und auch horizontale Verschiebung von Krustenteilen infolge einer Krustendehnung. Hierbei kommen Krustenteile teils in höhere, teils in niedrigere Lagen, eine Faltung erfolgt aber nicht. Ein Blockgebirge stellen das in Schollen zerlegte Rheinische Schiefergebirge und die deutschen Mittelgebirge im ganzen dar. Ein großartiges Beispiel für ein Blockgebirge bildet das Gebiet von Tanganjika im mittleren, östlichen Afrika. Der Tiefseeboden ist großenteils durch vertikale Bewegungen, aber auch durch horizontale Verschiebungen, in Schollen zerlegt worden.

Das *Bruchfaltengebirge* entsteht einerseits durch Vertikalbewegungen infolge Dehnung und andererseits durch Einengung der Kruste. Durch erstere erfolgt eine Zerlegung in Schollen, durch letztere eine Faltung. Diese Vorgänge laufen zeitlich nacheinander ab, so daß also der gleiche Krustenteil der Erde periodisch eine Ausweitung und periodisch eine Einengung erfahren hat. Wenn nach einer Zeit der Ausweitung eine solche der Einengung folgt, so werden von letzterer in erster Linie die weniger starren Bereiche eines Krustenteiles gefaltet. Die im Bruchfaltengebirge gestörte Lagerung der Gesteine verliert sich allmählich in die ungestörten Bereiche der Umgebung. Ein typisches Bruchfaltengebirge entstand im Bereich des Zechsteinsalzes (Südniedersachsen). Das der Auflast nachgebende Salz veranlaßte teilweise Dehnung und teilweise Einengung der Erdkruste.

Das *Faltengebirge* entsteht durch seitliche Einengung der Gesteinstafeln, wodurch diese in Falten gelegt werden. Diese langgestreckten Faltenbündel setzen sich ziemlich scharf gegen die von der Faltung nicht erfaßte Umgebung

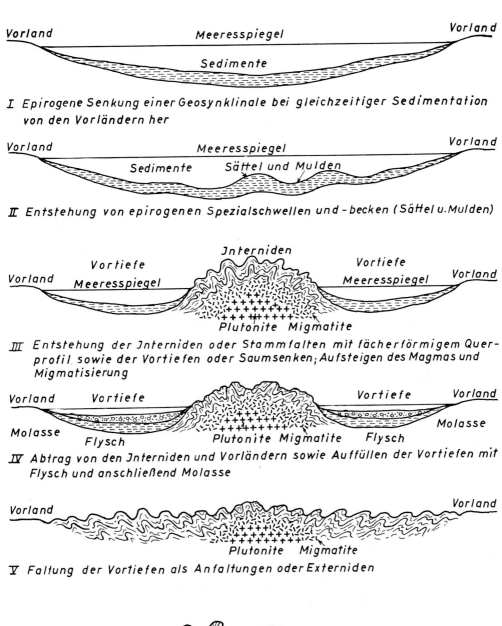

Abb. 23. Schematische Darstellung der wichtigsten Entwicklungsphasen eines Orogens (Hochgebirges). Es sind sechs Stadien, nämlich von der Geosynklinale bis zur Aufwölbung des Orogens. Diese Entwicklungsstadien sind zeitlich nicht streng getrennt; es ist ein kontinuierlicher Entwicklungsablauf, wenn auch kürzere oder längere tektonische Ruhepausen eingeschaltet sind.

ab, sie stellen klar umgrenzte *Orogene* dar. Die Gesteinsfalten sind vergleichbar mit den Falten eines Tuches, die entstehen, wenn man ein auf einem Tisch ausgebreitetes Tuch zwischen den Händen zusammenschiebt. Die Falten des Faltengebirges sind, wenn es typisch entwickelt ist, zum beiderseitigen Vorland hin gerichtet, d. h. von einer mittigen Scheitelzone aus vergieren die Falten nach entgegengesetzten Richtungen, wodurch der Querschnitt der Orogene einen fächerartigen Bau zeigt, wobei die beiden Fächerhälften verschieden weit ausgezogen sind. Der Schweizer Kettenjura stellt ein typisches Faltengebirge dar. Seine Auffaltung erfolgte, indem die Gesteinstafeln auf dem metamorphen Gesteinsuntergrund abgeschert oder abgeschuppt wurden, wobei die Salzmergel des Mittleren Muschelkalkes als Abscherungs- und Gleitschicht dienten. Das im Oberkarbon aufgerichtete variszische Gebirge Europas ist auch als Faltengebirge aufzufassen, in welchem aber auch Überschiebungen von Falten nachgewiesen sind.

Das *Deckengebirge* ist das Ergebnis einer noch stärkeren Einengung der Erdkruste auf etwa einhalb bis ein Viertel der ursprünglichen Krustenausdehnung. Die Gesteinstafeln sind so stark zusammengedrückt, daß die Falten weit ausgezogen übereinanderliegen. Wie das Faltengebirge, so ist auch das Deckengebirge im Prinzip gebaut, d. h. die Decken sind von einer Scheitelzone aus entgegengesetzt gefaltet. Die Alpen bilden ein typisches Deckengebirge. Die Falten sind von einer Scheitelzone aus nach Süden und nach Norden hin gerichtet. Der nach Süden gerichtete Faltenschlag ist schmal und weniger intensiv gefaltet, wogegen die nach Norden gerichteten Falten ein breites und mächtiges Deckenpaket darstellen.

(b) Entstehung der Gebirge

Das Blockgebirge entsteht durch Krustendehnung eines tektonisch versteiften Sockels, der entweder direkt die Oberfläche bildet oder ein geringmächtiges Deckgebirge trägt, das diskordant aufliegt.

Bei der Bildung des Bruchfaltengebirges wird im allgemeinen ein Gesteinspaket von einigen km Mächtigkeit erfaßt.

Die Entstehung des Falten- und Deckengebirges hat verschiedene Phasen (Abb. 23). Die Entstehungsgeschichte beginnt mit der Bildung einer Geosynklinale von einigen 100 km Breite und über 1000 km Länge. Dieser Trog ist eingefaßt von höher liegenden Vorländern. Der Trog sinkt langsam über eine lange Zeit ein, während der ständig Stoff vom Festland in den Trog verfrachtet wird. In der paläozoischen Geosynklinale in Mitteleuropa wurden auf diese Weise etwa 6000 m Sediment allein im Devon aufgeschichtet, in der triassischen Geosynklinale der Alpen bis zu mehr als 3000 m. Wenn nach einer langen Zeit der Sedimentation die *Faltungsreife* erreicht ist, beginnt die Faltung im mittleren Teil der Geosynkline. So entstehen zunächst die *Stammfalten* oder *Interniden* mit einem fächerförmigen Bau, d. h. von einer Scheitelung aus sind die Falten nach entgegengesetzten Seiten gerichtet. Auf beiden Seiten der Interniden befindet sich zunächst noch eine *Vortiefe* oder *Saumsenke,* die nach und nach auch von der Faltung erfaßt wird. Die Vortiefen werden gleichzeitig angefüllt mit Abtragsmassen, die von den Stammfalten und vom Vorland kommen. Aus ihnen entstehen zunächst die sog. Flyschgesteine (schweiz. Lokalname) als marine Kalke, Mergel und Sandsteine. Das Saummeer wird kleiner und seichter; es wird schließlich zugefüllt mit vorwiegend Deltaablagerungen, aus denen Sandsteine und Konglomerate entstehen, die Molasse (schweiz. Lokalname). In einer späteren Phase der Faltung werden auch Flysch und Molasse als *Externiden* aufgefaltet. Die Faltung schreitet also im Orogen von innen nach außen fort. Das gereifte Orogen wird nun emporgewölbt; es erreicht alpine Höhen, und damit ist geomorphologisch erst das Gebirge voll entwickelt. Mit dieser Anhebung werden gleichzeitig auch die Prozesse der Abtragung verstärkt. Einebnung, aber auch oft epirogene Senkung führen zu einem eingeebneten Gebirgsrumpf. Dieser kann wieder epirogen gehoben werden, wobei Brüche den Gebirgsrumpf in Schollen zerlegen und die Flüsse Täler in die *Fastebene* des Gebirgsrumpfes einschneiden.

I Epirogene Senkung der paläozoischen Geosynklinale zwischen Nord- und Südeuropa bei gleichzeitiger Sedimentation des Gesteinsmaterials ($1/_{10}$ mm/Jahr)

II Orogenese im Oberkarbon und dadurch bedingte Großform und Lagerung der Gesteinsschichten

III Verwitterung, Abtrag und terrestische Sedimentation im Perm und in der Trias

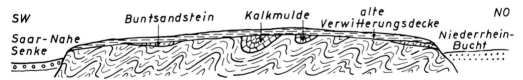

IV Weiterer Abtrag und Einebnung zur Fastebene, Bildung einer mächtigen Verwitterungsdecke von Jura bis Tertiär

V Epirogene Hebung, Bruchbildung, Vulkanismus, Erosion, Talbildung, meist Abtrag der alten Verwitterungsdecke, Bildung junger Böden

Abb. 24. Schematische Darstellung der wichtigsten Entwicklungsphasen des Rheinischen Schiefergebirges als Teilgebiet des Variszischen Gebirges, das im Oberkarbon in mehreren Phasen aufgefaltet wurde. Mit der Darstellung der fünf Entwicklungsphasen soll gezeigt werden, wie und wann die wichtigsten geologischen Ereignisse stattfanden und wie das heutige Oberflächenbild und die verschiedenen Böden entstanden.

(c) Entwicklung einer Landschaft

Für die Entwicklung eines Gebirges und gleichzeitig einer Landschaft bietet das Variszische Gebirge Mitteleuropas ein gutes Beispiel. Um die Entwicklungsgeschichte dieses Raumes besser überschauen zu können, sollen die Entwicklungsphasen nacheinander geschildert werden, wobei ein Teilgebiet, das Rheinische Schiefergebirge, als Beispiel dienen soll (Abb. 24).

1. Die paläozoische Geosynklinale wurde etwa zwischen dem heutigen England und den Alpen gebildet. Dieser gewaltige Trog sank langsam ein, er wurde jedoch gleichzeitig mit den Abtragsmassen der Vorländer angefüllt. Senkungsbetrag und Sedimentationsauftrag hielten sich die Waage, so daß während der langen Geosynklinalzeit ein Flachmeer bestehen blieb. Dieses ist die Zeit, in welcher die Sedimente entstanden, die später das Variszikum aufbauten. Auf dem Boden dieser Geosynklinale müssen wohl auch Verschiebungen stattgefunden haben, die gebietsweise basaltischem Magma den Weg zum Aufstieg frei machten; Diabase zeugen davon.

2. Im Oberkarbon stieg aus der Geosynklinale ein Faltengebirge empor. Die Faltung begann in der Mitte des Troges und schritt von hier aus in mehreren Phasen nach außen fort; im Perm war das Orogen fertig, das wahrscheinlich alpine Höhen erreichte.

3. Es folgte im Perm und in der Trias eine lange Zeit der Verwitterung, Abtragung, Einebnung und teils Bildung von terrestrischen Sedimenten (Konglomerat, Sandstein), wahrscheinlich verbunden mit epirogener Senkung. Ein Gebirgsrumpf, geomorphologisch eine *Fastebene* oder *Peneplain* (lat. paene = fast, engl. plain = Ebene) von nur einigen 100 m Höhe über NN war das Ergebnis dieses Einebnungsprozesses.

4. Auf der geschaffenen Fastebene fand über einen langen Zeitraum, etwa vom Jura bis ins Tertiär, eine intensive Verwitterung statt. Das Ergebnis war eine etwa 10 – 20 m mächtige Decke von meist hellgrauer Bodenmasse, Graulehm oder Weißlehm genannt.

5. Im Tertiär begann eine epirogene Hebung des Gebirgsrumpfes, wobei dieser in Schollen zerbrach. Die Schollen erfuhren eine unterschiedliche Hebung, teils sanken sie ab. So wurde aus dem Gebirgsrumpf ein Blockgebirge, teils ein Bruchfaltengebirge. Das Rheinische Schiefergebirge (Abb. 24), der Harz, der Spessart, der Odenwald und der Schwarzwald stellen gehobene Blöcke dar.

Eingebrochene Senken sind z. B. das Oberrheintal, die Hessische Senke und die Niederrheinische Bucht. Auch die großen Blöcke wurden in sich zerbrochen; sie bilden ebenfalls ein Schollenmosaik. So sind das Neuwieder und Limburger Becken tieferliegende Schollen im Rheinischen Schiefergebirge. Darüber hinaus ist eine starke, geomorphologisch nicht immer sichtbare Zerstückelung vorhanden.

In Südniedersachsen brachte zwar auch die Dehnung der Kruste eine Schollenbildung. Dieser folgte aber zonenweise Einengung, die das Bruchfaltengebirge vollendete. Der zeitliche Wechsel von Dehnung und Einengung wurde durch das mobile Salz im Untergrund verursacht, das auf ungleichen Belastungsdruck reagierte, d. h. es strömte langsam zum Ort des geringeren Druckes und nahm das auflagernde Gesteinspaket mit, wobei dieses sich in Falten zusammenschob.

Die Folge der Hebung und Bruchbildung war das Aufleben des Vulkanismus. Schon im Perm ist beim Einbruch der Saar-Nahe-Senke eine erste Periode des Vulkanismus zu verzeichnen. Es folgt eine weitere im Tertiär, dann eine im Pleistozän und schließlich noch eine im Altholozän.

Die epirogene Hebung verstärkte die Erosionsenergie, die Flüsse schnitten in den Gebirgsrumpf ein und schufen die Täler. Die Hebung erfolgte periodisch, d. h. Zeiten der Hebung und der tektonischen Ruhe wechselten sich ab. In Zeiten der Hebung schnitten die Flüsse ein, in Zeiten der Ruhe verbreiterten sie ihre Einschnitte zu weiteren Tälern; erneute Hebung veranlaßte die Flüsse, in die breite Talsohle einzuschneiden, wobei aber Teile der Talsohle trocken fielen und als *Flußterrassen* stehenblieben. Auf diese Weise entstand das geomorphologische Bild der deutschen Mittelgebirge, das gekennzeichnet ist durch schwach gewellte Hochflächen, die durch Täler zerschnitten sind. Bei der Formung dieser Landschaft haben auch die exogenen Vorgänge des Eiszeitalters feinmodellierend eine Rolle gespielt.

(d) Theorien der Gebirgsbildung

Den Ursachen der Bewegungen in der Erdkruste nachzugehen, geschieht mit dem Ziel, die Beobachtungstatsachen der Geologie, Petrologie, Geophysik und Geochemie mit physikalischen und chemischen Naturgesetzen in Einklang zu bringen. Da die Beobachtungstatsachen nicht immer eindeutig sind, tektonische Formen nicht selten das Ergebnis mehrerer Bewegungsvorgänge darstellen und der Einblick in die Tiefen der Kruste nur beschränkt ist, so ist natürlich von vornherein die Gewinnung einer gesicherten Vorstellung von den Ursachen der Gebirgsbildung ein gewagtes Unterfangen. Es besteht die Gefahr der Spekulation. Deshalb wundert es nicht, daß für die Gebirgsbildung eine Reihe von Theorien entwickelt wurden. Nur einige, die ernsthaft diskutiert worden sind, sollen hier erörtert werden.

(1) Kontraktions- oder Schrumpfungstheorie

Diese Theorie geht von der Annahme aus, daß die Erde sich im Laufe ihrer Geschichte ständig abgekühlt hat und dadurch ein Volumenschwund eintrat. Die erstarrte Erdkruste legte sich über dem schrumpfenden, inneren Teil in Falten, vergleichbar mit den Runzeln eines eintrocknenden Apfels. Dabei ist jedoch schwer verständlich, daß die Faltung der Schichten nicht stetig und auch nicht überall geschah. Es ist aber geophysikalisch denkbar, daß die Erdkruste Spannungen elastisch speichert und auch in starren Krustenteilen über größere Strecken leitet; in weniger starren Krusten könnten sich diese Spannungen in tektonische Bewegungen umsetzen. Diese Vorstellung ist aber trotzdem schwierig, auch ist die Schrumpfung fraglich im Hinblick auf die entgegenwirkende radioaktive Wärmeerzeugung.

(2) Expansionstheorie

Diese Theorie geht davon aus, daß die Erdkruste eine Ausdehnung erfährt. Sie stützt sich dabei auf die DIRAC'sche Hypothese der ständig abnehmenden Gravitationskonstante

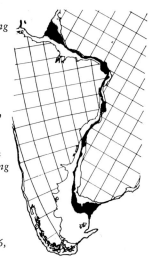

Abb. 25. Nach der Vorstellung von A. Wegener lagen Südamerika und Afrika in früherer geologischer Zeit zusammen. Die beiden Kontinente drifteten nach dieser Annahme auseinander, wobei die starren Schollen eine gewisse Drehung ausführten (nach E. C. Bullard, J. E. Everett und A. G. Smith, aus Endeavour, Bd. XXIX, Nr. 106, London 1970).

der Erde. Außerdem wird diese Annahme davon abgeleitet, daß die Schwellen, die in so auffälliger Weise die Ozeane durchziehen, aus breiten Spalten entstanden sind, welche sich infolge der Expansion ständig erweiterten und den Aufstieg magmatischer Massen ermöglichten. Hierbei werden Massenströme vorausgesetzt wie bei der Unterströmungstheorie.

(3) Kontinentalverschiebungstheorie

A. Wegener erklärte 1929 die Entstehung der Faltengebirge mit Horizontalbewegung der Kontinente (Abb. 25). Er entwickelte die Vorstellung, daß die aus leichterem Sial bestehenden Kontinentalblöcke in der schwereren Sima-Unterkruste schwimmen. Westwärts gerichtete Präzessionskräfte und die Gezeitenkräfte ließen nach dieser Vorstellung die Kontinente nach Westen driften. Die Polflucht kommt als weitere Kraft hinzu. Nach Wegener wanderten nach der Karbonformation die beiden Amerika von Europa und Afrika weg nach Westen. Die mittelatlantische Schwelle wird als die ehemalige Verbindungsnaht betrachtet. Diese Theorie wird gestützt durch eine auffallende Übereinstimmung der atlantischen Küstenformen der betreffenden Kontinente, ferner auch durch geologische, tiergeographische und paläoklimatische Gemeinsamkeiten. Durch die westwärtige Drift wurden die amerikanischen Kontinentalblöcke gegen das Sima gepreßt, wodurch die Auffaltung der Kettengebirge am Westrand der beiden Amerika erfolgte. Wahrscheinlich

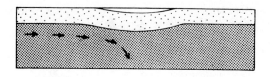

Abb. 26. Schematische Darstellung der Unterströme (Konvektionsströme) in der tieferen Erdkruste, wodurch die Geosynklinale in die Tiefe gezogen und die starre Oberkruste gestaucht und in Falten (Decken) gelegt wird (nach D. GRIGGS, aus BRINKMANN 1967).

reichen die ursprünglich als maßgebend angenommenen Kräfte für diese Verschiebung der Kontinente nicht aus. Wenn tatsächlich eine Drift der Kontinente stattgefunden hat, so dürften hierbei Unterströmungen die maßgebende Ursache sein, allerdings wäre eine kürzere Driftstrecke anzusetzen. Möglicherweise sind in der Frühgeschichte der Erde die Bedingungen für eine Drift günstiger gewesen. Die Vorstellung WEGENERS fand eine Erweiterung in der Theorie von der Wanderung der Kontinentalschollen von einem zusammenhängenden Urkontinent aus. Das bedeutet die Verschiebung großer Krustenteile, was als Plattentektonik bezeichnet wird. (P. SCHMIDT-THOMÉ, in R. BRINKMANN (Hrsg.), Bd. II, 1972, A. Cox, 1973).

(4) Oszillationstheorie und Undationstheorie

Die von E. HAARMANN entwickelte *Oszillationstheorie* erklärt die Gebirgsbildung mit zwei nacheinander ablaufenden Vorgängen. Demnach unterliegen die Kontinentalmassen einer Auf- und Abwärtsbewegung. Die Hebung führt zu einer großen Aufbeulung (Geotumor), wobei zunächst die Kruste stark zerbrochen wird; schließlich gleiten die Gesteinspakete unter dem Einfluß der Schwere (Schwerkraftgleitung) von der Aufwölbung ab in die vorgelagerte Geodepression. Dabei werden die Gesteinsschichten gestaucht und in Falten gelegt. Die Aufwölbung wird als Primärtektogenese, das Abgleiten und Falten der Schichten als Sekundärtektogenese bezeichnet.

Die *Undationstheorie* stammt von R. W. VAN BEMMELEN. Er erweiterte die Oszillationstheorie, indem die magmatischen Prozesse, die sich in der Orogenwurzel abspielen, einbezogen werden, nämlich das Aufsteigen von granitischem Magma. In der Tat finden wir in der Scheitelzone der großen Orogene, wie z. B. in den Alpen, ausgedehnte Granitmassive.

(5) Unterströmungstheorie

Bei dieser Theorie geht man davon aus, daß durch ein Wärmegefälle aus der Erdtiefe zur Oberfläche hin im Erdmantel Konvektionsströme von einigen cm/Jahr verursacht werden (O. AMPFERER, E. KRAUS). Die durch diese Unterströme bewegten Massen der Tiefe übertragen durch Reibung ihre Bewegung auf die passive, starre Oberkruste, die mitgeschleppt wird (Abb. 26). Wo die Unterströme konvergieren und in die Tiefe gehen, werden die Krustenschichten zusammengeschoben. Hierbei werden Gesteinsschichten vom Scheitel der Konvektion aus als Decken übereinandergeschoben, und die Vorlandmassen werden gleichsam angesogen und den vom Scheitel her ausgezogenen Decken unterschoben. Durch einen vergierenden Konvektionsstrom kann ein fächerartiges, symmetrisches Deckengebirge geschaffen werden, d. h. ein Orogen mit einer Scheitelzone, von der aus die Gesteinsdecken in entgegengesetzten Richtungen divergieren. Die Alpen sind nach diesem Prinzip gebaut. Dabei bleibt offen, ob ein oder zwei Konvektionsströme das Orogen gebaut haben. Auch die der Auffaltung eines Orogens voraufgehende Geosynklinalbildung läßt sich durch die konvergierenden, abtauchenden Unterströme gut erklären, denn in dieser ersten Phase wird gleichsam der Boden der Geosynkline durch die Unterströmung in die Tiefe gesogen, d. h. der Trogboden sinkt epirogen.

Abb. 27. Schematische Darstellung der verschiedenen Lagerungsarten der Gesteinsschichten (obere sechs Bilder), von Streichen und Fallen zum Zwecke der Fixierung einer Gesteinsschicht im Raum, der Hauptstreichrichtungen in Mitteleuropa (unten rechts) sowie der Schichtung und Schieferung (unten links). ➡

horizontale od. söhlige L.

geneigte L.

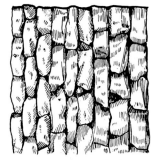
senkrechte od. saigere L.

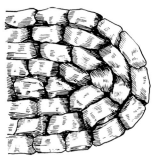
überkippte od. inverse L.

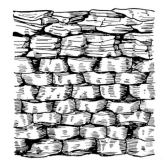
konkordante L.

diskordante L.

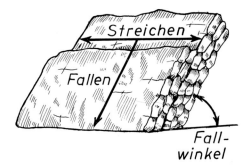

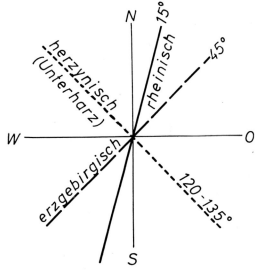
Haupt- oder Generalstreichen

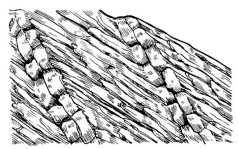
Schichtung und Schieferung

(e) Tektonische Strukturen

Die Bewegungen in der Erdkruste führen zu sogenannten *Störungen* der ehemaligen Lagerung der Gesteinsschichten. Die Störungen, auch *Lagerungsstörungen* oder *Dislokationen* genannt, sind mannigfaltig; sie ergeben die tektonische Struktur des Aufbaues der Oberkruste. Aus der Lagerungsstörung entwickelt der Geologe den abgelaufenen Bewegungsmechanismus, die *Kinematik* der Erdkruste. Um sich darüber verständigen zu können, müssen die notwendigen Begriffe erläutert werden.

(1) Lagerung

Die Lagerung der Gesteinsschichten ist gemäß der Aufschichtung des Kornmaterials durch das Wasser zunächst *horizontal* oder *söhlig* (Abb. 27). Durch tektonische Bewegung können die Schichten *schräg* oder *geneigt* liegen, sie können *senkrecht* oder *saiger* stehen oder sogar bei einer Bewegung und Drehung über 90° hinaus *überkippt* sein. Solange die Gesteinspakete nicht weiter als bis 90° aufgerichtet sind, liegen sie *normal*, d. h. das Jüngere liegt über dem Älteren. Sind aber die Schichten überkippt, so kommt das Ältere nach oben und liegt über dem Jüngeren, d. h. die Schichtenlagerung ist *invers*. Die normale und inverse Lagerung der Schichten ist an ihrem Alter erkennbar, und dieses wird mit Hilfe von Fossilien festgestellt. Aber auch Seegangsrippel, Muschelschalenpflaster, Schrägschichtung oder gradierte Schichtung zeigen an, was bei einer Schicht oben und unten ist. Verschiedenartige Schichten liegen *konkordant*, wenn die Lagerungsart gleich ist; sie liegen *diskordant*, wenn ihre Lagerungsart verschieden ist (Abb. 27).

Um den Bau eines Gebirges oder Gebirgsteiles aus Einzelbeobachtungen der Schichtenlagerung erschließen zu können, muß die Lagerung der Schichten zahlenmäßig festgelegt werden. Dies geschieht, indem das *Streichen* und *Fallen* der Schichten mit einem Geologenkompaß gemessen werden (Abb. 27). Das Streichen einer Schicht wird gemessen, indem der Kompaß horizontal auf die Schichtebene angelegt wird. Die Abweichung der Magnetnadel von Nord unter Berücksichtigung der örtlichen Deklination ergibt das Streichen in Graden. Das Fallen einer Schicht wird gegeben durch den Winkel (Fallwinkel), der durch die Horizontale und die betreffende Schichtebene gebildet wird, gemessen in Graden; ferner ist noch die Himmelsrichtung des Fallens für die Festlegung einer Schicht im Raume nötig. Die Lagerung einer Schicht im Raume kann z. B. vollständig angegeben werden »Streichen 135°, Fallen 20° SW« oder einfacher »135°/20° SW«. In manchen Gebirgen herrscht eine Streichrichtung vor, nämlich dann, wenn die Faltenstränge in etwa parallel verlaufen. Es ist das *Hauptstreichen* oder *Generalstreichen* eines Gebirges; in Mitteleuropa herrschen drei Hauptstreichrichtungen vor (Abb. 27), und zwar das rheinische Streichen etwa NNE-SSW (15°), das herzynische Streichen etwa NW-SE (120–135°) und das erzgebirgische Streichen etwa NE-SW (45°). Die Schnittfläche einer Schichtfolge mit der Erdoberfläche nennt man *Ausstrich*. Wenn die Schichten flach einfallen, ergibt sich eine große *Ausstrichbreite* (senkrecht zum Streichen); sie ist kleiner bei steiler Schichtlagerung.

(2) Falten

Bei der Gebirgsbildung entstehen meistens *Falten*, d. h. die Gesteinsschichten sind mehr oder weniger stark wellenartig verbogen (Abb. 28). Die Wellenberge nennt man *Sättel*, *Gewölbe* oder *Antiklinen*; in diesem Falle streben die den Sattel bildenden *Sattelflanken* vom *Sattelkern* aus nach unten auseinander. Die Wellentäler heißen *Mulden* oder *Synklinen*; die die Mulde bildenden *Muldenschenkel* oder *Muldenflügel* neigen sich dem *Muldenkern* zu und biegen darin um. Die durch den Sattelscheitel von ineinander liegenden Falten gedachte Fläche ist die *Achsenfläche* oder *Achsenebene*, die z. B. bei steilstehenden Falten senkrecht steht (Abb. 28). Die Schnittlinie der Achsenfläche mit der Schichtfläche bestimmt die *Sattelachse* (Abb. 28) bzw. die *Muldenachse*. Sind die Falten im Querschnitt symmetrisch gebaut, so spricht man von *normalen* Falten,

Abb. 28. Schematische Darstellung der verschiedenen Falten der Gesteine sowie die Kennzeichen der Falten zum Zwecke der Beschreibung ihrer Stellung im Raum (unten).

normale F.

geneigte od. vergente F.

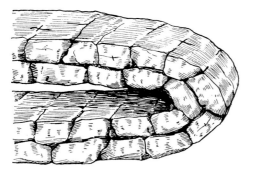
liegende F.

überschobene F.

disharmonische F.

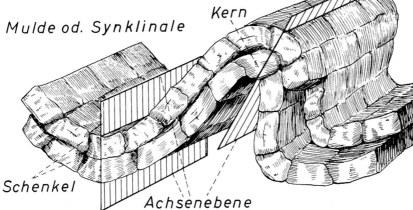

Mulde od. Synklinale

Sattel od. Antiklinale
Scheitel od. First
Achsenebene
Sattelachse
Kern
Schenkel
Achsenebene

sind sie nach einer Seite schief gestellt, von *schiefen* Falten, sind sie umgebogen, so daß die Flanken fast horizontal liegen, von *liegenden Falten*, sind sie übereinandergeschoben, von *überschobenen* Falten, sind sie ungleichmäßig gefaltet, von *disharmonischen* Falten (Abb. 28). Die Falten können auch weit ausgezogen sein, so daß sich die Sättel über die vorgelagerten Mulden hinweg erstrecken; in diesem Falle handelt es sich um *Deckfalten*. Sind die Sättel umgebogen und tauchen mit ihrer Stirn abwärts, so gilt die Bezeichnung *Tauchfalten*. Ein *isoklinaler* Faltenbau liegt vor, wenn die Faltenschenkel fast parallel liegen. Falten gibt es in sehr verschiedenen Dimensionen, von *Spezialfalten* mit dem Ausmaß von Zentimetern oder Metern bis zu Großfalten von mehreren Kilometern; es gibt weit ausgezogene Deckfalten von Zehnern Kilometer Ausdehnung. Wenn in einem großen Faltenbündel die mittleren Faltenachsen viel höher liegen als die seitlich anschließenden, so bezeichnet man diesen Bau als *Antiklinorium*, analog entsteht ein *Synklinorium*, bei dem die mittleren Faltenachsen tief versenkt sind.

(3) Tektonische Störungen

Reagieren die Gesteinsschichten auf eine tektonische Bewegung nicht mit einer Verbiegung oder Faltung, so zerbrechen sie, womit teils auch Verschiebungen verbunden sind (Abb. 29). Die einfachste Störung dieser Art ist die *Kluft*, ein feiner, nicht oder kaum geöffneter Riß im Gestein. An den Klüften und Schichtfugen (Grenzfläche zweier Gesteinsschichten) bricht das Gestein leicht auseinander. Bei der Gewinnung von Bausteinen sind diese Schwächezonen im Gesteinsverband sehr wichtig. Die Klüfte stehen in der Regel senkrecht zur Schichtung, sie treten in großer Zahl auf und durchsetzen als *Kluftsystem* mehr oder weniger die ganze Gesteinsfolge. Oft treten mehrere Kluftsysteme auf, die nach ihrem Verlauf zum Streichen benannt werden, und zwar verlaufen die Quer- oder Q-Klüfte senkrecht, die Längs- oder S-Klüfte parallel und die Diagonal- oder D-Klüfte mit etwa 45° zum Streichen.

Sind die Gesteinsschichten zerbrochen und klaffen die Bruchstellen auseinander, so ist dafür die Bezeichnung *Spalten* üblich. Ist ein Spalt ausgefüllt mit zugeführtem Material, so liegt ein *Gang* vor (Abb. 29). Ist diese Füllung magmatisch, so spricht man von *Eruptivgesteinsgang*, stellt sie aus Lösungen auskristallisierte Minerale dar, so von *Mineralgang* (z. B. Quarz oder Flußspat), handelt es sich um wirtschaftlich nutzbare Metallverbindungen, so ist es ein *Erzgang*.

In feinkörnigen, vorwiegend tonigen Gesteinen entsteht bei der Faltung meistens eine *Schieferung*, d. h. es erhält das Gestein eine Unzahl von parallelen, in kleinen Abständen liegenden Klüften, an denen sich das Gestein in dünne Platten (Dachschiefer) leicht absondert (Abb. 27, unten). Die Schieferung entsteht dadurch, daß das Gestein durch den Faltungsvorgang an vielen Stellen abgeschert wird, wobei die Schieferungsplättchen etwas gegeneinander versetzt werden. Die Schieferungsflächen sind oft mit Blättchen von Muskovit oder Sericit belegt. Im allgemeinen stehen die Schieferungsflächen der Faltenachsenfläche parallel. Eine erneute, anders gerichtete tektonische Beanspruchung des geschieferten Gesteins kann zu einer zweiten, anders gelagerten Schieferung führen.

Bei dem Zerbrechen des Gesteins kann es auf der Bruchfläche zu einer Verschiebung kommen, und zwar meistens vertikal, jedoch auch horizontal. Solche Verschiebungen nennt man *Verwerfungen*, *Brüche* oder *Sprünge*, auch Dislokationen oder Störungen (Abb. 29). Den vertikalen Verschiebungsbetrag nennt man *Sprunghöhe*, die wenige Millimeter, aber auch über 1000 m ausmachen kann. Die durch Verwerfung verstellten Gesteinspakete werden *Flügel* genannt; man unterscheidet einen gehobenen

Abb. 29. Schematische Darstellung der tektonischen Störungen im Gestein und in Gesteinspaketen. Klüfte sind gleichsam geschlossene Risse im Gestein im Gegensatz zu Spalten, die offen sind; sind letztere sekundär ausgefüllt worden, so liegen Gänge vor. Eine Flexur kennzeichnet eine Verbiegung des Gesteins, Verwerfungen (Brüche) hingegen ein Zerreißen und Verschieben des Gesteins an der Bruchfläche. Bei einem geologischen Graben ist eine Scholle an Verwerfungen abgesunken; ein geologischer Horst ist gleichsam die Umkehrung des Grabens (unten). ⟶

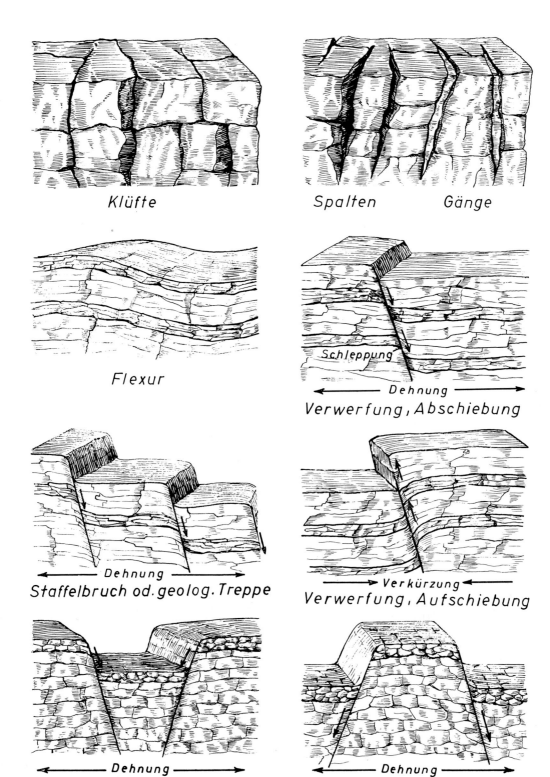

und einen gesunkenen Flügel. Die Verwerfung ist in der Gesteinswand an dem Versatz der Schichten zu erkennen, d. h. eine Gesteinsschicht bzw. ein Schichtenkomplex mit seinen Schichtfugen reißt an einer meist schrägen Linie – besser Fläche – ab; höher oder tiefer findet sich die gleiche Gesteinsfolge wieder. Auf der Verwerfungsfläche wird das Gestein durch Bewegung und Druck geschrammt und geglättet, es entsteht so ein *Harnisch*. Daran läßt sich die Bewegungsrichtung feststellen. Durch den starken Druck auf der Verwerfungsfläche kann das unmittelbar anliegende Gestein in viele Stücke zerbrochen werden. Solche Bereiche zerbrochenen Gesteins werden *Ruschel-* oder *Zerrüttungszonen* genannt. Die zerbrochene Gesteinsmasse stellt eine *Verwerfungsbreccie*, bei starker Zerkleinerung einen *Mylonit* dar. Bei einer geringen Verschiebung kommt es in weicherem, nicht sprödem Gestein bei langsamer Bewegung nur zu einer Verbiegung der Schichten, zu einer *Flexur* (Abb. 29).

Wenn bei einer Verwerfung die beteiligten Gesteinspakete horizontal auseinander gezerrt werden, so kommt es zu einer *Abschiebung* (Abb. 29), d. h. eine Scholle sinkt gegenüber der anderen ein. In diesem Fall ist die Verwerfungsfläche zum abgesunkenen Flügel geneigt. Diese Verwerfungen werden als normale oder rechtsinnige bezeichnet. Wenn demgegenüber eine Verschiebung durch Raumeinengung zustande kommt, so handelt es sich um eine *Aufschiebung* (Abb. 29). Nicht selten liegen mehrere Aufschiebungen wie Schuppen übereinander, wodurch sich der *Schuppenbau* ergibt. Bei stärkerer Einengung des Raumes wird die Aufschiebung zur *Überschiebung,* und schließlich kann diese zu einer *Decke* ausgezogen werden. Diese Decken können von ihrer *Wurzel* bis zum vorderen Ende, der *Stirn*, einige Zehner von Kilometer messen. Solche ausgedehnte Decken werden im Laufe der Zeit von der Erosion zerschnitten. Dadurch entstehen einerseits *Klippen*, also die Einzelschollen der zerschnittenen Decke, andererseits öffnet die Erosion den Untergrund, sie schafft *Fenster*. Die horizontale Verschiebung der Schollen gegeneinander bezeichnet man als *Seiten-* oder *Blattverschiebung.*

Oft führt eine Zerrung der Kruste nicht nur zu einer, sondern zu mehreren Aufschiebungen, die gestaffelt hintereinander liegen; sie bilden eine geologische Treppe, die *Staffelbruch* genannt wird (Abb. 29). Auch kommt es vor, daß zwischen zwei abgesunkenen Schollen eine höhere stehen bleibt, die einen *Horst* darstellt (Abb. 29). Andererseits findet man auch abgesunkene Schollen zwischen höher stehenden; eine abgesunkene Scholle zwischen zwei höher stehenden bilden zusammen einen *Graben* (Abb. 29).

3. Tektonik und Landschaftsformung

Wie weit die heutige *Morphologie* der Landschaft mit dem *tektonischen Bau* übereinstimmt, hängt in erster Linie vom Alter der Tektonik und von den Härteunterschieden der Gesteine ab. Ist die Krustenbewegung noch jung, so spiegelt sich der tektonische Bau in der Landschaftsgestalt wider, d. h. Sättel sind Bergrücken, Mulden sind Täler. Ein gutes Beispiel für die Übereinstimmung von Tektonik und Morphologie stellt das Oberrheintal dar, ein geologischer Graben, der zwischen Vogesen und Schwarzwald im Jungtertiär und Pleistozän einsank. Die Vorberge dieser Mittelgebirge stellen die zum Rheintal hin einfallenden Staffelbrüche dar. Mit zunehmendem Alter der Krustenbewegung werden die durch sie geschaffenen Formen durch die exogenen Kräfte der Geologie (Abtrag und Akkumulation) mehr und mehr zerstört. Die durch exogene Vorgänge entstehenden Oberflächenformen hängen weitgehend von der Widerstandsfähigkeit der Gesteine ab, d. h. harte Gesteine werden langsamer verwittert und abgetragen, so daß sie als *Härtlinge* aus der Landschaft aufragen. Schneidet ein Fluß in ein söhlig gelagertes Gesteinspaket mit wechselnd harten und weichen Schichten ein, so entstehen *Schichtstufen*, wobei die harten Bänke die Stufen vorstellen. Bei einer Wechsellagerung harter und weicher Schichten kann ein geologischer Graben durch die Abtragungskräfte zu einem Berg umgestaltet werden, was als *Reliefumkehr* bezeichnet wird. Ein gutes Beispiel dafür bietet der Hohenzollerngraben, der heute morphologisch einen Berg darstellt. Aber nicht nur die Großtektonik zeichnet den exogenen Kräften die Wege vor. Klüfte und Spalten schwächen das Gestein; hier kann das Wasser lösend den Gesteinsverband weiter angreifen. Die Kraft des fließenden Wassers bricht das Gestein auf diesen Schwächezonen ab. Tektonische Trümmergesteine (Breccie, Mylonit) können besonders leicht vom Wasser chemisch und mechanisch angegriffen werden, sofern sie nicht verfestigt sind. Nicht nur das Wasser, sondern auch die exogenen Kräfte Gletschereis und Wind spüren gleichsam dem tektonischen Bau der Krustenoberfläche nach. Das Schürfen der Gletscher und das Schleifen des Windes (mit Sand) sind mechanische Vorgänge, welche an den Schwächezonen des Gesteins besonders wirksam sind. Natürlich spielt hierbei der Härteunterschied der Gesteine die wichtigste Rolle, indessen ist die Wechsellagerung von hartem und weichem Gestein oft tektonisch bedingt. Man kann zusammenfassend sagen, daß die endgültige Formung der Landschaft durch die exogenen Kräfte Wasser, Eis und Wind oft in den Grundzügen von den tektonischen Gegebenheiten gesteuert wird.

4. Erdbeben

Die Erdbeben sind Erschütterungen der Erdkruste, die ihre Ursache in der Erdkruste selbst haben und die Zerstörungen (Gebäude) auf der Erdoberfläche mit sich bringen können.

(a) Ursache

Die meisten Erdbeben werden durch plötzliche Schollenverschiebungen in der Erdkruste verursacht; das sind die *tektonischen Erdbeben*. Wenn elastische Spannungen in der Erdkruste so groß werden, daß die Festigkeitsgrenze des Gesteins überschritten wird, zerreißt das Gestein, und es erfolgt eine plötzliche, ruckartige Verschiebung, die eine Erschütterung im Gefolge hat. Mit anderen Worten: Als elastische Spannung gespeicherte potentielle Energie wird plötzlich in kinetische Energie umgewandelt. Im Augenblick der Energiefreisetzung, d. h. im Augenblick der Gesteinsverschiebung, wird von dort aus die Energie als Bebenwellen nach allen Seiten ausgestrahlt, wodurch die Erschütterung bedingt ist. Sowohl vertikale als auch horizontale Schollenverschiebungen können Erdbeben auslösen, aber die horizontalen scheinen die häufigste Ursache zu sein.

Erdbeben, die sich bei Vulkanausbrüchen ereignen, sind *vulkanische Erdbeben;* die durch den Einsturz unterirdischer Höhlungen (Höhlen durch Salzauslaugung, Karsthöhlen) verursacht werden, sind *Einsturzerdbeben*. Diese beiden Arten treten zahlenmäßig gegenüber den tektonischen Beben sehr zurück; zudem wird bei ihnen nur eine geringe Energie frei, so daß sie weniger heftige Erschütterungen bedingen und nur eine geringe Reichweite haben.

(b) Erscheinungsbild

Die Auslösung eines Erdbebens durch eine Schollenverschiebung ist ein für die Menschheit furchterregendes Ereignis, wovon die großen Erdbeben der Vergangenheit Zeugnis geben. Erwähnt seien nur die großen Beben in Kalifornien 1857, 1865, 1893 und 1906, in Messina 1908 sowie die Beben des letzten Jahrzehnts in Japan, Nordwestafrika, Skoplje, Anatolien, Sizilien, Iran und Mittelamerika.

Heftige Erdbeben sind durch ein dumpfes, unterirdisches Rollen begleitet. Dem Hauptbeben gehen gewöhnlich kleine Stöße voraus, und es folgen ihm solche ebenfalls. Je nach der Heftigkeit des Erdbebenstoßes erzittert die Erdkruste mehr oder weniger. Die Folge ist, daß die Schwingungen der Erdkruste sich übertragen auf Gegenstände, welche die Erdkruste trägt. Gegenstände in Gebäuden schwanken oder fallen um, die Gebäude bekommen Risse oder brechen zusammen, Bahnanlagen, Versorgungsleitungen, Kanäle und Straßen werden beschädigt. Nicht zu vergessen ist, daß geodätische Festpunkte eine Verschiebung erfahren können. In Gebieten, die häufig von Erdbeben betroffen sind, müssen die Häuser so gebaut sein, daß sie Erschütterungen standhalten. Am geringsten sind die Erschütterungen auf festem Fels mit keiner oder nur

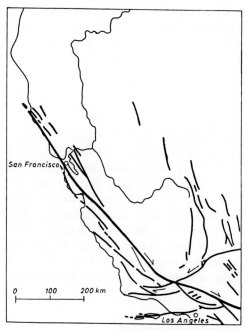

Abb. 30. Ausschnitt von der Westküste von Nordamerika mit der San-Andreas-Spalte (dicke SO-NW verlaufende Linie) sowie weiteren Verwerfungslinien (etwas dünnere Linien). An der San-Andreas-Spalte bewegt sich der Küstenstreifen horizontal nach NW, womit in der Vergangenheit mehrmals starke Erdbeben verbunden waren (nach M. L. Hill und T. W. Dibblee, aus Brinkmann 1967).

Abb. 31. Eine junge, horizontale Verschiebung (Blattverschiebung) an der San-Andreas-Spalte, die den Wassergraben bei Almaden Winery (südlich San Francisco) quer schneidet. Der Geologe steht an der Stelle, wo der Graben zerrissen und um einen Betrag von 40 cm versetzt worden ist. Das bedeutet eine Verschiebung zwischen dem nordamerikanischen Kontinent und der Pazifik-Scholle (D. P. McKenzie, aus Endeavour, Bd. XXIX, Nr. 106, London 1970).

dünner Verwitterungsdecke. Demgegenüber werden Schwemmlandgebiete mit nicht verfestigten Sedimenten in starke Schwingungen versetzt, und die Rüttelbewegungen lassen die Sedimente zusammensacken. Das Aufreißen von Spalten, an denen vertikale oder (und) horizontale Verschiebungen stattfinden sowie Erdrutsche geben Zeugnis von dem Vorgang in der Erdkruste.

Besonders bekannt ist das Erscheinungsbild der großen Erdbeben in Kalifornien. Hier riß die Kruste auf 900 km Länge auf, und der Küstenstreifen wurde bei den letzten Beben gegenüber dem Festland um 1 bis 6 m gegen NW versetzt. Diese San-Andreas-Spalte stellt eine alte tektonische Bewegungsbahn dar, die mit einer Länge von insgesamt 3400 km durch die Erdkruste des westlichen Nordamerika verläuft (Abb. 30). An ihr sind seit langem horizontale Bewegungen im Gange (Abb. 31), die seit dem Jungtertiär eine Verschiebung von etwa 250 km gebracht haben können. Derart große Verschiebungen in Verbindung mit Erdbeben bis in die jüngste Vergangenheit gibt es sonst auf der Erde nicht. Wohl waren mehrmals rezente, vertikale und horizontale Krustenverschiebungen von Meterbeträgen mit Erdbeben verbunden, z. B. in Japan.

(c) Messen der Erschütterungen

Den Ort, von dem die Erschütterung ausgeht, nennt man den *Herd* oder das *Hypozentrum*. Die Stelle an der Erdoberfläche in etwa senkrecht über dem Herd erhält die stärkste Erschütterung; es ist das *Epizentrum*. Vom Epizentrum aus nimmt die Bebenstärke nach allen Richtungen ab.

Die Erschütterungen werden gemessen mit *Seismographen* (von gr. seismos = Erschütterung), und zwar sind dafür drei Seismographen notwendig, nämlich zwei Horizontalseismographen für die beiden waagerechten Bewegungskomponenten und ein Vertikalseismograph für die senkrechte. Das Prinzip der

Seismographen beruht darauf, daß die Erschütterungen sich auf das Gehäuse des Instrumentes übertragen. Die so erzeugten Schwingungen des Gehäuses werden gegen eine in empfindlicher Gleichgewichtslage befindliche Pendelmasse ausgeführt und aufgezeichnet. Der Seismograph mißt die Beben- oder Erschütterungswellen, die vom Hypozentrum ausgesandt werden. Es sind drei Wellenarten:

1. P-Wellen, d. h. undae primae. Es sind longitudinale Raumwellen, die durch die Erde gehen; sie laufen am schnellsten und erreichen daher den Seismogaphen zuerst.

2. S-Wellen, d. h. undae secundae. Es sind transversale Raumwellen, die auch durch die Erde gehen und mit etwa der halben Geschwindigkeit den P-Wellen folgen.

3. L-Wellen, d. h. undae longae. Während P- und S-Wellen Vorläufer sind, gelten die L-Wellen als Hauptwellen; sie laufen als Transversalwellen mit der geringsten Geschwindigkeit an der Erdoberfläche, erreichen mithin den Seismographen zuletzt.

Mit Hilfe der Laufzeiten der Erdbebenwellen konnte der Aufbau des Erdkörpers aufgeklärt werden. Die Laufgeschwindigkeit der Wellen ist nämlich von der Elastizität und Dichte der Materie abhängig. Man stellte fest, daß die Geschwindigkeit der Wellen zum Erdinnern hin zunimmt und daß sie sich in bestimmten Tiefen sprunghaft ändert (Abb. 2). Daraus schloß man auf den Schalenbau des Erdballes: Kruste – Mantel – Kernschale – Kern.

Die Reaktion der Erdbebenwellen auf die Eigenart der Gesteine hat man in der *Angewandten Seismik* nutzbar gemacht. Mit Sprengungen werden Erschütterungswellen erzeugt, die eine verschiedene Laufzeit in den verschiedenen Gesteinen der Erdkruste aufweisen. Die vom Seismographen registrierte Wellengeschwindigkeit gibt Auskunft über Bau und Gesteinsbeschaffenheit der Erdkruste (bis etwa 5 km Tiefe).

Der Seismograph zeichnet ein *Seismogramm* auf, aus dem die Ankunft der drei Wellenarten an charakteristischen Einsätzen erkennbar ist. Aus der Laufzeit der Wellenarten läßt sich die Herdentfernung berechnen, und mit

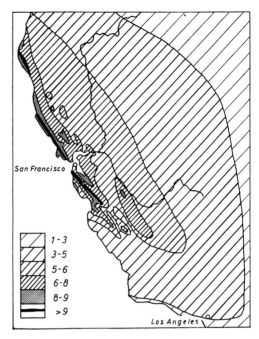

Abb. 32. Isoseistenkarte des Erdbebens von 1906 an der San-Andreas-Spalte, Westküste von Nordamerika. Diese Karte weist Gebiete gleicher Bebenstärke aus, die in einer zwölfteiligen Skala der maximalen Beschleunigung abgestuft ist (1 = geringste, 12 = höchste max. Beschleunigung). Die Legende für die Bebenstärke ist auf der Abbildung links unten zu finden (nach M. L. HILL und T. W. DIBBLEE, aus BRINKMANN 1967).

Hilfe der Seismogramme verschiedener Erdbebenstationen kann man das Epizentrum ermitteln, und zwar um so genauer, je näher dieses liegt. Bei Nahbeben läßt sich sogar die Herdtiefe berechnen. Die Tiefe des Hypozentrums liegt mit 80 % überwiegend im Bereich von 5 bis 60 km, es sind die *Flachbeben*. *Zwischenbeb*en mit einem Herd in 60 bis 300 km Tiefe und *Tiefbeben* mit einem solchen in 300–700 km (tiefer noch nicht festgestellt) Tiefe sind selten.

Für die Angabe der Bebenstärke haben MERCALLI-CANCANI-SIEBERG eine zwölfteilige Skala entwickelt. In dieser bedeutet der 1. Grad eine maximale Beschleunigung $< 1/4$ cm/sec^2; diese Bebenstärke sind mikroseismische Erschütterungen, die vom Seismographen aufgezeichnet, aber normalerweise subjektiv nicht bemerkt werden. Der Bereich vom 9. bis 12. Grad

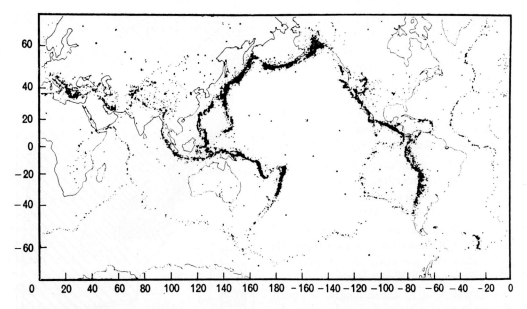

Abb. 33. Lage der Epizentren (Stellen stärkster Erschütterung) von vorwiegend Flachbeben (Bebenherd nicht tief) um die Scholle des Pazifik, registriert 1961/67 von US Coast und Geodetic Survey. Jeder Punkt kennzeichnet ein Beben; sie massieren sich an den Küsten des Pazifik. Auf den Kontinenten liegen die Bebenherde weiter auseinander. Zur Orientierung sind am Rande der Abbildung Längen- und Breitengrade aufgetragen (nach M. BARONZANGI und J. DORMANN, aus Endeavour, Bd. XXIX, Nr. 106, London 1970).

kennzeichnet eine maximale Beschleunigung > 50 cm/sec^2; dabei handelt es sich um stärkste Beben, bei denen Gebäude einstürzen. Die übrigen Bebenstärken liegen sinngemäß zwischen den Graden 1 bis 9.

Um die bei einem Erdbeben ausgelöste Energie objektiver anzugeben, wurde 1935 von C. F. RICHTER eine Erdbebenskala auf instrumenteller Basis vorgeschlagen, die *Magnitude* oder *Richter-Skala*. Diese Magnitude ist definiert als der Briggsche Logarithmus der maximalen Amplitude (gemessen auf dem Seismogramm eines Instruments einer bestimmten Amplitudencharakteristik) in einer Epizentralentfernung von 100 km.

Verbindet man die Orte gleicher Bebenstärke durch Linien, so erhält man die *Isoseisten*; mit ihnen entwickelt man die *Isoseistenkarte*, welche die Linien gleicher Erschütterung aufweist (Abb. 32).

(d) Verbreitung

Die jährlich sich ereignenden Erdbeben werden auf 300 000 geschätzt, was besagt, daß sich die Erdkruste nie in Ruhe befindet. Über die zeitliche Verteilung und das zeitliche Auftreten von Erdbeben läßt sich nichts voraussagen. Dagegen steht die räumliche Verteilung in einem deutlichen Zusammenhang mit dem tektonischen Bild der Erde. In tektonisch konsolidierten Gebieten der Erde (z. B. Kanada, Südafrika, nördliches Eurasien) ereignen sich selten Erdbeben. Dagegen werden die Gebiete mit junger Tektonik häufig von Erdbeben heimgesucht. Es sind die relativ jungen Gebirge um den Stillen Ozean (Abb. 33) und der breite Gebirgsbereich vom Indonesischen Archipel über Südasien, Kleinasien, das Mittelmeergebiet bis nach Madeira. Vor allem gehen hier die Beben von tieferen Herden aus. Im Bereich der Mittelschwellen der Ozeane treten schwächere Beben auf; der Tiefseeboden ist bebenarm.

VI. Die Wirkung der exogenen geologischen Kräfte

Unter den exogenen geologischen Kräften verstehen wir das Wasser in seinen verschiedenen Erscheinungsformen, das Gletschereis und allgemein das Eis sowie den Wind. Sobald die endogenen Vorgänge neue Bauten der Erdkruste geschaffen haben oder bereits indem diese entstehen, beginnt das Werk der Zerstörung durch die exogenen Kräfte. Diese Zerstörung kann in mannigfacher Weise vor sich gehen. Der Zertrümmerung des Gesteins durch die Verwitterung folgen Abtrag, Transport und Ablagerung der Trümmermasse. Um das Zusammenspiel der Kräfte klar übersehen zu können, ist die Beschreibung der einzelnen Vorgänge nötig.

a. WETTER, WITTERUNG, KLIMA, KLIMABEREICHE

Die *Atmosphäre* der Erde gliedert sich von ihrer Oberfläche nach außen hin in *Troposphäre, Stratosphäre, Mesosphäre* und *Thermospäre*. In der Troposphäre spielt sich die Wetterbildung ab; es ist die *Wettersphäre*. Das *Wetter* bedeutet den Zustand der Troposphäre an einer bestimmten Stelle der Erdoberfläche während einer kurzen Beobachtungszeit, etwa eines Tages. Dieser das Wetter bestimmende Zustand wird durch die Wetterelemente gekennzeichnet: Niederschlag, Luftfeuchtigkeit, Bewölkung, Lufttemperatur, Luftdruck, Windstärke, Windrichtung. Unter *Witterung* versteht man den Ablauf des Wetters an einem bestimmten Ort während eines Zeitraumes von Wochen und Monaten. Aus dem Ablauf der Witterung in einem bestimmten Gebiet, etwa einer Landschaft, über Jahre ergibt sich das *Klima;* es ist gewissermaßen die Summe der Witterungen. Witterung und Klima sind entscheidende Faktoren der *Verwitterung*, d. h. der Zerstörung der Gesteine an der Erdoberfläche, ferner auch der exogenen geologischen Kräfte.

Die Energie, welche das Klimageschehen steuert, kommt fast ausschließlich in Form von Strahlen von der Sonne. Ein Teil der Strahlen wird von der Atmosphäre absorbiert, ein Teil kommt zur Erdoberfläche und erwärmt sie, ein Teil wird für die Verdunstung des Wassers und für das Schmelzen von Schnee und Eis verbraucht, schließlich wird ein Teil von der Erdoberfläche reflektiert und von der Atmosphäre wieder absorbiert, wodurch diese erwärmt wird. Die Erwärmung der Atmosphäre veranlaßt das Aufsteigen der erwärmten Luft und des Wasserdampfes. Unterschiede des Luftdrucks führen zu einer Bewegung der Luftmassen. So kommt es zum *Kreislauf der Luft* und *des Wassers*. Ein großer Teil des Wasserdampfes wird der Luft durch Verdunstung der Meeresoberfläche zugeführt. Der Wind trägt den Wasserdampf als Wolken über die Kontinente, wo er als Regen auf die Erde gelangt. Ein Teil davon verdunstet direkt von der Erdoberfläche *(Evaporation)*, einen Teil verdunsten die Pflanzen *(Transpiration)*, ein Teil fließt ab in die Flüsse, ein Teil versickert bis ins Grundwasser, das teils unterirdisch in die Flüsse gelangt. Die Flüsse leiten das Wasser wieder dem Meere zu, und damit schließt sich der Kreislauf.

Von Breitengrad zu Breitengrad der Erde verschieben sich allmählich die Klimaelemente (Niederschlag, Temperatur, Luftfeuchtigkeit u. a.), wenn auch Klimascheiden, wie z. B. hohe Gebirge, einen relativ schroffen Wechsel des Klimas bedingen können. Wenn wir die Klimate der Erde großräumig betrachten, so können wir charakteristische *Klimazonen* oder *Klimabereiche* abgrenzen, die in der gleichen Anordnung die beiden Hemisphären umspannen. Es sind vier: 1. der warme, humide Bereich der Tropen, 2. der nördlich und südlich sich anschließende aride Bereich, 3. der darauf südlich und nördlich folgende gemäßigt warme, humide Bereich, 4. der nivale Bereich des Nordens und Südens, die Polarbereiche. Diese vier Klimabereiche sollen im folgenden kurz hinsicht-

Nivaler Bereich			Humider Bereich				Arider Bereich		
Mech. Gesteinszerstörg.	Verwitterung	Bodenbildung	Mech. Gesteinszerstörg.	Verwitterung	Bodenbildung		Mech. Gesteinszerstörg.	Verwitterung	Bodenbildung
Durch Gletschereis: Geschiebe, Rundhöcker, Gletscherschrammen, Kare, U-Täler. (Exaration, Regelation) In der Zone des ewigen Schnees	Frostverwitterung und Temperaturverwitterung. Vorwiegend im periglazialen Gebiet, d.h. in der Randzone des Inlandeises und des ewigen Schnees, der Gletscher	Bodenfließen (Solifluktion), Strukturböden; Staubauswehung, Lößbildung	Durch fließendes Wasser: Abrieb der Gesteine, V-Täler, Terrassen, Gerölle, Sand, Schlick. (Erosion)	Wenig physikalische Verwitterung, starke chemische und biologische Verwitterung	Gemäßigt-humid siallitisch (Podsol) Stoffwanderung, besonders Al u. Fe 	Tropisch-humid allitisch (Roterde) 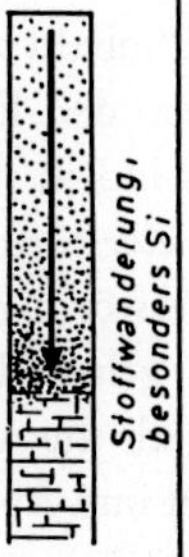 Stoffwanderung, besonders Si	Meist durch Wind: Windschliff, Windkanter, Pilzfelsen (Korrasion)	Temperaturverwitterung (Insolation). Salzsprengung	Wüstenböden: Skelettböden, Salzböden, Verkieselungen, Limonitüberzüge (Wüstenlack), Chilesalpeter, Staubauswehungen, Lößbildung, Dünen. 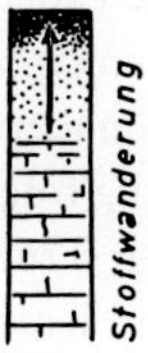 Stoffwanderung

Abb. 34. Zusammenfassende Darstellung der Wirkung des Klimas auf die exogenen geologischen Vorgänge, auf Verwitterung und Bodenbildung, aufgezeigt für die wichtigsten großen Klimabereiche.

lich ihrer klimatischen Eigenart und ihrer formgestaltenden Wirkung gekennzeichnet werden (Abb. 34).

1. Warmer, humider Klimabereich

Warmes und regenreiches Klima kennzeichnet die Tropen beiderseits des Äquators, vor allem den tropischen Regenwald. Das ganze Jahr über ist es warm und luftfeucht. Die Niederschläge übersteigen 1000 mm/Jahr; an den seeseitigen Hanglagen des Kamerunberges übersteigen sie 10 000 mm/Jahr. Anhaltende Wärme und Feuchte fördern die chemische Verwitterung und die Auswaschung des Bodens stark, wogegen die physikalische Verwitterung ganz zurücktritt. Mächtige Verwitterungsdecken sind für dieses Gebiet typisch. Formgebend für die Erdoberfläche ist hier die abtragende Wirkung des Wassers. An den tropischen Regenwald schließt sich nördlich und südlich eine Zone an, die ein warmes, aber im Jahresablauf abwechselnd feuchtes und trockenes Klima besitzt; es ist das Savannenklima.

2. Arider Klimabereich

Diese Klimazone schließt sich nördlich und südlich der Savanne an. Bei hohen Temperaturen liegen die Jahresniederschläge unter 250 mm; die Luftfeuchtigkeit ist gering und die potentielle Verdunstung hoch. Starke Temperaturunterschiede im Tagesablauf bedingen die Temperaturverwitterung (Insolation); die chemische Verwitterung ist zwar auch wirksam, aber nur schwach. Der Wind mit dem von ihm getragenen Sand ist eine wichtige formende Kraft an der Erdoberfläche.

3. Gemäßigt warmer, humider Klimabereich

Mittlere Jahrestemperatur, die selten 10° C übersteigt, und Niederschläge von über 500 mm/Jahr, die aber bis über 2000 mm steigen können, sowie eine Luftfeuchtigkeit von etwa 60 bis 80 % sind in großen Zügen die Klimawerte dieser Räume, die sich nördlich und südlich dem ariden Bereich angliedern. Die Gesamtniederschläge übersteigen die Verdunstungsquote, so daß ein Teil der Niederschläge versickert. Gute Bedingungen für den Pflanzenwuchs sind gegeben, so daß beachtliche Mengen an Pflanzenmasse auf und in den Boden gelangen. Die chemische und chemisch-biologische Verwitterung herrschen bei weitem vor, die physikalische Verwitterung ist gering; wohl hat die physikalisch-biologische Verwitterung eine gewisse Bedeutung. Die Formung der Erdoberfläche besorgt weitgehend das fließende Wasser.

4. Nivaler Klimabereich

Im nivalen Klimabereich, d. h. in Gebieten nördlich bzw. südlich des Polarkreises sowie in Hochgebirgen oberhalb der Schneegrenze, fällt der Niederschlag überwiegend oder ganz als Schnee. In der Region des ewigen Schnees, wo der Schnee nicht ganz abtaut, sammelt sich dieser an und wird schließlich zu Gletschereis. Nur da, wo der Boden im Sommer oberflächlich auftaut, in der *Tundra*, können anspruchslose Pflanzen, wie Flechten, Moose und Zwergsträucher, wachsen. Während große Gebiete des nivalen Klimas einen geringen Jahresniederschlag von etwa 250 mm erhalten (Nordsibirien), ist die Niederschlagsmenge vieler Hochgebirge über 2000 mm/Jahr. Soweit Pflanzen gedeihen, sammelt sich Humus an, der eine chemisch-biologische Verwitterung verursacht. Im übrigen ist die vorherrschende Verwitterungsform die Frostsprengung, die eine weitgehende Zerkleinerung des Gesteins herbeiführt. Die zusammenhängenden, mächtigen Eismassen des Inlandeises hobeln bei ihrer Fortbewegung den Untergrund ab, verfrachten große Mengen von Material und lassen beim Abschmelzen charakteristische Oberflächenformen zurück. Die Gebirgsgletscher hinterlassen andere, aber ebenso charakteristische Oberflächenformen. Im Vorgebiet des Eises, im *Periglazial*, entstehen die mannigfach gestalteten Strukturböden.

b. VERWITTERUNG

Unter Verwitterung werden Prozesse verstanden, welche die Gesteine an der Erdoberfläche zerstören. Die Minerale und Gesteine sind in ihrem Bildungsraum beständig. Werden sie indessen der Außenwelt mit allen ihren Einflüssen ausgesetzt, so werden sie umgebildet, sie verwittern. Es sind physikalische, chemische und biologische Prozesse, die dabei wirksam sind und mannigfach ineinander spielen. Sie müssen getrennt betrachtet werden.

1. Physikalische Verwitterung

Die physikalische Verwitterung umfaßt Prozesse, die zu einer mechanischen Zerlegung der Gesteine in Bruchstücke verschiedener Größe führen, ohne daß dabei die chemische Zusammensetzung des Gesteins wesentlich verändert wird. Verschiedene physikalische Prozesse können dies bewirken.

(a) Temperaturverwitterung durch Sonnenbestrahlung (Insolation)

Durch Erwärmung erfahren die Gesteine eine geringe Volumenausdehnung und durch Abkühlung eine Volumenminderung; z. B. beträgt die Ausdehnung bei 1 m Gesteinsmasse von Granit und Sandstein und 50 °C Temperaturerhöhung 0,25 bis 0,6 mm. Die Ausdehnung der Minerale ist je nach Kristallsystem verschieden. Während reguläre und amorphe Minerale nach allen Seiten die gleiche Ausdehnung zeigen, ist diese bei den Mineralen mit weniger Symmetrie nach den einzelnen Kristallflächen unterschiedlich. Temperaturerhöhung und damit Ausdehnung sind ferner noch abhängig von der Farbe und der Beschaffenheit der Oberfläche. Dunkle Minerale erwärmen sich schneller als helle; eine rauhe Oberfläche beschleunigt die Erwärmung ebenso wie die Abkühlung. Durch alle diese Momente unterschiedlicher Erwärmung und Ausdehnung entstehen Druck- und Zugspannungen im Gestein, die sein Gefüge lockern. Aber wohl viel entscheidender ist die Erwärmung und Ausdehnung der Außenzone des Gesteins, während es im Innern noch nicht erwärmt ist. Die Leitung der Wärme im Gestein ist nämlich gering; sie beträgt nur etwa 3 cm/h. Gerade die dadurch bewirkte schalenartige Ausdehnung der Gesteine führt zum Absprengen von plattigen und schalenförmigen Gesteinsstücken (Abb. 35), oder, falls es dünnere Gesteinsteile sind, zum Abblättern und Abschuppen von Gesteinsstückchen (Abb. 73). Durch jähe Temperaturänderungen, z. B. bei Regen auf heißes Gestein, kann es zum Zersprengen großer Gesteinsblöcke in zwei oder mehrere Teile kommen; es sind die *Kernsprünge* (Abb. 35) oder, bei stärkerer Zerlegung, die

Sonne den nackten Felsen trifft. Hier entstehen die steinreichen Wüstenböden mit wenig Feinsubstanz, auch Skelettböden (das Bodenskelett stellt die größeren Körner dar) oder *Yerma* (von span. yermo = Wüste) genannt. Auch die vegetationsfreien Felsen des Hochgebirges sind im Sommer großen Temperaturdifferenzen zwischen Tag und Nacht ausgesetzt, so daß auch hier die Insolation bedeutsam ist (Abb. 44).

Abb. 35. Temperaturverwitterung durch Sonnenbestrahlung (Insolation), d. h. durch starke, schnelle Erwärmung und schnelle Abkühlung. Im Vordergrund ist an den flachen Gesteinsblöcken (Granit) ein schalenartiges Abplatzen von Gesteinsstücken zu beobachten (dunkle Absätze auf den Gesteinsblöcken). Der große Block (rückwärts im Bild) wurde durch einen Kernsprung in drei Teile zerlegt.

(b) Frostverwitterung

Trümmersprünge. Die Gesteine zerteilen sich meistens an den Berührungsflächen der Minerale, allerdings zerspringen auch die Minerale, vor allem solche mit guter Spaltbarkeit, z. B. Feldspäte, Calcit und Glimmer. Grobkörnige Gesteine zerfallen am leichtesten.

Die Insolation ist die herrschende Verwiterungsart der Wüste und Halbwüste, wo die

Das Wasser hat bei $+4°$ C seine größte Dichte und damit das kleinste Volumen. Im Augenblick der Eisbildung nimmt das Volumen sprunghaft um 9 % zu, wobei ein hoher Druck entwickelt wird. Die Frostverwitterung durch Spaltenfrost beruht darauf, daß Wasser in Spalten, Klüfte und Kapillarräume des Gesteins eindringt, sich hier beim Gefrieren ausdehnt und dabei einen gewaltigen Druck auf die Hohlraumwände ausübt (Abb. 36). Ist der Gesteinsverband nicht sehr fest, so werden Stücke abgesprengt. Der Maximaldruck von 2200 kg/cm² wird bei $-22°$ C erreicht. Eine Sprengwirkung kann aber nur dann zustande kommen, wenn die Hohlräume ganz oder nahezu ganz mit Wasser gefüllt sind, damit das Eis bei seiner Bildung den ganzen Raum ausfüllt; auch muß die Öffnung des Hohlraumes nach außen klein sein, damit sich das Eis nicht als Propfen aus dem Hohlraum herausschieben kann (Abb. 36). Die Druckentfaltung bei der Eisbildung muß sich den Hohlraumwänden mitteilen können. Gesteine, die durch Klüfte, Absonderungs- und Schichtfugen natürliche Wasserleitbahnen besitzen, unterliegen besonders dem Spaltenfrost. Oft hat die Insolation vorgearbeitet, kleine Spältchen geschaffen, die dann dem Spaltenfrost Ansatz bieten. Grobkörnige Gesteine (Granit, Gneis) sowie Sandstein und Schiefer unterliegen diesen Vorgängen eher als dichte Gesteine (Basalt).

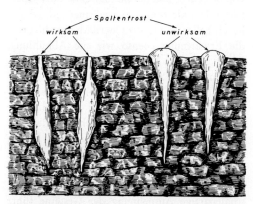

Abb. 36. Schematische Darstellung der Wirkung der Frostverwitterung (Spaltenfrost, Frostsprengung). Das in Hohlräumen des Gesteins sich bildende Eis (9 % Volumenzuwachs bei der Eisbildung) übt einen starken Druck auf die Hohlraumwände aus, vor allem dann, wenn sich die Hohlräume nach außen verengen (links im Bild), dagegen weniger, wenn die Hohlräume nach außen weiter werden und das Eis sich aus dem Hohlraum hinausschieben kann, der Eisdruck mithin weitgehend nach außen wirkt (rechts im Bild).

Naturgemäß wird der Spaltenfrost dort wirksam sein, wo Wasser ist und Kälteperioden herrschen, mithin in hohen Breiten (Tundra) und im Hochgebirge. Die *Blockmeere*, entstanden dadurch, daß die Frostsprengung den Felsen in Blöcke zerlegte und diese durch Rut-

Abb. 37. Blockmeer. Durch Frostsprengung in kluftreichem Felsen (Granit) wurden Blöcke aus dem Gesteinsverband gelöst; auf gleitfähigem Boden rutschten sie hangabwärts (z. B. im Odenwald, im Fichtelgebirge, in den Alpen, in der Tatra).

schung hangabwärts glitten, zeugen von der gewaltigen Zerstörungsarbeit (Abb. 37). Die Gesteinszerkleinerung geht aber weiter, Blöcke und Steine werden durch diese *Kryoklastik* zerkleinert bis zur Löß-Körnung.

Im eisnahen Gebiet, im *Periglazial*, kommt es in den sommerlichen Auftauperioden an den Hängen zum Bodenfließen, *Solifluktion* genannt. In der Verwitterungsmasse finden Verknetungen statt, die eigenartige Strukturen erzeugen; man nennt diesen Vorgang *Kryoturbation*. Durch sie entstehen die *Frostböden* oder *Strukturböden* (Abb. 67, 68, 69). Auch die Bildung von *Eislinsen* und das Auffrieren von Steinen gehören zu diesem Problemkreis. Später wird darüber mehr zu sagen sein.

Überwiegend wohl durch die Frostverwitterung, aber auch durch andere Verwitterungsprozesse wird die *Wabenstruktur*, auf Korsika *Tafoni* genannt, an Sandsteinen dadurch hervorgerufen, daß härtere Rinden oder Schwarten langsamer verwittern als das übrige Gestein. An den weicheren Stellen bilden sich Vertiefungen, die Rinden umgeben diese und stehen vor. Man findet Felswände mit dieser Wabenstruktur häufig am Buntsandstein und am Luxemburg-Sandstein (Lias).

(c) Salzsprengung

Die Salzsprengung stellt physikalisch einen ähnlichen Prozeß dar wie die Frostsprengung, indessen sind drei Vorgänge zu unterscheiden.

1. Ein Salz kann aus einer Lösung auskristallisieren, wobei eine Volumenzunahme mit Druckentfaltung eintritt wie beim Gefrieren des Wassers; z. B. beträgt der bei der Kristallisation von Alaun (KAl $(SO_4)_2 \cdot 12H_2O$) entstehende Druck 130 kg/cm². Im ariden Klima spielt dieser Vorgang bei bestimmten Gesteinen eine große Rolle. Gelegentliche Niederschläge dringen in das Gestein ein und bewirken eine geringe chemische Verwitterung. Es entstehen

Salzlösungen, die durch die starke Verdunstung an die Oberfläche gezogen werden. Meistens kristallisieren die Salze schon mehrere Zentimeter unter der Gesteinsoberfläche aus und entwickeln hier einen Kristallisationsdruck. Durch diesen Vorgang können große, dünne Gesteinsplatten abgesprengt werden, wie es in der Sahara beobachtet wurde.

2. Wachsende Kristalle können in Richtung des Wachstums einen gewissen Druck ausüben; z. B. kann das der Alaun, wenn er in Oktaedern kristallisiert (40 kg/cm² Druck), dagegen wird kein Druck erzeugt, wenn er Würfel bildet. Dieser Wachstumsdruck geht von den Kristallflächen aus, und zwar auch dann, wenn der Kristallisationsraum nicht von Kristallen ausgefüllt ist.

3. Bei der Hydratbildung erfolgt eine Volumenzunahme, und damit ist eine Druckentfaltung verbunden. Wenn z. B. aus Anhydrit ($CaSO_4$) durch Wasserzutritt Gips ($CaSO_4 \cdot 2 H_2O$) entsteht, so wird dabei das Volumen um 60 % vermehrt und ein Druck von 1100 kg/cm² erzeugt. Diese Gipsbildung kann zu Verschiebungen und Zertrümmerung des Gesteins führen.

Die Salzsprengung ist naturgemäß in Gebieten mit geringem Niederschlag und starker Verdunstung zu finden, in der Wüste und Halbwüste. Hier kommt es periodisch zu konzentrierten Salzlösungen an oder nahe der Erdoberfläche. Das Salz kristallisiert aus, wobei die Salzsprengung eintreten kann. Mit der Zeit entstehen an oder nahe der Erdoberfläche feste Krusten von durch Salz verbackenem Gesteins- oder Bodenmaterial; es sind die *Krustenböden*. Meistens sind es Kalkkrusten, seltener Gipskrusten und Steinsalzkrusten. Die Salze können auch in Mischungen Krusten bilden.

(d) Geologische Faktoren

Eine mechanische Zerkleinerung des Gesteins wird auch durch die exogenen geologischen Kräfte, nämlich durch das Wasser (Erosion), durch das Eis (Exaration) und durch den Wind (Korrasion) bewirkt, indessen wird diese Art der Gesteinszerstörung nicht als physikalische Verwitterung angesehen. Diese exogenen Kräfte werden später eingehend besprochen. Auch ist hier daran zu denken, daß die endogenen geologischen Kräfte das Gestein zerbrechen können, besonders geschieht dies durch tektonische Bewegungen in der Erdkruste; denken wir nur an die Unzahl von Klüften, die das Gestein in Blöcke zerteilen und Ansätze für die eigentliche Verwitterung bieten. Wenn somit die endogenen Kräfte der Verwitterung Vorschub leisten, so gehören sie aber nicht zu den Prozessen der Verwitterung.

2. Chemische Verwitterung

Die chemische Verwitterung bedeutet die chemische Zersetzung oder stoffliche Umbildung der Gesteine. Hierbei gehen Bestandteile der Gesteine in Lösung, andere bleiben als feste Stoffe am Ort der Verwitterung liegen oder werden vom Wasser weggetragen. Durch die chemische Verwitterung entsteht die Feinsubstanz oder Tonsubstanz des Bodens, welche neben dem Humus in der Hauptsache die Fähigkeit der Wasserspeicherung, der Ionensorption und des Ionenaustausches besitzt. Somit stellt die chemische Verwitterung einen sehr wichtigen Prozeß für die Bildung und Eigenschaften des Pflanzenstandortes dar.

(a) Atmosphärilien und ihre Wirkung

Die Atmosphärilien sind die Agentien, die Stoffe der Atmosphäre, in erster Linie Luft und Wasser und die darin enthaltenen Stoffe (CO_2, SO_2, NO_3, $NaCl$).

Das *reine Wasser,* das zwar als solches in der Natur nie vorkommt, vielmehr stets irgendwelche Stoffe besitzt, vermag auch bei normaler Temperatur bestimmte Minerale zu lösen, z. B. Alkalisalze ($NaCl$, KCl), weniger die Erdalkalisalze ($CaSO_4$, $CaCO_3$). Reines Wasser kann die Hydratbildung bewirken, z. B. kann Gips aus Anhydrit entstehen, eine Erscheinung, die beim Tiefbau in entsprechendem Gestein beachtet werden muß. Gips kann aber auch eine starke Auflösung erfahren, es können Höhlen wie im Karst entstehen (Barbarossahöhle im Kyffhäuser). Wasser kann auch mit

Eisenoxid reagieren, indem Brauneisen entsteht: Fe_2O_3 (Roteisen) $+ 3 H_2O = F_2O_3 \cdot 3 H_2O$ (Brauneisen).

Das *Regenwasser* enthält Stoffe, welche seine Lösungskraft steigern: CO_2, SO_2, NO_3, $NaCl$. Zudem ist die Luft des Regenwassers anders zusammengesetzt wie die atmosphärische Luft. Die Luft des Regenwassers enthält im Durchschnitt in Volumenprozent: 62 % N, 30 % O_2, 8 % CO_2. Der stark erhöhte Kohlensäuregehalt ist besonders wirksam.

Die *Kohlensäure* löst die Carbonate, z. B. Calciumcarbonat nach der Gleichung: $CaCO_3 + CO_2 + H_2O = Ca(HCO_3)_2$. Letzteres ist lösliches Calciumbicarbonat, auch Calciumhydrogencarbonat genannt. Ebenso werden andere Carbonate in kohlensäurehaltigem Wasser mehr oder weniger gelöst. So werden in kohlensäuregesättigtem Wasser als Bicarbonate gelöst: 115 mg/l $MgCO_3$ (Bitterspat), 310 mg/l $CaMg(CO_3)_2$ (Dolomit), 500 mg/l $MnCO_3$ (Manganspat), 720 mg/l $FeCO_3$ (Eisenspat). Mit steigender Temperatur und fallendem Druck sinkt die Kohlensäureaufnahmefähigkeit des Wassers, mit fallender Temperatur und steigendem Druck nimmt sie zu.

Der *Sauerstoff* bewirkt die Oxidation. In der Luft des Regenwassers kann der Sauerstoff bis zu 34 % betragen. Das bedeutet eine stärkere oxidierende Wirkung des Regenwassers gegenüber der Luft. Vor allem unterliegen Eisenverbindungen der Oxidation, z. B. werden Eisenspat und Eisensulfid (Pyrit) leicht durch sauerstoffreiches Regenwasser oxidiert: $2 FeCO_3 + 1/2 O_2 + 3 H_2O = 2 Fe(OH)_3 + 2 CO_2$, ferner $4 FeS_2 + 14 O_2 + 4 H_2O = 4 FeSO_4 + 4 H_2SO_4$. Bei der Oxidation von FeS_2 (Pyrit) wird viel Wärme frei, so daß u. U. Selbstentzündung des Pyritträgers (Kohle) erfolgen kann. Auch Mangancarbonat kann oxidiert werden.

Das *Schwefeldioxid* kommt in erster Linie durch die Verbrennung schwefelhaltiger Stoffe in die Luft. Somit ist der SO_2-Gehalt der Luft am höchsten über größeren Städten und Industrieanlagen. Bei der Verbrennung von 1 kg Steinkohle gehen 24 g SO_2 in die Luft. Das SO_2 verbindet sich mit dem Regenwasser zu schwefeliger Säure (H_2SO_3), die weiter zu Schwefelsäure (H_2SO_4) oxidiert wird. Das sind starke Säuren, welche die chemische Verwitterung intensivieren. Vor allem werden in Siedlungen die Bausteine stark davon betroffen, wofür z. B. der Kölner Dom, das Ulmer Münster und das Genter Rathaus zeugen.

Die *Salpetersäure* entsteht in der Atmosphäre durch Gewitter; somit wird die Luft gewitterreicher Gebiete höhere Gehalte davon aufweisen. So hat man in England im Regenwasser 0,2 mg/l ermittelt, in den gewitterreichen Tropen das Zehnfache. Die Salpetersäure fördert als starke Säure ebenfalls die chemische Verwitterung.

Das *Ammoniak* entsteht aus organischen Substanzen unter reduzierenden Bedingungen (Fäulnis). Die Luft enthält über großen Siedlungen mehr Ammoniak als über dünnbesiedelten Räumen. In Deutschland bringen die Niederschläge im Jahr/ha etwa 10 kg NH_3 und mehr in den Boden, in dünnbesiedelten Räumen ist es viel weniger, wie Messungen in der Sowjetunion beweisen. Dieses in den Boden gelangende Ammoniak hat zwar für die Pflanzenernährung eine gewisse Bedeutung, aber nicht für die Verwitterung, wenn wir von der indirekten Wirkung über die Pflanze absehen.

Das *Steinsalz* ($NaCl$) kommt mit dem Regen vom Meere, wo der Wind Tröpfchen des salzigen Meerwassers aus den Schaumkronen aufnimmt. Das Regenwasser meernaher Gebiete enthält mehr $NaCl$ als das meerferner Gebiete. So enthält das Regenwasser an der englischen Küste 90 mg/l $NaCl$, in Paris 8 mg/l und in den Alpen nur 2 mg/l. Das Steinsalz selbst hat für die chemische Verwitterung direkt wenig Bedeutung, aber es erhöht die Lösungskraft des Wassers für bestimmte Minerale, z. B. für Gips. Im humiden Klima wandert das $NaCl$ mit dem Sickerwasser in den Untergrund, im ariden Klima kann es jedoch zur Bildung von Salzkrusten beitragen, wie z. B. in der Nebelwüste der Namib (Südwestafrika).

(b) Lösungsverwitterung und Verkarstung

Oben wurde bereits geschildert, daß vom Wasser bestimmte Gesteine gelöst werden und das Gelöste vom Wasser weggetragen wird. Am leichtesten wird Steinsalz gelöst, indessen kann sich das Steinsalz nur in ariden Gebieten an der Erdoberfläche längere Zeit erhalten, wie z. B. am Toten Meer und bei Barcelona. Auch Gips unterliegt der Lösungsverwitterung, wenn er auch langsamer gelöst wird als Alkalisalze. Die Lösungsformen auf und im Gipsgestein sind die gleichen wie im Kalkgestein, es tritt also eine Verkarstung ein, die bei der Lösungsverwitterung des Kalkgesteins näher beschrieben wird.

Die Lösungsverwitterung bei Carbonatgesteinen wird vom kohlensäurehaltigen Wasser bewirkt, was oben bereits ausgeführt ist. Die Kohlensäure führt die Carbonate in Bicarbonate über, die löslich sind und mit dem Wasser fortgeführt werden. Die in den Carbonatgesteinen enthaltenen »Verunreinigungen«, die überwiegend Tonsubstanz sind, bleiben zurück und bilden an der Oberfläche mit dem Humus den Boden. Auch im Gestein bleibt durch den Lösungsvorgang in Hohlräumen Tonsubstanz zurück. Je mehr Niederschlag fällt und je mehr CO_2 dieser enthält und aus dem Humus des Bodens aufnimmt, um so schneller schreitet die Lösungsverwitterung fort. In unserem Klima mit durchschnittlichen Niederschlägen wird von der Oberfläche des Kalksteins jährlich etwa 0,01 mm abgelöst. Das ist mengenmäßig viel, z. B. für den Weißjura der Württembergischen Alb 60 000 m³ Kalkstein jährlich. Die Modifikation Aragonit des $CaCO_3$ löst sich leichter als der weit überwiegend vorkommende Kalkspat (Calcit).

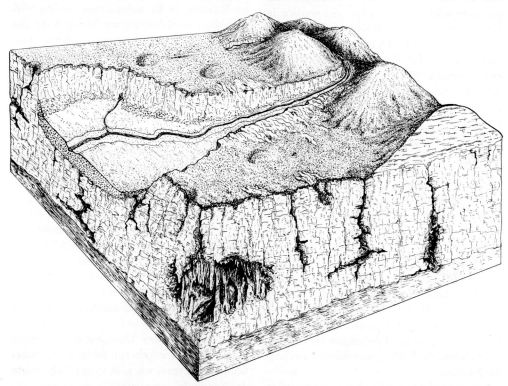

Abb. 38. Schematische Darstellung der Verkarstung eines Carbonatgesteins (Kalkstein und Dolomit, aber auch im Gipsgestein möglich) in einem Blockdiagramm. Das Carbonatgestein ist von einem undurchlässigen Gestein (z. B. Tonmergel) unterlagert (horizontal gestrichelt), welches die Grundwassersohle bildet. Im Carbonatgestein sind durch kohlensäurehaltiges Wasser Spalten (im aufgeschnittenen Teil der Abbildung) und eine Tropfsteinhöhle (vorne im Bild) mit Stalaktiten (an der Höhlendecke) und Stalagmiten (auf dem Höhlenboden) entstanden. Auf dem Gestein hat die Lösungsverwitterung eine dünne Verwitterungsschicht zurückgelassen. Auf der Oberfläche sieht man einige rundliche Vertiefungen, Dolinen. Rechts im Bild befinden sich die kegelförmigen Oberflächenformen (Kegelkarst) einer Lösungsverwitterung aus einer früheren geologischen Epoche mit warm-feuchtem Klima. In einem alt angelegten Tal mit einer Füllung von lehmigem Verwitterungsschutt hat sich erneut ein kleiner Fluß eingeschnitten.

Die Lösungsverwitterung schafft auf und in dem Kalk- und Dolomitgestein charakteristische Auflösungserscheinungen oder Formen. Auf der Oberfläche des Kalksteins entstehen Lösungsfurchen, die *Karren* oder *Schratten* genannt werden. Sie entstehen da, wo in Vertiefungen der Gesteinsoberfläche sich Wasser sammelt und die Lösung verstärkt; vor allem sind die Kluftnähte und feine Spalten die Ansatzstellen für die Bildung von Karren. Durch Spalten dringt das Regenwasser in das Carbonatgestein ein. Spalten werden durch die Lösungsverwitterung erweitert; dauert dieser Prozeß lange an, so entstehen schließlich *Höhlen* im Gestein, die immer größer werden (Abb. 38). Die Höhlen können weiträumig, lang und verzweigt und sogar in verschiedenen Stockwerken entwickelt sein. Bekannt ist die weitverzweigte Mammuthöhle von Kentucky (USA). Von der Decke solcher Höhlen tropft bicarbonathaltiges Wasser herab, und es bilden sich an den Tropfstellen *Stalaktiten* (von gr. stalaktos = tröpfelnd) und an den Stellen auf dem Höhlenboden, wo das Wasser auftrifft, entstehen Kegel, die *Stalagmiten* (von gr. stalagmos = Tropfen). Das Wachstum solcher Gebilde geht schnell; es sind 8 cm/Jahr gemessen worden. Wenn das bicarbonathaltige Wasser aus einer Spalte tropft, bilden sich handtuchartige Gebilde, die *Sintergardinen*. Die Höhlen im Carbonatgestein mit tropfender Decke nennt man *Tropfsteinhöhlen* (Abb. 38). Im Laufe der Zeit kann das Dach einer solchen Höhle durch die fortwährende Auflösung des Gesteins brüchig werden und einstürzen. An der Erdoberfläche entsteht an dieser Stelle eine trichter- oder schüsselartige Vertiefung, *Erdfall* oder *Einsturzdoline* genannt (Abb. 38). Andere Vertiefungen entstehen durch die Erweiterung und Vertiefung von Karren, also durch den Fortgang der Lösungsverwitterung. Solche Dolinen werden als *Lösungsdolinen* bezeichnet. Die Dolinen können sehr verschiedene Dimensionen haben, sie können 10 bis 1500 m Durchmesser besitzen und 2 bis 300 m tief sein. Der Boden der Dolinen kann Sturzblöcke und Lehm enthalten; er kann durch Verwitterungslehm auch abgedichtet sein, so daß ein *Dolinensee* entsteht. Dolinen sind bisweilen auf einer Linie angeordnet; durch weitere Lösungsverwitterung können die trennenden Gesteinsmassen allmählich aufgezehrt werden, so daß eine große, flache Schüsseldoline, eine *Uvala*, mit unebenem und mit Lehm ausgekleidetem Boden entsteht. Die *Poljen* sind noch größere Gebilde als die Uvalas und entstehen meistens durch tektonische Verschiebungen. Es sind breite, lange Wannen im dinarischen Karst, meist mit Verwitterungslehm ausgefüllt, so daß diese Poljeböden vorwiegend Ackerflächen darstellen (Polje bedeutet Feld). Diese Wannen werden durch trichter- oder schachtartige Löcher, die *Ponore,* in den Untergrund entwässert. Auch der Boden von größeren Dolinen und Uvalas ist im dinarischen Karst häufig mit Verwitterungslehm ausgekleidet und kann dem Ackerbau dienen.

Häufige Formgebilde im Karst sind die *Trockentäler*. Diese wurden von Flüssen gebildet, die von außerhalb des Karstgebietes kamen, auf ihrem Wege über den Karst Täler schufen, aber bei zunehmender Erweiterung des Hohlraumsystems im Karst versickerten.

Alle diese durch die Auflösung der Gesteine entstehenden Formen ergeben ein charakteristisches Bild von der Landschaft, die man in Dalmatien als *Karst* oder Karstlandschaft bezeichnet. Die Bildung von Vertiefungen und Höhlungen wird *Verkarstung* genannt (Abb. 38).

In den Tropen und Subtropen sind in langen Zeitepochen und durch reichliche CO_2-Mengen auf dem Kalkgestein kegel- und turmartige Aufragungen, sog. *Karstkegel* entstanden, eine Landschaft, die man als *Kegelkarst* (Abb. 38) oder bei großen Formen auch als *Turmkarst* bezeichnet.

Zum Karst gehört eine eigene Hydrographie, die *Karsthydrographie*. Das Niederschlagswasser versickert schnell, wenn wir von den wenigen Wasseransammlungen in Dolinen und Poljen absehen. Das Wasser von Bächen und Flüssen kann ganz oder teils durch eine *Schwinde* in den Untergrund sinken, einen mehr oder weniger langen Weg im Karstgestein nehmen und als Quelle wieder zu Tage kommen (Pader Quellen, Donauversickerung bei Immendingen). Das Karstwasser folgt dem verzweigten Kluft-, Spalten-, Schlotten- und Höhlensystem; teils fließt es darin frei, teils unter Druck. Meistens bildet das Wasser

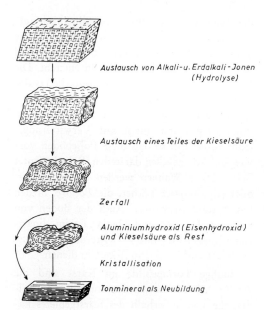

Abb. 39. Schematische Darstellung der wichtigsten Phasen der Silikatverwitterung.

in den Hohlräumen keinen geschlossenen Grundwasserspiegel, wenn ein solcher auch gebietsweise vorliegen kann. Erst dann, wenn durch eine lange Periode der Hohlraumerweiterung und -vermehrung das Karstwasser sich frei bewegen kann, kommt es zu normalen unterirdischen Fließbewegungen und zu einem geschlossenen Grundwasserspiegel; indessen kann sich aber doch partienweise im Gestein noch Wasser in einem feineren Hohlraumsystem befinden. Wo das Karstwasser, vielfach bedingt durch eine dichte Grundwassersohle oder auch durch das Hohlraumsystem, an die Erdoberfläche geführt wird, entsteht eine *Karstquelle*. An solchen und anderen Wasseraustritten, wo bicarbonathaltiges Wasser zur Oberfläche kommt, wird Calciumcarbonat als *Kalksinter* ausgeschieden, der bei mächtigen, festen Lagen *Travertin* genannt wird. Diese Sinterabscheidungen wachsen schnell; über fränkischen Gräbern (etwa 550 n. Chr.) sind 2 bis 3 m Sinter entstanden. Der bis 150 m mächtige Travertin von Tivoli bei Rom wurde von den Bicarbonatwässern des Apennin gebildet und lieferte den Baustein für wichtige Bauten Roms, z. B. die Arkaden des Petersplatzes. Wenn die bicarbonathaltigen Wässer Lockersedimente durchsickern, wird Carbonat abgeschieden, welches die Lockersedimente verfestigt (Breccie, Konglomerat, Nagelfluh, Kalksandstein).

(c) Silikatverwitterung

Die Erdkruste besteht zu drei Vierteln aus Silikaten; davon machen allein die Feldspäte 58 % (Gew. %) aus, und zwar sind es 17,7 % Kalifeldspäte und 40,3 % Kalknatronfeldspäte. Ihre spezifische Verwitterung ist aber nicht nur wegen der Menge bedeutsam, sondern auch deshalb, weil in der Hauptsache durch sie die Tonsubstanz, also die anorganischen Wasser- und Nährstoffträger des Bodens gebildet werden.

Um den komplexen Prozeß der Silikatverwitterung besser übersehen zu können, soll er in seinen verschiedenen Phasen an einem relativ einfach aufgebauten Silikat, einem Kalifeldspat, verfolgt werden (Abb. 39).

Die *Hydratation* bewirkt die erste, wenn auch schwache Mineralauflockerung. Darunter ist die Anlagerung von Wassermolekülen als Dipole an den außenständigen Kationen des Minerals zu verstehen, also hier an dem Kalium des Kalifeldspates. Durch die Wassermoleküle werden elektrische Feldkräfte des Kaliums gebunden und damit die Bindung des Kaliums im Kristallgitter vermindert. Je rauher die Oberfläche des Kalifeldspates ist, um so mehr randständige K-Ionen gibt es und um so mehr wird die Randzone des Kristalls geschwächt. Die Hydratation stellt also den ersten Angriff auf den Zerfall des Minerals dar.

Die *Hydrolyse* greift in das Kristallgitter ein. Unter der Hydrolyse verstehen wir die Umsetzungen eines Salzes mit den Ionen des Wassers. Diese Erscheinung können wir uns an einem basisch reagierenden Salz in vereinfachter, allgemeiner Form folgendermaßen veranschaulichen:

$M^+ + R^-$	$+ H^+ + OH^-$	$= HR$	$+ M^+ + OH^-$
dissoziiertes Salz	dissoziiertes Wasser	undissoziierte Säure	dissoziierte Base

Nach dieser Gleichung reagieren die Ionen des Salzes mit den Ionen des Wassers so, daß eine undissoziierte Säure und eine dissoziierte

Base entstehen. Die Lösung muß somit alkalisch sein. Nach dieser hydrolytischen Reaktion muß man annehmen, daß die H-Ionen des Wassers das Silikat »Kalifeldspat« als Salz der Kieselsäure angreifen können, indem die H-Ionen randständige K-Ionen des Kalifeldspatkristalls austauschen (Abb. 39).

Die herausgelösten K-Ionen werden mit den OH-Ionen des Wassers dissoziiertes KOH, Kaliumhydroxid oder Kalilauge bilden; die Lösung muß demnach basisch reagieren. In der Randzone des Kristalls wird das Silikat gleichsam in eine undissoziierte Säure verwandelt. Eingedenk, daß es sich um Randreaktionen am Kristall handelt, kann man diesen Vorgang durch folgende Gleichung vereinfacht darstellen:

$$KAlSi_3O_8 + H^+ + OH^- = HAlSi_3O_8 + K^+ + OH^-$$

Die Richtigkeit der durch diese Gleichung dargestellten Reaktion kann man in einem einfachen Versuch beweisen. Wenn man Kalifeldspat pulverisiert und in destilliertem Wasser, dem ein Reaktionsindikator zugesetzt ist, suspendiert, so zeigt sich schon nach einigen Stunden eine Färbung, die basische Reaktion anzeigt, hervorgerufen durch entstandene Kalilauge gemäß obiger Gleichung.

Nachdem Kalium aus der Randzone des Kalifeldspates herausgelöst ist, schreitet der Zerfall des Minerals fort, indem nun ein *Teil der Kieselsäure* heraustritt (Abb. 39). Gehen wir von der Formel $K_2O \cdot Al_2O_3 \cdot Si_6O_{12}$ des Kalifeldspates aus, unterstellen die Entfernung des K_2O durch Hydrolyse, dann geht anschließend ein Teil von Si_6O_{12} in Lösung. Dieses SiO_2 ergibt mit H_2O eine hydratisierte kolloidale Kieselsäure. Mit der Herauslösung von Kieselsäure wird das Kristallgitter instabil und zerfällt in seine Bestandteile Al_2O_3 und $x\ SiO_2$, wenn wir im Formelschema bleiben. Selbstverständlich vollziehen sich diese Reaktionen zunächst nur in der Randzone des Kristalls.

Die Zerfallsprodukte des Kalifeldspates können sich verschieden verhalten, sie können einen *amorphen Tonkomplex,* d. h. ein amorphes Aluminiumsilikat bilden oder sich durch Kristallisation zu einem *Tonmineral* vereinigen (Abb. 39). Welches Tonmineral entsteht, hängt davon ab, wieviel Kieselsäure abgeführt wird und welche sowie in welcher Menge Basen und Lösungsgenossen vorhanden sind; ferner ist der Feuchtegrad des Milieus wichtig. Die Verwitterung der übrigen Feldspäte verläuft im Grundsatz in der gleichen Weise (Abb. 39).

Die *Intensität der chemischen Verwitterung* ist von folgenden Faktoren abhängig: Konzentration der H-Ionen im Verwitterungsbereich, Temperatur, Feuchtigkeit und Zerteilungsgrad der Minerale. Oben wurde schon ausgeführt, daß selbst die H-Ionen des hydrolytisch gespaltenen, reinen Wassers die Hydrolyse des Kalifeldspates bewirken können. Im Regenwasser sind aber mehr H-Ionen als in reinem Wasser und im Wasser des Bodens sind noch mehr vorhanden, vor allem dann, wenn darin organische Substanz abgebaut wird. Unter einer sauren Rohhumusdecke, in der eine hohe Wasserstoff-Ionen-Konzentration herrscht, finden wir eine intensive Verwitterung, wie die Beobachtung lehrt. In kühlen, humiden Breiten spielen die H-Ionen die wichtigste Rolle bei der chemischen Verwitterung. Mit steigender Konzentration der H-Ionen haben wir also eine intensivere chemische Verwitterung zu erwarten. Steigende Temperatur beschleunigt die chemischen Umsetzungen, auch die Verwitterung. Je gleichmäßiger ein Boden im Jahresablauf durchfeuchtet ist, desto stärker wird die Verwitterung sein. Was hohe Temperatur und gleichmäßige Feuchtigkeit vermögen, zeigen uns die mächtigen Verwitterungsmassen in den feuchten Tropen. Schließlich ist der Zerteilungsgrad, also die Oberfläche, mitentscheidend. Je kleiner die Mineralkörner und je besser sie von allen Seiten angreifbar sind, desto schneller geht die Verwitterung vor sich.

3. Biologische Verwitterung

Die Zerstörung des Gesteins im Sinne der Verwitterung durch Pflanzen und Tiere wird als biologische Verwitterung angesehen. Hierbei sind physikalisch-biologische und chemisch-biologische Prozesse zu unterscheiden.

Abb. 40. In Gesteinsspalten vordrängende Wurzeln, die beim Wachstum einen hohen Druck (Turgordruck etwa 10 bar) auf die Gesteinswände ausüben und sie auseinanderdrücken können, ein Beispiel für die physikalisch-biologische Verwitterung.

(a) Physikalisch-biologische Verwitterung

Diese spezifische Verwitterungsform wird größtenteils durch *Pflanzen* bewirkt. Es handelt sich um die sprengende Wirkung der wachsenden Pflanzenwurzeln. Die Wurzelzellen entwickeln einen Turgordruck von etwa 10 bar. Dementsprechend muß man 10 bis 15 kg/cm^2 Gegendruck aufwenden, um das Dickenwachstum von Baumwurzeln aufzuhalten. Diese Druckentfaltung von wachsenden Baumwurzeln ist sichtbar, wenn diese Pflaster- und Rinnsteine, sogar kleine Gartenmauern anheben. Die Baumwurzeln zwängen sich in Spalten, Schicht- und Schieferfugen ein in der Suche nach Wasser und Nährstoffen. Mit zunehmendem Dickenwachstum üben sie eine Sprengwirkung auf die Gesteinswände aus und drücken diese auseinander, wenn der Gesteinsverband nicht zu fest ist (Abb. 40). Besonders sind dazu Baumarten mit tiefstrebenden Wurzeln in der Lage, wie Stieleiche, Hainbuche, Tanne, Douglasie und Rebe. Weniger wirksam sind die Wurzeln von Gräsern und Kräutern sowie von Niederen Pflanzen.

Die *Tiere* beteiligen sich an der mechanischen Gesteinszerstörung direkt nur wenig. Wohl gibt es an den Küsten des Meeres gesteinszerstörende Tiere, wie Bohrmuscheln, Bohrschwämme und Bohrwürmer. Auf dem Lande, in Palästina, ist an Kalkfelsen die Bohrschnecke *Helix lithophaga* beobachtet worden. Im übrigen ist die Beteiligung der Tiere an der physikalischen Verwitterung nur eine indirekte, indem sie die Verwitterungsschicht, bisweilen bis zum angewitterten Gestein einschließlich, durchwühlen und dabei durchmischen, wodurch der Verwitterungsprozeß allein schon durch die Belüftung beschleunigt wird. Je nach Größe der Tiere und der Art ihrer Wühltätigkeit ist der Effekt verschieden, vor allem sind es in unserem Klimabereich: Wildschwein, Fuchs, Kaninchen, Hamster, Wühlmaus, Maulwurf, Feldmaus, Regenwürmer und die vielen Kleintiere des Bodens. Quantitativ gesehen haben bei uns die Regenwürmer den größten Anteil an dem Durchmischungsprozeß. Vor allem in den Lockersedimenten der Auen können sie eine vollständige Durchmischung einiger Bodenschichten bzw. -horizonte bewerkstelligen und damit auch einen wesentlichen Beitrag der Bodenbildung leisten (Abb. 153).

(b) Chemisch-biologische Verwitterung

Unter diesem Verwitterungsprozeß ist die chemische Zersetzung der Gesteine unmittelbar durch Organismen zu verstehen. Vor allem sind es die Säuren, und zwar Kohlensäure und organische Säuren, welche die Pflanzenwurzeln ausscheiden und die eine Gesteinszersetzung bewirken. Die Einwirkung der abgestorbenen Pflanzenmasse wird hier zunächst nicht betrachtet.

Die *Niederen Pflanzen*, wie Bakterien, Flechten, Pilze, Algen und Moose, sollen zunächst hinsichtlich ihres Beitrages zur Verwitterung behandelt werden. Ihre diesbezügliche Bedeutung ist nach neueren Untersuchungen größer, als bisher angenommen wurde. Zunächst sind die Bakterien zu nennen, die metertief in Gesteinshohlräume eindringen. Ihre Verwitterungskraft wurde durch Bakterienkulturen auf Marmorplatten erwiesen; die von ihnen ausgeschiedene Kohlensäure hinterläßt Ätzspuren. Aber auch Silikate werden von Bakterien angegriffen. An der Verwitterung von Bausteinen haben die Bakterien großen Anteil.

Während die Arbeit der Bakterien nicht sichtbar ist, zeigen Algen, Pilze und Flechten deutlich ihr Auftreten auf dem Gestein. Algen sind überwiegend Wasserpflanzen und gewinnen für die Gesteinsverwitterung wenig Bedeutung. Das gleiche gilt für die Pilze als nicht autotrophe Pflanzen, deren Existenz auf organische Substanzen angewiesen ist. Demgegenüber sind die Flechten, die eine Lebensgemeinschaft von Pilz und Alge darstellen, häufige Besiedler der Gesteine. Als erste Besiedler treten die Krustenflechten auf, dann folgen Strauch- und Laubflechten. Eine auffallende Krustenflechte ist die zitronengelbe *Rhizocarpon geographicum*, die auch Landkartenflechte heißt, weil sie eigenartige ring- oder polyederförmige Lager auf dem Gestein bildet. Bestimmte Flechten sind auf Kalkstein spezialisiert, es sind die calciseden Flechten, andere wieder auf Silikat- und Kieselgesteine, die siliziseden Flechten. Die carbonatreichen Gesteine werden von Flechtenbesatz stärker angegriffen als die Silikat- und erst recht als die Kieselgesteine. Gesteine mit rauher Oberfläche und porigem Gefüge werden am ehesten besiedelt, während die Flechten auf glattem Gestein schlecht Fuß fassen können. Die Flechten spielen als Verwitterungsfaktor dort eine große Rolle, wo andere Faktoren zurücktreten, so in Wüsten und Hochgebirgen mit Trockenheit und hoher Lichtintensität, aber auch in Polargebieten mit starker Kälte und monatelanger Verdunkelung und Schneedecke.

Wo die Flechten auf dem Gestein verwitternd vorgearbeitet haben, wo in kleine Vertiefungen sich Detritus von losgewittertem Gestein und abgestorbenen Flechten ansammelt, da ist der Boden vorbereitet für Leber- und Laubmoose. Die Moose schaffen ziemlich viel organische Masse, welche mit ihren Säuren die Verwitterung stark fördert. So wird allmählich der Boden für Höhere Pflanzen geschaffen.

Die *Höheren Pflanzen* wirken mit ihren Wurzeln, wie schon ausgeführt, zunächst sprengend auf das Gestein. Daneben ist aber die von ihnen verursachte chemische Verwitterung viel bedeutender. Die Pflanzenwurzeln benutzen jedes Spältchen, um wasser- und nahrungsuchend in das Gestein einzudringen. Sie scheiden Kohlensäure und organische Säuren aus, welche die H-Ionen-Konzentration in dem Wurzelbereich stark erhöhen und somit eine starke Hydrolyse bewirken. Die von den Pflanzenwurzeln ausgehende, stark lösende Wirkung ist häufig um die Wurzeln als Bleichzone erkennbar. Die lösende Wirkung der Wurzeln dokumentiert sich auch darin, daß sie aus Gesteinsmehl, früher als Dünger verwandt, Nährstoffe aufnehmen können. Dies zeigt das Ergebnis eines Düngungsversuches mit Phonolithmehl (1 bis 10 %/o K) im Vergleich zu Kaliumsulfat (Tab. 12).

Tab. 12: Erträge von Hafer in g Trockensubstanz, erzielt durch eine Düngung mit Phonolithmehl und Kaliumsulfat (nach E. BLANCK, M. FLÜGEL und TH. PFEIFFER)

Düngemittel	Ertrag	Verhältniszahl
1,000 g K_2O als K_2SO_4	= 29,49 ± 2,49 g	100
1,087 g K_2O als Phonolith	= 11,82 ± 2,81 g	40
2,000 g K_2O als K_2SO_4	= 40,33 ± 2,89 g	100
2,174 g K_2O als Phonolith	= 19,75 ± 2,29 g	49

Das Versuchsergebnis zeigt, daß die Ertragssteigerung durch Phonolithmehl gegenüber dem leicht löslichen K_2SO_4 bei rund 50 %/o liegt. Daraus ist zu schließen, daß die Pflanze eine beachtliche Menge Kalium aus der silikatischen Bindung des Phonolithes lösen konnte. Gewiß spielt hierbei die große Oberfläche des Gesteinsmehles eine entscheidende Rolle; denn dadurch können die feinen Würzelchen der Pflanze an großer Gesteinsoberfläche ansetzen.

Die *Tiere* haben an der chemisch-biologischen Verwitterung direkt keinen Anteil, wohl indirekt, indem ihre Ausscheidungen als Dünger das Pflanzenwachstum fördern und die Pflanzen ihrerseits diese Verwitterungsart begünstigen.

c. VERLAGERUNG VON GESTEINS- UND VERWITTERUNGSMASSEN

Durch tektonische Vorgänge wird das Gestein in mehr oder weniger große Blöcke zerbrochen; Klüfte und Schichtfugen sind die Trennflächen. Die Verwitterung führt den Prozeß der Gesteinszerstörung weiter. Diese Vorgänge bilden die Voraussetzungen für die Verlagerung von Gesteins- und Verwitterungsmassen.

1. Verlagerung von lehmigsteinigen Massen

Auf Hangflächen, vor allem im gemäßigt warmen, humiden Klima, bildet sich aus Festgesteinen eine etwa 30 bis 150 cm mächtige Verwitterungsdecke, ein Gemisch von Steinen und feinerer Verwitterungsmasse; es ist der *Gehängeschutt*. Unter dem Einfluß der Schwerkraft und der Durchfeuchtung wandert oder kriecht dieser Gehängeschutt als *Wanderschutt* oder *Gekriech* langsam hangabwärts (Abb. 41). Diese langsame Massenbewegung ist zwar nicht direkt sichtbar, sie wird jedoch durch das Umbiegen von Gesteinsplatten in Hangrichtung, das *Hakenschlagen* oder Hakenwerfen deutlich (Abb. 41). Daß dieser Vorgang sich sogar unter Baumvegetation vollzieht, ist kenntlich daran, daß die Bäume bisweilen durch den Kriechvorgang schief gestellt werden, sich aber wieder aufrichten und dadurch am unteren Stamm ein Knie bilden, was auch als Hakenschlagen bezeichnet wird (Abb. 41). Durch diese Massenverlagerung werden die unteren Gehängepartien immer mehr von Verwitterungsschutt eingehüllt, wogegen die oberen von diesem befreit und die Gesteine neuer Verwitterung ausgesetzt werden. Die Folgen sind eine Abflachung der Hänge und eine Auffüllung kleiner Täler.

Abb. 41. Gehängeschutt (Wanderschutt) und Hakenschlagen (Hakenwerfen). Der Gehängeschutt ist in diesem Falle eine steinige, sandig-lehmige Verwitterungsschicht von etwa 60–80 cm Mächtigkeit, entstanden aus Schiefer und Grauwackenbänken. Das Verwitterungsmaterial bewegt sich langsam hangabwärts und wird deshalb auch Gekriech genannt. Bei der hangabwärtigen Bewegung werden angewitterte Gesteinsplatten und -plättchen mitgeschleppt und bilden hakenartige Umbiegungen (Hakenschlagen). Die Bäume werden durch die Bewegung des Wanderschuttes schiefgestellt; sie richten sich wieder gerade, wodurch der untere Stammteil einen hakenartigen Bogen erhält (Hakenschlagen).

Andere Versuche dieser Art zeigen, daß aus den klastischen Sedimentgesteinen und den Carbonatgesteinen mehr Nährstoffe entnommen werden als aus den Vulkaniten. Letztere besitzen nur silikatisch gebundene Nährstoffe, wogegen solche in den ersteren in nicht so starker Bindung vorliegen. Daraus folgt, daß die Vulkanite und ähnliche Silikatgesteine weniger schnell verwittern als die meisten Sedimentgesteine. Ferner zeigte sich, daß Leguminosen ein viel stärkeres Aneignungsvermögen für die im Gestein vorhandenen Nährstoffe haben als die Gramineen. Die Verwitterungsenergie der Pflanzen ist also verschieden stark.

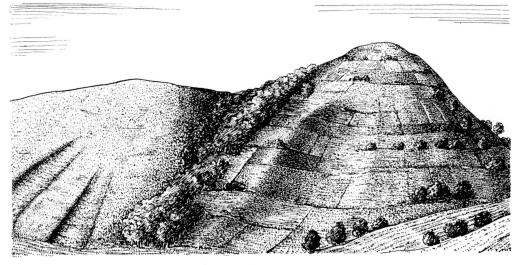

Abb. 42. Hangmulde oder Delle am Hang des rechten, steilen Bergkegels. Am Hang des linken, flacheren Bergrückens sind zwei Tilke ausgebildet. Der Einschnitt zwischen den Bergen ist von Bäumen eingenommen und damit vor weiterer Erosion geschützt. Die Dellen entstehen meistens durch den Austritt von Quellwasser oder (und) zusammenlaufendes Oberflächenwasser (Rieselwasser). Die Tilke hingegen sind steilwandige, künstliche Gebilde der Kulturlandschaft, von Menschenhand mitgeformt.

In unserem Mittelgebirge findet man häufig am Unterhang mächtige Decken von Gehängeschutt, der durch periglaziale *Solifluktion* hierhin gelangt ist, also durch Bodenfließen im Vorgebiet (Periglazial) des pleistozänen Inlandeises.

Im tropischen Regenwald, wo die mächtige Verwitterungsdecke stark durchfeuchtet ist, kommt es unter dem Baumbestand zu einer stärkeren Massenverlagerung, zum *subsilvanen Bodenfluß*.

Alle diese Bewegungen von steinreichen Massen bearbeiten mechanisch den festen Gesteinsuntergrund, was als *Korrasion* bezeichnet wird. Treten Massenbewegungen größeren Ausmaßes auf, so entstehen am Hang langgestreckte Hohlformen, die auch *Korrasionstäler* genannt werden. Durch langsame Massenverlagerung, aber unter Mitwirkung von Riesel- oder Quellwasser, entstehen breite, seichte Mulden, sog. *Dellen*, die oft im Quellgebiet der Erosionstäler zu finden sind (Abb. 42). Ähnlich in der Entstehung, aber steilwandig und auf Grünland beschränkt, sind die *Tilke;* sie entstanden nach der Waldrodung und stellen eine Form der Kulturlandschaft dar (Abb. 42).

Wird der Gehängeschutt stark durchnäßt, so reißen an steilen Hängen Lappen der Verwitterungsdecke vom Gesteinsuntergrund ab und rutschen in ein tieferes Hangniveau; dies bezeichnet man als *Rutschung*. Daran ist aber

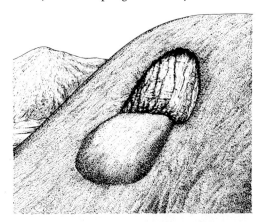

Abb. 43. Rutschung auf einem tonreichen Gestein in Hanglage (z. B. Knollenmergel des Keupers in Südwestdeutschland). Bei starker Durchfeuchtung löst sich ein Lappen aus der Verwitterungsschicht oder (und) dem Gesteinsverband, rutscht im allgemeinen nur eine kurze Strecke und bleibt infolge Reibung auf der Rutschfläche liegen. Auch wenn die entblößte Stelle wieder von Vegetation bedeckt ist, erkennt man die Rutschung noch an der kleinen Hohlform und der davor befindlichen geringen Wölbung im Hang. Die Rutschungen verursachen besonders in Obstanlagen Schäden und sind für Bauten gefährlich.

Abb. 44. Schutthalde an einem steilen Hang im Hochgebirge (z. B. Alpen). Die Schutthalde wird nach oben etwas steiler, und wo sie an den Felsen anschließt, wird der Hang mit einem schwachen Knick noch steiler. Der Schutt ist durch die physikalische Verwitterung, hauptsächlich Frostsprengung, aber auch durch Insolation, vom Felsen gelöst worden und der Schwerkraft folgend hangabwärts gefallen. Mit der Zeit häufte sich ein dicker Schuttmantel an.

nicht immer nur das Verwitterungsmaterial beteiligt, sondern es können auch tonreiche Gesteine (Tone und Tonmergel) ins Rutschen geraten, was bei dem Knollenmergel des Keupers in Südwestdeutschland häufig vorkommt (Abb. 43).

2. Verlagerung lockerer Gesteinsmassen

An vegetationsfreien, steilen Felswänden, also besonders im Hochgebirge und im Trockenklima, kann das durch die physikalische Verwitterung losgelöste Gestein nicht liegenbleiben; es folgt der Schwerkraft und stürzt ab. Den Absturz einzelner Gesteine nennt man *Steinschlag*; gehen sie in größeren Mengen nieder, so spricht man von *Steinlawine*. Meistens folgt dieses Steinmaterial den *Steinschlagrinnen* und häuft sich an deren Ausläufen am Fuß der Hänge als *Schuttkegel* an. Fällt das Gestein von zusammenhängenden Wandflächen herab, so häuft es sich an deren Fuß als *Schutthalde* an (Abb. 44). Diese Aufschüttungen bilden mit der Horizontalen einen bestimmten Winkel, der abhängig ist von der Gesteinsart, der Steingröße, vom Reibungswiderstand des Steinmaterials und vom Klima. Die Schutthalden werden meistens nach oben steiler und wo sie an den Felsen anschließen, wird der Hang mit einem schwachen Knick steiler. Im Fortgang der physikalischen Verwitterung wachsen die Schutthalden. Sie können ins Rutschen geraten, wenn sie z. B. durch einen Fluß angeschnitten werden. Im regenreichen Klima bauen sich die Schutthalden infolge der Durchfeuchtung mit kleinerem Böschungswinkel auf als im trockenen Klima. Bei starker Wasserdurchtränkung, vor allem bei der Schneeschmelze, können sich die Schutthalden in gletscherähnliche *Schuttströme* mit wulstiger Oberfläche verwandeln. Vorwiegend entstehen diese in Trockengebieten mit steilen Schutthalden bei plötzlicher Wasserdurchtränkung.

Abb. 45. Felsburg mit Kanzelform (Bildmitte) und Ruinenform (Pfeiler, rechts im Bild). Solche Formen entstehen durch Verwitterung und Abtrag des verwitterten Materials. An weniger widerständigen Partien im Gestein, besonders in den Schichtfugen, greift die Verwitterung am stärksten an; dadurch werden Blöcke und Platten an den Schichtfugen aus dem Gesteinsverband gelöst. Im Sandstein (z. B. Elbsandsteingebirge südlich Dresden) und im Kalkstein (z. B. in der Alb) sind diese Oberflächenformen zu finden.

Die physikalische Verwitterung kann in den Gipfelregionen der Gebirge die von Klüften durchsetzten Gesteine zerlegen, ohne daß das Blockmaterial weit transportiert wird. Das zwar gelockerte, jedoch z. T. noch im ursprünglichen Verband liegende Gestein bildet *Felsburgen* sowie *Kanzel-* und *Ruinenformen* (Abb. 45). Durch die selektive, schnellere Verwitterung einzelner Gesteinspartien und die Fortführung des zerfallenen Gesteins bleiben die härteren stehen und bilden eigentümliche Formen, wie *Brücken, Pfeiler, Türme* und *Klippen*, wofür der Quadersandstein des Elbsandsteingebirges ein gutes Beispiel ist. Bricht schließlich der Gesteinsverband in der Gipfelregion zusammen, so bilden die übereinander getürmten Blöcke einen *Blockgipfel*. Auf die gleiche Weise entstehen die die Kämme und Hänge bedeckenden *Block-* oder *Felsenmeere*. Diese können durch Gleitbewegungen hangabwärts rutschen und in dieser Form *Blockströme* darstellen (Ab. 37). Vielfach sind solche Blockströme eine typische Erscheinung des eiszeitlichen Periglazials; hier kommt während der Auftauperiode der stark durchnäßte Boden über der Gefrornis der Tiefe leicht ins Fließen (Solifluktion). Das Periglazial wird im übrigen in dem Kapitel über die Wirkung des Eises besprochen.

Abb. 46. Felssturz, d. h. die aus dem Gesteinsverband (rechts im Bild) an Klüften und Spalten abgelöste Gesteinsmasse ist abgestürzt, wobei sich das Gestein in größere und kleinere, kantige Blöcke zerteilt hat und als Blockschutt am Hang unterhalb des Felsens liegt.

Über der Vegetationsgrenze des Hochgebirges können sich angehäufte, lehmige Schuttmassen nach starker Wasserdurchtränkung als zähflüssige Massen, als *Mure*, plötzlich und schnell abwärts wälzen. Auch kann das Wasser eines Gletschersees des Hochgebirges den Endmoränendamm plötzlich durchbrechen und mit Erdmassen vermischt als dicker Brei zu Tal stürzen, wie es in den südamerikanischen Anden besonders bekannt und gefürchtet ist. Diese Muren leiten über zu der Verlagerung zusammenhängender Gesteinsmassen, die ebenso plötzlich und schnell vor sich geht.

3. Verlagerung zusammenhängender Gesteinsmassen

Die Verlagerung zusammenhängender, anstehender Gesteinsmassen tritt dann ein, wenn der durch die Schwerkraft gegebene Zug nach abwärts größer wird als die durch Kohäsion und Reibung gegebenen Kräfte. An steilen Hängen mit hangparallelen Schicht- oder Kluftflächen ist diese Situation gegeben, wenn die Schichten am Unterhang durch das fließende Wasser oder künstlich unterschnitten werden. Die Reibung wird stark verringert und das Abstürzen von Gesteinspaketen begünstigt, wenn in die Gesteinsbänke tonige, gleitfähige Schichten eingeschaltet sind. Synklinal gebaute Hänge neigen zu solchen Verlagerungen eher als antiklinal gebaute. Es können auch söhlig gelagerte, tonige Schichten durch die Auflast durchlässiger Gesteine zu seitlichem Ausweichen gebracht werden. Die Schnelligkeit, die Gesteinsart und die Dimension der bewegten Masse sind sehr verschieden. Je nach Art des Vorganges spricht man von Gleit-, Rutsch- und Sturzbewegungen.

Das Abgleiten kleiner, weicher Massen bezeichnet man als *Erdschlipf*, wogegen das Abgleiten größerer, fester Gesteinsmassen *Bergschlipf* genannt wird. Besonders häufig sind Rutsch- und Gleitbewegungen im Bereich tonreicher Gesteine im Apennin, wo diese Bewegungen *Frane* genannt werden und große Bedeutung für die Morphologie dieses Gebietes haben, indem dadurch die flächenhafte Einebnung beschleunigt wird. Wenn festes Gestein abstürzt und dabei den Zusammenhang verliert, so ist bei weniger großer Masse die Bezeichnung *Felssturz* (Abb. 46), bei größerer *Bergsturz* üblich. Die herabstürzenden Felsmassen können Geschwindigkeiten von 50 bis 150 m/s erreichen und dabei zerbersten, wobei einzelne Blöcke oder auch größere Massen aus der Sturzbahn geschleudert werden können und große Schutthaufen *(Tomalandschaft)* entstehen. Ein bekanntes Beispiel für einen Bergsturz ist der Flimser Sturz am Vorderrhein von 12 000 Mio. m³; der Rhein hat durch diese Massen eine 400 m tiefe und 15 km lange Schlucht eingeschnitten. Ferner ist der Felssturz von Elm (Schweiz) aus dem Jahre 1881 bekannt, der durch die Unterschneidung in einem Schieferbruchbetrieb verursacht wurde und bei dem etwa 10 Mio. m³ Gesteinsmasse verlagert wurde. Zwar werden Bergstürze größeren Ausmaßes nur im Hochgebirge ausgelöst, indessen fehlen kleinere und vor allem Rutschungen auch im Mittelgebirge nicht, z. B. eine Rutschung an der Mosel auf der luxemburgischen Seite 1965.

Zu der Bewegung von Gesteinsmassen gehört auch der Einsturz von Hohlräumen, der *Erdfall*, hervorgerufen durch unterirdische Auslaugung löslicher Gesteine, wie Steinsalz (und vergesellschaftete Salze), Gips, Kalk und Dolomit.

Alle Arten der Massenbewegungen sind je nach Klima differenziert in Ursache, Erscheinungsbild und Ausmaß, aber alle arbeiten auf das gleiche Ziel hin, auf die *Einebnung der Landoberfläche*. Scharfe Formen werden abgerundet, andererseits runde Formen zugeschärft, steile Böschungen werden abgeflacht, neue Erosionen vorgezeichnet. Den schnellen Massenverlagerungen folgt im allgemeinen der langsamere Transport kleinerer Massen.

d. FLÄCHENHAFTE ABSPÜLUNG ODER DENUDATION

Der Transport lockerer Verwitterungsmassen durch das flächenhaft oberirdisch abfließende Regenwasser wird *Abspülung* oder auch *Denudation* (von lat. denudare = entblößen) genannt, womit auf die durch die Abspülung bewirkte Bloßlegung des Gesteinsuntergrundes hingewiesen sein soll, der dann wieder der Verwitterung ausgesetzt ist. Die Abspülung führt bei tektonischer Ruhe zu einer Abflachung der Hänge, schließlich zu einer völligen Einebnung der Landschaft, zur *Fastebene*. Dafür ist natürlich ein sehr langer Zeitabschnitt mit fortwährender Abspülung anzunehmen. Selbstverständlich ist die Wirksamkeit der Abspülung vom Verwitterungsprodukt, von der Menge und der Verteilung der Niederschläge und von der Hangneigung abhängig. Der Wechsel von Trocken- und Regenzeiten im Ablauf der Jahre ist der Abspülung förderlich, weil die abgetrockneten Massen wegen der die Teilchen umgebenden Lufthüllen leichter transportiert werden. Vor allem erzeugen plötzliche Regengüsse verzweigte Regenfurchen, sog. *Racheln*, in Italien *calanchen* genannt, die in Italien auf den kaum verfestigten tertiären Tonen häufig sind und keine zusammenhängende Vegetationsdecke aufkommen lassen, welche den Boden schützen könnte. Ein großartiges Beispiel für die leichte Abspülung wenig verfestigter Tonschichten bieten die *Badlands* in Dakota (USA), wo der aufschlagende Regen auf der Tonoberfläche unzählige kleine *Runsen* und *Furche*n mit unbeständigen, niedrigen *Kämmen* gebildet hat. Weil in den Klimaten mit periodischer Trockenheit die Abspülung begünstigt wird, leistet besonders hier die Ackerkultur der Abspülung Vorschub. Weniger kräftig ist die Abspülung in den vollhumiden und den ariden Klimabereichen. Wechseln durchlässige, härtere und undurchlässigere, weiche Gesteine in horizontaler Lagerung, so schaffen Verwitterung und Abspülung eine stufenförmige Abdachung des Geländes, die *Denudationsterrassen*, denn die widerstandsfähigen, härteren Gesteine bilden Stufen, die weicheren die Terrassenflächen.

Heftige Abspülung erzeugt im weitgehend undurchlässigen, im trockenen Zustand harten, meist mit Steinen und Blöcken durchsetzten Material, z. B. Moränen und vulkanischen Tuffen, die *Erdpyramiden* oder *Erdpfeiler*, eigenartige Formen, die besonders am Ritten bei Bozen, bei Schloß Tirol unweit Meran, bei Segonzano in der Val di Cembra sowie Valauria bei Théus in den französischen Alpen, ferner auch bei Sebeş (Rumänien) zu finden sind. Der periodische, heftige Regen spült die erdige Masse aus, die Steine und Blöcke schützen wie ein Steinhut das unter ihnen liegende Material (Abb. 47). Moränen sind für die Entstehung von Erdpyramiden prädestiniert. In Anatolien und Neu-Mexiko entstanden solche aus vulkanischen Tuffen mit Nebengesteinsblöcken. In Piemont und auf Korsika sind aber auch aus weichem, blockfreiem Tongestein Erdpyramiden herausgeschält worden, so daß also nicht zwingend die Durchsetzung des Materials mit Steinen und Blöcken für ihre Bildung Voraussetzung ist. In steinfreiem, weichem, tonigem Gestein kann an steilen Hängen das starke Abspülen zunächst eine Reihe paralleler Kulissen herausarbeiten (Abb. 48), die wieder in einzelne Pfeiler zerlegt werden können.

In der Halbwüste und Wüste gehen mitunter in kurzer Zeit heftige Regengüsse nieder, z. B. fiel in der Wüste Namib an einem Tag 37 mm Niederschlag, in der Sahara in einer Stunde 97 mm. Solche Regenmengen kann der stark ausgetrocknete, zunächst wasserabweisende Boden nicht aufnehmen; auf ebenen Flächen rufen solche Wassermassen schnell eine Überschwemmung hervor, die eine flächenhaft spülende und abtragende Wirkung, eine *Flächenspülung* auslöst. Aus gebirgigen Gebieten trockener Klimate kommen nach solchen Regengüssen plötzlich große Wassermengen aus den Tälern und ergießen sich als *Schichtfluten* in das Vorland, wobei große Mengen von Schutt mitgeführt werden.

Hier muß auch die spülende und lösende Wirkung des kohlensäurehaltigen Wassers auf der Oberfläche von Kalk- und Gipsgestein, weniger auf Dolomit, Erwähnung finden, wodurch *Lösungsfurchen*, sog. *Karren* oder *Schratten* entstehen (s. Lösungsverwitterung). Vornehmlich setzt die Lösung an den Klüften an. Karrenähnliche Furchen entstehen auch, wenn auch selten, auf schwerlöslichem Silikatgestein und Sandstein, z. B. wurden solche auf Granit in Südwestafrika beobachtet.

Bei der flächenhaften Verwitterung und Abspülung wird das weichere Gestein schneller als das härtere beseitigt. Die Folge ist das Herauspräparieren von härteren Gesteinen, die als Kuppen und Rücken aus der Landschaft

Abb. 47. Erdpyramiden oder Erdpfeiler aus Moräne (z. B. am Südrand der Alpen bei Bozen). Der auf dieses mit Steinen verschiedener Größe durchsetzte, meist sandig-lehmige Material aufschlagende Regen spült das sich ablösende, feinkörnige Material fort. Kommen bei diesem Abspülprozeß größere Steine an die Oberfläche, so schützen diese das darunter anstehende Moränenmaterial vor dem aufschlagenden Regen, während rundum der Abtrag weitergeht und so die Pfeiler mit »Steindach« herauspräpariert werden.

Abb. 48. Parallele, tiefe, kulissenartige Einschnitte im Hang eines feinsandig-tonigen oder schluffig-tonigen, relativ weichen Gesteins (z. B. in Toskana, Italien), entstanden durch das abfließende Wasser. Die Einschnitte münden in ein Tal, das auch durch die Wirkung des fließenden Wassers gebildet wurde. Es kommt vor, daß die Rippen zwischen den Einschnitten in pfeilerartige Formen ausgespült werden (hier nicht).

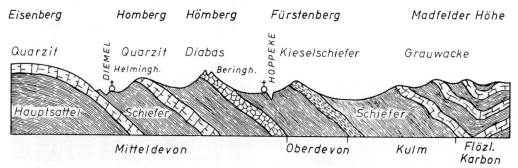

Abb. 49. Schematische Darstellung von *Härtlingen*, d. h. harten Gesteinsbänken (Quarzit, Diabas, Kieselschiefer, Grauwacke), die durch ihre größere Widerstandsfähigkeit gegen die Verwitterung aus weicherem Gestein (Schiefer) im Zuge von selektiver Verwitterung und Abtragung zu Kuppen und Rücken herauspräpariert worden sind (z. B. im Sauerland/Rheinisches Schiefergebirge).

ragen und *Härtlinge* genannt werden (Abb. 49). Fressen sich Verwitterung und Abspülung durch ein Paket söhlig oder wenig schräg liegende, wechselnd weiche und harte Gesteine durch, so entstehen *Schichtstufen* (Abb. 50 und 51), d. h. die harten Gesteine werden langsamer beseitigt und bilden die Stufen. Bei stärker geneigter Lagerung werden die weicheren Gesteine ausgeräumt und die härteren ragen als *Schichtkämme* über die Umgebung heraus.

e. ARBEIT DER FLIESSENDEN GEWÄSSER

1. Wesen der fließenden Gewässer

Das Niederschlagswasser sammelt sich durch Oberflächenabfluß und auf dem Weg über das Grundwasser, das teils wieder als Quellwasser austritt, in Gerinnen fließenden Wassers. Im Hochgebirge werden die Flüsse z. T. durch das Schmelzwasser von Schnee und Gletschereis gebildet. Wenn ein Wassergerinne ein größeres Gefälle hat, als zur Überwindung der inneren Reibung nötig ist, so wird der Energieüberschuß zur Überwindung der äußeren Reibung an der Bettung und zum Transport von Feststoffen verwendet.

Kleinere Gerinne nennt man *Bäche*, sie münden in einen größeren Bach oder einen *Fluß*, der ein größeres Gerinne vorstellt; die größeren Flüsse münden in das Meer oder einen Binnensee. Nur sehr große, wasserreiche Flüsse können auch den Namen *Strom* tragen. Der Fluß mit seinen Bächen (Hauptfluß und Nebenflüsse) bilden ein *Flußnetz* oder *Flußsystem*, das aus einem bestimmten Gebiet, dem *Einzugsgebiet*, das Wasser abführt. Die Wasserscheide trennt die Einzugsgebiete voneinander.

Natürlicherweise können sich Flüsse oder Rinnsale überhaupt nur dort bilden, wo die Niederschläge größer sind als die Verdunstung und die Versickerung in große Tiefe; diese Voraussetzung ist im humiden Klima gegeben, wo wir infolgedessen sog. *Dauerflüsse* (perennierende Flüsse) haben. In Gebieten mit ausgesprochenen Trocken- und Regenzeiten füllt das Wasser nur periodisch das Flußbett; es sind *periodische Flüsse* (Fiumare). In Trockengebieten mit nur gelegentlichen, heftigen Regengüssen führen die Flüsse das Wasser sehr schnell, u. U. in einigen Stunden ab; es sind *episodische Flüsse* (Torrenten).

Der Höhenunterschied zwischen dem Ursprung der Flüsse und der Mündung bestimmt das *Gefälle*. Mit dem Gefälle nimmt die Fließgeschwindigkeit zu. Diese vergrößert sich aber auch mit zunehmender Wassermenge. Im *Oberlauf* eines Flusses im Gebirge strömt das Wasser reißend dahin, wogegen es im *Unterlauf* mit geringem Gefälle (ins Flachland) langsam dahingleitet.

Die *Wasserbewegung* in fließenden Gewässern erfolgt dergestalt, daß sich in der Mitte, im *Stromstrich*, die Wasserteilchen am schnell-

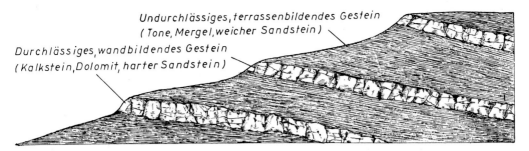

Abb. 50. Schematische Darstellung von Schichtstufen, entstanden durch die horizontale oder geneigte Lagerung weicher und harter Gesteinsschichten im Wechsel übereinander; letztere werden durch Verwitterung und Abtrag herauspräpariert und bilden Stufen in den Hangflächen.

sten bewegen, und daß die Stromfäden wirbelartig verflochten sind (Abb. 52). In diesem turbulenten Abflußvorgang bewegen sich die Wasserteilchen auch quer zur Hauptströmung. Daraus ergibt sich, daß das fließende Wasser nicht nur in Fließrichtung, sondern auch quer dazu erodierend wirksam ist (Abb. 52). Die Querströmung erzeugt langgestreckte Wirbelschläuche. Ist das Flußbett stark gebogen, so verlagert sich der Stromstrich aus der Mitte gegen das konkave Ufer, den *Prallhang*, wo durch das Aufprallen des Wassers ein Strudel und dadurch ein *Kolk* entsteht. Auf der dem Prallhang gegenüberliegenden Seite, dem *Gleithang*, ist die Wasserbewegung wesentlich verlangsamt, so daß Fracht (Geröll, Kies, Sand) angehäuft wird (Abb. 52). Durch den Aufprall des Wassers am Prallhang verstärkt sich die Flußkrümmung, und sie wird gleichzeitig stets etwas flußabwärts verlegt, weil der Stromstrich etwas unterhalb der Krümmungsmitte auf das Steilufer trifft. An Hindernissen im Flußbett entstehen *Strudel* oder *Wasserwalzen*, welche eine Auskolkung zur Folge haben. Es

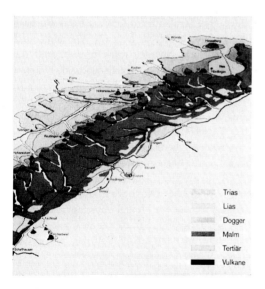

Abb. 51. Blockdiagramm der Schwäbischen Alb mit den Schichtstufen zum Vorland und zu den Tälern. Das Becken »Nördlinger Ries« mit etwa 20 km ⌀ ist ein Meteorkrater (rechte Seite der Abbildung). (Nach D. STÖFFLER und G. WAGNER aus »Zeiss-Informationen«, Bd. 19, H. 79, Oberkochen/Württ. 1972).

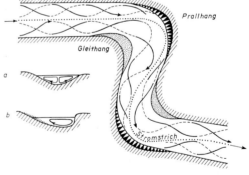

Abb. 52. Schematische Darstellung der Bewegung der Wasserteilchen in einem Flußbett bei geradem und gekrümmtem Lauf (Grundriß). Mit den Pfeillinien ist die wirbelartige Bewegung des Wassers angedeutet. Im Stromstrich (gepunktete Linie) ist die Bewegung des Wassers am schnellsten; in der Flußkrümmung verlagert sich der Stromstrich zum Prallhang, während am Gleithang die Wasserbewegung relativ gering ist und deshalb mitgebrachte Fracht (Geröll, Sand) ausfällt. Die Teilzeichnungen a und b zeigen die Wasserbewegung im Flußquerschnitt, und zwar a bei geradem Lauf und b in der Flußkrümmung. In einem Gebirgsbach mit starker Strömung bewegen sich die Wasserteilchen gradliniger. (Nach BRINKMANN 1967).

können dadurch flache Kolke, aber auch tiefere Löcher mit spiralartig gestalteter Wandung entstehen, die *Riesentöpfe* oder *Strudellöcher*. Solche Bildungen finden wir besonders in engen Tälern an Wasserfällen; man nennt diese Arbeit des Wassers *Evorsion* (von lat. evorsus = aufgewühlt).

Von Fließgeschwindigkeit und von Wassermenge hängen die *Erosionskraft*, die *Transportleistung* und das Ablagerungsvermögen, die *Akkumulation*, ab. Im Laufe eines Flusses lassen sich theoretisch drei Abschnitte unterscheiden: der obere Teil mit Erosion, der untere Teil mit Akkumulation, dazwischen der mittlere Teil ohne wesentliche Erosion und Akkumulation. In Wirklichkeit findet aber oft an der gleichen Stelle zeitweise Erosion (bei Hochwasser) und zeitweise Akkumulation (bei Niedrigwasser) statt. Selbst zur gleichen Zeit kann in einem Flußabschnitt am Prallhang erodiert und am Gleithang akkumuliert werden.

Tektonische Ruhe vorausgesetzt, strebt der Fluß in der Ausgestaltung seines Bettes einer ausgeglichenen Gefällskurve zu. Ein Endzustand ist erreicht, wenn die Tiefenerosion aufhört und das Längsprofil des Flusses eine Kurve darstellt, die von der Flußmündung gegen den Flußbeginn allmählich steiler wird. Bei dieser Gefällskurve kann die gegebene Fracht mit der vorhandenen Wassermenge abgeführt werden. Diesen Zustand nennt man das *Ausgleichsgefälle* oder die *Erosionsterminante*.

2. Erosion

Unter der fluviatilen (von lat. fluvius = Fluß) Erosion (von lat. erodere = ausnagen) versteht man das Ausnagen eines Bach- oder Flußbettes durch das fließende Wasser. Die nagende Wirkung übt das Wasser selbst kaum aus; es ist vielmehr das vom Wasser mitgeführte Gestein, welches schleifend die Bach- oder Flußsohle bearbeitet. Durch diese Schleifarbeit wird die Sohle des Bettes vertieft und verbreitert; es sind *Tiefenerosion* und *Seitenerosion* meistens gleichzeitig tätig. Die *Erosionsbasis* kennzeichnet die Tiefe, bis zu der ein Fluß einschneiden kann. Die allgemeine Erosionsbasis ist der Meeresspiegel, dessen Niveau nie unterschritten werden kann. Es gibt aber auch noch örtliche Erosionsbasen, z. B. ist die Erosionsbasis eines Nebenflusses die Sohle des Haupttales. Auch kann ein Binnensee, in welchen ein Fluß mündet, die örtliche Erosionsbasis darstellen. Die Tiefenerosion überwiegt im Oberlauf, wo das Gefälle größer ist, sie kann aber auch sonst örtlich und zeitlich die Seitenerosion übertreffen. Bei starker Strömung im Gebirgsbach bilden sich durch Strudelbewegungen des Wassers und mitgeführte Steine *Strudellöcher*. Im Bett großer Flüsse, wie Kongo und Amazonas, bilden sich tiefe, langgestreckte *Kolke*, die im Amazonas mehr als 50 m tief werden können.

Besteht das Flußbett aus Gesteinen verschiedener Härte, so ist die Erosion verschieden stark, d. h. das Einschneiden im härteren Gestein geht langsamer vor sich als im weicheren. Auf der härteren Gesteinspartie wird, weil sie höher im Flußbett ansteht, eine Beschleunigung der Strömung eintreten; es entsteht eine *Stromschnelle*, bei Fortdauer dieser ungleich starken Erosion ein *Wasserfall*. Die Erosion an einem Wasserfall schreitet im allgemeinen rückwärts (rückschreitende Erosion), indem das herabstürzende Wasser das weichere, unter dem härteren liegende Gestein durch Aufprall und Strudel stark abnagt und das härtere unterhöhlt. Dadurch bricht das härtere ab, stürzt in die Tiefe, zerbricht und macht z. T. als *Mahlsteine* die abschleifende Strudelbewegung des Wassers mit. Die Rückwärtsverlegung des Wasserfalls können wir am Rheinfall bei Schaffhausen beobachten, wo der Rhein eine Schwelle aus hartem Jurakalk überwindet und 15 – 19 m abstürzt. Der großartige Niagarafall zeigt das gleiche: Die Stufe bildet harter Kalk, der von weicherem Mergel unterlagert ist; letzterer wird durch das abstürzende Wasser ausgenagt, und die harten Kalke stürzen ab, so daß dieser Wasserfall jährlich um etwa 107 cm rückwärts verlegt wird.

Durch die *rückschreitende Erosion* frißt sich ein Gerinne immer weiter zurück in den mehr oder weniger geneigten Hang. Sehr typisch ist dieser Vorgang in der Lößebene Südrußlands zu beobachten, wo sich von den Flußtälern Schluchten (Owragi) in das seitlich anschließende Gelände hineinfressen.

Abb. 53. Mäander, d. h. Schlingen eines kleinen Flusses in einem Sohlental (Tal mit breiter, ebener Sohle). Solche Schlingenbildung kommt bei geringer Strömung des Wassers zustande.

Durch langsamere Strömung und Seitenerosion enstehen *Flußschlingen* mit Prall- und Gleithang, wie oben schon ausgeführt (Abb. 52). Diese Flußschlingen kommen zustande, wenn etwa ein Gleichgewichtszustand zwischen Fließenergie und Schuttzufuhr besteht. Wenn sich die Schlingenbildung durch den ganzen Längsschnitt eines Tales zieht, so spricht man von *Mäandern*, genannt nach dem Fluß Menderes (Mäander der Griechen) in Kleinasien (Abb. 53). Beim Mäandrieren des Flusses wird durch den Anprall des Wassers am Prallhang dieser ständig abgenagt, so daß die Schlinge immer enger wird. Schließlich wird auch der *Schlingenhals* durch einen Mäander-Durchbruch durchstoßen, und der Fluß verkürzt seinen Lauf um die Strecke der Schlinge, welche nun ein sichelförmig gekrümmtes sog. *Altwasser* bildet. Die neue Flußstrecke und das Altwasser schließen eine *Flußinsel* ein. Der Anlaß zur Schlingenbildung ist in der Verlagerung des Stromstriches, wahrscheinlich durch Strombänke im Flußbett verursacht, zu suchen. Das Ufer, dem der Stromstrich näher rückt, wird angegriffen, hier entwickelt sich der Prallhang, auf der gegenüberliegenden Seite der Gleithang. Da der Stromstrich etwas unterhalb der stärksten Krümmung auf den Prallhang trifft, wird dieser stets talabwärts verlagert, so daß mit der Zeit der ganze Talstreifen, in welchem sich die Mäanderbildung vollzieht, umgestaltet wird. Ein Fluß kann sich bei geringer Stromgeschwindigkeit auch gabeln, eine *Bifurkation* (von lat. furca = Gabel) bilden, wobei sich sogar ein Arm über eine niedrige Wasserscheide einem anderen Stromgebiet zuwenden kann, z. B. die Gabelung der Fuhne nördlich Halle nach Saale und Mulde.

3. Transport und Akkumulation

Das fließende Wasser besitzt eine ungeheure Transportenergie, die für die Gestaltung der Erdoberfläche von großer Bedeutung ist. Jahr für Jahr werden große Stoffmengen in gelöster und fester Form von den Flüssen von einem Ort zum anderen getragen. Die Transportleistung hängt von der Strömungsgeschwindigkeit und der Wassermenge ab. Der Neckar als Fluß mittlerer Transportleistung befördert 1,584 Mio. t/Jahr feste Stoffe, der Rhein etwa 4 Mio., ferner 15 Mio. t gelöster Stoffe ins Meer, der Nil etwa 51 Mio. t fester und 20 Mio. t/Jahr gelöster Stoffe, der Mississippi etwa 370 Mio. t fester und 100 Mio. t/Jahr gelöster Stoffe. Im gemäßigt warmen Klima transportieren die Flüsse mehr gelöste Stoffe, in tropischen Zonen mehr feste Stoffe. Von den Flüssen der Erde werden jährlich etwa 8,5 km³ feste Stoffe (90 % Ton, 10 % Sand) und 1,5 km³ gelöste Stoffe (Karbonate, Kieselsäure, Sulfate, Chloride, Eisenverbindungen) ins Meer befördert.

Die verfrachteten festen und gelösten Stoffe stammen aus dem Einzugsgebiet der Flüsse, wo sie durch die Verwitterung transportfähig und dem Flußbett zugeführt werden, teils stammen sie aus dem Flußbett selbst.

Im Oberlauf der Flüsse werden bei stärkerer Strömung, vor allem bei Hochwasser, Blöcke und große, abgerundete Steine, die man *Gerölle* nennt, transportiert. Blöcke werden geschoben, einer über den anderen gekantet, Gerölle rollen und springen beim Transport und werden dabei abgerieben; ferner bearbeitet die Gesteinsfracht erodierend das Flußbett. Zunächst werden die Kanten und Ecken der Steine beim Transport abgestoßen, dann werden sie zu kugeligen und ellipsoidischen Flußgeröllen zugeschliffen. Für die Zurundung brauchen weichere Gesteine, z. B. Sandstein und Kalke, 1 bis 5 km Weg, härtere, wie Quarzite und Granite, 10 bis 20 km Weg. Die Gerölle haben verschiedene Gestalt, die abhängt von der Gesteinsart (Härte) und derem Gefüge, aber auch vom Klima und Wasserhaushalt im Einzugsgebiet. Geröllmessungen lassen entsprechende Rückschlüsse zu. Die Gerölle werden beim Transport immer mehr abgerieben, wenn auch mit fallendem Gewicht weniger stark. Gerölle von Sandsteinen und Kalken werden nach 10 bis 50 km Weg auf die Hälfte abgerieben, Gerölle von Quarziten und Graniten brauchen dazu 100 bis 300 km Weg. Da die härteren Gesteine dem Abrieb weit mehr widerstehen als die weicheren, reichern sich mit zunehmendem Transportweg die härteren Gerölle an, womit die Geröllfracht für den Wegebau besser, für die Bodenbildung schlechter wird. Flußablagerungen mit widerstandsfähigen, wirtschaftlich

Abb. 54. *Gebirgsfluß mit starker Strömung, der große Blöcke transportiert, diese aber bei nachlassender Strömung nicht weitertragen kann. Zunehmende Wassermassen können den Weitertransport bewirken. Wasser mit Block- und Geröllfracht hat ein schluchtartiges Tal (Schluchttal) in das Gebirge eingeschnitten (z. B. Alpen).*

wichtigen Mineralen, wie Gold, Diamant und Zinnstein, werden *Seifen* genannt.

Blöcke und größere Gerölle werden oft nicht aus dem Gebirge getragen (Abb. 54), wogegen kleinere Gerölle in Kiesgröße, Sand und *Flußtrübe*, auch *Schweb* oder *Sinkstoff* genannt, weit in ebenere Landschaften, der Schweb weitgehend bis ins Meer getragen werden. Die Gerölle bewegen sich naturgemäß auf der Flußsohle, wogegen der Schweb durch die Turbulenz des Wassers schwebend fortgetragen wird. Die Gebirgsflüsse mit starker Strömung transportieren viel Geröllmasse, aber im Verhältnis wenig Schweb, hingegen überwiegt in den trägen Flüssen des Flachlandes der Schweb. Das Verhältnis von Geröll zu Schweb beträgt z. B. im Inn bei Kufstein 1:2, im Mississippi-Unterlauf 1:9 und in der Wolga bei Astrachan 1:500.

Das *Gelöste* des Flußwassers rührt hauptsächlich aus Quellwasser, denn dieses entstammt dem Sickerwasser, das Mineralstoffe aus Boden und Gestein aufnehmen kann. Bei Niedrigwasser ist der Anteil an Quellwasser wesentlich größer als bei Hochwasser. Der verschieden hohe Anteil an Quellwasser dokumentiert sich in der Menge der gelösten Stoffe, die bei Niedrigwasser größer ist. Der Neckar enthält bei Hochwasser im Frühjahr 260 mg/l Gelöstes, bei Niedrigwasser im Herbst aber 690 mg/l. Auch die Schmelzwässer von Gletschern enthalten ziemlich viel gelöste Stoffe. Die Flüsse, welche bis zu einem gewissen Grade lösliche Gesteine (Kalk, Gips) als feste Fracht führen, enthalten mehr Gelöstes als solche, die vorwiegend Silikatgestein verfrachten. Flüsse in arideren Räumen mit hoher Verdunstung enthalten mehr Gelöstes als Flüsse humider Klimate. Auffallend ist der relativ hohe Kieselsäuregehalt der Flüsse in den Tropen.

Abb. 55. Schuttfächer an der Mündung eines Gebirgsbaches mit starkem Gefälle in ein Hauptal. Kurzfristig führen solche Bäche viel Wasser, das in reißendem Strom Gebirgsmaterial transportiert und an der Mündung in ein Hauptal fächerförmig aufschüttet. Oft sind solche Schuttfächer in einer Zeit stärkerer Entwaldung und damit stärkeren Abtrags entstanden und wurden inzwischen von Gras, Kräutern und Strauchwerk oder sogar Bäumen bedeckt (z. B. im Tal des Vorderrheins).

Nimmt das Gefälle der Flüsse ab, wird also die Strömung geringer, so erlahmt die Schleppkraft. Gerölle, die unter der verminderten Schleppenergie nicht mehr transportiert werden können, bleiben auf der Flußsohle liegen; es erfolgt *Akkumulation*. Es sind *Flußablagerungen* oder *fluviale Sedimente* (von lat. fluvius = Fluß und lat. sedimentum = Bodensatz). Gebirgsbäche mit starkem Gefälle, die kurzfristig viel Wasser führen können, schütten ihre Gesteinsfracht an der Mündung in ein Hauptal als Schuttfächer auf (Abb. 55). Auf der Sohle der Flüsse bilden sich *Geröll-* und *Sandbänke*, auch *Strombänke* genannt. Sie haben etwa elliptische Umrisse, im Querschnitt sind sie gewölbt, stromaufwärts (Luvseite) sind sie sanfter, stromabwärts (Leeseite, bis zu 28°) steiler geböscht. Die Strombänke wandern, wenn eine entsprechende Strömung vorhanden ist. Auf der Luvseite wird Geröll oder Sand aufgenommen, über die Strombänke gerollt und an der Leeseite wieder abgesetzt. Dadurch erhält die Strombank ein *Schüttungsgefüge*, eine *Schrägschichtung* (Abb. 56). Bleiben die Strombänke infolge geringerer Strömung nicht in Bewegung, so breiten sich Kiese und Sande flach auf der Talsohle als geschlossene Decke, als *Schotterterrasse*, aus.

Bei Hochwasser, das aus dem Flußbett steigt und die Flußaue überflutet, werden feinere Teilchen, vor allem der Schweb, über die Aue getragen und hier bei Wasserberuhigung als *Hochflutlehm*, auch *Flutlehm* oder *Auelehm* genannt, abgesetzt. In junger geologischer Zeit entstanden auf diese Weise die fruchtbaren Auelehmböden unserer großen Flußauen. Viel Flutlehm verbleibt in den Altwasserrinnen. Bei dem Heraustreten des Hochwassers aus dem Flußbett wird unmittelbar beiderseits des Ufers viel Sediment abgesetzt, so daß ein flacher Damm auf beiden Uferseiten entsteht, der *Uferdamm* oder *Uferwall*. Wenn der Mensch den Flußlauf nicht reguliert, so verwildert er, d. h. er verlegt ständig sein Bett und seinen Sedimentationsraum im Bereich der Flußaue, es entsteht eine *Aufschüttungsebene*, wofür aus

Abb. 56. Kleiner Gebirgsfluß mit Strombänken aus Geröll, Kies und Sand. Die Fließrichtung ist von vorne nach rückwärts im Bilde. Die Strombänke sind gegen die Strömung (Luvseite) weniger, in stromabwärtiger Richtung (Leeseite) steiler geböscht. Da das Wasser, dessen Strömungsintensität wechselt, immer wieder Material auf die Strombänke schüttet, auch zeitweise von der Luvseite wegnimmt und auf die Leeseite trägt, entsteht in den Strombänken eine Schrägschichtung oder, wenn die Schichten sich kreuzen, eine Kreuzschichtung, wie die Schnitte durch eine Strombank zeigen (Teilbilder unten). Die wechselvolle Schichtung, die wir in Kies- und Sandgruben beobachten können, ist so entstanden. Links vorne im Bild hat der Fluß größere Blöcke abgesetzt.

pleistozäner Zeit die Terrassen des Rheins und anderer großer Flüsse gute Beispiele sind.

Mündet der Fluß in einen See oder das Meer, so verändert sich plötzlich die Strömung und das mitgeführte Gesteinsmaterial wird abgesetzt. Das Flußwasser stößt bei der Mündung auf die Gegenkraft der Wellenbewegung, was besonders bei der Mündung in das Meer zutrifft. Wo die Wassermassen des Flusses und des Meeres aufeinandertreffen, bilden die abgesetzten Sedimente *Flußbarren*, die verschiedener Gestalt sein können. Sind die Bedingungen für die Akkumulation günstig, so wächst ein *Delta*, durchzogen von wiederholt geteilten Flußarmen, ins Meer hinaus (Abb. 57). Dafür gibt es große Beispiele: Delta des Nils mit 20 000 km², des Mississippi mit 30 000 km², des Ganges und Brahmaputra mit 80 000 km², des Orinoco mit 24 000 km², der Donau mit 4000 km². Das Delta des Mississippi wächst jährlich etwa 80 m, das des Po etwa 70 m, das des Nil und der Donau 4 bis 12 m. Je nach der Kraft des Flus-

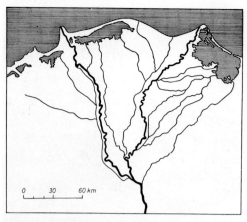

Abb. 57. Verzweigung eines Flusses an seiner Mündung ins Meer oder in einen Binnensee, ein Delta. Etwa von der Stelle ab, wo die Verzweigung anfängt, hat der Fluß durch herantransportiertes und abgesetztes Material neues Land geschaffen. Im oberen Teil des Bildes sind bei der Aufschüttung an der Küste Lagunen, d. h. vom Meer abgetrennte, seichte Wasserbecken entstanden. Beispiele für Deltabildung: Rhein und Maas, Donau, Po, Nil, Mississippi.

ses und des Meeres kann das Delta eine verschiedene Form haben. Regelmäßig fächerartig baut sich das Delta in einen Binnensee hinein. Der Fluß schüttet im Widerstreit mit dem Meer Gesteinsmaterial verschiedener Körnung übereinander; so ensteht die *Deltaschichtung*, in der auch tonige und moorige Sedimente der Altwässer sowie Absätze des Meeres eingeschaltet sein können. Starke Gezeiten können die Deltabildung verhindern und sogar trichterförmige Flußmündungen gestalten, wie bei der Elbe, Weser, Themse und dem St.-Lorenz-Strom. Auch Senkungen vor der Küste können die Deltabildungen verhindern, aber es werden in diesem Falle mächtige Sedimentpakete vor der Küste aufgestapelt.

4. Fluviatile Erosion und Talbildung

Die Bildung der Täler geschieht zunächst durch die Erosion der Bäche und Flüsse. So entstehen Vertiefungen, welche als Denudationsbasis die Voraussetzung für den zweiten wichtigen Vorgang, für die Denudation, darstellen. Das rinnende Wasser legt durch das Einschneiden das Gestein bloß, wodurch dieses der Verwitterung ausgesetzt wird. Es wird dadurch zersetzt, bröckelt ab und wird durch die Schwerkraft oder den abrinnenden Regen in das fließende Gewässer getragen. Durch diesen Vorgang werden die Uferböschungen erweitert; es bildet sich ein Tal.

Je stärker das Gefälle und je größer die Wassermenge ist, desto stärker ist die Erosion. Das Einschneiden des fließenden Wassers und die Denudation sind aber auch vom Gestein, seiner Härte und seiner Schichtstellung abhängig. Geht die Erosion schnell vor sich, bleibt aber demgegenüber die Denudation der Talwände zurück, so bildet sich eine *Schlucht;* im Gebirge nennt man kleinere Gebilde dieser Art *Tobel.* Ist das Gestein sehr hart, die nagende Arbeit des Flusses intensiv und die Denudation infolge Gesteinshärte oder Trockenheit gering, so entsteht ein steilwandiges Engtal (Abb. 58), eine *Klamm* (z. B. die Partnach-Klamm). Die spanische Bezeichnung *Cañon* wird für schluchtartige Täler gebraucht, deren Wände durch den Wechsel verschieden harter Gesteine etwas getreppt sind. Der Gran Cañon des Coloradoflusses ist mit 350 km Länge und bis zu 1800 m Tiefe sowie seiner bunten Gesteine wegen das großartigste Beispiel eines Cañons (Abb. 58).

In den deutschen Mittelgebirgen sind häufig Täler durch gleichstarke Erosion und Denudation entstanden; sie besitzen mäßig geneigte Hänge und werden *Kerbtäler* oder *steile V-Täler* genannt (Abb. 58 und 59). Wird die Erosion von der Denudation übertroffen, so entstehen flachere Hänge, das *flache V-Tal.*

Die Täler mit flacher Talaue nennt man *Sohlen-* oder *Kastentäler* (Abb. 58). Sie entstehen dann, wenn Hochwasser die Talaue überschwemmt und mit im allgemeinen feineren Massen überdeckt. Auf dem Wege zum Meere wird durch die Aufnahme von Nebenflüssen die Wassermenge des Hauptflusses größer, die Hochwässer nehmen zu und die Talaue wird breiter. Im Pleistozän haben in den Eisschmelzperioden viele Flüsse des deutschen Mittelgebirges viel Wasser geführt und einen breiten Talboden (Sohlental) geschaffen, in dessen Sohle heute ein kleines Flußbett eingeschnitten ist. Das Ausräumen der Täler in pleistozäner Zeit wurde durch die gesteinslockernde Wirkung des Spaltenfrostes in den Frostperioden gefördert. Wenn die Sohle eines Tales allmählich in die Hänge übergeht, spricht man von *Muldental*; weiches Gestein ist dieser Talform förderlich (Abb. 58). Zwischen allen diesen Talformen gibt es natürlicherweise viele Übergänge.

Die Enstehung der Täler wird auch noch von anderen Faktoren bestimmt, so auch vom tektonischen Bau der Landschaft. Dementsprechend können die Täler auch nach anderen Gesichtspunkten bezeichnet werden. Werden die Täler in ihrer Anlage durch Spalten oder Klüfte des Gesteins bestimmt, so werden sie auch *Spaltentäler* und *Klufttäler* genannt. Täler, die einem geologischen Graben (Oberrheintal) folgen, sind *Grabentäler*, die einer Synklinale folgen, sind *Synklinaltäler;* entsprechend gibt es *Antiklinaltäler*. In den *Mono-* oder *Isoklinaltälern* fallen die Gesteinsschichten an beiden Hängen gleichsinnig ein, d. h. an einem Hang liegen sie hangparallel, am anderen stoßen die Schichtköpfe auf die Hangfläche. Oft ist der letztere Hang steiler als der erstere, so daß ein *asymmetrisches* Tal vorliegt. Durch rückschreitende Erosion kann sich ein Fluß in ein Gebirge einfressen; in diesem Falle spricht man von *Regressionstal*. Täler, die ein Gebirge quer zum Streichen durchbrechen, heißen *Durchbruchstal* oder *Quertal*. *Längstäler* verlaufen in Streichrichtung, *Diagonaltäler* diagonal dazu. Wenn ein Fluß seinen Lauf über die Rumpffläche eines alten Gebirges nimmt und dieses tektonisch gehoben wird, so schneidet der Fluß im Zuge der Hebung ein *antezedentes Tal* ein (Rheintal im Rheinischen Schiefergebirge). Von einem *epigenetischen Tal* spricht man dann, wenn ein Tal in weichen Deckschichten, die einen harten Gesteinsriegel verhüllen, angelegt ist und nun der Fluß einschneidet, die weichen Schichten leicht ausräumt und an den harten Riegel kommt, der nun mühsam durchsägt werden muß (Elbe-Einschnitt durch das Spaargebirge bei Meißen).

Wenn ein Flußlauf durch mehrmalige Bettverlegung eine breite Talebene aufgeschüttet hat und dann eine tektonische Hebung eintritt, so schneidet der Fluß infolge erhöhter Stromgeschwindigkeit in seine Ablagerungen

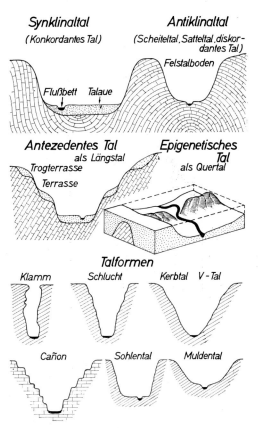

Abb. 58. Schematische Querschnitte durch fluviatile Täler. Ihre Kennzeichnung kann erfolgen: 1. nach der Schichtenlagerung (obere Bilder); 2. nach der Entstehung, d. h. ob bereits vor der Hebung der Erdkruste das Tal angelegt war (antezedentes Tal) oder ob der Fluß sich ein neues Bett schuf (epigenetisches Tal) (zweitoberste Bilder); 3. nach der Gestalt des Talquerschnitts, die abhängig ist von der Härte und Schichtung des Gesteins, von Strömung und Menge des Wassers sowie von der Gesteinsfracht. Z B. entsteht die steilwandige Klamm in gleichmäßig hartem Gestein und durch stark strömendes Wasser mit Gesteinsfracht. Hingegen entsteht das relativ weite Muldental in gleichmäßig weichem Gestein und durch schwach strömendes Wasser mit wenig Fracht; an der Ausbildung seiner relativ flachen Hänge arbeitet die Denudation mit.

ein und schafft sich in tieferem Niveau ein neues Bett, das er durch Seitenerosion nach und nach erweitern kann. Die nun trocken gefallene, alte Talebene stellt eine *Flußterrasse* dar. In die neu geschaffene Talebene kann sich bei erneuter Hebung der Fluß abermals eingraben, und es entsteht eine zweite, jüngere Terrasse. Diese periodischen Hebungen können sich mehrmals wiederholen, und jeder Hebung entspricht eine Tieferlegung des Flußbettes und die Bildung einer Terrasse; so entsteht ein mehrstufiges *Terrassensystem* (Abb. 19). Dafür bietet das Rheintal mit seinen Nebentälern ein gutes Beispiel.

Ein Flußtal ist in den meisten Fällen genetisch und im derzeitigen Zustand kein einheitliches Gebilde. Der Rhein mit 1300 km Länge zeigt dieses eindrucksvoll. In der Schweiz durchfließt er ein durch Gletscher geformtes Trogtal, im Oberrheintal folgt er dem großen tektonischen Graben (Grabental), ins Rheinische Schiefergebirge hat der Rhein ein antezedentes Durchbruchstal mit fast cañonartigem Querschnitt genagt, dann tritt er in eine Tiefebene ein, wo er in früherer Zeit, vor allem im Pleistozän, frei mäandierte, um sich schließlich im Mündungsraum deltaartig in mehrere Arme zu verzweigen. Auch wechselt ein Fluß im Laufe seiner Geschichte seine Tätigkeit und Eigenart. Vor allem Klimaänderungen und tektonische Bewegung können auf der gleichen Laufstrecke Erosion und Akkumulation abwechseln lassen. Rückschreitende Erosion kann ein anderes Flußsystem anzapfen *(Flußanzapfung)*, wodurch der Wasserhaushalt der beiden betroffenen Flußsysteme grundlegend verändert wird; im anzapfenden Flußsystem wird nämlich die Wassermenge und damit die Erosion vergrößert, im angezapften verkleinert. Die vom Fluß in verschiedenen Zeiten herangetragenen Geröll geben Auskunft über das Einzugsgebiet des Flusses in den entsprechenden Epochen, vor allem über Flußverlegungen und Flußanzapfungen. Darüber hinaus erlaubt die Flußgeschichte Einblicke in die geologische Vergangenheit, vor allem in die Landschaftsgeschichte.

5. Entwicklung fluvialer Oberflächenformen

In diesem Kapitel sollen die Vorgänge des fließenden Wassers und der Massenbewegungen zusammenfassend besprochen werden, welche die Gestaltung der Landschaft endgültig bedingen. Dabei wollen wir ausgehen von der *Uroberfläche,* d. h. von dem bei der Gebirgsbildung aus dem Meere gehobenen Meeresboden mit Urflüssen, Urwasserscheiden und Urwannen (Seen). Bei weiterer Hebung beginnen die Flüsse zunächst in die weicheren Gesteine einzuschneiden, Wasserscheiden verschieben sich und Flußanzapfungen vollziehen sich. Es ist das *Jugendstadium* einer Landschaft, gekennzeichnet durch rasche Erosion, Rutschungen, Wasserfälle, grobe Geröllführung, Kerbtäler, ungleichsohlige Einmündung der Nebentäler ins Haupttal und anderes mehr.

Im Laufe des Alterns der Landschaft wird das Gefälle der Flüsse mehr und mehr ausgeglichen, die Talsohlen verbreitern sich, Talstufen verschwinden, die Talhänge werden abgeflacht, die Massenbewegungen verringern sich und sind vorwiegend als Gekriech vorhanden. Mehr und mehr werden die Nebentäler ausgebildet; ihre Sohle paßt sich niveaumäßig der des Haupttales an. Bei der Herausarbeitung des Reliefs kommt immer mehr die verschiedene Härte des Gesteins zur Geltung, d. h. die Flüsse folgen gern den weicheren Gesteinspartien, wogegen die härteren sich aus der Landschaft erheben. Das ist die *Reifung* der Landschaft, wobei frühreif, vollreif und spätreif unterschieden werden. Eine vollreife Landschaft stellen die Alleghenies von Nordamerika mit gleichmäßigen Höhen, gerundeten Bergformen, ausgeglichenem Gefälle und starker Zerschneidung dar.

Im Zuge des Alterns der Landschaft greift die Verwitterung ständig tiefer, Verwitterungsschutt wird angehäuft, die Landschaft verebnet sich mehr und mehr, bis schließlich eine nur flachwellige, meist nur wenig über dem Meeresspiegel liegende *Fastebene* (Abb. 24), *Peneplain, Rumpffläche* oder *Rumpfebene,* das *Greisenalter* der Landschaft, erreicht ist. Wohl können sich über diese fast ebene Landschaft noch *Härtlinge* (Abb. 49) und *Restberge* der alten Wasserscheiden erheben. Damit ist gleichsam der Bildungszyklus beendet. Dieser Zyklus gilt natürlich nur bei ganz bestimmten tektonischen Voraussetzungen, nämlich zunächst Hebung und dann eine lange Periode tektonischer Ruhe. Er kann gestört werden durch Hebung und Senkung sowie durch eine Änderung des Klimas, z. B. durch eine Eiszeit. Eine Rumpffläche kann durch epirogene Hebung umgestaltet werden, indem dadurch die Erosion erneut entfacht

Abb. 59. Typisches Kerb- oder V-Tal in einem gleichmäßig mittelharten Gestein. Dieses Bild ist z. B. typisch für die Bäche im Oberen Buntsandstein (feinkörniger, mittelharter Sandstein) der Südeifel.

und ein neues Talsystem in die Fastebene eingeschnitten wird, was im Rheinischen Schiefergebirge, im Böhmischen Massiv und in der Bretagne geschehen ist. Die Bildung einer Rumpffläche geschieht selten für ein Gebirge gleichförmig. Tektonische Zerstückelung im Gebirgskörper führt in den stärker gehobenen Teilen zu einer stärkeren Erosion und Abtragung als in den weniger oder nicht gehobenen Gebirgspartien. Andererseits variiert die verschiedene Widerstandsfähigkeit der Gesteine gegen den Abtrag den Ablauf der Landschaftsentwicklung.

Abtragungsflächen mit einem Flachrelief entstehen bei schräg liegenden Schichten, welche die Oberfläche unter spitzem Winkel schneiden. Wird ein solches schwach geneigtes Gesteinspaket aus dem Meere gehoben, dann setzt sofort die Abtragung durch Abspülung und kleinere Gerinne ein. Es kann über eine lange Periode der Hebung und Abtragung ein mächtiger Schichtkomplex abgeräumt werden, und es entsteht eine Fläche geringer Neigung. Solche Landschaften nennt man *Tafelrümpfe* oder *Schnittflächen*, da sie die Gesteinsschichten unter spitzem Winkel schneiden. Solche Schnittflächen findet man in den *Schichttafelländern*, wie z. B. auf der Russischen Tafel.

f. UNTERIRDISCHES WASSER

Das unter der Erdoberfläche befindliche Wasser ist das unterirdische Wasser, es ist das *Bodenwasser*, das *Grundwasser*, das *Karstwasser* und die *unterirdischen Gewässer* (Teilstrekken sonst oberirdisch fließender Gewässer). Das Bodenwasser wird eingehend im Kapitel über den Boden behandelt werden, das Karstwasser und die unterirdischen Gewässer sind bereits im Kapitel über die Lösungsverwitterung gestreift worden. Das unterirdische Wasser stammt fast nur aus dem Niederschlag, und dieser Teil wird auch *vadoses* (von lat. vadosus = seicht) *Wasser* genannt im Gegensatz zum *juvenilen* (von lat. juvenis = Jüngling) *Wasser*, das dem Erdinneren entstammt, aber nur in geringem Maße und nur an wenigen Stellen zum unteriridschen Wasser tritt. Die *Hydrogeologie* als Fachdisziplin beschäftigt sich mit dem unterirdischen Wasser.

1. Grundwasser

Das in den Boden eindringende Wasser wird von der Bodenmasse als *Bodenwasser* z. T. adsorbiert, ein Teil versickert, wird von einer dichten Gesteinsschicht, der *Grundwassersohle*, aufgehalten und sammelt sich über dieser in den Hohlräumen (Spalten, Poren) des Gesteins. Der dem Grundwasser zugekommene Wasseranteil ist die *Grundwasserspende*. Dieses über einer Grundwassersohle stehende, alle Hohlräume ausfüllende Wasser ist das *Grundwasser*, dessen Menge vom Gesamthohlraum des Gesteins abhängt (Sand und Kies 25–40 %, poröser Sandstein 10–20 %, fester Sandstein und Kalkstein 1–5 %, Granit 0,5–1 %). Dichte Gesteine mit sehr kleinen Poren enthalten kein Grundwasser, sondern nur kapillar festgehaltene *Bergfeuchtigkeit*. Wenn dichtes Gestein tektonisch zerstückelt ist (Mylonit) kann es natürlich Grundwasser führen. In größeren Hohlräumen, auch in Grundwasser-Beobachtungsrohren, stellt sich der *Grundwasserspiegel* ein; er folgt dem Relief der Oberfläche, allerdings wesentlich abgeschwächt. Über dem Grundwasserspiegel wird in feinen Poren das Grundwasser kapillar *(kapillares Grundwasser)* hochgezogen, und zwar in den feineren Poren höher als in den groben. Allerdings findet in sehr feinen Poren (im Ton) kein oder nur ein geringer kapillarer Aufstieg statt.

Die *Grundwasseroberfläche* ist als Fläche im Boden definiert, deren Wasserdruck dem mittleren Druck der Atmosphäre entspricht. Der *Grundwasserspiegel* gibt gleichzeitig den *Grundwasserstand* an, bezogen auf die Erdoberfläche oder auf NN; er stellt sich in Brunnen und Beobachtungsrohren ein. Das hohlraumbietende Gestein, welches das Grundwasser aufnimmt, stellt den *Grundwasserleiter*, *Grundwasserspeicher* oder *Grundwasserträger* dar. Die Schicht der Erdoberfläche (meistens der Boden), welche das Grundwasser abdeckt und das einsickernde Wasser filtriert und reinigt, nennt man *Grundwasserdeckschicht*. Wird das auf einer geneigten Grundwassersohle fließende Grundwasser in der seitlichen Bewegung durch eine dichte Schicht gehindert, so bildet diese einen *Grundwasserstauer*. Die obere Erdkruste kann mehrere Grundwassersohlen besitzen, über denen sich jeweils ein poröses Gestein als Grundwasserleiter befindet. In diese verschiedenen Grundwasserleiter gelangt irgendwie Wasser; es sind dann *Grundwasserstockwerke* (1., 2. usw. Grundwasserstockwerk), wie z. B. im Raume Halle – Leipzig – Borna. Wenn ein Grundwasserleiter nach oben durch eine dichte Schicht, eine *Grundwasserdeckschicht*, abgeschlossen und ganz mit Wasser gefüllt ist, so kann das Grundwasser unter Spannung stehen, *gespanntes Grundwasser* sein, dessen *Druckspiegel* beim Durchbohren der abdeckenden, dichten Schicht emporsteigt. In solchen Fällen liegt die Grundwasseroberfläche tiefer als der Grundwasserspiegel. In Tälern kommt gespanntes Grundwasser in kleinerem Maße unter tonigen Oberflächenschichten vor (Savetal). In muldig liegendem Gesteinspaket mit wechselnd durchlässigem und undurchlässigem Gestein kann das Wasser in Muldenmitte unter hoher Spannung stehen und bei Anbohren hoch aufsteigen; es ist das *artesische Wasser* (nach der französischen Landschaft Artois genannt).

Das *Grundwasser* unterliegt im Gegensatz zum adsorbierten Bodenwasser der Schwerkraft, es *fließt* auf einer geneigten Grundwassersohle zur tieferen Stelle wie das oberirdische Wasser, allerdings ist seine *Fließgeschwindigkeit* wesentlich geringer, z. B. in feinen Sanden nur 4–5 m/Jahr, in mittleren Sanden etwa 1–4 m/d, in Kiesen etwa 6—9 m/d, in groben Geröllen etwa 15 m/d, in Sandstein nur einige cm/d, in spalten- und kluftreichem Gestein (Kalke) über 100 m/h. Nach der Tiefe wird das Gestein im allgemeinen ärmer an Hohlräumen; damit nimmt auch die Fließgeschwindigkeit des Grundwassers ab.

Die *Tiefe des Grundwassers* hängt vom Gestein und Klima ab. Der Grundwasserspiegel liegt in Mitteleuropa einige Meter, teils einige Zehner Meter tief, in trockenen Klimaten meist über 100 m, teils einige Hunderte Meter tief. Der Grundwasserleiter reicht sehr verschieden tief, nicht selten einige 100 m, auch bis rund 800 bis 1000 m tief, in den pleistozänen und tertiären Lockermassen der Walachei bis 2000 m tief.

Der *Grundwasserspiegel* schwankt in Mitteleuropa im Ablauf des Jahres um 0,5–1 m, teils auch mehr, und zwar haben wir im Winter und Frühjahr Hochstand und im Spätherbst Tiefstand. Daraus ergibt sich die *Grundwasserschwankungsamplitude*. Bei tiefliegendem Grundwasserspiegel wurden jahreszeitliche Schwankungen nicht oder kaum mehr beobachtet. Die Grundwasserstände im Ablauf des Jahres ergeben die *Grundwasserganglinie*. Abgesehen von der Jahreszeit sind die Grundwasserschwankungen vom Niederschlag abhängig; niederschlagsreiche Jahre zeigen einen höheren Grundwasserstand, in niederschlagsarmen fällt er ab. In den Talauen mit durchlässigem Untergrund steht oft das Flußwasser mit dem Grundwasser in Verbindung. Steigt der Flußwasserspiegel, so tritt Wasser als *Uferfiltrat* oder *Seihwasser* seitlich in den Grundwasserleiter, fällt der Flußwasserspiegel, so fließt Grundwasser dem Flußbett zu.

Meistens sind *Grundwasserabsenkungen* durch menschliche Eingriffe verursacht. Sie kommen zustande: 1. durch Flußregulierungen, wodurch Abfluß und Tiefenerosion beschleunigt werden und oft der Grundwasserspiegel der Talaue absinkt, 2. durch großflächige Abholzungen, wodurch der Abfluß schneller und größer und die Grundwasserspende kleiner werden kann, 3. durch Intensivierung des Kulturpflanzenanbaues, wodurch die produktive Transpiration der Pflanzen erhöht wird, 4. durch Grundwasserentnahme, 5. durch bergbauliche Eingriffe (z. B. im Rheinischen Braunkohlenrevier).

Das *Grundwasser* wird *genutzt* als Trinkwasser für Mensch und Tier und Brauchwasser für Siedlungen, Gewerbe und Industrie. Für diesen Zweck soll es vor allem arm an Calciumbicarbonat, Nitrat und Keimen sein. Mg-Carbonat sowie Sulfate spielen nur eine geringe Rolle. Der Calciumgehalt sowie der sonstige Mineralstoffgehalt des Grundwassers hängt weitgehend von der stofflichen Beschaffenheit des Grundwasserleiters ab. Vor allem ist das Calciumbicarbonat störend, weil aus ihm durch Freigabe von CO_2 das Calciumcarbonat ausfällt, das als sog. Kesselstein unerwünscht ist. Der Gehalt an Calcium- und Magnesiumsalzen wird in deutschen Härtegraden (1 d. H. = 10 mg/l Ca O) angegeben. Folgende Einteilung ist gebräuchlich; 0–4° d. H. = sehr weich, 4–8° d. H. = weich, 8–12° d. H. = mittelhart, 12–18° d. H. = ziemlich hart,

18–30° d. H. = hart, > 30° d. H. = sehr hart. Nitrate können durch übermäßige Düngung mit Stickstoffhandelsdünger ins Grundwasser gelangen. Keime, auch pathogene Keime, können von Siedlungen aus ins Grundwasser kommen. Die Filterung des Grundwassers durch Sand oder lehmig-sandige Bodenmasse ist deshalb sehr wichtig. Es muß darauf geachtet werden, daß eine Verunreinigung des Grundwassers unterbleibt. Um dieses kontrollieren zu können, muß man vor allem seine Fließrichtung kennen. Freie Kohlensäure und freier Sauerstoff im Wasser verursachen seine Aggressivität.

Große *Mengen* von *Grundwasser* werden den grobkörnigen Lockersedimenten der Täler entnommen; je höher der Niederschlag, je geringer die Verdunstung und je breiter das Tal, desto größer ist das Grundwasserreservoir. Reichliche Mengen lassen sich als Uferfiltrat in der Nähe großer Flüsse gewinnen, wenn der Untergrund (Grundwasserleiter) hinreichend durchlässig ist. Aber auch die schottererfüllten, kleineren Täler des Gebirges liefern für kleinere Siedlungen ausreichend Wasser. Poröse Gesteine, wie Sandstein, liefern gutes Wasser. Spaltenreiche Gesteine, wie Kalkstein und Dolomit, bieten viel Wasser, das aber zuviel Calcium (teils auch Mg) enthält und oft nicht ausreichend gefiltert ist. Im Gebirge läßt sich oft auch aus Bruchzonen (tektonisch zerstückelt) eine beschränkte Wassermenge entnehmen.

2. Quellen

Die Lagerung der Gesteinsschichten kann das Heraustreten des Grundwasserstromes an der Erdoberfläche bedingen, es ist die Stelle, wo Grundwasserspiegel und Erdoberfläche sich schneiden. Solche Grundwasseraustritte nennt man *Quellen*. Dies kann ein lokales Heraussprudeln von Wasser sein, es kann aber auch das Grundwasser an einer Schichtgrenze über eine mehr oder weniger lange Strecke austreten und einen *Quellhorizont* bilden. Nach den geohydrologischen Bedingungen werden zunächst zwei Gruppen von Quellen unterschieden:

1. Quellen mit absteigendem Wasser oder *Auslaufquellen* (Abb. 60). Bei ihnen bewegt sich das Wasser vom Nährgebiet (Gebiet der Grundwassererneuerung) ständig bergabwärts. Der häufigste Typ der Auslaufquellen ist die *Schichtquelle*, deren Wasser dort austritt, wo eine söhlige oder geneigte, durchlässige, über einer Grundwassersohle liegende, wasserführende Schicht an der Erdoberfläche angeschnitten wird. Der zweite Typ ist die *Überlaufquelle* oder *Überfallquelle;* sie entsteht dort, wo sich Grundwasser in einem durchlässigen Gestein über einer muldigen Grundwassersohle anreichert bis zum Rande der Mulde, über deren Rand das Wasser ausläuft. Der dritte Typ ist die *Stauquelle;* sie entsteht, wenn eine wasserführende Schicht von einer geneigten, auskeilenden, dichten Schicht überlagert wird. Das Wasser staut sich unter der dichten Schicht (z. B. Ton) und tritt an deren Auskeilungsstelle aus.

2. Quellen mit aufsteigendem Wasser oder *Steigquellen* (Abb. 60). Das Prinzip dieser Quellart beruht darauf, daß Grundwasser vom Nährgebiet absinkt und dann wieder aufsteigt bis zur Erdoberfläche. Die Voraussetzung dafür ist gegeben, wenn ein Grundwasserleiter zwischen zwei undurchlässige Schichten muldenförmig gelagert ist. Nach dem Prinzip der Kommunizierenden Röhren sprudelt das Wasser unter Überdruck an die Erdoberfläche. Eine solche Quelle ist ein natürlicher *Artesischer Brunnen* (Abb. 60). Viele *Verwerfungsquellen* gehören zu dieser Gruppe. Sie kommen dadurch zustande, daß durch eine vertikale Verwerfung der Grundwasserleiter neben undurchlässiges Gestein zu liegen kommt. An der Verwerfungsfläche staut sich das Wasser und tritt als Quelle aus. Wenn das Wasser vorher tief absinkt, so erwärmt es sich vor dem Aufstieg. Erreicht es dabei über 20° C, so spricht man von einer *Therme.* Zu den Thermen gehören die Quellen von Baden-Baden mit 67° C, von Wiesbaden mit 69° C, von Aachen-Burtscheid mit 78° C, von Karlsbad mit 43–73° C. Die heißen *Geysire* oder *Springquellen* stoßen ihr Wasser periodisch aus. Das Wasser sickert in die Tiefe, wird stark erwärmt und durch den entstandenen Dampfdruck nach bestimmten Zeiten emporgestoßen.

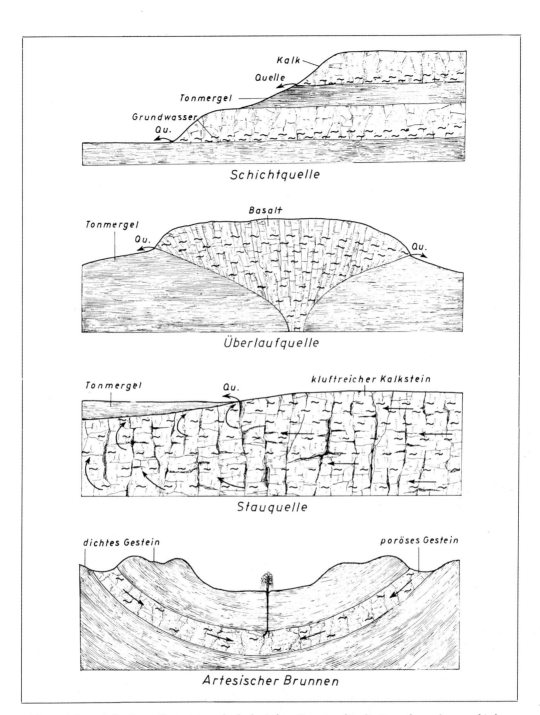

Abb. 60. Schematische Darstellung der geohydrologischen Situation für die Entstehung der verschiedenen Arten von Quellen. Die Schichtquelle, Überlaufquelle und Stauquelle bilden die Gruppe der Auslaufquellen, bei denen das im kluft- und spaltenreichen Gestein gespeicherte Wasser an der Stelle an die Oberfläche tritt, wo undurchlässiges (z. B. Tonmergel) und durchlässiges Gestein (z. B. Kalkstein) die Oberfläche schneiden. Bei der Steigquelle steigt eingesickertes Wasser nach dem Prinzip der Kommunizierenden Röhren wieder an die Oberfläche. Wird der Wasserleiter durch die wasserundurchlässige Schicht angebohrt, so sprudelt das Wasser an die Oberfläche, was als Artesischer Brunnen bezeichnet wird (unteres Bild). (Nach H. SILLE und R. BRINKMANN 1967, vereinfacht).

Enthalten die Quellen eine überdurchschnittliche Menge an gelösten Mineralstoffen und teils auch freier Kohlensäure, so werden sie als *Mineralquellen* bezeichnet. Herrscht die Kohlensäure vor, so spricht man auch von *Kohlensäuerling*.

Im Quellbereich entstehen oft *Quellabsätze*. Auf dem Wege durch das Gestein nimmt das Grundwasser Stoffe auf, die oft bereits z. T. im Quellbereich wieder abgesetzt werden. Am häufigsten ist der *Kalksinter*, Calciumcarbonat, das aus dem Calciumbicarbonat des Quellwassers unter Freigabe von CO_2 ausgefällt wird. Andere Quellen setzen *Eisenocker* (Brauneisen) ab. Heiße Quellen können *Kieselsinter* absetzen, wie die des Yellowstone-Nationalparkes (USA).

3. Karstwasser und unterirdische Gewässer

Die Entstehung und das Wesen des *Karstwassers* und der unterirdischen Gewässer wurde schon in dem Kapitel über die Lösungsverwitterung geschildert (Abb. 38). Das Karstwasser ist an verkarstete Gesteine gebunden, also an Gesteine, in denen durch die Lösungsverwitterung ein Hohlraumsystem entstanden ist, in welchem das Wasser sich leicht bewegen kann. Es ist allerdings bisweilen das Hohlraumsystem nicht zusammenhängend, so daß kein zusammenhängender Grundwasserspiegel entsteht wie in einem porenreichen Grundwasserleiter (Kies, Sand). Oft wird das Karstwasser infolge mangelnder Filterwirkung des Karstgesteins nicht ausreichend gereinigt.

Die *unterirdischen Gewässer* sind ebenso an verkarstete Gesteine gebunden. Es sind unterirdische Bäche oder Flüsse, die entweder durch gesammeltes Karstwasser entstehen, oder dadurch, daß ein Fluß ganz oder teils in einer *Schwinde* versinkt, um nach kürzerem oder längerem, unterirdischem Lauf ganz oder teils wieder an die Oberfläche zu kommen. Ein bekanntes Beispiel ist das Versickern von Donauwasser bei Immendingen, das nach 12 km unterirdischem Lauf als Aach-Quelle bei Engen wieder austritt.

g. MEER UND SEINE KÜSTEN

Das Weltmeer, die Ozeane nehmen 70,8 % der Erdoberfläche ein und haben damit für die ganze Erde eine große Bedeutung. Die Kenntnisse vom Meeresboden sind in den letzten Jahren erheblich erweitert worden durch neuzeitliche, intensive Forschungen, besonders Echolotung, Unterwasserphotographie, Kartieren des Meeresbodens durch Taucher, Untersuchung der Sedimente durch die Entnahme von über 20 m langen Lotungskernen und die Erforschung des tieferen Meeresbodens durch seismische Sprengungen.

Es ist nicht die Aufgabe dieses Buches, über die Meeresforschung zu berichten, vielmehr soll nur ein Überblick gegeben werden über die Fakten, welche für die allgemeine Geomorphologie der Erde wichtig sind, besonders über die Küsten.

1. Meeresboden

Nach der Tiefe läßt sich der Meeresboden großzügig in drei Regionen unterteilen (Abb. 1): 1. die *Küsten-* oder *Litoralregion*. Es ist die wenige Meter tiefe Zone der Küstennähe mit der Brandung und den Gezeiten sowie den Schwankungen von Licht und Wärme. 2. Die *Flachseeregion*, die sich unterteilt in den bis 200 m reichenden *neritischen* oder *sublitoralen Bereich*, auch *Schelf* genannt, und den bis einige 1000 m hinabreichenden *bathyalen* (von gr. bathys = tief) Bereich. Der zum Festland gehörende Schelf geht über den steilen *Kontinentalhang* zu einem tieferen Bereich hinab. 3. Die *pelagischen* (von gr. pelagos = die hohe See) *Bereiche* sind die landfernen Teile der Ozeane, die Tiefsee.

Das Weltmeer ist der große *Sedimentationsraum*, dem die Flüsse die Verwitterungsmassen des Festlandes zutragen. Nur wenig wird vom Wind hineingeweht. Auf dem *Meeresboden* werden klastische Sedimente wie Geröll, Kies, Sand und Ton abgelagert, die vom Festlande kommen. Aus dem Meerwasser werden chemisch und biogen Sedimente ausgefällt. Es sind Kalke, Dolomite, kieselige, eisenhaltige und phosphathaltige Sedimente. Die Schalen von

Tieren können ganze Gesteinsbänke aufbauen, meistens sind es Kalkschalen, daneben gibt es auch Gesteine, die von Kieselskeletten kleiner Meerestiere gebildet worden sind. Große Bedeutung haben die riffbildenden Meerestiere, vor allem die Korallen.

2. Meerwasser

Das *Meerwasser* enthält 35 ⁰/oo gelöste Salze (überwiegend Natriumchlorid), deren Ionen sich wie folgt verteilen:

Na^+ K^+ Mg^{++} Ca^{++} Cl^- Br^- SO_4^{--} HCO_3^-
10,8   0,4   1,3   0,4   19,3   0,07   2,7   0,12

Während in den Ozeanen der Salzgehalt ziemlich konstant ist, gestaltet er sich verschieden in den Nebenmeeren in Abhängigkeit vom Klima, d. h. in ariden Klimaten ist er höher (Rotes Meer 40 ⁰/oo), in den humiden und nivalen ist er niedriger (südliche Ostsee 10 bis 15 ⁰/oo). Außerdem enthält das Meerwasser Sauerstoff und Kohlendioxid.

In der *ozeanischen Troposphäre*, die etwa 300–800 m mächtig ist, herrschen Meeresströmungen, die durch Wind sowie Temperatur- und Salzunterschiede bedingt sind (Golfstrom). In der tieferen Meeresregion, der *ozeanischen Stratosphäre,* werden die Strömungen durch Dichteunterschiede verursacht. Die Meeresströmungen sind an der Gestaltung des Meeresbodens beteiligt: Verfrachtung von Sediment, Ausfurchen, Anlösen, Ablagerung von Sediment mit Schrägschichtung und Rippelbildung.

Durch die Anziehung des Mondes, in geringerem Maße auch der Sonne, entsteht eine Flutwelle, die *Gezeiten* oder *Tiden* (von niederd. getide). In etwa 12½-stündigem Wechsel folgen sich Flut bis zum Tidehochwasser und Ebbe bis zum Tideniedrigwasser. Die Gezeiten sind auf offener See gering, indessen werden durch sie hohe Stromgeschwindigkeiten von 10 cm/s bis zu 300 m Tiefe hinab erzeugt. Der Tidenhub wird durch den Stau an der Küste stärker, besonders in trichterförmigen Meeresbuchten (Deutsche Bucht bei Helgoland 2,5 m, Jadebusen 3,6 m, Ärmelkanal um 10 m). Große Mengen von Sediment werden in Küstennähe durch die Gezeiten bewegt.

Der Wind erzeugt durch Reibung auf dem Wasser *Wellen*, die in der Nordsee 6 m, bei einem Orkan im offenen Ozean über 20 m hoch werden können. In seichtem Wasser überschlagen sich die Wellen durch Bodenreibung; so entsteht die *Brandung*, durch welche in seichterem Wasser (bis 300 m Tiefe) Sediment bewegt und aufgewirbelt wird. Durch schräg auf die Küste auflaufende Wellen und das Rückfluten des Wassers werden Geröll und Sand oft über 100 m weit am Tage zickzackförmig versetzt, was man *Strandversetzung* nennt.

3. Küsten

Die Meeresküsten können von verschiedenen Gesichtspunkten aus betrachtet werden, und zwar nach der Gestalt (Querschnitt), nach dem Streichen der die Küste begleitenden Gebirgszüge, nach der epirogenen Bewegung und dem dadurch bedingten Küstenverlauf und nach dem exogenen Geschehen. Für die geologischen Vorgänge an der Küste ist ihr Querschnitt (Steil- und Flachküste) am wichtigsten.

Die Energie, welche die Brandung auf die *Steilküste* ausübt, ist sehr groß; Gesteinsblöcke von vielen Tonnen Gewicht können durch sie verschoben werden (Abb. 61). Das Wasser der Brandung wird in Felsspalten gepreßt, wodurch Gesteinsblöcke gelockert und schließlich herausgebrochen werden. Gesteinstrümmer werden von der Flutwelle gegen die Steilküste geschleudert, wodurch an der Stelle des Aufpralles, etwas über dem Mittelwasserstand, eine *Brandungshohlkehle* ausgeschliffen wird. Der Überhang über der Brandungshohlkehle ist das *Kliff*. Die aus dem Kliff herausragenden, widerständigen Gesteinspartien nennt man *Klippen*. Vor der Steilküste werden die Gesteinsstücke hin und her geschoben und relativ schnell zu *Strandgeröllen* (oder Brandungsgeröllen) gerundet. Durch die nagende Arbeit der gesteinsbeladenen Brandung wird die Brandungshohlkehle stetig vergrößert, überhängendes Gestein bricht ab, und so wird die Steilküste nach und nach landeinwärts verlegt. Auf diese Weise entsteht vor der Steilküste eine von der Brandung geschaffene Plattform, die *Brandungsplattform* oder Schorre. Es handelt sich um eine

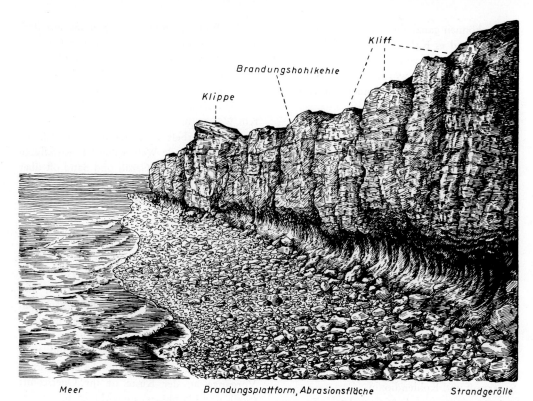

Abb. 61. Steilküste bei Tideniedrigwasser. Die bei steigender Tide auf der Abrasionsfläche anrollende Brandung entlädt ihre Energie an der Steilküste. Wo die Brandung mit Geröll auftrifft, wird die Brandungshohlkehle ausgearbeitet. Darüber steht das Kliff an (vorspringende Felsen als Klippen). Von dem stark unterhöhlten Kliff bricht Gestein ab, womit langsam die Steilküste zurückverlegt und die Abrasionsfläche größer wird. Das abgebrochene Gestein wird zum Strand- oder Brandungsgeröll, das auf der Abrasionsfläche von der Brandung hin und her gerollt oder geschoben wird.

besondere Art der flächenhaften Abtragung, die *marine Abrasion* (von lat. marinus = Meer und abradere = abkratzen) genannt wird. Das Zerstörungstempo an der Steilküste hängt von der Widerständigkeit des Gesteins ab, z. B. wird die Geschiebemergel-Steilküste Mecklenburgs jährlich um 25 cm, die Kreideküste Südenglands um 0,5 cm jährlich zurückverlegt. Küstenbesiedler (Schnecken, Muscheln, Seepocken) bohren sich in das Gestein der Steilküste und helfen bei ihrer Zerstörung. *Brandungsschutt* und (oder) *Brandungsgeröll*, durchsetzt mit den Schalen der Litoralfauna, bedecken mehr oder weniger die *Abrasionsfläche*. Ein größerer Teil davon wird durch den Sog des zum Meere zurückströmenden Wassers mitgenommen und am Abfall der Brandungsplattform zum Schelf zu einem Schuttkegel aufgehäuft. Mit der Zurückverlegung des Kliffs wird der Weg der Brandung über die Abrasionsfläche oder Abrasionsterrasse immer länger, sie verliert an Energie und die Zerstörung am Kliff wird geringer; an seinem Fuß sammelt sich eine Schutthalde an.

An der *Flachküste* läuft die Brandung aus, ohne Widerstand zu finden; ihre Energie wird durch Reibung am Boden aufgezehrt (Abb. 62). Es herrscht hier ein Gleichgewichtszustand, indem sowohl Material abgetragen als auch wieder abgelagert wird. Die Brandungswellen bilden aus Geröll und (oder) Sand einen *Strandwall*, der 5 – 10° zur See geböscht ist und auf dem die Wellen auslaufen. Das Wasser wirft ganze und zerschlagene Schalen von Meerestieren, *Schill* bzw. *Bruchschill*, als *Strandsaum* auf den Strand. Auf dem Sandstrand bildet die zur Küste gerichtete Strömung asymmetrische *Strömungsrippel* von nur einigen cm Höhe im Abstand von etwa 10 cm; sie können bei star-

Abb. 62. Flachküste mit flach auslaufender Brandung und Strandwall (gestrichelte Markierung parallel zum Wasser); zwischen Wasser und Strandwall sind mit Punktlinien Rippel angedeutet. Rechts im Bild begleiten Küstendünen mit Strandhafer, der den Sand festlegt, die Küste; der Dünensand wurde von meerseitigen Winden aufgeweht.

ker Stromgeschwindigkeit auch wesentlich größer werden (Großrippel). Die gleichen Rippel werden auch von einseitigem Wind geschaffen. Dagegen werden durch den Wellengang auf dem Meeresgrund symmetrisch gebaute *Seegangsrippel* oder *Oszillationsrippel* gebildet.

Treffen Wind und Wasserströmung schräg auf die Küste, so werden in gleicher Richtung große Mengen von Sand und Kiesteilchen verfrachtet; sie werden auf den Strand gerollt und gleiten dann wieder ins Meer. Diesen Vorgang nennt man *Strand-* oder *Küstenversetzung*. Hinter Küstenvorsprüngen wird der Sand im Strömungslee abgesetzt. Es baut sich ein *Haken* in die See hinaus, der sich mit der Zeit verlängern, eine *Nehrung*, oder *Lido* genannt, bilden und damit eine Meeresbucht, auch Haff oder Lagune genannt, weitgehend abschließen kann.

Meerseitiger Wind bläst bei Niedrigwasser küstenparallel Sandwälle, *Küstendünen* auf, die als *Wanderdünen* jährlich etwa 5 – 10 m landeinwärts geweht werden können, wenn sie nicht durch Vegetation (z. B. Strandhafer) oder künstlich befestigt werden.

An geschützten Gezeitenküsten ensteht das *Watt*, z. B. an der Nordseeküste zwischen der Inselkette und dem Festland. Bei Flut strömt das Wasser zwischen den Inseln in den Küstenraum, verteilt sich in den verzweigten *Prielen*, es staut sich an der Küste und die mitgeführten feinen Stoffe, der *Schlick*, fallen zu Boden. Tiere des Watts helfen bei der Sedimentation und halten den Schlick weitgehend fest. Deshalb wird der Schlick vom zurückströmenden Wasser bei Einsetzen der Ebbe nur teilweise wieder zurückgetragen. Der Schlick besteht überwiegend aus Ton, Schluff, Feinsand und etwas Plankton. Schwefeleisen färbt ihn dunkelgrau oder schwarzblau; bei Ebbe oxidiert das Schwefeleisen an der Oberfläche schnell zu rotbraunem Brauneisen. Das Watt erhöht sich langsam durch Aufschichtung (Gezeitenschichtung) dünner Schlicklagen. Die Priele werden mit den Gezeiten verlegt, so daß dadurch eine ständige Umlagerung des Schlickmaterials erfolgt. Auf dem Watt werden durch das spülende Wasser Schalen von Meerestieren, vor allem Muscheln, als *Lesedecken* ausgebreitet. In den Tropen wird das Watt vom Mangroven-Wald besiedelt, der durch seine Stelzenwurzeln charakteristisch ist. Eine besonders unregelmäßig gestaltete Küste ist die in tropischen Meeren von Korallen aufgebaute Korallenküste.

Nach dem Verlauf der Küstenlinie und der benachbarten Gebirgszüge kann die Küste auch gekennzeichnet werden. Von *Längsküste* spricht man, wenn Küstenlinie und Gebirgszüge parallel laufen. Das ist oft in der Umrandung des Pazifischen Ozeans der Fall; deshalb spricht man auch vom *pazifischen Küstentyp*. Bei der *Querküste* stoßen die Gebirgszüge senkrecht auf die Küste, was häufig in der Umrandung des Atlantik zutrifft, so daß man die Querküste auch als *atlantischen Küstentyp* bezeichnet. Im Gegensatz zur Längsküste ist die Querküste stark gegliedert und reich an guten Häfen. Stoßen die Gebirgszüge schräg auf die Küste, so ist die Bezeichnung *Schräg-* oder *Diagonalküste* üblich.

Die epirogenen Bewegungen an der Küste haben starken Einfluß auf die Küstengestaltung. Hierbei sind *Hebungs-* und *Senkungsküsten* zu unterscheiden. Durch die *Hebung* werden infolge *Regression* (von lat. regressus = Rückkehr) des Meeres ehemalige untermeerische Küstenteile zu Land; es ist die *Regressionsküste*. Die Abrasionsfläche wird trockengelegt, das Kliff und der Strandwall werden nicht mehr vom Meere erreicht. Durch *Senkung* dringt das Meer in das Festland ein, es erfolgt eine *Ingression* (von lat. ingressio = Eintritt), daher auch *Ingressionsküste* genannt. Hierdurch entsteht ein recht verschiedener Küstenverlauf (Abb. 63). Ist eine Landschaft durch Flußtäler stark gegliedert, so bildet sich bei epirogener Senkung die *Riasküste* (von span. ria = Flußmündung) oder *Riaküste* (Irland, Bretagne). Die langen dalmatinischen Buchten nennt man *Canali*. Sind die abgesunkenen, vom Meer überfluteten Täler durch Gletscher ausgepflügt worden, so liegt die *Fjordküste* (Norwegen) vor. Die vom Inlandeis abgehobelte und überflutete Felslandschaft, bei der nur die abgerundeten Felskuppen aus dem Meer ragen, nennt man *Schärenküste* (von schwed. skär = Felseninsel), die für Schweden und Finnland typisch ist. Dringt das Meer infolge Senkung in das glaziale Ablagerungsgebiet vor, so entsteht eine *Fördenküste* (Schleswig-Holstein) oder *Boddenküste* (Mecklenburg). Die Küste mit Haff und Nehrung nennt man *Haffküste* (Ostsee). Die ukrainische Schwarzmeerküste, die haffähnliche Buchten besitzt und die durch ertrunkene Flüsse und Erosionsschluchten stark gegliedert ist, nennt man *Limanküste* (von griech. limen = Hafen).

h. EIS UND SEINE WIRKUNGEN

In diesem Kapitel wird in erster Linie die geologische Wirkung des Gletschereises und des Inlandeises behandelt. Wir müssen ausgehen von der Entstehung und der Bewegung des Gletschereises.

1. Entstehung des Gletschereises

Gletschereis kann sich nur oberhalb der *Schneegrenze* bilden, wo mehr Schnee fällt als abschmilzt. Die klimatische Schneegrenze ist abhängig von der geographischen Breite, von der Exposition und von der Niederschlagsmenge. Auf dem Kilimandscharo liegt sie bei 5300 m (SW) und 5800 m (NO), in den Alpen bei 2400 – 3250 m, in Norwegen bei 800 – 2200 m, in Spitzbergen bei 300 m, in Nordgrönland in Höhe des Meeresspiegels. Die Schneegrenze verschiebt sich mit der Änderung des Klimas. In der pleistozänen Eiszeit sank sie in den Alpen gegenüber heute um 1200 – 1500 m herab und schob sich in den Warmzeiten (zwischen den Eiszeiten) um 300 m herauf.

Der Schnee besteht aus kleinen, tafeligen und nadelförmigen Kristallen und besitzt als Neuschnee ein sperriges Gefüge mit großem Porenvolumen (über 90 %). In einer Schneedecke setzt sich der Schnee, vor allem bei größerer Auflast. Temperaturerhöhung bis an den Schmelzpunkt führt zu einem teilweisen Schmelzen, und anschließende Temperaturerniedrigung erzeugt größere, zusammengewachsene Kristalle; so entsteht der *Firn*. Unter der Auflast zunehmender Massen an Schnee, Firnschnee und Firneis wird in tieferen Bereichen das Firneis zu kompaktem Eis, dem Gletschereis der Hochgebirge. Das *Firnfeld* ist somit der Entstehungsort des Gletschers, ihm schließt sich talabwärts die Gletscherzunge an. Das Gletschereis ist geschichtet oder gebändert. Diese Bänderung kommt durch den Wechsel von Schneefall und Abschmelzperioden zustande. Dadurch kommt es zu einer Schichtung von lufthaltigem, weißlichem und dichterem, blauem Eis. Es ist die bekannte *Blätter-* oder *Blaubänderstruktur*. Die Schichtung im Gletschereis kann aber auch durch die Bewegung des Eises auf Scherflächen entstehen.

In muldigen Lagen der Hochgebirge kann Schnee zusammengeweht werden. Diese Schnee-

Abb. 63. Küstentypen (Küstenformen), d. h. Kennzeichnung der Küsten nach dem Verlauf der Küstenlinie. Riasküste und Canali sind durch den Gebirgsbau bedingt, Fjordküste und Schärenküste sind durch das Gletschereis (bzw. Inlandeis) gestaltet worden, die Boddenküste ist eine durch die See zerlappte Grundmoränenlandschaft, und bei der Bildung der Haffküste haben Wasser und Wind eine Nehrung und einen Haken (im Bild links) aufgebaut. ⟶

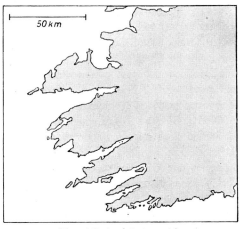
Riasküste (Jrland)

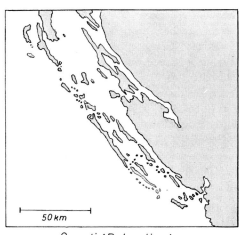
Canali (Dalmatien)

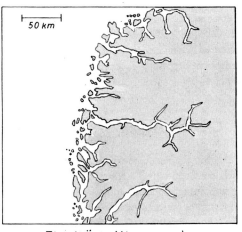
Fjordküste (Norwegen)

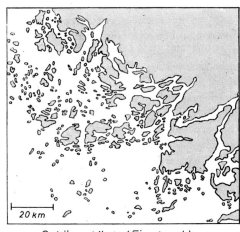
Schärenküste (Finnland)

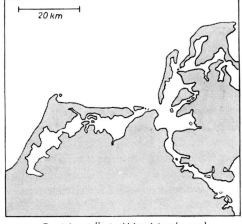
Boddenküste (Mecklenburg)

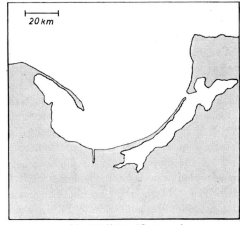
Haffküste (Ostsee)

Küstentypen

anhäufungen können aus steilen Lagen plötzlich als *Lawine* niedergehen, und zwar können gewaltige Neuschneemassen Lawinen bilden, aber auch Massen von Altschnee können bei Tauwetter als Lawine talwärts stürzen. Die große Gefahr der Lawinen für Mensch und Tier ist bekannt; daher hat der *Lawinenschutz* durch Bannwälder und Lawinenwälle große Bedeutung. Die Lawinen verfrachten auch mehr oder weniger Schuttmaterial; sie sind somit auch an dem Massentransport beteiligt.

2. Bewegung der Gletscher

Eine Eismasse von einer gewissen Mächtigkeit fließt bereits bei geringer Neigung der Auflagefläche von nur 0°40'. Die Geschwindigkeit hängt ab vom Gefälle, von der Eismasse, der Temperatur und der Beschaffenheit der Auflagefläche. Die Bewegung des Gletschereises ist nicht gleichmäßig, sie nimmt vielmehr vom Rande nach der Mitte zu. Die Fließgeschwindigkeit beträgt bei den großen Alpengletschern 0,1 – 0,5 m/d, bei den Riesengletschern des Himalaja 2 – 3 m/d und bei den Eisströmen des Inlandeises in Grönland bis 20 m/d.

Die Bewegung des Gletschers vollzieht sich in der Tiefe der Eismasse, da hier unter höherem Druck die *Plastizität* am größten ist. Der Bewegungsmechanismus beruht aber nicht nur auf der Plastizität, sondern zum Teil auf der *Regelation*. Darunter ist folgendes zu verstehen: Der Schmelzpunkt des Eises wird durch Druck herabgesetzt (0,8° bei 100 kg/cm²), bei Druckminderung gefriert das Schmelzwasser wieder. Mit dem Schmelz- und Gefriervorgang sind Volumenänderungen verbunden, welche die Bewegung des Gletschereises in Hanglagen fördern. An der Auflagefläche des Eises auf dem Fels oder Schutt kann die Regelation auch zur Eisschmelze führen, wodurch gegebenenfalls der dort befindliche Schuttbrei beweglich, bei Wiedergefrieren Eis und Untergrund verbacken und bei der Fortbewegung des Gletschers das eingefrorene Material mitgenommen wird. In arktischen Gletschern bleibt die Temperatur wenigstens im oberen Bereich der Eismasse stets unter dem Schmelzpunkt. Hier vollzieht sich die Bewegung des Eises hauptsächlich auf Scherflächen.

Die Zugfestigkeit des Eises ist begrenzt; wird sie überschritten, so bricht das Eis, es entstehen *Spalten* (Abb. 64). Solche werden dort auftreten, wo die Fließgeschwindigkeit des Gletschers groß ist. Meistens zeigen die Gletscher mehr oder weniger breite und tiefe Spalten, die in einer gewissen Gesetzmäßigkeit verlaufen. Wo das Gletschereis sich vom höher gelegenen Steilhang ablöst, am *Bergschrund*, ensteht eine große Spalte oder auch mehrere. Die Seitenpartien der Gletscher werden von *Rand-* oder *Diagonalspalten* durchsetzt (Abb. 64). Sie entstehen dadurch, daß am Rande die Bewegung geringer ist als in der Gletschermitte. *Längsspalten* entstehen, wenn sich der Gletscher verbreitert, also dehnt. Am Ende des Gletschers, am Zungenende, verlaufen die Spalten meistens radial; es sind die *Radialspalten*. Bei Zunahme des Gefälles und über einem Gefälleknick des Gletscherbettes reißt das Eis quer zur Bewegungsrichtung auf; es entstehen *Querspalten* (Abb. 64).

3. Gletschertypen

In den alpinen Gebirgen unterscheidet man nach der Größe die *Talgletscher* mit meist mehreren Kilometern Länge und die *Kar-* oder *Hängegletscher*, die aus einer Hohlform am Berghang heraustreten und selten mehr als einen Kilometer Länge erreichen. Beide besitzen ein eigenes Nährgebiet und ein eigenes Zehrgebiet. Die Alpinen Gletscher oder Gebirgsgletscher, meistens in den Alpen entwickelt, finden sich auch in anderen Hochgebirgen, auch der größte der außerpolaren Gletscher, der Fedschenkogletscher in Pamir mit 77 km Länge, gehört zu diesem Typus. Bei dem *Skandinavischen Gletschertypus* oder Hochlandgletscher bewegen sich einzelne Gletscher von einem gemeinsamen Nährgebiet, einer Plateauverfirnung, aus talabwärts. Der *Alaska-Gletschertypus* ist gekennzeichnet durch mächtige, die Täler ausfüllende Eismassen, die sich als mächtige Eisfächer ins Vorland schieben und sich zu einem gemeinsamen Zehrgebiet, einem Vorlandgletscher, vereinigen. Schließlich ist der *Grönländische Typus* das *Inlandeis*, welches Grönland zwischen den Randgebirgen mit einem mächtigen Eispanzer

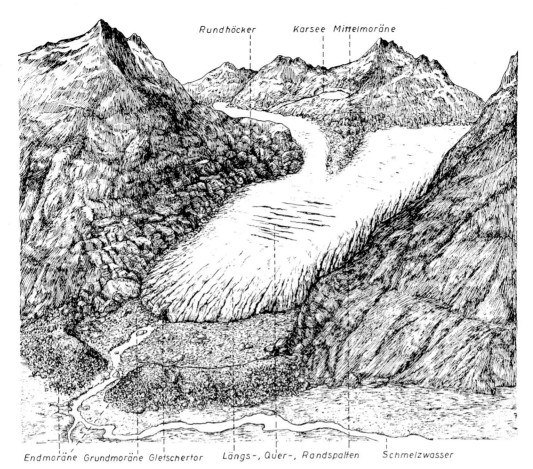

Abb. 64. Tal- oder Gebirgsgletscher mit seinem Spaltensystem. Der Gletscher befindet sich im Zustand des Rückganges (Ablation). Vor dem Gletscher kennzeichnet eine Endmoräne die ehemalige Randlage des Eises. Zwischen dem heutigen Eisrand (Gletscherzunge) und der Endmoräne hat das Eis eine Grundmoräne hinterlassen. Das abfließende Schmelzwasser hat den kleinen Endmoränenwall durchbrochen. Wo sich die zwei aus höheren Tälern kommenden Gletscher vereinigen, ist eine Mittelmoräne entstanden. Der ehemals dickere Gletscher hat am Rande des Tales Felsvorsprünge zu Rundhöckern abgeschliffen. Im rückwärtigen Bildteil hat ein ehemaliger Kar- oder Hängegletscher ein Kar ausgeschürft, in welchem sich Wasser gesammelt hat (Karsee).

von über 2000 m Mächtigkeit bedeckt; von diesem fließen mächtige Gletscherströme durch die Täler der Randgebirge dem Meere zu. Das *Antarktische Inlandeis* bedeckt mit einer mächtigen Eisdecke einen ganzen Kontinent, nur die Spitzen höherer Gebirge ragen heraus.

4. Gletscherschwankungen

Jeder Gletscher erhält seinen Zuwachs im *Nährgebiet*, wo der Niederschlag größer als die Abschmelzung, die *Ablation* (lat. ablatus = weggetragen), ist; es ist die *Firnregion*, die über der Schneegrenze liegt. Der untere Teil des Gletschers, wo die Abschmelzung den Niederschlag überwiegt, wird als *Zehrgebiet* bezeichnet. In der Höhenlinie der Schneegrenze halten sich Schneeniederschlag und Abschmelzung die Waage. Für die Schneegrenze kann nur ein Mittelwert angegeben werden, denn sie verschiebt sich in Abhängigkeit von Schnee-Niederschlag und Temperatur. Neben den Schwankungen von Jahr zu Jahr gibt es periodische Schwankungen. Vor hundert Jahren lag die Schneegrenze der Alpen um 200 – 300 m tiefer als heute. Das bedeutet eine Zunahme der Temperatur, denn der Schnee-Niederschlag hat sich wenig geändert. Dieser allgemeine Rückgang war aber kein gleichmäßiger, vielmehr wurde der Rückgang durch kleine Vorstöße unterbrochen. So verursachten die starken Schnee-Niederschläge in den Jahren 1912 – 1920 ein Vorrücken der Alpengletscher, aber der warme, trockene Sommer von 1921 ließ die Gletscher wieder zurückschmelzen. Im Mittelalter waren die Alpengletscher stark zurückgegangen, wofür es zuverlässige Anhaltspunkte gibt. Dieses Vor- und Zurückweichen der Gletscher ist auf weltweite Klimaänderungen zurückzuführen. Dem derzeitigen Rückgang der Alpengletscher entspricht ein Abschmelzen der Eismassen in Grönland und der Antarktis. Der Rückgang der alpinen Gletscher im Mittelalter ist auch für Grönland und Alaska anzunehmen. Ein Zusammenhang zwischen Klima und Gletscherschwankungen ist sicher. Die Eiszeiten der geologischen Vergangenheit sind gewaltige Gletscherschwankungen; sie wurden ebenfalls klimatisch bedingt.

5. Wirkung der Gletscher

Das Gletschereis ist im wesentlichen zu zwei Wirkungen befähigt, nämlich einerseits zu dem Transport und der Ablagerung von Material und andererseits zu der Bearbeitung des Untergrundes.

(a) Transport und Ablagerung von Gesteinsmaterial

Das sich bewegende Eis kann fremdes Material transportieren, und zwar alle Körnungsgrößen vom Staub bis zum größeren Block. Das vom Eis transportierte Gesteinsmaterial ist der *Gletscherschutt*, der auch *Moräne* genannt wird. Das Gesteinsmaterial fällt von den Felsen der Umrahmung auf den Gletscher, teils gelangt es durch Spalten in den Eiskörper. Auf seiner Bahn nimmt der Gletscher aus der Unterlage ebenfalls Gestein auf. Das auf der Oberfläche des Eises transportierte Material wird nicht abgeschliffen, es bleibt kantig und bildet die *Obermoräne*. Durch die Bewegung des Eises wird dieser Oberschutt überwiegend an den Seiten als *Seitenmoräne* oder *Randmoräne* angehäuft.

Fließen zwei Gletscher zusammen, so vereinigen sich zwei Seitenmoränen zu einer *Mittelmoräne* (Abb. 64) zwischen den beiden Gletschern. Am Ende des Gletschers bleibt durch das Abschmelzen der Gletscherschutt zurück und bildet die *Endmoräne* (Abb. 64). Der im Innern des Gletschers befindliche Gesteinsschutt bildet die *Innenmoräne*, am Grunde des Gletschers wird aus dem Untergrund der *Grundschutt* aufgenommen. Dieser Grundschutt wird bewegt, die Gesteinsstücke reiben und schleifen sich ab, Ecken und Kanten werden gerundet; es entstehen *kantengerundete Geschiebe*, die teilweise auch durch gegenseitige Reibung gekritzt oder geschrammt sind. Schmilzt eine ausgedehnte Eismasse ab, so bleibt alles Material, welches im Eis geborgen war, als *Grundmoräne* zurück (Abb. 64). Dies betrifft vor allem die in der Eiszeit aus den Alpen herausgetretenen Gletscher und das Inlandeis im Norden Europas. In spaltenreichem Eis kann sich der Gletscherschutt unregelmäßig anhäufen, so daß beim Abschmelzen eine *kuppige Grundmoräne* zurückbleibt. Stößt das Eis nach einer Zeit des Abschmelzens und Rückzuges erneut vor, so kann es den durch Abschmelzen freigewordenen Gletscherschutt zusammenschieben; es bildet sich eine *Stauchmoräne*.

Aus den Geschieben kann man herleiten (Geschiebeanalyse), woher das Eis seinen Weg genommen hat, d. h. man kann das Einzugsgebiet des Eises feststellen.

(b) Wirkung des Gletschers auf den Untergrund

Die wichtigste geomorphologische Wirkung des Eises ist die *Gletschererosion*, auch *Exaration* (von lat. exarare = auspflügen) genannt. Das plastische Eis pflügt gleichsam bei seiner Bewegung sein Bett aus. Dabei ensteht im Gebirge ein trogartiges Tal, *Trogtal* oder *U-Tal* genannt (Abb. 65). Hierbei wird der Felsunter-

Abb. 65. Trogtal oder U-Tal in den Alpen. Ein Gletscher des Pleistozäns (Eiszeit) hat ein breites Tal ausgeschürft; dieser Vorgang wird als Exaration bezeichnet. Im linken Vordergrund des Bildes hat der Gletscher tiefer ausgeschürft; hier entstand ein See (Gletschersee), deren es am Nord- und Südrand der Alpen eine Anzahl gibt. Im rechten Vordergrund steigt das Gelände langsam an; hier ließ der Gletscher Moränematerial zurück (Seitenmoräne).

grund abgeschliffen, vor allem durch die in das Eis eingefrorenen Geschiebe, die Schrammen *(Gletscherschrammen)* und abgeschliffene Flächen hinterlassen. Diesen Vorgang bezeichnet man als *Detersion*. Aber auch die *Detraktion*, d. h. die splitternde Erosion des Spaltenfrostes sowie Einfrieren von Gesteinsstücken in der Gleitbahn und deren Heraushebung bei der Eisbewegung, spielt eine große Rolle bei dem Zerstörungswerk des Eises. Das mit Geschieben bespickte Eis schleift auch die Seiten des Gletscherbettes (Talhänge) ab. Herausragende Felsen werden zu *Rundhöckern* zugeschliffen (Abb. 64), die in der Bewegungsrichtung des Eises einen flachen Anstieg und einen steilen Abfall besitzen. Eine ähnliche Form besitzen die *Drumlins* (norwegisch) oder *Schildrücken* aus Grundmoränenmaterial, die wahrscheinlich durch die Eisbewegung eine langgestreckte, stromlinienförmige Gestalt erhalten haben. Im Gegensatz zu den Rundhöckern haben sie in Richtung der Eisbewegung einen steilen Anstieg und einen flachen Abfall. Die Kargletscher schürfen in ihre Firnmulde eine Vertiefung ein, die nach völligem Abschmelzen sichtbar und als *Kar* bezeichnet wird; teils sind die Kare mit Wasser gefüllt (Karsee) (Abb. 64).

Die Gletschererosion ist nicht so stark wie die Flußerosion von der jeweiligen Höhenlage und der örtlichen Erosionsbasis abhängig. Die Folge ist, daß das Eis die Täler tief ausschürfen kann. Viele alpine Täler sind vom Eis tief ausgeräumt und dann wieder mit Schotter aufgefüllt worden. Vielfach zeigt der Querschnitt eines glazialen U-Tales über dem eigentlichen glazialen Trog noch ein Stück relativ ebenes Gelände, sog. Trogschultern. Es scheint in diesen Fällen das Glazialtal in einem weiten, präglazialen Tale angelegt worden zu sein. In dem Trogtal ist nach völligem Abschmelzen des Gletschers oft ein fluviatiles *Kerbtal* eingeschnitten worden. Somit sind die Täler gleichsam ineinander geschachtelt, nämlich dem Alter nach das weite Präglazialtal, dann das Trogtal und zuletzt das Kerbtal.

6. Eiszeiten und Inlandeis

Gletscherschwankungen großen Ausmaßes, wobei große Gebiete mit Eis bedeckt wurden, hat es mehrmals in der geologischen Vergangenheit gegeben. Zeiten mit umfangreicher Vergletscherung nennt man Eiszeiten und die ausgedehnten Eismassen Inlandeis. Die letzten großartigen Gletscherschwankungen ereigneten sich im Pleistozän und betrafen ganz Nordeuropa und Nordamerika sowie noch kleinere Räume der Erde. Die Alpen waren ganz mit Eis bedeckt, aus den Alpentälern traten Gletscher ins Vorland; aus der Gebirgsvergletscherung entwickelte sich zusätzlich noch eine Vorlandvergletscherung. Von den mitteleuropäischen Gebirgen trugen Riesengebirge, Harz und Schwarzwald eine Eiskappe. Von der gewaltigen Vergletscherung, die von Skandinavien ausging, gibt uns die heutige Inlandvereisung Grönlands mit über 2000 m Eismächtigkeit eine Vorstellung; nur vereinzelte, hohe, eisfreie Gipfel ragen als *Nunataker* (grönländische Bezeichnung für Felsinsel im Inlandeis) aus der Eismasse. Erst vor etwa 100 Jahren erkannte man an den Gletscherschliffen auf der Muschelkalkaufragung von Rüdersdorf bei Berlin die gewaltige Vereisung Nordeuropas, aber die ersten Beobachtungen dieser Art, nämlich Schliff-Flächen auf dem Hohburger Porphyr bei Wurzen (Sachsen), wurden schon 1844 gemacht.

Die pleistozäne Epoche weist wenigstens fünf Vereisungen mit vier zwischengeschalteten *Interglazialzeiten* (Warmzeiten) auf, die folgende Bezeichnungen (meistens nach Flüssen) im deutschen Raum erhalten haben:

Vereisungen in Süddeutschland	Interglazialzeiten (Warmzeiten)	Vereisungen in Norddeutschland
Würm (jüngste)		Weichsel
	Eem	
Riß		Saale
	Holstein	
Mindel		Elster
	Cromer	
Günz		Weybourne
	Tegelen	
Donau		Prätegelen

Die Saaleeiszeit wird in zwei Stadien aufgeteilt, in das ältere Drenthe- und das jüngere Warthe-Stadium.

Nach dieser durch viele sorgfältige Einzelbeobachtungen erarbeiteten Gliederung des Pleistozäns in fünf Eiszeiten mit vier zwischengeschalteten Warmzeiten hat das Inlandeis fünfmal Skandinavien bedeckt und überströmte von dort aus Nordrußland, Nordpolen und Norddeutschland; es drang in der Riß-Vereisung sogar bis an den Nordrand der deutschen Mittelgebirge und bis in die Niederlande, England und Irland vor. Jede dieser Eiszeiten hat Moränen und Schmelzwasserprodukte abgelagert, jedoch hat das jeweilige Inlandeis die Absätze der vorhergehenden weitgehend aufgearbeitet und mit anderem Material als neue, eigene Produkte wieder abgesetzt. Darum finden wir von den drei ältesten Vereisungen nur wenig Zeugen mehr. Über die Ablagerungen der zwei letzten Vereisungen, der Riß- und Würm-Vereisung, sind wir jedoch gut informiert. Die Riß-Vereisung hatte die größte Ausdehnung; ein breiter Außensaum wurde nicht mehr von dem Inlandeis der Würm-Eiszeit überfahren. Somit können wir die Ablagerungen dieser beiden Eiszeiten gut studieren. Besonders bemerkenswert ist, daß die Ablagerungen der Riß-Vereisung wesentlich älter sind und in der letzten Interglazialzeit stark verwitterten. Hingegen sind die Ablagerungen der Würm-Eiszeit viel jünger und daher weit weniger verwittert. Daraus ergibt sich, daß die Böden aus den Ablagerungen der Würm-Vereisung wesentlich fruchtbarer sind als die aus entsprechenden Ablagerungen der Riß-Vereisung. Natürlich ist auch die Geomorphologie der würm-eiszeitlichen Ablagerungen viel besser erhalten geblieben als bei den riß-eiszeitlichen Ablagerungen. Letztere wurden besonders in der Würm-Vereisung durch Bodenfließen stark eingeebnet, aber dennoch sind ihre Geländeformen noch erkennbar.

Die Ablagerungen des Inlandeises und seines Schmelzwassers sind in Relief und Material verschieden. Infolgedessen haben sich auf den verschiedenen Ablagerungen Böden verschiedener Zusammensetzung und verschiedenen Wertes gebildet. Um diese Zusammenhänge

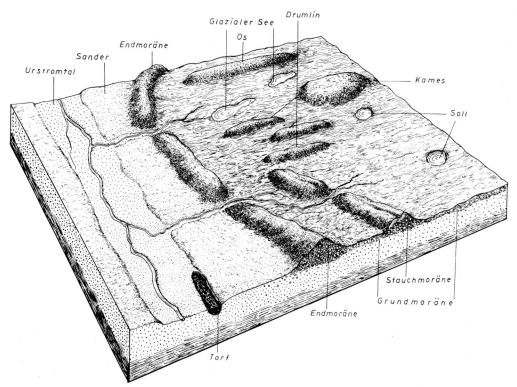

Abb. 66. Schematische Darstellung der Ablagerungen des Inlandeises in Norddeutschland im Blockdiagramm. Hierbei ist angenommen, daß das Inlandeis auf einer sandigen Unterlage (gepunktet im Schnitt) vorgestoßen ist bis zu der Lage des Endmoränenwalles, hier längere Zeit verharrte und diesen aufschüttete, dann zurückschmolz und nun nochmals bei einem kurzen, lokalen Vorstoß eine Stauchmoräne zusammenschob. Den Sander schüttete das Schmelzwasser auf, im Urstromtal wurde ebenfalls Sand (Talsand) des sich hier sammelnden Schmelzwassers abgelagert. Am Rande des Urstromtales ist es stellenweise zur Torfbildung gekommen. Die Grundmoräne ist das im Eis enthaltene steinige, kalkhaltige, sandig-lehmige Material, aus dem gute Böden entstanden. Das Os ist eine Ansammlung von Kies und Sand in einer Eisspalte. Die Kames sind Sandablagerungen des gestauten Schmelzwassers. Die Drumlins bestehen aus Grundmoränenmaterial. Die Vertiefungen der Glazialseen wurden meistens durch das in tiefen Eisspalten fließende Schmelzwasser ausgefurcht. Die Solle sind die von Toteisblöcken zurückgelassenen Vertiefungen.

klar zu machen, wird die Entstehung und die davon abhängige Zusammensetzung der verschiedenen Ablagerungen des Inlandeises und seiner Schmelzwässer im norddeutschen Raum nachstehend beschrieben; die geomorphologischen Formen sind in der Abbildung 66 schematisch dargestellt.

Wir wollen davon ausgehen, daß das Inlandeis längere Zeit in einer Stillstandslage verharrte, d. h. Vorrücken und Abschmelzen sich die Waage hielten. Unter dieser Voraussetzung entsteht am Inlandeisrand eine wallartige *Endmoräne* oder *Stirnmoräne* mit vielen großen Geschieben (Abb. 66).

Durch den Endmoränenwall bricht das Schmelzwasser hindurch und ergießt sich in vielen Schmelzwasserrinnen in das Vorgebiet der Endmoräne. Hier schüttet das Schmelzwasser das mitgeführte Kies- und Sandmaterial in fast ebener Landschaft auf; so entsteht ein fast ebener Sandschwemmfächer (Abb. 66), der *Sander, Sandr* oder *Sandur* (isländisch) genannt wird. In der Nähe der Endmoräne bleiben die größeren Kiesteilchen liegen, die Sandkörner werden weiter mitgenommen und die feinen Schluff- und Tonteilchen werden in Geländevertiefungen und Buchten mit Wasserberuhigung abgesetzt und bilden einen gebänderten Ton, den *Bänderton*.

Die Schmelzwässer sammelten sich in Norddeutschland in breiten Tälern, den *Urstromtälern* (Abb. 66), die in die damalige Nordsee mündeten. Von Süd nach Nord gibt es in Nordeuropa fünf Urstromtäler: das Breslau-Magdeburger, das Glogau-Baruther, das Warschau-Berliner, das Thorn-Eberswalder und das Pommerische Tal. Die breiten, ebenen Urstromtäler sind mit Sand, dem *Talsand* aufgefüllt. Dieser Talsand ist weiter transportiert worden als der Sander-Sand und ist dadurch meistens silikatärmer als letzterer, denn durch den Transport wurden die weniger harten Silikate schneller zerrieben als die Quarzkörner. Im Talsand steht das Grundwasser verschieden tief; ist es von den Pflanzen erreichbar, so wird dadurch der Standort wertvoller. Gebietsweise bildet der Talsand eine grundwasserferne Terrasse und damit einen trockenen, armen Standort. Am Rande der Urstromtäler liegt stellenweise der Grundwasserspiegel sehr hoch, so daß es zur Bildung von *Anmoor* und *Niedermoor* (Torf) gekommen ist (Abb. 66). Im Gegensatz zu den würm-eiszeitlichen Sandablagerungen in den Urstromtälern sind die jungen Ablagerungen der norddeutschen Flußtäler von feinerer Körnung und stellen wertvolle *Auenböden* dar.

Betrachten wir nun wieder das Inlandeis selbst und nehmen an, daß eine Temperaturerhöhung das Eis zurückschmelzen ließ. Wo das Inlandeis lag, bleibt auf ganzer Fläche in erster Linie die *Grundmoräne* zurück (Abb. 66). Sie enthält das Material, das in und auf dem Eis war und von diesem hierhin verfrachtet wurde. In Norddeutschland ist diese Grundmoräne petrologisch ein *Geschiebemergel* mit etwa 8–12 % Kalk; durch Entkalkung entsteht der *Geschiebelehm*. Nach der Korngrößenzusammensetzung stellt der Geschiebemergel einen kalkhaltigen, steinigen, sandigen Lehm dar; beim Geschiebelehm fehlt der Kalk. Die Böden aus Geschiebemergel sind mittlere und gute Böden je nach Verwitterungsgrad, d. h. Verarmungsgrad. Während die Böden aus dem Würm-Geschiebemergel in der Regel noch basenreich sind, stellen die Böden aus Riß-Geschiebemergel basenarme Böden dar. Die Grundmoräne ist ziemlich eben ausgebildet, wenn das Moränenmaterial gleichmäßig im Inlandeis verteilt war. War es jedoch ungleich darin verteilt, also lokal angereichert, so wird es naturgemäß örtlich zu größerer Mächtigkeit der Grundmoräne kommen; es ensteht eine *kuppige Grundmoräne*.

Wenn das Inlandeis von der Endmoräne aus eine Strecke weit zurückgeschmolzen ist und die Grundmoräne freigegeben hat, so müssen die Schmelzwässer über diese fließen und sich den Weg durch die Endmoräne hindurch über das Sandergebiet zum Urstromtal suchen. Auf der Gundmoräne lassen diese Schmelzwässer sog. *fluvioglazigene Sande* zurück, welche die Grundmoräne mehr oder weniger mächtig überdecken. Ist diese Sanddecke dünn, so kann der darunter anstehende Geschiebemergel oder -lehm als Wasser- und Nährstoffträger für die Pflanzen, vor allem für Tiefwurzler (Luzerne, Waldbäume), sehr bedeutsam sein.

Auf der Grundmoränenfläche sind hier und da lange, wallartige Gebilde aufgesetzt, die aus Sand und Kies bestehen. Es sind die *Wallberge* oder *Oser* (Einzahl Os, von schwed. Ås, Mehrzahl Åser). Sie entstehen in Eisspalten, die bis zur Eisunterlage hinabreichen. In solchen Eisspalten wird das Oser-Material durch Schmelzwasser abgesetzt, und so kamen nach dem Abschmelzen des Eises die langen, rückenartigen Wälle zustande (Abb. 66). Oft erodieren die Schmelzwässer zuerst eine Furche in den Untergrund des Inlandeises, füllen diese dann mit Kies und Sand zu und häufen darüber hinaus noch Material in dem Eisspalt auf. Schmilzt nun das Inlandeis ab, so bleibt ein langer, dammartiger Wall zurück, der eingebettet ist in die Grundmoräne. Diese mit Kies und Sand gefüllten Bettungen sind gute Reservoire für die Wassergewinnung (z. B. bei Münster/Westf.).

Wenn die Eisspalten stark von Wasser durchströmt wurden, blieb das von ihm mitgeführte Kies-Sand-Material nicht darin liegen; das Schmelzwasser erodierte lediglich eine Furche aus, eine *subglaziale Rinne*, die sich nach der Eisabschmelzung mit Wasser füllen kann und dann einen *glazialen Rinnensee* darstellt (Abb. 66).

Die Schmelzwässer stauen sich bisweilen zwischen Eisrand und ansteigendem Gelände, so daß hier Sand und Kies unregelmäßig auf-

Tab. 13: Oberflächengestalt, Böden und Nutzung der glazialen Ablagerungen in Norddeutschland

Ablagerung	Oberflächengestalt	Bodenart	Steingehalt	Nutzung
Junge Grundmoräne	Eben und flachwellig	Lehmiger Sand über sandigem Lehm über Geschiebemergel	Mäßig (Blöcke)	Weizen, Hafer, Roggen, Zuckerrübe, Luzerne
Alte Grundmoräne	Eben	Anlehmiger Sand üb. lehm. Sand üb. sand. Lehm	Mäßig (Blöcke)	Hafer, Roggen, Wintergerste, Kartoffel
Drumlins, Lehmige Stauchmoräne	Kuppig	Je nach Alter wie die entsprechend alte Grundmoräne. Wegen der kuppigen Oberflächengestalt Bodenerosion, daher größere Bodenunterschiede.		
Fluvioglazigene Sande, wenig transportiert	Eben und flachwellig	Anl., silikatreicher Sand über Sand, oft üb. Geschiebelehm u. -mergel	Gering	Roggen, Hafer, Kartoffel, Seradella, Lupine, teils Luzerne, Wald
Sander	Eben und fast eben	Schwach anlehmiger Sand über Sand	Gering	Wald, Roggen, Kartoffel, Lupine
Oser, Kames, Sandige Stauchmoräne	Wellig, hügelig oder kuppig	Schwach anlehmiger Sand oder anlehmiger Sand üb. Sand, oft kiesig	Meist gering	Roggen, Kartoffel, Lupine. Wald
Talsand mit *tiefem* Grundwasser	Eben	Silikatarmer Sand	Kein	Wald
Talsand mit *hohem* Grundwasser	Eben	Silikatarmer Sand, aber Wasser im Untergrund	Kein	Roggen, Kartoffel, Hafer, Lupine. Wald
Endmoräne	Rückenförmig und kuppig	Vielfach sandig-kiesig, teils auch lehmig; stark wechselnd	Stark (blockreich)	Stark wechselnd je nach Hangneigung und Bodenart; bevorzugt Wald

geschüttet werden. So entstehen Eisrandterrassen oder *Kames* (Abb. 66), deren Oberflächenform oft zerschnitten ist, wodurch kuppige, kegelförmige oder etwa rechteckige Gebilde herausmodelliert wurden.

Wenn das zurückschmelzende Eis erneut vorstößt, so kann es dabei Material der Grund- und Endmoränen zu wallartigen Gebilden zusammenschieben, also stauchen; daher spricht man in diesem Fall von *Stauchmoräne*. Ferner kann das Inlandeis eine kuppige Grundmoräne überfahren und dabei die Grundmoränen-Kuppen zu stromlinienförmigen Körpern, den *Drumlins* oder kürzer *Drums*, umgestalten (Abb. 66). Das Inlandeis hat an den heutigen Küsten Schwedens und Finnlands den Felsuntergrund stark abgeschliffen; es bildete eine ganze Landschaft mit Rundhöckern, die aus dem Wasser herausragenden *Schären* (schwed. skär = Felseninsel).

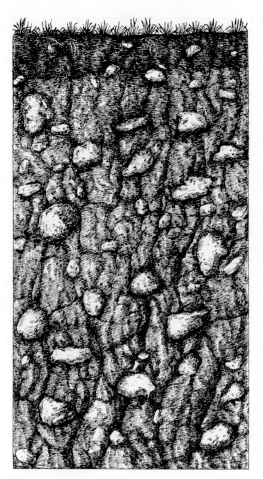

Abb. 67. Fließerde, entstanden durch Bodenfließen oder Solifluktion im periglazialen Raum. Bei dem langsamen Fließvorgang der aufgetauten Verwitterungsmasse ist keine Schichtung zustande gekommen, vielmehr liegen die Steine unregelmäßig in der sandig-lehmigen Verwitterungsmasse (z. B. häufig im Rheinischen Schiefergebirge).

Das zurückgehende Eis schmilzt nicht immer gleichmäßig vom Stirnrand aus zurück. Manchmal bleiben in den Grundmoränen Eismassen, sogenanntes *Toteis*, zurück, das nur langsam abtaut und nach dem Abschmelzen eine Vertiefung zurückläßt. Oft füllen sich solche Vertiefungen mit Wasser und werden dann *Pfuhl* oder *Soll* genannt (Abb. 66).

Um den Zusammenhang zwischen den einzelnen glazialen Ablagerungsarten, den darauf entstandenen Böden und deren Nutzung zu zeigen, werden diese Fakten in der Tabelle 13 übersichtlich zusammengestellt.

Im Prinzip haben die großen, *pleistozänen Gletscher der Alpen,* vor allem im Alpenvorland, die gleichen Ablagerungen hinterlassen wie das Inlandeis in Norddeutschland, indessen besteht aber ein großer Unterschied im Material. Es gibt auch hier Endmoränen, Grundmoränen, Schmelzwasserablagerungen, Drumlins u. a., aber das Material ist allgemein gröber und besitzt weniger Feinerde. Am auffälligsten zeigen das die Schmelzwasserablagerungen, die überwiegend aus Geröllen mit etwa 70–80 % Kalkstein und Dolomit und 20–30 % Silikatgestein bestehen. Die ausgedehnte Münchener Schotterebene mit etwa 30 km Durchmesser entspricht einer Sanderfläche Norddeutschlands. Die Endmoränenwälle der Alpenvorland-Gletscher sind höher als in Norddeutschland und enthalten eine andere Gesteinszusammensetzung, vor allem enthalten sie mehr Kalke und Dolomite. Die Seen des Alpenvorlandes sind ebenso durch das glaziale Geschehen entstanden; es sind *Glazialseen.* Die Alpen selbst wurden durch die gewaltigen, pleistozänen Gletscher stark überformt; es entstanden Trogtäler, Kare und Rundhöcker, wie oben schon beschrieben ist.

7. Periglazialer Raum

Im Vorgebiet des Inlandeises herrscht ein Klima, das dem der Tundra entspricht. Ein solches Klima ist in den Eiszeiten des Pleistozäns für den Raum zwischen dem nordischen Inlandeis und den vereisten südlichen Hochgebirgen (Alpen, Pyrenäen, Kaukasus) anzunehmen. Hier war wie heute in Sibirien, Spitzbergen und Alaska der Boden tief gefroren, nur im Sommer taute er oberflächlich auf. Den stets gefrorenen Untergrund nennt man *Ewige Gefrornis, Dauerfrostboden* oder *Permafrost.* Das jährliche Auftauen und Wiedergefrieren hat mannigfache Erscheinungen im Periglazialboden hervorgerufen.

Für alle Vorgänge im periglazialen Boden ist die hier herrschende spezifische Verwitterung der Gesteine wichtig, nämlich die Frostsprengung, die bereits im Kapitel »Verwitterung« beschrieben ist. Sie zerlegt das Gestein bis zu Schluffgröße, wenn sie ausreichend lange wirksam ist.

Abb. 68. Kryoturbation des Periglazials in Tonmergel (dunkel gestrichelt) mit Kalkbänkchen (hell gestrichelt) des Keupers, überlagert von Sand, der aus einer Sandsteinbank durch Verwitterung entstand. In der Auftauzone (etwa 2 m tief) wurden bei neu einsetzendem Frost Tonmergel, Kalkbänkchen und Sand miteinander verknetet, wobei eigenartige Strukturen in diesem arktischen Boden (Strukturboden) entstanden, teils sind sie taschenartig wie in Bildmitte (Taschenboden). Solche Kryoturbationen findet man in Mitteleuropa häufig; sie entstanden im Pleistozän und haben Bodenunterschiede auf kleinem Raum verursacht.

Harte, geklüftete Gesteine, wie Granit und Basalt, zerbricht der Spaltenfrost in große Blöcke; diese bilden Felsruinen, rutschen hangabwärts und bilden Blockmeere (s. unten). Feingeschieferte Gesteine werden aufgeblättert; die Schieferblättchen werden durch das Bodenfließen in tieferen Hanglagen zusammengetragen (s. unten), wie man in den Ardennen beobachten kann.

Ein für die Bodenbildung wichtiger Vorgang ist das *Bodenfließen* oder die *Solifluktion* in Hanglagen. Wenn der Dauerfrostboden im Sommer oberflächlich auftaut, ist er infolge der Undurchlässigkeit des gefrorenen Untergrundes und der geringen Verdunstung sehr naß, so daß die breiige Bodenmasse bereits bei geringer Hangneigung von 1–3° hangabwärts fließt, zumal keine dichte Vegetation vorhanden ist, die den Boden festhalten könnte. Feinerde bildet bei diesem Vorgang am Hangfuß ein Paket feingeschichteter Solifluktionsmasse, dagegen sind steinreiche Verwitterungsmassen nicht oder wenig geschichtet und stellen im allgemeinen eine feinerdige Grundmasse mit unregelmäßig eingebetteten Steinen dar (Abb. 67). Die Aktivität des Bodenfließens war in den Eiszeiten sehr stark; in den mitteleuropäischen Mittelgebirgen sind oft die Hangfußlagen damit eingehüllt und kleine Täler damit ausgefüllt. Ein großer Teil des Solifluktionsschuttes ist allerdings durch die pleistozänen Flüsse, die in den Abschmelzperioden viel Wasser führten, ausgeräumt worden. Auch große, durch Frostverwitterung gelöste Gesteinsblöcke rutschten hangabwärts. So kam es auch zur Entstehung der *Felsen-* oder *Blockmeere* (Abb. 37), wie sie z. B. im Odenwald, im Fichtelgebirge und in der Tatra auftreten.

Der dauernde Wechsel zwischen Auftauen und Wiedergefrieren verursacht im Boden Verknetungen, die *Kryoturbationen* (Abb. 68), wodurch faltenähnliche Bilder in ehemals horizontalgeschichteten Gesteinen oder Böden entstehen; es sind eigenartige Strukturen, und deshalb nennt man diese *Tundraböden* auch *Strukturböden*. Oft sind diese taschenartig geformt, und man nennt sie dann *Taschenböden* (Abbildung 68).

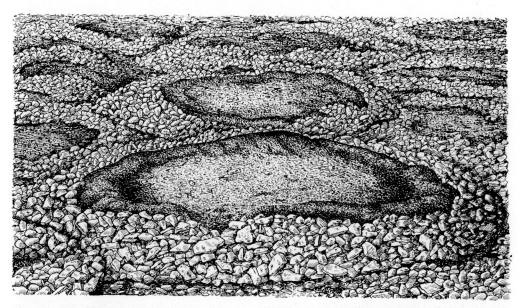

Abb. 69. Steinringe oder Steinringboden des Periglazials. Der Entstehungsvorgang ist komplex und schwer deutbar. Sie entstehen aus steinhaltigem Verwitterungsmaterial. Die ringartigen Gebilde sind von Spalten (Eisspalten) begrenzt. Durch Auffrieren gelangen die Steine an die Oberfläche des gewölbten, von Eisspalten begrenzten »Kernes« (Ringinneres), gleiten auf dem aufgetauten, schlüpferigen Boden ab und sammeln sich ringartig um den »Kern«. Im pleistozänen Periglazial Mitteleuropas sind die Steinringe selten, dagegen öfter in der heutigen Tundra zu finden.

Wenn horizontal gelagertes Lockergesteins- oder Bodenmaterial mit höherer Dichte über solchem mit niedrigerer liegt, so können im Zustand breiiger Konsistenz Teile des schwereren Materials in das leichtere tropfenartig absinken, wobei auf der vertikalen Bewegungsbahn ein Streifen von Material infolge Reibung zurückbleibt. Das schwerere Material sinkt bis auf die Gefrornis und plattet sich darauf etwas ab. Ein Boden mit dieser Erscheinungsform wird *Tropfenboden* oder *Kerkoboloide* genannt.

Die Bildung von sogenannten *Frostmustern* in Form von *Steinringen* (Abb. 69) und *Polygonen* in der Ebene und Steinstreifen in Hanglagen stellt eine besonders auffällige Erscheinung des Periglazials dar. Bei der Entstehung dieser Frostmuster-Böden wirken der Druck des wachsenden Eises, das Schrumpfen der dehydratisierenden Feinerdemasse und der Quellungsdruck erneuter Wasseraufnahme zusammen. Es sind ineinander und nacheinander ablaufende, sich oft wiederholende Prozesse, welche diese charakteristischen Böden entstehen lassen. Entstehen diese Böden aus steinhaltiger Feinerde, so findet eine Sortierung statt, die zu den Steinringen und Steinstreifen führt. Innerhalb der Steinringe befinden sich steinarme, uhrglasförmig gewölbte *Feinerdebeete* (oder -kerne), die einige Dezimeter bis einige Meter Durchmesser haben können.

Eine andere auffällige Erscheinung dieser Periglazialböden sind die *Eisspalten*, die einzeln auftreten, aber auch ein Spaltennetz bilden können (Abb. 70). Sie durchsetzen den Boden vertikal und laufen nach unten spitz aus. Oft sind sie von oben mit anderem Material (als das, in welchem sie sich befinden) gefüllt worden, oft mit Löß oder Sand. In diesem Falle spricht man auch von *Eiskeil*, oder, falls mit Löß gefüllt, von *Lößkeil*. Solche Spalten oder Keile können netzartig miteinander verbunden sein und Polygone einschließen, also ein *Eiskeilnetz* bilden. Am ehesten entstehen diese Eisspalten in feinerdereichen Böden, die bei starkem Frost aufplatzen, Spalten bilden, die sich mit Wasser füllen, das sich bei der Eiswerdung ausdehnt und den Spalt dadurch erweitert. Das kann oftmals nacheinander geschehen, so daß die Spalten oben eine Breite von einigen Dezimetern erreichen können.

Ein weiterer Prozeß im Frostboden ist die Bildung von horizontalen *Eislinsen*. Hat sich im Boden auf einer horizontalen Absonderungsfuge eine nur dünne Eishaut gebildet, so entsteht an dieser ein Kristallisations-Saugdruck, der mehr und mehr Wasser aus dem Untergrund anzieht, die Eishaut wird zur Eislinse, die bis zu einigen Metern Dicke wachsen kann und in dieser Dimension einen *Pingo* vorstellt. Die Eislinsen entstehen vorzugsweise in schluffreichen Böden, in welchen sich das Wasser kapillar leicht bewegen kann. Eislinsen entstehen auch im heutigen mitteleuropäischen Klima und sind besonders gefürchtet in der Bettung von Straßen. Deshalb müssen Bodenmassen, in denen sich Eislinsen bilden können, beim Straßenbau durch grobes Material (Kies, Schotter, Vulkanschlacken) ersetzt werden. Das Auffrieren von Steinen im Boden ist auf Eislinsenbildung kleineren Ausmaßes in der Bettung der Steine zurückzuführen. Die Steine werden dadurch gehoben, beim Auftauen fließt Feinerde in die Steinbettung, so daß die Steine nicht mehr in die ursprüngliche Tiefe zurücksinken können. Auf diese Weise werden die Steine langsam, aber immer wieder etwas höher gehoben.

Die Zeugen periglazialer Bodenbildung aus den Eiszeiten (vor allem der letzten) des Pleistozäns, sind in Mitteleuropa sehr häufig, vor allem im Mittelgebirge. Ohne die Kenntnisse von diesen periglazialen Prozessen ist die Entstehung vieler Böden in Hanglagen nicht zu verstehen. Aber auch im nur schwach gewellten Flachland Norddeutschlands hat die Solifluktion, die im Falle von Einebnungsvorgängen im sehr schwach gewellten Gelände auch *Soliplanation* genannt wird, einen großen Einfluß auf die lokale Verlagerung und Schichtung des Bodenmaterials ausgeübt. Dadurch wurde die nachfolgende Bodenbildung oft maßgeblich gesteuert, z. B. die Podsolierung in einer quarzreicheren und lockeren Oberschicht. Die Kryoturbation hat einen starken Bodenwechsel auf kleinem Raum dadurch geschaffen, daß Bodenmassen verschiedener Körnung durcheinander geknetet wurden. Das zu beachten, ist besonders wichtig bei der Auswahl von Versuchsflächen für den Pflanzenbau.

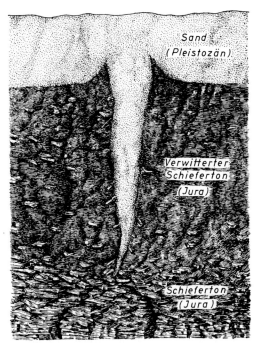

Abb. 70. Eisspalt oder Eiskeil im Querschnitt, gebildet im pleistozänen Periglazial Mitteleuropas. Der Eisspalt entstand durch starkes Gefrieren des tonigen Verwitterungsmaterials eines jurassischen Schiefertons in Nordwestdeutschland. Der Frostspalt ist mehrmals aufgerissen, hat sich mit Wasser gefüllt, und beim Gefrieren des Wassers wurde der Spalt jeweils erweitert (9 % Volumenzuwachs bei der Eisbildung). Die Füllung des Spaltes mit pleistozänem Sand kann bereits beim ersten Aufreißen erfolgt sein oder auch später; denn der Sand kann schon den verwitterten Schieferton vor der Bildung des Eisspaltes überlagert haben, er kann aber auch später darüber gekommen sein und somit später den Spalt ausgefüllt haben. Eisspalten sind im Periglazialgebiet Mitteleuropas häufig zu finden.

8. Ursachen der Eiszeiten

Die heute diskutierten, vielen Möglichkeiten für die Entstehung von Eiszeiten können hier nicht erschöpfend dargelegt werden. Die Auffassungen über dieses Problem haben im Laufe der letzten 50 Jahre stark gewechselt. Zur Zeit gilt die Meinung, daß Eiszeiten nicht durch eine Ursache entstehen können, vielmehr müssen wahrscheinlich einige Faktoren zusammenkommen.

Die pleistozänen Eiszeiten liegen uns zeitlich am nächsten und haben bedeutende Spuren hinterlassen. Je weiter die Eiszeiten in der Erdge-

Abb. 71. Im Buschwerk aufgefangener Sand im Deflationsgebiet der Halbwüste Tunesiens. Der Wind nimmt Sand von sandigen, vegetationsfreien Flächen auf und verfrachtet ihn (Deflation). Indem sich der Sand im Buschwerk anhäuft, wächst dieses gleichzeitig weiter, so daß Sandhügel mit Buschwerk von über 2 m Höhe entstehen.

schichte zurückliegen, um so schwieriger wird ihre Feststellung, weil die Erhaltung und das Auffinden der Zeugen zufälliger werden. Eiszeiten hat es mit Sicherheit z. B. vor oder zu Beginn des Kambriums und im Jungpaläozoikum gegeben. In diesen Formationen findet man verfestigten Moränenschutt, den man *Tillit* nennt.

Die von MILANKOVITSCH für das Pleistozän aus den Erdbahnelementen (Ekliptikschiefe, Perihel-Lage, Exzentrizität der Erdbahn) errechnete Strahlungskurve schien zunächst die bis dahin bekannten vier Eiszeiten gut zu erklären. Diese Strahlungskurve müßte natürlich auch für die dem Pleistozän voraufgehenden Erdepochen gelten, indessen sind aber bis heute im Tertiär und im ganzen Mesozoikum keine Eiszeiten entdeckt worden. Somit können wir die Änderung der Erdbahnelemente nicht als alleinige Ursache der Vereisungen ansehen. Womöglich kann sie addiert zu anderen Faktoren eine Rolle gespielt haben. Änderungen des Reliefs und der Höhenlage ausgedehnter Festlandsflächen, auch verstärkte Schnee-Niederschläge, können im Laufe der Erdgeschichte auch zu Vereisungen beigetragen haben. Hat sich erst eine größere Eisfläche gebildet, so wird ein großer Teil des Lichtes reflektiert; Wärme geht also der Erde verloren und damit breitet sich das Eis aus. Wenn aber das Inlandeis eine weite Ausdehnung erreicht hat und sich ein konstantes Kälte-Hochdruckgebiet darauf bildet, so verringert sich der Schnee-Niederschlag, d. h. die weitere Ausdehnung des Eises wird unterbunden. Schließlich können kosmische Einflüsse die Temperatur auf der Erde periodisch gesenkt haben. So ist von Astronomen die Hypothese geäußert worden, daß Wolken von kosmischem Staub zwischen Sonne und Erde getreten seien, wodurch die Strahlungskraft der Sonne vermindert worden sei. Eine andere Erklärung geht davon aus, daß die Leuchtkraft der Sonne nicht konstant ist, sondern einer langperiodischen Schwankung unterliegt. Eine vorübergehende Abnahme der Leuchtkraft würde eine Temperaturerniedrigung auf der Erde und damit eine Zunahme der Eismassen zur Folge haben. So einleuchtend dieser Erklärungsversuch ist, einen Beweis dafür gibt es nicht. Man neigt heute dazu, die Ursachen der Vereisung auf der Erde nicht einseitig zu sehen, vielmehr das Zusammentreffen mehrerer Faktoren anzunehmen, die zur Temperaturerniedrigung führen.

i. WIRKUNGEN DES WINDES

Die geologische Wirkung des Windes betrifft die Zerstörung des Gesteins und den Transport und die Ablagerung von Material. Der Effekt

Abb. 72. Durch Wind (mit Sand) angeschliffener und durch Insolation verwitterter Nubischer Sandstein in der Negev-Wüste Israels. Die härteren Partien im Sandstein sind als vorspringende Platten erkennbar.

der Windwirkung hängt ab von der Stärke des Windes, von den vom Wind getragenen Sandkörnern und vom Schutz der Bodenoberfläche.

1. Windstärke und Winddruck

Die Windstärke wird meistens nach einer von dem englischen Admiral BEAUFORT 1806 eingeführten Skala angegeben. Ursprünglich war die Skala zwölfstufig; sie wurde später auf 17 Stufen erweitert. In der zwölfstufigen Skala bedeutet z. B. 0 = Windstille, 7 = steifer Wind mit etwa 13 m/s, 9 = Sturm mit etwa 18 m/s, 12 = Orkan mit 40–50 m/s. Der *Winddruck* ist nachteilig für die Pflanzen, vor allem für die Bäume, die durch starken Winddruck geworfen werden können, ferner auch für Bauten, vor allem Hochbauten. Bis zu 350 kg/m² Winddruck wurde bereits gemessen.

2. Winderosion und Korrasion

Der Wind kann sich am stärksten in Gebieten auswirken, wo eine Vegetationsdecke weitgehend oder ganz fehlt. Hier berührt der Wind den Boden direkt, nimmt Bodenteilchen auf und verfrachtet sie. Große Flächen werden ausgeblasen, ein Vorgang, der *Deflation* (lat. deflare = wegwehen) genannt wird (Abb. 71).

Der mit Sand beladene Wind wirkt auf die getroffenen Gegenstände wie ein Sandstrahlgebläse. Dieser Schleifprozeß wirkt selektiv, d. h. weichere Gesteine werden aus härteren herausgearbeitet. So entstehen an Felsen Auskehlungen, wabenförmige Vertiefungen, Rippen und Grate sowie nadelförmige Felsen (Abb. 72). Auch auffällige, pilzförmige Felsen (Pilzfelsen) können herauspräpariert werden, wobei der »Pilzstengel« besonders durch das *Sandtreiben* in Bodennähe herausgearbeitet wird. Am Fuße der Felsen sammelt sich Verwitterungsschutt an (Abb. 73), der oft weite Hangfußflächen bildet. Die am Boden liegenden Steine werden durch den vom Wind getriebenen Sand zugeschliffen; die Steine erhalten *Schlifffacetten* und Kanten, sie werden zu *Windkantern*. Harte Gesteine erhalten durch feinen, am Boden getriebenen Sand eine *Windschliffpolitur*, die besonders bei

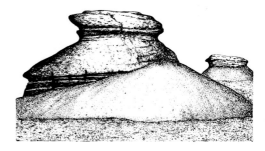

Abb. 73. In der Wüste durch Insolation und Wind (mit Sand) zerstörtes plattiges Gestein. Am Fuße der Felsen hat sich der Verwitterungsschutt angesammelt und bildet eine relativ steile Fußfläche.

Gangquarzen und Quarziten zu finden ist. Durch diesen Schleifvorgang erhalten harte Eisen- und Mangankrusten ebenfalls eine glänzende Oberfläche; man nennt dies *Wüstenlack*. Konkretionen, entstanden durch Ausfällung von Kalk, Eisen oder Kieselsäure, werden zugeschliffen zu sogenannten *Augensteinen*. Die Arbeit des Windes wird als *Korrasion* (lat. radere = kratzen, scharren) oder auch als *Korrosion* (lat. rodere = nagen) bezeichnet. Der Wüstenschutt wird ausgeblasen, bis alles Tragbare entfernt ist, zurück bleibt die *Hamada* (arab.), das *Wüstenpflaster*, das nun den Boden abdeckt und weitgehend vor weiterer Deflation schützt. In der Kältewüste besitzen die Eiskristalle eine große Härte. Werden sie von der Windströmung getragen, so können sie Korrasionen erzeugen ähnlich wie Sand.

Abb. 74. Windkanter, d. h. Steine mit Schlifffacetten, die durch den vom Wind getriebenen Sand zugeschliffen worden sind. Meistens sind zwei Flächen geschliffen, was zwei Hauptwindrichtungen entspricht.

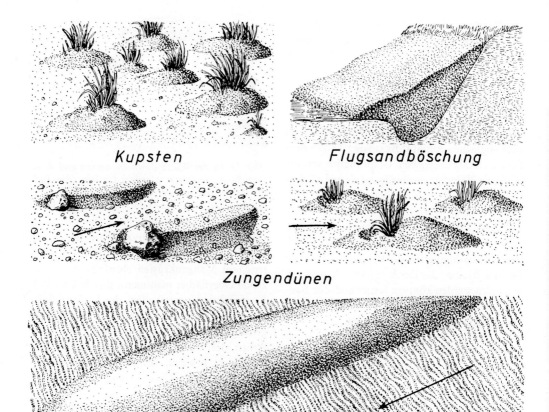

Abb. 75a. Dünenformen. Kupsten sind kleine Sandanhäufungen in Gras- und Krautbüscheln. Flugsandböschungen entstehen im Lee von Bodenerhebungen (z. B. Straßenböschungen). Zungendünen entstehen im Lee von kleinen Hindernissen, wie Steinen und dichten Grasbüscheln. Strich- oder Längsdünen (lange Achse in Windrichtung) entstehen bei starkem Wind.

3. Transport und Sedimentation durch den Wind

Der Windtransport von Sand-, Schluff- und Staubkörnern hängt von der Windgeschwindigkeit ab. In Abhängigkeit von der Windgeschwindigkeit werden folgende Korngrößen fortbewegt: bis 0,5 m/s 0,05 mm ⌀, bis 1,5 m/s 0,1 mm ⌀, bis 4 m/s 0,25 mm ⌀, bis 6,5 m/s 0,5 mm ⌀, bis 15 m/s 1 mm ⌀. An der Meeresküste ist die mittlere Windgeschwindigkeit im allgemeinen hoch, z. B. an der Nordseeküste 5 m/s, so daß hier mit erheblichen Sandverwehungen zu rechnen ist. Je nach Windgeschwindigkeit und Korngröße werden die Sandkörner schwebend, rollend oder springend fortbewegt.

(a) Dünen

Der Sand wird zu *Dünen*, hügelartigen Formen des Festlandes, zusammengeweht (Abb. 75). Nach dem Vorkommen unterteilt man die Dünen in *Küsten-* oder *Stranddünen* und *Binnendünen*; letztere werden auch Innen-, Festlands- oder Kontinentaldünen genannt. Die Küstendünen werden vom meerseitigen Wind aufgeweht und bestehen aus vom Meerwasser gewa-

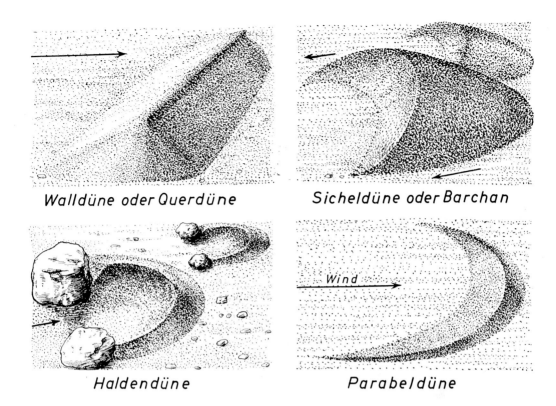

Abb. 75b. Dünenformen. Die Wall- oder Querdüne (lange Achse quer zur Windrichtung) entsteht bei geringer Windgeschwindigkeit. Die Sicheldüne oder Barchan ist typisch für große Sandfelder (z. B. Sahara, Südwestafrika); ihre Leeseite ist steiler als die Luvseite. Bei der Haldendüne, die hinter einem Durchlaß mit einer gewissen Düsenwirkung (z. B. zwei dickere Steine) entsteht, ist die Luvseite steiler als die Leeseite. Die Parabeldüne ist meistens eine Übergangsform und kann bei der Umformung eines Dünenfeldes und ungleicher Windströmung entstehen.

schenem Sand. Dagegen enthalten die Binnendünen auch feinere Bestandteile. Wohl besteht der Dünensand meistens aus Quarzkörnern, aber je nach Herkunft enthält er auch mehr oder weniger Silikate, teils auch Kalk. Nach der Form und der Lage zur Windrichtung wird eine weitere Unterteilung der Dünen vorgenommen (Abb. 75 a, b). Um kleine Hindernisse herum (Grasbüschel, Stein) wird infolge lokaler Abnahme der Windgeschwindigkeit Sand zu *Kupsten* angehäuft; es sind kleine Sandanwehungen, die am Hindernis am höchsten sind und in Windrichtung abfallen und auslaufen. *Zungendünen* entstehen hinter kleinen Hindernissen (z. B. Stein). Hinter Böschungen beruhigt sich der Wind, und der Sand lagert sich an der Böschung an; es sind sogenannte *Sandwehen*. Im freien, ebenen Gelände entstehen *Querdünen*, deren Längsachse quer zur Windrichtung liegt. Es gibt jedoch auch Dünen, deren Längsachse in Windrichtung weist, es sind die *Längs-* oder *Strichdünen* (Abb. 75 a). In großen Dünengebieten, z. B. in der Sahara, treten vielfach bogig gestaltete Dünen auf. Am bekanntesten ist die *Sicheldüne*, auch *Bogendüne* oder *Barchan* genannt. Die beiden Bogenenden weisen in Windrichtung, d. h. also, die Düne ist gegen die Windrichtung gebogen. Dieser Form gleichsam entgegengesetzt gebogen sind die *Haldendüne* und die *Parabeldüne*; hierbei weist der Innenbogen gegen die Windrichtung. Die Haldendüne entsteht hinter der Öffnung eines Hindernisses, z. B. hinter einer Heckenlücke oder hinter der Lücke zweier nebeneinander liegender Steine. Die Parabeldüne hat ähnliche Gestalt wie die Haldendüne, jedoch sind die beiden Flügel nicht gleich geformt, was auf ungleicher Windströmung beruht.

Da die Körner des Dünensandes nicht miteinander verklebt sind, können sie leicht bewegt werden. Deshalb erfahren die Dünen eine dauernde Umlagerung; sie werden in diesem Falle *Wanderdünen* genannt. Die *Wanderungsgeschwindigkeit* hängt von der Windstärke und der zu bewegenden Sandmasse ab. Auf ihrem Wanderweg können die Dünen fruchtbare Böden und Waldungen zudecken; sie haben sogar Häuser eingehüllt. Die Kirche von Kunzen auf der Kurischen Nehrung wurde 1809 von einer Wanderdüne überdeckt; nach 60 Jahren war der Sand über sie hinweggewandert, und sie erschien wieder auf der Luvseite. Diese etwa 80 m hohe Düne war in 60 Jahren rund 700 m weiter gewandert. In vielen Fällen verläuft die Verlagerung noch schneller.

Die Dünen sind an den Küsten Europas und auch im europäischen Binnenland selten höher als 20 m. Sie erreichen aber in den großen Dünenfeldern Nord- und Südwestafrikas bis zu 300 m. In diesen Sandwüsten, vor allem in Südwestafrika, haben sich zwischen den langen, hohen, parallel laufenden Sandrücken sandfreie kies- und steinbedeckte »Dünentäler« gebildet. Diese Streifen werden vom Wind stark erodiert; die Steine des Steinpflasters besitzen Schleif- und Politurflächen. Diese Dünen zeigen eine flachere *Stoß*- oder *Luvseite* (gegen die Windrichtung) mit 5–10° Neigung und eine steilere *Fall*- oder *Leeseite* (in der Windrichtung) mit 20–30° Neigung; eine Ausnahme bildet die Haldendüne, bei der die Luvseite steiler ist als die Leeseite. Auf ebenen Sandflächen bildet die Windströmung *Rippel* mit asymmetrischem Querschnitt, nämlich mit flacher Luv- und steiler Leeseite. Da die Größe der vom Winde getragenen Sandkörner mit der Windstärke korreliert, bedingt die wechselnde Windstärke eine Schichtung der Dünensande, und zwar eine Schrägschichtung in Abhängigkeit von der Dünenform. Aus der Schichtung kann man auf die Hauptwindrichtung schließen, was vor allem wichtig ist für die Paläoklimatologie. Natürlich kann es zur Zeit der Dünenbildung auch geringe Windstärken ohne Sandverlagerung und Wind von der Hauptrichtung abweichend gegeben haben. Dünen der geologischen Vergangenheit können zu Sandstein verfestigt sein.

(b) Löß und lößähnliche Sedimente

Der Löß stellt in Europa eine kalkhaltige, grobschluffig-lehmige Windablagerung, ein äolisches Sediment des Pleistozäns dar; durch Entkalkung, bedingt durch das Sickerwasser, wird er zu *Lößlehm*, wobei meistens Kalkkonkretionen (Lößpuppen, Lößkindel) an der Entkalkungsgrenze im Löß entstehen. Im mittleren Asien gibt es heute noch starke Staubverwehungen, also Lößbildung. In Alaska und Neuseeland gibt es kalkfreien Löß, dadurch bedingt, daß im Auswehungsgebiet kalkfreie Gesteine anstehen.

Die stoffliche Zusammensetzung des mitteleuropäischen Lösses zeigt einen hohen Gehalt an Quarz, nämlich etwa 60 %, etwa 20 % Silikate und etwa 20 % Kalk. Von diesen Durchschnittszahlen gibt es selbstverständlich Abweichungen, denn entscheidend für die Zusammensetzung ist das Auswehungsgebiet; z. B. besitzen die Lösse Süddeutschlands nicht selten über 30 % Kalk, bedingt durch die hier vorkommenden kalkreichen Sedimente. Die Kornzusammensetzung zeigt einen hohen Anteil an Grobschluff, nämlich etwa 60 % der Kornfraktion von 0,02 bis 0,05 mm ⌀. Die durchschnittliche Kornzusammensetzung zeigt die Tabelle 14.

Tab. 14: Durchschnittliche Zusammensetzung der Lösse Mitteleuropas (nach KEILHACK*)*

Korngröße in mm	> 2	2–0,5	0,5–0,2	0,2–0,1	0,1–0,05	0,05–0,02	< 0,02
Prozent	—	0–0,5	0,5–3	1–7	8–40	50–65	16–36

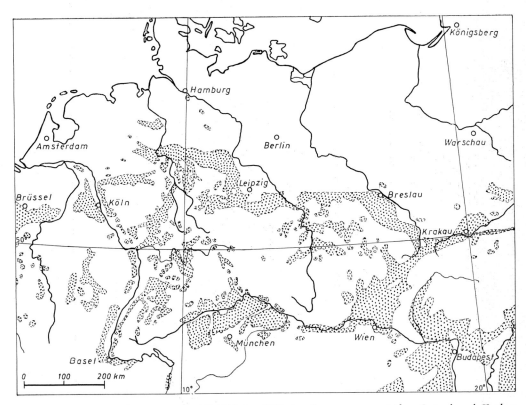

Abb. 76. Verbreitung des Lösses (einschließlich Sandlöß) im Raume etwa zwischen Brüssel und Krakau sowie Budapest (punktierte Flächen). Nicht alle punktierten Flächen sind geschlossene Lößdecken, teils sind sie lückenhaft, wie z. B. in Bayern südlich der Donau. Sehr geringe Lößablagerungen (Lößschleier) sind nicht alle dargestellt.

In Europa wurde der Löß in den Kaltzeiten des Pleistozäns aus den weiten Aufschüttungsfeldern der Flüsse, aus den Solifluktionsmassen und aus den vom Eis freien Moränen- und Schmelzwasserablagerungen ausgeblasen. Der Lößstaub wurde vom Winde hoch- und fortgetragen. Die Hauptmasse des Lösses wurde auf Terrassenflächen und in großen beckenartigen Geländelagen abgesetzt, z. B. Kölner Bucht, Oberrheintal, Wetterau, Wiener Becken u. a. Ein fast geschlossener Lößstreifen zieht sich von Belgien in die Kölner Bucht und weiter nach Osten am Nordrand des Rheinischen Schiefergebirges entlang in Richtung Leipzig – Breslau – Krakau ins südrussische Lößgebiet (Abbildung 76).

Auch Nordwürttemberg und Unterfranken sowie Bayern südlich der Donau bergen größere Lößflächen (Abb. 76). An den Osthängen Mitteleuropas finden sich oft mächtige Lößpakete; sie bilden das Lee des Löß-Windes. Dagegen sind die Westhänge, die Luvseite, nicht oder nur schwach von Löß bedeckt. Die durchschnittliche Mächtigkeit der Lößdecke in Deutschland beträgt 1–2 m, kann aber auch mehrere Meter betragen, in Südrußland sind Mächtigkeiten von 15 m und in China bis 60 m nicht selten. Bei Windberuhigung fiel der Löß zu Boden und wurde von der damals verbreiteten Steppenvegetation (Gräser und Kräuter) festgehalten. Neben den mächtigeren Lößdecken wurden dünne Lößdecken oder ein sog. Lößschleier weitverbreitet gebildet; letzterer wurde häufig von Pflanzen und Tieren in die darunter befindliche Verwitterungsmasse der anstehenden Gesteine eingearbeitet und ist deshalb oft nicht ohne weiteres feststellbar. Aber auch diese geringeren Lößmengen haben vielfach zu einer spürbaren Bodenverbesserung geführt, besonders bei Böden aus armen Gesteinen, z. B. silikatarmen Sandsteinen.

Der weitaus größte Teil des Lösses, der weite Gebiete überdeckt, ist in dem letzten Stadial (letzter Höhepunkt der Kaltzeit) der Würmvereisung abgelagert worden. Löß aus den älteren Stadialen des Würm ist oftmals unter dem jüngsten Löß zu finden oder steht in kleinen Flächen an der Oberfläche an. Die älteren Würm-Lösse sind in den Interstadialen (wärmere Zeiten zwischen den Stadialen) entkalkt und verwittert worden. Aus der Riß-Vereisung sind auch Reste von Löß, meistens unter jüngerem Löß gelegen, erhalten geblieben; er wurde im letzten Interglazial stark verwittert, verarmt und verdichtet.

Eine Eigenart des Lösses ist seine *Standfestigkeit*, die auf seinem inneren Zusammenhalt, seiner Kohärenz, beruht. Diese Kohärenz wird hauptsächlich durch eine Verbackung der Teilchen durch Calciumcarbonat, daneben auch durch die Tonsubstanz, bedingt. Durch diese schwache diagenetische Verfestigung bilden sich im Löß durch Erosion Schluchten mit steilen Wänden, die besonders für die Lößgebiete Chinas charakteristisch sind. Hat aber der Löß seine ursprüngliche Kohärenz durch natürliche oder künstliche Umlagerung verloren, so ist er infolge seines hohen Grobschluffgehaltes leicht erodierbar.

Der Löß bildet mit seiner spezifischen kornmäßigen und stofflichen Zusammensetzung ein Ausgangsgestein für wertvolle Böden. Zwar ist abgesehen von Calcium der Gehalt an Pflanzennährstoffen nicht hoch, aber die Ausnutzbarkeit der Nährstoffe durch die Pflanzen ist infolge der günstigen bodenphysikalischen Bedingungen hoch. Besonders günstig wirkt sich der Wasserhaushalt auf das Pflanzenwachstum aus. Dies wird vor allem in trockenen Jahren deutlich, denn in solchen bringen die Lößböden Mitteleuropas die höchsten Weizenerträge. Ferner lassen sich Lößböden leicht bearbeiten. Natürlich sind die Lößböden aus gleichem Ausgangsmaterial nicht gleich in Eigenschaften und Wert. Vielmehr haben äußere Bedingungen, welche die Bodenbildung steuern, sehr verschiedene Bodentypen aus dem Löß entstehen lassen, z. B. die Parabraunerde in der Kölner Bucht und die Schwarzerde in der Magdeburger Börde.

Zur Zeit der Lößbildung wurden auch lößähnliche Sedimente durch den Wind verfrachtet und abgelagert. Von diesen Sedimenten steht der *Sandlöß* dem Löß in der Zusammensetzung am nächsten; es ist ein feinsandiger Löß mit einem hohen Anteil (30–50 %) der Kornfraktion mit 0,1–0,05 mm $\varnothing$. In Nordwestdeutschland nennt man den etwas feineren und etwas tonreicheren Sandlöß *Flottlehm*, den etwas gröberen und tonärmeren *Flottsand*. Die Einwehung dieser Windsedimente in die glazigenen Sande Nordwestdeutschlands hat diese in ihrem Standortwert (bessere Wasserhaltung) wesentlich verbessert. In der Lößbildungszeit wurden auch große Mengen von Feinsand verweht, der unter den Bezeichnungen *Flugsand*, *Flugdecksand* oder *Decksand* bekannt ist. In der Körnung des Flugdecksandes wiegt die Fraktion 0,2–0,1 mm $\varnothing$ mit über 50 % vor. In Nordwestdeutschland, den Niederlanden und Nordbelgien gibt es ausgedehnte, relativ geringmächtige (meist 0,5–1 m) Decken von Flugdecksand. Die Verfrachtung der Windsedimente Flugdecksand, Sandlöß und Löß hängt natürlich von der Windstärke ab. Man kann an manchen Stellen, z. B. am Westabhang des Bergischen Landes, beobachten, wie mit nachlassender Windstärke und damit Verminderung der Tragfähigkeit des Windes, räumlich nacheinander Flugdecksand, Sandlöß und Löß abgesetzt worden sind.

(c) Verwehung von Staub

Verschiedene Arten von Staub können vom Winde verfrachtet werden. Zunächst ist hier an die *Staubverwehung* in und aus ariden Räumen zu denken. Man muß sich fragen, worin sich Lößverwehung und Staubverwehung unterscheiden. Es gibt dafür keine scharfe Grenze. Man kann aber sagen, daß eine Staubverwehung feinere Teilchen betrifft, daß sie nicht mit der Regelmäßigkeit und der Quantität erfolgt wie die Lößverwehung. Ein gutes Beispiel für eine Staubverwehung ist der Sahara-Staubfall in der Zeit vom 9.–12. 3. 1901, als in Süd- und Mitteleuropa eine Fläche von > 1,5 Mio. km² mit einem Schleier von rötlichem Staub bedeckt wurde. In diesem Falle wird man nicht an Lößbildung denken. Wenn rötlicher Staub mit Regen oder Schnee niedergeht, so werden diese Medien rötlich gefärbt; man spricht von Blutregen bzw. Blutschnee, für die Menschen früher geheimnisvoll und unheilverkündend.

Der Wind hat eine bedeutende geologische Wirkung beim *Transport vulkanischer Aschen*. Ein großartiges Beispiel dafür ist das Forttragen der hoch in die Luft geschleuderten, feinen Asche des Krakatau (Sundastraße) mehrmals um die ganze Erde. Bis sehr weit von der Ausbruchstelle wurden die Aschen vom Winde getragen und abgesetzt. Ein näherliegendes Beispiel stellt die Verwehung von feiner Trachytasche (Bims) der Laacher Vulkane dar. In der Rhön, bei Göttingen, am Hils und anderen, noch weiter entfernten Stellen wurde ein Tuffbändchen dieser allerödzeitlichen Vulkanasche gefunden. Von Westwinden wurde sie einige hundert Kilometer weit getragen, wogegen die Verbreitung nach Westen hin nur gering ist.

Es muß an dieser Stelle auch an die *Kalkstaubverwehung* von Kalkwerken in deren nähere Umgebung gedacht werden, wodurch die dort befindlichen Böden eine »Aufkalkung« erfahren. In der Nähe von Braunkohlengruben wird *Braunkohlenstaub* in die Umgebung verfrachtet, wodurch die Böden dunkler werden und humusreicher scheinen als sie sind. Von Schotterwegen wird auch Staub ausgeblasen, was für die benachbarten Böden besonders dann wichtig ist, wenn es kalkhaltiger Staub ist. Schließlich ist hier auch an die vielen Arten von Staub und Rauch zu denken, die von der Industrie in die Luft geblasen und vom Winde transportiert werden. Zum Teil sind diese pflanzenschädigend.

4. Bedeutung der Windwirkung für den Boden

Zusammenfassend können wir folgende wichtige Wirkungen des Windes für Oberflächengestaltung und Boden herausstellen:
1. Das Abschleifen von Felsen und einzelnen Steinen durch den sandbeladenen Wind.
2. Der Transport und das Sortieren von feinen Körnern bis zu einer bestimmten, noch tragfähigen Größe.
3. Das Aufwehen von unfruchtbaren Dünen verschiedener Gestalt.
4. Die Bildung von fruchtbarem Löß und lößähnlichen Sedimenten.
5. Die Verwehung von Staub verschiedener Art, z. B. Vulkanasche.

j. SEDIMENTGESTEINE UND IHRE MINERALE

Die Sedimentgesteine werden auch *Absatzgesteine* genannt, weil sie fast ausschließlich von einem Medium (Wasser, Eis, Wind) abgesetzt werden. Für die Gruppe der Sedimentgesteine, die aus den Trümmern anderer Gesteine entstehen, verwendet man auch die Bezeichnung *Trümmergesteine, Sekundärgesteine* oder *klastische Sedimente*. In diesen Trümmergesteinen sind naturgemäß die Minerale der Gesteine enthalten, aus denen sie entstanden. Die Mineralzusammensetzung dieser Gesteine ist sehr verschieden. Es können darin alle Minerale beteiligt sein, die in den Magmatiten und Metamorphiten vorkommen. Entstehen klastische Sedimente z. B. in einem großen Granitgebiet, so daß sie nur aus den Trümmern von Granit bestehen, so enthalten sie die gleichen Minerale wie der Granit. Allerdings kann bei dem Transport der Verwitterungsprodukte durch Wasser eine Sortierung nach Korngröße und Dichte stattfinden. Im abgesetzten Sediment kann es ferner zur Neubildung von Mineralen kommen, z. B. können darin aus löslichen Verwitterungsprodukten Kalkspat und Tonminerale entstehen. Die Minerale der Magmatite und Metamorphite sind bereits besprochen; sie werden hier nicht mehr behandelt, wenn sie z. T. auch als Neubildungen im Sedimentgestein auftreten.

Die zweite Gruppe der Sedimentgesteine sind die *chemischen Sedimente*, die aus dem Wasser (Meer- und Seewasser) ausgefällt *(Ausfällungsgesteine)* werden oder durch die Eindampfung von Wasser entstehen *(Eindampfungsgesteine)*. Diese Sedimente bestehen ausschließlich aus Mineralen, die für Sedimentgesteine typisch sind. Schließlich bilden die *biogenen Sedimente* eine dritte Gruppe; sie entstehen durch Organismen, indem diese das Material dafür liefern.

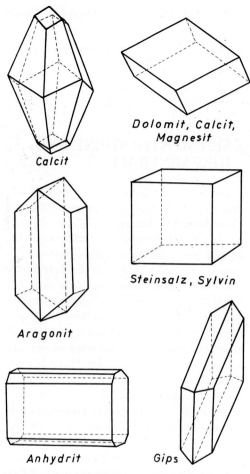

Abb. 77. Kristallformen (-modelle) einiger typischer Minerale der Sedimentgesteine; überwiegend sind es Minerale der chemischen Sedimente.

Vor der Beschreibung der Sedimentgesteine sollen zuerst zusammenfassend ihre typischen Minerale besprochen werden. Die ebenfalls in den Magmatiten und Metamorphiten enthaltenen Minerale werden hier ausgelassen; denn diese wurden bereits in früheren Kapiteln beschrieben.

1. Typische Minerale der Sedimentgesteine

Im Gegensazt zu den Bildungsräumen der Magmatite und Metamorphite zeichnet sich das Bildungsmilieu der Sedimente aus durch geringe Drücke und Temperaturen, viel Sauerstoff und Kohlensäure. Das sind wesentlich andere physikalische und chemische Bedingungen gegenüber den Bildungsbedingungen der oben genannten Gesteine. Die idealen Kristallformen (-modelle) typischer Minerale der Sedimentgesteine sind auf Abbildung 77, ihre vollkommene Ausbildung in der Natur auf Tafel 5 dargestellt; ihre Eigenschaften sind in Tabelle 15 zusammengestellt.

An erster Stelle ist der weitverbreitete *Kalkspat* oder *Calcit* (Abb. 77, Taf. 5, Tab. 15) zu nennen, der aus $CaCO_3$ besteht. Er kristallisiert oft in von sechs Rhomben begrenzten Rhomboedern und ist nach deren Flächen leicht spaltbar. Ein größerer Kalkspatkristall zerfällt bei einem Schlag mit einem harten Gegenstand in kleinere Kristalle, ein Zeichen guter Spaltbarkeit. Neben den Rhomboederkristallen entwickelt der Kalkspat noch einige andere Kristallformen. Auffallend ist seine geringe Härte von 3 und seine Dichte von 2,70. Der fehlerlose, farblose Kalkspat ist durchsichtig; durch solche Kristalle erscheint eine Schrift doppelt, deshalb in diesem Falle *Doppelspat* genannt. Meistens ist der Kalkspat milchig-weiß und zeigt Glas- bis Perlmutterglanz. Ist er gelb, braun, rot, grünlich, blau oder schwarz gefärbt, so enthält er Spuren von anderen Stoffen, besonders $FeCO_3$ und $MnCO_3$. Bei Erhitzen entweicht aus dem Kalkspat CO_2; es entsteht CaO (Ätzkalk). In CO_2-haltigem Wasser löst sich Kalkspat zu $Ca(HCO_3)_2$; unter Abgabe von CO_2 fällt $CaCO_3$ wieder aus. Das leichte Lösen und Wiederausscheiden von $CaCO_3$ führt zu der verbreiteten Konkretions- und Krustenbildung durch Kalkspat, z. B. im Untergrund entkalkter Böden. In kalter, auch verdünnter Salzsäure löst sich der Kalkspat, indem brausend CO_2 entweicht. Der Kalkspat bildet in Pflanzen und Tieren Stützsubstanz, z. B. in Kalkalgen, Muscheln, Schnecken, Ammoniten, Brachiopoden, Seelilien, Seeigeln und Korallen.

In Aragonien wurde ein Calciumcarbonat-Mineral entdeckt, das ein anderes Kristallgitter und eine andere Kristallform als der Kalkspat besitzt, es ist der *Aragonit* (Abb. 77, Taf. 5, Tab. 15), der säulen- oder nadelförmige Kristalle bildet. Er kommt auch als radialfaserige Krusten und Stalaktiten (Sprudelstein, Aragonitsinter) vor, jedoch nicht gesteinsbildend und ist weit weniger verbreitet

Tab. 15: Einige typische Minerale der Sedimentgesteine

Name	Chemische Formel	Dichte	Härte	Farbe	Kristallsystem
Kalkspat = Calcit	$CaCO_3$	2,6–2,8	3	farblos, weiß	trigonal
Aragonit	$CaCO_3$	2,95	3,5–4	farblos, weiß, rötlich, grünlich, grau, bläulich	rhombisch
Dolomit	$CaCO_3 \cdot MgCO_3$	2,85–2,95	3,5–4	farblos, weiß, gelb, braun	trigonal
Magnesit	$MgCO_3$	3	4–4,5	farblos, weiß, gelb, braun	trigonal
Anhydrit	$CaSO_4$	2,9–3	3–4	farblos, weiß, bläulich, bläulichgrau	rhombisch
Gips	$CaSO_4 \cdot 2H_2O$	2,3–2,4	1,5–2	farblos oder weiß, selten farbig	monoklin
Steinsalz	$NaCl$	2,1–2,2	2	farblos oder gefärbt, rötlich	regulär (kubisch)
Sylvin = Chlorkalium	KCl	1,9–2	2	farblos oder gefärbt	regulär (kubisch)
Kainit	$KCl \cdot MgSO_4 \cdot 3H_2O$	2,1	3	weiß, gelblich, grau, rot	monoklin
Carnallit	$KCl \cdot MgCl_2 \cdot 6H_2O$	1,6	1–2	farblos, weißlich, gelblich	rhombisch
Chilesalpeter = Natronsalpeter	$NaNO_3$	2,2–2,3	1,5–2	farblos, licht gefärbt	trigonal

Ferner auch die Minerale, die in den Magmatiten, teils auch in den Metamorphiten enthalten sind.

als der Kalkspat. Gegenüber dem Kalkspat besitzt er andere physikalische Eigenschaften, seine Dichte mit 2,95 und seine Härte mit 3,5 – 4 sind etwas höher, seine Spaltbarkeit schlechter und seine Löslichkeit besser. Er ist farblos oder schwach gefärbt. Eine weitere, aber seltenere Modifikation des Calciumcarbonates ist der Vaterit (von einem Personennamen).

Der *Dolomit* (Abb. 77, Taf. 5, Tab. 15), genannt nach der Ortschaft Dolomieu in der Dauphiné, stellt ein Doppelsalz von Calcium- und Magnesiumcarbonat mit der Formel $CaMg(CO_3)_2$ dar. Er hat viele Eigenschaften mit dem Kalkspat gemeinsam, auch er bildet meistens Rhomboeder und spaltet leicht in solche Kristalle auf. Härte (3,5 – 4) und Dichte (2,94) sind etwas höher als beim Kalkspat. Der Dolomit ist farblos, weiß, grau, gelblich, braun, rötlich oder schwarz je nach Beimengung. Er ist löslich in warmer, auch verdünnter Salzsäure. Gesteinsbildend hat der Dolomit große Verbreitung, tritt in fast allen geologischen Formationen auf und stellt eine wichtige Quelle des Magnesiums dar.

Andere Minerale der Carbonatgruppe sind *Magnesit* ($MgCO_3$) (Tab. 15), *Eisenspat* oder *Siderit* ($FeCO_3$) und *Manganspat* ($MnCO_3$).

Der *Gips* (bereits bei Theophrast so genannt) (Abb. 77, Taf. 5, Tab. 15) ist chemisch ein wasserhaltiges Calciumsulfat mit der Formel $CaSO_4 \cdot 2H_2O$. Bei 120 – 130 °C verliert der Gips einen Teil des Wassers und wird zu »gebranntem Gips« (Stuckgips); das verlorene Wasser nimmt er unter Härtung wieder auf. Das Mineral bildet tafelige, nach der Tafelfläche gut spaltbare, durchsichtige Kristalle, kommt aber auch als weißliche, feinkörnige (Alabaster) und faserige (Fasergips) Masse vor. Große, klare Tafeln nennt man Marienglas, weil diese früher zum Bedecken von Heiligenbildchen gebraucht wurden. Seine Härte mit 2 (ritzbar mit dem Fingernagel) und seine Widerstandsfähigkeit gegen die Verwitterung sind sehr gering; er ist sogar schwach löslich in Wasser. Dünne Kristalltafeln sind biegsam; die Dichte ist mit 2,32 niedrig.

Der *Anhydrit* (gr. anhydor = ohne Wasser) (Abb. 77, Taf. 5, Tab. 15) hat die Formel $CaSO_4$, ist also wasserfreies Calciumsulfat. Er bildet rhombische und prismatische Kristalle, ist nach den verschiedenen Kristallflächen mehr oder weniger gut spaltbar, tritt überwiegend körnig und dicht auf, besitzt die Härte 3 – 3,5, eine Dichte von 2,985 und ist farblos, grau, bläulich oder rötlich gefärbt. Vorwiegend kommt er im unteren Bereich der Salzlagerstätten vor, jedoch auch in anderen Gesteinsverbänden. Durch Wasseraufnahme entsteht Gips, wobei unter starker Volumenzunahme ein hoher Druck entwickelt wird. Wie der Gips, so ist auch der Anhydrit an den Salzlagerstätten beteiligt.

Das *Steinsalz, Kochsalz* oder *Halit* (Abb. 77, Taf. 5, Tab. 15) ist Natriumchlorid (NaCl) und kristallisiert meist in der Form des Würfels, teils auch in Kombinationen von Würfel und Oktaeder; die Spaltbarkeit nach den Würfelflächen ist sehr gut. Die Härte beträgt nur 2 und die Dichte 2,16. Es ist farblos oder durch Beimengungen grau, gelb, braun, grün, blau oder rot gefärbt und ist leicht wasserlöslich. Das Steinsalz kommt in großen Mengen neben anderen Salzen in den Salzlagerstätten des Zechsteins und Tertiärs vor und entstand durch die Eindampfung von abgeschnürten Meeresbuchten. Noch heute gewinnt man Salz an der Meeresküste (z. B. Frankreich), indem man Meerwasser in durch Dämme abgetrennten sogenannten Salzgärten verdunsten läßt. Steinsalz ist lebenswichtig für Mensch, Tier und Pflanze; es wird in großen Mengen in der Industrie verwendet.

Das Kaliumchlorid (KCl) oder *Sylvin* (nach Sylvius de le Boe genannt, Tab. 15) kristallisiert wie Halit in Würfeln und Oktaedern, spaltet sehr gut nach dem Würfel, besitzt die Härte 2 und die Dichte 2, ist farblos oder weiß, teils gelblich, rötlich oder blau gefärbt. Der Sylvin hat also mit dem Halit viele Eigenschaften, ferner auch die Entstehungsweise gemeinsam. Das Kalium ist ein Hauptnährstoff der Pflanzen. Neben den mitteldeutschen Sylvin-Lagerstätten gibt es große in Kanada und der Sowjetunion.

Der *Kainit* (von gr. kainos = neu, Tab. 15) stellt ein wasserhaltiges Mischsalz von Kaliumchlorid und Magnesiumsulfat mit der Formel $KCl \cdot MgSO_4 \cdot 3 H_2O$ dar und kommt in den Salzlagerstätten zusammen mit Halit und Sylvin vor. Er bildet tafelige, gut spaltbare Kristalle mit der Härte 2,5 – 3 und der Dichte von 2,19; er ist farblos, gelblich oder rötlich. Der Kainit wird gern bei der Düngung angewandt, wenn neben Kalium auch Magnesium notwendig ist.

Der *Carnallit* (nach Berghauptmann Carnall, Tab. 15) ist ein wasserhaltiges Mischsalz von Kaliumchlorid und Magnesiumchlorid mit der Formel $KCl \cdot MgCl_2 \cdot 6 H_2O$ und Begleiter der schon genannten Salze der Salzlagerstätten. Vorwiegend bildet er körnige, spätige oder faserige Massen von meist roter, seltener milchigweißer oder gelblicher Farbe. Er ist stark hygroskopisch, zerfließt an der Luft und ist daher als Düngemittel schwer zu handhaben. Weniger direkt als Düngemittel gebraucht, dient er mehr der Herstellung von Kalidüngemitteln. Der Carnallit enthält geringe Mengen an Rubidium, Brom und Bor.

Weitere wichtige Salze der Salzlagerstätten sind: *Bischofit* (nach dem Geologen Bischof) ist $MgCl_2 \cdot 6 H_2O$; *Kieserit* (nach einem Personennamen) ist $MgSO_4 \cdot H_2O$; *Reichardtit* ist $MgSO_4 \cdot 7 H_2O$; *Polyhalit* (von gr. zahlreich und Salz) ist $K_2SO_4 \cdot MgSO_4 \cdot 2 CaSO_4 \cdot 2 H_2O$. Außer diesen kommen noch weitere, weniger wichtige Salze in den Salzlagerstätten vor.

Der *Baryt* (gr. schwer) oder Schwerspat stellt $BaSO_4$ dar und bildet meist tafelige oder prismatische Kristalle, ferner blätterige, strahlige, körnige oder auch erdige Aggregate. Bemerkenswert ist seine hohe Dichte von 4,48, wogegen er eine Härte von nur 3 – 3,5 besitzt. Meist ist er hydrothermal in Spalten anderer Gesteine abgesetzt worden. Baryt wird verwendet für chemische Präparate, als Füllmittel für Papier, als Kontrastmittel für Röntgenaufnahmen u. a. Das *Strontiumsulfat* (SrSO$_4$) oder *Cölestin* (lat. Himmel) ist in vieler Hinsicht dem Baryt verwandt.

Die *Eisenhydroxide* der Verwitterungsrinde sind überwiegend amorphe Verbindungen von Eisen mit verschiedenen Mengen Wasser. Sie werden zusammengefaßt unter der Bezeichnung *Brauneisen*. Zu den Eisenhydroxiden gehört auch der *Raseneisenstein* oder *Limonit* (gr. leimon = Rasen oder Wiese), der in Grundwasserböden entsteht. Auch die braunen, glänzenden *Wüstenrinden* sowie der *Glaskopf,* eine durch Verwitterung eisenreicher Gesteine entstandene glatte, harte Eisenanreicherung, gehören dazu. Schließlich sind auch die Eisenerze *Minette* und *Bohnerz* Eisenhydroxide.

Zwei kristallisierte, rhombische Eisenverbindungen der Zusammensetzung FeOOH gibt es, und zwar das nadelförmige, auch kugelförmige, braune bis schwarze *Nadeleisenerz* oder *Goethit* als α – FeOOH und der rotbraune bis schwarze *Rubinglimmer* oder *Lepidokrokit* (von gr. lepis = Schüppchen und gr. krokae = Gewebe) als γ – FeOOH. Beide haben die Härte 5 und eine Dichte um 4.

Als Eisenoxid ist der *Hämatit* (gr. haima = Blut) mit der Formel Fe$_2$O$_3$ bekannt. Er bildet tafelige oder schuppige Kristalle, ist spröde, bricht muschelig, hat die Härte 5,5 – 6,5, eine Dichte von 4,9 – 5,3 und ist schwarz, in dünnen Blättchen rot gefärbt, oft bunt angelaufen. Er wird vorwiegend in trockenen Klimaten gebildet und färbt Sedimente und Böden rotbraun. Wenn solche Substrate infolge Klimawechsels einem feuchteren Klima ausgesetzt werden, so wird trotzdem der widerstandsfähige, rötliche Hämatit nicht umgebildet. Das ist die Ursache dafür, daß unsere Böden des Rotliegenden und des Buntsandsteins rötlich gefärbt sind. Der *Hydrohämatit* hat etwas Wasser angelagert.

Der *Glaukonit* (von gr. blaugrün) tritt vorwiegend als kugelförmige, grüne Körnchen von einigen Millimetern Durchmesser oder als lockere Masse auf und ist meistens Bestandteil grünlicher Gesteine mariner Herkunft, vor allem der Kreideformation, z. B. des Soester Grünsandsteins. Es ist ein wasserhaltiges Kalieisenalumosilikat ähnlicher Zusammensetzung wie die des Biotits mit der Formel K$_2$O · (Mg, Fe)O · Fe$_2$O$_3$ · Al$_2$O$_3$ · 8 SiO$_2$ · 3 H$_2$O. Seine Härte beträgt nur 2 und seine Dichte 2,3 – 3. Früher wurde Glaukonit gelegentlich als Kalidüngemittel verwendet; heute wird er als Austauschersubstanz (Wasserreinigung) gebraucht.

2. Tonminerale der Sedimente und Böden

Die Bezeichnung »Tonminerale« ist von der Tonfraktion (Teilchen < 2 μm) der Tongesteine und der Böden abgeleitet, denn in der Tonfraktion kommen sie hauptsächlich vor. In den Böden als vielgestaltige Verwitterungsmasse werden die Tonminerale hauptsächlich gebildet. Soweit es sich um Böden aus Magmatiten und Metamorphiten handelt, entstehen die Tonminerale ausschließlich bei deren Verwitterung. Dagegen enthalten die meisten der klastischen Sedimentgesteine Tonminerale aus einer früheren Zeit, in welcher die Produkte dieser Sedimente ebenfalls durch Verwitterung entstanden. Bei solchen Sedimenten muß man unterscheiden, was an Tonmineralen den Sedimenten schon innewohnt und was bei ihrer Verwitterung neu entsteht. Natürlich können auch z. B. Kalksteine Tonminerale aus ihrer Entstehungszeit enthalten, die vom Festland ins Meer getragen und mit dem Kalkschlamm abgesetzt wurden, der später zu Kalkstein verfestigte.

Über die Tonminerale konnte man erst genauere Kenntnisse gewinnen, als neue Forschungsmethoden gefunden wurden. Im Gegensatz zu den primären Mineralen, die teils makroskopisch und auf jeden Fall mikroskopisch identifizierbar sind, entziehen sich die feinkristallinen Tonminerale dieser Bestimmungsart. Wohl hatte man chemisch die Formel für Kaolinit empirisch schon früh gefunden, und man unterstellte, daß er kristallin sei. Erst der Einsatz neuer Untersuchungs-

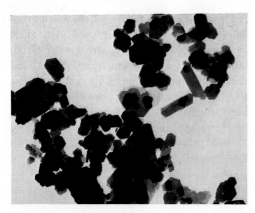

Abb. 78. *Elektronenmikroskopische Aufnahme von Kaolinit. Die pseudohexagonalen, sechseckigen Tonmineral-Blättchen sind gut ausgeformt und daher leicht erkennbar. Aus einem durch vulkanischen Wasserdampf zersetzten Sandstein bei Taupo (Neuseeland).*

methoden, vor allem der Röntgenstrahlen, erschloß einen besseren Einblick in die Zusammensetzung der Tonfraktion der Verwitterungsmasse. Vieles konnte als kristallin, als winzige Minerale erkannt werden, indessen ist ein mehr oder weniger großer Anteil amorph und entzieht sich bis heute noch einer genauen Identifizierung.

Die Tonminerale sind monokline oder trikline, blättchenförmige Kriställchen mit weniger als 2 μm Durchmesser und 2–50 μm Dicke.

Es sind OH-haltige Schicht- oder Phyllosilikate mit hoher Plastizität und des Ionenaustausches befähigt.

(a) Chemische Zusammensetzung und Gitteraufbau der Tonminerale

Nach der Art des Gitteraufbaues werden die Tonminerale eingeteilt in Zweischichtminerale und Dreischichtminerale. Die Zweischichtminerale werden auch (1:1)-Minerale genannt, d. h. eine Schicht besteht aus Tetraedern, die zweite aus Oktaedern, und beide sind schichtförmig angeordnet und bilden gleichsam ein Schichtpaket, auch als Silikatschicht oder Elementarschicht bezeichnet. Die Schichtpakete der Zweischichtminerale sind ohne Zwischenlage festmiteinander verbunden, und eine Vielzahl von Schichtpaketen baut ein Zweischichtmineral auf (Abb. 79 und 80). Der schichtförmige Aufbau bedingt die Blättchenstruktur der Tonminerale; es sind Phyllosilikate. Die Tetraeder werden durch vier O-Ionen gebildet, und im Zentrum der Tetraeder steht ein Si-Ion (oder Al-Ion) (Abb. 80). Die Oktaeder werden von sechs O- und OH-Ionen gebildet, und im Zentrum der Oktaeder steht ein Al-Ion (oder $Mg^{2\pm}$, $Fe^{3\pm}$ oder Fe^{2+}-Ion). Die Dreischichtminerale, oder (2:1)-Minerale genannt, werden von drei Schichten

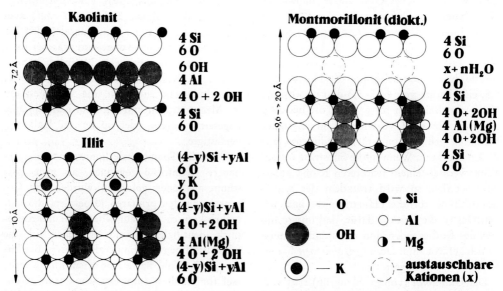

Abb. 79. *Ionenanordnung (im Zweidimensionalen) im Kristallaufbau des Kaolinits, des Montmorillonits und des Illits. Der Smectit besitzt eine ähnliche Ionenanordnung wie der Montmorillonit.*

aufgebaut, und zwar liegt auf beiden Seiten einer Oktaederschicht je eine Tetraederschicht. Die so gebildeten Schichtpakete liegen nicht unmittelbar aneinander, vielmehr sind diese durch Zwischenbestandteile (wasserfreie oder hydratisierte Einzelkationen oder Mg-, Al-Fe-Hydroxide) mehr oder weniger fest miteinander verbunden; mehrere dieser Schichtpakete bilden ein Kristallblättchen, das Dreischicht-Tonmineral. Die Zwischenräume der Dreischichtminerale sind bei Wasser- und gleichzeitiger Ioneneinlagerung dehnbar. Die innere Oberfläche dieser Zwischenräume ist der Sorption und des Ionenaustausches befähigt. Der Abstand von der Basis eines Schichtpaketes zur nächsten ist der Basisabstand, der charakteristisch für die Tonmineralart ist und röntgenographisch ermittelt wird. Während die Tetraeder in der Regel ein Zentralion aufweisen, kann ein solches in den Oktaedern fehlen; sind die Zentren der Oktaeder zu $2/3$ mit Ionen besetzt, so liegt eine dioktaedrische Besetzung vor, die $3/3$-Besetzung wird trioktaedrisch genannt; zwischen diesen gibt es Übergänge. Wenn alle Tetraeder mit Si-Zentralionen und alle Oktaeder mit Al-Zentralionen ausgestattet sind, so ist die Ladung der Silikatschichten Null. In den meisten Fällen sind jedoch bei der Bildung oder Umbildung der Tonminerale Ionen anderer Wertigkeit als Zentralionen eingelagert worden. Tritt bei diesem Vorgang ein geringerwertiges an die Stelle eines höherwertigen Ions, z. B Al^{3+} an die Stelle von Si^{4+}, so entsteht freie negative Ladung, die durch positive neutralisiert wird, indem Kationen oder positive geladene Hydroxidschichten sorbiert, d. h. zwischen die Schichtpakete eingelagert werden (F. SCHEFFER und P. SCHACHTSCHABEL 1982).

Der *Kaolinit* (von chinesisch kao = hoch und ling = Berg) hat die chemische Zusammensetzung $Al_2(OH)_4[Si_2O_5]$; die tetraedrisch gebundenen Elemente stehen in den eckigen Klammern, die oktaedrisch gebundenen vor den eckigen Klammern. Er kristallisiert im monoklinen pseudohexagonalen Kristall-System und bildet meist dünne, glimmerähnliche, sechseckige Blättchen (Abb. 78), hat die Härte 2 – 2,5, die Dichte von 2,4 – 2,63 und ist weiß, gelblich, rötlich oder grünlich gefärbt. Verdünnte

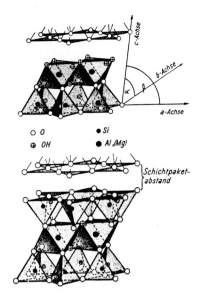

Abb. 80. Kristallstruktur des Kaolinits (oben) und des Montmorillonits (unten). Der Kaolinit ist zweischichtig aus einer Tetraeder- und einer Oktaederschicht aufgebaut, die starr miteinander verbunden sind (kristallographische Achsen eingezeichnet). Hingegen ist der Montmorillonit dreischichtig aufgebaut, und zwar liegt beiderseits der Oktaederschicht eine Tetraederschicht. Diese Schichtpakete sind dehnbar; es können zwischen die Schichtpakete Wasser und Ionen eingelagert werden (nach K. JASMUND 1955).

Salzsäure (Dichte 1,1) greift den Kaolinit praktisch nicht an, wohl aber konzentrierte Salzsäure. Die *Kristallstruktur* des Kaolinits ist zweischichtig, und zwar besteht eine Schicht aus $[SiO_4]$-Tetraedern und eine aus (AlO_6)-Oktaedern (Abb. 79 und 80). Diese so gebildeten Schichtpakete sind starr miteinander verbunden; der Abstand von Schicht zu Schicht beträgt 0,28 nm und der Basisabstand 0,72 nm. Da in den Elementarschichten des Kaolinits positive und negative Ladungen gleich sind, sind zwischen den Schichtpaketen keine Ionen zum Ladungsausgleich notwendig. Der schichtartige Aufbau bedingt die gute Spaltbarkeit. Obschon zwischen die Schichtpakete kein Wasser eingelagert werden kann, besitzt der Kaolinit ein gewisses Quellvermögen, das durch die Anlagerung von Wasser an der Oberfläche infolge freier Valenzen zustande kommt. Die Oberflächenkräfte bedingen auch die Sorption von Kationen (H, K, Na, Ca, Mg u. a.). Diese Kationen besitzen eine Wasserhülle, so daß

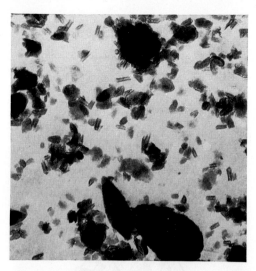

Abb. 81. Elektronenmikroskopische Aufnahme von (Meta-)Halloysit und Illit. Die Schichtpakete des (Meta-)Halloysits sind röhrchenartig aufgerollt. Diese Röhrchen sind verschieden groß und oft zerbrochen. Aus einer Braunerde aus Trachyttuff (B_v-Horizont) bei Andernach am Rhein (Neuwieder Becken).

auch dadurch eine Wasseranlagerung hervorgerufen wird. Die Hydratation der einzelnen Ionen ist verschieden groß, so daß die Wasseranlagerung auch von der Ionenart abhängig ist. Bei der Differentialthermo-Analyse erfolgt eine Entwässerung des Kaolinits, wobei zwischen 550 – 600° C ein endothermer Effekt auftritt und zwischen 900 – 950° C ein exothermer Effekt. Röntgenographisch ist dieses Tonmineral leicht identifizierbar (Abb. 84). Der Kaolinit ist das vorherrschende Mineral des Kaolins, das Rohprodukt für die Herstellung des Porzellans. Größere Vorkommen von Kaolin gibt es in der Oberpfalz, in Sachsen, in der Tschechoslowakei, in England, China und Japan.

Der *Dickit* und der *Nakrit* haben die gleiche chemische Zusammensetzung; sie unterscheiden sich nur durch zunehmende Gitter-Ordnung und Kristallgröße.

Zu den Zweischichtmineralen gehört auch der *Halloysit*, der sich chemisch nur durch einen höheren Gehalt an Wasser, das zwischen den Silikatschichten eingelagert ist und den Basisabstand auf 1,01 nm erhöht, unterscheidet; er hat die Formel $Al_2(OH)_4 [Si_2O_5] \cdot 2H_2O$. Der Halloysit ist monoklin, hat die Härte 1 – 2 und die Dichte 2,0 – 2,2. Bei 50° Erwärmung entweichen zwei Moleküle Wasser, wodurch der *(Meta-)Halloysit* entsteht, der chemisch die gleiche Zusammensetzung wie der Kaolinit hat. Eine Rückverwandlung des *(Meta-)*Halloysits in Halloysit durch Aufnahme von Wasser ist nicht möglich. Zwar besitzt der *(Meta-)*Halloysit die gleiche Struktur wie der Kaolinit; indessen liegen die Schichtpakete ungeregelt übereinander und sind röhrchenartig aufgerollt (Abb. 81). Die elektronenmikroskopisch gut sichtbaren Röhrchenkristalle sind aber kein verläßliches Indiz für (Meta-)Halloysit; es kann auch der Kaolinit gelegentlich aufgerollt sein. Die Röntgenanalyse gibt in solchen Fällen Sicherheit über die Natur des Minerals (Abb. 84).

Die *Smectite* bilden chemisch eine vielgestaltige Gruppe von dioktaedrischen und trioktaedrischen Dreischichtmineralen, denen man die allgemeine Formel $Al_2(OH)_2 [Si_4O_{12}] \cdot nH_2O$ mit Ca, Mg, Fe und Alkalien zuordnen kann, indessen ist die Zusammensetzung sehr wechselnd und ist abhängig von ihrer Entstehung. Ihre negative Ladung ist gering, so daß ihr Basisabstand stark aufweitbar ist, und zwar im Mg-gesättigten Zustand in Wasser auf etwa 2,0 nm, im ausgetrockneten Zustand beträgt der Basisabstand nur etwa 1,0 nm. Die einzelnen Elementarschichten innerhalb der Kristallblättchen zeigen eine gewisse Variation in der Ladung und damit auch in der Aufweitung, und diese ist neben dem relativen Wasserdampfdruck in erster Linie abhängig von der Art der Zwischenschicht-Kationen. Wenn z. B. letztere Na-Ionen sind, so kann die Aufweitung bis über 10,0 nm erhöht werden und dadurch das Dreischichtmineral aufblättern, d. h. der Zusammenhalt der Schichtpakete wird aufgehoben. Die Ursache liegt begründet in der gegenüber anderen Kationen stärkeren Hydratation der Na-Ionen. K-Ionen können hingegen die Schichtpakete der Smectite kontrahieren, und dies teils sogar bis zu einem irreversiblen Zustand. Die Smectite haben die geringe Härte von 1–2 und die niedrige Dichte von 2,5. Ihre Farbe ist vielfältig, und zwar gelb, grau, rosa oder blau sowie Übergänge zwischen diesen Farben. Das elektronenmikroskopische Bild zeigt unregelmäßig begrenzte, wolkenartige

Blättchen (Abb. 82). Auch röntgenographisch sind sie gut feststellbar (Abb. 84).

Für den Smectit stand bis vor mehreren Jahren der Begriff *Montmorillonit* (von Montmorillon in Frankreich), und bis heute ist nicht etwa einhellig der Name Montmorillonit durch Smectit ersetzt worden (J. MERING, in J. E. GIESEKING (Edit.), Vol. II, 1975); in der klassischen Mineralogie gilt noch der Begriff Montmorillonit (P. RAMDOHR und H. STRUNZ 1978). Nachdem der Begriff Smectit in der Bodenkunde vorherrschend gebraucht wird, werden nur noch die Mg-reichen Formen der Dreischichtminerale mit vorwiegend oktaedrischer Ladung als *Montmorillonit* bezeichnet. Die Al-reichen Dreischichtminerale mit vorwiegend tetraedischer Ladung gelten als *Beidellit* (von Beidell in Colorado) und die Fe^{3+}-reichen als *Nontronit*. In Böden aus basischen Magmatiten kommen oft Fe-reiche, beidellitische Montmorillonite vor. Die als *Bentonit* bezeichneten Lagerstätten gehören meistens zu den Montmorilloniten (Moosburg/Bayern, Wyoming/USA); sie werden als Adsorptionsmittel technisch verwendet.

Für den *Illit* (nach einem Vorkommen in Illinois genannt) kann man keine bestimmte chemische Formel angeben. Da die Illite überwiegend aus den primären Glimmermineralen entstehen, nämlich aus dem dioktaedrischen Muskovit mit der Formel $KAl_2 (Si_3Al) O_{10} (OH)_2$ und dem trioktaedrischen Biotit mit der Formel $K (Mg, FeII, MnII)_3 (Si_3Al) O_{10} (OH)_2$, kann man von dieser Zusammensetzung ausgehen, jedoch muß man stets gewisse Veränderungen unterstellen, die sich aus der Umwandlung ergeben. Wegen ihrer Verwandschaft mit Muskovit und Biotit werden die Illite auch glimmerartige Minerale genannt. Im allgemeinen zeigen die Illite gegenüber den beiden primären Glimmern infolge eines geringeren Kalium- und eines höheren Wassergehaltes einen schlechteren Kristallisationsgrad und eine geringere Korngröße ($< 2 \mu m$). Im einzelnen schwankt die chemische Zusammensetzung der Illite in Abhängigkeit von der Herkunft aus verschiedenen Glimmern, ferner vom Verwitterungsgrad oder auch von der Neubildung aus Verwitterungslösungen. Ferner muß bedacht

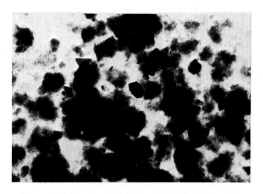

Abb. 82. *Elektronenmikroskopische Aufnahme von Smectit. Die wolkenartigen, unregelmäßig begrenzten Blättchen unterscheiden sich von anderen Tonmineralen relativ gut, wenn der Anteil von Smectit an der gesamten Tonsubstanz hoch ist. Bisweilen setzen sich die wolkenartigen Gebilde aus winzigen Kristalliten zusammen. Aus einem Vertisol bei Wad Medani in der Gezira (Sudan) (Probe von H. W. SCHARPENSEEL).*

werden, daß die Glimmer aus Sedimentgesteinen vielfach einen schlechteren Ordnungsgrad im Kristallgitter besitzen, was auf Verwitterung vor der Sedimentation oder auf Veränderungen im Sediment zurückzuführen ist. Die erste Stufe der Umwandlung primärer Glimmer stellt der *Hydroglimmer* dar, der größere Blättchen bildet.

Die Elementarschichten der Illite sind so oder ähnlich aufgebaut wie die des Smectites, d. h. eine Elementarschicht besteht aus einer Oktaederschicht und zwei auf beiden Seiten anlagernden Tetraederschichten. Zum Unterschied vom Smectit sind die Elementarschichten durch K-Ionen fest miteinander verbunden und infolgedessen nicht aufweitbar. Die K-Ionen halten die Elementarschichten aus folgenden Gründen fest zusammen: enge Anlagerung der K-Ionen an die O-Ionen; hohe permanente Ladung und damit hohe Ladungsdichte zwischen den Elementarschichten; hoher Anteil tetraedrischer Ladung, die etwa das Vierfache der oktaedrischen Ladung ausmacht. Wenn K-Ionen aus dem Illitgitter ausgetauscht und durch andere Kationen, wie Ca, Mg, Na und H, ersetzt werden, so wird gleichzeitig Wasser eingelagert und damit der Basisabstand vergrößert. Aus dem Aufbau des Kristallgitters ergibt sich, daß der Austausch der K-Ionen gegen an-

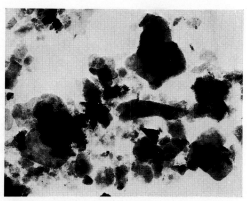

Abb. 83. Elektronenmikroskopische Aufnahme von Illit und Hydroglimmer. Die Blättchen von Illit und Hydroglimmer sind beide in Größe und Umriß vielgestaltig und daher elektronenmikroskopisch schwer oder nicht identifizierbar; die Röntgenanalyse muß zu Hilfe genommen werden. Aus holozänem Hochflutlehm (M-Horizont) des Rheins bei Bonn.

dere Ionen vom Rande und von Rissen her geschehen muß. Die Folge ist, daß die Aufweitung nach und nach vor sich geht, also zunächst die Elementarschichten nur teilweise und erst bei größerem Kaliumaustausch auch ein Teil der K-Zwischenschichten ganz aufweitbar werden. Dreischichtminerale mit völlig aufweitbaren Elementarschichten zählen nicht mehr zu den Illiten, sondern gelten definitionsgemäß bei einer Aufweitung der Mg-gesättigten Probe im Gleichgewicht mit Wasser von etwa 1,5 nm als Vermiculit, bei etwa 2,0 nm als Smectit. Sind die Dreischichtminerale teils randlich und teils ganz aufgeweitet bis zur Struktur des Vermiculites oder Smectites, so spricht man von Wechsellagerung und dementsprechend von *Wechsellagerungsmineralen.*

Durch den Entzug von Kalium aus dem Boden durch Auswaschung im humiden Klima und durch die Pflanzen verlieren die Illite mehr und mehr Kalium und nehmen im Austausch statt dessen andere Kationen und Wasser auf. Die Folge ist, daß die Illite des Bodens dadurch zunächst randlich aufweitbar werden. Werden solchen Böden K-Ionen, z. B. als Düngerkalisalze, gegeben, so wandern die K-Ionen gleichsam zurück in die Zwischenschichten; diese schließen sich wieder unter »Fixierung« des Kaliums. So erklärt sich die langsam fließende Kaliumquelle einerseits und Kaliumfixierung andererseits.

Der Illit läßt sich röntgenographisch (Abb. 84) relativ gut identifizieren (Basisabstand etwa 1,0 nm), dagegen schlecht mit Hilfe der Differentialthermo-Analyse. Das elektronenmikroskopische Bild des Illits zeigt unregelmäßig begrenzte, größere und kleinere Blättchen, die aber randlich nicht so stark zerfranst und wolkenartig sind wie beim Smectit (Abb. 83).

Die *Vermiculite* (von lat. vermis = kleiner Wurm, da dieses Tonmineral sich beim Erhitzen wurmförmig aufbläht) gehören zu den Dreischichtenmineralen. Sie können röntgenographisch definiert werden durch folgende Basisabstände: Im Mg-gesättigten Zustand in Glycerin auf etwa 1,4 nm und in Wasser auf etwa 1,5 nm aufweitbar und wird bei Zusatz von K-Ionen auf etwa 1,0 nm kontrahiert. Die Ladung der Vermiculite ist überwiegend tetraedrisch; sie ist höher als bei den Illiten und anderen glimmerartigen Mineralen. In den Zwischenräumen der Schichtpakete sind die Wassermoleküle als Sechserringe angeordnet, in welche die Zwischenschicht-Kationen eingelagert sind, die innerhalb dieser Sechserringe und mit den O-Ionen der Silikatschichten über Wasserstoffbrücken verbunden werden, wodurch der Zusammenhalt der Schichtpakete erhöht wird. Die Vermiculite sind grünlich bis bräunlich, kristallisieren monoklin, haben die Härte 1,5 und die Dichte 2,4; oft entstehen sie aus Biotit, wobei Fe^{2+} in Fe^{3+} übergeht und die negative Ladung abnimmt. Sie kommen auch als technisch bedeutsame Lagerstätten (Isoliermaterial) vor, z. B. in Libby/Montana (USA).

Die *Chlorite* (von gr. chloros = grün) sind grünliche trioktaedrische Dreischichtminerale, die als primäre Minerale in mannigfacher Zusammensetzung in den Metamorphiten vorkommen, vor allem im Chloritschiefer. Als charakteristisches strukturelles Merkmal besitzen sie eine Hydroxid-Zwischenschicht zwischen den Schichtpaketen, deren Basisabstand 1,4 nm beträgt (Abb. 84). Diese Hydroxid-Zwischenschicht wurde früher als vierte Schicht im Schichtpaket angesehen, und deshalb galten die Chlorite als Vierschichtminerale. In den Tetraedern ist Si^{4+} teils durch Al^{3+} ersetzt, was eine negative Ladung bedeutet. Andererseits ist in den meist trioktaedrischen Oktaederschichten Mg^{2+} teils durch Al^{3+} und F^{3+} ersetzt,

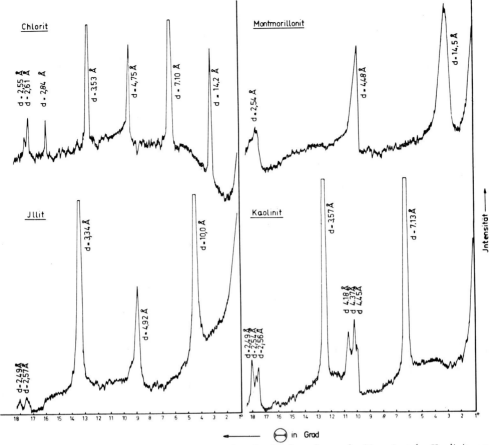

Abb. 84. Röntgendiagramm der in Sedimenten und Böden häufig auftretenden Tonminerale: Kaolinit von Illinois (USA); Illit von Strasburg, Virginia (USA); Montmorillonit vom Oeleberg bei Gießen; Chlorit von Chester, Vermont (USA).

was eine positive Ladung ergibt, jedoch ist insgesamt die Ladung der Silikatschichten negativ, und diese wird durch die positiv geladene Hydroxid-Zwischenschicht, die Mg, Al. Fe^{2+} und Fe^{3+} enthält, neutralisiert, d. h. Silikatschichten und Hydroxid-Zwischenschichten werden durch die gegensinnige Ladung miteinander verbunden; außerdem wird der Zusammenhalt durch H-Brücken zwischen OH-Gruppen der Hydroxidschichten und den O-Ionen der Tetraederschichten verstärkt. Die Chlorite kristallisieren monoklin-pseudohexagonal, sind nach den Basisflächen gut spaltbar, sind biegsam, aber nicht elastisch und besitzen eine Härte von nur 1–2,5.

Chlorite sind in sauren Böden als bodeneigene Tonminerale verbreitet und werden deshalb als *sekundäre Chlorite* oder Bodenchlorite bezeichnet. Sie entstehen im Boden dadurch, daß in aufweitbaren Dreischichtmineralen (Smectite, Vermiculite) eine meist unvollständige Al-Hydroxidschicht eingelagert wird. Dieser Vorgang beginnt mit einer inselförmigen Einlagerung von polymeren Hydroxy-Al-Kationen, wodurch aber relativ schnell der Basisabstand auf 1,4 nm fixiert wird und die Austauschkapazität sinkt. Die sekundäre Chloritisierung wird durch saure Bodenreaktion begünstigt.

Die *Übergangsminerale* und *Wechsellagerungsminerale* sind in den Böden häufiger zu erwarten als die oben schon beschriebenen reinen Tonmineral-Typen, die gleichsam Endglieder darstellen. Im Boden werden durch Verwitterung, Auswaschung, Nährstoffentzug durch die Pflanzen, Düngung und noch andere Vorgänge dauernd die Bedingungen der Tonmineral-Bildung geändert. Als Übergangsminerale

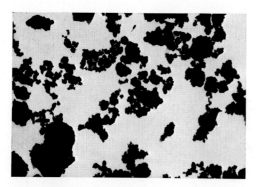

Abb. 85. Elektronenmikroskopische Aufnahme von Allophan. Es bildet kleine, oft rundliche Aggregate, die bisweilen die Gestalt kleiner Bällchen haben. Aus einer verwitterten, andesitischen Vulkanasche bei Tepohne (Neuseeland).

sind Vermiculite anzusehen, bei denen die Zwischenschichten z. T. durch Aluminiumoxide, möglicherweise auch durch Eisenoxide, besetzt sind. Dieses sind Übergangsminerale mit einem Basisabstand von 1,4 nm, die in sauren Böden häufig zu finden sind. Demgegenüber sind Wechsellagerungsminerale dann vorhanden, wenn z. B. beim Illit ein Teil der Elementarschichten ganz aufgeweitet und damit in Vermiculit-Elementarschichten übergegangen ist, so daß ein Wechsel von illitischen und vermiculitischen Elementarschichten vorliegt.

Es können aber auch Übergangs- und Wechsellagerungsminerale entstehen durch Bildung neuer, andersartiger Elementarschichten an vorhandene Tonminerale, indem neue Stoffe, wie Kieselsäure, Aluminium- und Eisenoxide sowie Erdalkali- und Alkaliionen durch Verwitterung frei werden und in das Bildungsmilieu zutreten. Sie können aber auch dadurch entstehen, daß Ionen aus den Oktaeder- und Tetraederschichten von Dreischichtmineralen herausgelöst werden. Die Unregelmäßigkeit des Aufbaues der Übergangs- und Wechsellagerungsminerale bedingt erhebliche Schwierigkeiten bei der Identifizierung mit den gebräuchlichen Methoden.

Als *Allophan* bezeichnete man früher, als man noch keine Kenntnis von den Tonmineralen hatte, die gesamte anorganische Feinsubstanz des Bodens, welche die Befähigung des Ionenaustausches besitzt. Als die Tonminerale entdeckt wurden, glaubte man zunächst, die ganze Feinsubstanz des Bodens sei kristallin. Indessen ist heute bekannt, daß ein Teil der Feinsubstanz des Bodens einen geringen Ordnungsgrad der Atome aufweist, so daß sie für Röntgenstrahlen amorph ist. Die Atome sind aber trotzdem in Tetraedern oder Oktaedern angeordnet, allerdings ist in den Tetraedern ein beachtlicher Teil des Si durch Al ersetzt, wodurch eine hohe negative Ladung der Allophane gegeben ist. Chemisch stellen die Allophane wasserreiche, sekundäre Aluminiumsilikate dar mit relativ hohem Anteil an Al, so daß das Verhältnis von Si zu Al niedrig ist. Die Allophane sind röntgenographisch nicht erfaßbar, auch die übrigen Methoden sind nicht verläßlich. Die beste Hilfe für ihre Identifizierung bietet das Elektronenmikroskop, das die Allophane als kleine, unregelmäßige, oft rundliche, teils zusammengeballte Aggregate ausweist (Abb. 85). Infolge der großen Oberfläche und der hohen negativen Ladung besitzen sie ein hohes Austauschvermögen. Allophan wird vor allem in jungen Böden aus Vulkanaschen gefunden, besonders sind solche allophanreichen Böden in Japan, Neuseeland und Chile studiert worden.

Eine nicht amorphe Substanz, der *Imogolit*, wurde ebenfalls in jungen Vulkanaschenböden, aber auch in dem B-Horizont von Podsolen des nördlichen Europas, entdeckt. Das elektronenmikroskopische Bild dieses Aluminiumsilikates zeigt eigenartige, vernetzte Röh-

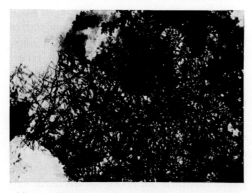

Abb. 86. Elektronenmikroskopische Aufnahme von Imogolit. Dieses Aluminiumsilikat zeigt sich als vernetztes Röhrengebilde. Aus einem B-Horizont eines Zwergpodsols in Norwegisch-Lappland (Probe von G. Jaritz).

rengebilde (Abb. 86). Es sind Anzeichen dafür vorhanden, daß bei der Alterung der Imogolit in Halloysit umgewandelt wird. Auch gibt es Beispiele für die Umwandlung von Allophan in Halloysit.

In Böden der Tropen, hauptsächlich in Roterden und Lateriten findet sich oft Hydrargillit (von gr. hydor = Wasser und gr. argilos = Tonerde), auch *Gibbsit* (von einem Personennamen) genannt. Es ist ein Trihydrat des Aluminiums mit der Formel $Al(OH)_3$. Der Gibbsit besteht aus schichtförmig angeordneten Oktaedern; im Mittelpunkt liegt das Al-Ion und an den Ecken die OH-Ionen. Er kristallisiert monoklin-prismatisch, bildet meist blätterige, schuppige, traubige oder kugelige Aggregate, ist sehr gut spaltbar nach der Basis, hat die Härte 2,5 – 3, die Dichte von 2,3 – 2,4 und ist weiß oder grau gefärbt. Er bildet den Hauptanteil des *Bauxits*. Röntgenographisch ist er gut feststellbar. Im elektronenmikroskopischen Bild zeigt er sich als kleine, rundliche Körnchen. In tropischen Böden findet man bisweilen auch geringe Mengen von *Böhmit* (γ-AlOOH) und *Diaspor* (α-AlOOH).

In Böden arider Klimate, z. B. in Ägypten und Südwestafrika, tritt hier und da der *Palygroskit* (früher Attapulgit) auf, der röntgenographisch gut faßbar ist und im elektronenmikroskopischen Bild als nadelförmiges Gebilde erscheint (Abb. 87).

(b) Entstehungsbedingungen der Tonminerale

Bei der Bildung von Tonmineralen sind zwei Wege möglich. Sie können durch Umbildung primärer Minerale entstehen, indem das Schichtgitter erhalten bleibt und nur bestimmte Ionen herausgelöst und durch andere Bausteine ersetzt werden. Ein gutes Beispiel dafür ist die Illitbildung aus Glimmern. Im zweiten Falle tritt ein völliger Zerfall der primären Minerale ein, es entstehen echte Ionenlösungen, aus denen je nach Reaktion und Lösungsgenossen neue Tonminerale kristallisieren. Entscheidend für die entstehende Tonmineralart sind also Reaktion und die in der Lösung befindlichen Ionen.

Abb. 87. Elektronenmikroskopisches Bild von Palygroskit. Er bildet gut ausgeformte, nadelförmige Kristalle. Aus einem Wüstenboden der Namib/ Südwestafrika (Probe von H. Scholz).

Im Laboratorium sind durch Synthesen aus Lösungen von Kieselsäure, Aluminiumverbindungen sowie K-, Mg- und Ca-Ionen die meisten Tonminerale hergestellt worden. Dabei kann mit höheren und niederen Temperaturen, unter höherem und normalem Druck gearbeitet werden. In jedem Falle erhält man Tonminerale, deren Ordnungsgrad allerdings verschieden ist. Mit höherer Temperatur und höherem Druck erhält man einen höheren Ordnungsgrad der Minerale.

Der *Kaolinit* bildet sich im entbasten und an Kieselsäure armen Milieu. Die großen Kaolinlager entstanden z. T. unter Braunkohlenschichten, so daß hierbei ein Einfluß von Huminsäuren auf das Bildungsmilieu anzunehmen ist. Große Mengen von Kaolinit entstehen in den tropischen und subtropischen Böden, in denen Entbasung und Kieselsäureabfuhr die Bedingungen für die Kaolinitbildung geschaffen haben. Wenn wir in den Böden Mitteleuropas und Räumen ähnlichen Klimas kaolinitreiche Böden finden, so stammen diese, oder wenigstens ein Anteil von ihnen, aus einer früheren geologischen Epoche mit tropischem oder subtropischem Klima. Ferner scheint die Bildung von Kaolinit in den Podsolen begünstigt zu sein.

Der *Halloysit* oder *(Meta-)Halloysit* wird in Böden aus rhyolithischen und trachytischen Aschen und Tuffen sowie in Roterden häufig gebildet, wogegen sich dieses dem Kaolinit verwandte Tonmineral sonst selten findet.

Die *Illite* gehen vorwiegend durch Verwitterung aus den Glimmern hervor. Nach der mechanischen Zerkleinerung im Verwitterungsprozeß werden zunächst in den Randzonen der Glimmerblättchen K-Ionen durch H_3O-Ionen ersetzt. Damit ist eine Wassereinlagerung und eine randliche Aufweitung der Zwischenschichten verbunden. Weiterer K-Verlust und Aufweitung der Zwischenschichten führt, wie schon ausgeführt, zur schichtweisen oder gänzlichen Bildung von Vermiculit oder Smectit.

Der K-Entzug aus den Glimmern und damit die Bildung von Illit, ist ein in unserem Klima zwangsläufiger Vorgang. Darum besitzen die Böden unseres gemäßigt warmen, humiden Klimas meistens dominant Illite. Ein anderer Weg der Illitbildung geht über den völligen Zerfall von primären Mineralen, hauptsächlich von Feldspäten, Feldspatvertretern, Pyroxenen und Amphibolen, vor sich. Hierbei wird das Silikatgitter der primären Minerale völlig zerstört und aus den Bausteinen entstehen u. a. auch Illite, z. T. über amorphe Zwischensubstanzen. Wichtig ist hierbei ein höheres pH und die Anwesenheit von ausreichend K-Ionen.

Der *Vermiculit* kann sich, wie gesagt, aus dem Illit bei starkem K-Verlust bilden. Er kann jedoch auch im basenreichen Milieu bevorzugt aus Amphibolen und Biotiten entstehen.

Der *Smectit* kann ebenfalls aus Illiten, aber direkt auch im basenreichen Milieu, bevorzugt aus basenreichen Magmatiten und Gesteinen ähnlicher Zusammensetzung entstehen. Feuchte Bildungsumstände scheinen günstig zu sein. Der Montmorillonit wird auch direkt aus basenreichen, vulkanogenen Wässern oder Dämpfen ausgeschieden.

Der Boden-*Chlorit* bildet sich in sauren Böden aus völlig aufgeweiteten Illiten, indem Aluminiumhydroxid in die Zwischenschichten eingelagert wird. Er könnte theoretisch aber auch direkt aus den Zerfallsprodukten der primären Minerale entstehen, indem Dreischichtminerale bei hoher Konzentration von Mg-Ionen gebildet werden und $Mg(OH)_2$ als positiv geladene Schicht an das dreischichtige Silikatsystem mit negativer Ladung angebaut wird. Ob dieser letzte Vorgang im Boden abläuft, kann nicht als sicher gelten angesichts der Tatsache, daß die Chlorite mit Hydroxidschicht in der Regel im Zuge der Metamorphose gebildet werden. Näher liegt die Annahme, daß nach dem Aufbau von Dreischichtmineralen bei höherem pH die Reaktion in den sauren Bereich umschlägt und dann Aluminiumhydroxid in die Zwischenschichten eingelagert wird.

Der *Hydrargillit* (Gibbsit) entsteht in Böden mit starker Kieselsäureabfuhr, wie das in Roterden und Laterit der Fall ist. Nicht zuletzt spielt hier die schnelle Zersetzung der organischen Substanz eine wichtige Rolle, wobei reichlich Kohlensäure entsteht. Diese bildet mit den aus den Feldspäten durch Verwitterung freiwerdenden Alkalien Alkalikarbonate, welche die Wegfuhr der Kieselsäure beschleunigen.

Der *Palygroskit* wurde vorwiegend in den feuchten Pfannen arider Gebiete gefunden. Es ist unklar, ob er an diesem Fundort gebildet wurde oder in der trockeneren Umgebung und dann in die Depressionen hineingespült wurde. Im elektronenmikroskopischen Bild zeigt sich dieses Tonmineral als gut geformte Nadeln (Abb. 87).

3. Wichtigste Sedimentgesteine

Die Sedimentgesteine haben allein schon deshalb für die Bodenkunde große Bedeutung, weil sie rund 75 % der Erdoberfläche bedecken, indessen sind sie jedoch nur mit 5 % am Aufbau der Erdrinde beteiligt, da sie in diese nicht tief abtauchen. Wegen ihrer Bedeutung für die Bodenkunde ist eine hinreichende Beschreibung nötig.

Wie oben schon ausgeführt, kann man die Sedimentgesteine nach ihrer Entstehung und ihrem Stoffinhalt in drei Gruppen aufteilen: klastische Sedimente oder Trümmersedimente, chemische Sedimente, biogene Sedimente.

Die Sedimentgesteine sind sekundäre Gesteine; sie enstanden ursprünglich alle durch Verwitterung von Magmatiten und Metamorphiten. Im Laufe der Erdgeschichte lieferten aber auch ältere Sedimentgesteine das Material für jüngere. Dieser Stoffkreislauf Gesteinsbildung

Tab. 16: Einteilung der klastischen Sedimente nach Korngröße und Kornform

Korn ϕ in mm	Lockergesteine	Festgesteine			
> 200	Blöcke				
200–20	Schutt (eckig), Geröll (gerundet)	grobe	} Breccie (eckig)	grobes	} Konglomerat (rundlich)
20–2	Grus (eckig), Kies (gerundet)	feine		feines	
2–0,2	Grobsand	Grober Sandstein			
0,2–0,06	Feinsand	Feiner Sandstein			
0,06–0,002	Schluff oder Silt	Siltstein			
< 0,002	Ton	Tonstein, Schieferton (feinplattiger Tonstein), Tonschiefer			

→ Verwitterung → Sortierung → Ablagerung → Gesteinsbildung ist stets im Gange, so daß ein Quarzkorn schon mehrmals Bestandteil eines Gesteins gewesen sein kann.

Bei der Verwitterung entstehen feste und gelöste Produkte. Letztere werden vom Wasser weggetragen und bilden irgendwo den Stoff für chemische oder auch biogene Sedimente. Die festen Stoffe, also das zertrümmerte Gestein, bleiben am Ort der Verwitterung liegen oder werden von den Medien Wasser, Eis oder Wind verfrachtet und wieder abgesetzt. So entstehen die Trümmergesteine, so genannt, weil sie aus Gesteinstrümmern bestehen, auch klastische (von gr. zerbrechen) Sedimente oder mechanische (weil nur mechanisch zerkleinert) Sedimente genannt.

(a) Klastische Sedimentgesteine

Bei den klastischen Sedimenten wird eine Einteilung nach der Korngröße und bei den größeren Körnern auch nach der Kornform getroffen. Eine Übersicht gibt die Tabelle 16. Die klastischen Sedimente können locker sein, d. h. die Körner sind nicht miteinander verbunden; man nennt sie lockere Sedimente oder *Lockersedimente* (Tab. 16). Die Körner der klastischen Sedimente können aber auch durch ein Bindemittel, wie Kalk, Kieselsäure, Ton und Eisenhydroxid, miteinander verkittet und verfestigt sein, ein Vorgang, der *Diagenese* genannt wird. Unter Diagenese (von gr. dia = nach und genesis = Entstehung) versteht man die chemische und physikalische Veränderung eines Gesteins nach seiner Sedimentation, vor allem die Verfestigung. Die verfestigten Sedimente werden im Gegensatz zu den Lockergesteinen als feste Gesteine oder *Festgesteine* bezeichnet (Tab. 16). In der Tabelle 17 ist die Einteilung der klastischen Sedimente anders angeordnet und erweitert (Bindemittel und Minerale).

Die klastischen Sedimente mit der Korngröße 200 – 2 mm ϕ werden unter der Bezeichnung *Psephite* (von gr. psephis = Kiesel) zusammengefaßt (Tab. 17). Die gröbere Fraktion von 200 – 20 mm ϕ wird als *Schutt* bezeichnet, wenn es sich um ein Haufwerk von lockeren, eckigen Steinen handelt, z. B. Gehängeschutt. Ist der Schutt zu einem festen Gestein verbacken, so wird die Bezeichnung *grobe Breccie* (von ital. breccia = Geröll, vielleicht von deutsch »brechen« abgeleitet) angewendet. Abgerundete, lose Steine der gleichen Größe nennt man *Gerölle* (da sie vom fließenden Wasser abgerollt und abgerundet sind), auch Schotter; durch eine Bindemasse verfestigte Gerölle stellen ein *grobes Konglomerat* (von lat. conglomerare = zusammenhäufen) dar (Taf. 6). Die feinere Fraktion der Psephite von 20 – 2 mm ϕ wird *Grus* genannt, wenn die Steinchen kantig und lose sind. Sind aber die Grusteilchen durch ein Bindemittel miteinander verkittet zu einem festen Gestein, so haben wir es mit einer *feinen Breccie* zu tun. Für abgerundete, lose Steinchen dieser Größe wird die Bezeichnung *Kies* gebraucht; ist dieser zu einem festen Gestein verbacken, so handelt es sich um ein *feines Konglomerat*. *Blöcke* bilden allein keine zusammenhängende Gesteinsmasse, wohl können sie in Gerölle oder Konglomerate eingebettet sein.

Tab. 17: Einteilung der klastischen Sedimente nach Korngröße, Kornform, Bindemittel und Mineralen

Lockere (l) und verfestigte Sedimente (f) sind, soweit gebräuchlich, unterschieden.

Klastische Sedimente (Mechanische Sedimente, Trümmergesteine). Aus den ± zerkleinerten Trümmern älterer Gesteine aufgebaut.

I. *Psephite.* Grobkörnige Trümmergesteine. Korndurchmesser > 2 mm.
  1. Schutt (l) – Breccie oder Bresche (f) mit eckigen Gesteinsbrocken.
  2. Kies (l) – Konglomerat (f) mit gerundeten Geröllen

II. *Psammite.* Mittelkörnige Trümmergesteine. Korndurchmesser 2–0,06 mm. Sand (l) – Sandstein (f). Weitere Unterscheidung
  a) nach der Art des Bindemittels: Kalksandstein, toniger Sandstein, eisenschüssiger Sandstein, kieseliger Sandstein, Quarzit;
  b) nach der Art der Nebengemengteile: Arkose (wenig verfestigter, oft buntfarbiger Feldspatsandstein), Grauwacke (fester, grau gefärbter Feldspatsandstein), Grünsandstein (mit Glaukonit).

III. *Pelite.* Feinkörnige Trümmergesteine. Korndurchmesser < 0,06 mm. Ton (l), Schieferton (l–f), Tonschiefer (f), Siltschiefer (f).

Für die klastischen Sedimente mit der Korngröße von 2 – 0,06 mm $\varnothing$ wird die Sammelbezeichnung *Psammite* (von gr. psammites = sandig) gebraucht (Tab. 17). Man teilt diese auf, soweit sie unverfestigt sind, in *Grobsand* mit einer Korngröße von 2 – 0,2 mm $\varnothing$ und in *Feinsand* von 0,2 – 0,06 mm $\varnothing$. Sind die Sandkörnchen durch ein Bindemittel verkittet, so liegt ein *Sandstein* vor (Taf. 6), wobei man entsprechend den genannten Korngrößen *grobkörnigen* und *feinkörnigen Sandstein* unterscheiden kann.

Die Korngrößen unter 0,06 mm $\varnothing$ bilden die *Pelite* (von gr. pelos = Schlamm, Tab. 17).

Sie können unterteilt werden in die Korngrößen von 0,06 – 0,002 und < 0,002 mm $\varnothing$. Der ersteren Fraktion entspricht im lockeren Zustand der *Silt* oder *Schluff*, im verfestigten der *Siltstein*. Die Korngröße < 0,002 mm $\varnothing$ bildet den *Ton*, wenn die Masse nicht verfestigt ist und deshalb ein Lockergestein vorstellt. Stellt die Feinsubstanz < 0,002 mm $\varnothing$ ein Festgestein dar, so ist es ein *Tongestein*, oder Tonstein genannt, bei feinplattiger Ausbildung ein *Schieferton* und wenn es geschiefert ist, ein *Tonschiefer* (Taf. 6), der aber auch wegen der Schieferung als schwach metamorphes Gestein angesehen werden kann.

Eine Einteilung der klastischen Sedimente nach der Körnung allein reicht nicht aus. Auch für den natürlichen Nährstoffgehalt des Bodens ist es sehr wichtig, wie das klastische Sediment *stofflich* beschaffen ist. Eine zusätzliche stoffliche Charakterisierung ist im einzelnen schwierig, indessen ist aber heute in großen Zügen die stoffliche Zusammensetzung der wichtigsten klastischen Sedimente bekannt.

Die *Psephite* enthalten selten Steine einer Art, vielmehr handelt es sich meistens um ein Gemisch von Gesteinsstücken verschiedener stofflicher Zusammensetzung. Zudem kann das feinere Material, das lose zwischen den Gesteinsstücken liegt oder diese fest miteinander verbindet, sehr verschiedener stofflicher Art sein. Es gibt z. B. Konglomerate im Rotliegenden und im Buntsandstein, die überwiegend aus quarzreichen Sandsteingeröllen mit quarzreichem Bindemittel bestehen, und aus welchen mithin steinige, sandige, nährstoffarme Böden entstehen. Demgegenüber gibt es aber auch Psephite, aus denen lehmig-sandige, nährstoffreichere, wenn auch steinhaltige Böden entstehen, z. B. solche aus dem Würm-Schotter Süddeutschlands.

Die *Psammite* enthalten neben Quarzkörnern verschiedene Quantitäten an Silikaten. Sande des Tertiärs und der Kreideformation sind oft sehr quarzreich, teils praktisch reine *Quarzsande*, so daß die Eignung für die Glasherstellung *(Glassand)* gegeben ist. Im Tertiär gibt es aber auch schwach tonige Sande, die speziell für die Herstellung von Gußformen *(Formsand)* in der Eisengießerei verwendet werden. Die pleistozänen, glazigenen Sande Norddeutschlands, ebenso die Sande aus der Granitverwitterung arider Gebiete sind sehr *silikatreich*. Aus diesen Sanden entstehen nährstoffreichere, anlehmige Sandböden, die für den Waldbau sehr geeignet sind; natürlich muß das Klima dies gestatten. Sande mit hohem Glimmergehalt nennt man *Glimmersande* oder *Silbersande;* sind es goldglänzende Biotitblättchen, so wird auch die Bezeichnung *Goldsand* gebraucht. Meistens handelt es sich um Muskovit, der nur sehr langsam verwittert und Nährstoffe frei gibt. Die festen Psammite können natürlich auch verschiedene Mengen an Quarz und Silikaten enthalten. Silikatreiche Sandsteine, auch fest zusammengebackener Grus aus Granit nennt man *Arkose* (franz. Lokalname); aus dieser entstehen lehmig-sandige oder sogar sandig-lehmige Böden. Einen feldspatreichen Sandstein stellt auch die meist in älteren Formationen reichlich vorkommende Grauwacke (Wacke = fester Stein) dar. Sie ist meist feinkörnig und enthält bisweilen auch kleine Trümmer anderer Gesteine (Tonschiefer, Phyllit, Quarzit). Im Paläozoikum Mitteleuropas liegen die harten Grauwacken im Wechsel mit weicheren Schiefern; Verwitterung und Abtrag haben sie als Härtlinge herauspräpariert. Demgegenüber gibt es Sandsteine, die fast nur Quarzkörner enthalten; aus diesen bilden sich sandige, nährstoffarme Böden. Dies trifft zu für bestimmte Sandsteine des Buntsandsteins, des Keupers und der Kreide. Sehr wichtig für die stoffliche Eigenart der festen Psammite ist das Bindemittel, welches die Körnchen fest miteinander verbindet. Das Bindemittel kann kalkig sein; in diesem Falle liegt ein *Kalksandstein* vor, aus dem basenhaltige Sandböden entstehen, die natürlich im Zuge fortschreitender Bodenbildung entkalkt werden. Wenn das Bindemittel toniger Art ist, so handelt es sich um einen *tonhaltigen Sandstein*, aus dem normalhin ein lehmig-sandiger Boden entsteht, dessen Nährstoffgehalt von der stofflichen Art der Tonmasse abhängt. Die Körner des Sandsteins können aber auch weitgehend von Eisenoxidhydrat zusammengebacken sein (Taf. 6). Nur bei hohem Gehalt an Eisen spricht man von *Eisensandstein,* wie er z. B. im Dogger vorkommt. Aus ihm entstehen, wenn ausreichend Tonsubstanz vorhanden ist, Böden mit sehr stabilem Gefüge, welches durch die starke Flockungswirkung des Eisens bedingt wird. Örtlich kann das Eisen im Sandstein, z. B. im Buntsandstein, durch organische Stoffe reduziert sein, wodurch grünlich-graue Flecken entstehen. Streifige oder fleckige Sandsteine nennt man *Tiger-* bzw. *Leopardensandstein*. Hat Kieselsäuresol die Quarzkörnchen zu einem dichten, sehr harten Gestein verbunden, so liegt ein *Quarzit* vor. Diese Durchtränkung mit Kieselsäuresol ist oft nicht vollkommen; in diesem Falle spricht man von *quarzitischem Sandstein.*

Die Psammite enthalten neben Quarz und den häufigsten Silikaten meistens auch geringe Mengen von selteneren Mineralen, wie Zirkon, Granat, Rutil und Apatit. Auch können sich dabei Minerale befinden, welche die so wichtigen Spurenelemente für die Ernährung der Pflanzen enthalten, z. B. Kobalt, Kupfer, Molybdän u. a. Es kommt auch vor, daß in Sanden bestimmte seltenere Minerale relativ angereichert sind, z. B. Magnetit, Granat, ja sogar Gold und Diamant. Sind es größere Mengen, so kann auch der Sand nach dem relativ angereicherten Bestandteil genannt werden, z. B. *Magnetitsand* und *Granatsand*. Psammite können aber auch Konkretionen verschiedener Stoffe enthalten, z. B. von Kalk, Eisen, Ton (Tongallen), Gips und Baryt. Die Konkretionen bestehen nicht nur aus dem betreffenden Verfestigungsmittel, sie enthalten auch das psammitische Material. Sie sind meistens kompakt, können aber auch hohl sein. Eine hohle Konkretion mit einem losen Kern, um den sich die Konkretion bildete und der beim Schütteln der Konkretion klappert, nennt man auch *Klapperstein.*

Meistens sind die lockeren und festen Psammite geschichtet, und zwar häufig schräg (Schrägschichtung), was auf die Ablagerung durch Wasser oder Wind zurückzuführen ist, worüber schon Ausführungen gemacht wurden. Die Sandsteine sind meistens bankig ausgebildet; dies beruht auf einem Wechsel in der Körnung. Besonders gut werden Sandsteinbänke durch dünne Tonschichten (Tonbestege in der Bergmannssprache) oder dünne Glimmerlagen getrennt. In der Farbe zeigen die Psammite große Mannigfaltigkeit; von weiß über gelb, braun, rot bis schwarz kommen alle Farben vor, wenn auch gelblichgraue und rötliche überwiegen.

Die *Pelite* umfassen die Siltsteine und Tonsteine. Meistens treten Silt und Ton in Mischungen auf. Überwiegt eine dieser Komponenten, so gibt diese den Namen.

Siltsteine herauszustellen, ist vom bodenkundlichen Standpunkt besonders wichtig, da bei Überwiegen von Silt die Bodenmasse schlecht zusammenhält und leicht erodierbar ist. Ferner wird das Wasser im Siltboden kapillar leicht bewegt, was sich einerseits nützlich für die Wasserversorgung der Pflanzen aus den Reserven des Untergrundes auswirkt, andererseits aber nachteilig im Untergrund von Straßen, weil der Silt die Eislinsenbildung (Auffrieren) begünstigt. Wassergetränkt und unter Druck fließt der Silt zum Ort geringeren Druckes und bildet so den in der Bodenmechanik gefürchteten *Fließ*. Der überwiegende Teil der Siltkörnchen ist Quarz, daneben sind mehr oder weniger Silikate beteiligt. Zu den Silt-Lockergesteinen gehören viele Bodenarten der Marsch, die in der Entwässerung und Bodenbearbeitung schwierige Probleme aufgeben. Ferner sind zu den Silt-Lockergesteinen zu zählen der kalkhaltige *Löß*, der entkalkte *Lößlehm* sowie der *Sandlöß*, der in Norddeutschland Flottlehm (etwas bindiger) und Flottsand (etwas sandiger) genannt wird. Auch der in Seen abgesetzte Staub, der *Seelöß*, gehört hierher. Zu den festen Siltgesteinen gehören siltkörnige Schiefer des Paläozoikums, die in der Vergangenheit einfach unter der Bezeichnung Schiefer liefen, siltkörnige Gesteine des Keupers u. a. Auf der Nordinsel von Neuseeland haben die Siltsteine zahlreiche kleine Erdschlipfe verursacht. Eine eigenartige Erscheinung in Silt-Lockergesteinen und in Verwitterungsmassen von Silt-Festgesteinen ist die *Tunnelerosion*, eine unterirdische Erosion, die sich in tunnelartigen Hohlräumen vollzieht und ihren Anfang in kleinen Hohlräumen von Bodenwühlern und verfaulten Wurzeln nimmt.

Die *Tonsteine*, die vorwiegend Teilchen $< 0{,}002$ mm $\emptyset$ enthalten, gibt es als Ton-Lockergesteine und Ton-Festgesteine. Die Tonsteine der jüngeren Formationen (Tertiär, Pleistozän) sind mindestens halbfest, so die *kaolinitreichen Tone* des Tertiärs und die *Bändertone* oder *Warventone* des Pleistozäns. Letztere sind die aus Moränen ausgespülten und in Glazialseen oder Buchten (mit Strömungsabnahme) von Schmelzwasser abgesetzten Tone, die im Sommer und Winter in unterschiedlichen Mengen abgesetzt und dadurch gebändert wurden. Es wäre zweckmäßig, diese halbfesten Tone mit dem Begriff *Halbfeste Tonsteine* zusammenzufassen. Farbige, oft rote, blättrige Tone nennt man *Letten*, z. B. der Feuerletten des Keupers. Es sind Ausnahmen, wenn Tone älterer Formationen nicht verfestigt sind, z. B. die kambrischen Tone des Baltikums. Die Tonsteine des Holozäns, die in Flußtälern öfter auftreten, z. B. in der Wische der Elbniederung, sind nicht verfestigt. Auf dem Untergrund der Binnenseen und der Ozeane ist der Ton als Lockergestein sehr verbreitet, z. B. der *rote Tiefseeton*.

Feste Tonsteine sind sehr verbreitet in allen Formationen, in Europa sind wichtig die Tonschiefer des Paläozoikums (bis Unterkarbon einschließlich), die Schiefertone des Oberkarbons und des Perms, die festen Tone des Mesozoikums, vor allem die des Juras und der Kreide, die besonders in England große Verbreitung haben.

Die Tonsteine enthalten oft Kalk; ist der Kalkgehalt höher, so spricht man von *Tonmergel*. Die Grenze zwischen kalkhaltigem Ton und Tonmergel wird nicht einheitlich gesehen, man sollte sie bei 20 oder 30 % $CaCO_3$ festlegen. Indessen käme man dann mit älteren Begriffen in Konflikt. Z. B. wird die Grundmoräne Norddeutschlands mit im Durchschnitt 8 – 12 % $CaCO_3$ petrologisch als *Geschiebemergel* bezeichnet. Ferner gilt der Löß mit etwa 20 % $CaCO_3$ als Mergel. Solche Unstimmigkeiten sind aber in der Entwicklung der Wissenschaft unvermeidlich.

In gewissen Tonen gibt es auch Konkretionen, die vielfach von Eisenoxidhydrat gebildet sind und *Geoden* (von gr. geodes = erdartig) genannt werden. Der Septarienton des Oligozäns in Norddeutschland enthält Kalk-Konkretion, die im Inneren radial durch Risse aufgeteilt sind, deshalb gekammert erscheinen und *Septarien* (von lat. septum = Scheide, Schranke) genannt werden. Diese radiale Rissebildung

Tab. 18: *Die mittlere mineralogische Zusammensetzung aller Sedimente (nach G. LINCK und H. JUNG)*

Quarz 30 %	Feldspäte 9 %	Chlorit 2 %
Glimmer 23 %	Carbonate 8,5 %	Wasser 2 %
Tonminerale 17,5 %	Fe_2O_3 5,5 %	Rest 2,5 %

zeigt auch z. T. das Innere der Lößkonkretionen oder *Lößkindel*.

Die *stoffliche Zusammensetzung* der *Tonsteine* ist sehr verschieden. In großen Zügen enthalten sie folgende Minerale bzw. Stoffe:
1. Primäre Minerale (Quarz, Feldspäte, Glimmer, Pyroxene, Amphibole u. a.), besonders hervorgehoben seien die Schwerminerale, wie Zirkon, Turmalin, Apatit, Granat und Erze.
2. Tonminerale, die teils vor der Sedimentation und teils im Sediment gebildet sein können.
3. Neubildungen im Sediment, wie Pyrit, Carbonate, Sulfate, Glaukonit u. a. 4. Reste von Organismen, wie Kalk- und Kieselgerüste oder Teile davon, ferner organische Substanz. G. LINCK und H. JUNG führen in der Tabelle 18 die mittlere mineralogische Zusammensetzung aller Sedimente auf.

Diese Tabelle kann nur einen Überblick über die vorherrschenden Minerale geben. Für die Beurteilung des Nährstoffgehaltes der Sedimentgesteine und der aus diesen entstandenen Böden macht die chemische Zusammensetzung eine unmittelbare Aussage. Ein auch nur annähernd ausreichendes Bild über die chemische Zusammensetzung der Sedimentgesteine zu geben, scheitert an ihrer Mannigfaltigkeit. Es ist hier nur möglich, von einigen charakteristischen, weitverbreiteten Sedimenten chemische Analysen anzugeben, was mit Tabelle 19 geschieht. In dieser Tabelle sind zwar überwiegend, aber nicht nur, klastische Sedimente aufgeführt.

(b) Chemische Sedimente

Nach der Entstehung können die chemischen Sedimente, auch minerogene Sedimente genannt, aufgeteilt werden in Ausfällungsgesteine, die aus einer Lösung ausgefällt werden, und Eindampfungsgesteine, die aus einer Lösung durch Verdampfen des Wassers zurückbleiben (Tab. 20).

Tab. 19: *Chemische Zusammensetzung einiger Sedimente (Gew.-%)*
(aus F. SCHEFFER und P. SCHACHTSCHABEL 1979)

Sediment	Flugsand	Löß	Ton	Moräne	Sandstein	Grauwacke	Kieselschiefer	Kalkstein
Geologisches Alter	Holozän	Pleistozän	Oberer Buntsandstein	Pleistozän	Unterer Buntsandstein	Kulm	Kulm	Unterer Muschelkalk
Herkunft	Celle	Harzvorland	Jena	Holstein	Heidelberg	Harz	Harz	Göttingen
Analyse (s. unten)	(1)	(2)	(3)	(1)	(4)	(2)	(4)	(5)
SiO_2	96,8	68,0	54,7	64,2	79,5	69,0	94,0	4,1
Al_2O_3	1,3	7,8	15,1	6,3	9,2	11,0	2,6	1,2
Fe_2O_3	0,2	1,8	4,4	3,2	3,6	2,6	0,1	0,7
FeO	—	0,4	—	—	0,1	1,3	0,7	—
MgO	0,1	1,5	3,5	1,0	0,7	4,0	0,4	0,8
CaO	0,1	6,9	3,4	9,7	0,1	1,5	1,3	51,7
Na_2O	n. b.	1,2	0,9	0,7	0,2	3,9	0,4	0,2
K_2O	1,1	2,1	4,8	2,1	4,5	1,7	0,6	0,6
CO_2	—	6,3	3,3	7,7	0,1	1,5	—	40,6
Org. Subst. und H_2O	0,5	1,3	8,0	2,4	1,7	2,3	1,8	0,4

Nach Analysen von E. SCHLICHTING und H. P. BLUME (1), H. SCHUMANN (2), P. SCHACHTSCHABEL (3), H. ROSENBUSCH und A. OSANN (4), E. BLANCK (5).

Die chemischen Sedimente stammen von den Stoffen, die bei der chemischen Verwitterung in Lösung gehen, mit dem Wasser fortgeführt und an anderer Stelle, oft weit entfernt vom Ursprungsort, wieder abgesetzt werden. In dieser genetischen Betrachtung schließt man die *Böden* als Rückstand oder *Rückstandsgestein* der chemischen Verwitterung ein (Tab. 20). Zu dieser Gruppe von Sedimenten gehören auch Schnee und Eis.

Tab. 20: Einteilung der chemischen Sedimente

Sie entstehen durch chemische Vorgänge: I. Auswaschung, II. Ausfällung, III. Eindampfung.

I. *Rückstandsgesteine.* Unlöslicher Rückstand der chemischen Verwitterung.
   Böden.

II. *Ausfällungsgesteine.* Aus übersättigter Lösung ausgefällt.
   1. Kalkstein, Hauptbestandteil $CaCO_3$.
      Weitere Gliederung nach Kornform und -größe:
      Oolithkalk,   Mergel (Gemenge von
      dichter Kalk, Ton und Kalk),
      spätiger Kalk, Sandmergel.
   2. Dolomit, Hauptbestandteil $CaMg(CO_3)_2$.
      Bitterkalk oder dolomitischer Kalk (Gemenge von Kalk und Dolomit),
      Bittermergel oder dolomitischer Mergel (Gemenge von Dolomit und Ton).
   3. Phosphate, metasomatische Phosphate, oolithischer Phosphorit.
   4. Eisensedimente, Hauptbestandteil Eisenverbindungen.
      Eisenoolith.

III. *Eindampfungsgesteine.* Aus eingedampfter Lösung ausgeschieden.
   1. Gips und Anhydrit, Hauptbestandteil $CaSO_4 \cdot 2H_2O$ bzw. $CaSO_4$.
   2. Steinsalz (Halit), Hauptbestandteil NaCl.
      Sylvinit KCl, NaCl.
   3. Kali-Magnesiasalze.
      Sylvin KCl
      Carnallit $KCl \cdot MgCl_2 \cdot 6H_2O$
      Kieserit $MgSO_4 \cdot H_2O$
      Kainit $KCl \cdot MgSO_4 \cdot 3H_2O$
      Langbeinit $2MgSO_4 \cdot K_2SO_4$
      Bischofit $MgCl_2 \cdot 6H_2O$
      Polyhalit $2CaSO_4 \cdot MgSO_4 \cdot K_2SO_4 \cdot 2H_2O$
      Hartsalz = NaCl, KCl, $MgSO_4 \cdot H_2O$

(1) Ausfällungsgesteine

Die Ausfällungsgesteine sind vorwiegend Carbonate und Hydrate. Die Carbonate treten weit überwiegend in der Modifikation des *Calcits* auf, seltener als Aragonit, noch weniger als *Gel* oder als hexagonal kristallisierter, radialfaseriger *Vaterit* (nach einer Person genannt). Calcit ist die beständigste Form (Tabelle 20).

Der *Kalksinter* (von altnord. sindr = Schlacke) oder *Travertin* (von lat. lapis tiburtinus, d. h. Stein von Tibur in Latium), früher auch Kalktuff (von lat. tofus = poröser Stein) genannt, wird in kalkhaltigem Süßwasser im allgemeinen unter Beteiligung von Pflanzen abgeschieden, indem die Pflanzen aus dem gelösten Ca-Hydrogencarbonat das CO_2 entnehmen und das $CaCO_3$ zur Ausfällung bringen. Druckentspannung und Temperaturerhöhung können aber auch das Freiwerden von CO_2 bewirken. Die in Frage kommenden Pflanzen sind meistens Höhere Wasserpflanzen, es können aber auch Niedere Pflanzen, wie Algen und Bakterien, sein; sie werden von dem Sinter inkrustiert. Zunächst ist der Sinter locker und sandartig, später wird er fest, bleibt aber porös. Bei der Verkarstung wird nicht nur Kalk gelöst, sondern auch Sinter abgesetzt. Teils sind die Kalksinterabscheidungen mächtig und als leicht schneidbarer Baustein sehr begehrt, wie der im Tibertal bei Tivoli ein wichtiger Baustein Roms wurde.

Die *Pisolithe* (von lat. pisum = Erbse und gr. lithos = Stein) oder Erbsensteine werden aus warmen, CO_2-haltigen Quellen ausgeschieden, bilden zunächst erbsenartige, schalige und radialfaserige Gelkügelchen, die später in Aragonit übergehen; sie sind meist erbsengelb. Ein bekannter Pisolith ist der *Karlsbader Sprudelstein*.

Der *Lithographische Schiefer* (von gr. lithos = Stein und graphein = schreiben) ist ein gleichmäßiger, sehr feinkörniger, reiner, schwach gelblich gefärbter, feinplattiger Kalkstein des Malm bei Solnhofen; deshalb auch Solnhofener Schiefer genannt. Er ist in limnischen Meeresbecken ausgefällt worden, enthält sehr gut erhaltene Fossilien und wird (oder wurde) für den Steindruck, Tischplatten, Wandbekleidung,

Fußbodenbelag, örtlich für Dachbedeckung usw. verwendet.

Die *Oolithe* (von gr. oon = Ei und lithos = Stein) oder *Rogensteine* (ähnlich dem Fischrogen) entstehen in warmen, mehr oder weniger abgeschlossenen Meeresbuchten (Rotes Meer, Meerbusen von Florida), in abflußlosen Seen (Salzpfannen der Kalahari), in welchen ein reiches organisches Leben ist. Bei der Zersetzung organischen Materials entstehen $(NH_4)_2CO_3$, Na_2CO_3 und CO_2. Diese Carbonate setzen sich mit dem $CaSO_4$ des Wassers in $CaCO_3$ und entsprechende Sulfate um. Zunächst bildet sich um ein Muschelbruchstückchen oder ein Sandkorn ein Gelkügelchen, das durch Alterung zu Aragonit kristallisiert. Erst später erfolgt unter dem Einfluß von CO_2-haltigem Süßwasser die Umbildung in Calcit. Die Oolithe haben den Durchmesser von einem bis mehreren Millimetern. Sie können durch Kalkschlamm miteinander fest verkittet oder auch mit Sand zu einem *oolithischen Sandstein* verfestigt sein. Die Oolithbildung ist chemisch kompliziert; meistens sind Algen bei ihrer Entstehung beteiligt. Oolithe gibt es in einigen Formationen des Mesozoikums.

In den Binnenseen oder Tälern von Gebieten, die aus kalkhaltigen Gesteinen aufgebaut sind, wie z. B. die junge Grundmoränenlandschaft Norddeutschlands, kann amorpher *Kalkschlamm*, teils mit Tonschlamm vermischt, zur Ablagerung kommen, der als *Seekreide* bekannt ist. Dieser Kalk in Gelform kann unter dem Einfluß von CO_2-haltigem Wasser in Calcit umgewandelt werden. Solche Kalke können als Düngekalk und, wenn sie rein sind, als Mörtelkalk in der Bauindustrie Verwendung finden.

Offenbar kann sich aber auch Calciumcarbonat im litoralen Bereich des Meeres unter der Mitwirkung von Faulschlamm zunächst amorph niederschlagen, wird dann aber unter Beteiligung von CO_2-haltigem Wasser in Calcit umgewandelt. Dabei entstehen bisweilen sägeförmige Calcitfasern, die wie Tüten aussehen, weshalb dieser Kalk den Namen *Tutenkalk*, und wenn mit Ton vermischt, *Tutenmergel* erhalten hat. Sind die »Tüten« sehr spitz, so sagt man auch *Nagelkalk*. Bei Kalken, die relativ arm an Versteinerungen sind, kann jedenfalls eine anorganische Fällung des Calciumcarbonates angenommen werden (Präzipitatkalk).

Die Kalke können feinkörnig, sogar dicht sein, vor allem dann, wenn der amorphe Kalk fest geworden ist ohne kristallin zu werden; man spricht in diesem Falle von *dichtem Kalk* (Tafel 6). Besteht aber der Kalk aus wohlausgebildetem Kalkspat, so handelt es sich um einen *spätigen Kalk*. Ein Gemisch von Kalk und anderen Mineralstoffen nennt man allgemein *Mergel*, wenn der Kalkgehalt konventionell über 20 – 30 % liegt. Die Mischungen von Kalk, Ton und Sand sind sehr verschieden, die Übergänge sind gleitend. Die Geologischen Landesämter der Bundesrepublik Deutschland haben neuerdings eine Einstufung vorgeschlagen, die in Tabelle 21 wiedergegeben ist.

Tab. 21: Einteilung der Kalksteine und Mergel (nach Geologische Landesämter der Bundesrepublik Deutschland 1982, vereinfacht)

Bezeichnung	Abk.	Merkmale
Sandmergel	Ms	Mit stärkerem Quarzsandanteil; Bodenart schwach bis stark lehmiger Sand; 25 – 50 % $CaCO_3$
Tonmergel	Mt	Mit hohem Tongehalt; 25 – 50 % $CaCO_3$
Lehmmergel	Ml	Mit geringerem Ton- und höherem Schluff- und Sandgehalt; 25 – 50 % $CaCO_3$
Kalkmergel	Mk	50 – 75 % $CaCO_3$
Mergelkalk(stein)	Km	75 – 90 % $CaCO_3$
Kalk(stein)	K	> 90 % $CaCO_3$

Kalksteine können bankig, aber auch plattig ausgebildet sein; Mergel neigen mehr zu Ausbildung von leicht brechbaren Platten. Die Farbe der reinen Kalke ist grauweiß, mit zunehmendem Tongehalt werden sie grau; das betrifft vor allem die Mergel. Fein verteilter Schwefelkies und organische Stoffe färben nach dunkelgrau bis zu schwarz *(Schwarzkalk)*. Wenn reichlich Bitumen im Kalk enthalten ist, so riecht er beim An- und Zerschlagen; man nennt ihn deshalb *Stinkkalk*. Es gibt Kalke, in die bei der Entstehung (syngenetisch) Kieselsäure eingelagert wird; so entsteht der *Kieselkalk*. Aus solchen Kieselkalken wird bei der

Verwitterung der Kalk leicht herausgelöst, wogegen das Kieselskelett erhalten bleibt. Die so entstehenden, porösen, leichten Steine werden in Westfalen *Hottensteine*, in der Oberpfalz *Tripel* genannt. Bei der Kalkentstehung auf dem Meeresboden kann vom benachbarten Festland rote Verwitterungsmasse zugeführt werden, so daß rötliche oder rotgeäderte Kalksteine entstehen, die bei der Verwitterung rote Residuen zurücklassen, die eine Terra rossa vortäuschen können. Wenn wechselnde Ton- und Kalklagen von der Gebirgsbildung erfaßt werden, so können die Kalklagen in den gleitfähigen Ton gleichsam eingewickelt werden; so entsteht der *Knotenkalk*. Werden die Kalkknoten durch die Lösungsverwitterung teils herausgelöst, so entsteht ein löcheriges Gestein, der *Kramenzelkalk* (Kramenzeln = Volksname für Ameisen, die in den Löchern des Kramenzelkalkes wohnen).

Der *Dolomit* stellt in reiner Ausbildung ein Doppelsalz von $CaMg(CO_3)_2$ dar. Meistens ist aber im Dolomitgestein dieses Doppelsalz nur z. T. vorhanden, im übrigen liegt $CaCO_3$ vor. In diesem Falle handelt es sich um einen *dolomitischen Kalkstein*, auch *Bitterkalk* genannt.

Die Bildung des Dolomites, *Dolomitisierung* genannt, geschieht durch *Metasomatose*. Darunter versteht man in der Gesteinsbildung eine Änderung des Mineralbestandes durch Zuführen eines Stoffes und Wegführen eines anderen. Bei der Dolomitisierung erfolgt eine Umsetzung des Calciumcarbonates mit Magnesiumlösungen, wobei sich unter leichtem CO_2-Überdruck das Doppelsalz $CaMg(CO_3)_2$ bildet. Diese Umsetzungen geschehen meist unter Beteiligung sich zersetzender organischer Stoffe, wobei Natriumcarbonat, Ammoniak und Kohlensäure entstehen. Deshalb entsteht aus den biogenen Kalken leicht ein Dolomit, z. B. kann aus dem aragonitischen Korallenriff leicht ein *Dolomitriff* werden. Neuerdings wird angenommen, daß Dolomit unter bestimmten Voraussetzungen auch direkt aus dem Meerwasser ausgefällt werden kann. Wie gesagt, ist oft die Dolomitisierung nicht vollständig, so daß neben dem Doppelsalz noch $CaCO_3$ vorliegt. Wird letzteres in kohlensäurehaltigem Wasser aus dem Gestein herausgelöst, so entsteht ein löcheriger Dolomit mit rauher Oberfläche, die *Rauchwacke*, *Rauhwacke* oder *Zellendolomit*.

Der Dolomit kann feinkörnig und grobkörnig (zuckerartig) kristallisiert sein und ist meistens grau gefärbt; er verwittert hellockergelb, wobei er porös wird. Reiner Dolomit braust nicht in verdünnter, kalter, wohl aber in warmer Salzsäure auf. Dolomitischer Kalk braust in verdünnter, kalter Salzsäure nur partiell auf, nämlich nur die Bereiche von $CaCO_3$. Bei der Verwitterung des dolomitischen Kalkes wird das $CaCO_3$ leichter als das $CaMg(CO_3)_2$ gelöst, so daß im Verwitterungsrückstand beträchtliche Mengen an meist ockerfarbigen Dolomitkörnern (Dolomitsand) verbleiben, welche die Textur der Böden aus Dolomit »sandiger« macht.

Ein Gemenge von Dolomit oder dolomitischem Kalk und toniger Substanz wird als *dolomitischer Mergel* oder *Bittermergel* bezeichnet. Dolomit oder dolomitischer Kalk ist bisweilen aber auch sandreicherem Gestein beigemengt (dolomitischer Sandstein). Diese Gemenge sind aber seltener als die mit Kalkbeimengung (Kalksandstein).

Ein *oolithisches Brauneisenerz* ist die *Minette* des Braunen Juras. Gewässer des Festlandes, vor allem Moorwässer, haben Eisenverbindungen ins Meer verfrachtet. Hier wurden diese durch Elektrolyte oder vielleicht auch unter Beteiligung von Bakterien und Algen ausgefällt, meist kolloidal. Kleine schwebende Körnchen waren der Ansatzpunkt für die Anlagerung von Eisengelen, die konzentrisch Schale um Schale ansetzten, bis das schalig gebaute Eisenoolithkorn zu schwer wurde und zu Boden fiel. In flachen Meeren wurden die Eisenoolithe häufig umgelagert und angehäuft, so daß wertvolle Eisenlagerstätten entstanden, wie die Minette Lothringens. Der sedimentäre *Toneisenstein* des Juras und der *Kohleneisenstein* des Ruhr-Karbons sind Spateisen (Eisencarbonat). Der in moorigen Gebieten gebildete *Limonit* oder *Raseneisenstein* gehört auch zu den chemischen Sedimenten. Bei seiner Entstehung wurde das Eisen durch saure Humuslösungen beweglich gemacht und verfrachtet; dies kann als Sol oder auch als reduziertes Eisencarbonat geschehen. Das *Bohnerz*, bohnenförmige Gebilde von Eisenhydroxid des Jura, die als Konkretionen entstanden und dann durch Umlagerung schichtig und in Spalten des Gesteins angereichert worden sind, muß hier auch erwähnt werden.

Die *Aluminiumhydroxide* sind bereits an anderer Stelle besprochen worden. Sie sind angereichert im *Bauxit* (von Le Baux bei Arles in der Provence), der wichtiges Ausgangsprodukt für die Aluminiumherstellung ist.

Das *Kieselsäurehydrat* wird aus heißen Quellen als *Opal* ($SiO_2 \cdot nH_2O$) abgeschieden, der durch Alterung in den faserigen *Chalcedon* (SiO_2) übergeht. Der *Kieselsinter* entsteht auf diese Weise. In Salzpfannen des Buntsandsteins und anderer Epochen ist der *Carneol* (von lat. caro = Fleisch) entstanden, der die fleischrote Variante des Chalcedons darstellt.

Auch die kugelförmigen *Kieseloolithe,* die im Pliozän auftreten, bestehen aus Chalcedon. Holz kann von Kieselsäurehydrat durchtränkt werden; so entsteht der *Holzopal* oder Starstein, der z. B. in der Umgebung des Siebengebirges gefunden wird. Auch der *Feuerstein,* der sich als Knollen in der Schreibkreide gebildet hat, ist ein Chalcedon. In der Schreibkreide hat eine Lösung, Wanderung und Ausfällung von Kieselsäure stattgefunden, wodurch die *Feuersteinknollen* entstanden. Der Feuerstein bricht muschelig und splitterig; er wurde in der Steinzeit für Werkzeuge, später zum Feuerschlagen und als Flintenstein verwendet.

(2) Eindampfungsgesteine

Die *Eindampfungsgesteine (Evaporite)* entstehen dadurch, daß gelöste Stoffe bei der Eindampfung der Lösung auskristallisieren (Tabelle 20). Der Entstehungsort waren abgeschnürte Meeresbuchten und abflußlose Seen arider Gebiete. In der geologischen Vergangenheit sind in erster Linie Salze aus Meerwasser ausgeschieden worden. Dampft Meerwasser ein, so kristallisieren die Salze nach ihrer Löslichkeit aus, und zwar zuerst Kalk und Dolomit, dann Gips und anschließend Gips mit Steinsalz, dann Steinsalz mit Anhydrit, dann Steinsalz mit Polyhalit und schließlich Polyhalit mit einigen anderen Salzen, u. a. Kainit. Die Kristallisationsfolge ist in Wirklichkeit verwickelter. Wird die Auskristallisation gestört, z. B. durch Zutritt neuen Wassers, so ändert sich die Folge der Auskristallisation der Salze. Die Entstehung der meisten Salzlagerstätten wird mit der *Barrentheorie* von OCHSENIUS erklärt. Diese Theorie geht davon aus, daß eine Meeresbucht von einer sich hebenden Schwelle (Barren) vom offenen Meer abgeschnürt wird und austrocknet, wobei die im Meerwasser gelösten Salze nach ihrer Löslichkeit ausfallen, wie oben schon gesagt ist. Die Salzlager Mitteleuropas sind sehr mächtig; sie können nicht durch einen einzigen Vorgang genannter Art entstanden sein. Vielmehr muß angenommen werden, daß eine Schwelle mehrmals eine Meeresbucht vom offenen Ozean abgeschnitten hat, d. h. mehrmals hat eine Hebung der Schwelle die Meeresbucht abgeschnürt, und eine spätere Senkung hat die Verbindung mit dem Meere wieder hergestellt. Hat sich die Schwelle noch nicht ganz aus dem Meere gehoben, ist also noch eine Verbindung zwischen Meeresbucht und Ozean vorhanden, so fließt als Oberstrom salzärmeres Wasser in die Bucht und als Unterstrom salzreicheres Wasser aus der Bucht ins offene Meer. Hierdurch kann es nicht zu der normalen Abfolge der Salzausfällung kommen, vielmehr wird diese unregelmäßig.

Als in der geologischen Vergangenheit die Salze abgelagert waren, wurden sie durch jüngere Sedimente abgedeckt, teils über 1000 m mächtig. Unter der Auflast eines solchen Sedimentpaketes fand durch den hier herrschenden Druck und die erhöhte Temperatur teilweise eine Umkristallisation statt. Das hat zu einer mehr oder weniger starken Veränderung der Salzzusammensetzung geführt, z. B. wurde in den Schichten von Carnallit und Kainit das *Hartsalz* gebildet, ein Gemenge von $NaCl$, KCl und $MgSO_4 \cdot H_2O$. Die Auflast über dem Salz war oft nicht gleichmäßig, so daß das plastische Salz dem höheren Druck auswich und sich am Ort des geringeren Druckes hochpreßte und das Deckgebirge anhob. So entstanden die kuppelartigen *Salzdome,* an denen seitlich die Deckgebirgsschichten aufgerichtet sind. Die Salzlager sind im allgemeinen durch eine Decke von *Salzton* dicht abgeschlossen, die das Salz vor der Auflösung schützt.

Die wichtigsten *Minerale der Salzlagerstätten* wurden schon in dem Kapitel »Die typischen Minerale der Sedimentgesteine« besprochen (Tafel 5). Diese Minerale treten als mächtige Schichten auf und bilden ein Gestein, teils werden die Salzschichten relativ rein von einem Salz gebildet, aber weit überwiegend sind es Gemische. Vielfach sind die Salze weiß, teils aber gelblich durch Eisenhydroxid, rot durch Eisenoxid, grün durch Kupferverbindungen, grau durch tonige Substanz und blau (Anhydrit, Steinsalz, Sylvin) durch ultramikroskopische, kolloidale Beimengungen gefärbt. Salzlager gibt es vom Paläozoikum an in jeder Formation, in Deutschland birgt der Zechstein die reichsten Lager, daneben kommen kleinere in der Trias und im Tertiär vor.

Tab. 22: Einteilung der biogenen Sedimente (l) = Locker-, (f) = Festgestein

Organische Sedimente sind aus den Hart- und Weichteilen von Organismen oder Stoffen von diesen aufgebaut.

I. *Kalkige Sedimente.*
 1. Foraminiferenkalk (f).
 2. Korallenkalk, Riffkalk (f).
 3. Schill (l), Schillkalk (Lumachelle) (f), Hauptbestandteil Molluskenschalen.

II. *Kieselige Sedimente.*
 1. Radiolarit und Kieselschiefer (f), Hauptbestandteil Radiolarien.
 2. Kieselgur (l), Tripel (l), Hauptbestandteil Diatomeen.

III. *Bituminöse Sedimente* (Kaustobiolithe).
 1. Torf (l), Kohle (f), Hauptbestandteile höhere Pflanzen.
 2. Gyttja, Sapropel (l), Ölschiefer (f), Hauptbestandteil pflanzliches und tierisches Plankton.
 3. Erdöl und Erdgas.

IV. *Andere biogene Sedimente*
 1. Phosphorit.
 2. Guano.
 3. Bonebed (Knochenbreccie) (f), Hauptbestandteil Wirbeltierknochen.
 4. Chilesalpeter (?).
 5. Bernstein.

(c) Biogene Sedimente

Als biogene Sedimente werden solche bezeichnet, die irgendwie unter Beteiligung von Organismen entstehen, sei es, daß die Stoffe dieser Sedimente durch den Stoffkreislauf von Tieren oder Pflanzen gehen oder daß sie aus Organismen oder Teilen davon aufgebaut sind. Die gesteinsbildenden biogenen Sedimente sind Verbindungen der Kohlensäure, der Kieselsäure und des Phosphors sowie organische Stoffe.

(1) Biogene Carbonate

Quantitativ sind die biogenen Carbonate die wichtigsten biogenen Sedimente (Tab. 22). Viele Tiere bauen ihr Gehäuse (Schalen) aus kohlensaurem Kalk auf, andere Tiere und gewisse Pflanzen ihr Skelett ebenfalls vorwiegend aus dieser Calciumverbindung. Diese Tiere nehmen das Calcium aus dem Wasser auf, teils auch aus den Pflanzen. Im Meere ist oft der Carbonatgehalt sehr gering; in diesem Falle nehmen die Tiere Calciumsulfat auf und wandeln es in Carbonat um. Zunächst wird das Carbonat als Gel von den Tieren abgeschieden, das bald in Vaterit übergeht; dieser wird auch wieder schnell umgewandelt in Aragonit und dieser endlich in Calcit. Demnach bestehen die Schalen und Skelette überwiegend aus Calcit, teils aus Aragonit. Riffe von Korallen, Schwämmen und Bryozoen sowie Austernbänke werden weitgehend von einer Organismenart gebildet; auch Terebratulakalk, Muschelkalk (Tafel 6), Schneckenkalk, Fusulinenkalk, Nummulitenkalk, Miliolidenkalk, Gyroporellen- und Lithothamnienkalk setzen sich fast nur aus den Resten einer Tierart zusammen. Den Hauptbestandteil im Schill (lose) und im Schillkalk (fest) bilden Muscheln und deren Bruchstücke, die am Meeresstrand angespült werden. Meistens sind jedoch die Reste mehrerer Organismenarten an den biogenen Carbonaten beteiligt. Viele Kalke besitzen in einer anorganischen Grundmasse mehr oder weniger carbonatische Fossilien. Bisweilen sind die Fossilien, vor allem wenn sie aus dem leichter löslichen Aragonit bestehen, teils oder ganz herausgelöst, was z. B. beim Terebratulakalk häufig der Fall ist; die Kalke werden dadurch porös und sind als Baustein gut geeignet. Die biogenen Kalke sind teils weiß, oft aber auch gelblich oder blaugrau gefärbt. Sie sind meist feinkörnig, teils dicht und dann splitterig brechend.

Die biogenen Kalke können auch bei entsprechenden Zusätzen z. B. Kieselkalke, Stinkkalke, Knollenkalke und Mergel werden, wie es oben schon für die minerogenen Kalke geschildert ist.

(2) Kieselige biogene Sedimente

Überwiegend sind es einzellige Lebewesen, und zwar Radiolarien und Diatomeen, deren Kieselskelette das Material für die kieseligen biogenen Sedimente liefern (Tab. 22). Nadeln und Skelette von Kieselschwämmen spielen gesteinsbildend fast keine Rolle. Während die Radiolarien wärmere Meere bewohnen, besiedeln die Diatomeen Süßwasserseen und kühleres Meerwasser. Bei der Gesteinsbildung werden die Skelette weitgehend zerstört, und es entsteht ein dichtes, sehr hartes, hornartiges Gestein, das man *Kieselschiefer* nennt. Durch Bitumen kann es schwarz gefärbt sein und wird dann auch als *Lydit* (nach Lydien genannt) bezeichnet. In jüngeren Ablagerungen von Diatomeen sind die Skelette besser erhalten, es ist die lockere *Kieselgur* (Gur-Hefe) oder *Kieselerde;* etwas verfestigt zu schieferartigen Plättchen wird das Gestein *Polierschiefer, Diatomeenschiefer* oder *Tripel* (von Tripolis) genannt. Die Kieselgur-Gesteine besitzen ein hohes Aufsaugvermögen und werden deshalb bei der Herstellung von Dynamit verwendet. Auch für die Isolierung gegen Wärme, Schall und Elektrizität sind sie geeignet, ferner auch als Poliermaterial. Dieses biogene Gestein wird in der Lüneburger Heide, bei Berlin, in Böhmen und in Tripolis gefunden.

(3) Phosphorsäurereiche biogene Sedimente

Die Phosphorsäure stammt primär aus dem Apatit. Durch Verwitterung gelangt sie in die Bodenlösung und in das Wasser und wird von Pflanzen und Tieren aufgenommen. Es gibt Meerestiere (z. B. bestimmte Brachiopoden), welche ihre Schalen aus phosphoritartiger Substanz aufbauen. Bei massenhaftem Auftreten solcher Tiere bilden sich aus diesen phosphorsäurereiche, organogene Ablagerungen, die Phosphoritlagerstätten. Es gibt auch Phosphorlager, vor allem in der Südsee, die fossilen *Guano* darstellen. Die bekannten und mächtigen Lagerstätten von Guano auf den Chincha-Inseln (Peru) sind jünger. Es handelt sich um Seevögel-Exkremente, die sich im trockenen Klima angehäuft haben und die 7–17 % P_2O_5 und 5–19 % N enthalten. Der Guano von Fledermäusen in Höhlen ist weniger bedeutend.

(4) Chilesalpeter

Der Chilesalpeter ist Natriumnitrat und kommt in der Küstenwüste Chiles vor (Tab. 22). Er wird an dieser Stelle erwähnt, obschon nicht sicher ist, daß er organogener Natur ist. Es besteht aber viel Wahrscheinlichkeit dafür, daß der Stickstoff des Chilesalpeters von Bakterien aus der Luft aufgenommen wurde. Mit dem Natrium des Bodens, das reichlich vorhanden ist, bildete sich $NaNO_3$. Wahrscheinlich ist aber das $NaNO_3$ zunächst in Lösung gegangen und an der Stelle der Lagerstätte wieder konzentriert abgesetzt worden. Neben dem Natronsalpeter treten auch andere Salze (z. B. Gips, Anhydrit, Steinsalz) in diesen Lagerstätten auf. Andere leiten die Entstehung des Chilesalpeters aus Anhäufungen von Vogelexkrementen oder von elektrischen Entladungen ab, bei denen NO_3 in der Luft entsteht und mit dem Regenwasser in den Boden gelangen kann. Als man den Stickstoff noch nicht aus der Luft gewinnen konnte, hatte der Chilesalpeter große Bedeutung als Düngemittel und für die Industrie.

(5) Kaustobiolithe

Die Kaustobiolithe (von gr. kaustimos = brennbar, bios = Leben und lithos = Stein) umfassen die brennbaren organogenen Gesteine, die aus Pflanzenresten entstanden. Dazu gehören zunächst die verschiedenen Torfarten, die quartäres Alter haben, die Braunkohle (Taf. 6), die überwiegend im Tertiär gebildet wurde, und die verschiedenen Steinkohlenarten, die vorwiegend im jüngeren Paläozoikum (Karbon) und im Mesozoikum entstanden, sowie endlich auch der metamorphe Graphit. Mit zunehmendem Alter ist im allgemeinen der Inkohlungsprozeß weiter fortgeschritten, d. h. der Kohlenstoff hat sich relativ angereichert, demgegenüber haben Wasserstoff und Sauerstoff abgenommen. Im einzelnen gibt darüber die Tabelle 23 Auskunft.

Tab. 23: Der Gehalt an C, H und O der festen Kaustobiolithen in %

	C	H	O
Holz	50	6	44
Torf	55–60	0–5	39–35
Braunkohle	65–78	5	30–17
Steinkohle	80–92	5–4	15–4
Anthrazit	94–98	3–1	3–1
Graphit	100	–	–

Teils ist in den brennbaren organogenen Sedimenten neben Pflanzen- und Tierresten auch anorganisches Material enthalten. Dazu gehören der Faulschlamm oder *Sapropel* (von gr. sapros = faul und pelos = Schlamm), die *Mudde* oder *Gyttja* und der *Ölschiefer*.

Zu dieser Gesteinsgruppe gehört schließlich auch das *Erdöl*, das aus Tier- und Pflanzenresten entsteht. Die dabei gebildeten dünnflüssigen und flüchtigen Bestandteile reichern sich in porösen Gesteinen (Sandstein, Dolomit) an, wogegen die dickflüssigen und festen Anteile als *Asphalt* (von gr. asphaltos = Erdpech) am Sedimentationsort zurückbleiben.

(6) Bonebed

Das Bonebed (von engl. bone = Knochen und bed = Bett) ist eine Knochenbreccie, d. h. dieses organogene Sediment besteht aus Knochenbruchstücken, die durch Wasser zusammengetragen worden sind. Besonders gut ist es lokal im Muschelkalk und Keuper ausgebildet.

(7) Bernstein

Der Vollständigkeit wegen wird noch der Bernstein (von niederdeutsch bernen = brennen) erwähnt, der ein fossiles Harz tertiärer Nadelbäume darstellt, an der Ostseeküste, in geringen Mengen aber auch an anderen Orten, gefunden wird und vorwiegend zu Schmucksachen Verwendung findet.

(d) Einfluß der festen Sedimentgesteine auf Oberflächenformung und Bodenentstehung

Die festen Sedimentgesteine bilden in Mitteleuropa, im ganzen gesehen, drei Oberflächenformen aus, was die Steilheit des Reliefs betrifft.

Quarzite, Kieselschiefer und sehr harte Grauwacke werden als Härtlinge herausmodelliert (Abb. 49). Auch harter Kalkstein und Dolomit können schroffe Felswände ausbilden. Die Bodenbildung verläuft langsam, der Boden ist flachgründig und steinig, nur der Boden aus Kalkstein und Dolomit hat bestimmte Nährstoffe, vor allem Basen, zu bieten, wenn die Verwitterung fortgeschritten ist (Tab. 24).

Eine zweite Gruppe von Sedimentgesteinen bildet meistens weniger steile Reliefformen, nämlich flachere Kuppen, Rücken und Hügel mit mäßig steilen Hängen. Zu diesen Gesteinen gehören vor allem die Sandsteine mit Bindemittel aus Ton, Kalk und Eisenoxid, die große Flächen in Mitteleuropa einnehmen. Auch Grauwacke, Grauwacken-Sandstein, Mergel, Mergelschiefer und feinsandige oder siltige Schiefertone und Tonschiefer gehören dazu. Die Böden sind überwiegend mittelgründig und haben fast immer einen gewissen Steingehalt und (oder) Grusgehalt. Der Nährstoffgehalt hängt stark vom Gestein ab. Während die quarzreichen Sandsteine arm an Nährstoffen sind, haben Grauwacke und Schiefer mehr aufzuweisen, und die Mergel besitzen eine hohe Basenreserve (Tab. 24).

Zu der dritten Gruppe von Sedimentgesteinen gehören die leicht verwitterbaren, die sanfte Oberflächenformen entwickeln, einen nur geringen Stein- und (oder) Grusgehalt aufweisen und überwiegend mittel- und tiefgründig sind. Hierzu gehören die weicheren, schwach feinsandigen und siltigen Schiefertone und Tonschiefer sowie weiche Mergel und Letten. Ihr Nährstoffgehalt ist meistens mäßig oder ziemlich gut, die mergeligen Gesteine haben zudem eine Basenreserve (Tab. 24).

Tab. 24: *Oberflächenform, Verwitterungsart (Körnung) und Gehalt an Pflanzennährstoffen wichtiger fester Sedimentgesteine Mitteleuropas*

Gestein	Oberflächenform	Verwitterungsart (Bodenart)	Steingehalt	Nährstoffgehalt
Sandstein mit Bindemittel nur aus Kieselsäure, Eisenoxid oder Kalk	hügelig	sandig, flach- und mittelgründig	mäßig	gering, aber gut aufnehmbar, Basen in Kalksandstein
Quarzit, Kieselschiefer	Kuppen und Rücken	sandig, flachgründig	stark	gering
Sandstein mit tonigem Bindemittel, Grauwackensandstein	hügelig	lehmig-sandig, mittelgründig	mäßig	mäßig, aber gut aufnehmbar
Grauwacken, feinsandige Schiefer, siltige Tonschiefer	hügelig, vielfach sanfte Formen	feinsandig-lehmig, mittelgründig	mäßig, oft grusig	ziemlich gut, teils etwas basenhaltig
schwach siltige Tonschiefer und schwach feinsandige Schiefer	sanfte Formen	lehmig-tonig, mittelgründig	grusig	ziemlich gut, teils etwas basenhaltig
Kalkstein, Mergel, Mergelschiefer	Kalk steile Formen, Mergel sanftere Formen	lehmig-tonig, flach- und mittelgründig	mäßig und stark	gut, besonders reich an Basen
Schieferton, Tonschiefer, Dachschiefer, Letten	sanfte Formen	tonig, mittel- und tiefgründig	meist grusig	ziemlich gut
reiner Kalkstein	steile Formen	tonig, flachgründig	mäßig und stark	gut, besonders reich an Basen

VII. Die Erdgeschichte

Die zentrale Aufgabe der Geologie ist die Erforschung des zeitlichen Ablaufes der geologischen Vorgänge auf der Erde. Dies bedeutet die Erforschung der Geschichte der Erde, d. h. die Einordnung der geologischen Ereignisse in eine Zeitskala. Zunächst wurde eine *relative* Zeitskala erarbeitet, die im Laufe der letzten 200 Jahre immer mehr vervollständigt worden ist. Diese Zeitskala gestattet also nur die Einordnung von Gesteinsschichten und von geologischen Vorgängen in ein zeitliches Nacheinander. Die wichtigste Orientierung für die Einordnung von Gesteinen in die Zeitskala bieten die Fossilien (lat. fossilis = ausgegraben), d. h. die Tiere und Pflanzen oder Teile davon, die in den Gesteinen als Abdruck ihrer Gestalt überliefert sind. Tiere und Pflanzen haben eine Entwicklung von niederen zu höheren Stufen durchlaufen, und demgemäß kann jedem Abschnitt der Erdgeschichte eine bestimmte Entwicklungsstufe des Tier- und Pflanzenreiches zugeordnet werden (Abb. 88). Die versteinerten Tiere und Pflanzen vermögen uns also in der Erdgeschichte zu leiten; deshalb spricht man von *Leitfossilien*. Mit ihrer Hilfe werden die Gesteinsschichten zeitlich geordnet, was man als *Stratigraphie* bezeichnet. Auch eine komplizierte Lagerung der Gesteine, z. B. invers liegende Schichten oder Faltendecken, wobei Älteres über Jüngerem liegen kann, läßt sich mit den Leitfossilien aufklären (Abb. 88). Neben den versteinerten Organismen und deren Lebensspuren (z. B. Kriechspuren) wurden beim Ausbau der Erdgeschichte auch andere Kriterien zu Hilfe genommen, z. B. die Bildung bestimmter Gesteine (Fluß-, Flach- und Tiefseesedimente, rote Landsedimente, Salze, Vulkanite, Plutonite u. a.) und Gesteinsserien, tektonische Störungen und vieles andere.

Die erdgeschichtliche Zeitskala hat fünf Zeitalter, die in Formationen (von lat. formatio = Gestaltung) aufgeteilt werden und diese in Abteilungen. Die weitere Untergliederung sieht Stufen, Unterstufen, Zonen und Horizonte vor. Die Namen für die Formationen und Abteilungen stammen aus einer Zeit, in der man noch annahm, daß den Formationen und Abteilungen bestimmte Gesteine zuzuordnen wären. Später mußte man jedoch erkennen, daß eine Gesteinsart in mehreren Formationen vorkommen kann. Indessen blieben die Formationsnamen, wie Karbon und Kreide, als Zeitbegriffe bestehen. In der folgenden erdgeschichtlichen Übersicht wird die Aufgliederung nur bis zur Abteilung vorgenommen (Tab. 25).

Tab. 25: Zeitalter der Erdgeschichte, aufgeteilt in Formationen und Abteilungen

Zeitalter	Formation	Abteilung
Känozoikum	Quartär	Holozän (Alluvium) / Pleistozän (Diluvium)
	Tertiär	Jungtertiär (Neogen) / Alttertiär (Paläogen)
Mesozoikum	Kreide	Oberkreide / Unterkreide
	Jura	Oberer Jura (Malm) / Mittl. Jura (Dogger) / Unterer Jura (Lias)
	Trias	Keuper / Muschelkalk / Buntsandstein
Paläozoikum	Perm (Dyas)	Zechstein / Rotliegendes
	Karbon	Oberkarbon / Unterkarbon
	Devon	Oberdevon / Mitteldevon / Unterdevon
	Silur Ordovizium	
	Kambrium	Oberkambrium / Mittelkambrium / Unterkambrium
Algonkium		Jotnium / Karelium
Archäikum		Bottnium / Svionium

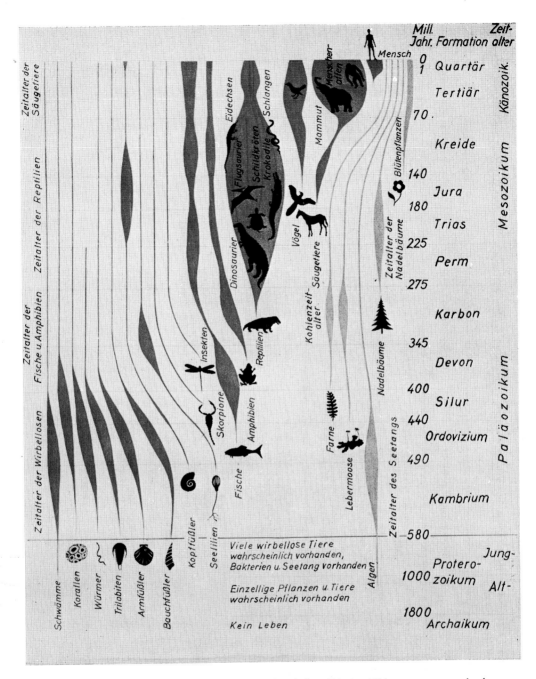

Abb. 88. Entwicklung des Lebens im Ablauf der Erdgeschichte. Die im Bilde von unten nach oben verlaufenden Linien zeigen Beginn und Ende des Auftretens der verschiedenen Tiergruppen. Die Breite der Linien deutet Umfang von Arten und Individuenzahl sowie Verbreitung der Tiergruppen an (aus Goldmanns Großer Weltatlas. W. Goldmann-Verlag, München 1963/66).

Tab. 26: *Formationen der Erdgeschichte (Mitteleuropa) mit den zugehörigen geologischen Fakten: geologische Vorgänge, Gesteine, Entwicklung des Lebens und Verbreitung in Mitteleuropa*

Formations-gruppe	Formation		Geol. Vorgänge, Gesteine	Entwicklung des Lebens	Verbreitung in Mitteleuropa
Känozoikum Neozoikum (Erdneuzeit) 70 Mio. Jahre Blütezeit der Säugetiere	Quartär > 1 Mio. Jahre	Holozän (Alluvium)	Bildungen der Gegenwart: Torf, Schlick, Sande, Schotter.	Pflanzen und Tiere der Gegenwart.	Flußtäler, Küste, Moore (Nordwestdeutschland, Alpenvorland).
		Pleistozän (Diluvium)	Inlandeis mit 5 Eisvorstößen in Norddeutschland und im Alpengebiet (einschl. Alpenvorland). Hebung der Mittelgebirge, Erosion der Täler. Geschiebemergel, Sande, Löß.	Der Mensch erscheint. Mammut, Riesenhirsch, Höhlenbär. Flora des kühleren Klimas. Zwergbirke, Kiefer, Weißbirke, Eiche.	Norddeutsches Flachland, Alpenvorland. Flußterrassen. Ablagerungen der Zwischeneiszeiten (Warmzeiten): Kalke, Mergel, Torf, Kieselgur.
	Tertiär 70 Mio. Jahre	Pliozän Miozän Oligozän Eozän Paleozän	Alpenfaltung, Deutschland bricht in große Schollen (Rheintalgraben, Hess. Senke). Vulkanismus. Meer dringt vor. Braunkohle, Kalke, Sande, Schotter, Tone, vulkanische Gesteine.	Reiche Entwicklung der Säugetiere, Vögel und Insekten. Tropische und subtropische Pflanzen (wie heute): Mammutbaum, Taxodien, Lorbeergewächse, Magnolien, Ginkgobaum.	Sande, Tone und Braunkohlen am Südrand der nord- und nordwestdeutschen Flachlandes (Ville, Gebiet Halle–Leipzig), Vulkankuppen der Mittelgebirge, Mainzer Becken, Tertiäres Hügelland Süddeutschlands.
Mesozoikum (Erdmittelalter) 155 Mio. Jahre Blütezeit der Reptilien und Ammoniten	Kreide 70 Mio. Jahre		Nord- und Ostdeutschland vom Meer bedeckt. Subherzynische Faltung (Niedersachsen). Kalke, Mergel, Kreide, Quadersandstein, Grünsandstein, Tone, Erdöl.	Ammoniten und Saurier sterben aus. Bedecktsamige Blütenpflanzen, die schon im Jura erschienen, breiten sich aus.	Weserbergland, Westfalen, Teutoburger Wald, nördlich des Harzes, Elbsandsteingebirge, Heuscheuergebirge.
	Jura 40 Mio. Jahre	Malm Dogger Lias	Deutschland weithin vom Meer bedeckt. Kimmerische Faltung. Kalke, Tone, lithographische Schiefer, Eisenerz (Minette).	Reiche Entfaltung von Ammoniten und Belemniten. Kriechtiere (Saurier) beherrschen Land, Wasser und Luft. Erste Knochenfische, erster Vogel.	Kalktafeln des Juragebirges, Wesergebirge, Malmkalke bei Kelheim, Nordostrand d. Rhein. Schiefergebirges, Lothringen.
	Trias 45 Mio. Jahre	Keuper Muschelkalk Buntsandstein	Landhebung, Landsenkung. Wüstenbildungen: rote Sandsteine. Versteinerungsreiche Kalke, Mergel, Tone.	Entfaltung der Ammoniten und Kriechtiere (letztere jetzt auch im Meer). Vorherrschen der nacktsamigen Blütenpflanzen.	Hessen, Weserbergland, Eifelsenke, Odenwald, Schwarzwald, Unter- und Oberfranken, Helgoland, Vogesen.

Perm (Dyas) 50 Mio. Jahre	Zechstein Rotliegendes	Vulkanismus. Vereisung in S-Afrika, Wüstenbildungen: rote Trümmergesteine. Meer kommt wieder. Salze, Kalke, Dolomite, Kupferschiefer.	Blütezeit der Panzerlurche. Vorherrschen der nacktsamigen Blütenpflanzen. Erste Vorläufer der Säugetiere.	Teile der Sudeten, Thüringer Wald, Südrand des Rhein. Schiefergebirges, Ostharz. Porphyre in M-Deutschland und Saar-Nahe-Gebiet.
Karbon 70 Mio. Jahre		Variszische Alpen, Deutschland wird Festland. Steinkohlenmoore. Granitintrusionen. Steinkohlen, Erze, Sandsteine, Schiefertone, Kieselschiefer, Kalke.	Erste Kriechtiere (Reptilien) und Insekten. Üppige Wälder der Blütenlosen: Farne, Schachtelhalme, Bärlappbäume. Älteste nacktsamige Blütenpflanzen.	Steinkohlengebiete (Ruhr, Aachen, Oberschlesien, Saar, Waldenburg). Die Granitstöcke der Mittelgebirge, vor allem der Sudeten und des Erzgebirges sowie des Schwarzwaldes.
Devon 55 Mio. Jahre		Deutschland weit vom Meer bedeckt. Vulkanismus. Eisenerze a. d. Lahn. Tonschiefer, Sandsteine, Grauwacken, Quarzite, Kalke, Dolomite, Diabas.	Goniatiten, Lurche (Amphibien) als erste Landwirbeltiere. Fische in vielen Formen. Blütenlose Pflanzen.	Rheinisches Schiefergebirge, Harz, Thüringen, Fichtelgebirge.
Silur 40 Mio. Jahre / Ordovizium 50 Mio. Jahre } früher Silur		Deutschland teilweise vom Meer bedeckt. Gebirgsbildung: Kaledoniden. Vulkanismus. Kalke, Tonschiefer, Kieselschiefer, Sandsteine, Quarzite.	Riesenkrebse, Graptolithen, Korallen, Muscheln, Erste Wirbeltiere: Fische. Erste Landpflanzen.	Fichtelgebirge, Harz, Vogtland, Lausitz, Kellerwald, Rhein. Schiefergebirge, Brabanter Massiv, Böhmen.
Kambrium 90 Mio. Jahre		In Deutschland teilweise Meer. Tonschiefer, Sandsteine, Konglomerate, Grauwacken, Kalke.	Wirbellose entfalten sich: Trilobiten. Niedere Meerespflanzen: Algen	Hohes Venn, Fichtelgebirge, Lausitz, Vogtland, Mittelböhmen.
Algonkium 1400 Mio. Jahre		Landhebung, Landsenkung, Tonschiefer, Sandsteine, Konglomerate, Kalke.	Wirbellose Meerestiere, Kalkalgen, Protozoen.	Thüringen, Schlesien, Böhmen.
Archäikum > 2000 Mio. Jahre		Erstarrungskruste, Metamorphite (Kristalline Schiefer).	Kein Leben.	Kristalliner Sockel des Schwarzwaldes, der Vogesen, des Spessarts, des Odenwaldes und Böhmische Masse.

Paläozoikum (Erdaltertum) 355 Mio. Jahre Herrschaft der Wirbellosen

Urzeit > 3400 Mio. Jahre

Sternzeit — Verdichtung des Gasballes zur glutflüssigen Kugel. — Leben unmöglich.

169

In der Tabelle 26 sind die wichtigsten geologischen Fakten der Erdgeschichte zusammengestellt, und zwar für jede Formation: geologische Vorgänge, Gesteine, Entwicklung des Lebens und Verbreitung in Mitteleuropa.

Eine *absolute* Zeitbestimmung der Erdgeschichte ist in den letzten Jahrzehnten mit Hilfe radioaktiver Substanzen, wie Uran- und Thoriumminerale, möglich geworden. Diese Minerale unterliegen einem stetigen Zerfall von ihrem Bildungszeitpunkt an, wobei sich Helium und Blei bilden. Die sich im Laufe der Zeit durch diesen Zerfall angehäufte Bleimenge im Verhältnis zum Ausgangspunkt ergibt das absolute Zeitmaß für das Alter des betreffenden Minerals und auch des Gesteins, welches das Mineral beherbergt. Nach diesen Zeitbestimmungen haben die ältesten Gesteine ein Alter von 3 Milliarden Jahren oder noch mehr. Der Beginn des Algonkiums liegt vor 2000 Millionen, der Beginn des Paläozoikums vor rund 580 Millionen, der Beginn des Mesozoikums vor rund 225 Millionen und der Beginn des Känozoikums vor rund 70 Millionen Jahren. Wir ersehen daraus, daß die Zeitalter der Erdgeschichte immer kürzer werden. Für die Datierung jüngerer Zeitabschnitte bis zu etwa 50 000 Jahren ist die Bestimmung des radioaktiven Kohlenstoffes ^{14}C sehr geeignet, der in organischen Stoffen (Humus, Torf, Holz) und in Carbonaten und Kohlensäure enthalten ist. Auch die Auszählung der Feinschichtung in Sedimenten, in der sich der jahreszeitliche Witterungsablauf widerspiegelt, hat in einzelnen Fällen, z. B. bei den glazigenen Bändertonen, die absolute Altersbestimmung ermöglicht.

a. ARCHÄIKUM

Das Archäikum (gr. Uranfang) wird auch Archäozoikum (gr. Urtierzeit) oder Azoikum (gr. ohne Tiere) genannt; es wird in die Formationen Svionium und Bottnium aufgeteilt und umfaßt eine Zeitspanne von etwa 2 Milliarden Jahren (Tab. 25). Dieses Zeitalter und damit die Erdgeschichte überhaupt begann mit der Bildung einer geschlossenen und bestandsfähigen Erdkruste, und dieser Zeitpunkt kann mit etwa 3 Milliarden und mehr Jahren vor heute angesetzt werden. Es wird also die Zeit, als die Erde noch ein heißer, flüssiger Körper war und auch die Zeit der Abkühlung bis zur Konsolidierung der Kruste, von der Erdgeschichte ausgenommen.

In den archäischen Gesteinen findet man kohlige und graphitische Substanzen, neuerdings Derivate von Chlorophyll; diese Stoffe stellen einen Beweis für pflanzliches Leben dar. Dagegen gab es in jener Zeit noch keine Tiere.

Das Archäikum ist gekennzeichnet durch metamorphe Gesteine (Gneise, Glimmerschiefer, Marmore), ferner durch Vulkanite und deren Tuffe (die sauren als Leptite, die basischen als Amphibolite) sowie durch Plutonite und Migmatite (Tab. 26). Diese archäischen Gesteine sind mit Sicherheit nur dann bestimmbar, wenn sie unter dem Algonkium liegen oder durch einen entsprechend hohen Bleigehalt ihrer radioaktiven Minerale. Die Metamorphose allein ist kein Beweis für ein hohes Alter der Gesteine. Mit Sicherheit sind diese alten Gesteine besonders in Finnland, Schweden, Kanada, Grönland, Süd- und Ostafrika verbreitet.

Die Tatsache, daß die archäischen Metamorphite teils aus Sedimenten hervorgingen, ist ein Beweis für ein exogenes Kräftespiel an der Erdoberfläche, d. h. Verwitterung, Abtrag und Akkumulation waren schon in der Formbildung der Erdoberfläche wirksam. In der langen Zeitspanne des Archäikums gab es Ären der Faltung, der Einebnung und der Sedimentation, Geschehnisse, die besonders durch Diskordanzen erkennbar sind. Auf dem Baltischen Schild, wie der Bereich des Archäikums im Norden Europas genannt wird, liegt z. B. über magmatitreichem Svionium diskordant das vorwiegend aus Sedimenten bestehende Bottnium auf. Dieser Schichtenkomplex wurde durch eine Faltung mit Intrusionen zu den Svekofenniden in Fennoskandia aufgefaltet. Auf dem Kanadischen Schild und in Südafrika können ebenfalls verschiedene archäische Gesteinskomplexe unterschieden werden, die besondere Namen tragen. Die Verteilung von Land und Meer im Archäikum ist heute noch nicht zu übersehen. Es gibt für die große Zeitspanne des Archäikums Beweise für warmes und zeitweilig auch kaltes Klima; mit einem Klimawechsel ist in dieser Zeit also zu rechnen.

b. ALGONKIUM

Das Algonkium (nach einem Indianerstamm genannt) wird auch Proterozoikum (gr. früheres, älteres Leben) oder Eozoikum (gr. Frühtierzeit) genannt und umfaßt eine Zeit von etwa 1400 Millionen Jahren. Da oft die Trennung in Archäikum oder Algonkium nicht möglich ist, bezeichnet man die Schichten, die älter als Kambrium sind, auch als *Präkambrium*. Es wird in Nordeuropa in Karelium (Unteralgonkium) und Jotnium (Oberalgonkium) unterteilt, und zwar fand hier etwa in der zeitlichen Mitte eine Faltung (Gotokarelium) mit magmatischen Intrusionen statt, welche die Scheide zwischen Karelium und Jotnium setzte (Tab. 25). Daneben gibt es noch schwächere orogene Bewegungen, die eine weitere Unterteilung ermöglichen. In Kanada und Südafrika fand eine ähnliche geologische Entwicklung statt. Es wird angenommen, daß im Algonkium eine allgemeine Konsolidierung der Erdkruste erfolgte.

Im Algonkium sind pflanzliche Reste ziemlich verbreitet, vor allem kalkabscheidende Blaualgen. Im Oberen Algonkium treten auch schon Tiere verschiedener Klassen auf, wie Einzeller, Kieselschwämme, Brachiopoden, Mollusken, Würmer und Arthropoden (Tab. 26).

Das Untere Algonkium beherbergt meistens Metamorphite, die aber meist weniger metamorph sind als die archäischen Gesteine. Die Gesteine des Oberen Algonkiums sind teils von der Metamorphose nicht erfaßt worden. So gibt es unveränderte Sedimentgesteine, wie Konglomerate, Sandsteine, Grauwacken und Tonschiefer, ferner auch chemische Sedimente, wie Kalksteine und Dolomite. Algonkisch sind auch der rote Jotnische Sandstein und der durch rote Feldspäte lebhaft gefärbte Rapakiwigranit, Gesteine, die als glaziale Findlinge häufig in Norddeutschland vorkommen. In die mächtige algonkische Gesteinsserie sind basische Vulkanite und auch wichtige sedimentäre Eisenerze eingeschaltet, wie die von Krivoj-Rog in Südrußland.

Im Algonkium sehen wir paläogeographisch gewaltige Landmassen, zwischen denen die »Urozeane« lagen. Das überwiegend warme Klima wurde durch eine Kaltzeit im Unteren Algonkium unterbrochen.

c. PALÄOZOIKUM

Das Paläozoikum (gr. Alt-Tierzeit) umfaßt eine Zeitspanne von etwa 355 Millionen Jahren. Es wird in sechs Formationen aufgeteilt: Kambrium, Ordovizium, Silur, Devon, Karbon, Perm. Früher wurden das Ordovizium und das Silur in einer Formation zusammengefaßt, und diese nannte man »Silur«.

Im Paläozoikum findet eine reiche Entfaltung der Tiere und Pflanzen statt. Während aus vorkambrischer Zeit nur etwa 30 Tierarten bekannt sind, haben das Kambrium etwa 3000 und die folgenden zwei Formationen etwa zehnmal so viele bekannte Arten aufzuweisen. Von der Tierwelt sind als Fossilien die Dreilappkrebse (Trilobiten) und Panzerkrebse (Eurypteriden) besonders wichtig. Die Armkiemer (Brachiopoden) sind häufiger als Muscheln. Seelilien (Crinoiden) und Korallen entfalten sich stark. Die ersten Wirbeltiere erscheinen als Panzerfische im Oberkambrium oder Ordovizium, die ersten Vierfüßer im Oberdevon, die ersten Reptilien im Oberkarbon. Im Silur entwickeln sich die ersten Landpflanzen, im Oberdevon gibt es schon Wälder mit großen Bärlappgewächsen, Farnen und Schachtelhalmen, die im Karbon ihre höchste Entwicklung erreichen. Die ersten Gymnospermen erscheinen auch schon im Karbon (Abb. 88).

Die wichtigsten geologischen Ereignisse sind die kaledonische Faltung im Norden Europas und die variszische Faltung in Mitteleuropa. In die Kerne dieser Gebirge drangen Plutone (meist Granit) ein. Mit Gebirgsbildung und Bruchbildung war auch Vulkanismus verbunden (Diabas, Melaphyr, Porphyr). Mächtige Sedimentpakete entstanden, und zwar hauptsächlich Grauwacken und Schiefer, aber auch Konglomerate, Sandsteine, Kieselschiefer, Quarzite u. a. Die Tonschiefer sind z. T. als Dachschiefer ausgebildet, die teils als Schreibtafeln brauchbar sind. Wenn sich zwei Schieferungsflächen kreuzen, sind Griffelschiefer entstanden.

1. Kambrium

Das Kambrium (von Cambria = alter Name für Wales) umfaßt etwa 90 Millionen Jahre; es wird in Unter-, Mittel- und Oberkambrium unterteilt (Tab. 25).

Der Beginn des Kambriums ist dadurch gekennzeichnet, daß die Fossilien häufig werden, erstmals findet man ganze Faunengemeinschaften. Etwa 3000 Arten sind bisher beschrieben, es sind Protozoen, Poriferen, Nesseltiere, Würmer, Arthropoden, Mollusken, Molluskoideen und Echinodermen; besonders wichtige Leitfossilien sind die Trilobiten und Brachiopoden (Tab. 26).

Im Kambrium bestanden in Europa einige marine Sedimentationströge. Es waren die kaledonische (von Caledonia = alter Name für Schottland) Geosynklinale auf den Britischen Inseln und Norwegen, die mitteleuropäische Geosynklinale, deren Sedimente im Hohen Venn, in der Lausitz, im Frankenwald, in der Lysa Gora und in Böhmen anstehen, und die Geosynklinale in Südeuropa, deren Gesteine auf der Iberischen Halbinsel, in Südfrankreich und auf Sardinien vorkommen. Im baltischen Raum findet man nicht gefaltete, wenig verfestigte Schelfsedimente des Kambriums. Das Kambrium enthält überwiegend klastische Sedimente, wie Sandstein, Tonschiefer und Phyllit, daneben auch Kalkstein. In Nordamerika bestanden in kambrischer Zeit in Ost und West je eine Geosynklinale.

Das Kambrium war tektonisch eine ruhige Zeit. Wohl ist zu Anfang des Kambriums eine Regression des Meeres zu verzeichnen, dann folgte eine Transgression, die wieder zu Ende des Kambriums durch eine Regression abgelöst wurde und die zusammenfiel mit der sardischen Gebirgsbildung im Süden Europas.

Das Klima war zu Anfang des Kambriums weltweit feucht und kalt, was durch versteinerten Geschiebemergel (Tillit) bezeugt wird. Dann wurde das Klima warm und trocken; aus dieser Zeit stammen Salze in Sibirien und Persien sowie rote Sedimente, Kalke und Dolomite in vielen Teilen der Welt. Im Oberen Kambrium wurde wenigstens in Europa das Klima wieder feuchter.

2. Ordovizium und Silur

Das Ordovizium (nach dem keltischen Volksstamm der Ordovizier in Wales genannt) umfaßt 50 Millionen Jahre, und das Silur (nach dem keltischen Volksstamm der Silurer in Wales genannt) umfaßt 40 Millionen Jahre. Früher wurden beide Formationen unter der Bezeichnung »Silur« zusammengefaßt und dann zunächst in Ordovizium (Untersilur) und Gotlandium (nach der Ostseeinsel Gotland genannt) (Obersilur) aufgeteilt. Nach heutiger Auffassung betreffen also Gotlandium und Silur die gleiche Formation. Wegen dieses Namenwechsels und gewissen Gemeinsamkeiten werden hier die beiden Formationen Ordovizium und Silur (im heutigen Sinne) zusammen behandelt.

Die sardische Faltung, verbunden mit einer Regression des Meeres, ergibt die Abgrenzung des Ordoviziums zum Kambrium und die kaledonische Faltung mit einer weiteren Regression die Grenze des Silur zum Devon. Ordovizium und Silur werden getrennt durch die altkaledonische bzw. takonische (von Taconic Mountains in den Appalachen) Faltungsphase mit Regression.

Gegenüber dem Kambrium wird die Fauna an Gattungen und Arten reicher (Tab. 26). Aus dem Silur der Insel Gotland sind allein über 2000 Arten bekannt geworden. Besonders gute Leitfossilien haben die Graptolithen (gr. Schriftsteine) in diesen Formationen abgegeben. Es sind Tierkolonien des Meeres, die sich schnell entwickelten und weit verbreiteten, und darum ist mit ihnen eine sichere Stratigraphie möglich. Die Trilobiten entwickeln sich im Ordovizium noch stark, im Silur erfahren sie einen Rückgang, wenn auch einzelne Familien der Trilobiten über das Silur hinausgehen. Die Brachiopoden entwickeln neue Gattungen und Familien. Die ersten Kalkschwämme erscheinen, ferner neue Arten von Korallen, Arthropoden, Mollusken, Echinodermen (Seesterne, Seelilien, Seeigel) und Fische. Bryozoen bilden Riffkalke. Die Pflanzenwelt ist noch dürftig. Zu den vorhandenen Algen kommen Grünalgen hinzu, und zu Ende des Silurs leiten die ersten Gefäßpflanzen eine neue Entwicklung der Pflanzenwelt ein (Abb. 88).

Ordovizium und Silur sind weitverbreitet in England und haben hier ein Sedimentpaket von 5000 m erreicht, das in acht Stufen gegliedert werden konnte. Zu Ende des Ordoviziums stieg aus dieser nordeuropäischen Geosynklinale das altkaledonische Faltengebirge empor. Es bestand im Ordovizium und Silur ferner ein Sedimentationstrog in Mittel- und Südeuropa. Die mitteleuropäische Geosynklinale lieferte Gesteine dieser Epoche in den Ardennen, am Hohen Venn, im Bergischen Land, im Harz, in Thüringen und in den Sudeten. In Mitteleuropa ist diese Zeit meistens durch Schiefer (Graptolithenschiefer, Bänderschiefer) vertreten. Im übrigen kommen auch grobklastische Gesteine, Quarzite und Kalke vor. In Nordamerika bestanden in Ost und West die schon im Kambrium vorhandenen Geosynklinalen fort. Am Ende des Ordoviziums ereignete sich in den Appalachen die takonische Faltung. Ein Flachmeer überflutete im Ordovizium und erneut im Silur einen Teil des kanadisch-grönländischen Schildes. In Randlagunen dieses Meeres kam es zu bedeutenden Salzausfällungen (Kalisalzlager), und zwar nördlich der großen Seen der USA und im westlichen Kanada. In den Geosynklinalen wurden durch einen submarinen Vulkanismus basische Gesteine (Diabas, Kissenlava) geliefert. Mit der Gebirgsbildung waren granitische Intrusionen verbunden.

Das Klima beider Formationen war warm und im Silur auch trocken, wofür die verbreitete Kalkbildung und die Salzausscheidungen im Silur sprechen.

3. Devon

Das Devon (nach der Grafschaft Devonshire/England genannt) hat etwa 55 Millionen Jahre gedauert; es wird in die Abteilungen Unter-, Mittel- und Oberdevon gegliedert (Tab. 25).

Die Wirbellosen des Devons gleichen noch sehr denen des Silurs, indessen zeichnen sich aber doch Unterschiede ab. Die Graptolithen sind weitgehend ausgestorben, dagegen haben sich Brachiopoden und Cephalopoden (Kopffüßer) vermehrt. Auch Korallen, Trilobiten, Ostracoden (Krebse), Seelilien, Schnecken und Muscheln spielen ein große Rolle. Die Entwicklung der Wirbeltiere, vor allem der Fische, geht schnell vorwärts. Die Pflanzenwelt wird bereichert durch weitere Thallophyten und Gefäßkryptogamen. Schachtelhalmgewächse, Farne und Bärlappgewächse bilden neue Formen (Abb. 88, Tab. 26).

In der Zeit des Devons bestand in Mitteleuropa noch immer eine Geosynklinale, ein Sedimentationstrog, der sich vom südlichen Irland und England über die Ardennen und das Rheinische Schiefergebirge nach Osten bis nach Polen erstreckte. Die Geosynklinale wurde im Süden durch eine Landschwelle vom noch weiter südlich liegenden Tethysmeer getrennt. Der mitteleuropäische Trog senkte sich langsam über lange Zeit, und gleichzeitig wurde ein Sedimentpaket von einigen 1000 m Mächtigkeit aufgeschichtet. Es waren hauptsächlich sandige, tonige und kalkige Sedimente, die in einem diagenetischen Prozeß zu entsprechenden Gesteinen wurden, nämlich Sandstein, Quarzit, Grauwacke, Schiefer, Mergel, Kalkstein und Dolomit (Abb. 89).

Das Devon Mitteleuropas konnte mit Hilfe guter Leitfossilien, hauptsächlich Brachiopoden, Korallen und Cephalopoden, gut in Stufen gegliedert werden, die nachstehend aufgeführt werden, da sie besonders für das Rheinische Schiefergebirge wichtig sind.

Abteilung	Stufe
Oberdevon	Famenne / Frasne
Mitteldevon	Givet / Eifel
Unterdevon	Ems (= Koblenz) / Siegen / Gedinne

In Nordamerika bestanden weiterhin die altpaläozoischen Geosynklinalen, allerdings im Bereich der Appalachen durch die kaledonische Faltung verkleinert. Allgemein findet im Devon eine ausgedehnte Transgression des Meeres statt, vor allem auf der Südhemisphäre, allerdings zieht sich das Meer im Oberdevon wieder zurück.

Das Klima des Devons ist allgemein warm, zum mindestens zeitweise auch trocken. Rote Sedimente und Salzabscheidungen zeugen dafür.

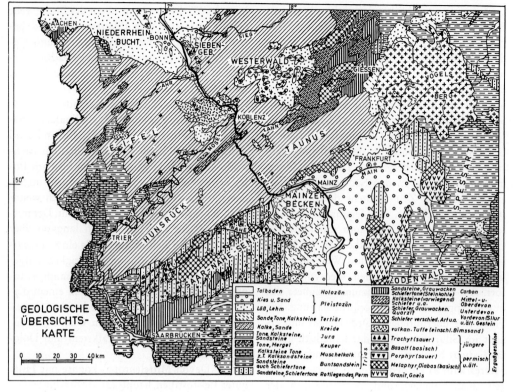

Abb. 89. Geologische Karte (Formationen und Gesteine) des Rheinischen Schiefergebirges und angrenzender Gebiete (Preuß. Geol. Landesanstalt, Berlin 1930).

4. Karbon

Das Karbon hat seinen Namen von der in ihm verbreitet vorkommenden Kohle (lat. carbo) erhalten und hat etwa 70 Millionen Jahre gedauert. Es wird in die Abteilungen Unterkarbon (Stufen: Turnai und Visé) und Oberkarbon (Stufen: Namur, Westfal, Stefan) gegliedert (Tab. 25).

Die Tierwelt wird im Karbon vermehrt durch neue Gattungen und Arten: erste Lungenschnecken, Insekten, Amphibien, erste Reptilien, große Foraminiferen, Tetrakorallen, Ammonoideen, Muscheln, Brachiopoden (Abb. 88). Besonders wichtig und gut bekannt sind die ausgezeichnet erhaltenen pflanzlichen Fossilien, die in der Steinkohle des Oberkarbons eingeschlossen sind. Es sind hauptsächlich: Siegelbaum, Schuppenbaum, große Bärlappgewächse, große Schachtelhalme und Farne. Es treten die ersten Koniferen auf (Abb. 88). Die Thallophyten werden ergänzt durch Flechten und neue Moose. Im Unterkarbon spielen Blau- und Grünalgen eine große Rolle als Kalkbildner.

Im Karbon ändert sich die Paläogeographie, d. h. die Verteilung von Land und Meer, grundlegend. Aus der mitteleuropäischen Geosynklinale stieg ein Faltengebirge zu alpinen Höhen, das variszische Orogen, verbunden mit gewaltigen granitischen Instrusionen (Plutonen). Die Gebirgsbildung vollzog sich periodisch vom Mittelteil zu den äußeren Bereichen des Geosynklinaltroges: 1. bretonische Faltung (Unterkarbon), 2. sudetische Faltung (zwischen Unter- und Oberkarbon), 3. asturische Faltung (Oberkarbon), 4. saalische Faltung (Rotliegendes).

Im Unterkarbon bildeten sich in Belgien und im Aachener Raum kalkige Ablagerungen (Kalkstein), während im Raume des östlichen Rheinischen Schiefergebirges und des Harzes sandig-toniges Material (Sandstein, Grauwacke, Schiefer) abgesetzt wurden. Nach der sudetischen Faltung blieb eine Vortiefe erhalten, in die klastische Sedimente aufgehäuft wurden. Auf der nordwestlichen Seite des Gebirges (Ruhrgebiet, Aachen, Belgien, Nordfrankreich) waren in dem damals feucht-warmen Klima die Bedingungen für ein starkes Wachstum der Karbon-Flora gegeben (Abb. 88). Langsame Senkung dieses Gebietes führte zur Ansammlung und Konservierung der Pflanzenmassen. Die Waldtorfbildung wurde oft unterbrochen durch die Sedimentation von sandigen und tonigen Massen vom Festlande. So häuften sich Waldtorf und klastische Sedimente übereinander. Durch Diagenese wurde der Waldtorf zu Steinkohle, die klastischen Sedimente zu Sandstein, Grauwacke und Schiefer (Tab. 26). In einem Paket von 2000 m Mächtigkeit sind 80 bis 85 bauwürdige Flöze eingebettet, die etwa 250 Milliarden Tonnen Steinkohlen beherbergen. In der asturischen Faltungsphase wurde das flözhaltige Paket aufgefaltet. Zur gleichen Zeit vollzog sich ferner eine Kohlenbildung in England, Schlesien, Südrußland und Nordamerika. Neben der Kohlenbildung am Rande der Varisziden kam es in großen Becken im Innern dieses Gebirges auch zur Anhäufung von Waldtorf, aber in geringerer Menge (Waldenburger Gebiet, Saargebiet). Im Unterkarbon war es schon zur Kohlenbildung in Spitzbergen, im Ural und im Moskauer Becken gekommen, bereits im Oberdevon auf der Bäreninsel. Die Kohlebildung im Karbon ist also weltweit, ein Zeichen günstiger Bedingungen für üppiges Pflanzenwachstum, ohne Beeinträchtigung durch Schädlinge, und für die Konservierung der Torfmassen.

Die Verbreitung der Vegetation des Karbons zeigt ein weltweites, feucht-warmes Klima an. Gegen Ende des Oberkarbons wird das Klima in Europa nach warm-arid hin verändert, während sich auf der Südhalbkugel eine Kaltzeit anbahnt.

5. Perm

Das Perm (Name nach dem Gouvernement Perm am Ural) dauerte etwa 50 Millionen Jahre und trägt auch den Namen Dyas (gr. Zweiheit) wegen der klaren Teilung in Unterperm oder Rotliegendes (Bezeichnung der roten Gesteine im Liegenden des Mansfelder Kupferschiefers) und Oberperm oder Zechstein (Gestein, auf dem die Zeche steht) (Tab. 25).

Im Perm als letzter Formation des Paläozoikums sterben einige Tiere aus, die für dieses Zeitalter kennzeichnend waren, wie Triboliten, Eurypteriden (Panzerkrebse), Tetrakorallen und viele Insekten, einige Stachelhäuter, Fische und Amphibien. Dafür treten neue Insekten (Netzflügler, Käfer) und Seeigel auf. Die Reptilien entwickeln und differenzieren sich stark. Gute Leitfossilien des Perms sind Foraminiferen, Brachiopoden, Muscheln, Cephalopoden, Fische und riffbildende Bryozoen (Abb. 88).

Das Pflanzenreich des Perms ändert sich, indem die Gymnospermen vorherrschend werden, es sind gut leitende Koniferen. Es kommen neue Farne, neu sind auch Ginkgogewächse, während bestimmte Bärlappgewächse und Schachtelhalme aussterben.

Im Unteren *Rotliegenden* klingt die asturische Faltung mit epirogenen Bewegungen im Bereich der Varisziden aus. Zwischen dem unteren und oberen Rotliegenden kommt es nochmals zu einer Faltungsphase, der saalischen Faltung. Aber auch dieses Gebirge wird schnell abgetragen; die vielfach groben Abtragsmassen füllen Täler und Senken auf. Schon zu Ende des Rotliegenden ist weitgehend eine Fastebene geschaffen. Charakteristisch für das Rotliegende sind rote, klastische Sedimente, indessen sind auch graue Sandsteine und Arkosen vorhanden. Verbunden mit der unterpermischen Bruchbildung ist ein subsequenter (lat. sequi = nachfolgen) Vulkanismus, der basische (Melaphyr) und saure (Porphyr) Vulkanite fördert, vor allem in der Saar-Nahe-Senke und in Mitteldeutschland (Abb. 89, Tab. 26).

Das Klima wird arider, und die Folge davon ist, daß die Kohlebildung im Unterrotliegenden aufhört und im Oberrotliegenden die Salzbildung einsetzt.

In der Zeit des *Zechsteins* breitet sich das Meer von der Arktis nach Süden aus; es reicht von England bis Polen und bis nach Süddeutschland. Über einem Transgressionskonglomerat wird im Gebiet von Mansfeld Kupferschiefer gebildet, in anderen Gebieten Kalk und Dolomit. Dieses über Nord- und Mitteldeutschland weit nach Süden reichende Zechsteinmeer wurde durch Hebung und Schwellenbildung vom offenen Ozean abgeschnürt, das Wasser dieses Beckens verdunstete, und die Salze blieben zurück. Senkung ließ neues Wasser vom Ozean eintreten. Die öftere Wiederholung von Salzabscheidungen in abgeschnürten Meeresbecken führte zu mächtigen, wirtschaftlich bedeutenden Lagern von Stein- und Kalisalz sowie von Mischsalzen, die in Mittel- und Norddeutschland abgebaut werden (Tab. 26).

Während das Perm nördlich der Alpen als Bildungen des Festlandes sowie als Absätze in Meeresbecken auftritt und als germanische Entwicklung bekannt ist, bilden sich in dem weiten Tethys-Meer des südlichen Europas und darüber hinaus in Nordafrika und in Westostrichtung von Mittelamerika bis nach Ostasien und Australien typische Meeressedimente mit großen Foraminiferen, mit Brachiopoden, vielen Ammoniten und Echinodermen (Stachelhäuter). Im Randgebiet dieses Meeres wurde auch Salz abgeschieden (Rußland, USA).

Während das Klima auf der Nordhalbkugel warm und trocken war, erlebte der damals auf der Südhalbkugel bestehende zusammenhängende Gondwanakontinent (genannt nach einer zentralindischen Landschaft) eine Inlandvereisung, die zeitlich gegliedert ist in Vereisungsphasen und Warmzeiten. Diese Eiszeit ist durch eine Grundmoräne mit gekritzten Geschieben in Australien, Vorderindien, Südafrika und Südamerika nachgewiesen. Dieser klimatische Gegensatz auf Nord- und Südhalbkugel kann mit einer damals anderen Lage der Pole und des Äquators erklärt werden, indessen ist diese Erklärung keine ungeteilte Auffassung.

d. MESOZOIKUM

Das Mesozoikum (gr. Tier-Mittelalter) umfaßt eine Zeitspanne von etwa 155 Millionen Jahren und wird in die drei Formationen Trias, Jura und Kreide gegliedert (Tab. 25). Die Kreideformation währte am längsten und wird deshalb in Amerika in zwei Formationen (Comanchian und Cretaceous) geteilt. Die Grenze zum Perm und zum Tertiär ist nicht immer gut zu finden, z. B. dann nicht, wenn beim Fehlen des Zechsteins die roten Landbildungen ineinander übergehen.

Bei der Beschreibung des Perms wurde schon gesagt, daß zu Ende des Paläozoikums eine Reihe von Tieren ausstirbt. Im Mesozoikum findet gegenüber dem Paläozoikum eine Umgestaltung der Tierwelt statt. Die Mollusken entwickeln sich stark, wogegen die Brachiopoden zurückgehen und schließlich aussterben. Die Kopffüßer (Ammoniten, Belemniten) erleben eine starke und schnelle Entwicklung und Verbreitung, so daß sie gute Leitfossilien darstellen. Ammoniten und Belemniten sterben aber zu Ende des Mesozoikums aus. Besonders treten in der Tierwelt die drachenähnlichen Saurier hervor, die schließlich Land, Meer und Luft beherrschen (Abb. 88). Es sind vielfach große Tiere; der auf dem Festland lebende Dinosaurier (von gr. furchtbar und Echse) war 23 Meter lang und 40 Tonnen schwer. So schnell wie die Entwicklung der Saurier war, so schnell verschwinden sie mit dem Ausgang des Mesozoikums. Zwei weitere wichtige Ereignisse in der Tierwelt sind das Auftreten des ersten Vogels im Jura und der ersten plazentalen Säugetiere in der Kreide.

Die großen Gefäßkryptogamen, wie die großen Bäume der Bärlappgewächse, Schachtelhalme, Lepidodendren und Sigillarien, sind ausgestorben. Dagegen entwickeln sich die nacktsamigen Pflanzen sehr stark, besonders die Cycadeen (Palmfarne). In der Unterkreide findet man die ersten höheren Blütenpflanzen, die eine neue Entwicklung der Pflanzenwelt (Neophyticum) einleiten (Abb. 88). Im Meere scheiden die Kalkalgen große Mengen von Kalk ab, die z. B. in den Kalk- und Dolomit-Massiven der Alpen erhalten sind.

Wenn das Mesozoikum auch kürzer als das Paläozoikum ist, so hat es doch wegen seiner größeren Verbreitung in Deutschland mehr Bedeutung. In Süddeutschland nimmt es die Hälfte der Fläche ein, und wenn man vom Quartär absieht, so übertrifft es in ganz Deutschland flächenmäßig bei weitem alle übrigen Formationen (Abb. 89).

Im Mesozoikum gibt es in Mitteleuropa keine bedeutende Orogenese. Um die Wende Trias – Jura und Jura – Kreide erfolgt die kimmerische (nach dem Ort Kimmeridge an der englischen Südküste genannt) Gebirgsbildung mit nur geringer Faltung in Niedersachsen, während sie in Süddeutschland nur sehr schwach war. Das zu Beginn des Mesozoikums schon stark abgetragene variszische Gebirge wurde vollends zur Fastebene, wobei die epirogenen Bewegungen Abtrag und Akkumulation beinflussen. Klastische Gesteine, wie Konglomerate, Sandsteine und Tone, werden in großem Ausmaß gebildet; in den Meeren und Meeresbuchten entstehen Kalk, Mergel und Dolomit (Tab. 26). Auffallend ist, daß in Mitteleuropa die vulkanische Tätigkeit fehlt, wohl entstehen zur gleichen Zeit in Amerika ausgedehnte Decken von Vulkaniten.

1. Trias

Die Trias (gr. Dreiheit) dauerte etwa 45 Millionen Jahre und wird in Mitteleuropa gegliedert in die Abteilungen Buntsandstein (Name von Gesteinsfarbe), Muschelkalk (Name von den häufig vorkommenden Muschelresten) und Keuper (von Köper = bunter Stoff) (Tabelle 25). Diese Abteilungen können stratigraphisch wieder in je drei Stufen eingeteilt werden, z. B. Unterer, Mittlerer und Oberer Buntsandstein. Diese sogenannte germanische Trias ist über Deutschland hinaus in England, im südöstlichen Frankreich und in Spanien verbreitet. In der alpinen Trias werden von unten nach oben folgende Stufen unterschieden: Skyth, Anis, Ladin, Karn, Nor, Rät.

Die Tierwelt der Trias ist gekennzeichnet durch den relativ schnellen Übergang von den Tieren des Paläozoikums zu denen des Mesozoikums; viele Tiere sterben aus. Neue Korallen, Insekten, Kopffüßer und Stachelhäuter kommen, ferner entwickeln sich schon in der Trias die Saurier. Die meisten großen Baumarten des Karbons sind nicht mehr vorhanden, dafür aber Palmfarne, Schachtelhalme, Koniferen und Ginkgogewächse (Abb. 88).

In der Zeit des *Buntsandsteins* war Mitteleuropa überwiegend Festland, auf dem unter ariden Bedingungen meist rote, klastische Sedimente (Konglomerate, Sandsteine, Schiefertone) abgelagert wurden (Tab. 26). Mitteleuropa glich einem weiten Becken, in das der Verwitterungsschutt der umgebenden höheren Lagen, vor allem vom westlichen Gallischen Lande her, hineintransportiert wurde, wie die Schrägschichtung und die Einregelung der Gerölle zeigen (Abb. 89). Zwischenzeitlich waren Teile des Beckens unter Wasser, was durch Muscheln, Schalenkrebse und Wellenfurchen angezeigt wird. Wieder andere Schichtpakete enthalten die Zeugen eines Wüstenklimas, wie Dünenbildungen, Windkanter, Trockenrisse, Tonrollen und Steinsalzabdrücke. Hier finden wir auch die handförmigen Fährten des Chirotheriums, eines Panzerlurches. Vor allem der Mittlere Buntsandstein wurde in der Vergangenheit vielfach als Baustein, nicht zuletzt für Dome und Schlösser, verwendet. Im Oberen Buntsandstein wird das Klima streng arid. Es werden vorwiegend nur noch rote, feinkörnige Sande und Tone abgelagert, und es kommt sogar stellenweise zur Salzbildung. Während die Böden aus dem Sandstein des Unteren und Mittleren Buntsandsteins meist sandig und arm sind, stellen die Ablagerungen des Oberen Buntsandsteins meistens nährstoffreichere, lehmig-sandige bis tonige Böden (Tab. 24).

In der Zeit des *Muschelkalkes* dringt das Meer von der südlichen Thetys her nach Norden vor. Es ist eine große, flache Meeresbucht, die auch längere Zeit vom großen Thetys-Meer abgeschnitten und ein Binnenmeer wird (Abb. 89). Das Meer hinterläßt stellenweise bis zu 300 Meter meist kalkige und mergelige Sedimente, zu denen in der Küstenregion noch Dolomit und Sandstein (Muschelsandstein) kommen. Vorübergehend zieht sich das Meer ganz zurück, die Restwässer dampfen ein und hinterlassen Gips, Anhydrit, Dolomit und Salze. Durch diese geologischen Vorgänge hat der Muschelkalk eine klare Dreigliederung erhalten: Unterer Muschelkalk oder Wellenkalk (dünnplattige, mürbe Kalke mit dickeren Werksteinbänken), Mittlerer Muschelkalk oder Anhydritgruppe (Dolomit und Mergel mit Gips, Anhydrit und Salz), Oberer Muschelkalk oder Hauptmuschelkalk (Schichten mit Ceratiten, d. h. eine Gattung der Kopffüßer, und Kalke mit Trochiten, d. h. Gliedern von Seelilienstielen) (Tab. 26).

Die Zeit des *Keupers* setzt bei feuchtem Klima mit der Verlandung des noch im Oberen Muschelkalk bestehenden Meeres ein, so daß in brackischen und limnischen Gewässern, teils auch in moorigen Sümpfen, Sedimente entstehen. Dann folgt eine trockenere Zeit, in der neben Sandsteinen auch Salze gebildet werden. Im Oberen Keuper wird das Klima wieder feuchter, und das Meer dringt erneut vor. Es werden Schiefertone und Quarzite gebildet. Die geologischen Ereignisse des Keupers gestatten auch in diesem dritten Abschnitt der Trias eine Gliederung in folgende Stufen: Unterer Keuper oder Kohlenkeuper (Lettenkohle, bunte Letten, Sandstein, Dolomite, Kalke), Mittlerer Keuper oder Gipskeuper (bunte Gipsmergel, Steinmergel, Sandstein, Salze), Oberer Keuper oder Rät (dunkle Schiefertone, Quarzite, Saurier-Bonebed) (Tab. 26).

Die alpine Trias bildet sich im südlichen Geosynklinaltrog der Tethys, der bis nach Asien reicht. Mit Ausnahme der Ablagerungen in Binnenseen in der Unteren Trias, die sandig-tonig sind und Salz sowie Gips (Salze des Salzkammergutes) enthalten, handelt es sich um pelagische (gr. pelagos = die hohe See) Sedimente sehr verschiedener Art.

Während in Mitteleuropa in der Trias wohl epirogene, aber keine orogene Tektonik zu verzeichnen war, erlebte der Rand des Pazifiks, besonders der Bereich der Japanischen Inseln, eine Faltung. Erst am Ende der Trias kommt es zu leichten orogenen Bewegungen (Krim). Der Vulkanismus fehlt ebenso in Mitteleuropa, jedoch werden Laven in der südlichen Geosynklinale, ebenso in Sibirien, Afrika und Amerika gefördert.

Das Klima der Trias war zwar überwiegend warm und arid, jedoch sind die Anfangs- und Endphase feuchter.

2. Jura

Der Jura (nach dem Schweizer Jura genannt) umfaßt 40 Millionen Jahre und wird gegliedert in die Abteilungen Unterer Jura oder Schwarzer (nach schwarzem Gestein) Jura oder Lias (von engl. layers = Schichten), Mittlerer Jura oder Brauner (nach braunem, eisenreichem Gestein) Jura oder Dogger (engl. Gesteinsbezeichnung) und Oberer Jura oder Weißer (nach weißlichem Kalkstein) Jura oder Malm (engl. lokale Gesteinsbezeichnung) (Tab. 25).

Gegenüber der Oberen Trias zeigt der Jura keine wesentlichen Veränderungen des Tierreiches. Wohl kommen neue Korallen und Insekten hinzu. Ferner entwickeln die Saurier neue, große Formen, und die Flugsaurier gesellen sich zu denen des Landes und Meeres. Im Oberen Jura wurde der erste Vogel gefunden, der Archaeopteryx (von gr. alt und Vogel), der noch Reptilmerkmale hatte. Als Leitfossilien sind besonders die vielgestaltigen Ammoniten und die Belemniten (Kopffüßer) geeignet, ferner auch Muscheln, Schnecken, Kieselschwämme, Foraminiferen und Seeigel. In der Pflanzenwelt ändert sich gegenüber der Oberen Trias wenig, wohl vermehren sich die Formen der Koniferen, Ginkgogewächse und Farne (Abb. 88).

Im Jura werden weite Teile Europas vom Meere eingenommen, in welchem jedoch in weit auseinander liegenden Bereichen eine verschiedene Schichtserie, eine verschiedene Fazies, sedimentiert wird. Man unterscheidet einen germanischen und einen russischen Bereich sowie die pelagische Tethys im Süden.

Der germanische Bereich umfaßt Mitteleuropa und darüber hinaus auch die jurassischen Ablagerungen in Frankreich und England. In dieser Formation war dieser Raum von einem epikontinentalen Flachmeer eingenommen, welches das Festland nur vorübergehend überflutete. Die hier gebildeten Sedimente sind wechselnd in Körnung und stofflicher Zusammensetzung. Sie konnten mit Hilfe schnell mutierender Ammoniten gut gegliedert werden. Der Schwarze Jura oder Lias wird in Unter-, Mittel- und Oberlias unterteilt und enthält schwarze Schiefertone, die z. T. bitumenhaltig (Ölschiefer) sind, Kalksandstein (Luxemburg-Sandstein), die Eisenerze (Minette) von Lothringen und Harzburg, Kalke und Mergel. Der Braune Jura oder Dogger wird in vier Stufen (Aalénien, Bajocien, Bathonien, Callovien) aufgegliedert und enthält den größten Teil der braunen, eisenreichen, oolithischen Gesteine (Minette), die große wirtschaftliche Bedeutung im lothringischen Abbaugebiet haben. Ferner treten im Braunen Jura Kalke, Mergel, Tone und Eisensandstein auf. Der Weiße Jura oder Malm wird wieder in drei Stufen (Oxford, Kimmeridge, Portland) gegliedert und ist bekannt durch seine hellen, meist bankigen Kalksteine; teils ist der Kalk riffartig und teils oolithisch. Die früher für den Steindruck gebrauchten, fossilreichen Solnhofener Kalke gehören auch zum Malm. Ferner enthält der Malm Mergelkalk und Mergel; letztere sind als Münder Mergel salzhaltig (Tab. 26).

Der Jura des Moskauer Beckens beginnt mit einer großen Transgression im Dogger. Die Fauna dieses Meeres besitzt borealen Charakter im Gegensatz zu dem warm-ariden germanischen Bereich. Überwiegend sind hier tonige Sedimente zum Absatz gekommen. Der Süden Europas gehört auch im Jura zur Tethys, die im Alpenbereich durch Schwellen und Tröge gegliedert war, so daß hier verschiedenartige Sedimente entstanden, solche der Tiefsee (Radiolarite), der Flachsee (Kalke) und des Festlandes (Breccien). Die Aufteilung des Gondwanakontinentes auf der Südhalbkugel beginnt im Jura.

Im ganzen überwiegt im germanischen Bereich des Juras die Transgression, indessen finden auch Regressionen statt, z. B. im Oberen Lias und im Malm. Diese Verlagerung des Meeres wird durch epirogene Bewegungen verursacht, vor allem durch die epirogene Unruhe in der Tethys, wodurch sich schon die Orogenese der Alpen andeutet. Im Malm kommt es zu orogenen Bewegungen, der jungkimmerischen Orogenese, die im germanischen Bereich schwach, dagegen in Amerika stark und von Intrusionen begleitet war.

Die Bildung von Kohle im Unteren Jura spricht für ein feuchtes, relativ kühles Klima; im Oberen Jura wird das Klima warm und trocken, wofür Kalkbildung und Salzabscheidungen sprechen.

3. Kreide

Die Kreideformation hat ihren Namen von der in ihr vorkommenden Schreibkreide erhalten und umfaßt eine lange Zeitspanne von etwa 70 Millionen Jahren, die in die Abteilungen Untere Kreide (25 Millionen Jahre) und Obere Kreide (45 Millionen Jahre) geteilt wird (Tab. 25). Die langen Zeiträume dieser beiden Abteilungen gebietet es, ihre wichtigsten Stufen in Deutschland aufzuführen. Die Untere Kreide wird gegliedert in (von unten nach oben) Neokom und Gault, die Obere Kreide in Cenoman, Turon, Emscher, Senon und Dan.

In der lange währenden Kreideformation ändert sich die mesozoische Tierwelt stark. Bestimmte Korallen, Ammoniten und Belemniten und die Saurier sterben zu Ende der Kreidezeit aus. Es bahnt sich die Entwicklung zur Tierwelt des Känozoikums an. Plazentale Säugetiere, bestimmte Vögel, Amphibien und Schnecken bereichern die Tierwelt und stellen neben Foraminiferen, Korallen und Muscheln gute Leitfossilien. Aber auch die aussterbenden Tiere besitzen noch hohe stratigraphische Bedeutung, vor allem die Ammoniten, von denen der größte einen Durchmesser von 2,5 m erreicht. Die verbreitet auftretenden Kieselschwämme liefern das Material für die in der Oberkreide häufig auftretenden Feuersteine. Kalkschwämme besiedeln das flachere Meer (Abb. 88).

Auch in der Pflanzenwelt gibt es große Veränderungen. Noch in der Unteren Kreide treten die Angiospermen (bedecktsamige Pflanzen) zuerst auf und drängen die Gynospermen im Laufe der Kreidezeit zurück (Abb. 88). Es erscheinen auch Pflanzen, die den heutigen Formen verwandt sind oder bereits heutige Formen darstellen, wie Magnolien, Weiden und Pappeln. Auch einige Monocotyledonen kommen bereits vor (Palmen, Gräser).

Schon im Anfang des Juras erfolgte eine starke Regression des Meeres bis nach Nordengland. In Norddeutschland blieb ein weites Binnenmeer zurück, in welchem Sandsteine und Tone mit Kohlenflözen (Deister, Teutoburger Wald, Wesergebirge) entstanden (Tab. 26). Noch im tieferen Bereich der Kreide transgredierte das Meer bis an die mitteldeutsche Landschwelle und erweiterte sich nach Osten bis zum Russischen Kreidemeer. In dem Kreidemeer Norddeutschlands wurden Tone und Tonmergel, an den Rändern Sandstein (Osningsandstein), Grünsande und Grünsandstein gebildet. Bedeutsam sind die sedimentären Eisenerze von Salzgitter. In der Oberkreide erweitert sich das Kreidemeer bis in das Sauerland, in das Gebiet südlich des Harzes bis nach Sachsen, Böhmen und Oberpfalz, nach Norden greift das Meer bis nach Südschweden und das Baltikum vor. Im Senon waren große Teile Europas vom warmen Kreidemeer überflutet, aus dem große Inseln (Französisches Zentralplateau, Süddeutschland) aufragten. In diesen Meeren entstanden Kalke und Mergel, in den Randbereichen Grünsande und Sandstein (Quadersandstein). Noch in der Oberkreide kommt es zur *subhercynischen Gebirgsbildung*, auch zu epirogenen Hebungen (z. B. Hebung des Harzes), wodurch das Meer zurückgedrängt wird und zu Ende der Kreide (im Dan) nur noch einen Teil Dänemarks einnimmt (Tab. 26). Das im kühleren Bereich liegende Russische Kreidemeer bleibt während der ganzen Formation bestehen.

Im Bereich der Tethys-Geosynklinale ereignet sich an der Wende Unter-Oberkreide die *austrische Faltung*, die Kern- oder Stammfaltung der Alpen. Diese aus dem Meer gehobenen Schichten unterlagen dem Abtrag, und die Abtragsmassen verschiedener Körnung wurden als Flysch in den Vorsenken als mächtiges Paket aufgestapelt. Diese erste *alpidische Faltungsphase* erleben auch andere Hochgebirge Südeuropas (Pyrenäen, Dinariden, Karpaten); sie reicht weiter bis nach Südasien, während die Faltung der amerikanischen Hochgebirge später (oberste Kreide) einsetzte.

Zu Ende der Kreideformation ist in vielen Teilen der Erde schon die heutige Verteilung von Land und Meer vorhanden, wenn auch später noch kleinere Verschiebungen der Küste erfolgten. Der Pazifik mit seinen zirkumpazifischen Falten war bereits vorhanden, auch in großen Zügen die Umrisse der Erdteile, die auf der Südhemisphäre durch den Zerfall des Gondwanalandes entstehen, nämlich Südamerika, Afrika, Madagaskar, Vorderindien und Australien.

Während das Klima in der Unterkreide feucht und kühl war, wurde es in der Oberkreide warm und teils auch arid. Wie im Jura schon wahrnehmbar, differenziert sich das Klima der Kreidezeit in nördlichen Bereichen noch deutlicher; hier fehlen die Zeugen eines wärmeren Klimas, und die Jahresringe der Bäume zeigen im Gegensatz zu Nordafrika einen jahreszeitlichen Temperaturwechsel an.

e. KÄNOZOIKUM

Das Känozoikum (gr. kainos = neu), auch Neozoikum (gr. Tierneuzeit) oder Erdneuzeit genannt, ist mit rund 70 Millionen Jahren das kürzeste Erdzeitalter. Üblicherweise wird es in die Formationen Tertiär (lat. tertius = der dritte) und Quartär (lat. quartus = der vierte) aufgeteilt (Tab. 25). Letzteres nimmt zeitlich nur etwa 1 % des Neozoikums ein. Diese zeitliche Gliederung in Tertiär und Quartär, d. h. ein Zeitverhältnis von rund 70 : 1 Millionen Jahren, ist gerechtfertigt, weil sich zu Beginn des Quartärs die Eiszeit anbahnt und sich damit das geologische Geschehen gänzlich wandelt. Ein großer Teil der Oberfläche Deutschlands wird von quartären Bildungen eingenommen.

Das Känozoikum wird beherrscht von den Säugetieren; sie lösen gleichsam die Saurier ab (Abb. 88). Im Reich der Säugetiere gehen große Veränderungen vor sich, viele von den ersten sterben aus, neue kommen. Auffallend ist, daß bei den Säugetieren im Laufe des Känozoikums die Gehirnmasse ständig zunimmt. Kleine Formen der Säuger entwickeln sich im allgemeinen zu größeren. Zwar gibt es zu Beginn des Känozoikums schon große Säugetiere; diese sterben aber noch im Tertiär aus. Von den vielen Rüsselträgern des Tertiärs ist heute nur noch der Elefant vorhanden. U. a. entwickelt sich im Känozoikum auch das Pferd aus einer kleinen Urform des Untereozäns von 25 cm Schulterhöhe und einem noch fünfzehigen Fuß. Erst im Oberpliozän finden wir die ersten einzehigen Pferde. Die Nashörner bilden im Känozoikum eine formenreiche Gruppe, das heutige Nashorn ist ein Rest davon. Die Kamele sind zu Beginn des Neozoikums noch sehr klein wie eine Katze, sie entwickeln sich aber schnell zu großen Formen. Das Rind tritt erst im Pliozän auf. Eine Reihe von Raubtieren erscheint, wie Katze, Hund, Wolf, Bär, Säbeltiger, Hyäne. Die Reptilien gehen zurück, wohl gibt es viele Schildkröten und Krokodile. Die Fische vermehren sich in Form und Zahl. Die meisten Vögel sind schon in den Anfängen des Känozoikums vorhanden. Eine große Zahl von Insektenarten entwickelt sich. Von den

Mollusken herrschen Muscheln und Schnecken vor; sie bauen mächtige Kalkbänke auf, z. B. den Pariser Grobkalk, den Baustein von Paris. Foraminiferen gibt es in großer Zahl, Nummuliten bauen Kalkgesteine auf, aus denen die Pyramiden gebaut wurden. Die Pflanzenwelt zeigt schon im ersten Teil des Känozoikums das heutige Bild. Im ganzen gesehen stellt die Wende Kreide – Tertiär den größten Umschwung im Tier- und Pflanzenreich dar (Abb. 88, Tab. 26).

Die Pflanzenwelt zeigt im Eozän ein warmes Klima für den Bereich Europas bis in den hohen Norden an. Im Ostseegebiet gedieh eine subtropische Flora mit immergrünen Eichen, Lorbeer, Zimtbaum, Bambus, Palmen und Nadelbäumen, deren Harz den Bernstein lieferte. In Spitzbergen wurden aus dieser Zeit Pappeln, Eichen, Ahorn, Platane, Ulme, Linde, Walnuß, Magnolie und mehrere Nadelhölzer gefunden. Man schließt daraus, daß der Pol damals verlagert war, nach WEGENER südlich der Beringstraße. In der folgenden Zeit, im Oligozän und Miozän, fallen in Europa zwar die Temperaturen, aber das Klima ist noch so warm und feucht, daß in dieser Zeit in Mitteleuropa noch tropische und subtropische Pflanzen wachsen. Im Pliozän verschwinden diese Pflanzen infolge starker Abkühlung. Salzabscheidungen bezeugen, daß das warm-feuchte Klima durch warm-aride Perioden unterbrochen wurde. Schließlich fielen in Mitteleuropa die mittleren Jahrestemperaturen auf etwa null Grad wie heute in Nordsibirien und Alaska; arktische Pflanzen ersetzten die tertiäre, üppige, tropische und subtropische Flora (Tab. 26).

1. Tertiär

Schon 1832 hat LYELL eine Gliederung des Tertiärs in Abteilungen nach dem Anteil der heute noch lebenden Mollusken vorgeschlagen, und zwar Paleozän, Eozän, Oligozän, Miozän, Pliozän (abgeleitet von den griechischen Wörtern paläos = alt, eos = Morgenröte, oligos = wenig, meion = weniger, pleion = mehr, kainos = neu). Diese Abteilungen werden weiter aufgeteilt in Stufen: Unterpaleozän (Mont), Mittelpaleozän (Thanet), Oberpaleozän (Sparnac) usw. Für das Tertiär kann man einen Zeitraum von 68–70 Millionen Jahren ansetzen. Es ist also gegenüber der letzten Formation, dem Quartär, eine sehr lange Zeit. Die Entwicklung der Fauna und Flora zu den heutigen Formen hat sich überwiegend darin abgespielt (Abb. 88, Tab. 26).

Die Landschaft Mitteleuropas war zu Beginn des Tertiärs stark eingeebnet und ihre Oberfläche stark verwittert. Das warme, feuchte Klima bedingte einen üppigen Pflanzenwuchs. Die Verwitterung, nicht zuletzt unter dem Einfluß humushaltiger Wässer, war sehr stark. Es entstanden gebleichte Sande und Tone, die in die Senken der Landschaft transportiert wurden und hier die mächtigen Sedimente von weißen und gelben Sanden sowie grauen Tonen bildeten. In Sümpfen gedieh eine besonders üppige Pflanzenwelt. Senkten sich diese sumpfigen Becken bei gleichzeitig steigendem Grundwasser, so wurde die abgestorbene Pflanzenmasse vertorft; es entstand daraus die Braunkohle (Tab. 26). Bei hohem Grundwasser war ein Riedmoor vorhanden, bei weniger hohem herrschte die Sumpfzypresse vor, und verlandete das Moor, so griff der riesige Mammutbaum Platz. Erneute Senkung und Grundwasseranstieg ließen den Mammutwald absterben, das Riedmoor erschien aufs neue. Diesen Rhythmus einer Folge von Pflanzenarten in Abhängigkeit vom Wasser finden wir in der Braunkohle der Niederrheinischen Bucht. Im Eozän bildeten sich bereits die ersten Braunkohlenmoore im Londoner und Pariser Becken. Später, im Oligozän–Miozän, entstanden die mächtigen Braunkohlenflöze in der Niederrheinischen Bucht und in der Lausitz, kleinere in der Hessischen Senke, im Mainzer Becken, im Samland, in Oberbayern und im Wiener Becken. Wegen der mächtigen Braunkohlenlager wird das Tertiär auch die *Braunkohlenzeit* genannt (Tab. 26).

Das Tertiär ist ausgezeichnet durch weltweite tektonische Ereignisse. Es entstanden die hohen Faltengebirge, und epirogene Bewegungen ließen das Meer transgredieren und regredieren.

Die in der Kreidezeit beginnende alpidische Stammfaltung dauerte an. Von der dadurch in der Tethys geschaffenen Schwelle wurden in die nördliche Senke Abtragsmassen (Geröll, Sand, Ton) transportiert, die den Flysch (von schweiz. flyschig = bröckelig) darstellen. Im Tertiär wurde in mehreren Phasen das alpine Faltengebäude aufgeschoben, wobei die Deckenbildung in die Wende Eozän – Oligozän als pyrenäische Phase zu legen ist. Zunächst blieb eine Vortiefe am Gebirgsrand, der Molasse-Trog, bestehen, der später auch gefaltet und von Süden her überschoben wurde. Noch im Jungtertiär brach im Osten des jungen Gebirges das Wiener Becken ein, in welches das Meer eindrang.

Mit der tektonischen Unruhe im Tertiär war ein heftiger Vulkanismus verbunden, vor allem sind es gewaltige Basaltergüsse. Der Vulkanismus im Rheinischen Schiefergebirge, in Südwestdeutschland, im Französischen Zentralplateau und in Spanien ist gering gegenüber den vorderindischen Basaltdecken (Dekkan-Trappe) von 1 000 000 km² Fläche und den Basaltdecken des Columbia-Plateaus sowie von Island und Abessinien.

Das zu Ende der Kreide bis nach Dänemark zurückgedrängte Meer breitete sich wieder nach Osten bis Südrußland und nach Süden aus; es erhielt durch die Hessische Senke und den Oberrheintalgraben Verbindung mit dem Mittelmeer. Im Mitteloligozän hatte die Meerestransgression in Mitteleuropa ihre weiteste Ausdehnung, und von da ab zog sich das Meer mehr und mehr zurück, bis im Pliozän der deutsche Raum ganz Festland war.

Im Tertiär wurden viele charakteristische Sedimente in Meeresbuchten, in Süßwasserbecken und von Flüssen abgesetzt. Es sind Glaukonitsande, glaukonitische, sandige Tone, Glimmersand, Glimmerton, kaolinitreiche Tone, helle Quarzsande, helle Quarzgerölle, aber auch Festgesteine, wie Grünsandstein, Kalksandstein und Kalkstein (Tab. 26).

Die Tektonik äußerte sich nördlich der Alpen in einer vertikalen Schollenbewegung, wodurch das variszische Rumpfgebirge in Stücke zerlegt wurde. Dabei entstanden das tief abgesenkte Oberrheintal, die Hessische Senke, die Niederrheinische Bucht, aber auch kleinere Becken, wie das Neuwieder und Limburger Becken. Diese eingesenkten Felder nahmen eine Menge von Sedimenten auf, die aus den benachbarten, höher liegenden Gebieten fluviatil hinein transportiert wurden.

2. Quartär

Für das Quartär nimmt man $>$ 1 Million Jahre an, neuerdings rechnet man, vor allem in Nordamerika, mit einer längeren Zeit ($>$ 2 Millionen). Es wird in die beiden Abteilungen *Pleistozän*, auch Diluvium (lat. Überflutung) oder Eiszeitalter genannt, und *Holozän* (gr. ganz neu), auch Alluvium (lat. das Angespülte) bezeichnet, aufgeteilt. Der Name Pleistozän ist wie die Namen der Abteilungen des Tertiärs von den heute noch lebenden Mollusken abgeleitet (gr. pleiston = am meisten, kainos = neu) (Tab. 25).

Das Quartär wurde 1829 trotz seiner kurzen Dauer vom Tertiär wegen seiner starken Klimaschwankungen abgetrennt. Während im Pleistozän mehrere Eiszeiten einander folgen, stellt das Holozän die Zeit nach der letzten Vereisung mit einer wesentlichen Erwärmung dar.

In der geringen Zeitdauer des Quartärs haben sich keine grundlegenden Änderungen in Flora und Fauna ergeben. Wohl haben sich durch die starken Klimaschwankungen die Ausbreitungsgebiete der Tiere und Pflanzen verschoben. Sie wichen dem von Norden kommenden Eis in südlichere Breiten aus und wanderten wieder, dem zurückschmelzenden Eis folgend, nach Norden zurück. Dies geschah mehrmals. Wo in den Eiszeiten eine arktische Flora war, gedieh in den zwischeneiszeitlichen Warmzeiten eine Flora, die etwa unserer heutigen Mitteleuropas gleicht. Ähnlich war es im Faunenreich. Die Säugetiere entwickelten sich schnell weiter. Viele Formen starben im Pleistozän aus, so der Höhlenbär, das wollhaarige Nashorn und das Mammut. Schließlich erschien zu Beginn des Pleistozäns der Mensch, der sich im jüngeren Pleistozän zum Homo sapiens entwickelte (Abb. 88).

Das wichtigste geologische Ereignis im *Pleistozän* ist die mehrmalige Vereisung *Nordeuropas*, Nordamerikas sowie der Hochgebirge mit den durch das Gletschereis geschaffenen Ablagerungen und Oberflächenformen. Moränen verschiedener Art als Rückstand des Eises und die Ablagerungen der Schmelzwässer bedeckten den weitaus größten Teil Norddeutschlands und des Alpenvorlandes sowie auch Talbereiche in den Alpen. Das Gletschereis mit seinen eingefrorenen Steinen schrammte den Felsuntergrund und hinterließ Gletscherschrammen und Rundhöcker. Wo der Gletscher im Hochgebirge seinen Weg begann, entstanden Hohlformen an den Oberhängen. Die Täler wurden durch die Gletscher trogartig ausgepflügt; so entstanden die Trog- oder U-Täler.

Im Alpenraum hat A. PENCK vier Eiszeiten nachweisen können, die er nach kleinen Alpenflüssen nannte. In Norddeutschland konnten drei Vereisungen mit Sicherheit nachgewiesen werden, während der Nachweis der ältesten unsicher ist. Neuerdings rechnet man mit fünf Eiszeiten oder sogar mit noch mehr. Nach jeder Eiszeit schmolz das Eis ganz zurück, so daß jeder Eiszeit eine *Warmzeit* oder Interglazialzeit folgte mit einem Klima, das dem heutigen ähnlich war. Der Ablauf einer Vereisung ist nicht kontinuierlich zu denken, vielmehr verursachten geringe Klimaverbesserungen kleine Rückzüge des Eises, eine anschließende Temperaturabnahme veranlaßte dann wieder ein Vorrücken des Eises. Dieses auf Klimaschwankungen beruhende Zurück- und Vorgehen des Eises bedingte die *Interstadiale*. Da das letzte Glazial (Eiszeit) erst 10 000 Jahre vorbei ist, könnte es sein, daß wir jetzt wieder in einer Warmzeit zwischen zwei Eiszeiten leben, indessen gibt es dafür keinen Beweis (Tab. 26).

Während der Eiszeiten wurde aus den frischen, vegetationsfreien Ablagerungen des Eises, der Schmelzwässer und der Flüsse der *Löß* ausgeweht und wieder abgelagert. Ein breiter Streifen durchzieht Deutschland von der Niederrheinischen Bucht bis über Sachsen hinaus. Größere Lößgebiete gibt es auch in Süddeutschland, vor allem in der Wetterau, in Unterfranken, im Kraichgau und im Niederbayerischen Ackergäu.

Im Pleistozän sind noch erhebliche tektonische Bewegungen abgelaufen. Die Hebung der Mittelgebirge hatte das Einschneiden der Flüsse zur Folge, so daß die meisten Täler in Mitteleuropa erst im Quartär entstanden. Die Niederrheinische Bucht und der Oberrheintalgraben sanken weiter ein. In letzterem wurden im Quartär noch 400 m Sedimente aufgeschichtet. Noch heute gehen im Niederrheingebiet die Senkungen, wenn auch nur schwach und nur an einzelnen Stellen, weiter.

Der Vulkanismus lebt im Pleistozän erneut auf, besonders im Eifelgebiet, ferner auch in Böhmen und im Französischen Zentralplateau. Vor nur 10 000 Jahren fand der Vulkanismus seinen Ausklang mit der Tätigkeit der Laacher Vulkane, die ungeheure Mengen von Trachytasche (Bims) förderten, und mit der Entstehung der Eifel-Maare. Die Bimsasche wurde einige hundert Kilometer nach Osten, bis nach Böhmen, verfrachtet, wenn auch in dieser Entfernung nur noch ein dünnes Aschenbändchen gefunden wurde.

Nach dem Rückgang des Eises standen Ostsee und Nordsee über Südschweden in breiter Verbindung, es war das Yoldia-Meer. Vorübergehend schnürte sich dieses Meer ab zu einem Binnensee, dem Ancylus-See, und daraus bildete sich schließlich die heutige Ostsee. Im Pleistozän bestand noch Landverbindung mit England, erst im Holozän wurde es durch das Einsinken des Ärmelkanals vom Festlande abgetrennt. Zu Beginn des Pleistozäns war Sizilien noch mit Afrika verbunden, und das Schwarze Meer war noch ein Binnensee.

Das *Holozän* (gr. ganz neu), auch Alluvium (lat. das Angespülte) oder Postglazial (lat. Nacheiszeit) genannt, umfaßt die letzten 10 000 Jahre und ist damit die geologische Gegenwart (Tab. 26). Verwitterung, Abspülung der verwitterten Massen, Sedimentation durch Flüsse und Meer (Marschen), Dünenbildung, Moorbildung, Vulkanausbrüche und Erdbeben, auch Mutationen im Pflanzen- und Tierreich, spielen sich vor unseren Augen ab und lehren uns, durch diese aktuellen Vorgänge das geologische Geschehen der Vergangenheit zu verstehen (Aktualismus).

Geologische Literatur

BENDER, F. (Herausgeber): Angewandte Geowissenschaften. – 4 Bände, Verlag Enke, Stuttgart 1981/82.

BLANCK, E.: Physikalische Verwitterung. Chemische Verwitterung. Die biologische Verwitterung als Ausfluß der in Zersetzung begriffenen organischen Substanzen. – In: E. Blanck, Handb. der Bodenlehre, 2. Band, Verlag Springer, Berlin 1929.

BRINKMANN, R.: Abriß der Geologie. – 2 Bände, 12. bzw. 11. Aufl., Verlag Enke, Stuttgart 1977/80.
Allgemeine Geologie, neu bearbeitet von W. Zeil als 13. Aufl. 1984.

BRINKMANN, R. (Herausgeber): Lehrbuch der Allgemeinen Geologie. – 3 Bände, Verlag Enke, Stuttgart 1964/73.

BUBNOFF, v. S.: Geologie von Europa. – 3 Bände, Verlag Borntraeger, Berlin 1930/36.

BUBNOFF, v. S.: Einführung in die Erdgeschichte. – 2 Bände, 2. Aufl., Mitteldeutsche Druckerei und Verlagsanstalt, Halle 1940/49.

BUBNOFF, v. S.: Grundprobleme der Geologie. – Akademie-Verlag, Berlin 1954.

BÜLOW, v. K.: Geologie für Jedermann. – 4. Aufl., Franck'sche Verlagshandlung, Stuttgart 1954.

CLOOS, H.: Einführung in die Geologie. – Verlag Borntraeger, Berlin 1936, Neudruck 1963.

COX, A. (Editor): Plate Tectonics. – Verlag W. H. Freeman & Com. Ltd., Reading/England 1973.

DORN, P. und LOTZE, F.: Geologie Mitteleuropas. – 4. Aufl. Schweizerbart'sche Verlagsbuchhandlung, Stuttgart 1971.

FIEDLER, H. J. und HUNGER, W.: Geologische Grundlagen der Bodenkunde und Standortslehre. – Verlag Steinkopff, Dresden, 1970.

FRECHEN, J.: Siebengebirge am Rhein, Laacher Vulkangebiet, Maargebiet der Westeifel. – Sammlung Geologischer Führer, 2. Aufl., Band 56, Verlag Borntraeger, Berlin – Stuttgart 1971.

HENNINGSEN, D.: Einführung in die Geologie der Bundesrepublik Deutschland. – 2. Aufl., Verlag Enke, Stuttgart 1981.

HOLMES, A.: Principles of Physical Geology. – 2. Aufl., Verlag Ronalds Press, London 1965.

KETTNER, R.: Allgemeine Geologie. – 4 Bände, Deutscher Verlag der Wissenschaften, Berlin 1958/60.

KNETSCH, G.: Geologie von Deutschland. – Verlag Enke, Stuttgart 1963.

KRENKEL, E. (Herausgeber): Geologie der Erde. – Verlag Borntraeger, Berlin 1925 ff.

LOTZE, F.: Geologie. – Sammlung Göschen, Band 13/13a, Verlag W. de Gruyter u. Co., Berlin 1968.

PUTNAM, W. C. und LOTZE, F. W.: Geologie. Einführung in ihre Grundlagen. – Verlag W. de Gruyter u. Co., Berlin 1969.

RICHTER, M.: Geologie. – 2. Aufl., Das Geographische Seminar, Verlag Westermann, Braunschweig 1969.

RITTMANN, A.: Vulkane und ihre Tätigkeit. — 3. Aufl., Verlag Enke, Stuttgart 1981.

SARJEANT, W.: Geologists and the History of Geology: An International Bibliography from the Origins to 1978. – Verlag Macmillan Press, London 1980.

SCHELLENBERG, G.: Biologische Verwitterung durch lebende Organismen. – In: E. Blanck, Handb. d. Bodenlehre, 2. Band, Verlag Springer, Berlin 1929.

SCHINDEWOLF, O. H. (Herausgeber): Handbuch der Paläozoologie. – Verlag Borntraeger, Berlin 1938 ff.

SCHWARZBACH, M.: Geologie in Bildern. – Verlag Fischer, Wittlich 1954.

SCHWELGER, E., SCHNEIDER P. und HEISSEL, W.: Geologie in Stichworten. – Verlag Hirt, Kiel 1969.

TERMIER, H. G.: Traité de Geologie. – Verlag Masson, Paris 1952/57.

WAGNER, G.: Einführung in die Erd- und Landschaftsgeschichte. – 3. Aufl., Verlag der Hohenloheschen Buchhandlung F. Rau, Öhringen 1960.

WUNDERLICH, H. G.: Einführung in die Geologie. – Band I und II, Hochschultaschenbücher 340/340a, Bibliographisches Institut, Mannheim – Zürich 1968.

Geomorphologische Literatur

BEHRMANN, W.: Morphologie der Erdoberfläche. – Klutes Handb. d. Geogr. Wissenschaft. – Akad. Verlagsges. Athenaion, Potsdam 1933.

BREMER, H. und ZAKOSEK, H.: Relief und Boden. – Zeitschr. f. Geomorphologie, Supplementband 33, Verlag Borntraeger, Berlin, Stuttgart 1979.

BÜDEL, J.: Das natürliche System der Geomorphologie. – Würzburger Geograph. Arbeiten, H. 34, 1971.

COTTON, C. A.: Geomorphologie. – 7. Aufl., Verlag Whitcombe & Tombs Ltd., London 1958.

CURRAN, H. A.: Atlas of landforms. – 2. Aufl., Verlag John Wiley & Sons Inc., New York 1974.

EMBLETON, C. and KING, C. A. M.: Glacial and Periglacial Geomorphology. – Verlag Edward Arnold Ltd., London 1968.

Fezer, F.: Die Verwendung des Luftbildes in der Geomorphologie. – Zeitschr. f. Bildmessung und Luftbildwesen, 37, S. 161–165, 1969.

Green, J. and Short, N. M.: Volcanic Landforms and Surface Features. – Verlag Springer, Wien – New York 1971.

Köster, E. und Leser, H.: Geomorphologie I. Labormethoden. – Das Geographische Seminar. Verlag Westermann, Braunschweig 1967.

Leser, H. u. Panzer, W.: Geomorphologie. – Das Geographische Seminar. Verlag Westermann, Braunschweig 1981.

Louis, H.: Allgemeine Geomorphologie. – Lehrbuch der Allgemeinen Geographie, Band 1, herausgegeben von E. Obst, Verlag W. de Gruyter & Co., Berlin 1968.

Machatschek, F.: Das Relief der Erde. – 2 Bände, Verlag Borntraeger, Berlin 1955.

Machatschek, F.: Geomorphologie. – 9. Aufl., Verlag Teubner, Stuttgart 1968.

Maull, O.: Handbuch der Geomorphologie. – 2. Aufl., Verlag Franz Deuticke, Wien 1958.

Meyer, W.: Geographischer Wanderführer: Eifel. – Verlag Franckh Kosmos 1983.

Rathjens, C.: Geomorphologie für Kartographen und Vermessungsingenieure. – Astra-Verlag, Lahr 1958.

Rohdenburg, H.: Einführung in die klimagenetische Geomorphologie. – Lenz-Verlag, Gießen 1971.

Scheidegger, A. E.: Theoretical Geomorphology. – Verlag Springer, Berlin – Heidelberg – New York 1970.

Sparks, B. W.: Geomorphology. – 2. Aufl., Verlag Longmans, London 1972.

Tricart, J.: Principes et méthodes de la géomorphologie. – Verlag Masson, Paris 1965.

Troll, C.: Die Pflege der Luftbildinterpretation in Deutschland. – Zeitschr. f. Bildmessung und Luftbildwesen, 37, S. 120–125, 1969.

Weber, H.: Die Oberflächenformen des festen Landes. – Verlag Teubner, Leipzig 1967.

Wilhelmy, H.: Klimamorphologie der Massengesteine. – Verlag Westermann, Braunschweig 1958.

Wilhelmy, H.: Geomorphologie in Stichworten. – 3 Bände, Verlag Hirt, Kiel 1971.

Winkler-Hermaden, A.: Geologisches Kräftespiel und Landformung. – Verlag Springer, Berlin – Heidelberg – New York 1957.

Mineralogische und Petrologische Literatur

Barth, T. F. W., Correns, C. W. und Eskola, P.: Die Entstehung der Gesteine. – Verlag Springer, Berlin – Göttingen – Heidelberg 1939, Neudruck 1960.

Brauns, R. und Chudoba, K. F.: Spezielle Mineralogie. – 11. Aufl., Sammlung Göschen, Band 31/31a, Verlag W. de Gruyter & Co., Berlin 1964.

Brauns, R. und Chudoba, K. F.: Allgemeine Mineralogie. – 12. Aufl., Sammlung Göschen, Band 29/29a, Verlag W. de Gruyter & Co., Berlin 1968.

Brown, G. (Herausgeber): The x-ray identification and crystal structure of clay minerals. – Verlag Min. Soc., London 1961.

Bruhns, W. und Ramdohr, P.: Petrographie. – 7. Aufl., Sammlung Göschen, Band 173, Verlag W. de Gruyter & Co., Berlin 1972.

Füchtbauer, H. und Müller, G.: Sedimente und Sedimentgesteine. – Sediment-Petrologie, Teil II, 3. Aufl., Schweizerbart'sche Verlagsbuchhandlung, Stuttgart 1977.

Grim, R. E.: Applied clay mineralogy. – Mc Graw-Hill, London 1962.

Grim, R. E.: Clay mineralogy. – Mc Graw-Hill, London 1968.

Jasmund, K.: Die silicatischen Tonminerale. – 2. Aufl., Verlag Chemie, Weinheim (Bergstr.) 1955.

Lieber, W.: Mineralogie in Stichworten. – Verlag Hirt, Kiel 1969.

Linck, G. und Jung, H.: Grundriß der Mineralogie und Petrographie. – 3. Aufl., Verlag Fischer, Jena 1960.

Marshall, C. E.: The physical chemistry and mineralogy of soils. Band I, Soil materials. – Verlag Wiley and Sons, New York 1964.

Millot, G.: Geology of Clays. – Verlag Springer, New York – Heidelberg – Berlin, Chapman & Hall, London 1970.

Niggli, E.: Gesteine und Minerallagerstätten. – 2 Bände, Verlag Birkhäuser, Basel 1948/52.

Pettijohn, F. J.: Sedimentary Rocks. – 2. Aufl., Verlag Horper & Brothers, New York 1957.

Ramdohr, P. u. Strunz, H.: Lehrbuch der Mineralogie. – 16. Aufl., Enke, Stuttgart 1979.

Rich, C. I. und Kunze, G. W.: Soil clay mineralogy. – Verlag Univ. N. Carolina Press, Chapel Hill 1964.

Ronner, F.: Systematische Klassifikation der Massengesteine. – Verlag Springer, Berlin – Heidelberg – New York 1963.

Ruchin, L. B.: Grundzüge der Lithologie. Lehre von den Sedimentgesteinen. – Akademie-Verlag, Berlin 1958.

Schumann, H.: Einführung in die Gesteinswelt. – Verlag Vandenhoeck & Ruprecht, Göttingen 1975.

Thurner, A.: Hydrogeologie. – Verlag Springer, Berlin – Heidelberg – New York 1967.

Turner, F. J. and Verhoogen, J.: Igneous and Metamorphic Petrology. – 2. Aufl., Verlag Mac Graw Hill, New York – Toronto – London 1960.

Weaver, C. E. and Pollard, L. D.: The Chemistry of Clay Minerals. – Verlag Elsevier, Amsterdam 1973.

Winkler, H. G. F.: Die Genese der metamorphen Gesteine. – Verlag Springer, Berlin – Heidelberg – New York 1967.

B. DIE BODENKUNDE

I. Geschichtliches

Die Bodenkunde ist eine noch relativ junge Naturwissenschaft; in der internationalen Fachsprache wird sie *Pedologie* genannt. Man kann nicht genau das Jahr festlegen, von dem ab ein wissenschaftliches Fachgebiet »Bodenkunde« besteht, indessen kann man die Zeit, in der das Buch »Pedologie« (1862) von F. A. Fallou erschien, die grundlegenden Forschungsarbeiten von W. W. Dokutschajeff und N. Sibirzew in den 70er und 80er Jahren des vorigen Jahrhunderts gemacht wurden, etwa gleichzeitig E. W. Hilgard um 1900—1910 die ariden Böden der USA erforschte und E. Ramann 1893 sein Buch »Forstliche Bodenkunde und Standortslehre« publizierte und schließlich E. Mitscherlich 1906 seine pflanzenphysiologisch konzipierte »Bodenkunde für Land- und Forstwirte« schrieb, als den Beginn der Bodenkunde als Naturwissenschaft bezeichnen.

Die Menschen haben sich mit dem Boden befaßt, so lange sie Ackerbau betreiben. Wir finden darüber Berichte in den alten Aufzeichnungen der Chinesen, Babylonier, Skythen, Griechen und Ägypter; vor allem handelt es sich um einfache Methoden der Bodenverbesserung, z. B. verbesserten die Ägypter die leichten Böden mit Nilschlamm. Die Römer hatten bereits eine Bodeneinteilung nach der Bearbeitbarkeit, indem sie leichte und schwere, fette und magere, zähe und mürbe Böden unterschieden. Sie kannten auch schon die Bodenverbesserung durch Mergel, Asche und Dränung. Bis zum Aufblühen der Naturwissenschaften im 18. Jahrhundert hat das Wissen vom Boden keine Fortschritte gemacht.

Aus der Chemie entwickelte sich die Agrikulturchemie, die maßgeblich durch Th. de Saussure (1767—1845), Humphry Davy (1778—1829) und Justus von Liebig (1803—1873) gefördert wurde. Die Agrikulturchemie steuerte die chemischen Bodeneigenschaften an. Aus der Geologie entwickelten sich die Fachgebiete der Petrographie und der exogenen Geologie, und von diesen beiden Disziplinen aus wurden wesentliche Teilgebiete der Bodenkunde forschend bearbeitet, vor allem das Ausgangsmaterial (Gesteine) des Bodens und wichtige Entstehungsvorgänge (Verwitterung, Umlagerung). Vertreter dieser Richtung waren A. Orth und F. Wahnschaffe, die in den 70er und 80er Jahren des vorigen Jahrhunderts in Norddeutschland wirkten. Die Preußische Geologische Landesanstalt, Berlin, wurde ursprünglich zur Erforschung des Bodens 1873 gegründet. Schließlich gingen vor etwa 80 Jahren wesentliche bodenkundliche Forschungen auf dem Gebiete der Bodenphysik vom Ackerbau aus. Diese Forschungsfäden aus der Agrikulturchemie, der Geologie und dem Ackerbau liefen schließlich zusammen in der neuen Naturwissenschaft »Bodenkunde«. Marksteine in der Entwicklung der bodenkundlichen Wissenschaft kann man auch in der Gründung der ersten deutschen Landwirtschaftlichen Versuchsstation 1851 in Möckern (bei Leipzig) und der Staatlichen Moorversuchsstation 1877 in Bremen sehen. In Deutschland haben in den ersten 30 Jahren dieses Jahrhunderts besonders Edwin Blanck, Eilhard Alfred Mitscherlich und Hermann Stremme die bodenkundliche Forschung vorangetrieben.

II. Definition

Im Laufe der Zeit sind für den Boden eine Anzahl von Definitionen gegeben worden. Je nach der Konzeption, die der Bodenforscher vom Boden hatte, wurde die Definition formuliert. Jede ist richtig, wenn man den Standpunkt der Betrachtung berücksichtigt. Wir wollen eine allgemein gefaßte, etwas erweiterte Definition von Edwin Blanck geben, der das Handbuch der Bodenlehre in der Zeit von 1929/39 herausgab:

»Boden ist ein überall an der Erdoberfläche auftretendes, durch Verwitterung der Gesteine hervorgegangenes, mechanisches Gemenge von Gesteins- und Mineralbruchstücken und deren Umbildungsprodukten, vermischt mit einer mehr oder minder großen Menge sich zersetzender und schon zu Humus umgebauter organischer Bestandteile«.

Diese Definition ist umfassend, aber etwas lang, und darum soll noch eine kürzere von H. Kuron hinzugefügt werden:

»Der Boden ist die oberste Verwitterungsschicht der festen Erdrinde, die in Wechselwirkung mit den lebenden Organismen dieses Bereiches steht«.

III. Die Textur (Bodenart, Körnung)

Vor etwa 150 Jahren haben A. THAER (1752—1828) und seine Mitarbeiter EINHOF und CROME eine Bodeneinteilung vorgeschlagen, die auf den Anteilen der Korngrößen (Sand, lehmiger Sand usw.) beruht; darin sah man die Arten des Bodens, die *Bodenarten*. Später wurde für die Korngrößenzusammensetzung international die Bezeichnung *Textur* eingeführt. Heute bezeichnet man die Korngrößenzusammensetzung auch einfach als die *Körnung* des Bodens.

a. ENTSTEHUNG UND ALLGEMEINE BEDEUTUNG

Durch die mechanische Gesteinszerstörung und Verwitterung werden die Gesteine in Bruchstücke verschiedener Größe (Körnung) zerlegt. Fortschreitende Verwitterung verkleinert die Körner des Bodens, soweit sie verwitterbar sind. Die Korngrößenzusammensetzung ist mannigfach und hängt vom Gestein, sofern es sich um autochthone Böden (Ortsböden) handelt, und vom Verwitterungsgrad ab. Handelt es sich um Sedimentgesteine, so können aus der Entstehungsart, ob durch Wasser, Eis oder Wind abgelagert, Rückschlüsse auf die Korngrößenzusammensetzung gezogen werden. Wasser, noch mehr der Wind sortieren bei etwa gleicher Dichte der Minerale die durch sie verlagerten Körner, das Eis dagegen nicht. Bekannt ist uns z. B. die relativ gleichartige Korngrößenzusammensetzung des Lößes mit hohem Anteil an Grobschluff (20–63 μm).

Die Bedeutung der Textur des Bodens für seine Fruchtbarkeit wurde schon vor Jahrhunderten erkannt. Deshalb richteten sich auch die Untersuchung und die Unterteilung des Bodens zunächst auf die Korngrößenzusammensetzung. Mehrere Eigenschaften des Bodens, vor allem sein Wasser- und Lufthaushalt, sind primär davon abhängig, wenn auch noch andere Einflüsse modifizierend wirken können.

b. ERMITTLUNG DER KÖRNUNG

Wenn quantitative Aussagen über die Korngrößenzusammensetzung des Bodens gemacht werden sollen, so ist eine Zerlegung in *Kornfraktionen* notwendig. Vor mehr als 100 Jahren wurde bereits die erste Apparatur dafür entwickelt. Im Laufe der Zeit sind mehrere Apparaturen dafür erfunden worden, die nach verschiedenen Prinzipien arbeiten.

Der *Körnungsanalyse* muß eine *Zerteilung* (Dispergierung) in *Primärteilchen* voraufgehen; denn die kleinen Teilchen des Bodens können mehr oder weniger durch Carbonate, Humus, Tonsubstanz sowie Fe- und Al-Oxide verkittet sein. Diese Dispergierung geschieht heute in Deutschland konventionell mit einer 0,01 n — Natriumpyrophosphat-Lösung. Falls der Gehalt an organischer Substanz über 3 % liegt, ist diese vorher mit H_2O_2 zu zerstören. Wenn die Ergebnisse der Körnungsanalyse vergleichbar sein sollen, so muß die Vorbehandlung der Bodenproben unbedingt gleich sein. Nicht in jedem Falle ist eine Dispergierung mit Natriumpyrophosphat empfehlenswert. Will man auf Grund der Körnungsanalyse eine Aussage über die Wasserbewegung im Boden machen, z. B. im Hinblick auf die Dränwirkung, so wird man den Boden nur mit Wasser dispergieren; denn miteinander verkittete Primärteilchen wirken in bezug auf die Wasserbewegung wie größere Körner und nicht wie einzelne Primärteilchen. Die Vergleichbarkeit ist ferner nur dann möglich, wenn die Körnungsanalyse nach der gleichen Methode durchgeführt worden ist. Von den Methoden, die in der Vergangenheit angewandt wurden und z. Z. angewandt werden, seien nur die wichtigsten, die am meisten angewandten, erwähnt. Dabei werden nur die Methoden als solche und ihr Prinzip erläutert; die Schilderung des Analysenganges gehört in die Analysenmethoden-Bücher.

Die Kornfraktionen über 63 µm werden mit der *Siebmethode* gewonnen, indem die Bodenmasse durch Siebe mit der Maschenweite der geforderten Korngrößen geschüttelt wird.

Die Bodenmasse mit der Körnung unter 63 µm muß in Wasser, nötigenfalls mit einem Dispergierungsmittel, suspendiert und bestimmt werden. Grundlegend hierbei ist, daß sich die Teilchen einer Bodensuspension nach der Größe absetzen, d. h. die großen am schnellsten, und je kleiner der Korndurchmesser, desto länger ist die Sinkzeit. Dieser Vorgang läßt sich mit dem STOKES'schen Widerstandsgesetz, nach dem die Grenzgeschwindigkeit eines in einer Flüssigkeit frei fallenden Körpers dem Quadrat seines Durchmessers proportional ist, erklären, wobei man allerdings davon ausgeht, daß bei runden Teilchen gleicher Dichte und bei gleichbleibender Temperatur die Sinkgeschwindigkeit nur vom Korndurchmesser abhängt. Die Bodenteilchen sind aber selten rund, und es kann infolgedessen mit Hilfe des STOKES'schen Gesetzes nicht der wahre Durchmesser, sondern nur ein *Äquivalentdurchmesser* der Bodenkörner ermittelt werden, welcher dem Durchmesser kugelförmiger Teilchen gleicher Fallgeschwindigkeit entspricht. Die Dichte der Bodenteilchen ist keineswegs gleich, indessen überwiegt der Quarz, so daß bei Routineuntersuchungen seine Dichte mit 2,65 angenommen werden kann. Dem genannten Prinzip unterliegen die folgenden Methoden.

Sedimentier-Methode mit Hilfe des ATTERBERG-Zylinders. Hiermit kann man unter Anwendung des STOKES'schen Gesetzes jede gewünschte Kornfraktion gewinnen.

Die *Pipett-Methode* nach KÖHN beruht ebenfalls auf der Sedimentation der Bodenteilchen nach dem STOKES'schen Gesetz. Hierbei wird nur ein kleiner Teil der Bodensuspension mit einer Pipette nach bestimmten Sinkzeiten entnommen, womit das Verfahren vereinfacht ist.

Die *Aräometer-Methode* nach BOUYOUCOS-CASAGRANDE beruht auf der Dichtebestimmung der Bodensuspension. In die Bodensuspension sinkt ein Aräometer mit zunehmender Sedimentation der Teilchen ein. Für sandige Bodenarten ist diese Methode weniger geeignet.

Die *Spülmethode* nach KOPECKY-KRAUS beruht auf dem Herausspülen von Bodenteilchen bei bestimmter Wasserströmung, wobei nur Körner bestimmter Größe von Wasser weggetragen werden. Die Apparatur besteht aus vier, durch Schläuche miteinander verbundenen Zylindern verschiedenen Durchmessers. Die zu untersuchende Bodenprobe wird in den ersten, engsten Zylinder gebracht, und dann wird ein Wasserstrom durch dieses Zylindersystem geschickt. Im letzten, weitesten Zylinder ist der Wasserstrom nur noch gering, aber es wird doch noch die Fraktion < 0,01 mm ⌀ (oder in Abhängigkeit der Wasserströmung < 0,02 mm ⌀) aus dem letzten Zylinder gespült (abgeschlämmt); dies ist das *Abschlämmbare*, das die Ton- und die meiste Schluffmasse enthält. Diese Methode ist hier deshalb kurz beschrieben, weil bei der Durchführung der Bodenschätzung (frühere Reichsbodenschätzung) nach dieser Methode die Kornfraktionen bestimmt und die Bodenarten nach der Menge des Abschlämmbaren (<0,01 mm ⌀) eingeteilt wurden.

c. EINTEILUNG DER KORNFRAKTIONEN

Konventionell wird in Deutschland die Fraktion < 2 mm als *Feinboden* oder Feinerde und die Fraktion > 2 mm als *Bodenskelett* bezeichnet.

Früher war die *Zweier-Skala* nach ATTERBERG gebräuchlich, nach der man unterteilte: Grobsand 2000–200 µm, Feinsand 200–20 µm, Schluff 20–2 µm, Ton < 2 µm. Diese Einteilung erfaßt die Körnung bestimmter, an Feinsand (63–200 µm) und Grobschluff (20–63 µm) reicher Bodenarten insofern schlecht, als diese Fraktionen nicht ausreichend herausgestellt werden. Dies trifft besonders zu für die

Tab. 27: Kornfraktionen des Feinbodens (< 2 mm ⌀) (nach Arbeitsgemeinschaft Bodenkunde 1971/82)

Fraktion	Unterfraktion	Abkürzung	Äquivalentdurchmesser in μm	in mm
Ton T	Feinton	fT	< 0,2	< 0,0002
	Mittelton	mT	0,2 – 0,6	0,0002 – 0,0006
	Grobton	gT	0,6 – 2	0,0006 – 0,002
Schluff U	Feinschluff	fU	2 – 6	0,002 – 0,0063
	Mittelschluff	mU	6 – 20	0,0063 – 0,02
	Grobschluff	gU	20 – 63	0,02 – 0,063
Sand S	Feinsand	fS	63 – 200	0,063 – 0,2
	Mittelsand	mS	200 – 630	0,2 – 0,63
	Grobsand	gS	630 – 2000	0,63 – 2,0

Körnung des Lösses, des Lößlehmes und des Sandlösses sowie bestimmter Verwitterungsböden des Keupers und des Oberen Buntsandsteins. Mit Rücksicht auf diese Texturen, aber auch im Bestreben, überhaupt mit einer genaueren Einteilung der Kornfraktionen zu operieren, hat man sich inzwischen in Deutschland auf die *Zwei-Sechser-Skala* geeinigt. Die Sechser-Zwischenwerte (genauer 6,3) teilen die Intervalle der Zweierskala in zwei logarithmisch gleiche Teile (Tabelle 27).

Das Bodenskelett, d. h. die Fraktion > 2 mm wird nach der gleichen Skala unterteilt (Sechser-Werte abgerundet). Hierbei werden gerundete und nicht gerundete (kantig-eckige) Skelettformen unterschieden. Das hat insofern eine praktische Bedeutung, als die kantigeckigen Gesteinsstücke die Lockerung des Bodens mehr begünstigen als die gerundeten (Tabelle 28).

Tab. 28: Kornfraktionen des Bodenskeletts (> 2 mm ⌀) (nach Arbeitsgemeinschaft Bodenkunde 1971, etwas abgeändert)

Fraktion 1. gerundet 2. kantig-eckig	Abkürzung	Korngröße in mm ⌀
1. Kies, Gerölle, Geschiebe 2. Grus, Schutt, Steine	G X	2 – 200
1. Feinkies 2. Grus	fG ffX	2 – 6
1. Mittelkies 2. Feinsteine	mG fX	6 – 20
1. Grobkies 2. Mittelsteine	gG mX	20 – 63
1. Gerölle und Geschiebe 2. Grobsteine	Ge gX	63 – 200
1. Blöcke 2. Blöcke	Bl	> 200

d. ERMITTLUNG DER TEXTUREN (BODENARTEN)

Die Texturen des Bodens stellen Gemische von Körnern verschiedenen Durchmessers dar. Sie werden gekennzeichnet durch bestimmte Anteile der Kornfraktionen, die ihnen konventionell zugeordnet sind.

1. Bestimmung der Textur mit der Körnungsanalyse

Bei der Durchführung der Bodenschätzung in Deutschland (etwa 1935–1955) wurden die Bodenarten (in der Bodenschätzung gebrauchte man nur die Bezeichnung »Bodenarten«) mit Hilfe der Spülmethode ermittelt. Wie oben schon gesagt, wurden die Bodenarten im wesentlichen durch die Zuordnung bestimmter Anteile an *Abschlämmbarem* festgelegt. Danach wurde auch die Fingerprobe »geeicht«, mit deren Hilfe die Bestimmung der Bodenart bei der Routineschätzung im Gelände erfolgte. Da nach dieser Methode

Tab. 29: Einteilung der Bodenarten bei der Bodenschätzung

Hauptbodenarten	Bodenarten	Abschlämmbares (< 0,01 mm ⌀)	Abkürzung der Bodenschätzung
Sandböden	Sand	< 10 %	S
	anlehmiger Sand	10—13 %	Sl
	lehmiger Sand	14—18 %	lS
Lehmböden	stark sandig. Lehm	19—23 %	SL
	sandiger Lehm	24—29 %	sL
	Lehm	30—44 %	L
	toniger Lehm	45—60 %	tL
Tonböden	lehmiger Ton	61—75 %	lT
	Ton	> 75 %	T

die Bodenarten der gesamten landwirtschaftlichen Nutzfläche (einschl. Gärten und Grünland) Deutschlands im Zuge der Bodenschätzung ermittelt und in sog. Feldbüchern und Schätzungskarten aufgezeichnet sind, soll obenstehend die Einteilung der Bodenarten im Rahmen der Bodenschätzung aufgeführt werden. Dies betrifft auch die Bodenarten, die auf den Bodenkarten i. M. 1:5000 verzeichnet sind, welche mit Hilfe der Bodenschätzungsergebnisse hergestellt wurden (Tabelle 29).

Der Nachteil dieser Bodenarteneinteilung nach der Menge des Abschlämmbaren ist, daß Ton und ein großer Anteil des Schluffes zusammen in einer Fraktion erfaßt sind. Da die Tonfraktion einerseits und die Schlufffraktion andererseits der Bodenart unterschiedliche physikalische und physiko-chemische Eigenschaften geben, ist es notwendig, bei der Einteilung der Bodenarten die Fraktionen Ton, Schluff und auch Sand gleichermaßen zu berücksichtigen. Außerdem ist gegebenenfalls noch der Kies- bzw. Steingehalt mit einzubeziehen. Bei der Zuordnung der einzelnen Fraktionen zu den verschiedenen Bodenarten geht man nicht willkürlich vor, sondern man orientiert sich an der Körnung der in einem bestimmten Raum hauptsächlich verbreiteten Bodenarten. Wenn z. B. wie beim Löß und Lößlehm die Grobschluffunterfraktion (20—63 μ) massiert vorkommt, so wird man einen »schluffigen Lehm« mit hohem Schluffgehalt in der Bodenarteneinteilung vorsehen. Nach vielen Erfahrungen und Untersuchungen hat die Arbeitsgemeinschaft Bodenkunde der Geologischen Landesämter (1971) eine differenzierte Tabelle für die Bodenarteneinteilung vorgeschlagen, die nachstehend aufgeführt ist (Tab. 30).

In der nachstehenden Bodenarteneinteilung ist zwischen den Schluffen und Tonen noch die Hauptgruppe »Lehme« eingefügt. Während bei der Hauptgruppe »Schluffe« eben diese Körnung vorherrscht und bei der Hauptgruppe »Tone« die Teilchen < 2 μ, sind *beide* Fraktionen in den Lehmen vertreten.

Um die Bodenarteneinteilung anschaulicher zu machen, haben nach vielen anderen Versuchen die Geologischen Landesämter ein neues Bodenartendiagramm in Form eines rechtwinkligen Dreiecks entworfen (Abb. 90).

Um zu zeigen, wie sich die Textur von Böden aus verschiedenen Ausgangsgesteinen (Sand, Löß, Moräne) in einem Dreiecksdiagramm plazieren, werden nachstehend zwei Diagramme mit den Ergebnissen einer Reihe von Texturanalysen von Böden aus Sand, Löß und Moräne gezeigt. Man erkennt, daß sich die Analysenergebnisse in einem Bodenartenfeld des Diagramms massieren oder in mehreren beieinanderliegenden Feldern auftreten. Da die Moränen texturell heterogener sind, ist die Streubreite der Ergebnisse im Diagramm größer (Abb. 91).

Viele Böden, besonders die der Mittelgebirge sowie die aus Moränen, enthalten einen gewissen Skelettgehalt (> 2 mm ⌀) (Abb. 92).

Tab. 30: Einteilung der Bodenarten (Texturen) auf Grund der Anteile an Ton, Schluff und Sand (Feinerde < 2 mm) (nach Arbeitsgemeinschaft Bodenkunde 1971, etwas abgeändert)

Bezeichnung der Bodenart (Feinboden)	Kurzzeichen	Ton	Schluff	Sand (in Gew.-%)
Sande				
Sand	S	0 – 5	0 – 10	85 – 100
schluffiger Sand	uS	{ 0 – 5	10 – 50	45 – 90
		5 – 8	25 – 50	42 – 70
lehmiger Sand	lS			
schwach lehmiger Sand	l'S	5 – 8	5 – 25	67 – 90
schluffig-lehmiger Sand	ulS	8 – 15	40 – 50	35 – 52
mittel lehmiger Sand	l·S	8 – 12	7 – 40	48 – 85
stark lehmiger Sand	l̄S	{ 12 – 15	13 – 40	45 – 75
		15 – 17	13 – 35	48 – 72
toniger Sand	tS	5 – 8	0 – 5	87 – 95
schwach toniger Sand	t'S	8 – 12	0 – 7	81 – 92
		{ 12 – 15	0 – 13	72 – 88
mittel bis stark toniger Sand	t·-t̄S	{ 15 – 17	0 – 13	70 – 85
		17 – 25	0 – 15	60 – 83
Schluffe				
Schluff	U	0 – 8	80 – 100	0 – 20
sandiger Schluff	sU	0 – 8	50 – 80	12 – 50
lehmiger Schluff	lU			
schwach lehmiger Schluff	l'U	8 – 12	65 – 92	0 – 27
sandig-lehmiger Schluff	slU	8 – 17	50 – 65	18 – 42
mittel lehmiger Schluff	l·U	12 – 17	65 – 88	0 – 23
stark lehmiger Schluff	l̄U	17 – 30	70 – 83	0 – 13
toniger Schluff	tU			
schwach toniger Schluff	t'U	8 – 12	50 – 92	0 – 42
mittel toniger Schluff	t·U	12 – 17	50 – 88	0 – 38
stark toniger Schluff	t̄U	17 – 25	50 – 83	0 – 33
Lehme				
sandiger Lehm	sL			
sandig-schluffiger Lehm	suL	15 – 25	40 – 50	25 – 45
mittel sandiger Lehm	s·L	{ 15 – 17	35 – 40	43 – 50
		17 – 25	28 – 40	35 – 55
stark sandiger Lehm	s̄L	17 – 25	15 – 28	47 – 68
schluffiger Lehm	uL			
toniger Lehm	tL			
schwach toniger Lehm	t'L	25 – 35	35 – 50	15 – 40
mittel toniger Lehm	t·L	35 – 45	30 – 50	5 – 35
schluffig-toniger Lehm	utL	30 – 45	50 – 70	0 – 20
sandig-toniger Lehm	stL	{ 25 – 35	18 – 35	30 – 57
		35 – 45	18 – 30	25 – 47
Tone				
sandiger Ton	sT			
schwach sandiger Ton	s'T	50 – 65	0 – 18	17 – 50
mittel sandiger Ton	s·T	35 – 50	0 – 18	32 – 65
stark sandiger Ton	s̄T	25 – 35	0 – 18	47 – 75
schluffiger Ton	uT			
schwach schluffiger Ton	u'T	45 – 65	30 – 55	0 – 25
mittel schluffiger Ton	u·T	35 – 45	40 – 65	0 – 25
stark schluffiger Ton	ū T	25 – 35	45 – 75	0 – 30
lehmiger Ton	lT	45 – 65	18 – 55	0 – 37
Ton	T	65 – 100	0 – 35	0 – 35

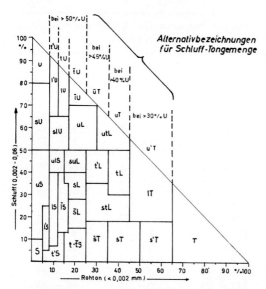

Abb. 90. Bodenarten-Diagramm der Arbeitsgemeinschaft Bodenkunde der Geologischen Landesämter der Bundesrepublik Deutschland, ausgearbeitet auf Grund von Vergleichs-Fingerproben und Analysen-Ergebnissen nach der Pipett-Methode KÖHN*(1971/82).*

Dieser muß bei der Bestimmung der Bodenart einbezogen werden. Dies kann geschehen, indem das Skelett mit einem 2-mm-Sieb von der Feinerde getrennt und das Gewicht- oder der Volumenanteil an der Gesamtbodenmasse bestimmt wird. Das ist sehr arbeitsaufwendig, und deshalb wird meistens der Skelettanteil der Textur geschätzt. Indessen ist es notwendig, daß der Ungeübte einige Male die geschätzten Skelettanteile anschließend quantitativ bestimmt, um seine Schätzung zu kontrollieren und zu verbessern. Bei den Geologischen Landesämtern ist eine graduelle Abstufung für den Skelettanteil der Textur in Gebrauch, die nachstehend aufgeführt wird (Tab. 31).

Die in dieser Tabelle aufgeführten Abkürzungen für die Textur sollen das Aufzeich-

Tab. 31: Die graduelle Abstufung der Skelettanteile der Bodentextur (nach Arbeitsgemeinschaft Bodenkunde 1971)

Bezeichnung	Abk.	Bodenskelettanteile Raum-%	Gewichts-%
sehr schwach steinig bzw. kiesig	x", g"	< 1	< 2
schwach steinig bzw. kiesig	x', g'	1 — 10	2 — 17
mittel steinig bzw. kiesig	x˙, g˙	10 — 30	17 — 44
stark steinig bzw. kiesig	x̄, ḡ	30 — 75	44 — 83
Skelettboden		> 75	> 83

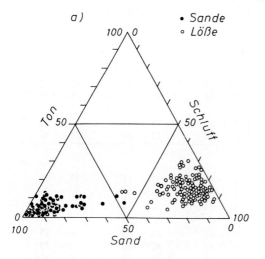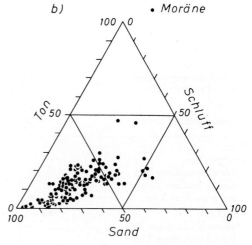

Abb. 91. Dreiecksdiagramme mit einer Reihe von Texturanalysen von Böden aus Sand, Löß und Moräne (von K. H. HARTGE*, 1964). Jedes Zeichen (der Ausgangsgesteine) im Diagramm bedeutet ein Analysenergebnis.*

Tab. 32: Bestimmung der Texturen des Bodens in feuchtem Zustand mit der Fingerprobe (nach Arbeitsgemeinschaft Bodenkunde 1965)

Textur	Unterscheidungsmerkmale	
	Körnigkeit	Bindigkeit Formbarkeit
1. S Sand	Einzelkörner gut sicht- und fühlbar; rauh (je feiner, desto weniger)	Nicht bindig, haftet nicht am Finger, nicht formbar
2. uS schluffiger Sand	Einzelkörner gut sicht- und fühlbar, daneben etwas Feinsubstanz	Nicht bindig, mehlig-stumpf, etwas Feinsubstanz haftet am Finger, nicht formbar
3. l'S schwach lehmiger Sand	wie 2.	Sehr schwach bindig, etwas Feinsubstanz haftet am Finger, nicht formbar
4. lS lehmiger Sand	Einzelkörner gut sicht- und fühlbar, daneben reichlich Feinsubstanz	Etwas bindig, schwach schmierig, Feinsubstanz haftet am Finger, wenig formbar, reißt und bricht bei jeder Verformung
5. tS toniger Sand	Einzelkörner gut sicht- und fühlbar, daneben viel Feinsubstanz	Schwach bindig, etwas zähplastisch, Feinsubstanz haftet am Finger, formbar, reißt schon bei geringer Verformung
6. U Schluff	Einzelkörner nicht zu unterscheiden, glitzern im Sonnenlicht, samtartig, mehlig	Nicht bindig, nicht schmierig, haftet gut, klebt nicht, wenig formbar, bricht bei jeder Verformung, nicht ausrollbar; beim Schütteln nasser Proben sammelt sich das Wasser
7. sU sandiger Schluff	Einzelbestandteile glitzern im Sonnenlicht, nur wenige Körner sicht- und fühlbar, samtartig, mehlig	wie 6.
8. tU toniger Schluff	Einzelkörner nicht zu unterscheiden, einige glitzern im Sonnenlicht, samtartig, mehlig	Schwach bindig, etwas schmierend, haftet gut, klebt etwas, schwach formbar, reißt und bricht leicht bei Verformung; beim Schütteln nasser Proben sammelt sich das Wasser
9. sL sandiger Lehm	Einige Körner noch gut sicht- und fühlbar, viel Feinsubstanz	Schwach bindig, haftet am Finger, klebt, schmiert, formbar und bleistiftdick ausrollbar, wird dabei aber rissig
10. uL schluffiger Lehm	Kaum sicht- und fühlbare körnige Bestandteile, viel Feinsubstanz, etwas mehlig	Bindig, haftet, klebt, schmiert, gut formbar, wird beim Ausrollen rissig
11. tL toniger Lehm	Sehr viel Feinsubstanz, nur einzelne Körner sicht- und fühlbar	Bindig, schwach zähplastisch, haftet, klebt, schmiert, gut formbar und ausrollbar, wird dabei kaum rissig
12. sT sandiger Ton	Sehr viel Feinsubstanz, wenig gröbere Bestandteile sicht- und fühlbar	Bindig, zähplastisch, haftet, klebt, schmiert, gut form- und ausrollbar, wird dabei jedoch etwas rissig
13. lT (uT) lehmiger Ton (schluffiger Ton)	Körner kaum sicht- und fühlbar, etwas samtartig, etwas mehlig	Bindig, zähplastisch, haftet, klebt, schmiert, gut form- und ausrollbar, zeigt beim Schütteln träge bis keine Reaktion (Auftreten von Wasser betreffend), schwach glänzende Reibflächen
14. T Ton	Keine Körner sicht- und fühlbar, Oberfläche glatt	Bindig, stark zähplastisch, klebt, schmiert, sehr gut form- und ausrollbar, zeigt beim Schütteln keine Reaktion (kein Auftreten von Wasser), glänzende Reibflächen

2. Bestimmung der Textur im Gelände

Bei der Untersuchung von Böden im Gelände, vor allem bei der Bodenkartierung, kann nicht von jedem Boden oder Bodenhorizont eine Probe für die Laboruntersuchung entnommen werden; das wäre ein viel zu großer Arbeitsaufwand. Es ist daher unumgänglich, mit einem einfachen Verfahren die Textur im Gelände zu ermitteln. Schon sehr lange ist die *Fingerprobe* in Anwendung, die sich bei einiger Übung und Erfahrung gut bewährt hat. Dabei wird das feuchte Bodenmaterial zwischen Daumen und Zeigefinger geknetet und zerrieben. Körnigkeit, Bindigkeit und Formbarkeit des Bodenmaterials können dabei gut gefühlt werden, wenn dieses einfache Verfahren geübt ist. Wichtig ist, daß der Boden die dafür richtige mittlere Feuchtigkeit besitzt. Er darf nicht naß sein, so daß Wasser ausgepreßt werden kann, aber er muß soviel Wasser enthalten, daß seine Farbe bei Wasserzugabe nicht dunkler wird. Um der Bodenprobe bei Trockenheit die entsprechende Menge an Wasser geben zu können, ist bei der Geländearbeit zweckmäßigerweise eine Plastikflasche mit Wasser mitzuführen. Bei viel Übung und nach vergleichenden Untersuchungen an feuchtem und trockenem Bodenmaterial kann man auch die Textur des trockenen Bodens bestimmen. Bei der Bestimmung der Textur an der trockenen Probe ist entscheidend der Härtegrad der Bodenklumpen oder -bröckel sowie der Abrieb von diesen Bodenstücken. Wenn auch diese Möglichkeit besteht, so ist vor allem für den weniger Geübten die Bestimmung der Textur im feuchten Bodenzustand sicherer. Für die Bestimmung der Texturen mit der Fingerprobe gibt es bezüglich der Körnigkeit, der Bindigkeit (Klebrigkeit) und der Formbarkeit bestimmte Kriterien, gleichsam eine qualitative Skala, d. h. jeder Bodenart kann man ein qualitatives Maß dieser Kriterien zuordnen. Die Geologischen Landesämter haben eine solche Skala vorgeschlagen, die vorstehend vermittelt wird (Tab. 32).

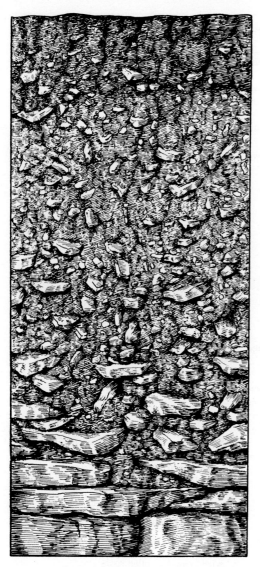

Abb. 92. Profil eines unmittelbar aus festem Gestein entstandenen Bodens. Seine Textur besteht aus Feinerde (< 2 mm Korndurchmesser) und Skelett, d. h. mehr oder weniger großen Steinen (> 2 mm Korndurchmesser). Nach der Tiefe hin werden die Steine dicker und zahlreicher.

nen derselben im Gelände erleichtern. Ein mittel steiniger, sandiger Lehm würde z. B. mit folgender Abkürzung geschrieben: x'sL. Bei den Skelettböden sollte die Art des Skelettes (Form und Größe) angegeben werden, ebenso der geringe Anteil an Feinerde, z. B. sandig-lehmiger Grobkies (Abkürzung: slgG).

3. Textur-bedingte Bodeneigenschaften

Schon lange ist bekannt, daß die Textur des Bodens die wichtigen ertragsbestimmenden Eigenschaften einschließt. Die Anteile der Hauptfraktionen Sand, Schluff und Ton sind entscheidend, wenn wir hier vom Skelett absehen. Mit diesen drei Hauptfraktionen sind bestimmte Bodeneigenschaften gekoppelt. Je mehr in einer Textur eine dieser Hauptfraktionen hervortritt, desto mehr bestimmt diese die Bodeneigenschaften. Im allgemeinen sind extrem einseitig zusammengesetzte Texturen für die Ertragsleistung ungünstig. Beteiligen sich dagegen die Hauptfraktionen zu etwa gleichen Teilen an der Textur (Lehme), so schwächen sich die ungünstigen Eigenschaften der extremen Hauptfraktion wesentlich ab, und es ergeben sich im Zusammenwirken günstige Bodeneigenschaften.

Die *Sandböden* besitzen wenig Schluff und Ton. Infolgedessen ist ihre ungünstigste Eigenschaft die geringe Wasserkapazität, der ein günstiger Lufthaushalt gegenübersteht. Das Gesamtporenvolumen ist relativ gering, die Einzelporen (Intergranularräume) sind relativ groß. Die beschleunigte Wasserversickerung bedingt schnelles Abtrocknen und schnelle Erwärmbarkeit im Frühjahr, jedoch auch starke Auswaschbarkeit von Pflanzennährstoffen und anderen Stoffen des Bodens. Die natürliche Nachlieferung von Nährstoffen durch Verwitterung ist gering, weil die verwitternde Oberfläche zu klein und der Boden im Sommer zu trocken ist, wodurch die Verwitterung unterbrochen wird. Daher sind im Vergleich zu anderen Böden hohe Düngergaben erforderlich, allerdings müssen diese im Einklang stehen mit dem örtlich vorhandenen Niederschlag bzw. Bodenwasser. Bei künstlicher Bewässerung und hoher Düngung sind auf den Sandböden hohe Erträge möglich. Bei der heutigen mechanisierten Ackerkultur sind die Sandböden wegen ihrer leichten Bearbeitbarkeit begehrter als früher, zumal auf ihnen kaum Bearbeitungsfehler gemacht werden können. Extrem ton- und schluffarme Sandböden werden am besten durch Wald genutzt.

Die *Tonböden* bilden mit ihrem hohen Gehalt an Tonsubstanz und auch an Schluff den Gegensatz zu den Sandböden. Das Gesamtporenvolumen ist hoch, jedoch sind die Einzelporen klein. Daraus ergibt sich eine hohe Wasserkapazität, großer Anteil an nicht pflanzennutzbarem Wasser, geringe Wasserbewegung und geringe Durchlässigkeit für Wasser und Luft. Der natürliche Gehalt an Nährstoffen ist meist hoch und deren Auswaschung gering. Quellen der Bodenmasse bei Wasseraufnahme sowie Schrumpfen und Spaltenbildung bei Austrocknung sind charakteristische Erscheinungen. Die Pflanzen können den dichten Tonboden schlecht durchwurzeln, ihre Wurzeln folgen vorwiegend den Gefügespalten, vermögen aber nur wenig in die meist großen Gefügeaggregate einzudringen. Dabei wird das Wasser- und Nährstoffkapital dieser Böden schlecht genutzt. Diese aufgeführten Eigenschaften der Tonböden begrenzen ihre Fähigkeit, zugeführte Nährstoffe den Pflanzen zu vermitteln (Transformationsvermögen). Im Ackerbau bereitet der Tonboden große Schwierigkeiten, weil seine Bearbeitung nur in bestimmtem Feuchtezustand möglich ist. Ist er zu feucht, dann klebt er zu stark an den Bearbeitungsgeräten, er schmiert und bildet große Schollen. Die *Adhäsion*, d. h. die Haftenergie an Geräten, aber auch die *Kohäsion*, d. h. die Haftfähigkeit des Materials in sich, sind groß. Ist er zu trocken, so sind der Widerstand und der Kraftaufwand bei der Bearbeitung sehr groß, der Boden bildet große Klumpen, die in der Regel der Frost zerstören muß. Die Bearbeitung mit Schlepper und das Befahren mit Maschinen bei feuchtem Bodenzustand verstärken durch Pressung die nachteiligen Eigenschaften. Die extremen Tonböden werden aus diesen Gründen vorwiegend als Grünland, teils auch für den Waldbau, verwendet.

Die *Schluffböden*, d. h. also Böden mit extrem hohem Schluffgehalt mit über 80 % sind selten, vor allem solche mit hohem Anteil an Mittel- und Feinschluff. Wir finden solche allerdings in der Marsch. Ferner gibt es Siltschiefer, die zu Schluffböden verwittern. Die extremen Schluffböden treten durch einige Eigenschaften hervor, die weder den Sand- noch

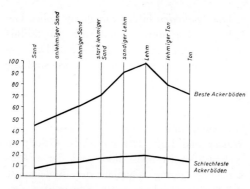

Abb. 93. Beziehung zwischen Bodenart (Anteil der Fraktion < 0,01 mm) und Bodenwert nach der Bodenschätzung, d. h. die Variation des Bodenwertes bei der gleichen Bodenart (entworfen von W. LAATSCH nach dem Ackerschätzungsrahmen des Bodenschätzungsgesetzes vom 16. 10. 1934).

den Tonböden eigen sind. Der Schluff neigt zur Dichtlagerung und damit zum Wasserstau und zu schlechter Durchlüftung. Andererseits ist der Wasseraufstieg aus feuchteren Bodenzonen gut, so daß im Winter die Eislinsenbildung (Auffrieren) begünstigt wird. Die Gefügeaggregatbildung ist gering, daher verschlämmt, verkrustet und verdichtet sich der Schluffboden leicht bei Aufschlag des Regens; in Hanglage ist leichte Erodierbarkeit die Folge. Die natürlichen Nährstoffe sind mäßig, sie werden nur langsam durch Verwitterung aufgeschlossen, werden wenig ausgewaschen, aber auch infolge ungünstiger Bodeneigenschaften schlecht an die Pflanzen abgegeben. Die extremen Schluffböden sind ungünstige Ackerböden, am besten werden sie durch Grünland oder durch Wald genutzt.

Der *Löß* und der *Lößlehm* sind reich an Grobschluff (der größte Kornanteil liegt zwischen 10–63 μm) und werden auch häufig als Schluffböden bezeichnet. Indessen wirken der Grobschluff und ein erheblicher Anteil an Feinstsand (63–100 μm) mehr wie Sand und weniger wie Schluff; denn die typischen Schluffeigenschaften sind mehr dem Mittel- und Feinschluff eigen. Zudem enthält der Lößlehm, der doch meistens im Lößboden vorliegt, einen Anteil von 12 – 20 % und mehr Ton, der die Grobschluff- und Sandteilchen zusammenklebt. Die genaue texturelle Bezeichnung für den Lößlehm ist »grobschluffiger Lehm«.

Oben wurde schon gesagt, daß bei Zusammentreffen aller Hauptfraktionen eine für die physikalischen Bodeneigenschaften günstige Mischung vorliegt. Besonders ist das der Fall, wenn rund 25 % Ton, 25 % Schluff und 50 % Sand an der Textur beteiligt sind; diese Mischung entspricht dem *sandigen Lehm*, der für den Ackerbau gute Eigenschaften besitzt. Eine Mischung von rund 10 % Ton, 10 – 40 % Schluff und rund 50 – 80 % Sand ergibt einen *lehmigen Sand*, eine leicht bearbeitbare, heute sehr geschätzte Bodenart, die sich allerdings wegen des hohen Sandanteiles den ungünstigen physikalischen Eigenschaften der Sandböden nähert. Bei den heutigen ackerbaulichen Möglichkeiten ist der lehmige Sand im Niederschlagsbereich mit etwa 650 mm/Jahr trotzdem ein günstiger Boden mit breiter Verwendungsmöglichkeit.

Die Betrachtung der Fruchtbarkeit des Bodens von der Textur her genügt natürlich heute keineswegs mehr dem Wissen vom Boden. Dies wird schon allein deutlich, wenn wir die bei der Bodenschätzung ermittelte Wertspanne für die einzelnen Bodenarten betrachten. Für den Lehm (im Sinne der Bodenschätzung) besteht eine Wertspanne von rund 85 in der 100teiligen Wertskala. Daraus geht überraschend und klar hervor, daß neben der Textur noch andere gewichtige Eigenschaften den Wert des Bodens mitbestimmen. Es sind dies hauptsächlich Humusgehalt und -form, Basengehalt, Kationenkombination, Tonmineralgarnitur, Gefüge und bodentypologische Entwicklung insgesamt. Darüber ist in den folgenden Kapiteln zu berichten (Abb. 93).

4. Verteilung der Texturen in der Bundesrepublik Deutschland

Die Körnung des Bodens, aber auch seine stoffliche Beschaffenheit, hängen, soweit die Verwitterung nicht zu stark ist, weitgehend vom Ausgangsgestein ab. Wir können demnach die Körnung des Bodens in großen Zügen aus der geologischen Karte ablesen, sofern diese Karten neben den Formationen auch die Gesteine angeben. Wenn wir unter diesem Gesichtspunkt die geologischen Karten

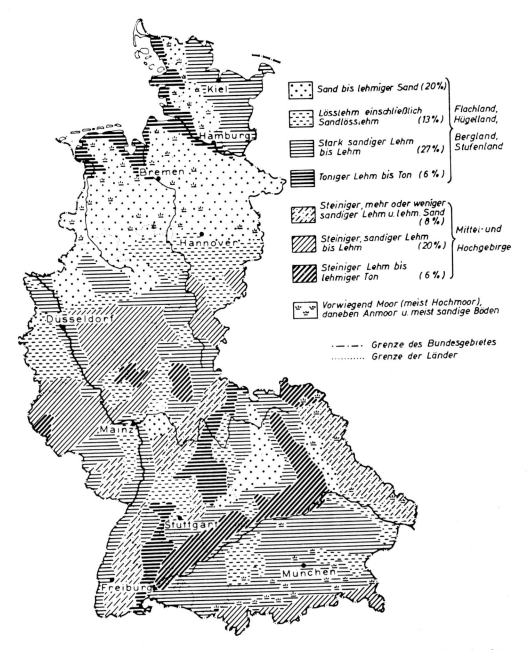

Abb. 94. *Die wichtigsten Bodenarten (Texturen) der Böden der Bundesrepublik Deutschland, bearbeitet von* E. Mückenhausen, *in der Hauptsache nach der Bodenkarte des Deutschen Reiches von* H. Stremme, *Flächengrößenermittlung von* F. M. Scherer.

Deutschlands durchmustern, so ergibt sich folgendes Übersichtsbild von den Bodentexturen in der Bundesrepublik Deutschland. Dabei gehen wir von Süd nach Nord vor (Abb. 94).

Das deutsche Alpengebiet hat meist flachgründige, vielfach carbonatreiche, steinige, lehmige Böden. Am Alpenrand sind durch hohen Niederschlag mehrere Hochmoore entstanden. Im übrigen ist das unmittelbare Alpenvorland durch Moränen mit ihren steinigen, sandig-lehmigen Böden beherrscht. Es schließen sich die glazialen Geröllfelder an, die geringmächtige, geröllhaltige, sandig-lehmige Böden tragen. Zwischen diesen Geröllfeldern und der Donau breitet sich das Tertiäre Hügelland aus, aufgebaut aus Tonen, Sanden und Kiesen, oft überzogen mit einem Lößlehmschleier oder einer dünnen Lößlehmdecke. Demnach wechselt die Textur stark; tonige, sandige und kiesige Texturen werden flächenweise durch Lößlehm verbessert, d. h. der Ton wird sandiger, der Sand wird lehmiger. Am Rande dieses Hügellandes gibt es einige größere Niedermoore. Zwischen Regensburg und Straubing breitet sich der Niederbayerische Ackergäu mit seinen fruchtbaren Lößböden aus. Der Bayerische Wald mit seinen Graniten und Gneisen besitzt überwiegend grusigen, lehmigen Sand und grusigen, stark sandigen Lehm. Der Fränkische und Schwäbische Jura, bestehend aus Kalkstein und Dolomit, besitzen carbonatreiche, steinige Lehme; auf größeren Flächen blieben fossile, tonige Böden erhalten. Das im Jura eingeschlossene Nördlinger Ries enthält Lößböden und feuchte Mergelböden. Nördlich vom Jura breitet sich die Trias aus mit Gesteinen, die streng die Textur bedingen. Der Buntsandstein (überwiegend der Mittlere) trägt fast nur Texturen vom Sand bis zum lehmigen Sand, auf dem Muschelkalk hat sich dagegen steiniger Lehm oder steiniger Ton gebildet. Der Keuper ist teils tonig und teils sandig ausgebildet; dementsprechend gibt es hier sowohl tonige als auch sandige Texturen. Diese extremen Texturen werden flächenweise gemildert durch eine geringe Lößlehmüberdeckung. Zusammenhängende Lößflächen gibt es in Unterfranken, im Kraichgau und im Stuttgarter Raum (Filder). Der Schwarzwald, Odenwald und Spessart werden im wesentlichen aufgebaut aus Granit, Gneis und Buntsandstein, dementsprechend finden wir hier grusigen, stark sandigen Lehm (aus Granit und Gneis) und schwach steinige, sandige und lehmig-sandige Böden (aus Buntsandstein). Auch hier verbessert stellenweise der Lößlehm diese Böden. Das Oberrheintal birgt kalkhaltige, texturell stark wechselnde Flußablagerungen mit entsprechenden Böden. Auf der westlichen Seite des Rheins bilden Pfälzer Wald, die Saar-Nahe-Senke und das Mainzer Becken die wichtigsten geologischen Einheiten. Der Buntsandstein des Pfälzer Waldes hat hier wieder sandige Texturen entwickelt, das Rotliegende der Saar-Nahe-Senke zeigt wechselvolle Texturen von geröllreichen Böden bis zu Lehmen. Das Mainzer Becken enthält viele Flächen mit Löß, teils kommt der geologische Untergrund an die Oberfläche. In der Umgebung von Frankfurt (Main) (nördliches Oberrheintal, Mainmündungsgebiet) gibt es sandige Texturen, teils Dünensande. Nördlich von Frankfurt erstreckt sich das Lößgebiet der Wetterau in die Hessische Senke hinein, die wieder recht wechselvolle Texturen aufweist. Ein Mosaik von Basalt, Basalttuff, Sandstein und Löß mit mannigfaltig gemischtem Solifluktionsmaterial hat hier einen starken texturellen Wechsel bedingt. Die Schiefer und Grauwacken des Rheinischen Schiefergebirges haben überwiegend einen steinigen, grusigen, sandigen Lehm entstehen lassen. Der Nordrand des Rheinischen Schiefergebirges wird von einem breiten Lößband gesäumt, das von der Kölner Bucht aus nach Osten bis weit über den Harz hinausgeht. Der Harz selbst hat ähnliche Böden wie das Rheinische Schiefergebirge, nur der Granit des Brockens trägt Böden wie die aus dem Granit des Schwarzwaldes. Das Ostwestfälische und das Südhannoversche Hügel- und Bergland sind aus stark wechselnden Gesteinen des Mesozoikums aufgebaut; die hier auftretenden wechselvollen Bodentexturen werden häufig durch Lößlehmüberlagerungen ausgeglichener. Das Münsterland ist ebenfalls durch Texturwechsel gekennzeichnet; hier gibt es große Flächen von Sand des Pleistozäns, auch der Kreideformation, ferner ausgedehnte Aufragungen von Ton und Mergel der jüngeren Kreideformation mit lehmigen und tonigen Böden. Nördlich des Wiehengebirges und des Hannoverschen Berglandes breitet sich ein großes Gebiet mit stark verwitterten Ablagerungen der Rißeiszeit aus; es sind Sand, anlehmiger Sand und lehmiger Sand. Unterbrochen wird diese große Fläche von den breiten Flußtälern mit meist sandig-lehmigen Texturen und den oft großen Hochmooren. Der nordöstliche Teil des deutschen Bundesgebietes, hauptsächlich der östliche Teil Schleswig-Holsteins, ist noch vom Inlandeis der Würmeiszeit überfahren worden. Hier gibt es basenreichere, lehmig-sandige und sandig-lehmige Texturen. Schließlich ist der Küstensaum der Nordsee von Marschen eingenommen, die überwiegend schluffig-tonige Texturen besitzen.

5. Bodenfarbe

Die Bodenfarbe ist ein sehr wichtiger Indikator für bestimmte Bodeneigenschaften und für genetische Abläufe. Z. B. zeigt die grauschwarze Farbe hohen Humusgehalt oder (bei mäßigem Humusgehalt) die Umhüllung der kleinen Bodenteilchen mit hochpolymeren Huminstoffen an; stark ausgebleichter Unterboden (A_e-Horizonte) ist für den Podsol typisch; grau und rostbraun gefleckte Profile deuten auf den Pseudogley hin. Wegen der diagnostischen Bedeutung der Bodenfarbe wird sie bei der Beschreibung des Bodenprofiles genau angegeben.

Feuchter Boden ist stets dunkler als trockener; Humus färbt den Boden dunkel; Eisenoxidhydrate geben dem Boden mannigfaltige Farbtöne von Gelb zu Rostbraun und Sepiabraun; Hämatit und seine Vorstufen geben braunrote bis rote Farben; Humus stumpft die durch Eisenverbindungen erzeugten Farben ab; der an Eisen stark verarmte Boden ist grauweiß; Schwefeleisen und Manganoxide färben schwarz, beide geben mit Eisenoxidhydraten eine braun-schwarze Farbe; zweiwertige Eisenverbindungen erzeugen graue, grünliche und bläuliche Farben; der Maibolt der Marsch ist grünlich; der Vivianit der Grundwasserböden wird an der Luft intensiv blau.

Um subjektive Fehler auszuschalten, benutzt man heute zur Kennzeichnung der Bodenfarbe fast immer Farbtafeln. In fast allen Ländern haben sich die Munsell Soil Color Charts eingeführt, die von der Munsell Color Company, Inc., Baltimore, Maryland/USA, hergestellt werden. Ähnlich dieser Farbtafel ist die in Japan herausgegebene Standard Soil Color Chart.

Literatur

ARBEITSGEMEINSCHAFT BODENKUNDE: Kartieranleitung. Anleitung und Richtlinien zur Herstellung der Bodenkarte 1:25 000. – Arbeitsgemeinschaft Bodenkunde der Geologischen Landesämter der Bundesrepublik Deutschland, 1., 2. und 3. Aufl., Hannover 1965/71/82.
DE LEENHEER, L.: Soil Texture. In: Handbuch der Pflanzenernährung und Düngung von H. LINSER (Herausgeber), 2. Band, 1. Teil. – Verlag Springer, Wien – New York 1966.
DIN 19 682, Teil 2: Ermittlung der Bodenart (Textur).
DIN 19 683, Teil 1: Bestimmung der Korngrößenzusammensetzung durch Siebung.
DIN 19 683, Teil 2: Bestimmung der Korngrößenzusammensetzung nach Vorbehandlung mit Natriumpyrophosphat.
DIN 19 683, Teil 3: Bestimmung der Korngrößenzusammensetzung nach Vorbehandlung mit Wasser.
DIN 19 683, Teil 7: Bestimmung der Adhäsion.
Alle DIN-Blätter vertreibt der Beuth-Verlag GmbH, Burggrafenstr. 4 – 7, Berlin 30 und Kamekestr. 2 – 8, Köln (Jahr wird nicht angegeben, da stets das neue Blatt geliefert wird).
KACHINSKII, N. A. (Editor TYURIN, J. V.): Mechanical and Microaggregate Composition of Soils. – Academy of Sciences of the USSR, Moscow 1958, translated in Israel 1966.
KÖSTER, E.: Granulometrische und morphometrische Meßmethoden. – Verlag Enke, Stuttgart 1964.
THAER, A.: Über die Wertschätzung des Bodens. – Ann. der Fortschritte der Landwirtschaft, Berlin 1811.

IV. Die stoffliche Zusammensetzung des anorganischen Bodenanteiles

a. PRIMÄRE MINERALE

Der Gehalt des Bodens an primären Mineralen hängt zunächst von dem Mineralinhalt des Gesteins ab, aus dem der betreffende Boden stammt. Darüber hinaus beeinflußt der Verwitterungsgrad den Anteil an primären Mineralen. Die leichter verwitterbaren verringern sich im Laufe der Zeit, die schwerer verwitterbaren reichern sich relativ an; zu letzteren gehören Quarz, Kalifeldspäte (Sanidin), Glimmer und die Schwerminerale. Diese finden sich vor allem in der Sand- und Schlufffraktion.

Den Hauptanteil der primären Minerale stellt der stabile *Quarz*. Ursprünglich stammt er aus Magmatiten; er kann in Metamorphiten, vor allem aber in Sedimentgesteinen (Sandstein) stark angereichert sein. Während der Quarz in Böden aus silikatreichen und tonreichen Gesteinen meist unter 50 % ausmacht, beträgt sein Anteil in Böden aus kieselsäurereichen (sauren) Magmatiten und Sandsteinen über 50 % und kann in Flugsanden und Glassanden (weiße Kreide- und Tertiärsande) nahe an 100 % ansteigen. Der überwiegende Teil des Quarzes hat die Korngrößen des Sandes und Schluffes; aber auch in der Tonfraktion kann noch 10 — 30 % feiner Quarz enthalten sein.

Neben der primären, pyrogenen Herkunft kann der Quarz als Neubildung im Boden aus *Opal* und *Bioopal* langsam entstehen. Der in Sedimenten enthaltene und in Böden entstehende Opal besitzt je nach Alterung etwa 3 — 13 % Wasser; mit zunehmendem Wassergehalt nimmt seine Dichte ab. Der Bioopal tritt als winzige, zahnleisten- und spießförmige Teilchen auf; er stammt größtenteils aus dem Stützgewebe von Gramineen, die bis zu etwa 5 % Si enthalten können; in diesem Falle spricht man auch von *Phytolithen*. Teils stammt der Bioopal aus Schwammnadeln; dieser tritt vorwiegend in Böden aus Kalkstein auf. In Böden aus vulkanischen Tuffen finden wir ferner *Cristobalit*.

Entsprechend der großen Menge an *Feldspäten* in den Gesteinen ist auch der Gehalt an Feldspäten in den Böden unseres Klimas häufig relativ hoch. Natürlich hängt der Gehalt an Feldspäten stark von der Herkunft des Bodens und dem Verwitterungsgrad ab. Die Plagioklase verwittern schneller als die Orthoklase, so daß sich die Kalifeldspäte relativ anreichern, nicht selten bis zu 90 % des Gesamtfeldspatgehaltes. Der Einfluß der Verwitterung zeigt sich deutlich im Vergleich alt- und jungpleistozäner Sande; erstere haben unter 10 % Feldspäte, letztere aber 15 — 20 %. Böden aus Arkose sind reich an Feldspäten, im übrigen liegt der Feldspatgehalt in den Böden aus Sedimenten meist zwischen 10 und 15 %. Mit abnehmender Korngröße nehmen die Feldspäte stark ab, indessen können sie auch noch als feine Partikel in der Tonfraktion vorhanden sein.

Die Anteile an *Pyroxenen, Amphibolen, Olivin* und *Biotit* sind in großen Mengen nur in schwach verwitterten Böden aus basischen Magmatiten und einigen basischen Metamorphiten zu erwarten. Diese Minerale verwittern aber relativ rasch, so daß sie schnell aus den gröberen Fraktionen verschwinden. In weniger verwitterten Bodenhorizonten ist ihr Anteil höher.

Der *Muskovit* ist relativ widerstandsfähig. Man findet ihn bisweilen angereichert in Sanden (Glimmersande) und Sandstein (Oberer Buntsandstein). In Böden aus diesen Gesteinen ist der Gehalt an Muskovit hoch. Aber auch in Böden aus anderen Gesteinen finden wir immer beachtliche Anteile an Glimmern, und zwar Muskovit, Sericit und gebleichtem Biotit. Vor allem treten sie in den feineren Fraktionen auf. Mit zunehmender Bodenbildung werden in unserem Klima aus den Glimmern die Illite gebildet.

In unserem gemäßigt warmen, humiden Klima enthalten viele schwach verwitterte Böden, hauptsächlich die aus kalk- und dolomitreichen Gesteinen, erhebliche Mengen an *Calcit* und *Dolomit*. Mit zunehmender Verwitterung werden sie durch die Lösungsverwitterung dezimiert. In ariden Klimaten kommen noch andere Minerale hinzu, nämlich *Gips, Borate* und die *Salze der Alkalien.*

Schließlich enthalten alle Böden als primäre Minerale einen geringen Anteil an Schwermineralen, wie *Rutil, Zirkon, Magnetit, Ilmenit,* grüne *Hornblende, Granat, Turmalin* und noch andere.

Die *Bestimmung* der *Mineralarten* des Bodens ist schwierig, weil die Mineralkörner meistens von Kolloidhüllen umgeben sind. Diese müssen vorher mit verdünnter, heißer Natronlauge beseitigt werden. Die einfachste Bestimmungsmethode ist die röntgenographische. Hierfür werden die Mineralkörner zu feinen Kriställchen zerdrückt. Über die Quantität der einzelnen Mineralarten kann dabei allerdings nur wenig ausgesagt werden. Die Mineralkörner des Bodens lassen sich als große Gruppen in sogenannten Körnerpräparaten lichtmikroskopisch feststellen. Die Körner werden zu diesem Zweck mit Flußsäure schwach angeätzt, wodurch die sie umkrustenden Gelhäutchen abgelöst und die verwitterbaren Minerale angegriffen werden; sie erhalten dadurch eine matte Oberfläche. So lassen sich Quarz und Feldspäte unterscheiden. Die dunklen Minerale (Pyroxene, Amphibole, Biotit) heben sich durch ihre Farbe ab. Für die Untersuchung wird eine kleine Menge von Körnern auf einen Objektträger geklebt. Im mikroskopischen Bild kann man die oben genannten Gruppen auszählen. So erhält man ein, wenn auch nur großzügiges Bild von der Zusammensetzung der primären Minerale der gröberen Fraktionen.

Da die leicht verwitterbaren Silikate (Plagioklas, Pyroxene, Amphibole) für die Nachlieferung von Pflanzennährstoffen die wichtigsten sind, was im besonderen für sandige Waldböden entscheidend ist, hat O. Tamm eine einfache Methode zur Bestimmung dieser Silikate ausgearbeitet und angewandt. Dabei wird die Fraktion 0,6 — 0,2 mm Ø verwendet. Zur Scheidung der leicht und schwer verwitterbaren Minerale gebraucht man eine Schwereflüssigkeit mit der Dichte von 2,68. Quarz, Kalifeldspat und natriumreiche Feldspäte schwimmen auf dieser Flüssigkeit, wogegen kalkreiche Feldspäte, Pyroxene, Amphibole und Apatit darin absinken. Die blättchenförmigen Minerale Muskovit und Biotit werden vorher abgesondert, indem man das Untersuchungsgut auf einer schräg stehenden Metallplatte langsam abgleiten läßt, wobei die Glimmer haften bleiben. Der so gewonnene Anteil an leicht verwitterbaren, basischen Mineralen aus der Fraktion 0,6 — 0,2 mm, ausgedrückt in Gewichtsprozenten, wird als *Basenmineralindex* bezeichnet. Die schlechten, sandigen Kiefernstandorte Schwedens haben einen Basenmineralindex von 0,8 — 3,0, die guten, sandigen dagegen einen solchen von 7 — 16,5.

b. KIESELSÄURE

Das im Quarz, Opal, Cristobalit und in den Silikaten enthaltene Silicium wurde oben schon erwähnt.

Die Kieselsäure entsteht im Boden durch die Verwitterung der Silikate. Sie ist ein instabiler Stoff im Boden insofern, als ihre Formen und ihre Löslichkeit von der Wasserstoffionen-Konzentration, von der Temperatur und von der Konzentration in der Bodenlösung abhängig sind. Die folgende Darstellung dieser komplizierten Vorgänge entspricht im wesentlichen der Konzeption von Scheffer und Schachtschabel (1979/82).

Die erste Stufe der Silikatverwitterung ist durch die hydrolytische Freisetzung von Alkalien und Erdalkalien gekennzeichnet, dann folgt die Abspaltung eines Teiles der Kieselsäure, die wenigstens teilweise als monomere *Orthokieselsäure* mit der Formel H_4SiO_4 oder $Si(OH)_4$ vorliegt. Als sehr schwache Säure ist sie < pH 7 kaum dissoziiert; ihre Löslichkeit ist zwischen pH 2 — 8 fast unabhängig vom pH, jedoch steigt diese mit der Temperatur. Von etwa pH 8 ab steigt die Löslichkeit auch pH-abhängig.

Aus der Orthokieselsäure kann, bevorzugt im Bereich von pH 5—7, durch Wasserabgabe die *Polykieselsäure* entstehen, wobei Sauerstoffbrücken die Polymerisation bewirken. Dieser Vorgang kann sich vor allem in der Verwitterungsrinde der Silikate bei der Abspaltung von Kieselsäure vollziehen. Zunächst entsteht dabei Orthokieselsäure, die meist an Quarz und andere Teilchen adsorbiert ist, anschließend folgt die Polymerisation zu Polykieselsäure. Aus der Polykieselsäure entsteht durch Wasserabgabe und Teilchenvergrößerung ein wasserreiches Kiesel-Gel, aus dem durch Alterung der wasserärmere Opal entsteht; bei weiterer Alterung bildet sich daraus feinkristalliner Quarz. Die Quarze des Bodens zeigen eine bessere Löslichkeit als der unmittelbar aus dem Gestein stammende, gemahlene Quarz. Dies wird so gedeutet, daß die Quarze des Bodens Überzüge von polymerer Kieselsäure besitzen, die leichter löslich ist als reiner, primärer Quarz.

Von der Kieselsäure des Bodens, insgesamt betrachtet, ist ein Teil in Abhängigkeit von pH, Temperatur und Konzentration der Bodenlösung löslich und wird als *lösliche Kieselsäure* bezeichnet. Da Borate nicht mit Kieselsäure reagieren, ist eine wässrige Boratlösung zur Extraktion der Kieselsäure aus dem Boden geeignet. Dabei wird festgestellt, daß die Löslichkeit der Kieselsäure mit steigendem pH sinkt, um zwischen pH 9 — 10 ein Minimum zu erreichen und dann wieder anzusteigen. Die Löslichkeit der Kieselsäure wird im Boden stark beeinflußt durch ihre Sorption an Al- und Fe-Oxide, die als Bindung von $Si(OH)_3$ an O erfolgen kann. Andererseits wurde beobachtet, daß in Lößböden die Löslichkeit der Kieselsäure mit zunehmendem pH ansteigt. Dies kann damit erklärt werden, daß in diesen Böden die lösliche Kieselsäure früher bei sinkendem pH ausgewaschen worden ist. In tropischen Böden wird bei saurer Reaktion und hoher Temperatur die Kieselsäure weitgehend ausgewaschen, so daß schließlich Roterden und Laterite (Ferrallite) entstehen.

Das Calciumcarbonat beeinflußt die Kieselsäurelöslichkeit nicht, ebenso die Kationen der Bodenlösung nicht. Es ist wenig bekannt über den Einfluß der organischen Substanz auf die Löslichkeit der Kieselsäure, wohl weiß man, daß Orthodiphenole amorphe Kieselsäure unter Komplexbildung lösen können.

In Böden der Halbwüste kann die gelöste Kieselsäure in oberflächennahen Horizonten wieder ausfallen und einen zementartigen Horizont (hardpan) bilden. In extrem sauren Pseudogleyen, z. B. in Nordwest- und Südwestdeutschland, wurde durch Kieselsäure im zweitobersten (S_w-)Horizont eine Verfestigung verursacht. In dem mächtigen A_e-Horizont des Kauri-Podsols in Neuseeland gibt es auch eine starke Verhärtung durch ausgefällte Kieselsäure. In Grundwasser und Flußwasser ist Orthokieselsäure in Mengen meist unter 16 mg Si/l gelöst, in den Tropen ist der Gehalt dieser Wässer an Kieselsäure wesentlich höher wegen der hier herrschenden starken Kieselsäureauswaschung aus den Böden. In stehendem Grundwasser kann der Kieselsäuregehalt bis auf das Doppelte ansteigen. Das Meerwasser besitzt nur etwa 2 mg Si/l.

Die *wasserlösliche Kieselsäure* des Bodens wird *bestimmt*, indem man Wasser drei Wochen unter täglichem Umschütteln einwirken läßt. — Die *amorphe Kieselsäure* des Bodens kann nach FOSTER durch Extraktion des Bodens mit 0,5n—NaOH bestimmt werden; es ist die *NaOH-lösliche Kieselsäure*. Bei dieser Prozedur werden aber auch Allophan, Tonminerale und sogar Silikate angegriffen. Die hierbei aus dem Oberboden einiger Bodentypen festgestellten Mengen an NaOH-löslichem Silicium liegen etwa zwischen 0,5 — 5 % und können aus vulkanischen Tuffen 9 % ausmachen. Wird die Extraktion von 4 Stunden (nach FOSTER) herabgesetzt auf nur 5 Minuten (nach JACKSON), so werden nach letzterem Autor nur amorphe Kieselsäure und Allophan gelöst; gegenüber der Methode FOSTER sinken hierbei die Si-Werte auf 10 — 20 % ab.

c. METALLOXIDE

In der Darstellung der Metalloxide des Bodens wird ebenfalls im wesentlichen der Konzeption von SCHEFFER und SCHACHTSCHABEL (1979/82) sowie der von SCHWERTMANN (1966) gefolgt. Auch hier sollen unter Oxiden nicht nur die reinen Oxide, sondern auch die Hydroxide und Oxidhydroxide sowie amorphe, nicht definierbare Verbindungen zusammengefaßt verstanden werden. Diese Oxide werden neben den Tonmineralen bei der Verwitterung gebildet und gehören größenmäßig zu der Tonfraktion. Teils umhüllen sie die Mineralkörner und verkitten sie. Zunächst meist amorph vorliegend, werden sie mit der Alterung wenigstens teilweise kristallin.

1. Aluminiumoxide

Bei der Verwitterung der Silikate wird Aluminium frei, das teils in Tonminerale eingebaut wird, teilweise als *amorphes Aluminiumhydroxid* Al (OH)$_3$ mit viel Adsorptionswasser vorliegt. Unter bestimmten Bedingungen, vor allem in wärmeren Klimaten, kristallisiert das Aluminiumhydroxid zu *Hydrargillit (Gibbsit)* γ — Al(OH)$_3$. In tropischen Böden findet man auch etwas *Böhmit* γ — AlOOH und *Diaspor* α — AlOOH; beide gibt es in größeren Mengen im *Bauxit*. Die Böden besitzen einen Gesamtanteil an Al in der Größenordnung von 1 — 6 %.

Da die Entstehung und die Umwandlung der Aluminiumoxide im Boden wenig aufgeklärt sind, sei hier nur erwähnt, daß in Laborversuchen Al-Ionen direkt oder über Zwischenstufen zu Hydrargillit gefällt werden können. Indessen kann man solche Versuche nicht ohne weiteres auf den Boden übertragen; sie geben aber den Hinweis, daß die Bildung von Hydrargillit leicht verläuft.

Unter pH 8 wird mit zunehmender Wasserstoffionen-Konzentration die Löslichkeit des Aluminiumoxides größer; freie Al-Ionen treten in beträchtlicher Menge aber erst ab etwa pH 5 auf, mit weiter sinkendem pH steigen die Anteile stark an. Die Al-Ionen sollen pflanzenschädigend sein, indessen fehlt dafür der sichere Beweis, denn wenn große Mengen von freien Al-Ionen in der Bodenlösung sind, dann ist das ganze Bodenmilieu den Pflanzen unzuträglich. Bei niedrigem pH können Al-Ionen durch das Sickerwasser verlagert werden, besonders aber durch die Bildung organischer, wasserlöslicher, wanderungsfähiger Komplex-Verbindungen.

Die Aluminiumoxide werden wie die NaOH-lösliche Kieselsäure (nach FOSTER) bestimmt; die so gewonnenen Analysenwerte liegen meist unter 0,5 % Al.

2. Eisenoxide

Aus den eisenhaltigen Silikaten, wie Pyroxenen, Amphibolen, Biotit sowie Olivin u. a. werden bei der Verwitterung Fe^{3+} und Fe^{2+} frei. Nur wenig davon wird in Tonminerale (Nontronit, Vermiculit, Chlorit) eingebaut; vielmehr wird der weitaus größte Teil am Ort der Verwitterung oder nach einer gewissen Verlagerung als wasserhaltiges Eisenhydroxid-Gel ausgefällt, das mit der Zeit kristallin werden kann. Genau genommen kommt Eisenhydroxid Fe(OH)$_3$ im Boden nicht vor, vielmehr nur Eisenoxidhydroxid FeOOH. Die amorphen und kristallinen, rostbraunen und rostgelben Fe (III)-oxide unseres Klimas werden auch unter der Bezeichnung *Brauneisen* zusammengefaßt.

In unserem gemäßigt warmen, humiden Klima finden wir in den Böden mit normalem Wasserabzug als kristalline Eisenform häufig den rostbraunen, nadelförmigen *Goethit* α — FeOOH. Bei höherer CO$_2$-Konzentration kann der Goethit auch durch Oxidation von Fe^{2+} entstehen.

Der rostgelbe, leistenförmige *Lepidokrokit* γ — FeOOH entsteht durch die Oxidation von Fe^{2+}, vor allem aus den Verbindungen Fe (OH)$_2$ und FeS, bei geringer CO$_2$-Konzentration. Diese Eisenform ist typisch für den Pseudogley, in welchem während der Naßphase Fe^{2+} entsteht, während im Zuge der Austrocknung Kohlensäure entweichen kann und die erforderlich niedrige CO$_2$-Konzentration erreicht wird.

In tropischen und subtropischen Böden ist der braunrote, in kleinen, sechsseitigen Prismen kristallisierte *Hämatit* $\alpha - Fe_2O_3$ häufig zu finden. Er färbt Sedimente (Rotliegendes, Buntsandstein) und Böden (Rotlehm, Roterde) braunrot bis zu ziegelrot. In der Natur entsteht der Hämatit wahrscheinlich meistens unter Wasserabspaltung aus amorphem Fe(III)-hydroxid, ein Vorgang, der in wärmeren Klimaten besser als in unserem Klima vonstatten geht. Der Hämatit ist im Boden sehr beständig, er färbt z. B. die Böden aus rotem Sandstein sowie rotem Ton und Tonmergel des Rotliegenden und der Trias heute noch rötlich, obschon die Bodenbildung im gemäßigt warmen, humiden Klima, dem andere Eisenformen zugeordnet sind, bereits Jahrtausende andauert.

Der rotbraune und ferromagnetische *Maghemit* $\gamma - Fe_2O_3$ wird gelegentlich auch in Böden gefunden. Er entsteht unter Mitwirkung organischer Substanz; hohe Temperaturen sind dabei förderlich. Günstige Bedingungen liegen vor bei Moorbrand, Rodungsbrand, Meilerbrand und Leichenverbrennung.

Ähnlich wie bei den Aluminiumoxiden steigt die *Löslichkeit* der Fe(III)-oxide unter pH 8 an, allerdings werden Fe(III)-Ionen erst etwa unterhalb pH 3 meßbar; darüber ist also das Fe(III)-Ion nicht austauschbar. Austauschbare Fe(III)-Ionen stabilisieren das Bodengefüge; die Fe(III)-oxide verkleben mehr oder weniger die Bodenteilchen und sind deshalb auch für die Gefügebildung sehr wichtig.

Die Fe(II)-Verbindungen sind gegenüber den Fe(III)-oxiden leichter löslich; sie bilden sich leicht in luftarmen Böden (Pseudogley, Gley), wobei reduzierend wirkende Mikroorganismen beteiligt sein können. In diesem Milieu können die Fe(II)-Ionen Sulfide, Phosphate und Carbonate bilden.

Durch Laboruntersuchungen konnte gezeigt werden, daß Fe(III)- und Fe(II)-oxide mit organischer Substanz metall-organische Verbindungen bilden können, die löslich und im Boden wanderungsfähig sind. Dieser Prozeß spielt bei der Podsolierung, teils auch bei der Pseudovergleyung, eine große Rolle. Da die Eisenformen des Bodens charakteristische Farben besitzen, so sind sie als solche sowie ihre Anreicherung und Verlagerung im Bodenprofil gut erkennbar.

Von den *Eisenoxiden* des Bodens, insgesamt betrachtet, ist jeweils ein Teil *amorph* und ein Teil *kristallin*. Je nach Bodentyp sind diese Anteile sehr verschieden. Im Zuge der Alterung der Fe-oxide wird der amorphe Anteil geringer; je günstiger die Alterungsbedingungen sind und je länger dieser Vorgang andauert, desto weniger amorphe Fe-oxide liegen im Boden vor. Die alten tropischen und subtropischen Böden besitzen infolgedessen nur wenig amorphe Fe-oxide, wogegen die jüngeren Böden des gemäßigt warmen, humiden Klimas einen höheren Gehalt an amorphen Formen aufweisen, vor allem die Böden, in denen Reduktion und Oxidation wechselnd ablaufen (Gley, Pseudogley). Auch scheinen die an Fe-oxide gekoppelten organischen Substanzen die Kristallisation zu hemmen (Podsol).

Die Erfassung der gesamten Fe-oxide und gesondert des amorphen Anteiles ist wichtig für die Bodenbeurteilung. Für die Bestimmung der gesamten Fe-oxide hat sich die *Na-dithionit-Methode* bewährt. Hierbei erfolgt eine Extraktion mit einer Lösung von Na-dithionit ($Na_2S_2O_4$) und Na-citrat unter Zusatz von $NaHCO_3$ bei pH 7,3. Nicht oder wenig angegriffen werden durch diese Behandlung Magnetit, Ilmenit und eisenhaltige Tonminerale. Der Bestimmung der *amorphen Fe-oxide* dient die *NH_4-oxalat-Methode*, d. h. die Extraktion dieser Eisenformen erfolgt bei Dunkelheit in einer sauren Lösung von NH_4-oxalat. Da die Alterung der Eisenformen vom amorphen in den kristallinen Zustand ein Kontinuum darstellt, kann man von der Bestimmung der amorphen Fe-oxide nur Annäherungswerte erwarten.

Der *Gesamtgehalt an Fe* im Boden liegt im Durchschnitt mit 0,7 — 4,2 % in der gleichen Höhe wie in Gesteinen, indessen bestehen doch zwischen den Bodentypen und erst recht zwischen den Bodenhorizonten ziemliche Unterschiede. Nach SCHEFFER und SCHACHTSCHABEL (1979) enthalten die A_h-Horizonte der mitteleuropäischen Böden 0,4 — 1,8 % Fe, speziell die A_h-Horizonte von Parabraunerden und Schwarzerden aus Löß Norddeutschlands 0,7 — 1,0 %/o Fe, die B_t-Horizonte bis 1,2 %/o Fe, die Marschen 1,4 – 2,8 %/o Fe, die Böden aus pleistozänen Sanden nur 0,1 — 1,1 %/o Fe.

3. Manganoxide

Das Mangan des Bodens stammt aus Mn-haltigen Silikaten, hauptsächlich aus Pyroxenen, Amphibolen und Biotit. Die aus diesen Silikaten freiwerdenden Mn(II)-Ionen werden in normal durchlüfteten Böden zu Mn-dioxid oxidiert, das eine schwarzbraune bis schwarze Farbe besitzt. Ein nur relativ kleiner Anteil gibt den Fe-Konkretionen des Bodens diese Farbe. Dieses Mn-dioxid kann als wasserhaltiges, *amorphes* $MnO_2 \cdot nH_2O$ und in dem kristallinen *Pyrolusit β* — MnO_2 vorkommen. Andere Formen, wie *Manganit* γ — $MnOOH$ und *Hausmanit* Mn_3O_4 sind selten. In Böden aus Basalt und Dolerit Australiens wurden verschiedene sekundäre Mn-oxide gefunden, die aber auch noch andere Elemente enthalten. Das dürften indessen spezifische Bildungen in Böden basischer Magmatite sein.

Die *Löslichkeit* der Mn-oxide steigt mit der Wasserstoffionen-Konzentration, also mit fallendem pH. Die höherwertigen Mn-oxide werden leichter als die Fe-oxide in die zweiwertige Form reduziert, wobei in der Regel die reduzierend wirkenden Stoffwechselprodukte von anaeroben Mikroorganismen beteiligt sind. Die leichte Reduzierbarkeit ermöglicht gleichzeitig die Bildung leicht wasserlöslicher Mn(II)-Salze, die Bereitstellung von pflanzenverfügbarem Mangan, aber auch die leichte Verlagerung des Mn im Boden; es kann bis ins Grundwasser gelangen, kann sich in Konkretionen (meist mit Fe-oxiden) anreichern, kann in seltenen Fällen aber auch im Boden fein verteilt sein und ihm einen dunkelbraunen, schwach violetten Farbton geben, wie Th. DIEZ und O. WITTMANN in Mittelfranken feststellten.

Nach SCHEFFER und SCHACHTSCHABEL (1979) weisen die Ap-Horizonte norddeutscher Böden folgende Gehalte von Mn-oxiden auf: Sandböden überwiegend zwischen 5 — 50 ppm Mn, Parabraunerden und Schwarzerden aus Löß zwischen 300 — 400 ppm Mn, Marschen zwischen 20 — 100 ppm Mn.

Die gesamten Mn-oxide des Bodens können wie die Fe-oxide durch die Extraktion mit einer Lösung von Na-dithionit (und Zusätzen) bestimmt werden. Diese Lösung erfaßt sogar das Mangan, das in Konkretionen mit Fe-oxiden vergesellschaftet ist. Das Mn aus Konkretionen wird nur zum kleinen Teil erfaßt, wenn die Extraktion mit einer schwefelsauren Natriumsulfit-Lösung von pH 1,5 vorgenommen wird.

4. Titanoxide

Die Titanminerale Rutil TiO_2, Anatas TiO_2 und Ilmenit $FeTiO_3$ sind schwer verwitterbar. Nur geringe Mengen von Titan werden bei der Verwitterung der Gesteine frei; ein kleiner Teil wird als Ersatz von Al und Fe in die Oktaederschichten von Tonmineralen eingebaut. Wegen ihrer Widerstandsfähigkeit gegen die Verwitterungsprozesse reichern sich die Ti-oxide, die zu den Schwermineralen gehören, relativ in den Böden an. In stark verwitterten Böden kann der Ti-Gehalt bis 1,2 %/o Ti ausmachen, in Latosolen kann er erheblich höher liegen, während die Böden des gemäßigt warmen, humiden Klimas nur geringe Mengen von 0,1 — 0,6 %/o enthalten.

d. TONMINERALE

Da die Tonminerale nicht nur in Böden, sondern auch in erheblichem Umfange in Sedimentgesteinen vorkommen, wurden sie bereits in dem Kapitel über die Minerale der Sedimentgesteine besprochen. Sie stellen den wichtigsten Teil der Tonfraktion der Böden dar; in der Feinerde nahezu aller Böden stellen sie einen mehr oder weniger großen Anteil. In den Böden des gemäßigt warmen, humiden Klimas herrschen die Illite vor.

Literatur

BEAR, F. E.: Chemistry of the Soil. – 2. Ed., Verlag Reinhold Publishing Corporation New York, Chapman & Hall, London 1964.
BEAR, F. E. (Editor): Methods of soil analysis. Teil 1 und 2. – Agronomy, 9, Madison/Wisconsin 1965.
DIN 19684, Teil 6: Bestimmung des oxalatlöslichen Eisens im Boden.
DIN 19684, Teil 7: Bestimmung des leicht löslichen zweiwertigen Eisens im Boden.
Alle DIN-Blätter vertreibt der Beuth-Verlag GmbH, Burggrafenstr. 4 – 7, Berlin 30, und Kamekestr. 2–8, Köln (Jahr wird nicht angegeben, da stets das neue Blatt geliefert wird).
FIEDLER, H. J.: Die Untersuchung der Böden. Bd. 1 und 2. – Verlag Steinkopff, Dresden 1964/65.
JACKSON, M. L.: Soil chemical analysis. – 2. Aufl., Prentice-Hall, Englewood Cliffs, New Jersey 1960.
SCHEFFER, F. und SCHACHTSCHABEL, P.: Lehrbuch der Bodenkunde. 10. Aufl., – Verlag Enke, Stuttgart 1979; 11. neubearbeitete Auflage 1982 von P. Schachtschabel, H.-P. Blume, K.-H. Hartge und U. Schwertmann.
SCHLICHTING, E. und BLUME, H. P.: Bodenkundliches Praktikum. – Verlag Parey, Hamburg und Berlin 1966.
SCHWERTMANN, U.: Die festen anorganischen Bestandteile des Bodens. In: Handbuch der Pflanzenernährung und Düngung von H. LINSER (Herausgeber), 2. Band, 1. Teil. – Verlag Springer, Wien – New York 1966.

V. Die organische Substanz des Bodens

a. DEFINITION

Für die organische Substanz des Bodens gibt es keine allgemeingültige Definition. Zunächst ist klarzustellen, daß die organische Substanz des Bodens und Humus nicht für jeden Bodenkundler das gleiche bedeutet, aber auch unter dem Begriff »Humus« verstehen nicht alle das gleiche. Diese Unstimmigkeiten zwingen zu einer einfachen, weitgehend anerkannten Definition: Die organische Substanz des Bodens umfaßt alle in und auf dem Boden befindlichen, abgestorbenen pflanzlichen und tierischen Stoffe und deren organische Umwandlungsprodukte. Die *lebenden* pflanzlichen und tierischen Organismen, das *Edaphon* (von gr. edaphos = Erdboden, genauer die darin lebenden Organismen), gehören nicht zu der so definierten organischen Substanz des Bodens, während aber F. SCHEFFER und B. ULRICH (1960) in der organischen Substanz des Bodens die lebende *und* die tote einschließen; die tote organische Bodensubstanz setzten die Autoren mit dem Begriff »Humus« gleich. Den alt eingeführten Begriff *Humus* sollte man nicht fallen lassen und ihn *synonym mit organischer Bodensubstanz* (ohne Edaphon) gebrauchen.

Bei der chemischen Bestimmung der organischen Substanz des Bodens wird das Edaphon zum größten Teil (größere Bodentiere ausgenommen) miterfaßt. Dessen muß man sich bewußt sein, wenn man es mit der chemisch bestimmten organischen Bodensubstanz zu tun hat. Im Oberboden des Ackers beträgt der Gewichtsanteil des Edaphons an der gesamten organischen Trockensubstanz 1 — 10 %.

W. L. KUBIENA definiert den Humus als die organischen Stoffe des Bodens, die sich unter den jeweiligen Bedingungen des ökologischen Standortes als schwer zersetzbar erwiesen haben und sich daher in charakteristischer Weise bei den verschiedenen Bodentypen angehäuft haben. W. LAATSCH schränkt den Begriff Humus auf die organischen Bestandteile des Bodens ein, die makroskopisch und mikroskopisch keine Gewebestruktur mehr erkennen lassen. Die Humus-Chemiker neigen dazu, unter Humus nur die Huminsäuren zu verstehen.

b. AUSGANGSSTOFFE

Die Ausgangsprodukte für die organische Bodensubstanz sind pflanzlicher und tierischer Art. In der pflanzlichen Masse sind es: Zucker, Stärke, Proteine, Proteide, Pektine, Hemizellulose, Zellulose, Lignin, Wachse, Harze, Gerbstoffe (Abbildung 95). In dieser Reihenfolge nimmt die Stabilität gegen den Abbau zu. Wenn wir die Abbauresistenz auf die Pflanzen im ganzen beziehen, so nimmt diese in folgender Reihe zu: Leguminosen, Gräser und Kräuter, Laubsträucher und -bäume, Nadelbäume, Zwergsträucher, wie Preiselbeere, Heidelbeere und Heide. Auch die Niederen Pflanzen des Bodens bilden Ausgangsstoffe und sind meist leicht zersetzbar. Die oberirdischen Pflanzenteile sind meist besser abbaubar als die größeren Wurzeln, junge Pflanzenteile besser als ältere. Die abgestorbenen tierischen Stoffe liefern viel Eiweiß, was besonders wichtig für den Aufbau organischer Bodensubstanz ist.

c. ABBAUBEDINGUNGEN DER ORGANISCHEN SUBSTANZ

Der Abbau der abgestorbenen organischen, vorwiegend pflanzlichen Masse auf und in dem Boden verläuft überwiegend biologisch. Die Intensität dieser biologischen *Humifizierung* ist abhängig von den jeweils gegebenen

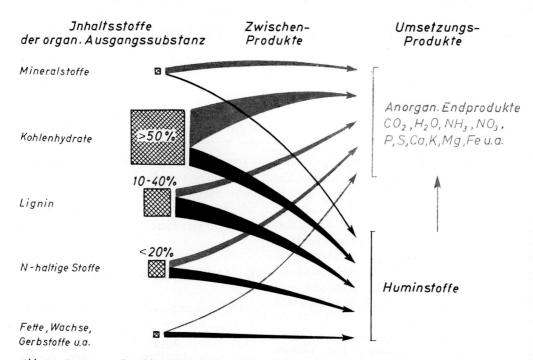

Abb. 95. Ausgangsstoffe, Abbau (Verwesung) und Aufbau (Humifizierung) der organischen Substanz im Boden. Die Pfeile veranschaulichen Abbau (grau) und Humifizierung (schwarz) der organischen Ausgangssubstanzen. Die jeweilige Konstellation der Standortfaktoren bestimmt die Intensität von Abbau und Humifizierung sowie den Anteil der anorganischen Endprodukte, Huminstoffe, Zwischenprodukte und der nicht oder nur teilweise umgesetzten Ausgangsstoffe (nach D. SCHROEDER 1983).

Lebensbedingungen des Edaphons (Abbildung 95). Die günstigsten Bedingungen für die Arbeit des Edaphons sind: schwach alkalische bis schwach saure Bodenreaktion, ausreichend Sauerstoff (Luft), ausreichend Feuchtigkeit, Temperatur etwa zwischen 25 — 35° C, ausreichend Nährstoffe, vor allem Eiweiß, wenig lösliche phenolische Verbindungen. Die überwiegende Leistung im Abbau der organischen Masse vollbringen die Mikroorganismen des Bodens. Die kleinen Bodentiere, z. B. Regenwürmer, Enchytraeiden und Collembolen, helfen auch beim Abbau der organischen Masse, gleichzeitig sind sie aber auch am Aufbau der Huminstoffe beteiligt. Dem Abbau der organischen Masse auf und im Boden steht stets ein mehr oder weniger großer Aufbau von Huminstoffen gegenüber, der ebenfalls von dem Milieu des Standortes gesteuert wird. Diese Abbau- und Aufbauvorgänge im organischen Teil des Bodens sind äußerst kompliziert, so daß es nötig ist, den Komplex der Vorgänge zu zerlegen, soweit das möglich ist.

1. Standortbedingtes Gleichgewicht

Zwischen dem Pflanzenstandort mit seinen vielen Faktoren und dem Gehalt und der Qualität der organischen Bodensubstanz stellt sich ein Gleichgewicht ein. Den durch das Gleichgewicht gegebenen Gehalt an organischer Substanz bezeichnet man auch als *Humusspiegel*.

Der Gehalt der Böden an organischen Bestandteilen schwankt in einem weiten Bereich. In Wäldern besteht ein natürliches Gleichgewicht zwischen dem Gehalt und der Qualität an organischer Masse einerseits und dem Standort mit seiner Baumart andererseits. In intensiv genutzten Ackerböden des ozeanischen Klimas kann der Gehalt an organischer Substanz sehr niedrig, etwa zwischen 1,3 — 2 % liegen. Dagegen können die Ackerböden des Mittelgebirges, die zeitweise Kleegras tragen, 6 — 7 % organische Bestandteile besitzen. Grünlandböden, die viel organische Masse durch absterbende Grünlandpflanzen erhalten und in denen der Abbau der organischen Masse infolge nicht ausreichender Durchlüftung verlangsamt ist, besitzen wesentlich mehr organische Bestandteile als vergleichbare Ackerböden. Schließlich sammelt sich im Wald im Regelfalle mehr organische Substanz an als in Ackerböden, und zwar in starker Abhängigkeit von Standort und Baumart. Jeweils stellt sich ein Gleichgewicht ein zwischen dem Standort und seiner Bewirtschaftung einerseits und dem Gehalt sowie der Qualität der organischen Bodensubstanz andererseits. Ändert sich ein maßgebender Faktor, der nicht durch einen anderen kompensierbar ist, so ändert sich auch der Gehalt an organischer Bodensubstanz. Starke Bodenlockerung, wie sie beim Hackfruchtanbau nötig ist, verstärkt gleichzeitig die Belüftung des Bodens, wodurch die Arbeit der Mikroorganismen angeregt und der Abbau der organischen Bodenmasse verstärkt wird. Ebenso bewirkt die Kalkung des sauren Bodens eine Steigerung seiner biologischen Aktivität, weil dadurch die Bodenreaktion für die Mikroben günstiger wird. Die gleiche Wirkung übt die Kalkung auf den Waldboden mit Rohhumus oder Moder aus. Durch die Verringerung der Bodensäure verstärken die Mikroben ihre Tätigkeit; sie bauen organische Masse ab und machen gleichzeitig Nährstoffe für die Waldbäume frei. So ist es zwar möglich, ein bestehendes Gleichgewicht in bestimmten Grenzen zu verschieben; das ist jedoch nicht beliebig möglich. Es wäre z. B. erwünscht, den intensiv genutzten Ackerböden, vor allem den sandigen, einen höheren Humusgehalt zu geben. Indessen erlaubt das die intensive Ackerkultur mit den für die Mikroorganismen leistungssteigernden Einflüssen (Kalkung, Düngung, Bearbeitung) nicht. Auf dem ehemaligen Nederlinger Versuchsfeld am Stadtrand von München hat man vor einigen Jahrzehnten versucht, durch hohe Stalldunggaben den Gehalt an organischer Bodensubstanz zu erhöhen, um den schwach entwickelten, steinigkiesigen Boden fruchtbarer zu machen. Es konnte jedoch dadurch der Gehalt an organischer Bodenmasse nur unbedeutend angehoben werden, weil die Humuszehrung unter den gegebenen Verhältnissen intensiv war. In diesem Falle hat also der Eingriff in das Gleichgewicht durch die Zufuhr von viel organischer Masse nur wenig vermocht, da die übrigen Faktoren, die ein intensives Bodenleben bewirkten, zu stark waren. Im tropischen Regenwald wird eine Menge organischer Masse erzeugt, die aber durch stetige Feuchtigkeit und hohe Temperatur schnell zersetzt wird, so daß es nur selten zu einer bedeutenden Ansammlung von organischen Bodenbestandteilen kommt. Es ist allerdings möglich, daß in solchen Böden die Feuchtigkeit zu wenig Luft in diese Böden eindringen läßt und dadurch der Abbau der organischen Masse gehemmt wird.

2. Mineralisierung der organischen Substanz

Wenn die oben schon genannten Lebensbedingungen für die Mikroben günstig sind, so findet in erster Linie eine *Verwesung* der organischen Substanz statt, d. h. sie wird weitgehend abgebaut bis zu CO_2 und H_2O, wobei gleichzeitig die Mineralstoffe freigesetzt werden (Abbildung 95). Wegen dieses letzteren Vorganges spricht man auch von *Mineralisierung*, die ein Teilprozeß der Verwesung darstellt. Dieser stürmische Abbau der organischen Masse führt aber nicht zu einer restlosen Aufzehrung; eine, wenn auch geringfügige, Huminstoffbildung (Humifizierung) läuft doch nebenher ab, indessen bleibt es bei einem geringen Gehalt an Huminstoffen, da auch diese bei günstigen Lebensbedingungen für die Mikroben einem ständigen Angriff ausgesetzt sind (Abbildung 95). Vor allem reichern sich die schwer abbaubaren Substanzen (Wachse, Harze, Gerbstoffe) an.

3. Hemmung des Abbaues der organischen Substanz

Der Abbau oder die Verwesung der auf und in den Boden gelangenden, abgestorbenen organischen Substanz wird in vielen Fällen verzögert. Die Ursachen dafür sind verschieden; sie liegen begründet in dieser oder jener Einschränkung der Lebensbedingungen der Mikroben.

(a) Hemmung durch Sauerstoffmangel

Die Mikroben des Bodens, welche vornehmlich den Abbau der organischen Substanz besorgen, benötigen für ihre Arbeit den Sauerstoff der Luft. Ausreichende Luft fehlt aber in dichten und wasserübersättigten Böden. Am klarsten wird dies in der Niedermoorbildung demonstriert. Die abgestorbenen Pflanzen seichter, stehender Gewässer fallen ins Wasser, sind von der Luft abgeschlossen und häufen sich zu Niedermoortorf an. Hierbei findet auch eine gewisse Humifizierung statt, die G. W. ROBINSON *anaerobe Humifikation* genannt hat. Im Hochmoor wird der Luftmangel dadurch hervorgerufen, daß die abgestorbene, schwammartige Pflanzenmasse sich voll mit Wasser belädt und damit die Luft ausschließt. Niederschlagreiches und (oder) luftfeuchtes Klima bietet das notwendige Wasser. Da im Gegensatz zum Niedermoor das Hochmoor nur Nährstoffe aus dem Niederschlag und der Luft erhält, ist das Hochmoor stets sauer, wodurch ebenfalls der biologische Abbau unterbunden wird. Schließlich sind im Hochmoor vermutlich noch Hemmstoffe der biologischen Aktivität abträglich. Somit verläuft die Humifizierung im Hochmoor weitgehend abiologisch.

In vielen Fällen sind Böden zeitweise mit Wasser ganz oder fast gesättigt, so daß für gewisse Zeit infolge von Luftmangel die die organische Substanz abbauenden Organismen nicht oder nicht voll arbeiten können. Das ist bei den grundwassernahen Bodentypen, wie Gley, Naßgley und Anmoorgley, meistens der Fall, aber auch häufig bei Pseudogleyen mit langer Naßphase. Es ist bekannt, daß mit zunehmender Höhe über NN der Gehalt an organischer Bodensubstanz ansteigt. Dies ist nicht allein auf die Abnahme der Temperatur zurückzuführen, sondern auch auf den mit der Höhe zunehmenden Niederschlag, der mehr oder weniger Luftmangel im Boden hervorruft. Sogar in den Tropen trifft das zu, wo hohe Temperatur die biologische Aktivität fördert, aber zunehmender Niederschlag diese hemmt, was sich in zunehmendem Gehalt an organischer Bodensubstanz zeigt.

(b) Hemmung durch hohe Wasserstoff-Ionen-Konzentration

Das Optimum der Bodenreaktion für die Arbeit der Mikroben, welche die organische Masse auf und in dem Boden abbauen, liegt im schwach alkalischen, neutralen und schwach sauren Bereich. In den basenarmen Böden mit niedrigem pH wird der mikrobielle Abbau der organischen Masse stark gehemmt. Pilze, welche starke Bodenversauerung vertragen, sind zwar abbauend tätig, leisten aber weit weniger als die Bakterien, so daß es zur Ansammlung von schwach humifizierter, organischer Masse, vorwiegend als Moder oder Rohhumus, auf dem Boden kommt. G. W. ROBINSON hat diese die *saure Humifikation* genannt. In sauren Waldböden, vor allem unter Koniferen, und in Podsolen finden wir diese gehemmte Humifizierung. Nicht selten treten aber andere Hemmungen hinzu, z. B. in sauren, nassen Böden der Luftmangel und in Podsolen aus Sand die vorübergehende Trockenheit.

(c) Hemmung durch niedrige Temperatur

Die Leistung der Mikroorganismen des Bodens, welche die organische Masse abbauen, ist temperaturabhängig. Niedere Temperatur hemmt sie, was im Hochgebirge deutlich demonstriert wird. Mit zunehmender Höhe fällt die Temperatur, und der Gehalt an organischer Bodenmasse steigt. Hierbei wirkt, wie bereits oben erwähnt, auch der erhöhte Niederschlag mit. Daß dieser jedoch nicht ausschlaggebend ist, bezeugen andere Gebiete mit gleich hohem Niederschlag, aber höherer Temperatur (Tropen), wo der Gehalt an organischer Bodensubstanz bedeutend geringer ist. Besonders starke Anhäufung von organischer Masse (Tangel) im Hochgebirge findet man auf der kühlen Nordexposition, die allerdings auch die feuchtere ist. Auch im Mittelgebirge steigt der Anteil an organischer Bodensubstanz mit zunehmender Höhe.

(d) Hemmung durch Trockenheit

Die Mikroben, welche die organische Substanz auf und in dem Boden abbauen, arbeiten bezüglich des Wassers am besten bei einem mittleren Feuchtegehalt des Bodens. Bei zu viel Wasser mangelt es an Luft, andererseits unterbindet Trockenheit des Bodens die Mikrobenarbeit ebenfalls. Im gemäßigt warmen, humiden Klima tritt selten der Fall ein, daß die die organische Substanz abbauenden Mikroben infolge Trockenheit für längere Zeit ihre Arbeit einstellen, wohl ist das im semihumiden (Steppe) und in noch trockeneren Klimaten der Fall. So ist die Trockenperiode im Sommer der kontinentalen Schwarzerdegebiete (Ukraine) eine der Ursachen für die Anreicherung von organischer Substanz in diesen Böden. Aber auch in Mitteleuropa gibt es Böden, in denen die Trockenheit den Abbau der organischen Masse maßgeblich hemmt. Besonders deutlich ist das auf flachgründigen, trockenen Kalkhängen in Süd- und Südwestexposition der Fall, wo sich manchmal ein Kalkmoder bildet. Begünstigt wird diese Bildung durch schwer abbaubare pflanzliche Masse, z. B. durch die Nadeln der Schwarzkiefer, die eine Pionierpflanze solcher trockenen Standorte darstellt.

(e) Hemmung durch Pflanzenart

Die Zersetzbarkeit der pflanzlichen Masse wird gehemmt, wenn diese zu wenig Eiweiß enthält, denn die Mikroben benötigen den Stickstoff aus dem Eiweiß für den Aufbau der eigenen Körpersubstanz, wenn nicht andere Stickstoffquellen (Düngung) vorhanden sind. Somit ist naheliegend, daß die stickstoffreichen Leguminosen (mit N-bindenden Knöllchenbakterien) am leichtesten zersetzt werden. Dann folgen in der Zersetzlichkeit Gräser und Kräuter, aber es bestehen Unterschiede zwischen den Arten insofern, als weiche, eiweißreiche Gräser und Kräuter schneller abgebaut werden als die harten und eiweißarmen. Das gleiche gilt für Laubsträucher und Laubbäume. Z. B. wird das Laub von Esche und Birke besser zersetzt als das der Rotbuche und Eiche. Generell wird der Bestandesabfall der Koniferen schlechter abgebaut als der der Laubbäume; aber auch zwischen den Arten der Koniferen bestehen bezüglich des Abbaues ihres Bestandesabfalles erhebliche Unterschiede. Schließlich werden die holzigen Stengel der Zwergsträucher (Preiselbeere, Heidelbeere, Heide) am schlechtesten abgebaut. Diese Zwergsträucher sind typische Pflanzen des Podsols und tragen zur Bildung des figurierten Rohhumus bei.

(f) Hemmung durch die Tonsubstanz

Mehrmals ist festgestellt worden, daß unter sonst gleichen Bedingungen der Gehalt an organischer Bodensubstanz mit zunehmendem Tongehalt des Bodens steigt. Das hat mehrere Gründe: 1. ist der tonreichere Boden in der Regel weniger gut durchlüftet als der sandigere, 2. verbindet sich ein Teil der organischen Substanz mit der Bodenfeinsubstanz und ist dann resistent gegen den weiteren Abbau, 3. ist die Anlieferung von organischer Masse in tonreichen Böden generell höher. Diese Ursachen geben auch eine Erklärung dafür, daß sich in tonreicheren Böden leichter eine Erhöhung der organischen Bodensubstanz durch Bewirtschaftungsmaßnahmen (Zufuhr organischer Massen) erreichen und auch erhalten läßt als in sandigen Böden. Von dieser Tatsache her gesehen wäre es sachgerecht, sandigen Böden organische Dünger zu geben, die vorher im Dungstapel oder durch ein Kompostierungsverfahren eine gewisse Abbauresistenz erworben haben. Vorstehendes erklärt die Beobachtung, daß Gründung in den sandigen Böden schnell verzehrt ist.

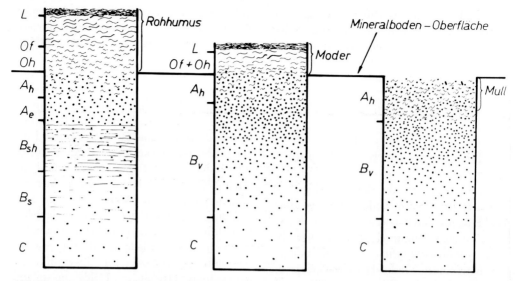

Abb. 96. Die wichtigsten Humusformen und Humushorizonte (bisher: O_L für L, O_F für Of, O_H für Oh).

d. HUMUSFORMEN

Die Humusformen werden in folgende große Gruppen eingeteilt:

subhydrische Humusformen,
semiterrestrische Humusformen
und terrestrische Humusformen.

1. Humushorizonte

Bei der Ausbildung mächtiger terrestrischer Humusformen sind häufig einige Humushorizonte gut zu unterscheiden. Ein Humushorizont über dem Mineralboden, ausgenommen Torf, wird allgemein mit dem Buchstaben O (O von organisch) bezeichnet. Bei einer Differenzierung dieser organischen Auflage ergeben sich häufig folgende Horizonte, auch Lagen genannt: Als oberster Horizont ist häufig unzersetzter Bestandesabfall, auch *Förna* genannt, vorhanden, der mit L (L von engl. litter, daher L-Lage) bezeichnet wird. Darunter folgt ein *Vermoderungs-Horizont*, der mit Of (f von schwed. förmulting, daher F-Lage) bezeichnet wird. Von diesem Horizont setzt sich der gut zersetzte *Humusstoff-Horizont* ab, der das Symbol Oh (h von schwed. humusämne, daher H-Lage) trägt. Unter diesem Horizont kann noch ein mit Humus durchsetzter Mineralboden folgen, der das Symbol A_h (h von Humus) hat. Ein durch Bodennässe mit organischer Substanz angereicherter Horizont besitzt das Symbol A_a (a von anmoorig). In der Abbildung 96 sind die Humushorizonte schematisch dargestellt.

Die Symbole für die Humushorizonte wurden inzwischen geändert, und zwar steht für O_L jetzt L, für O_F jetzt Of und für O_H jetzt Oh.

2. Subhydrische Humusformen

Der *Dy* (Braunschlamm) besteht aus dunkelbraunen, sauren Huminstoffgelen, die sich am Boden dystropher, humussaurer Braunwässer bilden, die z. B. aus Hochmooren kommen können; sie sind arm an Organismenresten.

Die *Gyttja* (Grauschlamm, Mudde) ist eine graue bis schwärzliche, oberflächlich organismenreiche Ablagerung von kleineren Pflanzenresten, Huminstoffen und Tonsubstanz, die sich meist auf dem Boden eutropher, sauerstoffreicher Gewässer bildet. Im allgemeinen ist kein oder nur schwacher Fäulnisgeruch bemerkbar. Die Varianten der Gyttja sind die *Leber-Mudde* und *Torf-Mudde*, die überwiegend aus organischem Material bestehen und an ihrer Bildungsstätte verbleiben. Außerdem gibt es *Ton-Mudde* und *Kalk-Mudde*, die überwiegend aus anorganischem Material bestehen und sich auf sekundärer Lagerstätte bilden, d. h. das Material wurde herangetragen.

Das *Sapropel* (Faulschlamm) ist ein schwarzer, übelriechender Huminstoffhorizont auf dem Boden eutropher, sauerstoffarmer (stagnierender) Gewässer. Durch anaerobe Zersetzung von Pflanzenrückständen bilden sich Fäulnisgase, vor allem Schwefelwasserstoff (H_2S) und Methan (CH_4).

Der *Niedermoortorf* (Verlandungsmoortorf, Flachmoortorf, Fentorf) ist überwiegend eine subhydrische Bildung und besteht aus einer Anhäufung abgestorbener, großenteils noch unzerkleinerter Pflanzen und Pflanzenteile, und zwar überwiegend aus *Phragmites, Typha, Carex, Hypnum, Alnus* und *Salix*. Infolge Luftabschluß wird die Pflanzenmasse nicht zersetzt, sie ist aber eutroph infolge eines tellurischen Wassers, das Kalk und Nährstoff zuträgt, so daß im allgemeinen das Niedermoor kalk- und stickstoffreich ist.

Es kann noch ein *Versumpfungsmoortorf* von den schon genannten Bildungen unterschieden werden, der einen verschiedenen Gehalt an Basen und Nährstoffen enthalten kann.

3. Semiterrestrische Humusformen

Die semiterrestrischen Humusformen werden unter mehr oder weniger feuchten Bodenverhältnissen gebildet, jedoch nicht unter dem Wasser.

Der *Hochmoortorf* entsteht in regenreichem und (oder) luftfeuchtem, teils auch kühlem Klima und wird ausschließlich von meteorischem Wasser vernäßt. Da dabei sehr wenig Basen und Nährstoffe zugeführt werden, ist der Hochmoortorf basen- und nährstoffarm. Sein Zersetzungsgrad ist je nach Alter des Torfes verschieden. Hauptsächlich beteiligen sich am Aufbau dieses Torfes *Sphagnum, Eriophorum, Drosera* und verschiedene Zwergsträucher, in Süddeutschland auch *Pinus montana*. Die Pflanzenmasse hat ein schwammartiges Gefüge, das sich mit Wasser füllt und die Luft abschließt. Sauerstoffarmut und hohe Wasserstoff-Ionen-Konzentration unterbinden den Abbau der organischen Masse.

Der *Übergangsmoortorf* nimmt eine Stellung ein zwischen dem Niedermoortorf und dem Hochmoortorf. Dementsprechend ist der Gehalt an Basen und Nährstoffen. Es beteiligen sich am Aufbau dieses Torfes die Pflanzen des Nieder- und Hochmoores, dazu kommen häufig *Betula pubescens, Pinus silvestris* und *Scheuchzeria palustris*.

Das *Anmoor* ist ein Gemisch von Mineralsubstanz und 15 — 30 % dunklem, zersetztem Humus. Diese Humusanreicherung kommt durch Stau- oder Grundwasser zustande.

Der *Feuchtmull* ist eine mullartige, günstige Humusform des feuchten Standortes, der unter dem periodischen Einfluß von basen- und sauerstoffreichem Wasser (überwiegend Grundwasser) entsteht.

Der *Feuchtmoder* ist eine moderartige, schmierige, oft rötlichbraune Humusmasse mit wenig Mineralsubstanz. Er entsteht unter langfristigem Einfluß eines basenärmeren, mehr oder weniger stagnierenden Grund- oder Stauwassers.

Der *Feuchtrohhumus* ist ein schmieriger, meist schwarzer Auflagehumus, der unter dem Einfluß von basenarmem Stauwasser oder Grundwasser entsteht, weil hierdurch die Zersetzung der organischen Masse stark gehemmt ist. Oft sind L-, Of- und Oh-Horizont unterscheidbar; der Oh-Horizont hat eine besonders schmierige Konsistenz.

4. Terrestrische Humusformen

Bei den terrestrischen Humusformen (Landhumusformen) sind unter Waldvegetation und bei verzögertem Abbau oft die typischen Humushorizonte L, Of und Oh entwickelt, bei intensiverem Abbau der Streu jedoch nicht (Abb. 96).

Bei günstigen Bedingungen für die Tätigkeit der Organismen des Bodens wird die abgestorbene Pflanzenmasse relativ schnell abgebaut, teils zu Huminstoffen aufgebaut und durch Bodentiere mit dem Mineralboden innig vermischt. Ein Teil der Huminstoffe wird bei diesem Prozeß mit der Tonsubstanz zu organo-mineralischen Komplexen verbunden. Die vielen Bodentiere hinterlassen eine Menge Losung und verbessern das Gefüge. So kommt eine humose, krümelige Bodenmasse zustande, die *Mull* genannt wird, und zwar handelt es sich in diesem Falle um den *typischen Mull*. Es gibt folgende Abarten von Mull:

Der *Kryptomull* ist dann vorhanden, wenn durch intensive Vermischung der organischen Substanz mit dem Mineralboden und infolge starker Eigenfärbung des Bodens der organische Bodenanteil durch Dunkelfärbung nur wenig hervortritt, die Humussubstanz also gleichsam verborgen ist.

Der *Wurmmull* ist dann vorhanden, wenn bei starkem Regenwurmbesatz das krümelige Mullmaterial zum großen Teil aus Regenwurmlosung besteht. Diese Mullform ist meistens schwarzbraun bis grauschwarz.

Der *Sandmull* entwickelt sich in sandigen Böden. Es fehlen hier weitgehend die organomineralischen Komplexe, vielmehr liegen Humusteilchen und Mineralkörner unverbunden nebeneinander, so daß kein beständiges Gefüge vorliegt.

Der *Kalkmull* bildet sich auf Kalkstein und besitzt einen hohen Anteil an Kalkhumaten.

Infolge unvollständiger Zersetzung und unvollständiger Einmischung der organischen Substanz in den Mineralboden kommt es zu geringmächtigen Auflagen (1 — 10 cm) von organischer Masse mit wenig Mineralanteil über dem Mineralboden, die *Moder* genannt wird. Zwischen dieser Auflage von organischer Substanz und dem Mineralboden besteht häufig ein schmaler Übergang, in welchem die organische Substanz ständig abnimmt. Es gibt naturgemäß gleitende Übergänge zwischen dem Mull und der ungünstigen Humusform, dem Rohhumus. Somit kann man unterscheiden: typischer Moder, mullartiger Moder (dem Mull näherstehend), rohhumusartiger Moder (dem Rohhumus näherstehend).

Der *mullartige Moder* besitzt im allgemeinen einen nur schwachen L- und Of-Horizont, der Oh-Horizont ist geringmächtig und locker und besitzt Kleintierlosung und Mineralbodenteilchen. Darunter folgt noch ein A_h-Horizont, der eine innige Vermischung von organischer Substanz und Mineralboden darstellt. Der mullartige Moder tritt häufig auf nährstoffreicheren Böden unter Laubholz auf. Die Verzögerung des Abbaues der organischen Masse kann durch tiefes pH oder auch durch klimatische Einflüsse bedingt sein.

Der *typische Moder* ist gekennzeichnet durch etwa gleiche Ausbildung der L-, Of- und Oh-Horizonte, die gleitend ineinander übergehen (Abb. 96). Der Oh-Horizont geht allmählich in den Mineralboden über. Der typische Moder ist ein saurer Humus mit starkem Pilzbesatz, der den charakteristischen Modergeruch hervorruft. Kleintierlosung ist gering. Auf Kalkstein und Dolomit kann ein kalkreicher Moder entwickelt sein, der infolge Trockenheit und schwer abbaubarer Pflanzensubstanz entsteht.

Der *rohhumusartige Moder* leitet über zu dem Rohhumus. In ihm sind die Horizonte L-, Of und Oh gut ausgebildet, und die Übergänge zwischen diesen sind schärfer als beim typischen Moder. Auch der Übergang zwischen Auflagehumus und Mineralboden ist scharf. Diese Humusform kommt vielfach auf biotisch schwach tätigen Böden unter älterem Nadelholz vor.

Der *Rohhumus* in typischer Ausbildung ist im allgemeinen noch mehr als der Moder durch eine deutliche Ausprägung der L-, Of- und Oh-Horizonte gekennzeichnet. Der Abbau der organischen Substanz ist durch starke Bodenversauerung gehemmt, denn unter diesen Bedingungen fallen die Bakterien für den Abbau der organischen Masse weitgehend aus, und die säureverträglichen Pilze schaffen die Zersetzungsarbeit nicht. Während der Of-Horizont eine schwach zersetzte organische Masse vorstellt, in welcher die Pflanzenreste noch gut erkennbar sind, ist der Oh-Horizont durch Pilzhyphen stärker durchsetzt, stark vernetzt und scharfkantig brechend. Von der organischen Auflage her findet oft eine Infiltration von Sauerhumus statt. Die Grenze zwischen dem Mineralboden und der organischen Auflage ist scharf.

Neben diesem *typischen Rohhumus* können noch folgende Varietäten unterschieden werden:

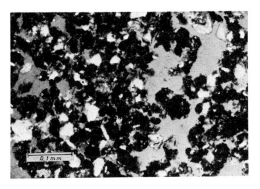

Abb. 97a. Mull im A_h-Horizont einer Braunerde aus Basalt von Arborn (Westerwald). Aufnahme zwischen teilweise gekreuzten Polarisatoren. Dabei hebt sich die dunkle, aus Ton-Humus-Komplexen bestehende Grundsubstanz von den grauen Hohlräumen und den hellen Mineralkörnern ab (Probe von G. JARITZ).

Abb. 97c. Rohhumus der Auflage einer sauren Braunerde vom Südschwarzwald. In den Nadeln (Querschnitt z. B. rechts im Bild) sind die Zellstrukturen gut erhalten (Probe von S. STEPHAN).

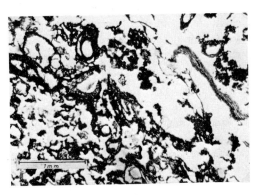

Abb. 97b. Moder der Auflage eines Nano-Podsols bei Skoganvare (Norwegisch-Lappland). Zwischen den Resten der Streu liegen Pilzhyphen und Anhäufungen dunkler Arthropoden-Losung (Probe von F. ALBERTO und G. JARITZ).

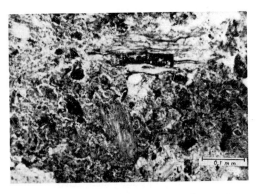

Abb. 97d. Niedermoor-Torf vom Kalkarer Moor bei Münstereifel; durch Gefriertrocknung am Schrumpfen gehindert. Besonders längsgeschnittene Strähnen der etwas komprimierten Pflanzenreste sind noch gut zu erkennen (Probe von S. STEPHAN).

Abb. 97. Die wichtigsten Humusformen im mikroskopischen Bild.

Ein *feinhumusarmer Rohhumus* ist dann vorhanden, wenn der Oh-Horizont geringmächtiger, der Anteil an wenig zersetzten, gut erkennbaren Pflanzenresten groß und die organische Masse durch Pilzhyphen stark verfilzt ist. Diese Rohhumusform kommt auf biotisch sehr untätigen Standorten vor.

Wenn die biologische Tätigkeit größer ist, wird die abgestorbene Pflanzenmasse besser und gleichmäßiger zersetzt, und es entsteht ein *feinhumusreicher Rohhumus*.

Unter etwas feuchteren Standortbedingungen hat der Rohhumus eine schmierige Konsistenz und wird dann *schmieriger Rohhumus* genannt.

In höheren Lagen der Alpen entwickelt sich stellenweise ein rötlichbrauner Rohhumus, der im allgemeinen günstiger ist als der Rohhumus von trockenen Böden; er wird *Tangel* genannt.

Die Struktur der Humusformen kann mit dem Mikroskop gut sichtbar gemacht werden, wie es Abbildung 97 veranschaulicht.

Tab. 33: Humusform, Trophie und C/N-Verhältnis (nach Arbeitsgemeinschaft Bodenkunde 1965)

Humusform	Trophie	C/N-Verhältnis[1]
Mull mit runden, bei schweren Böden kantengerundeten Kleinkrümeln; Mächtigkeit meist über 8 bis 10 cm infolge stärkerer Vermengung mit dem Mineralboden	eutroph	< 13
Mull mit kantigen oder kantengerundeten Krümeln und Übergängen zu Moder	eu- bis mesotroph	13 — 18
Moder, locker, z. T. etwas krümelig	mesotroph	18 — 23
Schlechter Moder	meso- bis oligotroph	23 — 27
Übergänge von *Moder* zu *Rohhumus* (rohumusartiger Moder)	oligotroph	27 — 33
Rohhumus	dystroph	> 33

[1]) Bei Auflagehumus ist das C/N-Verhältnis im Humusstoffhorizont festzustellen, beim Mull und mullartigen Moder im A_h-Horizont.

5. Humusform und Humusqualität

Um die Humusformen qualitätsmäßig einzuordnen, hat man den Begriff der Trophie geprägt. Den Stufen der Trophie können bestimmte C/N-Verhältnisse zugeordnet werden. Das C/N-Verhältnis gibt an, wie hoch der Stickstoffgehalt gegenüber dem Kohlenstoffgehalt der organischen Substanz ist. Mit steigendem Stickstoffgehalt nimmt die Qualität der organischen Substanz zu. Die Arbeitsgemeinschaft Bodenkunde der Geologischen Landesämter (1965) hat Humusform, Trophie und C/N-Verhältnis in Tabelle 33 parallelisiert.

e. GEHALT UND MENGE DER ORGANISCHEN BODENSUBSTANZ

Der *Gehalt* an organischer Substanz des Bodens wird in *Gewichtsprozent* Trockenmasse in bezug auf die Gesamtbodenmasse angegeben und zwar vom humosen Oberboden; sie wird über den organischen Kohlenstoff ermittelt. Die organische Bodensubstanz enthält im Mittel 50 % C (schwankend zwischen 45 — 60 %), so daß man durch Multiplikation des gefundenen C-%-Gehaltes (der organischen Substanz) mit 2 (bisher wurde meistens der Multiplikationsfaktor 1,72 verwandt, entsprechend 58 % C) den Prozent-Gehalt an organischer Bodensubstanz erhält. Hierbei muß beachtet werden, daß lebende Substanz (Wurzeln und Edaphon) miterfaßt wird, die bis zu 15 % und mehr ausmachen kann.

Der Gehalt an organischer Bodenmasse schwankt sehr, und zwar in Abhängigkeit von den Faktoren, welche Abbau und Anreicherung der organischen Substanz im Boden steuern. Die höchsten Gehalte findet man naturgemäß in Mooren (> 30 %) und Anmoor (15 — 30 %). Dann folgen die Böden mit Rohhumus (10 — 25 %) und Grasmull (4 — 8 %) sowie die Böden der semihumiden Steppe (Schwarzerden mit 4 — 10 %), dann die Böden mit Moder (4 — 8 %). Zuletzt stehen die intensiv genutzten Ackerböden des ozeanischen Klimas mit 1,3 — 2 % organischer Substanz. Nach dem Prozent-Gehalt an organischer Bodensubstanz (= Humus) können die Böden gekennzeichnet werden. Dafür hat die Arbeitsgemeinschaft Bodenkunde der Geologischen Landesämter (1971) eine Abstufung vorgeschlagen, die in Tabelle 34 dargestellt ist.

Die *Menge* an organischer Bodensubstanz wird in kg/m² oder dt/ha angegeben. Oft sind hohe Prozent-Gehalte gepaart mit hohen Mengen organischer Bodenmasse. Da bei der Mengenberechnung von Prozent-Gehalt und Mächtigkeit des humosen Oberbodens, u. U.

Tab. 34: *Gehalt an organischer Substanz im Boden in Prozent (%C · 1,72)*

Prozent org. Substanz bei landwirtsch. Nutzung im A_p-Horizont	forstl. Nutzung im A_h-Horizont	Bezeichnung	Abkürzung
		nur stellenweise humos	(h)
< 1	< 1	sehr schwach humos	h″
1 — 2	1 — 2	schwach humos	h′
2 — 4	2 — 5	(mäßig) humos	h
4 — 8	5 — 10	stark humos	h̿
8 — 15	10 — 15	sehr stark humos	h̄
15 — 30	15 — 30	anmoorig bei Feuchtböden oder humusreich	a
> 30	> 30	Torf	H

die organische Substanz des Unterbodens einbezogen, ausgegangen wird, können auch bei nur mittleren Prozent-Gehalten hohe Mengen vorliegen, wie das z. B. der Fall ist bei Schwarzerden mit 5 % organischer Substanz und einer Mächtigkeit des A_h-Horizontes von 80 cm.

In der Tabelle 35 werden Humus- und Stickstoffmenge in dt/ha sowie das C/N-Verhältnis von einigen Bodentypen bzw. Bodentypengruppen der Sowjetunion wiedergegeben.

Die Tabelle 35 zeigt eine ansteigende Humus- und Stickstoffmenge von den podsoligen Böden bis zur mächtigen Schwarzerde und dann wieder abfallende Mengen bis zur typischen Grauerde (der Halbwüste); die Roterde besitzt wieder höhere Mengen. Mit Ausnahme der Roterde liegen die C/N-Verhältnisse mit Werten zwischen 8,4 und 11,8 niedrig, was auf gute, stickstoffreiche Huminstoffe hinweist.

f. HUMINSTOFFE

1. Begriffserklärung für Huminstoffe und Nichthuminstoffe

Die *Huminstoffe* sind dunkel gefärbte, amorphe, hochpolymere organische Verbindungen mit großer spezifischer Oberfläche und Teilchengrößen < 2 µm; als organische Kolloide vermögen sie Wasser zu sorbieren und Ionen austauschbar anzulagern. Sie entstehen im Boden aus abgestorbenen organischen Substanzen durch den Humifizierungsprozeß, sind widerstandsfähig gegen den mi-

Tab. 35: *Humus und Stickstoffmenge in dt/ha sowie C/N-Verhältnis in einigen Bodentypen bzw. Bodentypengruppen der Sowjetunion (nach* TJURIN *1949)*

Bodentypen bzw. Bodentypengruppen	Humus in der Schicht von 0-100 cm	Humus in der Schicht von 0-20 cm	Stickstoff in der Schicht von 0-100 cm	Stickstoff in der Schicht von 0-20 cm	C:N in der Schicht 0-20 cm
Podsolige Böden	990	530	66	32	9,7
Graue Waldböden	2150	1090	120	60	10,5
Ausgelaugte Schwarzerde	5490	1920	265	94	11,8
Mächtige Schwarzerde	7090	2240	358	113	11,5
Südliche Schwarzerde	3910	930	170	63	8,6
Dunkelkastanienfarbiger Boden	2290	990	132	56	11,2
Typische Grauerde	830	—	75	25	8,4
Roterden	2820	1530	105	47	18,9

krobiellen Abbau, reichern sich deshalb im Boden je nach Standort mehr oder weniger an und färben den Oberboden gegenüber dem Unterboden dunkler.

Die *Nichthuminstoffe* des Bodens sind leicht zersetzbare Abbauprodukte der abgestorbenen organischen Massen. Von der unzersetzten organischen Substanz bis zu den Huminstoffen entstehen in verschiedenen, aufeinanderfolgenden Phasen der Umwandlung eine Unzahl von Nichthuminstoffen. Die dabei ablaufenden Prozesse sind teils chemischer, aber überwiegend mikrobieller Natur und stehen in starker Abhängigkeit vom Ausgangsprodukt und vom standortgegebenen Milieu. Die Nichthuminstoffe sind hauptsächlich die Nahrungsquelle für die Mikroorganismen und stellen in funktioneller Betrachtung den *Nährhumus* dar, wogegen die mikrobiell resistenten Huminstoffe als *Dauerhumus* betrachtet werden können.

2. Bildung von Huminstoffen

Der Mechanismus der Bildung von Huminstoffen ist kein einheitlicher chemischer Vorgang, vielmehr gibt es verschiedene Wege chemischer und biotischer Art, die zu Huminstoffen führen, indessen ist dieser vielfältige Komplex von Vorgängen im einzelnen weitgehend ungeklärt.

(a) Huminstoff-Synthese

FELBECK (1965), FLAIG (1966), KONONOWA (1958), SCHEFFER und ULRICH (1960) SWABY (1956/58) sowie noch andere haben mögliche Reaktionen aufgezeigt, welche die Bildung von Huminstoffen veranschaulichen. Die bei der Zersetzung organischer Massen entstehenden Monosaccharide werden, bevorzugt bei saurer Reaktion, in Furanderivate umgebildet, und diese polymerisieren zu Bausteinen, die in den Huminstoffen vorkommen. Melanine, die zu den Huminstoffen gehören, können aus cyclischen Aminosäuren, z. B. Tyrosin, durch Oxidation über Zwischenverbindungen entstehen. Aus Aminosäuren und Chinonen kann Aminochinon entstehen, das nach Umformung und Polymerisation in Huminstoffe übergehen kann. Hierbei wird Stickstoff eingebaut. Aldehyde und Furanderivate, Produkte des Kohlenhydratabbaues, können mit Aminosäuren und Ammoniak reagieren, wodurch Verbindungen mit heterocyclisch eingebautem Stickstoff entstehen, die dann zu Huminstoffen polymerisieren können. Diese in Synthesen nachgewiesenen Huminstoff-Bildungen sind auch im Boden möglich, indessen sind aber mehrere oder gar viele Prozesse gleichzeitig zu erwarten, die zu Huminstoffen führen, so daß eine Mischung von Polymerisaten im Boden vorliegt.

(b) Phasen der stofflichen Umbildung der organischen Bodensubstanz

Die *erste Phase* vollzieht sich kurz vor und unmittelbar nach dem Absterben der Pflanzen oder Pflanzenteile. Hierbei verfärben sich die Blattorgane, ohne daß der Zellverband sichtbar verändert wird. Die wichtigsten Vorgänge sind die Zerlegung polymerer Stoffe, z. B. die teilweise Umwandlung von Stärke in Zucker, von Eiweiß in Peptide und Aminosäuren sowie die oxidative Umformung von Ringverbindungen mit Phenol-, Chinon- und Pyrrolringen in stark färbende Verbindungen, welche die herbstliche Verfärbung der Blätter verursachen.

Die *zweite Phase* ist gekennzeichnet durch eine Umformung der pflanzlichen Masse durch kleine und mittlere Bodentiere. Sie zerkleinern die Pflanzenteile, nehmen sie ganz oder teilweise als Nahrung auf, wobei vielfach auch anorganische Bodenfeinsubstanz mit aufgenommen wird. Gleichzeitig erfolgt meistens eine weitgehende Einarbeitung in den Boden durch diese Bodentiere; vor allem besorgen dies Regenwürmer, Enchytraeiden und Arthropoden. Bei dem Durchgang der pflanzlichen und erdigen Masse durch den Verdauungstrakt der Bodentiere, mehr aber noch in deren Losung, findet bereits eine Huminstoffbildung statt.

Die *dritte Phase* wird beherrscht durch den mikrobiellen Abbau der in der ersten und zweiten Phase vorbereiteten pflanzlichen Masse. Zuerst werden wasserlösliche Kohlenhydrate zersetzt, dann Stärke, Pektine und Eiweiß. Nun wird Zellulose angegriffen und abgebaut, wodurch das Lignin freigelegt und die Gewebestruktur zerstört wird. Das schwer zersetzbare Lignin wird nun auch in den Abbauprozeß einbezogen, wobei die Basidiomyceten stark beteiligt sind. In dieser dritten Phase sind auch Enzyme wirksam, die organische Verbindungen in ihre Bausteine zerlegen. Diese werden z. T. wieder von Mikroorganismen als Energiequelle benutzt; ein kleiner Teil wird als Körpersubstanz inkorporiert.

Der mikrobielle Abbau umschließt energiefreisetzende Vorgänge (1 g Trockenmasse etwa 17 bis 21 Joule), durch die einerseits *Huminstoffe* gebildet werden und die andererseits, wenigstens teilweise, bis zu den Oxidationsendprodukten CO_2 und H_2O führen, wobei dann gleichzeitig NH_3 und Mineralstoffe frei werden (Mineralisierung), nämlich Verbindungen von K, Na, Ca, Mg, P und S, ferner auch Spurenelemente. Unter anaeroben Bedingungen werden CH_4 und H_2S gebildet, z. B. im Moor und in sauerstoffarmen Gleyen.

Diese Abbauvorgänge verlaufen um so schneller, je günstiger die Lebensbedingungen der Mikroben sind und je leichter die gebotene pflanzliche Masse abbaubar ist. Ligninreiche sowie eiweiß- und mineralstoffarme Pflanzensubstanz ist schwer abbaubar. Hemmstoffe, d. h. antimikrobielle Stoffe, die bei der Zersetzung der pflanzlichen Masse mehr oder weniger entstehen, können den Abbau verzögern, bis sie umgesetzt oder ausgewaschen sind.

(c) Aufbau der Huminstoffe

Die Bildung von Huminstoffen ist erst möglich, wenn der mikrobielle Abbau vorgeschritten ist und reaktionsfähige Spaltprodukte vorliegen. Hierbei laufen Vorgänge der Hydrolyse und Oxidation sowie der enzymatischen Spaltung ab. Als Spaltprodukte kommen in Betracht: Abbauprodukte aus den Kohlenhydraten bis zu den Monosacchariden, Spaltungsprodukte der Eiweißstoffe bis zu den Peptiden oder Aminosäuren und der aromatischen Zellwandbestandteile bis zu phenolischen Bausteinen. Bekannt ist, daß Monosaccharide, cyclische Aminosäuren und eine Reihe von Phenolen direkt oder über Zwischenverbindungen zu Huminstoffen polymerisieren können. Die Bedingungen im Boden bieten sehr verschiedene Ausgangskomponenten und steuern auch zu verschiedenen Polymerisaten (Mischpolymerisate), die als Ganzes standortspezifisch sind. Die Huminstoffe können aus den Spaltprodukten durch *chemische* Reaktionen entstehen, wobei die Mikroorganismen nur Aufbereitungsarbeit leisten. Sie können aber auch biotisch entstehen, und zwar vorwiegend im Verdauungstrakt und in der Losung der Bodentiere, ferner auch als Stoffwechselprodukte der Bodenmikroben.

Wenn auch die Huminstoffe relativ mikrobiell resistent sind, so können aber auch sie abgebaut werden, vor allem dann, wenn die mikrobielle Tätigkeit durch günstige Lebensbedingungen der Mikroorganismen angefacht wird. Um die Vorgänge des Abbaues der organischen Substanz (Verwesung, Mineralisierung) und Humifizierung, d. h. Huminstoffbildung, übersichtlich darzustellen, wird in Abbildung 95 eine Darstellung von D. SCHROEDER (1983) wiedergegeben.

(d) Bauelemente der Huminstoffe

Der Mechanismus der Huminstoffbildung und der chemische Aufbau der Huminstoffe ist weitgehend noch unbekannt. Indessen kennen wir ihre wichtigsten Bauelemente, bei denen wir Kerne, reaktive Seitengruppen und Brücken unterscheiden können. Das Bauprinzip zeigt die schematische Abbildung 98 von H. THIELE und H. KETTNER (1953). Als Kerne kommen iso- und heterocyclische Sechser- und Fünferringe in Betracht. Die möglichen Kerne, reaktiven Gruppen und Brücken sind in der Tabelle von H. THIELE und H. KETTNER (1953) zusammengestellt (Tab. 36).

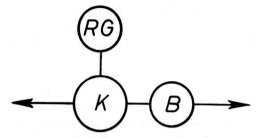

Abb. 98. Schema für die Anordnung von Kern, reaktiven Gruppen und Brücken in der Huminsäure-Struktur (nach H. Thiele *und* H. Kettner *1953).*

Tab. 36: Mögliche Kerne, reaktive Gruppen und Brücken (nach H. Thiele *und* H. Kettner *1953)*

Kerne	Reaktive Gruppen	Brücken
Benzol	— OH	— O —
Naphthalin	— COOH	— NH —
Anthracen	= C = O	= N —
Furan	— NH_2	— S —
Pyrrol	— CH_3	— CH_2 —
Indol	— SO_3H	
Pyridin	— PO_3H_2	
Thiophen	— OCH_3	
Chinolin		

Diese und viele andere Bauelemente können in sehr verschiedener Weise zusammentreten und einen verschiedenen Grad der Polymerisation erreichen; die Polymerisate liegen je nach Standort in verschiedenen Mischungen vor. Einige Beispiele für wichtige Stufen der Huminsäurebildung aus Lignin vermittelt die Abbildung 99 von W. Flaig (1964).

(e) Einteilung der Huminstoffe

Die Huminstoffe des Bodens, die Mischpolymerisate darstellen, können mit Hilfe von Lösungsmitteln und Fällungsreaktionen in *Stoffgruppen* zerlegt werden, die sich in C-Gehalt, Äquivalentgewicht und Eigenschaften unterscheiden. Diese Stoffgruppen stellen keineswegs einheitliche organische Verbindungen dar, vielmehr beherbergt jede Gruppe eine Anzahl von solchen. Das findet schon Ausdruck in verschiedenem C-Gehalt und Äquivalentgewicht. Auch sind die einzelnen Stoffgruppen in sich nicht gleich zusammengesetzt. So ist z. B. die Stoffgruppe der Grauhuminsäure aus der Schwarzerde anders zusammengesetzt als die aus der Braunerde oder gar die aus dem Podsol. In der Tabelle 37 ist eine Einteilung der Huminstoffe in Stoffgruppen vorgestellt. Bei dieser Prozedur der Stoffgruppentrennung werden natürlich auch Nichthuminstoffe erfaßt. Mit Hilfe weiterer Trennungsmethoden wäre eine Aufteilung in weitere Stoffgruppen möglich.

Die *Fulvosäuren* können mit kalter Natronlauge (0,5 % NaOH) aus dem Boden extrahiert werden. Dabei gehen auch Humin-

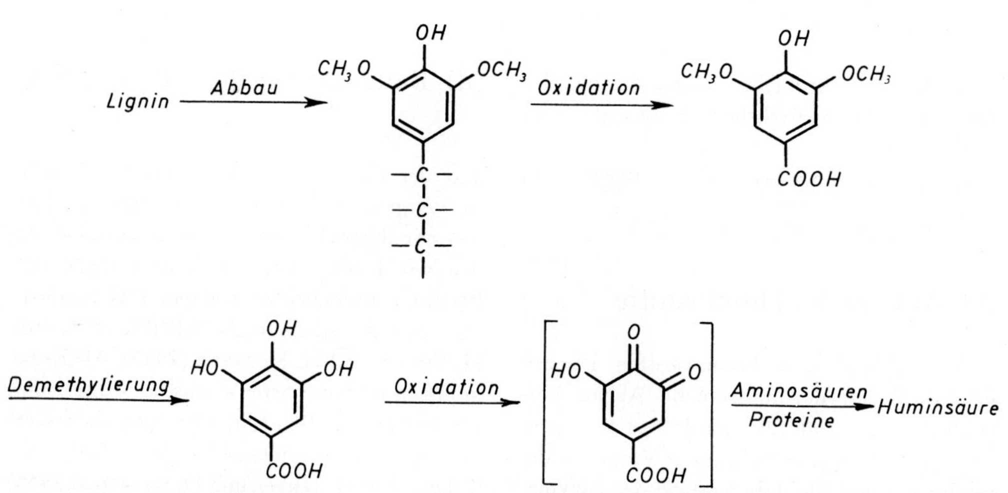

Abb. 99. Schema für wichtige Stufen der Huminsäurebildung aus Ligin (nach W. Flaig 1964).

Tab. 37: Einteilung der Huminstoffe in Stoffgruppen nach Löslichkeit und Fällbarkeit (nach F. Scheffer, P. Schachtschabel und B. Ulrich)

Huminstoffe	Fulvosäuren	Huminsäuren			Humine
		Hymatomelan-säuren	Braunhumin-säuren	Grauhumin-säuren	
Farbe	schwach gelb bis gelbbraun	braun	tiefbraun	grau-schwarz	schwarz
Löslichkeit in Acetylbromid	löslich	löslich	unlöslich	unlöslich	unlöslich
Wasser	löslich	unlöslich	unlöslich	unlöslich	unlöslich
Alkohol	löslich	löslich	unlöslich	unlöslich	unlöslich
Natronlauge	löslich	löslich	löslich	löslich	unlöslich
Fällbarkeit durch Säuren aus NaOH-Extrakten	nicht	bedingt	leicht	sehr leicht	—
C-Gehalt	43 — 52 %	58 — 62 %	50 — 60 %	58 — 62 %	n. b.
Äquivalentgewicht	< 100	150 — 200	< 300	> 250	n. b.

säuren in Lösung, die aber mit Säuren ausgefällt werden können, indessen die Fulvosäuren in Lösung bleiben. Aber auch Nichthuminstoffe werden von Natronlauge gelöst, z. B. Polysaccharide, organische Phosphor-Verbindungen und teils die Aminosäuren.

Für die *Huminsäuren* ist kennzeichnend, daß sie aus einer alkalischen Extraktions-Lösung des Bodens durch Säuren (Salzsäure) ausgefällt werden können. Die Extraktion kann erfolgen durch Alkalihydroxide, Alkalisalze schwacher Säuren (z. B. Na-fluorid, Na-polyphosphat, Na-oxalat), Chelatverbindungen (EDTA) oder Anionenaustauscher-Harze. Die Trennung der *Hymatomelansäure* von den übrigen Huminsäuren kann durch Acetylbromid erfolgen. Die *Braunhuminsäure* ist im Gegensatz zur *Grauhuminsäure* in alkalischer Lösung an der Luft durch Oxidation zerstörbar. Die *Humine* sind die in kalter Natronlauge nicht löslichen Huminstoffe. In heißer Natronlauge sind sie jedoch löslich.

(f) Eigenschaften der Huminstoffe

Die Eigenschaften der verschiedenen Huminstoffe sind graduell verschieden; diesbezüglich bestehen gleitende Übergänge von der Fulvosäure bis zu den Huminen. Gemeinsam gehören sie zu den amorphen organischen Kolloiden des Bodens mit großer spezifischer Oberfläche und der Fähigkeit, Wasser zu sorbieren und Ionen austauschbar anzulagern.

Die *Fulvosäuren* sind gelbe bis gelbbraune, niedrig-molekulare, phenolische und chinoide Verbindungen mit starkem Säurecharakter, reduzierenden und komplexbildenden Eigenschaften, wirken lösend auf relativ stabile Verbindungen des Bodens, wie z. B. Eisenoxide, sind stickstoffarm im Vergleich zu den übrigen Huminstoffen und relativ mobil im Boden, können aber auch sorbiert werden an Fe- und Al-oxide, sie können auch mit Metallen Fulvate bilden, ihr Sorptionsvermögen ist relativ gering, sie sind typisch für stark saure Böden (Podsole).

Die *Grauhuminsäuren*, im Gegensatz zu den Fulvosäuren betrachtet, sind grauschwarze, hochmolekulare Verbindungen, meist dreidimensional vernetzte Sphärokolloide mit schwachem Säurecharakter, sind stickstoffreich, haben ein starkes Sorptionsvermögen und geringe Mobilität im Boden, sie bilden mit Alkalien und Ammonium leicht wasserlösliche Humate, während die Humate der Erdalkalien sowie die von Eisen und Aluminium schwer wasserlöslich sind, sie sind typisch für schwach saure bis schwach alkalische Böden hoher biologischer Aktivität (Schwarzerde, Rendzina).

Zwischen der Fulvosäure und der Grauhuminsäure bilden die *Hymatomelansäure,* die der Fulvosäure näher steht, und die *Braunhuminsäure,* die der Grauhuminsäure näher steht, hinsichtlich der oben für Fulvo- und Grauhuminsäure aufgezeigten Eigenschaften *gleitende Übergänge.* Um die wichtigsten Eigenschaften der Huminstoffe übersichtlich vorzustellen, werden sie in Tabelle 38 zusammengefaßt.

Neben der chemischen Fraktionierung steht heute die Trennung in Fraktionen verschiedener Teilchengröße durch Gel-Filtration. Hierfür verwendet man besonders verschiedene Typen von Sephadex-Gelen, deren Oberfläche im gequollenen Zustand kavernös ist, d. h. Löcher besitzt, und zwar je nach Typ verschieden große. Dieses Lochsystem ist geeignet, Huminstoffteilchen geringeren Durchmessers als die Kavernen aufzunehmen. Mit Hilfe von mehreren Sephadex-Gelen, deren Oberfläche von Typ zu Typ zunehmende Lochdurchmesser besitzt, lassen sich die Huminstoffe in Teilchengrößen-Fraktionen trennen. Jeder Teilchen-Fraktion steht in etwa ein bestimmter Molekulargewichts-Bereich zu, d. h. mit der Teilchengröße nimmt das Molekulargewicht zu, und mit zunehmendem Molekulargewicht nehmen der Besatz der Huminstoff-Moleküle mit endständigen funktionellen Gruppen und damit die chemische Reaktionsfähigkeit ab.

g. ORGANO-MINERALISCHE VERBINDUNGEN

Die organischen und mineralischen Teilchen kolloidaler Größenordnung des Bodens sind teilweise als organo-mineralische Verbindungen vereinigt, die man auch Ton-Humus-Komplexe genannt hat.

Tab. 38: Die wichtigsten Eigenschaften der Huminstoffe

Eigenschaften bzw. Merkmale	Fulvosäuren, Fulvate	Huminsäuren, Humate			Humine
		Hymatomelan-säuren	Braunhumin-säuren	Grauhumin-säuren	
Farbe	gelb bis gelbraun	mittelbraun	dunkelbraun	grauschwarz	schwarz
Bildungsbedingungen	———→ zunehmend günstige Bedingungen ———→ hinsichtlich Ausgangssubstanz (Eiweiß-N), Luft, Temperatur, Basen, Kolloid-Ton				
Polymerisationsgrad	niedrig ———→		zunehmend	———→	hoch
C-Gehalt in %	~ 45 ———→		zunehmend	———→	> 60
N-Gehalt in %	~ 0,5–2 ———→		zunehmend	——→ bis 8	
Bindung an Ton	gering ———→		zunehmend	——→ hoch	
Stabilität	gering ———→		zunehmend	———→	hoch
Säurecharakter	stark ———→		abnehmend	———→	schwach
Löslichkeit	stark ———→		abnehmend	———→	sehr schwach
Mobilität im Boden	stark ———→		abnehmend	———→	sehr schwach
Lösungskraft	stark ———→		abnehmend	——→ schwach	
Wasserhaltevermögen	gering ———→		hoch	←———	gering
Sorptionsvermögen für Ionen	gering ———→		hoch	←———	gering
Entstehung	———→ chemisch abnehmend biotisch zunehmend ———→				Alterung
Typisch für Böden	Podsole ———→		Braunerden	———→ Schwarzerden	

Im vorhinein sei erwähnt, daß wir über die Art dieser komplizierten Verbindungen wenig Exaktes wissen. Indessen ist bekannt, daß viele organische Substanzen (Alkohole, Zucker, Disaccharide, Aminosäuren, Amine, Proteine, Enzyme, Benzol, Phenole) mit den Tonmineralen des Bodens sich irgendwie vereinigen können, und zwar überwiegend sorptiv.

Auch Kohlenhydrat-Phosphate werden sorptiv angelagert. Die Polysaccharide des Bodens werden von H- und Ca-Montmorillonit gut sorbiert und haben sich als wirksame Krümelbildner erwiesen. Auch Huminstoffe verbinden sich mit Tonmineralen und Oxiden des Bodens.

1. Art der Bindung

Die Anlagerung der organischen Verbindungen an anorganischen Substanzen im Boden kann in verschiedener Weise erfolgen. *Organische Kationen* (Amine, Amino-Zucker, Aminosäuren unterhalb des isoelektrischen Punktes) können anstelle austauschbarer anorganischer Kationen an den äußeren Basisflächen, teils auch in den Zwischenschichten aufweitbarer Tonminerale direkt gebunden werden. *Organische Anionen* (Carbonsäuren, Nukleinsäuren, Aminosäuren oberhalb des isoelektrischen Punktes, ferner Fulvo- und Huminsäuren) können an positiv geladenen Seitenflächen der Tonminerale sowie an der Oberfläche von Eisen- und Aluminiumoxiden gebunden werden. Letztere Bindung ist sehr fest, an Dreischichtmineralen relativ fest, an Kaolinit gering.

Mehrwertige Kationen (Ca, Mg, Fe, Al) können *Brücken* zwischen den organischen und anorganischen Teilchen bilden. Ferner kann Wasserstoff Brücken zwischen einem nicht ionisierten organischen Teilchen und den O-Atomen der Tetraederschichten der Tonminerale herstellen, wie das z. B. bei der Bindung von Glykol und Glyzerin der Fall ist.

Eine weitere Bindung zwischen organischen und anorganischen kolloidalen Bodenkomponenten ist bei sehr starker Annäherung der Teilchen durch *van der Waals'sche Kräfte* möglich, und zwar zwischen Teilchen mit und auch ohne Ladung. Die van der Waals'schen Kräfte beruhen darauf, daß bei nahe zusammenliegenden Molekülen die elektrische Anziehung zwischen den positiven Kernen des einen Moleküls und den negativen Elektronenhüllen des anderen benachbarten Moleküls größer ist als die Abstoßung der gleichsinnig geladenen Elektronenhüllen der in Frage stehenden Moleküle. Ein permanentes Dipolmoment von Molekülen kann die van der Waals'schen Kräfte ergänzen. Die Dipolkraft beruht darauf, daß im Molekül der Schwerpunkt der negativen Elektronenladungen nicht mit dem der positiven Kernladungen zusammenfällt. Dipole können zwischenmolekulare Kräfte entfalten, wenn sie ihrer Kraftwirkung entsprechend orientiert sind, und diese Kräfte liegen etwa in der Größenordnung der van der Waals'schen Kräfte. Zusätzlich kommen *London-Slater'sche Dispersionskräfte* als Nahattraktionskräfte innerhalb der Kolloidteilchen zur Wirkung. Sie sind der sechsten Potenz des Atomabstandes umgekehrt proportional.

Die Bindungskräfte im organo-mineralischen Komplex gehen nicht nur von einer der beschriebenen Arten aus, vielmehr wirken sie zusammen. Die Gesamtheit der physikalischen Bindungskräfte ist besonders bei organischen Partnern höheren Molekulargewichtes durch die Wirksamkeit multipler Haftpunkte beständiger als die Bindung über Ionen-Brücken, die bei Huminstoffen geringeren Molekulargewichtes vorherrschen. Wichtig ist, daß die organischen und anorganischen Kolloidteilchen mit großer Berührungsfläche aneinanderliegen. Auch verzweigte Molekülketten, z. B. der Polysaccharide und der Polyuronide des Bodens sowie der synthetischen Krümelstabilisatoren, wirken aggregierend. Endständige reaktionsfähige Gruppen der organischen Bodensubstanz vollziehen allgemein die chemische Bindung. In biologisch aktiven Böden ist die Bildung von organo-mineralischen Verbindungen am größten, da hier laufend reaktionsfähige organische Stoffe entstehen. Die Bindung des organo-mineralischen Komplexes kann so stark sein, daß erst nach Flußsäurebehandlung die Lösung des organischen Anteiles in NaOH möglich ist. Solche stabilen

Komplexe besitzen die Böden des gemäßigt warmen, humiden Klimas vornehmlich im tieferen Profilbereich. Besonders widerstandsfähige Komplexe und erschwerte Extraktion der organischen Komponente stellt man fest in den meisten ariden und ferrallitischen Böden sowie in den smectit- bzw. montmorillonitreichen Vertisolen.

2. Bedeutung der Verbindungen

Ein hoher Anteil der organischen Substanz des Bodens ist mit Tonkolloiden zu organomineralischen Verbindungen vereint, und zwar sind es über 50 % der organischen Substanz, ausgenommen in stark sandigen Böden. In Schwarzerden liegt der Gehalt an anorganisch gebundener organischer Substanz mit 85 % sehr hoch, indessen noch höher in den meisten ariden und ferrallitischen Böden sowie in den Vertisolen. Durch die Bindung der organischen Substanz an Tonkolloide wird ihre Widerstandsfähigkeit gegen den mikrobiellen Abbau erhöht. Der Abbau wird teils auch dadurch gebremst, daß die mikrobiell entstandenen Enzyme, die sich am Abbau der organischen Substanz beteiligen, durch Tonkolloide sorbiert und aktionsunfähig gemacht werden. Die Erhaltung der organischen Substanz bedeutet gleichzeitig, daß die von ihr dem Boden verliehenen Eigenschaften (Sorption, Gefüge) erhalten bleiben.

h. ORGANISCHE SUBSTANZ UND BODENNUTZUNG

Die Quantität und die Qualität der organischen Substanz sowie die Intensität ihres Abbaues steht in starker Abhängigkeit von der Bodennutzung, in großen Zügen von der Kulturart.

1. Organische Substanz des Waldbodens

Unter der Vegetation unserer Wälder in Mitteleuropa bilden sich die Humusformen meist ohne wesentlichen Einfluß der menschlichen Arbeit. Klima-, boden- und vegetationsbedingte Einflüsse sind in erster Linie maßgebend für die Entstehung einer bestimmten Humusform. Warm-feuchtes Klima mit nicht zu hohen Niederschlägen, basenreiches und nährstoffreiches Substrat sowie gut zersetzbare, eiweißreiche Streu begünstigen die Bildung von *Mull,* die innige Mischung von stabilem, N-reichem Humus mit dem Mineralboden infolge einer regen biologischen Aktivität. Bis zu einem gewissen Grade können sich die Einflußfaktoren kompensieren. Bekannt ist, daß sich z. B. in einem feuchtwarmen Lokalklima in Schluchten mit Süd- und Südwestexposition und Bäumen mit günstiger Streu auch auf einem relativ sauren Boden ein Mull (saurer Mull) bilden kann. Hier wird also die Bodensäure durch andere, für die Mikrobenarbeit günstige Voraussetzungen wettgemacht.

Im Gegensatz zur Mullbildung steht die Entstehung von *Rohhumus.* Seine Bildung wird begünstigt durch kühl-feuchtes Klima, basen- und nährstoffarmes Bodensubstrat und ligninreiche, eiweißarme Ausgangssubstanz. Die Bedingungen sind in hohen Geländelagen mit armem Sandstein und Nadelwaldbedeckung gegeben und werden noch durch holzige Zwergsträucher verstärkt. Auch unter günstigerem Klima, aber auf armem Substrat mit ungünstiger Vegetation (Koniferen, Zwergsträucher) können Rohhumuspolster zustande kommen, wie die Heideflächen Nordwestdeutschlands beweisen.

Zwischen dem Mull und dem Rohhumus steht der Moder, der in Wäldern mit gehemmter Streuzersetzung entsteht. Die Bedingungen seiner Entstehung sind also schlechter als die für die Bildung von Mull, aber günstiger als die für die Bildung von Rohhumus.

In feuchten Wäldern wird der Abbau der organischen Masse infolge mehr oder weniger starker Verdrängung der Luft durch Wasser gehemmt. Im übrigen erzeugen die oben geschilderten Faktoren entsprechende *Feuchthumusformen:* Feuchtmull, Feuchtmoder, Feuchtrohhumus.

Der Gehalt (in %) und auch die Menge (in kg/ha) an organischer Substanz liegen im Waldboden erheblich höher, u. U. doppelt so hoch, als im Ackerboden, da durch die Ackerkultur eine Humuszehrung stattfindet. Kalkung und Düngung des Waldbodens fachen die mikrobielle Tätigkeit an, führen zu einem Abbau der organischen Masse, wobei gleichzeitig aber auch Pflanzennährstoffe aus der organischen Bodensubstanz freigesetzt werden. Besonders eindrucksvoll ist das bei der Zufuhr von Kalk und Handelsdünger auf einem Waldboden mit Rohhumus festzustellen. Nach einer Einwirkungsdauer von 2—3 Jahrzehnten ist der Rohhumus weitgehend in eine stickstoffreiche, stabile Humusform umgewandelt, und gleichzeitig sind Pflanzennährstoffe durch einen Teilabbau mobilisiert worden. Dieser Prozeß wird überzeugend durch einen entsprechenden Versuch im Forstamt Syke bei Bremen demonstriert. W. HASSENKAMP hat hier einem armen Flottsandboden mit einer Decke von 8—10 cm Rohhumus folgende Düngung je Hektar verabreicht: 30 dt CaO, 3 dt Kalisalz, 6 dt Thomasmehl und 0,5 dt $CuSO_4$. Nach der Düngung wurde die Rohhumusdecke mit dem Mineralboden vermischt, und zwecks Versorgung mit Stickstoff und leicht abbaubarer organischer Masse wurden Lupinen angesät. Die organische Substanz wurde unter dem Einfluß dieser Maßnahmen innerhalb von 30 Jahren in eine bessere Humusform umgewandelt, die 4 % Kernstickstoff (vor der Maßnahme 1,5 % Kern-N) enthielt und zu 70 % in Acetylbromid unlöslich war; allerdings ging dabei ein erheblicher Teil der organischen Masse durch Abbau verloren. Wenn man bedenkt, daß die organische Substanz der Schwarzerde auch nur 4 — 5 % Kern-N enthält und zu 80 % in Acetylbromid unlöslich ist, so stellt die Umformung des Rohhumus im Forstamt Syke einen großen Erfolg dar. Der Versuch beweist eindrucksvoll, was die Änderungen der Standortsbedingungen vermögen. Nicht nur die mikrobielle Aktivität war durch diese Maßnahmen angeregt worden, sondern auch die Tätigkeit der Bodentiere, besonders der Regenwürmer. Die Umwandlung der organischen Substanz im Walde durch Düngungsmaßnahmen lehrt uns, daß die organische Bodenmasse durch die Ackerkultur eine Umwandlung erfahren muß, die einerseits zu einem Abbau und andererseits zu einem Aufbau N-reicher organischer Bodensubstanz führen muß.

2. Organische Substanz des Ackerbodens

Wird Wald, Steppe oder altes Grünland in Ackerkultur genommen, so werden damit die Bedingungen für die Bildung von organischer Bodensubstanz völlig geändert. Bearbeitung, Düngung und Fruchtfolge sind nun entscheidend für die Bildung der organischen Substanz, die in der Regel stickstoffreich ist und ein C/N-Verhältnis von 9 — 12 besitzt. Die durch die Bodenbearbeitung bewirkte Durchlüftung trägt besonders zum Abbau der organischen Bodensubstanz bei, was sich verstärkt bei intensivem Hackfruchtbau zeigt. Nach langer, gleichartiger Nutzung stellt sich ein *Gleichgewicht* ein zwischen der Anlieferung von Ausgangsstoffen und der Abbaurate, so daß der Gehalt an organischer Bodensubstanz etwa gleich bleibt. Es wird nicht etwa nur die frisch zugeführte organische Masse abgebaut, vielmehr wird nur ein Teil davon mineralisiert und ein Teil wird in Huminstoffe umgebaut (humifiziert), und von den vorhandenen Huminstoffen wird auch ein Teil laufend abgebaut.

Neben der Bodenbearbeitung hängt der Gehalt des Ackerbodens an organischer Substanz von der *zugeführten* Menge an *Ausgangsstoffen* ab. Dies sind hauptsächlich Ernterückstände, Stalldung, Gründung und Stroh.

Die Menge der Ernterückstände ist artspezifisch für die Kulturpflanzen, ferner abhängig von der Bodenart. In sandigen Böden liegt die Menge an Ernterückständen im allgemeinen höher als in schweren Böden, was wohl auf die stärkere Wurzelverzweigung in sandigen Böden zurückzuführen ist. Von den Kulturpflanzen liefern am meisten Ernterückstände Kleegras, Weißklee, Rotklee, Luzerne, Lupinen und Wicken, weniger dagegen die Getreidearten und am wenigsten Kartoffeln und Rüben. Ein einseitiger Anbau von Getreide und Mais läßt den Gehalt an organischer Bodensubstanz absinken, die Einschaltung von Leguminosen in die Fruchtfolge verhindert das. Auf guten Böden wird bei durchschnittlicher Fruchtfolge 10 — 20 dt/ha organische Trockenmasse als Wurzel- und Ernterückstände zurückgelassen.

Durch *mineralischen Dünger* wird die organische Substanz im Boden dadurch vermehrt, daß die Düngemittel nicht nur die Erträge, sondern auch die Wurzelmasse vergrößern.

Naheliegend erscheint, daß die *Zufuhr von Stalldung* die organische Substanz im Ackerboden erhöht. Indessen ist die Steigerung an organischer Bodenmasse bei einer durchschnittlichen Stalldunggabe in Deutschland von 70 — 80 dt/ha/Jahr (17 — 20 dt/ha Trockenmasse) im allgemeinen nur gering; sie ergibt nämlich nur 0,1 — 0,2 %/o mehr als bei einer mineralischen Düngung mit NPK ohne Stalldung. Erst höhere Gaben von Stalldung vermögen den Gehalt an organischer Bodensubstanz merklich, aber auch nicht wesentlich, zu erhöhen. Bekannt sind in diesem Zusammenhang die Versuche in Askow (Dänemark), auf dem Dikopshof (bei Bonn), in Lauchstädt (bei Halle) und Rothamsted (England), wo die Wirkung hoher Stalldunggaben ohne und mit NPK-Düngung und alleiniger Düngung mit NPK verglichen wurden. In Halle erreichte man in 80 Jahren eine Erhöhung der organischen Bodensubstanz von nicht einmal 1 %/o gegenüber der alleinigen NPK-Düngung. In Lauchstädt betrug die entsprechende Erhöhung nur etwa die Hälfte gegenüber der von Halle. In Askow und Bonn war die Steigerung des Gehaltes an organischer Bodensubstanz mit hohen Stalldunggaben auch gering. Die Zufuhr von 60 dt/ha/Jahr an Trockenmasse Stalldung auf dem Versuchsgut Nederling, München, brachte in 18 Jahren eine Erhöhung des Gehaltes an organischer Bodensubstanz von etwa 1,2 %/o. Das ist natürlich geringfügig im Verhältnis zum Aufwand, indessen darf man die gute Wirkung dieser hohen Stalldunggaben auf den Ertrag nicht vergessen.

Die Düngung mit *Kompost* und *Klärschlamm* hat hinsichtlich der Vermehrung der organischen Masse im Boden mehr Effekt, weil in diesen organischen Düngern bereits ein Umformungsprozeß stattgefunden hat und diese deshalb mehr resistente organische Stoffe enthalten, die im Boden langsamer abgebaut werden und sich daher relativ anreichern.

Die *Strohdüngung* ist seit Jahren ein viel umstrittenes Unternehmen, so daß dazu im Augenblick nur ein Urteil mit Vorbehalt möglich ist. Grundsätzlich möchte man befürworten, daß das Stroh als organische Ausgangssubstanz der Humusstoffe dem Boden zugeführt und nicht verbrannt werden sollte. Indessen muß überlegt werden, ob die Strohdüngung in *jedem Falle* angebracht ist. Bekannt ist, daß Stroh ein weites C/N-Verhältnis besitzt und bei der Verrottung des Strohs die Vorräte des Bodens an pflanzenaufnehmbarem Stickstoff sehr in Anspruch genommen oder gar erschöpft werden. Dem kann man mit einer Zugabe von mineralischem Stickstoffdünger begegnen. Wichtiger ist die Frage, ob in jedem Fall das Stroh rasch genug verrottet und keine Verschlechterung der physikalischen Bodeneigenschaften eintritt. Die Rotte des Strohes wird verbessert, wenn man Gründungpflanzen, wie Kleearten oder Raps, durch den Strohteppich hindurch wachsen läßt. Werden nun Stroh und stickstoffreiche Grünmasse gemeinsam eingepflügt, so tritt ein schneller Abbau des Strohes und die Bildung von Huminstoffen ein, wenn die notwendige Feuchtigkeit vorhanden ist. Daran mangelt es gebietsweise, in bestimmten Jahren auch in regenreicheren Gebieten. In diesen Fällen fehlt die Feuchtigkeit für die mikrobielle Tätigkeit, auch für den Abbau und die Auswaschung von Hemmstoffen, die bei der Strohrotte entstehen. Trockenheit gestattet auch nicht den Aufwuchs von Gründung, der bei der Strohzersetzung hilft. Generell gilt, daß die Strohdüngung auf biologisch aktiven Böden und vor der Sommerung kein Risiko darstellt, denn in diesem Falle ist der Zeitraum für Verrottung und Bodensetzen hinreichend.

Die *Gründüngung* soll fehlenden Stalldung ersetzen; sie spielt in der viehlosen Wirtschaft eine große Rolle. Dafür sind Leguminosen wegen ihres N-Gehaltes und leichter Zersetzbarkeit am besten geeignet, während Gras beim Umbau zu Huminstoffen zusätzlichen Stickstoff nötig hat. Die Gründüngung vermehrt die organische Bodensubstanz ebenso wenig oder noch weniger als Stalldung und Stroh, wie langjährige Versuche gezeigt haben. Indessen gilt hierbei zu beachten, daß die Gründüngung die Mikroben des Bodens aktiviert, so daß nicht nur aus der Grünmasse, sondern darüber hinaus aus der vorliegenden organischen Bodensubstanz Pflanzennährstoffe freigemacht werden, was sich in höheren Erträgen äußert. So ist zu verstehen, daß die Gründüngung höhere Erträge bringen kann als Stalldung; das haben Versuche auf fruchtbaren Schwarzerden Mitteldeutschlands und auf künstlichen Rohböden aus Löß in der Ville/Rheinland bewiesen. Bekannt ist auch die günstige Wirkung der Seradella-Untersaat auf den sandigen Böden Ostdeutschlands.

Bei der Diskussion über die Anreicherung der organischen Bodenmasse im Acker darf nicht vergessen werden, daß diese natürlich auch vom örtlichen Klima (einschließlich der Exposition), von der Wasserstoff-Ionen-Konzentration, vom Bodenwasser und vom Nährstoffgehalt des Bodens abhängt. Mit zunehmender Ungunst dieser Faktoren werden die Chancen für die Vermehrung der organischen Masse im Ackerboden größer.

3. Organische Substanz des Grünlandbodens

Im Grünlandboden wird organische Substanz angereichert, und zwar zunehmend mit dem Alter des Grünlandes infolge einer gewissen Ungunst der Lebensbedingungen der Bodenorganismen. Die organische Substanz des Grünlandbodens wird vermehrt durch die starke Anlieferung von Ausgangssubstanz und durch die gehemmte Belüftung der obersten Bodenschicht, wodurch der Abbau der organischen Masse gebremst wird. Andererseits verfügt der Grünlandboden über einen hohen Besatz an Bodentieren, vor allem an Regenwürmern, welche eine starke biotische Huminstoffbildung besorgen. Um im Ackerboden schnell zu einem höheren Gehalt an organischer Substanz zu gelangen, macht man sich diese Erkenntnisse zunutze und schaltet mehrjähriges Kleegras in die Fruchtfolge ein, wo es die betriebswirtschaftlichen Belange erlauben. Die Feldgraswirtschaft in Deutschland, das Ley-Farming in England und das Trawapolnaja-System in der Sowjetunion streben das gleiche an.

4. Organische Substanz des Gartenbodens

Normalerweise sind in den Gartenböden die Bedingungen für die Anreicherung guter organischer Substanz sehr günstig. Selbst in von Natur weniger günstigen Böden, die mangels besserer als Gartenboden in Bewirtschaftung genommen werden, wird die Bodenverbesserung durch die Gartenkultur bereits nach rund einem Jahrzehnt deutlich sichtbar. Die günstigen Bedingungen sind hier: Anlieferung großer Mengen organischer Ausgangssubstanz, meistens in Form von Stalldung, teils auch von Kompost und Torf, oft Kalkung oder früher Mergelung, Grabkultur (abbrechen, nicht abschneiden des Grabbalkens), Beschattung, Feuchthalten (Begießen oder Beregnen). Alle diese Maßnahmen sind gemeinsam geeignet, um die gesamte Organismenwelt des Gartenbodens in hohe Aktivität zu setzen und überdies die Huminstoffmenge ständig zu vermehren. Darüber hinaus entfalten vor allem Regenwürmer und Enchytraeiden eine intensive Grabtätigkeit; sie machen den humosen Oberboden immer mächtiger. Eindrucksvoll wird dies in sehr alten Gartenböden von Gärtnereien, in Gärten innerhalb mittelalterlicher Stadtmauern und in alten Klostergärten demonstriert, wo dunkle, gut humose Oberböden von 40 — 80 cm Mächtigkeit nicht selten sind.

i. WIRKUNG DER ORGANISCHEN SUBSTANZ AUF BODEN UND PFLANZE

Die Wirkung der organischen Substanz auf Boden und Pflanze ist vielfältig und besonders abhängig von der Art der organischen Substanz, d. h. von der Zusammensetzung der Huminstoffe.

1. Wirkung der organischen Substanz auf den Boden

Niederpolymere organische Substanzen stellen mobile Stoffe im Boden dar, die Lösungs- und Verlagerungsvorgänge bewirken können. Sie besitzen Säureeigenschaften und können als Schutzkolloide und durch Chelatbildung Verlagerungsvorgänge vollziehen. Diese niederpolymeren Substanzen spielen eine große Rolle in der Dynamik der sauren Böden, vor allem der Podsole und Pseudogleye.

Demgegenüber wirken die hochpolymeren Huminstoffe vielseitig günstig auf den Boden, sie erhöhen die Wasserhaltekraft, die Nährstoffsorption sowie die Pufferung und sind entscheidend für die Gefügebildung, denn das stabile Krümelgefüge ist ohne die hochpolymeren Huminstoffe kaum denkbar. Hierbei entfalten die Polysaccharide (5 — 30 % der organischen Bodensubstanz) und die Polyuronide (2 — 5 % der organischen Bodensubstanz) eine starke Wirkung auf die Verklebung der Bodenteilchen. Besonders wichtig ist das bei Tonböden, die durch die organische Substanz besser bearbeitbar werden. In Sandböden werden Wasserhalte- und Nährstoffhaltevermögen in erster Linie durch die organische Substanz bewirkt; sie hat deshalb in diesen Böden gesteigerte Bedeutung. Die organische Substanz im ganzen ist ungeheuer wichtig für die Ernährung der Bodenorganismen. Damit das Edaphon stetig seine Arbeit verrichten kann, müssen dem Boden regelmäßig organische Stoffe zugeführt werden. Die organischen Stoffe bringen Pflanzennährstoffe in den Boden, die durch die Bodenorganismen im Zuge des Abbaues der organischen Masse pflanzenverfügbar gemacht werden.

2. Wirkung der organischen Bodensubstanz auf die Pflanzen

Die wichtigste Wirkung der organischen Bodensubstanz auf die Pflanze liegt in der Ernährung. Bei der Mineralisierung werden Hauptnährstoffe und Spurennährstoffe laufend frei. Besonders wichtig ist die langsame und stetige Anlieferung von Stickstoff. Außer diesem direkten Ernährungseffekt, wirkt die organische Bodensubstanz indirekt auf das Pflanzenwachstum, indem sie vielfältig die Wachstumsfaktoren günstiger gestaltet.

Die organische Substanz des Bodens enthält neben den Pflanzennährstoffen auch Wirkstoffe (z. B. Vitamine, Auxine, Antibiotica), die beim mikrobiellen Abbau der organischen Ausgangsstoffe entstehen. Teils wirken sie als Hemmstoffe, die bei der Zersetzung von Stroh und Wurzeln entstehen, meistens aber nur kurzen Bestand haben; sie werden abgebaut oder ausgewaschen. Hemmstoffe und Wuchsstoffe können, auch wenn sie relativ große Moleküle darstellen, von den Pflanzen aufgenommen werden und damit erheblichen Einfluß auf das Pflanzenwachstum ausüben. Es ist bekannt, daß laufend bei der Rotte organischer Stoffe Wirkstoffe gebildet werden, indessen scheint es auch bei starker Zufuhr organischer Masse nicht zu einer bedeutenden Anreicherung von Wirkstoffen zu kommen, da sie offenbar kurzlebig sind. Letzteres ist der Grund dafür, daß die Erforschung dieser Wirkstoffe so schwierig ist und deshalb bis heute genauere Kenntnisse darüber fehlen.

j. BESTIMMUNG DER ORGANISCHEN BODENSUBSTANZ

Für die Bestimmung der organischen Substanz werden zur Zeit zwei Methoden angewandt: 1. Die trockene Oxidation bei 800 — 950° C, wobei der Kohlenstoff als CO_2 entweicht; er wird aufgefangen und bestimmt; 2. die nasse Oxidation mit einer Lösung von Dichromat-Schwefelsäure. Die mit diesen beiden Methoden ermittelten Werte ergeben etwa gleiche Ergebnisse, indessen funktioniert bei carbonathaltigen Böden die nasse Oxidation besser. Bodenproben mit Fe^{2+} und Mn^{2+} (z. B. aus Reduktionshorizonten nasser Böden) werden zweckmäßig der trockenen Oxidation unterworfen, weil die Dichromat-Schwefelsäure-Methode zu hohe Werte ergibt. Der Kohlenstoff tonarmer und bei 105° C getrockneter Sandböden kann durch den Glühverlust ermittelt werden. Da Tonsubstanz Wasser enthält, ist bei tonreicheren Böden die Berücksichtigung des bei höheren Temperaturen freigesetzten Wassers erforderlich (DIN 19684, Teil 2 u. 3).

Literatur

ARBEITSGEMEINSCHAFT BODENKUNDE: Kartieranleitung. Anleitung und Richtlinien zur Herstellung der Bodenkarte 1:25 000. – Arbeitsgemeinschaft Bodenkunde der Geologischen Landesämter der Bundesrepublik Deutschland, 1. 2. und 3. Aufl., Hannover 1965/71/82.

BABEL, U.: Moderprofile in Waldböden. – Hohenheimer Arbeiten 60, Verlag Ulmer, Stuttgart 1972.

BAL, L.: Micromorphological Analysis of Soils. – Diss. Utrecht 1973.

BORGER, R. De.: The actual state of our knowledge of the structure of organic matter. – Revue de l'Agriculture, 25, 1, 1972.

DIN 19 684, Teil 2: Bestimmung des Humusgehaltes im Boden.

DIN 19 684, Teil 3: Bestimmung des Glühverlustes und des Glührückstandes.

DIN 19 684, Teil 4: Bestimmung des Gesamt-Stickstoffes im Boden.

Alle DIN-Blätter vertreibt der Beuth-Verlag GmbH, Burggrafenstr. 4 – 7, Berlin 30, und Kamekestr. 2 – 8, Köln (Jahr wird nicht angegeben, da stets das neue Blatt geliefert wird).

DUCHAUFOUR, Ph.: Précis de Pédologie. – Masson & Cie, Paris 1960.

FELBECK, G. T.: Chemical and biological characterization of humic matter. – In: Soil Biochemistry, Vol. 2, Editors A. D. McLaren and J. Skujinš, Marcel Dekker, New York 1956.

FELBECK, G. T.: Structural Chemistry of Soil Humic Substances. – Advances in Agronomy, 17, 1965.

FLAIG, W.: Effects of microorganisms in the transformation of lignin to humic substances. – Geochimica et Cosmochimica Acta, 28, Pergamon Press, Oxford – New York – Braunschweig 1964.

FLAIG, W.: Humusstoffe. In: Handbuch der Pflanzenernährung und Düngung von H. LINSER (Herausgeber), 2. Band, 1. Teil. – Verlag Springer, Wien-New York 1966.

FLAIG, W., SALFELD, J. C. und SÖCHTIG, H.: Sonstige organische Bodenbestandteile. In: Handbuch der Pflanzenernährung und Düngung von H. LINSER (Herausgeber), 2. Band, 1. Teil. – Verlag Springer, Wien-New York 1966.

HARTMANN, F.: Waldhumusdiagnose auf biomorphologischer Grundlage. – Verlag Springer, Wien-New York 1965.

KAHN, S. U. and SCHNITZER, M.: Sephadex Gel Filtration of Fulvic Acid: The Identification of Major Components in Two Low – Molecular Weight Fractions. – Soil Science, Vol. 112, Nr. 4, p. 231–238, 1971.

KONONOWA M. M.: Die Huminstoffe des Bodens. Ergebnisse und Probleme der Humusforschung (übersetzt von H. Beutelspacher). – VEB Deutscher Verlag der Wissenschaften, Berlin 1958.

KONONOWA M. M.: Microorganisms and Organic Matter of Soils. – Academy of Science of the USSR, Moscow, 1961, translated 1970.

KUBIENA, W. L.: Bestimmungsbuch und Systematik der Böden Europas. – Verlag Enke, Stuttgart 1953.

LADD, J. N. and BUTLER, J. N. A.: Comparison of some Properties of Soil Humic Acids and Synthetic Phenolic Polymers Incorporating Amino Derivatives. – Austr. J. Soil Res., 4, 41, 1966.

LAATSCH, W.: Dynamik der mitteleuropäischen Mineralböden. – 4. Aufl., Verlag Steinkopff, Dresden und Leipzig 1957.

POSPISIL, F. und CVIKROVA, M.: Sephadex-Gel-Infiltration von Huminsäuren und deren Gehalt an Aminosäuren. – Zeitschr. Pflanzenernährung und Bodenkunde, 130, 1, 1971.

SAUERLANDT, W. und TIETJES, J.: Humuswirtschaft des Ackerbaues. – DLG-Verlag, Frankfurt/M 1969.

SWABY, R.: Soil organic matter. – 8th, 9th and 10th C.S.I.R.O. Ann. Rep. Government Printers, Sydney 1956/58.

SCHARPENSEEL, H. W.: Aufbau und Bindungsform der Ton-Huminsäure-Komplexe. – 3 Teile, Z. Pflanzenern. u. Bodenkunde, 114, 3, 1966, 119, 1968.

SCHEFFER, F. und ULRICH, B.: Humus. – Verlag Enke, Stuttgart 1960.

SCHNITZER, M. and KHAN, S. U.: Humic Substances in the Environment. – Verlag Marcel Dekker, Inc., New York 1972.

SCHROEDER, D.: Bodenkunde in Stichworten. – 4. Aufl., Verlag Hirt, Kiel 1983.

THENG, B. K. G.: The chemistry of clay-organic reactions. – Verlag Adam Hilger Ltd., London 1973.

WITTIG, W.: Der heutige Stand unseres Wissens vom Humus und neue Wege zur Lösung des Rohhumusproblems im Walde. – Schriftenreihe d. Forstl. Fak. d. Univ. Göttingen, Bd. 4, Verlag Sauerländer, Frankfurt/M. 1958.

ZEZSCHWITZ von, E.: Waldhumusformen und Podsoligkeitsgrad im rheinisch-westfälischen Bergland. – Fortschritte in der Geologie von Rheinland und Westfalen, Krefeld 1972.

ZIECHMANN, W. u. RRZEMECK, E.: Untersuchungen über die physiologische Wirkung von synthetischen und natürlichen Huminstoffen auf das Wurzelwachstum und auf die Phosphataseaktivität im Wurzelraum. – Festschrift für F. Scheffer, Inst. f. Bodenkunde, Göttingen 1964.

ZIECHMANN, W.: Huminstoffe. – 480 S., Verlag Chemie, Weinheim 1980.

VI. Die physikalisch-chemischen Bodeneigenschaften

Viele von den physikalisch-chemischen Eigenschaften des Bodens stehen in Wechselwirkung miteinander; sie werden deshalb in einem Kapitel zusammengefaßt. Die wichtigsten dieser Eigenschaften sind Sorption, Kationen- und Anionenaustausch, Reaktion, Pufferung, Redox-Vorgänge sowie Flockung und Peptisation.

a. SORPTION VON WASSER UND IONEN

Die kleinen Teilchen des Bodens besitzen eine große spezifische Oberfläche, worunter die Oberfläche in m^2/g verstanden wird. Sie vermögen Moleküle und Ionen anzulagern, zu sorbieren, wobei die Art der Bindung verschieden sein kann, d. h. die Sorption umfaßt die Adsorption und Absorption. Moleküle können sowohl im flüssigen (H_2O) als auch im gasförmigen (O_2, CO_2, SO_2, N_2) Zustand sorbiert werden, außerdem gelöste Substanzen und Ionen (Kationen und Anionen). Die Sorption im flüssigen Medium kann eine Anlagerung sein, bei der keine Stoffe von der Oberfläche des sorbierenden Körpers abgegeben werden, wie es bei der Anlagerung von Wasser-Dipolen der Fall ist. Bei der Sorption von Ionen werden dagegen gleichzeitig äquivalente Mengen anderer Ionen desorbiert, d. h. es findet ein Ionenaustausch statt.

b. KATIONENAUSTAUSCH

1. Wesen des Kationenaustausches

Unter dem Kationenaustausch des Bodens versteht man den Austausch von Kationen zwischen der Oberfläche kleiner Bodenteilchen und der sie umgebenden Bodenlösung. Bereits vor 120 Jahren erkannten WAY und THOMPSON, daß dieser Austausch äquivalent verläuft, d. h. es werden stets gleiche Ladungseinheiten ausgetauscht, z. B. 2 H^+ gegen Ca^{++}. Die Wanderung der Kationen an die Oberfläche der Teilchen wird als *Eintausch* und die Wanderung der Kationen von der Teilchenoberfläche weg als *Austausch* bezeichnet, indessen nennt man auch den Gesamtvorgang Austausch, besser würde dafür der Begriff *Umtausch* stehen, der früher auch gebraucht wurde. Die kleinen Partikel des Bodens, die des Kationen-Austausches und darüber hinaus des ganzen Ionenaustausches befähigt sind, werden *Austauscher* genannt.

Der Austausch von Kationen an der Oberfläche der Austauscher kann in einfacher Weise demonstriert werden, indem man energisch eintauschende Kationen auf den Boden einwirken läßt. Dafür ist eine Lösung von $BaCl_2$ oder NH_4Cl geeignet. Wird ein Boden von einer solchen Lösung eine bestimmte Zeit durchwaschen, so ersetzen die in der Lösung vorhandenen Ba^{++}- bzw. NH_4^+-Kationen die an den Austauschern des Bodens sorbierten Kationen, und diese treten in die Lösung ein. Dieser Vorgang wird schematisch durch die Abbildung 100 in vereinfachter Weise veranschaulicht.

Die Gesamtheit der sorbierten Kationen wird als *Austauschkapazität* oder genauer als Kationen-Austauschkapazität (KAK, auch T-Wert genannt) bezeichnet und quantitativ in Milliäquivalenten (mval) je Gramm oder 100 g Boden ausgedrückt. Ein mval ist die Gewichtsmenge eines Elementes, die ein Grammatom H binden oder H^+ in Verbindungen ersetzen kann. Der Kationenbelag oder die Komplexbelegung (von Kolloid-Komplex) des Bodens besteht vorwiegend aus folgenden Kationen: Ca, Mg, K, Na, Al, H. Die Mengenanteile dieser Ionen am Kationenbelag

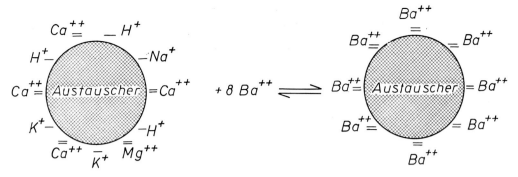

Abb. 100. Schematische Darstellung des Kationenaustausches mit einer BaCl$_2$-Lösung.

des Bodens schwanken in weiten Grenzen und sind vorherrschend abhängig vom Ausgangsgestein und von der Bodenbildung.

2. Austauscher und ihre Ladung

Alle kleinen Bodenteilchen, die des Kationenaustausches befähigt sind, werden unter der Sammelbezeichnung *Austauscher* oder *Bodenkolloide* zusammengefaßt. Sie sind anorganischer und organischer Natur, und ihre Austauschkapazität ist sehr verschieden.

Als *anorganische Austauscher* fungieren im Boden die Tonminerale, die Allophane, die Metalloxide, die Kieselsäure und schließlich auch in geringem Maß kleine Partikel primärer Silikate. Die organischen Austauscher stellen die vielen verschiedenartigen Bestandteile der organischen Bodensubstanz dar.

Die Austauscher besitzen an ihrer Oberfläche *negative Ladungen*, deren Art und Menge vom jeweiligen Austauscher abhängt. Die *Tonminerale*, welche den größten Teil der anorganischen Austauscher stellen, besitzen einen negativen Ladungsüberschuß durch den isomorphen Ersatz mehrwertiger Kationen durch zwei- und einwertige in den Tetraeder- und Oktaederschichten des Kristallgitters. Da diese negativen Ladungen durch die Ionen des Kristallgitters selbst gegeben werden, sind sie ständig vorhanden und werden deshalb als *permanente Ladung* bezeichnet.

Ferner besitzen die Austauscher der Böden eine mehr oder weniger große *variable Ladung*, die wegen ihrer pH-Abhängigkeit auch als *pH-abhängige Ladung* bezeichnet wird.

Die variable Ladung wird bei den Tonmineralen durch funktionelle Gruppen (SiOH, AlOH, AlOH$_2$) hervorgerufen, die an deren Seitenflächen (Bruch- und Wachstumsflächen) bestehen. Die variable Ladung richtet sich nach der Säurestärke der funktionellen Gruppen. Bei geringer Säurestärke ist die Haftfähigkeit der H-Ionen groß, und ihr Austausch geschieht erst bei höherem pH, teils erst oberhalb des Neutralpunktes, also mit steigender OH-Ionen-Konzentration. Die funktionellen Gruppen mit großer Säurestärke dissoziieren dagegen leicht das H$^+$, die H-Ionen-Konzentration ist hoch, und damit nimmt die Dissoziation von OH-Ionen zu. Die Säurestärke der funktionellen Gruppen SiOH ist gering. Das gleiche gilt auch für die oktaedrisch gebundenen Gruppen AlOH, wogegen die tetraedrisch und oktaedrisch gebundenen Gruppen AlOH$_2$ eine höhere Säurestärke aufweisen.

Die *Allophane* sind mit einer variablen Ladung ausgestattet; sie sind amphoter. Ihr isoelektrischer Punkt liegt weit höher als bei den Tonmineralen. Ein allophanreicher Boden kann bei etwa > pH 6 eine negative und bei etwa < pH 6 eine positive Ladung besitzen.

Die *Oxide* und *Hydroxide des Al und Fe* besitzen amphotere Eigenschaften, d. h. oberhalb ihres isoelektrischen (elektrisch-neutralen) Punktes (etwa zwischen pH 5 und 6) sind sie des Kationenaustausches befähigt und unterhalb des isoelektrischen Punktes werden Anionen angelagert und ausgetauscht. Mit der Alterung der Metalloxide wird ihre spezifische Oberfläche verkleinert und damit fortschreitend auch ihre Austauschkapazität. Frisch gefällte Eisenhydroxide können eine Austauschkapazität von 10—25 mval/100 g Fe_2O_3 haben; ihre negative Ladung und damit die KAK erhöht sich mit steigendem pH.

Die *amorphe Kieselsäure* kann bei pH 7 eine KAK von 11—34 mval/100 g aufweisen. Da aber die amorphe Kieselsäure erst im alkalischen Bereich einen stärkeren Kationenaustausch zeigt, ist sie in dieser Hinsicht für unsere Böden von geringer Bedeutung. Auch feinste Quarzteilchen können in Wasser an ihrer Oberfläche SiOH-Gruppen bilden, die sich bei höherem pH am Kationenaustausch beteiligen.

Die *organische Substanz* des Bodens besitzt ebenfalls die Fähigkeit, Kationen auszutauschen, vor allem ist dieser Vorgang, wie besondere chemische Versuche ergeben haben, an die COOH-Gruppen und phenolischen OH-Gruppen gebunden. Hierbei ist die Säurestärke dieser funktionellen Gruppen für die Quantität des Austausches maßgeblich. Ihre Säurestärke ist wiederum abhängig von anderen Einflüssen im Boden, so daß insgesamt die KAK der organischen Bodensubstanz stark pH-abängig ist. Allgemein gilt, daß mit steigendem pH die COOH- und OH-Gruppen fortschreitend H^+ dissoziieren, und damit steigt die KAK. Die organischen Austauscher besitzen nur variable Ladungen, ihr Anteil an der Bodenmasse ist für die KAK sehr bedeutsam. Neben der Menge organischer Masse spielt aber noch deren Zersetzungs- und Humifizierungsgrad eine große Rolle, denn davon hängen Art und Mengenverhältnis der funktionellen Gruppen ab. Ein schwach zersetzter Rohhumus verhält sich in diesem Bezug ganz anders als ein Schwarzerdehumus.

3. Oberfläche der Austauscher

Die Kationen-Austauschkapazität hängt zunächst von der Größe der Gesamtoberfläche der Austauscher ab, die von Ionen besetzt werden kann. Diese Oberfläche in m²/g angegeben, wird als *spezifische Oberfläche* bezeichnet.

Der überwiegende Teil der Austauscher sorbiert nur an den Begrenzungsflächen, d. h. den Basis- und Seitenflächen; diese besitzen nur eine *äußere Oberfläche*. Ihre spezifische Oberfläche ist abhängig von der Teilchengröße, d. h. mit abnehmendem Durchmesser des Austauschers steigt ihre spezifische Oberfläche. Im Prinzip liegt das gleiche vor wie bei dem bekannten Beispiel der Würfelaufteilung: 1 Würfel von 1 cm Kantenlänge hat eine Oberfläche von 6 cm², teilt man diesen Würfel in solche mit nur 0,1 μm Kantenlänge auf, so ist die Gesamtoberfläche aller kleinen Würfel 60 m². Gemessen an diesem Beispiel wird es verständlich, daß 1 g Kaolinitkriställchen eine Oberfläche von 20 m² haben kann.

Ein Teil der Austauscher des Bodens besitzt neben der äußeren noch eine *innere Oberfläche*. Bei den aufweitbaren Tonmineralen sind es die Basisflächen zwischen den Elementarschichten, welche die innere Oberfläche ausmachen. Sie ist weit größer als die äußere Oberfläche. Zu diesen Tonmineralen mit äußerer und innerer Oberfläche gehören die Smectite und die Vermiculite mit einer spezifischen Oberfläche von 600 — 800 m²/g und darüber.

Die spezifische Oberfläche der Illite schwankt bei nicht aufgeweiteten Kristallen je nach Größe und Randausbildung etwa zwischen 50 und 100 m²/g und steigt bei den aufgeweiteten Illiten bis zu 300 m²/g. Bei den Kaoliniten liegt die spezifische Oberfläche viel tiefer, sie schwankt je nach Kristallgröße, Kristallisationsgrad und Randausbildung zwischen 5 und 30 m²/g.

Die *organische Bodensubstanz* ist schwammartig aufgebaut. Sie besitzt infolgedessen eine äußere und innere Oberfläche, die zusammen eine spezifische Oberfläche von bis zu 560 — 800 m²/g ausmachen kann, also in der Höhe der Smectite liegt.

Die *spezifische Oberfläche der Böden* schwankt in sehr weiten Grenzen wegen der sehr verschiedenen Körnung, vor allem wegen des verschiedenen Gehaltes an Tonsubstanz, ferner wegen des verschiedenen Gehaltes an aufweitbaren Tonmineralen und organischer Substanz. Somit kann die spezifische Oberfläche der Böden etwa zwischen 5 und 500 m²/g schwanken.

Tab. 39: Kationenaustauschkapazität (KAK) in mval/100 g der wichtigsten Austauscher des Bodens (nach F. Scheffer *und* P. Schachtschabel *1979,* H. Kuntze *1969,* D. Schroeder *1978)*

Austauscher	KAK	Austauscher	KAK
Kaolinite	3— 15	Allophane	< 100
Halloysite	5— 10	Metalloxide	3—25
Montmorillonite	80—120	Feinschluff (2—6 µ)	15
Vermiculite	100—150	Mittelschluff (6—20 µ)	5
Übergangsminerale	40— 80	org. Substanz	150—200
Illite	20— 50	Huminstoffe	200—500
Chlorite	10— 40	Tonfraktion mittel-	
Glaukonite	5— 40	europäischer Böden	40— 60

4. Ladungsdichte der Austauscher

Unter der mittleren Ladungsdichte, die auch einfach Ladungsdichte genannt wird, versteht man das Maß für die negative Ladung der äußeren und inneren Oberfläche der Austauscher, ausgedrückt in mval oder Mikrocoulomb je cm². Das bedeutet das gleiche wie die KAK in mval/cm². Man kann aus der Ladungsdichte die Flächengröße berechnen, die einem austauschbaren Kation zur Verfügung steht. Allerdings sind die Kationen auf die Austauscher-Oberfläche nicht gleichmäßig verteilt, weil diese nicht als ebene Fläche gedacht werden kann, vielmehr unregelmäßig gestaltet und teils auch von Oxiden und organischen Verbindungen besetzt ist.

Die Ladungsdichte des Kaolinites beträgt etwa $2,0 \cdot 10^{-7}$ und ist kleiner als beim Illit mit $3,0 \cdot 10^{-7}$, und beim Montmorillonit ist sie $1,3 \cdot 10^{-7}$ mval/cm² (Scheffer und Schachtschabel 1979). Diesen Werten entsprechend ist die Ladungsdichte der Tonsubstanz der Böden mit etwa 1 bis $3 \cdot 10^{-7}$ mval/cm² anzunehmen. Da bei der organischen Substanz mit steigendem pH auch die KAK erhöht wird, steigt gleichzeitig auch deren Ladungsdichte.

5. Kationen-Austauschkapazität (KAK)

Die Kationen-Austauschkapazität ist die Summe der von den Austauschern sorbierten und austauschfähigen Kationen und wird in Milliäquivalenten (mval/100 g Boden bzw. Austauscher) angegeben.

Häufig wird die Kationen-Austauschkapazität einfach als Austauschkapazität bezeichnet, weil meistens nur die Kationen in Frage kommen können. Wenn dagegen die Anionen gemeint sind, so wird ausdrücklich von Anionen-Austausch und Anionen-Austauschkapazität gesprochen.

Die Kationen-Austauschkapazität des Bodens ergibt sich aus der Menge und der Zusammensetzung der Tonfraktion sowie dem Gehalt und der Art der organischen Substanz. Wie schon ausgeführt, gestalten sich Ladung, spezifische Oberfläche und Ladungsdichte bei den beschriebenen Austauschern verschieden. Ihre jeweilige Kombination bestimmt die KAK des Bodens. Der Fein- und Mittelschluff nimmt auch etwas am Kationenaustausch teil, denn im Feinschluff können auch noch Tonminerale enthalten sein. Es ist auch nicht auszuschließen, daß sich an der Oberfläche feinsten Quarzes SiOH-Gruppen bilden, die des Kationenaustausches befähigt sind. In der Tabelle 39 ist die KAK der wichtigsten Austauscher zusammengestellt.

Die Kationen-Austauschkapazität wurde und wird teils auch noch als T-Wert bezeichnet. In der KAK sind Metallionen und Wasserstoffionen erfaßt. Die an der KAK anteilmäßig beteiligten austauschbaren Ca-, Mg-, K- und Na-Ionen bilden, in mval/100 g Boden ausgedrückt, den S-Wert. Der prozentuale Anteil des S-Wertes an der KAK wird V-Wert oder auch Basensättigung (oder einfach Sättigung) genannt. Der V-Wert errechnet sich wie folgt $V = \frac{S \cdot 100}{KAK}$. Der V-Wert gibt an, wieviel Prozent von der KAK aus Ca-, Mg-, K- und Na-Ionen, die man auch als austauschbare Basen bezeichnet, be-

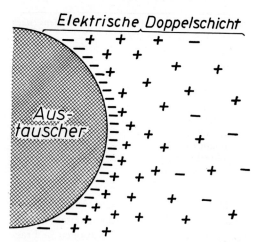

Abb. 101. Schematische Darstellung der Ionenverteilung an einem negativ geladenen Austauscher (nach GOUY).

stehen; den Rest (T—S) bilden H- und Al-Ionen. Liegt der V-Wert über 75 %, so bedeutet das eine hohe Basensättigung, bewegt er sich zwischen 25 und 75 %, so spricht man von einer mittleren Basensättigung, und bleibt er unter 25 %, so gilt das als geringe Basensättigung. Die Sättigung mit einem bestimmten Kation drückt man entsprechend aus, z. B. die Ca-Sättigung. Neben den schon genannten werden auch andere Kationen sorbiert, wie z. B. Cu, Mn, Co, Zn, Ti, indessen ist deren Anteil sehr gering.

6. Mechanismus des Kationenaustausches

Der Kationenaustausch läuft nach Gesetzmäßigkeiten ab, für die allgemein gültige Regeln bekannt sind, allerdings werden diese Regeln von bestimmten, nicht immer faßbaren Faktoren beeinflußt, so daß der Austauschvorgang nicht durch eine exakte Austauschgleichung erfaßbar ist. Zunächst sollen die überschaubaren Gesetzmäßigkeiten beschrieben werden.

(a) Elektrisches Feld der Austauscher

Die Austauscher besitzen an ihrer äußeren und inneren Oberfläche überwiegend negative Ladungen. Daneben sind mehr oder weniger positive Ladungen vorhanden. Die negativen Ladungen werden durch Kationen, die positiven durch Anionen ausgeglichen.

Wenn man von den positiven Ladungen der Austauscher-Oberfläche absieht, so gleicht diese einem Kondensator mit einer elektrischen Doppelschicht, nämlich den negativen Ladungen der Austauscheroberfläche und den positiven Ladungen der Kationen, die zusammen eine *elektrische Doppelschicht* darstellen.

Beide Ionenarten umgeben sich mit Wasser, sie hydratisieren. Die hydratisierten Ionen bilden zusammen im oberflächennahen Bereich der Austauscher eine relativ konzentrierte *Innenlösung*. Außerhalb des Wirkungsfeldes der entgegengesetzten Ladungen, nämlich der Innenlösung, befindet sich die *Außenlösung* (oder einfach Lösung genannt) mit ihren Ionen, die im Gleichgewicht mit denen der Innenlösung stehen. Die Grenze zwischen beiden Lösungen liegt dort, wo die Konzentration der Kationen und die der Anionen gleich sind. Unmittelbar an der Austauscheroberfläche werden die Kationen stark angezogen und daher stark konzentriert. Nur mit geringer Diffusionsbewegung wandern Kationen in die weniger konzentrierte Außenlösung. Die Anionen werden dagegen mit ihrer negativen Ladung durch den negativen Ladungsüberschuß der Austauscher abgestoßen, so daß ihre Konzentration zur Außenlösung zunimmt, vorausgesetzt natürlich, daß die Austauscher nur wenige positive Ladungen aufweisen. Die Folge ist, daß in der Innenlösung die Kationen überwiegen und die Konzentration der Anionen zur und in der Außenlösung zunehmen, wie es die Abbildung 101 veranschaulicht. Es gibt auch andere Vorstellungen von der elektrischen Doppelschicht. Nach STERN steht der negativen Ladung der Austauscher ein innerer Teil von Kationen gegenüber, der nur durch eine 1- bis 2molekulare Wasserschicht von der Austauscheroberfläche getrennt ist. Diesem inneren Kationenteil folgt ein äußerer mit diffus verteilten Kationen.

In der diffusen Schicht von Kationen und Anionen heben sich deren Ladung auf, es besteht also hier Elektroneutralität. Diese Kationen gehören also nicht zu den Gegenionen der negativen Ladungen der Austauscherober-

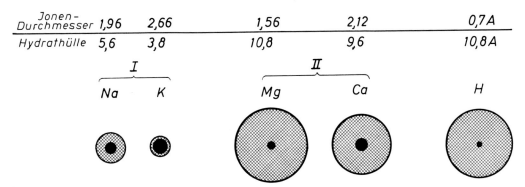

Abb. 102. Die Größenverhältnisse der wichtigsten hydratisierten Kationen des Bodens (Kationen schwarz, Hydratmantel als Kreis und kreuzschraffiert).

fläche und damit auch nicht zu den austauschbaren Kationen. Der Anteil solcher Kationen wird durch eine entsprechend große Menge Anionen ziemlich hoch und kann die KAK um diesen Anteil fälschlicherweise erhöhen.

Das elektrische Feld der Doppelschicht wird von einem elektrischen Potential beherrscht, und zwar ist dieses in jedem Punkt des Feldes verschieden. Am höchsten ist es direkt an der Oberfläche der Austauscher (Oberflächenpotential), und es fällt mit zunehmender Entfernung von dieser, etwa ähnlich wie die Konzentration der Kationen ab. Das jeweilige Potential entspricht der Arbeit, die aufgewendet werden muß, um ein Gegenion von einer bestimmten Stelle der Innenlösung in die Außenlösung zu transportieren. Andererseits entspricht das jeweilige Potential der Energie, mit der ein Kation festgehalten wird. Daraus folgt, daß Potential und Haftfestigkeit korrelieren. Dementsprechend ist zu erwarten, daß höherwertige Kationen infolge hoher Haftfestigkeit an der Austauscheroberfläche angereichert sind, z. B. die zweiwertigen Kationen zu 60 — 90 %. Das elektrische Feld der Doppelschicht steuert Wanderungsrichtung und Geschwindigkeit der Ionen; deshalb wird es auch *elektrokinetisches Potential* (EKP) genannt.

(b) Einflüsse auf den Austauschvorgang der Kationen

Der Austausch von Kationen an der Oberfläche der verschiedenen Austauscher des Bodens wird von Faktoren gesteuert, die teils in den Kationen selbst begründet sind, teils aber auch in den spezifischen Eigenschaften der einzelnen Austauscher.

(1) Wertigkeit der Kationen

Die Wertigkeit (Ladung) ist zunächst entscheidend für den Eintausch, die Haftfestigkeit (Sorption) und den Austausch der Kationen an der Austauscheroberfläche. Je höher die Wertigkeit, desto stärker ist die Sorption des Kations, desto stärker sein Eintausch und schwieriger sein Austausch. Infolgedessen ist entsprechend der Ladung folgende Sorptionsenergie zu erwarten: $Al^{+++} > Ca^{++} > K^+$.

(2) Hydratation der Kationen

Die Kationen besitzen ein elektrisches Kraftfeld, das um so größer ist, je kleiner der Durchmesser des Kations ist, denn bei kleinerem Durchmesser ist die Entfernung vom Ladungsschwerpunkt zur Kationoberfläche gering und infolgedessen die Anziehung stärker als bei größeren Ionendurchmessern.

Die Anziehungskräfte der Kationen vermögen Wassermoleküle als Dipole anzulagern. Im Kraftfeld der Kationen werden die Wasserdipole ausgerichtet, da sie einen negativen und positiven Ladungsschwerpunkt besitzen. Diese Anlagerung von Wasserdipolen wird *Hydratation* genannt. Die Hydratation der Kationen ist abhängig von ihrem Durchmesser und von ihrer Ladung. Bei kleinem Durchmesser bewirkt die geringe Entfernung des Ladungsschwerpunktes von der Oberfläche eine starke Hydratation; bei grö-

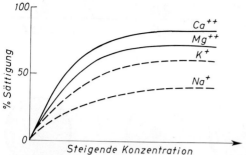

Abb. 103. Austauschkurven bei steigender Konzentration von Na-, K-, Mg- und Ca-Ionen und einem mit NH$_4$-Ionen belegten Austauscher (nach P. Schachtschabel).

ßerem Durchmesser ist die Hydratation entsprechend kleiner. Kationen mit höherer Ladung bewirken eine stärkere Hydratation als solche mit niedrigerer Ladung.

Nach dem Gesetz von Coulomb ist die Anziehung zwischen zwei geladenen Teilchen dem Quadrat ihrer Entfernung umgekehrt proportional. Dementsprechend steigt die Anziehung der Kationen durch die negativ geladenen Austauscher mit der Abnahme des Durchmessers des hydratisierten Ions. Darum ist die Kenntnis vom Kationendurchmesser und vom Maß der Hydratation (Hydratationszahl) wichtig. In der Tabelle 40 sind die entsprechenden Angaben für Alkalien, Erdalkalien und Wasserstoff zu finden. Ferner sind in der Abbildung 102 die Größenverhältnisse der Ionendurchmesser mit Hydratmantel von den wichtigsten Kationen des Bodens schematisch veranschaulicht.

Auf Grund von Wertigkeit und Hydratation ergibt sich bei den Alkalien und Erdalkalien eine Eintauschenergie, die den aufgezählten Gesetzmäßigkeiten folgt:

$Li^+ > Na^+ > K^+ > Rb^+ > Cs^+$
$Mg^{++} > Ca^{++} > Sr^{++} > Ba^{++}$

In der aufgeführten Reihenfolge nehmen die Eintauschenergie und die Haftfestigkeit zu, und die Austauschenergie nimmt ab. Diese Reihenfolgen werden als Hofmeister'sche Ionenreihen oder auch als *lyotrope Reihen* bezeichnet. Für die wichtigsten Kationen des Bodens gilt folgende Reihe:

$Na^+ > K^+ > Mg^{++} > Ca^{++} > Al^{+++}$

Die Eintauschenergie des H^+-Ions ist nicht eindeutig. Verbindet sich das H^+ mit 1 Molekül H_2O zu H_3O, so besteht etwa die gleiche Eintauschstärke wie bei K^+, da H_3O und K^+ etwa gleichen Ionendurchmesser besitzen. Das H^+-Ion allein ist in seiner Eintauschenergie aber abhängig von der jeweiligen Konzentration von H^+ und OH^-, also vom pH.

(3) Konzentration der Lösung

Der Kationenaustausch wird ferner von der Konzentration der eintauschenden Kationen beeinflußt. Mit zunehmender Konzentration eines Kations in der Lösung steigt seine Eintauschstärke, d. h. sein Anteil am Ionenbelag der Austauscher steigt bei gleichzeitigem Austausch äquivalenter Mengen anderer Kationen. Bei gleicher Ionenkonzentration wird der Austausch durch die Eintauschstärke der Kationenart bestimmt, was besonders anschaulich die Austauschkurven der Kationen in Abbildung 103 zum Ausdruck bringen.

Die Tatsache, daß bei hoher Konzentration eines bestimmten Kations in der Lösung dieses eine starke Eintauschstärke entwickelt, ermöglicht die Bestimmung der Kationen-Austauschkapazität. Für diesen Zweck werden die Böden in einer Lösung geschüttelt, die einen Überschuß von einem stark eintauschen-

Tab. 40: Die Durchmesser nichthydratisierter Kationen (in Kristallen) und die zugehörigen Hydratationszahlen: (1 Å = 0,1 nm)

	Li	Na	K	NH$_4$	Rb	Cs	Mg	Ca	Sr	Ba	H	H$_3$O
Ionendurchmesser in Å	1,56	1,96	2,66	2,86	2,98	3,30	1,56	2,12	2,54	2,86	0,7	2,90
Hydratationszahl (Moleküle H$_2$O je Ion)	3,3	1,6	1,0	0,7	—	0,4	7,0	5,2	4,7	2,0	3,9	—

den Kation, wie Ba^{++}, Ca^{++} oder NH$_4^+$, enthält. Hierbei werden fast alle an den Austauschern des Bodens sorbierten Kationen ausgetauscht; aus diesem Austauschvorgang ergibt sich die Kationen-Austauschkapazität.

Steht ein mit zwei Kationen verschiedener Wertigkeit belegter Austauscher im Gleichgewicht mit denselben Kationen der Lösung, so wird bei zunehmender Verdünnung der Lösung das höherwertige Kation fortschreitend stärker eingetauscht und das niedrigerwertige ausgetauscht, was die Austauschkurven der Abbildung 104 zeigen. Dieser Vorgang hat Bedeutung für die Pflanzenernährung, d. h. bei der Verdünnung der Lösung werden einwertige Kationen besser angeboten als zweiwertige.

(4) **Spezifische Eigenschaften der Austauscher**

In den vorhergehenden Kapiteln (1) bis (3) wurden einige Gesetzmäßigkeiten aufgezeigt, nach denen der Kationenaustausch im allgemeinen abläuft. Davon können die Austauscher einige Abweichungen verursachen.

Für die Eintauschstärke und die Haftfestigkeit der Kationen ist die elektrostatische Feldstärke der Oberfläche der Austauscher entscheidend; sie steigt mit der permanenten Ladung und dem Anteil an tetraedrischer Ladung. Ferner ist das elektrische Feld *zwischen* den Elementarschichten stärker, weil es von zwei Seiten wirksam ist. Dieser Effekt des elektrischen Feldes kann so stark werden, daß Wertigkeit und Hydratation nicht mehr den Eintausch bestimmen, sondern die Feldstärke, so daß in diesem Falle die lyotrope Reihenfolge nicht mehr zutrifft. Dieser Fall kann eintreten bei dem Eintausch einwertiger Kationen durch Glimmer und zweiwertiger durch Vermiculit. Durch die starke Anziehung der Kationen wird eine gewisse Dehydratation derselben herbeigeführt.

Die Kationen K$^+$ und NH$_4^+$ werden von den Tonmineralen des Bodens verschieden stark sorbiert (eingetauscht). Diese beiden Kationen besitzen im dehydratisierten Zustand etwa den gleichen Ionendurchmesser mit 2,66 bzw. 2,86 Å. Mit dieser Größe passen sie gut in die napfartigen Vertiefungen der die Ba-

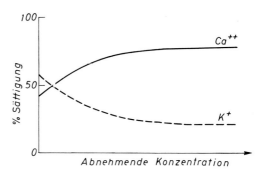

Abb. 104. Austauschkurven bei abnehmender Konzentration von Ca- und K-Ionen und einem mit Ca- und K-Ionen belegten Austauscher (nach P. SCHACHTSCHABEL*).*

sisflächen bildenden O-Sechserringe der Tonminerale. Die von den inneren Basisflächen der Dreischichtminerale ausgehende hohe elektrostatische Feldstärke kann diese K- und NH$_4$-Ionen in die Zwischenräume unter starker Kontraktion der Minerale einlagern, wobei die Hydrathülle abgestreift wird. Diese Eigenschaft der bevorzugten starken Sorption von K$^+$ und NH$_4^+$ zeigen besonders die Glimmer, die nach P. SCHACHTSCHABEL aus einer Mischlösung von CaCl$_2$ — NH$_4$Cl die Kationen Ca^{++} und NH$_4^+$ im Verhältnis 20:80 eintauschen; die Illite sorbieren demgegenüber weniger K$^+$ und NH$_4^+$. Die Tonfraktion des Bodens insgesamt bevorzugt diese Kationen von den im Boden vorhandenen. Der Kaolinit sorbiert auch relativ viel K$^+$ und NH$_4^+$, wohl wegen seiner hohen tetraedrischen Ladung der äußeren Basisflächen. Die Smectite verhalten sich unterschiedlich. Diejenigen, die z. B. aus Glimmern entstanden, sorbieren K$^+$ und NH$_4^+$ stärker als die primären Montmorillonite der Lagerstätten. Die Bodenaustauscher allgemein tauschen K$^+$ und NH$_4^+$ relativ stark ein, was dafür spricht, daß viele dieser Austauscher aus Glimmern entstehen. Das bevorzugte Eintauschen bestimmter Kationen nennt man *Selektivität*.

Die Austauschplätze für das gleiche Kation am gleichen Tonmineral sind offenbar hinsichtlich der Haftfestigkeit von unterschiedlicher Intensität, wie Untersuchungen von P. SCHACHTSCHABEL bezeugen. Ein geringer Anteil der K-Ionen wird mit besonderer Intensität an den anorganischen Austauschern sorbiert; eine Ausnahme macht der primäre Montmorillonit. Es wird vermutet, daß diese fest haftenden K-Ionen an der inneren Oberfläche von teilweise aufweitbaren Tonmineralen mit hoher permanenter Ladung die tetraedrischen Plätze einnehmen. Es ist auffallend, daß der K-Ionen-Anteil am Austauscherkomplex unserer Böden mit meist < 5 % relativ gering ist. Dies ist ein Zeichen dafür, daß die Kaliumauswaschung relativ schnell vor sich geht, aber an dem aufgezeigten Schwellenwert haltmacht. Ein Teil der K-Ionen kann von aufweitbaren Tonmineralen so stark gebunden werden, daß sie mit der üblichen Methode der KAK-Bestimmung nicht erfaßbar sind. In diesem Falle zeigt die Röntgenanalyse, daß der Basisabstand des betreffenden Tonminerals sich verringert hat, woraus geschlossen werden kann, daß die aufgeweiteten Elementarschichten nach Eintausch des K^+ zusammengeklappt sind und damit — wenigstens zunächst — ihre Aufweitbarkeit verloren haben. Das bedeutet eine *Fixierung des Kaliums*. Das gleiche kann auch mit dem NH_4-Ion geschehen. Die Fixierung ist um so stärker, je höher die permanente Ladung und je größer der tetraedrische Ladungsanteil ist. Die Vermiculite, die aufweitbaren Illite und die (wahrscheinlich aus Glimmern hervorgegangenen) Smectite besitzen die Fähigkeit der Fixierung von K- und NH_4-Ionen. Wie eben schon gesagt, zeigen die primären Montmorillonite diese Eigenschaft nur wenig oder gar nicht, wahrscheinlich weil ihre permanente Ladung relativ gering ist. Die in der beschriebenen Weise fixierten Ionen können nur mit konzentrierten Lösungen von Mg-, Ca- oder Na-Salzen bei wochenlanger Einwirkung aus den Tonmineralen, sogar aus Glimmern, wieder ausgetauscht werden. Diese Prozedur findet natürlich nicht in unseren Böden statt. Wohl werden im Boden stark haftende K-Ionen durch H-Ionen freigesetzt, so daß bei niedrigem pH die K-Freisetzung stärker ist. Zwischen fixierten und austauschbaren K-Ionen gibt es keine scharfe Grenze. Veränderungen in den Austauschbedingungen verschieben die Grenzen der austauschbaren und nicht austauschbaren Ionen. In Böden mit viel aufweitbaren Illiten (Lößböden,

Marschen), welche zur Fixierung besonders befähigt sind, spielt die Kaliumfixierung eine bedeutende Rolle bei der Kaliumdüngung.

Die *organischen Austauscher* (org. Substanz) besitzen schwache Säureeigenschaften, die von ihren funktionellen Gruppen ausgehen. Diese können H-Ionen abgeben und Metallionen aufnehmen (austauschen). Hierbei besteht eine ausgeprägte Selektivität für zweiwertige gegenüber einwertigen Ionen. Dies läßt sich feststellen, indem man z. B. Ca- und NH_4-Ionen auf organische Austauscher einwirken läßt. Dabei stellte P. Schachtschabel fest, daß unter bestimmten Bedingungen und dem Ca-NH_4-Ionen-Verhältnis 1:1 der Eintausch 92:8 war, d. h. 92 % Ca^{++} und 8 % NH_4^+ wurden eingetauscht. Das Ca^{++} wird noch stärker sorbiert als das Mg^{++}. Für die organische Substanz des Bodens besteht im allgemeinen nach der lyotropen Reihe folgende Eintauschreihenfolge der Erdalkalien und Alkalien: Ba > Ca > Mg > NH_4 > K > Na. Die Austauschplätze der organischen Substanz besitzen bezüglich ihrer Haftenergie verschiedene Intensität.

(5) Gleichung des Kationenaustausches und ihre Schwierigkeiten

Viele Versuche sind gemacht worden, um die Verteilung der Kationen zwischen Austauscher und Lösung mathematisch zu erfassen. Wenn der Austausch (Umtausch) der Kationen einer chemischen Reaktion ähnlich ist, so müßte das *Massenwirkungsgesetz* für den Austausch der Kationen anwendbar sein. Mehrere Autoren haben Gleichungen für den Kationenaustausch erarbeitet, denen verschiedene Teilvorstellungen unterstellt sind, die letztlich aber alle auf das Massenwirkungsgesetz zurückgehen. Während die Konzentration der Lösung und damit die Aktivität der Kationen sowie ihre Wertigkeit die Anwendung des Massenwirkungsgesetzes erlauben, bestehen bei einem Teil der Austauscher spezifische Wechselwirkungen zwischen diesen und bestimmten Kationen. Dadurch wird das Auffinden von Gleichgewichts-Koeffizienten für bestimmte Kationenpaare erschwert. Die Austauscher des Bodens zeigen überwiegend die

Tab. 41: Sättigung im A_p-Horizont einiger Ackerböden (nach SCHEFFER *und* SCHACHTSCHABEL *1979)*

Boden (Herkunft)	pH	AK (mval/100 g)	Sättigung (%) von				
			Ca	Mg	K	Na	H+Al
Schwarzerde (Hildesheim)	7,2	18	90	9	0,5	0,4	0
Brackmarsch (Wesermarsch)	5,1	37	34	29	1,9	3,3	32
Pelosol (Röt-Ton) (Jena)	7,4	25	62	31	6,0	0,4	0
Podsol (Lüneburger Heide)	5,2	12	23	1,6	1,9	0,3	73
Natriumboden (Ungarn)	9,5	13	33	25	7	35	0

schon beschriebenen Austauschanomalien, z. B. die verschieden starke Haftenergie an den äußeren Basis- und Seitenflächen sowie in den Zwischenschichträumen der Tonminerale, die verschiedene permanente oktaedrische und tetraedrische Ladung sowie die spezifische Wirkung der mineralischen SiOH-Gruppen und der organischen COOH- und OH-Gruppen. Hinzu kommen Hysterese-Effekte als teilweise Hemmung oder verlangsamte Einstellung der Austauschgleichgewichte im Innern von Tonmineralen und Huminstoffen. Schließlich können verschiedene Tonminerale, wie aufweitbare Illite und Vermiculite, unter Einfluß bestimmter Kationen kontrahieren, wodurch der normale Austauschvorgang verändert wird. Das Zusammenspiel der verschiedenen Funktionen wird als *Polyfunktionalität* bezeichnet.

(6) Kationenaustausch des Bodens als Ganzes

Wenn man den Kationenbelag und den Kationenaustausch des Bodens, insbesondere seine Kationen-Austauschkapazität, beurteilen will, so darf man *nur eine* Untersuchungsmethode zugrunde legen, die vergleichbare Werte liefert. Dafür hat sich die Methode MEHLICH bewährt, die heute weitgehend Anwendung findet.

Weltweit betrachtet, ist die Zusammensetzung der austauschbaren Kationen des Bodens sehr variabel. Für mitteleuropäische Böden trifft das zwar auch zu, aber in diesen fallen mit wenigen Ausnahmen hohe Anteile an Natrium weg, indessen sind in ihnen vor allem die Schwankungen im Gehalt an Ca-, H-, Al-, oft auch an Mg-Ionen, sehr hoch. F. SCHEFFER und P. SCHACHTSCHABEL (1979) haben eine sehr instruktive Zusammenstellung von den Kationen sehr unterschiedlicher Böden veröffentlicht, die in Tabelle 41 wiedergegeben ist. In der Zusammensetzung des Gesteins und der Bodenentwicklung, teils auch der Düngung, liegen diese in der Tabelle 41 aufgezeigten, großen Unterschiede im Kationenbelag der Böden begründet. Grundsätzlich gilt, daß mit abnehmendem pH die H- und Al-Ionen zunehmen und die Erdalkali- und Alkali-Ionen abnehmen, besonders werden von dieser Verschiebung der Ionen-Verhältnisse Ca- und Mg-Ionen betroffen. Die Alkali-Ionen sind mit Ausnahme der Salzböden mit nur geringen Anteilen vertreten, was in erster Linie auf ihrer geringen Haftfestigkeit und daher leichter Austauschbarkeit beruht. Der Anteil am Ionen-Belag liegt bei Kalium etwa zwischen 2—6 %, bei Natrium meist über 2 %. Natürlich besitzen Salzböden und junge Marschen höhere Na-Gehalte. Es spielt sich in unserem Klima im allgemeinen ein Ca/Mg-Verhältnis ein von > 3, einen höheren Gehalt an Mg-Ionen und damit ein engeres Ca/Mg-Verhältnis besitzen Böden aus Mg-reichen Gesteinen, wie Dolomit, dolomitische Kalke, Serpentin und brakkischer Schlick.

Die Verteilung der Kationen im Boden ist ungleichmäßig. Nahe liegt, daß der Kationenbelag des Oberbodens gegenüber dem Unterboden verschieden sein muß, aber das gilt auch für die übrigen Bodenhorizonte. Überdies schwankt aber auch die Kationenverteilung von kleinstem Ort zu Ort im gleichen Horizont. In gedüngten Böden scheint dies infolge ungleichmäßiger Düngerverteilung selbstverständlich zu sein, aber auch in ungedüngten Böden besteht im selben Horizont eine ungleiche Verteilung der Kationen auf kleinstem Raum, wobei sich ein annäherndes Gleichgewicht innerhalb dieser verschiedenen Ionenbereiche herausbildet. Nicht zuletzt trägt auch die ungleichmäßige Wasserbewegung im Boden zu einer ungleichen Verteilung der Ionen bei. Schließlich entnehmen die Pflanzen in schwer durchwurzelbaren Böden nesterartig die Nährstoffe; auch das trägt zu einer unregelmäßigen Verteilung der Ionen bei. In regelmäßig gedüngten Böden ist ein Gleichgewicht der Kationen in den Ionenbereichen des A_h-Horizontes (Düngeranreicherung) nicht zu erwarten, weil ein solches sich nur langsam einstellt. Eine gute Wasserbewegungsmöglichkeit im Boden begünstigt die Verteilung der Ionen und die Einstellung eines Gleichgewichtszustandes. Noch langsamer als die Verteilung der Ionen innerhalb des Oberbodens ist der Transport von stärker haftenden Ionen, vor allem Ca, Mg und PO_4, vom Ober- in den Unterboden. Das ist der Grund dafür, daß in Obst- und Rebanlagen der Unterboden mit entsprechenden Düngemitteln versorgt werden muß. Zwar werden im Oberboden die H-Ionen ständig durch zugeführte Kohlensäure vermehrt, die auch den Austausch von stärker haftenden Kationen (Ca^{++}, Mg^{++}) bewirken, indessen kann dieser Vorgang die Versorgung des Unterbodens mit diesen Kationen in wenigen Jahren nicht nennenswert verbessern. Zufuhr von H-Ionen und Auswaschung von Kationen, vor allem der schwach haftenden, führen in unserem Klima zu einer Versauerung des Oberbodens und schließlich auch des Unterbodens, so daß normalhin das pH nach der Profiltiefe zu ansteigt.

c. ANIONENAUSTAUSCH

Unter dem Anionenaustausch versteht man den Austausch (Umtausch) von Anionen zwischen der Austauscheroberfläche und der Bodenlösung. Das setzt voraus, daß die Oberfläche bestimmter Austauscher neben den überwiegenden negativen auch positive Ladungen besitzt. Diese negativen Austauschplätze können an Tonmineralen, Metalloxiden (-hydroxiden) und organischen Substanzen lokalisiert sein. Der Eintausch, d. h. die Sorption von Anionen kann zu einer starken Haftfestigkeit führen, so daß ihr Austausch sehr erschwert oder sogar unmöglich ist. Neben den sorbierten Anionen, die ausgetauscht werden können, befinden sich in Gegenwart leicht löslicher Salze Anionen in der Außenlösung der elektrischen Doppelschicht. Auch können Anionen durch Fällungsreaktionen und durch Komplexbildung (z. B. PO_4 und MoO_4) gebunden werden. Alle diese Bindungsmöglichkeiten werden unter dem Begriff *Anionensorption* zusammengefaßt. Das besagt gleichzeitig, daß es keine strengen Gesetzmäßigkeiten für den Austausch und die Austauschkapazität der einzelnen Anionen geben kann. Die Anionensorption ist nicht in allen Teilen geklärt, indessen hat sich eine weitgehend anerkannte Vorstellung davon entwickelt.

Die *Tonminerale* besitzen an den seitlichen Bruchflächen AlOH-Gruppen, die Protonen aufnehmen können, z. B. ist die Anlagerung von H^+ möglich: $AlOH + H^+ = AlOH_2^+$. Zum Ladungsausgleich kann z. B. Cl^- angelagert werden: $AlOH_2^+Cl^-$. Dieses sorbierte Cl^- kann gegen ein anderes einwertiges Anion, z. B. NO_3, ausgetauscht werden: $AlOH_2^+ NO_3^-$. Die AlOH-Gruppen an den Bruchflächen der Tonminerale können bei hoher H-Ionen-Konzentration OH-Ionen dissoziieren und damit gegen andere Anionen austauschbar machen. Natürlich können auch höherwertige Anionen sorbiert und ausgetauscht werden, z. B. $3\ AlOH_2^+ + 3\ PO_4^{---} \rightarrow 3\ AlOH_2PO_4^{---}$. Der Allophan entwickelt eine auffallend hohe Anionensorption.

Die *Metalloxide* (-hydroxide) besitzen an ihrer Oberfläche ebenfalls reaktionsfähige Gruppen von AlOH und FeOH, die ebenfalls H-Ionen anlagern können und damit eine positive Ladung erhalten, ferner bei niedrigem pH auch OH-Ionen dissoziieren können. In beiden Fällen ist der Eintausch von Anionen möglich.

Die *organische Bodensubstanz* verfügt über NH- und NH_2-Gruppen, die auch H-Ionen anlagern und in NH_2^+- und NH_3^+-Gruppen übergehen können, deren positive

Ladung Anionen austauschbar zu sorbieren vermag.

Die aufgezeigte Bildung positiver Ladungen an reaktionsfähigen Gruppen erhöht sich mit zunehmender H-Ionen-Konzentration. Somit steigt auch die Anionen-Austauschkapazität (AAK) mit fallendem pH, ist also pH-abhängig. Die AAK bleibt quantitativ weit hinter der Kationen-Austauschkapazität zurück. Größere Bedeutung haben die Anionensorption und der Anionenaustausch in sauren Böden mit hohem Anteil an Metalloxiden (-hydroxiden), wie Pseudogley, Gley, Marsch, Rotlehm und Latosol. Je nach Gehalt an Tonmineralen, Metalloxiden und org. Substanz liegt ihre AAK, z. B. für Phosphat-Anionen bei mitteleuropäischen Böden, zwischen 0,2 — 2 mval/100 g.

Die Eintauschenergie und die Haftfestigkeit der Anionen stehen wie bei den Kationen in Abhängigkeit von ihrer Wertigkeit, ihrer Hydratation, ihrer Konzentration und den in der Bodenlösung vorhandenen Kationen. Daraus ergibt sich folgende Eintauschreihe: $NO_3^- < Cl^- < SO_4^{--} < HPO_4^{--} < H_2PO_4^-$. Neben diesen hauptsächlichsten Anionen kommen in geringer Menge noch andere im Boden vor, z. B. MoO_4^{--}, BO_3^- bzw. $B_4O_7^{--}$. Die Sorption von NO_3- und Cl-Ionen ist sehr schwach und fast gleich; sie werden leicht aus dem Boden ausgewaschen. Wichtig ist die Sorption von PO_4^{---}, oft ist es fest als Ca-, Al- oder Fe-Phosphat gebunden. Daneben ist auch die Sorption von SO_4-Ionen von Bedeutung, die bei tieferem pH ($< 5,5$ pH) sorbiert werden, und zwar von Smectiten mehr als von Illiten und am wenigstens von Kaolinit, jedoch werden SO_4-Ionen am meisten von Al- und Fe-oxiden sorbiert, allerdings in unterschiedlichem Grade, vermutlich in Abhängigkeit von der Alterung der Oxide. Auch die organische Bodensubstanz sorbiert gewisse Mengen von SO_4-Ionen. Die Sorption von SO_4-Ionen ist ferner von der Salzform abhängig, z. B. werden die mit Na_2 gepaarten SO_4-Ionen schwächer sorbiert als die mit K_2 und Ca gepaarten. Aus dem Beispiel der SO_4-Sorption geht hervor, daß die Anionensorption sehr kompliziert ist.

d. BODENREAKTION

1. Wesen der Bodenreaktion

Unter der Bodenreaktion ist die Acidität (saure Wirkung) bzw. Alkalität (alkalische Wirkung) des Bodens zu verstehen, hervorgerufen durch die Menge der vorhandenen H-Ionen je Liter, d. h. der H^+-Konzentration. Sie beruht darauf, daß die Bodenfestsubstanz Protonen in die Bodenlösung gibt. Vorwiegend stammen diese Protonen von den Austauschern des Bodens, untergeordnet von Säuren und sauren Salzen. Die Protonen bilden mit Wassermolekülen H_3O-Ionen (Hydronium-Ionen); indessen ist es üblich, der Vereinfachung wegen von der Wirksamkeit der H-Ionen zu sprechen. H-Ionen können direkt von den anorganischen Austauschern in die Bodenlösung gelangen, sie können aber auch über austauschbare Al-Ionen in die Bodenlösung eingehen, indem hydratisierte Al-Ionen Protonen an die Bodenlösung abgeben, wodurch sich Hydronium-Ionen oder, einfacher gesagt, H-Ionen bilden. Bei den organischen Austauschern liefern die COOH- und die phenolischen OH-Gruppen die H-Ionen. Ferner stammen die H-Ionen z. T. aus der Boden-Kohlensäure.

Man unterscheidet drei Arten der Bodenacidität: 1. die *aktive* oder aktuelle *Acidität* kennzeichnet die jeweils in der Bodenlösung vorhandenen H-Ionen. 2. Die *potentielle Acidität* umfaßt die an den Austauschern sorbierten H-Ionen und Al-Ionen. Letztere gehören zur potentiellen Acidität, weil sie imstande sind, in Reaktion mit Wassermolekülen H-Ionen zu bilden, was vereinfacht durch folgende Formel ausgedrückt werden kann: $Al^{+++} + 3 H_2O = Al(OH)_3 + 3 H^+$. Das Al-Ion wird in saurer Bodenlösung durch H-Ionen aus Al-haltigen Silikatgittern ausgetauscht. 3. Die *Gesamt-Acidität* umfaßt die aktive und potentielle Acidität, wobei die H-Ionen der aktiven Acidität nur einen geringen Anteil stellen.

Da pH-Zahlen der Böden nur dann vergleichbar sind, wenn sie bei gleicher Vorbehandlung des Bodens gewonnen worden sind,

Tab. 42: Bezeichnung der Bodenreaktion nach dem pH ($CaCl_2$)
   saurer Bereich ←——— neutral (pH 7) ———→ alkalischer Bereich

pH	Bezeichnung	pH	Bezeichnung
6,9—6,0	schwach sauer	7,0	neutral
5,9—5,0	mäßig sauer	7,1— 8,0	schwach alkalisch
4,9—4,0	stark sauer	8,1— 9,0	mäßig alkalisch
3,9—3,0	sehr stark sauer	9,1—10,0	stark alkalisch
< 3,0	extrem sauer	> 10,0	sehr stark alkalisch

muß diese in jedem Falle mit der pH-Zahl angegeben werden, z. B. pH in H_2O oder pH in mKCl oder pH in 0,1-mKCl oder pH in 0,01-m$CaCl_2$ (-Suspension). Neuerdings wird die pH-Zahl meistens in einer 0,01-m$CaCl_2$-Suspension ermittelt. Ist der Boden nur mit Wasser suspendiert, so liegen die pH-Werte um 0,5 — 1,0 pH höher, weil in diesem Falle nicht nennenswert H-Ionen ausgetauscht und meßbar werden.

2. Maß für die Bodenreaktion

Allgemein ist das Maß für die Reaktion einer Lösung ihre H-Ionen-Konzentration, d. h. Gramm H-Ionen im Liter (g H^+/l), oder genauer gesagt, ihre H-Ionen-Aktivität, d. h. die wirksame H-Ionen-Konzentration. Bei geringer Konzentration der H-Ionen, wie z. B. im Boden, besteht nur ein geringer Unterschied zwischen H-Ionen-Konzentration und H-Ionen-Aktivität, so daß mit der Aktivität der H-Ionen gleichzeitig die H-Ionen-Konzentration erfaßt wird. Die Maßzahl für die H-Ionen-Konzentration ist das pH (von potentia hydrogenii), d. h. der negative Logarithmus der H-Ionen-Konzentration. Auf den Boden angewendet, bedeutet das die H-Ionen-Konzentration der Bodenlösung. Aus praktischen Gründen hat man die Maßzahl pH eingeführt, weil sich die H-Ionen-Konzentration in mehreren negativen Zehnerpotenzen bewegt und der negative Exponent ein einfaches Maß ist. Man muß sich hierbei bewußt sein, daß der negative Exponent zum positiven unter dem Bruchstrich wird und daß sich die Konzentration der H-Ionen von pH-Zahl zu pH-Zahl jeweils verzehnfacht. Das bedeutet, daß mit fallender pH-Zahl die Konzentration der H-Ionen ansteigt und daß der Konzentrations-Unterschied zwischen niedrigeren pH-Zahlen höher ist als bei höheren pH-Zahlen. Es bedeutet z. B.:

$$\text{pH } 2 = 10^{-2} = \frac{1}{10^2} = \frac{1}{100} = 0{,}01 \text{ g } H^+/l;$$

$$\text{pH } 5 = 10^{-5} = \frac{1}{10^5} = \frac{1}{100000} = 0{,}00001 \text{ g } H^+/l.$$

Die pH-Zahl der Böden Mitteleuropas geht nur ausnahmsweise aus dem Bereich 3 — 8 pH heraus, meistens liegt die pH-Zahl unserer Böden zwischen 4,5 — 6,5. Für die Kennzeichnung der Reaktion unserer Böden werden konventionell obenstehende Stufen verwendet, denen bestimmte pH-Bereiche zugeordnet sind (Tab. 42). Hierbei wird unterstellt, daß das pH in einer $CaCl_2$-Suspension ermittelt ist, deshalb die Schreibweise pH ($CaCl_2$).

Extrem sauer kann ein Grundwasserboden (Naßgley) werden, wenn nach Entwässerung Eisensulfid an der Luft zu Schwefelsäure oxidiert. Sehr stark sauer ist das Hochmoor, stark sauer sind Podsol und saure Braunerde, im mäßig sauren Bereich liegt das pH vieler Parabraunerden, um den Neutralpunkt bewegt sich das pH der Schwarzerden, schwach alkalisch sind vielfach die Rendzinen und die junge Seemarsch, und bis in den sehr stark alkalischen Bereich hinein geht das pH der Alkaliböden.

3. Basensättigung und das pH

Wie schon ausgeführt, werden hohe (V-Wert > 75 %), mittlere (V-Wert 25 — 75 %) und geringe Basensättigung (V-Wert < 25 %) unterschieden. Die an 100 Prozent fehlenden Kationen stellen H- und Al-Ionen. Wie man

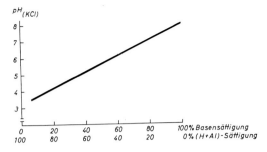

Abb. 105. Mittlere Beziehung zwischen Basensättigung bzw. (H + Al)-Sättigung und pH-Wert (nach D. SCHROEDER 1983).

4. Einflüsse auf die Bodenreaktion

Die Bodenreaktion wird von mehreren Einflüssen gesteuert. Die nächstliegende Ursache ist im Ausgangsgestein des Bodens begründet. Aus Gesteinen, die arm an Ca, Mg, K und Na sind, entstehen natürlich auch basenarme Böden, d. h. die Austauschplätze ihrer Feinsubstanz werden überwiegend von H- und Al-Ionen eingenommen. Anders ist das in aridem Klima, in welchem auch die geringen Mengen an basisch wirkenden Kationen mit der Zeit im Boden angereichert werden, weil hier keine oder nur eine geringe Auswaschung der Kationen stattfinden kann. Zu den an Alkalien und Erdalkalien reichen Gesteinen gehören die basischen Magmatite und Metamorphite sowie die carbonatreichen Sedimentgesteine (Kalkstein, Dolomit, Mergel), ferner auch die silikatreichen Sedimente (Arkose).

Im humiden Klima bedingt die Versickerung des Wassers eine ständige Auswaschung basisch wirkender, austauschbarer Kationen, und zwar um so stärker, je höher die Sickerwassermenge und je durchlässiger der Boden ist. Unter gleichen Bedingungen dieser Art hängt der Grad der Basenauswaschung wesentlich von der Dauer dieses Vorganges ab, nämlich vom Alter des Bodens. Alte Böden des humiden Klimaraumes sind unter natürlichen Bedingungen fast stets stark versauert.

Der Entbasung steht im humiden Klima die Produktion von H-Ionen in und auf dem Boden gegenüber, welche die Plätze der ausgetauschten und ausgewaschenen, basisch wirkenden Kationen einnehmen. Indem die Pflanzenwurzeln basisch wirkende Kationen aufnehmen, geben sie H-Ionen in die Bodenlösung ab. Die Bodenmikroorganismen scheiden Kohlensäure aus, ebenso entsteht diese bei der Atmung der Bodentiere. Auch der Regen bringt CO_2 in den Boden. Dieses reagiert mit Wasser, wobei H-Ionen frei werden:

$CO_2 + H_2O \rightleftarrows H_2CO_3 \rightleftarrows HCO_3^- + H^+$.

Die Kohlensäure des Bodens kann in schlecht gepufferten Böden das pH unmittelbar um einen geringen Betrag (0,5 — 1,0 pH) absenken, aber nicht unter 5,5 bis 6,0. Bei der

von einer Basensättigung sprechen kann, so könnte man auch eine (H + Al)-Sättigung aufzeigen. Wenn wir diese V-Werte der Basensättigung zuordnen und jeweils den Rest als H- und Al-Ionen annehmen, so muß eine mittlere Beziehung zwischen der Basensättigung und dem pH bestehen, d. h. man kann Basensättigung und pH in etwa korrelieren. Die hohe Basensättigung würde dem pH-Bereich etwa > 6,5 entsprechen, die mittlere Basensättigung dem pH-Bereich etwa zwischen 4,5 — 6,5 und die geringe Basensättigung dem pH-Bereich etwa < 4,5. Diese Korrelation ist in der praktischen Bodenbeurteilung sehr wichtig. Deshalb sei noch eine anschauliche Darstellung dieser Korrelation von D. SCHROEDER (1983) in Abbildung 105 wiedergegeben.

Die aufgezeigte Korrelation zwischen pH-Wert und V-Wert kann nur Mittelwerte aufzeigen. Denn diese Korrelation wird, wie P. SCHACHTSCHABEL (1979) gezeigt hat, stark beeinflußt durch die Art der jeweils vorliegenden Austauscher, vor allem durch die Anteile an anorganischen und organischen Austauschern. Mit ansteigendem Gehalt an organischer Substanz erniedrigt sich der V-Wert bei gleicher pH-Zahl. So erklärt es sich, daß bei Plaggeneschen dem niedrigen V-Wert von < 5 % pH-Werte von 3,5 — 4,5 gegenüberstehen. Auch die anorganischen Austauscher beeinflussen die aufgezeigte Korrelation, besonders der Allophan. Böden mit hohem Gehalt an Allophan können bei weitgehender Sättigung mit H- und Al-Ionen ein pH um 5 aufweisen.

Zersetzung der organischen Substanz in und auf dem Boden entstehen organische Säuren (Essigsäure, Oxalsäure, Zitronensäure, Fulvosäuren, Huminsäuren), womit eine mehr oder weniger starke Produktion von H-Ionen verbunden ist; vor allem gilt dies für die niedrigmolekularen Fulvosäuren. Die niedrigen pH-Werte in Hochmooren und Podsolen beruhen hierauf. Die genannten organischen Säuren werden teils ausgewaschen, teils mikrobiell zersetzt, teils werden die H-Ionen sorbiert, so daß der pH-Wert im allgemeinen dadurch nur wenig verändert wird. Eine starke Erniedrigung des pH kann indessen durch die Bildung von HNO_3 und die Oxidation von Schwefelverbindungen zu Schwefelsäure stattfinden.

Durch die landwirtschaftliche Nutzung des Bodens werden basisch wirkende Kationen mit dem Erntegut dem Boden entzogen. Nur teilweise kehren sie im Stalldung wieder in den Boden zurück. Eine Getreideernte von 30 dt/ha Korn und 50 dt/ha Stroh entnimmt dem Boden 80 — 100 kg/ha K_2O, 20 — 30 kg/ha CaO und 10 — 15 kg/ha MgO; eine Ernte von 400 dt/ha Rüben und 250 dt/ha Blatt entzieht dem Boden rund 200 kg/ha K_2O, 90 kg/ha CaO und 80 kg/ha MgO. Im allgemeinen geht davon nur ein Teil in den Boden zurück. Durch die Kalkung und die Zufuhr von Handelsdünger erhält der Boden OH-Ionen, die sich mit H-Ionen verbinden, und basisch wirkende Kationen, vor allem Ca^{++}, Mg^{++} und K^+, welche die Basensättigung erhöhen. In den Gebieten intensiver Bodennutzung wird im allgemeinen durch diese Maßnahmen ein höheres pH erzeugt als in gleichen, nicht landwirtschaftlich genutzten Böden. Werden sauer wirkende Handelsdünger verabfolgt, wie Ammoniumsulfat und Kaliumsulfat, so werden damit H-Ionen in dem Boden aktiviert; sie erniedrigen also das pH, was aber in mit Basen gut versorgten Böden nicht nachteilig, in basenreichen sogar günstig wirkt.

Die waldbauliche Nutzung des Bodens hat ebenfalls Auswirkungen auf die Bodenreaktion, allerdings nicht so schnell. Die stärkste Wirkung übt die Baumart aus. Der Bestandesabfall der Nadelhölzer führt allgemein zu einer hohen Produktion niedrigmolekularer Humussäuren und damit zu Erniedrigung des pH, wogegen der Bestandesabfall der Laubbäume weit weniger diese Wirkung hat. Zudem vermögen die tieferwurzelnden Laubbäume basisch wirkende Kationen aus dem Untergrund, der Verwitterungsfront des Gesteins, zu entnehmen und im Bestandesabfall dem Oberboden abzugeben. Dieser Basenkreislauf bringt zwar jährlich neue basisch wirkende Kationen in den Oberboden, indes vermag er die allgemeine Versauerungstendenz unseres humiden Klimas nicht wettzumachen. Die aufgezeigten Einflüsse der Nadel- und Laubbäume auf das pH des Bodens sind für die einzelnen Baumarten differenziert, so wirkt z. B. von den Nadelbäumen die Fichte besonders ungünstig und von den Laubbäumen die Esche besonders günstig auf die Basensättigung bzw. das pH ein.

5. Anzustrebende pH ($CaCl_2$)-Werte im genutzten Boden

In versauerten Böden kann durch die Zufuhr von Kalk oder (und) Ca-haltigem Handelsdünger die Bodenreaktion in einen gewünschten pH-Bereich gebracht werden. Der optimale pH-Wert muß sich nach dem Boden und den anzubauenden Pflanzen richten. Bezüglich des Bodens ist der optimale pH-Wert auf die Korngrößen-Zusammensetzung, vornehmlich auf den Tonanteil, und auf den Gehalt an organischer Substanz auszurichten. H. KUNTZE (1969) gibt dafür eine praktische Tabelle, die nachstehend aufgeführt ist (Tab. 43).

Aus dieser Tabelle ist der allgemeine Grundsatz abzulesen, daß die pH-Zahl mit zunehmendem Tongehalt mit Rücksicht auf die Gefügeerhaltung höher liegen soll und mit steigendem Gehalt an organischer Substanz niedriger, um den Abbau der organischen Bodensubstanz zu bremsen. Die in dieser Tabelle angegebenen pH-Werte gelten für Acker- und Gartenböden. Dagegen sollten die pH-Werte für die Acker- und Grünlandnutzung von sauren Moorböden etwa 0,5 höher angesetzt werden. Besitzen Niedermoore von Natur einen hohen Ca-Gehalt, so

Tab. 43: Anzustrebende pH(CaCl$_2$)-Werte in Abhängigkeit von Textur (Bodenart) und organischer Substanz (nach H. KUNTZE 1969)

Gehalt an org. Substanz in Gew.-%	ph-Zahl für die Textur (Bodenart): Sand	lehm. Sand	sand. Lehm	lehm. Ton
2— 4	5,8	6,0	6,5	7,0
4— 8	5,5	5,7	6,0	6,5
8—15	4,7	5,5	5,8	6,0
15—30	4,3	4,7	5,0	5,5
> 30	3,8 Ackerland 4,3 Grünland			

liegen deren pH-Zahlen höher als in der Tabelle für > 30 % org. Substanz angegeben ist. Hier sind sauer wirkende Düngemittel am Platze. Liegen tonreiche Mineralböden unter Grünland, so sollten die in der obigen Tabelle angegebenen pH-Richtwerte um etwa 0,5 — 1,0 niedriger gehalten werden, um den Abbau der organischen Bodensubstanz mit Rücksicht auf die Gefügeerhaltung zu verringern.

Da unsere Kulturböden ständig mehr oder weniger basisch wirkende Kationen verlieren, so ist auch eine laufende Zufuhr solcher Kationen in Form von Kalk oder Ca-haltigen Düngemitteln notwendig. Die laufende Ca-Versorgung als Ersatz der verlorengegangenen Kationen wird *Erhaltungskalkung* genannt. Bei stärkerer Versauerung müssen die Böden eine entsprechend hohe Zufuhr an Kalk erhalten, eine sogenannte *Gesundungskalkung*, um möglichst schnell die erstrebte pH-Zahl zu erreichen. Müssen hohe Kalkgaben verabfolgt werden, so ist als Calcium-Form zweckmäßigerweise das Carbonat oder der Hüttenkalk zu wählen. Dagegen können kleine Kalkgaben als Branntkalk (CaO) gegeben werden. Während große Kalkmengen in einer Gabe auf sauren, tonreichen Mineralböden eine gute Wirkung haben, sollten solche auf sauren Mooren vermieden werden, um nicht die Mineralisierung der organischen Masse zu stark zu entfachen. Bis heute ist es noch immer schwierig, den versauerten Unterboden schnell mit basisch wirkenden Kationen zu versorgen. Der Transport wirkungsvoller Mengen von Kationen mit dem Sickerwasser in den Unterboden dauert normalhin Jahrzehnte, vor allem bei bindiger Textur. Die Einbringung von Kalk im Zuge der Tieflockerung ist unbefriedigend wegen der ungleichen Verteilung im Tieflockerungsbereich, aber doch sind Erfolge damit auf Pseudogleyen erzielt worden. Es darf nicht vergessen werden, daß bei der Kalkung saurer Böden, vor allem Sandböden, infolge der Erniedrigung der H-Ionen-Konzentration bestimmte Spurenelemente an Löslichkeit einbüßen und sich somit Spurennährstoffmangel zeigen kann.

Um die angestrebte pH-Zahl eines Bodens zu erhalten, muß diesem eine bestimmte Menge an Kalk zugeführt werden. Die für ein angestrebtes pH notwendige Kalkmenge ist nicht ohne weiteres aus der vorliegenden pH-Zahl ableitbar; es müssen vor allem Ton- und Humusgehalt des Bodens berücksichtigt werden. Dieser Kalkbedarf läßt sich nach E. SCHLICHTING und H. P. BLUME (1966) aus der Kationen-Austauschkapazität und dem V-Wert abschätzen. Diese einfache Methode ist in der Anwendung praktisch, wenn man KAK und V-Wert des Bodens ohnehin bestimmt. Davon ausgehend, daß der V-Wert mit 80 % optimal ist, errechnet sich der CaO-Bedarf je ha gemäß dieser Methode nach folgender Formel: dt/ha CaO = $(80-V) \cdot \frac{KAK}{100} \cdot 4 \cdot$ dm-Horizontmächtigkeit. P. SCHACHTSCHABEL hat für die Kalkbedarfsbestimmung eine genauere Methode vorgeschlagen, nämlich die Ermittlung des Kalkbedarfs aus einer Titrationskurve. Von zwei gleichen Bodenmengen wird eine mit einer 0,01-m CaCl$_2$-Lösung, die andere mit gestaffelten Mengen einer Lösung von n/30 Ca(OH)$_2$ angesetzt. Das pH dieser Suspensionen wird nach ein bis zwei Tagen und mehrmaligem Schütteln gemessen. Die für ein bestimmtes pH notwendige Menge an Ca(OH)₂ ergibt sich durch Interpolation. Die Neutralisationskurve läuft zwischen 4 und 7 pH fast linear. Aus dem Anfangs-pH (CaCl₂) und dem End-pH Ca(OH)₂ läßt sich praktisch hinreichend genau der Kalkbedarf für jedes gewünschte pH eines Bodens nach P. SCHACHTSCHABEL mit nachstehender Formel berechnen:

$$\mathrm{dt/ha\ CaO} = \frac{\text{Aufkalkungs-pH} - \text{Anfangs-pH}}{\text{pH 7} - \text{Anfangs-pH}} \cdot \text{dt/ha für ph 7.}$$

Mit Hilfe dieses so errechneten Kalkbedarfs wird trotz exaktem Analysengang nicht immer im Felde das erstrebte pH erhalten. Das findet seine Ursache im Boden: Die Kalkgabe kann ungleich verteilt sein, der Reaktionsausgleich mit dem Boden kann noch nicht erfolgt sein, durch die Zersetzung der organischen Substanz kann neue Säure in den Boden gelangt sein oder (und) die hohe variable Ladung der organischen Austauscher hat mit der Kalkzufuhr neue Säuregruppen aktiviert.

P. SCHACHTSCHABEL empfiehlt für Serienbestimmungen des Kalkbedarfs eine einfache Methode, bei welcher die H-Ionen-Konzentration des Bodens mit einer 0,5-m Ca-acetat-Lösung bestimmt und daraus die für ein erstrebtes pH erforderliche Kalkmenge berechnet wird.

6. Bestimmung des pH-Wertes

Die Bestimmung des pH-Wertes erfolgt in einer wässerigen Suspension (als pH[H₂O] bezeichnet) oder in einer KCl-Suspension (als pH [KCl] bezeichnet), wobei eine mKCl- oder heute meistens eine 0,01-mCaCl₂-Lösung verwendet wird. Hierbei wird die H-Ionen-Konzentration, oder genauer die H-Ionen-Aktivität bestimmt. Da die H-Ionen der Bodenlösung im Gleichgewicht stehen mit denen der Doppelschicht der Austauscher, vermittelt die H-Ionen-Konzentration der Bodenlösung eine Vorstellung von der H-Ionen-Menge der Austauscher-Oberfläche.

Die Kenntnis vom pH-Wert als solchem, d. h. ohne die Bedingungen seiner Bestimmung zu kennen, ist nicht ausreichend. Denn die in 0,1-m KCl-Suspension ermittelten pH-Werte liegen 0,5—1,0 niedriger als die in Wasser-Suspension gemessenen, wogegen der Unterschied zwischen den in 0,1-m KCl und in 0,01-m CaCl₂ gemessenen Werte im Durchschnitt klein ist. Die Messung des pH-Wertes in einer CaCl₂-Suspension hat den Vorteil, daß die oft salzhaltige Bodenlösung des Ackerbodens nicht stört, daß die jahreszeitlich bedingten Schwankungen wenig stören und daß der sog. Suspensionseffekt (zwischen der Salz-Brücke der Kalomel-Bezugselektrode und der diffusen Doppelschicht der Austauscher) ausbleibt oder gering ist. Das pH von Waldböden wird vornehmlich in wässeriger Suspension gemessen, da in diesen keine oder nur geringe Mengen störender Salze enthalten sind.

In Deutschland hat man sich wegen der Vergleichbarkeit der pH-Werte weitgehend auf folgende Labormethode geeinigt: Die lufttrockene Feinerde des Bodens wird mit einer 0,01-m CaCl₂-Lösung im Verhältnis 1:2,5 versetzt, z. B. bei 10 g Feinerde mit 25 cm³ 0,01-m CaCl₂-Lösung; bei Moorböden 25 cm³ frischer Bodenmasse mit 75 cm³ 0,01-m CaCl₂-Lösung. Diese Suspension wird während einer Zeit von mindestens einer halben Stunde, besser von einigen Stunden, mehrmals geschüttelt, und dann kann das pH der Suspension mit einer Platin- oder Glaselektrode gemessen werden. Mit einer solchen Elektrode wird das der H-Aktivität proportionale Potential gemessen, welches sich zwischen den Ionen der Suspension und der eingetauchten Elektrode einstellt. Das Potential stellt die Differenz dar zu einer Kalomel-Bezugselektrode mit bekanntem und konstantem Potential. Die Meßelektrode ist mit einem pH-Meter verbunden, d. h. einem mit Pufferlösungen auf pH und Temperatur geeichten Voltmeter mit pH-Wert-Skala.

Die, wie oben beschrieben, ermittelten pH-Werte sind konventionelle Größen. Man könnte selbstverständlich auch anders vorgehen. So wird anderenorts das Verhältnis Boden: Lösung anders gewählt, oder es wird z. B.

eine 0,1-m KCl-Lösung für die pH-Wert-Bestimmung verwendet. Die in 0,01-m CaCl$_2$-Suspension gewonnenen Werte liegen nur wenig anders als die in 0,1-m KCl-Suspension ermittelten.

In den letzten Jahrzehnten sind mehrmals pH-Meter entwickelt worden, die eine Messung des pH-Wertes direkt im Freilande erlauben sollen, indem die Elektrode in den feuchten Boden geführt wird. Eine solche Messung wäre aber nur dann von Erfolg, wenn der Wassergehalt des Bodens wenigstens zwischen der Wassersättigung und der Plastizitätsgrenze des Bodens liegt. Ist der Wassergehalt geringer, so kommt kein hinreichender Kontakt zwischen Elektrode und Boden zustande, und die Messung kann nicht richtig werden. Wegen dieses Mangels haben sich die pH-Meter zur Feststellung des pH-Wertes im Freilande nicht eingeführt.

Ferner sind in der Vergangenheit mehrere kolorimetrische Methoden zum Messen des pH-Wertes des Bodens entwickelt worden, wobei Indikatoren verwendet werden, welche die verschiedenen H-Ionen-Konzentrationen mit bestimmten Farben anzeigen. Die Indikatoren können in Papierfolien eingebettet (z. B. Indikatorpapier von Merck) sein oder sich in einer Lösung befinden (z. B. Hellige — pH-Meter). Messungen mit solchen kolorimetrischen Methoden erreichen höchstens eine Genauigkeit von ± 0,2 — 0,5 pH; im pH-Bereich zwischen 6 — 8 sind die Ergebnisse noch ungenauer, weil für diesen Bereich die bis jetzt vorhandenen Indikatoren nicht hinreichend empfindlich sind. Die kolorimetrischen Methoden kranken daran, daß die Indikatoren durch den Sorptionskomplex des Bodens mehr oder weniger sorbiert und damit in der Farbkraft geschwächt werden.

7. Bodenreaktion anzeigende Pflanzen

Unter natürlichen Bedingungen passen sich die Pflanzengemeinschaften des Standortes der Bodenreaktion an. Einzelne Pflanzen (Zeigerpflanzen) vermögen weniger darüber auszusagen als sogenannte ökologische Artengruppen (Pflanzengemeinschaften). Es gibt auch gegenüber der Bodenreaktion indifferente Arten, wie Wiesenrispe und Wiesenhornklee. Je mehr die Pflanzengemeinschaft eines Standortes durch Kulturmaßnahmen verändert ist, um so weniger vermag sie die Bodenreaktion anzuzeigen. Deshalb ist der Aussagewert der Unkräuter des Acker- und Gartenlandes geringer, weil die Unkrautflora durch Bewirtschaftungsmaßnahmen, vor allem durch die Anwendung von Herbiziden, stark verändert wird. Davon sind die Ackerraine nicht oder nur wenig betroffen, so daß der Anzeigerwert der hier vorkommenden Pflanzen für die Beurteilung der Bodenreaktion gut ist. Die Pflanzengemeinschaften des natürlichen Grünlandes und des Waldes können ebenfalls gute Hinweise auf die Bodenreaktion geben.

Da das Wachstum der Pflanzen auch von anderen Faktoren abhängig ist, wird ihr Gedeihen nicht nur von der Bodenreaktion gesteuert. Gute Nährstoffversorgung kann z. B. saure Reaktion kompensieren. Sogenannte Säureanzeiger sind z. T. Charakterpflanzen armer, leichter Böden und sogenannte Alkalitätszeiger können typische Pflanzen bindiger, nährstoffreicher Böden sein. Erfahrung und Sorgfalt in der Beurteilung der jeweiligen Pflanzengemeinschaft können vor Fehlurteilen bewahren.

Unter Berücksichtigung dieser geschilderten Einschränkungen lassen sich für die Kulturarten Acker, Grünland und Wald folgende ökologische Artengruppen für die verschiedenen Reaktionsbereiche des Bodens nach den Vorschlägen von H. ELLENBERG (1950), F. BOAS (1958) und E. KLAPP (1965) angeben.

(a) Reaktions-Zeigerpflanzen des Ackers

Nach ELLENBERG (1950) gibt es keine absolut zuverlässigen Zeigerpflanzen für einen bestimmten Säurebereich des Ackerbodens. Man muß vielmehr stets die gesamte Pflanzengemeinschaft als Zeiger heranziehen. Dafür muß man die pH-Amplitude für das Vorkommen der einzelnen Pflanzenarten kennen. Diese genau festzustellen ist kaum möglich, da sowohl die räumlichen Unterschiede und zeitlichen Schwankungen des pH-Wertes, als auch das oft von Standort zu Standort und von Region zu Region wechselnde Verhalten der Arten ein umfangreiches Beobachtungsmaterial erfordern. Um auch weniger exakte Untersuchungen auswerten zu können und damit genügend viele Angaben zu bekommen, führte ELLENBERG als relatives Maß die Reaktionszahl R ein, die dann auch BOAS (1958) verwendet hat.

R1 vorwiegend auf **stark sauren Böden** verbreitete Arten,
R2 vorwiegend auf **sauren** Böden vorkommende, aber gelegentlich in den neutralen Bereich eindringende Arten,
R3 vorwiegend auf **schwach sauren** Böden, gelegentlich aber in allen pH-Bereichen vorkommende Arten,
R4 vorwiegend auf **schwach sauren** bis **alkalischen** Böden vorkommende Arten,
R5 vorwiegend auf **neutralen** bis **alkalischen** Böden vorkommende Arten,
R6 gegen den Säuregrad des Bodens **indifferente** Arten.

Nimmt man in einem Bestand eine Artenliste auf, ohne aber die RO-Arten (Arten ohne Zeigerwert) zu berücksichtigen, und bildet man den Mittelwert der zugehörigen Reaktionszahlen, so ergibt das eine mittlere Reaktionszahl. Diese »gibt uns die Möglichkeit, das Gefüge einer Pflanzengemeinschaft im Hinblick auf den Säuregrad des Bodens zahlenmäßig auszudrücken« (ELLENBERG, 1950).

ELLENBERG gibt eine Liste mit 244 Ackerunkräutern, aus der neben anderen wichtigen Merkmalen die Reaktionszahlen zu entnehmen sind. Nachstehend werden für jede Reaktionszahl einige Arten aufgeführt, die bekannt genug sind, um die entsprechenden Unkrautgemeinschaften vor Augen zu stellen. Für die sichere Beurteilung der Bodenreaktion genügt eine solche kleine Auswahl von Arten nicht.

R1: *Galeopsis segetum*, Sand-Hohlzahn
Holcus mollis, Weiches Honiggras
Rumex acetosella, Kleiner Sauerampfer
Scleranthus annuus, Kleiner Knäuel
Spergula arvensis, Acker-Spörgel

R2: *Anthemis arvensis*, Acker-Hundskamille
Juncus bufonius, Kröten-Binse
Spergularia rubra, Roter Spärkling

R2-3: *Raphanus raphanistrum*, Hederich

R3: *Apera spica-venti*, Windhalm
Matricaria chamomilla, Echte Kamille
Papaver dubium, Saat-Mohn
Poa annua, Einjährige Rispe

R4: *Euphorbia peplus*, Garten-Wolfsmilch
Glechoma hederacea, Gundermann
Papaver rhoeas, Klatsch-Mohn
Potentilla anserina, Gänse-Fingerkraut
Sinapis arvensis, Acker-Senf
Sonchus oleraceus, Kohl-Gänsedistel

R5: *Caucalis daucoides*, Möhren-Haftdolde
Delphinium consolida, Feld-Rittersporn
Galium tricorne, Horn-Labkraut
Lathyrus hirsutus, Haar-Platterbse
Stachys recta, Aufrechter Ziest
Thlaspi perfoliatum, Öhrchen-Hellerkraut

(b) Reaktions-Zeigerpflanzen des Grünlandes

Nach ELLENBERG (1952) reagieren Grünlandgesellschaften nur in Extremfällen eindeutig auf den Säuregrad des Bodens. Die dort für 362 Arten zusammengestellten Reaktionszahlen (R) gelten für erwachsene Pflanzen in ungestörten Gemeinschaften. Die Reaktionszahlen einiger häufiger Arten sind nachstehend angegeben.

R1: *Galium saxatile*, Stein-Labkraut
Holcus mollis, Weiches Honiggras
Juncus squarrosus, Sparrige Binse
Trifolium arvense, Hasenklee

R2: *Agrostis canina*, Hunds-Straußgras
Ranunculus flammula, Brennender Hahnenfuß
Veronica officinalis, Gebräuchlicher Ehrenpreis
Viola canina, Hunds-Veilchen

R3: *Chaerophyllum hirsutum*, Berg-Kälberkropf
Cirsium palustre, Sumpf-Distel
Cynosurus cristatus, Kammgras
Polygala vulgaris, Gemeine Kreuzblume
Polygonum bistorta, Wiesen-Knöterich

R4: *Arrhenatherum elatius*, Glatthafer
Crepis biennis, Wiesen-Pippau
Dactylis glomerata, Knaulgras
Medicago lupulina, Hopfen-Schneckenklee

R5: *Bromus erectus*, Aufrechte Trespe
Medicago falcata, Sichelklee
Onobrychis viciaefolia, Esparsette
Salvia pratensis, Wiesen-Salbei
Sanguisorba minor, Kleiner Wiesenknopf

Nach KLAPP (1965) kommt das Basen-Säure-Verhältnis im Boden um so deutlicher im Pflanzenbestand zum Ausdruck, je mehr es zu einem beherrschenden Faktor wird. Dies gilt vor allem bei extensiver Bewirtschaftung.

(c) Reaktions-Zeigerpflanzen des Waldes

Im Walde stellt sich die prinzipielle Schwierigkeit ein, daß eine der oberirdischen Vegetations-Schichtung entsprechende Schichtung in Wurzelstockwerke vorliegt, so daß wegen der unterschiedlichen Acidität der Bodenhorizonte oder -schichten nicht ohne weiteres vom pH-Wert im Wurzelbereich der Krautschicht auf den der Baumschicht geschlossen werden kann.

SCHÖNHAR (1952) konnte trotz der jahreszeitlichen pH-Schwankungen eine gute Korrelation zwischen der Acidität des A-Horizontes und der Zusammensetzung der Krautschicht sowie zwischen dem Säuregrad der Auflage und dem Auftreten von Moosarten feststellen, wenn er sich auf Laubwälder beschränkte. Für Fichtenbestände der ersten Generation täuschen die Pflanzen einen zu hohen pH-Wert vor. Für das Württembergische Unterland, und sicher weit darüber hinaus gültig, stellt er in Anlehnung an ELLENBERG 6 Reaktionsgruppen auf, nämlich R1 für stark saure, R2 für saure, R3 für schwach saure, R4 für schwach saure bis neutrale, R5 für vorwiegend neutrale bis alkalische Böden; Arten ohne Zeigerwert bilden die Gruppe R0. Angegeben sind 89 Kräuter und 46 Moose; einige bekannte Kräuter und je ein Moos seien hier erwähnt:

R1: *Calluna vulgaris*, Heidekraut
Vaccinium myrtillus, Blaubeere
Leucobryum glaucum, Weißmoos

R2: *Deschampsia flexuosa*, Drahtschmiele
Luzula nemorosa, Busch-Hainsimse
Pteridium aquilinum, Adlerfarn
Dicranum undulatum, Gewelltes Gabelzahnmoos

R3: *Milium effusum*, Wald-Flattergras
Stellaria holostea, Große Sternmiere
Viola silvestris, Waldveilchen
Plagiothecium denticulatum, Gezähntes Schiefbüchsenmoos

R4: *Bromus asper*, Wald-Trespe
Elymus europaeus, Wald-Haargerste
Ranunculus ficaria, Feigwurz
Anomodon attenuatus, Schmales Trugzahnmoos

R5: *Arum maculatum*, Aronstab
Mercurialis perennis, Wald-Bingelkraut
Sanicula europaea, Sanikel
Tortella tortuosa, Gekräuseltes Spiralzahnmoos

Für die forstliche Standortserkundung hat es sich als günstiger erwiesen, ökologische Artengruppen aufzustellen, die zugleich mehrere Faktoren berücksichtigen. Dabei spielt die Bodenreaktion eine wechselnde Rolle, worauf ELLENBERG sowie viele Arbeiten in den Mitteilungen des Vereins für forstliche Standortskartierung, Stuttgart, hinweisen.

Für Acker, Grünland und Wald gilt demnach, daß viele Arten in Pflanzengesellschaften leben, deren Standorte durch eine bestimmte pH-Amplitude ausgezeichnet sind. Auf die Bindung einer solchen Art an die Bodenreaktion selbst darf daraus nicht geschlossen werden. Die Acidität ist vielmehr mit anderen Bodeneigenschaften eng korreliert, ferner auch mit dem Auftreten bestimmter Pflanzengesellschaften, die ihrerseits das Vorkommen der einzelnen Art, z. B. durch Konkurrenzdruck, Windschutz, Bestandesabfall, mitbestimmen.

8. Einwirkung der Bodenreaktion auf den Boden

Kaum eine Eigenschaft des Bodens hat so viele Wirkungen auf die Prozesse im Boden wie die Bodenreaktion.

Zunächst ist die Bodenreaktion der entscheidende Faktor für das Maß der *Verwitterung*. Mit steigender H-Ionen-Konzentration steigt auch die hydrolytische Zersetzung der Silikate des Gesteins bzw. des Bodens. Im ganzen betrachtet, steigt der chemische Verwitterungsgrad mit zunehmender Versauerung.

Die *Neubildung von Mineralen* aus den Verwitterungsprodukten ist gehemmt bei tiefem und hohem pH; sie funktioniert am besten etwa in dem pH-Bereich zwischen 4,5

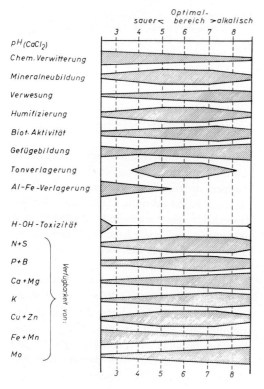

Abb. 106. Schematische Darstellung der Beziehungen zwischen dem pH und den pedogenetischen Prozessen sowie der Verfügbarkeit der Nährstoffe (Breite der Bänder gibt die Intensität der Prozesse bzw. der Nährstoffverfügbarkeit an) (nach D. Schroeder 1983).

und 8,0. Bei dieser H-Ionen-Konzentration sind einerseits funktionsfähige Aufbaustoffe für neue Minerale des Bodens anwesend, andererseits ist die H-Ionen-Konzentration nicht zu hoch, so daß eine Zerstörung neuer Minerale nicht stattfindet.

Von der Bodenreaktion ist die *Tonverlagerung* maßgeblich abhängig; sie läuft etwa in dem pH-Bereich 4,5 bis 6,5 ab. Dies beruht darauf, daß über pH 6,5 hinreichende Mengen an Ca-Ionen das Bodengefüge stabilisieren, und bei einem pH etwa unter 4,5 übernehmen Fe- und Al-Ionen diese Rolle.

Die Bildung der Art des *Bodengefüges* und seine Stabilität sind einerseits vom Tongehalt des Bodens, aber auch von seiner Reaktion abhängig. Bei tieferem pH stabilisieren hauptsächlich Fe- und Al-Ionen die feinerdehaltige Bodensubstanz zu Krümeln; das gleiche vermögen bei hohem pH ($>$ 6,5) die Ca-Ionen zu bewirken. In stark alkalischen Böden (Alkaliböden) kommt es zur Bildung großer prismatischer oder säuliger Aggregate. Die Bodenreaktion hat besonders Einfluß auf die *Gefügestabilität*, welche im pH-Bereich etwa unter 4,5 und zwischen 7 und 8 am höchsten ist, wesentlich geringer zwischen 4,5 und 6,5 und in stark alkalischen, Na-reichen Böden.

Die *Zersetzung der organischen Bodensubstanz* wird im Bereich tiefer als pH 5 mehr und mehr gehemmt, nimmt aber zu mit steigendem pH, um im stark alkalischen Bereich wieder abzunehmen. Ähnlich ist es mit der *Humifizierung*, d. h. der Huminstoffbildung; sie verläuft am besten bei einer Bodenreaktion etwa zwischen 4,5 und 7,5 pH. Diese Vorgänge des Abbaues der organischen Bodenmasse und des Aufbaues von Huminstoffen sind in erster Linie biologische Prozesse, d. h. sie stehen vornehmlich in Abhängigkeit von der *biologischen Aktivität*. Diese wiederum ist neben Temperatur, Feuchtigkeitsgrad und Nährstoffen stark abhängig von der Bodenreaktion; so ist für die biologische Aktivität ein pH-Bereich etwa von 7 optimal, sie fällt bei pH unter 5,5 und über 8 stark ab.

Die *Verlagerung von Fe- und Al-Verbindungen* findet nur bei tieferem pH statt; sie beginnt nennenswert unter 4,5 pH.

Die *Verfügbarkeit der Nährstoffe*, einschließlich der Spurennährstoffe, ist ebenfalls stark von der Bodenreaktion abhängig. Für Stickstoff, Phosphate, Kalium, Schwefel, Bor, Kupfer und Zink zeigt sich eine gute Verfügbarkeit etwa zwischen 4,5 und 7,5, für Calcium, Magnesium und Molybdän nimmt im ganzen gesehen die Verfügbarkeit mit steigendem pH zu; im Gegensatz dazu fällt sie für Eisen, Mangan und Kobalt mit steigendem pH.

Die *toxische Wirkung* von H- und OH-Ionen findet erst bei extremer Acidität bzw. Alkalität statt.

D. Schroeder (1983) hat in einer schematischen Darstellung die Einflüsse der Bodenreaktion auf die Prozesse im Boden anschaulich dargestellt; sie ist in Abbildung 106 wiedergegeben.

9. Einfluß der Bodenreaktion auf die Kulturpflanzen

Die Bodenreaktion beeinflußt das Wachstum aller Kulturpflanzen mehr oder weniger. Diese umfangreiche Frage müssen wir beschränken auf die wichtigsten Kulturpflanzen Mitteleuropas. Die Bodenreaktion darf hierbei nicht isoliert betrachtet werden, vielmehr im Zusammenhang mit dem Klima und dem Gehalt des Bodens an organischer Substanz und Spurennährstoffen (Abb. 106). Die anzustrebende Bodenreaktion unter Berücksichtigung vom Gehalt an Ton und organischer Substanz ist in der Tabelle 43 zu finden. Die in dieser Tabelle aufgeführten pH-Zahlen sind als Richtwerte aufzufassen, denn es wird im Einzelfall nötig sein, davon abzuweichen, vor allem mit Rücksicht auf bestimmte Kulturpflanzen.

Die Gründe für die Abhängigkeit des optimalen pH vom Gehalt an Ton, Humus und Spurennährstoffen liegen in verschiedener Richtung. Bei lehmigen und tonigen Böden bewirkt ein pH > 7, d. h. eine hohe Basensättigung, eine Gefügeverbesserung, und diese hat günstige Auswirkungen auf die Kulturpflanzen. Je höher der Ton- und je geringer der Humusgehalt ist, um so wichtiger ist die hohe Basensättigung für die Verbesserung des Bodengefüges. Bei tonreichen, an Spurennährstoffen meist gut versorgten Böden ist die Gefahr der Festlegung der Spurennährstoffe bei steigendem pH weniger gegeben. Hingegen verursacht ein tiefes pH bei den lehmigen und tonigen Ackerböden neben der Gefügeverschlechterung und Verdichtung noch weitere nachteilige Prozesse, wie Verringerung der Durchlässigkeit für Wasser und Luft, Rückgang der biologischen Aktivität, Festlegung von P und Mo, womöglich auch Schäden durch Al- und Mn-Ionen, wobei allerdings die toxische Wirkung der Al-Ionen umstritten ist. Andererseits kann zu starke Aufkalkung zur Festlegung von Bor führen und die Herz- und Trockenfäule der Rüben hervorrufen. Auf kalkreichen Böden kann bei bestimmten Obstbäumen (Pfirsich) und auch landwirtschaftlichen Kulturpflanzen (Lupine) Chlorose auftreten, die auf einer Störung der Eisenaufnahme beruht. Indessen können solche Schäden auf alkalischen Böden ausbleiben, wenn starke Pufferung, guter Wasser- und Nährstoffhaushalt diesen entgegenwirken.

In sandigen Böden mit einem Tongehalt von < 5 % wird bei pH > 5,5 die organische Substanz zu stark abgebaut. Ferner kann bei erhöhtem pH das Mangan festgelegt werden und Mn-Mangel auftreten, wodurch die Dörrfleckenkrankheit des Hafers verursacht wird, so daß in diesen Böden ein pH von 5,3 — 5,7 zweckmäßig ist.

In Böden mit hohem Gehalt an organischer Masse soll die Bodenreaktion im tieferen Bereich liegen, damit der Abbau der organischen Masse möglichst gering gehalten wird. Hierbei handelt es sich meistens um grundwassernahe Standorte, die als Grünland genutzt werden; in sandig-anmoorigen Grünlandböden liegt zweckmäßig das pH zwischen 5,0 — 5,7, in tonreicheren Grünlandböden etwa zwischen 6,0 — 6,5, im Grünland des Hochmoores bei etwa 4,5 pH.

Die Arten unserer Kulturpflanzen, in manchen Fällen sogar die Sorten, gedeihen in einer bestimmten Reaktionsspanne am besten. Diese optimalen Reaktionsspannen sind indessen nicht als unveränderlich zu verstehen, vielmehr wird die Wirkung der Bodenreaktion verstärkt oder geschwächt hauptsächlich durch den Witterungsablauf, die Pufferung sowie die Wasser- und Nährstoffversorgung des Bodens, aber auch noch durch weitere Einflüsse. Bekannt ist z. B., daß säureempfindliche Pflanzen (z. B. Gerste) in gut gepufferten Böden auch bei saurer Reaktion von 4 — 5 pH gedeihen. Auch sind Pflanzen (z. B. Lupinen) in der Lage, im Bereich der Rhizosphäre die Bodenreaktion in der ihnen gemäßen Richtung zu ändern.

Ein Teil unserer Kulturpflanzen bevorzugt eine neutrale bis schwach alkalische Reaktion (Zuckerrübe, Luzerne, Gerste, Esparsette, Senf), eine andere Gruppe dagegen gedeiht am besten im schwach sauren Bereich (Roggen, Hafer, Kartoffel), und zwischen diesen beiden Pflanzengruppen reihen sich um den Neutralpunkt Weizen, Erbse und Raps ein; die Lupine vermag im sauren pH-Bereich gut

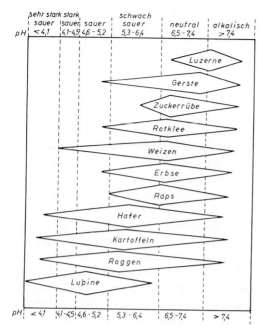

Abb. 107. Der im allgemeinen optimale Reaktionsbereich der wichtigsten Kulturpflanzen, zusammengestellt nach verschiedenen Angaben von E. KLAPP 1967.

zu wachsen. Hierbei gilt allgemein, daß die Kulturpflanzen eine um so größere Reaktionsspanne vertragen, je günstiger die übrigen Wachstumsfaktoren gestaltet sind; diese kompensieren also eine gewisse Ungunst der Bodenreaktion. Um die im allgemeinen geltenden optimalen Reaktionsspannen unserer wichtigsten Kulturpflanzen anschaulich nebeneinander zu zeigen, wird eine von E. KLAPP (1967) zusammengestellte Übersicht beigegeben (Abb. 107).

Schäden, die einer extremen Bodenreaktion angelastet werden, müssen nicht unbedingt eindeutig darauf beruhen. Oft sind es mittelbare Wirkungen, wie z. B. die Festlegung eines Spurennährstoffes oder die Begünstigung eines Schädlings. Sehr starke Bodenversauerung kann bei Getreide die Keimung hemmen und zu einer Wachstumsschwächung führen, die sich in der Ausbildung schmaler, gekrümmter, gelblich verfärbter Blätter äußert. Der Wurzelbrand bei Runkel- und Zuckerrüben sowie der Wurzelkropf bei der Kohlrübe werden durch starke Bodensäure begünstigt. Schließlich können bei extrem starker Versauerung, die z. B. bei der Oxidation von Schwefeleisen auftreten kann, die Kulturpflanzen ganz versagen, und säureverträgliche Unkräuter besetzen die Kahlflächen. Die durch extreme Bodenreaktion verursachten Schäden werden durch Trockenheit erhöht.

e. PUFFERUNG

1. Wesen der Pufferung

Mit Pufferung bezeichnet man die Fähigkeit einer Lösung oder Suspension, ihr pH bei plötzlich in sie gelangende H- oder OH-Ionen nicht oder nur wenig zu verändern, d. h. Reaktionsänderungen abzufangen. Im Boden kann durch die schnelle Zersetzung der organischen Substanz kurzfristig eine bedeutende Menge H-Ionen produziert werden. Ferner bringt der Regen H-Ionen der Kohlensäure in den Boden. In der Rhizosphäre kann lokal die Konzentration der H-Ionen kurzfristig zunehmen. Noch schneller kann durch die saure oder alkalische Düngung eine Menge H- bzw. OH-Ionen in den Boden gelangen. Die damit verbundene plötzliche pH-Änderung wird von den Pufferstoffen des Bodens aufgefangen.

2. Pufferstoffe des Bodens

Als Puffersystem des Bodens sind zunächst die Gemische von schwachen Säuren mit ihren Salzen zu nennen. Im Boden kommt dafür in erster Linie ein Gemisch von $CaCO_3$ — $Ca(HCO_3)_2$ — H_2CO_3 in Betracht; die Kohlensäure (H_2CO_3) dissoziiert in Gegenwart ihrer Salze nur schwach, setzt also wenig H-Ionen in die Bodenlösung. Das Calciumhydrogencarbonat vermag eine starke Säure zu puffern, indem ein Calciumsalz und die schwächere Kohlensäure gebildet werden. Ein gutes Puffersystem stellt ferner ein Gemisch von primären, sekundären und tertiären Phosphaten dar, die H-Ionen aufzunehmen vermögen: $Ca_3(PO_4)_2$ — $CaHPO_4$ — $Ca(H_2PO_4)_2$ —

H_3PO_4. Auch Huminsäure und Humate bilden als schwache Säuren mit ihren Salzen ein Puffersystem.

Die stärksten Puffer des Bodens stellen die anorganischen und organischen Austauscher dar. Sie übernehmen vor allem dann die Pufferung, wenn die oben genannten Puffersysteme fehlen oder nicht ausreichen. In die Bodenlösung gelangende H-Ionen werden gegen die von den Austauschern sorbierten Alkali- und Erdalkali-Ionen ausgetauscht und damit aktive in potentielle Acidität umgewandelt. Voraussetzung dafür ist natürlich, daß basische Kationen für den Austausch bereit stehen. So können auch die immer wieder in den Boden gelangenden H-Ionen der Kohlensäure von den Austauschern aufgefangen werden, wenn diese ausreichend mit basischen Kationen belegt sind. Gelangen andererseits plötzlich basische Kationen in die Bodenlösung, so können diese gegen sorbierte H-Ionen ausgetauscht werden und die pH-Verschiebung zur alkalischen Seite unterbleibt. Hierfür muß aber auch vorausgesetzt werden, daß ausreichend sorbierte H-Ionen vorhanden sind. Die Austauscher des Bodens können nur dann H- und basische Kationen abpuffern, wenn der Ionenbelag sowohl sauer als auch basisch wirkende Kationen besitzt. Für den Pufferungsprozeß im Kulturboden ist ein hinreichender Gehalt an leistungsfähigen Austauschern (aufweitbare Tonminerale, organische Substanz) besonders wichtig, weil durch hohe Gaben von Handelsdünger plötzlich größere Mengen von H- oder basischen Kationen in die Bodenlösung gelangen können.

3. Bedeutung der Pufferung für die Pflanzen

Die Kulturpflanzen und die Bodenorganismen sind bis zu einem gewissen Grade empfindlich gegen eine plötzliche und starke Veränderung der Bodenreaktion. Deshalb hat man früher dem Puffervermögen des Bodens besondere Bedeutung beigemessen. Indessen scheint die Pufferkraft des Bodens dann für das Gedeihen der Pflanzen von geringerem Wert zu sein, wenn bei plötzlichen Reaktionsschwankungen ihre Ernährung mit allen Hauptnährstoffen und Spurennährstoffen gewährleistet ist. Dafür sprechen die hohen Branntkalk-Gaben auf sandigen Böden, wobei keine Ertragseinbuße eintritt, wenn die Versorgung der Pflanzen in jeder Hinsicht optimal ist. Wichtig ist für die sandigen Böden ein hinreichender Gehalt an organischer Substanz und gut puffernden Phosphaten. Verfügt aber der Sandboden nicht über allgemein optimale Wachstumsbedingungen, so kann sich die mangelnde Pufferkraft nachteilig auswirken, besonders bei hohen Düngergaben. Eine gute Pufferung vermag den der Pflanze zusagenden Reaktionsbereich beachtlich zu erweitern. Die Pufferkraft wird auch von der Reaktion selbst beeinflußt; sie sinkt in den extremen Reaktionsbereichen. Im ganzen gesehen, müssen Reaktion und Pufferung des Bodens im Hinblick auf die Pflanzen stets zusammen beachtet werden; darüber hinaus müssen beide Eigenschaften im Zusammenhang mit dem Wasser- und Nährstoffhaushalt bewertet werden.

f. REDOX-POTENTIAL DES BODENS

1. Wesen des Redox-Potentials

Das Redox-Potential bedeutet das Verhältnis von Oxidation zu Reduktion und umfaßt die Oxidations- und Reduktions-Vorgänge oder die Redox-Eigenschaften des Bodens. Diese Prozesse laufen teils chemisch und teils biologisch ab. Die Oxidation ist gekennzeichnet durch die Aufnahme von Sauerstoff, die Abgabe von Wasserstoff und die Erhöhung der Wertigkeit. Im Gegensatz dazu ist die Reduktion durch die entsprechenden umgekehrten Vorgänge gekennzeichnet. Allgemein betrachtet, bedeutet Oxidation die Abgabe von Elektronen und Reduktion die Aufnahme von Elektronen durch ein Element. Wenn z. B. zweiwertiges Eisen (Fe^{++}) in dreiwertiges Eisen (Fe^{+++}) überführt wird, so ist dies ein Oxidationsvorgang, wobei ein Elektron abgegeben wird und dadurch das Element Eisen eine weitere positive Ladung erhält, also Fe^{++} in Fe^{+++} übergeht. Das dreiwertige Eisen (F^{+++}) kann reduziert werden in zweiwertiges Eisen (Fe^{++}), wobei ein Elektron aufgenommen wird und eine Ladung verloren geht. Ein häufiger Vorgang im Boden ist die Reduktion von Schwefel (SO_4^{--}) in Gegenwart von H-Ionen in Schwefelwasserstoff (H_2S), wobei zwei Elektronen aufgenommen werden. Bei Luftzutritt oxidiert Schwefelwasserstoff zu Schwefeliger Säure und weiter zu Schwefelsäure; dabei werden zwei Elektronen abgegeben. Der Oxidation eines Elementes steht die Reduktion gegenüber, d. h. in beiden Richtungen kann der Prozeß ablaufen, und zwar in Abhängigkeit von den Milieubedingungen, vor allem von der Menge an Sauerstoff. Zwei Stoffe, die je nach Milieubedingungen in der oxidierten oder reduzierten Stufe vorliegen können, bilden ein Redox-Paar oder Redox-System, wie z. B. Fe^{++} und Fe^{+++}. Häufige Redox-Systeme des Bodens sind:

$Fe^{2+} \rightleftarrows Fe^{3+}$; $Mn^{2+} \rightleftarrows Mn^{3+} \rightleftarrows Mn^{4+}$;
$H_2S \rightleftarrows S \rightleftarrows SO_4$; $NH_4 \rightleftarrows N \rightleftarrows NO_3$;
$H_2 \rightleftarrows H_2O$; $CH_4 \rightleftarrows C \rightleftarrows CO_2$.

Oxidation und Reduktion laufen im Boden nebeneinander ab; das Verhältnis der oxidierenden und reduzierenden Kraft dieser Prozesse bildet das Redox-Potential.

2. Maß für das Redox-Potential

Das Maß für die Stärke (genauer: die wirksame Kraft) der Oxidation oder Reduktion, d. h. der Elektronenabgabe oder Elektronenaufnahme eines Redox-Systems, stellt das Normal-Potential (Abkürzung NP, Zeichen E_0) dar, ausgedrückt in Millivolt. Beispielsweise beträgt das Normal-Potential zwischen $Fe^{++} \rightleftarrows Fe^{+++} + e$ (1 Elektron), $E_0 = + 0,77$ V. Dieses Normal-Potential ist das Redox-Potential bei bestimmten Bedingungen: pH 0, 25° C, Aktivität 1 beider Reaktionspartner.

Im Boden gibt es eine Anzahl von Redox-Systemen, die gleichzeitig reagieren. Sie bilden zusammen das Gesamt-Redox-Potential des Bodens. Es laufen daher im Boden viele Oxidations- und Reduktionsvorgänge nebeneinander ab. Im einzelnen sind aber deren Normal-Potential und Konzentration der Redox-Paare nicht bekannt; sie werden deshalb zusammengefaßt als Redox-Potential (Abkürzung ROP, Zeichen E) gemessen.

Für die Ermittlung des Redox-Potentials E eines Redox-Systems bei 25° C hat NERNST folgende Formel vorgeschlagen:

$$E = E_0 + \frac{0,06}{n} \cdot \log \frac{a\,(ox)}{a\,(red)}$$

Dabei ist: E_0 = Normal-Potential; 0,06 = Konstante bei 25° C; n = Zahl der an der Reaktion beteiligten Elektronen; a(ox) = Aktivität der oxidierten Stufe; a (red) = Aktivität der reduzierten Stufe. Für das oben erwähnte Redox-System $Fe^{++} \rightleftarrows Fe^{+++}$ würde die NERNST'SCHE Formel lauten:

$$E = 0,77 + 0,06 \cdot \log \frac{a\,Fe^{+++}}{a\,Fe^{++}}$$

Die NERNST'SCHE Formel kann erweitert werden auf mehrere Redox-Systeme. Die Formel läßt erkennen, daß bei konstanter Temperatur und konstantem Druck das Redox-Potential vom Normal-Potential und von dem Verhältnis der Aktivität der oxidierten zur reduzierten Stufe abhängt.

Das Redox-Potential eines Redox-Systems wird elektrometrisch mit Hilfe einer Platin-Elektrode gemessen, und zwar als Potential-Differenz zwischen einer Platin-Elektrode und einer Bezugs-Elektrode mit konstantem Potential (Normalwasserstoff- oder Kalomel-Elektrode). Durch Verbindung dieser Elektroden außerhalb des Bodens mit einem Leiter erhält man ein galvanisches Element, dessen jeweilige Spannung über ein Potentiometer in mV gemessen wird. Der Wasserstoffelektrode hat man willkürlich (bei 18° C, 1 n H^+-Lösung und 1 bar) das Potential 0 zugeordnet.

Die Oxidationsvorgänge erzeugen positive, die Reduktionsvorgänge negative Potentiale. Die Potentiale des Bodens ordnen sich etwa zwischen — 300 mV (Reduktionsseite) und + 850 mV (Oxidationsseite) ein. Die jeweilige Höhe des Redox-Potentials läßt erkennen, welche Reaktionsrichtung dominiert. Das Redox-Potential muß im Boden selbst gemessen werden, und zwar wiederholt in bestimmten Zeitabständen, um etwaige Potential-Schwankungen zu erfassen. Die Ermittlung des Redox-Potentials in den dem Boden entnommenen Lösungen führt zu falschen Ergebnissen. Vielmehr muß das ganze ungestörte Bodensystem den Potential-Wert ergeben.

3. Beeinflussung des Redox-Potentials

Das Redox-Potential ist *abhängig vom pH*, und zwar steigt es mit sinkendem pH. Das bedeutet, daß auch die Oxidations- bzw. Reduktionskraft pH-abhängig ist. Somit sind die Redox-Potentiale nur bei gleichem pH vergleichbar. Da mit der Änderung des pH auch Austauschreaktionen ablaufen, die ebenfalls Einfluß auf das Redox-Potential haben, ist der Meßwert von pH-Einheit zu pH-Einheit variabel und schwankt zwischen 50 und 100 mV; ein beobachteter Mittelwert liegt bei etwa 80 mV. Da im Boden stets Redox-Systeme vorliegen, bei denen H-Ionen beteiligt sind, so ist also immer mit einer pH-Beeinflussung zu rechnen. Um die Redox-Potentiale verschiedener Böden vergleichen zu können, muß für jeden einzelnen Boden die Potentialänderung je pH-Einheit ermittelt werden. Dann können die gewonnenen Redox-Potentiale auf einen einheitlichen pH-Wert (meist pH 6 oder 7) umgerechnet werden.

Weil die Ermittlung des so korrigierten Redox-Potentials umständlich ist, hat man zur Vereinfachung den rH-Wert (r von Reduktion; H von Hydrogenium) eingeführt. Der rH-Wert ist der negative dekadische Logarithmus des vorliegenden Wasserstoffdruckes; er ist ein Maß für die Reduktionskraft des Bodens, die sich aus dem gemessenen Redox-Potential (E in mV) und dem vorliegenden pH als Näherungswert nach folgender Formel ergibt:

$$rH = \frac{E}{28,9} + 2\,pH,$$

wobei 28,9 die NERNST'SCHE Konstante ist.

Die so ermittelten rH-Werte können unabhängig vom pH verglichen werden. Liegen die rH-Werte unter 15, so überwiegen Reduktionsvorgänge, liegen sie über 30, so liegen Oxidationsvorgänge vor.

Das Redox-Potential ist ferner abhängig von dem Verhältnis der Konzentration der Redox-Partner. Das Überwiegen von oxidationsfähigen Systemen läßt das Potential ansteigen.

Neben dem pH können *Komplexbildner* die Redox-Eigenschaften eines Redox-Systems ändern. Durch die Komplexbildung mit Metall-Ionen können diese schwerer oxidierbar werden als hydratisierte Metall-Ionen. — Die von bestimmten Mikroorganismen gebildeten *Enzyme* vermögen Redox-Vorgänge zu begünstigen.

4. Bodeneigenschaften und die Redox-Potentiale

In einem an Redox-Systemen reichen Boden schwanken die Redox-Potentiale allgemein wenig, da mannigfache reduzierende und oxidierende Vorgänge ihre Wirkungen mehr oder weniger aufheben. So verhindern die Metalloxide ein starkes Sinken des Redox-Potentials, wogegen die organischen Substanzen eine starke Erhöhung verhindern. Die Fähigkeit des Bodens, Redox-Potential-Schwankungen zu verhindern, wird *Beschwerung* genannt; dies ist also eine Pufferung gegen Redox-Potential-Schwankungen.

Porenreiche, für Luft gut durchlässige Böden besitzen im Bodenwasser und in der Bodenluft ausreichend Sauerstoff für Oxidationsprozesse. Solche Böden enthalten im allgemeinen einen hohen Gehalt an oxidierten Verbindungen, wie Metalloxide, Nitrate und Sulfate, ferner wird die organische Substanz laufend abgebaut, wenn hinreichend Basen vorhanden sind. Dies alles führt zu *hohen* Redox-Potentialen. Sinkt der Sauerstoffgehalt in Bodenwasser und Bodenluft, so sinkt auch das Redox-Potential. Schwankungen des Sauerstoffgehaltes reflektieren in entsprechenden Schwankungen des Redox-Potentials, wenn nicht eine hinreichende Beschwerung kleinerer Schwankungen weitgehend verhindert.

Bei stärkerem Sauerstoffmangel, der im Boden vor allem durch Grund- und Stauwasser sowie durch längere Überflutung eintreten kann, finden Reduktionen statt, und das führt zu *niederen* Redox-Potentialen. Hierbei sind meist auch anaerob lebende Mikroorganismen beteiligt. Bei einem Potential unter 500 mV wird schon Mn^{++} gebildet, und Fe^{+++} wird im Bereich unter 200 — 300 mV zu Fe^{++} reduziert. In dem reduzierenden Milieu wird SO_4^{--} zu H_2S oder FeS und FeS_2, NO_3^- zu NH_4^+ oder schließlich zu N_2 umgewandelt. Unter extremen Reduktionsbedingungen, z. B. in Mooren und in Reisböden, kann es zur Bildung von CH_4 und H_2 kommen. Die Reduzierbarkeit der oxidierten Stufen nimmt in nachstehender Reihenfolge ab: Mn-Oxide > Nitrate > Fe-Oxide > Sulfate > Kohlendioxid > Wasser. Am leichtesten werden also die Mn-Oxide reduziert und am schwersten das Wasser. Ein niedriges Redox-Potential ist mithin kennzeichnend für Reduktionsprozesse, und diese finden vor allem in ständig oder temporär wasserbeeinflußten Böden statt, z. B. in Gleyen, Marschen, Mooren, Auenböden und Pseudogleyen.

Aus der Bedingtheit des niedrigen Redox-Potentials durch die Reduktion in schlecht belüfteten, wasserübersättigten Böden müßte man schließen, daß aus dem Redox-Potential das Maß für das Dränbedürfnis solcher Böden abgeleitet werden könnte. Der Versuch ist auch gemacht worden, indessen mit unsicherem Erfolg, da offenbar die bisherigen Versuche nicht hinreichend systematisch waren. Viele unserer dränbedürftigen Böden sind Pseudogleye mit stark wechselnder Belüftung, und diese führt zu Redox-Potentialen mit nicht hinreichender Aussagekraft. Indessen hat H. BAUMANN mit Erfolg den oben schon erwähnten rH-Wert als vereinfacht korrigiertes Redox-Potential verwendet. Diese Methode ist dort angebracht, wo andere Untersuchungsmethoden zur Feststellung des Dränbedürfnisses nicht zum Ziel führen. Nach den bisherigen Erfahrungen hat H. BAUMANN festgestellt, daß bei rH-Werten < 30 eine Dränung des Bodens angezeigt ist. Bei dieser Untersuchung muß die Schwankungsbreite des Redox-Potentials im Jahresablauf und im Profilaufbau berücksichtigt werden. Ob das für alle verdichteten, luftarmen Böden gilt, müßten weitere Untersuchungen zeigen.

5. Bedeutung der Redox-Eigenschaften für Boden und Pflanzen

Die Redox-Eigenschaften sind wesentlich an der *Steuerung der pedogenetischen Prozesse* beteiligt. Der Prozeß der Oxidation bei der Verwitterung der Gesteine ist abhängig von einem oxidationsfähigen Milieu. Die Beweglichmachung und Festlegung von Ionen und Verbindungen im Zuge der Bildung bestimmter Bodentypen wird wesentlich von den Redox-Eigenschaften bestimmt. Das wird besonders deutlich bei der Gegenüberstellung der terrestrischen Bodentypen mit hohen Redox-Potentialen und der semiterrestrischen (hydromorphen) Bodentypen mit niederen Redox-Potentialen. In den vernäßten Böden nimmt das Redox-Potential von oben nach unten im Profil stetig ab. In Terrestrischen Böden ist es dagegen in der Krume, vor allem nach Niederschlägen, etwas niedriger als im Unterboden. Neben diesen allgemeinen Redox-Eigenschaften der Bodentypen treten in inhomogen dichten bzw. belüfteten Böden lokale Unterschiede im Redox-Potential auf; dies kann auch hervorgerufen sein durch lokale Anhäufungen von organischer Substanz (z. B. Stalldung). Der Abbau der organischen Bodenmasse hängt stark vom Redox-Potential ab; die mit hohem Redox-Potential verbundenen Bodeneigenschaften fördern den Abbau der organischen Substanz.

Die *Verfügbarkeit der Pflanzennährstoffe* wird ebenfalls von Redox-Eigenschaften beeinflußt. Teils sind die Nährstoffe bzw. Spurennährstoffe in der oxidierten Form verfügbar für die Pflanzen, wie Schwefel und Molybdän, teils in der reduzierten Form, wie Eisen und Mangan; Stickstoff ist in beiden

Formen pflanzenaufnehmbar. Die Redox-Eigenschaften haben besondere Bedeutung für das Gedeihen der Reispflanze im überstauten Boden. Hier kann es zu Stickstoffverlusten durch Reduktion bis zu N_2 und zur Bildung von H_2S kommen; letzteres wirkt toxisch auf die Reispflanze. Die schwer löslichen Eisen (III)-Phosphate werden in stark reduzierendem Milieu in die leichter löslichen Eisen (II)-Phosphate umgewandelt.

Starke Reduktionen im Boden sind generell dem Gedeihen der Pflanzen abträglich. Nur solche Pflanzen vermögen im reduzierten Milieu zu wachsen, die ihren benötigten Sauerstoff von den oberirdischen Teilen her in die Wurzeln abführen.

Literatur

BAEYENS, J.: Le sol, réservoir de principes nutritifs pour la plante. In: Handbuch der Pflanzenernährung und Düngung von H. LINSER (Herausgeber), 2. Band, 1. Teil. – Verlag Springer, Wien-New York 1966.

BOAS, F.: Zeigerpflanzen. Umgang mit Unkräutern in der Ackerlandschaft. – Verlag Gundlach, Bielefeld, 1958.

BOEKER, P.: Die Verbreitung der wichtigsten Grünlandpflanzen Nordrhein-Westfalens in Abhängigkeit vom pH-Wert. – Forschung und Beratung, Reihe B, Wissenschaftl. Berichte der Landw. Fakultät der Universität Bonn, H. 10, 1964.

BRINKMANN, R. and PONS, L. J.: Recognition and Prediction of Acid Sulphate Soil. – International Symposium on Acid Sulphate Soils, Wageningen 1972.

DI GLERIA, J., KLIMES-SZIMIK, A. und DVORACSEK, M.: Bodenphysik und Bodenkolloidik. – Verlag Fischer, Jena, und Verlag der Ungar. Akademie d. Wissenschaften, Budapest 1962.

DIN 19 684, Teil 1: Bestimmung des pH-Wertes des Bodens.

DIN 19 684, Teil 8: Bestimmung der Austauschkapazität des Bodens und der austauschbaren Kationen.

DIN 19 684, Teil 9: Bestimmung pflanzenschädlicher Schwefelverbindungen im Boden (Sulfide, Polysulfide).

DIN 19 684, Teil 11: Bestimmung der elektrischen Leitfähigkeit von Wasser- und Bodensättigungsextrakten.

Alle DIN-Blätter vertreibt der Beuth-Verlag GmbH, Burggrafenstr. 4 – 7, Berlin 30 und Kamekestr. 2 – 8, Köln (Jahr wird nicht angegeben, da stets das neue Blatt geliefert wird).

ELLENBERG, H.: Unkrautgemeinschaften als Zeiger für Klima und Boden. – Verlag Ulmer, Stuttgart 1950.

ELLENBERG, H.: Wiesen und Weiden und ihre standörtliche Bewertung. – Verlag Ulmer, Stuttgart 1952.

ELLENBERG, H.: Vegetation Mitteleuropas mit den Alpen. – Verlag Ulmer, Stuttgart 1963.

GEDROITS, K. K.: Chemical Analysis of Soils. – State Publishing House for Agriculture, Moscow 1955, translated 1963.

KLAPP, E.: Grünlandvegetation und Standort. – Verlag Parey, Berlin und Hamburg 1965.

KLAPP, E.: Lehrbuch des Acker- und Pflanzenbaues. – Verlag Parey, Berlin und Hamburg 1967.

KUNTZE, H., NIEMANN, J., ROESCHMANN, G. und SCHWERDTFEGER, G.: Bodenkunde. – Verlag Ulmer, Stuttgart 1969/81/83.

PELLOUX, P.: Méthodes de détermination des cations échangeables et de la capacité d'échange dans les sols. — ORSTOM, Documentation Technique, No. 17, Paris 1971.

SCHEFFER, F. und SCHACHTSCHABEL, P.: Lehrbuch der Bodenkunde, 10. und 11. Aufl. – Verlag Enke, Stuttgart 1979/82.

SCHLICHTING, E. und BLUME, H. P.: Bodenkundliches Praktikum. – Verlag Parey, Hamburg und Berlin 1966.

SCHÖNHAR, S.: Untersuchungen über die Korrelation zwischen der floristischen Zusammensetzung der Bodenvegetation und der Bodenazidität sowie anderen chemischen Bodenfaktoren. – Mitt. des Vereins forstl. Standortskartierung, Stuttgart 1952.

SCHROEDER, D.: Bodenkunde in Stichworten. – 4. Aufl., Verlag Hirt, Kiel 1983.

WIKLANDER, L. and LOTSE, E.: Mineralogical and Physico-Chemical Studies on Clay Fractions of Swedish Cultivated Soils. – Lantbrukshögskolans Annaler, Vol. 32, Upsala 1966.

VII. Das Gesamtgefüge des Bodens

Unter Bodengefüge versteht man die Art der Teilchenlagerung des Bodens. Oftmals kennzeichnet man mit diesem Begriff nur die mit bloßem Auge sichtbare Zusammenfügung der Bodenteilchen; genauer spricht man dann auch von Makrogefüge, wofür früher und auch heute noch die Bezeichnung »Struktur« gebraucht wurde bzw. wird. Um mit der Bezeichnung deutlich zu machen, daß alle Stufen der Teilchenlagerung von der Gelbildung bis zum Blockgefüge einschließlich der Poren und ihre Verteilung gemeint sind, wird hier die Bezeichnung »Gesamtgefüge« gebraucht.

a. FAKTOREN DER GEFÜGEBILDUNG

1. Flockung und Peptisation

(a) Wesen und Grundbegriffe

Unter Flockung oder Koagulation im Boden versteht man die Vereinigung kleinerer Bodenteilchen zu größeren. Die Peptisation besagt das Umgekehrte, nämlich die Zerteilung geflockter Teilchen in die sie aufbauenden kleineren Teilchen.

Es sind die anorganischen und organischen Kolloide (von gr. kolla = Leim) des Bodens, welche neben der Fähigkeit der Sorption und des Ionen-Austausches auch imstande sind, unter bestimmten Bedingungen zu flocken bzw. zu peptisieren. Diese Bedingungen sind ebenso kompliziert wie bedeutungsvoll für die Vorgänge im Boden und für seine Funktion als Pflanzenstandort. Als Kolloide des Bodens gelten die anorganischen und organischen Teilchen $< 2~\mu m~\emptyset$.

Der Begriff »Kolloid« besagt nichts über die stoffliche Zusammensetzung der Kolloidteilchen, sondern kennzeichnet nur eine Größenordnung. In der Kolloidchemie gelten Teilchen zwischen 0,1 und 0,001 $\mu m~\emptyset$ als kolloidale Größen; sie besitzen einen *kolloiddispersen* (von lat. dispergere = zerstreuen) Zerteilungsgrad. Teilchen $> 0,1~\mu m$ sind *grobdispers* und Teilchen $< 0,001~\mu m~\emptyset$ *molekulardispers*. Die grobdispersen Teilchen sind mit einem Lichtmikroskop sichtbar und werden von einem Papierfilter aufgefangen; kolloiddisperse Teilchen sind elektronenmikroskopisch sichtbar, gehen durch einen Papierfilter, aber nicht durch einen Ultrafilter; die molekulardispersen Teilchen können nicht sichtbar gemacht werden und wandern auch durch einen Ultrafilter. Kolloiddisperse Teilchen können gasförmig, flüssig oder fest sein. Diese in verschiedenen Aggregatzuständen auftretenden Kolloide sind meist in einem Dispersionsmittel (einem anderen Stoff) fein verteilt; ein *Dispersionsmittel* mit den in ihm verteilten *Kolloiden* bilden ein *kolloiddisperses System*. Analog gibt es grobdisperse und molekulardisperse Systeme. Liegen alle Größen vor, so handelt es sich um ein *polydisperses* System; als solches kann der Boden gelten, denn Teilchen verschiedener Größe sind im Bodenwasser verteilt. Die Bodenmasse in Wasser aufgeschlämmt, stellt eine *Bodensuspension* dar.

Wie oben gesagt, hat man in der Bodenforschung den *Bodenkolloiden* die Teilchengröße $< 2~\mu m~\emptyset$ zugeordnet. Damit weicht man bewußt von der kolloidchemischen Einteilung ab, weil auch die meisten Bodenteilchen zwischen 0,1 und 2 $\mu m~\emptyset$ kolloide Eigenschaften besitzen. Die Bodenteilchen $< 2~\mu m$ bilden also die Kolloidfraktion und gleichzeitig die Tonfraktion. Kolloidteilchen können sich in geflocktem Zustand befinden und sogenannte *Gele* darstellen; im peptisierten Zustand sind die Gele zerteilt in sogenannte *Sole*. Gel- und Solzustand sind typische Erscheinungsformen der Kolloide. Die *hydrophoben* Kolloide flokken leicht; zu diesen gehören die Tonminerale. Dagegen flocken die *hydrophilen* Kolloide schwerer; vor allem gehören hierzu die organischen Kolloide des Bodens. Werden die hydrophoben Kolloide durch hydrophile umhüllt, so werden auch die hydrophoben unempfindlicher gegen die Flockung. Die hydrophilen Kolloide schützen gleichsam die hydrophoben gegen die Flockung und werden deshalb auch *Schutzkolloide* genannt.

(b) Mechanismus der Flockung und Peptisation

Größere Bodenteilchen setzen sich in einer Bodensuspension auf Grund der Schwerkraft nach der Größe ab, d. h. mit zunehmender Verkleinerung der Teilchen verlängert sich die Sedimentationszeit. Die Tonteilchen, also Teilchen kolloider Größen, setzen sich unterschiedlich langsam ab. Die BROWN'sche Wärmebewegung wirkt mehr oder weniger dem Absetzen der feinen Teilchen entgegen. Ist das Dispersionsmittel frei von Elektrolyten, so bleiben die Tonteilchen lange als Solteilchen in der Schwebe. Wenn dagegen das Dispersionsmittel Elektrolyte enthält, so vereinigen sich die Solteilchen schnell zu Gelteilchen; es erfolgt eine Flockung. In erster Linie beruht dieser Vorgang darauf, daß die Tonteilchen in der elektrolythaltigen Suspension eine geringmächtige Doppelschicht besitzen und deshalb beim Zusammentreffen infolge der BROWN'schen Wärmebewegung aneinander haften und flocken. Diese Anziehung ist zunächst überraschend, da die Ionen im äußeren Raum der die Tonteilchen umgebenden Doppelschicht eine gleichartige Ladung besitzen und sich deshalb auch abstoßen. Hier treten aber die VAN DER WAALS'schen Kräfte in Funktion, die bei starker Annäherung der Teilchen (infolge der geringen Dicke der Doppelschicht) wirksam werden und die abstoßenden Kräfte gleichartiger Ladung überwinden.

Die Dicke des diffusen Außenteiles der Doppelschicht ist mithin entscheidend für das Tempo des Flockungsvorganges. Die Kolloide des Bodens sind gleichzeitig seine Austauscher. Es stellt sich die Frage, durch welche Einflüsse die Dicke des äußeren Teiles der Doppelschicht der Austauscher verringert wird. Wir haben schon festgestellt, daß Elektrolyte im Dispersionsmittel die Flockung beschleunigen. Die Elektrolyte, d. h. die Kationen, wirken aber sehr verschieden. Mit zunehmender Wertigkeit der Gegenionen in der Suspension nimmt die Flockungsenergie zu. Demgemäß besteht für die Flockungsenergie eine steigende Reihe von einwertigen zu zweiwertigen und weiter zu dreiwertigen Kationen. Es besteht hinsichtlich der Flockungsenergie weiterhin auch ein Unterschied bei gleicher Wertigkeit. Von den einwertigen Ionen flocken K-Ionen besser als Na-Ionen, von den zweiwertigen flocken Ca-Ionen besser als Mg-Ionen, d. h. je geringer die Hydratation des Ions, desto stärker ist die Flockungsenergie. Bekannt ist z. B., daß die mit Na^+ beladenen Tonminerale in Wasser nicht flocken. Dagegen flocken die mit Ca^{++} oder Al^{+++} gesättigten Tonminerale sehr schnell zu einem stabilen Koagulat. Daraus ergibt sich, daß die Dicke des äußeren Teiles der Doppelschicht von der Wertigkeit und der Hydratation der Elektrolyte bestimmt wird.

Die Flockung wird verstärkt, wenn dem Dispergierungsmittel mit Solteilchen eine Salzlösung zugesetzt wird. Eine *hohe* Salzkonzentration führt zu einer schnellen Flockung der Solteilchen, und zwar in diesem Falle unabhängig von der Wertigkeit der Ionen im Ionenbelag und in der Bodenlösung. Indessen ist aber bei *geringer* Salzkonzentration, die in unseren Böden normalhin vorliegt, die Flockung abhängig von der Wertigkeit der Kationen. Das bedeutet, daß schon eine relativ geringe Salzkonzentration genügt, um eine Flockung durch dreiwertige Gegenionen (Kationen) herbeizuführen. Sind die Gegenionen zweiwertig, so erfordert die Flockung eine höhere Salzkonzentration, und die größte Salzkonzentration ist für die Flockung durch einwertige Gegenionen erforderlich. Die für die Flockung notwendige Salzkonzentration wird *Flockungswert* genannt. Dieser Flockungswert ist z. B. bei Ca-Montmorillonit in $CaCl_2$-Lösung etwa 130mal niedriger als bei einem Na-Montmorillonit in NaCl-Lösung. Es genügt mithin eine nur geringe Menge von $CaCl_2$, um die Flockung herbeizuführen. Diese Menge an Ca-Ionen besitzen auch unsere Böden bei neutraler Reaktion, erst recht, wenn der pH-Wert über 7 liegt. Bekanntlich ist der Anteil an Ca-Ionen im Sorptionskomplex unserer Böden ziemlich hoch (meist etwa um 80 % der vorhandenen basischen Kationen), so daß bei hoher Basensättigung die Böden Mitteleuropas die für die Flockung notwendige Ca-Konzentration besitzen. Die Flockung wird im Boden natürlich stark erhöht, wenn über die Basensättigung hinaus noch $CaCO_3$ im Boden enthalten ist. Vor allem ist das bedeutsam bei tonreichen Böden; denn bei diesen ist eine starke Flockung wegen eines den Pflanzen zuträglichen Wasser- und Lufthaushaltes besonders notwendig.

Die Anionen des Bodens üben auf die Teilchen mit positiver Ladung eine flockende Wirkung aus, und zwar steigend mit der Wertigkeit. So ist die Flockungsenergie der zweiwertigen Anionen etwa 60- bis 80mal stärker als die der einwertigen. Positive Ladungen, welche die Voraussetzung sind für die flockende Wirkung der Anionen, sind an der Oberfläche von Oxiden und an den Seitenflächen von Tonmineralen sowie auch an der organischen Substanz (neben der Hauptmenge an negativen Ladungen) plaziert.

2. Menge, Art und Ionenbelag der Tonsubstanz

(a) Menge der Tonsubstanz

Der Einfluß der Menge der Tonsubstanz, d. h. der anorganischen Teilchen $< 2 \mu m$, auf das Bodengefüge ist überzeugend beim Vergleich von Sand- und Tonboden. Die Textur bedingt beim Sandboden das Einzelkorngefüge und beim Tonboden die Kohärenz der gesamten Bodenmasse oder der Gefügeaggregate. Allgemein verklebt die Tonsubstanz die gröberen Bodenkörner (Schluff, Sand) zu Gefügeaggregaten. Dieser Verklebungseffekt ist generell um so stärker, je mehr Ton die Textur aufweist.

(b) Art der Tonminerale

Der Einfluß der Tonmineralart auf die Gefügebildung hängt vorwiegend von deren äußeren Oberfläche und Quellbarkeit ab. Je größer die äußere Oberfläche ist, um so stärker ist bei gleichem Ionen-Belag die Aggregierungsenergie. Die quellfähigen Tonminerale (Smectite) verursachen bei höheren Anteilen an der Tonsubstanz die Quellung und Schrumpfung im Boden und damit die Bildung ausgeprägter Aggregate, und zwar im Unterboden meistens Prismen, im Oberboden Körner und Krümel. Der fadenartige Imogolit vermag besonders gut zum Aufbau eines krümeligen Gefüges beizutragen. Die nicht quellfähigen Tonminerale (Kaolinit) neigen zu instabilen Gefügen.

(c) Eisen- und Aluminium-Oxide

Die Eisen- und Aluminium-Oxide wirken auf die Stabilisierung des Bodengefüges in verschiedener Weise. Zunächst können oberflächennahe Fe- und Al-Ionen der betreffenden Oxide an den negativ geladenen Tonmineralen sorbiert werden, wodurch eine Aggregierung der Teilchen erfolgt.

Diese Stabilisierung der Tonmasse im Boden ist im sauren pH-Bereich stärker als bei höherem pH; denn mit steigendem pH sinkt die Menge freier Fe- und Al-Ionen sowie die positive Ladung der Oxide. Der Stabilisierungseffekt durch Fe- und Al-Ionen spielt in den sauren Böden Mitteleuropas (saure Braunerde) eine wichtige Rolle.

Eisen-Oxide, weniger die Aluminium-Oxide, können aber auch die übrigen anorganischen Bodenteilchen verkitten. Im Extrem entstehen dadurch verhärtete Bodenbereiche kleiner oder auch größerer Dimension, z. B. Konkretionen von Eisen-Oxid, oft mit einem Anteil von Mangan-Oxid, ferner Knollen oder Bänke von Raseneisenstein, Schichten von Orterde oder Ortstein (beide enthalten meist auch Al-Oxid und Humus), schorfige Aggregate, Knöllchen und Knollen im Laterit, der im Extrem sogar eine dicke, harte Schicht von Fe-Oxid (mit Al-Oxid) an der Oberfläche aufweisen kann (Laterit-Panzer).

(d) Ionen-Belag der Tonsubstanz

Wie schon in dem Abschnitt über die Flokkung und Peptisation ausgeführt ist, können sich kleine Tonteilchen nur dann zu größeren durch Flockung vereinigen, wenn die elektrische Doppelschicht geringmächtig ist und die VAN DER WAALS'schen Kräfte die abstoßenden Kräfte der negativen Ladung überwinden. Hierbei spielt die Wertigkeit der sorbierten Kationen eine große Rolle, d. h. die Doppelschicht wird dünner mit zunehmender Wertigkeit der Kationen. Bei gleicher Wertigkeit ist die Doppelschicht der weniger hydratisierten Kationen dünner als bei stärker hydratisierten. Eine hohe Sättigung des Ionen-Belages mit Ca-Ionen wirkt mithin für die Flockung und damit für die Aggregierung der Bodenmasse günstig. Hierbei können Ca-Ionen eine Brückenfunktion zwischen den Tonteilchen ausüben. Wenn sich ferner noch wasserlösliche Calciumsalze in der Bodenlösung befinden, so wird dadurch die Dicke der elektrischen Doppelschicht noch verkleinert und damit auch der Abstand zwischen den Teilchen, so daß die VAN DER WAALS'schen Kräfte noch wirksamer sind. Es wird nämlich durch die Anwesenheit der Calciumsalze das elektrische Potential zwischen der negativen Tonmineraloberfläche und dem positiven Kationenschwarm verringert; das bedeutet eine Verringerung der Aktivität der austauschbaren Ionen, d. h. die Dicke des Kationenschwarmes wird kleiner und die Teilchen können sich näherkommen und flocken. Die theoretische Erklärung der Flockung durch reichlich Calcium bestätigt sich einerseits in den Folgen der Entkalkung, wodurch das Gefüge instabil wird, und andererseits durch die Wirkung einer Kalkung (bis über pH 7), wodurch das Gefüge stabilisiert wird.

In einem an Natrium-Ionen reichen Boden ist die Flockung, also die Aggregierung dagegen gering. Die Na-Ionen sind an der Tonsubstanz infolge der Einwertigkeit und ihrer starken Hydratation nicht stark sorbiert, sie entwickeln eine hohe Aktivität und erzeugen somit eine dicke elektrische Doppelschicht (Kationenschwarm). Dadurch können sich die überwiegend mit Na-Ionen gesättigten Tonpartikel nicht so stark nähern, daß die VAN DER WAALS'schen Kräfte wirksam werden können. Deshalb bleibt in einem solchen Boden die Flockung, d. h. die Aggregierung aus. Der Einfluß der Na-Ionen macht sich bereits in der Aggregierung des Bodens bemerkbar, wenn ihr Anteil am Ionen-Belag 5 % übersteigt. Enthalten die an Na-Ionen reichen Böden Salze, so wirken diese flockend der dispergierenden Wirkung der Na-Ionen entgegen.

Die Flockungsintensität von mit Kalium und Magnesium gesättigten Tonteilchen ist stärker als bei den mit Natrium gesättigten, aber geringer als bei den mit Calcium gesättigten Tonteilchen.

Die gute Aggregierung der Tonsubstanz bei voller Sättigung mit Ca-Ionen macht man sich zunutze bei der Melioration von Alkaliböden, indem man diesen Böden eine hohe Gabe eines leicht löslichen Calciumsalzes gibt. Man verwendet dazu Gips. Dadurch entsteht im Boden eine hohe Konzentration an Ca-Ionen, welche die sorbierten Na-Ionen austauschen. Das Natrium wird leicht ausgewaschen, und das Calcium im Ionen-Belag kann nun die Flockung der Tonsubstanz bewirken.

3. Kieselsäure

In seltenen Fällen kann die Kieselsäure das Bodengefüge verfestigen. In mitteleuropäischen Böden tritt eine solche Verhärtung im Sw-Horizont extrem ausgeprägter Pseudogleye auf der Altmoräne Nordwestdeutschlands und auf dem Schilfsandstein des Keupers in Südwestdeutschland auf. Besonders stark findet man die Kieselsäureverfestigung in der sogenannten »hardpan«, die z. B. in manchen Halbwüstenböden (Kalifornien) entwickelt ist. Ferner wurde eine starke Verfestigung durch Kieselsäure im A_e-Horizont des Kauri-Podsols in Neuseeland festgestellt.

4. Organo-mineralische Kolloide

Die Existenz und die Entstehung von Verbindungen organischer Substanz und Tonsubstanz (Ton-Humus-Komplex) wurden schon

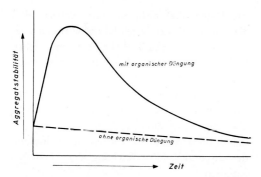

Abb. 108. Zeitliche Veränderung der Aggregatstabilität des A_p-Horizontes eines Ackerbodens mit und ohne organische Düngung (schematisch dargestellt von F. Scheffer und P. Schachtschabel [1979] in Anlehnung an P. K. Peerlkamp).

diskutiert. Solche organo-mineralischen Kolloide kleiden häufig im Boden Hohlräume aus und stabilisieren sie, ferner umkleiden sie Mineralkörner und bilden die Kittsubstanz zwischen den Körnern. Bei der Bildung von Krümel- und Schwammgefüge stellen offenbar diese Kolloide ein stabiles Kittgerüst. Die stickstoffreichen Huminstoffe scheinen besonders für stabile organo-mineralische Kolloide geeignet zu sein, die das ausgezeichnete Gefüge der Schwarzerde bauen helfen. Die Ton-Huminstoff-Koppelung läßt sich elektronenmikroskopisch gut deutlich machen.

5. Organische Substanz und Bodenorganismen

Die Wirkung der organischen Bodensubstanz und die der Bodenorganismen auf die Bildung der Aggregate und deren Stabilität sind nicht trennbar, weil das Leben der Mikroben weitgehend von der organischen Substanz abhängig ist.

Die Pflanzenmasse, die als abgestorbene Wurzeln, Stoppeln, Stroh, Stalldung und Gründung in den Boden gelangt, wirkt auf das Bodengefüge in verschiedener Hinsicht. Sie verändert ihre Wirkung mit zunehmendem Abbau und Umbau. Sperrige organische Masse kann angehäuft das Gesamtgefüge vorübergehend stören und damit besonders den Wasserhaushalt. Feinverteilt wirkt sie nach einer gewissen Zersetzung in sandigen Böden verklebend und in tonigen Böden lockernd auf die Verkittung.

Mehr aber noch wirkt die organische Bodenmasse über die Bodenorganismen auf die Gefügebildung. Die Zufuhr organischer Substanz führt zur Vermehrung der Bodenorganismen und ihrer Aktivität. Die Mikroben (Pilze, Algen und Bakterienkolonien) verkleben die Bodenteilchen, was von F. Sekera als *Lebendverbauung* bezeichnet wurde. Aber nicht nur die lebenden und abgestorbenen Mikroben selbst besorgen das, sondern auch deren Stoffwechselprodukte. Bei diesen sind es besonders die fadenbildenden Polysaccharide und Polyuronide, welche die Bodenteilchen vernetzen, wie man elektronenmikroskopisch sichtbar machen kann. Da die organischen Stoffe des Bodens der ständigen Zersetzungsarbeit der Mikroben ausgesetzt sind, kann die gefügestabilisierende Wirkung der organischen Substanzen im Boden nicht von Dauer sein; daher ist eine regelmäßige Zufuhr derselben erforderlich.

Die kleinen Bodentiere, vor allem die Regenwürmer, haben großen Anteil an der Bildung stabiler Bodenaggregate. Sie verzehren organische Substanz und nehmen gleichzeitig tonige Bodensubstanz auf; diese erfahren im Verdauungstrakt eine innige Vermischung und Verklebung, so daß die Losungs-Aggregate sehr stabil sind. Das so entstehende Wurmlosungsgefüge bildet einen großen Teil des A_h-Horizontes der mit organischer Substanz und Basen gut versorgten Böden (Schwarzerde, Rendzina, basenreiche Grünland- und Laubwaldböden).

Der für die Gefügebildung günstige Einfluß der organischen Substanz und der Mikroorganismen ist durch viele Versuche festgestellt worden, indem die Größenverteilung und die Stabilität der Aggregate gemessen wurde. Durch die organische Düngung werden die Aggregate generell vergrößert, d. h. der Anteil der Aggregate etwa $> 0,5$ mm $\varnothing$ nimmt erheblich zu, was auf einer erhöhten Verkittung kleinerer Teilchen beruht. Den Einfluß der organischen Düngung auf die

Aggregatstabilität einer Ackerbodenkrume hat P. K. PEERLKAMP schematisch in einer Kurve anschaulich gemacht (Abbildung 108).

6. Bodenreaktion

Die Bodenreaktion als solche hat auf das Bodengefüge direkt nur insoweit Einfluß, als bei hohem Anteil der H-Ionen am Kationenbelag die elektrische Doppelschicht relativ geringmächtig ist und somit eine gewisse Flokkungsbereitschaft durch die hohe Wasserstoff-Ionen-Konzentration besteht. Aber die indirekten Wirkungen der Bodenreaktion sind wesentlich stärker und überlagern den direkten Einfluß der H-Ionen auf das Gefüge. Ein pH-Bereich von etwa 5 — 6 bedeutet gleichzeitig das Fehlen einer ausreichenden Menge an flockenden Ca-Ionen und eingeschränkte Lebensbedingungen für die Mikroorganismen. Sinkt das pH tiefer, so werden die Mikroorganismen noch mehr geschädigt, aber gleichzeitig werden stabilisierende Al- und Fe-Ionen frei, so daß bei niedrigem pH das Bodengefüge vielfach gut ist.

7. Physikalische Faktoren

Zwar wirken die gefügebildenden Prozesse stets zusammen, so daß es schwierig ist, Einzelvorgänge der Gefügebildung zu isolieren. Des besseren Verständnisses wegen ist es deshalb zweckmäßig, die vorwiegend physikalisch wirkenden Kräfte gesondert zu behandeln.

(a) Wasser

Das Wasser ist der wichtigste physikalische Faktor der Gefügebildung; es hat teils direkten, teils indirekten Einfluß. Die aufschlagenden Regentropfen wirken den aufbauenden Kräften der Gefügebildung der vegetationsfreien Krume entgegen. Bei Starkregen und wenig stabilem Gefüge verschlämmt der Boden oberflächlich; es entsteht eine Verschlämmungskruste. Solche Krusten finden wir verstärkt dort, wo das Wasser die Bodenmasse gänzlich zerteilt und damit das Gefüge aufgehoben hat. Bei der Austrocknung dieser gefügelosen Masse entstehen breite Risse, welche die sogenannten *Ton-* oder *Lehmscherben* begrenzen. Auch im Boden verlagert das Wasser bei Gefügeinstabilität feine Teilchen, wodurch einerseits im tonverarmten Profilbereich die Gefügebildung geschwächt, andererseits im Tonanreicherungshorizont die Gefügebildung verstärkt wird. Nicht nur der höhere Tongehalt fördert hier die Gefügeausprägung, sondern auch die Tonhäutchen, welche die Gefügeaggregate umkleiden, geben diesen Aggregaten eine große Stabilität. In sandigen Böden entstehen um die Körner Hüllen von Ton, Eisen-Oxiden, teils auch Humus. So entsteht das den Boden festigende Hüllengefüge. Schließlich kann viel Wasser das Gefüge völlig zerstören, wenn die Konsistenz des Bodens breiig geworden ist. In diesem Falle ist die Kohärenz des Bodens, d. h. seine innere Haftfestigkeit, weitgehend aufgehoben.

Indirekt wirkt das Wasser mannigfach auf die Gefügebildung. Es ist bei allen chemischen, kolloidchemischen und auch biologischen Prozessen unentbehrlich. Indirekt wirkt es physikalisch besonders beim Quellen und Schrumpfen des Bodens, Vorgänge von entscheidender Bedeutung für die Entstehung der Aggregatgefüge.

(b) Frost

Die Bildung von Eis im Boden hat auf die Gefügebildung großen Einfluß. Beim Gefrieren des Wassers erfolgt eine Volumenzunahme von 9 %, die mit Druckentfaltung verbunden ist. Diese Volumenzunahme wirkt sich dann nicht aus, wenn in einem nicht wassergesättigten Boden Eis und Wasser in die luftgefüllten Hohlräume ausweichen können. Ist allerdings der Boden wassergesättigt, so entsteht bei der Eisbildung starker Druck auf die Bodenmasse, und zwar steigt der Druck mit fallender Temperatur. Die Volumenzunahme kann leicht durch die Hebung des Bodens ausgeglichen werden; es kann in diesem Falle nicht zur Frostsprengung kommen wie bei eiserfüllten Gesteinshohlräumen.

In nicht wassergesättigten, feinkörnigen Böden entsteht in den Hohlräumen ein Netz von Eiskristallen. Der hierbei entstehende Kristallisationsdruck ist gering; er genügt aber, um Bodenteilchen in *splitterartige Aggregate* (Splittergefüge, Frostgefüge) zu zerlegen. Mehrmaliges Gefrieren und Auftauen führt zu einer vollkommenen Zerlegung des obersten Bodenhorizontes in solche Aggregate. Die Stabilität dieser Aggregate hängt von den schon erläuterten Stabilisierungskräften ab. Somit kann ein durch Frost entstandenes Gefüge mehr oder weniger stabil sein.

Bei langsamer Temperaturerniedrigung entstehen in wasserungesättigten, feinkörnigen, gut wasserleitfähigen Böden *Eislinsen*. Zunächst bilden sich in Bodenhohlräumen Eiskeime, dann Eisnadeln, die zu einer Eisschicht zusammenwachsen. Diese zunächst dünne Eisschicht kann dicker werden, wenn Wasser an die Stelle der Eisbildung (Eisfront) nachströmt. Diese kapillare Wasserbewegung kommt durch die Druckminderung des Wassers an der Eisbildungszone zustande. Entscheidend ist nun, ob der Boden eine ausreichende kapillare Leitfähigkeit für das Wasser auf Grund seiner Körnung und seines Porensystems besitzt. Ist das der Fall, so können dicke Eislinsen mit der Längsachse parallel zur Oberfläche entstehen. Der beim Wachstum der Eisschicht entstehende Druck hebt die überlagernde Bodenschicht beulenartig hoch. Man nennt das Frostaufbrüche, die besonders in der Straßendecke zu großen Schäden führen. Gefürchtet sind auch kleine Auffrierungen im Wintergetreide, wodurch die Wurzeln abreißen. Die Bewegung des Bodenwassers zur Eisfront führt zu einer stärkeren Austrocknung der umgebenden Bodenmasse. Mit zunehmender Austrocknung, sinkender Temperatur und mit dem Eindringen des Frostes in den Boden kann in einer tieferen Zone des Bodens eine weitere Eislinse (oder auch mehrere) entstehen. Es können sich auch viele dünne Eislinsen übereinander bilden, was eine plattige Absonderung (Plattengefüge) des Bodens zur Folge hat. Vor allem grobschluffreiche Böden (Lößlehm) neigen dazu. Wenn noch seitliche Wasserzufuhr im Boden erfolgt, so können sehr mächtige Eisbeulen entstehen, die wir aus der Tundra kennen (Pingos).

Die übrigen Erscheinungen, die im Zusammenhang mit dem Gefrieren des Bodens stehen, wie Solifluktion, Kryoturbation, Steinauffrieren, Kryoklastik sind in dem Kapitel über die Verwitterung behandelt worden. Hier sei aber noch erwähnt, daß die Solifluktion feinerdiger Böden ein ausgeprägtes Plattengefüge schafft.

Lehmige und tonige Böden sind im halbgefrorenen Zustand stark gleitfähig. In diesem Zustand ist nämlich das Porenwasser gefroren, jedoch das adsorbierte Haftwasser noch nicht. Der Gefrierpunkt des Wassers erniedrigt sich mit zunehmender Spannung, d. h. je näher das Wasser der Kolloidoberfläche ist, um so niedriger ist sein Gefrierpunkt, z. B. bei 1 nm Entfernung des Wassers von der Kolloidoberfläche ist sein Gefrierpunkt — 15° C. Somit enthalten bindige Böden auch im gefrorenen Zustand noch Wasser. Darauf beruht die Gleitfähigkeit der schwach durchgefrorenen, feinerdigen Massen, die in diesem Zustand auch rutschgefährdet sind.

(c) Wärme

Im Gegensatz zum Frost hat die Wärme eigene Gesetzmäßigkeiten im Boden, auch für seine Gefügebildung. Einen direkten Einfluß auf die Gefügebildung hat die Wärme bestenfalls durch Temperaturschwankungen zwischen Tag und Nacht, wodurch bei bestimmten Böden eine Lockerung eintritt, vielleicht verursacht durch geringe Volumenänderung, womöglich aber auch durch Kondenswasser, das sich nachts niederschlägt und eine geringfügige Quellung an der Oberfläche hervorruft, die am Tage durch eine ebenso geringfügige Schrumpfung abgelöst wird. Die leichte Erodierbarkeit pliozäner Tone in Toskana führt man u. a. auf die Temperaturschwankungen zwischen Tag und Nacht zurück.

Im übrigen hat die Wärme nur einen indirekten Einfluß auf die Gefügebildung. Zunächst laufen mit steigender Temperatur die chemischen Vorgänge im Boden, die zur Gefügebildung beitragen, schneller ab. Wichtiger aber noch ist die Wärme für die Bodenorganismen, besonders für die Mikroben, die ihr Arbeitsoptimum zwischen 25 — 35° C finden. Bei dieser Temperatur werden sie auch für die Gefügebildung am wirksamsten sein.

(d) Quellung und Schrumpfung

Indem trockene, tonreiche Böden Wasser aufnehmen, vermehrt sich ihr Volumen; das wird als Quellung oder Quellen bezeichnet. Gibt der gequollene Boden das Wasser wieder ab, so verliert er an Volumen, es entstehen mehr oder weniger breite, überwiegend senkrecht in den Boden gehende Spalten; diesen Vorgang nennt man Schrumpfung oder Schrumpfen. Die mit Quellung und Schrumpfung verbundene Verschiebung der Bodenteilchen wirkt unmittelbar gefügebildend.

Der Vorgang der Quellung und Schrumpfung ist im Ausmaß verschieden. Sandige Böden mit weniger als 10 % Tonsubstanz ($< 2 \mu m$) zeigen diese Erscheinung nicht. Mit steigendem Tongehalt verstärken sich Quellung und Schrumpfung. Ferner ist diese Volumenänderung abhängig von der Tonmineralart, denn die aufweitbaren Dreischichtminerale (Smectite, Vermiculit) nehmen mehr Wasser auf als die nicht aufweitbaren Tonminerale (nicht aufweitbarer Illit, Kaolinit). Sind die Tonmineralblättchen parallel gelagert, so sind der Quellungseffekt und entsprechend der Schrumpfungseffekt größer als bei verschiedener Stellung der Blättchen (Kartenhausgefüge). Es kann aber auch ein Teil der Tonsubstanz infolge einer Verfestigung zu stabilen Aggregaten nicht mehr voll quellungsfähig sein. Je dicker die elektrische Doppelschicht der Kolloide ist, desto stärker ist die Quellung. Die Kationenarten bestimmen die Dicke der elektrischen Doppelschicht, die mit zunehmender Wertigkeit der Kationen geringmächtiger wird.

Demnach werden Ca-gesättigte, tonige Böden weniger quellen und schrumpfen als Na-gesättigte. Damit im Zusammenhang wird das Ausmaß der Vorgänge verstärkt durch abnehmende Salzkonzentration der Bodenlösung.

Wenn sich bei der Quellung der Böden die Volumenvergrößerung nicht ungehindert vollziehen kann, so wird ein allseitiger Druck ausgeübt, der *Quellungsdruck*. Der Quellungsdruck der Tonminerale steigt mit zunehmender spezifischer Oberfläche, und zwar bei den bekannten Tonmineralen vom reinen Kaolinit mit 0,385 kg/cm²/100 g bis zum Standard-Montmorillonit auf 4,21 kg/cm²/100 g (nach H. KUNTZE). Der Quellungsdruck ist aber auch von weiteren Faktoren abhängig, welche die Quellung als solche bestimmen. Mit zunehmender Wasseraufnahme durch die Tonsubstanz sinkt der Quellungsdruck. In Böden mit ausreichend großen Poren kann sich der Quellungsdruck wenig auswirken, denn die Ausdehnung der Tonsubstanz ist in den vorhandenen größeren Hohlräumen möglich. Anders ist das in verdichteten Böden, die nicht ausreichend Platz für die Volumenzunahme besitzen. Besonders starker Quellungsdruck entsteht in den Vertisolen, in denen infolge der starken Quellung die Bodenmasse verknetet wird, d. h. es verschieben sich große Aggregate gegeneinander, wodurch auf den Gleitflächen Tonhäutchen entstehen. Dieser Vorgang hat großen Einfluß auf das Bodengefüge und lockert den schweren Boden.

Das Volumen der Schrumpfung frischer, tonreicher Sedimente entspricht zunächst dem Volumen des dabei abgegebenen Wassers. In diesem Falle spricht man von *Normalschrumpfung*. Diese ist besonders stark bei gefügelosen Bodenmassen, wie es frische Sedimente sind, aber auch bei Bodensubstanz, die bis zur breiigen Konsistenz und darüber hinaus Wasser aufgenommen hat. Dieser Schrumpfungsvorgang mit gleichen Volumina für Schrumpfmaß und Wasserverlust kann so lange vor sich gehen, wie sich die Tonteilchen nähern können. Wird jedoch die weitere Annäherung der Teilchen verhindert, weil diese

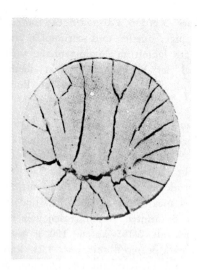 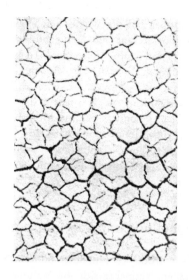

Abb. 109. Rißbilder nach H. WOLKEWITZ.

Bild a: Wenige, glattwandige, lange Risse, die meist erst nach stärkerer Austrocknung (bei etwa pF 4,4) und besonders bei Na-reichen, tonigen Massen entstehen.

Bild b: Sehr viele feine, gezackte Risse, die ein unregelmäßiges, gezacktrandiges Mosaik bilden. Es entsteht bei Austrocknung relativ früh (bei etwa pF 3,2) und ist typisch für an H-Ionen reiche Bodenmassen.

Bild c: Viele glattwandige Risse, die ein unregelmäßiges, glattrandiges Mosaik bilden. Es entsteht bei der Austrocknung relativ früh (bei etwa pF 3,3), und zwar besonders bei Ca-Ionen-reichen Bodenmassen. Im Hinblick auf die Dränung ist das Rißbild c am günstigsten zu bewerten. – Bei der kulturtechnischen Auswertung der Rißbilder muß die Lagerungsdichte des Bodens berücksichtigt werden, denn diese ist im Rißbild nicht erkennbar, weil sie bei der Aufbereitung des Schlickers aufgehoben wird.

oder ihre Wasserhüllen aneinanderstoßen, so kann zwar weiter Wasser abgegeben werden, ohne daß aber die Schrumpfung im gleichen Maß fortschreitet. Es klaffen nun Schrumpfbetrag und Menge des abgegebenen Wassers auseinander. Dieser Bereich stark verlangsamter Schrumpfung bei entsprechend starker Wasserabgabe wird *Restschrumpfung* genannt.

Starke Austrocknung und Schrumpfung feiner, toniger Sedimente führen häufig zu einer starken Aggregierung und zur Bildung eines Spaltensystems, das durch eine nachfolgende Quellung nicht wieder ganz geschlossen wird, so daß ein restlicher Hohlraum zurückbleibt, der für die natürliche Dränung solcher Böden sehr wichtig ist. Bekannt ist diese Erscheinung besonders bei der Gyttja, die nach Abführung des Bodenwassers einen so starken irreversiblen Schwund erhält, daß ein weites Grabennetz für ihre Dränung völlig ausreicht, um sie ackerbaulich zu nutzen. Das gleiche gilt für die jungen Polderböden an der Nordsee, wenn auch bei diesen der Schwund geringer ist als bei der Gyttja. Die bei Austrocknung stark von Schwundrissen durchzogenen Vertisole (Smolnitza) des Balkans bedürfen trotz hohen Tongehaltes keiner künstlichen Dränung. Das Schwundrißgefüge wirkt sich ferner günstig aus auf die Belüftung, Durchwurzelung und Belebung tieferer Horizonte schwerer Böden.

Für die Beurteilung des Volumenschwundes und der Art der Spaltenbildung schwerer Böden hat H. WOLKEWITZ die *Rißbild-Methode* entwickelt, die auch eine Aussage machen soll über den Dränerfolg und die Art der Dränung. Die Durchführung dieser Untersuchung geschieht folgendermaßen: Die zu untersuchende Bodenmasse wird mit Wasser zu einem dicken Brei, zu einem sogenannten Schlicker verrührt und auf einer glatten Glasplatte aufgetragen. Bei langsamer Austrocknung des Schlickers entstehen darin Risse, und zwar je nach der Natur der Bodenmasse in verschiedener Zahl und Breite (s. Abbildung 109). Die Zahl und die Breite der Risse und damit die Art des Rißbild-Mosaiks lassen Rückschlüsse auf die Schrumpfung eines Bodens zu und damit auf die laterale Wasserbewegungsmöglichkeit. Diese Methode funktioniert nur bei einem Tongehalt ($<2\mu m$) von wenigstens 15 %.

Quellung und Schrumpfung erfassen auch die Moorböden, wenn ihr Wassergehalt infolge Entwässerung oder starker Verdunstung Schwankungen unterworfen ist. Bei stark zersetzten Torfen kann dieser Prozeß der Volumenänderung die Dränung sehr erleichtern. Die Volumenänderung bei Torfen durch Wasseraufnahme und -abgabe kann an kleinen Bodenmonolithen gemessen werden. Hierbei ergibt sich auch, wieviel der irreversible Schrumpfungsbetrag, der entscheidend für die Wasserdurchlässigkeit ist, bei Wiederbefeuchtung ausmacht. Die Rißbild-Methode ist bei Torfen nicht geeignet, weil die vielen Fasern kein klares Bild entstehen lassen.

8. Bodenbedeckung

Die Bedeckung des Bodens mit Stalldung, Stroh, Kartoffelkraut, Zwischenfrucht, Kompost oder anderen organischen Produkten wirkt indirekt günstig auf das Bodengefüge. Die direkte Wirkung richtet sich auf die Bodenorganismen, deren Lebensbedingungen durch die Bodenbedeckung verbessert werden, und zwar vornehmlich durch Minderung der Temperaturschwankungen und durch die Beschattung. Hierdurch wird die intensive Arbeit der Mikroorganismen auch in den obersten Zentimetern des Bodens möglich, während bei einem unbedeckten Boden die biologische Aktivität in den obersten 5 cm geringer ist als darunter. Besonders wichtig ist dieser biologische Effekt für die schweren Böden.

Die Bodenbedeckung verhindert den direkten Aufprall der Regentropfen und damit die Verschlämmung der Bodenoberfläche.

9. Höhere Pflanzen

Die Wirkung der Höheren Pflanzen auf das Bodengefüge hängt in erster Linie ab von der Tiefe und Verzweigung ihres Wurzelsystems, ferner ist noch der Grad der Abdeckung des Bodens durch die lebenden Pflanzen sehr wichtig. Pflanzen mit einem kräftigen, tiefstrebenden Wurzelsystem, wie es viele *Waldbäume* besitzen, hinterlassen nach dem Absterben der Wurzeln im Boden vertikale Leitbahnen für Wasser und Luft. Dieses Röhrensystem ist deshalb so wichtig, weil es das Gefüge bis tief in den Boden hinein beeinflußt. Die feineren Wurzeln der Waldbäume schaffen ein nach allen Richtungen verzweigtes Porensystem und zerlegen gleichzeitig die Bodenmasse in kleine Aggregate. Die Durchwurzelung und damit die Gefügebeeinflussung sind naturgemäß bei Flach- und Tiefwurzlern verschieden.

Von den landwirtschaftlichen Nutzpflanzen wirken die Gräser und Kräuter des *Grünlandes* am günstigsten auf das Gefüge; sie durchwurzeln die obersten 5 — 10 cm des Bodens sehr intensiv, hinterlassen hier viel organische Masse und erzeugen somit eine starke biologische Aktivität. Dadurch entsteht ein günstiges Krümelgefüge. Der *Raps* erzeugt zwar weniger organische Masse als das Grünland, aber er durchwurzelt den Boden sehr intensiv und schnell, wodurch in kurzer Zeit eine bedeutende Gefügeverbesserung in Richtung der Krümelbildung eintritt. Andere *Zwischenfrüchte,* wie Wicke, Felderbse, Lupine und Seradella, wirken nicht in dem Maße wie der Raps durch ihre Wurzeln, aber verstärkt durch die eingearbeitete oberirdische Masse. Die *Getreidearten* als einjährige

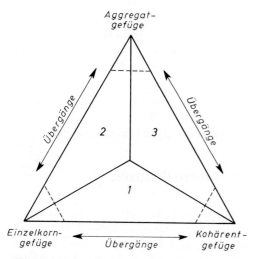

Abb. 110. *Gefügedreieck nach* G. BRYSSINE *und* H. KOEPF *(ergänzt).*

Pflanzen durchwurzeln hauptsächlich die Akkerkrume, wogegen die Menge der tiefer vorstoßenden Wurzeln relativ gering ist. Nachteilig wirkt beim Getreidebau das zeitweilige Freisein des Bodens von einer Pflanzendecke; aber auch das junge Getreide deckt schlecht ab und selbst der volle Aufwuchs vermag den Boden nur unzureichend gegen aufschlagenden Regen und Einstrahlung zu schützen, so daß das Gefüge der Krume durch den Getreidebau keine Verbesserung erfahren kann. Die *Hackfrüchte* setzen den Boden noch mehr dem Regen und der Einstrahlung aus; ihre Durchwurzelungsintensität ist geringer und ihre Wurzeln sind unregelmäßiger verteilt als beim Getreide. Hinzu kommt, daß durch die stärkere Bearbeitung der Hackfrüchte die organische Bodensubstanz stärker abgebaut wird und durch diesen Verlust ebenso die Gefügebildung und -erhaltung beeinträchtigt werden. Natürlich unterscheiden sich die Arten des Getreides und der Hackfrucht in ihrer Wirkung auf das Bodengefüge.

b. MAKROGEFÜGE

Unter dem Makrogefüge versteht man die räumliche, mit dem bloßen Auge sichtbare Anordnung der Bodenteilchen. Gemäß dieser Definition handelt es sich um unmittelbar sichtbare Formen der Bodenteilchenlagerung. Bei der Beschreibung der Makrogefüge sollen gleichzeitig ihre Entstehung und ihre Funktion im Wasser- und Lufthaushalt des Bodens erklärt werden.

1. Grundformen des Makrogefüges

Die Teilchen des Bodens präsentieren sich für das bloße Auge in drei Lagerungsarten. Sie können einzeln, nicht verkittet nebeneinander liegen, wie es bei reinen Sandböden der Fall ist. In diesem Falle liegt das *Einzelkorngefüge* vor. Die Bodenteilchen können durch Kittsubstanz (Ton, Humus) gleichmäßig miteinander verklebt sein und bilden so eine kohärente Masse, das *Kohärentgefüge*. Meistens sind die Bodenteilchen zu Aggregaten mannigfaltiger Gestalt vereinigt; es ist das *Aggregatgefüge*. Zwischen diesen drei Grundformen gibt es zahlreiche Übergänge, was in einfacher Weise die Abbildung 110 deutlich macht. Die vorgefundenen Formen des Makrogefüges verteilen sich nicht etwa gleichmäßig in diesem Gefügedreieck (Abb. 110), vielmehr massieren sie sich in der Nähe der Ecken des Dreiecks (schematisch durch eine unterbrochene Linie abgegrenzt).

Die Ecken des Dreiecks versinnbildlichen die typischen Grundformen. Auf den Linien zwischen den Ecken des Dreiecks liegen die Übergänge zwischen *zwei* Gefügegrundformen. Mit zunehmender Annäherung an eine Ecke des Dreiecks verstärkt sich die Ausprägung der an der betreffenden Ecke gedachten Gefügegrundform. Feld 1: Übergänge zwischen Einzelkorngefüge und Kohärentgefüge sowie zurücktretend zum Aggregatgefüge. Feld 2: Übergänge zwischen Einzelkorn- und Aggregatgefüge sowie zurücktretend zum Kohärentgefüge. Feld 3: Übergänge zwischen Kohärent- und Aggregatgefüge sowie untergeordnet zum Einzelkorngefüge. Im Schnittpunkt der Linien im Dreieck sind die Merkmale aller *drei* Gefügegrundformen gleich stark ausgeprägt. Die meisten Gefügeformen der Böden liegen in den durch unterbrochene Linien abgegrenzten, dreieckigen Feldern, also in der Nähe der Grundformen.

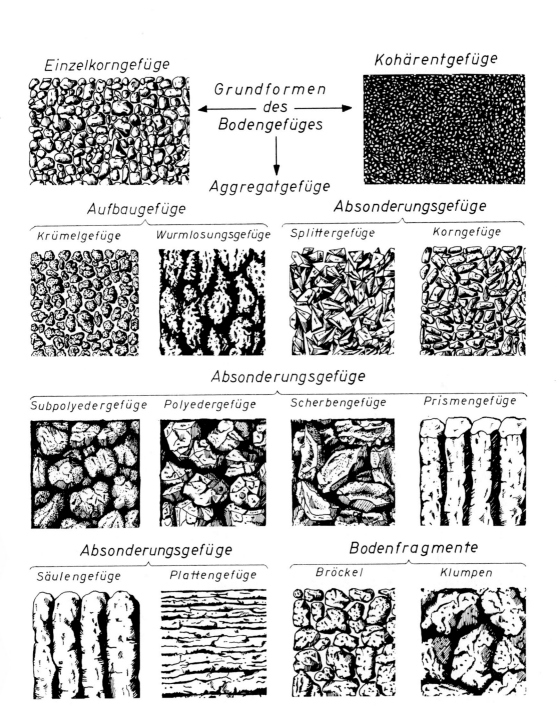

Abb. 111. Die wichtigsten Arten des Makrogefüges des Bodens.

(a) Einzelkorngefüge

Form: Die Teilchen des Einzelkorngefüges (Abb. 111) sind im wesentlichen Quarz- und Silikatkörner, Gesteinsteilchen sowie Teilchen von organischer Substanz. Letztere verklebt aber die Mineralteilchen nicht oder nur wenig. Auch wenn eine schwache Verklebung der Teilchen, vor allem im feuchten Bodenzustand, vorliegt, sollte man noch von Einzelkorngefüge sprechen. In diesem Falle ist zwar eine schwache Kohärenz vorhanden, die aber noch keine Gruppierung zum Kohärentgefüge gestattet. Wie oben gesagt, gibt es viele gleitende Übergänge zwischen den Gefügeformen.

Entstehung: Das Einzelkorngefüge entsteht in Bodenarten mit geringer Kolloidsubstanz; es fehlt also die kittende Masse.

Funktion: Bei dem Einzelkorngefüge sind Wasser- und Luftbewegung auf die Intergranularräume zwischen den Bodenkörnern beschränkt. Je größer und gleichmäßiger die Einzelkörner sind, desto größer sind die Hohlräume und um so besser sind Wasser- und Luftdurchlässigkeit. Kleine und verschieden große Körner schränken die Durchlässigkeit ein.

(b) Kohärentgefüge

Form: Bodenmassen, die gleichmäßig durch Tonsubstanz ohne oder mit Humus miteinander verklebt sind, ohne irgendwie aggregiert zu sein, repräsentieren das Kohärentgefüge (Abb. 111). Es stellt den Gegensatz zum Einzelkorngefüge dar, bei dem die Verklebung der Teilchen fehlt. Man unterscheidet drei Arten des Kohärentgefüges:

(1) **Plastisch-kohärentes Gefüge,**

das bei Ton- und Schlicksubstanz vorliegt, die stets unter feuchten Bedingungen stand und noch nicht infolge Austrocknung aggregieren konnte. Na-reiche, tonige Massen zeigen dieses Gefüge besonders typisch.

(2) **Brüchig-kohärentes Gefüge,**

das trockene, aber nicht aggregierte Böden oder Sedimente besitzen. Es kommt hauptsächlich bei siltreichen, humusfreien Massen vor, die beim Austrocknen keinen Schwund aufweisen, mithin nicht aggregieren, meistens aber nur schwach bis mittelkohärent sind. Es zeigt sich häufig in grobschluffreichen, feinsandreichen Lössen.

(3) **Kohärentes Hüllengefüge,**

das im Ortstein und in durch Brauneisen verfestigten, sandigen Gleyen vorliegt. Bei diesem Gefüge sind Quarz- und Silikatkörner von Hüllen aus Brauneisen und Humus, teils auch aus Ton, umgeben, welche die Körner an den Berührungsstellen miteinander verkitten. Diese kohärenten Massen können weder quellen noch schrumpfen.

Entstehung: Zusammenfassend gelten für die Entstehung des Kohärentgefüges zwei Bedingungen, nämlich genügend Kolloidsubstanz zum Verkitten der Bodenkörner und das Ausbleiben des Aggregierens. Letzteres erfolgt entweder nicht, weil die Kolloidsubstanz für eine nennenswerte Schrumpfung zu gering ist oder — bei höherem Kolloidgehalt — weil ein ständig hoher Wassergehalt des Bodens die Schrumpfung verhindert.

Funktion: Vom Kolloidgehalt, vom Wassergehalt und vom Porenraum (Porenvolumen, Porengröße, Porengestalt) hängen die Funktionen des Kohärentgefüges ab. Kohärente, tonige Bodenmassen sind im feuchten Zustand mehr oder minder plastisch, Adhäsion und Kohäsion sind stark, und im trockenen Zustand sind sie hart. Wasser- und Luftdurchlässigkeit hängen von der Ausbildung des Hohlraumsystems und vom Wassergehalt ab. Während nasse, kohärente Tone völlig undurchlässig für Wasser und Luft sind, besitzen Löße im feuchten und trockenen Zustand gute Durchlässigkeit.

(c) Aggregatgefüge

Das Aggregatgefüge (Abb. 111) wird unterteilt in *Aufbaugefüge* und *Absonderungsgefüge*, das neuerdings auch *Segregatgefüge* genannt wird.

(1) Aufbaugefüge

Das Aufbaugefüge ist genetisch dadurch gekennzeichnet, daß es durch die Zusammenballung von Bodenteilchen hervorgerufen wird. Hierzu gehören *Krümelgefüge* und *Wurmlosungsgefüge*. Das *Schwammgefüge*, das durch einen hohlraumreichen, schwammähnlichen Aufbau ausgezeichnet ist, ist zwar genetisch ein Aufbaugefüge, aber es ist mit bloßem Auge im Wesen nicht erkennbar; es zählt deshalb zum Mikrogefüge.

(aa) Krümelgefüge

Form: Zu mehr oder weniger rundlichen Aggregaten (Abb. 111) zusammengeballte Bodenteilchen mit sehr unebener Oberfläche und vielen unregelmäßigen Hohlräumen nennt man Krümel. Man kann sie nach der Größe (mm ϕ) einteilen in: sehr feine (< 1), feine ($1-2$), mittlere ($2-5$), große ($5-10$), sehr große (> 10) Krümel.

Entstehung: Der wesentlichste Baustoff für die Krümel ist der Humus. Er wirkt direkt durch Verklebung der gröberen Bodenteilchen und indirekt durch die von ihm lebenden Mikroorganismen, welche die Bodenmasse ebenfalls verkleben. Die im Humus vorhandenen fadenbildenden, organischen Verbindungen tragen auch zur Krümelbildung bei. Die anorganische Kolloidmasse ist ebenfalls unentbehrlich; es darf aber ihr Anteil weder zu gering noch zu groß sein. Sorptionsstarke Tonsubstanz mit großer spezifischer Oberfläche (Smectit, Vermiculit, aufweitbarer Illit) fördert die krümelige Aggregierung stärker als sorptionsschwache (Kaolinit). Ca-, Fe- und Al-Ionen und Phosphate fördern den Flockungsvorgang.

Funktion: Das Krümelgefüge als das erstrebte Gefüge des Saatbettes und der Ackerkrume überhaupt gewährleistet einen für höhere Pflanzen und Bodenorganismen günstigen Wasser- und Lufthaushalt. Die Pflanzenwurzeln können sich ungehindert entfalten und die Nährstoffaufnahme sicherstellen. Diese Funktionen kann das Krümelgefüge besonders gut ausüben, wenn Krümel aller Größen vorliegen und dadurch ein günstiges Hohlraumsystem gegeben ist, und ferner, wenn die einzelnen Krümel stark porös und stabil gegen Regenaufschlag sind. Dadurch wird der Regen schnell aufgenommen, und Verschlämmung sowie Bodenabtrag werden weitgehend verhindert.

(bb) Wurmlosungsgefüge

Form: Dieses Gefüge liegt als unregelmäßig geformte, oft traubenartig ausgebildete Bodenaggregate bis zu einigen Zentimetern Größe vor (Abb. 111). Unmittelbar nach ihrer Entstehung bilden diese Aggregate schwach verkittete, unregelmäßige Häufchen auf dem Boden. Im Boden nimmt das Wurmlosungsgefüge nur Teilbereiche ein. In trockeneren Gebieten (z. B. Burgenland) findet man spindelartige Formen dieses Gefüges.

Entstehung: Der Name dieses Gefüges bringt die Entstehung desselben zum Ausdruck. Die Regenwürmer nehmen große Mengen organischer Substanz und mit dieser auch anorganische Bestandteile auf. Diese Substanzen werden im Körper dieser Tiere zu einer relativ stabilen Masse vereinigt. Da der überwiegende Teil der Regenwürmer die Krume bewohnt, entsteht in diesem Bodenbereich auch vorwiegend dieses Gefüge. In den Gängen, welche die Regenwürmer mitunter bis tief in den Boden hinein schaffen, werden diese Gefügeaggregate auch abgelegt.

Funktion: Das Wurmlosungsgefüge ist relativ stabil, und zwar um so mehr, je günstiger die oben beschriebenen Bedingungen für die Krümelbildung sind, vor allem müssen Humus- und Tonsubstanz ausreichend vorhanden sein. Mangelt es an diesen Substanzen, so entstehen weniger beständige Aggregate. Bei der Bearbeitung des Ackers werden die Wurmlosungsaggregate zu Krümeln zerrieben. Je mehr Wurmlosung eine Krume besitzt, um so günstiger und stabiler ist ihr Gefügezustand im ganzen. Eine dauernd hohe Produktion an Wurmlosung führt zu einem optimalen Gefüge, das im Mikrobereich schwammartig (hohlraumreich) ist und in ausgeprägter Weise in der Schwarzerde vorliegt.

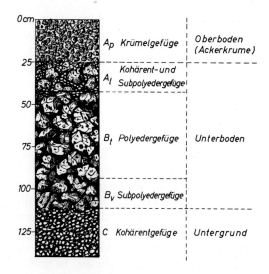

Abb. 112. Gefügeprofil der Parabraunerde aus Löß.

(2) Absonderungsgefüge (Segregatgefüge)

Die Formen des Absonderungsgefüges sind mannigfaltig. Wenn im folgenden 8 Arten beschrieben werden, so sind zwar damit die markanten Erscheinungsformen genannt, aber es gibt viele Übergangsformen und auch Gebilde, die sich nicht eindeutig zu einer der 8 Arten stellen lassen.

Das Absonderungsgefüge ist veränderlich wie die Aggregatgefüge überhaupt. Es kann bei Wiederbefeuchtung des Bodens scheinbar verschwinden, indem sich Spalten und Klüfte des Bodens schließen. Bei der Austrocknung des Bodens erscheint das gleiche Gefüge wieder, indem Klüfte und Spalten, welche die Aggregate begrenzen, neu entstehen. Abgesehen von diesem Rhythmus ist der Bodenaufbau in der Regel nicht nur von einem Gefüge gekennzeichnet, meistens sind die Gefüge horizontspezifisch. Fast jeder Bodentyp besitzt bei gleicher Textur meistens in *jedem* Horizont ein spezifisches Gefüge, d. h. jeder Bodentyp zeigt ein eigenes *Gefügeprofil*. Ein Beispiel dafür bietet das in Abbildung 112 wiedergegebene schematische Gefügeprofil der Parabraunerde aus Löß.

Häufig gliedern sich die Aggregate einer bestimmten Form des Absonderungsgefüges auf in kleine Aggregate des gleichen Gefüges oder in eine andere Aggregatform, z. B. zerlegen sich oft große Polyeder in kleinere, oder es gliedern sich prismatische Aggregate in polyedrische auf. Diese Erscheinung hat man früher als *Gefügeinterferenz* bezeichnet. Heute bezeichnet man das Gefüge, das sich bei der Profiluntersuchung zunächst aus dem Bodenkörper löst als *Makrogrobgefüge* und das durch Zerlegung dieser Aggregate erscheinende Gefüge als *Makrofeingefüge*. Beide gehören zum Makrogefüge; das Feingefüge ist in diesem Betracht nicht identisch mit dem Mikrogefüge, das mit bloßem Auge nicht erkennbar ist.

Die Gefügeaggregate lassen sich als Körper (Abb. 113) am besten beschreiben, indem man gedanklich ein Achsenkreuz hineinlegt, mit dessen Hilfe man die Dimensionen kennzeichnet. Die Aggregate haben entweder drei etwa gleiche Achsen (Polyeder) oder eine Längsachse und zwei etwa gleiche Querachsen (Prismen) oder auch noch andere Achsenverhältnisse.

(aa) Splittergefüge

Form: Kleine, splitterige Bodenaggregate mit einer langen und zwei kürzeren Achsen (Abb. 111). Die Längsachse überschreitet selten 10 mm. Die Kanten sind scharf und die Flächen glatt; letztere laufen oft spitz zu.

Entstehung: Wiederholte Frosteinwirkung zerlegt in vielen Fällen schwere Bodenarten in splitterartige Aggregate. Der Frost kann aber auch andere Aggregatformen erzeugen. Durch Austrocknung können — wenn auch in geringerem Umfange — ebenfalls splitterige Aggregatformen entstehen.

Funktion: Die Zerlegung der klumpigen Herbstfurche schwerer Böden durch den Frost in kleine, splitterige Aggregate ist eine entscheidende Voraussetzung für die Saatbettbereitung im Frühjahr. Bei schweren Böden, denen die Voraussetzungen für die Krümelbildung fehlen, ersetzt gleichsam das Splittergefüge die Funktion des Krümelgefüges der Krume. In diesem Falle ist aber das Splittergefüge wenig stabil. Nur dann besitzt das Splittergefüge eine größere Stabilität und kann über längere Zeit günstige Funktionen ausüben, wenn ihm die gleichen stabilisierenden Faktoren (Humus, Calcium, Phosphate u. a.) innewohnen, die auch für ein gutes Krümelgefüge Voraussetzung sind.

(bb) Korngefüge

Form: Meist kleine, längliche, kantige Bodenaggregate, die sich fast stets durch eine lange Achse von meist nicht über 5 mm und zwei kürzere Achsen auszeichnen (Abb. 111). Die Kornaggregate sind mehr oder weniger porös und haben meist rauhe Flächen. Die Kornform ist manchmal auch würfelig oder parallelepipedisch, teils stellt sie kleine Polyeder mit gleichem Achsenverhältnis dar. Überwiegen letztere Formen, so zählen diese zum Polyedergefüge (Feinpolyeder). Übergänge zum Splittergefüge sind häufig.

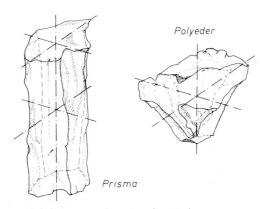

Abb. 113. *Die Achsen in den Gefügeaggregaten Polyeder (3 gleich lange Achsen) und Prisma (eine Längsachse und 2 gleich lange, kürzere Querachsen).*

Entstehung: Das Korngefüge ist typisch für den A-Horizont tonreicher Rendzinen. Diese Beobachtung läßt auf die Entstehungsbedingungen schließen, nämlich hoher Ton-, Humus- und Calciumgehalt. Die Zerlegung der Bodenmasse in Kornaggregate erfolgt überwiegend durch Austrocknung, wie im Sommer und Herbst bei Rendzinen festzustellen ist, kann aber auch durch Frost geschehen. Der Tongehalt der Rendzina ist für die Bildung rundlicher Krümel zu hoch, andererseits läßt der hohe Humus- und Calciumgehalt die Bildung größerer Aggregate (z. B. Polyeder) nicht zu, denn diese Substanzen verursachen beim Austrocknen ein feines Netz von Rissen, welche die Kornaggregate begrenzen.

Funktion: Das Korngefüge beschränkt sich, wie oben ausgeführt, auf bestimmte A-Horizonte und übt fast die gleichen günstigen Funktionen aus wie das Krümelgefüge. In der Regel ist es stabiler als das Krümelgefüge. Wenn die Kornaggregate sehr porös sind, so werden dadurch Wasser- und Lufthaushalt verbessert.

(cc) Subpolyedergefüge

Form: Durch mehrere unregelmäßige, meist rauhe Flächen begrenzte Aggregate mit stumpfen Kanten und etwa gleichem Achsenverhältnis (Abb. 111). Die Aggregate sind überwiegend sehr porös, Tonhäutchen auf der Oberfläche fehlen oder sind sehr schwach ausgebildet, und ihre Größe liegt etwa zwischen 0,5 und 3 cm. Ein relativ hoher Sandanteil bedingt sehr rauhe und besonders ungleichmäßige Aggregatflächen mit sehr stumpfen Kanten. Geringe Toneinschlämmung macht die Flächen glatter und die Kanten schärfer.

Entstehung: Das Subpolyedergefüge ist charakteristisch für den B_v-Horizont der typischen Braunerde mit lehmig-sandiger und sandig-lehmiger Bodenart. Bei der Austrocknung solcher Böden sondern sich die Subpolyeder durch einen geringen Schwund — nicht immer gut erkennbar — ab. Der Tongehalt darf nicht zu hoch sein, und eine Illuviation muß fehlen oder darf nur geringfügig sein. Die Entstehungsbedingungen sind mithin in Bodenarten mit mittlerem Tongehalt, guten Aggregierungsbedingungen und intensiver Durchwurzelung zu finden. Humus kann, muß aber nicht beteiligt sein.

Funktion: Das dem Subpolyedergefüge eigene Hohlraumsystem ist für den Wasser- und Lufthaushalt, für die Durchwurzelung und für das Leben der Mikroorganismen günstig. Die Aggregate sind im Boden stabil, an der Bodenoberfläche wären sie es in der Regel nicht. Die beim Schwund der Bodenmasse entstehenden, meist kleinen Risse fördern die Durchlüftung, lassen den Niederschlag schnell in den Boden eindringen und das die Feldkapazität übersteigende Bodenwasser schnell versickern.

(dd) Polyedergefüge

Form: Durch mehrere unregelmäßige, meist glatte Flächen begrenzte Aggregate, die überwiegend mehr oder weniger scharfe Kanten und etwa gleiche Achsenverhältnisse besitzen (Abb. 111). Nach der Größe (cm $\emptyset$) werden die Aggregate eingeteilt: sehr feine ($< 0,5$), feine ($0,5 - 1$), mittlere ($1 - 2$), große ($2 - 5$), sehr große (> 5) Polyeder. Ein Gefüge mit sehr großen Polyedern (> 5 cm $\emptyset$) wird auch *Blockgefüge* genannt. Die Polyeder sind mehr oder weniger porös, meist tragen sie Tonüberzüge, wodurch die Poren teils abgeschlossen sind.

Entstehung: Das Polyedergefüge entsteht in mittelschweren und schweren Texturen. Entsteht es in der Krume humusarmer, schwerer Böden, so fehlen Tonüberzüge, und es ist wenig beständig. Häufig entsteht es im Unterboden und ist in diesem Falle meistens mit der Tonilluviation verbunden. Die so um die Polyeder sich bildenden Tonhäutchen machen das Gefüge sehr stabil. Die Gefügebildung beginnt mit einem Schrumpfungsprozeß infolge Austrocknung, teils zusätzlich durch Frost, wodurch die Aggregierung in Polyeder oder zunächst Subpolyeder zustande kommt. Durch die Toneinschlämmung wird die Oberfläche der Aggregate stabilisiert, gleichzeitig werden aber auch deren Poren mehr und mehr abgedichtet. Bei Befeuchtung schließen sich alle Bodenrisse wieder, aber das Polyedergefüge bleibt bestehen und erscheint bei Austrocknung des Bodens wieder in deutlich abgesonderten Aggregaten. In Böden mit starker Flockungsenergie infolge eines hohen Calciumgehaltes entstehen kleine Polyeder, oder die zunächst entstandenen größeren Aggregate lassen sich leicht in kleinere Polyeder zerlegen. Charakteristisch ist das Polyedergefüge für den B_t-Horizont der Parabraunerde und den B_tS_d-Horizont des Pseudogleyes, der aus der Parabraunerde hervorging.

Funktion: Das Polyedergefüge ist durchweg dichter als das subpolyedrische. Allerdings besteht ein großer Unterschied zwischen den Aggregaten mit und ohne Tonhäutchen auf den Polyederflächen. Die tonhäutchenfreien Polyeder calciumreicher, schwerer Böden sind in der Regel porenreich und können somit noch einen befriedigenden Wasser- und Lufthaushalt aufrechterhalten. Die mit Tonhäutchen überzogenen Polyeder sind dagegen oft infolge der verschlossenen Poren wenig durchlässig für die genannten Medien, so daß sich hauptsächlich nur im Zustand der Austrocknung Hohlräume und Schwundrisse einstellen, die Luft in den Boden eindringen lassen. Bei Wiederbefeuchtung durch Sickerwasser schließen sich die Schwundrisse wieder, wobei gleichzeitig weiterhin Tonsubstanz in den B_t-Horizont gespült wird, sofern diese aufgrund der Wasserstoff-Ionen-Konzentration noch mobil ist. Dadurch werden die Tonhäutchen dicker und das Gefüge im ganzen dichter, so daß schließlich der B_t-Horizont das Sickerwasser staut und die Pseudovergleyung beginnt. — Ein poröses Polyedergefüge schränkt die Durchwurzelung wenig ein, dagegen die mit dicken Tonhäutchen umgebenen Polyeder sehr.

(ee) Scherbengefüge

Form: Bodenaggregate, die von mehreren unregelmäßigen, oft muschelförmigen, glatten, selten rauhen Flächen begrenzt sind und meistens eine längere und zwei ungleiche, kürzere Achsen aufweisen (Abb. 111). Charakteristisch sind muschelförmig ausgebildete Flächen, so daß die Aggregate oft wie zersprungene Feuersteine (Feuerstein-Scherben) aussehen.

Entstehung: Das Scherbengefüge entsteht durch den Schrumpfprozeß bei der Austrocknung dichter Horizonte, häufig in der Stauwassersohle des Pseudogleyes. Oft zeigen die Aggregate Tonhäutchen oder Überzüge von Brauneisen. Letztere sind Absätze des Stauwassers. Da das Scherbengefüge bisher fast nur in Pseudogleyen beobachtet wurde, könnte man die genetische Deutung in der spezifischen Dynamik dieses Bodentyps suchen. Vermutlich entstehen die scherbigen Aggregate durch die Zerlegung plattiger Aggregate beim Schrumpfungsprozeß.

Funktion: Die Funktion des Scherbengefüges scheint von der Form her ähnlich zu sein wie beim Polyedergefüge. Bei der Wasseraufnahme des Bodens fügt es sich aber offenbar wesentlich dichter zusammen, d. h. die Lagerungsdichte der Horizonte (im Pseudogley), in denen es vorzugsweise auftritt, ist größer als z. B. beim B_t-Horizont der Parabraunerde, was sich in einem geringeren Porenvolumen äußert.

(ff) Prismengefüge

Form: Prismenartige, von fünf oder sechs rauhen oder glatten Seitenflächen begrenzte, senkrecht im Boden stehende Aggregate mit einer senkrechten, langen Achse und zwei wesentlich kürzeren, etwa gleichen Querachsen (Abb. 111). Nach der Größe (cm $\emptyset$ der Querachsen) werden die Prismenaggregate unterteilt: sehr fein- (<1), fein- ($1-2$), mittel- ($2-5$), grob- ($5-10$), sehr grobprismatisch (>10). Die Aggregate sind mehr oder weniger porös, besitzen teilweise Tonhäutchen und zerteilen sich oft in Polyeder, seltener in Subpolyeder.

Entstehung: Das Prismengefüge entsteht meistens in tonreichen Bodenarten, die bei der Austrocknung (nach starker Befeuchtung) senkrechte Schrumpfspalten erhalten, die prismenartige Bodenkörper begrenzen. Typisch ist dieses Gefüge in Gleyen, die nach Absinken des Grundwasserspiegels im Sommer allmählich austrocknen, wobei sich das Spaltennetz und die Prismen von oben her allmählich entwickeln. Auch in Tonböden (Pelosole und Vertisole), die zeitweilig stark durchfeuchtet werden und dann austrocknen, findet man meistens das Prismengefüge. Die Absonderung prismenartiger Körper infolge von Volumenschwund findet ebenso statt bei der Entstehung der Polygonböden in der Tundra und bei der Erkaltung des Magmas (Basaltsäulen). Beim Gefrieren können in schweren Böden auch in unserem Klima Frostspalten entstehen, die prismenartige Gefügekörper begrenzen. Im relativ tonigen B_t-Horizont der Parabraunerde können sich bei der Austrocknung auch Prismen absondern, die sich aber leicht in Polyeder zerteilen.

Funktion: Mit dem Prismengefüge sind senkrecht in den Boden gehende Leitbahnen für Luft und auch (bei Regen) für Wasser gegeben, denen die Pflanzenwurzeln gern folgen. Die Verdunstung des Bodenwassers aus dem Unterboden wird durch das Spaltensystem stark gefördert. Je kleiner die Prismen sind, desto mehr Leitbahnen sind vorhanden, aber die Bodenspalten sind dann schmaler als bei der Entwicklung großer Prismen. Wieweit das Innere der Prismenaggregate am Wasser- und vor allem am Lufthaushalt teilnimmt, hängt vom Porensystem der Aggregate ab. Oft sind sie stark porös, teils aber weniger. Wenn die Aggregate von Tonhäutchen überzogen sind, wodurch die Poren weitgehend verschlossen sein können, so kann ein großer Teil der Bodenmasse für den Wasser- und Lufthaushalt gleichsam inaktiv sein.

(gg) Säulengefüge

Form: Säulenartige, von fünf oder sechs abgerundeten (gebogenen), meist glatten Seitenflächen begrenzte, senkrecht im Boden stehende Aggregate mit einer senkrechten, langen Achse und zwei wesentlich kürzeren, etwa gleichen Querachsen (Abb. 111). Die Seitenflächen stoßen nicht in Kanten aneinander, sie gehen vielmehr durch die starke Abstumpfung der Kanten bogig ineinander über, so daß säulenartige Körper vorliegen, die oben kappenartig abgerundet sind.

Entstehung: Die säulenartigen Aggregate entstehen in relativ tonigen Böden mit einem beträchtlichen Anteil an Na und (oder) Mg im Ionenbelag. Diese Ionen erzeugen eine leichte Dispergierbarkeit der Kolloidsubstanz, die infolgedessen an den Kanten der Aggregate abgelöst wird; dadurch kommt eine Abrundung der Gefügekörper zustande. Das Säulengefüge ist typisch für Na- und (oder) Mg-reiche Böden, vor allem finden wir es im Solonetz und in Na- und Mg-reichen Marschen.

Funktion: Die säulenartigen Aggregate sind im allgemeinen ziemlich dicht, so daß diese selbst am Wasser- und Lufthaushalt wenig beteiligt sind. Im mehr oder weniger ausgetrockneten Bodenzustand befinden sich — wie beim Prismengefüge — zwischen den Säulen Leitbahnen für Luft, Wasser (bei Regen) und Wurzeln. Letztere folgen den Bodenspalten, sofern noch aufnehmbare Feuchtigkeit vorhanden ist. Bei Wasseraufnahme quillt der Boden stark, und die Spalten schließen sich wieder ganz.

(hh) Plattengefüge

Form: Plattige, horizontal liegende Bodenaggregate mit meist rauhen, selten glatten Oberflächen (Abb. 111). Nur in staunassen Böden tragen bisweilen die Oberflächen einen Überzug von Brauneisen. Die Aggregate besitzen zwei, meist ungleich lange Achsen und eine kürzere Achse, die zu den längeren senkrecht steht. Die von den zwei langen Achsen bestimmte Größe der Platten schwankt sehr; sie sind im Boden durch feine Risse getrennt, die bei der Austrocknung entstehen. Im allgemeinen sind die Platten nicht größer als eine Handfläche. Nach der Plattendicke (in mm) kann man folgende Gliederung vornehmen: sehr dünn (<1), dünn ($1-2$), mittel ($2-5$), dick ($5-10$), sehr dick (>10 mm). Von fast papierdünnen, schuppigen Aggregaten bis zu ziegelsteinförmigen Gebilden sind alle Übergänge vorhanden.

Entstehung: Das Plattengefüge entsteht vorzugsweise in schluff- und feinsandreichen, staunassen Böden. Solche Böden quellen wenig und gewährleisten eine gute Wasserbewegung, wodurch es besonders leicht zur Bildung dünner Eisschichten kommt. Durch wiederholtes Gefrieren und Auftauen, verbunden mit Eislinsenbildung, aber auch durch den Wechsel von Naß- und Trockenwerden wird ein Plattengefüge erzeugt. In den Bodenfugen der Eislinsen bilden sich häufig Überzüge von Brauneisen und Tonsubstanz, wodurch die senkrecht durch die Platten gehenden Poren mehr oder weniger verschlossen werden. — Durch den Druck von Schleppern und schweren Maschinen, durch den Tritt der Zugtiere und durch das Schleifen des Pflugschares im feuchten, lehmigen Boden werden ebenfalls plattige Bodenaggregate gebildet, und zwar vorwiegend unmittelbar unter der bearbeiteten Krume. In diesem Fall spricht man auch von einer Pflugsohle, die bereits 1820 von Albrecht THAER beobachtet und als »Borke« bezeichnet wurde. Plattige Aggregate können ferner durch glaziales Bodenfließen und feinschichtigen Sedimentwechsel (z. B. in den Marschen) bedingt sein.

Funktion: Die durch Bodendruck entstehenden, plattigen Bodenaggregate sind im allgemeinen verdichtet, wodurch Wasser- und Luftdurchlässigkeit sowie Wurzeltiefenwachstum beeinträchtigt sind. Dies braucht bei einer schwachen Pflugsohlenentwicklung nicht zuzutreffen. Das durch natürliche Vorgänge entstandene Plattengefüge ist im allgemeinen dann wenig durchlässig, wenn die Plattenfugen Überzüge von Brauneisen und Tonsubstanz tragen. Fehlen diese, so kann dieses Plattengefüge mäßig bis gut durchlässig für Wasser und Luft sein. Ein Plattengefüge, das in einem schluff- und feinsandreichen Boden vorwiegend durch den Wechsel »naß-trocken« entstand, ist normalhin durchlässig. Das durch einen Sedimentierungsvorgang gebildete Plattengefüge ist meistens ziemlich dicht. Generell darf man im Plattengefüge eine ungünstige Beeinflussung der vertikalen Bewegung von Wasser und Luft vermuten.

(ii) Graupengefüge (oder Schorfgefüge)

Form: Unregelmäßige, vielgestaltige, schlackenartige, poröse, an der Oberfläche schorfige, kleine Bodenaggregate mit selten mehr als 10 mm ⌀ (nicht auf Abbildung 111 dargestellt). Die bereits in der Literatur vorgeschlagenen Formbezeichnungen Graupengefüge und Schorfgefüge treffen die wahre Gestalt nur ungenau, indessen gibt es keinen besseren Vorschlag.

Entstehung: Die Aggregate sind typisch für rote und gelbe Latosole (Rot- und Gelberden). Sie entstehen durch Auswandern von Kieselsäure, relative Anreicherung von Fe und Al, Stabilisierung der anorganischen Kolloidmasse durch Fe- und Al-Verbindungen im Zuge von deren irreversiblen Alterung. Letztere wird in erster Linie durch periodische Trockenzeiten bedingt.

Funktion: Diese stabilen Graupenaggregate verhalten sich bei starker Alterung wie Sand in bezug auf den Wasser- und Lufthaushalt, u. a. ist die Wasserkapazität gemindert. Vom Einzelkorngefüge unterscheiden sie sich dadurch, daß sie poröser sind und daher eine relativ große innere, sorptionsfähige Oberfläche besitzen. Im feuchten Zustand zeigen die Graupen eine mehr oder weniger starke, vom Alterungszustand abhängige Kohärenz.

(jj) Andere Gefüge

Über die beschriebenen Gefüge hinaus sind noch einige andere bekannt geworden, die aber meistens als Abweichungen von den gut ausgeprägten, beschriebenen Gefügeformen aufzufassen sind. So kann z. B. das *Nußgefüge*, das im B_t-Horizont des Red Yellow Podzolic Soil im Südosten der USA vorkommt, als schlecht ausgeprägtes Polyedergefüge aufgefaßt werden. Dieses Nußgefüge hat die gleiche Funktion wie das Polyedergefüge. Neuerdings sind noch Kitt-, Riß- und Schichtgefüge vorgeschlagen worden.

(d) Bodenfragmente

Unter Bodenfragmenten werden Bodenaggregate verstanden, die durch eine Kraftanwendung auf den Boden entstehen. Dabei können kohärente Bodenmassen oder Bodenmassen mit einem latenten Aggregatgefüge in willkürliche Fragmente zerlegt werden. Das geschieht z. B. beim Pflügen des schweren, trockenen oder nassen Bodens, oder auch beim Zerbrechen eines kohärenten Bodens mit den Händen oder einem Gegenstand. Je nach der Eigenart des Bodens und der Einwirkungsart auf ihn entstehen verschieden große und auch verschieden geformte Aggregate.

Es besteht keine Einmütigkeit darüber, ob die Bodenfragmente zum Bodengefüge gehören. Da man in der Lage sein muß, auch *nicht natürliche* Aggregate zu kennzeichnen, werden sie der Beschreibung der natürlichen Gefüge angereiht. Es werden hier nur zwei Fragmentformen des Bodens beschrieben, die sich in Gestalt und Größe gut unterscheiden lassen.

(1) Bröckel

Form: Unregelmäßig begrenzte, vielgestaltige, kleinere Bodenaggregate mit sehr rauhen Flächen und stumpfen Kanten. Sie weichen in der Form von den durch Absonderung entstandenen Aggregaten ab. Diese als Bröckel bezeichneten Aggregate reichen im $\varnothing$ bis 5 cm (Abb. 111).

Entstehung: Wenn ein Boden die Voraussetzung für die Bildung rundlicher Krümel nicht besitzt, sich aber doch in relativ gutem Zustand befindet und einen mäßigen Kolloidgehalt besitzt, so zerfällt er bei der Bearbeitung oder beim Zerlegen mit den Händen in unregelmäßig begrenzte Bröckel-Aggregate.

Funktion: Zerfällt ein Boden beim Pflügen in Bröckel, so sind seine Eigenschaften in bezug auf den Pflanzenstandort relativ gut zu bewerten. Weitere Bearbeitungsvorgänge, z. B. mit der Egge, führen im allgemeinen zur Krümelung. Solche Krümel erreichen allerdings nicht die guten Eigenschaften eines Krümel-Aufbaugefüges, vor allem nicht hinsichtlich der Stabilität.

(2) Klumpen

Form: Unregelmäßig begrenzte, vielgestaltige, größere Bodenaggregate mit sehr rauhen Flächen (soweit nicht durch Geräte geglättet), stumpfen Kanten und über 5 cm $\varnothing$. Die Klumpen weichen in der Form von allen natürlichen Aggregatformen ab (Abb. 111).

Entstehung: Beim Pflügen tonreicher, humus- und calciumarmer Böden in zu feuchtem oder zu trockenem Zustand entstehen Klumpen-Aggregate. Auch andere Eingriffe in den Boden können zu Klumpen führen; diese können auch beim Graben und Hacken entstehen, noch mehr durch den Bagger.

Funktion: Klumpige Böden sind sperrig und besitzen große Hohlräume, die vor allem den Wasserhaushalt stören und damit auch andere wichtige Vorgänge im Boden, besonders das Wurzelwachstum und die Tätigkeit der Bodenorganismen. Darum ist man im Ackerbau bemüht, das grobe Gefüge in ein feineres zu verwandeln, wenn nicht der Frost diesen Dienst tut.

Die Arbeitsgemeinschaft Bodenkunde (1971) hat die Merkmale des Makrogefüges in einer Tabelle (44) zusammengestellt. Darin sind auch Merkmale aufgeführt, die zwar zum Makrogefüge im ganzen gehören, aber nicht an die Gefügeformen gebunden sind.

Tab. 44: Die Merkmale des Makrogefüges des Bodens (Arbeitsgemeinschaft Bodenkunde 1971)

	ungegliedert		gegliedert					
	Einzelkorn- gefüge	Kohärent- gefüge	krümelart. Gefüge	polyederart. Gefüge	prismenart. Gefüge	plattenart. Gefüge	Fragment- gefüge	sonstiges Aggregat- gefüge
I. Gefügetyp		1. brüchig- kohärent 2. plastisch- kohärent 3. kohären- tes Hül- lengefüge	1. krümelig 2. schwamm- artig 3. wurmlo- sungsart.	1. subpoly- edrisch 2. poly- edrisch 3. scherbig 1. splittrig 2. körnig	1. prismatisch 2. säulig	1. plattig 2. schichtig (sedimenta- tions- bedingt)	1. bröckelig 2. klumpig	z. B. rhom- boedrisch parallel- klüftig
1. Größe			ff < 1 mm f 1- 2 mm m 2- 5 mm g 5-10 mm gg >10 mm	ff < 5 mm f 5-10 mm m 10-20 mm g 20-50 mm gg > 50 mm	nur f. Prism.: ff < 10 mm f 10- 20 mm m 20- 50 mm g 50-100 mm gg > 100 mm	ff < 1 mm f 1- 2 mm m 2- 5 mm g 5-10 mm gg >10 mm	< 5 cm ⌀ Bröckel > 5 cm ⌀ Klumpen	je nach Gestalt und Orientierung
2. Ausprägung			Je nach Annäherung an gedachte Idealgestalt; Einteilung in 5 Klassen: sehr geringe ("), geringe ('), mittlere (·), gute (—) und sehr gute (=) Ausprägung. Angabe der Ausprägung durch Häkchen, Punkt und Überstreichungen über die Aggregat-Symbole.					
3. Poren- ausmündun- gen			Anzahl der frei auf die Aggregatoberfläche ausmündenden Poren; 5 Klassen. Aus dem Vergleich dieser Angabe mit der Ansprache der Porenmenge überhaupt müssen sich Rückschlüsse auf den Anteil der nicht mit den Aggregatoberflächen in Verbindung stehenden Poren ziehen lassen.					
4. Überzüge, Abdrücke			Ton-, Schluff-, Eisen-, Mangan-, Humus- usw. Anlagerungen auf den Aggregatoberflächen. Über- züge von Wurzeln, Abdrücke von Wurzel- und Wurmröhren. Angabe von Menge (Überstreichungen, Häkchen) und Verteilung (Groß- und Kleinschreibung).					
5. Form der Oberflächen und Kanten			Oberflächen: wellig, bogig, kuppig, eben, rauh usw.; Kanten: rundlich, eckig, zerrissen u. ä.					
6. mechanische Festigkeit			Zerdrückbarkeit der Aggregate, 5 Klassen: sehr leicht, leicht, mäßig schwer, schwer, sehr schwer zerdrückbar.					
II. Aggregierungs- stufe			Je nach prozentischem Oberflächenanteil der Aggregate, der klar gegen Nachbaraggregate abgegrenzt ist; 5 Klassen: sehr wenig (< 20 %), wenig (20–40 %), mittel (40–60 %), gut (60–80 %) und sehr gut (> 80 %) abgegrenzter Oberflächenanteil.					
III. Lagerungsart			Beurteilt werden Form und Ausdehnung der Aggregatzwischenräume bzw. die gegenseitigen Forment- sprechungen der Oberflächen benachbarter Aggregate. 1. geschlossen: Die Aggregate sind durch Fugen getrennt, d. h. ihre Oberflächen bilden vollkom- mene Abdrücke voneinander und liegen unmittelbar aneinander. 2. halboffen: Aggregate sind teils durch Fugen, teils durch spalten- oder röhrenförmige Hohl- räume voneinander getrennt. 3. offen: Aggregate sind überwiegend durch spalten- oder röhrenförmige Hohlräume von- einander getrennt, ihre Oberflächen bilden keine oder nur sehr unvollkommene Abdrücke. 4. sperrig: Aggregate befinden sich in wirrer, unorientierter Anordnung und lassen viel- gestaltige Hohlräume zwischen sich frei.					
IV. Zusammenhalt			Beurteilt wird der zur Trennung der Aggregate erforderliche Kraftaufwand; z. B. Fallenlassen eines Bodenstückes von Ziegelgröße aus etwa 100 cm Höhe auf eine geeignete Unterlage. 5 Klassen: sehr fest, fest, mittel, lose, sehr lose; nähere Kennzeichnung durch zäh und spröde.					
V. Hohlraum- volumen			Geschätzt wird zunächst das Trockenraumgewicht des Bodens als Maß für das Substanzvolumen. 5 Klassen: sehr hohes, hohes, mittleres, geringes und sehr geringes Trockenraumgewicht. Die Differenz zwischen Substanzvolumen und Gesamtvolumen ist das Hohlraumvolumen, dessen nähere Kennzeichnung durch Form, Größe und Menge der sichtbaren Hohlräume erfolgt, soweit dies nicht schon durch die Aggregierungsstufe und Lagerungsart geschehen ist.					
Poren, Röhren			Poren f mit Lupe sichtbar m ohne Lupe sichtbar, ~ < 0,1 mm g 0,1–0,2 mm			Röhren ff 0,2–0,5 mm f 0,5–1,0 mm m 1 –2 mm	g 2 –5 mm gg > 5 mm	
sonstige Hohlräume			Unregelmäßig gestaltete und verteilte Hohlräume verschiedener Entstehungsweise.					
Feuchte Plastizität			Schätzung des pF-Wertes: Klassen: entspricht bei bindigen Böden der Feuchte:	trocken fest	frisch (etwas feucht) festplastisch	feucht plastisch	sehr feucht weichplastisch	naß weich

c. MIKROGEFÜGE

In Vereinfachung des Gegenstandes kann unter dem Mikrogefüge die mit bloßem Auge nicht, wohl aber mit dem Mikroskop sichtbare, räumliche Anordnung der Bodenteilchen verstanden werden, und zwar im umfassenden Sinne, so daß auch Hohlräume, Lösungserscheinungen und Ausfällungen (Flecken, Konkretionen) einzubeziehen sind. Für die Untersuchung des Mikrogefüges ist der Bodendünnschliff eine sehr geeignete Methode, die auch den größten Erkenntnisgewinn gebracht hat. Indessen wird aber die mikroskopische Untersuchung auch an Bodenaggregaten und Bodenfragmenten praktiziert, indem die Oberflächen in der Vergrößerung untersucht werden.

1. Grundlagen

In der Mikromorphologie des Bodens sind neue Begriffe entstanden. Da sich dieser Wissenszweig der Bodenkunde in den letzten 35 Jahren sehr schnell und an verschiedenen Plätzen, vielfach nicht mit ausreichendem wissenschaftlichen Austausch, entwickelt hat, werden manche Begriffe nicht immer mit dem gleichen Begriffsinhalt verbunden, oder für den gleichen Gegenstand werden verschiedene Begriffe gebraucht. Somit ist es im Augenblick nicht möglich, ein klares, allgemein anerkanntes Bild der heutigen Vorstellung vom Bodenmikrogefüge zu entwerfen. In der folgenden Darstellung wird im allgemeinen der Auffassung von W. L. KUBIENA und H. J. ALTEMÜLLER gefolgt, wobei manche Erkenntnis zurückgeht auf die Grundvorstellungen von B. SANDER.

(a) Gefügeelemente

Im Gefüge eines Bodens ist das wichtigste Gefügeelement das *Gefügekorn*. In der Größenordnung sind das primäre Mineralkörner bis zu Kolloidteilchen. Zu den Gefügeelementen gehören auch Humusteilchen und Gesteinssplitter. In Tonen, die überwiegend aus Teilchen kolloidaler Größe bestehen, können Teilbereiche, die durch einheitliche, gerichtete Teilchenregelung gekennzeichnet sind, auch als Gefügeelemente gelten.

Die Gefügeelemente des Bodens können sich zu *Aggregaten* zusammenfügen, die sich mehr oder weniger scharf gegeneinander absetzen. Solche Aggregate können durch Zusammenballung kolloidaler Teilchen oder auch durch Segregation entstehen, ferner können es Losungsteilchen von Bodentieren sein.

Zu den Aggregaten gehören streng genommen nicht die andersartig entstehenden Bildungen, z. B. die als Flecken erscheinenden Ausfällungen, konkretionäre Bildungen, Tonhäutchen u. a.

Die *Hohlräume* des Bodens gehören auch zu den Gefügeelementen. Die Gestalt der Hohlräume ergibt sich aus der Form der Gefügekörner, oder sie wird geformt durch Wurzeln, Bodenorganismen, durch Lösungs- und Ausfällungsvorgänge.

Unter *Skelett* oder *Gefügeskelett* soll nach W. L. KUBIENA die *Gesamtheit* der formbeständigen, mehr oder weniger unbeweglichen und chemisch schwer angreifbaren Anteile des Bodengefüges verstanden werden; hauptsächlich handelt es sich dabei um das Gerüst der Mineralkörner und die festen Humusteilchen. Was mit Gefügeskelett gemeint ist, geht deutlich aus den synonym gebrauchten Begriffen Feinbodengerüst und Korngerüst hervor. Hierbei darf nicht angenommen werden, daß nur Mineralkörner gemeint sind, denn auch gealterte, zersprungene Tonbeläge (Taf. 7, c) können die Funktion des Skelettes ausüben. W. L. KUBIENA hat dem form*beständigen* Gefügeskelett die form*veränderlichen*, beweglichen und chemisch schwer umwandelbaren Anteile des Bodens als *Plasma* oder *Gefügeplasma* gegenübergestellt. Für Plasma wird auch der Begriff Bindesubstanz gebraucht, welche das Skelett bindet, oder auch *Matrix;* allerdings wird letzterer Begriff auch in anderem Sinne verwendet.

(b) Teilgefüge

Nach B. SANDER (1948) spricht man von Teilgefüge, wenn eine Schar von Gefügeelementen durch irgendeine Gemeinsamkeit, wie z. B. durch Gestalt, Einregelung oder sonstiges, innerhalb anderer Scharen von Gefügeelementen hervortritt. Im Boden liegen Teilgefüge vor, wenn z. B. aggregierte neben nicht aggregierten oder eingeregelte neben nicht eingeregelten Gefügeelementen auftreten. Für die bodenmikromorphologische Beschreibung ist der Begriff »Teilgefüge« zweckmäßig; er muß allerdings stets mit dem gleichen Begriffsinhalt verbunden werden.

2. Elementargefüge

W. L. KUBIENA (1935) versteht unter »Elementargefüge die räumliche Anordnung der mikroskopischen, in sich mehr oder minder homogenen, als selbständige Gefügeeinheit erkannten Bestandteile des Bodens zueinander. Das Elementargefüge bezieht sich somit stets nur auf die Aufbauelemente niedrigster Ordnung; es deckt sich sein Begriff darum nicht mit jenem des mikroskopischen Gefüges schlechtweg«.

Die wichtigsten Elementargefüge sind in Abbildung 114 schematisch dargestellt und werden, W. L. KUBIENA (1935) folgend, nachstehend kurz erläutert:

(a) Porphyropektisches Elementargefüge:

Hüllenfreie Mineralkörner liegen in einer dichten, fast hohlraumfreien Grundmasse (= Gefügeplasma) eingebettet. Aus dem Gefügeplasma sind die Körner leicht isolierbar. Dieses Elementargefüge wurde z. B. in mehreren lateritischen Rotlehmen und in bestimmten kalkhaltigen Anmoorgleyen gefunden.

(b) Porphyropeptisches Elementargefüge:

Die fast immer Hüllen tragenden Mineralkörner sind fest in eine dichte, in der Hauptsache peptisierte Grundmasse eingelagert und sind oft wegen der Hüllen nicht sichtbar. Dieses Elementargefüge unterscheidet sich deutlich vom porphyropektischen durch die starke Verkittung von Mineralkörnern und Grundmasse und tritt z. B. in mediterranen Roterden und Wüstenkrusten auf.

(c) Intertextisches Elementargefüge:

Hüllenfreie Mineralkörner sind durch eine geflockte Grundmasse unter Bildung von Hohlräumen brückenartig fest miteinander verbunden. Dieses Elementargefüge ist weit verbreitet, z. B. im Tschernosem, Kastanosem, im Braunen und Grauen Halbwüstenboden, in lateritischen Böden, in der Braunerde sowie im kalkhaltigen Anmoorgley.

(d) Plektoamiktisches Elementargefüge:

Die von Kolloidhüllen umgebenen Mineralkörner sind durch Gefügeplasma-Brücken miteinander verwachsen, zwischen denen sich Hohlräume befinden. In skelettarmen Böden sind die wenigen Körner vollkommen in die hohlraumreiche, peptisierte Grundmasse eingebettet und deshalb nicht sichtbar. Dieses Elementargefüge tritt im Illuvialhorizont von Eisenpodsolen und podsoligen Braunerden auf. Im gleichen Boden kann das plektoamiktische neben dem porphyropeptischen Elementargefüge ausgebildet sein.

(e) Chlamydomorphes Elementargefüge:

Die Mineralkörner sind gleichmäßig von Hüllen umgeben, welche die Körner an ihren Berührungsteilen miteinander verkitten. Es wird auch als *Hüllengefüge* bezeichnet, das im Makrobereich eine kohärente Bodenmasse vorstellt und deshalb auch als kohärentes Hüllengefüge aufgefaßt wird. Die Hohlräume zwischen den Mineralkörnern sind im allgemeinen nicht ausgefüllt. Die Hüllen bestehen aus Eisenoxiden, Tonsubstanz und Humus (meist Gemische von diesen). Gut ausgeprägt findet man dieses Elementargefüge im Illuvialhorizont von Podsolen und bisweilen auch im Oxidations-Horizont sandiger Gleye.

(f) Agglomeratisches Elementargefüge:

Die Mineralkörner sind hüllenfrei. Die Zwischenräume sind ganz ausgefüllt mit flokkigem Gefügeplasma, welches die Körner jedoch nicht verkittet. Dieses Elementargefüge wurde in sandigen Prärieböden und in bestimmten kalkreichen Anmoorgleyen gefunden.

(g) Bleicherde-Elementargefüge:

Zwischen den blanken Mineralkörnern liegen lose Rohhumusteilchen, Wurzelstückchen, teils auch anorganische Partikel. Die Mineralkörner können in Rissen und anderen Vertiefungen Kolloidreste besitzen. Dieses Elementargefüge ist typisch für den Bleichhorizont der Podsole.

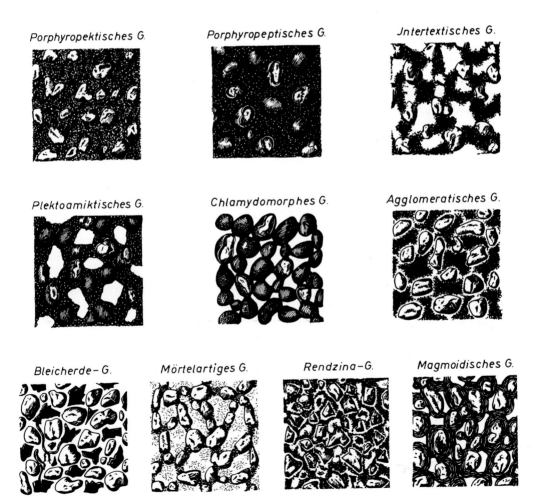

Abb. 114. Die wichtigsten Elementargefüge des Bodens (nach W. L. KUBIENA *1935).*

(h) Mörtelartiges Elementargefüge:

Die Mineralkörner, die Hüllen und Beläge tragen können, sind durch mehr oder weniger ausgedehnte, körnige Brücken miteinander verbunden. Das Gefügeplasma kann geflockt oder peptisiert sein. Die Hohlraumwände, z. T. die ganzen Hohlräume, sind mit einer weißen, locker gefügten, fast schaumigen Masse aus Kriställchen von Calciumcarbonat erfüllt. Partien mit plektoamiktischem und intertextischem Gefüge treten neben dem mörtelartigen auf. Das mörtelartige Gefüge ist typisch für Ca-Horizonte, die im Tschernosem, in der Basenreichen Braunerde und im Kalkreichen Gley vorkommen können.

(i) Rendzina-Elementargefüge:

Die fast stets blanken (hüllenfreien), eckigen Mineralkörner bestehen überwiegend aus Calcit und Kalkstein- oder (und) Dolomittrümmern (Taf. 8, b). Sie sind lose in Humusteilchen eingebettet. Die organischen Reste zeigen vielfach noch Zellstrukturen und besitzen meist einen krustigen Humusüberzug. Dieses Elementargefüge ist typisch für Rendzinen aus Kalkstein und Dolomit und ist eine spezielle Art des agglomeratischen Gefüges.

(j) Magmoidisches Elementargefüge:

Nackte Mineralkörner sind durch peptisiertes, leicht bewegliches Gefügeplasma brückenartig verbunden. Das Gefügeplasma zeigt Fließstrukturen (Fließgefüge), die durch die Einregelung doppelbrechender Kristallite entstanden sind. In die vorhandenen Hohlräume hinein lösen sich zungenförmige Vorstülpungen ab. Dieses Elementargefüge ist in einigen mediterranen Roterden und in bestimmten, den Red Yellow Podzolic Soils verwandten Böden beobachtet worden.

(k) Schwammartiges Elementargefüge:

Der Schnitt (Dünnschliff) durch die Schwamm-Aggregate zeigt zerlappte Gebilde mit unregelmäßigen, verzweigten Hohlräumen, wie ein Schwamm sie aufweist (Taf. 8, a). Dieses Gefüge besitzt vor allem der Mull, in welchem Humus und Ton zu organo-mineralischen Komplexen vereinigt sind, und diese gewährleisten gute Flockung und Krümelung. Das Schwammgefüge läßt sich makroskopisch zwar aus der guten Krümelung schließen; sein Feinbau ist jedoch nur mikroskopisch sichtbar. Deshalb wird es zu den Elementargefügen gestellt.

3. Gefüge höherer Ordnung

Ein Bodenprofil wird niemals nur ein Elementargefüge aufweisen, vielmehr ändert sich von Horizont zu Horizont auch das Mikrogefüge. Aber auch die Bodenhorizonte zeigen nicht immer nur ein Elementargefüge; am ehesten ist in grobkörnigen Horizonten nur ein Elementargefüge zu erwarten.

Bei der Betrachtung des Mikrogefüges eines Bodenhorizontes im ganzen müssen alle Gefügeelemente (s. oben) beachtet werden, wozu auch die Hohlräume mit ihren Besonderheiten (z. B. Auskleidungen), Flecken und Konkretionen gehören. Das Gefüge höherer Ordnung kennzeichnet also das *Mikrogefüge als Ganzes,* und zwar bezogen auf den Bodenhorizont.

Die unübersehbare Vielfalt der mikromorphologischen Erscheinungen des Bodens und die bis heute nicht abgeklärten Meinungen der Spezialisten der Bodenmikromorphologie sowie die Unstimmigkeiten in den angewandten Begriffen und deren Inhalt lassen es zur Zeit ratsam erscheinen, in einer kurzen Darstellung H. J. ALTEMÜLLER (1966) zu folgen, der das Gefüge in Abhängigkeit von der Körnung des Bodens in großen Zügen dargestellt hat.

(a) Mikrogefüge in grobkörnigen Böden

In sandigen Böden treten die Elementargefüge oft in typischer Ausprägung auf. Dies ist darauf zurückzuführen, daß in Sandböden Skelettkörner, Humusteilchen und Gefügeplasma sich relativ gut zu Elementargefügen vereinigen können; denn Stoffbewegung und Stoffumwandlung vollziehen sich leicht in diesem Milieu.

Die mikromorphologische Untersuchung richtet sich bei diesen Böden zunächst auf Form und Lagerung der Skelettkörner. Das bloße Auge und die Fingerprobe können zwar bei Sandböden in gewissem Umfange Korngrößen unterscheiden, die mikromorphologische Untersuchung vermag darüber hinaus Aussagen zu machen über die Kornform und die Kornoberfläche. Oft lassen sich pedogenetische, möglicherweise auch sedimentologische Feststellungen treffen, z. B. mechanischer Abrieb oder Zertrümmerung der Körner, chemische Verwitterungserscheinungen, Reste alter Verwitterungsmasse in Rissen der Körner. Selbstverständlich läßt sich auch im mikroskopischen Bild in etwa abschätzen, wie hoch der ungefähre Anteil der vorliegenden Korngrößen ist. Wichtig ist die Feststellung der Lage von länglichen Skelettkörnern, nämlich ob sie mit der Längsachse weitgehend parallel orientiert sind und dadurch eine dichte Packung gegeben ist, oder ob sie sperrig, d. h. die Längsachsen in verschiedener Richtung liegen und eine lockere Packung zustande kommt. Diese Erörterung besagt, daß die mikromorphologische Untersuchung über das Aufsuchen von Elementargefügen hinausgehen muß und das Gefüge im ganzen zu ermitteln hat.

Sandböden enthalten aber auch fast immer etwas tonige Kolloidsubstanz, die sich im Falle der Peptisierung leicht zwischen und um die Skelettkörner bewegen und verteilen kann. Dadurch kommt das *chlamydomorphe Elementargefüge* oder *Hüllengefüge* zustande, das keineswegs gleichartig ist, vielmehr kann es geschichtet sein oder auch durch Austrocknung rissig und schorfartig (Taf. 7, d). Die Hüllen können aus Tonsubstanz, Eisenoxiden, teils auch aus organischer Substanz bestehen und sind dementsprechend verschieden gefärbt, meist sind sie rotbraun. Oft sind die blättchenartigen Tonteilchen eingeregelt und zeigen dann im polarisierten Licht Doppelbrechung. Das Hüllengefüge ist charakteristisch für Körner gebänderter B_t-Horizonte sandiger Parabraunerden und für die Illuvialhorizonte der Podsole. Die Klebrigkeit des sogenannten »Honigsandes« im B_t-Horizont bestimmter Parabraunerden beruht ebenfalls auf Kolloidhüllen.

Das chlamydomorphe Gefüge des B-Horizontes von Podsolen steht im pedogenetischen Zusammenhang mit dem *Bleicherde-Elementargefüge* des gebleichten A_e-Horizontes, der das Material für die Hüllen des chlamydomorphen Gefüges des B-Horizontes geliefert hat.

Die B_v-Horizonte lehmig-sandiger, aber auch sandig-lehmiger Braunerden zeigen oft das typische erdige oder *intertextische Gefüge* mit seinen geflockten Brücken zwischen den Skelettkörnern. Da es bei diesen Böden besonders hervortritt, wird es auch *Braunerdegefüge* genannt (Taf. 7, a). Hierzu gehört aber auch das mit diesem Elementargefüge verbundene hohe Porenvolumen mit einer für den Wasser- und Lufthaushalt günstigen Porengrößenverteilung. Dieses intertextische Gefüge tritt sowohl bei der Basenreichen als auch bei der Basenarmen (Sauren) Braunerde auf. Während bei der ersteren die Ca-Ionen flockend wirken, tun dies bei der letzteren Al- und Fe-Ionen. Die flockigen Gebilde zwischen den Körnern zeigen oft eine deutliche Anreicherung von Eisenoxidhydrat, das offenbar die Flockung verstärkt.

In skelettreichen Moderhorizonten befindet sich oft geflocktes, organisches Material lose zwischen den Körnern, ohne diese zu verkitten. In kalkreichen, sandigen Anmoorgleyen ist dieses *agglomeratische Elementargefüge* auch gefunden worden. Es kommt offenbar sowohl in basischen als auch in sauren, humus- und skelettreichen Böden vor (Taf. 8, b).

Die aufgeführten Beispiele für spezifische Gefüge in grobkörnigen Böden zeigen, daß darin diejenigen Elementargefüge auftreten, deren Entstehung und Aufbau an einen hohen Anteil von Skelettkörnern in der Bodenmasse gebunden sind.

(b) Mikrogefüge in feinkörnigen Böden

Mit feinkörnigen Böden sind in diesem Betracht solche mit viel Feinsand sowie Grob- und Mittelschluff gemeint, die daneben einen mittleren Tongehalt (etwa zwischen 20 — 40 % < 2 μm) enthalten. Gute Repräsentanten dieser Böden sind die aus Löß und ähnlich gekörnten Substraten. Im mikroskopischen Bild zeigen solche Böden zwar auch eine Menge Skelettkörner als Gefügeelemente, aber sie sind kleiner, und somit sind auch die Intergranularräume kleiner als die der sandreichen Böden (Taf. 8, c), so daß die Stoffbewegung nicht so leicht und gleichmäßig verlaufen kann wie bei letzteren. Ferner kommt ein wichtiges neues Gefügeelement gegenüber den Sandböden hinzu, nämlich Risse (Taf. 8, c), Poren und Röhren von Wurzeln und Tieren. Diese Hohlräume bilden ein Leitbahnsystem, das wichtig für den Wasser- und Lufthaushalt ist und in welchem sich Stoffverlagerungen und Stoffanlagerungen vollziehen (Taf. 7, c). Diese wichtigen Vorgänge gaben Veranlassung zu der Bezeichnung *Leitbahngefüge*, mit welcher das hier vorliegende Gefüge als Ganzes charakterisiert ist.

Die Skelettkörner dieser Größenordnung sind nicht nur generell kleiner, sie zeigen auch andere Formen als die größeren Sandkörner, oft sind sie wenig abgerundet, kantig oder splitterförmig (Taf. 8, c); letzteres trifft besonders für die Lösse zu, deren Körner durch Kryoklastik diese Formen erhalten haben.

Die Intergranularräume feinkörniger Böden werden überwiegend von Gefügeplasma eingenommen, das sowohl geflockt als auch dispergiert sein kann. Häufig liegt das intertextische Gefüge vor, meistens ist aber ihr Gefügeplasma nicht so gut geflockt wie in grobkörnigen Böden. Gefüge dieser Art mit vielen Hohlräumen, so daß ein schwammartiger Aufbau (Schwammgefüge) vorliegt (Taf. 8, a), finden wir besonders in der Schwarzerde, aber auch in Mull-Horizonten der Braunerde, des Auenbodens u. a.

Das Gefügeplasma kann unter bestimmten Bedingungen im Boden beweglich sein, es wird durch das Wasser im Boden verlagert, im allgemeinen von oben nach unten. Das verlagerungsfähige und verlagerte Gefügeplasma wird auch *Schlämmstoff* genannt. Es handelt sich um feindispersen Ton oder auch organo-mineralische Teilchen von überwiegend < 1 μm ⌀. Durch die Verlagerung werden die Teilchen eingeregelt, d. h. die Längsachsen der Teilchen ordnen sich beim Transport parallel ein. Sie zeigen eine deutliche Doppelbrechung, wodurch die eingeregelte Lagerung der Teilchen gut erkennbar ist. Während bei den grobkörnigen Substraten die Körner bisweilen vom Plasma umhüllt werden (Hüllengefüge), setzt sich dieses in den feinkörnigen Böden meistens auf den Hohlräumen des Leitbahnsystems ab, und zwar in dünnen Schichten übereinander (Taf. 7, c). Die Verlagerung von Schlämmstoffen kann durch die Änderung der Bodendynamik aufhören. Dann altert dieses Plasma und wird brüchig. Durch Mischungsvorgänge im Boden (Tiere) kann es als beständiges Gefügeelement in der Bodenmasse verteilt werden.

(c) Mikrogefüge in tonreichen Böden

Im Dünnschliff tonreicher Böden fällt zunächst auf, daß gröbere Körner stark zurücktreten oder gar fehlen. Das Gefügeplasma nimmt den größten Raum ein. Zwischen dem Zustand völliger Flockung und dem weitgehender Dispergierung des Plasmas gibt es alle Übergänge, so daß bei den tonreichen Böden ein vielgestaltiges Mikrogefüge zu erwarten ist.

W. L. KUBIENA hat als Beispiel guter Flockung und Stabilisierung der kleinen Aggregate das *erdige Gefüge* der Roterde bezeichnet, die im wechselfeuchten Savannen-Klima entsteht, indem Kieselsäure ausgewaschen und Eisen-Aluminium-Verbindungen relativ angereichert werden (Taf. 8, d).

Letztere bilden schorfig-graupige Aggregate, die durch Alterung so beständig werden, daß sie stabile Gefügeelemente darstellen. Demgegenüber besitzen die Böden des tropischen Regenwaldes eine leicht dispergierbare Tonsubstanz, die beweglich und verlagerungsfähig ist. Während dieses stark dispergierte Gefügeplasma wenig Hohlraum frei läßt, also ein dichtes Gefüge vorstellt, finden im Plasma selbst *Diffusionsbewegungen* statt, die sich besonders deutlich in der Konzentrierung von Eisenverbindungen in kleinen Konkretionen zu erkennen geben. Das Gefüge mit diesen spezifischen Merkmalen hat W. L. Kubiena *Braunlehmgefüge* im Gegensatz zum erdigen Gefüge genannt (Taf. 7, b).

Neben diesen beiden Gefügen zeigt sich in tonigen Böden eine Vielfalt von Merkmalen im Mikrobereich, die in Böden mit höherem Skelettanteil fehlen. Besonders stark wirkt die innere Bewegung der Tonmassen durch Quellung und Schrumpfung auf die Gefügebildung. Bei Vertisolen sind die Verknetung der Tonmasse und die Bildung von Drucktonhäutchen schon makroskopisch sichtbar. Selbstverständlich findet dabei auch eine Einregelung der winzigen Tonblättchen im Mikrobereich statt, die besonders gut im Dünnschliff an der Doppelbrechung erkennbar ist. Neben einer parallelen Anordnung der Teilchen, wodurch ein schlieriges Gefüge entsteht, findet man auch ein Umfließen festerer Gefügeelemente durch die doppelbrechende Tonmasse. Aber die Einregelung ist nicht so vollständig wie z. B. im Hüllengefüge gröberer Körner, da in der Tonmasse die Einregelung der Teilchen auch durch Druck beeinflußt wird. Wenn das Gefüge des Vertisols durch innere Gleitbewegungen stark beeinflußt wird, so gilt das auch in geringerem Maße für andere Tonböden (Pelosole).

Tonböden entstehen größtenteils aus Tonstein. Das Solum dieser Böden kann völlig verwittert erscheinen, während im Mikrobereich noch Partikel zu sehen sind, die noch das Gefüge des Gesteins besitzen. Oft sind durch periglaziale Vorgänge Solum und Halbverwittertes vermischt, teils auch Fremdmaterial (z. B. Löß) eingemischt worden, wodurch die Gefügeelemente bereichert werden.

Wo das Gefüge von Hohlräumen durchsetzt ist, kann es zur Verlagerung und Anlagerung von Gefügeplasma kommen, wenn die Voraussetzungen zur Peptisation gegeben sind. Die Verlagerung von Schlämmstoffen ist im Zuge der Solum-Bildung aus Tonmergel bekannt, allerdings ist der Transportweg auf größeren, vertikalen Hohlräumen zwar relativ lang, jedoch in den feinen Kanälen nur kurz.

(d) Neubildungen im Mikrobereich

Die Eisenverbindungen des Bodens sind maßgebend für seine Farbgebung, gleichzeitig aber auch wichtige Indikatoren für aktuelle und frühere dynamische Vorgänge. Aus diesem Grunde müssen Farbton und Verteilung der Eisenverbindungen hinreichend interpretiert werden. Die Sichtbarmachung des Mikrobereiches im Dünnschliff ist besonders aufschlußreich.

Die durch Eisenverbindungen verursachte Farbe der Böden verschiedener Klimate ist zwar makroskopisch mit einer Farbtafel eindeutig bestimmbar, indessen läßt sie sich aber im Mikrogefüge nur im Dünnschliff feststellen. Die roten, scheinbar gleichen Böden der wechseltrockenen Savanne können sich im Mikrogefüge stark unterscheiden. Im Rotlehm ist das durch Goethit und Hämatit rot gefärbte Gefügeplasma rot und stark dispergiert. Im Braunlehm, in welchem das Eisen als Oxidhydrat gleichmäßig verteilt ist und das Gefügeplasma gelb färbt, kann durch einen Wechsel des Klimas von feucht-warm zu wechsel-trocken und warm das Eisen allmählich in feinkristallinen Goethit und Hämatit übergehen; diesen Vorgang nannte W. L. Kubiena *Rubifizierung*. Hiermit wird ein Flockungsprozeß eingeleitet, der schließlich zu intensiv roten, schorfig-körnigen, stabilen Aggregaten führt, was als *rote Vererdung* bezeichnet wird. Im wechsel-feuchten, kühleren Klima dagegen kommt es nicht zur Bildung von Hämatit, vielmehr geben Goethit und amorphe Fe-Oxidhydrate einen braunen Farbton. Entsteht dabei ein geflocktes Gefüge, so spricht man von *brauner Vererdung*. Der rot gefärbte Laterit, der durch Eisenanreicherung in feuchten Geländelagen der Tropen entsteht, weist eine Fülle von Gefügeformen des Mikrobereiches auf. Von schwachen Eisenanhäufungen bis zu dichten, festen, verschieden geformten Gebilden gibt es alle Übergänge. Makroskopisch präsentiert sich die extreme Eisenanreicherung im Laterit-Panzer.

In gleichmäßig braun gefärbten Böden des gemäßigt warmen, humiden Klimas scheint makroskopisch das Eisen gleichmäßig verteilt zu sein. Im Dünnschliff zeigt sich dagegen oft, daß im Mikrobereich doch lokal Eisen (Goethit und amorphes Eisenoxidhydrat) konzentriert ist, vor allem im erdigen Gefüge. Bei der Brückenbildung im intertextischen Gefüge spielt es flockend und stabilisierend eine große Rolle.

In Pseudogleyen und Gleyen dagegen ist das Eisen durch Lösungs- und Ausfällungsprozesse sehr ungleich verteilt, was auch makroskopisch sichtbar ist. Im Dünnschliff werden die mannigfaltigen Ausfällungsformen sichtbar; es sind Anlagerungen an Hohlraumwandungen, konzentrische Ringe um Wurzelröhren, bänderartige und konkretionäre Absätze verschiedenster Form. In den Podsolen sowie in Übergangsbildungen zwischen Podsol und Gley, ferner zwischen Podsol und Pseudogley sind ebenfalls die Eisenverlagerungen und -anreicherungen typisch. Während in Podsolen das Eisen als Hüllengefüge angelagert wird, finden wir in den genannten Übergangsbodenbildungen eine große Mannigfaltigkeit von Eisenabsätzen, die teils kristallin sind, sich überwiegend aber im amorphen Zustand befinden.

Zu den Neubildungen im Boden gehören die vielen Abscheidungen von Salzen. Im humiden Klima fehlen zwar solche Neubildungen nicht, indessen ist die Salzbildung in Böden trockener Klimate sehr häufig. Die weißen Ausblühungen (Effloreszenz) an der ausgetrockneten Bodenwand auch des humiden Klimas erweisen sich als amorph oder feinkristallin, meist ist es Gips, seltener Calciumcarbonat. Auch im Boden können in Hohlräumen Salze ausgeschieden werden (Interfloreszenz), die das Mikroskop meistens als kristallin ausweist. Solche sind im humiden Gebiet selten, aber in trockenen Klimaten häufig. Die Salzausscheidungen steigern sich zum Extrem in den Salzböden und Krustenböden. Lösung der Salze bei den seltenen Niederschlägen und Wiederausfällung bei der nachfolgenden starken Austrocknung wiederholen sich oft. Besonders gut zeigt der Dünnschliff im Gefüge von Kalkkrusten den Wechsel von Lösung und Ausfällung. In den Böden trockener Klimate findet man meistens die Kristalle von Calcit und Gips, aber auch von Dolomit, Ankerit, Glauberit u. a.

4. Herstellung von Bodendünnschliffen

Der Bodendünnschliff ist ein dünnes Bodenscheibchen (40 bis 15 μm), das nach Härtung eines Bodenklümpchens aus diesem mit Hilfe von Säge und Schleifapparatur gewonnen wird.

Der Dünnschliff von Böden soll Auskunft geben über sein Mikrogefüge und seine Gefügeelemente. Da der normale Dünnschliff nur einen kleinen Bereich des Bodens von etwa 2 — 4 cm² in einer bestimmten Schnittebene umfaßt, muß die Probe, aus welcher der Dünnschliff hergestellt wird, sorgfältig aus dem Bodenprofil genommen werden. Die Probe muß typisch für den Bodenbereich sein, der mikroskopisch aufgeklärt werden soll. Da der Dünnschliff eine nur dünne Schicht des Bodens vorstellt, werden zweckmäßig mehrere Dünnschliffe von einem Bodenklümpchen gemacht. Eine bessere Übersicht über das Mikrogefüge vermittelt der Großschliff (8 × 15 cm), allerdings ist dessen Herstellung weit schwieriger als die des Normalschliffes.

Für die Entnahme einer Bodenprobe hat sich ein kleines Kästchen aus dünnem Weißblech (0,5 mm dick) mit abnehmbarem Boden und Deckel und den Maßen 8 cm lang, 6,5 cm breit und 4 cm hoch bewährt (KUBIENA-Kästchen). Das Blechkästchen (ohne Deckel) drückt man in den Boden, schneidet dann das Kästchen mit der Probe aus dem Boden heraus und verschließt es mit dem Deckel. Die Lage der Probe im Boden muß auf dem Kästchen vermerkt werden, damit man bei der Untersuchung des Dünnschliffes weiß, welche Lage das Bodenplättchen im Boden hatte. Ferner wird an jedes Kästchen ein Zettel geheftet, auf dem die Probe genau gekennzeichnet ist.

Im Labor wird aus der trockenen Probe ein Bodenstück herausgelöst, das keine Lagerungsstörung erfahren hat. Dieses wird nun in ein kleines Gefäß (bewährt haben sich Kapseln von Weinflaschen) gelegt und mit einem Tränkungsmittel übergossen. Die Lage des Bodenstückes im Bodenverband ist bei der Einbettung zu beachten.

Sehr wichtig sind die Eigenschaften des Tränkungs- oder Einbettungsmittels. Es muß die Probe gut durchdringen, muß sehr hart werden und dies in nicht zu kurzer Zeit, ferner muß es einen bekannten Brechungsindex von etwa $n_D = 1,5$ haben. Früher wurde dafür Kanada-Balsam benutzt, heute verwendet man Kunstharze, von denen mehrere in den letzten zwei Jahrzehnten angeboten und mit mehr oder weniger Erfolg angewendet wurden. Hinzu kam erschwerend, daß nach hinreichender Erprobung und Bewährung eines bestimmten Harzes seine Herstellung eingestellt wurde, weil es durch neue Produkte abgelöst wurde, die aber eine neue Erprobung erforderten und womöglich speziell für die Dünnschliffherstellung weniger geeignet waren. Generell gilt für diese Kunst- oder Gießharze, daß sie polymerisationsfähige Produkte sind, d. h. nach Zugabe eines katalytischen Stoffes wird das Harz glasartig hart. In diesem gehärteten Zustand ist das Harz gegen Erwärmung und Bearbeitung wenig empfindlich. Damit die Bodenteilchen beim Schleifvorgang nicht ausbrechen, ist natürlich eine völlige Durchtränkung erforderlich, die am besten im Vakuum gelingt. In den letzten Jahren sind einige Kunstharze mit Erfolg verwendet worden; es werden gewiß neue entwickelt.

Das *Plexigum* ist ein *Methacrylsäureester* von Röhm u. Haas, Darmstadt. Es ist dünnflüssig und dringt gut in die Bodenprobe ein, so daß eine Durchtränkung in 15 — 25 Minuten im Vakuum gelingt. Die Polymerisation erfolgt schon in 3 bis 4 Stunden bei Zimmertemperatur. Das Präparat muß auf Plexiglas gekittet werden. Der Brechungsindex liegt bei $n_D = 1,49$.

Araldit ist ein *Aethoxylin-* oder *Epoxid-Harz* der Firmen CIBA, Wehr (Baden), und Duxford (Cambridge). Das heute verwendete Araldit ist bei Zimmertemperatur dünnflüssig und tränkt in diesem Zustand die Probe im Vakuum gut. Bei 20° C läuft die Polymerisation ab. Mit dem gleichen Harz wird der Dünnschliff auf den Glas-Objektträger gekittet. Der Brechungsindex von Araldit beträgt $n_D = 1,54$ bis $1,55$.

Das *Vestopal* H ist ein *Polyester-Harz* der Chemischen Werke Hüls, Marl i. W.; es hat sich gut bewährt. Für die Tränkung wird bei Zimmertemperatur Vestopal H mit dem Lösungsmittel Monostyrol verdünnt. Bei schweren Tonböden sollte man den Tränkungsvorgang auf mehrere Wochen ausdehnen, damit die Probe gut von Harz durchzogen wird. Deshalb sollte man die Katalysatormenge so gering halten, daß sich die Polymerisation auf mehrere Wochen erstreckt. Das Harz kittet gut auf Glas. Die Verwendung geringer Mengen Monostyrol vorausgesetzt, liegt der Brechungsindex bei $n_D = 1,55$ bis $1,56$.

Die Einbettung stark quellfähiger Tone und Torfe ist schwierig. Hierzu sind besondere, schwerer zu handhabende Verfahren notwendig.

Nachdem die Bodenprobe gehärtet ist, kann der technische Vorgang des Schleifens vorgenommen werden, wobei wieder die ehemalige natürliche Lage der Probe im Boden zu beachten ist. Das gehärtete Bodenstück wird etwa in der Mitte mit einer Korundscheibe durchgesägt. Die Schnittfläche wird mit Schleifpulver oder Schleifpapier glatt geschliffen und dann poliert und abgewaschen. Die polierte, völlig ebene Fläche kittet man (bei Normalgröße) mit dem Kunstharz auf einen Objektträger aus Glas (nötigenfalls aus Plexiglas). Nach Härtung des Kittharzes wird das Bodenstück so abgesägt, daß nur ein dünnes Bodenplättchen auf dem Objektträger verbleibt. Dieses wird von Hand oder mit einer Schleifmaschine bis zu einer Dicke von 40, 20 oder 15 μm abgeschliffen, dann poliert und abgewaschen. Danach kittet man ein Deckgläschen auf das Bodenscheibchen, womit der Bodendünnschliff fertig ist.

d. PORENVOLUMEN UND PORENSYSTEM

Unter Porenvolumen oder Gesamtporenvolumen versteht man den von der festen Bodensubstanz freigelassenen Gesamthohlraum des Bodens, der von Wasser und Luft eingenommen ist. Der Begriff Porensystem beinhaltet die Größe, Größenverteilung, Porenform, Porenverzweigung und Verteilung der Poren im Bodenprofil.

1. Dichte und Raumgewicht

Aus dem Raumgewicht des Bodens läßt sich das Porenvolumen errechnen. Hierbei muß wiederum seine Dichte bekannt sein. Deshalb müssen diese physikalischen Größen vorab erklärt werden. Überdies muß die Dichte der Bodenkörner bekannt sein für die Durchführung der Korngrößenanalyse nach dem Sedimentations-Verfahren.

Unter der Dichte, auch Reindichte genannt, der festen Bodenteilchen versteht man die auf die Volumeneinheit (cm^3) bezogene Masse (g) seiner festen Substanz, d. h. $g \cdot cm^{-3}$. Für Dichte wird auch spezifisches Gewicht oder Artgewicht gebraucht; hier soll jedoch der Begriff „Dichte" verwendet werden.

Die Dichte des Bodens kann mit dem Flüssigkeits-Pyknometer bestimmt werden.

Die Dichte der Mineralkörner des Bodens liegt in dem Bereich von 2,2 bis 5,2. Der Quarz mit einer Dichte von 2,65 nimmt den größten Teil der Bodenmasse ein. Die übrigen Minerale des Bodens liegen mit ihrer Dichte teils darunter und teils darüber, so daß sich ihre Dichtewerte in etwa bei dem Mittelwert von 2,65 ausgleichen. Dieser Wert von 2,65 wird als *mittlere Dichte* für Mineralböden angenommen. Die Dichte des Bodens kann von diesem Mittelwert stärker abweichen, wenn der Gehalt an bestimmten Tonmineralen, deren Dichte zwischen 2,2 und 2,9 liegt, und (oder) an organischer Substanz, deren Dichte zwischen 1,3 und 1,5 schwankt, hoch ist. Schwerminerale mit hoher Dichte bis zu 5,2 können den Mittelwert weniger beeinflussen, da ihr Anteil an der Bodenmasse zu gering ist.

Das *Raumgewicht* des Bodens in natürlicher Lagerung ist das gleiche wie *Volumengewicht, Rohdichte* und scheinbares spezifisches Gewicht. Normalerweise wird das Raumgewicht für den bei 105° C bis zur Gewichtskonstanz getrockneten Boden angegeben, wobei der Klarheit wegen Raumgewicht (tr.) geschrieben werden sollte. Es wird definiert als das Trockengewicht (bei 105° C getrocknet), geteilt durch den Bodenraum (auch Bodenvolumen genannt). Daneben gibt es das Raumgewicht oder Rohdichte (fr.) für das Frischgewicht des Bodens, geteilt durch das Bodenvolumen.

Das *Substanzvolumen* oder *Lagerungsdichte* des Bodens ergibt sich aus dem Bodenvolumen abzüglich seines Gesamtporenvolumens. Es kann aus dem Raumgewicht errechnet werden.

Das Raumgewicht oder Volumengewicht von Sandböden ist abhängig vom Humusgehalt und schwankt zwischen 1,2 und 1,8, bei bindigen Böden liegt es zwischen 1,1 und 1,6 und bei Mooren zwischen 0,05 und 0,5 $g \cdot cm^{-3}$. Das Volumengewicht und damit die Lagerungsdichte sind wichtige Größen für den Baugrund. Der Grad künstlicher Verdichtung des Baugrundes läßt sich mit den entsprechenden Meßdaten angeben. Durch den Druck von Schleppern und schweren Maschinen wird der Boden dichter, was durch das Volumengewicht quantitativ erfaßt werden kann. Zunehmendes Volumengewicht ist im allgemeinen mit der Behinderung des Wurzelwachstums verbunden. Allerdings kann man aus dem Volumengewicht *allein* nicht auf Wurzelausbreitung und Ertrag schließen. Bei Moorböden ist die Sackung nach der Entwässerung um so geringer, je höher das Volumengewicht (tr.) ist.

Aus dem Volumengewicht der Ackerkrume läßt sich ihr Gewicht für eine bestimmte Tiefe je Flächeneinheit berechnen. Wenn das Akkerkrumen-Gewicht bekannt ist, läßt sich ermitteln, wieviel Gramm oder Milligramm Dünger ein Kilogramm Boden bei einer bestimmten Düngergabe/ha erhält.

Das Raumgewicht oder Volumengewicht (tr.) einer Bodenprobe bekannten Volumens wird nach Trocknung bei 105° C durch Wägen (Nettogewicht) ermittelt. Dazu benutzt man in der Regel einen Stechzylinder mit einem Volumen von 100 bis 1000 cm³. Die Entnahme der Stechzylinderprobe muß sehr sorgsam geschehen, d. h. der Boden darf nicht gepreßt werden und der Zylinder muß genau gefüllt sein.

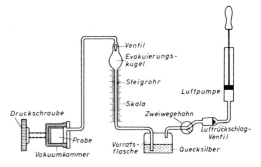

Abb. 115. Luftpyknometer nach LANGER, bestehend aus: luftdichte Vakuumkammer mit Bodenprobe in Stechzylinder (100 m³); Quecksilber-Behälter; Steigrohr vor Eichskala (Vol.-%), Luftpumpe.

2. Porenvolumen

Das Porenvolumen (p) des Bodens ist sein Gesamthohlraum, der gefüllt ist mit Luft und Wasser. Für diesen Begriff werden synonym auch Gesamtporenvolumen (GPV), Porenanteil (p oder n) und Porengehalt gebraucht, ferner findet man in der Literatur die Bezeichnungen Porosität und Porung. Das Porenvolumen ergibt sich aus Bodenvolumen abzüglich des Substanzvolumens. Aus Volumengewicht (rt) und Dichte (s) wird das Porenvolumen (p) nach folgender Formel errechnet $p = (1 - \frac{rt}{s}) \cdot 100$ Vol.-%. Für die Dichte s kann ein Mittelwert eingesetzt werden. Die sich dabei ergebende Differenz zu 100 % ist das Substanzvolumen (SV). Die im Porenvolumen befindlichen jeweiligen Anteile an Wasservolumen (WV) und Luftvolumen (LV) lassen sich wie folgt bestimmen: Das Wasservolumen ergibt sich aus dem Gewichtsverlust einer bei 105° C getrockneten Bodenprobe bekannten Volumens unter Ansatz der Dichte des Wassers mit 1 g · cm⁻³. Bei Abzug des Wasservolumens vom Porenvolumen verbleibt das jeweilige Luftvolumen (LV = GPV — WV).

Für die direkte Bestimmung des Porenvolumens wird das Luftpyknometer gebraucht (Abb. 115). Sein Arbeitsprinzip ist das Boyle-Mariottesche Gesetz, gemäß dem das Produkt von Druck × Volumen eines Gases bei gegebener Temperatur und gegebenem Luftdruck konstant ist. In der geschlossenen Meßkammer des Luftpyknometers wird eine Bodenprobe bekannten Volumens (Stechzylinder) eingeführt. Dann wird ein bekanntes Luftvolumen bei bestimmtem Überdruck (oder Unterdruck) mit der Bodenprobe (in der Kammer) in Verbindung gesetzt. Die Luft in der Bodenprobe wird komprimiert, wodurch ein Druckabfall eintritt, der dem Luftvolumen der Probe proportinal ist. Gemessen wird die Summe von Substanz- und Wasservolumen. Das Luftvolumen LV = 100 — (SV + WV).

Für die Böden als Pflanzenstandorte gibt es kein allgemeines Optimum des Porenvolumens, vielmehr steht das jeweilige optimale Porenvolumen im Zusammenhang mit der Korngrößenzusammensetzung sowie der Hohlraumgestalt und -verteilung. Ein Sandboden mit 30 % Porenvolumen kann hinreichend durchlässig für Wasser und Luft sowie gut durchdringbar für die Pflanzenwurzeln sein. Hingegen kann ein Tonboden mit 60 % Porenvolumen den Sickerwasserabzug hemmen. Im Sandboden sind die Einzelporen groß, das Gesamtporenvolumen aber klein; im Tonboden dagegen sind die Einzelporen klein, aber das Gesamtporenvolumen groß. Die Extreme des Porenvolumens des Bodens liegen etwa zwischen 25 und 75 %, meistens jedoch zwischen 40 und 60 %, sehr häufig finden wir ein Porenvolumen zwischen 45 und 50 %. Sandig-lehmige und lehmig-sandige Böden mit weniger als 40 % Poren gelten als »allgemein verdichtet«. In solchen Böden sollte das Porenvolumen um 50 % liegen. Eine partielle (relative) Verdichtung von nur einigen

Prozent in einem Horizont oder Teilhorizont, z. B. eine Pflugsohle, kann den Pflanzenwuchs sehr beeinträchtigen. Im Bodenprofil nimmt das Porenvolumen normalhin von oben nach unten ab, wenn auch nicht immer stetig. Das Porenvolumen der Ackerkrume erfährt starke Veränderung durch Bearbeitung einerseits und Verschlämmen sowie Verkrusten andererseits. Unter Grasland ist es größer als unter Getreidestoppel. Flokkende und dispergierende Einflüsse sowie Quellung und Schrumpfung ändern das Porenvolumen. Das Porenvolumen allein macht zwar unter Berücksichtigung der Korngrößenzusammensetzung eine wichtige bodenphysikalische Aussage, aber darüber hinaus sind die Größe und die Gestalt sowie die Verteilung der Einzelhohlräume von entscheidender Bedeutung für den Wasser- und Lufthaushalt des Bodens.

3. Porengröße und Porengrößenverteilung

Mit der Porengröße ist der Porendurchmesser gemeint, wobei nicht etwa gleichmäßige, röhrchenartige Hohlräume anzunehmen sind, sondern sehr unregelmäßig gestaltete Kanälchen, die überwiegend miteinander in Verbindung stehen. Das ist zu bedenken, wenn für die Poren Durchmesser angegeben werden. Da die Einzelpore wenig aussagt, teilt man die Poren in *Porengrößenbereiche* ein. Die *Porengrößenverteilung* gibt Auskunft über den Anteil der Poren bestimmter Größenbereiche. In Anlehnung an F. Sekera und M. de Boodt wird in nachstehender Tabelle 45 die heute weithin anerkannte Einteilung der Porengrößenbereiche wiedergegeben.

Die größeren und kleineren *Grobporen* sind in grobkörnigen Böden (Sand- und Kiesböden) vorwiegend die Intergranularräume; sie stellen *primäre* Poren dar. In bindigen Böden sind es dagegen überwiegend die durch Pflanzenwurzeln, Tiere und Schrumpfung entstandenen Hohlräume, die auch als *sekundäre* Poren gelten. Die Poren dieser Größenordnung leiten das Wasser schnell in den Untergrund, so daß sie meistens mit Luft gefüllt sind und den Austausch der Bodenluft mit der atmosphärischen Luft gewährleisten, was für die Versorgung der Höheren Pflanzen und der Bodenorganismen mit Sauerstoff lebenswichtig ist. Auch in der Nähe des Grundwassers füllen sich die Grobporen nur bis in geringe Höhe über dem Grundwasserspiegel mit Wasser, da in ihnen nur ein geringer Kapillaraufstieg möglich ist. Während die größeren Grobporen sehr schnell das Wasser abführen, also *schnell dränend* sind, erfolgt der Wasserdurchfluß in den kleineren Grobporen langsamer; sie sind *langsam dränend*. Die feinsten Wurzeln der Pflanzen können in die Grobporen eindringen, ferner auch Mikroorganismen des Bodens.

Die *Mittelporen* des Bodens bestehen als kleinere Intergranularräume zwischen Feinsand- und Schluffteilchen und in bindigeren Böden als sekundäre Poren. Für die Wasserhaltung im Boden und damit für die Wasserversorgung der Pflanzen sind sie die wichtigsten. Sie enthalten überwiegend pflanzenverfügbares Haftwasser, das sich z. T. nur sehr langsam im Boden bewegen kann, da es mit relativ starker Spannung festgehalten wird. Auf Grund der hohen Kapillarkraft dieser Poren steigt in ihnen das Grundwasser hoch auf. Bei der Austrocknung des Bodens füllen sich die Mittelporen mit Luft, allerdings ist der Luftaustausch mit der Atmosphäre erschwert, Bakterien und Pilze können in die Mittelporen vordringen.

Tab. 45: Einteilung der Porengrößenbereiche und der Wasserspannung (in Anlehnung an F. Sekera und M. de Boodt)

Porengrößenbereiche	Porendurchmesser (μm)	Wasserspannung ($\sim$ pF)
Größere Grobporen, schnell dränend	> 50	0 —1,8
Kleinere Grobporen, langsam dränend	50—10	1,8—2,5
Mittelporen, verfügbares Haftwasser	10—0,2	2,5—4,2
Feinporen, nicht verfügbares Haftwasser	< 0,2	> 4,2

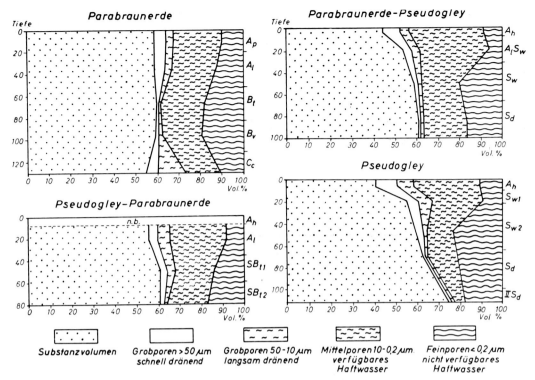

Abb. 116. Substanz- und Porenvolumen sowie Porengrößenverteilung der Entwicklungs-Serie Parabraunerde → Pseudogley-Parabraunerde → Parabraunerde-Pseudogley → Pseudogley aus Löß (nach I. Buchmann).

Die *Feinporen* des Bodens liegen überwiegend als Sekundärporen in bindigen Böden vor. In ihnen ist die Spannung (pF > 4,2) des Wassers so hoch, daß es durch die Schwerkraft nicht bewegt wird und von der Pflanze nicht aufnehmbar ist. Nur bei intensiver Austrocknung des Bodens können sie sich mit Luft füllen, wobei deren Austausch mit der Atmosphäre sehr gering ist. In den Feinporen gibt es keine Mikroorganismen.

Die Anteile von Grob-, Mittel- und Feinporen (Porengrößenverteilung) schwanken von Boden zu Boden sehr, und zwar in Abhängigkeit von der Korngrößenzusammensetzung und vom Gefüge. Naturgemäß wird das größte Volumen an Grobporen in Böden grober Körnung (Sand- und Kiesböden) auftreten. Dennoch sind auch hierbei die Schwankungen erheblich (20 — 50 %). Dies beruht auf der jeweiligen Streuung der Korngröße innerhalb der Sand- und Kiesfraktion sowie des Gehaltes an organischer Substanz. Mit der Zunahme kleinerer Körner nimmt der Anteil an Grobporen ab. Bei bindigen Böden hängt das Volumen der Grobporen vom jeweiligen Gefüge ab; es sind vorwiegend Sekundärporen. Die Schwankung ist auch hierbei groß; sie können ganz fehlen und bei lockerem Gefüge bis über 30 % ausmachen. Naturgemäß steigt das Volumen der Feinporen mit zunehmendem Tongehalt an. Das Volumen der Mittelporen erreicht im allgemeinen den höchsten Wert bei einem mittleren Tongehalt von 15 bis 20 %; bei unter 10 % Ton fällt ihr Volumen stark ab, und bei über 25 % Ton hält sich ihr Volumen um 10 % bis 20 %.

Im *Profil der verschiedenen Bodentypen* schwanken das Porenvolumen und die Porengrößenverteilung von Horizont zu Horizont, vor allem in solchen mit einer ausgeprägten, differenzierten Profilentwicklung. Bei Rohböden und Rankern (Regosole) schwanken Porenvolumen und Porengrößenverteilung nur wenig im Profil von oben nach unten und relativ wenig in der Lockerbraunerde und in dem Braunen, Kalkhaltigen, Allochthonen Auenboden. Besonders starke Schwankungen in der Porengrößenverteilung zeigen z. B. Parabraunerde, Pseudogley, Podsol und Knick-Brackmarsch. Die Abbildung 116 zeigt die Änderung der Porengrößenverteilung in der Entwicklungs-Serie Parabraunerde → Pseudogley-Parabraunerde → Parabraunerde-Pseudogley → Pseudogley aus Löß.

Die *Parabraunerde aus Löß* besitzt ein Substanzvolumen von etwa 60 %. Die Grobporen machen in den oberen 40 cm ein Volumen von rund 10 % aus, von 100 bis 120 cm steigt es auf 20 %, während im Bereich von 60 bis 100 cm (B_t-Horizont) die Grobporen auf 3 bis 4 % abnehmen. In diesem »Engpaß« zwischen 60 — 100 cm nehmen die Mittel- und Feinporen entsprechend zu.

In der *Pseudogley-Parabraunerde* aus Löß nehmen die Grobporen bis 80 cm Tiefe kontinuierlich ab, während die Mittelporen bis 50 cm Tiefe abnehmen, um dann nach der Tiefe gleich zu bleiben. Die Feinporen nehmen von oben nach unten fast stetig zu.

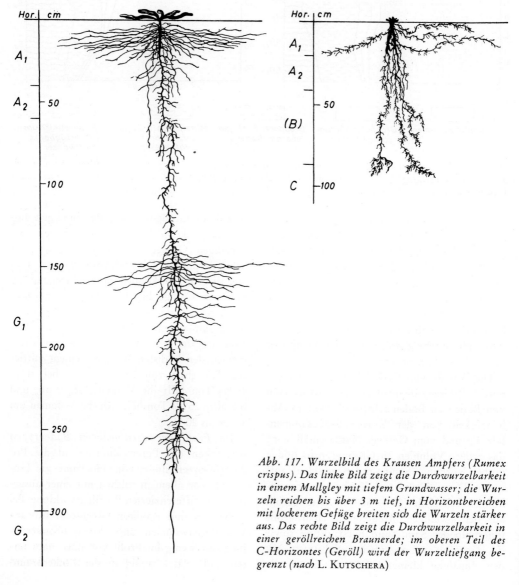

Abb. 117. *Wurzelbild des Krausen Ampfers (Rumex crispus). Das linke Bild zeigt die Durchwurzelbarkeit in einem Mullgley mit tiefem Grundwasser; die Wurzeln reichen bis über 3 m tief, in Horizontbereichen mit lockerem Gefüge breiten sich die Wurzeln stärker aus. Das rechte Bild zeigt die Durchwurzelbarkeit in einer geröllreichen Braunerde; im oberen Teil des C-Horizontes (Geröll) wird der Wurzeltiefgang begrenzt (nach* L. KUTSCHERA)

Der *Parabraunerde-Pseudogley* aus Löß zeigt eine stetige Abnahme der Grobporen bis in 100 cm Tiefe auf etwa 2 — 3 %. Die Mittelporen nehmen bis 50 cm Tiefe ab, dann wieder etwas zu. Die Feinporen haben ein Maximum bei 50 cm Tiefe, um dann wieder unbedeutend abzunehmen.

Der *Pseudogley* aus Löß besitzt in den obersten 20 cm ein Substanzvolumen von etwa 45 bis 50 %, das bis 110 cm Tiefe auf etwa 75 % ansteigt (starke Verdichtung!). Entsprechend ist der Grobporenanteil zwischen 70 und 110 cm nur 2 bis 3 %. Die Mittelporen nehmen in den obersten 50 cm von 25 % nach der Tiefe auf etwa die Hälfte ab. Der Feinporenanteil ist in den oberen 20 cm mit etwa 12 % relativ gering, steigt dann bis 50 cm Tiefe zu einem Maximum von etwa 22 % an, um dann bis 110 cm Tiefe 5 % abzunehmen.

Diese vergleichende Nebeneinanderstellung von vier Bodenprofilen einer Entwicklungsreihe aus gleichem Ausgangsmaterial (Löß) macht überzeugend klar, welche Bedeutung die differenzierte Ermittlung der Porengrößenverteilung für die Beurteilung des Wasser- und Lufthaushaltes der Böden besitzt.

Von diesen physikalischen Eigenschaften, ferner auch von der Textur, wird weitgehend die Durchwurzelbarkeit, d. h. der Tiefgang und die Ausbreitung der Pflanzenwurzeln im Boden bestimmt (Abb. 117).

Die *Bestimmung der Porengrößenbereiche* geschieht indirekt über die Wasserspannung, denn jedem Porengrößenbereich entspricht ein bestimmter Wasserspannungsbereich, wie Tabelle 45 angibt. Die Wasserspannung des Bodens entspricht dem Druck, der notwendig ist, um das Wasser aus einer Bodenprobe zu entfernen. Gemessen wird der Druck in cm Wassersäule (WS) oder pF, wobei pF = log cm Wassersäule ist, z. B. 1000 cm WS = 10^3 cm WS = pF 3,0. Jedem Druck kann ein bestimmter Porendurchmesser zugeordnet werden. Daher ist der Wasserverlust (Wasservolumen) zwischen zwei verschieden hohen Druckanwendungen gleich dem Volumen eines bestimmten Porengrößenbereiches. — Die Ermittlung des pF-Wertes erfolgt (im niederen Bereich) an Bodenproben in natürlicher Lagerung, die mit Stechzylindern entnommen werden. Sie werden mit Wasser gesättigt und auf eine Filterplatte eines verschließbaren Gefäßes gesetzt. Dann wird mit steigenden Drucken das Wasser aus dem Boden gedrückt und die bei jeder Druckanwendung ausgetretene Wassermenge bestimmt.

4. Porengestalt oder Porenform

Der Verständlichmachung wegen vergleicht man die Poren des Bodens mit Kapillarröhren. Das trifft aber nur in etwa zu für die biogenen, röhrchenartigen Hohlräume, d. h. die durch Wurzeln und Bodentiere (Würmer) geschaffenen, vielfach vertikal im Boden verlaufenden Hohlräume. Im übrigen sind aber die Hohlräume im Boden äußerst vielgestaltig in Größe, Form und Kontinuität, bedingt durch die unregelmäßige Gestalt der Bodenkörner und der Aggregatteilchen. Diese Unregelmäßigkeiten sind aber entscheidend für die Funktion der Poren im Wasser- und Lufthaushalt des Bodens. Neben den größeren Hohlräumen, die z. B. zwischen den Bodenkörnern und zwischen den Aggregatteilchen bestehen, gibt es Verengungen, die für die Bewegung von Wasser und Luft entscheidend sind. Viele Hohlräume schließen sich schon in einer gewissen Tiefe des Wurzelraumes, so daß versickerndes Wasser in ihnen stehenbleibt. Das gilt auch für größere Hohlräume, die durch Regenwürmer und dickere Wurzeln geschaffen worden sind.

Die Vielgestaltigkeit der Bodenhohlräume gestattet wohl einen Modellvergleich mit einem Kapillarsystem, jedoch keine genaue mathematische Berechnung.

5. Gefügestabilität und ihre Messung

Die Stabilität des Bodengefüges hängt davon ab, wie weit die bereits beschriebenen, gefügebildenden Faktoren vom optimalen Zustand entfernt sind. Das Bodengefüge erfährt vor allem im oberen Profilbereich Veränderungen, und zwar im Laufe der Jahre durch Änderung der Konstellation der gefügebildenden Faktoren, z. B. durch Abnahme der organischen Bodensubstanz, ferner auch witterungsbedingt im Jahresablauf. Der aufschlagende Regen sowie die unmittelbare Einwirkung der auftreffenden Sonnenstrahlung und auch des Frostes auf den vegetationsfreien Boden beeinflussen das Gefüge besonders stark. Ist das Gefüge nicht hinreichend stabil, so wird es bei Regenaufschlag zerstört, d. h. die Aggregate werden zerschlagen, es entsteht eine dünne, breiartige Schicht an der Bodenoberfläche, d. h. der Boden verschlämmt, und bei der Austrocknung entsteht eine dünne Kruste; der Boden verkrustet.

Das Bodengefüge erfährt aber auch in tieferen Profilbereichen Veränderungen, z. B. durch Quellung und Schrumpfung, durch Pflanzenwurzeln und Tiere und schließlich durch die tiefere Bodenbearbeitung. Letztere kann lockernd, u. U. aber auch verdichtend wirken.

Da das Bodengefüge, besonders seine Stabilität, einen starken Einfluß auf das Wachstum der Pflanzen ausübt, sind viele Versuche unternommen worden, Methoden für die Messung der Lagerungsdichte und der Stabilität des Bodengefüges zu finden. Es sind teils Feld- und teils Labormethoden.

(a) Feldmethoden

Die einfachste Feststellung der *Lagerungsdichte* kann mit dem *Bodenmesser* oder einem anderen spitzen Gegenstand erfolgen. Wenn bei feuchtem Boden das Messer nur sehr schwer in die Profilwand eingedrückt werden kann, so lagert der Boden sehr dicht. Dringt das Messer schon bei leichtem Druck in den Boden ein, so ist die Lagerung locker. Zwischen diesen Extremen lassen sich leicht noch zwei Grade der Lagerungsdichte (dicht und weniger dicht) mit dieser einfachen Methode feststellen. Dabei ist stets die Textur zu berücksichtigen. Diese schnell zu gewinnende Information ist sehr wichtig für die Beurteilung des Pflanzenwachstums.

Eine eingehendere Untersuchung des Gefüges allgemein und der Lagerungsdichte im besonderen kann mit Hilfe des Spatens vorgenommen werden. Das Einstechen des Spatens läßt schon verspüren, ob und wo der Boden dichter oder lockerer ist. Das mit dem Spaten ausgestochene Bodenstück kann mit den Händen oder auch mit Hilfe eines geeigneten Gegenstandes zerlegt und näher auf Form, Porenraum, Dichte und Festigkeit der Aggregate bzw. Fragmente untersucht werden. Das entspricht in etwa der früher bekannten *Spatendiagnose* nach J. Görbing.

Um die Lagerungsdichte der Bodenhorizonte zu ermitteln, hat man *Rammsonden* entwickelt. Das einfachste Gerät dieser Art ist die Hand-Drucksonde, ein einfacher Stab mit einer verdickten, konisch gearbeiteten Spitze (Abb. 118). Man drückt diesen Metallstab in den feuchten Boden, wobei leicht qualitativ eine verschiedene Lagerungsdichte festgestellt werden kann.

Eine Rammsonde, die den Eindringwiderstand quantitativ aufzeichnet, wurde von E. v. Boguslawski und K. O. Lenz entwickelt (Abb. 118). Das Prinzip beruht darauf, daß eine Sonde mit einem Fallgewicht, das gleichbleibend eine festgelegte Strecke fällt, in den Boden getrieben wird. Die Eindringtiefe, die jeder Schlag bewirkt, wird registriert. Das Meßergebnis wird stark vom Tongehalt und vom jeweiligen Feuchtigkeitszustand des Bodens beeinflußt. Das Gerät ist zum Auffinden von verdichteten Horizonten (Pflugsohle) geeignet, aber auch für die Beurteilung der Trittfestigkeit von Weideböden, die nach H. Kuntze (1969) einen Eindringwiderstand von $> 5 - 7$ kg/cm² aufweisen müssen.

Mit dem *Gerät zum Messen des Abscherwiderstandes* nach G. Schaffer wird ein Wert ermittelt, der über den Komplex Lagerungsdichte und Gefügefestigkeit Auskunft gibt (Abb. 118). Das Prinzip beruht darauf, daß ein Stahlschaft mit vier Metallflügeln in den Boden gedrückt, anschließend der Schaft gedreht und der Boden abgeschert wird. Die dabei aufgewendete Kraft wird als Drehmoment in cm · kg auf einer Skala abgelesen und, auf die abgescherte Fläche bezogen,

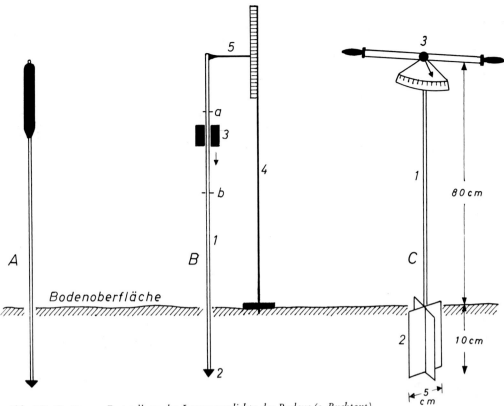

Abb. 118. Geräte zur Feststellung der Lagerungsdichte des Bodens (s. Buchtext).

als Abscherwiderstand in kg/cm² angegeben. Die Meßwerte sind stark vom Ton- und vom jeweiligen Wassergehalt des Bodens abhängig; es sind Relativwerte.

A: Hand-Drucksonde.

B: Rammsonde nach E. BOGUSLAWSKI und und K. O. LENZ.
1 = Stahlstab, 2 = konische Spitze, 3 = Fallgewicht (Fallhöhe a - b), 4 = Meßstange mit Skala, 5 = Schreibstift.

C: Abscherwiderstands-Messer nach G. SCHAFFER.
1 = Stahlschaft, 2 = Metallflügel, 3 = Drehmomentschlüssel mit Skala.

Neuerdings wird die Lagerungsdichte vielfach unmittelbar mit Hilfe einer Dichte-Meßsonde durch Reflexion von in den Boden emittierten γ-Strahlen ermittelt. Schwierig dabei ist, eine relativ dünne, verdichtete Schicht in ihrer exakten Lage im Bodenprofil zu erfassen.

(b) Labormethoden

F. SEKERA hat für die Bestimmung der Beständigkeit von Bodenaggregaten, also der Gefügestabilität eine einfache Methode vorgeschlagen, die in erster Linie Auskunft über die Zerfallsneigung der Krumenaggregate geben soll. Den Zerfall der Aggregate an der Bodenoberfläche durch den Regen und die Beregnung nennt man *Verschlämmung*. Deshalb sprach F. SEKERA von der *Bestimmung des Verschlämmungsbildes*. Die Bestimmung wird folgendermaßen durchgeführt: Eine Anzahl (10 bis 20) Aggregate von 1 bis 3 mm ⌀ werden auf ein Uhrglas gelegt, langsam mit Wasser befeuchtet und dann mit Wasser überstaut. Der Zerfall der Aggregate, d. h. die Gefügestabilität wird in sechs Stufen eingeteilt.

Diese qualitative Methode, die auf Schätzung beruht, ist bei feinkörnigen Böden gut praktikabel. Enthalten die Untersuchungs-Aggregate gröbere Körner, so ist die Schätzung schwieriger (Tab. 46).

Tab. 46: Die Stufen der Gefügestabilität
(nach F. Sekera)

Erscheinungsbild	Gefüge-stabilität
1. Kein Zerfall oder in nur wenige Teilstücke	Sehr groß
2. Zerfall in vorwiegend größere Teilchen	Groß
3. Zerfall in etwa gleich viele größere und kleinere Teilchen	Mittel
4. Zerfall in vorwiegend kleine Teilchen	Mäßig
5. Zerfall in vorwiegend kleine Teilchen und Trübung des Wassers	Gering
6. Völlige Auflösung der Aggregate und starke Trübung des Wassers	Sehr gering

F. Sekera und A. Brunner haben noch eine weitere Methode für die Ermittlung der Aggregatstabilität vorgeschlagen. Eine bestimmte Menge von Bodenaggregaten gleicher Größe wird in einen *Durchlaufzylinder* gefüllt. Dann läßt man in einer vorgegebenen Zeit Wasser durch den Zylinder perkolieren. Die Menge des durchgelaufenen Wassers, die abhängig ist von dem Zerfall der Aggregate, ist ein Maß für die Gefügestabilität. Für diese Untersuchung kann man auch einen Stechzylinder mit natürlich gelagertem Boden verwenden.

Im Laboratorium ist für die Ermittlung der Gefügestabilität vielfach das *Tauchverfahren* angewendet worden, mit Hilfe dessen man besonders die Verschlämmungsneigung des Bodens durch Überflutung feststellen kann. Hierbei werden aus einer lufttrocknen Bodenprobe (von mindestens 1 kg) 25 g Bodenaggregate mit 2 bis 3 mm ϕ ausgesiebt und auf ein Rundlochsieb (1 mm Lochdurchmesser) gebracht. Kohärente Bodenmassen werden so zerdrückt, daß man genügend Aggregate (2 bis 3 mm ϕ) absieben kann. Mit einer feinen Sprühdose werden die Aggregate auf etwa pF 3,0 angefeuchtet. Dann wird das Sieb mit Hilfe eines sogenannten Tauchgerätes 2 Minuten in destilliertem Wasser vertikal in festgelegter Weise bewegt. Dabei muß die Probe ständig unter dem Wasserspiegel bleiben. Die auf dem Sieb zurückgebliebenen Teilchen werden dann in Wasser zerrieben und die Sandkörner $>$ 1 mm ϕ abgetrennt. Ihr Gewicht wird von Ein- und Auswaage abgezogen. Der so korrigierte Wert in Prozent ist das Maß für die Gefügestabilität (DIN 19 683, Teil 16).

Ein Verfahren, das besonders geeignet ist, die Verschlämmungsneigung des Bodens bei Regenaufschlag und Beregnung festzustellen, ist das *Beregnungsverfahren* nach H. Koepf. Hierbei verwendet man die gleichen Bodenaggregate wie beim Tauchverfahren, allerdings verwendet man nur 5 g. Auch das Anfeuchten auf einem Rundlochsieb geschieht in der gleichen Weise. Dann wird das Rundlochsieb mit der Probe in dem sogenannten Beregnungsgerät in exzentrische Bewegung gesetzt, wobei die Probe aus 40 cm Höhe eine Minute lang mit einer bestimmten Menge Wasser aus einer Düse beregnet wird. Mit den auf dem Sieb zurückgebliebenen Bodenteilchen wird nun so verfahren wie beim Tauchverfahren, so daß auch hierbei ein quantitatives Maß für die Gefügestabilität gewonnen wird (DIN 19 683, Teil 17).

Die Gefügestabilität läßt sich auch dadurch feststellen, daß man die trockenen Bodenaggregate eines festgelegten Durchmessers der mechanischen Beanspruchung rotierender Siebe aussetzt *(Trockensiebverfahren)*. Die Bodenaggregate passieren dabei nacheinander einige rotierende Siebe mit verschiedener Lochweite. Unter jedem Sieb wird die abgeriebene Bodenmasse gewonnen und dann gewogen. Das Verhältnis der so ermittelten Fraktionen ergibt das Maß für die Gefügestabilität. Bei diesem Verfahren sind Ton- und Schluffgehalt der Bodenprobe sehr entscheidend und deshalb zu berücksichtigen.

6. Gefügeverbesserung

Unter Gefügeverbesserung werden alle Maßnahmen zusammengefaßt, die das Bodengefüge im Hinblick auf das Gedeihen der Pflanzen günstiger gestalten. Die Verbesserung des Bodengefüges bewirkt einen für die Pflanzen zuträglicheren Wasser- und Lufthaushalt.

(a) Gefügeverbesserung durch ackerbauliche Maßnahmen

In dem Kapitel über die Faktoren der Gefügebildung sind die natürlichen, aber auch die ackerbaulichen Faktoren aufgeführt. Nur letztere, die bewußt im Ackerbau, Gartenbau und Weinbau eingesetzt werden, sollen hier zusammenfassend erwähnt werden.

Seit Kulturpflanzen angebaut werden, hat der Mensch den Boden für die Saat und das Wachstum der Pflanzen vorbereitet. Zunächst geschah das vornehmlich durch Bearbeitung des Bodens mit Hacke und Pflug. Schon vor vielen Jahrhunderten wurden aber auch Mergel und organische Dünger dem Boden zugeführt, was düngend und gefügeverbessernd wirkte. Mit tonigen, nährstoffreichen Flußsedimenten machte man sandige Böden bindiger und fruchtbarer (Nildelta), und mit Meeressand machte man tonige Böden lockerer (Südirland).

Der neuzeitliche Ackerbau strebt die Gefügeverbesserung von verschiedenen Seiten an. Die Erhöhung des pH bis 7 und darüber durch die Zufuhr von Kalk und kalkhaltigem Dünger bewirkt die Flockung der Kolloide, was besonders für tonige Böden von großem Wert ist. Damit werden gleichzeitig die Lebensbedingungen nützlicher Bodenorganismen begünstigt, die dann ihrerseits auch gefügeverbessernd arbeiten. Phosphordünger fördern ebenso direkt und indirekt eine günstige Gefügebildung. Organische Dünger wirken lockernd in bindigen, kittend in sandigen Böden. Noch wirksamer sind sie indirekt über die Bodenorganismen, die einerseits mit der organischen Substanz gefüttert und damit aktiviert werden, andererseits formen die Bodenorganismen die organische Substanz teilweise um in gefügefördernde Stoffe. Die dem Boden zugeführten, verschiedenartigen organischen Substanzen beeinflussen das Gefüge in verschiedenem Grade, am besten wirken Stalldung und die Gründüngung mit Leguminosen und Raps. Im Ackerbau sollten die gefügebildenden Faktoren so günstig gestaltet werden, daß das in der Krume erstrebte Krümelgefüge ohne mechanische Nachhilfe entsteht. Dieser Idealzustand ist von Natur der Schwarzerde eigen; alte Gartenböden haben ihn durch die Gartenkultur erhalten. Die Böden des humiden, gemäßigt warmen Klimas sind mehr oder weniger von diesem Optimum entfernt. Je weiter sie von Natur davon entfernt sind, um so schwieriger ist es, mit ackerbaulichen Maßnahmen dem Optimum nahe zu kommen. Z. B. ist die Basenreiche Braunerde relativ leicht in einen günstigen Gefügezustand zu versetzen, hingegen ist das beim Pseudogley sehr aufwendig. Der Ackerbau auf den Böden Mitteleuropas wird somit immer wieder mechanisch bei der Gefügebildung in der Krume nachhelfen müssen. Die Kunst des Ackerbauers besteht in diesem Punkte darin, mechanisch nur das zu tun, was die natürlichen und die wirtschaftlich tragbaren, ackerbaulichen, gefügebildenden Faktoren nicht vermögen.

(b) Gefügeverbesserung mit synthetischen Stoffen

Synthetische Stoffe, welche das Bodengefüge verbessern, wirken teils verklebend, teils lockernd. In den letzten Jahrzehnten sind eine Anzahl dieser Stoffe unter verschiedenen Namen im In- und Ausland auf den Markt gekommen. Es steht zu erwarten, daß sich die Zahl in naher Zukunft vermehrt, ihr Preis sinkt und damit ihre Anwendung erweitert wird. Zur Zeit können sie wegen des hohen Preises nur in Intensivkulturen (Gärten, Weinberge) und für besondere Zwecke (Dränung) angewandt werden.

(1) Verklebende Substanzen

Vor allem kommen hier synthetische organische Verbindungen in Betracht, die fadenförmige Makromoleküle (Linearpolymere) bilden und reaktionsfähige Carboxyl-, Carbonyl- und Aminogruppen besitzen. Mit diesen Eigenschaften vermögen sie Bodenteilchen miteinander zu verbinden. Besonders bekannt geworden sind die Derivate der Polyacrylsäure und der Polyvinylsäure, wozu das vielfach verwendete *Krilium* gehört. Es stabilisiert das Saatbett, beschleunigt das Eindringen des Wassers in den Boden, erhöht die Wasserkapazität und hemmt die Bodenerosion.

Das Gefüge-Verbesserungsmittel *EB-a* ist ein polykationisches und polyanionisches Präparat, das dem Krilium ähnlich ist, aus Japan. Die flockende Wirkung im Boden kommt durch die Adsorption des Präparates durch den Boden zustande.

Das *Rohagit S 7366* ist ein Kopolymer, gehört zu den Linearpolymeren und vermag die Körner sandiger Böden miteinander zu verkleben.

Agrosil ist ein Gemisch von Natriumhydrosilikat und einem bestimmten Elektrolyt (Flockungsmittel); es gibt zwei Arten, die sich in ihrer Zusammensetzung unterscheiden.

Sedipur ist ein mesopolymeres Elektrolyt auf Polyacrylamid-Basis, das eine gut flokkende und anhaltende Wirkung ausübt.

Das *Curasol* wird auf den Boden gespritzt; es vernetzt die Bodenkörner miteinander. Besonders eignet es sich, um lose Sandböden (Dünen, Böschungen) oberflächlich zu befestigen, damit eine Begrünung möglich ist.

Es gibt mehrere bituminöse Präparate sowie Polyvinyl-Präparate (z. B. BASF-Bodenfestiger), die Bodenkörner verkleben; teils werden sie als Emulsionen auf den Boden gespritzt. Dazu gehören u. a. auch die Präparate *Humofina* aus den Niederlanden und *Oxyhumolith* aus der Tschechoslowakei.

Das *Flotal* ist ein anorganisches Produkt, das eine stabilisierend wirkende Eisenverbindung enthält. Die Gefügebildung durch Flotal geschieht relativ langsam, hält aber lange vor.

Neuerdings wird *Bentonitmehl*, eine montmorillonitreiche Tonsubstanz, als Mittel für die Verbesserung des Bodengefüges angeboten.

(2) Lockernde Substanzen

Diese synthetischen organischen Substanzen sind flockenartige, abbauresistente Teilchen, die geeignet sind, den Boden locker zu erhalten.

Das *Styromull* ist nicht porös, relativ widerstandsfähig gegen den mikrobiellen Abbau und besonders geeignet, bindige Böden locker und durchlässig zu machen. Als Filterstoff um Dränröhren und zur Erhaltung der Durchlässigkeit der Drängrabenfüllung hat es sich bewährt. Es ist auch geeignet, um die Einschnitte des Unterbodenlockerers in Tonböden durchlässig zu erhalten.

Das *Hygromull* ist ein poröses Kunstharz; es lockert und erhöht die Wasserspeicherung zugleich. Es ist somit auch geeignet, um die Wasserkapazität von Sandböden zu erhöhen. Trockene Sandböden (Dünen) kann man mit Hygromull für eine Vegetationsbedeckung vorbereiten.

Hygropor 73 stellt ein Gemisch von 70 % Hygromull und 30 % flockigem Styropor dar und ist für die Verbesserung des Wasser-Lufthaushaltes gefügestabiler, insbesondere schwerer Böden geeignet.

Styroperl besteht aus einem Gemisch von 4 bis 12 mm großen Kügelchen aus Polystyrol-Hartschaum und wird besonders in der Dräntechnik angewandt, um den Boden über dem Drän durchlässig zu erhalten.

Dränplatten aus Styropor finden Anwendung bei der Entwässerung von Außenmauern und auch bei der Felddränung.

(c) Gefügeverbesserung durch Tieflockerung

Unter Tieflockerung des Bodens wird heute die mechanische Lockerung des Unterbodens bzw. Untergrundes verstanden, und zwar bis zu einer Tiefe von etwa 60 bis 80 cm. Die tiefe Lockerung des Bodens hat ihr Vorbild im *Rigolen* der Weinberge, wobei der Boden früher mit Spaten und Hacke 60 bis 80 cm aufgelockert und meistens dabei auch Dünger eingearbeitet wurde. Das Ziel der Tieflockerung ist, die Lagerungsdichte zu vermindern, den Grobporenanteil zu erhöhen, die Wasserverteilung zu verbessern und die Ausbreitung der Wurzeln zu fördern. Um Verdichtungen unmittelbar unter der Krume zu beseitigen, kam vor Jahrzehnten bereits der Zweischichtenpflug zur Anwendung, der die Krume wendet, aber den erfaßten Unterboden nur aufbricht und lockert.

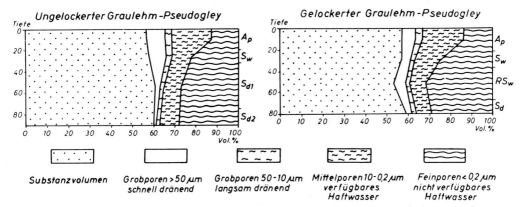

Abb. 119. *Substanz- und Porenvolumen sowie Porengrößenverteilung eines ungelockerten und (vor 3 Jahren) gelockerten Graulehm-Pseudogleys (nach* I. BUCHMANN*).*

Die Tieflockerung mit tiefgreifenden, verschieden gestalteten Haken (Untergrundhaken), die durch den Boden gezogen werden, ist schon länger praktiziert worden, indessen mit mehr oder weniger Erfolg. Erst das eingehende Studium der bodenseitigen Voraussetzungen der Tieflockerung, die Entwicklung geeigneter Geräte und hinreichende Zugkraft haben das Verfahren erfolgssicher gemacht, woran maßgebend H. SCHULTE-KARRING gearbeitet hat. Neuerdings werden Tieflockerungsgeräte eingeführt, die statt der starren Schar einen beweglichen Lockerungsmechanismus besitzen. Die Lockerungsschar wird bei der Vorwärtsbewegung des Lockerungsgerätes mit Zapfwellenantrieb auf- und abbewegt (Wippscharlockerer) oder das ganze Lockerungswerkzeug (Schwert mit Schar) wird bei der Vorwärtsbewegung durch Zapfwellenantrieb vor- und rückwärts bewegt (Hubschwenklockerer). Der bewegliche Mechanismus erzeugt eine intensive Lockerung und spart erheblich an Zugkraft. Bei der Tieflockerung verdichteter Böden müssen folgende Bedingungen erfüllt sein bzw. folgende Maßnahmen getroffen werden:

1. Der Boden muß im Augenblick der Tieflockerung den richtigen Feuchtigkeitsgrad besitzen, d. h. er muß in Aggregate oder kleinere Fragmente aufbrechen, und dies ist weder im zu nassen noch im zu trockenen Zustand möglich.

2. Die beim Tieflockern entstehenden Aggregate und kleineren Fragmente müssen eine ausreichende Stabilität besitzen, damit sie durch das in den geschaffenen Hohlräumen sich sammelnde Wasser nicht dispergiert werden.

3. Bei der Lockerung sollten gefügestabilisierende Stoffe und Dünger (Kalk, Phosphat, Stickstoff) eingebracht werden, die direkt und über die Pflanzenwurzeln das Gefüge stabilisieren helfen.

4. Nach der Lockerung muß eine erneute Verdichtung im oberen Teil des Unterbodens verhindert werden. Das Schlepperrad in der Pflugfurche birgt die größte Gefahr in sich.

5. Ist bei einer Lockerung bis in 80 cm Tiefe die wasserundurchlässige Schicht nicht durchteuft, so daß nun der Boden nur bis 80 cm Tiefe wasseraufnahmefähiger wird, so ist bei einem Niederschlag über 500 mm/Jahr in der Regel eine zusätzliche Dränung notwendig. Die Art der Dränung muß sich nach Niederschlag, Niederschlagsverteilung, Boden und Geländegestaltung richten.

Der Erfolg der Tieflockerung äußert sich vor allem in der Zunahme der Grobporen auf Kosten des Substanzvolumens (Abb. 119). Innerhalb der obersten 40 cm nimmt oft durch Befahren das Grobporen-Volumen einige Jahre nach der Lockerung wieder ab (Abb. 119). Das zu verhüten, ist Aufgabe des Ackerbaues. Die Lockerung hat zur Folge, daß der Niederschlag schnell im Boden absinkt und der Verdunstung weitgehend entzogen ist. Das Wasserspeicherungsvermögen wird mithin erhöht, und zwar ist es überwiegend für die Pflanzen leicht aufnehmbares Wasser. Die Wurzeln der Pflanzen können sich bis zur Lockerungstiefe ausbreiten; der Raum für ihre Wasser- und Nährstoffversorgung ist größer geworden. Die Pflanzenwurzeln helfen bei der Stabilisierung des Gefüges und aktivieren in dem gelockerten, nun gut belüfteten Unterboden die Mikrobentätigkeit.

Die Tieflockerung wird heute von der Fachwelt nicht uneingeschränkt befürwortet, weil immer wieder Mißerfolge auftreten, die in erster Linie in einer erneuten Verdichtung innerhalb der obersten 40 cm des gelockerten Bodens schon einige Jahre nach der Lockerung ihre Ursache haben. Abgesehen davon ist für die dauerhafte Lockerung die Art des Bodens, der Zeitpunkt (Feuchtzustand) der Bodenlockerung und die Beherrschung des überschüssigen Wassers entscheidend. Dies zu beurteilen, erfordert viel Erfahrung.

(d) Gefügeverbesserung durch Tiefpflügen

Das Tiefpflügen bis zu 30 bis 40 cm kam bereits vor vielen Jahrzehnten auf, als der Dampfpflug dafür die notwendige Zugkraft gab. Die Schaffung einer tiefen Krume brachte zunächst im allgemeinen Erfolg. Als man aber wieder dazu überging, flacher zu pflügen, entstand oft, sogar in der Schwarzerde, in dem Bereich zwischen der neuen, flacheren und der ehemaligen, tiefen Krume, in der sogenannten »verlassenen Krume«, ein meist plattiges, etwas dichtes Gefüge, dessen Beseitigung durch Tieflockerung angezeigt ist.

Mit der Entwicklung von Großpflügen wurde ein Wenden des Bodens bis 1,8 m und noch tiefer ermöglicht. Das Tiefpflügen verspricht dann Erfolg, wenn durch das Wenden des Bodens folgende Verbesserungen erreicht werden:
1. Aufbrechen eines dichten Horizontes, wie es z. B. beim Wenden eines Podsols mit festem Ortstein geschieht. Der gleichzeitig vor sich gehende Mischungsprozeß des Profils ist nicht nachteilig; es wird der Wasserhaushalt verbessert.

2. Begraben einer gefügeungünstigen Krume und Heraufholen eines gefügegünstigeren Unterbodens, wie es bei einer *stark* durchschlämmten Parabraunerde und Fahlerde der Fall ist. Bei einer nur *schwach* durchschlämmten Parabraunerde wird sich das Verfahren nicht lohnen.
3. Begraben einer sandigen Oberschicht und Heraufholen einer bindigeren, tieferen Schicht. Die Übersandung von bindigerem Bodenmaterial geschieht in Flußniederungen bei Hochflut. In der Marsch findet man stellenweise auch eine solche Bodenarten-Schichtung.
4. Pflügen *und Mischen* einer sandigen Oberschicht mit tiefer liegendem, bindigerem Bodenmaterial oder umgekehrt Mischen einer sehr bindigen Oberschicht mit Sand des Unterbodens bzw. Untergrundes.
5. Geringmächtige Torfschichten (etwa 50 bis 100 cm) mit darunter liegendem Sand werden durch Tiefpflügen in schräg liegende Pflugbalken gelegt; damit wird ein gutes Gesamtgefüge geschaffen.

(e) Gefügeverbesserung durch Auftragen und Einmischen von mineralischem und organischem Material

Unter dieser Gefügeverbesserung, die der Vollständigkeit wegen hier aufgeführt wird, sollen nur solche Maßnahmen verstanden werden, bei denen ortsfremdes, mineralisches oder (und) organisches Material ein- oder mehrmals auf den Boden gebracht und eingemischt wird. Damit wird eine allgemeine Verbesserung des Bodens angestrebt. Die dadurch bewirkte Bodenverbesserung betrifft im allgemeinen das Gefüge und damit gleichzeitig den Wasser- und Lufthaushalt, oft aber auch die Nährstoffversorgung.

Diese Maßnahmen sind alt und wurden in früherer Zeit mehr durchgeführt als heute, weil z. Z. die Lohnkosten für diese Arbeiten zu hoch sind. Lehrreiche Beispiele für solche Verbesserungsmaßnahmen sind:
1. Aufbringen von Meeressand auf bindige Böden in Südirland.

2. Aufbringen von Flußsand auf bindige Böden in Neuseeland.

3. Auftrag von Sandlöß (Flottsand) auf sandige Podsole in Südoldenburg. Dieser so verbesserte Boden wird als Brauner Plaggenesch angesehen, was nicht exakt ist, da wahrscheinlich der Auftrag von Sandlöß auf einmal erfolgte.

4. Aufspülen von Elbschlick (20 cm) auf Sandböden in den Vierlanden bei Hamburg.

5. Auftrag von Nilschlick auf sandige Wüstenböden in Ägypten.

6. Auftrag von kalkhaltigem Schlick auf entkalkte (oder kalkfreie) Marschen, der durch Kuhlen (früher von Hand, heute maschinell) dem Untergrund entnommen wird.

7. Das Aufbringen von stetig großen Mengen organischer Substanz, wie es bei der Plaggenkultur und der intensiven Gartenkultur geschieht, führt auch zu einer erheblichen Gefügeverbesserung. Dazu gehört auch der Auftrag von Tang auf die steinig-sandigen Böden der Orkney-Inseln. Ferner ist das Auftragen von Erddung zu erwähnen, der gewonnen wird durch die Einstreu sandig-erdiger Bodenmasse in den Viehstall (Gelderland).

Literatur
ALTEMÜLLER, H. J.: Die morphologische Untersuchung des Bodengefüges. – In: Handbuch der Pflanzenernährung und Düngung von H. LINSER (Herausgeber), 2. Band. – Verlag Springer, Wien-New York 1966.
ANTIPOW-KARATAEV, I. N. und KELLERMAN, V. V.: Die Bodenaggregate und ihre kolloidchemische Analyse. In: Arbeiten aus dem Gebiet der Mikromorphologie des Bodens. – Verlag Chemie, Weinheim/Bergstraße, 1962.
ARBEITSGEMEINSCHAFT BODENKUNDE: Kartieranleitung. Anleitung und Richtlinien zur Herstellung der Bodenkarte 1:25 000. – 2. Aufl., Arbeitsgemeinschaft Bodenkunde der Geologischen Landesämter der Bundesrepublik Deutschland, Hannover 1971.
BADEN, W., KUNTZE, H., NIEMANN, J., SCHWERDTFEGER, G. und VOLMER, F.-J.: Bodenkunde. – Verlag Ulmer, Stuttgart 1969.
BAVER, L. D., GARDNER, W. H. and GARDNER, W. R.: Soil Physics. – Verlag J. Wiley & Sons, Inc., New York - London - Sydney - Toronto 1972.
BOEKEL, P. and PEERLKAMP, P. K.: Effects of Crop and Rotation on Soil Structure. – In: Handbuch der Pflanzenernährung und Düngung von H. LINSER (Herausgeber), 2. Band. – Verlag Springer, Wien - New York 1966.
BIRECKI, M., KULLMANN, A., REVUT, I. B., RODE, A. A.: Untersuchungsmethoden des Bodenstrukturzustandes. – Deutscher Landwirtschaftsverlag, Berlin 1968.
BREWER, R.: Fabric and Mineral Analysis of Soils. – Verlag J. Wiley & Sons, Inc., New York 1964.
BUCHMANN, I.: Untersuchungen der Dynamik des Wasserhaushaltes verschiedener Bodentypen, insbesondere mit Hilfe der Neutronensonde. – Diss. Bonn 1969.
CZERATZKI, W.: Zur Wirkung des Frostes auf die Struktur des Bodens. – Zeitschr. Pflanzenernährung, Düngung, Bodenkunde, 72, 1956.
DE BOODT, M., DE LEENHEER, L., FRESE, H., LOW, A. J. and PEERLKAMP, P. K. (Editors): Westeuropean Methods for Soil Structure Determination. – Issued State Faculty of Agricultural Sciences, Ghent/Belgium 1967.
DE BOODT, M. (Editor): Proceedings Symposium on the Fundamentals of Soil Conditioning. – State University of Ghent, Faculty of Agricultural Sciences, Ghent/Belgium 1972.
DE LEENHEER, H. and DE BOODT, M.: Factors and Forces in Soil Structure. – In: Handbuch der Pflanzenernährung und Düngung von H. LINSER (Herausgeber), 2. Band. – Verlag Springer, Wien - New York 1966.
DE LEENHEER, L. and DE BOODT, M.: Methods for Soil Structure Determination. — In: Handbuch der Pflanzenernährung und Düngung von H. LINSER (Herausgeber), 2. Band. – Verlag Springer, Wien - New York 1966.
DE LEENHEER, L.: Soil Structure and Soil Fertility. - In: Handbuch der Pflanzenernährung und Düngung von H. LINSER (Herausgeber), 2. Band. – Verlag Springer, Wien - New York 1966.
DIN 19 682, Teil 10: Bestimmung des Makrogefüges.
DIN 19 683, Teil 8: Bestimmung des Schrumpfens der Mineralböden.
DIN 19 683, Teil 11: Bestimmung der Dichte (des Bodens).
DIN 19 683, Teil 12: Bestimmung der Rohdichte (des Bodens).
DIN 19 683, Teil 13: Bestimmung des Substanz- und Porenanteils in Mineralböden.
DIN 19 683, Teil 14: Bestimmung des Substanzanteils (relative Lagerungsdichte) in Moorböden.
DIN 19 683, Teil 15: Bestimmung des Mikrogefüges an Bodenschliffen.
DIN 19 683, Teil 16: Bestimmung der Gefügestabilität nach dem Siebtauchverfahren.

DIN 19 683, Teil 17: Bestimmung der Gefügestabilität nach dem Beregnungsverfahren.
DIN 19 683, Teil 18: Bestimmung des potentiellen Bodengefüges nach dem Rißbild.
DIN 19 683, Teil 19: Bestimmung der Moorsackung nach Entwässerung.
Alle DIN-Blätter vertreibt der Beuth-Verlag GmbH, Burggrafenstr. 4 – 7, Berlin 30, und Kamekestr. 2 – 8, Köln (Jahr wird nicht angegeben, da stets das neue Blatt geliefert wird).
FRESE, H.: Die Beeinflussung des Bodengefüges durch Bodenbearbeitung. – In: Handbuch der Pflanzenernährung und Düngung von H. LINSER (Herausgeber), 2. Band. – Verlag Springer, Wien - New York 1966.
JONGERIUS, A. (Editor): Soil Micromorphology. – Verlag Elsevier, Amsterdam - London - New York 1964.
JONGERIUS, A. (Editor): Micromorphology of Soils. – Geoderma, Vol. 1, No. 3/4, Verlag Elsevier, Amsterdam 1967.
KOHNKE, H.: Soil physics. – Verlag McGraw-Hill Book Company, New York 1968.
KUBIENA, W. L.: Micropedology. – Collegiate Press, Ames/Iowa 1938.
KUBIENA, W. L.: Die mikromorphometrische Bodenanalyse. – Verlag Enke, Stuttgart 1967.
KUBIENA, W. L.: Micromorphological Features of Soil Geography. – Rutgers University Press, New Brunswick/New Jersey 1970.
KULLMANN, A.: Synthetische Bodenverbesserungsmittel. – VEB Deutscher Landwirtschaftsverlag, Berlin 1972.
KUTSCHERA, L.: Wurzelatlas mitteleuropäischer Ackerunkräuter und Kulturpflanzen. – DLG-Verlag, Frankfurt/M. 1960.
MEANS, R. E. and PARCHER, J. V.: Physical Properties of Soils. – Verlag Constable and Co., London 1964.
PEERLKAMP, P. K.: The Influence of Climate and Weather upon Soil Structure. – In: Handbuch der Pflanzenernährung und Düngung von H. LINSER (Herausgeber), 2. Band. – Verlag Springer, Wien - New York 1966.
SCHACHTSCHABEL, P. und HARTGE, K. H.: Die Messung der Bodenstruktur durch Bestimmung der pF-Kurve und der Strukturstabilität. – Landw. Forschung, Sonderheft 12, 1959.
SCHMID, J.: Der Bodenfrost als morphologischer Faktor. – Dr. A. Hüthig Verlag, Heidelberg 1955.

VIII. Das Wasser im Boden

Das Wasser im Boden oder *Bodenwasser* ist der flüssige Anteil des Dreiphasen-Systems »Boden«. Vorübergehend kann es zu Eis werden. Ein kleiner Teil befindet sich in der Form des Wasserdampfes. Es kommt in den Boden durch die Niederschläge, ein geringer Teil durch die Kondensation von Wasserdampf der Atmosphäre (Tau). Mitunter wird die Bezeichnung Bodenwasser dahingehend eingeengt, daß das Grundwasser ausgeschlossen wird. Da die Abgrenzung wegen des Kapillaraufstieges über dem Grundwasserspiegel schwierig ist, wird hier in den Begriff »Bodenwasser« das Grundwasser eingeschlossen. Das Bodenwasser stellt einen Teil des Wasserkreislaufes der Natur dar. Ökologisch ist es der wichtigste Faktor des Pflanzenstandortes, indem es der Pflanze das Leben schlechthin ermöglicht und ihr die benötigten Nährstoffe übermittelt. Die Verwitterung der Gesteine, die spezifische Bodenbildung mit Stoffverlagerung und Umsatz der organischen Substanz sind ohne das Bodenwasser nicht denkbar. Weil das Wasser im Boden so entscheidende Bedeutung hat, ist die bodenphysikalische Forschung auf diesem Spezialgebiet in den letzten 40 Jahren intensiv tätig gewesen und ist es noch. Vor allem sind die physikalischen und mathematischen Grundlagen des Verhaltens des Bodenwas-

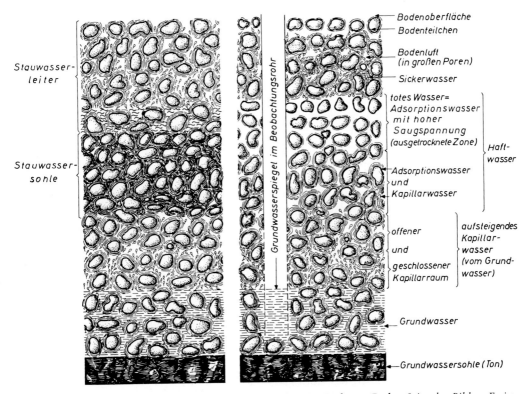

Abb. 120. Schematische Darstellung der Arten des Wassers im Boden. – Rechte Seite des Bildes: Es ist angenommen, daß der Boden nach starker Austrocknung neuen Niederschlag erhalten hat. – Linke Seite des Bildes: Gesonderte schematische Darstellung des Stauwassers.

sers erarbeitet worden. Auf die Darstellung dieser spezifischen Forschungsergebnisse wird hier verzichtet.

a. ARTEN DES BODENWASSERS

Um die Kompliziertheit des Bodenwassers durchschaubar zu machen, ist es zweckmäßig, die unterscheidbaren Arten des Bodenwassers einzeln ihrem Wesen nach zu erläutern. Der Anschaulichkeit wegen sind in der Abbildung 120 die wichtigsten Arten des Wassers im Boden zusammen schematisch dargestellt.

1. Oberflächenwasser

Der auf den Boden auftreffende Niederschlag kann nicht immer ganz vom Boden aufgenommen werden. Dieser Teil fließt ab, wenn nicht die Bodenoberfläche muldig gestaltet ist, und wird Oberflächenwasser genannt. Strenggenommen, gehört es nicht zum Bodenwasser, aber es wird hier als erstes erwähnt, weil es auf den Boden Einfluß nimmt. Die Bodenerosion wird nämlich durch das Oberflächenwasser bewirkt, ferner wird der Boden durch das über ihn fließende Wasser verschlämmt. Die Menge des Oberflächenwassers wächst mit zunehmendem Niederschlag in der Zeiteinheit (Niederschlagsdichte), mit zunehmender Hangneigung der Bodenoberfläche und mit abnehmender Wasseraufnahmefähigkeit, auch Regenverdaulichkeit genannt, des Bodens. Ein Sandboden nimmt den Niederschlag besser auf als bindige Böden, dichte Böden schlechter als krümelig-poröse Böden; ferner nimmt die Wasseraufnahme ab mit zunehmender Auffüllung des speicherfähigen Porenraumes und mit zunehmender Verschlämmung der Bodenoberfläche.

2. Sickerwasser und Sinkwasser

Vielfach wird alles Wasser, das sich unter der Schwerkraft in den gröberen Hohlräumen im Boden abwärts bewegt, als Sickerwasser bezeichnet. Dementgegen wird von anderen Sicker- und Sinkwasser unterschieden. In diesem Betracht bewegt sich das Sickerwasser in *engeren* Hohlräumen des Bodens, in den langsam dränenden Poren, während das Sinkwasser sich in *weiten* Hohlräumen, in den schnell dränenden Poren, nach unten bewegt. Der Sickervorgang, auch *Versickerung* oder *Infiltration* genannt, vollzieht sich, wenn die Wasserbindungsintensität pF 2,54 unterschritten wird, was der Porengröße von $>10\ \mu m$ entspricht. Die maximale Wassermenge, die ein Boden unter gegebenen Bedingungen in der Zeiteinheit je Flächeneinheit aufnehmen kann, nennt man *Versickerungs-* oder *Infiltrationsrate*.

Das Sinkwasser kann sich nach Austrocknung des Bodens in Spalten und Röhren schnell nach unten bewegen, ohne daß vorher das Adsorptions- und Kapillarwasser aufgefüllt ist. Dieses schnelle Wasserverschlucken des Bodens nennt man im Gegensatz zur Infiltration *Influktuation*. Die Influktuation ist in trockenen, rissigen, gedränten Ton- und stark zersetzten Moorböden bei Starkregen besonders auffällig und hat höheren Dränabfluß zur Folge. Dieses Beispiel legt nahe, Sikker- und Sinkwasser als zwei Wasserarten mit verschiedenem Verhalten zu betrachten.

3. Haftwasser

Unter Haftwasser versteht man den Anteil des Bodenwassers, der vom Boden durch Adsorptions- und Kapillarkräfte sowie durch osmotische Kräfte gegen die Schwerkraft festgehalten wird. Dementsprechend wird das Haftwasser unterteilt in *Adsorptionswasser*, *Kapillarwasser* und *osmotisch gebundenes Wasser*. In der Literatur ist hin und wieder der Wasserfilm, der sich über das Adsorptionswasser hinaus um die Bodenteilchen legt, als *Film-* oder *Häutchenwasser* bezeichnet worden. Die Begriffe werden aber heute nicht mehr allgemein gebraucht.

(a) Adsorptionswasser

Das Adsorptionswasser umhüllt die festen Bodenteilchen, ohne dabei Menisken zu bilden (Abb. 121). Es wird mit außerordentlich hoher

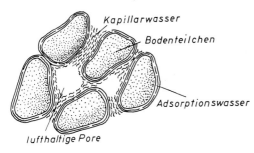

Abb. 121. *Schematische Darstellung des Absorptionswassers und des Kapillarwassers (beides Haftwasser)*.

Saugkraft (Wasserspannung) an die Teilchenoberfläche gebunden. So wird für die erste Schicht der Wassermoleküle, welche die Bodenteilchen umgeben, eine Bindungskraft von etwa 6000 bar angenommen. Mit zunehmendem Abstand der Molekülschichten von der Teilchenoberfläche nimmt deren Bindungskraft kontinuierlich ab. Es liegt nahe, daß das mit hohem Saugdruck adsorbierte Wasser ein anderes Verhalten zeigt, als das freie Wasser. Dichte und Viskosität sind erhöht, dagegen sind Wärmekapazität und Gefrierpunkt erniedrigt.

Die hohe Saugkraft, welche trockene Bodenteilchen gegenüber Wasser entwickeln, bewirkt auch die Bindung von Wasser aus der Luft, und zwar steigt die Bindung von Wassermolekülen mit zunehmender spezifischer Oberfläche des Bodenteilchens. Das besagt, daß diese Wasserbindung mit abnehmender Korngröße steigt. Bei den Tonmineralen steigt sie entsprechend ihrer spezifischen Oberfläche in folgender Reihenfolge: Kaolinit → Illit → Vermiculit → Montmorillonit. Darüber hinaus steht die Wasserbindung in Abhängigkeit vom relativen Wasserdampfdruck der umgebenden Luft, d. h. die Wasserbindung steigt mit zunehmendem relativem Wasserdampfdruck der Luft. Es stellt sich ein Gleichgewicht ein zwischen dem Wassergehalt des trockenen Bodens und dem relativen Wasserdampfdruck der Luft. Besitzt der Boden weniger Wasser, als diesem Gleichgewicht entspricht, so nimmt er analog einem hygroskopischen Stoff (z. B. $CaCl_2$) Wasser aus der umgebenden Luft auf. Dieses so aufgenommene Wasser nennt man *hygroskopisches Wasser* und die diesbezügliche Eigenschaft des Bodens *Hygroskopizität*. Die Hygroskopizität ist keine Konstante, vielmehr eine abhängige Größe von Bodenkörnung, Tonmineralen und organischer Substanz sowie vom relativen Dampfdruck der jeweils umgebenden Luft. Wohl kann die Hygroskopizität eines Bodens für einen bestimmten Wasserdampfdruck definiert werden, wie es E. MITSCHERLICH wie folgt getan hat: Der Wassergehalt, der im Dampfspannungsgleichgewicht mit einer zu 96 % mit Wasserdampf gesättigten Luft steht und bei 25° C von einem bei 105° C getrockneten Boden aufgenommen wird. Das ist eine konventionelle Größe, die keineswegs dem jeweiligen hygroskopischen Wasser entspricht. Es wird nämlich bisweilen auch das Adsorptionswasser dem hygroskopischen Wasser gleichgesetzt.

Die Adsorptionskräfte, welche die Wassermoleküle an die Bodenteilchen binden, bestehen aus folgenden Einzelkräften: über kurze Entfernungen sind die *London - van der Waals'schen Kräfte* sowie eine Bindung, die der Wasserstoff zwischen dem Sauerstoff der Teilchenoberfläche und Wassermolekülen herstellt, wirksam. Über größere Entfernung von der Teilchenoberfläche bewirkt deren elektrostatisches Feld der Kationen und der Gegenionen die Anziehung der Wasserdipole. Die sorbierten Ionen sind ebenfalls von Wasser umgeben. Die geschilderte Adsorption von Wassermolekülen wird auch *Hydratation* genannt.

(b) Osmotisches Wasser

Das osmotische Wasser ist ein Anteil des Adsorptionswassers, das der Doppelschicht der Kolloide durch Diffusion zugeführt wird. Diese Zuführung von zusätzlichen Wassermolekülen in die Doppelschicht wird durch das osmotische Druckgefälle verursacht, das zwischen der dünneren Bodenlösung und der konzentrierteren Doppelschicht besteht. Da das osmotische Wasser nicht trennbar ist von dem übrigen Adsorptionswasser, wird es vielfach in das Adsorptionswasser einbezogen.

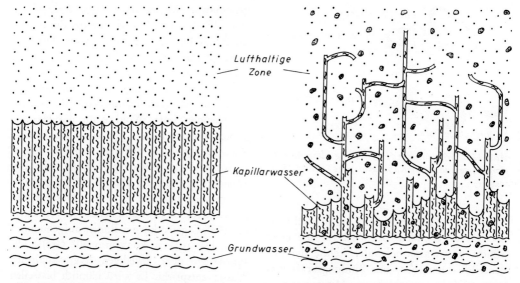

Abb. 122. Schematische Darstellung des dem Grundwasser aufsitzenden Kapillarwassers. Im linken Bild: Boden mit gleich großen (theoretisch) Poren; im rechten Bild: Boden mit verschieden großen (normal) Poren.

(c) Kapillarwasser

Als Kapillarwasser oder Porensaugwasser bezeichnet man das durch Menisken im Boden gehaltene Wasser (Abb. 121). Die Bezeichnung Kapillarwasser ist von der Tatsache abgeleitet, daß das Kapillarwasser des Bodens sich verhält wie in einer Kapillare mit kreisförmigem Querschnitt. Die Meniskenbildung beginnt an den Berührungsstellen der Bodenteilchen, wo sich die Schicht des Adhäsionswassers verdickt. Früher, teils auch heute noch, nannte man die vergrößerte Wasseranlagerung in den Porenwinkeln *Porenwinkelwasser*. Die Menisken werden von zwei Kräften gebildet, nämlich von den Adhäsionskräften zwischen Teilchenoberfläche und Wassermolekülen und von den Kohäsionskräften zwischen den Wassermolekülen. Der größte Teil des Bodenwassers wird sowohl von Adsorptions- als auch von Kapillarkräften gehalten; die Übergänge dieser Kräfte sind fließend. Je feiner die Poren sind, um so stärker wirken die Kapillarkräfte, d. h. um so fester wird das Wasser gebunden. In Poren $< 0,2\ \mu m$ ist es nicht mehr pflanzenaufnehmbar. Mit der Abnahme der Porendurchmesser muß steigende Energie aufgewandt werden, um das Wasser freizumachen. Mit Zunahme der Hohlraumdurchmesser wird die Wasserbindung geringer, und damit werden die Beweglichkeit des Wassers und seine Verfügbarkeit für die Pflanzen größer.

(d) Stehendes Kapillarwasser

Unter stehendem oder aufsitzendem Kapillarwasser versteht man das von der Grundwasseroberfläche durch Adhäsions- und Kapillarkräfte aufsteigende Wasser (Abb. 122). Wie beim kapillaren Haftwasser bilden sich auch hierbei Menisken unter dem Zwange, die Oberfläche des Wassers gegen Luft zu verkleinern, eine Erscheinung, die als Kapillarkondensation bezeichnet wird. Sie ist am stärksten in kleinen Poren, da diese gegenüber ihrem Volumen eine relativ große Oberfläche besitzen. Der Aufstieg des Wassers über der Grundwasseroberfläche wird Kapillarität oder Porensaugwirkung genannt; die größte Steighöhe bezeichnet man als *Kapillaritätswert* oder Porensaugwert. Der Bodenbereich, in dem das Grundwasser kapillar aufsteigt, bildet den *Kapillarraum*, wofür auch die Bezeichnungen Kapillarsaum, Saugraum und

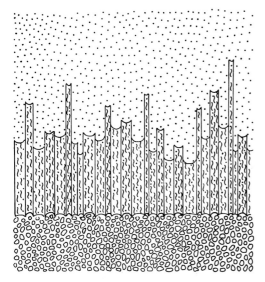

Abb. 123. *Schematische Darstellung des hängenden Kapillarwassers in einer feinkörnigen Textur, die über einer gröberen Textur liegt. An der Grenze dieser Texturen bilden sich tragende Menisken.*

Saugsaum gebraucht werden. Der Kapillarraum wird unterteilt in einen geschlossenen und einen offenen. Im *geschlossenen Kapillarraum* sind alle Poren mit Wasser gefüllt; er wird nach oben begrenzt durch den größten Porendurchmesser. Dagegen sind im *offenen Kapillarraum* nur die kleineren Poren mit Wasser gefüllt, während die größeren Luft führen. Im offenen Kapillarraum geben größere Poren Wasser an kleinere Poren ab, da letztere eine stärkere Saugkraft entwickeln. In den Wasser und Luft führenden offenen Kapillarraum dringen die Pflanzenwurzeln ein, dagegen normalerweise nicht in den geschlossenen mit Ausnahme von Wasserpflanzen mit einem besonderen System der Sauerstoffaufnahme.

Eine weitere Art von Kapillarwasser bildet sich an der Grenze zwischen feinkörnigem und grobkörnigem Substrat, d. h. im unteren Bereich des feinkörnigen, das gröber gekörntes überlagert (Abb. 123). An der unteren Grenze des Feinkörnigen bilden sich tragende Menisken, die in Abhängigkeit von der Porenweite eine bestimmte Menge an Kapillarwasser tragen, welches *hängendes Kapillarwasser* genannt wird. Wird die Last dieses Wasserkissens zu groß, so werden die Menisken gleichsam durchgedrückt und die die Tragfähigkeit übersteigende Wassermenge wird in das gröbere Substrat abgegeben, in welchem es schnell versickert. Für die Wasserhaltung geringmächtiger, feinkörniger Bodenarten über gröberen ist das hängende Kapillarwasser günstig. Hängendes Kapillarwasser bildet sich auch im unteren Teil der Lysimeterfüllung; es stört hier den freien Austritt des Sickerwassers in die Auffangwanne, wodurch die Genauigkeit der Lysimetermessung beeinträchtigt wird.

(e) Grundwasser

Wird das Sickerwasser auf einer undurchlässigen oder schwer durchlässigen Schicht des Untergrundes (tiefer als 1,5 m unter Flur) gestaut, so füllt dieses Wasser alle Hohlräume des Bodens aus; es ist das *Grundwasser*, das in den Hohlräumen des Bodens oder Gesteins frei beweglich ist und nur hydrostatischem Druck unterliegt (Abb. 120). Die nach unten das Grundwasser begrenzende Schicht ist die *Grundwassersohle*, die das Grundwasser beherbergende Schicht der *Grundwasserleiter*, die den Grundwasserleiter überdeckende und schützende Schicht die *Grundwasserdeckschicht*. Durch eine Grundwasserdeckschicht (gleichfalls Grundwassersohle) kann ein Grundwasserleiter auch unterhalb der Erdoberfläche als *Grundwasserstockwerk* abgegrenzt werden; es können mehrere Grundwasserstockwerke übereinander liegen, die jeweils durch eine Grundwasserdeckschicht (gleichfalls Grundwassersohle) getrennt werden. Wird das Grundwasser an der *seitlichen* Bewegung durch eine dichtere Schicht gehindert, so entsteht durch einen solchen *Grundwasserstauer* gestautes, meist sauerstoffärmeres Grundwasser.

Grundwasseroberfläche und Grundwasserspiegel sind nicht identisch. Die *Grundwasseroberfläche* ist die obere Begrenzungsfläche des Grundwassers. Der *Grundwasserspiegel* wird definiert als die Wasseroberfläche, die sich in einem Brunnen oder Grundwasserbeobachtungsrohr einstellt; es ist die phreatische Ober-

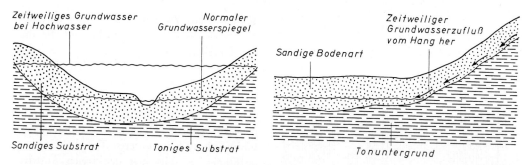

Abb. 124. Schematische Darstellung des zeitweiligen Grundwassers. Linkes Bild veranschaulicht zeitweiliges Grundwasser am Rande größerer Täler bei Hochwasser. Rechtes Bild veranschaulicht zeitweiliges Grundwasser bei seitwärts vom Hang her in eine sandige Textur (mit Tonuntergrund) zuströmendem Grundwasser.

fläche. Befindet sich das Grundwasser im hydraulischen Gleichgewicht, so stimmen Grundwasseroberfläche und Grundwasserspiegel überein. Steht aber das Grundwasser z. B. unter einer tonigen Schicht als *artesisches* Wasser gespannt, so daß es in einem Beobachtungsrohr höher steigt als die begrenzende Tonschichtfläche, so liegt der Grundwasserspiegel höher als die Grundwasseroberfläche. Bei starker Wasserzufuhr von oben kann vorübergehend die Grundwasseroberfläche höher als der Grundwasserspiegel liegen. Die Grundwasseroberfläche ist im Boden im allgemeinen nicht feststellbar, da über ihr noch der Kapillarraum liegt, der in seinem geschlossenen Anteil in der Raumeinheit soviel Wasser enthält wie der Grundwasserleiter. Oft hat die Grundwasseroberfläche Gefälle, das meistens abgeschwächt mit der Bodenoberfläche konform geht. Die Bewegung des Grundwassers wird bestimmt durch den Neigungsgrad der Grundwassersohle. Wo Grundwasserleiter und Grundwassersohle die Oberfläche schneiden, tritt das Grundwasser als Quelle aus (örtliche Quelle oder Quellhorizont).

Das oberflächennahe Grundwasser unterliegt einem *Jahresgang*, d. h. im Winter und Frühjahr steht es hoch, wogegen es im Sommer und Herbst je nach Niederschlag, Verdunstung, Abfluß, spannungsfreiem Porenraum und seitlicher, unterirdischer Ergänzung abfällt. Diese durch Hoch- und Tiefstand bestimmte Schwankungsamplitude des Grundwasserspiegels ist sehr wichtig für die Pflanzen. Fällt das Grundwasser im Sommer zu tief ab, so verlieren die Pflanzen in der Zeit höchsten Wasserverbrauches die Verbindung mit dem Wasserreservoir. Steigt es im Winter zu hoch, so schädigt es die perennierenden Pflanzen (Grünland).

Zweckmäßig unterscheidet man vom ständigen Grundwasser ein zeitweiliges Grundwasser, wofür die Abbildung 124 zwei Beispiele gibt. Es kann z. B. auftreten am Rande größerer Täler, wo bei Hochwasser das Grundwasser vorübergehend aufsteigt (Abb. 124). Ferner kann es in einem Tal mit grobkörnigem Boden und Tonuntergrund auftreten, wenn nur zeitweise vom Hang her unterirdisches Wasser in den grobporigen Boden zuströmt (Abb. 124). Im Sommer unterbleibt der Wasserzufluß, und der Boden trocknet bis zum Tonuntergrund aus.

(f) Stauwasser

Als *Stauwasser* bezeichnet man das oberflächennah gestaute, alle Poren ausfüllende, frei bewegliche, nur hydrostatischem Druck unterliegende Wasser im Boden. Die Versickerung wird verhindert durch eine dichte oder schwer durchlässige Schicht, die Stauwassersohle (früher Staukörper genannt), deren Oberfläche nicht tiefer als 1,5 m unter Flur ansteht. Vorwiegend bildet sich das Stauwasser in Böden mit hohem Anteil an spannungsfreiem Porenvolumen, z. B. in sandigen Böden mit einer relativ oberflächennahen Stauwassersohle. Der wasseraufnehmende,

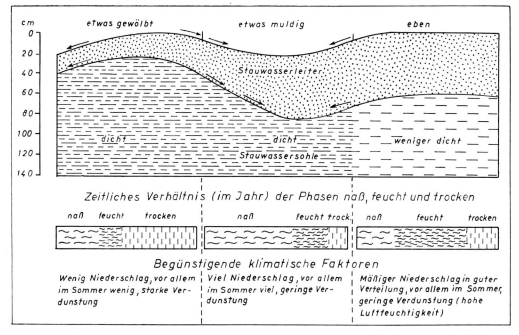

Abb. 125. Schematische Darstellung der Boden- und Klimabedingungen, welche die Dauer der Trocken-, Naß- und Feuchtphase der staunassen Böden bestimmen.

obere Bodenbereich wird *Stauwasserleiter* (früher Stauzone) genannt. Das Stauwasser entstammt dem lokalen Niederschlag und verschwindet meistens im Sommer durch Verdunstung, so daß dann Luft in den Boden eindringen und eine Oxidationsphase bewirken kann. Dieses nur zeitweilige Auftreten des Stauwassers und in Verbindung damit die Trockenphase war Anlaß, in der Bodenkunde das Stauwasser als Sonderform des Bodenwassers zu betrachten. Hydrostatisch unterscheidet es sich vom Grundwasser nicht; deshalb wird in der Hydrologie dieser Unterschied nicht gemacht.

Bindige, feinkörnige und feinporige Böden mit wenig spannungsfreiem Porenvolumen sind *im ganzen* wenig durchlässig. In ihnen ist die Versickerung im ganzen Bodenkörper stark gehemmt, freies Stauwasser tritt also nicht oder nur wenig auf. Man neigt heute dazu, diese Bodenvernässung besonders zu kennzeichnen, weil sich diese hydrostatisch und bei der Dränung anders verhält als das Stauwasser. Es wurde dafür von W. MÜLLER und G. ROESCHMANN die Bezeichnung *Haftnässe* vorgeschlagen.

Neben den Böden mit diesen Extremen der Porengrößen überwiegen die Böden, in denen vorübergehend im spannungsfreien Porenraum frei bewegliches Stauwasser auftritt, daneben aber auch relativ viel unbewegliches Wasser. Im Zuge der Austrocknung nimmt das Stauwasser ab, indessen der Boden durch unbewegliches Wasser noch mehr oder weniger lange naß oder feucht bleibt. Dieser Wasserzustand des Bodens wird seit langem mit dem Begriff *Staunässe* gekennzeichnet. Ökologisch ist sehr wichtig, welche Dauer der nasse, feuchte und trockene Zustand der Staunässeböden hat. Die Dauer dieser Phasen wird bestimmt durch folgende Fakten: 1. Tiefe der Stauwassersohle, 2. Grad der Durchlässigkeit der Stauwassersohle (bzw. ganz dicht), 3. Gestaltung der Oberfläche des Bodens und der Stauwassersohle, 4. Menge und Verteilung der Niederschläge, 5. Grad der Luftfeuchtigkeit. Um dieses anschaulich zu machen, ist die Abbildung 125 beigegeben, auf der drei Beispiele der Bodenvernässung nebeneinander gezeichnet sind. Es ist schematisch dargestellt, wie sich die zeitlichen Anteile der Phasen naß,

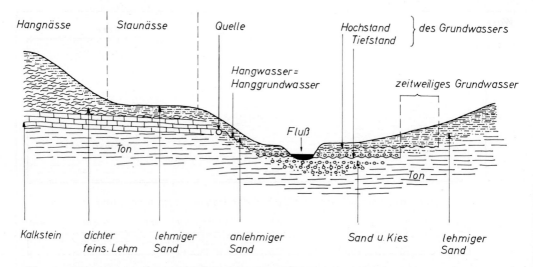

Abb. 126. Das Auftreten der verschiedenen Wasserarten des Bodens in Abhängigkeit von Oberflächengestalt, Gestein und Bodentextur. Die Zusammenhänge zwischen Oberflächengestalt sowie Gestein und Textur einerseits und dem Auftreten der verschiedenen Wasserarten des Bodens andererseits sind auf Abbildung 126 anschaulich gemacht.

feucht und trocken je nach Klimabedingungen verschieben. Im linken Beispiel der Abbildung 125 ist die Trockenphase lang, Naß- und Feuchtphase sind kurz, weil die Stauwassersohle hoch ansteht, der wasseraufnahmefähige Raum geringmächtig ist, der Niederschlag infolge der Oberflächenwölbung zum Teil abfließt und infolgedessen der Boden zwar kurze Zeit sehr naß ist, aber anschließend schnell austrocknet. Das mittlere Beispiel der Abbildung 125 zeigt eine muldige Situation, bei der die Naßphase weit überwiegt, weil ein seitlicher Wasserzuzug erfolgt. Schließlich überwiegt im rechten Beispiel der Abbildung 125 die Feuchtphase, weil die Stauwassersohle relativ tief liegt, nicht ganz dicht ist und an der Wasserbevorratung teilnimmt. Zudem ist der Stauwasserleiter ziemlich mächtig und nimmt damit relativ viel Wasser auf, das aus dem tieferen Bereich des Stauwasserleiters nur langsam verdunstet. Auf der Abbildung 125 ist überdies angegeben, welche klimatischen Einflüsse die Dauer der Trocken-, Naß- und Feuchtphase begünstigen.

Die Abb. 126 soll zusammenfassend schematisch das Auftreten der verschiedenen Wasserarten in Abhängigkeit von Geländegestalt und Textur veranschaulichen.

(g) Wasserdampf

Die Bodenluft enthält einen hohen Anteil an dampfförmigem Wasser; sie ist im humiden Klima nahezu mit Wasserdampf gesättigt. Von diesem Wasserdampf wird mehr oder weniger kondensiert. Der Wasserdampf ist in Abhängigkeit vom Temperaturgradienten im Boden relativ leicht beweglich (siehe Wasserbewegung im Boden).

b. WASSERBINDUNG UND WASSERKAPAZITÄT

Das nicht der Schwerkraft folgende Wasser im Boden wird mit einer mehr oder weniger großen *Wasserspannung* festgehalten. Diese Saugspannung wird ausgeübt von der Oberfläche der Bodenteilchen. Es sind die Kräfte, die das Adsorptions- und Kapillarwasser im Boden binden. Die Bindungskräfte nehmen mit Annäherung an die Teilchenoberfläche zu, d. h. die Wasserspannung ist bei geringem Wassergehalt hoch und bei hohem Wassergehalt niedrig. Für das frei versickernde Wasser ist die Wasserspannung 0, während ein absolut trockener Boden Wasser mit einer Saugspannung von etwa 10 000 bar anzieht.

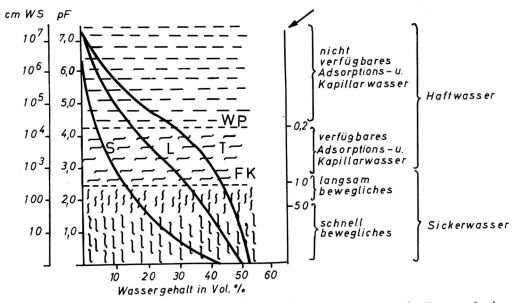

Abb. 127. *Der Wassergehalt (Vol.-%) in Abhängigkeit von der Wasserspannung in den Texturen Sand, Lehm und Ton (pF-Kurven). Ferner sind dargestellt die Beziehungen zwischen Wasserspannung und dem Porendurchmesser (in µm) sowie den Wasserarten des Bodens. WP = Welkepunkt (bei pF 4,2); FK = Feldkapazität (bei pF 1,8—2,5).*

1. pF-Wert

Die Wasserspannung wird gemessen in cm Wassersäule (cm WS) oder bar (früher at). Wegen des großen Saugspannungsbereiches kennzeichnet man der Einfachheit wegen die Wasserspannung durch den *pF-Wert*, der den dekadischen Logarithmus der cm WS darstellt (pF = log cm WS). Es entsprechen 1000 WS = 10^3 cm WS = pF 3 = 1 bar. Dementsprechend ist pF 1 = 10 cm WS, pF 2 = 100 cm WS, pF 3 = 1000 cm WS, pF 4 = 10 000 cm WS usw. Der Begriff pF-Wert wurde 1937 von Schoffield vorgeschlagen und ist hergeleitet: p von Potential, F von freier Energie des Wassers.

Die Wasserspannung im Boden liegt zwischen 0 und 10 000 000 cm WS oder pF — ∞ und 7. Legt man einen bestimmten Druck an eine Bodenprobe an, so gibt diese nur das Wasser ab, das mit einem geringeren als dem angelegten Saugdruck gebunden wird. Mit steigenden Drucken kann man mehr und mehr Wasser dem Boden entnehmen. Da die Wasserspannung abhängig ist von der Oberflächenaktivität und der Porengröße des Bodens, steigt mit abnehmender Korngröße die Wasserspannung bei gleichem Wassergehalt. Abbildung 127 zeigt, daß z. B. ein Sandboden bei pF 3 einen Wassergehalt von etwa 8 Vol.-% besitzt, dagegen ein Tonboden bei gleicher Wasserspannung einen solchen von etwa 40 Vol.-%. Demgemäß kann ein Tonboden noch einen erheblichen Wassergehalt beim Verwelken der Pflanzen aufweisen.

Bei einiger Übung ist es möglich, den pF-Wert nach dem Feuchte- und Härtezustand sowie nach der Farbe des Bodens abzuschätzen, wozu die Tabelle 47 eine Anleitung darstellt.

2. Feldkapazität

Die Feldkapazität (FK) oder Feldwasserkapazität wird definiert als die Wassermenge (Gew.-% oder Vol.-%), die ein natürlich gelagerter Boden mit freiem Wasserabzug

Tab. 47: Schätzung der aktuellen Wasserspannung im Gelände (nach MÜLLER, BENECKE *u.* RENGER *1970)*

Bodenmerkmale		Beurteilung der aktuellen Wasserspannung (Feuchtezustand)	pF-Bereich
Zustand bindiger Proben (Tongehalt > 17 Gew.-%)	Zustand nicht bindiger Proben (Tongehalt < 17 Gew.-%)		
fest, hart (spröde), relativ helle Bodenfarbe	helle Bodenfarbe, u. U. staubig	trocken	> 4,0
steif, Bodenfarbe durch Wasserzugabe kaum verändert	Bodenfarbe durch Wasserzugabe kaum verändert	schwach feucht (frisch)	< 4,0 — 3,0
plastisch	Finger werden etwas feucht, kein Wasseraustritt aus den Poren	feucht	< 3,0 — 2,2
weich	Finger werden deutlich feucht, bei Beklopfen der Probe wahrnehmbarer Wasseraustritt	sehr feucht	< 2,2 — 1,4
breiig (z. B. im geschlossenen Kapillarraum)	durch Klopfen am Bohrgerät deutlicher Wasseraustritt, die Probe zerfließt (geschlossener Kapillarraum)	naß	< 1,4

zwei Tage nach längerer Regenperiode oder nach ausreichender Beregnung gegen die Schwerkraft speichern kann (Abb. 127). Diesem Wassergehalt entspricht ein pF zwischen 1,8 und 2,5. Oft ist die Feldkapazität im Frühjahr vorhanden, wenn das Schmelzwasser versickert und die Verdunstung von Boden und Pflanzen noch gering ist.

Die Feldkapazität ist von folgenden Faktoren abhängig: 1. Sie steigt mit abnehmender Körnung, denn je feiner die Körnung, desto größer ist die adsorbierende Oberfläche für Wasser. 2. Sie steigt mit dem Anteil an feinen Poren, die Kapillarwasser speichern. 3. Zunehmender Gehalt an organischer Substanz vermehrt das Haftwasser. 4. Stark wasserbindende Kolloide erhöhen das adsorbierte Wasser, vor allem sind das adsorptionskräftige Humuskolloide und aufweitbare Tonminerale. 5. Das adsorbierte Wasser wird vermehrt durch die Kationen in folgender Reihe Ca < Mg < K < Na. 6. Je mächtiger das Bodenprofil, desto mehr Wasser ist bei der Feldkapazität vorhanden. 7. Schließlich ist die Feldkapazität noch abhängig von der Tiefe des Grundwassers, d. h. ob der Boden kapillaren Anschluß an das Grundwasser hat oder nicht. Dies ist auch am pF-Wert kenntlich. Während dieser bei grundwasserfernen Böden bei 2,2 — 2,5 liegt, fällt er auf etwa 1,8, wenn das Grundwasser 60 cm unter Flur steht.

Die Feldkapazität kann im Freiland experimentell annähernd bestimmt werden. Dazu wird eine ausreichend große Bodenfläche mit einem Erdwall umgeben und dann so lange mit Wasser beschickt, bis der Boden bis in hinreichende Tiefe mit Wasser gesättigt ist. Dann wird die Untersuchungsfläche mit einer Folie abgedeckt, um die Verdunstung weitgehend zu unterbinden. Nach 2 bis 3 Tagen wird der Wassergehalt von Proben aus verschiedener Tiefe gravimetrisch bestimmt. Wenn bei wiederholter Wasserbestimmung etwa gleiche Werte festgestellt werden, ist die Feldkapazität erreicht.

Im Labor läßt sich die Feldkapazität an Bodenproben annähernd ermitteln, indem der Wassergehalt je nach Gegebenheiten bei pF 1,8, 2,0, 2,2 oder 2,5 festgestellt wird.

3. Maximale Wasserkapazität

Der Begriff maximale Wasserkapazität bezieht sich auf die maximale Wassersättigung von Bodenproben natürlicher oder gestörter Lagerung unter definierten Bedingungen. Sie wird im Labor bestimmt, indem ein mit Bo-

Tab. 48: Verfügbares Wasser im Wurzelraum einiger Böden (nach D. Schroeder *1983)*

Boden	Mittlerer Wassergehalt bei		Mittlerer verfügbarer Wassergehalt bei	Tiefe des Wurzelraumes	Mittlere Nutzwasserkapazität im Wurzelraum
	FK Vol.-%	WP Vol.-%	FK Vol.-%	dm	mm
Braunerde (sandig)	10	3	7	10	70
Tschernosem (schluffig)	30	10	20	15	300
Parabraunerde (lehmig)	35	15	20	7,5	150
Pelosol (tonig)	45	30	15	5	75

Umrechnung: 1 Vol.-% Wasser bei FK = 1 ml/100 ml Boden = 1 mm (l/m²) je dm Wurzelraum.

den gefüllter Zylinder bestimmten Inhaltes in ein Wasserbad gestellt wird, wobei das Wasser etwas unterhalb der Zylinderoberkante stehen soll. Der Boden kann sich unter dieser Bedingung kapillar mit Wasser sättigen. Dann wird die Probe in ein Abtropfgefäß gestellt, das mit feinkörnigem, nassem Sand gefüllt ist. Nach zwei Stunden Abtropfzeit wird die Probe gewogen und anschließend bei 105° C getrocknet und wieder gewogen. Aus der Gewichtsdifferenz ergibt sich die maximale Wasserkapazität, die etwa 30 % größer als die Feldkapazität ist.

Der Begriff »*volle Wassersättigung*« deckt sich nicht mit dem der *maximalen Wasserkapazität*. Unter voller Wassersättigung ist die Wassermenge zu verstehen, die ein Boden oder eine Bodenprobe maximal aufzunehmen vermag, indem *alle* Poren mit Wasser gefüllt sind.

4. Bodenwasser und Pflanze

Die Wurzeln der Pflanzen des humiden Klimas entwickeln im Durchschnitt eine maximale Saugspannung von 16 bar = pF 4,2 (Abb. 127). Einige Pflanzen bleiben unter diesem Wert, einige übersteigen ihn. Pflanzen des ariden Klimas und Salzpflanzen übertreffen ihn wesentlich. Ferner vermögen die Pflanzen, denen im Jugendstadium wenig Wasser zur Verfügung stand, eine höhere Saugspannung zu entfalten, als die gleichen Pflanzen dies können, wenn sie sich im Wasserüberfluß entwickelten.

Dem Wasseraneignungsvermögen entsprechend werden die Pflanzen nur das Wasser aufnehmen können, das mit einer geringeren Saugspannung als pF 4,2 gebunden ist. Dieser Wasseranteil wird als *pflanzenverfügbares Wasser* bezeichnet und in Gew.-%, Vol.-% oder mm ausgedrückt. Dieser Wasseranteil steigt mit abnehmender Korngröße und zunehmendem Gehalt an organischer Substanz, d. h. er ist bei Ton- und Moorböden hoch und bei Sandböden gering.

Zieht man das nicht pflanzenverfügbare Wasser vom Wassergehalt bei Feldkapazität ab, so erhält man die *nutzbare Feldkapazität*, oder einfach nutzbare Wasserkapazität genannt. Die nutzbare Feldkapazität für den Wurzelraum wird *pflanzenverfügbare Wasserkapazität, nutzbare Regenkapazität* oder einfach Regenkapazität genannt. Sie wird stark mitbestimmt durch die Durchwurzelbarkeit des Bodens, d. h. mechanische Wurzelwiderstände des Bodens schränken die pflanzenverfügbare Wasserkapazität ein. Das pflanzenverfügbare Wasser des gesamten Wurzelraumes wird auch *Nutzwasserkapazität des Wurzelraumes* genannt. Die Tabelle 48 gibt einige Vergleichswerte für die Beziehung Boden — Wasser — Pflanze (nach D. Schroeder 1983).

Tab. 49: *Klassifizierung der Feldkapazität (FK bei pF 1,8 und 2,5) und der nutzbaren Feldkapazität (nFK) bei pF 1,8–4,2 und 2,5–4,2 für eine Profiltiefe von 10 dm (nach* MÜLLER, BENECKE *und* RENGER *zusammengestellt, 1970)*

Beurteilung (Abstufung) der FK und der nutzbaren FK (nFK)	Tongehalt in Gew.-%	Wassergehalt des ungestörten Bodens in 0—10 dm unter Flur in l/m³ bzw. mm			
		Feldkapazität (FK)		nutzbare Feldkapazität (nFK)	
		pF 1,8*	pF 2,5*	pF 1,8-4,2*	pF 2,5-4,2*
sehr gering	< 5 %	< 130	< 120	< 60	< 50
gering	5—12	130—260	120—240	60—120	50—100
mittel	12—25	260—390	240—360	120—180	100—150
hoch	25—45	390—520	360—480	180—240	150—200
sehr hoch	> 45	> 520	> 480	> 240	> 200

* pF 1,8 bei Böden mit hohem Grundwasser oder Stauwasser
* pF 2,5 bei Böden mit tiefem Grundwasser

Eine Klassifizierung der Feldkapazität und der nutzbaren Feldkapazität in Abhängigkeit von dem Tongehalt des Bodens gibt die Tabelle 49. Ferner vermittelt die Tabelle 50 eine übersichtsmäßige Vorstellung von der Abhängigkeit der nutzbaren Feldkapazität von Bodentyp und Bodenart.

Der Anteil des Bodenwassers, der mit höherer Saugspannung vom Boden gebunden wird als die Pflanzen entfalten können, wird als *Welkefeuchte*, totes Wasser oder Totwasser bezeichnet. Enthält der Boden nur noch diesen Wasseranteil, so welken die Pflanzen; darum gilt dieser Wasserzustand des Bodens als *Welkepunkt* (WP) (Abb. 127).

Der permanente Welkepunkt (PWP) kennzeichnet das irreversible Welken der Pflanzen (Dauerwelke oder Welketod), das im allgemeinen bei einem Wassergehalt pF 4,2 eintritt. Experimentell wird der permanente Welkepunkt mit Sonnenblumen, die drei Blattpaare entwickelt haben, ermittelt, indem

Tab. 50: *Klassifizierung der nutzbaren Feldkapazität (nFK) wichtiger Böden (nach* MÜLLER, BENECKE *und* RENGER *zusammengestellt, 1970)*

Bodentypen mit Bodenarten	Abstufung der nutzbaren FK	Wassergehalt in 0—10 dm u. Flur in l/m³ bzw. mm bei pF 2,5—4,2
Podsol aus Flugsand	sehr gering	< 50
Pseudogley, Gley und Knick-Brackmarsch mit toniger Bodenart, Podsol aus Geschiebesand	gering	50—100
Parabraunerde aus Geschiebelehm, Pseudogley aus Löß, Brackmarsch und typische Flußmarsch mit toniger Bodenart	mittel	100—150
Parabraunerde aus Löß, Auengley, Brauner Auenboden und typische Seemarsch mit schluffig-toniger bis toniger Bodenart	hoch	150—200
Schwarzerde aus Löß, Hoch- und Niedermoor	sehr hoch	> 200

der Wassergehalt des Bodens festgestellt wird, wenn der Welketod (alle Blätter irreversibel welk) eingetreten ist.

5. Bestimmung der Wasserspannung (pF-Wert) und des Bodenwassergehaltes

(a) Bestimmung der Wasserspannung (pF-Wert)

Für die Bestimmung der Wasserspannung, d. h. des pF-Wertes bei verschiedenem Wassergehalt, oder umgekehrt, des Wassergehaltes bei verschiedener Wasserspannung, werden verschiedene Methoden angewandt. Hierbei werden bestimmte Drucke, die einem bestimmten pF-Wert entsprechen, auf den Boden ausgeübt, wobei der Boden den Wasseranteil abgibt, der mit geringerem als dem angelegten Druck gebunden ist. Damit ist der Boden auf ein bestimmtes pF eingestellt. Messungen mit steigenden Drucken gestatten die Entwicklung der pF-Kurve. Für die Untersuchung im niederen pF-Bereich werden Bodenproben natürlicher Lagerung verwendet. Sie werden vor dem Einbringen in die Apparatur auf maximale Wassersättigung gebracht.

(1) **Messung mit Überdruck**
(nach L. A. RICHARDS)

Die wassergesättigte Bodenprobe oder Bodenproben wird bzw. werden in eine Druckkammer gestellt, deren Boden aus einer luftdurchlässigen keramischen Platte (pF-Werte bis 3) oder aus einer Spezialmembran (pF-Werte bis 4,2) besteht. Durch steigende Drucke (Überdruck) wird die Bodenprobe entwässert. Zwischen den angewandten Druckstufen wird der Wassergehalt der Proben durch Wägen ermittelt und damit der Wasserverlust gegenüber dem Ausgangsgewicht festgestellt. Diese Methode hat den Vorteil, daß soviel Proben gleichzeitig untersucht werden können, wie die Druckkammer aufnehmen kann.

(2) **Messung mit Unterdruck**
(nach SEKERA-FISCHER)

Die wassergesättigte Bodenprobe wird auf eine keramische Platte gestellt, an die ein Unterdruck angelegt wird. Das austretende Wasser läuft in eine Auffang-Bürette. So kann die bei einem bestimmten Druck austretende Wassermenge unmittelbar abgelesen werden. Mit dieser Methode läßt sich jeweils nur eine Probe, und zwar bis pF 3, untersuchen.

(3) **Messung mit Zentrifuge**

Mit einer Zentrifuge hoher Drehzahl läßt sich eine Bodenprobe bis zu einem bestimmten Wassergehalt entwässern.

(4) **Messungen mit Lösungen hoher Dampfspannungen**

Wasserspannungen des Bodens über pF 4,2 werden mit Lösungen bekannter Dampfspannungen (Wasserdampfdruck) eingestellt. Im allgemeinen verwendet man dazu Schwefelsäure verschiedener Dichte (Konzentration) bei 20° C. Eine Schwefelsäure bekannter Dichte erzeugt eine bestimmte Dampfspannung, z. B. entspricht einer Schwefelsäure mit der Dichte 1,050 bei 20° C der pF-Wert von 4,5. Setzt man eine etwas angefeuchtete Bodenprobe in einen Exsikkator (unter Vakuum) über Schwefelsäure z. B. der Dichte 1,050 (bei 20° C), so stellt sich unter diesem Wasserdampfdruck und dem Wassergehalt der Probe ein Gleichgewicht ein, das bei Gewichtskonstanz der Probe erreicht ist und in diesem Falle pF 4,5 entspricht. Mit Schwefelsäure steigender Dichte kann man den Boden bis zu pF 7,0 entwässern, d. h. den Boden auf eine Wasserspannung von pF 7,0 einstellen. Auf diese Weise läßt sich der Wassergehalt einer Bodenprobe bei pF-Werten zwischen 4,2 und 7,0 ermitteln.

(5) **Tensiometer-Methode**

Mit Hilfe von Tensiometern (Spannungsmessern) kann man die Wasserspannung des Bodens *in situ* bis pF 3 messen. Ein Tensiometer besteht aus folgenden Teilen: eine wasser- aber nicht luftdurchlässige Tonzelle, angeschlossen an ein mit entlüftetem Wasser gefülltes, luftdichtes Glasrohr, daran angeschlossen ein Unterdruck-Manometer. Bei trockenem Boden tritt Wasser aus der Tonzelle in den Boden, und umgekehrt tritt Wasser aus feuchtem Boden in die Tonzelle ein. Bei gutem Kontakt zwischen Tonzelle und Boden stellt sich zwischen diesen ein Spannungsgleichgewicht ein, das vom Manometer angezeigt wird.

(b) Bestimmung des Bodenwassergehaltes

Der Wassergehalt des Bodens, auch Bodenfeuchte genannt, wird definiert als das Wasser, das bei der 16stündigen Trocknung einer Bodenprobe bei 105° C entweicht. Tonböden geben zwar noch bei höherer Temperatur Wasser ab, jedoch ist diese Wassermenge ohne praktische Bedeutung.

Der Wassergehalt des Bodens unterliegt im Jahresablauf großen Schwankungen, die bedingt sind durch die Zufuhr und die Entnahme von Wasser. Vom jeweiligen Wassergehalt sind alle bodenphysikalischen Eigenschaften des Bodens abhängig. Die Bestimmung des Wassergehaltes des Bodens ist deshalb neben anderen bodenphysikalischen Messungen in der Regel erforderlich. Da der Wassergehalt des Bodens keine statische Größe ist, sagt eine Messung zu irgendeinem Zeitpunkt wenig aus, vielmehr müssen viele Messungen im Jahresablauf gemacht werden, um eine Jahreskurve der Bodenfeuchte zu erhalten, die natürlich vom jeweiligen Witterungsablauf stark beeinflußt wird. Die wichtigsten Methoden für die Bestimmung der Bodenfeuchte sind folgende.

(1) Gravimetrische oder Trockenschrank-Methode

Der Wassergehalt wird durch 16stündiges Trocknen einer Bodenprobe bei 105° C bestimmt. Der Gewichtsverlust zwischen frischer und getrockneter Probe entspricht dem Wassergehalt. Es können dazu Bodenproben gestörter Lagerung verwendet werden, die man mit dem Bohrer gewinnt oder auch Proben ungestörter Lagerung, die mit einem Stechzylinder entnommen werden. Bei häufiger Probenentnahme an der gleichen Lokalität muß darauf geachtet werden, daß der jeweils neue Entnahmepunkt weit genug vom früheren entfernt ist. Die gravimetrische Methode hat sich zwar sehr bewährt, aber sie ist arbeitsaufwendig.

(2) Neutronensonde-Methode

Diese Methode ist relativ neu und hat beim Vergleich mit der gravimetrischen Methode gute Resultate aufgezeigt, wenn man von Torfen und Salzböden absieht. Das Prinzip dieser Methode beruht auf folgendem Vorgang: Zunächst wird mit einem geeigneten Bohrer ein senkrechtes Loch gebohrt, in das ein Meßrohr eingelassen wird (Abb. 128). In dieses Meßrohr wird die Neutronensonde in die Tiefe eingeführt, in welcher die Wassergehaltsbestimmung vorgenommen werden soll. Die Sonde enthält Radium (oder Americium), das α-Strahlen abgibt. Diese treffen auf das ebenso in der Sonde befindliche Beryllium, wodurch schnelle Neutronen abgelöst werden. Diese in den Boden gestreuten schnellen Neutronen werden in verschiedenem Maße von anderen Atomkernen abgebremst, und zwar von Wasserstoff-Atomen am meisten. Die schnellen Neutronen werden durch diesen Bremsvorgang zu langsamen Neutronen und gleichsam zurückgestreut zum Neutronenzähler der Meßsonde. Je mehr H-Atome (Wasser) im Boden enthalten sind, um so mehr langsame Neutronen erreichen den Neutronenzähler. Über einen Verstärker gelangen die Neutronenstöße zum Impulszähler. Die Zahl der Impulse korreliert mit der Wassermenge im Meßbereich. Vorbedingung für einwandfreie Meßergebnisse ist die Herstellung von geeigneten Eichkurven, die zweckmäßig mit gravimetrischen Messungen erarbeitet werden. Organische Substanz, die viel H-Atome enthält, kann das Meßergebnis fälschen, aber auch Cl-, Fe-, K-, B-Atome u. a. wirken ähnlich wie H-Atome. Wenn diese störenden Einflüsse weitgehend ausgeschlossen sind, werden mit der Neutronensonde gute Ergebnisse erzielt. Wichtig ist bei dieser Methode, daß der Wassergehalt des Bodens unmittelbar im Felde gemessen wird, und zwar schnell und von einem relativ großen Bodenraum.

(3) **Messung der elektrischen Leitfähigkeit**

mit Hilfe von in Gips-Nylon-Blöckchen eingebetteten Elektroden. Die elektrische Leitfähigkeit steht in Abhängigkeit vom Wassergehalt des Bodens. Je höher die Bodenfeuchte, desto mehr Wasser nehmen die Blöckchen auf und erhöhen die elektrische Leitfähigkeit. Da das Bodenwasser nicht rein ist, vielmehr Stoffe verschiedener Art enthält, die auf die Leitfähigkeit Einfluß haben, kann nur ein ungefähres Meßergebnis erwartet werden.

(4) **Messung der Bodenfeuchte über die Wärmeleitfähigkeit**

Wasser leitet die Wärme gut. Je mehr Wasser ein Boden enthält, desto besser wird er Wärme leiten. Diese physikalische Eigenschaft ermöglicht es, von der Wärmeleitfähigkeit des Bodens rückzuschließen auf seinen Wassergehalt. Diese Methode hat den Vorteil, daß die Stoffe im Bodenwasser nicht stören.

(5) **Carbid-Methode**

Carbid erzeugt mit Wasser Acetylengas. Diese chemische Reaktion wird zum Bestimmen der Bodenfeuchte benutzt, indem man Carbid dem feuchten Boden zusetzt. Dazu wird ein Gerät der Firma Riedel-de Haën verwendet, das ein geeichtes Manometer besitzt. Der durch das entwickelte Acetylen erzeugte Gasdruck wird durch das Manometer angezeigt. Der entstehende Druck entspricht der Wassermenge, die mit dem Carbid umgesetzt worden ist.

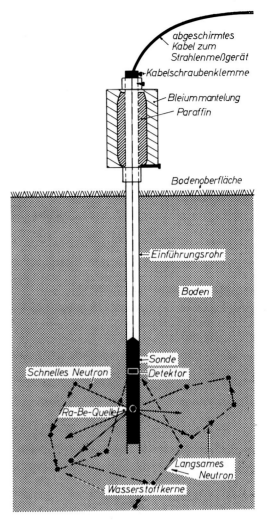

Abb. 128. *Schematische Darstellung (Schnitt) einer Neutronensonde zur Bestimmung des Wassergehaltes des Bodens (Funktion s. Buchtext).*

c. BEWEGUNG DES BODENWASSERS

Das Wasser im Boden kann sich in verschiedener Weise bewegen, als Sickerwasser, Kapillarwasser, Adsorptionswasser und als Wasserdampf. Die Kräfte, welche die Bewegung steuern, sind verschiedener Art.

1. Infiltration und Influktuation

Die Bewegung des Sickerwassers wird Infiltration, die des Sinkwassers Influktuation genannt. Diese Unterscheidung wird nicht immer gemacht, vielmehr oft das der Schwerkraft folgende Bodenwasser insgesamt als Sickerwasser und dessen Bewegung als Infiltration bezeichnet. Unter dem Begriff *Perkolation* versteht man meistens die Versickerung bis zum Grund- oder Stauwasser. Da man bei dem Vorgang der Wasserbewegung von oben her in den Boden im spannungsfreien Hohlraum Infiltration und Influktuation quantitativ nicht trennen kann, wird im folgenden nur von Infiltration gesprochen, womit also beide der Schwerkraft unterliegende Wasserarten gemeint sind.

Die Wassermenge, die in der Zeiteinheit je Flächeneinheit versickert, ist die *Infiltrationsrate*. Die Infiltrationsrate wird bestimmt durch folgende Bodeneigenschaften: Körnung, Gefüge (Porengrößenverteilung), Wassergehalt des Bodens bei Infiltrationsbeginn, Verschlämmungsgrad der Oberfläche, Veränderung der Wasserleitfähigkeit im Zuge der Infiltration.

Wird ein stark ausgetrockneter Boden überflutet oder erhält er in kurzer Zeit eine hohe Niederschlags- oder Bewässerungsmenge, so versickert das Wasser infolge des *Benetzungswiderstandes* der Bodenteilchen in den größeren Hohlräumen schnell. Hat aber das Wasser den Benetzungswiderstand überwunden, so verlangsamt sich die Infiltration. Der Benetzungswiderstand beruht darauf, daß die von den trockenen Bodenteilchen sorbierten Luftmoleküle das Wasser zunächst abstoßen. Da die Bodenteilchen das Wasser stärker als die Luft sorbieren, wird die Luft in relativ kurzer Zeit verdrängt. Danach nimmt die Infiltration einen bestimmten Verlauf in Abhängigkeit von der zugeführten Wassermenge. Erhält der trockene Boden viel Wasser in kurzer Zeit (Überflutung, Berieselung, Starkregen), so bildet sich in den obersten Zentimetern eine wassergesättigte Zone *(Sättigungszone)*. Eine Übergangszone leitet zur *Transportzone* über, in der die Infiltration in schnell dränenden Poren vor sich geht; hier liegt der Wassergehalt über der Feldkapazität. An die Transportzone schließt sich nach unten die *Befeuchtungszone* an, in welcher das Sickerwasser adsorbiert wird und damit in Haftwasser übergeht. Die Befeuchtungszone wird nach unten durch die *Befeuchtungsfront* abgeschlossen. Diese ist selten gleichmäßig ausgebildet, vielmehr rückt sie an den Stellen rascher vor, wo die Infiltration in größeren Poren schneller verläuft. Wenn der trockene Boden von Niederschlägen oder einer Beregnung geringer Dichte befeuchtet wird, so entsteht keine Sättigungszone, auch ist die Übergangszone zur Transportzone nur gering. In der Transportzone sind in jedem Falle nicht alle Poren mit Wasser gefüllt, vielmehr bleibt ein Teil luftführend.

Wird die Infiltration durch einen dichten Horizont bzw. eine dichte Schicht gebremst oder gänzlich unterbunden, so entsteht *Stauwasser*. Die Infiltration kann aber auch an der Grenze zu einer grobporigen Schicht gebremst werden, nämlich durch die Bildung von hängendem Kapillarwasser (s. Arten des Bodenwassers).

2. Kapillarer Aufstieg vom Grundwasser

Als zweite Art der Wasserbewegung im Boden wird der kapillare Aufstieg vom Grundwasser her besprochen, weil dieser gewissermaßen gegenläufig zur Infiltration steht. Über dem Stauwasser erfolgt der gleiche Wasseraufstieg, so daß hier für das Stauwasser dasselbe gilt wie für das Grundwasser. Der Aufstieg des Wassers über dem Grundwasserspiegel gegen die Schwerkraft wird verursacht durch Saugspannungsdifferenzen zwischen dem spannungsfreien Grundwasser und der höheren Saugspannung des darüber liegenden Bodens. Wird durch Verdunstung (direkt und durch die Pflanzen) die Saugspannung erhöht, so wird das Kapillarwasser angezogen, wenn das Grundwasser in entsprechender Tiefe steht. Ferner wird der kapillare Aufstieg erhöht, wenn das Grundwasser steigt. Man erkennt den Aufstieg des Kapillarwassers im Boden am Aufwärtsverlegen der Befeuchtungsfront.

Die Aufstiegshöhe, auch Kapillarhub oder kapillare Steighöhe genannt, ist abhängig von der Körnung und dem Gefüge des Bodens, bei Torfen vom Zersetzungsgrad. Die Geschwindigkeit des Kapillarhubes ist ebenfalls von Körnung und Gefüge abhängig; sie verlangsamt sich mit zunehmender Höhe. Die Bodenzone, in die das Kapillarwasser aufsteigt, ist der Kapillarraum, dessen unterer Teil ganz mit Wasser erfüllt ist (geschlossener Kapillarraum) und dessen oberer Teil nur in den feinen Poren Wasser enthält, die größeren enthalten dagegen Luft (offener Kapillarraum). Der offene Kapillarraum ist durchwurzelt, der geschlossene nicht.

Tab. 51: Kapillarwasser-Aufstieg über dem Grundwasser (geschlossener Kapillarraum) in Abhängigkeit von der Textur

Bodenart (Körnung)	Kapillarraum (cm)
Geröll	1
Kies	5— 10
Sand	10— 20
Lehmiger Sand	40— 50
Sandiger Lehm	50— 60
Schluff	50—100
Lehm	30— 50
Ton	1— 5

Aufstiegshöhe und Wassernachlieferungs-Geschwindigkeit sind wichtige Größen für die Wasserversorgung der Pflanzen. Für die Aufstiegshöhe kann man für die verschiedenen Bodenarten nur ungefähre Mittelwerte angeben, die den Trend der Körnungsabhängigkeit zeigen. Für den *geschlossenen* Kapillarraum können für die wichtigsten Bodenarten die in Tabelle 51 angegebenen Höhen angenommen werden.

Der Aufstieg des Kapillarwassers vom Grundwasser ist nicht allein von der Körnung des Bodens, sondern auch von den Sekundärporen abhängig, besonders betrifft das die bindigeren Böden. In einem Tonboden mit Aggregatgefüge kann infolge größerer Hohlräume der geschlossene Kapillarraum geringmächtig sein, bei günstigem Kohärentgefüge mit nicht zu kleinen Poren kann er aber auch über 200 cm ausmachen. In dichtem Ton findet praktisch kein kapillarer Aufstieg statt. Die Wassernachlieferungs-Geschwindigkeit ist auch abhängig von der Tiefe des Grundwasserspiegels. Bei gleichem Abstand über dem Grundwasserspiegel ist bei tieferem Grundwasserstand die Nachlieferungsrate geringer als bei höherem. H. Hanus hat festgestellt, daß in einem lehmigen Sand 30 cm über einem Grundwasserstand von 110 cm unter Flur rund die Hälfte Wasser nachgeliefert wurde gegenüber einem Grundwasserstand von 60 cm unter Flur. Selbst wenn man unter günstigen Voraussetzungen der Körnung und der Sekundärporen des Bodens einen geschlossenen Kapillarraum von 150 cm annimmt, so wird in dieser Höhe (150 cm) über dem Grundwasser nur wenig Kapillarwasser nachgefördert, das notfalls zur Wasserversorgung der Pflanzen beiträgt. Es ist im Hinblick auf die verschiedene Durchwurzelungstiefe unserer Kulturpflanzen und auf das verschiedenartige Porensystem der Böden nicht möglich, im Einzelfall genau anzugeben, ob und in welchem Maße die Kulturpflanzen aus dem aufsteigenden Kapillarwasser Nutzen schöpfen können. Man kann aber davon ausgehen, daß ein Grundwasser von 2 bis 4 m unter Flur bei ungehindertem Tiefgang der Pflanzenwurzeln noch an der Versorgung der Kulturpflanzen teil hat. Dabei spielt der Wurzeltiefgang der einzelnen Pflanzenarten eine entscheidende Rolle. Ferner ist hierbei der jeweilige Wasserbedarf der Pflanzen von großer Bedeutung. Zur Zeit des Schossens und Ährenschiebens braucht das Getreide viel Wasser, so daß dann u. U. der Nachschub von Kapillarwasser zu langsam vonstatten geht. Wird bei bindigen Böden das Grundwasser aus dem Bereich von 2 bis 4 m unter Flur abgesenkt, so wird unter unseren klimatischen Bedingungen die Wasserversorgung der landwirtschaftlichen Kulturpflanzen benachteiligt. Hingegen wird bei Sandböden schon die Absenkung auf 2 m unter Flur die Wasserversorgung der Pflanzen stark einschrän-

Tab. 52: Kapillarer Aufstieg in Abhängigkeit von der Bodenart bei nicht verdichteten Böden (errechnete Werte aus der Beziehung Wasserdurchlässigkeit/Wasserspannung) (nach Müller, Benecke und Renger, 1970)

Bodenart	Steighöhen (cm) bei Aufstiegsraten von		
	1 mm/Tag	3 mm/Tag	5 mm/Tag
lehmiger Schluff, toniger Schluff	140	80	60
stark lehmiger Schluff, stark toniger Schluff	130	70	50
sandiger Lehm	70	40	30
lehmiger Sand	60	40	30
schluffiger Ton	40	25	20
Sand	25	20	15

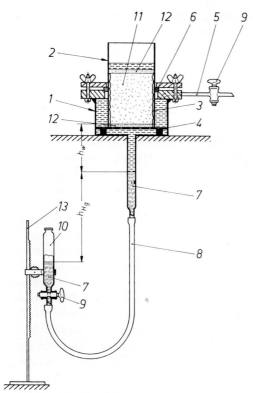

Abb. 129. Schematische Darstellung (Schnitt) eines Gerätes zur Bestimmung der Höhe des geschlossenen Kapillarraumes im Boden (nach H. KUNTZE, DIN 19 683, Teil 10). Es bedeuten: 1 Fest angeordneter Geräteteil zur Aufnahme des Glasrohres, mit Wasser gefüllt. 2 Glasrohr. 3 Paraffin. 4 Siebplatte. 5 Rohr, luftdicht verschließbar. 6 Dichtring. 7 Quecksilbersäule. 8 Verbindungsschlauch. 9 Hahn. 10 Glaszylinder. 11 Bodenprobe. 12 Schutzschicht aus Sand (Korngröße etwa 2 mm). 13 Absenkvorrichtung. h_{Hg} wirksame Höhe der Quecksilbersäule in cm. h_W Höhe der Wassersäule von Quecksilberoberfläche bis Bodenprobenunterfläche in cm.

zug, bei höherem durch Luftmangel. Die Absenkung des Grundwassers schädigt besonders die Ertragsleistung sandiger Böden, weil ihre Wasserbevorratung gering ist, während sich mit zunehmendem Tongehalt eine Grundwasserabsenkung weniger auswirkt. Den Einfluß der Grundwasserabsenkung auf die Ertragsfähigkeit bzw. Ertragssicherheit muß man im Zusammenhang mit den Niederschlägen sehen.

Der geschlossene Kapillarraum ist feststellbar, indem man im Bohrloch den Grundwasserspiegel mißt und daneben im Bohrer die Tiefe des geschlossenen Kapillarraumes. Letzteres geschieht, indem man an den mit Bohrgut gefüllten Bohrer klopft, wodurch Wasser filmartig aus dem Bohrkern heraustritt, soweit alle Poren mit Wasser gefüllt sind; an der Grenze des austretenden Wassers liegt die Oberfläche des geschlossenen Kapillarraumes. Die Mächtigkeit des geschlossenen Kapillarraumes ergibt sich aus: Grundwasserspiegel — Flurabstand zur Kapillarraumoberfläche. Beim typischen Gley gibt die Oberfläche des G_r-Horizontes in etwa den mittleren Grundwasserspiegel an und der G_o-Horizont den Bereich des aufsteigenden Kapillarwassers, allerdings ist die Grenze zwischen geschlossenem und offenem Kapillarraum nicht sichtbar. Dieser Rückschluß gilt natürlich nur dann, wenn Grundwasserstand und Profilgestaltung in genetischem Einklang stehen, d. h. der Grundwasserstand darf nicht verändert sein. Bei höherem Grundwasserstand läßt sich die Oberfläche des geschlossenen Kapillarraumes auch an dem Wurzeltiefgang der Kulturpflanzen ablesen, denn die Wurzeln meiden diese Wasserzone.

Der Kapillarraum ist bei Anstieg des Grundwassers geringmächtiger (aktive Kapillarität) als bei Absenkung (im Fallen) des Grundwassers (passive Kapillarität), und zwar macht die aktive Kapillarität 20 — 50 % der passiven aus. Bei gleichmäßigem Porensystem ist der Unterschied geringer. Der Unterschied zwischen der aktiven und passiven Kapillarität beruht auf der kapillaren Hysterese.

Die kapillare Steighöhe über dem Grundwasser ist rechnerisch wegen des von Boden zu Boden ungleichen Porensystems nicht sicher

ken. Eine Vorstellung über die ungefähre Menge an aufsteigendem Kapillarwasser in Abhängigkeit von Bodenart und Steighöhe gibt die Tabelle 52.

Bei der Bodenschätzung wird für Ackerland die günstigste Grundwassertiefe (in der Vegetationszeit) für Sand bei etwa 80 cm, für lehmigen Sand bei 100 cm, für sandigen Lehm bei 150 cm und für tonigen Lehm bei 200 cm angenommen. Sowohl ein tieferer als auch ein höherer Grundwasserstand mindert die Ertragsfähigkeit des Ackerlandes, und zwar bei tieferem bedingt durch Wasserent-

zu ermitteln. Besser ist es deshalb, diese zu messen. H. KUNTZE hat für die Ermittlung des geschlossenen Kapillarraumes ein geeignetes Gerät entwickelt (Abb. 129, DIN 19 683, Teil 10).

3. Bewegung des Wassers im wasserungesättigten Zustand des Bodens (kapillare Leitfähigkeit)

Die Bewegung des Wassers im wasserungesättigten Zustand des Bodens besagt, daß sich überwiegend kapillares Wasser vom Ort niederer zum Ort höherer Saugspannung bewegt. Neben dem kapillaren Wasser kann sich auch Filmwasser in begrenztem Umfang an dieser Wasserbewegung beteiligen. Es handelt sich insgesamt um die Bewegung von Haftwasser. Diese Art der Wasserbewegung hat noch folgende Bezeichnungen: ungesättigte Wasserbewegung, ungesättigtes Fließen, ungesättigte kapillare Leitfähigkeit, ungesättigte hydraulische Leitfähigkeit, wofür neuerdings das Zeichen k_{fu} gebraucht wird. Früher ist dieses bewegungsfähige Wasser auch als dynamisch verfügbares Wasser bezeichnet worden. Die Ursache für Wasserspannungsunterschiede sind die Wasseraufnahme der Pflanzen und die Verdunstung aus dem Boden. Im Gegensatz zur ungesättigten Wasserbewegung steht die gesättigte Wasserbewegung, die im Grund- und Stauwasserbereich stattfindet. Im letzteren Falle entscheidet die Schwerkraft über die Wasserbewegung.

In den weiteren Poren wird das Wasser am besten geleitet, weil in ihnen eine relativ geringe Wasserspannung herrscht. Sie werden deshalb auch zuerst entleert. Dagegen ist in den kleineren Poren das Wasser mit größerer Saugspannung gehalten; deshalb ist in ihnen die Wasserbewegung langsamer. Daraus ergibt sich allgemein, daß Menge und Geschwindigkeit des kapillar geleiteten Wassers mit steigendem pF geringer werden.

Wie viele Untersuchungen beweisen, ist das Ausmaß der kapillaren Leitfähigkeit stark von der Bodensubstanz und ihrem Porensystem abhängig. Bereits bei einer niedri-

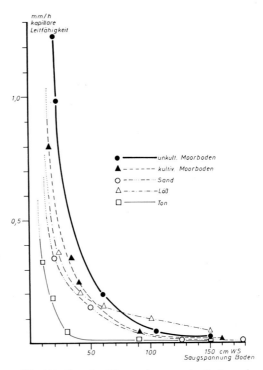

Abb. 130. Von der Wasserspannung des Bodens abhängige ungesättigte hydraulische (kapillare) Leitfähigkeit (mm/h) (nach H. KUNTZE in Anlehnung an SHAW, WILSON und RICHARDS, CHRISTENSEN, 1952).

gen Wasserspannung von 80 — 90 cm WS nimmt das ungesättigte Fließen stark ab. H. KUNTZE hat in Anlehnung an andere Autoren eine anschauliche Darstellung gegeben von: Abhängigkeit der kapillaren Leitfähigkeit von der Wasserspannung für verschiedene Bodensubstrate (Abb. 130). Eine relativ gute kapillare Leitfähigkeit besitzen die Lößböden, was praktisch in trockenen Jahren darin zum Ausdruck kommt, daß gerade diese noch recht gute Erträge bringen. Demgegenüber verliert ein Tonboden bereits bei einer Saugspannung von 50 cm WS seine kapillare Leitfähigkeit fast ganz. Bei den Sandböden geht die kapillare Leitfähigkeit bei etwa 100 cm WS praktisch zu Ende. Während unkultivierte Moore eine relativ gute Leitfähigkeit aufweisen, fällt diese mit Zunahme der Zersetzung und der Lagerungsdichte ab. Insgesamt gesehen, darf man davon ausgehen, daß bei allen Böden die kapillare Leitfähigkeit oberhalb 150 cm WS = pF 2,2 sehr gering ist und die Pflanzen mit diesem ihnen zugeführten Wasser in Zeiten großen Wasserverbrauches nicht auskommen. Deshalb ist es wichtig, daß die Pflanzen durch ständige Ausbreitung ihres Wurzelsystems neue Wasservorräte des Bodens erschließen. Können sie das nicht ausreichend, so treten schon bei pF 3 Welkeerscheinungen auf, die aber nicht zum Welketod führen, wenn eine gebremste Transpiration und ein Nachströmen von etwas Wasser eine Erholung der Pflanzen gestatten. Steigt allerdings der pF-Wert auf 4,2, dann ist die Wasserbindung so stark und die kapillare Leitfähigkeit so gering, daß die Dauerwelke der Pflanzen eintritt.

Bei der obigen Betrachtung der kapillaren Leitfähigkeit wurden homogene Bodensubstrate unterstellt. Durch Wechsel der Körnung im Bodenaufbau wird das ungesättigte Fließen stark beeinträchtigt. Oft ist das der Fall in geschichteten Auenböden, aber auch in Böden, die infolge der Pedogenese eine unterschiedliche Körnung in den einzelnen Horizonten aufweisen. In Schichten bzw. Horizonten mit feinen Poren herrscht gegenüber denen mit gröberen Poren eine höhere Wasserspannung. Dadurch wird Wasser aus den Bereichen niederer in solche höherer Saugspannung geleitet, also in Richtung der feineren Poren.

4. Bewegung des Wassers im wassergesättigten Zustand des Bodens

Die Bewegung des Wassers im wassergesättigten Zustand des Bodens erfolgt, wenn alle Hohlräume des Bodens mit Wasser gefüllt sind. Das Wasser bewegt sich nur in den großen Poren in Richtung seines Gefälles, und zwar in Abhängigkeit vom hydraulischen Gradienten (= Druckhöhe durch Filterlänge). Diese Art der Wasserbewegung wird auch *gesättigte Wasserbewegung* oder *gesättigtes Fließen* genannt. Gleichbedeutend damit sind *Filtergeschwindigkeit, hydraulische Leitfähigkeit, Wasserdurchlässigkeit* und *Permeabilität*.

Die Durchlässigkeit des Bodens für Wasser ist gegeben durch das Porensystem. Sie wird gekennzeichnet durch den *Leitfähigkeitskoeffizienten* k, oder auch *Durchlässigkeitsbeiwert* k_f oder k_{fg} genannt. Der Koeffizient k_f wird definiert als die Geschwindigkeit der Wasserbewegung bei gegebenen hydraulischen Gradienten und ausgedrückt in cm · sec^{-1} oder in cm/Tag. Ist dieser k_f-Wert bekannt, so läßt sich nach dem Filtergesetz von DARCY die Wassermenge bestimmen, die den Boden in der Zeiteinheit je Flächeneinheit durchfließt. Der Durchlässigkeitsbeiwert k_f kennzeichnet den Einfluß der Bodeneigenschaften auf die Wasserdurchlässigkeit, und zwar bestimmt durch Körnung, Porengröße, Porengrößenverteilung, Porenform und Porenkontinuität, also durch das Gesamtgefüge. Aus dieser Abhängigkeit ergibt sich, daß man umgekehrt aus dem k_f-Wert auf das Gesamtgefüge des Bodens rückschließen kann.

Der k_f-Wert ist in der Regel nicht für ein differenziertes Bodenprofil gleich, vielmehr haben die meisten Horizonte ihren spezifischen k_f-Wert. Besonders wichtig ist, wenn die Wasserdurchlässigkeit eines Horizontes gegenüber den anderen wesentlich geringer ist, was in einem niedrigen k_f-Wert zum Ausdruck kommt. Oft liegt der k_f-Wert des Illuvialhorizontes niedriger als der der übrigen Horizonte. Es gibt aber auch Böden, in denen ein höherer Horizont weniger wasserdurchlässig ist als die tieferen, z. B. ist das der Fall im Marschboden mit hoch anstehendem Knick-Horizont. Der k_f-Wert der oberen Bodenhorizonte kann sich verändern,

Tab. 53: Bewertung der Durchlässigkeit der Böden (nach KUNTZE, *1969, sowie* MÜLLER, BENECKE *und* RENGER, *1970)*

Durchlässigkeit	n. KUNTZE cm/Tag	nach MÜLLER, BENECKE u. RENGER cm/Tag	mittl. k_f-Wert in cm/s
sehr gering	< 10	< 6	$< 7 \cdot 10^{-5}$
gering	10— 40	6— 16	$0,7$ bis $2 \cdot 10^{-4}$
mittel	40—120	16— 40	2 bis $5 \cdot 10^{-4}$
hoch	120—250	40—100	5 bis $10 \cdot 10^{-4}$
sehr hoch	> 250	> 100	$> 1 \cdot 10^{-3}$

Tab. 54: Wasserdurchlässigkeit und Durchflußwiderstand wichtiger Böden im wassergesättigten Zustand (MÜLLER, BENECKE *und* RENGER, *1970*)

Böden	Beurteilung von Wasserdurchlässigkeit	Durchflußwiderstand
Pseudogley (tonig) Knick-Brackmarsch, sehr stark zersetztes Hochmoor	sehr gering	sehr hoch
Pseudogley (Löß) Übergangs-Brackmarsch, sehr stark zersetztes Hochmoor, stark zersetztes Niedermoor	gering	hoch
Zersetztes Hochmoor, Parabraunerde (Löß und Geschiebelehm), Podsol (Flugsand und Geschiebelehm), Auengley, Typische Seemarsch	mittel	mittel
Mäßig zersetztes Hochmoor und Niedermoor, Schwarzerde, Gley (sandig), Auenböden, Typische Seemarsch (tonig)	hoch	gering
Schwach zersetztes Hoch- und Niedermoor, Organomarsch	sehr hoch	sehr gering

wenn durch Bearbeitung oder andere gefügebeeinflussende Faktoren das Porenvolumen vergrößert wird, z. B. durch Frost oder biologische Tätigkeit.

Bei der Entscheidung über eine Verbesserung des Bodenwasserhaushaltes spielt der k_f-Wert eine entscheidende Rolle. Ob und in welchem Umfange ein Boden entwässert werden muß, ist aus dem k_f-Wert der einzelnen Bodenhorizonte ersichtlich. Für die Beurteilung der Dränfähigkeit muß man die jeweils vorliegende Durchlässigkeit kennen. H. KUNTZE u. a. (1969/70) geben in Tabelle 53 eine gebräuchliche Abstufung der Durchlässigkeit der Böden und korrelieren diese mit k_f-Werten (cm/Tag bzw. cm/s).

Unter Zugrundelegung der in Tabelle 53 von MÜLLER, BENECKE und RENGER 1970 gegebenen Durchlässigkeitsabstufung sind in der obenstehenden Tabelle 54 die Durchlässigkeit und ergänzend der Durchflußwiderstand von wichtigen Bodentypen und Bodenarten zusammengestellt.

Die meisten dränbedürftigen Böden weisen im oberen Profilbereich eine weit größere Wasserdurchlässigkeit auf als im unteren. Diese Dichteunterschiede entsprechen dem Aufbau des Pseudogleyes. H. ZAKOSEK (1960) hat die Stauwirkung von Pseudogleyen (im Gesamtprofil, festgestellt mit Hilfe großer Stechzylinder) graduiert und auch mit k_f-Werten korreliert (Tab. 55).

Die k_f-Werte der Tabelle 55 besagen, daß tagwasservernäßte Böden (Pseudogleye) keineswegs die gleiche Wasserstauung bzw. k_f-Werte zeigen. Für die Beurteilung der Dränausführung ist die Kenntnis über den Grad der Wasserstauung sehr bedeutsam, und zwar benötigt man sowohl den k_f-Wert des oberen, durchlässigen, als auch den des unteren, weniger durchlässigen bzw. stauenden Profilbereiches. Böden, die im ganzen eine Durchlässigkeit < 10 cm/Tag zeigen, besitzen alle durch die Wasserstauung bedingten Nachteile für Bewirtschaftung und Pflanzenwuchs.

Die Dränung von Böden mit unzulänglicher Durchlässigkeit kann zu einer Gefügeverbesserung führen, wenn die Böden durch die Entwässerung eine nachhaltige Aggregierung erfahren. Tritt diese nicht ein, so ist die Dränung von Böden mit sehr geringer Durchlässigkeit oft ohne durchgreifenden Erfolg. Für die Beregnung ist eine ausreichende Durchlässigkeit ebenso wichtig wie ein genügend großer, wasserspeichernder Porenraum. Deshalb ist auch für die Beurteilung des Beregnungserfolges die Kenntnis des k_f-Wertes wichtig.

Die *Bestimmung des k_f-Wertes* mit hinreichender Genauigkeit macht große Schwie-

Tab. 55: Stauwirkung und k_f-Werte von Pseudogleyen (nach H. ZAKOSEK 1960)

Stauwirkung	Durchlässigkeitsbeiwert k_f
Schwach stauend	$10^{-4} - 10^{-5}$ cm · sec^{-1} = 8,66 — 0,86 cm/d
Mäßig stauend	$10^{-5} - 10^{-6}$ cm · sec^{-1} = 0,86 — 0,086 cm/d
Stark stauend	$< 10^{-6}$ cm · sec^{-1} = $<$ 0,086 cm/d

rigkeit, weil es darum geht, die Durchlässigkeit für den *Gesamtboden* zu ermitteln. Wollte man die Durchlässigkeit des Gesamtbodens hinreichend genau ermitteln, so müßte man in der Lage sein, diese Feststellung für 1 qm Fläche und für die ganze Bodentiefe zu machen, ohne daß dabei das natürliche Bodengefüge gestört würde. Das ist aber praktisch nicht möglich. Wohl läßt sich für Böden mit nur körnungsabhängigen Primärporen *rechnerisch* die Durchlässigkeit einigermaßen genau ermitteln, hingegen ist das nicht möglich für Böden mit vorherrschend vielgestaltigen Sekundärporen. Deshalb hat man andere Wege beschritten. Von den vorliegenden Methoden zur Bestimmung der Wasserdurchlässigkeit des Bodens werden heute hauptsächlich die im folgenden kurz beschriebenen angewendet.

(a) Bestimmung des k_f-Wertes mit Hilfe von Stechzylinder-Proben

Hierzu werden Bodenproben mit Stechzylindern vertikal aus den einzelnen Horizonten des Bodens entnommen, und zwar eine hinreichende Anzahl von Parallelproben (10 bis 15). An diesen Proben wird die Filtergeschwindigkeit bei bekannten hydraulischen Gradienten bestimmt. Man wird dabei feststellen, daß die Fließgeschwindigkeit in

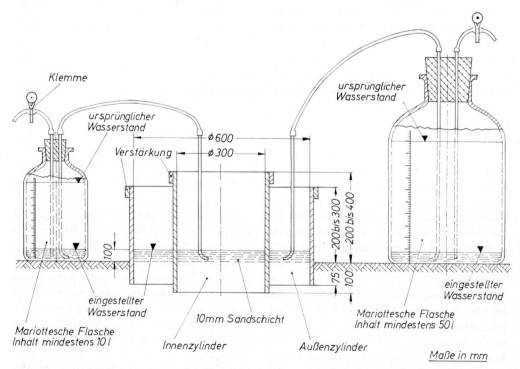

Abb. 131. Schematische Darstellung (Schnitt) des Doppelring-Infiltrometers zur Bestimmung der Infiltrationsrate (nach DIN 19682, Teil 7) (Näheres siehe Buchtext).

manchen Proben sehr groß ist, nämlich in solchen, die durch weite, vertikale Poren (Wurzel- und Wurmröhren) schnell dränend sind. Um die seitliche Wasserdurchlässigkeit des Bodens zu ermitteln, die für die Dränung, vor allem für den Dränabstand, wichtig ist, müssen auch Stechzylinderproben in der Horizontalen entnommen werden.

(b) Bestimmung der Infiltrationsrate mit dem Doppelring-Infiltrometer

Mit Hilfe dieses methodisch einfachen, aber arbeitsaufwendigen Verfahrens wird die Infiltration auf einer relativ großen Fläche des natürlich gelagerten Bodens auf folgende Weise ermittelt (Abb. 131): Ein oben und unten offener Zylinder (60 cm ϕ, 30 cm hoch) aus starkem, 1 mm dickem Blech wird 7,5 cm in den Boden gedrückt. Dann wird ein zweiter Zylinder mit 30 cm ϕ und 45 cm Höhe zentral in den größeren 10 cm tief in den Boden eingelassen. Zunächst wird die Bodenoberfläche im Inneren der Zylinder mit einer 1 cm dicken Sandschicht bedeckt, damit der Boden bei Wasseraufgabe nicht verschlämmt. Anschließend wird die Bodenoberfläche mit etwa 10 Liter Wasser angefeuchtet. Über Mariotte'sche Flaschen füllt man in beide Zylinder Wasser in gleicher Höhe von 10 cm und füllt nach, bis etwa gleiche Infiltrationsraten erreicht sind. Nach mehreren Stunden Überstauung ist in etwa die Feldkapazität im Bereich des Innenzylinders zu erwarten. Danach wird die Höhe der Überstauung im Außenzylinder mit Hilfe einer Mariotte'schen Flasche konstant gehalten, während im Innenzylinder das Absinken des Wasserspiegels in der Zeiteinheit verfolgt wird. Die gemessene Infiltrationsrate entspricht nicht dem k_f-Wert und gilt nicht für das ganze Bodenprofil, vielmehr weist jeder Horizont des Profils eine spezifische Infiltrationsintensität (= Versickerungsintensität) auf; sie wird ausgedrückt in mm/m² · h. Die Ermittlung der Infiltrationsintensität der verschiedenen Horizonte erfordert die beschriebene Messung bei jedem Horizont.

(c) Bestimmung der Felddurchlässigkeit mit dem Bohrloch-Verfahren

nach HOOGHOUDT-ERNST

Diese Methode ist in Böden mit frei beweglichem Wasser (hauptsächlich Grundwasser) geeignet. Die Messung der Durchlässigkeit des Bodens geschieht in folgender Weise: Es wird ein Loch bestimmten Durchmessers in den Boden bis in den Grundwasserleiter gebohrt, die Einstellung des Ruhe-Grundwasserspiegels abgewartet und eingemessen. Danach wird das Grundwasser im Bohrloch mit Hilfe einer Pumpe abgesenkt. Dann wird die Aufstiegsgeschwindigkeit des Grundwassers im Bohrloch gemessen, die ein Maß für die Wasserdurchlässigkeit des Bodens darstellt. Bei mehrschichtigen Böden ist die Messung in jeder Schicht vorzunehmen. Um die Bohrung richtig ansetzen zu können, ist das betreffende Gebiet vorab entsprechend genau zu kartieren. Die Methode ergibt bei gespanntem Grundwasser falsche Werte. In Böden mit frei beweglichem Stauwasser kann die Methode ebenfalls angewandt werden.

5. Bewegung des Bodenwassers in der Dampfphase

Die Bewegung des Wasserdampfes im Boden erfolgt durch Diffusion und wird durch Unterschiede im Dampfdruck hervorgerufen, d. h. die Bewegungsrichtung folgt dem Dampfdruckgefälle. Dieses entsteht im Boden in erster Linie durch Temperaturunterschiede, denn der Dampfdruck steigt um 1 bis 2 cm Wassersäule je Grad Celsius. Daraus folgt, daß mit der Temperatur auch der Dampfdruck steigt und der Wasserdampf sich zum kühleren Bereich hin bewegt. Der Temperaturwechsel im Boden entspricht dem Temperaturgang des Tages- und Jahresablaufes. Wird der Boden im Winter an der Oberfläche stark abgekühlt, so wird nach den vorstehenden Feststellungen die Bewegung des Wasserdampfes aus dem tieferen, wärmeren Bereich zum höheren, kühleren Bereich ge-

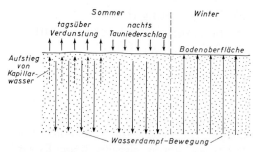

Abb. 132. Die Bewegung des Wasserdampfes im Boden in Abhängigkeit von der Temperatur. Die Pfeile zeigen die Bewegungsrichtung.

richtet sein (Abb. 132). Die so als aufsteigender Wasserdampf transportierte Wassermenge hat LEBEDEFF bei Odessa mit 66 mm/Jahr ermittelt. Man bezeichnet diese durch Temperaturunterschiede erfolgte Wasseransammlung Thermokondensation. Im Sommer verläuft die Bewegungsrichtung umgekehrt, d. h. vom wärmeren Ober- zum kühleren Unterboden (Abb. 132). Allerdings besteht in den obersten Zentimetern des Bodens, die besonders stark erwärmt werden, ein Temperaturgefälle zur darüber stehenden, kühleren Luft, so daß aus dem oberen Bodenbereich Wasserdampf in die Luft entweicht (Abb. 132). Das ist die *Verdunstung* oder Evaporation. Kühlt sich der Boden über Nacht ab, so schlägt sich Wasserdampf der wärmeren Luft als Tau auf der kühleren Bodenoberfläche nieder. Je feuchter die Luft ist, desto mehr Tau wird abgesetzt. LEBEDEFF hat bei Odessa eine jährliche Taumenge von 72 mm gemessen.

In größerer Bodentiefe nimmt die Temperatur mit der Geothermischen Tiefenstufe in jedem Falle zu, so daß von dort aus sich ein Wasserdampfstrom zu den kühleren, oberen Schichten hin bewegt. Im Sommer, in welchem der Wasserdampf im oberen Bodenbereich abwärts gerichtet ist — wenn wir von der Oberflächenverdunstung absehen — treffen sich der abwärts und aufwärts gerichtete Wasserdampfstrom, so daß es hier zur Kondensation kommt. Dieser Kondensationsraum liegt aber so tief, daß er für die Pflanzen unerreichbar ist.

Die Bewegung dampfförmigen Wassers im Boden wird abgesehen von Temperaturgradienten auch vom Wassergehalt beeinflußt.

Nimmt nämlich der Wassergehalt bis unter den Permanenten Welkepunkt ab, so wird infolge hoher Saugspannung des Wassers der Dampfdruck erniedrigt. Da das Wasser in den feinen Poren des Bodens mit hoher Wasserspannung gehalten ist, so wird hier der Dampfdruck der Bodenluft niedriger sein als in Bereichen geringerer Wasserspannung. Wassergehalte unter dem Permanenten Welkepunkt treten in Böden des humiden Klimas nur im Sommer in der obersten Bodenzone bei Vegetationsfreiheit auf. In diesem Falle wird also die Wasserdampfbewegung nicht allein durch die Temperatur, sondern auch durch Unterschiede in der Wasserspannung gesteuert. Bei niedriger Wasserspannung wird der Dampfdruck erhöht, so daß die Bodenluft nahezu mit Wasserdampf gesättigt ist. In ariden Räumen mit lückiger oder fehlender Vegetation gewinnt die hohe Wasserspannung für die Wasserdampfbewegung größere Bedeutung. Die in feinen Kapillaren infolge erniedrigten Dampfdrucks erfolgte Wasseranreicherung wird Kapillarkondensation genannt. Diese und die Thermokondensation ergeben zusammen die *innere Kondensation*. Der osmotische Druck der Bodenlösung nimmt auch Einfluß auf die Wasserdampfbewegung. Dieser Vorgang hat aber nur Bedeutung für versalzte Böden; die Bewegung des Wasserdampfes ist in Richtung auf die salzhaltige Bodenlösung gerichtet.

Im Klima Mitteleuropas ist die Wasserdampfbewegung aus der obersten Bodenschicht in die nicht wassergesättigte atmosphärische Luft, also die Verdunstung aus dem Boden, am wichtigsten. Die Verdunstung ist um so höher, je stärker die Sonneneinstrahlung ist und je größer der Dampfdruckunterschied zwischen der Luft des Bodens und der Atmosphäre ist. Wind verstärkt noch die Verdunstung. Der so entstehende Wasserverlust an der Bodenoberfläche wird durch kapillar oder filmförmig aufsteigendes Wasser ergänzt. Dies ist jedoch nur möglich, so lange entsprechende Wasservorräte in tieferen Schichten vorhanden sind und wenn die Wasserleitfähigkeit des Bodensubstrates die Wasserzuführung erlaubt. Feinkörnige Böden, wie

Lößlehm und ähnliche Substrate, gewährleisten eine gute Wasserleitfähigkeit, wogegen Sandböden das nicht können. Daher erfahren Sandböden einen wesentlich geringeren Wasserverlust durch Verdunstung als bindige Böden, was sich besonders in ariden Gebieten bemerkbar macht. Um die Verdunstung herabzusetzen, schafft man im Ackerbau an der Bodenoberfläche eine dünne Schicht mit kleinen Aggregaten oder (und) mittleren Bodenkörnern, welche die Wassernachlieferung unterbindet. Das gelingt nicht immer, und darum ist die aufgezeigte Vorstellung vom Verdunstungsschutz manchmal angezweifelt worden. Eine geschlossene Pflanzendecke und ausreichend engstehende Windschutzhecken setzen die Oberflächenverdunstung herab.

In semihumiden Ackerbaugebieten lockert man den Boden tief (bis 80 cm) — obschon die Lockerung hinsichtlich des Gefüges nicht nötig wäre —, um das Wasser schnell in den tiefen Unterboden zu führen, und es damit möglichst der schnellen Verdunstung zu entziehen. In neuerer Zeit wird versucht, durch die Behandlung des Bodens mit wasserabweisenden, chemischen Stoffen die Versickerung zu beschleunigen und den Wasseraufstieg zu unterbinden oder wenigstens stark herabzusetzen. Diese noch im Erprobungsstadium befindlichen Methoden könnten vor allem für Intensivkulturen in ariden Räumen Bedeutung gewinnen.

d. WASSERHAUSHALT DER LANDSCHAFT MITTELEUROPAS

Der Stoff dieses Kapitels ist bewußt eingeengt auf den mitteleuropäischen Klimaraum. Eine Darstellung des Wasserhaushaltes der Landschaften aller Klimate der Erde würde hier zu umfangreich sein; denn in Abhängigkeit von Niederschlag, Temperatur und Verdunstung gestaltet sich der Wasserhaushalt der Erde mannigfaltig. Da der Wasserhaushalt einer Landschaft stark vom wirtschaftenden Menschen abhängig ist, sollen im folgenden der Wasserhaushalt der Naturlandschaft und der der Kulturlandschaft gegenübergestellt werden.

1. Wichtigste klimatische Daten

Die Landschaft erhält ihr Wasser aus dem *Niederschlag*, der in unserem Klima überwiegend als Regen, teils auch als Schnee und ge-

Tab. 56: Die durchschnittlichen Monats- und Jahresniederschläge von 8 Stationen Mitteleuropas in cm (40jähriges Mittel nach WALTER *und* LIETH)

Orte mit Höhe über NN	Köln 56 m	Mainz 94 m	Halle 94 m	Würzburg 179 m	Wilh.-haven 8 m	München 529 m	Kahler Asten 848 m	Hausstein 660 m
Januar	5	4	3	4	5	4	15	14
Februar	4	3	3	3	4	4	13	11
März	4	3	3	4	4	5	12	10
April	4	3	4	4	4	6	10	11
Mai	5	4	5	5	5	9	9	12
Juni	7	5	6	6	6	12	10	14
Juli	8	5	7	6	8	13	12	16
August	7	6	5	5	9	10	12	14
September	5	5	4	5	6	8	10	12
Oktober	6	5	4	4	7	6	13	11
November	5	4	3	4	6	5	13	11
Dezember	6	4	3	5	6	5	15	15
Jahr (im Durchschnitt)	66	51	50	55	70	87	144	151

329

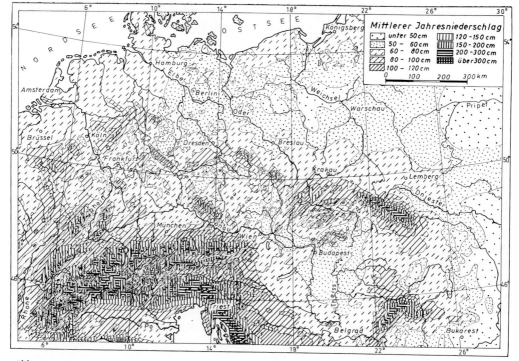

Abb. 133. Karte des mittleren Jahresniederschlages von Mitteleuropa (Deutscher Wetterdienst).

legentlich als Hagel fällt. Dazu kommt der Tau, der vor allem im luftfeuchten Klima beträchtlich ist, wie uns aus Nordwestdeutschland bekannt ist.

Wie die Karte (Abb. 133) ersichtlich macht, erhält nur ein geringer Flächenanteil einen Niederschlag von über 1000 mm/Jahr; es sind nur das Hochgebirge, die höheren Lagen der Mittelgebirge und die von regentragenden Winden getroffenen Gebirgsränder. Auch die Flächen, welche 800 — 1000 mm/Jahr erhalten, sind in Deutschland noch relativ klein. Dagegen erhält der überwiegende Flächenanteil Deutschlands 600 — 800 mm/Jahr, aber auch ein großer Anteil 500 — 600 mm/Jahr, vor allem der Osten Deutschlands. Nur kleine Flächen erhalten weniger als 500 mm/Jahr Regen, so z. B. das Mainzer Becken und das Kerngebiet der Magdeburger Börde.

Die Verteilung der Niederschläge im Jahresablauf zeigt meistens ein Maximum von Juni bis August, wie die Tabelle 56 aufzeigt.

Die prozentuale Verteilung der Niederschlage Deutschlands auf die Jahreszeiten ist: Frühjahr 22%, Sommer 36%, Herbst 24%, Winter 18%.

Die Temperaturen liegen im Flachlande Deutschlands im Mittel um 8° C. Nur geschützte Lagen wie das Oberrheintal und die Kölner Bucht zeigen Temperaturen um 9° C. Mit zunehmender Höhenlage nehmen die Temperaturen ab. Im überwiegenden Anteil der deutschen Mittelgebirge herrscht eine mittlere Jahrestemperatur von 6,5 bis 7,5° C. Nur in den höheren Lagen sinkt sie unter 6,5° C (Abb. 134, 135).

Die Luftfeuchtigkeit steigt mit der Annäherung zur Küste und fällt mit der Entfernung von dieser, also mit zunehmender Kontinentalität.

Weltweit gesehen weist das Klima große Unterschiede auf in Niederschlagsmenge und Temperatur sowie in der Verteilung beider im Jahresablauf. Um davon eine Vorstellung zu vermitteln, ist die Abbildung 136 beigefügt, die in sechs Diagrammen die wichtigsten Klimazonen der Erde zeigt.

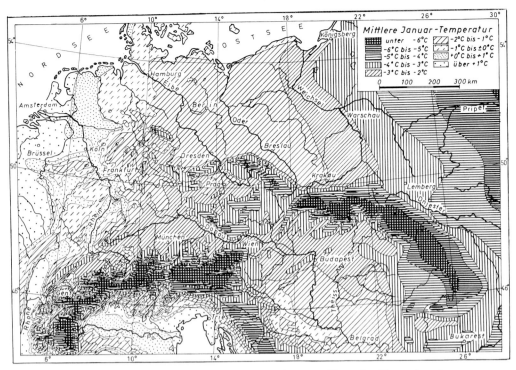

Abb. 134. Karte der mittleren Januar-Temperatur Mitteleuropas (Deutscher Wetterdienst).

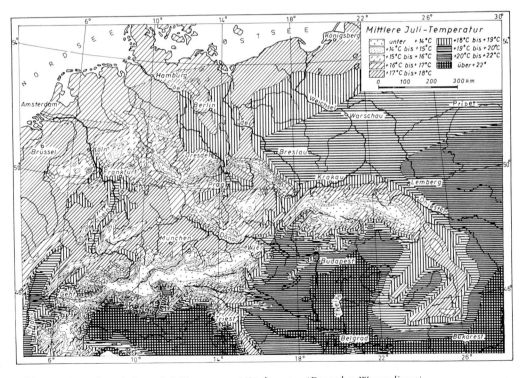

Abb. 135. Karte der mittleren Juli-Temperatur Mitteleuropas (Deutscher Wetterdienst).

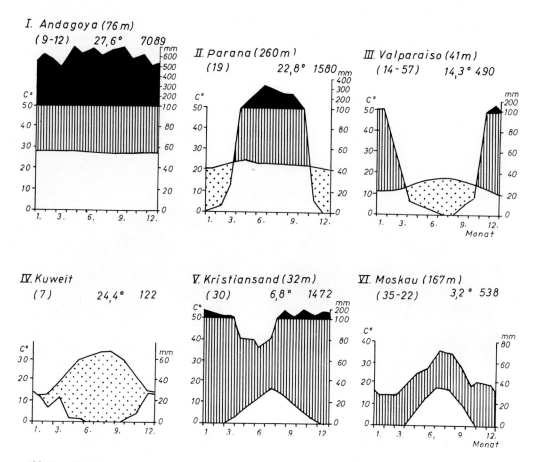

Abb. 136. *Charakteristische Klimadiagramme von sechs wichtigen Klimaregionen der Erde (nach* WALTER *und* LIETH *1967). – I. Äquatoriale, immerfeuchte Zone, II. Tropisches und Subtropisches Sommerregengebiet, III. Winterregengebiet, ohne ausgesprochene kalte Jahreszeit, IV. Aride, subtropische Wüstenzone, V. Temperierte, humide Zone, VI. Boreale Zone mit langer kalter Jahreszeit. – Zeichenerklärung: schwarz = mittlere monatliche Niederschläge, die 100 mm übersteigen; senkrecht schraffiert = humide Jahreszeit; punktiert = Dürrezeit. Zahl neben Ortsangabe = Höhe in m über NN; Zahl unter Ortsangabe = Zahl der Beobachtungsjahre (gegebenenfalls erste Zahl für Temperatur, zweite Zahl für Niederschlag); erste Zahl rechts oben = mittlere Jahrestemperatur (in °C); zweite Zahl rechts oben = mittlere jährliche Niederschlagsmenge (in mm).*

Die *Verdunstung* von der Oberfläche des Bodens und der Pflanzen, die Evaporation, ist vor allem temperaturabhängig, d. h. sie steigt mit der Temperatur. Ebenfalls steigt die Verdunstung durch die Pflanze, die Transpiration, mit der Temperatur, weil die Pflanzen mit zunehmender Temperatur mehr Wasser abgeben; die Verdunstung steigt aber auch mit zunehmender Produktion pflanzlicher Masse. Hierbei ist einzuschränken, daß der Wasserverbrauch durch die Pflanzen im Verhältnis zur erzeugten Masse um so geringer ist, je harmonischer die Pflanzen ernährt sind, d. h. bei einseitiger Düngung ist der Wasserverbrauch relativ hoch, wie Tabelle 57 ausweist.

Tab. 57: *Relativer Wasserverbrauch des Roggens 1954 (nach* E. KLAPP)

Teilstück	Wasserverbrauch in Liter je kg Tr.-S. absolut	relativ
Volldüngung mit Stalldung	353	100
Ungedüngt mit Stalldung	421	119,4
Volldüngung ohne Stalldung	395	111,7
Ohne N, ohne Stalldung	447	126,6
Ohne P, ohne Stalldung	640	181,2
Ohne K, ohne Stalldung	422	119,5
Ungedüngt ohne Stalldung	517	146,3

Nach den vorstehenden Überlegungen muß die Verdunstung von Boden und Pflanzen zusammen, Evapotranspiration genannt, im Sommer am größten sein. Die Verdunstung in den vier Jahreszeiten in Prozenten zur gesamten Jahresverdunstung beträgt in Deutschland im: Frühjahr 34 %, Sommer 40 %, Herbst 18 %, Winter 8 %.

Aus dieser Verdunstungsverteilung ist zu folgern, daß sich die Versickerungsrate entsprechend der Verdunstung gestalten muß, d. h. ist die Verdunstung hoch, wie im Sommer, so ist die Versickerungsrate gering. Ist dagegen, wie im Winter, die Verdunstung gering, so ist die Versickerungsrate entsprechend höher.

Nach diesen Feststellungen über Temperatur und Verdunstung zeigen vegetationsfreie Flächen im ganzen eine geringere Verdunstung als vegetationsbedeckte Flächen. Daraus ergibt sich, daß bei geringeren Niederschlägen der Pflanzenbau wassersparende Maßnahmen ergreifen muß. Zunächst können wassersparende Pflanzen angebaut werden. Ist dem geringen Niederschlag (etwa < 450 mm/Jahr) damit allein nicht zu steuern, so muß die wassersparende Schwarzbrache zwischen die Anbaujahre geschaltet werden. Im Durchschnitt mehrerer Jahre (für Getreide von 1966 — 1970, für Blattfrüchte von 1969 — 1970) betrug der tägliche Wasserverbrauch (mm) auf dem Versuchsgut Dikopshof (Rhld.) unter: Roggen 2,50, Weizen 2,78, Klee 2,66, Rüben 2,63, Kartoffeln 2,75.

Man unterscheidet *aktuelle* und *potentielle Verdunstung* der Landschaft. Erstere ist die wirkliche Verdunstung, letztere gibt an, wie hoch die Verdunstung wäre, wenn unbeschränkt Wasser vorhanden ist. Die potentielle Verdunstung ist in trockenen, warmen Klimaten mit starker Verdunstungsenergie wichtig. In unserem Klima übersteigt die potentielle Verdunstung nur gebietsweise und nur in trockenen, warmen Sommern die aktuelle Verdunstung; denn die Verdunstungsenergie übersteigt nur in diesem Falle die Wasserabgabe des Bodens.

2. Wasserhaushalt der Naturlandschaft

Der Niederschlag geht der Naturlandschaft verloren durch Verdunstung sowie durch oberirdischen und unterirdischen Abfluß. Die Verdunstung findet statt als Oberflächenverdunstung von freien Wasserflächen sowie von Boden und Pflanzen, ferner als Transpiration der Pflanzen. Dieser natürliche Kreislauf des Wassers in der Naturlandschaft ist in Abbildung 137 veranschaulicht.

Den natürlichen Wasserhaushalt Mitteleuropas können wir nur aus dem Vergleich mit der Naturlandschaft anderer Räume erschließen; in Deutschland ist sie nirgendwo mehr vorhanden. Über die Niederschlagsmenge der Vergangenheit haben wir nur aus den letzten 100 Jahren in etwa verläßliche Daten. Daraus ist zu entnehmen, daß die Menge des durchschnittlichen Jahresniederschlages für längere Zeit sich nur wenig geändert hat. Bodenkundliche Befunde lehren uns jedoch, daß unsere Landschaft in früherer Zeit, als der Mensch sie nur gebietsweise verändert hatte, insgesamt feuchter war. In erster Linie beruht das darauf, daß Flußregulierungen und Bodenentwässerungen fehlten. Wir finden heute Teillandschaften, die dem Betrachter als ausreichend natürlich entwässert erscheinen, jedenfalls keineswegs als vernäßt. Das Profil der hier verbreiteten Böden zeigt jedoch an, daß hier Grundwasser oder Stauwasser in früherer Zeit wenigstens zeitweilig eine starke Vernässung verursacht hat. Dafür gibt es in allen deutschen Landschaften überzeugende

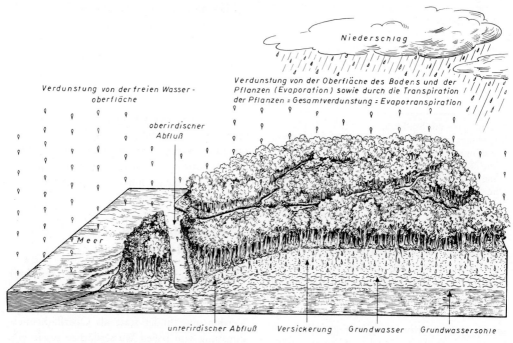

Abb. 137. *Schematische Darstellung des Wasserkreislaufes in der ehemaligen Naturlandschaft Mitteleuropas.*

Beispiele. In den größeren Flußtälern zeigen die Bodenprofile meistens einen höheren pedogenetischen Grundwasserstand an als der jetzt vorhandene. Stellenweise gibt es hier Böden, die sich über ein Anmoorstadium zu einem schwarzerdeähnlichen Boden, den wir neuerdings auch Tschernitza nennen, entwickelt haben. Damit ist bewiesen, daß hier früher das Grundwasser viel höher stand. Die in allen größeren Tälern Deutschlands durchgeführte Flußregulierung hatte eine Grundwasserabsenkung zur Folge, wodurch die Täler allgemein trockener wurden. In dem Tal der Erft (Rheinland) treten sogar Niedermoor und Unterwasserböden auf, die eine ehemalige Überstauung der Talniederung anzeigen, wogegen heute das Grundwasser dieser Flächen tief unter der Oberfläche steht, so daß eine ackerbauliche Nutzung möglich ist. Viele Altwasserrinnen des Niederrheins waren gefüllt mit Niedermoor, das überwiegend abgebaut worden ist; heute findet hier fast keine Moorbildung mehr statt.

Weniger vermutet man eine stärkere, ehemalige Vernässung durch Stauwasser. Aber auch eine solche ist vielerorts nachweisbar.

Es gibt Ortsnamen, die auf ehemalige Vernässung, Versumpfung oder Vermoorung hinweisen. Das Bodenprofil bezeugt dieses auch, wohingegen heute die Vernässung abgeschwächt ist. Ein gutes Beispiel dafür ist der Kottenforst bei Bonn. Gräben und Feuchthumus-Auflagen zeugen von ehemaliger starker Vernässung, die zwar auch heute noch zeitweilig vorhanden ist, aber wesentlich schwächer. Der Venusberg bei Bonn hieß früher Vennberg, d. h. also »mooriger Berg«. Daß es hier bruchartige Versumpfungen gab, bezeugen extreme Pseudogley-Profile mit Raseneisenstein. Auch die hier verwendete Straßenbezeichnung »Im Birkenbruch«, hergeleitet von einer alten Flurbezeichnung, bezeugt dieses. Das Dorf Moorweiler im Kreis Bitburg (Eifel) deutet auf Moorbildung oder Sumpf hin. Hier gibt es auch heute noch staunasse Böden, aber gewiß keine Moorbildung mehr.

Aus den Bodenprofilen Mitteleuropas ist ferner abzuleiten, daß der überwiegende Teil der ehemaligen Naturlandschaft unter den damals vertretenen Laubwäldern nicht vernäßt war. Dies betrifft die sandigen und san-

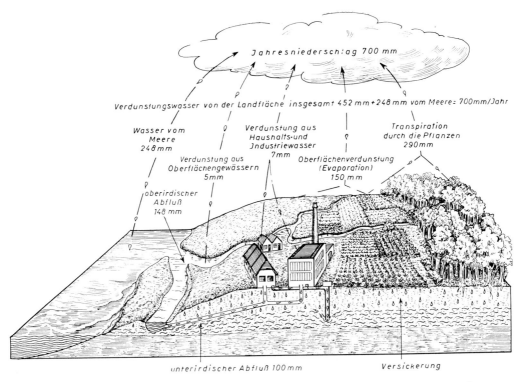

Abb. 138. Schematische Darstellung des Wasserkreislaufes in der Kulturlandschaft Mitteleuropas bei einem Jahresniederschlag von 700 mm (nach Angaben von R. KELLER 1961).

dig-lehmigen Böden mit tiefem Grundwasserstand und einem ausreichend überkapillaren Porenraum, der die Versickerung des die Wasserkapazität übersteigenden Wassers gewährleistete. Das waren gewiß große Flächen. Daneben war aber allgemein die ehemalige Naturlandschaft stellenweise stärker vernäßt als heute, weil die Entwässerung der Landschaft durch die träge Wasserabführung durch Bäche und Flüsse gehemmt war. Einen solchen natürlichen Wasserhaushalt zeigen heute nur noch dünnbesiedelte Gebiete, die der Mensch nicht oder kaum verändert hat, wie z. B. große Gebiete des nördlichen Asiens und Nordamerikas.

3. Wasserhaushalt der Kulturlandschaft

In der Kulturlandschaft, die vom Menschen durch die Land-, Forst und Gartenwirtschaft, ferner durch Siedlungen und Industrie gestaltet ist, hat der natürliche Wasserhaushalt mehr oder weniger starke Veränderungen erfahren. Dieser Wasserkreislauf ist auf Abbildung 138 veranschaulicht.

Auf der Abbildung 138 sind die für Deutschland gemittelten Jahreswerte für den Niederschlag mit 700 mm sowie eine Oberflächenverdunstung (Evaporation) mit 150 mm und für die Pflanzen-Transpiration mit 290 mm angegeben (nach R. KELLER 1961); die Evapotranspiration beträgt also 440 mm/Jahr. Die Versickerung zum Grundwasser (unterirdischer Abfluß) ist mit 100 mm angenommen, der oberirdische Abfluß mit 148 mm, die Verdunstung aus Oberflächengewässern mit 5 mm und schließlich die Verdunstung aus Haushalts- und Industriewasser mit 7 mm/Jahr. Daraus errechnet sich insgesamt ein Wasserverlust von 700 mm. Die Gesamtverdunstung allein beträgt 452 mm/Jahr. Bei einem Niederschlag von 700 mm/Jahr müssen von der Meeresoberfläche noch 248 mm Wasser beigetragen werden (Abb. 138).

Die Abbildung 138 veranschaulicht ferner, daß für Siedlungen und Industrie Trink- und Brauchwasser dem Grundwasserreservoir und den Oberflächengewässern entnommen werden. Dieses gebrauchte Wasser wird nur zum kleinen Teil zur Versickerung gebracht und geht damit in das Grundwasserreservoir zurück; der größte Teil wird jedoch als gereinigtes oder halb gereinigtes, meist aber heute noch als ungereinigtes Abwasser den Oberflächengewässern zugeführt.

Der stärkste Eingriff in den Wasserhaushalt der Naturlandschaft wurde durch die Rodung der Wälder hervorgerufen. Unsere Landschaft würde von Natur einen Laubmischwald tragen; seine Ablösung durch den Ackerbau ist Menschenwerk. Die schwerwiegenden Folgen der Rodung waren der stärkere und schnellere oberflächliche Abfluß des Wassers, die dadurch bedingte Hochwassergefahr und die Abschwemmung des Bodens (Bodenerosion).

In den vergangenen Jahrzehnten ist öfter behauptet worden, daß die Waldbestände den Niederschlag erhöhen sollen. Dafür gibt es nur wenige Beweise aus dem Flachland, aber darüber hinaus nicht. Allerdings kann die Baumvegetation aus Nebel eine gewisse Wassermenge binden, indem sich Nebeltröpfchen an der großen Oberfläche der Bäume (Blätter, Geäst) absetzen; das Wasser tropft ab oder läuft am Stamm ab.

Die Bedeutung des Waldes für den Wasserhaushalt besteht in erster Linie darin, daß der Niederschlag von der Waldvegetation aufgefangen und langsam in den Boden weitergeleitet wird, soweit er nicht von der Pflanzenoberfläche verdunstet. Die Waldvegetation, nicht zuletzt der Bodenbewuchs (Gräser und Kräuter), bewirkt also, daß der Niederschlag überwiegend vom Boden aufgenommen wird und nur wenig Wasser langsam abfließt, ohne daß dabei Boden abgetragen wird.

Auf dem Ackerland ist dagegen der Abfluß bei stärkerem Niederschlag (Starkregen) mehr oder weniger stets gegeben, und zwar um so mehr, je steiler die Ackerflächen sind, je geringer die Wasseraufnahmefähigkeit des Bodens in der Zeiteinheit ist und je geringer die Gefügestabilität des Oberbodens ist. Grünland bremst den Abfluß, besitzt eine größere Wasseraufnahmefähigkeit und unterbindet den Bodenabtrag weitgehend.

Der Wasserverbrauch einzelner Pflanzen und Pflanzenbestände ist natürlich verschieden. Die ersten Versuche, den Wasserverbrauch einzelner Pflanzenarten quantitativ zu bestimmen, wurden schon vor fast 100 Jahren gemacht. Zuerst waren es Pflanzenbauer, die den Wasserbedarf der Kulturpflanzen erforschten, wobei Ertrag und Wasserbedarf in Beziehung gesetzt wurden. Die Wasserwirtschaftler errechnen die Gesamtverdunstung eines Gebietes (Gebietsverdunstung) aus Niederschlag und Abfluß. Hierbei ergeben sich gute Werte für die Evapotranspiration eines Flußeinzugsgebietes. So ergeben sich für das Einzugsgebiet der Aller ein Jahresniederschlag von 698 mm und ein Abfluß von 243 mm, so daß sich Transpiration und Verdunstung zusammen mit 455 mm/Jahr errechnen.

Für die Messung der Verdunstung von Boden und Pflanzen haben sich *Lysimeter* bewährt. Lysimeter sind runde oder viereckige, mit Boden gefüllte und in die Erde eingelassene, teils wägbare Eisenbehälter. Neuerdings werden runde Lysimeter von oben in den Boden eingedrückt, um die natürlichen Bodenhorizonte und das Bodengefüge zu erhalten. Die Lysimeter werden in verschiedenen Größen gebaut, von 1 bis 100 m³. Mit ihrer Hilfe kann man den Verbleib des örtlichen Niederschlages feststellen, nämlich wieviel versickert und welchen Anteil die Bodenfüllung des Lysimeters ohne und mit Pflanzen verschiedener Art verdunstet. Auch kann gleichzeitig festgestellt werden, welche Stoffe das Sickerwasser, das unter dem Lysimeterboden aufgefangen wird, aus dem Boden ausgewaschen hat. Man müßte viele Lysimeter in einer Landschaft haben, um mit ihrer Hilfe die Gebietsverdunstung ermitteln zu können, weil für jedes wichtige Bodenprofil ein solcher vorhanden sein müßte. Die hohen Kosten der Lysimeteranlage erlauben das nicht. Indessen haben aber die bisherigen Lysimetermessungen wichtige Erkenntnisse über Verdunstung und Versickerung gebracht.

In den letzten Jahrzehnten sind neue Methoden für die Feststellung der quantitativen

Tab. 58: Verdunstung und mittlerer Jahresniederschlag der Landschaften des nördlichen Rheinlandes und der Eifel (nach R. KELLER, 1951)

Landschaften	Verdunstung in mm	Mittl. Niederschlag in mm
1. Jülicher Börde	535	580—610
2. Zülpicher Börde	535	540—580
3. Roerniederung:		
südlich der niederrheinischen Lößgrenze,	455—465	610—630
nördlich der niederrheinischen Lößgrenze	435—445	620—650
4. Unterer Niederrhein:		
Niederung,	470—600	700—730
sandige Gebiete	430—470	
5. Zentraleifel (Schiefer u. ä.)	365	750—800
6. Eifelkalkmulden	385	

Transpiration von Pflanzen und Pflanzenbeständen entwickelt worden. Wenn auch die so ermittelten Werte für die Transpiration der Pflanzen nicht genau sind, so geben sie doch eine Vorstellung von der Größenordnung der Pflanzen-Transpiration. Es hat sich gezeigt, daß gut bodendeckende, ausreichend ernährte Kulturpflanzen relativ weniger Wasser zur Erzeugung von 1 g Trockensubstanz benötigen als schlecht bodendeckende, unzureichend ernährte Kulturpflanzen. Daraus ist zu entnehmen, daß bei steigenden Ernteerträgen infolge verbesserter Pflanzenernährung und besserer Ackerkultur zwar der Wasserverbrauch steigt, aber keineswegs in gleichem Maße wie die Ertragssteigerung. Nach den Berechnungen von KELLER (1951) werden bei einer Weizenernte von 84,95 dt/ha Gesamterntemasse (28 dt/ha Korn) für die Erzeugung von 1 g Trockensubstanz 509 g Transpirationswasser verbraucht, bei einer Gesamterntemasse von nur 45,54 dt/ha (15 dt/ha Korn) dagegen 541 g, also 32 g Wasser mehr je g Ts. Solche Berechnungen gibt es für viele Pflanzenarten. Hierbei ist allerdings zu berücksichtigen, daß solche Zahlen nicht absolut zu betrachten sind, sondern örtliche Klima- und Bodenbedingungen Abweichungen verursachen können. KELLER (1951) hat für die Landschaften des nördlichen Rheinlandes und der Eifel die Verdunstungsmenge errechnet und dem mittleren Jahresniederschlag der betreffenden Landschaften gegenübergestellt (Tab. 58).

Aus dieser Gegenüberstellung ergibt sich, daß der Niederschlag der niederschlagsärmeren Börden des Rheinlandes mit intensivem Ackerbau fast ganz durch die Verdunstung verbraucht wird und nur wenig in den Untergrund versickert und damit dem Grundwasser zufließt. Da die Gebiete eben sind, ist mit keinem oder nur wenig oberirdischem Abfluß zu rechnen. Die Verdunstungswerte der rheinischen Landschaften kommen dem für Deutschland von KELLER (1961) errechneten Mittelwert ziemlich nahe. Die Verdunstungsdaten der rheinischen Bördelandschaften zeigen, welche Bedeutung hier wassersparende Maßnahmen des Ackerbaues haben. Vor allem ist der Wasserverbrauch der Blattpflanzen hoch; z. B. sind für die Erzeugung von 300 dt/ha Zuckerrüben mit 200 dt/ha Blatt 300 mm Transpirationswasser notwendig. Wenn wir dabei 200 mm für die Oberflächenverdunstung annehmen, so werden bereits 500 mm/Jahr benötigt, ohne daß Abfluß und Versickerung berücksichtigt sind. Am Niederrhein dagegen sind der Niederschlag höher und die Verdunstung geringer, soweit nicht grundwassernahes Grünland (Niederungen des unteren Niederrheins) die Verdunstung erheblich erhöht. In der Eifel steigen die Niederschläge, und die Verdunstung nimmt stark ab. Hier ist auch mit einem erheblichen oberirdischen Abfluß zu rechnen, vor allem von den Ackerflächen.

Die Entnahme von Grundwasser für Siedlungen und Industrie (Trink- und Brauchwasser) führt nur dann zu Schäden für die Pflanzen, wenn diese vor der künstlichen Grundwasserabsenkung fehlendes Transpirationswasser aus dem Grundwasserreservoir entnehmen konnten. Das trifft nur für Flächen mit hohem Grundwasserstand zu, wobei allerdings die Bodenart zu berücksichtigen ist. Wird z. B. in einem Sandboden der Grundwasserspiegel von 1 auf 2 m unter Flur abgesenkt, so wird damit das Grundwasser der Nutzung durch die landwirtschaftlichen Kulturpflanzen (mit wenigen Ausnahmen) entzogen. Dagegen muß der Grundwasserspiegel in feinkörnigen Böden mit starkem Kapillarhub auf über 4 m unter Flur abgesenkt werden, wenn er keine Bedeutung mehr für die landwirtschaftlichen Nutzpflanzen haben soll. Im grobschluffreichen Lößboden steigt nämlich das Grundwasser kapillar am höchsten von allen Böden; außerdem schicken die Pflanzen ihre Wurzeln tief in den gefügegünstigen Lößboden hinein. Bei der Absenkung des Grundwassers in stark grundwasservernäßten Böden mit der Vegetation der Streuwiese wird ein Standort für besseres Grünland geschaffen. Wird das Grundwasser in sandig-lehmigen Böden tief abgesenkt, so wird oft wertvolles Ackerland gewonnen, wofür die fruchtbaren Böden der breiten Flußniederungen gute Beispiele sind.

Neben den Grundwasserabsenkungen durch Flußregulierungen, künstliche Wasserentnahme aus Brunnen, künstliche Entwässerung und erhöhte Transpiration stark gedüngter Kulturpflanzen wird der Kulturlandschaft auch vielerorts durch Dränung, teils auch durch Gräben, Stauwasser künstlich entzogen. Der beschleunigte oberirdische Abfluß, hervorgerufen durch Vegetationsverarmung (Entwaldung), ist ebenfalls eine typische Erscheinung im Wasserhaushalt der Kulturlandschaft. Alle diese Maßnahmen haben zusammenwirkend dazu geführt, daß die Kulturlandschaft gegenüber der Naturlandschaft *trockener* geworden ist. Schon lange Zeit beherrscht man die Technik, das abfließende Wasser durch Staudämme und Talsperren zurückzuhalten und zu nutzen. Die Aufforstung entwaldeter Flächen vermindert den Abfluß. Neuerdings erprobt man Methoden, durch tiefe Auflockerung verdichteter Böden deren nutzbare Wasserspeicherung zu erhöhen.

Wenn Boden infolge seines naturgegebenen Aufbaues vernäßt ist, so kann ein Baumbestand diesen Zustand durch Wasserverbrauch lindern, aber nicht beseitigen. Unter den natürlichen Bedingungen des Naturwaldes stehen hier Baumarten, welche mit dem nassen, luftarmen Standort vorlieb nehmen, z. B. Schwarzerle und Birke; sie pumpen zwar einen Teil des Wassers ab, ändern aber nicht den ökologisch ungünstigen Standort. Die Fichte als Baumart der Kulturlandschaft vermag mehr Wasser zu verbrauchen, aber auch sie verbessert den Standort keineswegs. Nur die Entwässerung als Maßnahme der Kulturlandschaft vermag das Übel zu beseitigen oder wenigstens zu verkleinern. Die Grabenentwässerung ist in der Forstkultur eine alte, bewährte Maßnahme zur Beseitigung von ökologisch schädlichem Grund- und Stauwasser. In diesem Falle kann der Menschen Werk sehr wohl den Wasserhaushalt der Landschaft verbessern; es hat ihn keineswegs in jedem Falle verschlechtert.

Literatur

ARBEITSGEMEINSCHAFT BODENKUNDE: Kartieranleitung. Anleitungen und Richtlinien zur Herstellung der Bodenkarte 1:25 000. – Arbeitsgemeinschaft Bodenkunde der Geologischen Landesämter der Bundesrepublik Deutschland, 3. Aufl., Hannover 1982.

BAUMANN, H.: Über die Funktion des Wachstumsfaktors Wasser. – Landwirtschaft - Angewandte Wissenschaft, Vortr. der 10. Hochschultagung der Landw. Fakultät Bonn, Hiltrup 1956.

BAVER, L. D., GARDNER, W. H. and GARDNER, W. R.: Soil Physics, 5. Aufl. – Verlag Wiley & Sons Ltd., Chichester/Sussex 1973.

BUCHMANN, I.: Untersuchung der Dynamik des Wasserhaushaltes verschiedener Bodentypen, insbesondere mit Hilfe der Neutronensonde. – Diss. Bonn 1969.

CZERATZKI, W.: Mehrjährige Vergleichsuntersuchungen zwischen gravimetrischer Methode und Neutronen-Messung zur Kontrolle der Bodenfeuchte bei einem Beregnungsversuch. – Landw. Forschung, *XXI*, 1968.

CROWE, P. R.: Concepts in Climatology. – Verlag St. Martins, London 1972.

DIN 4047, Teil 1 – 4 und 10: Fachausdrücke und Begriffserklärungen zu Ausbau von Gewässern, Bewässerung, Dränung, Hochwasserschutz, Küstenschutz, Schöpfwerke, Boden, Moorkultur.

DIN 4049, Teil 2: Gewässerkunde; Fachausdrücke und Begriffserklärungen.

DIN 4049, Teil 22: Hydrologie (Allgemeines, Wasserkreislauf usw.).

DIN 1185, Teil 1 – 5: Regelung des Bodenwasser-Haushaltes durch Rohrdränung, Rohrlose Dränung und Unterbodenmelioration.

DIN 19 682, Teil 3: Bestimmung des Wassergehaltes (des Bodens) nach dem Carbid-Verfahren.

DIN 19 682, Teil 4: Bestimmung der Saugspannung mit dem Tensiometer.

DIN 19 682, Teil 5: Ermittlung des Feuchtezustandes mit der Fingerprobe.

DIN 19 682, Teil 6: Bestimmung der Feldkapazität.

DIN 19 682, Teil 7: Bestimmung der Versickerungsintensität mit dem Doppelzylinder-Infiltrometer.

DIN 19 682, Teil 8: Bestimmung der Wasserdurchlässigkeit mit der Bohrloch-Methode.

DIN 19 683, Teil 4: Bestimmung des Wassergehaltes des Bodens.

DIN 19 683, Teil 5: Bestimmung der Saugspannung des Bodenwassers.

DIN 19 683, Teil 6: Bestimmung der Hygroskopizität (des Bodens).

DIN 19 683, Teil 9: Bestimmung der Wasserdurchlässigkeit (des Bodens) in wassergesättigten Stechzylinderproben.

DIN 19 683, Teil 10: Bestimmung der Höhe des geschlossenen Kapillarraumes.

DIN 19 684, Teil 10: Untersuchung des Wassers bei Be- und Entwässerung.

DIN 19 684, Teil 11: Bestimmung der elektrischen Leitfähigkeit von Wasser- und Bodensättigungsextrakten.

Alle DIN-Blätter vertreibt der Beuth-Verlag GmbH, Burggrafenstr. 4 – 7, Berlin 30, und Kamekestr. 2 – 8, Köln (Jahr wird nicht angegeben, da stets das neue Blatt geliefert wird).

EGGELSMANN, R.: Akute Dränprobleme. – Wasser und Boden *21*, 1–8, 1969.

EGGELSMANN, R.: Dränanleitung, 2. Aufl., — Verlag Parey, Hamburg – Berlin 1981.

FINNERN, H.: Bodenfeuchte- und Bodendichte-Untersuchungen mit umschlossenen radioaktiven Isotopen sowie Vergleich mit herkömmlichen Methoden. – Diss. Bonn 1961.

GLIEMEROTH, G.: Der Wasserhaushalt des Bodens in Abhängigkeit von der Wurzelausbildung einiger Kulturpflanzen. – Zeitschr. Acker- und Pflanzenbau *95*, 1952.

HANUS, H. und FRANKEN, H.: Wechselbeziehungen zwischen Wasser- und Luftdurchlässigkeit. – Zeitschr. Kulturtechnik und Flurbereinigung *8*, 1967.

HARTGE, K. H.: Einführung in die Bodenphysik. – Verlag Enke, Stuttgart 1978.

HARTGE, K. H.: Die physikalische Untersuchung von Böden. Eine Labor- und Praktikumsanweisung. – Verlag Enke, Stuttgart 1971.

HILLEL, D.: Soil and Water. Physical Principles and Processes. – Academic Press, New York and London 1971.

KELLER, R.: Natur und Wirtschaft im Wasserhaushalt der rheinischen Landschaften und Flußgebiete. – Forschungen zur Deutschen Landeskunde, Bd. 57. – Verlag des Amtes für Landeskunde, Remagen/Rh. 1951.

KELLER, R.: Gewässer und Wasserhaushalt des Festlandes. – Haude und Spenersche Verlagsbuchhandlung, Berlin 1961.

KIRKHAM, D. and POWERS, W. L.: Advanced Soil Physics. – Verlag J. Wiley & Sons, Inc., New York 1972.

KLAPP, E.: Ertragssteigerung und Wasserverbrauch landwirtschaftlicher Kulturen. – Zeitschr. Kulturtechnik, *3*, 1962.

Kuntze, H., Niemann, J., Roeschmann, G. und Schwerdtfeger, G.: Bodenkunde. – 2. Aufl., Uni-Taschenbücher 1106, Verlag Ulmer, Stuttgart 1981.
Linser, H.: Die Bindung von Wasser im Boden. In: Handbuch der Pflanzenernährung und Düngung von H. Linser (Herausgeber), 2. Band. – Verlag Springer, Wien - New York 1966.
Linser, H.: Die Bewegungen von Wasser im Boden. In: Handbuch der Pflanzenernährung und Düngung von H. Linser (Herausgeber), 2. Band. – Verlag Springer, Wien - New York 1966.
Müller, G.: Der Felddurchlässigkeitswert kf und seine Anwendung bei der Projektierung von Dränanlagen. Teil 1. – Zeitschr. Landeskultur, 6, 141–170, 1965.
Müller, W., Benecke, P. und Renger, M.: Bodenphysikalische Kennwerte wichtiger Böden, Erfassungsmethodik, Klasseneinteilung und kartographische Darstellung. – Beih. Geol. Jahrbuch, 99, 2, Hannover 1970.
Mutschmann, J. und Stimmelmayr, F.: Taschenbuch der Wasserversorgung. – Franckh'sche Verlagshandlung, Stuttgart 1967.
Nerpin, S. V. and Chudnorskii, A. F.: Physics of the Soil. – »Nauka« Publishing House, Moscow 1967, translated in Israel 1970.
Nielson, D. R., Jackson, R. D., Cary, J. W. and Evans, D. D.: Soil Water. – American Society of Agronomy and Soil Science Society of America, Madison/Wisc. 1974.
Nitzsch von, W.: Porengrößen im Boden, ihre Beziehungen zur Bodenbearbeitung und zum Wasserhaushalt. – RKTL-Schriften, H. 85, 1938.
Olbertz, M.: Über die am Standort des Kulturbodens erfaßbaren Größen des Wasserhaushaltes. – Deutsche Akademie d. Landw. Wissensch. Berlin, Nr. 23, Berlin 1957.
Proulx, G. J.: Standard Dictionary of Meteorological Sciences (Engl.-Franz. und Franz.-Engl.). – Verlag McGill, Queens-University Press, Montreal 1971.
Richards, L. A. and Fireman, M.: Pressure Plate Apparatus for Measuring Moisture Sorption and Transmission by Soils. – Soil Science, 56, 1943.
Rode, A. A.: Das Wasser im Boden. – Akademie-Verlag, Berlin 1959.
Schlichting, E. und Schwertmann, U. (Editors): Pseudogley and Gley. – Transactions of Commissions V and VI of the Int. Soc. of Soil Science. – Verlag Chemie, Weinheim/Bergstr. 1973.
Schroeder, D.: Bodenkunde in Stichworten. – 4. Aufl., Verlag Hirt, Kiel 1983.
Schulte-Karring, H.: Die meliorative Bodenbewirtschaftung. Anleitung zur fachgerechten und nachhaltigen Verbesserung der Staunässeböden. – Druck R. Warlich, Ahrweiler 1970.
Stone, J. F., Kirkham, D. and Read, A. A.: Soil Moisture Determination by a Portable Neutron Scattering Moisture Meter. – Proc. Soil Science Soc. America, 19, 1955.
Vetterlein, E.: Vergleichende Untersuchungen über die Leistungsfähigkeit verschiedener stationärer Bodenfeuchtigkeits-Bestimmungsmethoden. – Deutsche Akademie d. Landw. Wissensch., Berlin 1965.
Walter, H. und Lieth, H. (Mitwirkung von E. Harnickell u. H. Rehder): Klimadiagramm – Weltatlas. – Verlag Fischer, Jena 1967.
Wichtmann, H.: Bodenfeuchte- und Dichtemessungen zur physikalischen Kennzeichnung von Bodentypen. – Landw. Forsch. XXI, 1968.
Wohlrab, B.: Grundwasser und Pflanzenertrag. In: Handbuch der Pflanzenernährung und Düngung von H. Linser (Herausgeber). 2. Band. – Verlag Springer, Wien - New York 1966.
World Meteorological Organisation and UNESCO: Climatic Atlas of Europe. Maßstab 1:10 und 1:5 Mio., 1. Band, Engl., Franz., Russ. und Span. – UNESCO, Paris 1973.
Zakosek, H.: Durchlässigkeitsuntersuchungen an Böden unter besonderer Berücksichtigung der Pseudogleye. – Abh. d. Hess. Landesamtes f. Bodenforschung, 32, Wiesbaden 1960.

IX. Der Lufthaushalt des Bodens

Unter der Bodenluft versteht man die Luft, die sich in den nicht von Wasser eingenommenen Poren des Bodens befindet. Mit dem Begriff Lufthaushalt des Bodens werden die Veränderungen in Gehalt und Zusammensetzung der Bodenluft in den verschiedenen Böden im Jahresablauf zusammengefaßt.

a. BODENLUFT ALS WACHSTUMSFAKTOR

Als Wachstumsfaktor ist die Luft im Boden so wichtig wie das Wasser. Neben der Bodenluft als solcher ist deren Zusammensetzung von großer Bedeutung. Die Atmung der Pflanzenwurzeln, d. h. die Aufnahme von Sauerstoff ist die Vorbedingung für die Aufnahme von Wasser und Nährstoffen.

Der Bedarf der landwirtschaftlichen Kulturpflanzen an Luft (Sauerstoff) ist verschieden. Allgemein werden für die Sauerstoffversorgung folgende Luftkapazitäten angegeben:

Gräser des Grünlandes   8 — 10 Vol.-%
Weizen und Hafer   10 — 15 Vol.-%
Gerste, Zuckerrübe, Luzerne   15 — 20 Vol.-%

Viele Unkräuter kommen mit weniger Bodenluft aus und können deshalb auf schlecht durchlüfteten Böden die Kulturpflanzen erdrücken. Es kommt aber nicht nur auf die Höhe der Luftkapazität allein an. Ist nämlich das Bodenwasser sauerstoffreich, so kann auch bei geringerer Luftkapazität die Sauerstoffversorgung ausreichen. Die Beobachtung lehrt, daß Hangwasser, d. h. das Grundwasser der Hanglagen, günstig auf die Pflanzen wirkt, weil es sauerstoffreicher ist. Auch bewegtes Stauwasser der Hanglagen fördert das Wachstum, was sich besonders bei Waldbäumen äußert. Bäume mit hohem Wasserbedarf (Weide, Schwarzerle, Pappel) senken ihre Wurzeln in das bewegte Grundwasser. Ein Extrem stellen die Hydrokulturen dar, deren Wurzeln in bewegter, belüfteter Nährlösung stehen.

b. BODENLUFT UND BODENMIKROBEN

Von den Mikroorganismen des Bodens verrichten die luftliebenden (Aerobier) die wichtigsten Arbeiten im Boden, z. B. Abbau der organischen Masse, Nitratbildung und Stickstoffsammlung. Das wird eindrucksvoll dadurch gezeigt, daß es bei Luftabschluß durch Wasser zu einer Anhäufung organischer Masse kommt, nämlich zur Moorbildung. Auf der anderen Seite fördert eine starke Belüftung des Bodens den Abbau des Humus stark, wenn die übrigen Lebensbedingungen der Mikroben optimal sind. Das wird aber in Kauf genommen, da, im ganzen betrachtet, die rege Tätigkeit der Mikroorganismen des Bodens günstig ist.

Bei Luftmangel werden die luftfliehenden Mikroorganismen (Anaerobier) gefördert, die unerwünschte Vorgänge im Boden vollziehen, z. B. die Denitrifikation, die Bildung von Methan und Schwefelwasserstoff. Diese anaeroben Prozesse gilt es mit der notwendigen Durchlüftung zu verhindern.

c. BODENLUFT UND OXIDATION

Die chemischen Reaktionen im Boden sind in erster Linie vom Sauerstoff der Bodenluft abhängig. Es sind erwünschte Prozesse der Oxidation, die sich in den durch Eisenoxidhydrat gefärbten Böden kundtun. Die gleichmäßige Braunfärbung, wie z. B. der Braunerde, zeugt von immerwährender Belüftung. Dagegen sind die im Boden konzentrierten Eisenoxidhydrate (Flecken, Streifen, Konkretionen) die Zeichen für den Wechsel zwischen zeitweiliger Belüftung und Luftabschluß durch Wasser. Neben Eisen unterliegen auch andere Stoffe des Bodens der Oxidation, wenn sie der Luft ausgesetzt werden, z. B. Eisensulfid und reduziertes Mangan.

Tab. 59: Einteilung der Luftkapazität in Abhängigkeit vom Großporenanteil und zugehörige Bodentypen (nach W. MÜLLER, M. RENGER und P. BENECKE, 1970)

Einteilung	Poren $>$ 10 μm in Vol.-%. Charakteristische Bodentypen bis 10 dm u. Flur bei tiefem Grundwasser	
sehr gering	$<$ 5	Pseudogley und Knickmarsch (tonig)
gering	5—10	Pseudogley (Löß), Brackmarsch (tonig)
mittel	10—15	Parabraunerde (Löß und Geschiebelehm), Auengley und Seemarsch (schluffig-tonig)
hoch	15—20	Seemarsch (tonig), Brauner Auenboden, teils Gley (Sand)
sehr hoch	$>$ 20	Schwarzerde (Löß), Podsol (Geschiebesand, Flugsand), Nieder- und Hochmoor

Andauernder Luftabschluß führt zur Reduktion, wovon vor allem das Eisen sichtbar betroffen wird. Das zeigt sich besonders in den grauen oder grünlichen Reduktions-Horizonten der Gleye.

d. LUFTGEHALT UND LUFTKAPAZITÄT

Unter *Luftgehalt* versteht man die jeweils im Boden im wasserfreien Porenraum vorhandene Luft; dieses Luftvolumen entspricht: Gesamtporenvolumen — Wasservolumen. Der Luftgehalt ist abhängig vom Wassergehalt, d. h. mit zunehmendem Wasservolumen nimmt das Luftvolumen ab und umgekehrt.

Die *Luftkapazität* ist das Luftvolumen bei Feldkapazität; sie entspricht dem Gesamtporenvolumen — Feldkapazität. Die Luftkapazität ist abhängig von der Textur und dem Bodengefüge, d. h. der Porengrößenverteilung. Allgemein gilt, daß die Luftkapazität mit abnehmender Korngröße niedriger wird, d. h. vom Sand zum Ton. Die Luftkapazität von Sandböden liegt in der Regel über 30 %, von Tonböden hingegen meist unter 15 %. Hohlraumreiche Gefüge, wie das Krümelgefüge, ferner eine starke Durchsetzung des Bodens mit Wurzel- und Wurmröhren erhöhen die Luftkapazität. In der Ackerkrume wird sie schlagartig erhöht durch die Bearbeitung. Hingegen ist zunehmende Gefügedichte und Abnahme der Hohlräume begleitet von sinkender Luftkapazität. Die Abhängigkeit der Luftkapazität vom Großporenanteil mit Beispielen von Bodentypen zeigt die Tabelle 59.

Beim Moor steht die Luftkapazität in Abhängigkeit vom Zersetzungsgrad, den mineralischen Beimengungen und der Lagerungsdichte. Die bearbeitete Krume besitzt eine hohe Luftkapazität; sie nimmt generell mit der Profiltiefe ab. Das Luftvolumen liegt in den Monaten hohen Wasserverbrauches meistens über der Luftkapazität. Wenn das Luftvolumen unter die Luftkapazität absinkt, so enthalten die Poren Grund- oder Stauwasser.

e. ZUSAMMENSETZUNG DER BODENLUFT

Gegenüber der Zusammensetzung der bodennahen atmosphärischen Luft weicht die der Bodenluft besonders im *Kohlensäuregehalt* ab. Während die atmosphärische Luft 0,03 % (Vol.-%) CO_2 enthält, steigt der durchschnittliche Gehalt in der Bodenluft auf etwa das acht- bis zehnfache; er kann aber in biologisch sehr tätigen Gartenböden auf über 10 % ansteigen, in Acker- und Grünlandböden werden aber 2 % selten übertroffen. Mit der Bodentiefe nimmt der CO_2-Gehalt zu, was darauf beruht, daß das CO_2 relativ schwer ist und daher im Boden absinkt, daß aber auch der

Gasaustausch mit der Bodentiefe schwerer wird. Sehr hohe CO_2-Konzentrationen treten kleinflächig in Vulkangebieten auf, wo CO_2 als Mofetten aus tieferen Bereichen der Erdkruste ausströmt, wie z. B. E. KLAPP auf dem Versuchsgut Rengen (Eifel) beobachtet hat.

Die Kohlensäure des Bodens wird von den Pflanzenwurzeln (etwa ein Drittel) und den Bodenmikroben (etwa zwei Drittel) gebildet. Ein nur kleiner Teil kommt mit dem Regenwasser in den Boden. Die CO_2-Bildung im Boden ist nicht nur abhängig vom Bodentyp, sondern auch von Jahres- und Tageszeit, von der Kulturart und von der Bewirtschaftung (Bearbeitung, Düngung, Kalkung). Die Bedingungen, welche das Pflanzenwachstum und das Leben der Bodenmikroben fördern, erhöhen ebenfalls die CO_2-Produktion im Boden. Das sind optimale Temperaturen von 20 bis 25° C, hinreichend, aber nicht zuviel Feuchtigkeit, gute Durchlüftung (Sauerstoff), Bodenreaktion etwa zwischen pH 6 und 7,5 und eine harmonische Versorgung mit allen Nährstoffen. Im Hinblick auf diese Bedingungen erklärt sich, daß die CO_2-Produktion im Boden folgende Gesetzmäßigkeiten aufweist: im Sommer ist sie im ganzen höher als im Winter, aber bei Trockenheit in Sommermitte geht sie etwas zurück; im Tagesablauf liegt das Maximum in den warmen Mittagsstunden, das Minimum bei stärkster Bodenabkühlung in den frühen Morgenstunden; Staunässe und hohes Grundwasser senken sie; sie wird erhöht durch die Kalkung saurer Böden, durch die organische Düngung und die Bodenbearbeitung. Je nach der Gunst dieser Bedingungen schwankt die CO_2-Produktion in den Böden ziemlich stark, sie dürfte jährlich zwischen 5000 und 15 000 kg/ha liegen. Von dieser bodenbürtigen Kohlensäure werden bis zu rund 80 % für die Assimilation der Pflanzen verbraucht. Die Kohlensäure übt die wichtige Funktion der Carbonatlösung aus, indem sich Hydrogencarbonate bilden, was vor allem wichtig ist für die Lösung des Kalkes und die Bereitstellung von Ca-Ionen.

Wenn in der Bodenluft der CO_2-Gehalt auf über 5 % ansteigt, wird das Pflanzenwachstum sichtbar beeinträchtigt, wahrscheinlich wirken aber schon 2 bis 3 % schädlich, obschon in diesem Falle der O_2-Gehalt noch hoch ist.

Tab. 60: Mittlere Zusammensetzung der Luft (Vol.-%) in Atmosphäre und Boden, ermittelt in Rothamsted

Stoff	Atmosphäre	Bodenluft
N_2	79,20	79,00
O_2	20,97	20,60
CO_2	0,03	0,25

Der *Sauerstoffgehalt* der Bodenluft weicht zwar weniger von dem der bodennahen atmosphärischen Luft ab, kann aber nach neueren Untersuchungen in feinkörnigen Böden vorübergehend auf etwa 10 % absinken, vor allem im Unterboden bzw. im Untergrund. In diesem Falle steigt gleichzeitig der CO_2-Gehalt erheblich, so daß Pflanzenschäden auftreten. Die Abnahme des Sauerstoffes ist auf den hohen Bedarf der Pflanzen und Mikroben zurückzuführen. Würde keine Erneuerung aus der Atmosphäre stattfinden, so würde in der Zeit starken Pflanzenwachstums in etwa 20 Tagen der Sauerstoff der Bodenluft verbraucht sein. Die O_2-Versorgung geschieht nicht nur von der Bodenluft aus, sondern teils auch aus dem Boden- und Grundwasser. Entscheidend dabei ist allerdings, ob das Wasser im Boden in Bewegung ist und hierbei O_2 aufnehmen kann. Stagnierendes Wasser ist O_2-arm, da die Erneuerung des Sauerstoffs unterbleibt.

Der *Stickstoffgehalt* der atmosphärischen Luft und der Bodenluft nimmt rund vier Fünftel des Luftvolumens in Anspruch (Tab. 60). Nur unbedeutend weicht der Stickstoffanteil der Bodenluft von dem der atmosphärischen Luft ab. Durch die N-Bindung und N-Freisetzung kann der Stickstoffgehalt der Bodenluft zeitweilig geringfügig höher oder tiefer sein.

Die Bodenluft enthält in unserem Klimabereich eine relative *Feuchtigkeit* von über 95 % und ist damit höher als die atmosphärischen Luft. Diese relative Feuchtigkeit ist stets bei Wasserspannungen < pF 4,2 vorhanden. Da eine Wasserspannung > pF 4,2 nur in stark ausgetrockneten Böden, vor allem im Oberboden, auftritt, sinkt die relative Feuchte der Bodenluft selten unter 95 % ab.

Auf der anderen Seite ist der absolute Wassergehalt der Bodenluft temperaturabhängig, d. h. er steigt mit der Temperaturerhöhung.

f. AUSTAUSCH DER BODENLUFT

Der Austausch der Bodenluft vollzieht sich mit der atmosphärischen Luft; es handelt sich um einen Gasaustausch. Die Erneuerung der Bodenluft wird seit langem auch Bodenatmung genannt.

Die wichtigste Ursache für den Austausch der Bodenluft mit der atmosphärischen Luft ist die *Diffusion*. Diese findet statt infolge verschieden hoher Konzentrationen von CO_2 und O_2 in der Bodenluft und in der Atmosphäre. Der CO_2-Gehalt in der Bodenluft liegt erheblich höher als der der Atmosphäre, und infolgedessen wird CO_2 aus dem Boden in die Atmosphäre diffundieren. Beim O_2 ist es umgekehrt, d. h. der O_2-Gehalt sinkt im Boden gegenüber der Atmosphäre ab, und dadurch wird ein Diffusionsstrom von O_2 aus der Atmosphäre in den Boden verursacht. Der Austausch von N_2 ist praktisch unbedeutend. Die Diffusion verlangsamt sich mit der Länge des Diffusionsweges. Darauf ist die höhere Konzentration von CO_2 in tieferen Bodenhorizonten mit zurückzuführen. In feinkörnigen Böden mit kleinen Poren sowie durch Bodenverdichtungen (S_d-Horizont, Pflugsohle, Oberflächenfrost) kann die Diffusion stark herabgesetzt oder gar unterbunden sein. Das führt zu unerwünschter Konzentration von Kohlensäure im Boden. Das Wasser der Bodenluft folgt dem Temperaturgradienten oder Dampfdruckgradienten, d. h. es bewegt sich zum kühleren Bodenbereich.

Die *meteorologischen Kräfte* des Austausches der Bodenluft sind Temperatur- und Luftdruckschwankungen, Luftbewegung mit Windsog und der in den Boden eindringende Regen. Die gelegentlich nach Niederschlag zu beobachtende Schaumbildung auf der nassen Bodenoberfläche zeugt von aus dem Boden entweichender Luft. Das Regenwasser verdrängt die Bodenluft, zieht Frischluft nach, nimmt CO_2 auf und bringt O_2 mit. Diese Faktoren stehen aber in ihrem Wirkungsgrad weit hinter dem Effekt der Diffusion zurück.

g. LUFTDURCHLÄSSIGKEIT

Begrifflich ist die Luftdurchlässigkeit identisch mit der *Durchlüftung*. Unter der *maximalen Durchlüftungstiefe* versteht man den Abstand von der Bodenoberfläche bis zur Oberfläche des geschlossenen Kapillarraumes. Hierbei ist zu bedenken, daß die Durchlüftung oberhalb des Kapillarraumes durch dichte Horizonte oder Schichten stark eingeschränkt oder sogar unterbunden sein kann.

Die Luftdurchlässigkeit des Bodens folgt ähnlichen Gesetzmäßigkeiten wie seine Wasserdurchlässigkeit. Sie ist abhängig von der Bodenfläche, der Bodenmächtigkeit (Filterlänge) und dem aufgewandten Druck sowie einem von Textur und Bodengefüge gegebenen Durchlässigkeitsbeiwert. Entscheidend für die Luftdurchlässigkeit ist der Durchlässigkeitsbeiwert. Wie stark dieser von Textur und Gefüge abhängt, zeigt folgendes Ergebnis eines Versuches von G. AMMON (Tab. 61).

Die Luftdurchlässigkeit ist vom Wassergehalt des Bodens abhängig. Mit der Minderung des Wassergehaltes nimmt die Luftdurchlässigkeit zu, jedoch verlangsamt sich der Anstieg, weil bei fortschreitendem Wasserverlust immer kleinere Poren entleert werden, durch welche die Luft infolge steigenden Reibungswiderstandes langsamer strömt. Meistens werden die Poren im tieferen Bodenbereich enger, was eine Minderung der Luftdurchlässigkeit mit sich bringt. Aber auch mehr oder weniger dichte Bodenhorizonte (B_t, B_tS_d, S_d) können eine wesent-

Tab. 61: Durch eine gegebene Bodenfläche, eine 50 cm mächtige Bodenschicht und unter einem Druck von 40 cm Wassersäule strömten in gleicher Zeit in Abhängigkeit von Körnung und Gefüge nachstehende Luftmengen (in Liter):

Körnung bzw. Gefüge	Liter Luft
Quarzsand $<$ 0,25 mm $\varnothing$	16,80
Quarzsand 0,5—1 mm $\varnothing$	92,24
Quarzsand 1—2 mm $\varnothing$	287,56
Lehm, dicht	1,62
Lehm, fein gekrümelt	30,90
Lehm, gröber gekrümelt	123,75
Lehm, stark gekrümelt	420,16

lich verminderte Luftdurchlässigkeit aufweisen gegenüber den übrigen Bodenhorizonten. Dadurch wird die Durchlüftung des gesamten Bodenprofils beeinträchtigt.

Die Durchlüftung des Bodens ist ein entscheidender Faktor des Pflanzenstandortes. Die Wurzelatmung ist entscheidend für die Wasser- und Nährstoffaufnahme. Mangel an Bodenluft ist ebenso nachteilig wie Mangel an Wasser. Der Überschuß an Wasser bedeutet für die Pflanze gleichzeitig Luftmangel. Die Folge davon ist ungenügende Wurzelausbreitung, schlechtes Wachstum und im Extremfall Absterben der Pflanzen. Deshalb ist auf nassen Böden die Dränung erforderlich, wodurch das Wasser den dränfähigen Poren ($> 10 \mu m \phi$) entzogen und Luft dem Boden zugeführt wird. Dichte Bodenschichten (Ortstein, S_d-Horizont) müssen mechanisch aufgebrochen werden. Bei nicht zu stark verdichteten und verkitteten Böden können auch Pflanzen mit hoher Wurzelenergie mit ihren Wurzeln Luftkanäle im Boden schaffen. An der Oberfläche leicht verschlämmender Böden kann eine Kruste entstehen, welche die Durchlüftung stark herabsetzt, jedoch können solche dünnen Krusten durch einfaches Hacken leicht beseitigt werden.

h. MESSEN DER LUFTDURCHLÄSSIGKEIT

Wegen der Bedeutung, welche die Luftdurchlässigkeit als Standortfaktor besitzt, hat es an Versuchen nicht gefehlt, diese quantitativ zu erfassen. Es liegt nahe, Bodenproben in ungestörter Lagerung mit dem Stechzylinder zu entnehmen und die Luftdurchlässigkeit im Labor zu bestimmen. Selbst wenn es gelingt, die Bodenprobe ohne wesentliche Gefügestörungen in den Stechzylinder zu bringen und die Luftdurchlässigkeit der Probe verläßlich zu ermitteln, so sagt ein solches Meßergebnis wenig über die Durchlüftung des Gesamtbodens aus. Aus diesem Grunde hat man es vorgezogen, die Luftdurchlässigkeit im Felde im natürlichen Bodenverband zu ermitteln. Bekannte Apparaturen sind die von H. Janert, von O. Buess, von H. Rid und von H. G.

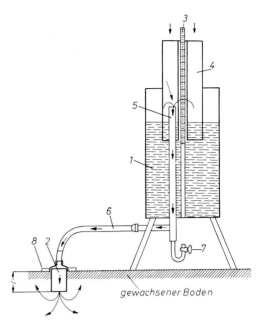

1 Gasometerunterteil mit Wasser
2 Druckzylinder
3 Führungsstange mit Skala
4 Gasometeroberteil mit Führungsrohr
5 Luftrohr
6 Schlauchverbindung
7 Ausgleichs- und Einlaßventil
8 Begrenzungsmarken

Abb. 139. Schematische Darstellung der Apparatur zur Messung der Luftdurchlässigkeit des Bodens nach H. G. KMOCH.

Kmoch. Allen Verfahren ist gemeinsam, daß ein auf einer Seite geschlossener Zylinder in den Boden gedrückt und dann Luft durch eine Öffnung des Zylinderdeckels in den Raum über dem Boden (Abb. 139) gepreßt wird. Während bei den Verfahren von Janert, Buess und Rid die Luft einer Preßluftflasche entnommen wird, entströmt bei der Methode Kmoch die Druckluft einer dem Gasometer ähnlichen Apparatur, die in Abbildung 139 schematisch dargestellt und der DIN 19 682, Bl. 9, entnommen ist. In dieser DIN ist das Verfahren näher beschrieben. Das Prinzip der Messung ist: Ein Stechzylinder, auf den ein Deckel mit Zuführungsschlauch luftdicht aufgesetzt ist, wird bis zu einer Begrenzungsmarke in den Boden gedrückt. Dann wird aus der Kammer des Gasometeroberteiles Luft, die unter einem bestimmten Druck steht, in den oberen Teil des Stechzylinders und weiter in den Boden gepreßt. Die Luftmenge (cm³), die in der Zeiteinheit (s) durch den Boden mit gegebenem Querschnitt und gegebener Filterlänge strömt und sich aus dem Absinken des Gasometeroberteiles ergibt, ist ein Maß für die Luftdurchlässigkeit.

Wenn die Luftdurchlässigkeit des gesamten Bodenprofiles ermittelt werden soll, so genügt es natürlich nicht, diese nur von einer Schicht bzw. einem Horizont zu ermitteln. Vielmehr ist es erforderlich, die Messung der obersten Schicht (Zylinderhöhe) vorzunehmen, dann diese Schicht abzutragen und dann auf der so aufgeschlossenen tieferen Schicht den Druckzylinder erneut anzusetzen. Diese Einzelmessungen müssen nacheinander für das ganze Bodenprofil vorgenommen werden. Aus diesen Meßergebnissen läßt sich eine Kurve der Luftdurchlässigkeit für das Bodenprofil entwickeln. Die Messung der Luftdurchlässigkeit des ganzen Bodenprofiles läßt sich wesentlich vereinfachen, indem durch eine makromorphologische Profilstudie zunächst die im Gefüge verschiedenen Horizonte festgestellt werden. Dann kann man sich darauf beschränken, die Luftdurchlässigkeit der einzelnen Horizonte zu prüfen. Bei mächtigen Horizonten, z. B. bei B_v- und B_t-Horizonten, sind zwei Messungen, nämlich im höheren und tieferen Horizontbereich zu empfehlen.

Literatur

BUESS, O.: Beitrag zur Methodik der Diagnostizierung verdichteter Bodenhorizonte und Ergebnisse von Untergrundlockerungsversuchen auf schweizerischen Ackerböden. – Landw. Jahrb. d. Schweiz, *64*, 1950.
DIN 19682, Teil 9: Bestimmung der Luftdurchlässigkeit (des Bodens). – Alle DIN-Blätter vertreibt der Beuth-Verlag GmbH, Burggrafenstr. 4 – 7, Berlin 30, und Kamekestr. 2 – 8, Köln (Jahr wird nicht angegeben, da stets das neue Blatt geliefert wird).
JANERT, H.: Die Durchlüftbarkeit des Bodens. – Verh. d. 6. Kommission d. Intern. Bodenkundl. Gesellschaft, Zürich 1937.
KIRKHAM, D.: Field method for determination of air permeability of soil in its undisturbed state. – Soil Science Soc. Amer. Proc., *11*, 1947.
KMOCH, H. G.: Die Luftdurchlässigkeit des Bodens. – Gebr. Borntraeger, Berlin-Nikolassee, 1962
KOEPF, H.: Die Bodenluft. In: Handbuch der Pflanzenernährung und Düngung von H. LINSER (Herausgeber), 2. Bd. – Verlag Springer, Wien - New York 1966.
MÜLLER, W., RENGER, M., und BENECKE, P.: Bodenphysikalische Kennwerte wichtiger Böden, Erfassungsmethodik, Klasseneinteilung und kartographische Darstellung. – Beiheft Geol. Jahrbuch, *99*, 2, Hannover 1970.
TANNER, G. B., and WENGEL, R. W.: An Air Permeameter for Field and Laboratory Use. – Soil Science Soc. America Proc., *21*, 1957.

X. Der Wärmehaushalt des Bodens

Unter dem Wärmehaushalt des Bodens versteht man vor allem die Temperatur der verschiedenen Horizonte, die von außen gegebenen Einflüsse auf die Bodentemperatur, vor allem den täglichen und jährlichen Temperaturgang im Bodenprofil.

a. HERKUNFT DER BODENWÄRME

Der Boden empfängt seine Wärme als Lichtstrahlung von der Sonne, als Wärmestrahlung aus der Atmosphäre und vom warmen Regen. Die Einstrahlung ist vorzugsweise abhängig von der geographischen Breite, der Höhe über NN, der Jahreszeit, der Tageszeit und der Witterung (Wolkendecke). Die Wärmezufuhr tagsüber geschieht größtenteils durch kurzwellige Strahlung, welche die Atmosphäre passieren. Nachts erfolgt eine langwellige Rückstrahlung vom Boden aus, die aber von Wasserdampf und Kohlensäure der Atmosphäre sorbiert und teils auf den Boden zurückgestrahlt wird.

b. WÄRME ALS WACHSTUMSFAKTOR

Die Wärme des Bodens ist als Wachstumsfaktor ebenso wichtig wie die Wärme der die Pflanzen umgebenden Luft. Für die Bodenorganismen hat sie die gleiche Bedeutung, denn für deren optimale Leistung sind Temperaturen um 25° C erforderlich; ihre Leistung fällt allerdings wieder, wenn die Temperaturen über 30° C steigen. Die chemischen Umsetzungen im Boden werden mit steigender Temperatur beschleunigt. Wichtig ist vor allem die Wärme für die Keimung und den Wachstumsbeginn sowie den Wachstumsfortschritt im Frühjahr. Der Wärmeanspruch (Luft- und Bodenwärme) der Pflanzen ist verschieden. So entwickelt sich z. B. das Lieschgras am besten bei einer Bodenwärme von 25° C (nach MITSCHERLICH). Luft- und Bodenwärme üben auf die Pflanzen den gleichen Effekt aus. Für die Keimung muß die Temperatur über 5° C liegen. Die oberste Bodenschicht kann sich im Sommer so stark erwärmen, daß keimende Kartoffelknollen und Zwischenfrüchte geschädigt werden können. Jedoch läßt schnelle Erwärmung des Bodens im Frühjahr das Wachstum der landwirtschaftlichen und gärtnerischen Kulturen (Frühgemüse, Frühkartoffeln) in Gang setzen und baldigen Weidebeginn ermöglichen. Hierbei ist einzuschränken, daß schnell und stark erwärmbare Böden auch empfindlich gegen Frost und Trockenheit sind. Auf der anderen Seite werden das Wachstum und die Saat im Frühjahr sehr verzögert durch nasse, nur langsam erwärmbare Böden. In diesem Falle kann eine erhöhte und wachstumsfördernde Lufttemperatur nicht von den Pflanzen genutzt werden.

c. WÄRMEBEEINFLUSSENDE FAKTOREN

1. Spezifische Wärme und Wärmekapazität

Unter der spezifischen Wärme eines Stoffes versteht man die Wärmemenge (cal, neuerdings J), die notwendig ist, um die Temperatur von 1 g Substanz um 1° C zu erhöhen. Da die spezifische Wärme der Stoffe verschieden ist und der Boden aus der festen Bodensubstanz und wechselnden Anteilen von Wasser und Luft besteht, muß die spezifische Wärme der Böden erheblichen Schwankungen unterliegen. Die spezifische Wärme des Wassers beträgt 1,00, die der Luft 0,24 und die von Lehm und Ton rund 0,23 (Tab. 62), d. h. Wasser benötigt

Tab. 62 Die spezifische Wärme der wichtigsten Bestandteile des Bodens (cal/g; 1 cal ≈ 4,2 J)

Stoff	cal/g
Wasser	1,00
Luft	0,24
Quarz	0,19
Kalk	0,24
Lehm	0,22
Ton	0,23
Humus	0,44
Alter Torf	0,47

rund viermal mehr Wärme, um seine Temperatur um 1° C zu erhöhen als die übrigen Komponenten des Bodens, nämlich feste Substanz und Luft (Tab. 62). Somit kommt es bei der spezifischen Wärme des Bodens im wesentlichen darauf an, wieviel Wasser der Boden jeweils besitzt. Nasse Böden erwärmen sich infolgedessen langsam, weshalb man in der Praxis von »kalten Böden« spricht, und wasserarme, luftreiche Böden schnell. Das ergibt sich eindrucksvoll durch die Gegenüberstellung trockener und nasser Böden (Tab. 63).

Aus der spezifischen Wärme, multipliziert mit der Masse, ergibt sich die *Wärmekapazität*. Beim Boden bestehen die Massenanteile aus der mineralischen und organischen Substanz, aus Wasser und Luft.

2. Wärmeleitfähigkeit

Unter der Wärmeleitfähigkeit versteht man die Wärmemenge (cal bzw. J), die durch 1 cm² einer Platte Substanz von 1 cm Dicke in 1 sec hindurchgeht, wenn senkrecht zum Querschnitt die Temperaturdifferenz 1°C beträgt. Die Wärmeleitfähigkeit der festen Gesteine liegt etwa zwischen 0,003 und 0,005 cal*. Gegenüber Luft mit einer Wärmeleitfähigkeit von nur 0,00006 cal* beträgt diese bei Wasser 0,00128; mithin beträgt die Wärmeleitfähigkeit des Wassers das 20fache der Luft. Daraus folgt, daß ein feuchter Boden die Wärme weit besser leitet als ein trockener. Das wird quantitativ durch die Gegenüberstellung der Wärmeleitfähigkeit eines trockenen Mineralbodens mit 0,00033 und eines feuchten Mineralbodens mit 0,00161 deutlich. Mineralmasse (Quarz, Silikate) leitet die Wärme gut, Quarz etwa 15mal besser als Wasser. Im Boden haben jedoch die Körnchen geringe Berührungsflächen für die Wärmeübertragung. Wasserbrücken zwischen den Körnchen erhöhen die Wärmeleitung, wogegen die lufterfüllten Poren die Wärmeleitung wesentlich herabsetzen. Letzteres ist bekannt aus der Technik der Luftisolierung. Die Dränung der nassen Böden hat im Frühjahr eine schnelle Erwärmung zur Folge. Im Sommer ist jedoch der gedränte Boden kälter als der feuchtere, nicht gedränte, weil letzterer die Wärme besser leitet. Der gedränte ist hingegen im Winter und Frühjahr infolge seines höheren Luftgehaltes wärmer als der nicht gedränte Boden. Nasse Moorböden besitzen eine hohe spezifische Wärme und Wärmekapazität. Ist der oberste Horizont des Moores abgetrocknet, locker und luftreich, so erwärmt er sich schnell, gibt aber die Wärme schnell wieder ab, so daß in Nächten starker Ausstrahlung eine starke Abkühlung zu den auf Mooren bekannten Nachtfrösten führt. Dazu kommt es um so eher, als eine Wärmezuleitung aus dem feuchten Unterboden der Moore in den luftreichen Oberboden weitgehend unterbleibt. Sandbedeckung und Sandeinmischung verbessern die Wärmeleitfähigkeit und mindern die Nachtfrostgefahr.

3. Bodenfarbe

Allgemein nehmen dunkle Körper mehr Wärme auf als hell gefärbte. Grau- und braunschwarze Böden, wie Schwarzerde, dunkle Rendzina und Moore, erwärmen sich besser als hellfarbige Böden, wie humusarme Pararendzina und heller Kalkrohboden. Der Tempera-

Tab. 63: Die spezifische Wärme trockener und nasser Böden (cal/g; 1 cal ≈ 4,2 J)

Boden	trocken	wassergesättigt
Sandboden	0,302	0,717
Tonboden	0,240	0,823
Humusboden	0,148	0,902

* 1 cal ≈ 4,2 J

turunterschied bei diesen beiden Bodengruppen kann bei einer Lufttemperatur von 25° C rund 4° C ausmachen. Da dunkle Böden die Wärme aber auch schnell abgeben, ist die tägliche Temperaturschwankung bei dunklen Böden höher als bei solchen mit heller Farbe. Solche Temperaturschwankungen werden mit steigender Bodenfeuchte geringer. Ein Vegetationsversuch mit einem schwarzen und einem weißen Gefäß ergab: Im schwarzen Gefäß wurde eine Temperatur von 23,4° C gemessen und erbrachte einen Gerstenertrag von 36,7 (Verhältniszahl), im weißen Gefäß wurde unter gleichen Bedingungen eine Temperatur von 20° C und ein Ertrag von 29,2 erreicht. Aus diesem Ergebnis wird gleichzeitig der Einfluß der Wärme auf den Ertrag deutlich.

4. Exposition und Inklination

Die Erwärmung des Bodens hängt u. a. auch von dem Einfallswinkel der Strahlung ab, und diese ist abhängig von der geographischen Breite, von der Jahreszeit, von der Tageszeit, von der Exposition und der Inklination. Hier wollen wir uns auf Exposition und Inklination beschränken.

Süd- und Südwesthänge werden stärker erwärmt als West-, Ost- und Nordhanglagen. Wollny hat in unserer Breite zwischen Süd- und Nordexposition bei 30° Hangneigung einen Temperaturunterschied von 1,5 bis 2,5° C ermittelt.

Bei gleicher Exposition ist für die Bodenerwärmung auch der Neigungswinkel der Hanglage von Einfluß. Z. B. ist bei gleicher Exposition die Erwärmung bei 30° Neigung um 0,5° C höher als bei 15° Hangneigung.

5. Bodenbedeckung

Jede Minderung der Ein- und Ausstrahlung setzt die Wärmeaufnahme und -abgabe des Bodens herab, vermindert mithin die Temperaturschwankungen im Tages- und Jahresgang. Die Ausstrahlung, d. h. die Wärmeabgabe des Bodens, wird durch die Bewölkung, Nebel, Rauch und Bodenbedeckung (Schnee, Reisig, Laub, Stroh, Stalldung) herabgesetzt. Praktisch macht man sich dies zunutze, indem man in wertvollen Kulturen (Weinrebe) die Ausstrahlung durch künstlichen Rauch herabsetzt, um Nachtfrost zu verhindern. Schnee hemmt die Abkühlung, aber auch die Erwärmung und verbraucht Wärme beim Schmelzen (Schmelzwärme). Eine Vegetationsdecke setzt ebenso die Temperaturschwankungen herab. Ein Brachfeld erwärmt sich schneller, kühlt sich aber auch schneller ab als vegetationsbedeckter Boden. Die wärmeausgleichende Wirkung des Waldes gegenüber dem freien Feld wird in Tabelle 64 quantitativ dargestellt.

Der Einfluß des Gefüges der Bodenoberfläche ist hier auch zu erwähnen. Je größer die Gefügeaggregate der Bodenoberfläche sind, um so mehr Wärme wird aufgenommen, allerdings auch wieder schneller abgegeben, als das bei kleinen Gefügeaggregaten der Fall ist.

Tab. 64: *Wärmeaufnahme (+) und Wärmeabgabe (—) des Bodens auf freiem Feld und unter Waldvegetation im Jahresablauf in $cal/cm^2/Tag$ (nach J. Schubert) (1 cal ≈ 4,2 J)*

	Febr.	April	Juni	Aug.	Okt.	Dez.
Feld	—166	+353	+469	+147	—386	—393
Wald	—140	+169	+356	+165	—232	—302

6. Verdunstungskälte, Kondensationswärme

Die Verdunstung des Bodenwassers ist begleitet von Wärmeentzug. Mit der Verdunstung von 0,1 g Wasser/cm² verliert der Boden eine Wärmemenge von etwa 60 cal/cm²*. Wenn wir die durchschnittliche Wärmezufuhr mit 257 cal/cm² am Tag zugrunde legen, so wird bei starker Verdunstung (hinreichend Wasser vorausgesetzt) allein durch Verdunstungskälte die zugeführte durchschnittliche Wärmemenge aufgebraucht, indessen kann das nicht als Normalfall aufgefaßt werden.

Der Verdunstungskälte steht gleichsam die Kondensationswärme gegenüber, die bei Tau- und Reifbildung frei wird.

---

* 1 cal ≈ 4,2 J

d. VERBLEIB DER BODENWÄRME

Die Wärme, die der Boden erhält, wird sehr verschieden verbraucht. Lockere Böden, besonders Sandböden, strahlen die Wärme größtenteils wieder in die Atmosphäre, geben sie also an die Luft ab. Da Sandböden sehr durchlässig sind, versickert das Regenwasser schnell und wird weitgehend der Verdunstung entzogen, so daß relativ wenig Wärme durch Verdunstung verlorengeht. Der trockene Sandboden leitet die Wärme schlecht, so daß relativ viel Wärme in ihm gespeichert wird. Nasse Böden, vor allem Moore, geben weniger Wärme direkt an die Luft ab, verlieren aber viel Wärme durch Verdunstung. Somit wird wenig Wärme gespeichert. Die Gegenüberstellung des Wärmehaushaltes eines lockeren, trockenen Bodens und eines nassen Bodens gibt die Spanne an, in der sich der Verbleib der Wärme der übrigen Böden bewegt.

e. BODENFROST

Der Tiefgang des Frostes hängt zunächst vom Ton-, Humus- und Wassergehalt ab. Sandböden gefrieren tiefer als feuchte Lehm-, Ton- und Moorböden. Beim Gefrieren des Wassers wird nämlich Erstarrungswärme frei, wodurch das Vordringen des Frostes in nasse Böden verlangsamt wird. Ist ein nasser Boden gedränt, so wird die Frosttiefe infolge des Wasserabzuges tiefer reichen als vor der Dränung, was bei der Dräntiefe beachtet werden muß. In Deutschland erreicht der Frost nicht mehr als 125 cm Tiefe. Da die Tondränrohre von Frost zerstört oder verschoben werden können, ist in den Gebieten mit niederen Wintertemperaturen eine Dräntiefe wenigstens von 100 cm angezeigt. Die Frosttiefe wird aber weiter vom Gefüge der Oberflächenschicht und dem Pflanzenbestand bestimmt. Gut deckende Pflanzen, wie z. B. Raps, mindern die Frosttiefe gegenüber lückigen Beständen. Auf dem offenen Feld dringt der Frost dagegen 10 bis 30 cm tiefer ein als unter den Winterfrüchten.

Der Frost hat große Bedeutung für Boden und Pflanze in der obersten Bodenschicht als Prozeß des *Auffrierens*. Darunter versteht man das Anheben einer meist dünnen Bodenschicht durch die Bildung von Eislinsen und Eisschichten. Hat sich zunächst eine dünne Schicht von Eiskristallen gebildet, so wird Wasser aus der Umgebung zur Gefrierfront angezogen. Der Boden trocknet in diesem Bereich aus, und die Wasserspannung zum feuchteren Unterboden wird noch vergrößert. Wasser strömt langsam nach oben, und die Eisbildung verstärkt sich. In Sandböden ist die Eislinsenbildung wegen der geringen Wasserbewegung nicht zu erwarten, wohl sind die Intergranularräume mit Eiskriställchen durchsetzt. In Tonböden bilden sich bei Frost Spalten, die in verschiedener Richtung den Boden durchsetzen und in denen sich auch Eiskriställchen bilden können. In schluffreichen Böden ist die Wasserleitfähigkeit hoch, so daß in solchen Böden die Bildung von Eislinsen und -schichten am häufigsten ist.

Leichter und wiederholter Frost mit eingeschaltetem Tauwetter verursacht nur ein leichtes Anheben einer dünnen Oberschicht, was aber den Pflanzen wenig schadet. Bei starkem, tiefer eindringendem Frost kommt es zu stärkerem Anheben einer oberen Bodenschicht, die beim Auftauen wieder zurücksinkt, wodurch Pflanzenwurzeln freigelegt werden können. Zu Wurzelzerreißung kann es kommen, wenn diese in einer gewissen Tiefe festgefroren sind und die obere Bodenschicht nach Auftauen wieder gefriert und sich dabei hebt.

f. WÄRMEGANG IM BODEN

Die Temperatur der Bodenoberfläche zeigt die größten Schwankungen; sie sind größer als die der Lufttemperatur. Je kontinentaler das Klima ist, d. h. je größer die Schwankungen der Lufttemperatur sind, um so größer sind auch die der Bodentemperatur. Das ozeanische Klima (Küstenbereiche) zeichnet sich dagegen durch geringere Schwankungen der Luft- und Bodentemperatur aus. Die Schwankungen der Bodentemperatur nehmen mit der Tiefe schnell ab. Wenn z. B. die tägliche Temperaturschwankung an der Oberfläche 11,3° C beträgt, ist diese in 30 cm Tiefe 1,5° C und in 60 cm Tiefe

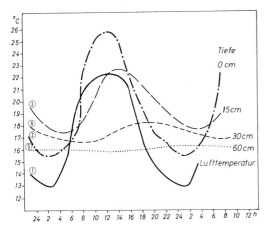

Abb. 140. *Täglicher Wärmegang in der Luft und in einem mittelschweren Boden.* ① *Lufttemperatur,* ② *Temperatur der Bodenoberfläche,* ③ *Temperatur in 15 cm Tiefe,* ④ *Temperatur in 30 cm Tiefe,* ⑤ *Temperatur in 60 cm Tiefe.*

nur noch 0,1° C. In 70 bis 100 cm Tiefe machen sich die Tagesschwankungen der Temperatur nicht mehr bemerkbar.

An der Bodenoberfläche wird das Temperaturmaximum um 14 Uhr gemessen, in 30 cm Tiefe ist dasselbe um 22 Uhr und in 60 cm Tiefe erst um 6 Uhr erreicht, wenn an der Oberfläche das Temperaturminimum herrscht.

In der Abbildung 140 ist der tägliche Wärmegang der Luft, an der Bodenoberfläche sowie in 15, 30 und 60 cm Tiefe dargestellt. Die Kurven zeigen den schnellen Rückgang der Temperatur mit fortschreitender Tiefe sowie die zeitliche Verschiebung des Temperaturmaximums.

Der Jahresgang der Temperatur greift tiefer in den Boden und ist abhängig vom jeweiligen Klima. In Mitteleuropa machen sich die Jahresschwankungen zwar noch über 10 m Tiefe hinaus schwach bemerkbar, reichen jedoch nicht bis über 15 m Tiefe. Beim Jahreswärmegang im Boden beobachten wir im Prinzip das gleiche wie beim Tageswärmegang, d. h. nach der Tiefe nehmen die Jahresschwankungen ab, und das Maximum der Oberfläche (Monatsmittel) verschiebt sich zeitlich nach der Tiefe. So ist das Juli-Maximum erst im Dezember in 7,5 m Tiefe angelangt. Sehr anschaulich zeigen das die Jahreskurven in Abbildung 141.

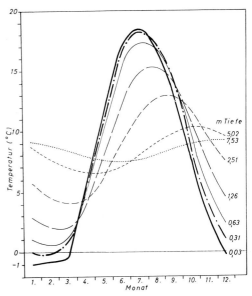

Abb. 141. *Jährlicher Wärmegang an der Bodenoberfläche sowie in verschiedenen Bodentiefen in Königsberg 1873–1877 und 1879–1886 (nach einer Tabelle von* Schmidt *und* Leyst*).*

g. BODENWÄRME UND BODENBILDUNG

Chemische Prozesse werden durch Wärme beschleunigt. Da in der Bodenbildung mannigfache chemische Prozesse stattfinden, nimmt die Bodenwärme entscheidenden Einfluß auf das Tempo der Verwitterung und auf die Eigenart der Bodenbildung. Bei einem großklimatischen Vergleich, z. B. zwischen den Böden der Tropen (Roterde) und denen der Grassteppe (Schwarzerde), ist das offensichtlich. Aber auch Unterschiede der Bodenerwärmung im Bereich des Kleinklimas können erheblichen Einfluß auf die Bodenbildung ausüben. Das wird eindrucksvoll demonstriert durch die verschiedene Bodenbildung auf der Süd- und Nordseite kleinerer Geländeerhebungen, z. B. Dünenkuppen (oder -rücken) und Drumlins (Abb. 142). Ein sehr interessanter, aber noch nicht in allen Teilen geklärter thermischer Einfluß scheint auf die Herausbildung bestimmter scharfer Horizontgrenzen zu bestehen (S. Müller 1965). Im übernächsten Kapitel wird mehr über das Klima als Faktor der Bodenbildung zu sagen sein.

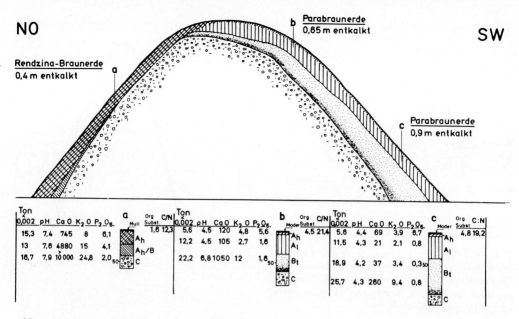

Abb. 142. Schematischer Querschnitt durch den Drumlin-Hügel »Schönenberg«, Gemeindewald Reichenau, Kr. Konstanz (nach S. MÜLLER, 1965). Die Bodenbildung ist in der wärmeren SW-Exposition weiter fortgeschritten als in der kühleren NO-Exposition. Das zeigen die Profilsäulen mit Analysendaten am unteren Bildrand quantitativ. Auf die Bildung der Parabraunerde mit einem ausgeprägten A_1-Horizont in der SW-Exposition hat wahrscheinlich auch der Tageswärmegang im Bodenprofil Einfluß ausgeübt.

Literatur

BAVER, L. D., GARDNER, W. H., and GARDNER, W. R.: Soil Physics, 5. Aufl. – Verlag Wiley & Sons Ltd., Chichester/Sussex 1973.
KOEPF, H.: Die Bodentemperatur. In: Handbuch der Pflanzenernährung und Düngung von H. LINSER (Herausgeber). 2. Band. – Verlag Springer, Wien - New York 1966.
KREUZ, W.: Der Jahresgang der Temperatur in verschiedenen Böden unter gleichen Witterungsverhältnissen. – Zeitschr. f. Angew. Meteorologie, 60, 1943.
MÜLLER, S.: Thermische Sprungschichtenbildung als differenzierender Faktor im Bodenprofil. – Zeitschr. Pflanzenernährung, Düngung und Bodenkunde, 109, 1, 1965.
SHULGIN, A. M.: The Temperature Regime of Soils. – State Publishing House for Hydrology and Meteorology, Leningrad 1957, translated in Israel 1965.
ZÖTTL, H.: Die Abhängigkeit der Bodentemperatur vom Wasserhaushalt wechselfeuchter Standorte. – Forstwissenschaftl. Centralblatt, 77, 1958.

XI. Die Bodenbiologie

Organismen sind ein wesentlicher Bestandteil der Böden. Oft beginnt die Bodenbildung mit der Besiedlung des Muttergesteins durch pflanzliche Organismen. Auch weiterhin bewirken oder beeinflussen Organismen zahlreiche Umsetzungsprozesse in den Böden und beteiligen sich so an der Bodenentwicklung. Andererseits wird auch die Zusammensetzung der Bodenlebewelt, des Edaphons, sehr stark durch die Bodeneigenschaften bestimmt. Nachfolgend sollen die wichtigsten Organismengruppen der Böden besprochen werden. Das Edaphon setzt sich aus Bodenflora und Bodenfauna zusammen.

a. BODENFLORA

Die pflanzlichen Organismen stehen zahlenmäßig und der praktischen Bedeutung nach weitaus an erster Stelle (Abb. 143).

1. Systematische Einteilung und Beschreibung

(a) Mikroorganismen

(1) Bakterien

Bakterien sind mikroskopisch kleine, einzellige Organismen von 0,5 bis 3 μm Durchmesser. Sie werden nach morphologischen, physiologischen und ökologischen Merkmalen eingeteilt. Nach der Form unterscheidet man: Kokken, Stäbchen, Spirillen (Abb. 143, 144). Die im Boden besonders häufigen bzw. bedeutenden Gattungen sind: Achromobacter, Azotobacter (Abb. 145), Azotomonas, Bacillus, Bacterium, Cellulomonas, Chromobacterium, Clostridium, Cytophaga, Desulfovibrio, Nitrobacter, Nitrosomonas, Pseudomonas, Rhizobium und Thiobacillus.

(2) Actinomyceten (Strahlenpilze)

Actinomyceten sind einzellige Mikroorganismen, die in morphologischer Hinsicht zwischen den echten Bakterien und den Pilzen stehen (Abb. 143). Die meisten von ihnen bilden ein feinverzweigtes Mycel. An den Hyphen von $<$ 1 μm $\emptyset$ werden häufig für die einzelnen Gattungen charakteristische Gebilde abgeschnürt, die als Sporen dienen. Diese Gruppe ist im Boden besonders durch die Gattungen Streptomyces (Abb. 146) und Nocardia vertreten.

(3) Pilze

Charakteristisch für die Pilze ist die Ausbildung eines Myzels, das von zylindrischen Hyphen von 2,5 bis 10 μm $\emptyset$ und mehr gebildet wird. Während der Fruktifikationsperiode werden besondere sporentragende Organe ausgebildet (Abb. 147).

Im Boden finden sich Vertreter von Bedeutung aus der Gruppe der Phycomyceten, besonders die Gattungen Mucor und Rhizopus, der Ascomyceten, wie die Gattungen Chaetomium, Aspergillus und Penicillium (Abb. 143), der Basidiomyceten, die als Mykorrhiza-Pilze und auch als Erreger von Pflanzenkrankheiten, wie z. B. die gefürchteten Rost- und Brandpilze, von Bedeutung sind. Zuletzt seien noch die im Boden sehr häufigen Fungi imperfecti mit den Gattungen Trichoderma, Humicola, Alternaria usw. erwähnt. Auch die Hefen werden zu den Pilzen gerechnet.

(b) Algen

Die Algen sind charakterisiert durch den Besitz von Chlorophyll, des grünen Pflanzenfarbstoffes, der sie zur Assimilation des CO_2 befähigt (Abb. 148). Im Boden kommen neben einzelligen auch kurzfadenförmige Arten vor. Es wurden Vertreter aus der Gruppe der

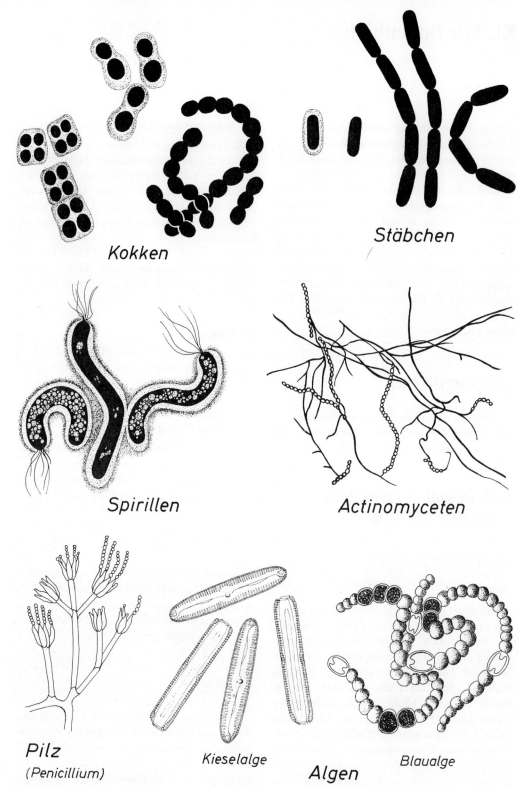

Abb. 143. Die Formen der wichtigsten Bodenbakterien und anderer Vertreter der Bodenflora.

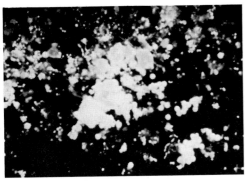

Abb. 144. Mikroskopisches Bild eines dichten Besatzes mit Bakterien (helle, runde, teils gehäufte Punkte) auf Buchenlaub, das von diesen zersetzt wird (nach A. LEHNER, W. NOWAK und L. SEIBOLD).

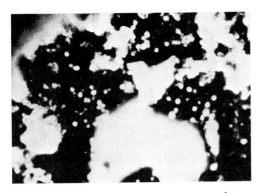

Abb. 145. Mikroskopisches Bild von Azotobacter (helle, runde Punkte) im Boden (helle, unregelmäßig geformte Teilchen); dunkle Stellen sind Hohlräume (nach A. LEHNER, W. NOWAK und L. SEIBOLD).

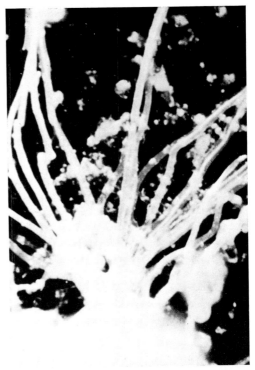

Abb. 147. Mikroskopisches Bild von Pilzmycel (helle, dicke Fäden) im Boden (helle, unregelmäßig geformte Teilchen); dunkle Stellen sind Hohlräume (nach A. LEHNER, W. NOWAK und L. SEIBOLD).
Ein gut entwickeltes, weißes Pilzmycel kann man schon mit dem bloßen Auge erkennen; dagegen sind dunkel gefärbte Fäden nicht so leicht vom Bodenmaterial zu unterscheiden. Wie das Bild zeigt, können Pilze zur Lebendverbauung beitragen.

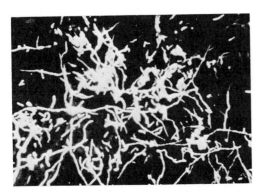

Abb. 146. Mikroskopisches Bild von Streptomyceten-Mycel (helle Fäden) (nach A. LEHNER, W. NOWAK und L. SEIBOLD).
In Bodenhohlräumen können außerdem die Ketten der Luftsporen abgeschnürt werden, die in künstlichen Kulturen typisch für die Streptomyceten sind.

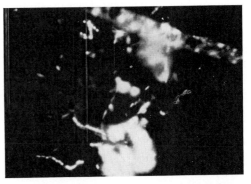

Abb. 148. Mikroskopisches Bild einer Grünalge (Stäbchen oben rechts) und Bakterienketten (helle Perlschnüre unten links) im Boden (helle, unregelmäßig geformte Teilchen); dunkle Stellen sind Hohlräume (nach A. LEHNER, W. NOWAK und L. SEIBOLD).

Cyanophyceen oder Blaualgen mit den Gattungen Nostoc und Anabaena, aus der Gruppe der Chlorophyta oder Grünalgen mit verschiedenen Euglena-Arten und schließlich aus der Gruppe der Kieselalgen oder Diatomeen isoliert.

2. Lebensbedingungen der Bodenflora

Die Lebensweise der Bodenorganismen ist an die besonderen Eigenschaften des Bodens als Lebensraum angepaßt. Diesen Lebensraum finden sie in den mit Wasser oder Luft erfüllten Bodenhohlräumen. Das Bodenleben hängt somit von Zahl und Größe der Hohlräume des Bodens ab, darüber hinaus aber auch von der Art und Menge der zur Verfügung stehenden Nahrung sowie den Feuchtigkeits-, Temperatur-, Durchlüftungs- und Reaktionsverhältnissen (Abb. 149).

(a) Nahrung

Die Mikroorganismen beschaffen sich die für den Aufbau ihrer Körpersubstanzen und für die energieverbrauchenden Lebensvorgänge nötigen Ausgangsstoffe teils durch Heterotrophie, teils durch Autotrophie.

Heterotroph lebenden Organismen dient als C-Quelle die im Boden vorhandene tote und lebende organische Substanz. Diese organischen Verbindungen werden zur Energiegewinnung durch das Enzymsystem der Organismen veratmet oder in körpereigene Substanzen umgebaut. Die Spezialisierung der Organismen auf die verschiedenen Substrate, wie z. B. Zellulose, Lignin, Eiweiß u. a., ist durch ihr unterschiedliches Enzymbildungsvermögen bedingt. Einige dieser Spezialisten seien hier erwähnt, und zwar an erster Stelle die Zellulosezersetzer, also Organismen, die Zellulose als C-Quelle verwerten. Dieses sind: Cellvibrio, Cellulomonas, Clostridium cellulosolvens, alles Vertreter aus der Gruppe der Bakterien. Dazu kommen Nocardia- und Streptomyces-Arten, also Actinomyceten und eine Vielzahl von Pilzen, wie vor allem Chaetomium und Trichoderma sowie eine Reihe von Basidiomyceten.

Chitin, das als Gerüstsubstanz bei Tieren und auch bei Mikroorganismen dient und gegenüber jeglichem Abbau sehr widerstandsfähig ist, wird hauptsächlich von Actinomyceten angegriffen.

Lignin gehört zu den resistentesten Bestandteilen der pflanzlichen Rückstände, die als Nahrung für die Bodenorganismen in Betracht kommen; es wird hauptsächlich von Basidiomyceten, z. B. Coprinus und Polystictus, verwertet.

Die *C-autotrophen* Organismen sind nicht an das Vorhandensein von organischen Substanzen als Nahrung gebunden, sie können vielmehr die für sie notwendigen organischen Verbindungen aus CO_2 und H_2O selbst synthetisieren. Die dazu notwendige Energie erhalten die *photoautotrophen Organismen*, wie die Algen, durch das Sonnenlicht, die *chemoautotrophen Organismen* durch Oxidation anorganischer Verbindungen. Derartige Oxidationen sind z. B. die Umwandlung von NH_3 in NO_2^- durch Nitrosomonas, von NO_2^- in NO_3^- durch Nitrobacter, von H_2S und S_2 in SO_4^{--} durch Thiobacillus und die Umwandlung von Fe(II)- in Fe(III)-Verbindungen durch Ferrobacillus.

Außer einer C-Quelle benötigen die Mikroorganismen und Algen auch mineralische Nährstoffe, und zwar ähnlich wie die höheren Pflanzen N, P, K, Mg, S, Fe und wahrscheinlich auch Ca, Mn, Cu, Mo und Co.

Eine Reihe von Bodenorganismen ist befähigt, den Stickstoff als elementaren Luft-Stickstoff aufzunehmen und nicht wie die höheren Pflanzen in Form von NO_3- oder NH_4-Ionen. Diese Stickstoffbindung kann symbiotisch oder nichtsymbiotisch vonstatten gehen.

Nichtsymbiotische Stickstoffbinder sind einige Blaualgen, wie Nostoc und Calothrix. Sie assimilieren den Luftstickstoff unter Ausnutzung der Lichtenergie. Azotobacter- und Clostridium-Arten sind heterotrophe, freilebende, stickstoffbindende Bakterien und erhalten die für die Stickstoff-Assimilation notwendige Energie aus chemischen Prozessen.

Symbiotisch lebende *Stickstoffbinder* sind die bekannten Knöllchenbakterien (Rhizobium-Arten). Die Leguminosen versorgen diese Bakterien mit den lebensnotwendigen Kohlehydraten und erhalten dafür von den Bakterien Stickstoffverbindungen. Knöllchenbakterien sind meist sehr spezifisch. Arten, die mit Klee eine Symbiose eingehen, vermögen dies z. B. bei Luzerne, Lupine und Sojabohne nicht. In den Wurzelknöllchen der Erle befindet sich Actinomyces alni.

Zuletzt sei noch auf eine besondere Lebensform im Boden hingewiesen, auf die *Mykorrhiza*. Sie stellt eine Symbiose von Pilzen mit den Wurzeln von Bäumen und anderen Höheren Pflanzen dar. Besonders Pilze aus den Gattungen der Röhrlinge, Milchlinge, Täublinge und Ritterlinge, also alles Basidiomyceten, sollen Mykorrhiza bilden.

Man unterscheidet nach der Stellung des Pilzes zur Wurzel eine *ektotrophe* und *endotrophe Mykorrhiza*. Bei der ektotrophen Mykorrhiza sind die Wurzeln durch einfache oder verzweigte, knöllchenähnliche Anschwellungen gekennzeichnet, die von Pilzmyzel umhüllt und durchdrungen sind. Diese Form findet sich besonders bei Kiefer, Fichte und Lärche, aber auch bei Buche, Eiche, Birke, Kastanie u. a. Bei der endotrophen Mykorrhiza dringt das Pilzmyzel in die Wurzelzelle ein. Diese Art Mykorrhiza kommt bei Ahorn, Zeder, Eibe, bei einigen Pappeln, Walnuß, Zitrusbäumen sowie bei Orchideen, Heide- und Farnkräutern vor.

Die Bedeutung der Mykorrhiza liegt besonders in Böden mit einem geringen Gehalt an pflanzenverfügbaren Nährstoffen. Es hat sich nämlich gezeigt, daß die Mykorrhiza-Pilze die Höheren Pflanzen mit N, P und K sowie anderen Nährstoffen versorgen, die sie aus organischem Material (Humus) und anorganischen Verbindungen (Mineralen) zu beschaffen vermögen.

Die praktische Bedeutung der Mykorrhiza erwies sich bei Aufforstungsversuchen in Gebieten mit Prärie- und Steppenböden, in denen bisher kein Wald stand. Da diese Böden meist keine geeigneten Mykorrhiza-Pilze enthalten, wird die normale Entwicklung der Baumsämlinge dadurch behindert. Man hilft sich durch Zugabe von Waldboden oder durch Pflanzung von Sämlingen, die Mykorrhiza aufweisen. Auf Waldböden, die vorübergehend anderen Zwecken dienten, verschwinden die Mykorrhiza-Pilze nur bei starken Veränderungen der Umweltbedingungen, z. B. bei längerer Wasserüberstauung des Bodens und bei zu starken Gaben von Fungiziden, Insektiziden und Herbiziden. Auch durch Anwendung einer ausgeglichenen, mineralischen Düngung kann es zu einem mehr oder weniger starken Rückgang der Mykorrhiza-Bildung kommen. Ebenso drängt eine Kalkung des Rohhumus von Waldböden die mykorrhizabildenden Pilze zugunsten streuzersetzender Organismen zurück.

(b) Feuchtigkeit

Das Optimum der Feuchtigkeit liegt meist bei einem Gehalt von 50 bis 80 % der Feldkapazität. In Form von Sporen (Bakterien und Pilze) und Cysten (Algen) können hohe Austrocknungsgrade und Wassergehalte überdauert werden. Actinomyceten und einige Pilze sind besonders trockenresistent.

(c) Durchlüftung

Bei zu hohem Wassergehalt des Bodens wird die Luft bzw. der Sauerstoff aus den Bodenhohlräumen verdrängt; es entstehen anaerobe Verhältnisse. Der Großteil der Bodenflora lebt aerob, d. h. er benötigt für seine lebensnotwendigen Umsetzungen Sauerstoff (Abb. 149). Ein Teil der Bakterien und die Hefepilze leben fakultativ oder obligat anaerob, also je nach Bedingungen mit oder ohne Sauerstoff (fakultativ anaerob) oder nur in sauerstofffreiem Milieu (obligat anaerob). Die Clostridium-Arten sind z. B. anaerobe Bakterien. Einige Vertreter dieser Gattung sind Zellulosezersetzer, andere Pektin- oder Eiweißzersetzer, wieder andere Stickstoffbinder.

(d) Temperatur

Der größte Teil der Mikroben hat ein Temperatur-Optimum zwischen 25 bis 35° C. Es gibt jedoch auch *psychrophile* Formen, deren Temperatur-Optimum tiefer liegt und zwar bei 10 bis 20° C. *Thermophile* Organismen entwickeln sich dagegen zwischen 50 bis 65° C am besten.

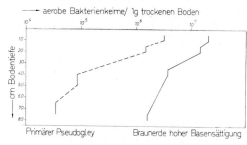

Abb. 149. Zahl der aeroben Bakterienkeime in 1 g Boden (in verschiedener Bodentiefe) aus zwei Bodentypen mit verschiedenem Aufbau, verschiedenen Eigenschaften und verschiedenem Wert (nach G. Franz).

Höhere Temperaturen als 80° C töten die meisten Bodenlebewesen. Ungünstige Lebensbedingungen, wie z. B. die winterlichen Fröste in unseren Breitengraden, können die Mikroorganismen und auch die Algen in Form der sehr widerstandsfähigen Sporen und Cysten überdauern.

(e) pH-Wert

Eine neutrale bis schwach alkalische Reaktion der Böden wird von der Mehrzahl der Bakterien, Actinomyceten, Blau- und Kieselalgen bevorzugt. Pilze und Grünalgen dagegen gedeihen auch in sauren Böden. Der aerobe Stickstoffbinder Azotobacter bevorzugt neutrale bis schwach alkalische Böden, während die zur Stickstoff-Fixierung befähigten, anaerob lebenden Clostridium-Arten auch in sauren Böden anzutreffen sind. Die Nitrifikation, also die Umwandlung von NH_4^+ in NO_2^- und NO_3^- durch Nitrosomonas bzw. Nitrobacter ist nur in neutralen Böden von Bedeutung.

3. Zahl und Verteilung der Bodenmikroflora und Methoden zu ihrer Isolierung

Die in der Literatur zitierten Zahlen der Mikroorganismen je Gramm Boden liegen zwischen mehreren Hunderttausend und über 20 Milliarden. Diese enormen Schwankungen sind vor allem durch die verschiedenen Methoden der Keimdichte-Bestimmung bedingt, aber auch durch die verschiedenen Milieubedingungen.

In der Mikrobiologie sind zwei verschiedene Auszählmethoden gebräuchlich, der indirekte Nachweis mittels der Plattenkultur und die direkte mikroskopische Auszählung in Bodenaufschlämmungen. Die Plattenkultur liefert Minimalzahlen, nämlich nur diejenigen Mikroorganismen, die unter den gegebenen Kulturbedingungen vermehrungsfähig sind. Die direkt unter dem Mikroskop ausgezählten Keimwerte liegen jedoch zweifellos zu hoch, da hierbei auch abgestorbene und in Autolyse begriffene Zellen mitgezählt werden. Die bisherigen Methoden der Keimdichte-Bestimmung erlauben es noch nicht, die Gesamtheit aller lebensfähigen mikroskopischen Individuen im Boden zahlenmäßig mit ausreichender Zuverlässigkeit zu erfassen. Verschiedene Autoren berechneten den durchschnittlichen Anteil der Bakterienmasse des Bodens mit etwa 5 % der Trockensubstanz der gesamten organischen Masse des Bodens.

Wie schon eingangs erwähnt, hängt die Anzahl der Bodenmikroben von den Bodeneigenschaften, wie vor allem dem Gehalt an organischer Substanz, dem pH-Wert, der Körnung und Dichte des Bodens usw., also vom Bodentyp, ab (Abbildung 149). Im Wurzelbereich

Abb. 150. Mikroskopisches Bild von der Lebendverbauung der Bodenteilchen durch Mikroorganismen. Die hellen, unregelmäßig geformten, wolkenartigen Teilchen (wie oben links) sind Boden; zwischen diesen Teilchen befinden sich viele helle, punkt- und kurzstäbchenförmige Mikroorganismen, welche die Bodenteilchen miteinander verkleben. Die dunklen Stellen sind Hohlräume (nach A. Lehner, W. Nowak und L. Seibold).

der Pflanzen, der sogenannten Rhizosphäre, befinden sich 50- bis 100mal so viele Bakterien wie im wurzelfreien Boden, da hier besonders günstige Lebensbedingungen vorliegen. Die Actinomyceten, Pilze, Algen und Protozoen werden durch die Rhizosphären-Effekte weit weniger stimuliert als die Bakterien. Der Einfluß der Pflanze auf die Rhizosphären-Mikroflora erfolgt teils indirekt, teils direkt.

Indirekte Einflüsse sind z. B. Veränderung des Gefüges (Abbildung 150), des H_2O-Gehaltes, der Reaktion, des Nährstoffgehaltes und der Atmosphäre des Bodens. Durch die Atmungstätigkeit der Pflanzenwurzeln wird der CO_2-Gehalt der Atmosphäre des wurzelnahen Bereichs wesentlich erhöht, und zwar stammen zwei Drittel des CO_2 von der Pflanze und ein Drittel von der Rhizosphären-Flora. Die Rhizosphäre ist daher im allgemeinen durch ein O_2-Defizit charakterisiert, das die Denitrifikation und andere anaerobe Prozesse in diesem Bereich fördert.

Die direkten Einflüsse der Pflanze auf die Rhizosphären-Flora bestehen in der Ausscheidung von Substanzen, z. B. Phosphor, Kohlenhydraten (vor allem Glucose und Fructose), Aminosäuren, organischen Säuren, Vitaminen und Enzymen. Ferner werden tote Zellen der Wurzelepidermis abgestoßen, die Nährsubstrate für verschiedene Spezialisten der Mikroorganismen, wie Zellulose-, Pektin-, Stärke- und Eiweißzersetzer, darstellen.

b. BODENFAUNA

Auch die Bodenfauna ist maßgeblich an den Stoffumsetzungen im Boden beteiligt.

1. Systematische Einteilung und Beschreibung

(a) Protozoa (Einzeller)

Flagellata (Geißeltierchen)
Rhizopoda (Wurzelfüßer), Amöben und Thekamöben
Ciliata (Wimpertierchen)

Es sind zumeist mikroskopisch kleine Tiere (Abbildung 151) zwischen 1 µm bis zu einigen Millimetern. Sie leben in dem Wasserfilm der Bodenteilchen oder in den wassergefüllten Bodenporen. Es gibt auch viele Arten, die als Parasiten in anderen Bodenorganismen leben. Die freilebenden Arten können Trockenzeiten in Form von Dauerstadien (Cysten) überdauern. Sie ernähren sich meist von Bodenbakterien und -pilzen.

(b) Metazoa (Vielzeller)

(1) Niedere Würmer

Rotatorien (Rädertierchen) sind sehr kleine, durchsichtige Organismen von 0,04 bis 3 mm Körperlänge (Abbildung 151). Die meisten Rädertierchen leben von anderen kleinen Organismen, wie Bakterien, Algen und Protozoen, einige scheinen aber auch an der Zersetzung toten Pflanzenmaterials mitzuwirken.

Gastrotrichen leben wie die Rotatorien in den mit Bodenwasser gefüllten Hohlräumen.

Turbellarien (Strudelwürmer) sind im Boden nur in geringer Individuenzahl vertreten.

Nematoden (Fadenwürmer) sind kleine, meist durchsichtige Lebewesen (Abbildung 151). Im Gegensatz zu den bisher besprochenen Formen besitzen sie meist eine ausgesprochen wurmförmige Gestalt. Sie kommen im Boden als Parasiten auf pflanzlichen und tierischen Organismen oder auch als freilebende Arten vor. Letztere ernähren sich teils von Bakterien, teils aber auch von toter organischer Substanz.

(2) Annelida (Ringelwürmer)

Oligochaeta leben in selbstgegrabenen, lufterfüllten Erdröhren.

Enchytraeidae (kleine Oligochaeten) sind 5 bis 15 mm lange, meist weiße Würmer (Abbildung 151). Sie zerkleinern teils leicht zersetzbare Streuarten, teils dienen ihnen auch humose Stoffe des Bodens als Nahrung.

Lumbricidae (Regenwürmer) nehmen organische und anorganische Bestandteile als Nahrung auf, indem sie sich buchstäblich durch den Boden hindurchfressen (Abb. 151). Im Magen

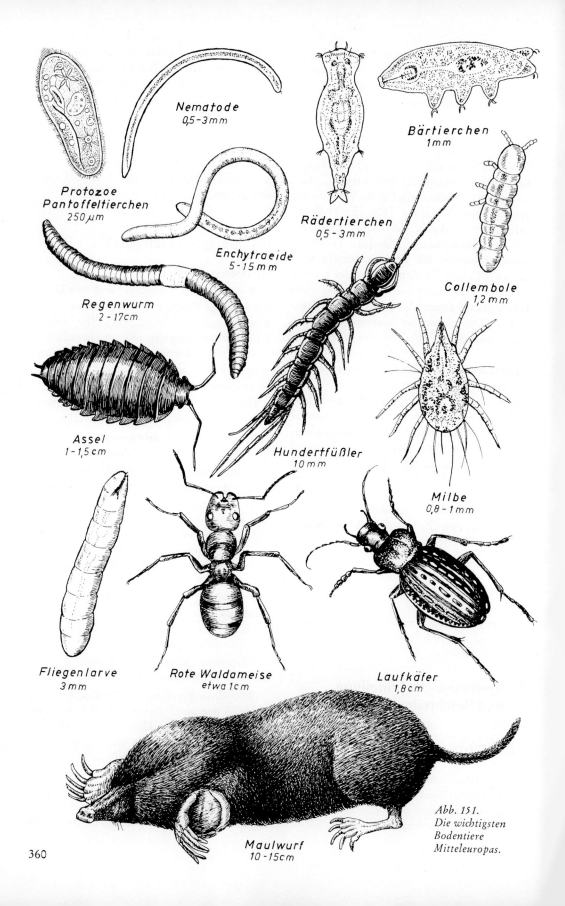

Abb. 151. Die wichtigsten Bodentiere Mitteleuropas.

werden die organischen und anorganischen Substanzen innig miteinander vermischt; es entstehen Ton-Humus-Komplexe, die als Kot wieder ausgeschieden werden.

Die wichtigsten einheimischen Regenwurmgattungen sind Lumbricus, Eisenia und Dendrobaena, die durch rote Pigmentierung gekennzeichnet sind. Die beiden letzteren leben hauptsächlich im humosen Material, in dem sie auch ihren Kot ablegen. Die Gattungen Allolobophora und Octolasium sind niemals rot, sie weisen verschiedene Farben, meist mit grauem Grundton, auf und holen ihre Nahrung ebenfalls aus dem oberen Bodenbereich, bewohnen aber die tieferen Bodenhorizonte.

(3) Arthropoda (Gliederfüßer)

Tardigraden (Bärtierchen) sind meist unter 1 mm große Tiere (Abb. 151); sie ernähren sich von Bakterien, Pilzen, Algen und organischem Detritus.

Arachnida (Spinnentiere). Zu dieser Gruppe gehören die Spinnen, Pseudoskorpione und Weberknechte, denen keine besondere bodenbiologische Bedeutung zukommt. Zu den Spinnentieren zählen jedoch auch die *Milben* (Acarina), die für das biologische Geschehen im Boden eine viel größere Bedeutung haben und durchschnittlich 0,1 bis 2 mm groß sind (Abbildung 151). Sie sind im Boden vor allem durch die in der Mehrzahl räuberisch lebenden Parasitiformes und Trombidiformes sowie durch die sich vom pflanzlichem Bestandesabfall (Pilzen, Algen, Moosen) ernährenden Oribatiden (Hornmilben), die der Unterordnung der Sarcoptiformes angehören, vertreten. Die Oribatiden sind durch ihre große Individuenzahl und ihre Beteiligung an der Aufarbeitung des Bestandesabfalles, den sie zu winzigen Losungsballen, dem sogenannten Arthropodenmull in Rendzinen, verarbeiten, von besonderer bodenbiologischer Bedeutung.

Crustaceae (Krebstiere), wozu gehören:

Isopoden (Asseln). Ihre Körperlänge beträgt wenige Millimeter bis über einen Zentimeter. Sie sind Allesfresser und haben an der Zersetzung des pflanzlichen Bestandesabfalles vor allem in Waldböden starken Anteil.

Myriapoda (Tausendfüßer), wozu gehören:

Diplopoda (Doppelfüßer). Dazu gehören die Familien Julidae mit den Gattungen Julus und Cylindrojulus, Polydesmidae (Polydesmus) und Glomeridae. Es sind meist längliche Tiere, die an der Zersetzung des Bestandesabfalles, vor allem in Waldböden, maßgeblich beteiligt sind.

Chilopoda (Hundertfüßer) können einige Millimeter bis über 2 Dezimeter lang werden und ernähren sich von anderen lebenden Bodentieren.

Insecta (Insekten), wozu gehören:

Apterygota (flügellose Insekten). Die *Collembolen* oder *Springschwänze* stellen die bodenbiologisch wichtigste Gruppe dieser Unterklasse dar. Es sind sehr kleine Insekten von meist weniger als 1 Millimeter Länge. Sie ernähren sich hauptsächlich von pflanzlichem Bestandesabfall, aber auch von lebender pflanzlicher Substanz. Als Verzehrer organischer Abfallstoffe haben sie infolge ihrer großen Zahl für die Bestandesabfallzersetzung im Boden große Bedeutung. Sie zählen zu den bodenbiologisch wichtigsten Tiergruppen.

Pterigota. Von dieser Gruppe sind die *Fliegenlarven* (Abb. 151), soweit sie sich im Boden entwickeln, zu erwähnen, schließlich die im Boden lebenden *Käfer* (Abb. 151) und deren *Larven* sowie die *Ameisen* (Abb. 151) und in den Tropen die *Termiten*. Die Tiere dieser Gruppe ernähren sich teils carnivor, so verschiedene Käfer und deren Larven, teils phytophag von lebenden Pflanzenwurzeln, so z. B. die Engerlinge und die meisten Rüsselkäferlarven, und schließlich auch von in Zersetzung begriffenen, organischen Stoffen.

(4) Mollusca

Gastropoda (Schnecken) ernähren sich von frischem Pflanzenmaterial, teilweise auch von pflanzlichem Bestandesabfall, an dessen Zerkleinerung sie mitwirken. Die unverdauten Nahrungsreste scheiden sie als humose Losung aus.

(5) Vertebrata (Wirbeltiere)

Von bodenbiologischer Bedeutung sind vor allem einige Mammalia (Säugetiere), wie z. B. die *Maulwürfe* (Abb. 151) und *Mäuse*, die unter anderem an der Durchmischung der Böden

Abb. 152. Eine durch Regenwürmer und kleine Nagetiere (Hamster, Ziesel) durchwühlte Schwarzerde aus dem Gebiet von Kursk (Ukraine). Die Regenwurmröhren zeichnen sich im A_hC-Horizont der Profilwand als vertikale, schwarze Linien ab; die Höhlen (Querschnitte) der Nager zeigen sich als dunkle, runde oder ellipsenförmige Gebilde (Krotowinen).

Bodenhafter (sessiles Edaphon). Hierher gehören die Bakterien und Pilze, welche die Porenwände überziehen. Bodentiere findet man nicht in dieser Gruppe.

Bodenschwimmer (natantes Edaphon). Diese Organismen bewegen sich mittels Geißeln, Wimperkränzen usw. im Bodenwasser, das die kleinen und kleinsten Bodenhohlräume erfüllt. Dazu gehören die Flagellaten, Ciliaten und auch kleine Nematoden.

Bodenschliefer (serpentes Edaphon). Sie bewegen sich kriechend in den Bodenhohlräumen weiter. Dazu zählen die Rhizopoden, Rotatorien, die großen Nematoden, die Enchytraeiden, einige Regenwürmer, die Tardigraden, Tausendfüßer, Asseln, Milben, Springschwänze und manche Insektenlarven.

Bodenwühler (fodentes Edaphon). Sie schaffen sich selbst durch Graben und Wühlen den engeren Lebensbereich. Diese Organismen tragen ganz besonders zur Bodendurchlüftung, vielfach zur Bodendurchmischung und Krümelbildung bei. Hierzu gehören die grabenden Insekten und Insektenlarven sowie Maulwürfe, Mäuse und die Nagetiere der Steppe (Abb. 152).

Häufig wird die Bodenfauna auch nach der Größe unterteilt in *Mikro-* (0,02 bis 0,2 mm), *Meso-* (0,2 bis 2,0 mm), *Makro-* (2,0 bis 20 mm) und *Megafauna* (> 20 mm).

beteiligt sind. Ferner wären die steppenbewohnenden Säugetiere, wie *Ziesel*, *Murmeltiere* und *Hamster* (Abb. 152), die ihre Bauten in den Tschernosemen anlegen und dabei eine Bodenmischung vornehmen, zu erwähnen. Die in den Boden gegrabenen Gänge dieser Tiere werden Krotowinen (russ. = Maulwurfhöhlen) genannt.

2. Lebensbedingungen der Bodenfauna

Die Bodentiere sind an die besonderen Umweltbedingungen, die der Boden bietet, in Form und Lebensweise angepaßt. Man unterscheidet folgende Gruppen:

(a) Nahrung

Als Nahrung dienen lebende Wurzeln, abgestorbene Pflanzenteile, Humus und schließlich den räuberisch lebenden Organismen andere lebende Bodentiere.

(b) Feuchtigkeit

Nach dem Feuchtigkeitsbedarf wird die Bodenfauna auch in hydrobiontes, hygrophiles und xerophiles Edaphon eingeteilt. Organismen des *hydrobionten Edaphons* können nur im Wasser leben. Dazu gehören die Protozoen, Nematoden, Rotatorien, Turbellarien und Tardigraden. Tiere des *hygrophilen Edaphons* benötigen Böden mit hohem Wasserdampfgehalt. Dazu zählen Lumbricidae, Enchytracidae, Oribatiden, Tausendfüßer, Collembolen und viele Insekten. Zum *xerophilen Edaphon* zählen Organismen, die Trockenheit gut vertragen können. Hierher gehören die meisten Spinnen, viele Insekten und die Wirbeltiere.

(c) Durchlüftung

Die gesamte Bodenfauna lebt aerob, benötigt also molekularen Sauerstoff zur Atmung.

(d) Temperatur

Die meisten Bodentiere lieben Temperaturen unter 20° C. Ameisen, Termiten und Bärtierchen sind wärmebedürftige Tiergruppen.

(e) pH-Wert

Die Regenwürmer finden im allgemeinen im schwach alkalischen bis schwach sauren Bereich die besten Lebensbedingungen. Jedoch vertragen fast alle einheimischen Regenwurmarten, wie vermutlich die Mehrzahl der Höheren Bodentiere, ziemlich starke Schwankungen des pH-Wertes.

3. Anzahl der Bodentiere und Methoden zu ihrer Isolierung

Je kleiner die Individuengröße der einzelnen Tiergruppen, um so größer die Individuenzahl, in der sie in einer bestimmten Bodenmenge vorkommen. Demnach sind die Protozoen die häufigsten Bodentiere. Mit zunehmender Bodentiefe nimmt die Bodenfauna ab. Wie die Besatzdichte der Bodenflora, so ist auch die Zahl der Bodentiere jahreszeitlichen Schwankungen unterworfen.

Auslesemethoden: In den Ausleseapparaten werden die Tiere durch Licht- und Wärmeeinwirkung aus den Bodenproben ausgetrieben und in Gefäßen, die mit Wasser oder 70% Alkohol versehen sind, aufgefangen.

c. EINFLUSS DER BODENORGANISMEN AUF DIE BODENEIGENSCHAFTEN

Die Eignung eines Bodens als Pflanzenstandort, also seine Fruchtbarkeit, wird unter natürlichen Verhältnissen, d. h. ohne Düngung, weitgehend durch die Tätigkeit der Organismen im Boden mitbestimmt. Diese Tätigkeit wirkt sich 1. auf die chemischen, 2. auf die physikalischen Eigenschaften des Bodens aus und trägt 3. zur Profilbildung bei.

1. Einfluß auf chemische Eigenschaften

(a) Umwandlung der Nichthuminstoffe des Bodens

Unter Nichthuminstoffen versteht man die organischen Ausgangsstoffe, wie Ernterückstände, Bestandesabfall, organische Düngung und abgestorbenes Edaphon. Ihre Umwandlung zu anorganischen Verbindungen (= Mineralisation) oder zu den hochpolymeren Huminstoffen (= Humifizierung) wird zum Großteil durch die Bodenorganismen bewirkt. Man unterscheidet drei Phasen dieser Umwandlung, die mehr oder weniger ineinandergreifen. Die 1. Phase besteht in einer chemischen Reaktion pflanzeneigener Stoffe miteinander unmittelbar nach dem Absterben der Pflanzenteile und äußert sich z. B. in der herbstlichen Verfärbung der Blätter. Danach folgt als 2. Phase die mechanische Aufarbeitung der Pflanzenrückstände und ihre Einarbeitung in den Boden durch die Bodenfauna. Die 3. Phase besteht schließlich in der Umsetzung der Nichthuminstoffe durch die Mikroorganismen, wobei die wasserlöslichen Kohlehydrate, Stärke, Pektine und Eiweiß am leichtesten zersetzbar sind. Danach setzt der Abbau der Zellulose ein, durch den das relativ schwer zersetzbare Lignin freigelegt wird, das schließlich vor allem durch Basidiomyceten abgebaut werden kann. Auch Vertreter der Bodenfauna, vor allem Oribatiden (Hornmilben), Collembolen, Nematoden, ferner Asseln und Tausendfüßer sind als Holzzerstörer bekannt. Die Abbaugeschwindigkeit des Bestandesabfalles ist von seiner stofflichen Zusammensetzung abhängig. Je höher der Gehalt an Lignin ist, um so langsamer erfolgt der Abbau. Ein hoher Mineralstoffgehalt, vor allem ein hoher N- und P-Gehalt, der Pflanzenrückstände beschleunigt den Abbau. Als Endprodukte dieser Umsetzung der Nichthuminstoffe entstehen Huminstoffe, niedermolekulare, organische Säuren als Stoffwechselendprodukte der Mikroorganismen und anorganische Verbindungen, wie CO_2, NO_3^-, H_2O und Phosphate, die als Pflanzennährstoffe von Bedeutung sind und durch den Vorgang der Mineralisierung in eine leicht pflanzenverfügbare Form übergeführt werden. Bei der Zersetzung unter anaeroben Verhältnissen treten auch CH_4 und H_2S auf.

(1) Die Mineralisation

Darunter versteht man die mikrobielle Umwandlung der organisch gebundenen Elemente N, P, S u. a. in die entsprechenden anorganischen Ionen. Bei der N-Mineralisation wird der organisch gebundene Stickstoff in das NH_4-Ion und dieses schließlich weiter zum NO_3-Ion umgesetzt. Die NH_4-Bildung wird als Ammonifikation, die NO_3-Bildung, die sich unter aeroben Bedingungen an die Ammonifikation anschließt, als Nitrifikation bezeichnet.

Die *Ammonifikation* verläuft nach dem Schema:
$R-NH_2 + H_2O = NH_3 + R-OH +$ Energie.

An diesem Prozeß sind aerobe und anaerobe Eiweißzersetzer, vor allem Bakterien, aber auch Pilze und Actinomyceten beteiligt.

Die *Nitrifikation* verläuft in zwei Stufen:
$2 NH_4^+ + 3 O_2 = 2 NO_2^- + 2 H_2O + 4 H^+ +$ Energie (durch Nitrosomonas)
$2 NO_2^- + O_2 = 2 NO_3^- +$ Energie (durch Nitrobacter)

Das Ausmaß der Stickstoffmineralisierung wird vom C/N-Verhältnis der organischen Substanz, dem pH-Wert, dem Wassergehalt, der Temperatur und der Durchlüftung des Bodens beeinflußt. Die organischen Stoffe werden um so schneller abgebaut und die damit in gleicher Zeit mineralisierte N-Menge ist um so größer, je enger das C/N-Verhältnis der organischen Stoffe ist.

Das Gefrieren des Bodens hemmt die Mineralisierung in gleicher Weise wie Trockenheit. Sie steigt mit zunehmender Temperatur und erreicht bei guter Durchlüftung des Bodens bei etwa 35° C ihr Maximum. Auch die verschiedenen Aasfresser, wie einige Fliegenlarven (Fleischfliege, Schmeißfliege), ferner Aaskäfer (Silphiden) und Staphyliniden sind bei der Wiedergewinnung des organisch gebundenen Stickstoffs für den Kreislauf innerhalb der belebten Natur von Bedeutung, indem ein Teil desselben in Körpersubstanz verwandelt wird, ein anderer im Kot der Aasfresser in die Erde gelangt.

Wie die organischen Stickstoffverbindungen, so werden auch organische P- und S-Verbindungen, die mit dem Bestandesabfall in den Boden gelangen, durch die Bodenorganismen mineralisiert.

(2) Humifizierung

Die gewöhnlich herrschenden Bedingungen gestatten keine vollständige Mineralisierung. Es kommt vielmehr, wie schon oben erwähnt, zu einer Anhäufung von Zwischenprodukten der Zersetzung, wie Monosacchariden, cyclischen Aminosäuren (z. B. Tyrosin) und Phenolen (vor allem aus der Ligninzersetzung), die in mannigfacher Weise miteinander reagieren, wobei die hochpolymeren, dunkelgefärbten Huminstoffe entstehen. Das Lignin muß zuerst von der Zellulose befreit werden, was durch zellulosezersetzende Mikroorganismen und durch zelluloseverdauende Tiere geschieht, wie z. B. Nacktschnecken, Regenwürmer und Tiere, die in Symbiose mit zelluloseauflösenden Bakterien leben, nämlich Wiederkäuer, Nager und die meisten zellulosefressenden Insektenlarven. Die günstigen Lebensbedingungen im Darm dieser zellulosefressenden Tiere führen zum fast völligen mikrobiellen Abbau der Zellulose. In der Losung der Tiere arbeiten die Bakterien am Zelluloseabbau weiter, und bei Gegenwart von Sauerstoff und Wasser kommt es schließlich zur Humusbildung. Bei dieser Humusbildung spielen Oxidationsprozesse eine große Rolle. Diese können im Boden mit Hilfe von Oxidationsfermenten mikrobieller Art ablaufen.

Auch Stoffwechsel- und Autolyseprodukte von Mikroorganismen können für die Humus-

Abb. 153. Wurmlosung (helle, unregelmäßig geformte Teilchen im Bild), welche Regenwürmer an die Oberfläche eines Auenbodens (Kylltal/Eifel) gebracht haben; dies bezeugt die mischende Tätigkeit der Regenwürmer im Boden.

bildung von großer Bedeutung sein. Als Stoffwechselprodukte werden von Bakterien, Pilzen und Actinomyceten Farbstoffe mit chinoidem Charakter, sogenannte Melanine, ausgeschieden, die als Huminbausteine dienen können. Von größerer Bedeutung sind jedoch die hochpolymeren Zellbestandteile der Mikroorganismen, wie Eiweiße, Chitin, Hemizellulosen u. a., die nach der Autolyse der Zellen in ihre monomeren Bausteine zerlegt werden, die schließlich als Humusausgangsstoffe Verwendung finden. Beim Absterben der gealterten Mikrobenzellen werden die Endoenzyme frei. Sie bewirken durch ihre von der lebenden Zelle nicht mehr kontrollierte Tätigkeit die Selbstauflösung (Autolyse) der Zellen. Huminstoffe, die aus Mikrobenautolysaten entstehen, sind besonders stickstoffreich (bis 10 % N).

(3) Bildung von Ton-Humus-Komplexen

Unter Ton-Humus-Komplexen im engeren Sinne werden Verbindungen zwischen Huminsäuren und anorganischen Bodenbestandteilen verstanden. Besonders günstige Bedingungen für die Bildung solcher organo-mineralischer Komplexe sind bei der Passage von organischen und anorganischen Substanzen durch den Verdauungskanal der Bodenwühler, vor allem der Regenwürmer, gegeben (Abb. 153). Da sich viele Regenwürmer buchstäblich durch die Erde fressen, nehmen sie große Mengen anorganischen Materials auf, die sich in ihrem Darm mit den gleichzeitig aufgenommenen organischen Stoffen vermischen; dabei erfolgt die Bildung der Ton-Humus-Komplexe. Als Folge ihrer Tätigkeit entsteht der sogenannte »Regenwurmmull«. Auch die Enchytraeiden- und Nematodenlosung enthält derartige organo-mineralische Komplexe. Ferner verarbeiten die Oribatiden organischen Bestandesabfall mit anorganischer Substanz zu winzigen Losungsballen, dem sogenannten »Arthropodenmull«, aus dem zum Großteil die Mullrendzinen bestehen.

(b) Huminstoffabbau

Huminstoffe sind im allgemeinen für Bakterien schwer angreifbar. Am Abbau dieser aromatischen Verbindungen sind vor allem Actinomyceten und im Auflagehumus der Wälder Basidiomyceten beteiligt. Der mikrobielle Abbau der Huminstoffe wird wie ihr Aufbau durch Oxidationsfermente katalysiert. Starke Schwankungen im Bodenklima, z. B. wiederholte starke Austrocknung und Wiederbefeuchtung, führen zu einem verstärkten Humusabbau. Ebenso fördert intensive Bodenbearbeitung den Huminstoffabbau. Dies kann man z. B. beobachten, wenn Grünlandböden in ackerbauliche Nutzung genommen werden.

(c) Nährstoffgewinn aus anorganischen Quellen

Durch die biologische Bindung von Luftstickstoff, die symbiotisch oder nichtsymbiotisch vor sich gehen kann, erhält der Boden bisweilen eine beträchtliche Stickstoffzufuhr. Das Ausmaß des Stickstoffgewinnes durch die freilebenden stickstoffbindenden Bakterien kann 10 bis 30 kg/ha im Jahr betragen.

Eine Anreicherung von anorganisch gebundenem Schwefel kann unter anaeroben Bedingungen stattfinden, wenn eine ständige Nachlieferung von SO_4-Ionen erfolgt. Die Sulfate werden dann z. B. durch Desulfovibrio-Arten zu Sulfiden reduziert und in FeS oder FeS_2 (Sulfide) umgesetzt, die z. B. die blauschwarze Farbe der G_r-Horizonte der Gleye bedingen. Nach Grundwasserabsenkung werden die Sulfide unter den nun herrschenden aeroben Bedingungen hauptsächlich von Thiobacillus thiooxidans über mehrere im Boden nicht beständige Zwischenstufen zu Sulfat oxidiert.

(d) Nährstoffverluste

Erhebliche Stickstoffverluste (bis zu 15 %) des anorganischen Düngerstickstoffs) können durch Denitrifikation entstehen, d. h. durch biologische Reduktion unter anaeroben Verhältnissen von NO_3^- und NO_2^- zu N_2 und gelegentlich auch zu N_2O.

$$NO_3^- \longrightarrow NO_2^- \longrightarrow (H_2N_2O_2) \begin{matrix} \nearrow (N_2O) \searrow \\ \searrow (NO_2 \cdot NH_2) \nearrow \end{matrix} N_2$$

Die in Klammern angegebenen Zwischenprodukte sind hypothetisch. Die Denitrifikation ist an das Vorhandensein leicht zersetzbarer organischer Substanz gebunden und erfolgt vor allem bei einem Wassergehalt des Bodens von mehr als 60 % der Feldkapazität. Daher treten Stickstoffverluste durch Denitrifikation vor allem in Böden mit zeitweiliger Oberflächenüberschwemmung oder Staunässe auf.

(e) Nährstoff-Festlegung

Ist das C/N-Verhältnis des Bodens > 20 bis 30, so wird der Stickstoff der abgebauten organischen Substanz von den Mikroorganismen zum Aufbau ihres Zelleiweißes verbraucht und somit vorübergehend festgelegt. Gelangt in einen solchen Boden NH_4-N oder NO_3-N, z. B. durch mineralische Düngung, so kann dieser von den Mikroorganismen ebenfalls zum Aufbau ihres Zelleiweißes verbraucht und den Pflanzen vorübergehend entzogen werden.

(f) CO_2-Bildung

CO_2 entsteht bei der Mineralisierung organischer Substanzen durch die Bodenorganismen als Endprodukt der aeroben Atmung. Zahlreiche Versuche haben ergeben, daß die durch Mikroorganismen- und Wurzelatmung erzeugte CO_2-Menge etwa 8000 kg/ha im Jahr beträgt. Diese Menge schwankt stark, verursacht durch die verschiedenen Standortbedingungen. Ohne diese enorme Atmungstätigkeit der Bodenorganismen würde das Wachstum der Höheren Pflanzen, das auf CO_2 als einzige C-Quelle angewiesen ist, ganz erheblich reduziert werden.

(g) Veränderung der Bodenreaktion und des O_2-Partialdruckes

Durch ihre Stoffwechselprodukte, zu denen organische und anorganische Säuren sowie CO_2 gehören, können die Organismen die Bodenreaktion beeinflussen. Diese durch die Bodenorganismen erzeugten Säuren sind außerdem imstande, schwer lösliche Verbindungen, wie z. B. Fe- und Al-Phosphate in sauren Böden (zum Teil durch Komplexbildung), zu lösen und so für die Höheren Pflanzen verfügbar zu machen.

Einige Bakterien, z. B. Thiobacillus und Beggiatoa-Arten, können elementaren Schwefel zu H_2SO_4 oxidieren. Hierauf beruht die pH-Erniedrigung durch Schwefeldüngung, die z. B. zur Behebung von Manganmangel und zur Bekämpfung von Kartoffelschorf, der bei pH-Werten unter 5 nicht mehr auftritt, sowie zur pH-Senkung in alkalischen Böden angewendet wird.

In durch Grund- und Stauwasser beeinflußten Böden (Gleye und Pseudogleye) werden bei hoher Wassersättigung unter Mitwirkung anaerob lebender Mikroorganismen Fe(III)- und Mn(III, IV)-oxide zu Fe(II)- und Mn(II)-Verbindungen reduziert. In den Trockenperioden wiederum erfolgt die Oxidation von Fe und Mn.

2. Einfluß auf physikalische Eigenschaften

(a) Erhöhung des Porenvolumens

Vor allem die wühlende Makrofauna und besonders die Erdfresser (Abb. 152), wie die Regenwürmer und Enchytraeiden, außerdem bestimmte Nematoden, Tausendfüßer, Asseln, Ameisen, Fliegen- und Käferlarven (Abb. 151) sowie in den Tropen die Termiten, bewirken durch die Erdbewegungen in den durchwühlten Horizonten eine Erhöhung des Porenvolumens. Dies führt wiederum besonders in tonreichen Böden zu einer Verbesserung von Durchlüftung, Wasseraufnahmevermögen und Wasserdurchlässigkeit.

(b) Durchmischung und Entmischung

In bezug auf die Bodenverlagerung ist vor allem die erhebliche Leistung der Regenwürmer zu erwähnen (Abb. 152, 153). Einige Arten transportieren ihre Losung an die Oberfläche, was zu einer »Beerdigung« der ursprünglichen Bodenoberfläche führen kann. Die Menge der ausgeworfenen Regenwurmlosung kann erheblich sein. Nicht alle Regenwurmarten bringen ihre Losung zur Erdoberfläche, sondern vorwiegend in tiefere Profilbereiche. Mit der Losung dieser Tiere gelangen organische Stoffe in die unteren Horizonte (Abb. 152), was die Aktivität der Mikroorganismen in diesen Horizonten und damit die Fruchtbarkeit des Bodens erhöht. Solche tiefwühlenden Regenwürmer sind vor allem die Octolasium-Arten. Die starke Verlagerung von Bodenmaterial äußert sich im Bodenprofil an unscharfen Horizontübergängen.

Ameisen und Termiten entmischen den Boden, indem sie aus dem beim Graben von Gängen und Höhlen anfallenden Material vorzugsweise bestimmte Kornfraktionen an die Bodenoberfläche bringen.

(c) Einfluß auf das Bodengefüge

Eine weitere wichtige Leistung der Bodenorganismen ist die sogenannte Lebendverbauung des Bodengefüges (Abb. 150). Die biogenen Aggregate sind hohlraumreich und stellen mehr oder weniger gerundete Krümel dar. Die Bakterien überziehen die Hohlraumoberflächen, Pilze und feine Wurzelhaare umspinnen die Bodenteilchen und verhelfen so zur Konservierung der Hohlräume und Aggregate. Es besteht ein enger Zusammenhang zwischen der Mikroorganismentätigkeit und der Gefügestabilität, was daraus hervorgeht, daß im Jahresrhythmus das Maximum und das Minimum der Aggregatstabilität mit dem Maximum und Minimum der Mikrobenaktivität zusammenfallen. Daraus geht hervor, daß die Stabilisierung des Krümelgefüges überhaupt erst durch die Lebendverbauung gewährleistet wird.

Auch die Regenwürmer und andere wühlende Bodentiere haben einen günstigen Einfluß auf das Bodengefüge. Die Ca-reiche Losung dieser Tiere, in der organische Substanz und mineralische Bodenteilchen innig miteinander vermischt sind, zeigt Beständigkeit gegen Niederschläge und ist neben den Regenwurmröhren für das gute Gefüge regenwurmreicher Böden verantwortlich (Abb. 153). Dasselbe kann von den Losungsaggregaten der anderen Bodentiere (Milben, Asseln, Nematoden u. a.) behauptet werden.

3. Profilbildung

Die Aktivität der Bodenorganismen hat einen entscheidenden Einfluß auf die Bildung und die Zusammensetzung der Humushorizonte. Unter dem Einfluß der Bodenlebewelt und der klimatischen Faktoren wird die Waldstreu durch verschiedene biochemische Prozesse verändert. Diese Prozesse und die dabei entstehenden Stoffe beeinflussen die Morphologie des Bodenprofils.

In Klimaten, die eine ununterbrochene Aktivität der Bodenorganismen gestatten, wie dies in den Tropen zutrifft, wird die Streu rasch abgebaut. Das üppige Wachstum des tropischen Urwaldes ist durch einen Nährstoffkreislauf aus der Pflanze in die Pflanze bedingt, wobei die Nährelemente praktisch nicht in den Mineralboden gelangen. Die Nährstoffe werden vielmehr in demselben Maße, wie sie durch den intensiven mikrobiellen Abbau aus abgestorbenen Pflanzenteilen freigemacht werden, von der Urwaldvegetation wieder aufgenommen. Es entstehen dabei in den tropischen Wäldern sogenannte kryptoorganische Böden, deren organische Substanz sich unter anderem aus farblosen Aminosäuren und Polysacchariden zusammensetzt und der schwarzen Farbe entbehrt. Wird der oben geschilderte Kreislauf durch Kahlschlag oder landwirtschaftliche Nutzung unterbrochen, so führt dies in den Tropen zu einem schnellen Absinken der Bodenfruchtbarkeit, da bei Fehlen der Urwaldvegetation, welche die Nährstoffe sofort an sich reißt, die Nährstoffe durch die hohen Niederschläge ausgewaschen werden, zumal der Gehalt des Bodens an organischen Ionenaustauschern sehr gering ist.

Wird die Tätigkeit der Bodenorganismen durch Kälte oder Trockenheit periodisch unterbrochen, so werden die organischen Substanzen unvollständig abgebaut, und es findet eine Anreicherung schwarzer, mehr oder weniger abbauresistenter Stoffe im Oberboden statt. Im Bereich der borealen Wälder ist die Aktivität der Bodenorganismen derart gering, daß es zur Bildung von Rohhumusschichten und Podsolen kommt.

Podsole entstehen auch in unserem Klimabereich, wenn durch ungünstige Lebensbedingungen, wie zu niedrigem pH-Wert und (oder) schlechter Durchlüftung, die Tätigkeit der Bodenorganismen gehemmt wird, so daß es zur Anhäufung von unzersetztem oder wenig zersetztem Rohhumus kommt. In einem regenwurmreichen Boden unseres Klimas wird hingegen die Streu zu Mull verarbeitet. Die Durchmischung des Auflagehumus mit dem Mineralboden durch die Bodentiere ist beim Moder, der eine Übergangsform zwischen Mull und Rohhumus darstellt, nicht so vollkommen wie im Mull. Auch bei der Schwarzerdebildung sind die Bodenorganismen wesentlich beteiligt.

Literatur

ALEXANDER, M.: Introduction to Soil Mikrobiology. – Verlag John Wiley & Sons, Inc., New York and London 1961.
BECK, T.: Mikrobiologie des Bodens. – Bayer. Landwirtschaftsverlag, München 1968.
BRAUNS, A.: Praktische Bodenbiologie. – Gustav Fischer Verlag, Stuttgart 1968.
DUTZLER-FRANZ, G.: Beziehungen zwischen der Enzymaktivität verschiedener Bodentypen, der mikrobiellen Aktivität, der Wurzelmasse und einigen Klimafaktoren. – Zeitschr. Pflanzenern. Bodenkd., Bd. 140, S. 351–374, Verlag Chemie, Weinheim 1977.
FIEDLER, H. J., und REISSIG, H.: Lehrbuch der Bodenkunde. – VEB Gustav Fischer Verlag, Jena 1964.
FRANZ, H.: Bodenzoologie als Grundlage der Bodenpflege. – Akademie Verlag, Berlin 1950.
GLATHE, H., und GLATHE, G.: Die Mikroorganismen des Bodens und ihre Bedeutung. In: Handbuch der Pflanzenernährung und Düngung, herausgegeben von H. Linser, Bd. I, Teil 1. – Verlag Springer, Wien - New York 1966.
HATTORI, T.: Microbial Life in the Soil, an Introduction. – Verlag M. Dekker, New York 1973.
JACKSON, R. M., and RAW, F.: Life in the Soil. – Verlag Edward Arnold, Ltd., London 1966.
KÜHNELT, W.: Bodenbiologie. – Verlag Herold, Wien 1950.
MÜLLER, G.: Bodenbiologie. – VEB Gustav Fischer Verlag, Jena 1965.
SCHEFFER, F., SCHACHTSCHABEL, P.: Lehrbuch der Bodenkunde. – 11., neu bearbeitete Auflage von P. SCHACHTSCHABEL, H.-P. BLUME, K.-H. HARTGE und U. SCHWERTMANN, Verlag Enke, Stuttgart 1982.
SCHEFFER, F., ULRICH, B.: Lehrbuch der Agrikulturchemie und Bodenkunde, III. Teil, Humus. – Verlag Enke, Stuttgart 1960.
TROLLDENIER, G.: Bodenbiologie. – Franckh'sche Verlagshandlung, Stuttgart 1971.
WURMBACH, H.: Lehrbuch der Zoologie, Bd. I. – 2. Aufl., Fischer Verlag, Stuttgart 1970.

XII. Die Faktoren und Prozesse der Bodenbildung, Bodenentwicklung

Während in den voraufgegangenen Kapiteln einzelne Eigenschaften der Böden dargestellt sind, beinhalten die folgenden Abschnitte das *Zusammenspiel* von Eigenschaften und Prozessen im Boden. Um diese verstehen zu können, ist die Kenntnis von den Einzeleigenschaften erforderlich.

Der Begriff »*Verwitterung*« ist sehr alt; er besteht so lange wie die Wissenschaft von der exogenen Geologie. Verwitterung bedeutet Zerstörung des Gesteins durch äußere Einflüsse. Darin ist aber nicht die jeweils spezifische *Bodenbildung* eingeschlossen. Wenn ein Sandstein durch die Prozesse der Verwitterung in einen anlehmigen Sand zerfällt, so kann sich in diesem Verwitterungsmaterial eine sehr verschiedene Bodenbildung vollzogen haben; es kann z. B. ein Ranker, eine Saure Braunerde oder ein Podsol entstanden sein. Der Begriff »Bodenbildung« führt also über den Begriffsinhalt des Wortes »Verwitterung« hinaus und differenziert gleichsam den Verwitterungsprozeß.

Der Begriff »*Bodenentwicklung*« ist im Inhalt umfassender als »Bodenbildung«. Während die Bodenbildung über die Entstehung des Bodens aussagt, soll mit Bodenentwicklung der *Ablauf* der Bodenentstehung von Stadium zu Stadium gekennzeichnet werden, z. B. der Ablauf der Podsol-Entstehung vom Initialstadium (Rohboden) über verschiedene Podsolierungsgrade bis zum stark ausgeprägten Podsol.

a. FAKTOREN DER BODENBILDUNG

Vor etwa 100 Jahren wurde von dem russischen Bodenforscher W. W. DOKUTSCHAJEW bereits erkannt, daß für die Bildung der Böden äußere Einflüsse entscheidend sind. Diese Erkenntnis gewann er bei der Erforschung der Böden aus Löß im südlichen Rußland (Abb. 154). N. M. SIBIRZEW entwickelte aus der Konzeption von DOKUTSCHAJEW eine genetische Bodenklassifikation. W. E. HILGARD fand zur gleichen Zeit die Zusammenhänge von Boden und Klima in Nordamerika.

In den diesen Grunderkenntnissen folgenden drei Jahrzehnten wurden in vielen Bereichen der Erde folgende Faktoren der Bodenbildung erkannt: *Klima, Vegetation, Wasser* (Grund- und Stauwasser), *Relief, Tier, Mensch, Gestein, Zeit* (Dauer der Bodenbildung). Man kann die Auffassung vertreten, daß das Gestein als Ausgangsmaterial keinen von außen einwirkenden Faktor darstellt und die Zeit kein Wirkungsfaktor ist, vielmehr die Faktoren Klima, Vegetation, Wasser, Relief, Tier und Mensch »in der Zeit« auf das »Gestein« einwirken. Das ist zwar gedanklich richtig, aber für die Behandlung der Bodenbildungs-Prozesse unnötig kompliziert. Daher sollen hier bewußt der Einfachheit wegen »Gestein« und »Zeit« auch als Faktoren der Bodenbildung gelten.

1. Klima

Ein Vergleich der Niederschlags- und Temperaturkarte mit der Bodenkarte der Erde zeigt augenfällig in großen Zügen eine Übereinstimmung der Hauptklimazonen und der wichtigsten Bodentypen, z. B. entsprechen dem kalten Klima hoher geographischer Breite die Tundraböden, dem semihumiden kontinentalen Klima Rußlands die Schwarzerde, dem trockenen, heißen Wüstenklima der Sahara die Wüstenböden und dem tropischen, wechselfeuchten Klima die Latosole. Dieser weltweite Vergleich kann ebenso eindrucksvoll ergänzt werden, indem man die Bodenzonen der europäischen Sowjetunion mit der Niederschlags- und Tem-

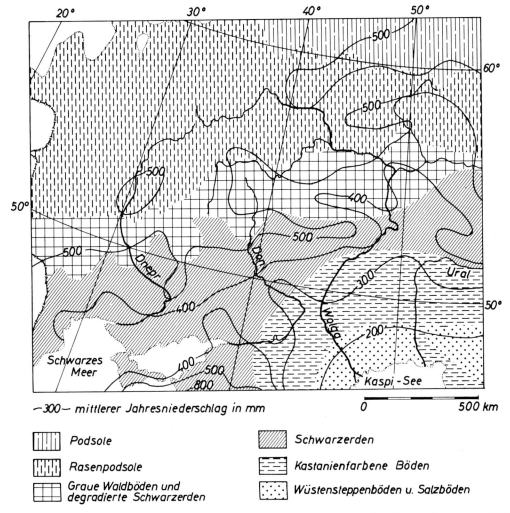

Abb. 154. Bodenzonen und Isohyeten der westlichen Sowjetunion. Die Niederschläge nehmen von NW nach SO ab; die Temperaturen nehmen in gleicher Richtung zu. In Richtung NW – SO folgen Bodenzonen aufeinander, die zunehmende Trockenheit und Wärme anzeigen.

peraturkarte dieses Gebietes vergleichend betrachtet. Von der Kaspi-See, wo der Niederschlag unter 200 mm/Jahr liegt, steigt dieser nach NW hin auf über 500 mm/Jahr. In gleicher Richtung fallen die Temperaturen. In dieser Richtung von SO nach NW sind in großen Zügen sechs charakteristische Bodenzonen hintereinader angeordnet, wie es die Abbildung 154 zeigt.

Nicht die absolute Menge des auf den Boden fallenden Niederschlages ist entscheidend, vielmehr ist die Versickerungsmenge, die Durchfeuchtung ausschlaggebend für die Auswaschung des Bodens. Dieser Vorgang ist kennzeichnend für das humide Klima, in welchem der Niederschlag höher als die Verdunstung ist. Je höher die Temperatur und je niedriger die Luftfeuchtigkeit ist, um so mehr wird von dem fallenden Niederschlag verdunsten und damit nicht zur Auswaschung des Bodens beitragen. Vor allem wird viel Niederschlag von der Verdunstung aufgezehrt, wenn die Masse des Jahresregens mit hoher Temperatur zusammenfällt. Die Regenverteilung im Jahresablauf wirkt sich besonders stark auf die Bodenbildung aus, wenn ausgeprägte Regenzeiten mit Trockenzeiten abwechseln, was für das Savannenklima typisch ist; hier entstehen die Latosole (Ferrallitische

Böden). Das Mediterran-Klima ist durch trockene, warme Sommer gekennzeichnet und verursacht die Mediterran-Böden. In ariden Gebieten, in denen die Verdunstung größer als der Niederschlag ist, besteht im Boden eine aufsteigende Tendenz der Wasserbewegung, so daß in den oberen Horizonten Stoffe angereichert werden, was typisch für bestimmte Wüstenböden ist.

Trifft der Niederschlag den stark ausgetrockneten Boden, so wird das Wasser infolge des Benetzungswiderstandes der trockenen Bodensubstanz zunächst abgewiesen; es läuft oberflächlich ab oder dringt schnell durch Spalten und Großporen in den Untergrund. Hierbei wird Bodenfeinsubstanz mechanisch in den Boden gespült, ein Vorgang, der bei stark austrocknenden Böden, wie solchen der Halbwüste, häufig ist.

Starke Niederschläge stellen das Transportmittel für einen intensiven Bodenabtrag dar, besonders wenn sie als großtropfiger Starkregen fallen, was z. B. für Nordamerika gilt. Die Wirksamkeit des Regens wird stark erhöht, wenn der stark ausgetrocknete Boden davon getroffen wird.

Der Einfluß der Temperatur ist besonders eindrucksvoll bei dem Vergleich der geringen Bodenbildung feucht-kalter und der starken Bodenbildung feucht-warmer Klimate. Die mächtige Bodendecke tropischer Gebiete macht das deutlich.

Neben dem Großklima wirkt sich das Kleinklima bei der Bodenbildung auch mehr oder weniger aus. Vor allem sind diese kleinklimatischen Einflüsse durch die Exposition bedingt, was sich in allen Höhenlagen äußert, wenn auch mit verschiedener Intensität. Schweizer Bodenkundler (E. FREI, H. PALLMANN, F. RICHARD) konnten im Engadin auf einer kleinen, kegelförmigen Bergkuppe zeigen, daß auf der warmen Südseite eine Mullrendzina und auf der kühlen Nordseite eine Tangelrendzina (Rendzina mit rohhumusartiger Auflage) ausgebildet ist, und diese Böden liegen in gleicher Höhe, nur einige hundert Meter auseinander. Im deutschen Mittelgebirge finden wir nicht selten auf der verwitterungsschwachen Südseite den Ranker und auf der verwitterungsintensiveren Nordseite die Braunerde.

Im Bereich des Buntsandsteins des Schwarzwaldes tritt der Podsol bevorzugt auf der Südexposition auf. S. MÜLLER und J. WERNER haben beobachtet, daß bei den Drumlins in Südwestdeutschland auf der Südseite eine basenreiche Braunerde, auf der Nordseite eine Parabraunerde entstanden ist. Selbst bei den Dünenkuppen und -rücken in Norddeutschland ist die Intensität der Bodenbildung auf Süd- und Nordseite verschieden stark.

Kleinklimatische Unterschiede, die durch die Vegetationsdecke verursacht sind, können ebenfalls auf die Bodenbildung Einfluß nehmen, z. B. wird die temperaturausgleichende Wirkung des Waldes die chemischen Reaktionen im Boden anders leiten als im Boden des Ackers oder gar des Brachfeldes. Hierbei läßt sich allerdings der Einfluß der Vegetation an sich und des durch sie bedingten Kleinklimas nicht trennen.

Die überragende Bedeutung des Klimas für die Bodenbildung gab Veranlassung, eine nähere Beziehung zwischen Klima und Bodentyp zu suchen. So entwickelte zunächst R. LANG den Regenfaktor, den Quotienten aus dem mittleren Niederschlag und der mittleren Temperatur des frostfreien Jahresabschnittes (N/T). In diesem Faktor fehlt die Berücksichtigung der Luftfeuchtigkeit, welche die Verdunstung wesentlich mitsteuert. Dem wird Rechnung getragen in dem N/S-Quotienten (von A. MEYER), der das Verhältnis vom mittleren Jahresniederschlag zum mittleren Sättigungsdefizit der Luft darstellt. Später sind Verbesserungen solcher Beziehungen Klima-Boden u. a. von O. FRÄNZLE (1965) und von H. KOHNKE (1968) gemacht worden. Die Schwierigkeit, eine gute Beziehung zwischen Klima und Bodenbildung zu finden, liegt darin, daß das *augenblicklich* herrschende Klima allein nicht entscheidend für die vorliegenden Böden ist. Die Zeitspanne der Bodenbildung ist fast in allen Fällen viel älter als die augenblickliche Klimaperiode. Die meisten Böden haben unter dem Einfluß mehrerer aufeinanderfolgender Klimaperioden gestanden; die einen haben nur einige, andere viele Klimaperioden durchlebt. Könnte man jeweils einen klimatischen Summeneffekt aus den einwirkenden Klimaperioden ermitteln, so würde die Beziehung Klima — Boden besser faßbar sein.

Das Klima eines Großraumes ändert sich auf lange Sicht gesehen nur in einer gewissen Spanne, so daß das Klima eines großen Raumes, wie z. B. Nordeuropas, der Sahara und des tropischen Afrikas, trotz gewisser Schwankungen maßgeblich die Bodenbildung steuert.

2. Vegetation

Da die Vegetation in großen Zügen unmittelbar klimaabhängig ist, steht sie hier als zweiter Bodenbildungsfaktor. Neben der Art der Pflanzendecke bestimmt das Klima auch die Zersetzung der pflanzlichen Rückstände. Die großen Pflanzenassoziationen, wie z. B. der Laubmischwald unseres mitteleuropäischen Klimas, die Gras-Kraut-Steppenvegetation des semihumiden Klimas der südwestlichen Sowjetunion und die Vegetation des tropischen Regenwaldes, sind klimagebunden. Das Klima wirkt mithin über die Vegetation auf die Bodenbildung ein. Dessenungeachtet hat es sich als zweckmäßig erwiesen, die Einwirkung der Vegetation auf die Bodenbildung gesondert zu betrachten; das erleichtert den Überblick über die ineinandergreifenden Prozesse.

Die Vegetation wirkt auf die physikalischen Eigenschaften des Bodens, indem sie Kanäle im Boden schafft, die in vertikaler Richtung besonders wirksam sind. Baumarten mit tiefstrebenden Wurzeln (Stieleiche, Hainbuche, Pappel, Douglasie) bohren weite, vertikale, tiefreichende Kanäle in den Boden, die nach der Vermoderung der Wurzeln als Leitbahnen für das Sickerwasser und die Luft dienen. Mit dem Sickerwasser vollzieht sich der Stofftransport im Boden. Die eindringende Luft fördert die Oxidation und den Abbau der organischen Substanz. Die Wurzeln der Bäume stoßen nicht selten auf Spalten, Klüften und Schichtfugen in das Gestein vor und tragen zur Verwitterung bei (biologische Verwitterung). Die vorwiegend flachwurzelnden Bäume (Fichte) schaffen wenig oder keine vertikalen, aber sehr viele weitgehend horizontale Kanäle. Die Kulturpflanzen des Ackers und des Grünlandes durchwurzeln den Boden zwar in ihrem spezifischen Wurzelbereich sehr intensiv, dringen aber im allgemeinen nicht tiefer als 1,5 m vor; zudem hinterlassen ihre Wurzeln überwiegend kleine Poren. Eine Ausnahme macht die Luzerne, die mit zum Teil dicken Wurzeln tief in den Boden greift. Hier ist auch die tiefwurzelnde Weinrebe zu nennen.

Die Vegetation bedeckt und schützt die Böden der Hanglagen vor Abtrag, so daß bei dichter, ausdauernder Vegetationsdecke gekappte Profile und Kolluvien fehlen. Selbst in steilen Hanglagen kann ein dichter Waldbestand den Boden festhalten.

In anderer Weise wirkt der Bestandesabfall der Vegetation auf die Bodenbildung; er stellt die Ausgangssubstanz für den Humus dar. Im wesentlichen hängt es vom Basen- und Nährstoffgehalt des Bodens und seinem Ausgangsgestein, vom Klima und von der Art des Bestandesabfalles ab, welche Humusform entsteht. Basenreicher, stickstoffreicher, hochpolymerer Humus der Mullform stabilisiert das Bodengefüge und hemmt alle Degradierungserscheinungen, wie das für die Schwarzerde gilt. Leicht zersetzliches Laub von z. B. Eiche, Ahorn und Birke sowie von leicht zersetzlichen Gräsern, Kräutern und Kulturpflanzen sind für diesen Humus die günstigsten Ausgangsstoffe. Im Gegensatz dazu wirkt der fulvosäurereiche Rohhumus, der vorzugsweise von Heide, Heidelbeere und Koniferen gebildet wird, in Richtung der Degradation, d. h. der chemische Angriff mobilisiert eine Reihe von Bodenstoffen, die vom Sickerwasser verlagert werden. So kommt es zu einer Profildifferenzierung wie z. B. beim Podsol. Der spezifische Einfluß der Vegetation auf die Bodenbildung wird besonders eindrucksvoll durch folgendes Beispiel demonstriert. In Nordwestdeutschland entstand nach der Eiszeit aus silikatreichen Sanden unter Eichen/Birkenwald eine Braunerde oder Parabraunerde (teils podsolig). Nach Vernichtung dieses Waldes folgte Heide, unter der sich im oberen Bereich des primären Bodentyps ein Podsol bildete (Abb. 155).

Die Pflanzenrückstände fördern z. T. die Umlagerungsvorgänge im Boden. Auf der anderen Seite nehmen tiefwurzelnde Pflanzen Nährstoffe aus dem Unterboden und Untergrund und geben diese im Bestandesabfall dem Oberboden wieder. Natürlich kann dadurch in stark durchfeuchteten Böden die Verarmungstendenz nicht kompensiert werden.

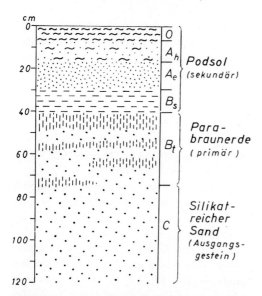

Abb. 155. *Schematische Darstellung der Horizontfolge von zwei Bodentypen übereinander, die nacheinander aus Sand unter verschiedener Vegetation gebildet wurden. Zuerst entstand unter Laubwald die Parabraunerde mit Bänder-B_t-Horizont und sekundär unter Heide der Podsol.*

Die temperaturausgleichende Wirkung des Waldes wurde in dem Kapitel über die Bodenwärme schon erwähnt. Daneben kann der Wald ausgleichend bei Staunässe wirken. Ein alter Fichtenbestand kann im zeitigen Frühjahr das gestaute Wasser schnell verbrauchen. Damit werden gleichzeitig die reduzierenden Prozesse gemindert und die oxidativen gefördert. Bekannt ist, daß nach dem Kahlschlag eines alten Fichtenbestandes auf einem Pseudogley starke Staunässe, oft verbunden mit der Ausbreitung der Binse, sofort auftritt.

Die Arbeit der Bodenmikroben, die zu den pflanzlichen Organismen des Bodens gehören, ist zwar bei der Bodenbildung nicht direkt sichtbar, aber eminent wichtig für den Abbau und die Umformung der organischen Masse, die auf und in den Boden gelangt.

3. Wasser (Stau- und Grundwasser)

Unter dem hier zu behandelnden Bodenbildungsfaktor »Wasser« wird nicht das in den Boden gelangende Niederschlagswasser allgemein verstanden, das den Boden bis zur Feldkapazität befeuchtet und darüber hinaus in den Untergrund versickert. Dieses Niederschlagswasser ist in dem Bodenbildungsfaktor »Klima« einbegriffen. Der Faktor »Wasser« soll hier vielmehr nur Wasseransammlungen betreffen, nämlich das Stauwasser und das Grundwasser, ferner auch stehendes offenes Gewässer, in dem sich die Niedermoorbildung vollzieht. Diese Wasserarten als Faktor der Bodenbildung werden treffend als Zuschußwasser bezeichnet.

Wenn das Niederschlagswasser im Boden infolge mehr oder weniger dichter Horizonte bzw. Schichten nicht oder nur sehr verzögert versickern kann, mithin gestaut wird, so kommt es zur Bildung eines durch das *gestaute Wasser* geprägten Bodentyps, des *Pseudogleyes*. Nässe mit Reduktion und Austrocknung mit Oxidation wechseln im Jahresablauf bei diesem Bodentyp ab. Das gestaute Wasser kann von dem nur am Ort gefallenen Niederschlag stammen, kann aber auch eine seitliche Bewegung erfahren haben. Am Hangfuß oder in muldigen Positionen kann eine gewisse Ansammlung von gestautem Wasser zustande kommen, so daß an diesen Stellen die Vernässung und deren Einwirkung auf die Bodenbildung besonders stark werden.

Das *Grundwasser* nimmt Einfluß auf die Bodenbildung, wenn seine Oberfläche (und sein Kapillarraum) in den Bereich des Bodens als Pflanzenstandort reicht. Da die Pflanzen verschieden tief wurzeln, kann man nur eine ungefähre, für die Bodenbildung entscheidende Tiefe der Grundwasseroberfläche angeben. Die Grundwasseroberfläche muß im Mittel höher als 1,5 m unter Flur liegen, wenn der Boden entscheidend durch das Grundwasser gestaltet werden soll. In dem Bodenbereich, in dem Grundwasser ständig steht, erzeugt es im allgemeinen ein Reduktionsmilieu, einen G_r-Horizont. Dagegen herrschen in dem Schwankungsbereich des Grundwassers Oxidationsprozesse; das ist der G_o-Horizont. Je nach Tiefe der mittleren Grundwasseroberfläche bilden sich auch der G_o- und G_r-Horizont in verschiedener Tiefe unter der Oberfläche aus. Dementsprechend entstehen verschiedene Typen der Grundwasserböden (Gleye, Abb. 156). Im Bereich der Schlickküste entstehen Marsch-

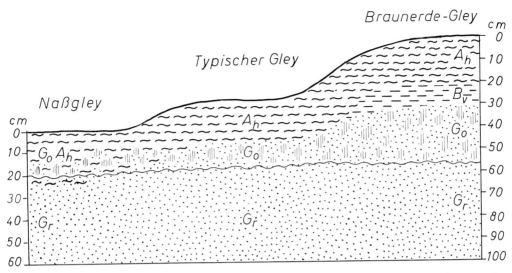

Abb. 156. Schematische Darstellung der Entstehung verschiedener Gley-Typen in Abhängigkeit von der Grundwasseroberfläche (gewellte Linie).

gleye, deren Grundwasserschwankungen mit der Tide gehen, wenn dies nicht durch kulturtechnische Maßnahmen verhindert wird.

Steht das Wasser ständig über der Oberfläche und sind die Bedingungen für eine Verlandung durch Pflanzen gegeben, so kommt es zur Bildung des Niedermoores. Den Übergang zwischen Gley und Niedermoor stellt der Anmoorgley dar, der infolge starker Oberflächenvernässung gebildet wird. Schließlich entstehen auf der Sohle stehender Gewässer die Subhydrischen Böden.

Zusammenfassend gilt: Je nach Tiefe des Grundwassers entstehen verschiedene Gley-Typen, und steht das Wasser über der Oberfläche, so entstehen Böden, die gänzlich vom Wasser beherrscht sind.

4. Relief (Bodenerosion)

Das Relief der Bodenoberfläche kann nur in hängigen Lagen Einfluß auf die Bodenbildung ausüben, indem abfließendes Wasser Bodenmaterial hangabwärts verlagert. Dadurch entstehen einerseits gekappte Bodenprofile in höherer Hanglage und andererseits Kolluvien am Hangfuß sowie Bodensedimente in den Tälern. Eine Verlagerung des Solums kann natürlich am besten vonstatten gehen, wenn keine Vegetationsdecke den Boden schützt. Der Bodenabtrag ist erst in starkem Maße in Gang gekommen, als der Mensch mit dem Ackerbau begann. Je steiler die Hänge, je größer die Abtragungsenergie. Allerdings findet selbst unter Waldvegetation in steileren Hanglagen in der Regel eine geringe Bodenbewegung statt, was als Gekriech bezeichnet wird. Die Exposition spielt bei dem Bodenabtrag auch eine Rolle, indem auf den stärker befeuchteten West- und Nordhängen die Rutsch- und Abtragsgefahr größer ist als auf den trockeneren Süd- und Osthängen. Neben der Reliefenergie wirken die Niederschlagsmenge und -verteilung auf den Bodenabtrag sehr stark ein, so daß die Faktoren Klima und Relief zusammenwirken.

Überzeugende Beispiele für die Wirkung des Reliefs im Verein mit dem Niederschlag zeigen die vom Boden entblößten Gebirge in Südeuropa; das gleiche gilt für das Berg- und Hügelland in Nordamerika. Aber auch in unseren welligen, mit Löß bedeckten Hügellandschaften sowie in den hügeligen Moränenlandschaften Nord- und Süddeutschlands hat bei einem Jahrhunderte währenden Ackerbau eine nur geringe Reliefenergie ausgereicht, um erhebliche Veränderungen im Profilaufbau nach der Entwaldung herbeizuführen. Gelände, das heute ganz oder fast völlig eben ist, war in vielen Fällen bei der Inkulturnahme noch schwach

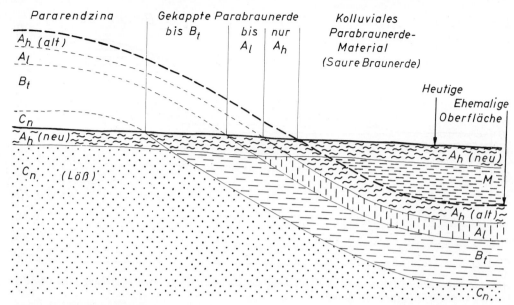

Abb. 157. Schematische Darstellung der Bodentypen einer ehemals welligen und heute ebenen Lößlandschaft.

gewellt; Bodenabtrag und -auftrag haben in manchen Fällen trotz geringer Reliefenergie eine völlige oder fast völlige Einebnung bedingt. In ebenen Lößlandschaften des alten Akkerbaues findet man bisweilen Pararendzina, gekappte Parabraunerde und kolluviale Braunerde auf relativ kleinem Raum nebeneinander. Vor der Inkulturnahme war diese Landschaft flach gewellt; das differenzierte Parabraunerde-Profil war durch einen dichten Waldbestand völlig geschützt. In der folgenden langen Periode ackerbaulicher Nutzung erfolgte die Einebnung. Die Abbildung 157 zeigt in einem schematischen Geländeschnitt die ehemalige sowie die heutige Oberfläche und in Abhängigkeit davon die auftretenden Bodenprofile.

Ein weiteres Beispiel für die Einebnung einer ehemals flachwelligen Landschaft finden wir auf der Trachytasche (Bims) im Neuwieder Becken. In ebenen Landschaftsteilen kann man in den großen Aufschlüssen des Bims-Abbaues feststellen, daß entsprechend des Verlaufs der Bimsschichten das Gelände flachwellig war. Trotz der geringen Reliefenergie und trotz der guten Durchlässigkeit der Böden aus dieser Trachytasche kam es durch Bodenverlagerung zu einem Reliefausgleich bis zur Ebene. Die Folge ist, daß auf kleinem Raum flach- und tiefgründige Braunerden sowie Braunerde-Kolluvien nebeneinander auftreten. Auch hierbei haben zwei Faktoren mitgewirkt, das Klima und der Mensch mit seinem Ackerbau.

5. Tiere

Die Tiere haben bei der Bodenbildung zwei wichtige Funktionen, sie durchgraben oder durchwühlen den Boden und haben Anteil an der Zerkleinerung und Umformung der pflanzlichen Masse. Beides sind eminent wichtige Tätigkeiten für die Bodenbildung.

An der Durcharbeitung des Bodens beteiligen sich viele Tierarten, je nach Klima und Landschaft ist es jeweils eine andere Assoziation. Im mitteleuropäischen Raum leisten diese Arbeit folgende Tiere: Hamster, Maulwurf, Mäuse, Regenwürmer, Enchytraeiden, Tausenfüßer, Asseln, Larven, Ameisen, Käfer, Milben, Spinnen, Springschwänze u. a. Den Hamster findet man nur in den Trockeninseln, vorzugsweise in den Lößgebieten. Er gräbt sich tief ein, während die übrigen Bodentiere vorwiegend den humosen Oberboden bewohnen; nur die Regenwürmer bohren sich tiefer in den Boden, wenn Dichte und Nässe das nicht verbieten.

Die Mischarbeit der Regenwürmer kann unter günstigen Bedingungen (humose, lockere, kalkhaltige Böden) so stark sein, daß verschiedene Schichten (oder Horizonte) des Bodens durchmischt werden, was als Homogenisierung des Bodenprofils bezeichnet wird.

Die großen Bodenbewohner Fuchs, Dachs und Kaninchen arbeiten nur sehr lokal, aber tief, und bewegen viel Bodenmasse. In der trockenen Grassteppe verrichten Nagetiere (Ziesel, Erdhörnchen, Steppenmurmeltier, Pferdespringer u. a.) und große Regenwurmarten die Mischarbeit; sie schaffen den mächtigen A_h-Horizont der Schwarzerde (Abb. 152). Bekannt sind die intensive Bodendurchmischung und der Bodentransport durch die Termiten (Termitenhügel) in warmen, trockenen afrikanischen Landschaften (Abb. 158).

Die zweite Leistung der Bodentiere besteht in der Zerkleinerung und der Umsetzung pflanzlichen Materials. Die Tiere verzehren oder zerkleinern die organische Substanz, teilweise nehmen sie an der Humusbildung oder -stabilisierung teil. Zu letzterer sind vor allen Dingen die Regenwurmarten befähigt, indem sie organische Substanz aufnehmen. Im Verdauungstrakt dieser Tiere werden Humusstoffe gebildet und mit Mineralfeinsubstanz verbunden; dieser Prozeß geht auch noch weiter in der Losung dieser Bodentiere.

6. Mensch

In Mitteleuropa und auch in anderen ackerbaulich intensiv genutzten Gebieten ist der Mensch für die bewirtschafteten Flächen zur Zeit der stärkste Bodenbildungsfaktor, denn in kurzer Zeit hat er erhebliche Umgestaltungen der Böden vollbracht. Bei jedem Acker- und Gartenboden wird der obere Profilbereich durch die Bearbeitung gemischt; ein A_p-Horizont wird so geschaffen. Dadurch wird der vertikalen Stoffverlagerung entgegengewirkt. Besonders offensichtliche Beispiele für die Arbeit des Menschen sind die Anlage (mit Rigolen) von terrassierten Weinbergen und Gärten (Abbildung 159), das Kuhlen der in den oberen Horizonten kalkarmen Marsch, das Aufbrechen des Ortsteins, die Flußregulierung (damit Absenkung des Grundwassers), die Dränung, das

Abb. 158. Termitenhügel zwischen Okahandja und Otjiwarongo (Südwestafrika), ein Beispiel für starke Bodendurchmischung durch Tiere (Termiten).

Tiefpflügen von Marsch, Moor und neuerdings auch von Parabraunerde, die Besandung von Moor, in ariden Räumen die Versalzung durch Bewässerung u. a. Solche Maßnahmen ändern nicht nur die Dynamik des Bodens, sondern meistens auch den Profil-Aspekt. Man kann der Meinung sein, daß derartige Umgestaltungen des Bodens nicht zur Bodenbildung gehören. Wenn jedoch des Menschen Arbeit als Bodenbildungsfaktor gilt, so müssen wir die aufgezählten Einwirkungen auf den Boden auch als Bodenbildung betrachten. Das kann natürlich nur solche Maßnahmen betreffen, die sich im Boden als Pflanzenstandort auswirken. Eine Bodenumgestaltung im Zuge von Bauarbeiten (Dammbau, Wegebau, Kanalbau) gehört als solche selbstverständlich nicht dazu.

Die Wirkung der Kalkung und Düngung auf die Umgestaltung des Bodens gilt unangefochten als menschlicher Faktor der Bodenbildung. Am offensichtlichsten wirkt die menschliche Arbeit im intensiven Gartenbau. Starke organische Düngung, tiefe Grabkultur, Beschattung und Wasserzufuhr in Trockenzeiten erzeugen eine hohe biologische Aktivität, wobei die Regenwürmer den A_h-Horizont mehr und mehr vertiefen und ein anthropogener, schwarzerdeähnlicher Boden (Hortisol) entsteht. Auch der Plaggenesch ist dem Bodenbildungsfaktor »Mensch« zuzuschreiben. Die jahrhundertelange

Abb. 159. Garten-Terrassen am Talhang der Rur bei Monschau (Eifel).

Düngung mit einem Gemenge von Plaggen (meist von Heide) und Stalldung schuf einen mächtigen A_h-Horizont über dem jeweils vorliegenden Bodentyp (meist aus Sand). Überwiegend finden wir diesen anthropogenen Boden in Nordwesteuropa. Inzwischen wurden auch in anderen Gebieten Böden gefunden, die durch den Menschen stark durch Auftrag von Stoffen verändert wurden, z. B. wurde im östlichen Schottland ein unserer Plaggen-Wirtschaft ähnliches Verfahren angewendet, in Südirland trägt man Meeressand mit Tang dem Boden auf. Die Kalkung hat die Reaktion und die chemischen Vorgänge im Boden umgestimmt, so daß die Bodendynamik eine andere Richtung erhielt. Basenarme Böden werden durch eine starke Kalkung allmählich in basenreichere umgebildet, indem durch mechanische Einarbeitung des Kalkes und Wanderung von Ca-Ionen mit dem Sickerwasser auch im Unterboden der pH-Wert ansteigt. Der Kalkung ging in vielen Gebieten die Mergelung (mit Löß, Geschiebemergel) vor mehreren Jahrzehnten voraus, womit neben dem Kalk auch unverwitterte Mineralsubstanz dem Boden zugeführt wurde. Von den Handelsdüngern wirkt das Kalium stabilisierend auf illitische Tonminerale, indem es Plätze zwischen den Schichtpaketen einnimmt. Das Phosphor-Anion stabilisiert das Bodengefüge und arbeitet der Verschlämmung und Tonverlagerung entgegen.

Besonders stark beeinflußt der Mensch indirekt die Bodenbildung, wenn er den Wald entfernt und damit den Boden dem aufschlagenden Regen und dem Wind aussetzt. Jahrtausende hat der Naturwald den Boden festgehalten; es konnten sich so die für das betreffende Gebiet typischen Bodenprofile voll entwickeln. Der Kahlschlag entfachte im Gebirge die Bodenerosion durch Wasser, auf Sandflächen die durch Wind. Einerseits ist Verkürzung der Bodenprofile oder Beseitigung des ganzen Solums die Folge, andererseits die Ablagerung von Bodensedimenten. Die mächtigen Bodensedimente in größeren Flußtälern Mitteleuropas, in denen die allochthonen Auenböden entstanden, sind im wesentlichen nach den mittelalterlichen Rodungen aufgeschichtet worden. In Nordwestdeutschland, gebietsweise auch im deutschen Mittelgebirge, breitete sich nach dem Kahlschlag des Waldes die Heide aus, nicht zuletzt auch dadurch, daß auf der so geschaffenen Schafweide die Waldverjüngung abgefressen wurde. Unter der Heide bildete sich der Podsol oder eine vorhandene schwache Podsolierung wurde verstärkt. Der Mensch ließ auf vielen Flächen des Mittelgebirges den Nadelwald dem Laubwald folgen, wodurch die Moder- oder Rohhumusbildung und Versauerung gefördert wurden. Bei der genetischen Beurteilung von Bodenprofilen in Mitteleuropa darf der anthropogene Einfluß nie außer acht gelassen werden; er ist oft vorhanden, ohne daß sichtbare Merkmale davon zeugen.

7. Gestein (Ausgangsmaterial)

Die oben erläuterten *sechs* Faktoren der Bodenbildung sind äußere Kräfte, die auf das Gestein, das Ausgangsmaterial oder Muttergestein des Bodens einwirken, darüber hinaus auch auf das bereits gebildete Solum. Unter den bodenbildenden Faktoren nimmt das Gestein eine Sonderstellung ein, indem es die Wirksamkeit der bodenbildenden Kräfte von seiner Substanz her modifiziert. Deshalb scheint es gerechtfertigt, das Ausgangsgestein der Darstellung der übrigen Faktoren folgen zu lassen. Selbstverständlich könnte man auch den Bodenbildungsfaktor »Gestein« an erste Stelle

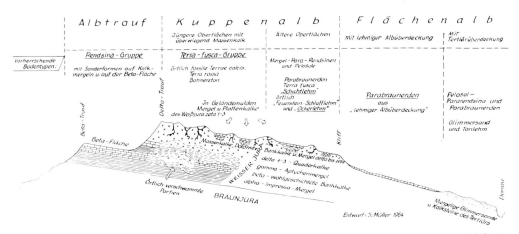

Abb. 160. Der Einfluß des Gesteins auf Reliefentwicklung und Bodenbildung, gezeigt am Abfall der Alb (von S. MÜLLER).

setzen mit der Begründung, daß er grundlegend für die Bodenbildung sei. Es wird auch die Auffassung vertreten, daß das Gestein kein Faktor der Bodenbildung sei, es vielmehr durch äußere Kräfte zu Boden gestaltet wird. Da aber doch das Gestein bei der Steuerung der Bodenbildung maßgeblichen Einfluß ausübt, sollte man es als Bodenbildungsfaktor gelten lassen.

Allgemein findet man bestätigt, daß die Eigenart des Gesteins um so mehr bei der Bodenbildung zur Geltung kommt, je schwächer die Verwitterungsenergie ist. In den Tropen, wo die chemische Verwitterung infolge dauernd hoher Temperatur und großer Regenmenge schnell fortschreitet, ist die Bodenmächtigkeit meistens so groß, daß das Gestein im tiefen Untergrund nicht ohne weiteres erkennbar ist und auf den Pflanzenstandort wenig oder keinen Einfluß hat. Unter diesen Bedingungen der Bodenbildung verwischen sich mit der Zeit auch gesteinsbedingte Bodenunterschiede, wenn die Gesteine in ihrem Stoffbestand nicht zu verschieden sind. Anders ist das in Gebieten mit geringer Verwitterungsenergie, wie das z. B. im gemäßigt warmen, humiden Klima (Mitteleuropa) der Fall ist. Hier wird sich auch nach einer Bodenbildungszeit von mehreren tausend Jahren der Stoffbestand des Gesteins im Boden, zum mindesten im Unterboden, noch deutlich im Standortswert widerspiegeln. In jedem Falle wird das Gestein, ob locker oder fest, ob reich oder arm an Basen, in den jüngeren Stadien der Bodenbildung den Pflanzenstandort in starkem Maße mitbestimmen. Bei Rohböden, Rankern und auch noch bei Böden mit geringmächtigem B-Horizont entscheidet in erster Linie das Gestein über den Wert des Standortes. Das wird deutlich, wenn man z. B. den Standortswert von Rankern aus Granit, Schiefer und Sandstein miteinander vergleicht. Nicht zuletzt ist das Gefüge von Bedeutung. Auf steil- oder schrägstehenden Schichtfugen dringt die Verwitterung schnell vor. Grobkörnige Gesteine (Granit) bieten der Bodenbildung weniger Widerstand als feinkörnige (Basalt). Bei den Sandsteinen steuern Silikatgehalt und Bindemittel die Richtung der Bodenbildung. Während aus einem silikatreichen Sandstein die Braunerde entsteht, entwickelt sich unter sonst gleichen Bedingungen aus einem silikatarmen Quarz-Sandstein der Podsol. Mit dem Fortschritt der Verwitterung mindert sich der Einfluß des Gesteins auf den Standortswert. Besonders deutlich ist der Einfluß des Gesteins auf Relief und Bodenbildung in ausgedehnten Hanglagen mit Schichtwechsel (Abb. 160).

In Mitteleuropa, einem Gebiet mit schwacher chemischer Verwitterungsenergie, sind die Bodentypen Braunerde und Parabraunerde weitverbreitet. Beide Typen zeigen zwar die

Abb. 161. Zwei spezifische Bodenbildungen aus Kalkstein nebeneinander bei Schwäbisch Gmünd (Alb). Die Rendzina (rechts) stellt eine junge Bodenbildung dar, während die Terra fusca (links) ein Paläoboden des Tertiärs ist.

für sie typische Profildifferenzierung, indessen unterscheiden sich die Böden des gleichen Typs sehr stark, und zwar in erster Linie in Abhängigkeit vom Gestein. Z. B. sind die Eigenschaften einer Sauren Braunerde aus Schiefer oder silikatreichem Sand sehr verschieden; das gleiche gilt für eine Parabraunerde aus Löß oder Kalksandstein. Die so gegebenen verschiedenen physikalischen und chemischen Eigenschaften sind in erster Linie gesteinsbedingt. Bei starker Bodenbildungs-Energie, z. B. bei der Podsolierung, spielt auch das Gestein noch eine große Rolle. Es ist z. B. ein großer Unterschied zwischen einem Podsol gleicher Entwicklung aus jungdiluvialem Schmelzwassersand, einem tertiären Quarzsand oder einem Sandstein. Würde die gleiche Podsolierungs-Energie diese sandigen Gesteine angreifen, so wäre der Verlauf der Podsolierung verschieden, d. h. nach einer bestimmten Zeit würde ein unterschiedlicher Grad der Podsolierung erreicht sein, denn diese läuft um so schneller, je quarzreicher das Ausgangsmaterial ist; hingegen bremsen die Basen der Silikate eines Schmelzwassersandes den Vorgang. Der Podsolierungsgrad wird somit auch vom Gestein her mitbestimmt.

Sehr augenfällig und bekannt ist der Einfluß der Erdalkalien auf die Bodenbildung. Aus Kalkstein und Dolomit entsteht in unserem Klima zunächst die Rendzina, die aber bei fortschreitender Verwitterung in eine Braunerde oder in einen Terra fusca-ähnlichen Bodentyp umgebildet wird. Im feucht-warmen Klima des Tertiärs bildete sich aus den Carbonatgesteinen eine Typische Terra fusca oder Terra rossa, erstere aus tonreicheren, letztere aus tonarmen Carbonatgesteinen. Die Abbildung 161 zeigt die Rendzina des heutigen Klimas und die Terra fusca des Tertiärklimas nebeneinander. Das sind Beispiele für gesteinsbedingte Böden, aber unter dem Einfluß verschiedener Klimate. Im Mittelmeerklima entsteht aus dem Kalkstein ebenso zunächst eine Rendzina, die sich aber meistens bald in eine Terra rossa umformt.

Sehr deutlich wird der Gesteinseinfluß bei der Bodenbildung aus Ton und Tonmergel. Diese tonreichen Gesteine sind sehr resistent gegenüber jeder Bodenbildung. Im wesentlichen erfolgt in unserem Klima eine Entbasung und eine Aufweichung des tonigen Gesteins zu plastischem Ton. Im übrigen bestimmt die tonige

Bodenmasse die physikalischen Eigenschaften, vor allem den für diese Böden charakteristischen Wasserhaushalt, verbunden mit Quellung und Schrumpfung.

Die genetische Bodenforschung der letzten 100 Jahre hat in der Abwägung der Bedeutung der Bodenbildungsfaktoren das Gestein zurücktreten lassen. Das ist wohl einerseits eine Reaktion auf die Zeit, in der man die Böden nur nach dem Gestein einteilte und beurteilte, andererseits beruht dies darauf, daß die Anfänge bodentypologischer Forschung in Räumen mit weitgehend gleichem Ausgangsgestein gemacht wurden (Rußland, Nordamerika), wo der Einfluß der Außenfaktoren besonders deutlich ist. Wenn nun auch in Räumen mit häufigem Gesteinswechsel das Ausgangsgestein ein großes Gewicht in der Bodenbildung hat, so sollten die übrigen Bildungsfaktoren demgegenüber nicht zu leicht gewogen werden.

8. Zeit (Bodenbildungsdauer)

Die Zeit, d. h. die Dauer der Bodenbildung, wird nicht uneingeschränkt als Faktor der Bodenbildung angesehen, weil die Zeit als solche keine Wirkung ausübt, vielmehr die Naturvorgänge in Raum und Zeit ablaufen. Da jedoch die *Dauer* der Einwirkung der übrigen sieben Bodenbildungsfaktoren auf die Bodenbildung von großer Bedeutung ist, soll hier die Zeit als achter Faktor stehen. Der Zeitfaktor wird mit Absicht als letzter aufgeführt, weil das ganze Geschehen der Bodenbildung zeitabhängige Vorgänge sind. Nach Kenntnis der übrigen sieben Faktoren können wir deren Wirkung in die »Zeit« betrachten. Daraus erhellt, daß die »Zeit« nicht mit der gleichen Begründung in der Reihe der übrigen Bodenbildungsfaktoren stehen kann; aus praktischen Erwägungen wird sie aber dennoch als achter Faktor angesehen.

Die Vorgänge der Bodenbildung laufen verschieden schnell ab, so daß es für die Bodenbildung kein einheitliches Zeitmaß gibt. Die Entwicklung des Pelosols läuft z. B. sehr langsam, wenn silikatreiches Ausgangsgestein allen Umbildungsvorgängen großen Widerstand bietet. Dagegen kann sich die Umgestaltung des Bodenprofils in Hanglage durch Bodenabtrag in sehr kurzer Zeit vollziehen. Ein Starkregen kann das Profil in einer Stunde um einen oder einige Dezimeter verkürzen. Die Entwicklung einer Sukzession von Bodentypen aus verschiedenen Substraten läuft nicht gleich schnell, da unter sonst gleichen äußeren Bedingungen das Ausgangssubstrat maßgeblich das Tempo der Bodenbildung bestimmt. Bei demselben Gestein und absolut gleichen äußeren Bedingungen kann man jedoch aus dem Grad der Bodenbildung, die sich weitgehend in der Mächtigkeit des Solums dokumentiert, die Dauer der Bodenbildung schließen.

Für den Ablauf der Bildung in der »Zeit« und die damit gegebenen Entwicklungsstufen des Bodens gibt es gute Beispiele. Am deutlichsten ist das zu beobachten unter Bedingungen, welche die Podsolierung ermöglichen, wie z. B. in den Sandgebieten Nordwestdeutschlands. Hier findet man alle Stadien der Podsolbildung vom Rohboden bis zum stark ausgeprägten Podsol (Abb. 162). Gewiß darf man hierbei nicht unterstellen, daß diese verschiedenen Stadien der Podsolierung allein von der »Zeit« abhängen können. Das trifft nur in großen Zügen zu, denn die Art der Vegetation kann ebenso Einfluß auf das Ausmaß der Podsolierung gehabt haben.

Eindrucksvolle Beispiele für den Einfluß der Dauer der Bodenbildung sind die Böden aus den eiszeitlichen Ablagerungen der Riß- und Würm-Eiszeit, die Böden aus den verschiedenalten Schlickablagerungen der Nordseeküste und die Böden aus Carbonatgesteinen.

In engem Zusammenhang mit dem Faktor »Zeit« hängt das Problem der *Bodenentwicklung,* das der Wichtigkeit und der Klarheit wegen in einem besonderen Kapitel dargestellt wird.

b. PROZESSE DER BODENBILDUNG

Die Prozesse der Bodenbildung sind schlecht überschaubar, da meistens mehrere Prozesse gleichzeitig bei der Bildung eines Bodens zusammenwirken. Jeder Phase der Bodenbildung entspricht eine bestimmte Kombination von Prozessen. Im Laufe der Bodenbildung ändern sich die Vorgänge. Um das gleichzeitige Nebeneinander und das zeitliche Nacheinander der

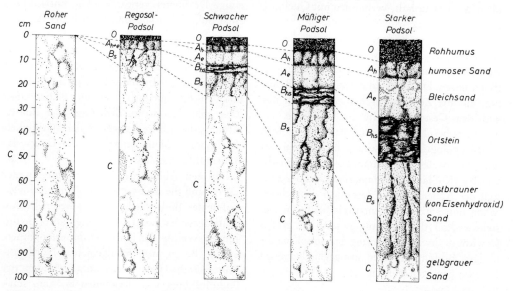

Abb. 162. Schematische Darstellung der Stadien des Podsols aus Sand unter sonst gleichbleibenden Bedingungen als Funktion der Zeit (Dauer der Bodenbildung).

Bodenbildungsprozesse besser übersehen zu können, empfiehlt es sich, die Prozesse einzeln kurz darzustellen. Eine eingehende Behandlung der Bodengenese vermittelt die am Kapitelende gegebene Literatur.

Die Prozesse der Verwitterung, die das Gestein durch physikalische, chemische und biologische Prozesse zerstören, sind bereits im Kapitel A VIb beschrieben. Hier sollen nur die Vorgänge der speziellen Bodenbildung besprochen werden.

1. Bildung der Tonsubstanz

Bei der chemischen Verwitterung der Silikate werden Aluminiumhydroxid und Kieselsäure aus dem Silikatgitter frei. Ein großer Teil davon vereinigt sich zu amorphem Allophan und Tonmineralen. Diese Komponenten sind mit großen Anteilen an der Tonsubstanz des Bodens beteiligt. Den wichtigsten Teil davon bilden die Tonminerale. Welche Tonminerale entstehen, hängt vom jeweiligen Verwitterungsmilieu ab. Im gemäßigt warmen, humiden Klima Mitteleuropas herrscht die Bildung von Illit vor; er entsteht hauptsächlich aus den Glimmern, ohne daß dabei das Kristallgitter vollends zerstört wird. Durch den Verlust des die Schichtpakete verbindenden Kaliums entsteht ein dem Montmorillonit sehr ähnliches Tonmineral, Smectit genannt. Der Vermiculit kommt in Gesellschaft der Illite vor. In saurem Milieu entstehen sekundärer Chlorit und Kaolinit. Der Montmorillonit entsteht vorzugsweise in feuchten Verwitterungsmassen basischer Magmatite und ähnlich zusammengesetzter Gesteine. Das tropische Klima mit seiner starken Auswaschungstendenz ist für die Bildung des Kaolinites besonders günstig. Näheres über die Tonminerale enthält das Kapitel A VIj2.

Der Fortschritt der Tonbildung hängt stark von der Verwitterungsenergie des jeweiligen Gebietes ab, d. h. in warm-feuchten Klimabereichen geht sie schnell vor sich, im gemäßigt warmen, humiden Klima wesentlich langsamer, und in ariden Räumen ist sie auf die kurze Zeit der Bodenbefeuchtung beschränkt. Da mit der Bildung von toniger Bodenmasse der Boden klebrig wird und damit einen »lehmigen« Charakter erhält, wird die Tonbildung auch *Verlehmung* genannt. Während aus den Gesteinen mit nur primären Mineralen die Tonsubstanz des Bodens neu gebildet wird, enthalten die Sedimente häufig einen mehr oder weniger hohen Anteil an Tonmineralen, die aus einer früheren Verwitterungsperiode stammen und für diese typisch sind, wie das z. B. bei den tonigen Gesteinen des Tertiärs mit hohem Kaolinitgehalt der Fall ist. Diese aus früherer Zeit stammenden Tonminerale der Sedimente werden bei der Bodenbildung im heutigen Klima in Anpassung an dieses umgeformt. Indessen geschieht das im derzeitigen mitteleuropäischen Klima sehr langsam, vor allem dann, wenn die Bodenbildung in dem betreffenden Sediment gesteinsbedingt langsam vor sich geht. Das ist z. B. der Fall bei der Pelosol-Bildung, bei der die Tonmineral-Kombination praktisch im Solum und im Ausgangsmaterial übereinstimmt. In anderen Sedimenten, die eine schnelle Bodenbildung erlauben, geht auch die Tonbildung und Tonumformung schneller, wie z. B. bei den Böden aus Löß. In Fällen starken Angriffs auf die Boden- und Gesteinssubstanz verläuft auch in unserem Klima die Tonbildung sehr rasch, wie das im Podsol demonstriert ist; hier wird sogar Tonsubstanz durch starken Säureangriff zerstört.

2. Bildung von Eisenverbindungen

Bei der chemischen Verwitterung eisenhaltiger Minerale wird das Eisen frei, und zwar steigert sich die Eisenfreisetzung mit zunehmender Wasserstoffionen-Konzentration. Überwiegend liegt das Eisen in diesen Mineralen (Pyroxene, Amphibole, Biotit) in zweiwertiger Form vor. In humiden Klimaten verbindet es sich mit Sauerstoff und Wasser zunächst zu dreiwertigen Eisenoxidhydraten, von denen ein Teil bei Wechsel der Bodenfeuchte kristallin werden kann. In Gegenwart von organischer Substanz und nicht zu feuchten Bedingungen entsteht in unserem Klima vorzugsweise der rostbraune *Goethit* (α-FeOOH), auch Nadeleisenerz genannt; im feuchten Bodenmilieu entstehen oft beachtliche Mengen an rostgelbem *Lepidokrokit* (γ-FeOOH), auch Rubinglimmer genannt. Alle diese Eisenverbindungen besitzen je nach Verteilungsgrad rostgelbe und rostbraune Farben und werden deshalb insgesamt auch als *Brauneisen* oder Limonit bezeichnet. Bisweilen ist Manganoxid dem Brauneisen beigemischt, wodurch schwarzbraune bis schwarze Farben entstehen. In Böden mit hinreichender Wasserdurchlässigkeit bleibt das Brauneisen weitgehend am Ort seiner Entstehung und umrindet die Bodenkörner, wodurch eine gleichmäßige Braunfärbung der Böden zustande kommt, eine uns vom Boden vertraute Farbe. Dieser als *Verbraunung* bezeichnete Prozeß wird scheinbar durch Humus verstärkt, allerdings nur in der Farbgebung, aber nicht im Verbraunungsprozeß selbst. Auch können bei der Verwitterung von Sedimenten Eisenoxidhydrate als Residuen frei werden, z. B. bei der Lösungsverwitterung von Carbonatgesteinen. Teils bildet aber auch das Brauneisen kleine, flockige Aggregate und trägt zur Entstehung des erdigen Gefüges bei. In zeitweise nassen Böden (Gleye, Pseudogleye) wird das Eisen im reduzierten Zustand oder kolloidal verlagert und bei Austrocknung konzentriert wieder abgeschieden, wodurch das fleckige Bodenprofil hydromorpher Böden gestaltet wird.

In tropischen und suptropischen Gebieten entsteht durch hohe Temperaturen (wenigstens zeitweise), starke Austrocknung und wenig Humus der Hämatit (Fe_2O_3), der die Böden rotbraun oder rot färbt. Offenbar können Vorstufen des Hämatits (Ferrihydrit = $[Fe_4(O_3H_2)_3]_2$ oder $Fe_5HO_8 \cdot 4H_2O$) und feinkristalliner Hämatit auch entstehen unter weniger warmen Bedingungen aus dem Eisencarbonat der Carbonatgesteine. Für diesen Prozeß scheinen die Terra rossa der Mittelmeerländer und der »Blutlehm« Süddeutschlands gute Beispiele zu sein. In unserem Klima ist der Hämatit sehr beständig; er gibt z. B. den rötlichbraunen Böden des Buntsandsteins und des Rotliegenden ihre auffallend rötliche Farbe. Jedoch erfolgt unter Rohhumus seine Umwandlung in Brauneisen, was bei den Podsolen aus Buntsandstein zu beobachten ist.

3. Humusbildung (Humifizierung)

Nachdem im Kapitel BVc die Humusbildung im einzelnen bereits besprochen ist, soll hier die Humusbildung nur im Zusammenhang mit der Bodenbildung erörtert werden.

Die Humusbildung verläuft in Abhängigkeit von den klimatischen und den pedologischen Bedingungen. Diese sind optimal bei: Bodenfeuchte (aber keine Vernässung), Temperatur um 25° C, gute Bodendurchlüftung, etwa neutrale Bodenreaktion, ausreichende Nährstoffe für die Mikroben, leicht zersetzbare organische Masse. Sind diese Bedingungen gegeben, so wird die organische Substanz schnell bis zu Kohlensäure und Wasser abgebaut, wobei ihre Mineralstoffe frei werden; diesen bakteriell ablaufenden Vorgang nennt man Mineralisierung. Nur im Stadium fortgeschrittener Bodenbildung ist vom Boden her die Mineralisierung möglich.

Wenn die aufgezählten Bedingungen nicht alle optimal sind, wird der Abbau der organischen Substanz verzögert. Starke Bodenfeuchte, besonders Wasserüberstauung, schließen die Luft aus dem Boden aus, so daß wegen Sauerstoffmangel der bakterielle Abbau der organischen Substanz stark verzögert wird oder ganz unterbleibt. Dadurch entsteht der Anmoorgley oder im Extrem das Niedermoor. Niedrige Temperaturen hemmen ebenfalls den Abbau der organischen Masse; im Hochgebirge entsteht dadurch der Tangel.

Saure Bodenreaktion ist den Zellulosezersetzern sehr abträglich; es entsteht dadurch Moder oder gar Rohhumus. Diese sauren Humusstoffe fördern die Zersetzung der Mineralsubstanz; im Extrem kommt es zur Podsolierung. Auch sehr nährstoffarme Böden, wie solche aus Quarzgesteinen, stellen ein ungünstiges Milieu für die Mikroben dar. Selbst in unserem Klima kann auf flachgründigem, warmem Kalkboden mit Schwarzkiefer-Vegetation in Südwestexpositionen der Abbau der organischen Masse infolge Trockenheit, ferner auch infolge des schwer abbaubaren Bestandesabfalles, stocken. Alle diese Humusstoffe, die sich durch mangelhaften Abbau der organischen Masse ansammeln, zeigen noch mehr oder weniger Faserteile der Pflanzen, von denen sie stammen.

Demgegenüber wird in bestimmten Böden organische Substanz angesammelt, die völlig zu Humus umgebaut worden ist und sich zum Teil mit toniger Substanz verkoppelt hat. Typisch ist das für die Schwarzerde. Die Bildung dieses Bodentyps mit viel und gutem Humus beruht auf: klimabedingte Verzögerung des Humusabbaues, günstige Bedingungen für den Aufbau eines hochpolymeren, stickstoffreichen, calciumgesättigten, stabilen Humus.

Die Dynamik der Braunerden und Parabraunerden führt zu einem relativ schnellen Abbau der organischen Substanz; geringe Gehalte an Humus und geringmächtige A_h-Horizonte sind die Folge. Nur in der Sauren Braunerde und der Versauerten Parabraunerde wird der Abbau durch das niedrige pH verzögert, im Mittelgebirge noch verstärkt durch tiefere Temperaturen.

In den podsoligen Böden und in den Podsolen wird der Abbau der organischen Substanz vorwiegend durch hohe Wasserstoffionen-Konzentration herabgesetzt, so daß Moder oder Rohhumus gebildet wird. Dieser Prozeß wird verstärkt durch tiefere Temperaturen (im Gebirge) und schwer zersetzbaren Bestandesabfall von Beersträuchern und Koniferen.

In feuchten und nassen Böden wird die Humifizierung gehemmt, so daß Feuchthumus-Formen entstehen, die im sauren Milieu aggressiv auf die Mineralsubstanz wirken. Die Folge ist die Entstehung des Stagnogleyes, des Anmoorgleyes und bei Überstauung des Niedermoores.

4. Stabilisierung der Tonsubstanz

Die Tonsubstanz des Bodens, womit hier in erster Linie die Al-Si-Verbindungen gemeint sind, kann im Boden dispergiert und leicht beweglich sein, sie kann aber auch geflockt und damit stabil gegen Verlagerungsvorgänge sein. Bei höherem pH übernehmen weitgehend Ca-Ionen diese Aufgabe, indem sie sich dicht an die Kolloidoberfläche legen und dadurch die Flockung der Teilchen herbeigeführt wird. Hochpolymerer, Ca-gesättigter Humus kann die Flockung noch begünstigen. Die gekoppelten Ton-Humusteilchen sind im basischen Milieu besonders stabil und bedingen ein beständiges Krümelgefüge. Infolge der Verarmung an Ca-Ionen im humiden Klima können die verbleibenden Ca-Ionen die Stabilisierung nicht mehr bewerkstelligen; das Gefüge wird instabil. Wenn jedoch die Wasserstoffionen-Konzentration unter etwa 4,5 pH sinkt, werden Al- und Fe-Ionen frei, welche die Stabilisierung der Tonsubstanz übernehmen. Ein gutes Beispiel dafür ist das durch Fe stabilisierte Gefüge eines eisenreichen Bodens aus Sandstein, wie der des Doggers in Mittelengland. Aber auch die Saure Braunerde mit einem pH von meist unter 4,5 besitzt ein gutes, stabiles Gefüge im A_h- und B_v-Horizont. Das trifft noch mehr zu für die Lockerbraunerde, die vom lockeren, stabilen, krümeligen Gefüge ihren Namen erhalten hat; sie ist eine besondere Form der Sauren Braunerde. Bei der Gefüge-Stabilisierung der Lockerbraunerde scheint der Allophan eine wichtige Rolle zu spielen.

In tropischen und subtropischen Gebieten, wo die Kieselsäure-Abfuhr stark ist und der Boden periodisch stark erwärmt wird und austrocknet, altern die Aluminium-Eisenverbindungen zu stabilen, graupig-schorfigen Aggregaten; sie sind irreversibel, d. h. sie quellen und zerteilen sich bei Befeuchtung nicht mehr und wirken ähnlich wie Mineralkörner. Hierbei handelt es sich um eine sehr starke Stabilisierung, die wir in dieser Form in unserem Klima nicht kennen mit Ausnahme der tertiären Latosole im Vogelsberg.

5. Entbasung

Unter der Entbasung des Bodens versteht man seinen Verlust an Alkalien und Erdalkalien durch das Sickerwasser. Im humiden Klima versickert ein Teil des Wassers, in kolloidarmen Böden mehr als in kolloidreichen. Die löslichen Salze der Alkalien fallen der Auswaschung zuerst anheim. Aber auch die der Erdalkalien (z. B. Carbonate) sind mehr oder weniger löslich und daher auswaschbar, Carbonate besonders durch kohlensäurehaltiges Wasser. Kohlensäure enthält das Bodenwasser stets, so daß ein dauernder Angriff auf die Carbonate besteht, was für die Freisetzung des Ca aus dem $CaCO_3$ wichtig ist. Die Kationen der Alkalien und Erdalkalien werden z. T. an der Kolloidoberfläche sorbiert und damit vorübergehend festgehalten. Da aber durch Wasserzufuhr und Versickerung das Gleichgewicht der Kationen zwischen Bodenlösung und Kolloidoberfläche dauernd verändert wird, treten immer wieder Kationen in die Bodenlösung und sind damit der Auswaschung ausgesetzt. Die Entbasung verläuft um so schneller, je höher der Niederschlag ist, je weniger davon verdunstet, je mehr der Boden vom Niederschlag versikkern läßt und je ärmer der Boden von Natur an Basen ist.

Die Pflanzen entnehmen dem Boden auch Basen, indessen kehren diese unter Naturbedingungen wieder mit der abgestorbenen organischen Substanz in den Boden zurück, wenn nicht die Pflanzen geerntet werden und zum Markt gehen. Der letztere Fall verstärkt die Entbasung in unserem Klima.

Die Entbasung hat für die Bodenbildung folgende Konsequenz: Versauerung, niedrigmolekulare Humusformen, stärkerer Angriff auf die Mineralsubstanz, Dezimierung der Mikroben, Beeinträchtigung der Gefügebildung.

6. Tonverlagerung

Unter der Tonverlagerung versteht man die vorwiegend vertikale Verlagerung feiner Bodenteilchen (überwiegend $< 1\ \mu m$) im Bodenprofil, ohne daß dabei die tonige Substanz eine stoffliche Veränderung erfährt. Die Eisen- und Aluminiumverbindungen sowie Kieselsäure wandern bei diesem Prozeß mit, was an der Aufhellung des A_l-Horizontes der Parabraunerde kenntlich ist. Durch die Tonwanderung wird der höhere Profilbereich tonärmer, wogegen im tieferen Profilbereich eine Tonanreicherung stattfindet (Verlagerung von 30 bis über 100 kg Ton/m²). Eine solche Profildifferenzierung kann auch andere Ursachen haben, z. B. primäre Tongehaltsunterschiede und stärkere Tonbildung im tieferen Bodenbereich.

Die Tonverlagerung ist in den letzten zwei Jahrzehnten eingehend studiert worden, ihre Ursache hat verschiedene Deutungen gefunden, und sie hat mehrere Bezeichnungen erhalten: Tonverlagerung, Tonwanderung, Tondurchschlämmung, Durchschlämmung, Lessivierung, Lessivage, clay movement, Illimerisation. Früher wurde die Tonverlagerung auch als ein Prozeß der Podsolierung angesehen, während aber heute die beiden Prozesse scharf getrennt werden. In den Bezeichnungen »Gebleichter Brauner Waldboden«, »Gray Brown Podzolic Soil« und »Podsolierter Tschernosem« ist nicht etwa die Podsolierung im heutigen Sinne gemeint, sondern die Tonwanderung, wodurch der obere Boden tonärmer und heller geworden ist.

Der Prozeß der Tonwanderung besteht aus den Teilprozessen: Dispergierung der Tonsubstanz, ihr Transport und ihre Anlagerung. Diese Teilprozesse sind bei den Bodentypen, in deren Dynamik die Tonverlagerung einen wichtigen Teil darstellt, verschieden. Deshalb kann die Tonverlagerung wohl in ihrer Erscheinungsform als etwas Einheitliches angesehen werden, jedoch nicht in ihrem Mechanismus. Der Transport erfolgt in allen Fällen mit dem Sickerwasser, das durch Schrumpfrisse, Grob- und Mittelporen abwärts zieht. Die Anlagerung erfolgt dann, wenn die Dispergierungsbedingungen aufgehoben werden, z. B. durch höheres pH, oder dadurch, daß die Versickerung verlangsamt wird durch Verengung oder Auslaufen der Risse und Poren, ferner durch eingeschlossene Luft (Luftkissen).

Die wichtigsten Mechanismen der Tonwanderung sind:

1. Die Tonverlagerung ist in einem pH-Bereich von 6,5 bis 4,5 begünstigt, da einerseits in diesem die Ca-Ionen für die Stabilisierung der Tonsubstanz nicht mehr ausreichen und andererseits stabilisierende Al- und Fe-Kationen noch nicht genügend in der Bodenlösung sind. Dieser Bodenzustand ergibt sich in unserem Klima bei der Entwicklung und gleichzeitiger Entbasung der Böden aus kalkhaltigen Substraten. Zunächst stabilisiert das Ca (etwa $> 6{,}5$ pH) und bei starker Versauerung (etwa $< 4{,}5$ pH) die Al- und Fe-Ionen. Dazwischen liegt der labile Bereich der Dispergierung. Dieser Prozeß ist typisch für die weitverbreiteten Parabraunerden unseres Klimas. Je schneller ein Boden diesen ton-labilen Zustand durchläuft, um so weniger Ton wird verlagert. Verharrt aber der Boden infolge geringerer Niederschläge und starker Evaporation in diesem Zustand, so wird viel Ton verlagert, was z. B. für die Zimtfarbenen Waldböden des Balkans zutrifft. Hierbei spielt aber auch das Leitbahnsystem eine Rolle. Wenn die Böden immer wieder durch Austrocknung rissig werden, so ist die Tonwanderung auf diesen Bahnen leicht.

2. Durch das hohe Dargebot an Wasser bei der Schneeschmelze und bei intensivem Regen wird die elektrische Doppelschicht der Kolloidteilchen vergrößert, deren hydrophile Eigenschaften verstärkt und die Dispergierung erleichtert. Dieser Vorgang dürfte im Grenzraum Tschernosem-Parabraunerde (bzw. Grauer Waldboden), wo die Tonverlagerung bei der Degradierung des Tschernosems abläuft, eine Rolle spielen.

3. Bei der Humifizierung werden niedrigmolekulare, hydrophile organische Verbindungen gebildet, welche die Flockung der Tonteilchen vermindern können. Das kann man damit erklären, daß diese organischen Substanzen die positiven Ladungen an den Seitenflächen der Tonminerale einnehmen; die an diesen Flächen mögliche Koppelung und damit die Flockung der Tonsubstanz werden durch die Anlagerung der organischen Verbindungen verhindert und die Dispergierung gefördert. Dieser Vorgang scheint in der Schwarzerde und im Grauen Waldboden bei der Tonverlagerung wichtig zu sein, die bei diesen Bodentypen schon bei relativ hohem pH in Gang kommt. Möglicherweise spielt auch die Chelatbildung, ausgelöst durch organische Substanzen, mit.

4. Besonders KUBIENA (1953) kam aufgrund mikromorphologischer Studien zu der Auffassung, daß die Kieselsäure durch ihre Schutzkolloidwirkung die Tonverlagerung in bestimmten Bodentypen bewirken könne. Dieser Mechanismus soll vornehmlich in Klimaten funktionieren, in denen bei der Verwitterung viel lösliche Kieselsäure frei wird. Wenn auch niedrigmolekulare Kieselsäure eine Schutzkolloidwirkung ausüben kann, so wird jedoch diesem Effekt keine große Bedeutung beigemessen. Bei der Bildung der tertiären Terra rossa und Terra fusca sowie in Bodentypen der Tropen und Subtropen ist aber mit ihrer dispergierenden Wirkung zu rechnen.

5. Die Dispergierung der Tonsubstanz durch Na-Ionen ist sehr stark. Das Na-Ion beginnt schon Einfluß darauf zu nehmen, wenn sein

Anteil am Kationbelag 5 % übersteigt. Das Natrium verschlämmt den Boden und läßt ihn im feuchten Zustand dicht werden. Ist aber der Na-reiche Boden ausgetrocknet und von Rissen durchsetzt, so schlämmt der Regen die leicht dispergierbare Tonsubstanz in das Profil. Das Magnesium hat eine ähnliche, aber schwächere Wirkung. Diese Form der Tonverlagerung wird naturgemäß in Na-reichen Böden (Solonetz) zu finden sein, aber auch z. B. im solonetzartigen Kastanosem und in Na- (und Mg-) reichen Marschen.

6. Die rein mechanische Einspülung des Tons durch den aufschlagenden Regen kann selbst bei schwer dispergierbarer Tonsubstanz große Bedeutung haben. Dieser Vorgang spielt sich überall ab, wo der Boden offene Hohlräume an der Oberfläche besitzt und keine Vegetation trägt. Besonders wirksam ist er, wenn der Boden vom Regen nach starker Austrocknung getroffen wird. In diesem Falle ist die Spülwirkung des Wassers groß, denn die sorbierte Luft weist das Wasser ab. Lose Teilchen werden in die Bodenhohlräume gespült, und die aus der Bodenmasse entweichende Luft sprengt kleine Teilchen ab. Diese Art der Tonverlagerung finden wir vor allem in Halbwüstenböden und Wüstenböden, ferner in den Böden der Savanne. Beim ausgetrockneten, mit Spalten durchsetzten Vertisol (Smonitza) werden ganze Tonkrümel vom Regen in die Spalten eingebracht.

Die im Boden verlagerte Tonsubstanz wird vor allem auf den Wänden der Hohlräume als Beläge abgesetzt. Das Sickerwasser mit der Tontrübe dringt auch in feine Poren ein; in grobkörnigen Böden benutzt es die Intergranularräume. Meistens setzt sich der Ton in den grobkörnigen Böden in Schichten mit engeren Poren ab und umrindet oft die einzelnen Körner. Durch den Fließvorgang werden die Tonblättchen basisparallel eingeregelt, was im Bodendünnschliff gut erkennbar ist. Indessen wird eingeschlämmter Bodenbrei nicht eingeregelt. Durch Pressung der Bodenaggregate bei der Quellung, wobei oft die Aggregate gegeneinander verschoben werden (Gleitung), regeln sich die Tonteilchen ebenfalls auf der Oberfläche der Aggregate ein; dies ist besonders deutlich im Vertisol zu beobachten.

7. Podsolierung

Der Name »Podsolierung« ist von Podsol abgeleitet und bringt zum Ausdruck, daß dieser Prozeß typenspezifisch für den Podsol ist. Dieser Vorgang besteht im wesentlichen darin, daß nach der Entbasung des Bodens im Milieu starker Versauerung eine vertikale Verlagerung von Aluminium, Eisen, etwas Kieselsäure und organischer Substanz im Bodenprofil stattfindet. Die Wasserstoff-Ionen-Konzentration ist so hoch, daß Al und Fe zum großen Teil ionogen wandern können, daneben aber auch kolloidal in Verbindung mit organischen Stoffen, nämlich als metall-organische Komplexe (Chelate). Bei diesen organischen Stoffen handelt es sich um niedrigmolekulare Verbindungen (Polyphenole, Fulvosäuren), die aus dem sich zersetzenden Bestandesabfall und dem Rohhumus kommen. Auch die Blätter der Laubbäume enthalten Stoffe, die Al- und Fe-oxidhydrate in Lösung setzen, indessen wirken sie nicht lange, da sie schnell zersetzt werden. Das Eisen wird bei diesem Vorgang teilweise reduziert und bei der Zersetzung des metallorganischen Komplexes wieder zu dreiwertigem Fe oxidiert. Der Angriff auf die Bodenstoffe ist so stark, daß sogar die sonst im Boden kaum beweglichen Phosphorverbindungen wanderungsfähig werden. Im Kauri-Podsol Neuseelands wird im stark fortgeschrittenen Stadium der Podsolierung eine beachtliche Menge an Kieselsäure löslich und in dem mächtigen A_e-Horizont als »hardpan« abgesetzt. Etwas Ähnliches finden wir in stark sauren und gebleichten Pseudogleyen Deutschlands.

Die im Zuge der Podsolierung im oberen Bodenbereich gelösten Stoffe wandern mit dem Sickerwasser abwärts. Die Ausfällungsbedingungen wechseln mit der Profiltiefe, was zur Folge hat, daß die einzelnen Stoffe im wesentlichen in verschiedener Tiefe zum Absatz kommen, und dies führt zu einem differenzierten, in der Farbe wechselnden Profilbild. Die Ursache für Ausfällung der gewanderten Stoffe ist in erster Linie im höheren pH-Wert des tieferen Profilbereiches (höhere Ca-Konzentration) und Zunahme der Konzentration der Lösung zu sehen. Das höhere pH wirkt in verschiedener Weise auf die Ausfällung hin, hauptsächlich auf die Flockung der Sole.

In den meisten Podsolen unseres Klimas fallen zunächst überwiegend organische Stoffe aus, wodurch der betreffende Horizont eine schwarze Farbe annimmt. Darunter werden hauptsächlich Fe- und Al-oxidhydrate abgesetzt, die eine rostgelbe oder rostbraune Bodenfarbe ergeben. Das Fe-oxidhydrat fällt etwas früher aus als das Al-oxidhydrat, was auf dem verschiedenen isoelektrischen Punkt (nach S. Mattson) beruht, so daß Fe-oxidhydrat bei niedrigerem pH, also im etwas höheren Profilbereich, ausfällt als Al-oxidhydrat. Dadurch verschiebt sich das Fe/Al-Verhältnis im Profil von oben nach unten, d. h. es wird kleiner. Die in den B-Horizonten abgesetzten Stoffe altern, werden mit der Zeit wanderungsunfähig und teilweise sogar kristallin. Mit zunehmender Einwaschung von Stoffen wird der B-Horizont dichter. Der Podsolierungsvorgang läßt sich nachweisen durch das Si/Fe + Al-Verhältnis der Tonfraktion. Die Verhältniszahl ist im B-Horizont infolge der Anreicherung von Fe + Al niedriger als in den höheren Horizonten, aus denen diese Stoffe abwanderten.

Der Podsolierungsprozeß läuft weltweit gesehen entsprechend dem jeweiligen Klimaraum etwas verschieden ab, und dadurch werden auch die Podsolprofile verschieden ausgebildet. Zwar ist der Podsol ein Bodentyp nördlicher Klimate; er kommt aber auch vereinzelt auf Sanden in den Tropen vor. Während sich hier sehr mächtige Profile infolge der starken Verwitterung und Durchwaschung ausbilden, bleibt die Profilmächtigkeit im Norden wegen der mäßigen Verwitterungsenergie gering.

Es liegt die Annahme nahe, daß Tonverlagerungen und Podsolierung im pH-Bereich von etwa 5 — 4 nebeneinander ablaufen.

8. Naßbleichung

Wenn Nässe, Luftabschluß, hohe Wasserstoff-Ionen-Konzentration und organische Substanz zugleich auf den Boden einwirken, so kommt es zu einer schnellen Freisetzung von Eisen-Ionen, und zwar werden sie in diesem Milieu überwiegend reduziert zu Fe(II). Wenn die Wegfuhr des Eisens möglich ist, so erfolgt eine starke Ausbleichung des Bodens, die wir Naßbleichung nennen. Unter sauren Moorschichten, unter dem A_a-Horizont von saurem Anmoorgley, im nassen, sauren Pseudogley und im Stagnogley ist diese Naßbleichung oft stark ausgeprägt. Besonders stark ist die Naßbleichung im Stagnogley des deutschen Mittelgebirges, der früher wegen der grauweißen Farbe des S_w-Horizontes »Molkenboden« genannt wurde.

Das ionogen gelöste Eisen wird je nach der Bewegungsmöglichkeit des Wassers mehr oder weniger weit transportiert. Im Pseudogley ebener Lagen bleibt es weitgehend am Ort der Lösung und scheidet sich bei der Austrocknung als Fe(III) in rostgelben und rostbraunen Flecken, Streifen und Konkretionen ab. Hingegen kann das Eisen im Pseudogley der Hanglagen seitlich bewegt werden. In grundwassernahen Böden kann das Fe(II) direkt in das Grundwasser gelangen und wird z. T. weit transportiert.

An stark belüfteten Stellen wird das Eisen oxidiert und in Konkretion oder gar Raseneisenstein angereichert. Hierbei können auch Eisenbakterien mitwirken. Das Mangan verhält sich ähnlich wie das Eisen; es wird auch gelöst, transportiert und wieder ausgefällt.

9. Vergleyung

Unter Vergleyung versteht man die Ausfällung von Stoffen im Bodenprofil durch das Grundwasser. Überwiegend ist dieser Prozeß an rostgelben und rostbraunen Farben des gut sichtbaren Brauneisens erkennbar. Neben Eisen werden in unserem Klima Mangan, Schwefel und Calcium ionogen oder als Verbindungen transportiert, ferner auch geringe Mengen von Phosphor, Molybdän und Kobalt.

Der Vergleyung im engeren Sinne geht die Lösung der Stoffe voraus. In erster Linie handelt es sich um die Reduktion des Fe(III) im wassergesättigten, luftarmen Milieu unter der Einwirkung organischer Stoffe und anaerober Mikroben. Es kann dabei das Eisen(II) als Ion gelöst und transportiert werden; das Eisen kann aber auch mit organischen Substanzen (z. B. organische Säuren) Komplexe bilden, und diese sind auch wanderungsfähig. Dem gleichen Prozeß unterliegen Mn(III) und Mn(IV).

Der Lösung der Stoffe folgt die Fortführung, die von der Textur und von der Fließgeschwindigkeit und -richtung des Grundwasserstromes abhängt. In gut wasserdurchlässigen Böden werden die gelösten Stoffe in Richtung des Grundwasserstromes oft weit fortgetragen. Das ist in erster Linie in Geröll-, Kies- und Sandböden bzw. -sedimenten möglich. Hingegen können die gelösten Stoffe in bindigen Böden, also in lehmigen und tonigen Substraten, nicht weit wandern.

Die Ausfällung der Stoffe hängt von der Wasser- und Luftdurchlässigkeit des Bodenmaterials ab. Sind diese physikalischen Eigenschaften günstig, so wird an gut belüfteten Stellen viel Eisen und, soweit vorhanden, auch Mangan als rostbraune oder braunschwarze, unregelmäßig gestaltete Ausfällungen oder Konkretionen abgeschieden, im Extrem bildet sich Raseneisenstein. Ist hingegen das Substrat wenig durchlässig für Wasser und Luft, so kommt es nach H.-P. BLUME zu rostgelben und rostbraunen Ausfällungen, die weniger konzentriert sind. Dies ist darauf zurückzuführen, daß sich einerseits in wenig durchlässigem Substrat die Lösungen nur langsam bewegen und andererseits der Luftzutritt darin sehr behindert ist. Das Umgekehrte liegt bei den gut wasser- und luftdurchlässigen Substraten vor. Die Ausfällung des vom Grundwasser transportierten Eisens hängt mithin in erster Linie vom Zutritt des Sauerstoffs ab, und zwar fällt zunächst amorphes Eisenoxidhydrat aus, das zu Goethit altern kann. Bei weniger Sauerstoff und CO_2 kann Lepidokrokit unmittelbar aus zweiwertigen Eisenverbindungen gebildet werden, jedoch kann dieser sich bei vermehrtem Sauerstoff in Goethit umwandeln. Das Aluminium wird bei dem Vergleyungsprozeß nicht oder nicht nennenswert bewegt, wohl findet man in den Ausfällungsbereichen von Fe und Mn auch P, Mo und Co. Das Grundwasser kann Calcium als Calciumhydrogencarbonat führen und dieses in der Berührungszone mit der Luft als Calciumcarbonat ausfallen lassen.

So können Carbonathorizonte verschiedener Mächtigkeit entstehen (Wiesenkalk, Rheinweiß, Alm). Wiesenkalk kann aber auch aus stehendem Gewässer ausgefällt sein und ist dann als Seekreide aufzufassen.

Im Grundwasserbereich entsteht bisweilen grauweißer Siderit, weißlicher oder farbloser Vivianit (an der Luft blau werdend) und grünliche Eisen (II, III)-hydroxide, stellenweise auch schwarze Eisensulfide.

10. Pseudovergleyung

Die Pseudovergleyung ist ein für den Pseudogley typischer dynamischer Prozeß. Er hat im Mechanismus viel Ähnlichkeit mit der Vergleyung, unterscheidet sich aber von dieser vor allem dadurch, daß die Lösungs- und Ausfällungsprozesse im Boden räumlich und zeitlich nahe beieinander liegen. Abfuhr und Zufuhr von Bodenstoffen über weite Strecken fehlen, wohl kann beim Pseudogley in Hanglage ein kürzerer Transport hangabwärts stattfinden.

In der Vernässungsphase des Pseudogleyes erfolgt wie beim Gley eine Reduktion von Eisen und Mangan unter Beteiligung organischer Verbindungen. Im durchlässigen Bereich des Pseudogleyes können die löslich gemachten Verbindungen des Fe und Mn in den größeren Poren wandern, vor allem aus dem A_h- in den S_w-Horizont. Mit diesen wandern aber auch reduzierende organische Verbindungen, die im S_w-Horizont von den Poren und Rissen ausgehend Eisen und Mangan mobil machen, deren Ionen von hier aus in das Innere der Bodenmasse vordringen. Bei sehr niedrigem pH gehen Eisen-Ionen ebenfalls in Lösung. Wenn der Pseudogley im Sommer austrocknet, dringt Luft in die zuerst entwässerten, größeren Poren und besorgt von hier aus, in die Bodenmasse vordringend, die Oxidation. Durch Reduktion, Fortdiffundieren der Fe- und Mn-Ionen und anschließender Oxidation von den Hohlräumen aus entsteht um die Hohlräume (Röhren, Risse) ein grauer Saum, und daran schließt sich ein rostbrauner an. So entstehen die charakteristischen Streifen im Pseudogley. Die Flecken und Konkretionen entstehen im Innern der Bodenmasse oder Bodenaggregate dadurch, daß Fe- und Mn-Ionen in diese hineindiffundieren und hier in der Trockenzeit der Oxidation unterliegen. Hierbei entstehen eisenarme und eisenreiche Partien, d. h. graue, rostgelbe und rostbraune Flecken. Insgesamt ergeben die geschilderten Lösungs- und Ausfällungsprozesse das marmorierte Profilbild des Pseudogleyes. Die im Pseudogley bisweilen auftretende horizontale Streifung ist auf Schichtfugen zurückzuführen, die durch Eisschichten oder Eislinsen entstanden.

Es gibt Böden, die im oberen Bereich Pseudovergleyung und im unteren Vergleyung zeigen; es sind der Gley-Pseudogley und der Pseudogley-Gley. In tonreichen Gleyen kann neben der Vergleyung partiell auch die Pseudovergleyung Platz greifen, z. B. im Pelosol-Gley.

Im Stagnogley finden ähnliche Prozesse wie im Pseudogley statt, jedoch ist die Lösung von Eisen und Mangan durch die lange Vernässung stärker. Aber die Prozesse im Stagnogley unterscheiden sich von denen im Gley dadurch, daß ein seitlicher Transport der gelösten Stoffe nicht oder nur wenig vonstatten geht.

11. Versalzung

In semiariden und ariden Klimaten können sich unter bestimmten Voraussetzungen im oberen Bodenbereich Salze anreichern; dies nennt man Versalzung. Dabei handelt es sich vorwiegend um Chloride, Carbonate und Sulfate des Natriums, Calciums und Magnesiums.

In diesen trockenen Klimaräumen wird das Grundwasser nur wenig durch die geringe Menge an Niederschlagswasser »verdünnt«. Zudem nimmt das Sickerwasser meistens Salzkomponenten mit in das Grundwasser. Wo das Grundwasser kapillar an oder nahe an die Oberfläche aufsteigen kann und infolge der hohen potentiellen Evaporation schnell verdunstet, wird Salz im oberen Bodenbereich ausgeschieden. Somit finden sich die Salzböden vornehmlich in den Niederungen, z. B. in der Donau- und Theiß-Niederung Ungarns. Aber auch das Stauwasser kann die Versalzung verursachen, vor allem dann, wenn das Ausgangsmaterial der Stauwasserböden Salze beherbergt oder Salze lateral zugeführt werden. So findet man häufig eine Versalzung in den Pfannen arider Gebiete, d. h. in flachen Senken, in die Wasser von den Seiten her zusammenläuft. Solche Pfannen können einen Durchmesser von nur einigen Zehnern von Metern besitzen, aber auch einige Kilometer weit gespannt sein. Diese führen über zu den nur episodisch mit Wasser gefüllten Salzseen, die meistens trocken liegen und eine geschlossene Salzkruste haben.

Die Salze stammen aus dem Verwitterungsprozeß; in trockenen Klimaten werden sie nur wenig ausgewaschen und verbleiben deshalb mehr oder weniger in der Verwitterungsschicht, aus der sie ins Grund- oder Stauwasser sowie in Oberflächengewässer getragen werden. Selbst die leicht löslichen Natriumsalze können sich in den Salzböden anreichern; sie werden vom Grundwasser herangetragen, oder sie stammen aus dem örtlich anstehenden Gestein. Das Salz kann auch in einem Sediment eingebettet sein, so daß dann eine Versalzung des Grundwassers und des Bodens bei starker Verdunstung schnell zustande kommt, wie das am Neusiedler See der Fall ist.

Wenn sich die Salze als Kruste an der Oberfläche ausscheiden, so ist ein Pflanzenleben nicht mehr möglich. Die Schädigung der Pflanzen durch hohe Salzkonzentration ist auf den hohen osmotischen Druck der salzhaltigen Bodenlösung zurückzuführen. Die Natriumsalze sind besonders gefürchtet. Wenn Natrium nicht als Salz vorhanden ist, sondern nur einen hohen Anteil im Sorptionskomplex stellt, so liegt ein Natriumboden mit seiner charakteristischen Dynamik vor, die sich durch Verschlämmung, Verdichtung, Ton- und Humusdurchschlämmung äußert.

An der Küste, wo das Meerwasser dem Boden noch Salz zutragen kann, treten auch versalzte Böden auf. Ihre Fläche ist in Europa gering, weil die Marsch durch Deiche vor dem Zutritt des Meerwassers geschützt wird. Auch die Böden der tropischen Mangrovenwälder gehören zu den versalzten Marschen.

Im humiden Klima kann es im Ackerboden zu einer kurzfristigen Oberflächenversalzung durch hohe Handelsdüngergaben kommen. Ein nachfolgender stärkerer Regen beseitigt sie wieder. Starke Düngung in Gewächshäusern kann auch zu einer Salzanreicherung führen. Ferner führt die Verregnung natriumhaltiger Abwässer zu einer vorübergehenden Versalzung oder wenigstens zu einer beträchtlichen Erhöhung des Natriums im Kationenbelag mit den bekannten Folgeerscheinungen.

Die *Bewässerung* der Böden *arider* Räume birgt durch die hohe potentielle Evaporation die Gefahr der Versalzung in sich. Die Gefahr ist um so größer, je höher die Evaporation, je salzreicher das aufgebrachte Wasser ist und je weniger davon versickert. Dementsprechend wird die Versalzungsgefahr bei Verwendung von salzarmem Flußwasser weniger bestehen als bei in der Regel salzreicherem Grundwasser. Indessen kann aber auch salzarmes Flußwasser zu einer Versalzung führen, wenn die Verdunstung in den betreffenden Gebieten hoch ist und von dem Bewässerungswasser wenig versickert. Die Versalzung der Böden durch Bewässerung kann wirksam nur verhindert werden, indem die Menge des Bewässerungswassers so hoch bemessen wird, daß ein hinreichender Teil versickert und dadurch die Salzkonzentration in für die Pflanzen erträglicher Höhe gehalten wird. Falls das Wasser nicht zügig in den Untergrund versickern kann, muß eine Dränung das versickernde Wasser abführen. Die Pflanzen entziehen auch dem Boden Salze, die nicht in den Boden zurückkehren, soweit die Pflanzen vom Felde entfernt werden.

Das meistens für die Bewässerung verwandte Flußwasser besitzt keinen gleichmäßigen Salzgehalt, vielmehr schwankt dieser mit der Jahreszeit; in Regenperioden ist er geringer, in der Trockenzeit höher. Im Durchschnitt sollten nicht über 0,1 % Salze im Bewässerungswasser enthalten sein. Es enthält meistens Na-, Ca- und Mg-Kationen sowie Cl-, HCO_3- und SO_4-Anionen. Wichtig für Boden und Pflanzen ist das Verhältnis von Na zu Ca + Mg, denn davon hängt in erster Linie der Anteil von Na im Kationenbelag ab. Der Salzgehalt des Bewässerungswassers und des Bodenwassers wird durch Messung der elektrischen Leitfähigkeit ermittelt.

12. Krustenbildung

In halbariden und ariden Gebieten findet man öfters an oder nahe der Oberfläche feste, gesteinsartige Schichten, die überwiegend aus Calciumcarbonat bestehen und allgemein als Wüstenkrusten, in diesem speziellen Falle als Kalkkrusten bezeichnet werden.

Die Entstehung solcher Krusten kann auf verschiedenem Wege vor sich gehen. Als pedogenetische Vorgänge sind folgende anzusehen:

1. Infolge der geringen Niederschläge wird der Boden nicht ausgewaschen. Die episodischen Regenfälle nehmen die Salze des Bodens wohl bis zu einer gewissen Tiefe des Profils mit, aber dann steigt das Bodenwasser mit den Salzen infolge der hohen potentiellen Evaporation wieder hoch, und die Salze fallen nahe der Oberfläche aus. Dieser Vorgang wiederholt sich oft, und es kommt mit der Zeit eine massive, gesteinsartige Kruste zustande, die über 2 Meter mächtig werden kann. Weit überwiegend bestehen solche Krusten aus Calciumcarbonat, selten aus Gips und Calciumcarbonat oder nur aus Gips. Krusten aus anderen leicht löslichen Salzen (NaCl) sind auch selten, zudem wenig beständig. Die Kalkkrusten sind in der Regel sehr alt, oft älter als Pleistozän. 2. In semiariden Klimaten kann der Niederschlag immerhin dafür ausreichen, Calciumhydrogencarbonat ein Stück weit in den Boden zu tragen und dann ausfallen zu lassen, ohne daß es wieder aufsteigt. In der Ausfällungszone entsteht mit der Zeit eine Kruste. Es ist dies verstärkt das, was wir im semihumiden Klima als Ca-Horizont kennen. 3. An den Rändern (Ufern) von episodisch gefüllten Flußbetten und abflußlosen Senken scheidet sich oft durch starke Verdunstung hauptsächlich Kalk ab; es entsteht hier eine Kruste.

Neben diesen Entstehungsursachen sind manche Kalkkrusten der ariden Räume durch völlige Verdunstung ehemaliger Seen mit kalkreichem Wasser entstanden. In diesem Falle wurde zunächst in dem See Kalk als Seekreide ausgefällt, die aber nach Austrocknung krustenartig verhärtete. Die Kalkkruste der Etoscha-Pfanne in Südwestafrika ist auf diese Weise entstanden.

Die Kalkkrusten wurden meistens nicht durch einen kontinuierlichen Vorgang gebildet, vielmehr wechselten in der sehr langen Bildungszeit die äußeren Bedingungen, vor allem das Klima. Ausfällungsvorgänge wechselten mit Lösungsvorgängen, und so kam meist ein komplizierter mikromorphologischer Aufbau der Krusten zustande. Da die Krusten sich in Boden- oder Sedimentmasse bilden, enthalten sie eingeschlossen deren Komponenten. In großen Zügen zeigt der mikromorphologische Aufbau nach K. ZIMMERERMANN zwei Typen: 1. den mikroporphyrischen Aufbau und 2. den lamellaren Aufbau.

Zu den Krusten zählen auch die harten silifizierten Bänke in manchen Böden der Halbwüste und der Savanne, die als Silcrete oder hardpan bekannt sind. Diese gibt es in verschiedener Ausprägung. Bei noch geringer Entwicklung weichen sie bei Regen auf und bilden dann ein sehr gleitfähiges Material. Der Wüstenlack, meist aus Limonit bestehende lackartige Krusten auf Gesteinen, die in ariden Gebieten an der Oberfläche liegen, ist ein Phänomen der hier ablaufenden, spezifischen Verwitterung.

13. Lateritisierung

Der Begriff »Lateritisierung« ist abgeleitet von Laterit (von lat. later = Ziegelstein), der durch den Prozeß der Lateritisierung entsteht. Da dieser Prozeß mit einer Eisenanreicherung und (oder) Aluminiumanreicherung verbunden ist, wird er auch Ferrallitisierung genannt, und die dadurch gebildeten Böden nennt man »Ferrallitische Böden«. Neuerdings wird der Laterit auch als Plinthit (von gr. plinthos = Ziegelstein) bezeichnet. Einige Autoren wollen mit »Laterit« allgemein nur das durch die Lateritisierung entstandene Verwitterungsmaterial kennzeichnen.

Über die Entstehung des Laterits gibt es eine umfangreiche Literatur und verschiedene Auffassungen. Da die Lateritpanzer schon lange als Eisenerz abgebaut werden, war das Interesse an deren Entstehung schon immer sehr groß. Man kann die Lateritisierung als einen geologischen Prozeß, aber auch als einen pedologischen Vorgang auffassen. Hier soll die Lateritisierung unter Verzicht auf die historische Entwicklung der Auffassungen vorwiegend vom heutigen pedologischen Standpunkt betrachtet werden.

Die Plätze der Lateritisierung sind die tropischen bis subtropischen Klimaräume, und zwar vorzugsweise die wechselfeuchten. In der feuchten Periode werden Bodenstoffe gelöst und teils verfrachtet, in der trockenen werden diese gefällt und konserviert. Der wesentliche Vorgang besteht darin, daß Alkalien, Erdalkalien und Kieselsäure stark weggeführt werden, wogegen Eisen und Aluminium infolge ihrer geringen Löslichkeit weitgehend am Ort der Verwitterung verbleiben, sich also relativ gegenüber anderen Bodenstoffen anreichern. Auf diese Weise kann aus eisenreichen Gesteinen (eisenreichen Magmatiten) eine Lateritkruste ohne laterale Zufuhr von Eisen entstehen. In Bereichen mit eisenärmeren Gesteinen kann die Lateritkruste dadurch gebildet werden, daß in Senken oder am Hangfuß aus der Umgebung Wasser mit gelöstem Eisen zuzieht und sich hier durch Verdunstung des Wassers an oder nahe der Oberfläche abscheidet. Dieser Vorgang wird durch niedriges pH begünstigt. So kommt der Grundwasser-Laterit zustande. Oftmals sind solche vor langer Zeit entstandenen Grundwasser-Laterite als solche aus der heutigen Geländeposition nicht mehr erkennbar, da das Gelände durch erosives Anschneiden trocken gelegt worden ist. Die Verkennung dieses Vorganges hat früher zu einer falschen Deutung der Lateritgenese geführt.

Der Laterit, d. h. die Eisenanreicherung im Profil, besteht überwiegend aus Goethit; Hämatit ist untergeordnet beteiligt und hat gegebenenfalls durch seine feine Verteilung starken Einfluß auf die rotbraune Farbgebung. Das Aluminium liegt meistens als Gibbsit vor, an der Oberfläche ist hier und da auch Böhmit in geringen Mengen vertreten. Neben diesen grundlegenden Stoffen sind im Laterit Titan und Mangan, in Spuren auch Chrom, Nickel, Kobalt und Vanadium vertreten. Von den Tonmineralen dominieren Kaolinit und Halloysit. Meistens ist trotz der starken Verwitterungsenergie noch Quarz in der Feinsubstanz vorhanden. Während aus den eisenreichen Magmatiten die eisenreichen Lateritpanzer entstehen, kann aus eisenarmen, aluminiumreichen Gesteinen Bauxit gebildet werden.

Das ferrallitische Profil (Laterit) zeigt vom frischen Gestein zur Oberfläche hin eine beständige Zunahme von Eisen und Aluminium bis zu hoher Konzentration an der Oberfläche, in gleicher Richtung nehmen die primären Silikate ab, und Kaolinit tritt an deren Stelle. Nicht immer ist ein Lateritpanzer entwickelt, manchmal hat sich Eisen, teils auch Aluminium, nur in Knöllchen konzentriert. Vom Schwach Ferrallitisierten Boden über den Typischen Ferrallitischen Boden (Latosol, Roterde) mit Eisenknöllchen (Konkretionen) bis zum mächtigen, harten Lateritpanzer gibt es alle Übergänge. Diese Lateritpanzer haben ein zelliges, schwammartiges Gefüge und gleichen manchmal Schlacken. Die Verhärtung des Laterits ist vor allem dann sehr stark, wenn Vegetation fehlt und die unmittelbare Einstrahlung eine starke Erwärmung verursacht. Die sehr mächtigen Lateritdecken mit einigen Zehnern von Metern sind sehr alte Bildungen; ihre Entstehungszeit reicht oft weit über das Pleistozän zurück. Hingegen kann eine schwache Lateritisierung rezent sein. Laterite können durch Fremdmaterial überdeckt werden, wodurch schwer deutbare Profile entstehen. Lateritische (Ferrallitische) Böden mit Eisenknöllchen können umgelagert und die Knöllchen in mitunter mächtigen Paketen angereichert werden; diese benutzt man gerne als Wegebaumaterial.

14. Bioturbation

In dem Kapitel über die Bodenbildungsfaktoren wurde schon die wühlende und mischende Tätigkeit der Tiere im Boden beschrieben. Hier ist die Tätigkeit der Tiere im Zusammenhang mit den Bodenbildungsprozessen zu sehen und darzustellen. Die im Boden nur wohnenden Tiere wühlen nur lokal, hingegen lockern und mischen jene Tiere den Boden, die ständig in ihm leben, und deshalb sind letztere am wichtigsten. Es sind dies vorwiegend die Regenwürmer und die anderen Bodenkleintiere. Deren Tätigkeit kann so stark sein, daß Bodenhorizonte völlig miteinander und teils auch mit dem Ausgangsmaterial vermischt werden, wie das in kalk- und nährstoffreichen Auenböden der Fall sein kann. K. J. HOEKSEMA hat diesen Vorgang im Rhein-Alluvium der Niederlande beobachtet und als Homogenisieren bezeichnet. Eine starke, vertikale Mischung des Bodens erfolgt auch im Tschernosem und im Hortisol, wobei der A_h-Horizont langsam mächtiger wird. Die Termiten können ebenfalls eine vollständige Mischung des Bodens herbeiführen, wie manche Profile der Tropen und Subtropen zeigen. Hier handelt es sich um eine vollständige Bioturbation. Abgesehen von solchen das ganze Bodenprofil umgestaltenden Mischungsprozessen findet in den A_h-Horizonten mit einem pH von etwa $> 5,5$ meistens eine starke Vermischung des humosen Mineralbodens durch Tiere statt; dafür sind alle Mullhorizonte gute Beispiele.

Zur Bioturbation gehören auch die Mischungsvorgänge, die durch die Bewurzelung bewirkt werden. Durch das Wurzelwachstum erfolgen im durchwurzelten Boden Verschiebungen des Materials auf kleinstem Raum, die sich aber auf lange Sicht summieren. Damit ist gleichzeitig eine Bodenlockerung verbunden. Stark ist die Mischung durch die Pflanzenwurzeln, wenn durch Windwurf mit den Wurzeln Bodenmasse aus dem Verband gerissen wird, die sich dann an der Oberfläche hauptsächlich durch den Regenaufschlag mischt.

Neben der mischenden Tätigkeit der Tiere und Pflanzen wird der beackerte A_p-Horizont in jedem Jahr mehr oder weniger gemischt. In neuerer Zeit erlauben es leistungsfähige Geräte, den Boden tief zu lockern oder zu wenden, wobei der natürliche Bodenverband plötzlich zerstört wird und dadurch meistens eine neue Dynamik einsetzt. Bei der Rodung von Wurzelstöcken ist die Bodenmischung besonders groß.

c. BODENENTWICKLUNG

Der Begriff »Bodenentwicklung« wird oft im gleichen Sinne gebraucht wie Bodenbildung und Bodenentstehung. Während die beiden letzteren Begriffe identisch sind und lediglich eine Aussage allgemeiner Art über die Entste-

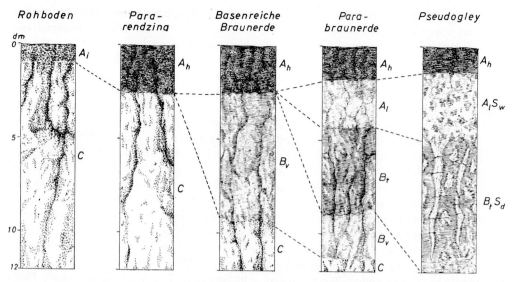

Abb. 163. Die Bodenentwicklung aus Löß im gemäßigt warmen, humiden Klima vom Rohboden über Pararendzina – Basenreiche Braunerde – Parabraunerde zum Pseudogley.

hung des Bodens machen, soll »Bodenentwicklung« eindeutig auf die Entwicklung des Bodens vom Ausgangsgestein her hinweisen. Diese Entwicklung kann sich entsprechend einer kurzen Dauer noch im Anfangsstadium befinden, sie kann aber auch schon lange währen und über mehrere Stadien hinweggegangen sein. Folgendes Beispiel aus dem mitteleuropäischen Raum erläutert den Unterschied des Begriffsinhaltes: Ein Pseudogley bildet sich infolge eines dichten Horizontes im Unterboden oder Untergrund. Damit ist nichts gesagt über den Entwicklungsweg. Will man dagegen zum Ausdruck bringen, daß der Pseudogley aus einem anderen Bodentyp hervorging, so ist der Begriff »Bodenentwicklung« am Platze. So kann der Pseudogley aus Löß das derzeitige Endglied folgender Entwicklungsreihe (Chronosequenz) sein: Rohboden — Pararendzina — Basenreiche Braunerde — Parabraunerde — Pseudogley (Abbildung 163).

Viele Böden haben ein hohes Entwicklungsstadium erreicht, d. h. es gingen mehrere Stadien voraus. Diese Stadien können bodensystematisch Bodentypen darstellen, wie im Falle der Entwicklungsreihe aus Löß (Abb. 163). Es können aber auch Subtypen sein, die entwicklungsmäßig zwischen zwei Bodentypen stehen können, z. B. Pararendzina-Rohboden und Rohboden-Pararendzina. Auch ein spezifischer Bodentyp unterliegt der Entwicklung, z. B. entwickelt sich der typische Podsol von der Variante schwacher Podsol über die des mittleren zur Variante starker Podsol. Die Bodenentwicklung in situ kann gestört werden durch Abtrag und Auftrag von Bodenmaterial. Diese einschneidenden Einflüsse auf die Bodenbildung gehören auch zur Gesamtentwicklung des Bodens. KUBIENA hat 1948 eine »Entwicklungslehre des Bodens« geschrieben, die das Prinzip der Bodenentwicklung an vielen Beispielen aufzeigt.

Die Bodenentwicklung ist eine Funktion der Zeit. Aus diesem Grunde wird die Bodenentwicklung auch manchmal im Zusammenhang mit dem Bodenbildungsfaktor »Zeit« betrachtet. Richtig ist, daß die »Bodenentwicklung« in der »Zeit« abläuft, jedoch sollten die »Zeit« als Faktor der Bodenbildung und die Bodenentwicklung begrifflich klar unterschieden werden.

Literatur

AMERYCKX, J.: La Pédogenèse en Flandre Sablonneuse; une chronobioséquence sur matériaux sableux. – Pédologie, Vol. 10, 1, 1960.
BLOOMFIELD, C.: Experiments on the Mechanism of Gley Formation. – Journal of Soil Science, Vol. 3, Oxford 1952.
BLOOMFIELD, C.: A Study of Podzolization. – Part I–VI, Journal of Soil Science, Oxford 1953/55.
BRÜMMER, G., und SCHROEDER, D.: Prozesse der Marsch-Genese. – Mitt. d. Deutschen Bodenkundl. Gesellschaft, Nr. 8, 1968.
DE WIT, C. T., and van KEULEN, H.: Simulation of Transport Processes in Soils. – Centre for Agricultural Publishing (PUDOC), Wageningen 1972.
DUCHAUFOUR, Ph.: Processus de Formation des Sols. – Collection études et recherches, C.R.D.P., Nancy 1972.
FRÄNZLE, O.: Klimatische Schwellenwerte der Bodenbildung. – Die Erde, Bd. 2, 1965.
FRIDLAND, V. M.: Über Podsolierung und Illimerisation (russ.). – Potchvovedenie, Nr. 1, Moskau 1958.
HUNT, C. B.: Geology of Soils. – Verlag Freeman and Co., San Francisco 1972.
IVANOVA, E. I.: Genesis and Classification of Semidesert Soils. – »Nauka« Publishing House, Moscow 1966, translated in Israel 1970.
JENNY, H.: Factors of Soil Formation. – McGraw-Hill Book Company, Inc., New York - London 1941.
KOHNKE, H., STUFF, R. G., and MILLER, R. A.,: Quantitative Relations between Climate and Soil Formation. – Zeitschr. Pflanzenernährung, Bodenkunde, Bd. 119, H. 1, 1968.
KOVALEV, R. V. (Editor): Genesis of the Soils of Western Sibiria. – Sibirian Branch of the Academy of Science of the USSR, Novosibirsk 1964, translated in Israel 1968.
KUBIENA, W. L.: Entwicklungslehre des Bodens. – Verlag Springer, Wien 1948.
LEE, K. E., and WOOD, T. G.: Termites and Soils. – Academic Press Inc., London 1971.
MOHR, E. C. J., van BAREN, F. A., and van SCHUYLENBORGH, J.: Tropical Soils. – A Comprehensive Study of their Genesis. – 3. Aufl., Verlag Mouton-Ichtiar Baru-van-Hoeve, The Hague – Paris – Djakarta 1972.
MÜCKENHAUSEN, E.: Das Problem der Tonverlagerung in verschiedenen Bodentypen. – Spomenica uz 70 God. Prof. Craçania, Zagreb 1971.
OTTOW, J. C. G., und GLATHE, H.: Pedochemie und Pedomikrobiologie hydromorpher Böden. Merkmale, Voraussetzungen und Ursache der Eisenreduktion. – Chemie der Erde, Bd. 32, Verlag Fischer, Jena 1973.
PALLMANN, H.: Grundzüge der Bodenbildung. – Schweiz. Landw. Monatshefte, 1942.
RODE, A. A.: The Soil Forming Process and Soil Evolution. – State Publishing House for Geography, Moscow 1947, translated in Israel 1961.
RODE, A. A.: Advances in the Theory of Podzolization and Solodization. – »Nauka« Publishing House, Moscow - Leningrad 1964, translated in Israel 1968.
RODE, A. A.: Podzol-Forming Process. – »Nauka« Publishing House, Moscow 1970, translated in Israel 1972.
SCHEFFER, F., ULRICH, B., und HIESTERMANN, P.: Die Bedeutung der Chelatisierung in Agrikulturchemie und Bodenkunde. – Zeitschr. Pflanzenern., Düng., Bodenkunde, Bd. 76, 1957.
SCHLICHTING, E., und SCHWERTMANN, U. (Herausgeber): Pseudogley und Gley. — Verlag Chemie, Weinheim/Bergstr. 1972.
SCHROEDER, D., und SCHWERTMANN, U.: Zur Entstehung von Eisenkonkretionen im Boden. – Naturwiss. Bd. 42, H. 9, 1955.
SCHROEDER, D.: Bodenkunde in Stichworten. – 4. Aufl., Verlag Ferdinand Hirt, Kiel 1983.
SIMONSON, R. W.: Outline of a Generalized Theory of Soil Genesis. – Proc. Soil Science Soc. Amer., Vol. 23, Madison 1959.
STRZEMSKI, M.: Die Hauptrichtungen der Entwicklung einer Bodensystematik (pol.). – Panstowe wydawnictwo Polnicze Lesne, Seria P (16), Pulawy 1971.
UNESCO: Soils and Tropical Weathering. – Proceedings of the Bandung Symposium. – Natural Resources Research XI, UNESCO, Paris 1971.
YAMANAKA, K., and MOTOMURA, S.: Studies of the Gley Formation. I. On the Mechanism of the Formation of Active Ferrous Iron in Soils. – Soil and Plant, Bd. 5, 1959.

XIII. Die Bodensystematik

a. KLASSIFIKATION UND SYSTEMATIK

Um einen Überblick über Gegenstände der Natur zu gewinnen und den Grad ihrer Verwandtschaft aufzuzeigen, werden sie in ein Ordnungssystem gebracht, und dieses nennt man Systematik. Gute Beispiele für eine Systematik von Naturgegenständen haben Botanik und Zoologie geliefert. Näher stehen den Böden die Systematik der Gesteine und die der Minerale.

In der Bodenkunde wird das Ordnungssystem der Böden meistens als Klassifikation, weniger oft als Systematik bezeichnet. Das hat wohl seinen Grund darin, daß die früher vorgenommenen Einteilungen der Böden, z. B. nach der Bodentextur (Sandboden, Tonboden), nach dem Ausgangsgestein (Granitboden, Schieferboden) oder nach den anbauwürdigen Früchten (Roggenboden, Weizenboden) einfache Klassifikationen waren und an dieser Bezeichnung festgehalten wurde. KUBIENA (1953) machte zuerst einen Unterschied zwischen Klassifikation und Systematik der Böden. Er bezeichnete diejenigen Ordnungssysteme der Böden als Klassifikationen, bei denen das Ordnungsprinzip zwar bestimmte, aber nicht alle wichtigen Merkmale oder Eigenschaften berücksichtigt. Hingegen verlangt er von einer Bodensystematik, daß alle wichtigen Merkmale und Eigenschaften Berücksichtigung finden müssen und bei der Einordnung in das Ordnungssystem jeweils die Merkmale und Eigenschaften den Ausschlag geben, die dem Boden sein Gepräge geben. Ein solches Ordnungssystem bezeichnet KUBIENA als *natürliches* System und mißt diesem den Begriff »Bodensystematik« bei.

In der internationalen Literatur ist der Begriffsinhalt für »Bodenklassifikation« nicht in jedem Falle identisch mit der vorstehenden Begriffserklärung, oft wäre die Bezeichnung »Bodensystematik« treffender als »Bodenklassifikation«.

b. BODENKLASSIFIKATIONEN ANDERER LÄNDER

Viele Länder haben eine eigene Bodenklassifikation ausgearbeitet. Diese Tatsache zeigt, daß es kein vom Boden her aufgezeigtes, allgemeingültiges Ordnungsprinzip der Böden gibt. Dies zu wissen ist wichtig bei der Beurteilung der Bodenklassifikationen der einzelnen Länder. Deshalb ist es müßig zu fragen, ob eine Bodenklassifikation richtig ist, vielmehr ist allein wichtig, daß sie in dem jeweiligen Lande *brauchbar* ist.

Eine Bodenklassifikation erwächst in den einzelnen Ländern aus der Feldforschung, vornehmlich aus der Bodenkartierung. Je nach der bodenkundlichen Ausbildung und Weiterbildung der Fachleute, je nach den fachlichen Einflüssen von anderen Ländern her und je nach der wissenschaftlichen und praktischen Aufgabenstellung entwickelt sich in jedem Lande eine eigene Vorstellung von einer zweckmäßigen Bodenklassifikation. Je mehr Nachbarländer fachlichen Kontakt pflegen, je mehr werden sich ihre Bodenklassifikationen nähern, vorausgesetzt, daß das Bestreben einer diesbezüglichen Annäherung besteht. Im ganzen gesehen ist die Verschiedenheit der Bodenklassifikationen überraschend. Hierbei darf nicht vergessen werden, daß ein Land von der eigenständigen Bodenklassifikation nicht ohne weiteres abgehen und eine andere annehmen kann. Das würde zu einer großen Verwirrung vor allem bei denen führen, welche die Bodenkunde und damit auch die Bodenklassifikation als Hilfswissenschaft verwenden. Aus diesem Grunde empfiehlt es sich nicht, von einer eingeführten, eigenständigen Bodenklassifikation abzugehen. Für den weltweiten Vergleich und die Korrelation der Böden kann man sich auf ein bestimmtes Ordnungssystem einigen. Dafür gibt es auch kein einzig richtiges. Indessen ist aber wichtig, daß es einfach sowie einprägsam ist und möglichst viele Begriffe verwendet werden, die sich im Laufe der Zeit über die Landesgrenzen hinweg eingeführt haben, damit alle Bodenkundler Bekanntes darin finden.

Im vorigen Jahrhundert ging die Bodenforschung von Rußland aus. Auch die erste Bodenklassifikation auf der Grundlage der Bodenbildungsfaktoren entstand dort. Es wurden auch die dabei erworbenen Vorstellungen und Bodenbezeichnungen von anderen Ländern übernommen. Auf dieser Grundlage wurde in vielen Ländern eine eigene Bodenklassifikation entwickelt. Heute stehen nun die Bodenklassifikationen der Länder nebeneinander und zeigen teils Verwandtes, teils sind sie sehr different. Alle haben gemeinsam, daß das Ordnungssystem von höchsten Ordnungen ausgeht und diese in niedere Ordnungen, die in den einzelnen Ländern verschieden benannt sind, aufgegliedert werden.

Im folgenden werden Übersichten über die Bodenklassifikation einiger Länder aufgeführt um zu zeigen, daß diese in der Einstufung und Namengebung der Böden sehr verschieden sind, aber im Ordnungsprinzip, d. h. in der Aufgliederung von höheren zu niederen Kategorien, einer gemeinsamen Vorstellung folgen. Zunächst soll ein Überblick über die Bodensystematik der Sowjetunion wiedergegeben werden (TIURIN 1965), indem nur die großen *Bodenprovinzen* (Fazies) und deren charakteristische *Bodentypen* aufgeführt werden. Daran anschließend werden für eine Bodenprovinz Angaben über Klima und Vegetation gemacht sowie eine weitere Aufgliederung in *Bodensubtypen* gegeben.

From »Systematic list of soils of Eurasia«
Aus der »Systematischen Liste der Böden Eurasiens«

Zusammengestellt vom Dokutschajew-Institut Moskau (TIURIN 1965)

Soils of the Subboreal Belt
Böden des subborealen Gürtels

Facies Fazies	Soil types Bodentypen
West european oceanic Westeuropäisch-ozeanisch $\Sigma + t = 2400$—$4000°$ C*) Mild winter Milder Winter *) Summe der Tagestemperaturen in der Vegetationszeit	Brown forest soils Braune Waldböden Brown forest gleyed soils Braune pseudovergleyte Waldböden Podsolic soils Podsolierte Böden
Middle and south european Mittel- und südeuropäisch Suboceanic (Danube-Pontic) Subozeanisch (danubo-pontisch) $\Sigma + t = 2400$—$4000°$ C Cool winter Kühler Winter	Brown forest soils Braune Waldböden Brown forest gleyed soils Braune pseudovergleyte Waldböden Brownish-gray forest soils Braungraue Waldböden Brownish-gray forest gleyed soils Braungraue pseudovergleyte Waldböden Chernozems Tschernoseme Meadow-chernozemic soils Wiesen-Tschernoseme Chestnut soils Kastanoseme Meadow-chestnut soils Wiesen-Kastanoseme

East-european-subcontinental Osteuropäisch-subkontinental $\Sigma + t = 2400$—$4000°$ C Cold winter Kalter Winter	Gray forest soils Graue Waldböden Gray forest gleyed soils Graue pseudovergleyte Waldböden Chernozems Tschernoseme Meadow-chernozemic soils Wiesen-Tschernoseme Chestnut soils Kastanoseme Meadow-chestnut soils Wiesen-Kastanoseme Brown semidesertic (solodized-alkaline) soils Braune Halbwüstenböden (solodiert-alkalisiert) Meadow brown semidesertic soils Braune Wiesen-Halbwüstenböden
West asiatic continental Westasiatisch-kontinental $\Sigma + t = 2200$—$2400°$ C Severe winter Strenger Winter	Gray forest soils Graue Waldböden Gray forest gleyed soils Graue pseudovergleyte Waldböden Chernozems Tschernoseme Meadow-chernozemic soils (mostly alkaline) Wiesen-Tschernoseme (meist alkalisiert) Chestnut soils Kastanoseme Meadow-chestnut soils Wiesen-Kastanoseme Brown semidesertic soils Braune Halbwüstenböden Gray-brown desertic, primitive desertic soils Graubraune Wüstenböden, Einfache Wüstenböden Meadow desertic soils Wiesen-Wüstenböden
Central asiatic, strongly continental Zentralasiatisch, streng kontinental $\Sigma + t = 2000$—$3400°$ C Severe winter with little snow Strenger Winter mit wenig Schnee	Gray forest soils (cryogenic gleyed) Graue Waldböden (kryogen vergleyt) Chernozems Tschernoseme Meadow-chernozemic soils Wiesen-Tschernoseme Chestnut soils (non alkaline) Kastanoseme (keine Alkalien) Brown semidesertic (non alkaline, low in carbonates) Braune Halbwüstenböden (keine Alkalien, wenig Carbonate) Light brown semidesertic soils (»Sierozems« low in carbonates) Hellbraune Halbwüstenböden (»Sieroseme«, wenig Carbonate) Gray-brown semidesertic soils (low in carbonates) Graubraune Halbwüstenböden (wenig Carbonate)

East asiatic monsoon-oceanic Ostasiatisch monsun-ozeanisch $\Sigma + t = 1800—3200° C$ Cool winter Kühler Winter	Brown forest soils, seasonal cryogenic gleyed Braune Waldböden, jahreszeitlich kryogen vergleyt Brown forest soils, gleysolic and podzolized Braune Waldböden, vergleyt und podsoliert Brown forest non saturated soils Ungesättigte braune Waldböden Chernozemic prairie soils (brunizems) Tschernosemartige Prärieböden (Bruniseme)

Beispiel für die genauere Kennzeichnung einer Bodenprovinz und die Aufgliederung der Bodentypen der Sowjetunion (Tiurin 1965)

Facies Fazies	Climatic moisture Klimatische Feuchtigkeit	Zone natural vegetation Natürliche Vegetationszone	Soil types Bodentypen	Soil subtypes Bodensubtypen
1	2	3	4	5
West european oceanic Westeuropäisch-ozeanisch $\Sigma + t = 2400$ bis $4000° C$*) Mild winter Milder Winter	Humid Humid $K > 1.0$	Broad-leaved forests beech prevailing Breitblattwälder mit vorherrschender Buche	Brown forest soils Braune Waldböden	Acid (non podzolized) sauer (nicht podsoliert) Podzolized Podsoliert Saturated Gesättigt
			Brown forest gleyed soils Braune pseudovergleyte Waldböden	Podzolized Podsoliert Saturated Gesättigt
			Podzolic soils Podsolierte Böden	Humic-podzolic soils on sands and loamy sands Humus-Podsole auf Sanden und lehmigen Sanden

*) Summe der Tagestemperaturen in der Vegetationszeit

Jede Bodenklassifikation bzw. -systematik hat Vor- und Nachteile, bei deren Abwägen gegeneinander keine klare qualitative Wertung zu erwarten steht. Das sei bei der Stellungnahme zu diesem und den nachfolgenden Systemen vorausgeschickt.

Die Bodensystematik der Sowjetunion birgt den großen Vorteil, daß sie eine konsequente Weiterentwicklung der bodensystematischen Vorstellungen von Dokutschajew und seinen Schülern bzw. Mitarbeitern ist. Dadurch ist ein Vergleich der Bodentypen über viele vergangene Jahrzehnte möglich, was durch die Beibehaltung alter, eingeführter Bodenbezeichnungen erleichtert wird. Ein wertvoller Fortschritt ist in der Unterteilung der Böden großer Klimagürtel in klimatische Bodenprovinzen mit einer zugehörigen Vegetation zu sehen. Innerhalb dieser Bodenprovinzen werden die Böden in eigenständige Typen und Subtypen unterteilt. Da diese Systematik genetisch orientiert ist, macht die exakte Abgrenzung der Typen und Subtypen naturgemäß Schwierigkeiten.

Die erste *Bodenklassifikation der Vereinigten Staaten von Amerika* hat insofern Ähnlichkeit mit der der Sowjetunion, als die Faktoren der Bodenbildung bei der Aufgliederung der Böden maßgebend sind. In dieser ersten, später vom Soil Survey Staff der USA verfeinerten, genetisch orientierten Bodenklassifikation wurden in großen Zügen klimazonale Böden, intrazonale, d. h. vom jeweiligen Klima unabhängige Böden, und azonale, d. h. wenig entwickelte Böden, unterschieden. Diese drei großen Abteilungen wurden in Große Bodengruppen (Great Soil Groups) aufgeteilt, die in etwa mit den Bodentypen der Sowjetunion übereinstimmen. Die weitere Aufgliederung dieser Großen Bodengruppen in Boden-Serien (Soil Series) weicht von der sowjetischen Aufgliederung der Bodentypen in Bodensubtypen stark ab. Denn die Boden-Serien der USA sind Lokalformen, d. h. Böden mit etwa gleichen ökologischen Eigenschaften, jedoch keine genetischen Untergruppen der Großen Bodengruppen. Die Boden-Serien sind praktische Einheiten für die Bodenkartierung. Sie werden aufgrund der Textur in Bodentypen (Soil Types) weiter unterteilt; hier versteht man also unter Bodentyp etwas wesentlich anderes als in der Bodenkunde Europas, nämlich Körnungsunterschiede der Boden-Serien. Innerhalb der Kategorie der Soil Types werden durch Bodenphasen (Soil Phases) ökologisch wichtige Bodeneigenschaften berücksichtigt.

Eine neue Klassifikation hat der Soil Survey Staff 1960 bzw. 1967 als *7th Approximation* vorgelegt. Dieser Vorschlag wurde später noch ergänzt.

Die niederen Kategorien von der Boden-Serie ab sind bestehen geblieben, während die höheren Kategorien aufgrund genau definierter Merkmale neu abgegrenzt und mit neuen, aus lateinischen und griechischen Wortteilen zusammengesetzten Namen versehen wurden. Folgende Kategorien oberhalb der Serien wurden gebildet: Ordnungen (Orders), Unterordnungen (Suborders), Familien (Families) und Unterfamilien (Subfamilies), dann folgen die bestehen gebliebenen Boden-Serien. Die Namen der Ordnungen haben am Ende stets das Wort »sol« (= Boden), während der erste Teil des Namens ein Bestandteil eines lateinischen oder griechischen Wortes ist (in der nachstehenden Aufstellung abgeleitet).

Die Namen der Unterordnungen bestehen aus zwei Teilen: Den zweiten Teil des Namens bildet eine dem Ordnungsnamen entnommene Buchstabenkombination (zwei oder drei Buchstaben); dieser wird ein Buchstabenkomplex vorangestellt, der einem lateinischen oder griechischen Wort, das zu einer wesentlichen Eigenschaft dieser Böden Bezug hat, entlehnt ist. Von den Ordnungsnamen werden zur Bildung der Namen der Unterordnungen entnommen: ent von Entisol, ert von Vertisol, ept von Inceptisol, id von Aridisol, oll von Mollisol, od von Spodosol, alf von Alfisol, ult von Ultisol, ox von Oxisol, ist von Histosol. Den ersten Teil des Namens der Unterordnungen bilden folgende Buchstabenkomplexe, die auf eine Bodeneigenschaft Bezug nehmen:

acr	(von gr. akros = am höchsten), d. h. stark verwittert;
alb	(von lat. albus = weiß), d. h. heller Eluvialhorizont;
and	(von jap. ando = dunkler Vulkanascheboden), d. h. andosolartiger Boden;
aqu	(von lat. aqua = Wasser), d. h. durch Grund- oder Stauwasser beeinflußt;
arg	(von lat. argilla = Ton), d. h. Tonanreicherung vorhanden;
bor	(von lat. borealis = nördlich), d. h. in Gebieten höherer Breiten;
ferr	(von lat. ferrum = Eisen), d. h. mit Eisenoxiden;
fluv	(von lat. fluvius = Fluß), d. h. Flußablagerung;
hum	(von Humus), d. h. mit Humus;
ochr	(von gr. ochros = fahl), d. h. heller A_h-Horizont;
psamm	(von gr. psammos = Sand), d. h. sandige Textur;
rend	(von Rendzina), d. h. rendzinaartig;
trop	(von tropisch), d. h. in tropischen Gebieten;
ud	(von lat. udus = feucht), d. h. in humiden Gebieten;
umbr	(von lat. umbra = Schatten), d. h. dunkler A_h-Horizont;
ust	(von lat. ustus = verbrannt), d. h. in trockenen, sommerheißen Gebieten;
xer	(von gr. xeros = trocken), d. h. in sommertrockenen Gebieten.

Beispiele für die Namenbildung der Unterordnungen:

Psamments ist gebildet von psamm (= sandig) und ent (zu den Entisols gehörend), d. h. schwach entwickelte, sandige, terrestrische Böden.

Aquepts ist gebildet von aqu (wasserbeeinflußt) und ept (zu den Inceptisols gehörend), d. h. grund- oder stauwasserbeeinflußte, jüngere Böden.

Ordnungen und Unterordnungen der 7th Approximation, Suppl. 1967,

(Soil Survey Staff and Colaborators 1967)

Ordnung	Unterordnung	Kennzeichnung
Entisols (von engl. recent = neu)		Schwach entwickelte Böden
	Aquents	Schwach entwickelte, mineralische Naßböden
	Arents	Schwach entwickelte, tief bearbeitete Böden
	Fluvents	Schwach entwickelte, lehmig-feinsandige (oder feinere) Böden
	Orthents	Schwach entwickelte, lehmige und tonige, terrestrische Böden und Auenböden
	Psamments	Schwach entwickelte, sandige, terrestrische Böden und Auenböden
Vertisols (von lat. vertere = wenden)		Vertisole, d. h. stark quellfähige Böden
	Torrerts	Trockene Vertisole mit fast ständig offenen Spalten
	Uderts	Vertisole mit Spalten, die meistens über 90 Tage im Jahr hintereinander geschlossen sind
	Usterts	Übergänge zwischen Torrerts und Uderts
	Xererts	Bodenklima kontinentaler als bei Usterts
Inceptisols (von lat. incipere = anfangen)		Entwickelte Böden aus mäßig verwittertem Material
	Andepts	Entwickelte Böden auf vulkanischem Lockergestein
	Aquepts	Mineralische Grundwasser- und Stauwasserböden
	Ochrepts	Humusarme Braunerde und nahestehende Subtypen, Böden ohne B_t-Horizont
	Plaggepts	Plaggenesche
	Tropepts	Inceptisols mit tropischem Bodenklima ohne Hydromorphie
	Umbrepts	Ranker und Braunerden mit Moder- oder Rohhumushorizont, alpine Böden
Aridisols (von lat. aridus = trocken)		Böden trockener Gebiete
	Argids	Schwach entwickelte Trockenböden mit Tonanreicherungs-Horizont oder Na-Horizont
	Orthids	Übrige Aridisols

Ordnung	Unterordnung	Kennzeichnung
Mollisols (von lat. mollis = weich)		Böden mit humusreichem, meist mächtigem A_h-Horizont
	Albolls	Humusreiche, staunasse Böden, Solonetz, Solod
	Aquolls	Humusreiche Gleye, Ca-Solontschak, Marschen
	Borolls	Böden mit schwarzem, mächtigem A_h-Horizont, Jahrestemperatur $< 8,3°$ C
	Rendolls	Humusreiche Rendzinen und Pararendzinen
	Udolls	Böden mit schwarzem, mächtigem A_h-Horizont, Tschernosem, teils mit B_t-Horizont, Brunisem, Jahrestemperatur $> 8,3°$ C
	Ustolls	Kastanosem, Tschernosem, kalkhaltig oder $> 80 \%$ V-Wert
	Xerolls	wie Udolls, aber trockener
Spodosols (von gr. spodos = Holzasche)		Podsole
	Aquods	Gley-Podsole, Pseudogley-Podsole
	Ferrods	Eisenpodsole
	Humods	Humuspodsole
	Orthods	Eisenhumuspodsole, Braunerde-Podsole
Alfisols (von Pedalfer, d. h. Al und Fe)		Böden mit tonreichem Horizont
	Aqualfs	Pseudogleye, Brackmarschen
	Boralfs	Parabraunerden, Fahlerden, Jahrestemperatur $< 8,3°$ C
	Udalfs	Parabraunerden mit feuchtem Bodenklima
	Ustalfs	Zimtfarbene Waldböden, mediterrane Böden, Jahrestemperatur $> 8,3°$ C
	Xeralfs	Trockene Varianten der Alfisols
Ultisols (von lat. ultimus = letzter)		Stark entwickelte Böden (Red-yellow podzolic soils)
	Aquults	Hydromorphe Ultisols
	Humults	Humusreiche, nicht hydromorphe Ultisols
	Udults	Fast ständig feuchte Ultisols, aber weder humusreich noch hydromorph
	Ustults	Wenig humose, etwas trockene Ultisols
	Xerults	Trockene Ultisols

Ordnung	Unterordnung	Kennzeichnung
Oxisols (von Oxid)		Latosole
	Aquox	Grundwasser-Latosol
	Humox	Humusreicher, zeitweilig feuchter Latosol
	Orthox	Typischer Latosol
	Ustox	Trockener Latosol
	Torrox	Sehr trockener Latosol
Histosols (von gr. histos = Gewebe)		Moore

Mit der neuen Bodenklassifikation der USA wurden gleichzeitig sogenannte *diagnostische Horizonte* eingeführt und präzise definiert; sie sollen das Erkennen und Festlegen der Boden-Kategorien ermöglichen. Im Zusammenhang damit wurde auch die Horizont-Symbolik überarbeitet und den neuen Vorstellungen angepaßt.

Für den Bodenkundler, der um die Schwierigkeiten der Bodenabgrenzung weiß, erscheint die neue Klassifikation der USA geradezu eine Befreiung aus der Unsicherheit der subjektiven Unterscheidung der Böden; denn diese neue Klassifikation enthält klar definierte, gleichsam in Maß und Zahl festgelegte Kriterien für jede Boden-Kategorie. Diese Kriterien sind zunächst die sicht- und meßbaren Merkmale, die physikalisch und chemisch faßbaren Eigenschaften sowie auch klimatische Daten. Zwar erfaßt man auf diese Weise auch genetisch bedingte Bodenzustände, indessen steht die genetische Betrachtungsweise zurück. Dadurch können genetisch zusammengehörige Böden in verschiedene Kategorien eingeordnet werden, z. B. auf Grund einer verschiedenen Mächtigkeit des A_h-Horizontes. Das will zwar einer genetischen Konzeption nicht einleuchten, indessen sind aber bei dieser Klassifikation derartige Brüche mit der Genetik nicht vermeidbar.

Die Bodenklassifikation der USA hat mit dem herkömmlichen System der Bodentypen völlig gebrochen, weil, weltweit gesehen, voneinander abweichende Vorstellungen von der Definition und der Abgrenzung der Bodentypen und deren Einordnung in eine Systematik bzw. Klassifikation entstanden sind. Diese Schwierigkeiten bestanden oder bestehen auch in der Sowjetunion. Während man sich hier bemüht, durch straffe Definitionen die Bodentypen innerhalb der herkömmlichen Systematik abzugrenzen, glaubte man in den USA, am ehesten durch eine völlig neue Konzeption die Basis für eine weltweit einheitlich anwendbare Klassifikation der Böden schaffen zu müssen. Um Verwechslungen in der Nomenklatur zu vermeiden, schuf man vornehmlich mit lateinischen und griechischen Wortteilen neue Bodennamen, die so zusammengesetzt werden, daß die Zugehörigkeit zu den höheren Kategorien bis zur Ordnung erkennbar ist. Ohne Zweifel ist auch diese Nomenklatur konsequent durchdacht, indessen erscheinen aber diese Namen fremd und sind schwer einprägsam, was den Gebrauch bei denen schwierig macht, die nicht täglich mit der Materie umgehen müssen.

Im *westlichen Europa* haben fast alle Länder eine eigene Bodenklassifikation entsprechend dem Fortgang der bodenkundlichen Forschung entwickelt. Die *französischen Bodenkundler* konnten auf der Basis einer ausgedehnten Bodenforschung auch in Übersee eine weltweite Bodenklassifikation erarbeiten, die im wesentlichen genetisch ausgerichtet ist (AUBERT, BETREMIEUX u. a. 1967). In dieser französischen Klassifikation werden die Böden der Erde in

XII Klassen aufgeteilt; die weitere Unterteilung geschieht in Unterklassen, Gruppen und Untergruppen. Nachstehend werden die XII Klassen aufgeführt, und anschließend wird von der I. Klasse die weitere Unterteilung der 1. Unterklasse bis zur Untergruppe wiedergegeben, um das System der Gliederung in Kategorien an einem Beispiel aufzuzeigen.

Classification des Sols. – Document diffusé par le Laboratoire de Géologie – Pédologie de l'E. N. S. A. de Grignon, Edition 1967. – Es werden nur die XII Bodenklassen wiedergegeben und anschließend die weitere Unterteilung nur von der 1. Unterklasse der I. Klasse.

I. Classe des sols minéraux bruts
   Klasse der Mineral-Rohböden
II. Classe des sols peu évolués
   Klasse der schwach entwickelten Böden
III. Classe des Vertisols
   Klasse der Vertisole
IV. Classe des Andosols
   Klasse der Andosole
V. Classe des sols calcimagnésiques
   Klasse der calcimagnesimorphen Böden
VI. Classe des sols isohumiques
   Klasse der Böden mit mächtigem A_h-Horizont und stabiler Humusform
VII. Classe des sols brunifiés
   Klasse der verbraunten Böden
VIII. Classe des sols podzolisés
   Klasse der podsolierten Böden
IX. Classe des sols à sesquioxydes de fer
   Klasse der Böden mit Eisen-Sesquioxiden
X. Classe des sols ferrallitiques
   Klasse der ferrallitischen Böden
XI. Classe des sols hydromorphes
   Klasse der hydromorphen Böden
XII. Classe des sols sodiques
   Klasse der Salzböden

Die weitere Unterteilung der 1. Unterklasse von der I. Klasse bis zur Untergruppe (als Beispiel):

I – Classe des sols minéraux bruts
   Klasse der Mineral-Rohböden

I – 1 – Sous-Classe des sols minéraux bruts non climatiques
   Unterklasse der nicht klimaabhängigen Mineral-Rohböden

Groupe I/11 – Groupe des sols minéraux bruts d'érosion
Gruppe I/11 – Gruppe der durch Erosion entstandenen Mineral-Rohböden

    Sous-groupe 111   Sous-groupe lithosols
    Untergruppe 111   Untergruppe der Lithosole
    Sous-groupe 112   Sous-groupe régosols
    Untergruppe 112   Untergruppe der Regosole

Groupe I/12 – Groupe des sols minéraux bruts d'apport alluvial
Gruppe I/12 – Gruppe der alluvialen Mineral-Rohböden
Groupe I/13 – Groupe des sols minéraux bruts d'apport colluvial
Gruppe I/13 – Gruppe der kolluvialen Rohböden
Groupe I/14 – Groupe des sols minéraux bruts d'apport éolien
Gruppe I/14 – Gruppe der äolischen Mineral-Rohböden
Groupe I/15 – Groupe des sols minéraux bruts d'apport volcanique
Gruppe I/15 – Gruppe der vulkanischen Mineral-Rohböden
Groupe I/16 – Groupe des sols minéraux bruts anthropique
Gruppe I/16 – Gruppe der anthropogenen Mineral-Rohböden

Die französische Bodenklassifikation birgt folgende Vorteile: übersichtlich, leicht verständlich, einprägsam, Verwendung bekannter Begriffe, leicht erweiterbar, gut anwendbar im Fortschritt der Bodenforschung, auch in anderen Ländern.

Von den Bodenklassifikationen der übrigen Länder sei nur ein diesbezüglich neuer Vorschlag für die Niederlande mitgeteilt (DE BAKKER und SCHELLING 1966).

Outline of the soil classification for the Netherlands – the higher levels. – Überblick über die Bodenklassifikation (höhere Kategorien) der Niederlande (DE BAKKER *und* SCHELLING *1966*).

Order Ordnung	Suborder Unterordnung	Group Gruppe
1 Peat soils Torfböden (Moore)	1.1 Earthy peat soils Erdige Torfböden	1.1.1 Clayey earthy peat soils Tonig-erdige Torfböden
		1.1.2 Podzolic earthy peat soils Podsolige erdige Torfböden
		1.1.3 Clay-poor earthy peat soils Tonarme erdige Torfböden
	1.2 Raw peat soils Rohe Torfböden	1.2.1 Initial raw peat soils Initiale rohe Torfböden
		1.2.2 Podzolic raw peat soils Podsolige rohe Torfböden
		1.2.3 Ordinary raw peat soils Gewöhnliche rohe Torfböden
2 Podsol soils Podsol- böden (Podsole)	2.1 Moder podzol soils Moderpodsol-Böden	2.1.1 Moder podzol soils Moderpodsol-Böden
	2.2 Hydropodzolic soils Hydropodsolige Böden	2.2.1 Peaty podzol soils Torfige Podsolböden
		2.2.2 Ordinary hydropodzol soils Gewöhnliche Hydropodsol-Böden
	2.3 Xeropodzol soils Xeropodsol-Böden (Trockene Podsole)	2.3.1 Xeropodzol soils Xeropodsol-Böden
3 Brick soils Brick- Böden (Para- braun- erden)	3.1 Hydrobrick-soils Hydrobrick-Böden (Pseudovergleyte Parabraunerden)	3.1.1 Hydrobrick-soils Hydrobrick-Böden
	3.2 Xerobrick-soils Xerobrick-Böden (Gut durchlässige Parabraunerden)	3.2.1 Xerobrick-soils Xerobrick-Böden
4 Earth soils Dunkle, tiefhumose Böden	4.1 Thick earth soils Mächtige, dunkle, tiefhumose Böden	4.1.1 Enk earth soils Plaggenesche
		4.1.2 Tuin earth soils Tonige, tiefhumose Böden
	4.2 Hydroearth soils Hydromorphe, dunkle, tiefhumose Böden	4.2.1 Peaty earth soils Torfig-erdige Böden
		4.2.2 Sandy hydroearth soils Sandige, hydromorphe, dunkle, tiefhumose Böden
		4.2.3 Clayey hydroearth soils Tonige, hydromorphe, dunkle, tiefhumose Böden
	4.3 Xeroearth soils Trockene, dunkle, tiefhumose Böden	4.3.1 Krijt earth soils Kalkhaltige, dunkle, tiefhumose Böden
		4.3.2 Sandy xeroearth soils Sandige, trockene, dunkle, tiefhumose Böden
		4.3.3 Clayey xeroearth soils Tonige, trockene, dunkle, tiefhumose Böden

Order Ordnung	Suborder Unterordnung	Group Gruppe
5 Vague soils Sonstige Böden	5.1 Initial vague soils Sonstige Initial-Böden	5.1.1 Initial vague soils Sonstige Initial-Böden
	5.2 Hydrovague soils Sonstige hydromorphe Böden	5.2.1 Sandy hydrovague soils Sonstige sandige, hydromorphe Böden
		5.2.2 Clayey hydrovague soils Sonstige tonige, hydromorphe Böden
	5.3 Xerovague soils Sonstige Xeroböden (trockene Böden)	5.3.1 Sandy xerovague soils Sonstige sandige Xeroböden
		5.3.2 Clayey xerovague soils Sonstige tonige Xeroböden

Diese niederländische Bodenklassifikation ist zunächst nur für die drei höchsten Kategorien aufgestellt (Ordnungen, Unterordnungen, Gruppen). Da die Niederlande eine relativ geringe Bodenfläche ausmachen, ist es verständlich, daß nur fünf Ordnungen aufgestellt sind. Abweichend von anderen Klassifikationen stehen Böden, die weitgehend als Bodentypen gelten, hier in der höchsten Kategorie, nämlich einer Ordnung, wie Podzol soils und Brick soils (Parabraunerden). Andererseits bilden die hydromorphen Böden nicht zusammen eine Ordnung; sie sind vielmehr erst in der Unterordnung plaziert. Das hat wohl seinen Grund darin, daß in den Niederlanden die heutige Hydromorphie der Böden meistens nicht mehr mit der ursprünglichen, die maßgebend für die Profilmorphologie ist, übereinstimmt, und darum wird der Hydromorphie bodensystematisch weniger Bedeutung beigemessen. Die Bodenklassifikation der Niederlande ist ein gutes Beispiel dafür, daß eine Klassifikation sehr wohl für einen begrenzten, gut durchforschten Raum sehr brauchbar ist, aber für einen größeren Raum weder geeignet noch vorgesehen ist.

c. NEUE, WELTWEITE BODENGLIEDERUNG

In den letzten Jahren sind die Legenden einer Bodenkarte der Erde i. M. 1:5 Mio. und einer Bodenkarte von Westeuropa i. M. 1:1 Mio. von einer Expertengruppe unter der Leitung der FAO (Rom) ausgearbeitet worden. Im Prinzip sind diese Legenden gleich, die letzere wurde aus der ersteren entwickelt. Vorab ist ausdrücklich herauszustellen, daß ein grundsätzlicher Unterschied besteht zwischen einer Bodenklassifikation und einer Bodenkartenlegende. Jedoch spiegelt sich im allgemeinen die Bodenklassifikation bzw. Bodensystematik eines Landes in der Legende kleinmaßstäblicher Bodenkarten wider. So war auch bei den oben erwähnten Bodenkarten der Erde und Westeuropas zu entscheiden, welche Bodenklassifikation man den Legenden zugrunde legen soll. Bei diesen Überlegungen kamen von den vorhandenen, gut durchgearbeiteten Klassifikationen nur solche in Betracht, die eine weltweite Bodengliederung darstellten. Diese Bedingungen erfüllen die Bodenklassifikationen Frankreichs, der Sowjetunion und der USA. Da indessen die Entscheidung für eine von diesen naturgemäß schwierig ist, entschloß man sich von der FAO aus, neue Legenden für die beiden neuen Bodenkarten auszuarbeiten.

Sie enthalten Bestandteile aus mehreren Bodenklassifikationen, vor allem aber aus der klassischen der Sowjetunion und der neuen der USA, aber auch mehrere neue Begriffe. Im Hinblick auf noch mögliche Änderungen seien aus der Legende für die neue Bodenkarte von Westeuropa i. M. 1:1 Mio. nur einige Beispiele wiedergegeben.

Fluvisols (von lat. fluvius = Fluß und sol = Boden) sind junge, meist holozäne Ablagerungen der Flüsse, also die Alluvionen der Täler. Dieser Name Fluvisol wurde neu geprägt. Die Fluvisols werden weiter unterteilt, z. B.

gleyic Fluvisols, d. h. Fluvisols mit Vergleyung, luvic Fluvisols, d. h. Fluvisols mit Tonverlagerung.

Gleysols (von dem bekannten Namen Gley und sol = Boden) sind Böden, die durch Grund- oder Stauwasser ihr Pofilgepräge erhalten haben. Dieser Name »Gley« stammt ursprünglich aus der sowjetischen Klassifikation, findet sich inzwischen aber in fast allen Klassifikationen. Die Gleysols werden weiter aufgeteilt, z. B.
podzolic Gleysols, d. h. Übergänge vom Podsol zum Gley,
histic Gleysols (von gr. histos = Gewebe), d. h. Anmoor-Gley,
stagnic Gleysols (von lat. stagnare = stauen), d. h. Gleysols mit Stauwasser.

Vertisols (von lat. vertere = wenden und sol = Boden) sind Böden, die sich infolge starker Quellung bei Wasseraufnahme aufpressen. Dieser Name stammt aus der neuen Klassifikation der USA und steht für die früheren Namen Grumusol, Smolnitza, Black Cotton Soil u. a. Der Vertisol wird weiter aufgeteilt, z. B.
gleyic Vertisols, d. h. Vertisols mit Gleymerkmalen,
pellic Vertisols (von gr. pellos = dunkel), d. h. grauschwarze Vertisols.

Andosols (von jap. an = dunkel und do = Boden) sind dunkle, allophanreiche Böden aus Vulkanasche. Der Name stammt aus der japanischen Bodenklassifikation. Die Andosols werden weiter aufgeteilt, z. B.
gleyic Andosols, d. h. Andosols mit Gleymerkmalen,
cambic Andosols (von lat. cambiare = verändern), d. h. Andosols mit einem der Braunerde ähnlichen B_v-Horizont.

Luvisols (von lat. luo (luvi) = waschen, auswaschen und sol = Boden) sind Böden mit Tonverlagerung. Dieser Name »Luvisol« wurde neu geprägt, da für Böden mit Tonverlagerung viele Namen existieren und daher eine neutrale Neuprägung angezeigt erschien. Die Luvisols werden weiter unterteilt, z. B.
orthic Luvisols (von lat. orthos = typisch und sol = Boden), d. h. die weitverbreiteten, braunen Böden mit Tonverlagerung im gemäßigt warmen, humiden Klima, nämlich die Parabraunerden,
stagno-gleyic Luvisols (von lat. stagnare = stauen, von Gley und sol = Boden), d. h. Luvisols mit Stauwasser, also die Übergänge vom Pseudogley zum Luvisol,
cromic Luvisol (von lat. cromos = Farbe und sol = Boden) sind rotbraun gefärbte Luvisols, wie beispielsweise die zimtfarbigen Waldböden Bulgariens.

Diese Beispiele vermitteln eine Vorstellung vom Aufbau der Legenden der Bodenkarte der Erde und der Bodenkarte von Westeuropa. Wenn diese Legenden keineswegs Bodenklassifikationen sein sollen, so stellen sie aber doch eine weltweite Gliederung der Böden dar, in die wir in großen Zügen die Böden aus den vielen Klassifikationen einordnen können. Somit ist diese Bodengliederung, wie wir sie neutral nennen wollen, für die weltweite Korrelation über alle Grenzen hinweg sehr wichtig. Zusammenfassend betrachtet, können diese neuen Legenden, die eine neue Gliederung der Böden der Erde beinhalten, als eine glückliche Lösung für eine weltweite Bodenkorrelation betrachtet werden, natürlich gilt das nur in großen Zügen, d. h. für die wichtigsten, bekannten Böden.

d. BODENSYSTEMATIK DER BUNDESREPUBLIK DEUTSCHLAND

In den Jahren von 1952 bis 1962 hat der Arbeitskreis für Bodensystematik der Deutschen Bodenkundlichen Gesellschaft, bestehend aus F. Vogel (Vorsitzender), F. Heinrich, W. Laatsch und E. Mückenhausen, eine Systematik der Böden der Bundesrepublik Deutschland ausgearbeitet und in dem Buch »Entstehung, Eigenschaften und Systematik der Böden der Bundesrepublik Deutschland« 1962 veröffentlicht. Grundlegend für diese Bodensystematik ist die von KUBIENA (1953) veröffentlichte Systematik der Böden Europas. Seit 1962 hat der Arbeitskreis für Bodensystematik die Systematik der Böden der Bundesrepublik Deutschland konsequent ausgebaut und Ergänzungen veröffentlicht (MÜCKENHAUSEN u. a. 1970). Bei dem Ausbau der deutschen Systematik ist eine Anzahl neuer Subtypen und Subvarietäten aufgenommen worden. In der systematischen Ordnung wurde eine Umstellung vorgeschlagen, indem Pseudogleye und Stagnogleye mit den Auenböden, Gleyen und Marschen die Abteilung „Hydromorphe Böden" bilden sollen. Der Vorschlag wurde aber von vielen Seiten abgelehnt, so daß die Pseudogleye und Stagnogleye in der Abteilung „Terrestrische Böden" verbleiben und Auenböden, Gleye und Marschen (wie früher) in der Abteilung „Semiterrestrische Böden" stehen.

1. Genetisch fundiertes System

Für die Ausarbeitung einer Systematik von Naturobjekten sind hinreichende Kenntnisse über diese Objekte erforderlich. Notwendigerweise stellt sich die Frage, ob unsere Kenntnisse von den Böden Mitteleuropas ausreichen, um sie in ein System einzuordnen, d. h. ob wir diese Böden in das System einer stufenartigen Gliederung unter Berücksichtigung aller für die Systematik wesentlichen Eigenschaften einordnen können. Noch vor etwa 100 Jahren konnte man das nicht, wohl konnte man damals die Böden nach ihrer Korngrößenzusammensetzung klassifizieren. Inzwischen haben wir aber gelernt, die Böden als Gebilde der Natur aufzufassen, die sich unter dem Einfluß äußerer und innerer Faktoren (Bodenbildungsfaktoren) nach bestimmten Naturgesetzen bilden und sich fortlaufend ändern. Durch die jeweilige Art der Bodenbildung erhalten die Böden verschiedene, für sie charakteristische, sichtbare und unsichtbare Merkmale, womit spezifische Eigenschaften gekoppelt sind. Aus den sichtbaren Merkmalen und den analytisch festgestellten Eigenschaften läßt sich einerseits der Gesamtbodenzustand charakterisieren und andererseits auf den Bildungsweg des Bodens rückschließen. Der Boden erhält mithin seine Eigenschaften durch seine spezifische Bildung aus einem bestimmten Gestein. Er entwickelt sich von einer Stufe zur anderen. Die charakteristischen Stadien der Bodenbildung stellen die *Bodentypen* dar. Es liegt nahe, die genetischen *Bodentypen in das Zentrum einer Systematik* zu stellen. Sie in höheren Kategorien zusammenzufassen und in niedere aufzuteilen, ist dann das Wesen einer genetischen Bodensystematik.

Man könnte fragen, ob zuwachsende bodenkundliche Erkenntnisse unsere Vorstellungen von den Bodentypen und ihrer Entstehung grundsätzlich ändern könnten. Das ist nicht zu erwarten, da die in vielen Ländern gewonnenen Forschungsergebnisse in diesem Bereich weitgehend übereinstimmen und somit gesichert erscheinen. Eine Bodensystematik ist natürlich nie fertig, sie spiegelt vielmehr ein Gegenwartsbild bodenkundlicher Forschung wider. In Zukunft werden vor allem die alten (fossilen) Böden, auch Paläosole genannt, mehr und mehr in der Systematik einen eigenen Platz finden müssen.

2. Bodensystematische Kategorien und ihre Kriterien

(a) Kategorien

Die Bodentypen (im Sinne der russischen Bodenforscher) sind die Umwandlungsformen der Lithosphäre (LAATSCH und SCHLICHTING 1959). Sie sollen im Mittelpunkt der Systematik stehen. Sie werden in höhere Kategorien zusammengefaßt und in niedere aufgeteilt. Oberhalb des Bodentyps genügen zwei Kategorien, d. h. die Bodentypen werden in Klassen und diese wieder in Abteilungen zusammengefaßt, was in etwa dem Vorschlag von KUBIENA (1953) entspricht, der aber noch eine »Unterklasse« vorgesehen hat. Die Bodentypen werden in folgende pedogenetische Kategorien aufgeteilt (KUBIENA 1953): Subtyp, Varietät, Subvarietät. Diese sechs Kategorien (Abteilung, Klasse, Typ, Subtyp, Varietät, Subvarietät) sind pedogenetisch bedingt, d. h. sie sind das Resultat der Bodenbildung.

Um einen Boden hinreichend genau zu systematisieren, bedarf es der Berücksichtigung von Ausgangsgestein und Textur. Das geschieht in der »Form«, die den sechs pedogenen Kategorien angefügt wird. Die »Form« kann mit jeder Kategorie (sinngemäß aber vorwiegend mit den niederen Kategorien vom Typ an) gebildet werden, indem die jeweilige Kategorie durch die lithogen bedingten Merkmale ergänzt wird, wie z. B. Parabraunerde mit schluffigem Lehm aus Löß.

Zur Kennzeichnung und Abkürzung erhalten die Kategorien Buchstaben bzw. Ziffern wie folgt:

Abteilungen:
Großbuchstaben, z. B. A ⎫
Klassen:
Kleinbuchstaben, z. B. a ⎪
Typen:
Römische Ziffern, z. B I ⎬ Pedogenetische Kategorien
Subtypen:
Römische Ziffern in ( ), z. B. (I) ⎪
Varietäten:
Arabische Ziffern, z. B. 1 ⎪
Subvarietäten:
Arabische Ziffern in ( ), z. B. (1) ⎭

Formen:
Arabische Ziffern mit *, z. B. 1* ⎬ Lithogene Ergänzung zu den pedogenetischen Kategorien

Mit welcher Kategorie die Form gebildet wird, ergibt sich aus den Buchstaben bzw. Ziffern, z. B. sind I 1*, I 2*, I 3* usw. Formen eines bestimmten Bodentyps und (1)1*, (1)2*, (1)3* usw. Formen auf dem Niveau der Subvarietät.

(b) Kriterien der Kategorien

In der bodengenetischen und bodensystematischen Forschung besteht weitgehende Einigkeit darüber, daß folgende Merkmale und Eigenschaften der Böden maßgebende Kriterien für ihre systematische Einordnung sein sollen:

1. Die Richtung und das Ausmaß der Perkolation, d. h. die Wanderung echt- und kolloidgelöster sowie anderer wanderungsfähiger Stoffe im Boden.

2. Der pedogenetisch bedingte Profilaufbau, einschließlich der Humusdecke, aber nicht die geologisch bedingte Schichtung.

3. Das durch das Ausgangsmaterial bedingte Filtergerüst, d. h. das Textur- und Gefügesystem; denn davon hängen maßgeblich Bodenbildung und Wasserhaushalt ab.

4. Die spezifische Bodendynamik, d. h. die jeweiligen bodenbildenden Prozesse im Boden, die in Abhängigkeit von Perkolation, Filtergerüst und Profilaufbau stehen.

Aus den unter 1 bis 4 aufgeführten *bodeneigenen* Kriterien resultieren die wichtigsten physikalischen, chemischen und biologischen Eigenschaften des Bodens, und damit sind bei der systematischen Kategorisierung alle diese Eigenschaften einbezogen. Unter Zugrundelegung dieser bodeneigenen Kriterien werden die oben genannten sechs *pedogenetisch bedingten Kategorien* wie folgt gebildet:

1. Die *Abteilungen* umfassen die Böden mit der gleichen Hauptrichtung der Perkolation, d. h. mit der gleichen Einwirkungskraft des Wassers. Die Moorböden werden als besondere Abteilung herausgestellt, obgleich das mit Rücksicht auf die Perkolation nicht gerechtfertigt, wohl aber wegen der bei der Bodenbildung entstehenden stofflichen Zusammensetzung zweckmäßig ist.

2. Die *Klassen* umfassen Böden mit gleicher oder ähnlicher Horizontfolge; es kann auch eine spezifische Dynamik die Aufstellung einer Klasse rechtfertigen.

3. Die *Typen* stellen Böden dar mit einer bestimmten Horizontfolge und spezifischen Eigenschaften der einzelnen Horizonte und somit charakteristische *Umbildungsformen der Lithosphäre;* sie werden durch spezifische Bodenbildungsprozesse und die Eigenart des Ausgangsmaterials geprägt. Daraus ergibt sich naheliegend, daß die *Typen* im *Mittelpunkt der Bodensystematik* stehen.

4. Die *Subtypen* sind *qualitative* Modifikationen der Typen. Das bedeutet, daß bei ihnen *artfremde* Merkmale zu denen eines Typs treten. Das ist beispielsweise der Fall, wenn A_h- und B_v-Horizont einer Braunerde Calciumcarbonat enthalten und somit der Subtyp »Kalkbraunerde« vorliegt. Oft sind Subtypen durch das gemeinsame Auftreten der Merkmale zweier Typen gegeben. In solchen Fällen liegen Übergangsbildungen zweier Typen vor. Die Zuordnung solcher Subtypen zu einem Typ geschieht nach den *vorherrschenden* Merkmalen, z. B. ist ein Gley-Podsol ein Podsol mit Merkmalen des Gleyes im tieferen Unterboden und steht bei dem Typ »Podsol«. Ist ein Typ »rein« ausgebildet, d. h. fehlen artfremde und differenzierende Merkmale, so liegt der Subtyp als »typische Ausbildung« vor, z. B. Typischer Tschernosem und Typischer Gley. Dieser Subtyp muß vorgesehen werden, um die Kategorie des Typs vollständig in Subtypen aufgliedern zu können.

5. Die *Varietäten* sind *quantitative* Modifikationen eines Subtyps, d. h. sie bilden graduelle Unterschiede des Subtyps. Die Stufen der Ausbildung bestimmter und bestimmender bodentypologischer Merkmale ergeben mithin die Varietäten; z. B. sind schwach, mittel und stark ausgeprägter Gley-Podsol die Varietäten des Subtyps »Gley-Podsol«. Es ist noch für die typologisch untergeordnete Vergleyung anzugeben, welchen Ausbildungsgrad diese besitzt, z. B. stark ausgeprägter (oder einfach starker) Gley-Podsol, schwach vergleyt. Das typologisch Untergeordnete wird also nach der Varietäts-Bezeichnung ergänzt.

6. Die *Subvarietäten* umschließen *alle qualitativen und quantitativen pedogenetischen* Besonderheiten der Varietäten; sie sind mithin die Modifikationen der Varietäten. Beispiel: starker Gley-Podsol, schwach vergleyt, 15 cm mächtige Rohhumusdecke. In der Subvarietät soll u. a. auch der Faktor »Wasser« näher differenziert werden, ferner auch die durch die Bodennutzung eingetretenen Veränderungen (A_p-Horizont).

Die *Formen* (Bezeichnung ist von »Bodenlokalform« hergenommen) werden gebildet, indem zu den pedogenetischen Kategorien 1 bis 6 die lithogenen Merkmale, nämlich Textur und Ausgangsgestein (bzw. -material) einbezogen werden, z. B. starker Gley-Podsol, schwach vergleyt, mittelkörniger Sand des rißeiszeitlichen Schmelzwassers; ferner Braunerde, steiniger, toniger Lehm aus Basalt. Ersteres Beispiel ist die Form-Bildung mit einer Varietät, letzteres die mit einem Typ. Pedogene und lithogene Merkmale zusammen ergeben die unübersehbare Fülle der *Bodenformen* der Pedosphäre.

In einem Lehrbuch der Bodenkunde kann nur bezüglich der wichtigen Bodentypen für den mitteleuropäischen Raum Vollständigkeit erreicht werden. Von diesen Bodentypen können auch nur die wichtigsten Subtypen kurz beschrieben werden. Für eine weitere Aufgliederung in die niederen Kategorien fehlt der Raum; sie ist aber auch für das Verstehen der Böden und die praktische Anwendung bodenkundlichen Wissens weniger wichtig.

Zwar wird mit dem Bodentyp in groben Zügen meistens auch das *Klima* erfaßt, d. h. es spiegelt sich im Typ wieder, da dieser u. a. durch das Klima geformt wird. Das betrifft aber nur das Großklima, zudem muß bedacht werden, daß in manchen Bodentypen einige zeitlich nacheinander vorhanden gewesene Klimate gleichsam in einem Bodentyp stekken. In vielen unserer Böden sind alle Klimate der Nacheiszeit manifestiert, ohne daß man dabei sagen kann, welchen Anteil die einzelnen Klimate an dem Produkt »Bodentyp« haben. Außer dem Großklima wirkt das Lokalklima, das z. B. durch die Höhenlage über NN und die Exposition gegeben sein kann, in starkem Maße auf die Bodenbildung und dokumentiert sich somit auch im Bodentyp. Auf der anderen Seite besteht die Tatsache, daß der gleiche Bodentyp in verschiedenen Klimagebieten auftreten kann, z. B. kann eine Mullrendzina im warmen, trockenen Mainzer Becken auftreten und auch auf der Südseite eines 1000 m hohen Berges in den Nordalpen. Diese beiden Rendzinen sind aber, ökologisch gesehen, sehr verschieden zu bewerten. Es wäre sehr wünschenswert, eine solche ökologische Verschiedenheit eines Bodentyps auch bodensystematisch festzulegen. Indessen führte das zu einem höchst komplizierten, nicht mehr überschaubaren System. Darum ist es zweckmäßig, Bodensystematik und Ökologie klar zu trennen.

(c) Komplex „Textur und Gestein" als pedogener und lithogener Faktor

Im voraufgehenden Kapitel ist einerseits gesagt, daß das textur- und gefügebedingte Filtergerüst ein pedogenes Kriterium ist und andererseits Textur und Ausgangsgestein nicht in den pedogenetischen Kategorien, sondern in der »Form« Berücksichtigung finden. Darin scheint ein Widerspruch zu bestehen, indessen ist die Berücksichtigung des Filtergerüstes sowohl im pedogenen Bereich als auch gesondert in der »Form« aus systematisch-praktischen Gründen zwingend. Jeder Boden erhält vom Gestein her seine Textur und erbt darüber hinaus wichtige Eigenschaften (Basengehalt).

Daraus ergibt sich, daß der pedogenetische Zustand eines Bodens einerseits und sein Textur-Gesteins-Komplex andererseits eine naturgesetzliche Einheit darstellen. Das Gestein selbst und die von ihm dem Boden gegebenen Merkmale und Eigenschaften machen sich im jeweiligen Bodenzustand um so mehr geltend, je geringer der Verwitterungsgrad ist. Da die Verwitterungsenergie in Mitteleuropa relativ schwach ist, wird mithin das Gestein auf die Bodenentstehung und den Bodenzustand einen großen Einfluß haben, wogegen das in den verwitterungsstarken, feuchten Tropen weniger der Fall ist.

Bei dieser Situation erhebt sich die Frage, wieweit bei der pedogenetischen Systematisierung der Komplex »Textur-Gestein« Berücksichtigung finden soll und wieweit dies in der »Form« geschehen muß. Vorab gesagt, dafür gibt es keine allgemein gültige und allgemein befriedigende Lösung, vielmehr muß eine konventionelle Entscheidung getroffen werden, die als eine zweckmäßige Lösung empfunden wird. Einige Beispiele mögen das erläutern. Es besteht allgemeine Einigkeit darüber, daß die Böden aus Carbonatgesteinen und A_h-C-Profil als Rendzina einen *gesteinsbedingten* Bodentyp darstellen. Hingegen besteht keine einmütige Auffassung darüber, ob ein Boden aus carbonathaltigem Silikatgestein (Löß, Geschiebemergel) und A_h-C-Profil auch eine Rendzina oder einen eigenständigen, gesteinsbedingten Bodentyp, eine Pararendzina darstellt. Wegen des Silikatanteiles und des wasserspeichernden C-Horizontes wurde diesem Boden die Stellung eines Bodentyps eingeräumt. Die tonreichen Böden aus Tongesteinen bilden eine eigene systematische Klasse, die Pelosole, denn die tonreiche Textur verleiht diesen Böden Eigenschaften, die völlig von denen der anderen Böden unseres Raumes abweichen. Damit stellt sich die Frage, ob die Böden mit extrem *tonarmen* Texturen auch eine Sonderstellung erhalten. Das ist in der hier beschriebenen Bodensystematik nicht geschehen, weil die sandigen Böden den Einflüssen der Bodenbildung leicht folgen und deshalb sehr differente Bodentypen aus Sand und Sandstein entstehen, wie Saure Braunerde, Parabraunerde (aus kalkhaltigem Sand), Podsol und Gley. Diese aus Sand entstehenden, klar abgrenzbaren Bodentypen können systematisch nicht in einer Klasse vereinigt werden. So zwingend dieser Fall erscheinen mag, bleibt das Problem einer sinnvollen Berücksichtigung des Komplexes »Textur-Gestein« bestehen und ist in manchen Fällen nur durch eine abwägende Konvention lösbar.

(d) Bodentypologische Übergänge

Die Faktoren der Bodenbildung können nur dann adäquate Bodentypen hervorbringen, wenn ihre Einwirkung stark und nicht wesentlich durch andere Bildungstendenzen gestört wird. Das ist aber nur dann der Fall, wenn die Bildungsfaktoren größere Räume beherrschen, wie das z. B. in den weiten Bodenzonen Osteuropas der Fall ist, wo auf einheitlichem Gestein (Löß) das Großklima auf weiten Strecken etwa gleich bleibt (Abb. 154). Hingegen ist Mitteleuropa hinsichtlich der Bodenbildungsfaktoren sehr vielgestaltig, und demzufolge müssen diese räumlich übereinandergreifen, wodurch vielerorts keine »reinen« Bodentypen, sondern *Übergänge zwischen zwei oder gar drei Typen* entstehen; man könnte in diesem Falle von »Mischtypen« sprechen. Tatsächlich finden wir in Mitteleuropa viele Böden, in denen die Merkmale zweier (oder mehr) Bodentypen manifestiert sind. Die Böden werden typologisch dem Typ zugeordnet, dessen Merkmale im Profil vorherrschen, wogegen die untergeordneten Merkmale in der typologischen Benennung nur adjektivische Erwähnung finden. Dies geschieht unter Verwendung der Namen der beteiligten Typen, indem der Name des Typs mit den vorherrschenden Merkmalen betont am Schluß steht und der Name des Typs, der sich im Profil weniger manifestiert, gleichsam als Adjektiv vorauf steht, z. B. ist ein Braunerde-Podsol ein Subtyp des Podsols mit weniger ausgeprägten Merkmalen der Braunerde. Sind außerdem noch Merkmale eines dritten Bodentyps vorhanden, z. B. des Gleyes, so wird das durch Zusatz vermerkt wie folgt: Braunerde-Podsol, schwach vergleyt.

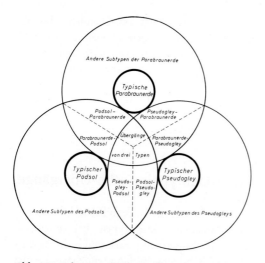

Abb. 164. Schematische Darstellung der Entstehung von Übergängen zwischen drei Bodentypen (Parabraunerde, Podsol, Pseudogley). Wo die Kreise übereinandergreifen, überlagern sich die Einflüsse der Bodenbildungsfaktoren, und dieses führt zu Übergangsbildungen zwischen zwei (oder mehr) Bodentypen.

Um bildlich klarzumachen, wie durch die Überlappung der Bodenbildungsfaktoren Übergänge zwischen Bodentypen entstehen, ist auf der Abbildung 164 schematisch das Auftreten von »reinen« Typen und deren Übergänge dargestellt. Nur in den dick umrandeten Kreisen wirken die Bildungsfaktoren der Typischen Parabraunerde, des Typischen Podsols und des Typischen Pseudogleyes absolut dominierend. Über diese dick umrandeten Kreise (Gebiete) hinaus sind die Bodenbildungsfaktoren aber auch noch innerhalb der dünn umrandeten Kreise wirksam. Diese Kreise (Einwirkungssphären) überlappen sich und dadurch entstehen Typen-Übergänge. Die auf der Abbildung 164 schematisch dargestellten Typen mit ihren Übergängen entsprechen einer Bodengesellschaft, die öfter in Nordwestdeutschland anzutreffen ist.

Während die auf der Abbildung 164 schematisch dargestellten Typen-Übergänge durch die räumliche Überschneidung der Bodenbildungsfaktoren entstehen und somit *räumliche* Übergänge darstellen, gibt es auch *zeitliche* Übergänge, die durch die Entwicklung von Typ zu Typ im Ablauf der Zeit als eine Chronosequenz entstehen. Z. B. entsteht aus der Pararendzina im Zuge der Bildung eines B_v-Horizontes allmählich die Basenreiche Braunerde. Zwischen diesen beiden Typen liegen im Entwicklungstrend die Subtypen Braunerde — Pararendzina (mit angedeutetem B_v) und Pararendzina — Braunerde (mit schwachem B_v). Genetisch betrachtet, müßten die räumlichen und zeitlichen Übergangsbildungen unterschieden werden, indessen ist nicht immer erkennbar, welche Art von Übergang vorliegt. Da diese Unterscheidung nicht von praktischer Bedeutung ist, wird bei der Bodenbeurteilung darauf verzichtet.

Die Entwicklung des Bodens von einem Typ zum anderen stellt ein Kontinuum dar. Alle Stadien dieser Entwicklung zu erfassen, ist nicht möglich. Darum teilt man aus praktischen Erwägungen das Kontinuum zwischen zwei Typen in zwei Subtypen auf, die sich durch ihren Profilaufbau klar unterscheiden. Diese Subtypen werden mit den Namen der beteiligten Typen gekennzeichnet und diesen Typen zugeordnet, wie an folgendem Beispiel gezeigt wird: Der Gley-Podsol ist ein Subtyp des Podsols, der vorherrschend Podsoleigenschaften und im tieferen Unterboden daneben auch Merkmale des Gleyes aufweist; hingegen ist der Podsol-Gley ein Subtyp des Gleyes, der vorherrschend Gleyeigenschaften und im oberen Profilteil daneben auch Merkmale des Podsols zeigt. Das bodentypologisch Wichtige steht also betont zuletzt und kennzeichnet die Zuordnung zum Typ, wogegen das bodentypologisch Untergeordnete in der Namengebung als »Adjektiv« voransteht. Man kann auch das bodentypologisch Untergeordnete unter Verwendung der Endung »artiger« adjektivieren, z. B. kann man für Gley-Podsol auch gleyartiger Podsol und für Podsol-Gley auch podsolartiger Gley setzen.

In Mitteleuropa sind die Bodentypen Braunerde, Parabraunerde, Pseudogley und Podsol weitverbreitet. Um die möglichen Übergänge zwischen diesen vier Typen mit der jeweils zugehörigen Horizontfolge übersichtlich zu machen, ist die Abbildung 165 beigefügt. Die in der Abbildung 165 eingezeichneten Pfeil-

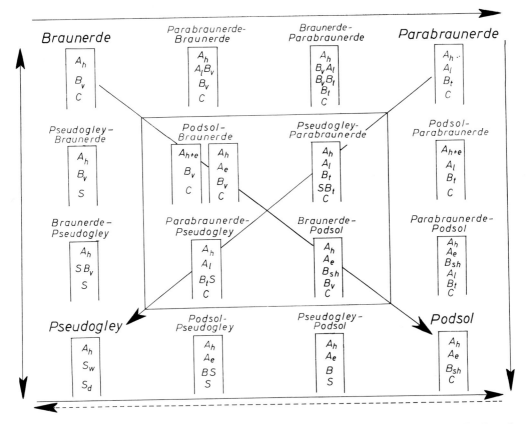

Abb. 165. Schematische Darstellung der Übergangsbildungen zwischen vier in Mitteleuropa häufig auftretenden Bodentypen, nämlich Braunerde, Parabraunerde, Pseudogley und Podsol, mit ihrer Horizont-Differenzierung. Die durchgezogenen Pfeillinien geben die Hauptrichtung der Bodenentwicklung an, die gestrichelte deutet auf eine gelegentliche Entwicklungstendenz hin.

linien geben die Hauptrichtungen der Bodenentwicklung zwischen diesen Typen an. Die gestrichelte Pfeillinie (in der Abbildung unten) soll eine gelegentliche Entwicklungstendenz ausdrücken. Diese dargestellten bodentypologischen Übergänge können *sowohl räumlich als auch zeitlich* sein. Wie oben schon gesagt, können in einem Bodenprofil auch mehr als zwei typologische Entwicklungen wirksam sein.

(e) Horizontsymbole

Im Laufe der letzten 30 Jahre wurde in der Bundesrepublik Deutschland eine Symbolik für die Bodenhorizonte, d. h. für die pedogenetisch entstandenen »Bodenschichten« entwikkelt, die für die bodenkundlichen Arbeiten der Geologischen Landesämter verbindlich sowie in der DIN 4047 empfohlen ist und im übrigen weitgehend verwendet wird. In anderen Ländern werden meistens andere Horizontsymbole gebraucht und die von der Internationalen Bodenkundlichen Gesellschaft vorgeschlagenen sind noch nicht endgültig.

Übergangshorizonte sind solche, die Merkmale von zwei (oder mehr) Horizonten besitzen; sie werden mit Symbolen der beteiligten Horizonte gekennzeichnet, wobei das Symbol betont am Schluß steht, welches die vorherrschenden Merkmale angeben soll, beispielsweise wird mit SB_t ein pseudovergleyter B_t-Horizont einer Parabraunerde bezeichnet.

Symbole der Bodenhorizonte

O-Horizont	Organischer Auflagehorizont (außer Torf); Sammelbegriff für eine mehr oder weniger zersetzte organische Auflage (O von organisch)
A-Horizont	Allgemein ein im obersten Profilbereich gebildeter Mineralbodenhorizont
A_h-Horizont	Durch Anreicherung von Humus entstandener, oberster Mineralbodenhorizont (h von Humus)
A_a-Horizont	Anmoorhorizont (a von anmoorig)
A_i-Horizont	A-Horizont ohne sichtbaren Humus, jedoch belebt und mit beginnender Anreicherung von organischer Substanz (i von Initialstadium)
A_e-Horizont	Verarmter, gebleichter, hellgrauer (holzaschefarbener) Horizont des Podsols und podsolartiger Böden (e von eluvial)
A_l-Horizont	In der Regel heller, an Ton verarmter Horizont; charakteristisch für die Parabraunerde (l von lessiviert = ausgewaschen)
A_p-Horizont	Durch Bodenbearbeitung gelockerter, gewendeter und durchmischter Horizont (p von Pflug)
B-Horizont	Allgemein durch Bodenbildungsvorgänge zwischen A- und C-Horizont entstandener Bodenhorizont nicht wasserbeeinflußter Böden
B_v-Horizont	Durch Verwitterung verbraunter und verlehmter Horizont zwischen dem A- und C-Horizont ohne nennenswerte Illuviation, charakteristisch für die Typische Braunerde (v von verwittert)
B_s-Horizont	B-Horizont, angereichert mit Sesquioxiden, z. B. Fe_2O_3-Verbindungen (s von Sesquioxiden)
B_h-Horizont	B-Horizont, angereichert mit Huminstoffen (h von Humus)
B_{sh}-Horizont	B-Horizont, angereichert mit Sesquioxiden (s) und Huminstoffen (h)
B_t-Horizont	B-Horizont, angereichert mit unzerstörter, teils humoser Tonsubstanz (t von Ton)
C-Horizont	Allgemein für das Gestein, das unter dem Solum liegt
C_v-Horizont	C-Horizont mit schwacher Verwitterung (v von verwittert)
C_n-Horizont	C-Horizont als frisches Gestein (n von lat. novus = neu)
P-Horizont	Toniger, hochplastischer Horizont zwischen A- und C-Horizont, aus tonigem Ausgangsmaterial (z. B. Schieferton, Tonmergel) entstanden (P von Pelosol)
G-Horizont	Durch das Grundwasser beeinflußter Horizont (G von Gley)
G_o-Horizont	Oxidationshorizont eines Grundwasserbodens, der im allgemeinen mit dem Grundwasserschwankungsbereich einschließlich des Kapillarraumes zusammenfällt (o von Oxidation)
G_r-Horizont	Reduktionshorizont eines Grundwasserbodens, der in der Regel dem ständigen Grundwasserbereich entspricht und ein reduzierendes Milieu anzeigt (r von Reduktion)
G_{or}-Horizont	Übergangshorizont zwischen G_o- und G_r-Horizont
S-Horizont	Durch Stauwasser beeinflußter Horizont der pseudovergleyten (früher = gleyartigen) Böden. Sind andere Haupthorizonte pseudovergleyt (meist schwächerer Ausprägung), so tritt das Zeichen S vor das Zeichen des Haupthorizontes, z. B. SB (S von Stauwasser)
S_w-Horizont	Stauwasserleitender S-Horizont (in der Bodenkunde früher Stauzone genannt) mit z. T. grauen Farben (w von Wasserleiter)
S_d-Horizont	Stauwassersohle (in der Bodenkunde früher Staukörper genannt), vorherrschend grau und rostfarben marmoriert (d von dicht)
M-Horizont	Allgemein am Hangfuß akkumuliertes und in den Tälern sedimentiertes Material erodierter Böden oder vom Wind umgelagertes Bodenmaterial (M von lat. migro = wandern)
MG_o-Horizont	Grundwasserbeeinflußter M-Horizont
H-Horizont	Torfhorizont oder -schicht ohne nähere Kennzeichnung der Torfart. Verschiedene Torfhorizonte oder -schichten übereinander werden von oben nach unten durch H_1, H_2, H_3 usw. gekennzeichnet (H von Humus)
Ca-Horizont	Mit Calciumcarbonat angereicherter Horizont (Ca von Calcium)
R-Horizont	Durch Meliorationsmaßnahmen künstlich entstandener Mischhorizont (R von Rigolen)
Y-Horizont	Künstlich geschaffene Aufschüttungen
II-, III (usw.) -Schicht, früher D-Horizont	Material, aus dem der darüber liegende Boden selbst nicht oder nur z. T. entstand (geologischer Schichtwechsel); nur im Zusammenhang mit einem genetischen Hauptsymbol zu verwenden, z. B. IIB_v, IIIC

(f) Zusammenstellung der wichtigsten bodensystematischen Kategorien für Mitteleuropa: Abteilungen, Klassen, Typen und Subtypen

Um einen schnellen Überblick über die bodensystematischen Kategorien zu bieten, wird mit dem Hinweis auf Kapitel B XIII d 2 (a) eine Zusammenstellung dieser Kategorien gegeben. Die einzelnen Kategorien werden mit ihren Kennbuchstaben bzw. Kennziffern gekennzeichnet.

A TERRESTRISCHE BÖDEN

  a Terrestrische Rohböden

    I ALPINER ROHBODEN

    II ARKTISCHER STRUKTURBODEN
- (I) Kryoturbater Boden
- (II) Tropfenboden
- (III) Steinringboden
- (IV) Eiskeilboden

    III SYROSEM (GESTEINSROHBODEN) AUS FESTGESTEIN
- (I) Typischer Syrosem
- (II) Rendzina-Syrosem
- (III) Ranker-Syrosem

    IV SYROSEM (GESTEINSROHBODEN) AUS LOCKERGESTEIN
- (I) Typischer Locker-Syrosem
- (II) Kalkhaltiger Locker-Syrosem
- (III) Regosol-Syrosem

  b A–C-Böden, d. h. Böden ohne verlehmten Unterboden

    I RANKER
- (I) Syrosem-Ranker
- (II) Grauer Ranker
- (III) Brauner Ranker (Typischer Ranker)
- (IV) Braunerde-Ranker
- (V) Podsol-Ranker
- (VI) Dystropher Ranker
- (VII) Tangelranker
- (VIII) Alpiner Ranker

    II REGOSOL
- (I) Syrosem-Regosol
- (II) Brauner Regosol
- (III) Braunerde-Regosol
- (IV) Podsol-Regosol
- (V) Dystropher Regosol

    III RENDZINA
- (I) Syrosem-Rendzina
- (II) Mullartige Rendzina
- (III) Mullrendzina (Typische Rendzina)
- (IV) Moderrendzina
- (V) Kalkmoderrendzina
- (VI) Alpine Moderrendzina
- (VII) Tangelmoder-Rendzina
- (VIII) Tangelmull-Rendzina
- (IX) Alpine Pechrendzina
- (X) Alpine Polsterrendzina
- (XI) Verbraunte Rendzina
- (XII) Braunerde-Rendzina
- (XIII) Terra fusca-Rendzina
- (XIV) Pseudogley-Rendzina

    IV PARARENDZINA
- (I) Syrosem-Pararendzina
- (II) Mullartige Pararendzina (Moderpararendzina)
- (III) Mullpararendzina (Typische Pararendzina)
- (IV) Geröll-Pararendzina
- (V) Verbraunte Pararendzina
- (VI) Braunerde-Pararendzina
- (VII) Calciumsilikat-Pararendzina

  c Steppenböden

    I TSCHERNOSEM (STEPPENSCHWARZERDE)
- (I) Typischer Tschernosem
- (II) Carbonathaltiger Tschernosem
- (III) Degradierter Tschernosem
- (IV) Braunerde-Tschernosem
- (V) Parabraunerde-Tschernosem
- (VI) Pseudogley-Tschernosem
- (VII) Gley-Tschernosem

II BRAUNER STEPPENBODEN
  (Rheintal-Tschernosem)
  (I) Typischer Brauner Steppenboden
  (II) Degradierter Brauner
      Steppenboden

d Pelosole

I TON-PELOSOL
  (I) Syrosem-Pelosol
  (II) Ranker-Pelosol
  (III) Typischer Pelosol
  (IV) Pseudogley-Pelosol
  (V) Sapropel-Pelosol
  (VI) Anmooriger Pelosol

II TONMERGEL-PELOSOL
  (I) Syrosem-Kalkpelosol
  (II) Pararendzina-Pelosol
  (III) Typischer Tonmergel-Pelosol
  (IV) Gipsrendzina-Pelosol
  (V) Verbraunter Tonmergel-Pelosol
  (VI) Vertisol-Pelosol
  (VII) Durchschlämmter Pelosol
  (VIII) Durchschlämmter Pseudogley-
        Pelosol

e Braunerde

I (TYPISCHE) BRAUNERDE
  (I) Ranker-Braunerde
  (II) Regosol-Braunerde
  (III) Pararendzina-Braunerde
  (IV) Rendzina-Braunerde
  (V) Terra fusca-Braunerde
  (VI) Pelosol-Braunerde
  (VII) Eutrophe Braunerde
  (VIII) Kalkbraunerde
  (IX) Basenreiche Braunerde
  (X) Mittelbasische Braunerde
  (XI) Basenarme Braunerde
      (Saure Braunerde)
  (XII) Versauerte Braunerde
  (XIII) Rostbraunerde
  (XIV) Ferritische Braunerde
  (XV) Tschernosem-Braunerde
  (XVI) Parabraunerde-Braunerde
  (XVII) Podsol-Braunerde
  (XVIII) Pseudogley-Braunerde
  (XIX) Gley-Braunerde
  (XX) Tundragley-Braunerde

II PARABRAUNERDE
  (I) Braunerde-Parabraunerde
  (II) Tschernosem-Parabraunerde
  (III) Basenreichere (Typische)
       Parabraunerde
  (IV) Basenarme Parabraunerde
  (V) Rötliche Parabraunerde
  (VI) Ferritische Parabraunerde
  (VII) Fahlerde-Parabraunerde
  (VIII) Podsol-Parabraunerde
  (IX) Pseudogley-Parabraunerde
  (X) Gley-Parabraunerde
  (XI) Tundragley-Parabraunerde

III FAHLERDE
  (I) Typische Fahlerde
  (II) Parabraunerde-Fahlerde
  (III) Pseudogley-Fahlerde
  (IV) Gley-Fahlerde
  (V) Podsol-Fahlerde

f Podsole

I PODSOL
  (I) Eisenpodsol
  (II) Eisenhumuspodsol
  (III) Humuspodsol
  (IV) Braunerde-Podsol
  (V) Fahlerde-Podsol
  (VI) Pseudogley-Podsol
  (VII) Gley-Podsol
  (VIII) Anmoorgley-Podsol
  (IX) Plaggenesch-Podsol
  (X) Alpiner Podsol

II STAUPODSOL
  (I) Ortstein-Staupodsol
  (II) Bändchen-Staupodsol

g Terrae calcis (plastische, dichte Böden aus Carbonatgesteinen)

I TERRA FUSCA
  (I) Typische Terra fusca
  (II) Braunerde-Terra fusca
  (III) Parabraunerde-Terra fusca
  (IV) Pseudogley-Terra fusca
  (V) Terra rossa – Terra fusca
  (VI) Kalkhaltige Terra fusca
  (VII) Holozäne Terra fusca
  (VIII) Vererdete Terra fusca
  (IX) Tangelmoder-Terra fusca
  (X) Pelosol-Terra fusca

II TERRA ROSSA

h Plastosole (Fersiallite, d. h. plastische Böden aus Silikatgestein oder bolusartige Silikatböden)

   I BRAUNLEHM (BRAUNPLASTOSOL)
   II GRAULEHM (GRAUPLASTOSOL)
   III ROTLEHM (ROTPLASTOSOL)

i Latosole (Ferrallite)

   I ROTERDE (ROTLATOSOL)
   II GELBERDE (GELBLATOSOL)

j Kolluvien

   I FLUVIALE KOLLUVIEN
   II ÄOLISCHE KOLLUVIEN

k Terrestrische Anthropogene Böden (Terrestrische Kultosole)

   I PLAGGENESCH
      (I) Grauer Podsol-Plaggenesch
      (II) Grauer Gley-Plaggenesch
      (III) Grauer Pseudogley-Plaggenesch
      (IV) Grauer Rendzina-Plaggenesch
      (V) Grauer Braunerde-Plaggenesch
      (VI) Grauer Parabraunerde-Plaggenesch
      (VII) Brauner Podsol-Plaggenesch
      (VIII) Brauner Gley-Plaggenesch
   II ERDESCH
   III HORTISOL (GARTENBODEN)
   IV RIGOSOL (RIGOLTER BODEN)

l Stauwasserböden (Staunässeböden)

   I PSEUDOGLEY
      (I) Typischer Pseudogley
      (II) Tschernosem-Pseudogley
      (III) Braunerde-Pseudogley
      (IV) Parabraunerde-Pseudogley
      (V) Fahlerde-Pseudogley
      (VI) Podsol-Pseudogley
      (VII) Pelosol-Pseudogley
      (VIII) Braunlehm-Pseudogley
      (IX) Graulehm-Pseudogley
      (X) Auenpseudogley
      (XI) Gley-Pseudogley
      (XII) Stagnogley-Pseudogley
   II STAGNOGLEY
      (I) Typischer Stagnogley
      (II) Torf-Stagnogley
      (III) Rohhumusfreier Stagnogley
      (IV) Basenreicher Stagnogley
      (V) Pseudogley-Stagnogley

B SEMITERRESTRISCHE BÖDEN

a Auenböden

   I RAMBLA
      (I) Typische Rambla
      (II) Kalkrambla
      (III) Paternia-Rambla

   II PATERNIA
      (I) Typische Paternia (grauer Auenboden)
      (II) Braune Paternia (brauner, junger Auenboden)
      (III) Graue Kalkpaternia (grauer Kalkauenboden; grauer, pararendzinaartiger Auenboden)
      (IV) Braune Kalkpaternia (brauner, junger Kalkauenboden; brauner, pararendzinaartiger Auenboden)

   III AUENRENDZINA (BOROWINA)

   IV TSCHERNITZA

   V AUTOCHTHONER BRAUNER AUENBODEN (VEGA)
      (I) Braunerde-Auenboden
      (II) Parabraunerde-Auenboden
      (III) Pseudogley-Auenboden
      (IV) Pelosol-Auenboden
      (V) Gley-Auenboden

   VI ALLOCHTHONER AUENBODEN
      (I) Allochthoner Brauner Auenboden
      (II) Allochthoner Rotbrauner Auenboden

b Gleye

I GLEY
- (I) Typischer Gley
- (II) Sauerstoffreicher Gley (Oxigley)
- (III) Eisenreicher Gley
- (IV) Humusreicher Gley
- (V) Rendzina-Gley
- (VI) Kalkhaltiger Gley
- (VII) Sapropel-Gley
- (VIII) Gebleichter Gley
- (IX) Auengley
- (X) Braunerde-Gley
- (XI) Parabraunerde-Gley
- (XII) Podsol-Gley
- (XIII) Pseudogley-Gley
- (XIV) Pelosol-Gley

II NASSGLEY

III ANMOORGLEY
- (I) Saurer Anmoorgley
- (II) Kalk-Anmoorgley

IV MOORGLEY

V TUNDRAGLEY

VI HANGGLEY
- (I) Typischer Hanggley
- (II) Oxihanggley
- (III) Kalkhanggley
- (IV) Naßhanggley
- (V) Anmoorhanggley
- (VI) Moorhanggley

VII QUELLENGLEY
- (I) Typischer Quellengley
- (II) Oxiquellengley
- (III) Kalkquellengley
- (IV) Rendzina-Quellengley

c Marschen

I SEEMARSCH
- (I) Vorland-Seemarsch (Salzmarsch)
- (II) Kalkhaltige Seemarsch (Typische Seemarsch) (Kalkmarsch)
- (III) Kalkfreie Seemarsch (Kleimarsch)
- (IV) Knick-Seemarsch
- (V) Brackmarsch-Seemarsch

II BRACKMARSCH
- (I) Vorland-Brackmarsch
- (II) Kalkhaltige Brackmarsch
- (III) Kalkfreie Brackmarsch
- (IV) Knick-Brackmarsch (Typische Brackmarsch) (Knickmarsch)
- (V) Seemarsch-Brackmarsch
- (VI) Flußmarsch-Brackmarsch

III FLUSSMARSCH
- (I) Vorland-Flußmarsch
- (II) Kalkhaltige Flußmarsch (Typische Flußmarsch)
- (III) Kalkfreie Flußmarsch
- (IV) Verbraunte Flußmarsch
- (V) Brackmarsch-Flußmarsch

IV ORGANOMARSCH

V MOORMARSCH (TORFMARSCH)

d Semiterrestrische Anthropogene Böden

C SEMISUBHYDRISCHE UND SUBHYDRISCHE BÖDEN

a Semisubhydrische Böden (Wattböden)

I MARINER WATTBODEN (SEEWATT)

II BRACKISCHER WATTBODEN (BRACKWATT)

III PERIMARINER WATTBODEN (FLUSSWATT)

b Subhydrische Böden

I PROTOPEDON

II GYTTJA

III SAPROPEL

IV DY

D MOORE

a Natürliche Moore

I NIEDERMOOR

II ÜBERGANGSMOOR

III HOCHMOOR

b Anthropogene Moore

(g) Neuer Vorschlag für eine Bodenklassifikation

In neuerer Zeit hat D. SCHROEDER (1969) vorgeschlagen, die Böden nach der Wirkung des *vorherrschenden* Faktors der Pedogenese in vier Abteilungen zu klassifizieren. Durch den jeweiligen pedogenetischen Faktor erhalten die Böden ein bestimmtes Profilgepräge (gr. morphe = Gestalt). Diese vier Abteilungen sind:

Lithomorphe Böden (z. B. Ranker, Rendzina, Pelosol), deren Entstehung vorwiegend gesteinsbedingt ist.

Klimaphytomorphe Böden (z. B. Tschernosem, Braunerde, Podsol), deren Entstehung durch Klima und Vegetation bedingt ist.

Hydromorphe Böden (z. B. Pseudogley, Gley, Marsch), deren Entstehung durch Stauwasser oder Grundwasser bedingt ist.

Anthropomorphe Böden (z. B. Plaggenesch, Hortisol), deren Entstehung durch den Menschen bedingt ist.

Wie aus dieser kurzen Übersicht hervorgeht, werden die bereits bekannten Bodentypen einer Klassifikation mit vier oberen Kategorien zugeordnet. Da diese oberen Kategorien andere als die der oben erläuterten Systematik des Arbeitskreises für Bodensystematik sind, kommt auch eine andere Gruppierung der Bodentypen zustande. Wie oben schon gesagt, gibt es viele Möglichkeiten der Bodenklassifikation, ohne daß man beweisen könnte, daß eine bestimmte die beste sei. Wichtig ist, daß auch dieser neue Vorschlag am Wesen des Bodentyps nichts ändert, und das ist hier bedeutsam.

Literatur

ARBEITSGEMEINSCHAFT BODENKUNDE: Bodenkundliche Kartieranleitung. – Bundesanstalt für Geowissenschaften und Rohstoffe und Geologische Landesämter in der Bundesrepublik Deutschland, 3. Aufl., Hannover 1982.
AUBERT, G., BETREMIEUX, R., u. a.: Classification des Sols. – Document diffusé par le Laboratoire de Géologie. – Pédologie de l'E.N.S.A. de Grignon, Edition 1967.
AVERY, B. W.: Soil Classification in the Soil Survey of England and Wales. – Journal of Soil Science, Vol. 24, No. 3, Oxford 1973.
AVERY, B. W.: Soil Classification for England and Wales (Higher Categories): Technical Monograph No. 14, Soil Survey, Rothamsted, Harpenden, Herts. 1980.
BAKKER DE, H., und SCHELLING, J.: Systeem van bodemclassificatie voor Nederland. De hogere niveaus. – Centrum voor Landbouwpublikaties an Landbouwdocumentatie, Wageningen 1966.
BARGON, E., FICKEL, W., PLASS, W., REICHMANN, H., SEMMEL, A., und ZAKOSEK, H.: Zur Genese und Nomenklatur braunerde- und parabraunerdeähnlicher Böden in Hessen. – Notizbl. d. Hess. Landesamtes f. Bodenforschung, Nr. 99, Wiesbaden 1971.
BRONGER, A.: Zur neuen „Soil Taxonomy" der USA aus bodengeographischer Sicht. – Petermanns Mitt., 253-262, 1980.
CYGANENKO, A. F.: Die Geographie der Böden (russ.). – Leningrad 1972.
DOBRZANSKI, B., MUSIEROWICZ, A., STRZEMSKI, M., UZIAK, S., u. a.: Genetische Klassifikation der polnischen Böden (poln.). – Odbitka Z. Roczn. Glebozn. T. Bd. VII, Warschau 1959.
DOKUTSCHAJEW, W. W.: Klassifikacija počw. – Pochvovedenie, Nr. 2, Moskau 1900.
DOLOTOW, W. A.: Zur Frage der Erforschung und Klassifikation der in Kultur stehenden Böden (russ.). – Pochvovedenie, Nr. 7, Moskau 1955.
ECKELMANN, W.: Plaggenesche aus Sanden, Schluffen und Lehmen sowie Oberflächenveränderungen als Folge der Plaggenwirtschaft in den Landschaften des Landkreises Osnabrück. – Geol. Jb., Reihe F., H. 10, Hannover 1980.
EHWALD, E.: Die neue amerikanische Bodenklassifikation. – Sitzungsberichte der Deutschen Akademie der Landwirtschaftswissenschaften zu Berlin, Bd. XIV, H. 12, Berlin 1965.
FITZPATRICK, E.: Pedology. A Systematic Approach to Soil Science. – Verlag Oliver & Boyd, Edinburgh 1971.
FORESTRY AND FOREST PRODUCTS RESEARCH INSTITUT: Atlas of Soil Profiles in Japan. – Hanshicki Printing Co., Ltd., Tokyo 1981.

GERASIMOV, I. P.: Wissenschaftliche Grundlagen zur Systematisierung und Klassifikation der Böden (russ.). – Pochvovedenie, Nr. 8, Moskau 1954.
HALLSWORTH, E. G., and COSTIN, A. B.: Soil Classification. – Journal of Aust. Inst. Agric. Science, Vol. 16, 1950.
HEIDE, G.: Klassifikation und Systematik der Böden Deutschlands. – Fortschr. Geol. Rheinld. u. Westf., Bd. 16, Krefeld 1968.
INSTITUTUL DE STUDII, CERCVETARI PEDOLOGICE: Descrierea Profilului de Sol, Definitiile Orizonturilor de Sol, Classificarea Solurilor in Categerić de Nivel Superior. – Bucureşti 1973.
IVANOVA, E. I.: Ein Versuch der allgemeinen Klassifizierung der Böden (russ.). – Pochvovedenie, Nr. 6, Moskau 1956.
IVANOVA, E. I.: Genesis and Classification of Semidesert Soils. – »Nauka« Publishing House, Moscow 1966, translated in Israel 1970.
KOVDA, V. A., and LOBOVA, E. V.: Geography and Classification of Soils of Asia. – »Nauka« Publishing House, Moscow 1965, translated in Israel 1968.
KUBIENA, W. L.: Bestimmungsbuch und Systematik der Böden Europas. – Verlag Enke, Stuttgart 1953.
KUBIENA, W. L.: Micromorphological Features of Soil Geography. – Rutgers University Press, New Brunswick, New Jersey 1970.
LAATSCH, W., und SCHLICHTING, E: Bodentypus und Bodensystematik. – Zeitschr. Pflanzenern., Düngung, Bodenk. Bd. 87 (132), H. 1, 1959.
LEEPER, G. W.: The Classification of Soils. – Journal of Soil Science, Vol. 7, Oxford 1956.
MANIL, G.: General Considerations on the Problem of Soil Classification. – Journal of Soil Science, Vol. 10, Oxford 1959.
MÜCKENHAUSEN, E., unter Mitwirkung von KOHL, F., BLUME, H.-P., HEINRICH, F. und MÜLLER, S.: Entstehung, Eigenschaften und Systematik der Böden der Bundesrepublik Deutschland. – 2. Aufl., DLG-Verlag, Frankfurt (Main) 1977 (mit viel Literatur).
MÜCKENHAUSEN, E., unter Mitwirkung von VOGEL, F., HEINRICH, F., und MÜLLER, S.: Fortschritte in der Systematik der Böden der Bundesrepublik Deutschland. – Mitt. d. Deutschen Bodenk. Gesellsch., Nr. 10, Göttingen 1970.
MÜLLER, W.: Grundsätzliche Betrachtungen zur systematischen Gliederung der Marschböden. – Geol. Jb., Bd. 76, Hannover 1959.
NAGATSUKA, S.: Studies on Genesis and Classification of Soils in the Warm-temperate Region of Southwest Japan. – Soil Science and Plant Nutrition, Vol. 17, No. 4, 1971 and Vol. 18, No. 2 and 4, 1972.
PELIŠEK, J.: Übersicht der typologischen Klassifikation der Waldböden in der ČSSR (tschech.). – Sborník českoslow. Akad. zemědělských Věd. Lesnietví, Bd. 3, 1957.
POST, L. v.: Das genetische System der organogenen Bildungen Schwedens. – Act. 4. Conf. Int. Pédologie, Comm. 4, Vol. 3, Rom 1924.
RAGG, J. M., and CLAYDEN, B.: The Classification of some British soils according to the comprehensive system of the United States. – Technical Monograph No. 3, Rothamsted Experimental Station, Harpenden 1973.
SCHNEEKLOTH, H., und SCHNEIDER, S.: Vorschlag zur Klassifizierung der Torfe und Moore in der Bundesrepublik Deutschland. – TELMA, Bd. 1, Hannover 1971.
SCHROEDER, D., BRÜMMER, G., und GRUNWALDT, H. S.: Beiträge zur Genese und Klassifizierung der Marschen. – Teil I, II und III, Zeitschr. Pflanzenernährung u. Bodenkunde, Bd. 122, 128, 129, 1969/71.
SMITH, G. D., Lectures on Soil Classification. – Pédologie, No. spéc. 4, Gand 1965.
SOIL SURVEY STAFF: Soil Taxonomy. A Basic System of Soil Classification for Making and Interpreting Soil Survey. – Agriculture Handbook No. 436, US Dep. Agric., Washington D.C. 1975.
SOIL SURVEY STAFF and Colaborators: Soil Classification. A comprehensive System, 7th Approximation. – United States Department of Agriculture, Soil Conservation Service, Washington D. C. 1967.
TIURIN, J. V.: System of Soil Classification in the USSR. – Symposium on Soil Classification, Ghent 1965.

XIV. Die Bodentypen

Die Bodentypen sind die Umwandlungsformen der Lithosphäre (LAATSCH und SCHLICHTING 1959); sie bilden das Kernstück in der pedogenetischen Forschung, in der Ordnung (Systematik) der Böden und der Charakterisierung ihrer Eigenschaften. Bei der Beschreibung der Bodentypen werden die Grundkenntnisse der Bodenphysik, Bodenchemie und Bodenbiologie vorausgesetzt, denn nur unter dieser Voraussetzung kann die Beschreibung kurz gehalten werden.

a. BODENTYPEN MITTELEUROPAS

Für die Reihenfolge, in der hier die Bodentypen Mitteleuropas nacheinander behandelt werden, ist die im Kapitel B XIII dargestellte Bodensystematik maßgebend. Zur Veranschaulichung sind die Profile der wichtigsten Bodentypen als nach der Natur von C. KRAHBERG gemalte Aquarelle auf 16 Farbtafeln (Tafel 9 — 24) dargestellt. Jedem farbigen Bodenprofil ist eine Profilbeschreibung beigegeben, wodurch die Beschreibung im Text gekürzt werden kann. Der Profilbeschreibung (zu den Farbtafeln) folgt eine kurze Aufzählung der wichtigsten Eigenschaften des betreffenden Bodentyps, um damit denen entgegenzukommen, die sich nur kurz über die Eigenschaften eines Bodentyps informieren wollen.

Bei der folgenden Beschreibung der Bodentypen werden jeweils erläutert:
Name,
Entstehung, einschl. Bildungsbedingungen,
Aufbau, d. h. sichtbare Merkmale,
Eigenschaften, einschließlich der im Boden ablaufenden Prozesse (Dynamik),
Subtypen,
Verbreitung.

Des Platzes wegen ist eine eingehende Beschreibung der einzelnen Subtypen, die in der Zusammenstellung der bodensystematischen Kategorien im Kapitel B XIII aufgeführt sind, nicht möglich. Diese kann der Spezialliteratur entnommen werden (MÜCKENHAUSEN u. a. 1970, 1977).

A TERRESTRISCHE BÖDEN

In dieser bodensystematischen Abteilung sind die *nicht* hydromorphen Böden vereinigt; ihre Perkolation ist vorwiegend von oben nach unten gerichtet. Der Name »Terrestrische Böden« oder Landböden (KUBIENA 1953) soll den Gegensatz zu den Böden herausstellen, deren Entstehung maßgeblich durch eine Wasseransammlung bedingt ist. Die Stauwasserböden stehen jedoch bei den ,,Terrestrischen Böden".

a Terrestrische Rohböden

Die Terrestrischen Rohböden sind gekennzeichnet durch eine geringe chemische Verwitterung, geringe Humusbildung und geringe biologische Aktivität; sie sind noch roh, d. h. bildungsmäßig noch wenig entfernt vom Gestein. Ihr Profil ist geringfügig ausgeprägt; sie zeigen ein A_i-C-Profil, wobei der C-Horizont in C_v und C_n geteilt sein kann.

I ALPINER ROHBODEN

Name

Der Name bringt zum Ausdruck, daß dieser Bodentyp in alpiner Höhe vorkommt und in dem hier herrschenden kühlen Klima nur wenig chemisch verwittert ist. KUBIENA (1953) hat für diesen Boden den Namen Råmark (schwed.) vorgeschlagen.

Entstehung

In alpiner Höhe ist die physikalische Verwitterung vorherrschend, wodurch das Gestein nur mechanisch zerkleinert wird. Hingegen sind die chemische Verwitterung und der Pflanzenwuchs gering, so daß wenig Feinerde und Humus gebildet werden.

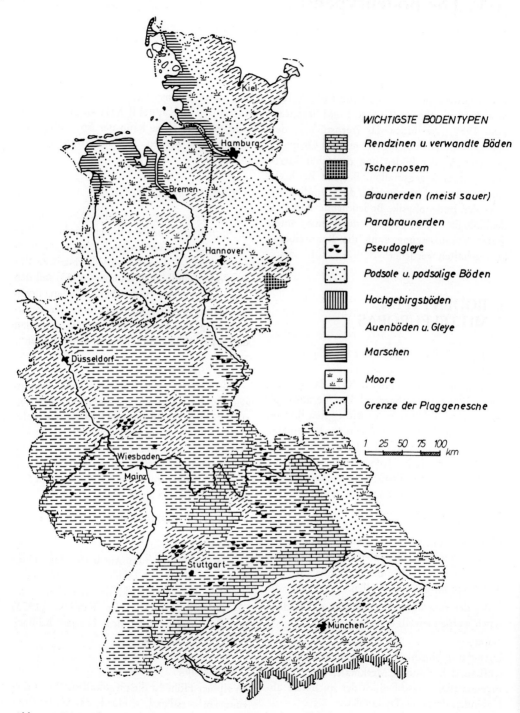

Abb. 166. Die wichtigsten Bodentypen der Bundesrepublik Deutschland (nach Bodenkarte der BRD i. M. 1:1 Mio. der Geol. Landesämter der BRD, entworfen von W. HOLLSTEIN 1963).

Aufbau

Das Profil besteht nur aus einem geringmächtigen A_i-Horizont und dem unmittelbar folgenden C-Horizont; letzterer kann in C_v und C_n aufgeteilt sein.

Eigenschaften

Sehr flachgründig, steinreich, wenig Feinerde, kaum chemisch verwittert, d. h. Mineralreserven wenig aufgeschlossen, wenig Humus, geringe biologische Aktivität. Von der jeweiligen Gesteinsart hängen Mineralreserven, Reaktion und Humusform ab.

Subtypen

Neben dem beschriebenen Typischen Alpinen Rohboden gibt es einen solchen mit Hamada-Auflage, d. h. mit Schuttbedeckung.

Verbreitung

In alpinen Höhen etwa über 2300 m über NN in den Nordalpen zu finden (Zugspitze, Watzmann).

II ARKTISCHER STRUKTURBODEN

Name

Der Name besagt, daß es sich um Böden im arktischen (und subnivalen) Klima handelt, die sich durch eine charakteristische Struktur (nicht Bodengefüge), d. h. Anordnung der Bodenmasse auszeichnen. KUBIENA (1953) hat diesen Böden auch die schwedische Bezeichnung Råmark gegeben. Da die auffälligen Strukturböden schon Jahrzehnte die Aufmerksamkeit vieler Forscher angezogen haben, sind mit der Zeit viele Namen für diese Böden geprägt worden, z. B. Strukturboden, Frostmusterboden, Taschenboden, Würgeboden, Wickelboden, Tropfenboden, Brodelboden, Steinringboden, Steinnetze, Steinpflaster, Steingärtchen, Erdinselchen, Streifenboden, Rautenboden, Eiskeilnetze, Tetragonalboden, Schachbrettboden, Karreeboden, Facettenboden. Daneben gibt es noch die humusreichen arktischen Bodenbildungen (Bülte, Thufur, Palse, Ringmoor, Strangmoor), die aber hier außer Betracht bleiben.

Entstehung und Aufbau

Die Strukturböden entstehen im arktischen und subnivalen Klimabereich. In Mitteleuropa wurden sie im Pleistozän gebildet, als hier periglaziale Bedingungen herrschten. Hier blieb der Boden ab einer gewissen Tiefe ständig gefroren (ewige Gefrornis, Permafrost oder Tjäle genannt); nur im Sommer taute der Boden oberflächlich (in Mitteleuropa etwa 2 m) auf. Die Strukturböden Mitteleuropas sind also fossil; es sind Paläoböden. Ihre Profile sind im oberen Teil gestört und meistens von einer schützenden Decke jüngerer Ablagerungen eingehüllt. Wohl wirkt auch heute noch in unserem Raum der Wechsel von Frost und Auftauen, indessen vermag diese heutige Frostaktivität keine Strukturböden hervorzubringen.

Der Entstehung der vielgestaltigen Strukturen der Arktischen Strukturböden liegen die gleichen geologischen und physikalischen Gesetze zugrunde. Das Wesentliche ist, daß ein nasser Boden über ständig gefrorenem oder über einer wasserundurchlässigen Bodenschicht dem stetigen Wechsel von Gefrieren und Auftauen ausgesetzt ist. Dieser Wechsel wirkt im tageszeitlichen und jahreszeitlichen Wechsel gleichermaßen. Der Wassergehalt bei Einsetzen des Frostes und die Korngrößenzusammensetzung der Böden sind für die Art und das Ausmaß der Strukturbildung wesentlich.

Die Entstehung der wichtigsten, in Mitteleuropa auftretenden Strukturböden wird folgendermaßen erklärt:

1. Der *Kryoturbate Boden* entsteht durch Verknetung des Bodenmaterials, die als *Kryoturbation* bezeichnet wird. Diese kommt zustande, wenn bei erneutem Einsetzen der Frostperiode sowohl von der Oberfläche als auch von der Permafrostschicht her die noch nicht gefrorene Auftauzone unter ungleichmäßigen Druck gesetzt und dabei unregelmäßig verknetet wird. Dabei entstehen Formen, die Würge- oder Wickelböden sowie Taschenböden (taschenartige Einstülpungen) genannt werden.

2. Der *Tropfenboden* entsteht dann im Periglazial, wenn ein Lockersediment mit höherem Raumgewicht ein solches mit geringerem überlagert und beide in der Auftauzeit breiig-naß sind. In diesem Zustand sinkt das »schwerere« Lockersediment als tropfenartige Gebilde in das »leichtere« hinein.

3. Der *Steinringboden* entsteht aus steinhaltigem Bodenmaterial und besteht aus einem Feinerdekern, der von einem Steinring umgeben ist. Viele dieser Steinringe bilden ein Netz von Ringen; deshalb spricht man auch von Steinnetzboden. Im Winter wölbt sich der Feinerdekern infolge Eisbildung in seinem Inneren auf, so daß sich kleine Erdhügel bilden. Bei der Aufwölbung des Feinerdekerns werden die darin befindlichen Steine auch angehoben. Die nach und nach bis zur Oberfläche gelangenden Steine gleiten beim Auftauen der oberen Schicht im Frühjahr von dem kleinen Erdhügel nach allen Seiten ab und bilden um diesen einen Ring von Steinen. Mit dem weiteren Schmelzen des Eises in dem Erdhügel sinkt dieser wieder in sich zusammen. Dieser Wechsel von Gefrieren und Auftauen muß lange Zeit währen, damit solche Steinringe zustande kommen. Als fossile Bildungen sind sie in Mitteleuropa nur selten beobachtet worden (WORTMANN 1956).

4. Der *Eiskeilboden* ist durchsetzt von Spalten, die Polygone begrenzen und oft mit anderem Bodenmaterial gefüllt sind als das, aus dem die Polygone bestehen (Eiskeilpolygone). Der Name »Eiskeil« wurde eingeführt, weil der senkrechte Schnitt quer durch Eisspalten ein keilartiges Gebilde vorstellt. Die Eisspalten werden als Frostspalten gedeutet. SCHENK (1955a, 1955b) erklärt das Spalteneis durch Schrumpfung des Bodens als Folge der Dehydratation der Bodenteilchen. Das diesen entzogene Wasser bildet in Schrumpfrissen Eiskristalle und damit Spalteneis (Eiskeile). Reichen diese Eisspalten unter die sommerliche Auftauschicht hinab, so bleiben sie hier im Permafrost erhalten. Sie wachsen durch fortschreitende Eisbildung weiter und können im oberen Teil eine Breite von über 1 m erreichen. Die Eiskeile (Eisspalten) bilden sich am ehesten in unverfestigten, lehmig-sandigen bis tonigen Ablagerungen, sie werden aber auch in sandigen und kiesigen Sedimenten beobachtet, wenn deren Körner Hüllen von Feinsubstanz tragen. Wenn die Eiskeile mit anderem Material gefüllt sind als das umgebende Bodenmaterial, so stammt die Füllung von später über der Eiskeilzone durch Wasser oder (oft) Wind aufgetragenem Material. — Neben den Eisspalten entstanden im Periglazial Mitteleuropas auch horizontal liegende Eislinsen und sogar Pingos; letztere finden sich z. B. auf den alten Terrassen der Niederrheinischen Ebene.

Die Arktischen Strukturböden sind weit mannigfaltiger als hier dargestellt werden kann. Weitere Informationen gibt die spezielle Literatur.

Eigenschaften

Alle Arktischen Strukturböden haben gemeinsam, daß durch die mechanischen Vorgänge, die teils mischen und teils entmischen, ein Texturwechsel auf kleinem Raum zustande kommt. Meistens liegt über der Strukturzone eine kornmäßig homogene Schicht, die selten allein durch Vermischung (durch Pflanzen, Tiere, Solifluktion, Bearbeitung) des oberen Bodenbereiches entstand, vielmehr meistens durch Auftrag von Fremdmaterial. Diese Schicht ist in der Regel 0,2 bis 1 m mächtig. Durch diese obere Schicht macht sich der starke Texturwechsel des Strukturbodens im Untergrund weniger stark auf das Pflanzenwachstum bemerkbar.

Subtypen

Vier in Mitteleuropa auftretende Arktische Strukturböden wurden oben bereits beschrieben. Daneben gibt es im arktischen und subnivalen Verbreitungsgebiet der *rezenten* Strukturböden noch mehrere andere Subtypen, die größtenteils im Abschnitt »Name« schon aufgeführt sind.

Verbreitung

Rezente Arktische Strukturböden gibt es in den arktischen Klimaräumen sowie in der subnivalen Stufe der Hochgebirge (Alpen). *Fossile* Böden dieses Typs finden wir in den periglazialen Räumen des Pleistozän, so auch in Mitteleuropa. Sie sind jedoch nicht mehr auf der ganzen Fläche zu finden, denn vielerorts wurden sie durch Abtrag beseitigt.

III SYROSEM (GESTEINSROHBODEN) AUS FESTGESTEIN

Name

Der Name Syrosem (russ. = rohe Erde) wurde von KUBIENA (1953) eingeführt und bedeutet »Rohboden«; deshalb steht in gleicher Bedeutung die deutsche Bezeichnung »Gesteinsrohboden«, womit gesagt ist, daß die Bodenbildung aus frischem Gestein am Anfang steht. In anderen Ländern wird dieser Bodentyp zum Lithosol gestellt. Neuerdings werden Syroseme aus Fest- und Lockergestein unterschieden. Man kann kurz von Syrosem (= Fest-Syrosem) und Locker-Syrosem sprechen.

Entstehung

Der Syrosem stellt pedogenetisch das Initialstadium der Bodenbildung dar. Wo das feste Gestein durch Bodenabtrag freigelegt ist und der weitere Abtrag stockt, kann die Bodenbildung neu beginnen. Die physikalische Verwitterung lockert das Gestein und arbeitet der chemischen Verwitterung vor; letztere ist schwach und hat nur wenig Feinerde geschaffen. Die biologisch-chemische Verwitterung beschränkt sich auf die Einwirkung eines geringen Pflanzenbestandes, der vielfach überwiegend aus Flechten besteht.

Aufbau

Der Syrosem ist durch die einfache Profildifferenzierung A_i-C gekennzeichnet; der C-Horizont kann in C_v und C_n aufgeteilt sein. Die Feinerde enthält überwiegend unverwitterte und halbverwitterte Körner. Der Humus ist wenig zersetzt und erscheint im mikromorphologischen Bild als »häckselartige« Splitter (Rohbodenhumus).

Eigenschaften

Bei der schwachen Verwitterung der Syroseme aus Festgesteinen sind deren Eigenschaften vornehmlich vom Gefüge und der stofflichen Zusammensetzung des Gesteins abhängig. Vor allem ist der Unterschied zwischen dem Syrosem aus Carbonatgestein, Silikatgestein und Kieselgestein sehr groß, so daß es gerechtfertigt wäre, die Subtypen Carbonat-Syrosem, Silikat-Syrosem und Kiesel-Syrosem auszuscheiden. Daneben ist das Gesteinsgefüge für das Tempo der Verwitterung und die Ausbreitung der Pflanzenwurzeln sehr entscheidend. Da beim Syrosem die Art des Gesteins im ganzen seine Eigenschaften bestimmt, besagt der Typenname allein nicht genug, vielmehr ergibt erst die Formbildung mit dem Typ eine Vorstellung davon, z. B. Syrosem aus Granit, Syrosem aus Sandstein, Syrosem aus Schiefer.

Subtypen

Wie oben schon gesagt, könnte man mit Gesteinsgruppen (z. B. Carbonatgesteine) Subtypen aufstellen, wie es KUBIENA (1953) getan hat. Der Typische Syrosem zeichnet sich durch die für den Syrosem schwache Bodenbildung aus, während der Rendzina-Syrosem schon die Entwicklung zur Rendzina und der Ranker-Syrosem schon die zum Ranker anzeigt.

Verbreitung

Den Syrosem als Anfangsbodenbildung aus Festgestein wird man in dem Mittelgebirge nur auf steilen Lagen finden können, und das sind kleine Flächen. Hingegen ist sein Vorkommen in höheren und steileren Lagen des Hochgebirges (Alpen) häufiger.

IV SYROSEM (GESTEINSROHBODEN) AUS LOCKERGESTEIN

Name

Der Name ist bei AaIII erläutert. Ein kürzerer, vorläufiger Name könnte Locker-Syrosem sein.

Entstehung

Der Syrosem aus Lockergesteinen entsteht in unserem Klimaraum aus jungen, fluviatilen und äolischen Ablagerungen sowie aus vulkanischen Aschen. Wie bei AaIII handelt es sich um eine Inititalbodenbildung. Im Gegensatz zu dem »Fest-Syrosem« läuft diese Bodenbildung auf den Lockergesteinen schneller, da die Angriffsfläche für die chemische Verwitterung größer ist. Aber auch bei dem »Locker-Syrosem« verursachen die Körnung (Korndurchmesser) und die stoffliche Beschaffenheit des jeweiligen Materials große Unterschiede, die im einzelnen in der »Form« Berücksichtigung finden müssen.

Aufbau

Dieser Syrosem zeigt die gleiche Profildifferenzierung wie der Syrosem aus Festgestein, allerdings ist der C-Horizont locker.

Eigenschaften

Das Lockergestein verleiht diesem Syrosem wesentlich andere Eigenschaften als das beim »Fest-Syrosem« der Fall ist, denn das Lockersediment, d. h. der C-Horizont, bietet Wurzelraum. Wasser und Nährstoffe können die Pflanzen dem C-Horizont in verschiedenem Maße entnehmen. Einen guten Wurzelraum bietet besonders der C-Horizont des Lösses, dagegen einen armen der Quarzsand. In Tone und Geröll, die auch zu den Lockergesteinen gehören, dringen die Pflanzenwurzeln nur wenig ein. Diese Locker-Syroseme leiten zu dem »Fest-Syrosem« über. Ein großer Unterschied in den Eigenschaften des »Locker-Syrosems« ergibt sich ferner durch den Gehalt an Basen. Die Verwitterung des A_i-Horizontes ist gering; die Humusform ist in den Fällen besser, wenn der C-Horizont den Pflanzenstandort begünstigt.

Subtypen

Als *Typischer Locker-Syrosem* wird der aus kalkfreien Lockersedimenten betrachtet. In den Eigenschaften unterscheidet sich von diesem deutlich der *Kalkhaltige Locker-Syrosem*. Ist die Bodenbildung etwas fortgeschritten, so liegt der *Regosol-Syrosem* vor.

Verbreitung

Der Syrosem aus Lockergesteinen nimmt in Mitteleuropa nur kleine Flächen ein. Vornehmlich findet man ihn in hügeligen, von Lockersedimenten aufgebauten Landschaften, wo das Solum durch Bodenabtrag bis zum C-Horizont beseitigt wurde und die neue Bodenbildung im Gange ist, z. B. in den Gebieten des Lösses, der Moränen, der Vulkanaschen und Sande.

b A-C-Böden, d. h. Böden ohne verlehmten Unterboden

Die A-C-Böden zeichnen sich durch einen voll ausgebildeten A_h-Horizont aus, der unmittelbar dem C-Horizont aufliegt; letzterer kann in C_v und C_n unterteilt sein. Wenn auch bei dieser Bodenklasse die Profildifferenzierung die gleiche ist, so unterscheiden sich die A_h-Horizonte dieser Böden erheblich in Mächtigkeit und stofflichen Eigenschaften. Ferner modifiziert die Eigenart des C-Horizontes diese Böden sehr.

I RANKER (Tafel 9)

Name

Den Namen hat KUBIENA (1948, 1953) von dem österreichischen Wort »Rank« (Berghalde, Steilhang) abgeleitet, womit zum Ausdruck kommen sollte, daß die Ranker häufig an steilen Berghängen auftreten. Der Name wurde zunächst für alle A_h-C-Böden aus kalkfreiem und kalkarmem Gestein (feste und lockere) angewandt. Neuerdings soll der Begriff »Ranker« nur in Verbindung mit Festgestein gebraucht werden, hingegen bilden die A_h-C-Böden aus kalkfreien und kalkarmen Lockergesteinen den Typ »Regosol«. Das entspricht einer in vielen Ländern üblichen Benennung.

Entstehung

Der Ranker entsteht aus kalkfreien und kalkarmen Festgesteinen, ist die Fortentwicklung des »Fest-Syrosems« und besitzt ein A_h-C-Profil. Wenn auch durch fortgeschrittene Verwitterung und vermehrten Pflanzenwuchs der meist steinreiche A_h-Horizont wesentlich mehr Feinerde und Humus aufweist als der »Fest-Syrosem«, so ist aber auch beim Ranker die Art des Gesteins (Gefüge, stoffliche Zusammensetzung) für seine Bildung stark mitbestimmend.

Aufbau

Für den Ranker ist das A_h-C-Profil kennzeichnend; der C-Horizont ist meistens in C_v und C_n aufgeteilt. Der Steingehalt des A_h-Horizontes ist um so größer, je fester und widerstandsfähiger das Gestein gegen die Verwitterung ist. Z. B. enthalten Ranker aus Schiefer zwar Grus, aber keine Steine, hingegen ist der Steingehalt im Ranker aus harter Grauwacke hoch.

Eigenschaften

Für die Eigenschaften des Rankers ist zunächst die Flachgründigkeit entscheidend. Dadurch sind die Wurzelausbreitung und der Speicherraum für Wasser sehr eingeengt. Das Gefüge des Festgesteins (C-Horizont) kann spärliche Bahnen für die Wurzeln bieten (Schiefer), kann aber auch vollkommen kompakt und undurchdringbar sein. Die stoffliche Zusammensetzung des Gesteins nimmt wesentlichen Einfluß auf die Reaktion, die Humusform und den Nährstoffgehalt des A_h-Horizontes. Die Pflanzen entnehmen auch dem Gestein unmittelbar Nährstoffe, wenn die Art des Gesteins dies erlaubt.

Subtypen

Den Übergang vom »Fest-Syrosem« zum Ranker bildet der *Syrosem-Ranker*. Aus kalkfreien sowie kalk- und eisenarmen Silikatgesteinen bildet sich bei schwacher Verwitterungsenergie ein grau gefärbter Ranker (Grauer Ranker); er kann sich bei zunehmender Bildung von Brauneisen in den *Braunen Ranker* (Tafel 9) weiterentwickeln, der für Mitteleuropa *typisch* ist. Der Braune Ranker ist gleichsam die Vorstufe zur Sauren Braunerde; der Übergang zu dieser ist der *Braunerde-Ranker*. Sind die Bildungsumstände für den Podsol günstig und das Gestein basenarm, so entsteht der *Podsol-Ranker*. Aus kiesel- bzw. quarzreichen Gesteinen bildet sich ein nährstoffarmer Ranker, der *Dystrophe Ranker*. Im Hochgebirge (vorwiegend Nordseite) ist der Abbau der organischen Substanz stark verzögert, so daß eine rohhumusartige Auflage entsteht, die KUBIENA (1953) *Tangel* genannt hat; hier entsteht der *Tangel-Ranker*. In alpinen Höhen findet man ferner einen humus- und steinreichen Ranker, den *Alpinen Ranker*.

Verbreitung

Im Mittel- und Hochgebirge mit Silikat- und Kieselgesteinen findet sich der Ranker auf Hängen, Kuppen und Rücken, also in geomorphologischen Lagen, die eine ungestörte Bodenbildung nicht zulassen. In solchen Lagen wirkt die Bodenerosion in Zeiten fehlender oder geringer Pflanzenbedeckung verkürzend auf das Bodenprofil, ferner ist die Bodenbildung gehemmt.

II REGOSOL

Name

Der Name Regosol (von gr. rhegos = Decke) soll die geringe Mächtigkeit des Solums und die Lockerheit des Ausgangsmaterials hervorheben.

Entstehung

Der Regosol entsteht aus kalkfreien oder kalkarmen Lockergesteinen, deren Körnung und stoffliche Zusammensetzung sehr verschieden sind. In den Lockergesteinen läuft die chemische Verwitterung schneller als auf Festgesteinen, allerdings auch gehemmt bei sehr feinem (Ton) und sehr grobem (Geröll) Lockergestein.

Aufbau

Der Aufbau des Regosols zeigt die gleichen Horizonte wie der Ranker, nämlich A_h — C. Auch kann der C-Horizont in C_v und C_n aufgeteilt sein.

Eigenschaften

Wie beim »Locker-Syrosem«, so haben auch beim Regosol die Körnung und die stoffliche Zusammensetzung des Ausgangsmaterials entscheidenden Einfluß auf die Eigenschaften (Wasserkapazität, Reaktion, Nährstoffgehalt, Humusform) des Bodens insgesamt und des A_h-Horizontes im besonderen. Ein Regosol aus Quarzgeröll (Tertiär) ist ein sehr armer Standort (Dystropher Regosol), wogegen ein Regosol aus silikatreichem Sand ein relativ guter Standort (für Waldbäume) ist.

Subtypen

Den Übergang vom »Locker-Syrosem« zum Regosol bildet der *Syrosem-Regosol*. In unserem Klima bildet sich durch die Eisenfreisetzung meistens der *Braune Regosol*, der somit für Mitteleuropa typisch ist. Er entwickelt sich mit dem Fortschritt der Verwitterung zum *Braunerde-Regosol*. Unter Bedingungen, die für die Podsolbildung günstig sind, kann sich aus silikatarmen Sanden der *Podsol-Regosol* entwickeln. Aus quarzreichem Lockersediment entsteht der *Dystrophe Regosol*.

Verbreitung

In Mitteleuropa findet man den Regosol hauptsächlich auf jungen Dünensanden, auf jungen Schutthalden und jungen Flußaufschüttungen (mit tiefem Grundwasser). Alle diese Vorkommen haben flächenmäßig geringe Bedeutung.

III RENDZINA (Tafel 9)

Name

Der Bodenname »Rendzina« kommt aus der polnischen Sprache; es werden damit flachgründige, steinige Böden aus Carbonat- und Gipsgesteinen bezeichnet. Das Profil der Rendzina ist auffällig und einfach. Sie wurde früh erkannt und verschieden benannt (MÜCKENHAUSEN u. a. 1962). Inzwischen hat sich die Bezeichnung Rendzina international durchgesetzt.

Entstehung

Aus Carbonatgesteinen (Kalkstein, kalkreiche Mergel, Dolomit) und Gipsgestein entsteht durch Lösungsverwitterung über das Entwicklungsstadium des Syrosems ein Boden mit A_h-C-Profil. Bei der Lösungsverwitterung werden Calcium und Magnesium aus den Carbonatgesteinen durch Kohlensäure als Hydrogencarbonat gelöst und mit dem Wasser weggeführt. Gipsgestein ist direkt wasserlöslich. Der in diesen Gesteinen enthaltene feinkörnige Lösungsrest (Aluminiumsilikate, Quarz- und Kieselskelettbruchstücke) bleibt zurück und bildet mit organischer Substanz und einem gewissen Steinanteil den A_h-Horizont. Durch die Lösungsverwitterung geht die Auflösung der genannten Gesteine unter dem A_h-Horizont weiter. Es entstehen Spalten und Höhlen (Verkarstung), so daß das Sickerwasser leicht in den Untergrund versickern kann. Durch Pflanzen, Tiere und Bodenbearbeitung gelangen Steine in den A_h-Horizont. Je weniger Lösungsrückstand die Ca-(Mg-)Gesteine enthalten, um so mehr Zeit ist für die Bildung eines A_h-Horizontes erforderlich. Hingegen bildet sich schnell ein A_h-Horizont aus tonreicheren Ca-(Mg-)Gesteinen. In der Rendzina bildet sich normalhin ein basengesättigter Humus, der als Ca-Humus und als tonverbundener, stickstoffreicher, stabiler Humus in Mengen von meist über 5 % vorliegt. In den Anfangsstadien der Rendzina, in Trockenexposition und in kühlen Lagen des Hochgebirges ist die Humifizierung gestört, so daß hier besondere Subtypen der Rendzina auftreten.

Aufbau

Das normale Profil der Rendzina ist differenziert in A_h-, C_v- und C_n-Horizont. Selten fehlt der C_v. Der A_h-Horizont liegt meistens als Mull vor. Bei gehemmter Humifizierung kann ein O-Horizont dem A_h aufliegen. Der C-Horizont ist in der Regel spaltenreich; die tonreichen Ca-(Mg-)Gesteine sind spaltenärmer.

Eigenschaften

Wie der Ranker, so ist auch die Rendzina flachgründig und daher leicht trocken und nur wenig tief durchwurzelbar. Je flachgründiger die Rendzina ist, um so mehr treten diese ungünstigen Eigenschaften in Erscheinung. Andererseits verleiht der durchlässige Untergrund, aber auch die meist dunkle Farbe der Rendzina eine günstige Bodenwärme. Im Gegensatz zum Ranker besitzt die Rendzina normalerweise neutrale oder alkalische Reaktion, eine große Reserve an Ca-, bisweilen auch an Mg-Carbonat sowie an Stickstoff. Infolge des hohen Ton- und Humusgehaltes ist die Sorptionskraft für Wasser und Nährstoffe von der Substanz her groß, allerdings durch die geringmächtige Krume im ganzen doch beschränkt. Die biologische Aktivität ist in dem basen- und humusreichen Boden hoch, wenn nicht Trockenheit oder Kälte diese einschränken. Deshalb enthält die organische Substanz viel Kleintierlosung (Wurmlosungsgefüge, Schwammgefüge). Die Typische Rendzina ist fruchtbar, wenn nicht Sommertrockenheit die Pflanzenproduktion einschränkt. Das Getreide »körnt« gut, wenn nur das Wasser ausreicht; die Rendzina ist ein guter Standort für die Braugerste, sofern das Klima ihrem Anbau nicht entgegensteht. Das trifft für die Typische Rendzina zu, die übrigen Subtypen weichen meistens mehr oder minder von diesen Eigenschaften ab.

Subtypen

Der Typ »Rendzina« ist in Mitteleuropa weitgehend erforscht; daher sind uns viele Subtypen bekannt, die nur kurz erläutert werden können (MÜCKENHAUSEN u. a. 1970, 1977). Aus dem Carbonat-Syrosem entwickelt sich die *Syrosem-Rendzina*, die mit der Protorendzina KUBIENAS (1953) identisch ist. Die Bodenentwicklung schreitet mit der Lösungsverwitterung und der Bildung von Residuen fort über die *Mullartige Rendzina* zur *Mullrend-*

zina (Typische Rendzina, Tafel 9). Während erstere noch wenig tonverbundenen Humus, aber doch schon viele koprogene Aggregate enthält und moderartig erscheint, besitzt die Mullrendzina den typischen Mull, d. h. ihr Humus ist innig vermengt mit dem mineralischen Bodenanteil, ist größtenteils an Ton gekoppelt, ist stickstoffreich und stabil, Wurmlosungs- und Schwammgefüge sind typisch. Die *Moderrendzina* entsteht dort, wo die Mullbildung gestört ist. Das kann z. B. zutreffen, wenn durch starke Humidität die Ca-Reserven des A_h-Horizontes schnell ausgewaschen werden oder infolge früherer Streunutzung, wodurch Mikroorganismen und Stickstoffanlieferung gestört sind. Da Gipsgestein leicht löslich ist, entsteht auf diesem meistens die Moderform. In trockenen Lagen kann selbst ein Ca-haltiger Humus infolge geringer biologischer Aktivität moderartig sein; hier finden wir die *Kalkmoder-Rendzina*. In den kühl-humiden Lagen des Hochgebirges (Alpen) entsteht in niederen Lagen meistens die *Alpine Moderrendzina*, in höheren die *Tangelmoder-Rendzina* oder, wenn unter dem Tangelhorizont ein Mullhorizont folgt, die *Tangelmull-Rendzina*. In der Rasenstufe des Hochgebirges findet man die *Alpine Pechrendzina*, bei welcher der untere Teil der Humusauflage schwarz, dicht und in feuchtem Zustand schmierig (pechartig) ist. Wo der Rasen sich in Polster auflöst, entwickelt sich unter diesen die *Alpine Polsterrendzina*. Durch die Ackernutzung wird der Humus der Mullrendzina teils abgebaut und das Brauneisen bestimmt den Farbton; so wird die *Verbraunte Rendzina* gebildet. Aber auch fortschreitende Residualbildung, Eisenfreisetzung, Humusabbau und Entkalkung führen zur Verbraunung. Geringe Mengen von Löß (Lößschleier), ferner auch ein dolomitischer Gesteinsanteil fördern ebenfalls diesen Prozeß. Durch fortschreitende Verbraunung entsteht unter dem A_h-Horizont ein brauner Saum, und damit ist das Stadium der *Braunerde-Rendzina* erreicht. Die fortgeschrittene Bodenbildung kann auch zu einem Unterboden führen, welcher für die Terra fusca typisch ist (*Terra fusca-Rendzina*). Schließlich kann sich aus einem tonig-schluffigen Mergel durch Aufweichen und teilweiser Entkalkung ein dichter, wasserstauender Unterboden bilden, womit ein Übergang zwischen Pseudogley und Rendzina gegeben ist (*Pseudogley-Rendzina*). In hängigem Gelände bildet sich aus tonreichem Mergel die *Pelosol-Rendzina*. Auf dem Gipskeuper Südwestdeutschlands findet sich die *Pelosol-Gipsrendzina*.

Verbreitung

Die Rendzinen sind an die Verbreitungsgebiete der Kalksteine, Dolomite, Mergel und Gipsgesteine gebunden. Die wichtigsten in der BRD sind: Kalke und Dolomite des Mittel- und Oberdevons sowie des Unterkarbons im Rheinischen Schiefergebirge, die mesozoischen Kalke, Dolomite und Mergel des Hügellandes sowie des Mittel- und Hochgebirges.

IV PARARENDZINA (Tafel 10 und 11)

Name

In der Bodensystematik der BRD steht die Pararendzina (von gr. para = neben, bei) als selbständiger Bodentyp *neben* der Rendzina. Der Name »Nebenrendzina« soll die Verwandschaft zur Rendzina ausdrücken. Die selbständige bodentypologische Stellung der Pararendzina ist nicht allgemein anerkannt; manchmal wird sie als eine Rendzina betrachtet.

Entstehung

Die Pararendzina entsteht aus kalkhaltigen Silikat- und Kieselgesteinen (fest und locker), die bei der Verwitterung neben Tonsubstanz ($< 2 \mu m$) einen mehr oder minder hohen Anteil an Skelett ($> 2 \mu m$) ergeben. Die Ausgangssteine der Pararendzina bilden Übergänge zwischen den *kalkfreien* Gesteinen, aus denen der Ranker entsteht, und den *Carbonat*gesteinen, aus denen die Rendzina kommt. Typische Ausgangsgesteine der Pararendzina sind Löß (Tafel 10), Geschiebemergel, kalkreiches Geröll (Tafel 11), kalkreicher Schutt, kalkreicher Sand, Kalksandstein und sandiger Dolomit. Die Pararendzina Mitteleuropas ist größtenteils dort entstanden, wo die Erosion das Gestein freigelegt hat und dann eine neue Bodenbildung bis zur Pararendzina stattfand.

Aufbau

Die normale Horizontfolge ist A_h-C. Zwischen diesen Horizonten kann ein geringmächtiger

AC- oder (und) Ca-Horizont eingeschaltet sein, und der C-Horizont ist oft in C_v und C_n gegliedert. Dem A_h- kann ein O-Horizont aufliegen. Das Gefüge ist überwiegend krümelig, seltener subpolyedrisch.

Eigenschaften

Bei der Pararendzina aus Festgestein bestimmt die Flachgründigkeit die wichtigsten physikalischen Bodeneigenschaften (geringe Wasserkapazität, Trockenheit, geringe Durchwurzelbarkeit). Zwar ist die Durchwurzelbarkeit bei den grobkörnigen Lockergesteinen etwas günstiger; sie sind aber relativ trocken. Dagegen bietet der C-Horizont kalkhaltiger, sandig-lehmiger Lockergesteine (Löß, Geschiebemergel) günstige physikalische Bedingungen, allerdings steht die Wasserkapazität hier der der stärker verwitterten Böden (Braunerde, Parabraunerde) nach. Die hohe Kalkreserve des Untergrundes und der Kalkgehalt bzw. die hohe Basensättigung des A_h-Horizontes steuern günstige Prozesse, wie günstige Reaktion, basengesättigte Kolloide, stabile Humusform und hohe biologische Aktivität, wenn Trockenheit letztere nicht zu sehr beeinträchtigt. Der meist hohe Anteil von Körnern $> 2 \mu$m und die günstigen chemischen Eigenschaften machen die Pararendzina zu einem leicht bearbeitbaren Boden.

Subtypen

Die Subtypen *Syrosem-Pararendzina, Mullartige Pararendzina, Mullpararendzina, Verbraunte Pararendzina* und *Braunerde-Pararendzina* bilden sich analog den entsprechenden Subtypen der Rendzina, wobei die vom Gestein her mitgegebenen Eigenschaften (s. o.) zu berücksichtigen sind. Die *Geröll-Pararendzina* (Tafel 11) fällt durch den stark durchlässigen C-Horizont und die Bodenwärme besonders auf. Aus ihr entwickelt sich über ein kurzes Stadium der Basenreichen Braunerde die *Rötliche Parabraunerde* (Blutlehm, Tafel 11). Aus dem Rahmen fällt der Subtyp *Calciumsilikat-Pararendzina*, der aus Limburgit mit Calcitdrusen im Trockengebiet des Kaiserstuhls entsteht. Bei der Verwitterung des Limburgits wird der Calcit als Hydrogencarbonat gelöst, aber infolge der Trockenheit wieder als Carbonat ausgefällt.

Verbreitung

In hügeligem Gelände, das von kalkhaltigem Silikatgestein aufgebaut ist und wo die Bodenerosion das Gestein freigelegt hat, hat sich kleinflächig die Pararendzina gebildet. Vornehmlich sind es die hügeligen Löß- und Geschiebemergel-Landschaften sowie die glazialen Schotterfelder Süddeutschlands und die kalkhaltigen Sande des Rhein-Main-Gebietes.

c *Steppenböden*

Die Steppenböden Deutschlands wurden in einem ehemals kühlen, semihumiden Klima unter Steppen- und Waldvegetation bei einer schwach abwärts gerichteten Perkolation aus kalkhaltigen, feinsandig-schluffig-lehmigen Lockersedimenten gebildet. In der typischen Ausbildung besitzen sie ein A_h-C-Profil mit meist mächtigem A_h-Horizont.

I TSCHERNOSEM
(Steppenschwarzerde, Tafel 12)

Name

Tschernosem ist die verdeutschte Schreibweise des volkstümlichen, russischen Namens für die Schwarzerde (schwarze Erde) der Ukraine (phonetische Schreibweise des russischen Wortes ist Tschernosiom). Er ist einer der ältesten Bodennamen und wird heute international gebraucht (engl. Chernozem). Der Name Tschernosem gilt nur für die Schwarzerde der Steppe und Waldsteppe, nicht generell für schwarze Böden.

Entstehung

Der Tschernosem ist ein typischer Boden des kontinentalen, semihumiden Klimas mit kaltem Winter und warmem Sommer. Eine Grassteppe mit hohen Anteilen an *Stipa-, Koeleria-, Festuca-* und *Artemisia*-Arten bildet das für diesen Bodentyp charakteristische Vegetationsbild. In etwas feuchteren Eintiefungen des Geländes stehen auch Bäume, die zur Waldzone hin über die ganze Fläche einzeln und in Gruppen auftreten (Waldsteppe). Die Steppenvegetation entwickelt sich im Frühjahr unter günstigen Feuchtigkeits- und Temperaturbedingungen sehr üppig und liefert viel organische Substanz für die Humusbildung. Im folgenden trockenen, warmen Sommer verdorren die

Pflanzen, und die Mikrobentätigkeit ruht. Der feuchte Herbst entfacht das Mikroleben nur für kurze Zeit; dann folgt der lange, kalte Winter, in welchem die Umsetzung der organischen Substanz wieder ruht. Nur kurze Zeit arbeiten die Mikroorganismen am Abbau der organischen Substanz, so daß es zur Anreicherung von Humus kommt. Für die Bildung des Schwarzerde-Humus ist das kalkhaltige feinsandig-schluffig-lehmige Ausgangsmaterial (Löß) eine wichtige Voraussetzung; es entstehen Kalkhumat und tongebundener, stickstoffreicher Humus. Obgleich die Verwitterungsenergie dieses Klimas gering ist, entwickelt sich der Tschernosem relativ schnell aus dem Lockergestein. Den Boden mischende Tiere, wie Regenwürmer und kleine Nager, schaffen auf Kosten des C-Horizontes einen mächtigen A_h-Horizont (50—80 cm). Im Schwarzerde-Klima kann dieser Bodentyp auch aus anderen kalkhaltigen Gesteinen entstehen, indessen weichen diese Tschernoseme von denen aus Löß ab. Selbst aus kalkhaltigem Sand ist in Österreich und Ungarn ein der Schwarzerde ähnlicher Boden entstanden, den KUBIENA (1953) und FRANZ (1955) Paratschernosem genannt haben.

Während in der Ukraine die Bildungsbedingungen des Tschernosems heute noch bestehen, gilt das für Mitteldeutschland und die übrigen Tschernosem-Gebiete Deutschlands nicht mehr. Die Bildungszeit der Schwarzerde Deutschlands fällt ins frühe Holozän, ins Präboreal und Boreal (vor etwa 8000 Jahren), als die Nordseeküste weiter nordwärts, jenseits der Doggerbank, lag, wodurch damals das Klima Mitteldeutschlands kontinentaler war. Nach der postglazialen Wärmezeit wurde das Klima kühler und feuchter, so daß der Wald die Steppe eroberte. Damit begann vom Rande her die Degradation des Tschernosems in Deutschland. Gleichzeitig wurde in den Tschernosem-Gebieten Deutschlands der Standortsfaktor »Klima« günstiger, so daß nunmehr die Fruchtbarkeit dieser Standorte höher ist als in jenen Räumen, wo noch das trockenere Entstehungsklima des Tschernosems herrscht.

Aufbau

Der Tschernosem zeigt allgemein ein A_h-C-Profil. Oft ist zwischen A_h und C ein CaC-Horizont eingeschaltet. Der A_h-Horizont geht infolge der Mischungsarbeit der Bodentiere allmählich in den C bzw. CaC über. Im trockenen Zustand ist die Farbe des A_h-Horizontes schwärzlichgrau, im feuchten dunkelgrauschwarz. Auch wenn der Humusgehalt nur etwa 4 % beträgt, ist die Farbe des A_h-Horizontes sehr dunkel. Dies beruht darauf, daß der Humus, der reich an dunkler Tschernosem-Grauhuminsäure ist, die Mineralteilchen umhüllt und somit die grauschwarze Farbe im feuchten Bodenzustand bedingt. Im unteren Teil des A_h-Horizontes treten bisweilen weiße, fadenartige Ausblühungen von Kalk auf, die wegen des pilzartigen Aussehens Pseudomycel genannt werden.

Der Tschernosem besitzt überwiegend ein poröses Krümelgefüge mit hohem Anteil an Wurmlosung (Wurmlosungsgefüge), so daß insgesamt ein Schwammgefüge vorliegt. Bemerkenswert ist die Fähigkeit dieses Bodens, das Krümelgefüge zu erhalten bzw. wieder zu gewinnen. Dieses geht nämlich durch Verschlämmung in der Tauperiode oder durch Bearbeitung im feuchten Bodenzustand vorübergehend verloren, stellt sich aber von selbst beim Austrocknen durch Aggregierung des Bodens wieder ein. Allerdings wird durch eine lange Dauer der Beackerung das Gefüge beeinträchtigt, was durch Verlust an Calcium, Humus und Bodentieren verursacht sein kann. Vor allem zeigt sich das, wenn eine früher tiefe Ackerkrume flacher gehalten wird. Im tieferen Teil der früheren (nun nicht mehr gewendeten) Krume entsteht ein ungünstiges Plattengefüge, während der darunter folgende, von der Ackerkultur nicht berührte Teil des A_h-Horizontes noch ein gutes Krümelgefüge besitzt. Im Übergangsbereich vom A_h- zum C-Horizont kann der Boden bei starker Austrocknung auch etwas prismatisch sein. Der ganze A_h-Horizont bis in den C-Horizont hinein ist stark durchsetzt von Poren und Röhren, die von Wurzeln und Bodentieren stammen. Auffällig sind die rundlichen oder etwas ovalen Röhren, oft ausgefüllt mit Material eines anderen Horizontes, von Nagetieren der Steppe.

Neben dem weißlichen Pseudomycel sind der gelbweißliche CaC-Horizont und die rundlichen grauweißen Kalkanhäufungen (auch

Bjeloglaska genannt) sehr auffällig. Der C-Horizont des Tschnernosems ist überwiegend (in Deutschland immer) ockerfarbiger Löß mit porösem, schwach kohärentem Gefüge. Stau- oder Grundwasser im Untergrund erzeugt eine rostgelbe oder rostbraune Fleckung.

Eigenschaften

Das poröse Krümel- und Schwammgefüge, ein mittlerer Gehalt (etwa 20 %) an Tonsubstanz und tonverbundener Humus gestalten im Tschernosem den Wasser- und Lufthaushalt sowie die Durchwurzelbarkeit optimal. Die Degradation verschlechtert diese Eigenschaften, und zwar zunehmend mit dem Fortschritt dieses Prozesses. Die durch den Ackerbau verursachte Degradation der Krume, vor allem das plattige Gefüge des tieferen, nicht mehr gepflügten Krumenteiles, behindert die Wurzelausbreitung, so daß der tiefere, nie bearbeitete, gefügegünstige A_h-Horizont nicht zur vollen Wirkung kommt.

Die Reaktion des Tschernosems liegt normalerweise um den Neutralpunkt, der Gehalt an austauschbaren Ca-Ionen ist hoch (hoher V-Wert). Die Reserve an Humus-Stickstoff ist groß, an K und P von Natur aus nur mäßig. Zwar besitzt der Tschernosem Deutschlands nur einen mittleren Humusgehalt von etwa 3 bis 4 %, aber der Gesamthumusgehalt des mächtigen Solums ist hoch.

Der A_h-Horizont des Tschernosems ist stark von pflanzlichen und tierischen Organismen belebt. Im Wechselspiel fördern die günstigen physikalischen Eigenschaften die Bodenorganismen und umgekehrt die Bodenorganismen die physikalischen Eigenschaften, indem sie an dem Aufbau eines Schwammgefüges maßgeblich arbeiten. Neben zahlreichen Regenwürmern sind es Kleintiere (Nager), die den Boden durchwühlen, mischen und lockern. Dabei wird stetig Material des C-Horizontes in den A_h-Horizont eingemischt, wodurch dieser mächtiger wird. Grabröhren von Nagetieren (auch Krotowinen genannt) zeugen von diesem Mischungsprozeß.

Subtypen

Der *Typische Tschernosem* (Tafel 12), oft einfach Tschernosem genannt, besitzt die charakteristischen, günstigen Eigenschaften, die einem Tschernosem zugeordnet werden. Der A_h-Horizont ist bis über 70 cm mächtig, der Kalk ist zwar ausgewaschen, aber der Anteil an Ca-Ionen im Sorptionskomplex ist noch hoch, so daß der V-Wert über 80 und der pH-Wert um 7 liegen. Der untere Teil des A_h-Horizontes kann noch Kalk, bisweilen als Pseudomycel, enthalten. Gefüge, Wasser- und Lufthaushalt sowie biologische Aktivitäten sind optimal. Ist der A_h-Horizont kalkhaltig bis zur Oberfläche, so liegt der *Carbonathaltige Tschernosem* vor. In Deutschland ist dieser Kalkgehalt sekundär, meistens ist bei Umlagerungsvorgängen dem A_h Löß beigemischt worden. Infolge einer Klimaänderung in Richtung abnehmender Kontinentalität und Zunahme des Niederschlages entwickelt sich aus dem Typischen der *Degradierte Tschernosem*, was sich durch Entbasung, Humusabbau, im fortgeschrittenen Stadium durch Tonwanderung, Aufhellung der A-Horizonte, Bildung eines B_t-Horizontes unter einem Rest des A_h-Horizontes und durch eine allgemeine Verschlechterung der Eigenschaften äußert. Die Degradierung läuft über verschiedene Stadien ab. Zunächst erfolgt eine Krumendegradation durch den Ackerbau, die sich in einer Aufhellung des A_p-Horizontes infolge Humusabbau zeigt. Im Fortschritt der Degradierung wird die Farbe des A_h-Horizontes heller, und es bildet sich unter dem A_h-Horizont ein B_v-Horizont, womit der *Braunerde-Tschernosem* erreicht ist. Dieses Stadium währt nur kurz, denn mikromorphologisch zeigt sich bereits eine bewegliche Feinsubstanz. Sinkt das pH unter 6,5, so setzt eine Tonwanderung ein, wodurch sich im A_h- ein A_l-Horizont und darunter ein B_t-Horizont ausbilden, dem noch ein B_v folgen kann. Damit läuft die Bodenentwicklung zum Stadium des *Parabraunerde-Tschernosems* (Tafel 12). Durch den Verlust von Ton-Humus-Teilchen wird von den Quarzkörnern im A_h-Horizont teils die dunkle Hülle entfernt, so daß die Körnchen als weißgrauer Puder erscheinen. Davon hergeleitet ist der Name *Grieserde* (von niederd. grîsig = schwärzlichgrau), der identisch ist mit Parabraunerde-Tschernosem. Wenn der Löß, aus dem der Boden entstand, in geringer Tiefe (1,5 — 2,0 m) von wasserstauendem Material (Geschiebelehm, Ton) unterlagert wird, so kann sich temporär

Stauwasser bis in den A_h-Horizont hinein bilden. Hierdurch werden die für Stauwassereinwirkung bekannten Prozesse eingeleitet, die sich durch rostbraune Flecken und Konkretionen anzeigen. Diesen Subtyp nennen wir *Pseudogley-Tschernosem*, der in der Hildesheimer Börde verbreitet ist. In Niederungen kann aber auch Grundwasser zeitweilig kapillar in den A_h-Horizont aufsteigen, so daß in diesem Falle ein *Gley-Tschernosem* vorliegt. Diese beiden letztgenannten Subtypen werden auch als Pseudotschernosem oder Feuchttschernosem und in Osteuropa als Wiesenboden oder Wiesen-Tschernosem bezeichnet.

Verbreitung

In Deutschland sind die Tschernosem-Gebiete bei Magdeburg (Magdeburger Börde) und in Thüringen die größten. Nördlich von Hildesheim gibt es ein weiteres, aber wesentlich kleineres Gebiet, wo verbreitet die feuchten Tschernosem-Subtypen auftreten. Kleinere Vorkommen gibt es im Mainzer Becken. Böden mit Relikten vom ehemaligen Tschernosemtyp finden sich in der Soester und Warburger Börde, in der Kölner Bucht, im Leinetal und in der Wetterau. Möglicherweise sind dieses Reste von ehemals viel größeren Tschernosemvorkommen (KOPP 1965).

II BRAUNER STEPPENBODEN
(Rheintal-Tschernosem)

Name

Der Name nimmt Bezug auf die Farbe und die Vegetation, die dieser Boden in der Zeit seiner Entstehung getragen hat.

Entstehung

Der Braune Steppenboden kommt in Deutschland nur im Oberrheintal vor, wo auch heute noch das Klima relativ trocken und warm ist. Seine Entstehung fällt wie beim Tschernosem in das Präboreal und Boreal. Das heutige Klima zeichnet sich durch trockene, warme Sommer und relativ warme Winter aus. Letztere bewirken eine lange Zeit biologischer Tätigkeit im Jahresablauf. Darauf sind die Humusarmut und die helle Farbe zurückzuführen. Das ganze Profil ist kalkhaltig. Neben der typischen Ausprägung mit A_h-C-Profil ist der degradierte Subtyp verbreitet. Bei diesem muß der A_hB_v-Horizont unter dem A_p-Horizont im entkalkten Boden gebildet worden sein. Demnach muß der heutige Kalkgehalt der oberen Horizonte sekundär sein, d. h. der Kalk ist durch aufsteigende Perkolation in der sommerlichen Verdunstungsperiode nach oben transportiert worden. Wahrscheinlich handelt es sich um einen stark umgebildeten Tschernosem, der in einer feuchten Klimaperiode degradierte und in einer anschließenden trockenen Periode durch aufsteigende Kalklösungen wieder Kalk erhielt. H. ZAKOSEK hat diesen Boden wegen seiner lokal bedingten Eigenart *Rheintal-Tschernosem* genannt.

Aufbau

Das Profil des Degradierten Braunen Steppenbodens ist durch seine verwickelte Entstehung kompliziert. Der beackerte Boden zeigt meist die Horizonte A_p-A_hB_v-A_h-AC-CaC-C. Das ganze Profil ist kalkhaltig, der Kalkgehalt steigt zur Tiefe hin an bis über 20 %. Trotz des geringen Humusgehaltes der oberen Horizonte ist das Gefüge bröckelig und krümelig und zeigt eine starke Porosität sowie viele Wurzel- und Tiergänge.

Eigenschaften

Der sandig-lehmigen Textur und dem günstigen Gefüge entsprechend sind Wasser- und Lufthaushalt optimal. Das pH liegt über 7, der V-Wert über 95, und die Reserve an Ca ist hoch, an K und P aber gering. Nur die Trockenheit schmälert die sonst günstigen Bedingungen für die Bodenorganismen. Dieser Boden bietet einen guten Standort für basenliebende Pflanzen, vor allem für die Braugerste.

Subtypen

Der *Typische Braune Steppenboden* hat ein A_h-C-Profil und ist damit grundsätzlich aufgebaut wie der Typische Tschernosem. Hingegen hat der *Degradierte Braune Steppenboden* eine Differenzierung des Profiles erfahren: A_p-A_hB_v-A_h-AC-CaC-C.

Verbreitung

Der Braune Steppenboden kommt in Deutschland nur in kleinen Flächen im nördlichen Oberrheintal beiderseits des Rheins vor, besonders charakteristisch bei Frankenthal und Haßloch.

d Pelosole (Tafel 17)

Die Klasse der Pelosole umfaßt tonige Böden mit meist über 50% Feinsubstanz $< 2 \mu$m. Der Name Pelosol wurde 1954 von F. VOGEL vorgeschlagen (von gr. pelos = Ton und sol = Boden). Sie entstehen aus tonreichen Substraten, wie Tongestein, Tonmergel, Tonschiefer und Schieferton. Die Terrae, die Plastosole und die Vertisole gehören nicht dazu, obzwar auch diese Typen oft so viel Tonsubstanz enthalten, daß sie hiernach zu den Pelosolen zählen müßten. Indessen haben aber diese Typen andere spezifische Eigenschaften und eine andere Genese, so daß ihre Sonderstellung gerechtfertigt ist.

Die Unterteilung der Klasse »Pelosol« in Typen geschieht nach dem Ausgangsmaterial, und zwar werden vorerst die beiden Typen Ton-Pelosol und Tonmergel-Pelosol herausgestellt. Das ist gerechtfertigt, weil das Fehlen oder Vorhandensein von $CaCO_3$ wesentliche Eigenschaften bedingt. Eine andere Einteilung wäre nach dem dominanten Tonmineral möglich, indem man die Typen Kaolinit-Pelosol, Illit-Pelosol und Smectit-Pelosol aufstellte. Da aber der letztere Boden bereits international »Vertisol« genannt wird, wurde von dieser Typisierung abgesehen. Während der Vertisol in Deutschland nur vereinzelt vorkommt, besitzt der weit überwiegende Teil der Pelosole Deutschlands als dominantes Tonmineral den Illit. Auf tertiären Tonsedimenten gibt es auch den kaolinitreichen Pelosol. In der näheren Kennzeichnung (Subtypenniveau) soll das zum Ausdruck kommen.

I TON-PELOSOL

Name

Der Name soll ausdrücken, daß der Pelosol aus Tongestein hervorgeht und infolgedessen kein $CaCO_3$ enthält. Um den Pleonasmus in diesem Namen zu vermeiden, müßte er Tongestein-Pelosol lauten, indessen sollte aber der Typenname möglichst kurz sein.

Entstehung

Der Ton-Pelosol entsteht aus kalkfreien Tongesteinen, wozu außer dem Ton (als Gestein) Letten, Tonschiefer und Schieferton gehören. Da die Verwitterung in Mitteleuropa nur langsam abläuft, d. h. die Verwitterungsenergie nur gering ist, werden bei diesem Prozeß zwar die diagenetisch verfestigten Tonteilchen zu plastischer Tonsubstanz »aufgeweicht«, aber es findet dabei keine Umbildung der Tonminerale statt.

Anders ist das in einem Klima mit starker Verwitterungsenergie, vor allem, wenn eine solche lange wirksam ist. Im mitteleuropäischen Klima dringt die Verwitterung nur langsam von der Oberfläche her in das Tongestein vor. Wenn wir tiefgründig (> 1 m) verwitterte Ton-Pelosole finden, so reicht deren Entwicklung meist in das Pleistozän zurück. Am Hangfuß sind solche tiefgründigen Ton-Pelosole oft zu finden, während am Oberhang die Profile weniger tief sind. Diese verschiedene Profiltiefe beruht meistens auf einer solifluktiven Umlagerung im Pleistozän. Auch das tonige Ausgangsmaterial kann von der Umlagerung betroffen sein. In der Nacheiszeit ging die Bodenbildung auf den solifluktiv umgelagerten Substraten weiter. Die Bodenbildung aus tonigen Gesteinen wird im feuchten Zustand gehemmt, weil das Wasser die Poren des tonigen Materials ausfüllt und die Luft ausschließt. Im trockenen Zustand lassen Spalten zwar reichlich Luft zutreten, aber dann fehlt für die Verwitterungsvorgänge die Feuchtigkeit. Wegen dieser bodenphysikalischen Extreme sind die Bedingungen für die Mikroorganismen schlecht, so daß auch die biologisch-chemische Verwitterung gering ist.

Aufbau

Besonders auffällig bei den Ton-Pelosolen ist die Varianz in der Farbe, die sie vom Gestein erben. Deshalb hat man sie früher auch »Bunte Ton- und Mergelböden« genannt (dabei solche aus Tonmergel eingeschlossen).

Der Ton-Pelosol kann ein A_h-C-Profil, ein A_h-P-C-Profil oder ein A_h-SP-C-Profil besitzen. Da die Pelosole meistens von der mineralischen Komponente her eine starke Eigenfärbung besitzen, färbt der Humus den A_h-Horizont schwächer als bei tonärmeren Böden. Meistens hat der A_h-Horizont ein Polyedergefüge. Bei längerer Bodenbildung entsteht zwischen A_h- und C-Horizont ein plastischer P-Horizont, der aus dem Gestein durch Aufweichung des diagenetisch verfestigten Tons entsteht. Bei der Austrocknung reißen Spalten auf, die Gefügeprismen begrenzen, und diese zerfallen meistens in große Polyeder. Die Farbe des P-Horizontes unterscheidet sich kaum von der des C-Horizontes. Oft schließt sich bei Wasseraufnahme das Solum der Ton-Pelosole dicht, so daß es weitgehend undurchlässig für Wasser und Luft ist. Dadurch erhält das Solum mehr oder weniger gut sichtbare rostgelbe und (oder) rostbraune Flecken (SP-Horizont). Das Gefüge dieses Horizontes ist ähnlich wie das des P-Horizontes.

Eigenschaften

Die hervorragendste Eigenschaft des Ton-Pelosols ist seine tonige Bodenart sowie Calciumarmut und infolgedessen das grobpolyedrische, ungünstige Gefüge. Im feuchten Zustand ist er plastisch und stark klebend am Gerät. Im ausgetrockneten Zustand bildet er eine steinähnliche, harte Masse. Im feuchten oder trockenen Zustand gepflügt, entstehen klumpige Fragmente, die mit den üblichen Bearbeitungsgeräten nicht zerkleinert werden können und die in der Regel nur der wiederholte Frost zerfallen läßt. Nur wenn es gelingt, den tonigen Boden im schwach feuchten Zustand zu pflügen, zerlegt er sich besser in kleinere Aggregate. Weil dieser Zeitpunkt nur kurze Dauer hat, nennt man diese Böden auch »Stundenböden«, womit die kurze Dauer günstiger Bearbeitungsmöglichkeit Ausdruck findet. Der Wasserhaushalt des Ton-Pelosols ist spezifisch, d. h. nur den tonigen Böden eigen. Bei Wasseraufnahme quillt der Pelosol infolge des hohen Kolloidgehaltes stark und schließt sich dicht; nur größere Poren bleiben zunächst mit Luft gefüllt, die sich aber meistens später auch mit Wasser füllen. Bei der Austrocknung schrumpft der tonige Boden; es entstehen breite Spalten, so daß nun reichlich Luft in den Boden dringen kann. Es bilden sich dabei große Prismen, die sich in große Polyeder aufteilen. Diese Gefügeaggregate sind ziemlich dicht, so daß das in ihnen eingeschlossene Wasser und auch Nährstoffe nur zum kleinen Teil von den Pflanzen nutzbar sind. Die Wurzeln wachsen den Gefügespalten entlang, dringen aber nur wenig in die Aggregate ein. Die biologische Aktivität beschränkt sich auf einen geringmächtigen A_h-Horizont und auf die Oberflächen der Gefügeaggregate. Der Ton-Pelosol ist für die Beackerung wegen des ungünstigen Gefüges wenig geeignet und wird deshalb meistens durch Grünland oder Wald genutzt.

Subtypen

Wenn sich auf tonigem Substrat ein geringmächtiger, schwach humoser A_h-Horizont ausgebildet hat, so liegt ein *Syrosem-Pelosol* vor. Hierbei kann das Wort »Ton« wegfallen, da keine Verwechslung möglich ist. Bei fortschreitender Bodenbildung wird der A_h-Horizont mächtiger und plastischer, d. h. Verwitterungsvorgänge weichen den diagenetisch verfestigten Ton weitgehend im A_h-Horizont auf; damit ist das Stadium des *Ranker-Pelosols* erreicht. Dringt die Verwitterung tiefer, so bildet sich ein plastischer P-Horizont unter dem A_h-Horizont; dieses Profil A_h-P-C stellt den *Typischen Pelosol* vor. Oft wird der tief verwitterte Pelosol bei Quellung dicht und undurchlässig. Es bilden sich die für den Pseudogley typischen Flecken und Konkretionen. In diesem Falle ist der Subtyp *Pseudogley-Pelosol* ausgebildet. Im Bereich des Gipskeupers findet man ferner dunkle, gipshaltige, tonige Böden, die reich an organischer Substanz sind. Es ist ursprünglich eine sapropelitische Bildung, die auch Sumpfton genannt wird, heute bodensystematisch einen *Sapropel-Pelosol* vorstellt. Tonige Substrate können durch ständige Nässe anmoorig werden; es ist dies der Subtyp *Anmooriger Pelosol*.

Verbreitung

Die Ton-Pelosole sind am meisten im Bereich des Keupers und Juras Südwestdeutschlands verbreitet. Kleine Vorkommen finden wir in Südniedersachsen, im Münsterland, in Ostwestfalen und in der Wittlicher Trias-Senke. Auf älteren, tonigen Gesteinen (Tonschiefer, Schieferton) sind sie selten.

II TONMERGEL-PELOSOL

Name

Dieser Name hebt hervor, daß dieser Pelosol aus Tonmergel entsteht und deshalb die Bildung und die Eigenschaften dieser Pelosole durch $CaCO_3$ bzw. Ca-Ionen maßgeblich beeinflußt werden.

Entstehung

Im wesentlichen läuft die Entstehung des Tonmergel-Pelosols ebenso ab wie die oben geschilderte des Ton-Pelosols. Der $CaCO_3$-Gehalt bedingt allerdings andere Subtypen.

Aufbau

Der Aufbau des Tonmergel-Pelosols ist in großen Zügen der gleiche wie beim Ton-Pelosol. Es bestehen allerdings bei den Subtypen Besonderheiten, die durch die vom $CaCO_3$ gesteuerte Bodenentwicklung hervorgerufen werden. Der Ca-Reichtum bedingt ein besseres Gefüge mit kleineren Aggregaten und mehr größeren Poren.

Eigenschaften

Die Ca-Reserve bedingt gegenüber dem Ton-Pelosol ein höheres pH und damit eine bessere Humusform und eine stärkere biologische Aktivität. Das Gefüge ist im ganzen günstiger, die Bearbeitung ist leichter, so daß die Tonmergel-Pelosole weit besser für die Ackerkultur geeignet sind als die Ton-Pelosole.

Subtypen

Aus dem kalkhaltigen Substrat bildet sich zunächst der *Syrosem-Kalkpelosol* mit einer geringen Verwitterung. Nach der Bildung eines A_h-Horizontes ist der *Pararendzina-Pelosol* erreicht. Nachdem im Zuge der Entkalkung unter dem A_h-Horizont ein P-Horizont gebildet ist, aber im Solum noch ein hoher Gehalt an Ca-Ionen vorliegt, ist das Stadium des *Typischen Tonmergel-Pelosols* erreicht. Viel Ähnlichkeit mit diesem hat der aus dem Gipskeuper entstehende, schwarze Subtyp *Gipsrendzina-Pelosol*. In durchlässigerem Profil kann im oberen Bereich gleichmäßig Brauneisen gebildet werden, d. h. es tritt eine Verbraunung ein, womit der *Verbraunte Tonmergel-Pelosol* vorliegt. Wenn die Tonsubstanz des Tonmergel-Pelosols viele quellfähige Tonminerale besitzt, so daß er bei Austrocknung stark schrumpft, Spalten bildet und Krümel in die Spalten eingespült oder eingeweht werden, so besitzt dieser Pelosol vertisolartige Eigenschaften; es ist der Subtyp *Vertisol-Pelosol*, der in Mittelfranken und im Nördlinger Ries auftritt. Nach der Entkalkung folgt von oben her ein Verlust an Ca-Ionen, so daß bei einem pH von etwa 6,5 — 4,5 die Tonsubstanz instabil wird und eine geringe Tonwanderung im oberen Profilbereich (etwa 20 cm) aufläuft. So wird der *Durchschlämmte Pelosol* gebildet, der im B_tP-Horizont ziemlich dicht und fleckig sein kann; in diesem Falle sprechen wir vom *Durchschlämmten Pseudogley-Pelosol*.

Verbreitung

Die Subtypen des Tonmergel-Pelosols finden wir in den gleichen Verbreitungsgebieten wie den Ton-Pelosol, indessen sind aber die Flächen des Tonmergel-Pelosols viel größer.

e Braunerden (Tafel 10, 14)

Die braune Farbe, welche die meisten Böden Mitteleuropas aufweisen, gab Veranlassung für die Namengebung »Braunerde«. Diese Bodenklasse hat in Mitteleuropa die größte Verbreitung. Sie umfaßt drei für Mitteleuropa sehr wichtige Bodentypen, nämlich die Typische Braunerde, die Parabraunerde und die Fahlerde. Gemeinsam haben diese Typen die homogene Braunfärbung durch Brauneisen, die Dominanz von Illit in der Tonsubstanz, einen geringmächtigen, mehr oder weniger humosen Oberboden und ein A_h-B_v-C- bzw. A_h-A_l-B_t-B_v-C-Profil. Früher bezeichnete man die Böden der Braunerdeklasse als Braune Waldböden. Die Abgrenzung dieser drei Typen der Braunerdeklasse voneinander und zu anderen Bodentypen ist schwierig und kann nur konventionell erfolgen, wie das durch die Bildung von Übergängen zwischen den Typen aufgezeigt ist, z. B. Parabraunerde-Braunerde und Pelosol-Braunerde. Entscheidend für die Entstehung der Bodentypen der Braunerdeklasse ist das gemäßigt warme, humide Klima, in welchem der Laubmischwald die natürliche Vegetation darstellt. In den Ländern dieses Klimaraumes sind weitgehend die Bodentypen der Braunerdeklasse als eigenständige pedogenetische Einheiten erkannt; sie werden zwar nicht einheitlich benannt, jedoch lassen sich die verschiedenen Bezeichnungen korrelieren.

Viele Böden der Klasse der Braunerde und Parabraunerde (aber auch andere) haben im Pleistozän und auch in der Jüngeren Tundrenzeit eine solifluktive Umlagerung des oberen Profilbereiches erfahren. Nach dieser Umlagerung reichte aber die Zeit für eine weitere beachtliche Bodenbildung aus. Dennoch sind die Profile solcher Böden nicht streng autochthon. Um dem Ausdruck zu geben, kann man in solchen Fällen dem Typennamen das Wort »Phäno« voranstellen, also die Bezeichnungen Phäno-Braunerde und Phäno-Parabraunerde verwenden. Bei allen Subtypen kann sich die solifluktive Umlagerung ereignet haben, so daß nach den bodensystematischen Regeln der Zusatz »Phäno« erst in der Subvarietät Berücksichtigung finden kann.

I (TYPISCHE) BRAUNERDE

Name

Die (Typische) Braunerde ist nach ihrem braunen Farbton, der in Nuancen von hellocker bis sepiabraun, teils auch bis rotbraun vorkommt, genannt. Der Zusatz »Typische« besagt, daß das ursprünglich als Braunerde beschriebene, als typisch herausgestellte Bodenprofil mit den Horizonten A_h-B_v-C vorliegt. Da mit diesem Braunerdetyp keine Verwechslung möglich ist, kann auch der Zusatz »Typische« bei der Benennung weggelassen werden. Sollte aber doch die Möglichkeit einer Verwechslung bestehen, so sollte »Typische« hinzugesetzt werden. Dem Namen Braunerde entsprechen in der französischen Fachliteratur sol brun, in der englischen Brown Forest Soil und Brown Earth.

Entstehung

Die Braunerde entsteht im gemäßigt warmen, humiden Klima. Ein durchschnittlicher Jahresniederschlag von etwa 500–800 mm, nicht zu hohe Luftfeuchtigkeit, eine ziemlich hohe Verdunstung und eine durchschnittliche Jahrestemperatur von etwa 7–10° C sind die ungefähren durchschnittlichen Klimabedingungen. Der Laubmischwald ist die natürliche Vegetation der Braunerde. Die intensive Durchwurzelung durch die Waldvegetation schafft ein System großer und kleiner Poren und hält den Boden durchlässig und locker. Zudem bewirkt diese Vegetation einen Nährstoffkreislauf, indem die Wurzeln aus ihrem weiten Verbreitungsbereich Nährstoffe aufnehmen und diese größtenteils im Bestandesabfall dem Oberboden wiedergeben. Dieser Nährstoffkreislauf wirkt der Auswaschungstendenz des humiden Klimas entgegen, kann diese aber nicht kompensieren.

Die Braunerde kann sich aus drei Bodentypen durch fortschreitende Verwitterung entwickeln, aus der Pararendzina (Tafel 10, 11), aus dem Ranker (Tafel 9) und aus dem Regosol. Aus der kalkreichen Pararendzina entsteht die Basenreiche Braunerde (Tafel 10), die aber im Zuge der Entbasung relativ schnell in die Parabraunerde (Tafel 11, 13) übergeht. Hingegen läuft die Bodenentwicklung vom basenarmen Ranker und Regosol zur Sauren Braunerde (Tafel 14). In allen drei Fällen entsteht aus einem A_h-C-Profil ein A_h-B_v-C-Profil. Die Braunerden können aus festen und lockeren Gesteinen entstehen. Es muß aber das Ausgangsgestein bei der Verwitterung wenigstens etwas Kolloidsubstanz und Basen freigeben, denn sonst geht die Bodenentwicklung zum Podsol (Tafel 15) hin.

Bei der Braunerdebildung entsteht Brauneisen, d. h. ein Gemisch von Eisenoxidhydraten, u. a. auch Goethit, die diesem Bodentyp die gleichmäßig braune Farbtönung verleihen. Je nach Ausgangsgestein variieren die braunen Farbnuancen von hellocker bis rotbraun. Entsteht die Braunerde aus Gesteinen mit ausschließlich primären Silikaten (z. B. Basalt, Granit), so bestimmen allein Eisenoxidhydrate die Farbe, die allerdings je nach Eisenmenge heller oder dunkler sein kann. Entsteht die Braunerde aus Sedimentgesteinen mit stabilen, rötlichen Eisenverbindungen (z. B. Buntsandstein), so wird nur wenig Eisenoxidhydrat gebildet, und die im Gestein schon vorhandenen rötlichen Eisenformen (Hämatit) bestimmen die rotbraune Farbe dieser Braunerde.

Die Tonsubstanz der Braunerde zeichnet sich durch das Tonmineral Illit aus, hingegen treten Vermiculit, Chlorit, Smectit und Kaolinit nur untergeordnet auf. Ferner enthält die Tonfraktion der Braunerde geringe Mengen von Allophan, feinste Quarz- und Silikatkörnchen, Eisen- und Aluminiumverbindungen sowie organische Substanz. Die Kolloidsubstanz der Braunerde befindet sich überwiegend im geflockten Zustand, und zwar bei der Basenreichen Braunerde bedingt durch die reichlich vorhandenen Ca-Ionen und bei der Sauren Braunerde durch Al- und Fe-Ionen. Im Mikrogefüge der Braunerde zeigen sich zwar auch in Teilbereichen Fließbewegungen der Feinsubstanz, indessen ist es aber nicht zu einer nennenswerten Tonwanderung gekommen, wodurch sie sich von der Parabraunerde deutlich unterscheidet. Der B_v-Horizont besitzt ein typisches Subpolyedergefüge, welches durch das geflockte Mikrogefüge, durch einen geringen Anteil an stark quellfähigen Tonmineralen und fehlende Tonwanderung hauptsächlich bedingt ist. Hierdurch entstehen Makroaggregate mit rauher Oberfläche und vielen Poren.

Aufbau

Das Hauptmerkmal der Braunerde ist die Differenzierung des Profiles in A_h-, B_v-, C-Horizont. Der B_v-Horizont kann eine Mächtigkeit von etwa 20–150 cm aufweisen. Das Solum der vollentwickelten Braunerde wird mit $>$ 60 cm angenommen. Bei der Basenreichen Braunerde kann zwischen B_v- und C- ein CaC-Horizont eingeschoben sein. Ein weiteres wichtiges Merkmal ist der relativ geringmächtige A_h-Horizont, der selten 20 cm übersteigt und meistens Mull, bei der Sauren Braunerde unter Wald aber auch oft Moder sein kann. Das subpolyedrische Makrogefüge des B_v-Horizontes mit porösen Aggregaten ist charakteristisch für die Braunerde. Die Ausprägung der Subpolyeder hängt von der Textur und vom Gehalt an Ca- bzw. Fe- und Al-Ionen ab.

Eigenschaften

Überwiegend ist die Textur der Braunerde sandig-lehmig und lehmig-sandig. Diesen Texturen entsprechend ist die Feldkapazität in der Regel günstig, wenn nicht das Gestein zu hoch ansteht. Das lockere, poröse, subpolyedrische Gefüge gestattet das ungehinderte Eindringen von Niederschlagswasser und Luft, ferner auch der Pflanzenwurzeln. Die Porengrößenverteilung ist günstig, d. h. ein hinreichender Anteil großer Poren garantiert eine günstige Luftkapazität. Diese für das Pflanzenwachstum günstigen Eigenschaften werden durch schwere Texturen (Lehm, toniger Lehm) und leichte Texturen (anlehmiger Sand) negativ beeinflußt. Die schweren Bodenarten behindern in der Regel das schnelle Eindringen von Wasser und die Wurzelausbreitung, die sandigen besitzen eine zu geringe Feldkapazität.

Die chemischen Eigenschaften variieren bei der Braunerde sehr stark. Zunächst schwankt die Reaktion von schwach bis stark sauer. Die Basenreiche Braunerde kann im A_h- und B_v-Horizont ein pH von nahe an 7 aufweisen, während die Saure Braunerde ein pH von unter 4 haben kann. Dementsprechend schwankt der V-Wert in großer Breite zwischen 95 und etwa 20. Der Gehalt an Pflanzennährstoffen hängt von der Art des Ausgangsgesteins und vom Grad der Verwitterung bzw. der Bodenbildung ab. Durch den Bestandesabfall der Waldvegetation findet eine gewisse Anreicherung von Pflanzennährstoffen im A_h-Horizont statt. Der Humusgehalt ist abhängig von der Zersetzungsenergie, diese wiederum von der Reaktion, aber auch von der Laubart (unter Wald) und vom Kleinklima (Exposition, Wärme). Die verschiedenen Eigenschaften bedingen eine große Breite der C/N-Verhältniszahlen, die etwa zwischen 12 und 22 liegen können.

Von den verschiedenen physikalischen und chemischen Eigenschaften der Braunerden stehen die biologischen in direkter Abhängigkeit, d. h. die biologische Aktivität zeigt eine große Varianz, ist aber doch überwiegend gut oder mittel. Bei der Sauren und Podsoligen Braunerde ist sie geringer, so daß nicht selten Moder auftritt. Die Eigenschaften der Braunerde werden besonders durch Regenwürmer günstig beeinflußt, und zwar sowohl durch die Schaffung von Großporen und die Mischung des organischen mit dem anorganischen Bodenmaterial als auch durch den Ab- und Umbau der organischen Bodensubstanz. In der Basischen Braunerde sind diese Effekte besonders stark.

Subtypen

Da die Braunerde einer der verbreitetsten Bodentypen in Mitteleuropa ist, gibt es naturgemäß viele Subtypen, die überwiegend Übergänge zu anderen Bodentypen darstellen.

Durch fortschreitende Bodenbildung entwikkelt sich aus dem Braunerde-Ranker die *Ran-*

ker-Braunerde, aus dem Braunerde-Regosol die *Regosol-Braunerde*. Diese beiden Subtypen der Braunerde besitzen einen geringmächtigen B_v-Horizont von etwa 10 – 15 cm; das Solum ist etwa 30 cm mächtig. – Die gleiche Entwicklung vollzieht sich bei der Braunerde-Pararendzina, aus der ebenfalls durch die Bildung eines dünnen B_v-Horizontes die *Pararendzina-Braunerde* hervorgeht. Dieser Subtyp der Braunerde mit A_h-B_v-C-Profil zeichnet sich durch eine hohe Kalkreserve aus.

Aus der Rendzina bildet sich über die Verbraunte Rendzina die *Rendzina-Braunerde*, deren obere Horizonte (A_h und B_v) typisch für die Braunerde sind, der Untergrund indessen der Rendzina eigen ist. Dieser Subtyp entsteht durch die Fortentwicklung der Rendzina, d. h. durch Kalkabfuhr und Ansammlung des Lösungsrückstandes, oft auch durch Beimischung von Löß oder Bodenauftrag (Solifluktion) von höherer Hanglage aus. Da sich der Kalkuntergrund stark auf den Boden als Ganzes auswirkt, sollte man für die Mächtigkeit des B_v-Horizontes 10 – 30 cm und für das Solum bis zu 60 cm ansetzen, damit die Stellung beim Braunerdetyp gerechtfertigt ist. – Aus Kalkstein und Dolomit können Böden entstehen, die in Aufbau und Eigenschaften Übergänge zwischen Terra fusca und Braunerde darstellen. Diejenigen, die der Braunerde näherkommen, gehören zum Subtyp *Terra fusca-Braunerde*. Farbe, Gefüge und Tonsubstanz haben sie weitgehend mit der Braunerde gemeinsam, meistens ist aber die Textur lehmig-tonig. Es kann auch durch Lößbeimengung die Entwicklung zur Braunerde hin begünstigt sein. – Aus nicht extrem schweren Substraten kann ein pelosolartiger Boden mit B_v-Horizont entstehen, die *Pelosol-Braunerde*.

Aus basenreichen Magmatiten und anderen basen- und nährstoffreichen Gesteinen entsteht die *Eutrophe Braunerde*, die sich durch Nährstoffreichtum, einen dunkelbraunen, mächtigen, unscharf in den B_v-Horizont übergehenden A_h-Horizont, günstiges Gefüge und starke biologische Aktivität auszeichnet. – Die *Kalkbraunerde* ist im ganzen Profil kalkhaltig. Der Kalkgehalt widerspricht der Entstehung der Braunerde, denn Voraussetzung für die Bildung eines B_v-Horizontes ist die Entkalkung. Infolgedessen muß der Kalk der Kalkbraunerde sekundärer Herkunft sein; er kann durch aufsteigendes oder hangwärts ziehendes, kalkhaltiges Wasser, auch durch Umlagerung und Einmischung von kalkhaltigem Material (z. B. Löß) in das Profil gelangen. Sie kommt nur kleinflächig vor.

Die *Basenreiche Braunerde* (Tafel 10) entsteht durch die Fortentwicklung der Pararendzina-Braunerde, indem der B_v-Horizont mächtiger ($>$ 15 cm) wird. Diese unterscheidet sich von der Kalkbraunerde dadurch, daß das Solum keinen Kalk enthält, jedoch liegt der V-Wert über 75. – Bei der *Mittelbasischen Braunerde* liegt der V-Wert etwa zwischen 35 und 75. Sie kann aus der Basenreichen Braunerde durch Verlust an Ca-Ionen, aber auch direkt über den Ranker und den Regosol aus kalkarmen oder an Ca-Silikaten reichen Gesteinen entstehen. – Die Basenarme oder *Saure Braunerde* (V-Wert $<$ 35) stellt die Fortentwicklung der Ranker-Braunerde und der Regosol-Braunerde dar, indem der B_v-Horizont mächtiger geworden ist. Sie hat eine große Verbreitung auf kalkfreien Schiefern, Grauwacken und Sandsteinen. Die aus quarzreichen, sehr Ca-armen Sandsteinen und Kieselschiefer entstehenden Böden werden auch Oligotrophe Braunerde genannt; sie sind das sauerste, ärmste Glied der Sauren Braunerde. – Die *Versauerte Braunerde* hat zwar im oberen Solumbereich durch Entbasung ein tiefes pH erhalten, dieses steigt jedoch im Unterboden an, weil aus dem Muttergestein (z. B. Granit, Gneis) durch Verwitterung Ca-Ionen nachgeschafft werden. – Aus silikatreichen Sanden (z. B. Würm-Sanden) entstehen Böden mit rostfarbenem B_v-Horizont, die *Rostbraunerde*, auch Rosterde genannt. Diese Böden tendieren zum Podsol, wenn z. B. ihre Vegetation (Heide) Rohhumus liefert. Die *Ferritische Braunerde* entsteht aus eisenreichen Substraten (Dogger-Sandstein), bei deren Verwitterung Fe-Ionen frei werden und ein sehr stabiles Gefüge im ganzen Solum erzeugen.

Während der Braunerde-Tschernosem mit einem B_v-Horizont unter dem A_h-Horizont sicher vorkommt, ist die weitere Entwicklung zur *Tschernosem-Braunerde* nur unter bestimmten Voraussetzungen zu erwarten, nämlich nur dann, wenn die Bodenbildung ohne Tonverlagerung fortschreitet. Meistens läuft jedoch die Entwicklung in Richtung der Parabraunerde. – Im humiden Klima verliert die Basenreiche Braunerde neben anderen Ionen laufend Ca-Ionen, wodurch die Stabilität der Mikroaggregate zurückgeht und die Verlagerung von Tonsubstanz vom oberen in einen tieferen Profilbereich bei etwa pH 6,5 (in $CaCl_2$) einsetzt. Wenn dieser Prozeß deutlich im Gange und in der Differenz der Tonsubstanz zwischen A- und B-Horizont eindeutig nachweisbar ist, liegt der Subtyp *Parabraunerde-Braunerde* vor.

Bei der Sauren Braunerde mit sandiger Textur schlägt die Bodenentwicklung leicht um zum Podsol, wenn stärker humides Klima und rohhumusliefernde Vegetation diese Entwicklung begünstigen; es wird so die *Podsol-Braunerde* (Tafel 14) gebildet. Bei der Oligotrophen Braunerde, die infolge der Basen- und Tonarmut wenig Widerstand gegen die Podsolierung aufbieten kann, geht dieser Entwicklungsweg sehr schnell. Wenn der beginnende Podsolierungsprozeß nur in gebleichten Sandkörnern (Entfernung der Brauneisenhüllen) im A_h-Horizont oder verstärkt in einem schmalen Saum (bis 3 cm) eines A_e-Horizontes sichtbar ist, sollte die Bezeichnung *Podsolige Braunerde* benutzt werden, die ein Vorstadium der Podsol-Braunerde darstellt. – Wenn in der Braunerde nach Erreichen der Feldkapazität das Sickerwasser nicht ungehindert in den Untergrund absickern kann, so sammelt sich im Unterboden vorübergehend Staunässe (Stauwasser und/oder Haftnässe). Bleibt der obere Teil des Unterbodens frei von Staunässe, so bildet sich ein A_h-B_v-SB_v-C-Profil, das dem Subtyp *Pseudogley-Braunerde* entspricht. Der SB_v-Horizont ist an einer grauen und rostbraunen Fleckung kenntlich. Diese Böden bedürfen im allgemeinen auch für die Ackerkultur nicht der Dränung. Nicht selten ist neben diesen zwei Bodenbildungstendenzen Braunerde und Pseudogley noch eine dritte im Spiel, nämlich eine schwache Tonverlagerung. In diesem Falle wird den wichtigsten pedogenetischen Prozessen in der Benennung der Vorrang gegeben und die schwächere Entwicklungstendenz angefügt. Dieser Subtyp wurde benannt: Pseudogley-Braunerde mit schwacher Tonverlagerung. – Ein Boden, der im oberen Profilbereich eine Braunerdebildung zeigt, nämlich A_h- und B_v-Horizont, im unteren dagegen das Fleckenbild des G_o-Horizontes eines Gleyes, stellt die *Gley-Braunerde* vor. Solche Böden treten in Tälern mit wenig schwankendem, mäßig tiefem Grundwasserspiegel (etwa 1,0 m unter Flur) auf.

In der Eiszeit wurde im periglazialen Raum Mitteleuropas u. a. auch der Tundragley gebildet, dessen Profil teils bis heute erhalten blieb; er ist also bei uns fossil, ein Paläoboden. Bei einem Teil dieser Böden haben sich später nach Absenkung des Grundwassers Braunerdehorizonte über den Gleyhorizonten entwickelt. Dies kann erfolgt sein, weil von vornherein der Grundwasserspiegel die oberen Horizonte nicht erreichte, weil infolge guter Acker- oder Gartenkultur und starker biologischer Aktivität eine Umbildung des oberen Gleyhorizontes stattfand oder der Tundragley später mit sandig-lehmigem Material fluviatil oder äolisch überlagert wurde. In jedem Falle entstand ein Profil, das oben der Braunerde und tiefer dem Gley (Tundragley) entspricht. Es ist die *Tundragley-Braunerde*, die keine große Verbreitung in Mitteleuropa hat. Oft ist der Gleyhorizont nicht mehr aktuell, d. h. das Grundwasser steht schon sehr lange in größerer Tiefe.

Verbreitung

Die Braunerde wird überwiegend von dem Subtyp der Sauren Braunerde und deren Übergangsbildungen vertreten, die großflächig aus kalkfreien Gesteinen des Devons, Karbons, Perms und der Trias, ferner aus silikatreichen glazigenen und fluviatilen Sanden entstand.

II PARABRAUNERDE

Die Parabraunerde ist in der früheren Auffassung und Kennzeichnung identisch mit dem »Gebleichten Braunen Waldboden« oder »Braunerde mittlerer und geringer Basensättigung« und erscheint auf älteren Übersichtskarten als solche oder in dem Komplex »Braune Waldböden«.

Name

Weil früher die »Braunen Waldböden« auch die heutige Parabraunerde einschlossen, war es ratsam, für die braunen Böden Mitteleuropas mit Tonverlagerung einen Namen zu wählen, der die Verwandtschaft mit der Braunerde und die Zusammengehörigkeit dieser Böden in einer Klasse aufzeigt. »Parabraunerde« heißt soviel wie »Nebenbraunerde« und drückt aus, daß Braunerde und Parabraunerde vieles gemeinsam haben, die Parabraunerde sich aber durch einen spezifischen dynamischen Prozeß, nämlich durch die Tonwanderung, von der Braunerde unterscheidet. Die französischen Bodenkundler bezeichnen die Tonwanderung als Lessivage (= Auswaschung), wovon Lessivierung abgeleitet ist. Das soll die Verlagerung von Tonsubstanz vom oberen in einen tieferen Profilbereich bedeuten. Dieser Vorgang wird auch als Tonwanderung, Tonverlagerung, Tondurchschlämmung und Durchschlämmung bezeichnet. Unter Auswaschung (= Lessivage) verstehen indessen die sowjetischen Bodenkundler nur den Verlust an Alkalien und Erdalkalien, jedoch nicht an Tonsubstanz. Aus diesem Grunde scheint es zweckmäßiger, die deutschen Begriffe Tonwanderung, Tonverlagerung oder Durchschlämmung zu verwenden. Die Parabraunerde trägt in der ausländischen Literatur verschiedene Namen: sol brun lessivé, sol lessivé (bei starker Tonverlagerung), Rutila-Braunerde, Gray Brown Podzolic Soil, Derno-Podsol.

Entstehung

Die Parabraunerde entsteht im gleichen Klima- und Vegetationsraum wie die Braunerde. Die Wanderung von Tonsubstanz (einschließlich Eisen und etwas organischer Substanz) aus dem oberen in einen tieferen Profilbereich unterscheidet sie von der Braunerde. Dadurch entstehen die tonverarmten Horizonte A_h und A_l und der tonangereicherte Horizont B_t, so daß eine Horizontfolge $A_h - A_l - B_t - B_v - C$ vorliegt. Der B_v-Horizont fehlt in etwas trockenem Klima, weil dort das Wasser für eine Verwitterung im tieferen Unterboden nicht ausreicht. Die wichtigste Ursache der Tonwanderung ist offenbar die leichte Dispergierbarkeit und Wanderungsfähigkeit (Durchschlämmbarkeit) der Tonsubstanz in einem pH-Bereich von etwa 6,5–4,5 ($CaCl_2$). Bei diesem pH reichen die flockenden, zweiwertigen Ca-Ionen für die Stabilisierung (Flockung) der Tonsubstanz nicht aus, und im stark sauren Bereich unter 4,5 pH übernehmen Al- und Fe-Ionen die Stabilisierung. Darauf ist es zurückzuführen, daß zwar die Basenreiche Braunerde keine oder keine nennenswerte Tonverlagerung aufweist, aber bei fortschreitendem Ca-Verlust und Absinken des pH unter 6,5 die Tonwanderung einsetzt; damit beginnt auch die Bildung der Parabraunerde. Gemäß dieser Feststellung kann die Parabraunerde im Anfangsstadium ihrer Entwicklung eine mittlere Basensättigung von etwa 40 – 60 aufweisen. Entsteht jedoch eine Braunerde aus einem Ca-armen Gestein, so ist von vornherein das pH tief, Al- und Fe-Ionen flocken die Tonsubstanz, und es kann nicht zu einer Tonverlagerung kommen. Die Podsolierung unterscheidet sich von der Tonwanderung dadurch, daß hierbei die Tonsubstanz im Gegensatz zur Tonwanderung zerstört wird. Man kann allerdings nicht ausschließen, daß bei tiefem pH neben der sich verlangsamenden Tonwanderung auch eine schwache Tonzerstörung stattfindet. Wenn auch heute für die Tonwanderung der kritische pH-Bereich von 6,5 – 4,5 als wichtigste Ursache angesehen wird, so dürfen andere Prozesse, die mitspielen können, nicht außer acht gelassen werden. Wenn auf den vegetationsfreien und mit feinen Spalten durchsetzten Acker Regen aufschlägt, so kann Feinsubstanz in diese Spalten gespült werden, vor allem natürlich dann, wenn die Tonsubstanz leicht dispergierbar ist. Bei der Verlagerung von organischen Verbindungen, die bei der Zersetzung von Bestandesabfall frei werden, können unter Komplexbildung auch feine Tonpartikel mitgenommen werden. Die Verlagerung von Ton und Humus ist besonders auffallend bei der Degradation des Tschernosems, die bereits bei relativ hohem pH (etwa 6,5) stark in Gang kommt. Es ist auch die Auffassung vertreten worden, daß die Kieselsäure eine Schutzkolloid-Wirkung bei der Tonverlagerung ausüben könne.

In unserem Klima tritt der Prozeß der Tonwanderung relativ schnell ein. Parabraunerden aus kalkhaltigem Substrat sind über römischen Zeitmarken entstanden, so daß ein Zeitraum von rund 2000 Jahren für ihre Entstehung in unserem Klimaraum genügt. Nicht alle Böden mit dem Phänomen der Tonwanderung sind

Parabraunerden. Ferner läuft die Tonwanderung in anderen Bodentypen nach anderen Mechanismen ab.

Aufbau

Durch die vertikale Tonverlagerung entsteht in der Parabraunerde die Horizontfolge A_h-A_l-B_t-B_v-C (Tafel 13), in trockenerem Klima (etwa 500 mm Jahresniederschlag) fehlt der B_v-Horizont, weil die Feuchtigkeit für die Verwitterung im tieferen Unterboden nicht hinreichend ist. Über dem C-Horizont kann noch ein CaC-Horizont liegen, wenn der Boden aus kalkreichem Substrat entsteht. Im ganzen betrachtet, weist die Parabraunerde die gleiche braune Farbtönung auf wie die Braunerde, indessen bestehen im Profil der Parabraunerde Unterschiede im Farbton, d. h. der A_l-Horizont ist infolge des Ton- und Eisenverlustes heller und der B_t-Horizont infolge der Tonanreicherung (mit Eisen) dunkler gefärbt.

Durch die Tonverlagerung hat sich eine Differenzierung in der Textur und im Gefüge vollzogen, was in den sandig-lehmigen Substraten besonders deutlich wird. Die Horizonte A_h und A_l sind tonärmer als der Horizont B_t. Die Folge davon ist, daß das Gefüge in den tonverarmten Horizonten subpolyedrisch, im B_t-Horizont hingegen polyedrisch ist. Die Polyeder sind mit dem eingewanderten Ton umkleidet (Tonhäutchen) und deshalb sehr stabil. Bei der Austrocknung des B_t-Horizontes bildet sich durch Schrumpfung ein Rißsystem, und zwar teilt sich die Bodenmasse an den Tonhäutchen. Der B_v-Horizont (soweit vorhanden) besitzt ein Subpolyedergefüge wie der B_v-Horizont der Basenreichen Braunerde. Besonders auffällig ist, daß die Oberfläche des A_h-Horizontes bei Regenaufschlag verschlämmt und bei anschließender Austrocknung verkrustet, was für die Ackerkultur sehr nachteilig ist.

Aus kalkhaltigen und calciumsilikatreichen Sanden entstehen Parabraunerden mit einem gebänderten B_t-Horizont, d. h. der B_t ist in horizontalen Bändern in Abständen von etwa 5 bis 30 cm entwickelt, und zwischen den Bändern liegt unverwittertes Material (C-Horizont). In Ungarn wird diese Parabraunerde mit gebändertem B_t-Horizont (aus Sand) mit dem volkstümlichen Namen Kovárvány bezeichnet. Nicht alle bräunlichen Bänder im Sand sind auf die Parabraunerde-Dynamik zurückzuführen. Die Bänder können nämlich auch durch primäre fluviatile Schichtung oder durch Saigerung im periglazialen Auftauboden entstanden sein. Sie können auch durch laterale Wasserbewegung in besonders leitfähigen Schichten im Sand, wobei vom Wasser mitgeführte Feinsubstanz abgesetzt wird, entstehen. Nicht selten gehören die im Sanduntergrund vorgefundenen Bänder einer früheren Bodenbildung an, und der an der Oberfläche befindliche Boden ist jünger, hat also mit den Bändern im Untergrund keine pedogenetische Beziehung.

Eigenschaften

Soweit die Parabraunerde eine sandig-lehmige Textur besitzt, ist ihre Feldkapazität gut (Abb. 167 und 169). Im Gegensatz zur Braunerde gleicher Textur sind jedoch infolge des dichteren Gefüges im B_t-Horizont die Wasser- und Luftdurchlässigkeit mehr oder weniger je nach Tonanreicherung gemindert. Wenn es zu einem Wasserstau im B_t-Horizont (Pseudogley-Parabraunerde, Tafel 13) kommt, so kann sich dieser auf das Pflanzenwachstum ungünstig infolge Luftarmut auswirken; auch wird dadurch die Durchwurzelbarkeit herabgesetzt. Besonders auffällig ist die Neigung zum Verschlämmen und Verkrusten der Oberfläche. Die Parabraunerde aus Sand hat naturgemäß eine geringe Feldkapazität, indessen wird diese durch die B_t-Bänder gegenüber der Braunerde aus Sand verbessert.

Die chemischen Eigenschaften der Parabraunerde sind im wesentlichen substratgebunden wie bei der Braunerde. Wohl besitzt die Parabraunerde andere kolloidchemische Eigenschaften insofern, als mit der Tonwanderung eine andere Verteilung der kolloidchemisch aktiven Tonsubstanz im Profil entstanden ist, d. h. die Sorptionskraft und die Austauschkapazität liegen im A_h- (falls humusarm) und A_l-Horizont wesentlich niedriger als im B_t-Horizont, und zwar um so niedriger, je größer die Tonverlagerung ist. Die Basensättigung nimmt mit der Profiltiefe zu, sie liegt etwa zwischen 40 und 60 (V-Wert). Unter Waldvegetation sind Basen und Nährstoffe im A_h-Horizont etwas angereichert.

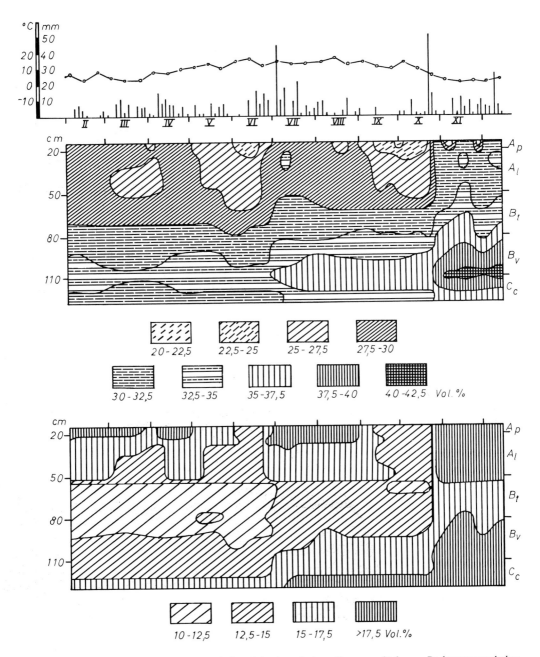

Abb. 167. Jahresgang des Bodenwassergehaltes (oben) und des pflanzenverfügbaren Bodenwassergehaltes (unten) 1966 in einer Parabraunerde aus Löß unter einer Apfelplantage in Klein-Altendorf bei Bonn (nach I. BUCHMANN 1969). Oberhalb des oberen Profils sind die Monate (römische Ziffern), die Niederschlagsmenge (schmale Säulen) und die Temperaturkurve aufgezeichnet.

Die biologischen Eigenschaften hängen stark von der Textur sowie von den physikalischen und chemischen Eigenschaften ab. Liegt der pH-Wert noch über 5, so ist die Zersetzung der organischen Substanz noch gut, und die Regenwürmer durchgraben den Boden, auch den B_t-Horizont, falls dieser noch nicht dicht geworden ist. Damit wird der Verdichtung entgegengewirkt. In der Ca-verarmten Parabraunerde unter Waldvegetation kann allerdings die Arbeit der Mikroben und Bodentiere gestört sein; es kommt dann zur Moderbildung. Ein warmes Mikroklima kann die Basenarmut bis zu einem gewissen Grade kompensieren, so daß ein saurer Mull entsteht.

Subtypen

Bei der weiten Verbreitung der Parabraunerde in Mitteleuropa und ihrer vielfältigen Verzahnung mit anderen Bodentypen sind viele Subtypen zu erwarten, und zwar viele Übergänge zu anderen Typen. Die Parabraunerde-Braunerde, die noch wenig Tonwanderung zeigt, entwickelt sich durch fortgesetzte Tonwanderung weiter zur *Braunerde-Parabraunerde*, die noch einen relativ geringmächtigen, wenig verdichteten B_t-Horizont und eine höhere Basensättigung als die Typische Parabraunerde besitzt. – Die *Tschernosem-Parabraunerde* entwickelt sich durch Degradation aus dem Tschernosem über den Parabraunerde-Tschernosem (Tafel 12). Die Merkmale des ehemaligen Tschernosems sind im Profil vor allem als braunschwarze Tonhäutchen im B_t-Horizont und an der dunkleren Färbung (im feuchten Zustand) des A_l-Horizontes kenntlich. Meistens ist kein Rest des ehemaligen A_h-Horizontes des Tschernosems vorhanden. Dieser Subtyp befindet sich im Grenzgebiet des mitteldeutschen Tschernosemgebietes, aber auch in ehemaligen, kleinen Tschernosemgebieten (z. B. Soester Börde), in denen die Degradation den Tschernosem aufgezehrt hat.

Die *Basenreichere Parabraunerde* (Tafel 13) ist als die *Typische Parabraunerde* anzusehen, weil sie ein ausgereiftes Profil mit mächtigem B_t-Horizont besitzt, der aber Wasser- und Luftdurchlässigkeit wenig behindert; die Basensättigung liegt bei etwa 50 – 60 (V-Wert). Die Bezeichnung Typische Parabraunerde ist deshalb angebracht, weil dieser Subtyp keine Merkmale anderer Typen aufweist. – Die *Basenarme Parabraunerde* entsteht aus der Basenreicheren Parabraunerde, indem die Basensättigung absinkt, die Tonwanderung und damit auch die Dichte des B_t-Horizontes zunehmen. Damit ist eine Verschlechterung anderer Eigenschaften verbunden. – Die *Rötliche Parabraunerde* (Tafel 11) aus Geröllen, die zu etwa 75 % aus Kalk und Dolomit bestehen (Alpenvorland), entwickelt sich aus der Geröll-Pararendzina über die Basenreiche Braunerde. Der B_t-Horizont dieses Subtyps hat eine auffallend rötlichbraune Farbe, hervorgerufen durch einen Anteil an Ferrihydrit = $[Fe_4(O_3H_2)_3]_2$ und feinstkristallinem Hämatit. Offenbar entsteht dieser Subtyp unter dem Einfluß eines warmen Kleinklimas (Südexposition) oder Bodenklimas (Schotterboden). – Die *Ferritische Parabraunerde* wurde auf einem kalkhaltigen, eisenreichen Oolith des Doggers in Südwestdeutschland festgestellt. Sie tritt durch Eisenreichtum hervor.

Die *Fahlerde-Parabraunerde* stellt den Übergang von der Parabraunerde zur Fahlerde dar und zeichnet sich durch stärkere Entbasung und starke Texturdifferenzierung aus. – Die *Podsol-Parabraunerde* entwickelt sich aus sandreicheren Substraten. Durch den Basen- und Tonverlust der oberen Horizonte (A_h und A_l) kann dieser Boden der Podsolierungstendenz wenig Widerstand bieten. Rohhumus liefernde Pflanzen leiten leicht die Podsolierung ein, die bei der Podsol-Parabraunerde durch einen 1 bis 3 cm mächtigen A_e-Horizont erkennbar ist. – Die *Pseudogley-Parabraunerde* (Tafel 13) besitzt einen S_dB_t-Horizont, d. h. die Durchlässigkeit für Wasser und Luft ist in diesem fleckigen Horizont gehemmt. Die Tonumlagerung ist entsprechend stark und im allgemeinen der V-Wert ziemlich niedrig. – Die *Gley-Parabraunerde* entsteht aus kalkhaltigen, sandig-lehmigen oder lehmig-sandigen Substraten in Tälern mit einem wenig schwankenden Grundwasserspiegel, der so tief liegt, daß eine terrestrische Bodenbildung im oberen Profilbereich stattfinden kann, im tieferen Unterboden aber Gleyabsätze gebildet werden. – Die *Tundragley-Parabraunerde* hat ihre Gleymerkmale im tieferen Unterboden bereits als Boden des Periglazials erhalten. In der später aufgetragenen Deckschicht hat sich die Parabraunerde-Entwicklung abgespielt.

Verbreitung

Die Parabraunerde entsteht aus kalkhaltigen Sedimenten, hauptsächlich aus Löß, Geschiebemergel, Moränen, kalk- und dolomitreichem Geröll sowie Kalksandstein. Diese Sedimente treten in Mitteleuropa in großen Flächen auf.

III FAHLERDE

Die Fahlerde zeichnet sich aus durch starke Tonverlagerung, starke Entbasung und meistens Verdichtung des B_t-Horizontes. Da das pH der Fahlerde tief (< 4) liegt, hat die Parabraunerde-Dynamik ausgesetzt, und die Al- und Fe-Ionen stabilisieren die Tonsubstanz und verhindern die weitere Tonverlagerung. Diese Eigenschaften zeugen von einem langen Entwicklungsweg und einem relativ hohen Alter dieses Bodens. Deshalb finden wir sie nicht auf jungen Sedimenten, sondern vorwiegend auf altwürmzeitlichen und älteren. Da eine exakte makromorphologische Unterscheidung der Parabraunerde und Fahlerde bisher große Schwierigkeiten bereitet, haben die kartierenden Bodenkundler diesen Bodentyp nicht berücksichtigt. Da indessen die Fahlerde eine gänzlich andere Dynamik besitzt als die Parabraunerde, muß ihr bodensystematisch Eigenständigkeit eingeräumt werden.

Name

Bei der Fahlerde zeigt der A_l-Horizont eine fahlgraue, d. h. hellgelblichgraue Farbe, die dem Boden seinen Namen gab. Dieser von der Bodenfarbe hergeleitete Name entspricht den Namen Tschernosem (= Schwarzerde) und Braunerde. Der Name Fahlerde wird in Ostdeutschland und in den osteuropäischen Ländern ebenso für den gleichen Bodentyp verwendet. Der »sol lessivé« der französischen Nomenklatur und »Acrisol« der Legende der neuen Bodenkarte Europas entsprechen der Fahlerde.

Entstehung

In der Fahlerde, die aus der Parabraunerde hervorgeht, haben die langandauernden Prozesse der Entbasung und Tonverlagerung zu einer sehr geringen Basensättigung sowie zu einer starken Verarmung an Tonsubstanz im oberen und einer starken Tonanreicherung im unteren Profilbereich geführt. Die Folge ist meistens eine mehr oder weniger starke Verdichtung des B_t-Horizontes, so daß Übergänge zum Pseudogley häufig sind. Die starke Entbasung führt zu einer Aktivierung von Al- und Fe-Ionen und einer Stabilisierung der Tonsubstanz, so daß deren Verlagerung als unzerstörte Partikel nicht mehr möglich ist. Indessen muß aber damit gerechnet werden, daß bei dem vorliegenden tiefen pH (< 4) eine gewisse Tonzerstörung wie im Podsol stattfindet. Dieser Prozeß und das Aussetzen der Tonverlagerung unterscheiden dynamisch die Fahlerde deutlich von der Parabraunerde. Je günstiger die Voraussetzungen für die Entbasung und Tonverlagerung sind, desto schneller ist das Stadium der Parabraunerde überschritten und das der Fahlerde erreicht. Substrate mit relativ geringer Tonsubstanz (z. B. Sandlöß) und feuchtes, kühles Klima fördern die Podsolierungstendenz. Sichtbar wird dieser Prozeß im Subtyp Podsol-Fahlerde.

Aufbau

Das Profil der Fahlerde gleicht im grundsätzlichen Aufbau dem der Parabraunerde; es liegt ebenso die Horizontfolge A_h-A_l-B_t-B_v-C vor. Im trockeneren Klima kann der B_v-Horizont fehlen. Jedoch sind die Horizonte ausgeprägter, d. h. die oberen zwei Horizonte sind stark an Ton verarmt, der A_h-Horizont ist mehr grau als braun, der A_l-Horizont ist fahlgrau und der B_t-Horizont ist intensiv rötlichbraun, oft rostgelb und rostbraun gefleckt; die Gefügeaggregate sind von dicken, dunkelbraunen Tonhäutchen umhüllt. Während das Gefüge in den oberen Horizonten infolge der Tonarmut nur schwach aggregiert, vielmehr schwach kohärent ist, zeigt der B_t-Horizont stark ausgeprägte Polyeder, die meist groß und fest sind; oft sondert sich das Gefüge primär prismatisch ab und zerlegt sich dann weiter in große Polyeder.

Eigenschaften

Die physikalischen Eigenschaften der Fahlerde mit einer im ganzen sandig-lehmigen Textur sind gekennzeichnet durch die stark differenzierte Textur im oberen und unteren Profilbereich, d. h. Tonverarmung oben und -anreicherung unten. Das lockere Gefüge der oberen Horizonte erlaubt Durchlässigkeit für Wasser und Luft sowie Ausbreitung der Pflanzenwurzeln. Hingegen sind diese Eigenschaften im B_t-Horizont ungünstig; oft veranlaßt seine Dichte Staunässe, so daß der Subtyp Pseudogley-Fahlerde vorliegt. Die Wurzelausbreitung ist dann stark behindert.

Von den chemischen Eigenschaften tritt besonders die Versauerung hervor, auch die Nährstoffarmut ist beträchtlich. Die Reserven des B_t-Horizontes an Wasser und Nährstoffen können infolge seiner Dichte nicht ausgeschöpft werden.

Die nachteiligen physikalischen und chemischen Eigenschaften beeinträchtigen sehr die Bodenbiologie. Die Folge ist oft eine mangelhafte Zersetzung der organischen Substanz und eine gehemmte Stickstoff-Umsetzung. Auch die Bodentiere, besonders die Regenwürmer, können sich nicht entfalten.

Subtypen

Die *Typische Fahlerde* besitzt das ausgeprägte A_h-A_l-B_t-B_v-C-Profil. Der C-Horizont steht tief, u. U. einige Meter tief an, oder er ist völlig von der Bodenbildung ergriffen und somit als solcher nicht mehr vorhanden. Der B_t-Horizont ist zwar auch etwas dicht, staut aber nicht oder kaum das Sickerwasser. — Die *Parabraunerde-Fahlerde* stellt den Übergang zur Parabraunerde dar, was in der Morphologie des Profiles und in den Eigenschaften Ausdruck findet. — Den häufigsten Subtyp stellt die *Pseudogley-Fahlerde* dar, was bei der starken Tonanreicherung im B_t- bzw. S_dB_t-Horizont dieses Bodens zu erwarten steht. Durch Tieflockerung kann dieser Subtyp in seinen physikalischen Eigenschaften verbessert werden. — Die *Gley-Fahlerde* entsteht in Tälern mit einem in etwa 1 m Tiefe unter Flur wenig schwankenden Grundwasserspiegel, so daß im oberen Profilbereich eine Bodenbildung mit starker Tonverlagerung stattfinden kann. Wenn die Tonverarmung der oberen Bodenhorizonte so stark ist, daß nur ein geringer Widerstand gegen die Podsolierung besteht, so bildet sich ein kleiner Bleichhorizont von 1 — 3 cm Dicke, der die *Podsol-Fahlerde* ausweist.

Verbreitung

Die Fahlerde kommt hauptsächlich auf den älteren Lössen, z. B. sehr charakteristisch auf der Hohenloher Ebene, vor. Ferner ist sie auf den kalkhaltigen Sandsteinen des Keupers und der Kreide in Süddeutschland zu finden. Auch auf Sandlöß entwickelt sie sich infolge der relativ schnellen Tonverlagerung in dem tonarmen Substrat.

f Podsole

Die Podsole wurden als Bodentyp schon vor mehr als 100 Jahren erkannt, weil ihr Profil sehr auffällig ist durch den hellen Bleichhorizont. Dieser Horizont wurde richtig als Verarmungshorizont gedeutet, und der darunter befindliche dunkle Horizont, in dem die aus dem oberen Boden stammenden Stoffe größtenteils abgesetzt wurden, als Anreicherungshorizont. Zunächst hat man den Vorgang der vertikalen Verlagerung von Stoffen im Boden generell als Podsolierung bezeichnet. Später wurde erkannt, daß in manchen Böden, z. B. in der Parabraunerde, intakte Tonsubstanz ohne stoffliche Veränderung verlagert wird, hingegen im Podsol infolge des starken Angriffs von Säuren die Tonsubstanz zerstört wird und überwiegend Al- und Fe-Verbindungen zusammen mit organischer Substanz verlagert werden. Es wurde dann eine klare Trennung vollzogen, d. h. die Podsole mit Tonzerstörung bilden in der Systematik eine separate Klasse. In der Literatur wurde aber lange der Begriff Podsol auch für Böden mit nur Tonverlagerung verwendet, ebenso wurde er gebraucht für Übergänge zwischen Podsol und anderen Bodentypen. Das erschwert das Verständnis der umfangreichen Literatur über diese Böden. Wir wollen hier die Podsole als Böden mit Tonzerstörung und vertikaler Verlagerung der zerstörten Tonsubstanz im Bodenprofil verstehen. Durch diesen Prozeß entsteht ein klar gegliedertes Profil mit Bleichhorizont, der ursprünglich diesem Bodentyp auch den Namen »Bleicherde« gab.

I PODSOL (Tafel 15)

Der Podsol ist gekennzeichnet durch das differenzierte Profil O-A_h-A_e-B_{hs}-B_s-C. Der A_e-

Horizont ist auffallend gebleicht und der B_{hs}-Horizont grauschwarz gefärbt. Der Boden ist versauert, verarmt und schnell trocken.

Name

Der Name Podsol wurde in Rußland eingeführt und in die internationale Fachsprache übernommen; er bedeutet — frei übersetzt — Ascheboden, genannt nach der hellgrauen Farbe des Bleichhorizontes, welcher die Farbe der Holzasche zeigt. Von dem Bodentypennamen Podsol ist der bodendynamische Begriff »Podsolierung« abgeleitet, der die Prozesse umschließt, die im Podsol stattfinden, vor allem sind damit die Tonzerstörung und der Verlagerungsvorgang gemeint. Davon ist das Verb »podsolieren« abgeleitet, das den Vorgang als solchen kennzeichnet. Mit »podsolig« bezeichnet man einen schwachen Grad der Podsolierung, z. B. Podsolige Braunerde.

Entstehung

Der Podsol ist ein typischer Boden des kühlen und feuchten Klimas, so daß seine vorherrschenden Verbreitungsgebiete der Norden Europas und Amerikas sind. In diesem Klima versickert viel Wasser, so daß die Auswaschung des Bodens stark ist. Niedrige Temperatur hemmt den Abbau der organischen Masse, führt bei Basenarmut zu Rohhumus, dessen Säuren die Bodensubstanz stark angreifen. Basen- und tonarmes Ausgangsmaterial bzw. Textur ist eine weitere Voraussetzung, so daß der Podsol besonders leicht aus Sand und Sandstein entsteht. Rohhumus liefernde Pflanzen, wie Heide, Heidelbeere und Koniferen, begünstigen ebenfalls seine Entstehung. Wenn diese Voraussetzungen »Gestein und Vegetation« günstig sind, so kann der Podsol auch in anderem als oben gekennzeichneten Klima entstehen, sogar kleinflächig aus Sand in den Tropen. Im kühlen und feuchten Klima des Hochgebirges (Alpen) kommt er auch vor; besonders leicht entsteht er hier aus Sandstein. Der Grad der Podsolierung hat eine breite Spanne; deshalb werden schwache (A_e bis 10 cm), mittlere (A_e 10 bis 20 cm) und starke ($A_e > 20$ cm) Podsole als Varietäten unterschieden. Im Norden Europas, vor allem im nördlichen, europäischen Teil der Sowjetunion gibt es gebleichte Böden aus sandig-lehmigen Substraten, die dort auch als Podsol gelten. Diese Böden sind staunaß und stellen in unserer Systematik Übergänge zwischen Podsol und Pseudogley dar.

Der Podsolierungsvorgang selbst ist ein komplexer chemischer Prozeß. Analytisch ist nachweisbar, daß das Verhältnis von Al- und Fe-Verbindungen zu Kieselsäure in der Tonfraktion der verarmten Horizonte A_h und A_e ein anderes als in den B-Horizonten ist, d. h. die Tonfraktion der oberen Horizonte ist ärmer an Al- und Fe-Verbindungen und relativ reicher an Kieselsäure als in den tieferen. Daraus geht hervor, daß Tonsubstanz in den oberen Horizonten zerstört wurde und Al- und Fe-Verbindungen gemeinsam mit Humus durch das Sickerwasser in die B-Horizonte getragen wurden. Dabei ist aber auch etwas Kieselsäure mitgewandert. Die Ausfällung dieser Stoffe kann durch ein höheres pH, durch Konzentration der Lösung oder auch durch mikrobiellen Abbau der organischen Komponente erfolgen. Neuere Modellversuche haben gezeigt, daß bei dieser Stoffverlagerung organische Stoffe mitwirken, die wanderungsfähige Komplexverbindungen mit Al und Fe bilden.

Aufbau

Das vollständige Podsol-Profil besitzt folgende Horizonte: L-O-A_h-A_e-B_{sh}-B_s-C. Unter Wald- oder Strauchvegetation ist oft ein dünner L-Horizont vorhanden, der aus fast unzersetztem Bestandesabfall besteht. Der O-Horizont ist Rohhumus oder Moder von meistens 3 bis 10 cm Dicke. Der A_h-Horizont ist schwarzgrau, besteht aus saurem Humus und Bleichsand; sein Gefüge ist schwach kohärent und zerlegt sich schwach bröckelig. Davon hebt sich der humusarme, helle A_e-Horizont mit Einzelkorngefüge ab. Der B-Horizont ist meistens geteilt in einen oberen grauschwarzen oder kaffebraunen B_{sh}-Horizont und einen unteren rostgelben oder rostbraunen B_s-Horizont. Während letzterer durch Eisengelhüllen nur schwach verklebt ist, kann der B_{sh} mehr oder weniger stark durch Hüllen von Al- und Fe-Oxiden sowie Humus verkittet sein. Man nennt diesen Horizont mit schwach verkittendem Hüllengefüge *Orterde* und mit starker Verkittung *Ortstein*. Der B_s-Horizont geht allmählich in den C über. Der

B_{sh}-Horizont ist im Sand meistens deutlich abgegrenzt, manchmal folgen dem Haupthorizont nach der Tiefe zu noch einige horizontale, schmale B_{sh}-Bänder von nur 1 bis 3 cm Dicke. Bisweilen treten im B-, teils auch im A_h- und A_e-Horizont helle, rundliche Flecken auf, die als Pantherung bezeichnet und deren Entstehung verschieden gedeutet wird. Es wird angenommen, daß sie durch Pilze erzeugt werden, oder Wurzelgänge darstellen, oder infolge von lokalem Benetzungswiderstand von den Bodenlösungen umgangen werden. Am wahrscheinlichsten ist die Entstehung durch Pilze, welche in einem kugelförmigen Bereich organische Substanz abbauen, wodurch der Boden heller wird.

Eigenschaften

Der Podsol aus Sand besitzt eine geringe Feldkapazität, es sei denn, daß ein dichter Ortstein das Sickerwasser staut. Der Podsol ist ein trockener Standort. Nach Austrocknung wird die Befeuchtung durch Benetzungswiderstand verzögert, wodurch selbst Wasser versickert, bevor die volle Feldkapazität aufgefüllt ist. Ist die Bodenart bindiger, was teils im Unterboden der Fall sein kann, so ist der Wasserhaushalt günstiger. Luftmangel tritt im Podsol nicht auf.

Die chemischen Eigenschaften sind gekennzeichnet durch starke Entbasung, Versauerung und Nährstoffarmut; meistens fehlen auch einige Spurenelemente, wie Mangan, Kobalt, Kupfer und Zink. Wird der Podsol unter Akkerkultur genommen, so hört die Podsolierung auf und der Ortstein zerfällt langsam, vor allem unter dem Einfluß der Stickstoffdüngung. Durch steigendes pH wird aber auch die Löslichkeit der meisten Spurenelemente (außer Molybdän) herabgesetzt, und der Abbau der organischen Substanz wird gesteigert, was für die Wasserkapazität, die Austauschkapazität und die Pufferung nachteilig ist.

Die starke Versauerung und die zeitweilige Austrocknung des Podsols bedingen in ihm eine arten- und individuenarme Organismenwelt. Die Anhäufung von Rohhumus oder Moder zeugt von schwacher biologischer Aktivität. Säureverträgliche Pilze besorgen nur unvollkommen die Zerstörung der organischen Substanz; oft erscheinen diese Pilze als weiße Fäden im Rohhumus.

Subtypen

Nach den Stoffen, die vorherrschend im B-Horizont angereichert sind, unterscheidet man Eisen-, Eisenhumus- und Humuspodsol. Im *Eisenpodsol* ist im B_s-Horizont vorwiegend Eisenoxid abgeschieden worden, was an seiner rostbraunen Farbe sichtbar ist; etwas Humus ist auch darin enthalten, er ist jedoch nicht sichtbar. — Der *Eisenhumuspodsol* (Tafel 15) ist weitaus am häufigsten zu finden; sein Kennzeichen ist der dunkle, grauschwarze und (oder) kaffeebraune B_{sh}-Horizont. — Der *Humuspodsol* bildet sich aus eisenarmem Sand und Sandstein. Auch kann er unter (früher) feuchten Bedingungen entstanden sein. — Aus der Podsol-Braunerde entwickelt sich bei fortschreitender Podsolierung der *Braunerde-Podsol*, der im oberen Profilbereich bereits alle charakteristischen Podsolhorizonte, wenn auch nur in geringer Mächtigkeit, besitzt. Darunter folgt der B_v-Horizont der ehemaligen Sauren Braunerde. — Der *Fahlerde-Podsol* kommt aus der Podsol-Fahlerde, indem die Podsolierung sich verstärkt. Dieser Prozeß verläuft schnell, wenn durch Tonverarmung der obere Profilteil tonarm geworden ist, was leicht auf Sandlöß zutreffen kann. — Der *Pseudogley-Podsol* stellt eine Kombination dar von Pseudogley-Eigenschaften im Unterboden und Podsol-Merkmalen im oberen Profilbereich. — Im luftfeuchten Klima Nordwestdeutschlands tritt häufig der *Gley-Podsol* in Sandgebieten mit nahem Grundwasserspiegel auf. Die Horizonte A_h, A_e und B_{sh} sind voll entwickelt, doch darunter folgt ein G_o-Horizont als Repräsentant des Gleyes. Ein ehemaliger Podsol oder Gley-Podsol kann nach Anhebung des Grundwassers feuchter werden, so daß Feuchthumus gebildet wird und schließlich ein *Anmoorgley-Podsol* zustande kommt. — Unter *Plaggenesch-Podsol* versteht man einen Podsol mit einer Plaggenauflage < 40 cm Mächtigkeit. — Im Hochgebirge, wo die physikalische Verwitterung stark, die chemische jedoch schwach ist, entsteht überwiegend aus Sandstein, aber auch aus Granit und Metamorphit, der *Alpine Podsol* mit einem auffallend geringmächtigen Solum; deshalb wird er auch Zwergpodsol genannt. Meistens entsteht er hier unter Heide, Beer- und Zwergsträuchern.

Verbreitung

Die Podsole sind überwiegend auf silikatarmen Sanden Nordwestdeutschlands zu finden. In geringer Verbreitung treten sie auch auf den silikatreicheren Sanden der Würm-Eiszeit auf, besonders auf den Talsanden. Im Mittelgebirge können sie aus Sandstein, Quarzit, seltener aus Granit und Gneis hervorgehen. Im Hochgebirge (etwa über 1800 m) ist die Podsolierungstendenz ziemlich stark, so daß auch aus an Basen etwas reicheren Gesteinen, wie Granit und Gneis, Podsole entstehen können.

II STAUPODSOL

Der Staupodsol ist gekennzeichnet durch Stauwasser, das sich auf dem dichten Ortstein staut, im Sommer aber meistens durch starke Verdunstung verschwindet. Vom Wasserstau im Profil ist der *Name* abgeleitet. Die *Entstehung* dieses Bodentyps ist auf eine Verdichtung des B-Horizontes infolge starker Podsolierung zurückzuführen. Hierbei werden die Hüllen um die Quarzkörner immer dicker und füllen mehr und mehr die Intergranularräume aus, wodurch eine verminderte Wasserdurchlässigkeit verursacht wird. Der *Aufbau* des Staupodsols ist dem des Podsols ähnlich, er unterscheidet sich von letzterem durch die Dichte und die Rostflecken des B-Horizontes und vor allem durch den Feuchthumus im O- und A_h-Horizont. Durch die gehemmte Zersetzung der organischen Substanz infolge zeitweiliger Feuchte und stark saurer Reaktion sammelt sich mehr Humus an als im Podsol. Von den *Eigenschaften* des Staupodsols heben sich zeitweiliger Wasserstau, Luftmangel und starke Versauerung hervor. Durch Aufbrechen des dichten B-Horizontes kann der Wasserstau, durch vorsichtige Kalkung die Versauerung behoben werden. Während beim Podsol die Bodenorganismen durch Bodensäure und Trockenheit dezimiert werden, sind es beim Staupodsol hauptsächlich Versauerung, Nässe und damit verbunden Luftmangel.

Der Staupodsol ist als zwei charakteristische *Subtypen* vertreten. Der *Ortstein-Staupodsol* findet sich in der Bodengesellschaft des Podsols. Starke Podsolierung und Verdichtung des B-Horizontes bedingen ihn. — Der *Bändchen-Staupodsol* ist charakterisiert durch einen dünnen, rostbraunen (1 bis 2 cm) B-Horizont, der sich durch Dichte und Wasserstau auszeichnet. Der darüber befindliche schwärzlich-graue A_e-Horizont ist 20 bis 40 cm mächtig; darüber befindet sich ein feuchter Rohhumus. Dieser Subtyp wurde in Hochlagen des Buntsandstein-Schwarzwaldes beobachtet. Im schottischen Hochland ist er schon länger als »Podzol with thin iron pan« bekannt.

g *Terrae calcis*

Die Böden der Klasse der Terrae sind intensiv ockerfarbige, dunkelbraune und rotbraune, plastische Böden mit einer leicht dispergierenden Tonsubstanz. Es sind überwiegend Paläoböden, die in den Interglazialzeiten und im Tertiär aus Carbonatgesteinen gebildet wurden. Wir finden aber auf Carbonatgesteinen auch ockerfarbige Böden, die sich in Gefüge, Durchlässigkeit und Tonmineral-Kombination von den alten Terrae unterscheiden; allerdings ist diese Unterscheidung nicht immer eindeutig zu treffen. Offenbar sind solche Terrae jünger, was schon aus der autochthonen Bodenbildung zu schließen ist. Die älteren Terrae sind nämlich in Mitteleuropa nicht autochthon, soweit man bisher weiß. Vielmehr handelt es sich meistens um umgelagertes Terrae-Material, das später unter veränderten klimatischen Bedingungen einer anderen Bodenbildung ausgesetzt wurde, die aber das resistente Terrae-Material nur wenig veränderte. In Spalten und anderen Hohlräumen der Carbonatgesteine befindet sich oft das alte Verwitterungsmaterial, das bei fortschreitender Lösungsverwitterung nach und nach an die Oberfläche kommt. Vielfach wurde bei der Umlagerung der Terrae anderes Material eingemischt, vor allem Löß oder Lößlehm, teilweise auch Solifluktionsmaterial verschiedener Körnung.

Die Terrae calcis entstehen aus Carbonatgesteinen (Kalkstein, Dolomit, Mergel) in einem sommertrockenen, aber sonst nicht zu trockenen Klima, wie z. B. im Mittelmeerraum verwirklicht ist. Für ihre Entstehung sind lange Bildungszeiten anzunehmen. Im Mittelmeerraum, wo die Umlagerungsvorgänge der Eiszeit nur in Hochlagen wirksam waren, finden wir auch autochthone Terrae-Profile, die Auskunft über ihren Aufbau geben.

Die Terrae calcis zeichnen sich durch Plastizität, ein sogenanntes »Lehmgefüge« und die älteren (tertiären) durch einen beachtlichen Anteil an Kaolinit aus. Unter »Lehmgefüge« versteht man ein Mikrogefüge, das infolge leichter Dispergierbarkeit der Tonsubstanz Fließstruktur zeigt, d. h. die kleinen, blättchenförmigen Tonminerale werden durch die Fließbewegung mit ihren Längsachsen in Fließrichtung gestellt, was mikroskopisch gut sichtbar ist. Durch die leichte Beweglichkeit der Tonsubstanz erhalten die Terrae leicht ein dichtes Gefüge. Wegen dieses spezifischen Gefüges hat W. L. KUBIENA diese Terrae auch »Lehme« genannt, d. h. Böden mit Lehmgefüge. Es gibt zwei Typen der Terrae, die *Terra fusca* oder Kalkstein-Braunlehm und die *Terra rossa* oder Kalkstein-Rotlehm.

Die *Namen* der Terrae bedeuten »Erden« im Sinne von »Böden«. Die Zusätze »fusca« (= ockerfarbig) und »rossa« (= rotbraun) beziehen sich auf die vorherrschende Farbe.

Für die *Entstehung* der Terra fusca muß eine gewisse Feuchte im Verwitterungsmilieu gegeben sein. Man beobachtet nämlich, daß sie bevorzugt in muldigen Lagen, wo es länger feucht bleibt, dagegen weniger auf Reliefrücken, vorkommt. Auch das feuchtere Bodenklima des reichlichen Lösungsrückstandes von Mergel läßt die Terra fusca entstehen. Hingegen entsteht in exponierten, warmen Reliefpositionen sowie aus tonarmen Kalken, die ein warmes Bodenklima bedingen, die Terra rossa. Es wurde festgestellt, daß auf dem feuchteren Nordhang eine Terra fusca und auf dem wärmeren, trockeneren Südhang eine Terra rossa aus gleichem Kalkstein hervorgingen.

W. L. KUBIENA hat den *Aufbau* mehrerer Subtypen der Terrae aus dem Mittelmeerraum beschrieben. In Mitteleuropa fehlen nach bisheriger Feststellung komplette Profile der älteren Terrae, wohl gibt es solche von jüngeren, der Terra fusca ähnlichen Böden aus Carbonatgesteinen. Indessen findet man in den Kalkgebieten Mitteleuropas oft Mischungen von Terra fusca mit anderem Bodenmaterial, und zwar ist dies meistens Lößlehm von Braunerden und Parabraunerden, so z. B. auf dem Jurakalk der Alb und dem Muschelkalk in der Südeifel. Die Reste von Terra rossa sind in Mitteleuropa selten, auch in Mischung mit anderem Bodenmaterial, so daß wir uns hier auf die Terra fusca beschränken können.

Wir müssen davon ausgehen, daß die Terra fusca in Mitteleuropa umgelagert worden ist, wobei sich ihre Eigenschaften durch Einmischung von anderem Bodenmaterial und durch weitere Bodenbildung mehr oder minder änderten.

Subtypen

Hat eine Umlagerung, aber keine Einmischung von anderem Bodenmaterial stattgefunden und konnte nach der Umlagerung die Bodenbildung lange Zeit weitergehen, so präsentiert sich uns diese Terra als *Typische Terra fusca*, die dem autochthonen Profilaufbau gleicht. – Durch die Beimischung von Braunerde-Material entstand die *Braunerde-Terra fusca*, durch die Beimischung von Parabraunerde-Material die *Parabraunerde-Terra fusca*. Diese beiden Subtypen sind die häufigsten. – Wenn die soeben genannten Mischungen dicht sind und im Unterboden zur Bildung von Staunässe Anlaß geben, so kommt es zum Subtyp *Pseudogley-Terra fusca*. – Kleinflächig kann im Zuge der Umlagerung Material der Terra rossa eingemischt werden; in diesem Falle sprechen wir von *Terra rossa – Terra fusca*. Dieser Subtyp kann auch einen typologischen Übergang zwischen diesen Typen darstellen. – Bei der Umlagerung wird nicht selten in das entkalkte Terra fusca-Material Kalk eingemischt oder kalkhaltiges Wasser trägt sekundär Kalk in das Umlagerungsprodukt. In diesem Falle kommt es zum Subtyp *Kalkhaltige Terra fusca*. – In den Hochalpen, wo der Abbau der organischen Substanz gehemmt ist, wird eine Terra fusca mit einer Auflage von Moder und Tangel gefunden, die *Tangelmoder-Terra fusca*. – Bei den geringen Vorkommen von Resten des Typs *Terra rossa* erübrigt sich eine Darstellung über das Gesagte hinaus.

h Plastosole (Fersiallite)

Die Plastosole sind plastische, kaolinitreiche Böden aus Silikatgesteinen; sie werden auch bolusartige Silikatböden genannt. Sie wurden in Mitteleuropa im warm-feuchten, subtropischen bis tropischen Klima des Tertiärs gebildet; es sind fossile Böden (Paläoböden).

Der *Name* Plastosol ist von »plastisch« abgeleitet, von einer sie besonders auszeichnenden Eigenschaft. Die Plastosole entstanden im Tertiär und früher auf den ebenen oder flachwelligen Rumpfflächen Mitteleuropas. Als diese sich im Tertiär zu heben begannen, wurde der größte Teil dieser mächtigen Plastosol-Decke abgetragen und als Tonsediment und Quarzsand in niedrigeren Reliefpositionen aufgeschichtet. Der Rest erfuhr großenteils eine solifluktive Umlagerung im Pleistozän. Sonst gibt es in Mitteleuropa keine vollständigen Plastosol-Profile mehr, wohl aber noch umgelagerte Plastosol-Massen und den tieferen Teil des Profiles, die Zersatzzone.

Bei der *Entstehung* der Plastosole im feucht-warmen Klima erfolgte im Zuge einer intensiven chemischen Verwitterung eine starke Verarmung des Bodens an Basen und Nährstoffen. Ferner verlor der Boden viel Kieselsäure, so daß in dem sauren Bodenmilieu ein kieselsäurearmes Tonmineral, der Kaolinit, als dominante Neubildung entstand. Die sorptionsschwache Tonsubstanz dieser Böden ist leicht dispergierbar, so daß diese Böden zur Dichtlagerung und Staunässe neigen und die Dränung mangelhaft wirksam ist. Das Mikrogefüge zeigt eine Orientierung der Tonminerale als Folge ihrer leichten Dispergierbarkeit an. Ein typisches »Lehmgefüge« wie bei den Terrae calcis ist vorhanden. Sonst liegen schlechte physikalische und chemische Eigenschaften vor, aus denen ebenso schlechte biologische resultieren. Diese Böden waren deshalb vor der Anwendung von Kalk und Handelsdünger unfruchtbar und trugen dürftiges Grünland oder Wald. Nach Verbesserung der Düngung und Weidetechnik ist heute eine gute Weidewirtschaft auf diesen Böden möglich, wie E. KLAPP gezeigt hat.

Die im Pleistozän umgelagerten Plastosol-Massen verhalten sich als allochthone Böden infolge ihrer spezifischen Eigenschaften und ihres Widerstandes gegenüber einer pedogenetischen Umbildung der Bodenmasse wie autochthone. Deshalb ist es gerechtfertigt, diese umgelagerten Plastosole als solche zu kennzeichnen. Bei der Umlagerung ist nicht selten anderes Bodenmaterial, meistens von Braunerde oder (und) Parabraunerde, eingemischt worden, womit eine Wertsteigerung verbunden ist. Die meisten Flächen mit Plastosolen gibt es im Rheinischen Schiefergebirge, und hier wieder besonders in der Eifel und im Hunsrück.

Das »Lehmgefüge« und die Farbe der Plastosole gaben Veranlassung, die Typen der Plastosol-Klasse als Braun-, Grau-, Rot- und Buntlehm zu bezeichnen. Synonym sind die Namen Braun-, Grau-, Rot- und Buntplastosol. Der Braunlehm ist ein brauner (heller oder dunkler), stark verwitterter, plastischer, meist kaolinitreicher, bewegliche Feinsubstanz (Lehmgefüge) enthaltender fossiler Boden aus Silikatgesteinen; er entstand in einem feucht-warmen, subtropischen bis tropischen Klima und ist in Mitteleuropa nur kleinflächig zu finden. Die leuchtend braunen und rostbraunen Böden der Interglazialzeiten stehen typologisch zwischen dem Braunlehm und der Braunerde sowie Parabraunerde. — Der *Graulehm* zeigt eine graue Farbe, besitzt im übrigen aber die gleichen Eigenschaften wie der Braunlehm und die übrigen Plastosole, enstand auch im gleichen Klima früherer Zeit, jedoch in ebener oder schwach muldiger, feuchter Geländeposition. Er ist in Mitteleuropa am weitesten verbreitet, und zwar als ein Subtyp mit Staunässe. — Der *Rotlehm* entstand im Gegensatz zum Graulehm unter trockeneren Reliefbedingungen (Hang, Kuppe). Er ist eisenreicher als der Graulehm, besitzt aber sonst die gleichen Eigenschaften wie die übrigen Plastosole. Kleine Vorkommen gibt es im Westerwald, Taunus und Fichtelgebirge. — Der *Buntlehm* ist rot und grau gefleckt und stellt einen Übergang zwischen Grau- und Rotlehm dar. – Teilweise entstanden Plastosole durch hydrothermalen Gesteinszersatz.

i Latosole (Ferrallite)

Die Klasse der Latosole enthält einen roten und einen gelben Typ, die *Roterde* (Rotlatosol) und die *Gelberde* (Gelblatosol). Diese fossilen Böden (Paläoböden) entstanden in Mitteleuropa in einem subtropischen bis tropischen Klima. Durch die Abfuhr von Kieselsäure hat gegenüber der verbliebenen eine relative Anreicherung von Aluminium- und Eisenverbindungen stattgefunden. Infolge zeitweiliger Austrocknung sind diese Verbindungen irreversibel fest geworden und haben ein lockeres, schorfig-krümeliges Gefüge verursacht. Dadurch sind diese Böden nicht oder nur schwach plastisch und gut durchlässig für Wasser und Luft. Die Latosole sind stark verwittert und verarmt, oft fehlen auch einige für Pflanzen notwendige Spurenelemente. Der Unterschied zwischen Rot- und Gelberde besteht im Eisengehalt und in der Eisenverteilung. Die Roterde enthält relativ viel Eisen, und es ist gleichmäßig verteilt. Die Gelberde besitzt in der Bodenmasse weniger Eisen und ist daher gelb gefärbt. Dies kann darauf beruhen, daß das Ausgangsgestein eisenärmer war; es kann aber auch ein Teil des Eisens lateral abgeführt oder in Konkretionen verdichtet sein. Während die Roterde als umgelagertes Roterdematerial, oft mit Lateritknöllchen und Bauxit durchsetzt, vor allem im Westerwald und im Vogelsberg vorkommt, wurde die Gelberde nur einzeln kleinflächig gefunden. Neben der Roterde gibt es vulkanogene, rote *Edaphoide,* die also nicht pedogenetischer Natur sind, aber leicht mit Roterden verwechselt werden können.

Wie in den Kapiteln B XIV b 8 sowie B XV a 1 (b) und b 5 ausgeführt, werden neuerdings die Latosole (Roterden und Gelberden) als Ferrallitische Böden bezeichnet und soweit wie möglich nach dem Grad der Ferrallitisierung differenziert.

j Kolluvien

Der Name Kolluvium ist dem Lateinischen entlehnt und bedeutet »Zusammengeschwemmtes«, und zwar soll die Bezeichnung hier speziell besagen, daß es sich um durch Wasser oder Wind zusammengetragenes Boden- (Solum-) Material handelt. Dementsprechend unterscheiden wir in der Klasse der Kolluvien zwei Typen, das *Fluviatile Kolluvium* und das *Äolische Kolluvium.* Die bodentypologische Bezeichnung Kolluvium ist nur dann anwendbar, wenn im Kolluvium keine neue Bodenbildung stattgefunden hat. Ist dies der Fall, so ist die neue Bodenbildung für die bodentypologische Einordnung entscheidend. Während das Fluviatile Kolluvium nach der Inkulturnahme der Böden Mitteleuropas kleinflächig im hügeligen Gelände häufig auftritt, ist das Äolische Kolluvium selten, und zwar ist dieses erst in jüngerer Zeit bekannt geworden (TH. DIEZ, B. MEYER, S. MÜLLER, G. ROESCHMANN, mündl. Mitt. 1971/72).

In den hügeligen Löß- und Moränenlandschaften Mitteleuropas findet man ein Fluviatiles Kolluvium überwiegend von Parabraunerde-Solum in den Tälern zwischen den Hügeln und am Hangfuß. In ehemals flachwelligen Lößlandschaften kann durch den Bodenabtrag inzwischen eine weitgehende Einebnung erfolgt sein, in der es kleine Flächen von Kolluvien gibt, welche die ehemaligen flachen Tälchen aufgefüllt haben.

Das Äolische Kolluvium besteht nach bisherigen Beobachtungen aus Krumenmaterial, das als kleine Krümel in der vegetationsfreien Zeit zusammengeweht worden ist. Am Rand der Alb und des Lechtales ist Äolisches Kolluvium festgestellt worden, das vom Tal aus durch den Wind hinaufgetragen wurde. — Die Kolluvien sind meistens fruchtbare Böden.

k Terrestrische Anthropogene Böden

Die Klasse der Terrestrischen Anthropogenen Böden, auch Terrestrische Kultosole genannt, entsteht durch die unmittelbare Einwirkung des Menschen. Nicht alle vom Menschen beeinflußten Böden zählen zu dieser Klasse, vielmehr nur solche, bei denen der Mensch eine starke Umgestaltung des ganzen Bodenprofils bewirkt hat. Gute Beispiele dafür sind der Plaggenesch, der sehr tiefkrumige, alte Gartenboden und die rigolten Böden (Rigosole). Die Ackerböden hingegen, bei denen die Profilumgestaltung nur bis zur Pflugsohle reicht, werden nicht zu dieser Klasse gestellt. Auch nicht jene Böden, die durch die mittelbare Arbeit des Menschen umgestaltet wurden, z. B. dadurch, daß durch Abholzung von Hanglagen der Bodenabtrag durch Wasser in Gang kam und dadurch einerseits geköpfte Profile und andererseits Kolluvien entstanden. Ebenso gelten die Gleye, in denen durch Flußregulierung das Grundwasser abgesenkt wurde und nun eine andere Bodenbildung in dem Gley (ohne Grundwassereinfluß) ablaufen kann, nicht als Anthropogene Böden. Neben den Terrestrischen gibt es auch Semiterrestrische Anthropogene Böden und Anthropogene Moore, die später beschrieben werden.

I PLAGGENESCH (Tafel 16)

Der Name ist hergeleitet von »Plaggen«, auch Soden genannt, d. h. flach abgehackte oder abgestochene, mit Heide oder Gras bewachsene Bodenstücke. Der zweite Wortteil »esch« ist hergenommen von der Bezeichnung »Esch« für die etwas höher gelegene Feldflur der nordwestdeutschen Landschaft. Frühere Namen für diesen Boden waren Esch und Plaggenboden; neuerdings wurde Plaggosol vorgeschlagen.

Entstehung

Die Entstehung des Plaggeneschs ist auf eine jahrhundertelang durchgeführte Verbesserung der armen Böden Nordwesteuropas durch Zufuhr großer Mengen organischer Substanz zurückzuführen. Da dafür der Stalldung nicht ausreiche, wurde die stark humose Oberschicht von Heide oder Grünland abgehoben, als Streu (meist im Schafstall) verwendet oder (meist mit Stalldung, Abfällen, Grabenaushub u. a.) kompostiert und als Dünger auf den Acker gebracht. Die organische Substanz dieser Massen war sauer und zersetzte sich nur langsam, ferner enthielt dieser Dünger Mineralteilchen, so daß durch den Zugang von Masse über lange Zeit der A_h-Horizont langsam mächtiger wurde. Wurden Heideplaggen verwendet, so erhielt der A_h-Horizont eine schwärzlichgraue Farbe, so daß von Grauem Plaggenesch (Tafel 16) gesprochen wird. Grasplaggen, die vor allem in Niederungen gewonnen wurden, erzeugten den Braunen Plaggenesch, der aber eine geringere Verbreitung hat. Teils wurden beide Plaggenarten verwendet, so daß dann der gewachsene A_h-Horizont braungrau oder graubraun gefärbt ist. In der Nähe der Flottlehmgebiete (Südoldenburg) ist wahrscheinlich zur Verbesserung des Podsols mit einem Male eine Decke von 50 bis 80 cm Flottlehm aufgebracht worden, wodurch ebenfalls ein Anthropogener Boden entstand. Diese braune Auflage von einer braunen Plaggenauflage zu unterscheiden, ist kaum möglich. Die Plaggendüngung wurde überwiegend auf Podsol und Saurer Braunerde sandiger Textur praktiziert, seltener auf Parabraunerde, Gley, Pseudogley und Rendzina. Mit Hilfe der ^{14}C-Methode wurde das Alter des Plaggenesch auf 600 — 1200 Jahre ermittelt. Die Scherbenfunde unter der Plaggenauflage stützen diese Altersbestimmung. Diese Bodenverbesserung wurde bis zur letzten Jahrhundertwende geübt, vereinzelt noch darüber hinaus.

Aufbau

Ist der Plaggenesch über einem Podsol aufgewachsen, so liegt folgender Profilaufbau vor: A_{p1}-A_{p2}-A_h-A_e-B_{sh}-B_s-C. Am auffälligsten ist der mächtige A_p-Horizont (40 bis 80 cm), der schwach sichtbar in A_{p1} (etwas bräunlicher) und A_{p2} unterteilt ist. Der A_h- und A_e-Horizont sind in vielen Fällen nicht mehr oder nicht mehr deutlich erhalten, da die Ackerkrume ehemals im Bereich der oberen Horizonte des Podsols lag und diese vermischt wurden; erst durch die Plaggendüngung wuchs der A_h-Horizont allmählich auf. Das Gefüge des A_p-Horizontes ist locker und porenreich; im ganzen ist die Bodenmasse schwach kohärent gebunden und zerfällt in Bröckel und Einzelkörner. Unter der Plaggenauflage bzw. unter der früheren Krume folgen die Horizonte des ehemaligen Bodentyps. Meistens baut sich die Plaggenauflage über dem Podsol, Gley-Podsol, Podsol-Gley und der Sauren Braunerde auf. Andere Typen bilden Ausnahmen. Unter der Plaggenauflage zerfällt mit der Zeit der Ortstein des Podsols, wahrscheinlich bedingt durch die aufgebrachte, etwas stickstoffreichere organische Masse (Stalldung).

Eigenschaften

Die physikalischen Eigenschaften des Plaggeneschs sind: mittlerer Humusgehalt (4 — 5 %), mäßige Wasserkapazität, die aber durch die Plaggenauflage gegenüber dem ehemaligen Bodentyp verbessert worden ist, gut durchlässig für Wasser und Luft, locker, gut durchwurzelbar, im trockenen Zustand schwer benetzbar, leicht bearbeitbar. Im Braunen Plaggenesch, dessen Textur meistens etwas mehr Feinsubstanz aufweist, sind die physikalischen Eigenschaften günstiger.

Die chemischen Eigenschaften des Plaggeneschs sind trotz der Plaggenwirtschaft bescheiden; er ist arm an Basen und an allen Pflanzennährstoffen, auch an Spurennährstoffen. Beim Braunen Plaggenesch liegen die Gehalte etwas günstiger. Trotz dieser schwachen Nährstoffversorgung war der Plaggenesch Jahrhunderte der Platz für den »Ewigen Roggenanbau«. Die Zufuhr von Kalk und Nährstoffen im neuzeitlichen Ackerbau hat die Zersetzung der organischen Masse beschleunigt. Damit wurde aber gleichzeitig die Sorptionskapazität herabgesetzt, was ebenfalls ungünstig ist.

Die Ansammlung organischer Masse in der Zeit der Plaggenwirtschaft zeugt von geringer biologischer Aktivität, vor allem bedingt durch saure Bodenreaktion. Im Braunen Plaggenesch waren die Bedingungen günstiger. Der neuzeitliche Ackerbau verbesserte allgemein die Voraussetzungen für die Arbeit der Bodenorganismen.

Subtypen

Die Subtypen sind zunächst gegeben durch die Art der Plaggenauflage, ob diese aus Heideplaggen (Grauer Plaggenesch) oder aus Grasplaggen (Brauner Plaggenesch) stammt. Ein weiteres Merkmal für die Aufstellung von Subtypen ist der ehemalige Bodentyp, über dem die Plaggenauflage sich aufbaute. Dementsprechend gibt es folgende wichtige Subtypen: *Grauer Podsol-Plaggenesch, Grauer Braunerde-Plaggenesch, Grauer Gley-Plaggenesch* und *Brauner Podsol-Plaggenesch*. Die graue Plaggenauflage über Parabraunerde, über Pseudogley, über Rendzina, über Gley-Podsol und Podsol-Gley sowie die braune Plaggenauflage über Gley treten hingegen flächenmäßig stark zurück.

Verbreitung

Das Verbreitungsgebiet des Plaggeneschs ist das Gebiet der Riß-Vereisung in Nordwestdeutschland und nach Westen hin die Sandgebiete der Niederlande und des nördlichen Belgiens.

II ERDESCH

Am Niederrhein und im Gelderland der Niederlande sind sandige Böden mit auffallend mächtigem A_h-Horizont (genauer $A_p + A_h$) aufgefunden worden, die unter der Pflugsohle 60 bis 80 cm tief schwach humos (etwa 1 %) sind und deren Entstehung anthropogen ist (H. MAAS, mündl. Mitt. 1971). In früherer Zeit wurde in dem genannten Gebiet sandige Erde als Streuersatz in die Viehställe gebracht. Nachdem sich die Einstreu-Erde mit Harn und Kot angereichert hatte, wurde sie als Dünger auf die sandigen Äcker gebracht. Durch dieses über Jahrhunderte praktizierte Düngungsverfahren wurde der A_h-Horizont immer mächtiger. Diesem anthropogenen Boden wurde der Name *Erdesch* gegeben; in den Niederlanden nennt man ihn Enkeerdgronden. Außer den Berichten über dieses Verfahren zeugen davon erhöhte Humus- und Phosphorgehalte (60 bis 80 mg/100 Boden) des anthropogenen A_h-Horizontes. Für die Plaggenwirtschaft war am Niederrhein zu wenig Heide vorhanden; deshalb fehlt hier der Plaggenesch. — An der Küste Südirlands hat der Mensch ähnliche Böden geschaffen, indem Seesand mit Tang in großer Menge zur Bodenverbesserung auf die Äcker gebracht wurde.

III HORTISOL (Tafel 16)

Der Hortisol (von lat. hortus = Garten und sol = Boden) ist ein lange in intensiver Gartenkultur stehender *Gartenboden*. Er nimmt zwar nur kleine Flächen ein, ist aber pedogenetisch interessant; er ist ein gutes Beispiel für die Auswirkung intensiver Bodenkultur, die geradezu zu einer »Anthropogenen Schwarzerde« führt.

Der Hortisol entsteht durch jahrzehnte- bzw. jahrhundertelange intensive Gartenkultur, d. h. stetig öftere starke Zufuhr von organischer Substanz (Stalldung, Kompost, Torf), seit Jahrzehnten auch Verabreichung von Kalk und Handelsdünger, intensive Bearbeitung, insbesondere tiefes Umgraben, geregelte Wasserversorgung (Begießen) und schließlich weitgehende Beschattung. Alles das regt die Aktivität der Bodenmikroben und -tiere an. Die Zersetzung der organischen Substanz läuft stetig, und der Aufbau von stabilem Humus ist gewährleistet, nicht zuletzt durch die intensive Arbeit der Bodentiere. Diese, vor allem die Regenwürmer, durchwühlen und vermischen den Boden, vor allem Krume mit Unterboden, wodurch die Krume fortlaufend vertieft wird. Ein A_h-Horizont von 50 cm Mächtigkeit ist nicht selten.

Die Krumenvertiefung geht um so schneller, je günstiger (locker, porenreich) der Unterboden für die Tiefenarbeit der Bodentiere ist. Aber selbst bei ungünstigem Unterboden (G_o- und B_t-Horizont) gelingt den Bodentieren diese Arbeit, wenn die Krume beste Kulturarbeit erfährt.

Die *Subtypen* des Hortisols werden unter Einbeziehung des Bodentyps, aus dem der Hortisol entstand, gebildet, z. B. *Braunerde-Hortisol* und *Parabraunerde-Hortisol*.

Der Hortisol ist im Bereich alter Siedlungen zu finden, z. B. in den kleinen Gärten innerhalb mittelalterlicher Stadtmauern, in alten Klostergärten, aber auch in älteren Gärtnereien.

IV RIGOSOL

Der Typ »Rigosol« umfaßt die rigolten Böden, d. h. die durch Menschenhand stark veränderten Böden, bei denen durch einen Bearbeitungsvorgang die natürliche Horizontfolge gänzlich aus ihrer ehemaligen Lage gebracht wurde. Typische Beispiele dafür sind die rigolten Böden der Weinberge und der Baumschulen; hiervon ist auch der Name abgeleitet. Die Weinbergsböden sind in vielen Fällen durch die Zufuhr von Fremdmaterial (z. B. Schiefer, Schlacken, Müll) verändert worden; in neuerer Zeit werden beim Rigolen auch Handelsdünger eingemischt.

Zu den Rigosolen gehören auch die durch Tiefpflügen (z. B. Parabraunerde, Pseudogley, Marsch) bis etwa 80 cm völlig umgestalteten Böden. Die Tieflockerung hingegen verändert das Profil nur im Bereich des Tieflockerungsschares, im übrigen werden die Horizonte durch die Tieflockerung nur etwas angehoben aber nicht gemischt, ferner werden von der Tieflockerung nur Streifen des Bodens in einem Abstand von etwa 80 bis 120 cm erfaßt. Die auf diese Weise bearbeiteten Böden kann man nicht als Rigosole ansehen.

In früherer Zeit hat man durch Rigolen mit dem Spaten fruchtbare Untergrundschichten (z. B. sandigen Lehm) an die Oberfläche gebracht, wobei gleichzeitig unfruchtbare Bodenarten (z. B. Sand), vergraben wurden. Derartige Arbeiten sind in Tälern durchgeführt worden, wenn bei Hochflut fruchtbarer Boden mit Sand überdeckt wurde.

Zu den Rigosolen zählen aber nicht die Böden, welche durch künstliche Bewegung umfangreicher Bodenmassen, z. B. durch Planieren, entstehen. Hierdurch gibt es Abtrags- und Auftragsflächen. Auch gehören dazu nicht Schutthalden und verfüllte Tagebaue (Braunkohle, Kies, Ziegellehm). In unserem Klima entsteht aber auf solcher frischen Bodenmasse in kurzer Zeit ein neuer Bodentyp, der Locker-Syrosem und aus diesem der Regosol.

l Stauwasserböden (Staunässeböden)

Das Profil der Stauwasserböden wird durch das Wasser gestaltet, und dadurch weicht ihre Dynamik von der der übrigen Terrestrischen Böden ab. Sie werden aber trotzdem bodensystematisch diesen zugeordnet, da sie mit ihnen vergesellschaftet auftreten. Diese Zuordnung entspricht auch der üblichen Gruppierung der Böden in der Legende von Bodenkarten. Im Gegensatz zu der homogenen Färbung der Profile Terrestrischer Böden ist der Unterboden der Stauwasserböden mehr oder weniger rostgelb, rostbraun und grau gefleckt.

Die Stauwasserböden haben gemeinsam, daß sie ab einer geringen Tiefe (etwa 20 bis 100 cm) oder im ganzen dicht gelagert sind und deshalb das Sickerwasser nicht oder nur verlangsamt in den Untergrund abziehen kann. Obgleich wir diese Bodenklasse »Stauwasserböden« nennen, unterscheiden wir heute bei dem gestauten Wasser drei Arten: 1. das auf einem dichten Unterbodenhorizont gestaute, in großen Poren frei bewegliche *Stauwasser*, 2. das in feinen Poren schluff- und tonreicher Böden gehaltene, nur durch Wasserspannungsdifferenzen bewegliche *Haftwasser*, 3. das in Böden mit Groß- und Kleinporen enthaltene Stauwasser und Haftwasser, und diese Wasserkombination wollen wir als *Staunässe* bezeichnen. Die Unterscheidung dieser Wasserarten ist für die Melioration dieser Bodenklasse sehr wichtig. Typologisch unterscheiden wir Stauwasserböden, bei denen Vernässung und Austrocknung die hervorstechendsten physikalischen Eigenschaften sind, nämlich die *Pseudogleye*, und solche, bei denen die Vernässung sehr stark ist und relativ selten im Sommer verschwindet, die *Stagnogleye*.

I PSEUDOGLEY

Im Typ Pseudogley vereinigen wir die Böden, in denen mangels hinreichenden Wasserabzugs eine zeitweilige Übernässung der oberen Horizonte eintritt, die durch Austrocknung abgelöst wird. Das Verhalten des an der Versickerung gehemmten Wassers, d. h. seine Beweglichkeit, ist verschieden. Darum ist es erforderlich, in der bodensystematischen Kategorie der Subvarietät den Faktor Wasser näher zu kennzeichnen; denn das ist wichtig für die Verbesserung und Nutzung dieser schwierigen Böden.

Name

Der Name Pseudogley soll ausdrücken, daß dieser Bodentyp ein Gley zu sein scheint (vortäuscht), aber kein Grundwasserboden ist. In der älteren Literatur wurden folgende Namen verwendet: gleyartiger Boden, marmorierter Boden, nasser Waldboden, Staunässegley, Ilowka (russ.).

Entstehung

Der Pseudogley gehört zu der Bodengesellschaft des gemäßigt warmen, humiden Klimas; somit gehört er zu den typischen Böden Mitteleuropas. In diesem Klima wird er durch dichte Bodenlagerung und verzögerte Versickerung verursacht. Tonreiche, aber auch feinsand- und schluffreiche Substrate neigen besonders zu dieser Bodenentwicklung. Aber nicht die Körnung allein entscheidet darüber, sondern auch die Lagerungsdichte der Substrate, hervorgerufen durch Verdichtungsprozesse im Boden (Toneinschlämmung, Lösung und Wiederausfällung von Stoffen, Solifluktion). Bei den meisten Pseudogleyen ist der obere Profilbereich durchlässig und der tiefere mehr oder weniger dicht. Diese verschiedene Dichte kann geologisch bedingt sein, indem Durchlässiges über Undurchlässiges geschichtet wurde (z. B. Sand über Ton). Häufig ist die Tonumlagerung im Bodenprofil (Parabraunerde, Fahlerde) die Ursache für die Dichteunterschiede. Schluffig-tonige Böden können im ganzen Profil feinporig und dicht sein und das Wasser als Haftwasser im ganzen Profil festhalten.

Die meisten Pseudogleye werden im Zuge ihrer Entwicklung stark entbast. Die im gestauten Wasser gelösten aggressiven Humussole üben eine stark zersetzende und reduzierende Wirkung auf den Boden aus. Eisen kann hierbei in die Ferroform reduziert und wanderungsfähig werden. Dabei können organische Komplex-Verbindungen entstehen, die ebenfalls wanderungsfähig sind. Es ist auch möglich, daß saure Humussole als Schutzkolloid das dreiwertige Eisen transportfähig machen. Die von Pflanzenwurzeln ausgeschiedene Gerbsäure (besonders von Eichen) vermag ebenso Eisen zu verlagern. Bei der sommerlichen Austrocknung kommt wieder Luft in den Boden und das gelöste Eisen wird als rostgelbe, teils schwarzbraune Flecken, Streifen und Konkretionen konzentriert abgesetzt. Dabei wird zweiwertiges Eisen oxidiert; organische Komplexteile können durch Mikroben zerstört werden. Die Konzentration des Eisens bewirkt gleichzeitig eine partielle Eisenverarmung, die sich in grauen Flecken und Streifen zeigt. So entsteht das gefleckte und gestreifte Profilbild, das auch als »marmoriert« bezeichnet wird. Die oft auftretenden, grauen, vertikalen Streifen mit braunem Saum sind an Bodenspalten gebunden, die Trockenspalten, oder, wenn sie breiter sind, Frostspalten sein können. Auch rundliche Gänge von ehemaligen Wurzeln sind oft hellgrau gefärbt und braun besäumt. Die Lösung und Verlagerung von Eisen im oberen, durchlässigen Bodenbereich kann so stark sein, daß der A_h- bzw. A_p-Horizont eine braungraue und der S_w-Horizont eine hellgraue, im trockenen Bodenzustand weißgraue Farbe annimmt. Diese »Ausbleichung« gab mancherorts Veranlassung, diese Böden zu den Podsolen zu stellen. Wenn auch eine Tonzerstörung wie beim Podsol eintreten kann, so unterscheidet sich dieser Pseudogley durch eine spezifische Wasserdynamik (Abb. 169) und alle damit verbundenen Eigenschaften sehr deutlich vom Podsol.

Aufbau

Der Pseudogley ist normalerweise durch die Horizonte A_h-S_w-S_d gekennzeichnet, wobei vor allem der S_w-Horizont verschieden mächtig und der S_d-Horizont mehr oder weniger dicht sein kann. Der S_w-Horizont ist durchläs-

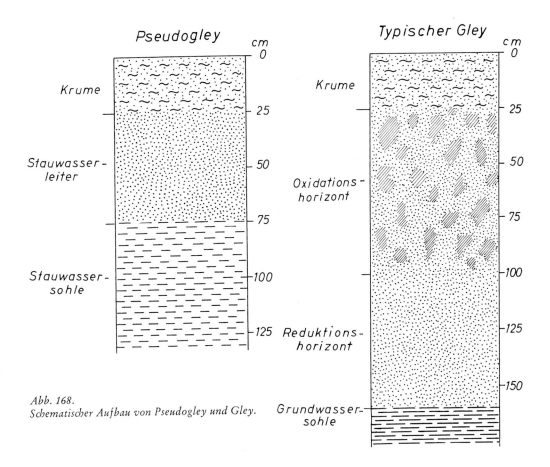

Abb. 168.
Schematischer Aufbau von Pseudogley und Gley.

sig und fungiert als Stauwasserleiter, der S_d hingegen bildet die Stauwassersohle (Abb. 168). Bei dem ganz dichten, schluffig-tonigen Pseudogley ist die Horizontfolge A_hS_w-S_d, d. h. unter einer dünnen, noch durchlässigen Krume folgt der Haftnässe-Horizont. Mit diesem verschiedenen Bodenaufbau hängt ursächlich die jeweilige Wasserdynamik zusammen. Der Wasserstau und die Versauerung haben nicht selten zu Moder oder gar Rohhumus geführt, so daß dann das Profil mit einem O-Horizont beginnt.

Der A_h-Horizont ist braungrau gefärbt und enthält oft rotbraune Flecken. Der S_w-Horizont hebt sich durch eine hellere Farbe (ocker, grau, hellgrau), durchsetzt mit rostgelben und rostbraunen Flecken und Konkretionen, stark vom A_h-Horizont ab. Im oberen Teil ist der S_w-Horizont meistens durch Humussole etwas dunkler. Im S_d-Horizont überwiegen im allgemeinen rötlichbraune und rostbraune Farben; er ist aber oft mit grauen Flecken und Streifen durchsetzt.

Das Gefüge der Horizonte A_h und S_w ist meistens schwach kohärent, teils etwas plattig oder (und) subpolyedrisch und zerteilt sich in Bröckel. Hingegen zeigt der S_d-Horizont meistens ein gut ausgeprägtes Polyedergefüge, oft mit Tonhäutchen auf den Polyederflächen, teils zeigen sich aber auch plattige oder prismenförmige Gefügeaggregate.

Eigenschaften

Die bedeutendste physikalische Eigenschaft des Pseudogleys stellt sein spezifischer Wasserhaushalt dar, der sich durch abwechselnde Vernässung und Austrocknung von dem anderer Bodentypen entscheidend abhebt und gleichzeitig den Lufthaushalt bestimmt (Abb. 169 und 167). Die *Dauer* der *Vernässungs-* und *Trockenphase* sowie die der dazwischenliegenden *Feuchtphase* mit hinreichend Wasser und Luft (ökologisch

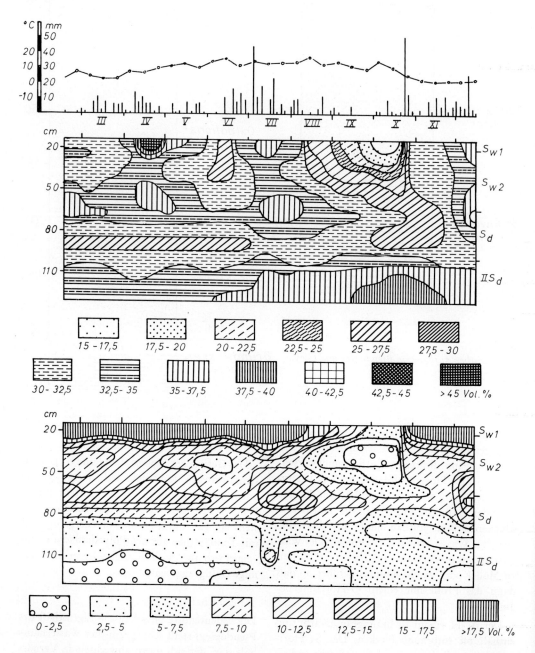

Abb. 169. Jahresgang des Bodenwassergehaltes (oben) und des pflanzenverfügbaren Bodenwassergehaltes (unten) 1966 in einem Pseudogley aus Löß unter Laubmischwald im Staatsforst Kottenforst bei Bonn (nach I. BUCHMANN 1969). Oberhalb des oberen Profils sind die Monate (röm. Ziffern), die Niederschlagsmenge (schmale Säulen) und die Temperaturkurve aufgezeichnet.

günstigste Phase) gestaltet sich sehr verschieden. Diese drei ökologisch entscheidenden Phasen stehen in Abhängigkeit von der Tiefenlage der Stausohle unter der Oberfläche und ihrer Dichte, vom Relief, von der Textur und vom Klima (Menge und Verteilung des Niederschlages, Temperatur, Luftfeuchtigkeit und Verdunstung). Je tiefer (jedoch nicht tiefer als 1 m u. Fl.) die Stauwassersohle ansteht, je dichter diese ist, je weniger Wasser seitlich infolge des Reliefs (eben oder schwach muldig) abziehen kann, je weniger die Textur die Verdunstung fördert und je feuchter die klimatischen Bedingungen den Boden halten, um so länger dauert die Naßphase. Andererseits wird diese um so kürzer sein, je höher die Stauwassersohle ansteht, je mehr Wasser seitlich abziehen kann (gewölbtes Kleinrelief), je schneller die Textur das Wasser verdunsten läßt und je trockener das Klima ist. Die ökologisch wichtige Feuchtphase wird um so länger andauern, je tiefer (jedoch nicht tiefer als etwa 1,2 m u. Fl.) die etwas durchlässige Stauwassersohle ansteht, je mehr Wasser langsam und stetig seitlich zuziehen kann (Hangfußlage), je mehr die Textur Wasser nutzbringend speichern kann und die Verdunstung hemmt und je besser die ökologisch ausreichenden Niederschläge verteilt sind. Daraus geht hervor, daß der Wasserhaushalt des Pseudogleyes sehr variabel und schwer zu beurteilen ist, jedoch in jedem einzelnen Fall präzisiert werden muß, wenn es sich um die Beurteilung des Pflanzenstandortes handelt. Im Pseudogley der Hanglagen (bis zu den alpinen Steillagen) bewegt sich das gestaute Bodenwasser hangabwärts, was bodendynamisch und ökologisch bedeutungsvoll ist. Daher gehört zur genauen bodentypologischen Charakterisierung auch die Geländelage, was mit der Kennzeichnung des Wasserhaushaltes in der Kategorie der Subvarietät geschieht (Abb. 125).

Die Deutung des Wasserhaushaltes allein aus dem Pseudogley-Profil ist nicht angängig. Dieses kann sehr kontrastreich in der Farbgebung sein, aber das bedeutet keineswegs immer extreme Wasserverhältnisse, d. h. starken Wechsel von Nässe und Trockenheit oder lange Vernässung. Die Farbkontraste und die starke Aufhellung des S_w-Horizontes können darauf beruhen, daß vom Substrat (z. B. Löß) her schnell ein kontrastreiches Profil gebildet werden kann; andererseits werden Substrate mit beständiger Eigenfarbe (Keuper-Material) nur sehr langsam durch das Stauwasser farblich umgeprägt. Ferner kann Stauwasser in früherer Zeit (Pleistozän) das marmorierte Profil geschaffen haben, jedoch ist es heute weniger oder — in seltenen Fällen — nicht mehr wirksam. Daraus resultiert, daß man das jeweilige Profilbild des Pseudogleyes und seinen *jetzigen* Wasserhaushalt streng getrennt beurteilen muß.

Von den chemischen Eigenschaften tritt zunächst die starke Versauerung hervor, wobei saure Humussole die Lösung von Fe- und Al-Verbindungen bewirken. Das Bodenleben des Pseudogleyes beschränkt sich vornehmlich auf die Krume, und selbst hier kann es bei langer Naßphase so eingeschränkt sein, daß der Abbau der organischen Substanz verzögert wird und Moder oder gar Rohhumus entsteht.

Subtypen
Als Bodentyp in der Gesellschaft Mitteleuropas bildet der Pseudogley viele Übergänge zu anderen Typen. Als Primären Pseudogley betrachtet man jenen, der auf Grund der primären Schichtung des Substrates entsteht, wenn z. B. Sand über Ton gelagert ist. Sekundärer Pseudogley entsteht hingegen durch eine pedogenetische Verdichtung im Unterboden im Zuge der Tonverlagerung. Da aber nicht immer klar erkennbar ist, ob erstere oder letztere Entstehungsursache vorliegt, hat man von dieser Zweiteilung des Pseudogleys abgesehen. Ist man jedoch im Einzelfall sicher, daß die eine oder andere Ursache vorliegt, so kann man »primär« bzw. »sekundär« als zusätzliche Information hinzusetzen. Ferner liegt der Vorschlag vor, pleistozäne und holozäne Pseudogleye, d. h. nach der Entstehungszeit, zu unterscheiden. Aber auch diese Entscheidung läßt sich nicht immer treffen. Somit orientiert man sich bei der Subtypenbildung besser an eindeutigen Merkmalen.

Der *Typische Pseudogley* (Tafel 17) besitzt die Horizontfolge A_h-S_w-S_d, zeigt das charakteristische, marmorierte Profilbild, besitzt alle die für den Pseudogley typischen Eigenschaften und entsteht oft, aber nicht immer, durch den pedogenetischen Prozeß der Tonumlagerung. — Den *Tschernosem-Pseudogley* finden wir im

Randgebiet der mitteldeutschen Tschernosemgebiete. Dichter Unterboden oder Untergrund veranlaßt seine Entstehung, wie z. B. der Kreideton im Untergrund innerhalb der Hildesheimer Börde. — Der *Braunerde-Pseudogley* entsteht bei einer Schichtung von durchlässigem über undurchlässigem Substrat; das Stauwasser liegt so tief, daß im oberen Profil noch eine schwache Braunerdebildung stattfinden kann. — Wenn bei der Tonumlagerung der B_tS_d-Horizont nur eine stärkere Verzögerung des Sickerwasserabflusses bewirkt, so reicht der Einfluß des gestauten Wassers nicht bis in den A_h-Horizont, vielmehr bleibt er darunter, so daß im oberen A_l-Horizont nur eine schwache Fleckung sichtbar ist. Das ist der Subtyp *Parabraunerde-Pseudogley*. — Der *Fahlerde-Pseudogley* liegt dann vor, wenn trotz starker Tonverarmung im oberen Profilbereich der gewanderte Ton nicht für eine starke Verdichtung des B_tS_d-Horizontes ausgereicht hat. Die Zeichen gestauten Wassers im A_l-Horizont sind gering. — Der *Podsol-Pseudogley* zeigt im oberen, tonverarmten Horizont deutliche Zeichen der Bleichung, d. h. völlige Zerstörung der Eisenhüllen der Mineralkörner; es ist ein schwacher A_e-Horizont ausgebildet.

Beim *Pelosol-Pseudogley* ist der obere Profilteil, meistens infolge einer Beimischung von tonärmerem Material (z. B. Lößlehm), durchlässig, darunter folgt aber tonreiches, für den Pelosol typisches Substrat. — *Braunlehm-Pseudogley* und *Graulehm-Pseudogley* finden sich auf den Umlagerungsprodukten von Braunlehm bzw. Graulehm. Ihr oberer Profilbereich ist durchlässig, meistens infolge einer Beimischung von tonärmerem Substrat (Lößlehm, Braunerde-Solifluktionsmaterial). Hingegen ist der Unterboden dicht, so daß eine typische Pseudogley-Dynamik vorliegt. — Der *Auenpseudogley* tritt in Tälern auf, in denen stark schwankendes Grundwasser herrscht. Indessen veranlaßt der Profilaufbau die Stauung des Niederschlagswassers auf einem S_d-Horizont. — Den *Gley-Pseudogley* findet man in Tälern mit relativ hohem, wenig schwankendem Grundwasserspiegel, so daß von unten her kapillares Wasser den Boden befeuchten kann, indessen das Absickern des Niederschlagswassers durch einen S_d-Horizont stark verzögert wird. — Der *Stagnogley-Pseudogley* leitet über zum Stagnogley, d. h. dieser Subtyp ist durch eine besonders lange Naßphase gekennzeichnet.

Verbreitung

Der Pseudogley tritt nicht in großen zusammenhängenden Flächen auf, vielmehr finden wir ihn meist kleinflächig und fast überall in den mitteleuropäischen Bodengesellschaften. Die Subtypen als Übergänge zu anderen Typen treten naturgemäß im Bereich des betreffenden Bodentyps auf, z. B. der Parabraunerde-Pseudogley im Verbreitungsgebiet der Parabraunerde und der Pelosol-Pseudogley in Gesellschaft des Pelosols.

II STAGNOGLEY

Der Stagnogley entsteht wie der Pseudogley unter dem Einfluß des Stauwassers, jedoch übt dieses im Gegensatz zu letzterem fast das ganze, in manchen Jahren das ganze Jahr über seinen Einfluß aus; dementsprechend stark ist die Reduktion im Boden. Dieser Wasserdynamik entspricht eine Wasserart, die einen Übergang zwischen Stauwasser und Grundwasser darstellt.

Name

Der Name Stagnogley wurde von F. VOGEL (mündl. Mitt. 1956) aus dem lat. stagnare = stauen und Gley geprägt. Der Stagnogley ist unter anderen Namen, wie Molkenboden (Mitteldeutschland) und Misseboden (Schwarzwald) schon länger bekannt. W. L. KUBIENA (1953) nannte ihn Molkenpodsol.

Entstehung

In Mitteleuropa bestehen die günstigsten Bedingungen für die Entstehung des Stagnogleyes in den höheren, ebenen, kühl-feuchten Lagen der Mittelgebirge. Diese plateauartigen Lagen sind Teile einer alten Fastebene mit Resten alter, stark verwitterter, schluffig-toniger, dichter Böden (meist Grau- oder Buntlehm), welche die Stauwassersohle darstellen. Das kühlfeuchte Klima und der schwache Wuchs der Vegetation bewirken auch im Sommer nur eine geringe Verdunstung, so daß das Stauwasser oft das ganze Jahr über nicht verschwindet, wohl aber in trockenen Jahren. Nässe und Basenarmut lassen Rohhumus entstehen, an besonders feuchten Stellen wächst mit der Zeit ein Hochmoor auf. Die Nässe und die sauren Humussole wirken stark reduzierend, so daß es zur Lösung von zweiwertigem Eisen kommt; auch Al geht ionogen in Lösung.

Der Stagnogley mit seiner für ihn typischen Wasserdynamik kann in Mitteleuropa auch kleinflächig in niederen Lagen über NN vorkommen, wenn reicher Niederschlag und eine schwach muldige Reliefposition lange anhaltendes Stauwasser bedingen. Da aber hier die Temperatur höher liegt und mitunter auch der Basengehalt des Solums höher ist, kommt es weniger schnell zu Rohhumus- und Hochmoorbildung.

Aufbau

Der Stagnogley der höheren, feuchten Mittelgebirgslagen hat meistens einen O-Horizont von Rohhumus, dessen oberer Teil weniger, der untere stärker zersetzt und torfartig ist. Darunter folgt ein naßgebleichter, grauer Horizont, der oben durch Humuseinschlämmung schwärzlichgrau und darunter hellgrau ist. Dieser hellgraue Horizont, der dicht und etwas plattig gelagert ist, hat zu der früheren Bezeichnung »Molkenboden« geführt, weil er die Farbe der Molke hat und auch das daraus gewonnene Wasser wie Molke aussieht. Unter diesem hellen Horizont folgt meistens die dichte, fahlgraue (vor allem oben), rostgelb und rostbraun gefleckte Stauwassersohle. Bei der Austrocknung zerfällt diese in große, dichte Polyeder. Der Stagnogley niederer Lagen besitzt in der Regel eine geringere Humusansammlung und ist weit weniger ausgebleicht.

Eigenschaften

Lange verweilendes Stauwasser bzw. Staunässe und die damit verbundene Luftarmut sind die hervortretenden Eigenschaften, welche die ganze Bodendynamik beherrschen. Hervorgerufen sind diese physikalischen Eigenschaften durch das kühl-feuchte Klima (im Mittelgebirge) und den dichten Unterboden. Während der obere Teil des Mineralbodens relativ wenig Ton enthält, hat der tiefere eine schluffig-tonige Textur.

Der Typische Stagnogley ist stets stark entbast, d. h. die Bodenreaktion ist extrem sauer, so daß saure Humussole und eine starke Lösungstendenz auf die Bodenstoffe einwirken und die Luftarmut, im Verein mit organischen Substanzen, ein starkes Reduktionsmilieu erzeugen. Nässe, Luftarmut und niedere Temperatur sind äußerst schlechte Bedingungen für die Bodenorganismen; die Folge ist mangelhafte Zersetzung der organischen Masse. Diese Bedingungen sind natürlich in niederen Lagen günstiger.

Die geschilderten Eigenschaften des Stagnogleyes wirken sich ökologisch so negativ aus, daß z. B. 80jährige Fichten in 1 m Höhe nur etwa 10 cm ϕ aufweisen können. Diese extremen, durch stagnierende Staunässe hervorgerufenen ökologischen Bedingungen werden in niederen Lagen und bei höherem Basengehalt günstiger.

Subtypen

Der *Typische Stagnogley* mit Rohhumus und Bleichhorizont (wie oben beschrieben) ist am weitesten verbreitet. — Der *Torf-Stagnogley* besitzt eine dünne, stark saure Torfauflage und leitet über zum Hochmoor. — Im Randgebiet des Typischen Stagnogleyes und in niederen Lagen tritt ein *Rohhumusfreier Stagnogley* auf, der aber Moder und einen dünnen Bleichhorizont haben kann. — In niederen Lagen kann auch kleinflächig ein *Basenreicher Stagnogley* auftreten, der eine bessere Zersetzung der organischen Substanz aufweist, bedingt durch eine gesteigerte biologische Aktivität. — Der *Pseudogley-Stagnogley* leitet zum Pseudogley über; bei diesem Subtyp ist die Vernässungsphase länger als beim Typischen Pseudogley.

Verbreitung

In höheren Lagen der deutschen Mittelgebirge kommt der Stagnogley am häufigsten vor, so im Schwarzwald, Solling, Reinhardswald, Bramwald, Kaufunger Wald und im gebirgigen Ostwestfalen. In niederen Lagen und luftfeuchtem Klima (Nordwestdeutschland) tritt er nur kleinflächig auf.

B SEMITERRESTRISCHE BÖDEN

a Auenböden

Die Auenböden erhielten ihren Namen von der Au oder Aue, eine Bezeichnung für ein (meist breiteres) Tal, dem Verbreitungsgebiet dieser Böden. In Tälern mit einem größeren Fluß geht der Grundwasserspiegel im allgemeinen weitgehend konform mit dem stark schwankenden Flußwasserspiegel. Das bedeutet für die Klasse der Auenböden einen stark schwankenden (bis 4 m) und im Sommer tiefstehenden Grundwasserspiegel. Der Einfluß des Flußwasserspiegels auf den benachbarten Grundwasserspiegel wird mit der Entfernung vom Fluß geringer, er kann sich 4 bis 5 km auswirken, wenn der Untergrund gut durchlässig (Kies) ist. Steht der Flußwasserspiegel nur kurze Zeit hoch und ist der Untergrund weniger durchlässig, so kann die Beeinflussung des benachbarten Grundwasserspiegels nicht weit reichen (bis einige 100 m). Typisch für nicht eingedeichte Auenböden ist die Überflutung und Auflandung von Sediment bei Hochwasser. Eingedeichte Auenböden können bei Hochflut von Druck- (oder Qualm-) Wasser überstaut werden, das bei durchlässigem Untergrund unter dem Deich in den eingedeichten Landstreifen zieht und wieder hochsteigt, u. U. bis auf die Höhe des Flutwasserspiegels. Ist das Flußbett durch tonigen Schlamm abgedichtet, so kann naturgemäß kein Flußwasser in den Grundwasserstrom der Aue eintreten. In den Flußtälern Mitteleuropas trifft das selten zu, weil die im Pleistozän angelegten Täler überwiegend eine Füllung aus Geröll-Kies-Sand besitzen.

Da die fruchtbaren Böden der Täler Mitteleuropas schon früh in landwirtschaftliche Nutzung genommen wurden, schützen Deiche vor Überflutung und Auflandung. Von letzterer ist nur noch der schmale Streifen zwischen Deich und Fluß betroffen. Hingegen werden die eingedeichten Ländereien bei längerem Hochwasser (meist im Frühjahr) von unten her von Druckwasser (Grundwasser) angefeuchtet oder gar überstaut. Dieses Druckwasser sättigt den Boden mit Wasser auf und bringt oft Basen und Nährstoffe mit. Die Alpenflüsse führen öfter, auch im Sommer, Hochwasser. Im übrigen sinkt aber der Grundwasserspiegel mit fallendem Flußwasserspiegel im Sommer tief ab, so daß dann eine tiefgreifende Oxidation im Auenboden stattfinden kann. Das Überstauungswasser verschwindet nach Absinken des Flußwasserspiegels sehr schnell, weil die Auenböden ein dichtes Netz von tiefgehenden, schnell dränenden Regenwurmröhren besitzen.

Darauf beruht auch eine tiefe Durchwurzelbarkeit der Auenböden, wodurch viel Wurzelmasse bis tief in den Boden gelangt. Dadurch und durch die meist gute Basenversorgung und Belüftung herrscht bis tief im Profil eine rege biologische Tätigkeit; besonders reich entfaltet sich die Bodenfauna.

Da die Auenböden nur kurze Zeit vom Wasser gesättigt und übersättigt werden, im übrigen aber lange Zeit intensive Belüftung möglich ist, zeigt das Profil des Auenbodens eine homogene graue oder meist braune Färbung (bis 1,5 m tief und tiefer) ohne die für starken Wassereinfluß bekannte Fleckenbildung. Erst im Bereich des Grundwassers zeigen sich die rostbraunen Gley-Flecken. Somit gleicht der Auenboden im oberen Profilbereich den Terrestrischen Böden.

In der nicht eingedeichten Aue findet neben der geschilderten Wasserdynamik die Auflandung statt, und zwar in Abhängigkeit von der Strömungsgeschwindigkeit und -richtung des Flußwassers. Das vom Fluß mitgebrachte Material wird vom Einzugsgebiet bestimmt. Flüsse aus dem Hochgebirge bringen frisches Gesteinszerreibsel mit, die Flüsse aus dem Hügelland hingegen verwittertes Material, d. h. Böden (Solum). Aus dem Gesteinszerreibsel entstehen *Autochthone Auenböden,* aus dem Solum-Material *Allochthone Auenböden.* Das Gesteinszerreibsel kann vorwiegend aus Kalk und Dolomit (Kalk- und Dolomitsand) bestehen, es kann auch, je nach Herkunft, vorwiegend Silikat- und Quarzpartikel enthalten. Davon in Abhängigkeit entstehen verschiedene Auenbodentypen. Das allochthone Auflandungsmaterial kann sowohl in der Körnung als auch in der bodentypologischen Herkunft sehr verschieden sein. Die Vielfalt der Möglichkeiten bei der Entstehung von Auenböden erlaubt im folgenden nur eine kurze Darstellung der wichtigsten Typen und Subtypen.

I RAMBLA

Die Rambla (spanischer Name, abgeleitet von arabisch ramla = grober Sand) ist ein Auenrohboden, d. h. Flußsedimente der Talauen mit sehr geringer Verwitterung und sehr wenig, nicht oder kaum sichtbarem Humus im A_i-Horizont, dem unmittelbar der C_n-Horizont folgt. Er bedeckt meist nur schmale Streifen im Auflandungsbereich der aus dem Hochgebirge kommenden Flüsse. Meistens handelt es sich um gröbere Sedimente (Sand, Kies und Geröll), die wegen der schnellen Austrocknung lange im Stadium des Rohbodens verweilen. Die Farbe entspricht im wesentlichen der Gesteinsfarbe; die Verwitterung hat noch wenig daran verändert. Infolge des geringen Anteiles an Feinsubstanz ist der Boden sehr durchlässig und schnell trocken, so daß die chemische Verwitterung nur langsam fortschreitet. Der Grundwasserspiegel schwankt mit dem Flußwasserspiegel. Die Bodenorganismen finden in dem humusarmen, überwiegend trockenen Milieu sehr ungünstige Bedingungen. Alle diese Eigenschaften werden durch zunehmende Feinsubstanz aufgebessert.

Die Differenzierung in *Subtypen* ist gering. Die *Typische Rambla* entsteht aus kalkfreien oder nur schwach kalkhaltigen Flußsedimenten, während die *Kalkrambla* (Carbonatrambla) aus kalk- und dolomitreichen Flußsedimenten hervorgeht und in den Flußtälern des Alpenvorlandes häufig auftritt. Die *Paternia-Rambla* bildet bodentypologisch die erste Übergangsstufe zur Paternia und kann materialmäßig sehr verschieden sein.

II PATERNIA

Die Paternia (Name von Rio Paternia der Sierra Nevada, Spanien) ist ein fortgeschrittenes Stadium der Rambla, d. h. ein junger Auenboden mit A_h-C-Profil. Die Entwicklung des A_h-Horizontes läuft um so schneller, je feiner das Material ist und damit Feuchtigkeit und Pflanzenwuchs die Bodenbildung fördern. Der Grundwasserspiegel geht mit dem Flußwasserspiegel konform und schwankt daher sehr. Die Farbe des A_h-Horizontes ist überwiegend grau, sie wird jedoch noch stark von der Gesteinsfarbe beeinflußt. Das Material ist meistens grob, kann aber auch feiner sein; ferner gibt es kalkfreie und kalkhaltige Subtypen.

Die Subtypen werden nach Farbe und Kalkgehalt differenziert. Die *Typische Paternia* ist ein junger, grauer, kalkfreier Auenboden mit A_h-C-Profil, der auch Auenregosol genannt werden kann. — Die *Braune Paternia* unterscheidet sich von der Typischen Paternia durch die Braunfärbung des A_h-Horizontes durch Brauneisen, das nicht durch die Verwitterung am Ort entstand, sondern bereits im Sediment enthalten war. — Aus kalkreichen Lockersedimenten, die z. B. von den Flüssen des nördlichen Alpenvorlandes abgelagert werden, bildet sich die *Graue Kalkpaternia,* die auch Grauer Kalkauenboden oder Graue Pararendzina genannt werden kann. — Die *Braune Kalkpaternia* entspricht der Braunen Paternia, nur ist erstere zum Unterschied zur letzteren kalkhaltig.

Die Subtypen der Paternia sind an Täler gebunden, deren Flüsse erodiertes, frisches Gesteinsmaterial mitbringen. Meistens sind das Flüsse aus Hochgebirgen, in denen starke Erosion herrscht. So finden wir in Deutschland die Paternia vorwiegend in den Tälern der Alpenflüsse.

III AUENRENDZINA

Die Auenrendzina ist auch als *Rendzinaartiger Auenboden* und als *Borowina* bezeichnet worden. Letzterer Name ist eine volkstümliche, polnische Bezeichnung für die »Rendzina der Aue«. Sie entsteht aus meistens groben, durchlässigen Kalksedimenten der Täler. Bei Hochwasser wird der Boden befeuchtet, so daß reicher Pflanzenwuchs aufkommen kann. Trockenheit bei Niedrigwasser hemmt den Abbau der organischen Substanz und bedingt ein warmes Bodenklima. Das A_h-C-Profil geht aus der Kalkrambla hervor. Die Auenrendzina trocknet infolge des nahe anstehenden, stark durchlässigen Untergrundes schnell aus; sie ist kalkreich und zeichnet sich durch eine gute, stickstoffreiche Humusform aus. Sie hat in Deutschland eine nur kleinflächige Verbreitung in den Tälern der Flüsse, die nur oder fast nur Kalkgerölle mitführen.

IV TSCHERNITZA (Tafel 18)

Der Name »Tschernitza« wird in der Tschechoslowakei für die grauschwarzen Böden der breiteren Täler gebraucht und ist abgeleitet von dem tschechischen Wort tscherni = schwarz. Es werden auch die Bezeichnungen Auenschwarzerde, Auentschernosem und Schwarzerdeartiger oder Tschernosemartiger Auenboden gebraucht.

Die Tschernitza ist ein grauschwarzer, meist sandig-lehmiger Boden mit schwarzerdeartigem, mächtigem A_h-Horizont. Darunter folgt meistens ein kalkhaltiger G-Horizont. Sie entstand über ein vorangegangenes Anmoorstadium, d. h. das Bildungsmilieu war ehemals feuchter. Flußregulierung und Entwässerung haben das Grundwasser abgesenkt, und nun konnte Luft in den Boden eindringen und die Aktivität der Bodenorganismen verstärken. Bodentiere durchmischten den Boden und halfen bei der Stabilisierung der stickstoffreichen Humussubstanz. Trockenes Klima fördert den Bildungsprozeß der Tschernitza. Sie darf nicht gleichgestellt werden mit der Smonitza (Smonica, Smolnitza, Smonicy, Sionica) der Balkanländer.

Die *Eigenschaften* der Tschernitza sind: bei sandig-lehmiger Textur hohe Wasserkapazität, Krümelgefüge im A_h-Horizont, großes Porenvolumen, wasser- und luftdurchlässig, viel pflanzenverfügbares Wasser, hoher V-Wert, große Gesamtmenge an Humus und Stickstoff, hohe biologische Aktivität.

Die Gesamtfläche der Tschernitza in Mitteleuropa ist relativ klein; sie findet sich im Tal der Donau, der Isar, des Lech, des Oberrheins (Hessisches Ried), der Leine, der Elbe, der Oder, der Warthe, der Weichsel.

V AUTOCHTHONER BRAUNER AUENBODEN (VEGA)

Der Typ »Autochthoner Brauner Auenboden«, früher auch Vega genannt, umfaßt die Auenböden mit stärkerer Profildifferenzierung; dem A_h-Horizont folgt ein autochthoner, pedogenetischer Horizont, der je nach den lokalen Bodenbildungsbedingungen gestaltet ist und dem jeweiligen Auenboden sein pedogenetisches Gepräge gibt. Viele von diesen Auenböden haben einen braunen Unterboden und alle einen braunen Oberboden, so daß in der Benennung der Zusatz »Brauner« gerechtfertigt ist. Alle diese Auenböden stellen Übergänge zu anderen Bodentypen dar, und zwar vornehmlich zu den Terrestrischen Böden, einige aber zu Hydromorphen Böden. In der Wasserdynamik haben diese Böden gemeinsam, daß der obere Profilbereich mit Ausnahme des Gley-Auenbodens nur kurze Zeit vom aufsteigenden Grundwasser erreicht wird und daher hier eine vom Grundwasser nicht bestimmte Bodenbildung ablaufen kann. Der untere Profilbereich wird hingegen periodisch durch Druckwasser aufgefüllt.

Aus der kalkfreien Paternia geht durch fortschreitende Bodenbildung der Subtyp *Braunerde-Auenboden* (Auenbraunerde) mit A_h-B_v-G- oder A_h-B_v-C-G-Profil hervor. Sofern die Textur nicht zu tonarm ist, sind das gute Ackerböden. Wenn allerdings die Gefahr von Druckwasser-Überstauung besteht, so wird das Grünland vorgezogen.

Der *Parabraunerde-Auenboden* (Auenparabraunerde) geht aus der Kalkpaternia hervor und hat die Horizontfolge A_h-A_l-B_t-B_v-C-G oder A_h-A_l-B_t-G. Eigenschaften und Nutzung sind dem Braunerde-Auenboden entsprechend. – Bei der Sedimentation oder durch Tonverlagerung im Profil kann im Unterboden ein wasserstauender Horizont gegeben sein und somit ein *Pseudogley-Auenboden* (Auenpseudogley) mit der Horizontfolge A_h-S_w-S_d-G vorliegen. Bei diesem Subtyp wird der S_d-Horizont von unten her zeitweilig durch Grundwasser befeuchtet. – In Talauen wird an Stellen, wo die Sedimentation im beruhigten Wasser stattfindet, ein toniges Sediment abgesetzt, aus dem ein *Pelosol-Auenboden* (Auenpelosol) hervorgeht. Diese tonige Textur gestattet weder die Versickerung des Niederschlagswassers noch den Aufstieg des Grundwassers in nennenswertem Umfange. Druckwasser kann nur von Bereichen durchlässiger Böden aus der Umgebung den Pelosol-Auenboden überfließen; und das Überstauwasser kann auch nur seitwärts wieder abfließen. Im übrigen besitzt dieser Subtyp die gleichen physikalischen Eigenschaften wie der Pelosol und bereitet auch die Schwierigkeiten bei der Bearbeitung wie dieser. Deshalb wird er auch überwiegend als Grünland genutzt. – In breiten Tälern kann sich an den Talrändern eine starke, durch den Flußwasserspiegel bedingte Grundwasserschwankung nicht immer auswirken, zudem tritt oft aus dem benachbarten Hang Wasser in den Untergrund der Talaue ein und speist das Grundwasserreservoir. Die Folge dieser Wasserverhältnisse ist ein hoher, wenig schwankender Grundwasserspiegel, so daß hier ein *Gley-Auenboden* (Auengley) entstehen kann. Dieser Subtyp kann periodisch überstaut werden, was ihn als Boden der Aue typisiert.

In allen Tälern der Flüsse Mitteleuropas treten die aufgezählten Subtypen des Autochthonen Auenbodens auf.

VI ALLOCHTHONER AUENBODEN (Tafel 18)

Mit dem Namen »Allochthoner Auenboden« wird ausgedrückt, daß dieser Boden aus jungem, umgelagertem Bodenmaterial besteht. Nach der Rodung der Wälder und mit der Ackerkultur begann die Bodenerosion, bei der Solum-Material vom Wasser abgespült, in die Täler transportiert und dort zum großen Teil wieder abgelagert wurde. Das meist schichtweise angelandete Material hat das Horizontsymbol M; es ist am neuen Platz nicht sichtbar durch die Bodenbildung verändert. Die Horizontfolge ist A_h-M-G_o-G_r. Es ist also ein meist weit transportiertes Kolluvium, das der Wasserdynamik der Talaue unterliegt. Da dieses Solum-Material auch mehr oder weniger Material der A_h-Horizonte enthält, ist es mit organischer Substanz durchsetzt und daher biologisch aktiv. Vor allem unter einer Grasnarbe entfalten die Regenwürmer eine starke Aktivität und durchsetzen den Boden bis in große Tiefe mit einem dichten Netz von Röhren. Der Allochthone Auenboden ist bei mittlerer Textur ein guter Ackerboden. Wenn allerdings noch Überflutung oder Überstauung periodisch auftritt, ist das Grünland am Platze, das als Fettweide gilt.

Da in Mitteleuropa überwiegend Böden der Braunerde-Klasse verbreitet sind, stellt das angelandete Solum den Subtyp *Allochthoner Brauner Auenboden* dar (Tafel 18). Nur in Tälern, in die fossiles Terra rossa- und Terra fusca-Material aufgespült wurde (Alb), kommt kleinflächig auch ein *Allochthoner Rotbrauner Auenboden* vor. Natürlicherweise können wir den Allochthonen Auenboden in Tälern erwarten, in denen die Auflandung jung ist und infolgedessen kaum eine oder keine nennenswerte Bodenbildung abgelaufen ist. Wenn allerdings das Solum-Material schon längere Zeit abgelagert ist und keine weitere Auflandung stattfand, so hat sich je nach den Ortsbedingungen ein neuer Bodentyp entwickeln können, der nun als autochthon gelten muß.

b Gleye

Gleye sind Grundwasserböden mit ziemlich hohem mittlerem Grundwasserspiegel von etwa 80 cm u. Fl. und einer jährlichen Schwankungsamplitude von etwa 0,5 — 1,0 m. Bei den Übergängen von Gley zu den Terrestrischen Böden steht der Grundwasserspiegel etwas tiefer.

I GLEY (Tafel 19)

Name

Der Name Gley ist schon in der russischen Literatur von vor 70 Jahren zu finden und wurde schon damals für nasse, meistens grundwasservernäßte Böden verwendet. Möglicherweise kommt der Name von der indogermanischen Wurzel »glei« in der Bedeutung von klebrig-haftend und schmierig. Offenbar hängt auch die Bezeichnung für schwere Böden, vor allem für die Marschen, Klei oder Kley genannt, damit zusammen.

Entstehung

Der Gley entsteht bei einem mittleren Grundwasserstand von meistens höher als 0,8 m u. Fl., der aber selten höher als 0,4 m u. Fl. im Jahresablauf ansteigt. Der Kapillarraum befindet sich etwa zwischen 0,4 und 0,8 m u. Fl. in der Vegetationszeit, und die jährliche Grundwasserschwankung beträgt selten mehr als 0,5 bis 1,0 m. Periodisch können sich größere Schwankungen des Grundwasserspiegels vollziehen, indessen üben diese seltenen und kurzfristigen, hohen Wasserstände keinen sichtbaren Einfluß auf das Profilgepräge aus. Liegt der Grundwasserspiegel etwas tiefer, so bilden sich Übergänge zwischen Gley und Terrestrischen Böden, z. B. der Podsol-Gley. Im Berührungsbereich Grundwasser — Luft werden die im Grundwasser gelösten zweiwertigen Eisen- und Manganverbindungen in höherwertige überführt, wodurch der charakteristische rostgelb, rostbraun (teils auch schwarzbraun) und grau gefleckte G_o-Horizont entsteht, der im wesentlichen die Vorstellung vom Gley vermittelt. Im ständigen Grundwasserbereich, d. h. im sauerstoffarmen Milieu, entsteht der Reduktionshorizont G_r, der grau, grünlich oder bläulich gefärbt ist. Je kräftiger die Reduktion ist, desto stärker ist der Gegensatz zwischen G_o- und G_r-Horizont.

Aufbau

Das typische Gley-Profil wird durch die Horizonte A_h, G_o und G_r mit der oben beschriebenen Farbgebung vorgestellt und unterscheidet sich damit deutlich vom Pseudogley-Profil (Abb. 168). In Abhängigkeit vom Grundwasserspiegel und seiner Schwankung im Jahresablauf sowie vom Sauerstoff- und Ca-Gehalt wird im einzelnen das Profil geprägt. Da die Gleye aus fluviatilen Sedimenten gebildet werden, variiert meistens die Körnung sowohl von Ort zu Ort als auch im vertikalen Aufbau. Für die schweren Texturen des Gleyes ist das Prismengefüge charakteristisch und für die mittelschweren Texturen das Subpolyedergefüge, während in den sandigen Texturen das Brauneisen meistens ein Hüllengefüge erzeugt. Die vergleyten Horizonte sind oftmals etwas verdichtet und verfestigt, letzteres betrifft in erster Linie die sandigen Texturen, was bei Grundwasserabsenkung besonders in Erscheinung tritt.

Eigenschaften

Das relativ hohe und schwankende Grundwasser und die dadurch bedingte Luftverdrängung bestimmen die wichtigsten physikalischen Eigenschaften des Gleyes. Damit verbunden sind die horizontgebundene Oxidation und Reduktion. Das Grundwasser löst Stoffe, die nach mehr oder minder langem Transport wieder im Boden abgesetzt werden, wobei es zu Verdichtung und Verfestigung verschiedenen Grades kommen kann. Vor allem sind es Eisen (II) und Mangan (II), die vom Grundwasser transportiert und in der Oxidationszone in eine höhere Oxidationsstufe überführt werden. Das ausgefällte Eisen (III) kann in Lepidokrokit und (oder) Goethit übergehen. In der Reduktionszone kann das Eisen (II) als Eisencarbonat, weniger als Eisensulfat und Eisensilikat, vorliegen. Nur selten und nesterweise tritt Eisen (II)-phosphat (Vivianit) auf, das unter Luftabschluß farblos oder weißlich ist und an der Luft blau wird, ferner kommt ebenso selten, und zwar unter stark reduzierenden Bedingungen, Eisensulfid vor, das an der Luft zu Schwefelsäure oxidiert (starke Versauerung!). Die Mangan (II)-Ionen sind relativ beständig und können pflanzenschädigend wirken. Das Grundwasser kann Calcium als Hydrogencarbonat in großen Mengen transportieren und im Gley absetzen. Sauerstoff- und Calciumgehalt des Grundwassers beeinflussen stark den Chemismus des Gleyes, und mit steigendem Gehalt dieser Stoffe werden die Bedingungen für die Bodenorganismen und die Humusform günstiger.

Die Gleye sind wegen ihrer fast unerschöpflichen Wasserreserve des Untergrundes natürliche Standorte für das Grünland und für wasserbedürftige Baumarten (Erle, Esche, Pappel, Moorbirke). Ihr Standort wird modifiziert durch den Hoch- und Tiefstand sowie den mittleren Stand des Grundwasserspiegels und den Chemismus des Grundwassers.

Subtypen

Stand und Chemismus des Grundwassers sowie Übergänge vom Gley zu Terrestrischen Böden (Halbgleye oder Semigleye) bedingen mehrere Subtypen.

Der *Typische Gley* (Tafel 19) repräsentiert das charakteristische Gley-Profil mit der Horizontfolge A_h-G_o-G_r und entsteht aus Texturen vom Kies bis zum Lehm. Während seine physikalischen Eigenschaften durch den Grundwasserspiegel festgelegt sind, variieren die chemischen Eigenschaften je nach Herkunft des Ausgangsmaterials und des Grundwassers erheblich. — Der *Sauerstoffreiche Gley* entsteht im bewegten, sauerstoffreichen Grundwasser, in welchem es nicht zur Reduktion kommen kann und somit ein A_h-G_o-Profil entsteht; wohl kann ein G_r im tiefen Untergrund vorhanden sein. Er tritt in der Nähe von Fließgewässern auf, deren Wasserspiegel mit dem Grundwasser konform geht, wodurch letzteres stark bewegt wird und Sauerstoff aufnehmen kann. Dieser Gley stellt günstige Bedingungen für die Pflanzen. — Im *Eisenreichen Gley* liegt eine starke Anreicherung von Brauneisen (Fe-Horizont) vor; im Extrem kommt es zur Bildung von Raseneisenstein. Starke Eisenzufuhr und viel Sauerstoff zur Oxidation des Eisens (II) sind die Entstehungsbedingungen. Bei der Ausfällung des Eisens können auch Eisenbakterien beteiligt sein. Es fehlt oft der G_r-Horizont oder er liegt sehr tief.

Der *Humusreiche Gley* besitzt viel organische Substanz (etwa 10 bis 15 %, aber nicht über 15 %), so daß er die Vorstufe des Anmoorgleyes darstellt. — Der *Rendzina-Gley* tritt auf kalkreichen Sedimenten auf, sein Grundwasserspiegel liegt tiefer als beim Humusreichen Gley und höher als bei der Borowina. Sein A_h-Horizont ähnelt stark dem der Rendzina. — Der *Kalkhaltige Gley* ist kalkhaltig bis zur Oberfläche. Der Kalk kann primär im Sediment vorgelegen haben, er kann andererseits von kalkreichem Grundwasser abgesetzt worden sein. — Ehemals unter Wasserbedeckung abgelagerte, hochprozentige Kalkpräzipitate nehmen nicht selten das ganze Profil ein. In diesem Falle soll man den Subtyp *Kalkgley* nennen. — In muldigen Lagen des gipshaltigen Keupertons Südwestdeutschlands hat sich ehemals unter zusammenfließendem Wasser ein sogenannter Sumpfton mit viel organischer Substanz gebildet. Es war ein Sapropel, der unter den derzeitigen Grundwasserverhältnissen einen *Sapropel-Gley* darstellt. — Im Podsolgebiet Nordwestdeutschlands gibt es grundwassernahe Sandböden mit einer durch Sauerhumus entstandenen Bleichzone, indessen fehlt der B-Horizont. Es ist der *Gebleichte Gley* mit der Horizontfolge A_h-G_0A_e-G_0-G_r. — In der Bodengesellschaft der Auenböden gibt es Bereiche mit hohem und wenig schwankendem Grundwasser. Hier entsteht der *Auengley,* denn dieser Grundwassergang ist der des Gleyes und nicht der des Auenbodens, indessen kann der Auengley auch überflutet werden. — Wenn im Bereich der Braunerde das Grundwasser so tief steht, daß es den oberen Profilteil (etwa 50 cm) nicht mehr beeinflußt, so läuft oben die Braunerdebildung und unten die Gleybildung ab. Diesen Halbgley nennen wir *Braunerde-Gley* (Tafel 19), der oben die Eigenschaften der Braunerde und tiefer im Profil die des Gleyes aufweist. — In der Bodengesellschaft der Parabraunerde bildet sich bei etwas tieferem Grundwasser (als beim Gley) analog zum Braunerde-Gley der *Parabraunerde-Gley.* — Zwischen dem Gley-Podsol und dem Gley steht der *Podsol-Gley,* dessen Eigenschaften insgesamt dem Gley näher stehen als dem Podsol. Er zeigt die Horizontfolge O-A_h-A_e-BG_0-G_0-G_r. Ein typischer Podsol-B konnte durch das hohe Grundwasser nicht entwickelt werden. — Im oberen Teil des *Pseudogley-Gleyes* herrscht die Dynamik des Pseudogleyes, d. h. es bildet sich hier zeitweilig Stauwasser, im unteren Profilteil steht das Grundwasser. Somit ergibt sich die Horizontfolge A_h-S_w-S_d-G. In Tälern mit kalkfreien, schluffreichen Texturen findet man diesen Subtyp. — In der Gley-Gesellschaft der Täler und Niederungen bildet sich aus tonreichen Sedimenten der *Pelosol-Gley.* Oft ist die tonreiche Schicht unterlagert von einem durchlässigen Sediment (Sand, Kies), in welchem das Grundwasser gespannt (unter dem Ton) steht.

Verbreitung

Die Gleye sind die Böden der Täler und Tälchen sowie der Niederungen mit relativ hohem, wenig schwankendem Grundwasserspiegel. Größere Flächen gibt es in den ausgedehnten Niederungen Nordwestdeutschlands.

II NASSGLEY (Tafel 20)

Der Naßgley unterscheidet sich vom Gley durch höheres und weniger schwankendes Grundwasser. Der Kapillarraum reicht oft höher als 0,2 m u. Fl., und die Spiegelschwankung bewegt sich in einer Tiefe von etwa 0,0 bis 0,6 m u. Fl. im Jahresablauf. Der Name »Naßgley« soll aussagen, daß dieser Boden durch hohes Grundwasser besonders naß ist. Dementsprechend herrscht im Profil die Reduktion bis unter den Oberboden, so daß die Horizontfolge G_0A_h-G_r vorliegt. Graue, grünliche oder bläuliche Farben kennzeichnen das Profil. Durch das dauernd hohe Grundwasser ist das Makrogefüge ungegliedert, nämlich kohärent. Der gelegentliche Luftmangel im G_0A_h-Horizont hat nicht selten zu einem verzögerten Abbau der organischen Substanz geführt. Die Eigenschaften des Naßgleyes werden durch das hohe, wenig schwankende, meist stagnierende oder nur wenig fließende Grundwasser bestimmt. Der Boden ist sehr naß, luftarm und erwärmt sich schlecht. In der Reduktionszone bildet sich nicht selten Eisensulfid, das bei der Entwässerung und Belüftung des Naßgleyes zu Schwefelsäure oxidiert wird. Dadurch tritt eine starke Versauerung ein, wenn nicht ein hinreichender Ca-Gehalt die Säure abfängt. Die Eigenschaften des Naßgleyes werden durch fließendes Grundwasser und Kalkgehalt verbessert, nicht zuletzt auch die Bedingungen für die Bodenorganismen. Von Natur ist der Naßgley der Standort für die Kleinseggengemeinschaft (Streuwiese). Durch Entwässerung und nötigenfalls Kalkung kann er in brauchbares Grünland umgewandelt werden. Der Naßgley tritt häufig kleinflächig in Tälern auf, wo das Grundwasser hoch ansteht und mehr oder weniger stagniert. Großflächig kommt er in Mitteleuropa an den wenigen Stellen mangelnder Vorflut vor. Der entwässerte Naßgley entwickelt sich zu einem der Gley-Subtypen.

III ANMOORGLEY (Tafel 20)

Der Anmoorgley, auch Anmoor (davon abgeleitet anmoorig) genannt, ist charakterisiert durch ständig hochstehendes Grundwasser (schwankend etwa zwischen 0,0 bis 0,4 m u. Fl.) und einen $A_a G_o$-Horizont mit etwa 15 bis 30 % organischer Substanz (Feuchthumus) im Bodentrockengewicht. An der Bildung dieses Feuchthumus sind auch Wassertiere mit ihrer Losung beteiligt. Der Name soll andeuten, daß dieser Boden eine beginnende Moorbildung vorstellt, was an dem hohen Gehalt an Feuchthumus erkennbar ist. Unter dem grauschwarzen $A_a G_o$-Horizont folgt der G_r-Horizont, der meistens hellgrau gefärbt ist. Im feuchten Zustand ist der Oberboden kohärent, im trockenen Zustand weitgehend krümelig. Der hohe Grundwasserstand und die damit verbundene Luftverdrängung sind die Ursache für den gehemmten Abbau der organischen Substanz. Dieses Wasserregime bestimmt die physikalischen Eigenschaften. Der Chemismus und die Bodenorganismen sind ebenso davon, aber darüber hinaus vom Kalkgehalt abhängig. Deshalb werden die in ihren Eigenschaften sehr verschiedenen Subtypen *Saurer Anmoorgley* und *Kalk-Anmoorgley* unterschieden. Der letztere entsteht besonders auf entwässerten Wiesenkalken, in denen aber das Wasser noch hochsteht. Hier entsteht eine weit bessere Humusform als im Sauren Anmoorgley. Bei stärkerer Entwässerung geht aus dem Kalk-Anmoorgley mit sandig-lehmiger Textur die Tschernitza (Tafel 18) hervor. Der Saure Anmoorgley besitzt meistens eine sandige Textur, und bei Grundwasserabsenkung trocknet hier der Oberboden schnell aus und kann puffig werden. Die Anmoorgleye finden sich in der Gesellschaft des Gleyes und Naßgleyes.

IV MOORGLEY

Der Moorgley stellt den Übergang vom Anmoorgley zum Moor dar. Dieser Bodentyp entsteht bei ständig hohem Grundwasser und zeitweiliger, flacher Wasserüberstauung. Er besitzt über den Mineral-Gleyhorizonten eine Torfauflage bis zu 20 cm Mächtigkeit mit einem organischen Anteil von > 30 % (im Bodentrockengewicht). Der Profilaufbau stellt die Horizonte H über G_r vor. Vom Anmoor unterscheidet sich dieser Boden durch die Torflage, in der die Losung von Wassertieren zurücktritt, und vom Moor durch die geringe Torfmächtigkeit. Nach der Entstehung und den dabei beteiligten Pflanzen lassen sich drei Subtypen unterscheiden: Moorgley vom Niedermoortyp (*Niedermoor-Gley*), Moorgley vom Übergangsmoortyp (*Übergangsmoor-Gley*) und Moorgley vom Hochmoortyp (*Hochmoor-Gley*). Die Eigenschaften des Moorgleyes hängen weitgehend von der jeweiligen Subtypenentwicklung und vom augenblicklichen mittleren Grundwasserstand ab, der oft nicht mehr derjenige der Entstehungszeit ist. Bei Absenkung des Grundwassers beginnt die Zersetzung des Torfes in Abhängigkeit vom Ca-Gehalt. Werden dann solche Böden bearbeitet und wird mineralisches Unterbodenmaterial mit dem H-Horizont vermischt, so erhält man nicht selten einen A_p-Horizont, der den organischen Mengenanteil des Anmoorgleyes enthält. Hierbei handelt es sich um eine anthropogene Umwandlung eines Bodentyps. Der Moorgley findet sich vornehmlich in der Randzone der Moore.

V TUNDRAGLEY

Der Name »Tundragley« drückt aus, daß dieser Bodentyp unter Bedingungen der Tundra entstand, und zwar in Deutschland im Periglazial des Pleistozäns. Dieser fossile Boden mit einem stark grau, rostgelb und rostbraun gefleckten Profil aus älterem Würm-Löß wurde auf der Krefelder Terrasse des Rheins (vermutlich Wende Riß-Würm) gefunden. Heute steht das Grundwasser tief und Staunässe liegt nicht vor. Dieser Typ entstand, als in der letzten Vereisung der Boden tief gefroren war und in der sommerlichen Auftauperiode das Bodenwasser nicht in den Untergund absickern konnte. Unter diesem sommerlichen Grundwasser bildete sich das gefleckte Profil. Als am Ausgang der Eiszeit der Dauerfrost verschwand, wurde das Profil wieder zum Untergrund hin durchlässig. Nun lief die Bodenbildung unter terrestrischen Bedingungen in Richtung der Braunerde oder Parabraunerde. Vielfach hat sich der Tundragley während seiner Entstehung verdichtet, so daß nach der Eiszeit die Voraussetzung für die Bildung eines Pseudogleyes vorlag.

VI HANGGLEY

Im Mittel- und Hochgebirge bildet sich in Hanglagen mit mehr oder minder dichtem Untergrund und darüberliegendem gut durchlässigem Bodenmaterial Grundwasser, das wegen der hangwärts gerichteten Fließrichtung als *Hangwasser* bezeichnet wird. Wenn dieses Hangwasser das Bodenprofil maßgeblich gestaltet wie beim Gley, so liegt als Bodentyp der Hanggley vor. Die relativ schnelle Bewegung des Hangwassers im Profil ist ökologisch so bedeutsam, daß dieser Boden in die Kategorie des Typs gestellt wird. Die Differenzierung des Hanggleyes in Subtypen erfolgt ähnlich wie bei den Gleyen, mithin im wesentlichen nach der Höhe des Hangwasserstandes im Profil, nach Eisen- und Kalkgehalt sowie nach dem Gehalt an organischer Substanz. Demgemäß sind die wichtigsten Subtypen: *Typischer Hanggley* mit A_h-G_o-G_r-Profil, *Oxihanggley* mit Eisenanreicherung, *Kalkhanggley* mit hohem Kalkgehalt, *Naßhanggley*, *Anmoorhanggley*, *Moorhanggley*. Wenn das Hangwasser zeitweilig versiegt, so kann man von *Temporärem Hanggley* sprechen.

VII QUELLENGLEY

Im Bereich von Quellaustritten entsteht eine mehr oder weniger starke und wechselnde Vernässung, d. h. ein eigenständiger Bodenzustand, der hauptsächlich differenziert wird durch die Menge der Quellschüttung im Jahresablauf, den Bodenaufbau, d. h. Durchlässigkeit des Untergrundes und des Profilbereiches sowie die vom Quellwasser mitgeführten Stoffe, hauptsächlich Hydrogencarbonat und Eisen. Dementsprechend sind die wichtigsten Subtypen: *Typischer Quellengley* mit A_h-G_o-G_r-Profil, *Oxiquellengley* mit Eisenanreicherung, *Kalkquellengley* mit hohem Kalkgehalt (Kalksinter), *Rendzina-Quellengley*; es kann auch zur Bildung von *Anmoorquellengley* und *Moorquellengley* kommen.

c Marschen

»Marsch« ist eine schon alte Bezeichnung für die ebene Landschaft der Nordseeküste mit überwiegend schweren Böden aus Schlick und mit hohem Grundwasser, dessen Schwankungen mit der Tide konform gehen, wenn nicht der Mensch durch Deich- und Wehrbau den Grundwassergang anders gestaltet hat. Diese Landschaftsbezeichnung wird schon lange auch für die Böden dieses Küstenstreifens verwendet; man spricht von Marschen oder Marschböden. Wegen des besonderen Wasserregimes und des Ausgangsmaterials schien es angebracht, diese Böden neben den übrigen hydromorphen Böden als besondere Bodenklasse »Marschen« herauszustellen. Die Marschen haben folgende spezifische Merkmale gemeinsam: 1. Die Eigenart der Sedimentation im Zuge der Trans- und Regression des Meeres, 2. das feinkörnige, meist schluff- und tonreiche, mit Feinsandstreifen durchsetzte Sediment, aufgelandet durch die See und (oder) den Fluß im Deltabereich, 3. den unter natürlichen Bedingungen mit der Tide konform gehenden, meist hohen Grundwasserstand, 4. die graue, teils grünliche, bläuliche oder schwärzliche (Eisensulfid) Farbe des Profils, 5. den durch See-, Brack- oder Flußwasser und Pedogenese bedingten Kationenbelag der Bodenkolloide und die dadurch erzeugten kolloidchemischen und physikalischen Bodeneigenschaften.

Auf Grund dieser genetischen Bedingungen und Eigenschaften ergibt sich die Gliederung der Marsch-Klasse in die Bodentypen: Seemarsch, Brackmarsch, Flußmarsch, Organomarsch und Moormarsch. Nach dieser Einteilung sind die Marschen an der deutschen Nord-

Geologische Landesämter		Institut für
Niedersachsen	Schleswig-Holstein	Bodenkunde, Kiel
———	Watt und Böden des Vorlandes	———
———	Salzmarsch ←————————→	Salzmarsch
Seemarsch ←————————→	Kalkreicher Marschboden	
Sorptionsschwache	(Kalkmarsch) ←————————→	Kalkmarsch
Seemarsch ←————————→	Feinsand-Marschboden	———
Brack-Seemarsch ←————————→	Marschboden guten Gefüges (Kleimarsch)	
Brackmarsch		
Knickige Brackmarsch ←————————→	Marschboden mit dichten Horizonten (Dwogmarsch)	←————→ Kleimarsch
Knick-Brackmarsch ←————————→	Dichter, toniger Marschboden, meist mit Knick (Knickmarsch)	←————→ Knickmarsch
Flußmarsch	———	
Organomarsch ←————————→	Marschboden mit humosen Tonen (Humusmarsch)	←————→ Torfmarsch
Moormarsch ←————————→	Moormarsch	

seeküste im wesentlichen kartiert worden. Früher war eine Gliederung der Marschen nach dem Alter üblich; man unterschied Alte und Junge Marsch sowie Knick- und Moormarsch. In neuerer Zeit wurde folgende neue, am Material orientierte Gliederung vorgeschlagen: Salzmarsch, Kalkmarsch, Kleimarsch, Knickmarsch, Torfmarsch. Der schnelle Fortschritt in der Erforschung der Marschen, vor allem durch die Bodenkartierung, hat keine hinreichende Koordinierung der Auffassung von der Marschengliederung bei den verschiedenen Forschungsinstitutionen ermöglicht. Die nachstehende Tabelle gibt eine Korrelation der z. Z. angewandten Gliederungsvorschläge.

Man sollte in diesen verschiedenen Vorschlägen für eine systematische Gliederung der Marschen keine tiefgreifenden Unterschiede sehen. Hier wird der Gliederung gefolgt, die der weitgehend abgeschlossenen Kartierung der niedersächsischen Marsch zugrunde liegt.

Seit Jahrhunderten werden die Marschen durch Deichbau und Wasserregulierung (durch Gräben und Dränung) in landwirtschaftliche Nutzung genommen. Die kalkfreie oder entkalkte Marsch wird durch starke Kalkung verbessert. Soweit kalkreicher Schlick (Kuhlerde) im Untergrund vorliegt, kann dieser mit der Kuhlmaschine (früher von Hand) an die Oberfläche gebracht und ausgebreitet werden, was als Blausandmelioration oder Kuhlen bezeichnet wird. Soweit die Marschen auf Grund ihrer Textur mit tragbarem Aufwand bearbeitbar sind, liegen sie unter Ackerkultur, der größte Teil wird durch Grünland (Fettweide) genutzt. Von Natur sind die Marschen überwiegend fruchtbare Böden, und deshalb hat man in der Vergangenheit für ihre Kultivierung viel investiert.

I SEEMARSCH (KALKMARSCH, KLEIMARSCH) (Tafel 21)

Name

Im Namen »Seemarsch« kommt zum Ausdruck, daß das Ausgangsmaterial dieser Marsch von Seewasser (Salzwasser) sedimentiert wurde und somit von der See stammt (Schlick).

Entstehung

Das Meerwasser spült den meist ton- und schluffreichen Schlick (Quarz, Silikate, Carbonate, organische Substanz von Algen, Diatomeen, Foraminiferen, Muscheln, Schnecken) in den Küstenbereich, wobei in Abhängigkeit von der Stärke der Flut eine ungleichmäßige Schichtung entsteht. Sturmfluten tragen mehr Feinsand heran. Der frische Schlick enthält etwa 20 $^0/_{00}$ Salz (Salzmarsch), das aber bei Ausbleiben der Überflutung relativ schnell vom Niederschlag in den Untergrund gewaschen wird.

Daneben besitzt der Seeschlick meistens erhebliche Mengen von $CaCO_3$, teils als Schalen von Meerestieren. Im Zuge der Auswaschung des Na wird dieses durch Ca-Ionen ersetzt. Der hohe Ca-Gehalt erzeugt ein günstiges, krümeliges und kleinpolyedrisches Gefüge (Jungmarsch). Im feuchten Küstenklima wandern laufend basisch wirkende Kationen in den Untergrund, die Seemarsch wird entkalkt (Altmarsch), und damit wird ihr Gefüge ungünstiger. Neben der kalkreichen Seemarsch kann bei flacher Überspülung küstenfernerer Küstenbereiche z. T. auch *von vornherein* kalkfreier Schlick angelandet werden.

Aufbau

Der Schlick ist unmittelbar nach der Ablagerung dunkelgraublau, wird aber später etwas heller, so daß ein grauer Farbton vorliegt. Die Oxidation des Schwefeleisens erzeugt eine Rostfleckung. Der Profilaufbau besteht aus A_h-, G_o- und G_r-Horizont. Das Gefüge ist bei Ca-Reichtum krümelig und polyedrisch, bei Ca-Mangel überwiegend prismatisch. Dichte, als Knick bezeichnete Schichten sind in der Seemarsch selten, können aber als eine tonreiche Schicht oder als ehemalige Oberfläche (Dwog) vorkommen.

Eigenschaften

Von Natur ist der Grundwasserstand hoch und seine Schwankung wird von der Tide beeinflußt. Deich- und Wehrbau sowie Entwässerung ändern dieses Wasserregime zugunsten der landwirtschaftlichen Nutzung. Die Feldkapazität ist hoch, aber die Durchwurzelung und damit die Wasserausnutzung sind erschwert. Ist der Schluffanteil hoch, so besteht die Verschlämmungsneigung der Oberfläche; dennoch hat die Seemarsch noch etwa 10 % selbstdränenden Porenraum. Mit abnehmendem Kalkgehalt werden Gefüge und Durchlässigkeit schlechter. Die Verbesserung des Gefüges der kalkfreien Seemarsch durch hohe Kalkgaben ist überraschend gut.

Chemisch ist die Seemarsch durch einen relativ hohen Gehalt an Ca gegenüber Mg und Na gekennzeichnet (Ca/Mg = 4:1 etwa). Die Reaktion liegt im allgemeinen im neutralen bis schwach sauren Bereich. Kalium ist von Natur bei hohem Tongehalt reichlich vorhanden, hingegen natürlicher Phosphor nur mäßig.

Die Bodenorganismen leiden in dem schweren Boden unter zeitweiliger Nässe und Luftarmut. Sind aber die physikalischen und chemischen Eigenschaften günstig, so ist doch die biologische Aktivität für den Umsatz der organischen Substanz ausreichend.

Subtypen

Im Deichvorland (zur See hin) befindet sich die *Vorland-Seemarsch*, die durch die sich wiederholende Überschlickung rohbodenartigen Charakter zeigt und salzhaltig ist (Salzmarsch). — Die *Kalkhaltige Seemarsch* kann man auch als Typische Seemarsch oder Kalkmarsch bezeichnen. Meistens handelt es sich um den jungen, nährstoffreichen, gefügegünstigen Marschboden hohen Wertes. — Die *Kalkfreie Seemarsch (Kleimarsch)* besitzt zum mindesten im oberen Profilbereich kein $CaCO_3$. Meistens ist sie durch Entkalkung einer ehemaligen Kalkmarsch entstanden oder sie war primär kalkfrei. Vor allem im Gefüge steht sie der Kalkhaltigen Seemarsch nach.

Die *Knick-Seemarsch* ist eine kalkfreie Marsch mit einem dichten Horizont (= Knick), der die Durchlässigkeit des Gesamtbodens für Wasser, Luft und Wurzeln sehr beeinträchtigt. Dieser Knick-Horizont kann durch die Sedimentation von tonreichem Schlick entstanden sein oder einen ehemaligen entkalkten, humosen Oberflächenhorizont darstellen; letzterer ist an einer dunklen, etwas bläulichen Farbe erkennbar. — Die *Brackmarsch-Seemarsch* stellt eine Übergangsbildung zwischen Brackmarsch und Seemarsch dar und kommt dort vor, wo See- und Brackwasser ineinander übergehen. Die Übergangsbildung kann das ganze Profil umfassen, es können aber auch Horizonte von Seemarsch und Brackmarsch übereinander liegen.

Verbreitung

Die Seemarsch tritt in den Küstengebieten auf, wo keine Mischung von Salz- und Süßwasser erfolgen kann (mit Ausnahme von Brackmarsch-Seemarsch). Das sind überwiegend die Räume zwischen den Flußmündungsgebieten.

II BRACKMARSCH (KLEIMARSCH, KNICKMARSCH) (Tafel 21)

Name

Der Name »Brackmarsch« besagt, daß diese Marsch im Bereich des Brackwassers entstanden ist.

Entstehung

Durch die Mischung von salzhaltigem Meer- und süßem Flußwasser entsteht in einer breiten Zone der Flußmündungsgebiete das Brackwasser. Innerhalb dieses Bereiches werden oberes (flußaufwärts), mittleres und unteres (seewärts) Brackwasser unterschieden, womit der Grad der Versalzung des Flußwassers ausgedrückt wird. Durch Transgression und Regression des Meeres, aber auch durch jede Flut, verschiebt sich der Mischungsbereich. Damit hängt es zusammen, daß vielfach brackische und marine Schlicke in einem Profil übereinander vorkommen. Das erschwert die Gliederung, Melioration und Nutzung dieser Marsch. Wo vom Geestrand Süßwasser in die vom Meer überspülte Marsch eintritt, entsteht ebenfalls Brackwasser und damit auch die Brackmarsch.

Sowohl das Meer- als auch das Flußwasser haben bis zum Brackwasserbereich eine weite Strecke zurückgelegt und die transportierten, gröberen Bestandteile schon weitgehend abgesetzt. Bei Zusammentreffen gegensätzlicher Strömung im Brackwasserbereich beruhigt sich das Wasser, und es kommt schwerer Schlick mit etwa 60—90 % Ton und Schluff zum Absatz. Aus dem Calciumbicarbonat des Seewassers ist bereits vor der Vermischung mit dem Süßwasser unter Abgabe von CO_2 das meiste $CaCO_3$ ausgefällt worden; auch die Kalkschalen wurden bereits abgesetzt. Dadurch besitzt der brackische Schlick relativ wenig Kalk; er ist aber primär noch reich an Mg-, Na- und K-Ionen. Bei der Sedimentation enthält der Schlick 20—2,5 ⁰/₀₀ Salze. Das Ca/Mg-Verhältnis schwankt zwischen 3,5:1 und 1:1 je nach Sedimentationsraum, d. h. den Mengenanteilen von Meer- und Flußwasser. Das Ca/Mg-Verhältnis ist aber nicht nur primär im brackischen Schlick gegeben, sondern kann in der Pedogenese von mehreren Faktoren beeinflußt worden sein.

Im brackischen Bereich der Marsch befinden sich die überwiegenden Flächen der Knickmarsch. Der Knick, d. h. der dichte Horizont dieser Marsch, entsteht meistens durch die Sedimentation von schwerem Schlick, der infolge eines relativ hohen Gehaltes an Mg-Ionen (teils auch an Na-Ionen) ein dichtes Gefüge besitzt. Daneben kann der Knick-Horizont einen ehemaligen, dichten Oberflächenhorizont darstellen (Tafel 21), der von frischem Schlick überdeckt wurde. Der Verlust an Calcium infolge der Auswaschung und Alterung, ferner häufige Schwankung des Grundwassers (Vergleyung) können auch zur Dichtlagerung des obersten oder (und) eines tieferen Horizontes beigetragen haben. Es ist ferner nicht auszuschließen, daß bei höherem Anteil an Mg- und Na-Ionen infolge Peptisation der feinen Tonteilchen eine Wanderung solcher Teilchen in einen tieferen Horizont stattfand und diesen verdichtete. Die *Möglichkeiten* der Knickbildung können jedenfalls auf verschiedenen Ursachen beruhen, und demgemäß zeigen Farbe, Dichte, Mächtigkeit und Tiefenlage des Knicks eine breite Variation.

Aufbau

Auch die Brackmarsch besitzt grundsätzlich die Horizontfolge A_h-G_o-G_r. Überwiegend zeigt das Profil graue Farben verschiedener Tönung, teils ist sie grünlich oder bläulich. Im oberen Profilteil wird die graue Farbe durchsetzt mit rostgelben und rostbraunen Flecken. Das Gefüge ist meistens prismatisch und zerfällt in große Polyeder. Infolge der schluffig-tonigen Textur und des vorliegenden Kationen-Belages ist das Gefüge relativ dicht, besonders in den Knickhorizonten.

Eigenschaften

Der hohe Gehalt an Schluff und Ton und der spezifische Kationen-Belag bestimmen weitgehend die bodenphysikalischen Eigenschaften. Im Zustand der Quellung bildet die Brackmarsch auf Grund des hohen Schluffgehaltes und der Mg- und Na-Ionen eine dichte, fast kohärente Masse mit fast keinen dränfähigen Poren, und der Anteil an Mikroporen fällt bis zu 40 Vol.-% ab, was geringe oder keine Wasserdurchlässigkeit bedeutet. Obzwar die Feldkapazität wegen des Tonreichtums etwa 400 mm/m³ ausmachen kann, sinkt das pflanzenverfügbare Wasser in ausgeprägten Knick-Horizonten auf 10—20 % ab.

Die wichtigsten chemischen Eigenschaften sind: meistens sauer (schwach bis stark), Basensättigung niedriger als in der Seemarsch, Ca/Mg-Verhältnis eng, in etwa 40—70 cm Tiefe können über 50 % der sorbierten Ionen Mg- und Na-Ionen sein, auch der Anteil an K-Ionen ist hoch, bei höherem pH ist der Gehalt an pflanzenverfügbarem P vielfach hoch, jedoch bei pH $<$ 5 gering.

Die Brackmarsch bietet in den meisten Fällen den Bodenorganismen nur in der Krume bescheidene Lebensmöglichkeiten. In nassen Jahren ist die biologische Aktivität auch in der Krume gering, so daß der Abbau der organischen Substanz gehemmt ist, was ein hoher Humusgehalt bezeugt (bis zu 15 %); teils entsteht eine Grastorfauflage.

Subtypen

Die *Vorland-Brackmarsch* liegt im Deichvorland und wird noch regelmäßig von Brackwasser überspült, das Salz mitbringt; meistens ist sie kalkhaltig und reich an Mg- und Na-Ionen. — Die *Kalkhaltige Brackmarsch* ist bis zur Krume kalkhaltig, indessen sind aber relativ große Mengen an Mg und Na vorhanden, wodurch das Gefüge etwas verschlechtert wird. — Die *Kalkfreie Brackmarsch (Kleimarsch)* ist mindestens im oberen Profilbereich kalkfrei, womit dichtes Gefüge, eine gewisse Staunässe und Verschlämmungsneigung verbunden sind. Ein deutlicher Knick-Horizont fehlt. — Die *Knick-Brackmarsch (Knickmarsch)* ist kalkfrei und besitzt einen dichten Knick-Horizont mit allen seinen Nachteilen, vor allem in physikalischer und biologischer Hinsicht. Staunässe ist regelmäßig vorhanden. Der Knick ist variabel in Mächtigkeit, Dichte und Farbe und trägt verschiedene volkstümliche Namen (z. B. Dwog, Blauer Lack, Blauer Strahl, Schwarze Schnur, Stört, Bint). — Die *Seemarsch-Brackmarsch* ist eine Übergangsbildung mit vornehmlichen Eigenschaften der Brackmarsch. Kalk, Dichte, Knick u. a. variieren diesen Subtyp. — Die *Flußmarsch-Brackmarsch* ist ebenfalls ein Übergangsboden, welcher der Brackmarsch näher steht als der Flußmarsch.

Verbreitung

Naturgemäß findet sich die Brackmarsch im Brackwasserbereich, hauptsächlich im Bereich der Flußmündungen, teils auch am Geestrand.

III FLUSSMARSCH

Name

Der Name beinhaltet, daß dieser Bodentyp im Gezeitenbereich, d. h. in der Marschlandschaft liegt und aus fluviatilen Sedimenten hervorging.

Entstehung

Im Mündungstrichter der Flüsse (Ästuar) erfährt das zum Meere strömende Flußwasser einen Stau durch die vom Meere entgegenkommende Flut der Tide. Der Fluß tritt über das Ufer und landet auf, soweit nicht ein Deich dies verhindert. Im Mündungsgebiet der in die Nordsee gehenden Flüsse wird überwiegend kalkarmes oder kalkfreies Material abgesetzt, das reich an Schluff und Ton ist. Es besteht in der Zusammensetzung dieser Ablagerungen eine starke Abhängigkeit zu Gestein und Boden des Einzugsgebietes, wie z. B. in der Wesermarsch der Buntsandstein des Wesereinzugsgebietes spürbar ist. Der Salzgehalt bei der Sedimentation der Flußmarsch ist sehr gering ($<$ 0,5 %). Das Ca-Ion überwiegt das Mg- und Na-Ion ebenso stark wie bei der Seemarsch.

Aufbau

Auch die Flußmarsch hat normalhin den Profilaufbau A_h-G_o-G_r. Von der Höhe des Grundwasserstandes hängt die Mächtigkeit des G_o-Horizontes ab; der G_r kann auch dem A_h unmittelbar folgen. Die Textur ist meistens schluff- und tonreich. Durch die wiederkehrende Auflandung treten im Profil öfter Dwog-Horizonte auf, die meistens mehr oder weniger dicht sind. Die schluff- und tonreiche Flußmarsch besitzt im Oberboden je nach Kationenbelag ein krümeliges oder feinpolyedrisches Gefüge, im Unterboden ist es prismatisch oder (und) polyedrisch.

Eigenschaften

Die physikalischen Eigenschaften der Flußmarsch stehen in Abhängigkeit vom Stand sowie Gang des Grundwasserspiegels, der bei fehlender Wasserregulierung mit der Tide konform geht, ferner vom Schluff- und Tongehalt sowie Kalkgehalt bzw. vom Anteil an Ca-Ionen. Die kalkhaltige (bzw. Ca-reiche) Flußmarsch besitzt im Oberboden ein krümeliges oder feinpolyedrisches Gefüge, im Unterboden ist es prismatisch oder (und) polyedrisch; sie ist durchlässig, wenn nicht Dwog-Horizonte dies behindern. Nach Absenkung des Grundwassers tritt ein »Reifungsprozeß« des Unterbodens ein, er schrumpft und bleibt für den Wasserabzug hinreichend durchlässig. Die Ausnutzbarkeit des reichlich gespeicherten und im Untergrund befindlichen Wassers ist gut, wenn nicht Dwog-Horizonte die Wurzelausbreitung erschweren.

Die chemischen und auch biologischen Eigenschaften hängen zunächst vom Kalkgehalt (bzw. Ca-Ionen) ab. Die Nährstoffe K und P sind in beachtlichen Mengen vorhanden; letzterer ist bei pH $> 5{,}5$ weitgehend verfügbar.

Subtypen

Die *Vorland-Flußmarsch*, die meistens kalkhaltig ist, liegt im Deichvorland und wird periodisch überflutet und überschlickt. — Die *Kalkhaltige Flußmarsch* ist meistens eingedeichtes, junges Marschland von hohem Wert. Die Krume ist braun und hat ein gutes Gefüge; der Unterboden zeigt meistens graue Farben. — Die *Kalkfreie Flußmarsch* ist teils nur im oberen Profil kalkfrei, teils ist sie tief entkalkt oder ging aus kalkfreiem Sediment hervor. — Die *Verbraunte Flußmarsch* hat durch Verwitterung und Eisenfreisetzung eine braune Farbe im oberen Profilbereich erhalten. Diese Verbraunung ist zu unterscheiden von primär braunem Sediment. Ein solches kann jedoch im ehemals ständig hohen Grundwasser grau geworden sein und kann nach Absenkung des Grundwassers pedogenetisch wieder verbraunen. Die Verbraunte Flußmarsch ist mindestens im oberen Profilbereich kalkfrei. — Die *Brackmarsch-Flußmarsch* stellt den Übergang zwischen Brack- und Flußmarsch vor, sie steht letzterer näher.

Verbreitung

Im Mündungsraum der in die Nordsee mündenden Flüsse schließt die Flußmarsch flußaufwärts an die Brackmarsch mit fließendem Übergang (Flußmarsch-Brackmarsch und Brackmarsch-Flußmarsch) an und reicht bis zum Ausklang der Tide. Auch letztere Grenze ist nicht scharf, denn die Flutwelle der Tide dringt jeweils verschieden weit in die Flußmündung vor.

IV ORGANOMARSCH

Der Name »Organomarsch« soll zum Ausdruck bringen, daß diese Marsch einen humusreichen Oberboden besitzt, hervorgerufen durch oberflächennahe Nässe und sehr saure Reaktion; beides hemmt den Abbau der organischen Substanz. Die Organomarsch besitzt auch ein A_h-G_o-G_r-Profil. Sie besteht aus brackischen und fluviatilen Sedimenten und ist im Unterboden gut durchlässig. Nicht selten ist im Profil schwefeleisenreicher, kalkfreier Schlick eingelagert, der Smink oder Pulvererde genannt wird. Die Organomarsch nimmt nur kleine Flächen ein und gehört zu den geringwertigen Marschen.

V MOORMARSCH (TORFMARSCH)

Name

Der Name sagt aus, daß bei diesem Bodentyp die genetischen Vorgänge der Marsch- und Moorbildung beteiligt sind.

Entstehung

Am weit von der Küste entfernt liegenden Geestrand haben gleichzeitig oder abwechselnd Aufschlickung und Moorbildung stattgefunden, während demgegenüber im Küstensaum, dem sog. »Hochland«, im Laufe der Zeit ständig aufgelandet wurde, ohne daß für Zeiten der Moorbildung Platz blieb. Dem tiefer gelegenen Geestsaum (Sietland) fließt überwiegend Süßwasser zu, so daß sich hier im flachen Wasser eine Niedermoor-Vegetation ansiedeln konnte, die selten von Übergangsmoor- oder noch später sogar von Hochmoor-Vegetation abgelöst wurde. Von Zeit zu Zeit wurde bei starker Flut in diese Vermoorungszone Schlick eingespült, wobei Salz- und Süßwasser (letzteres von der Geest) sich mischten und vorübergehend brackiges Wasser vorhanden war. Der Schlick kann den Torf durchsetzen oder auch schichtweise darin eingelagert sein (Darg). Demzufolge sind die Profile wechselvoll, meist liegt Marsch über Moor. Durch Sackung des Moores hat sich das »Sietland« gegenüber dem »Hochland« noch gesenkt, wodurch das Grundwasser anstieg und die starke Vernässung und Moorbildung andauerten.

Die heute an der Oberfläche des Sietlandes befindliche Schlickschicht ist oft von Menschenhand aufgetragen worden, um das tiefgelegene, weiche Moorland zu festigen und zu nutzen. Da nicht in jedem Falle ersichtlich ist, ob die oberste Schlickschicht des Sietlandes aufgespült oder von Hand aufgetragen worden ist, wird davon abgesehen, eine anthropogene, sog. umgespittete (umgespatete) Moormarsch herauszustellen.

Aufbau

Meistens liegt ein grauer, rostbraun gefleckter, schluffig-toniger, dichter Schlick geringer Mächtigkeit über Niedermoor-Torf, der oft von Schlick schichtig oder gleichmäßig durchsetzt ist. Die Horizontfolge ist sehr wechselvoll, vereinfacht ist sie A_h-G_o-(G_r-)H.

Eigenschaften

Die Schlickauflage besitzt einen hohen Anteil an Schluff und Ton sowie ein dichtes Gefüge, was weitgehende Undurchlässigkeit für Wasser und Luft bedeutet. Hingegen sind der Torf- und Darg-Untergrund durchlässig, selbst die schlikkigen, schilfdurchwachsenen Horizonte.

Die oberste Schlickschicht ist stark versauert, pH-Werte um 4 und V-Werte von 20 bis 30 % liegen oft vor. Das Ca-Mg-Verhältnis ist eng. Während K im allgemeinen genügend vorhanden ist, fehlt es an aufnehmbarem P. Im Untergrund der Moormarsch befinden sich Nester von gelblichem Maibolt (Jarosit), dessen Schwefel in Verbindung mit der Luft (an die Oberfläche gebracht) zu Schwefelsäure oxidiert, wobei es zu pH-Werten um 2 kommen kann und das Pflanzenwachstum unterbunden wird. Hier fehlt von Natur der Kalk für die Neutralisation der Säure.

Die biologische Aktivität wird von Nässe und Versauerung beeinträchtigt; bei Grundwasserabsenkung tritt aber eine spürbare Zersetzung des Torfes ein.

Subtypen

Die wechselvoll aufgebauten Profile der Moormarsch, ferner der unterschiedliche Grundwasserstand und die verschieden starke Versauerung bedingen eine Reihe von niederen bodensystematischen Kategorien.

Verbreitung

Die Moormarsch begleitet als Streifen von wechselnder Breite (einige Kilometer) den Geeststrand, kommt aber kleinflächig auch in der Flußmarsch vor.

d Semiterrestrische Anthropogene Böden

Das Gemeinsame der Semiterrestrischen Anthropogenen Böden sind hohes Grundwasser sowie ihre Entstehung durch die Arbeit des Menschen; die Beteiligung des Stauwassers ist selten.

In Talauen mit dem hier typischen Wasserregime entstand in der Nähe von Siedlungen durch intensive Gartenkultur ein *semiterrestrischer Hortisol*. Gute Beispiele dafür sind die Gärten und Gemüsefelder in der Mainaue bei Schweinfurt, in der Regnitzaue bei Bamberg, in der Rheinaue bei Mainz-Mombach und in der Saaraue bei Saarbrücken.

Viele Semiterrestrische Anthropogene Böden entstanden in den Auen durch Rigolen, indem von Hand oder mit dem Tiefpflug unfruchtbare Textur (Sand) vergraben und gleichzeitig fruchtbares Bodenmaterial (Flutlehm) an die Oberfläche gebracht wurde; so entstand ein *Rigolter Auenboden*. — In der Marsch hat man den dichten Knick-Horizont vergraben (von Hand oder mit Tiefpflug) und gleichzeitig kalkreiches, feinsandreiches, fruchtbares Untergrundmaterial (Blausand) an die Oberfläche gebracht. Andererseits wurde hier eine sandige Oberschicht in den Untergrund gepflügt und dabei bindigeres, kalkhaltiges Material an die Oberfläche befördert. Diese Böden geringer Verbreitung sind *Rigolte Marschen*. Bei der Blausandmelioration wird das Bodenprofil nicht umgestaltet, sondern nur Untergrundmaterial (Blausand) auf die Oberfläche gebreitet. Diese so verbesserten Böden zählen nicht zu den anthropogenen. Wohl muß man eine Marsch, die durch Auftrag einer größeren Menge von Schlick verbessert wurde, als Anthropogenen Boden betrachten. — Im Verbreitungsgebiet des Plaggeneschs ist die Plaggendüngung auch auf Gley praktiziert worden; so entstand der *Plaggenesch-Gley*. — In Nordwestdeutschland sind unebene Sandböden, die teils zu grundwassernah, teils zu grundwasserfern waren, planiert worden, um ein gleichmäßiges und für die Kulturpflanzen erreichbares Niveau zum Grundwasser zu erhalten. Auch das sind Semiterrestrische Anthropogene Böden.

C SEMISUBHYDRISCHE UND SUBHYDRISCHE BÖDEN

a Semisubhydrische Böden (Wattböden)

In neuerer Zeit wurden die Wattböden als Semisubhydrische Böden in die Bodensystematik aufgenommen. Durch Regression des Meeres oder Eindeichung vollzieht sich der Wandel vom Watt zu den Marschen. Vom Standpunkt der pflanzlichen Produktion haben die Wattböden keine Bedeutung. Deshalb werden der Vollständigkeit wegen nur die nach Sedimentationsräumen genannten Typen dieser Bodenklasse aufgeführt:

I   MARINER WATTBODEN (SEEWATT)
II BRACKISCHER WATTBODEN (BRACKWATT)
III PERIMARINER WATTBODEN (FLUSSWATT)

b Subhydrische Böden

Unter der Bezeichnung »Subhydrische Böden« werden, wie der Name es ausdrückt, Bodenbildungen zusammengefaßt, die *unter* Wasser in Binnenseen aller Größen, in Teichen und in der Küstenregion mit Flachwasser entstehen und somit vom Wasser *allseitig* durchdrungen und beeinflußt werden. Diese spezifischen genetischen Bedingungen rechtfertigen eine gesonderte Klasse in der Bodensystematik.

Werden die Subhydrischen Böden trockengelegt, so entwickeln sie sich entsprechend den neuen Wasserverhältnissen in Richtung Semiterrestrischer oder Terrestrischer Böden. Meistens werden semiterrestrische Bedingungen geschaffen (Gley oder Naßgley). Solche Böden werden dann oft nicht als subhydrische erkannt.

In Schweden und Finnland liegen heute große Flächen von Gyttjen unter dem Pflug.

I PROTOPEDON

Der Name (griechisch) bedeutet »Urboden«, womit ein subhydrischer Rohboden mit A_i-C-Profil gemeint ist. Es handelt sich um ein rohes Unterwassersediment mit beginnender Bodenbildung ohne makroskopisch sichtbaren Humushorizont, aber besiedelt durch Organismen. Dazu gehören: kalkarmes, klastisches Sediment, See-Erz, Seemergel, Seekreide, Diatomeen-Sediment.

II GYTTJA

Gyttja ist eine volkstümliche, schwedische Bezeichnung für einen subhydrischen, grauen, graubraunen oder schwärzlichen, an organischen Stoffen reichen Schlamm mehr oder minder sauerstoffreicher Gewässer; oberflächlich ist er *organismenreich*. Die Gyttja ist oft bzw. teils als »Mudde« bezeichnet worden. W. L. KUBIENA (1953) hat folgende Gyttjen unterschieden: Kalkgyttja, eutrophe Gyttja, oligotrophe Gyttja und Dygyttja als *limnische* Gyttjen, ferner Schlick-Wattgyttja, Blaualgen-Wattgyttja und Sand-Wattgyttja als *marine* Gyttjen. Letztere stehen heute bei den Wattböden (s. oben).

III SAPROPEL

Unter der alten Bezeichnung Sapropel versteht man einen übelriechenden Faulschlamm mit viel organischer Substanz und reduzierenden Eigenschaften sowie meist durch Schwefeleisen verursachter schwärzlicher Farbe. Zwar können anaerobe Bakterien darin existieren, aber sonst ist das Sapropel *organismenarm*. Es ist eine typische Bildung des sauerstoffarmen Wassers. Bei Trockenlegung und Luftzutritt oxidiert das Schwefeleisen zu Schwefelsäure. Der Boden versauert sehr stark, wenn nicht auch Kalk zugegen ist. W. L. KUBIENA (1953) hat limnisches und marines Sapropel unterschieden, bei letzterem Mudd-Wattsapropel und Diatomeen-Wattsapropel (s. bei Gyttja).

IV DY

Dy ist ein alter, volkstümlicher, schwedischer Name für Torfschlamm, d. h. eine leberbraune bis schwarzbraune, saure, biologisch arme Humusmasse sauerstoffarmer Binnenseen, in die große Mengen von saurem, braunem Moorwasser gelangen. Aus diesem Moorwasser (Braunwasser) wird der größte Teil des Dy ausgefällt. Wird ein solcher Binnensee trocken gelegt, so schrumpft die Humusmasse in harte Stücke zusammen und zerfällt bei Frost in Pulver.

D MOORE

»Moor« ist die Bezeichnung für eine Landschaft mit nassen Böden aus Torf; diese Bezeichnung wurde auch für die bodentypologische Namengebung gewählt.

Die Moore sind hydromorphe, teils (Niedermoor) subhydrische Bildungen. Sie werden jedoch in der Bodensystematik in eine gesonderte Abteilung gestellt, weil, wie bei keinem anderen Boden, bei ihrer Entstehung gleichsam das Ausgangsmaterial zugleich geschaffen wird, und weil sie mindestens $>$ 30 % organische Substanz enthalten. Das Gesamt-Porenvolumen liegt bei 80 bis 95 %. Das Wasserhaltevermögen des Torfes ist sehr hoch; es fällt mit zunehmender Zersetzung und Lagerungsdichte. Das pflanzenverfügbare Wasser (pF 4,2 bis 2,0) macht 40 bis 45 Vol.-% aus, das tote Wasser (pF $>$ 4,2) 15 bis 30 Vol.-%. Die Abgrenzung der Abteilung »Moore« wird bei einer Torfmächtigkeit von 20 cm vorgenommen, d. h. bei $<$ 20 cm Torfauflage handelt es sich um Moorgley und bei $>$ 20 cm Torfauflage um Moor.

a Natürliche Moore

In »Natürlichen Mooren« ist das Profil vom Menschen nicht umgestaltet, wohl können durch geringfügigen Auftrag von mineralischem Material, Düngung und Bearbeitung die Eigenschaften des obersten Horizontes verändert sein. Durch Menschenhand stark veränderte Moore gehören in die bodensystematische Klasse der »Anthropogenen Moore«.

I NIEDERMOOR (Tafel 22)

Name

Die Landschaftsbezeichnung »Niedermoor« wurde für den Bodentyp dieser Landschaft gewählt, weil dieser Name das in »niederen Lagen« (relativ zur Umgebung) entstehende Moor gut kennzeichnet. Dieses Moor hatte oder hat noch andere Bezeichnungen: topogenes Moor wurde es genannt wegen seiner geländeabhängigen Entstehung (tiefe Lagen), Flachmoor wegen seiner flachen Oberfläche (im Gegensatz zu Hochmoor), Niederungsmoor wegen seiner Entstehung in Niederungen, ferner noch Moos, Wasenmoos, Wampenmoos, Talmoor, Verlandungsmoor, limnisches Moor, subaquatisches Moor, eutrophes Moor, Fen, Fehn, Veen u. a.

Entstehung

Das Niedermoor entsteht in Tälern und Senken, wo das Wasser dauernd die Oberfläche bedeckt. In der Randzone dieser Wasserflächen wachsen Rohrkolben (*Typha*), Schilf (*Phragmites*) und Seggen (*Carex*), teils auch Astmoos (*Hypnum*), Erle (*Alnus*) und Weide (*Salix*). Die abgestorbenen Teile dieser Pflanzen fallen in das Wasser, zersetzen sich unter Luftabschluß kaum und häufen sich auf, so daß das Gewässer mehr und mehr mit Torf gefüllt wird, d. h. es verlandet. Durch weiteren Bestandesabfall wächst die Torflage, so daß schließlich die Pflanzen (zunächst teilweise) den guten Kontakt mit dem nährstoffspendenden Grundwasser verlieren. Dann finden sich Pflanzen des Übergangsmoores ein.

Aufbau

Das Profil des Niedermoores ist im feuchten Zustand schwarzbraun bis grauschwarz. Der oberste Horizont ist gut zersetzt und hat ein bröckeliges Gefüge. Nach der Tiefe wird die Farbe der Torfmasse dunkler und die Zersetzung geringer; Pflanzenfasern durchsetzen den Torf. Die Anteile der verschiedenen Pflanzen an den Torfhorizonten wechseln (Schilftorf, Seggentorf, Laubmoostorf, Bruchwaldtorf) und damit auch deren Merkmale; vor allem ist ihr Zersetzungsgrad verschieden.

Eigenschaften

Im Entstehungszustand ist das Niedermoor ganz von Wasser erfüllt, das seine physikalischen Eigenschaften bestimmt. Nach Entwässerung wird das Niedermoor poren- und luftreich; es wird locker und schwer benetzbar

477

(puffig), so daß Wasser- und Wärmehaushalt ungünstig sind (Bodenfrostgefahr). Der Zersetzungsgrad ist im allgemeinen mittel bis gut.

Die chemischen Eigenschaften des Niedermoores sind abhängig vom Calcium- und Nährstoffgehalt des Grundwassers, in dem es gebildet wurde. Ist dieses Grundwasser an diesen Stoffen reich, was in der Regel zutrifft, so entsteht ein calcium- und stickstoffreiches Niedermoor. Ist aber das Grundwasser arm an diesen Stoffen, so entsteht ein saures, stickstoffärmeres Niedermoor, das z. B. in den kalkarmen Gebieten Nordwestdeutschlands häufig zu finden ist. Mit K und P ist das Niedermoor allgemein schlecht versorgt.

Bei hochstehendem Grundwasser können sich die Bodenorganismen nicht entfalten. Nach Entwässerung steigt die biologische Aktivität, vor allem im calcium- und stickstoffreichen Niedermoor, und damit setzt ein biogener Schwund ein.

Subtypen

Die Unterteilung des Niedermoores in Subtypen geschieht nach dem Kalk- und Stickstoffgehalt, nach der Mächtigkeit (Übergang zum Moorgley) und nach der Entwicklungstendenz zum Übergangsmoor (Übergangsmoor-Niedermoor). Bei der bodentypologischen Untergliederung muß auch die Zusammensetzung der Pflanzen, die das Moor aufbauen, Berücksichtigung finden.

Verbreitung

Große Flächen mit meist basenreichem Niedermoor gibt es in Bayern (Erdinger Moos, Dachauer Moos, Donau-Moos), ferner in den Tälern und Niederungen der norddeutschen Jungmoränen-Landschaft. In Nordwestdeutschland haben sich hingegen überwiegend basenarme Niedermoore entwickelt.

II ÜBERGANGSMOOR

Das Übergangsmoor als Bodentyp bildet, wie der Name zum Ausdruck bringt, den Übergang zwischen Nieder- und Hochmoor. Wegen dieser Zwischenstellung wurde es auch Zwischenmoor genannt. Seine Pflanzengemeinschaft setzt sich aus Vertretern des Nieder- und Hochmoores zusammen; sie ist so spezifisch, daß auch der von ihr gebildete Torf weit von dem des Nieder- und Hochmoores abweicht und somit ein eigener Bodentyp gerechtfertigt ist. Das Übergangsmoor wächst auf dem Niedermoor auf, wenn die Wasserversorgung aus dem Grundwasser schlechter wird, oder es entwickelt sich auf nassem, nährstoffarmem Anmoorgley und Moorgley. In den Eigenschaften nimmt das Übergangsmoor auch eine Mittelstellung ein. Die vielgestaltigen bodensystematischen Übergänge zum Nieder- und Hochmoor werden durch die entsprechenden Subtypen dargestellt; zum Übergangsmoor gehören Niedermoor-Übergangsmoor und Hochmoor-Übergangsmoor.

III HOCHMOOR (Tafel 22)

Name

»Hochmoor« ist die Bezeichnung für eine uhrglasförmig schwach gewölbte Landschaft mit nassem Torfboden. Die Landschaftsbezeichnung »Hochmoor« ist gleichfalls der Name für den hier vorkommenden Bodentyp. Das Hochmoor trägt noch andere Bezeichnungen: ombrogenes Moor oder Niederschlagsmoor, da niederschlagsbedingt, Bleichmoostorfmoor und Weißmoostorfmoor, da meist aus Bleichmoos (oder Weißmoos genannt) aufgebaut, Weichwassermoos, da durch Ca-freies (weiches) Niederschlagswasser bedingt, supraaquatisches Moosmoor, Filze oder Filz (in Bayern so genannt).

Entstehung

Die Entstehung des Hochmoores ist hauptsächlich klimabedingt, und zwar sind hoher Niederschlag, hohe Luftfeuchtigkeit und geringe Verdunstung (tiefe Temperatur) die Voraussetzungen. Diese führen auf nassem, basen- und nährstoffarmem Standort zur Ansiedlung typischer Hochmoorpflanzen; in erster Linie sind dieses: Torfmoos *(Sphagnaceae),* Wollgras *(Eriophorum)* und Sumpfbeise *(Scheuchzeria palustris).* Andere für das Hochmoor Mitteleuropas charakteristische Pflanzen spielen mengenmäßig keine bedeutende Rolle beim Aufbau des Hochmoores. In Ostdeutschland ist auch die Kiefer, in Oberbayern die Latsche (bzw. Spirke) auf dem Hochmoor zu finden. Nach der Entwässerung des Hochmoores ergreift eine Sekundärvegetation Platz, wozu vor allem Besenheide *(Calluna vulgaris)*, Glockenheide *(Erica tetralix)*, Birke und Pfeifengras gehören. Die das Hochmoor aufbauenden Pflanzen, vor allem die Torfmoose, besitzen ein schwammartiges Zellensystem, in welchem das Niederschlagswasser anhaltend gespeichert wird. Das Moor vernäßt sehr stark, ist luftarm und außerdem stark sauer. In diesem Milieu fehlen die Zellulosezersetzer weitgehend, die Zersetzung der organischen Masse stockt, sie vertorft.

Aufbau

Der Aufbau des Hochmoores in Nordwestdeutschland zeigt drei gut unterscheidbare Horizonte: die gut zersetzte Bunkerde als oberster Horizont, darunter der wenig zersetzte, umbrabraune Weißtorf aus vorwiegend Torfmoos und tiefer der gut zersetzte, schwärzlichbraune Schwarztorf mit hohem Anteil an Wollgras (Tafel 22). Weißtorf und Schwarztorf sind durch den mehr oder weniger erkennbaren »Grenzhorizont« getrennt, der eine Zeit des Stillstandes der Torfbildung, ferner auch Torfzersetzung, kennzeichnet. Der Aufbau der übrigen Hochmoore Mitteleuropas, vor allem Süddeutschlands und der Mittelgebirge, ist aufgrund der am Aufbau beteiligten Pflanzen anders gestaltet.

Eigenschaften

Im Entstehungsstadium, in welchem sich nur noch einzelne Hochmoore Deutschlands befinden, herrscht große Nässe, so daß sie nicht tragfähig sind. Wo das Moor noch wächst, bilden sich Bülten, dazwischen ziehen sich tieferliegende, nasse Schlenken hin. Die starke Vernässung bestimmt den physikalischen Zustand. Infolge der Luftarmut und Säure ist die Zersetzung beim Weißtorf gering, man erkennt noch gut die Pflanzenbestandteile; der Schwarztorf hingegen ist besser zersetzt und enthält schon etwas Feinhumus. Nach Trockenlegung ist der Torf luftreich und gut erwärmbar; nach starker Austrocknung ist er schwer benetzbar und puffig. Das Porenvolumen der Torfe liegt bei etwa 80 bis 95 %, so daß eine große Menge Wasser gespeichert werden kann, und zwar im Weißtorf am meisten (das 7- bis 9fache des Trockengewichtes).

Der Anteil an anorganischen Stoffen beträgt nur einige Prozent. Die pH-Werte liegen zwischen 2,5 und 3,5, der Gehalt an Ca beträgt nur $< 0,3$ %, an N < 1 %. Auch der Gehalt an K und P ist sehr gering. Die Voraussetzungen für das Mikrobenleben sind sehr ungünstig; bei Entwässerung und Zufuhr von Kalk und Nährstoffen wird es stark entfacht, so daß die Zersetzung der organischen Masse schnell verläuft.

Verbreitung

Die meisten Hochmoore Deutschlands haben sich auf den nassen, nährstoffarmen Böden des luftfeuchten Klimas Nordwestdeutschlands und im regenreichen Klima des nördlichen Alpenrandes entwickelt. Einige Hochmoore finden wir nicht weit von der Ostseeküste entfernt, einzelne, meist kleinere Hochmoore gibt es in höheren Lagen der deutschen Mittelgebirge (Bayerischer Wald, Fichtelgebirge, Frankenwald, Rhön, Vogelsberg, Schwarzwald, Harz, Hohes Venn).

b *Anthropogene Moore*

Wie bei den anderen Anthropogenen Böden ist auch bei den Anthropogenen Mooren die Umgestaltung des Profils und damit die Änderung wesentlicher Eigenschaften entscheidend für die Zuordnung zu dieser Klasse. Bei der landwirtschaftlichen Nutzung der Moore ohne tiefes Pflügen und ohne Ein- oder Aufbringen von mineralischem Material, wird zwar das Moor stark zersetzt (bei Ackerkultur 1 cm/Jahr), aber es wird im Profilaufbau nicht grundsätzlich geändert, so daß dieses so genutzte Moor nicht zu den Anthropogenen zählt. Auch das Auf- oder Einbringen von < 10 cm Sand oder einer anderen Textur bringt noch keine entscheidende Änderung des Gesamtbodens. Die wichtigsten Anthropogenen Moore, die nach dem Meliorationsverfahren bezeichnet werden, sind:

1. Die *Fehnkultur,* bei der die Bunkerde abgeräumt und dann der Torf ausgestochen und als Brennmaterial, Einstreu oder Bodenverbesserungsmittel verwendet wird. Auf die abgetorfte Fläche wird die Bunkerde gebreitet und diese mit dem darunter befindlichen Mineralboden vermischt. So gewinnt man einen Boden,

der für die Grünland- und Ackernutzung geeignet ist.

2. Die *Sanddeckkultur,* bei der etwa 10—20 cm Sand oder eine andere Textur auf das Moor gebreitet wird. Diese Schicht kann auch mit etwas des darunter anstehenden Torfes vermischt werden. Die mineralische Deckschicht verhindert das Puffigwerden, verbessert das bodennahe Klima und erhöht die Trittfestigkeit. Der Einfluß des aufgebrachten Fremdmaterials auf die Eigenschaften des Gesamtbodens hängt von Mächtigkeit und Tongehalt ab, z. B. wirken 10 cm sandiger Lehm ähnlich wie 20 cm Sand.

3. Die *Sandmischkultur* (auf geringmächtigem Hochmoor), bei der mit einem Tiefpflug bis 1,8 — 2,0 m tief gewendet wird, wobei Torf und Sand des Untergrundes in schräg liegende Schichten gebracht werden. Der obere Bereich von etwa 20 — 30 cm wird mit Ackergeräten (Scheibenegge, Grubber) gemischt. Dieser anthropogene Boden ist gut durchlässig für Wasser, Luft und Wurzeln; er kann der Acker- und Grünlandnutzung dienen. Bei der Aufkalkung soll das pH für Acker auf etwa 4 ($CaCl_2$) eingestellt werden und für Grünland 0,5 höher sein, damit die Zersetzung der organischen Substanz nicht zu schnell verläuft. Alle Nährstoffe müssen zugeführt werden, teils auch Cu, Mn und Zn.

Bei der Nutzung des Niedermoores ist in Betracht zu ziehen, wie sein natürlicher Ca- und N-Gehalt ist. Auch das reichere Niedermoor bedarf bei intensiver Nutzung der Volldüngung.

b. BODENTYPEN AUSSERHALB MITTELEUROPAS

Die Bodentypen Mitteleuropas sind die des gemäßigt warmen, humiden Klimas. Sie treten mithin auch in jenen Räumen der Erde auf, wo ein gleiches oder ähnliches Klima herrscht. Die übrigen Bodentypen der Erde werden hier übersichtsmäßig Klimaräumen (klimatischen Bodenzonen) zugeordnet. Diese sind:

1. Die Bodentypen des kalten, feuchten (arktischen) Klimas.
2. Die Bodentypen des kühlen bis gemäßigt warmen, feuchten Klimas (Podsolregion).
3. Die Bodentypen des mediterranen Klimas und ähnlicher Klimate.
4. Der Brunizem und ähnliche Bodentypen.
5. Die Bodentypen des semihumiden und semiariden Klimas.
6. Die Bodentypen der Halbwüste und der Wüste.
7. Die Salzböden.
8. Die Bodentypen der feuchten Subtropen und Tropen.
9. Die Bodentypen des Hochgebirges.

Diese Einteilung entspricht weitgehend derjenigen, die auf Bodenübersichtskarten der Erde Anwendung findet und im wesentlichen auch der mit Abbildung 170 wiedergegebenen Bodenkarte der Erde. Die Karte stellt gleichzeitig ein bodengeographisches Bild der Erde vor. Bei der Beschreibung dieser neun Bodenzonen werden jeweils vorab die gemeinsamen Wesenszüge (Entstehung, Eigenschaften) der hier verbreiteten wichtigsten Böden kurz dargestellt. Dann folgt die Beschreibung der wichtigsten Bodentypen. Dabei besteht eine große Schwierigkeit mit der Nomenklatur. Meistens wird die Nomenklatur KUBIENAS angewandt; soweit als möglich werden Synonyme aufgeführt.

1. Bodentypen des kalten, feuchten (arktischen) Klimas

Zu diesem Klimabereich gehören nicht nur die höheren geographischen Breiten, sondern auch die nivale Region der Hochgebirge.

Die Bodentypen des kalten, feuchten (arktischen) Klimas (Abb. 170, Legenden-Nr. 11) besitzen folgende gemeinsame Wesenszüge:

1. Die Bodenbildung vollzieht sich bei meist niedriger Temperatur und bei fast stetiger Feuchtigkeit. Die Niederschlagsmenge ist zwar meistens relativ niedrig, die Verdunstung ist gering, und deshalb ist der Boden in der Auftauzeit stets feucht.

2. Der Dauerfrost oder die ewige Gefrornis (englisch permafrost, schwedisch Tjäle, russisch Merslota) befindet sich stets ab einer gewissen Tiefe. Im Sommer taut der Boden je nach geographischer Lage mehr oder minder tief (0,4 — 6,0 m) auf, während unter der Auftauzone der ewige Frost bleibt. Im Herbst beginnt die Auf-

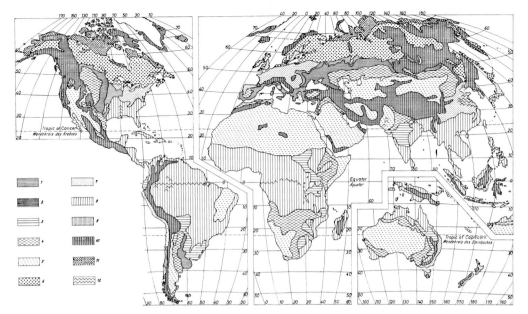

Abb. 170. Bodenkarte der Erde (United States Department of Agriculture and Food and Agriculture Organisation of the United Nations, Rom 1960):
1 Prärieböden, degradierte Schwarzerde; 2 Schwarzerde und rötlich-kastanienfarbige Böden (mit einigen Flächen von dunkelgrauen und schwarzen Böden der Subtropen und Tropen); 3 Dunkelgraue und schwarze Böden der Subtropen und Tropen (mit einigen Flächen von Schwarzerden, rötlich-kastanienfarbigen Böden und hydromorphen Böden); 4 Kastanienfarbige Böden, braune und rötlich-braune Böden; 5 Sieroseme, Wüstenböden und rote Wüstenböden (mit Flächen von Lithosolen, Regosolen und Salzböden); 6 Podsole und schwach podsolierte Böden; 7 Graubraune podsolige Böden, braune Waldböden (= Braunerden) usw.; 8 Latosole, rotgelbe podsolige Böden (mit Flächen von hydromorphen Böden, Lithosolen und Regosolen); 9 Rotgelbe Mittelmeerböden (einschl. Terra rossa), meist gebirgig (einschl. vieler Gebiete mit Rendzinen); 10 Böden der Gebirge und Gebirgstäler (Komplex); 11 Tundra; 12 Alluviale Böden (viele kleine, aber wichtige Gebiete dieser Böden kommen in allen Teilen der Welt vor, sind aber nicht auf der Karte dargestellt).

tauzone von oben her wieder zu gefrieren, so daß sich dann zwischen dem vereisten Boden oben und dem Dauerfrost unten zunächst noch die weiche Auftauschicht befindet.

3. Geringe chemische und starke physikalische Verwitterung, die zur mechanischen Zerkleinerung des Gesteins führt, teils bis zu Größen des Schluffs (Kryoklastik).

4. Meistens starke Vernässung der Böden, weil die Gefrornis das Sickerwasser nicht in den Untergrund abziehen läßt und die Verdunstung infolge niedriger Temperatur und spärlichen Pflanzenwuchses gering ist.

5. Lückige Pflanzendecke und schwaches Pflanzenwachstum infolge der Kälte.

6. Schwacher Besatz mit Bodenorganismen und geringe biologische Aktivität infolge der Kälte, der Bodennässe und oft auch der Bodensäure. Dadurch ist die Zersetzung der pflanzlichen Rückstände stark gehemmt, so daß es oft zur Ansammlung von Rohhumus und Torf kommt.

7. Weil starke Vernässung dem Boden eine schlammige Konsistenz verleiht und Vegetationsschutz ganz oder weitgehend fehlt, kommt der Boden selbst in Hanglagen mit nur geringer Neigung ($\sim 3\%$) in langsames Fließen (Bodenfließen oder Solifluktion).

Wichtige Bodentypen dieses Klimas sind:

Arktischer Rohboden

Wie alle Rohböden besitzt er ein A_i-C-Profil. Geringe chemische Verwitterung, starke physikalische Verwitterung, nicht bindige Textur, sehr wenig Humus, lückenhafte Vegetation und Neigung zu Bodenfließen sind die charakteristischen Merkmale dieses weit in die Arktis und Antarktis hineinreichenden Bodens.

Arktischer Steinpflaster-Rohboden,

auch Arktischer Hamada-Rohboden genannt. Dieser Rohboden unterscheidet sich vom vorhergehenden durch das ihn bedeckende Steinpflaster (Hamada), das durch die Ausblasung feinerer Bodenteilchen an der Oberfläche verbleibt.

Tundra-Ranker

Wie die übrigen Ranker kennzeichnet ein A_h-C-Profil den Tundra-Ranker, der meistens auf Felsfluren und Gesteinsschutt entsteht. Mit den arktischen Böden hat er die eingangs erwähnten Eigenschaften gemeinsam mit Ausnahme der starken Vernässung. Ewige Gefrornis und Auftauzone spielen keine so wichtige Rolle, da Fels oder Gesteinsschutt hoch ansteht. Vielfach hat sich Rohhumus gebildet.

Nordischer Zwergpodsol

Unter relativ trockenen Bedingungen bildet sich in dem kalten Klima aus calciumarmen Gesteinen ein Podsol mit geringmächtigen Horizonten, die bis zum C-Horizont zusammen selten 25 cm übersteigen; er wird auch Nordischer Nanopodsol genannt.

Arktischer Strukturboden

Der Arktische Strukturboden tritt in großer Mannigfaltigkeit auf, d. h. die in ihm auftretenden Strukturen (nicht Gefüge) sind sehr zahlreich. Solche entstehen durch Bewegung der Bodenmasse und (oder) Sortierung der Körnung, verursacht durch die physikalischen Prozesse im Zuge des jahreszeitlichen und täglichen Wechsels von Gefrieren und Auftauen. Häufig ist der Strukturboden durch Verknetung (Kryoturbation) des Bodenmaterials in der Auftauzone hervorgegangen, und zwar geschieht dies im Herbst, wenn die Auftauzone von oben her zu gefrieren beginnt. Dabei kommt das noch nicht gefrorene, breiige Bodenmaterial unter ungleichen Druck und weicht nach der Stelle geringeren Druckes aus, wobei es zu Verknetungen oder Verwürgungen (Kryoturbationen, Würgeboden, Wickelboden) des Materials kommt, die oft taschenartig ausgebildet sind (Taschenboden).

Durch Schrumpfung, die durch Dehydratation der Bodenteilchen (Feinerde) im Gefolge der Eisbildung hervorgerufen wird, entstehen Spalten, die den Boden in Polygone aufteilen (Polygonboden, Rautenboden, Karreeboden, Facettenboden). Von oben zeigt dieser Boden eine wabenartige Struktur. Die Polygone haben Durchmesser von einigen Dezimetern bis zu einigen Metern. Die etwas nach oben gewölbten Polygonkerne bestehen aus feinerdereicherem und die Streifen (»Spalten«) zwischen den Polygonen aus gröberem Material. Bei steinhaltigen Texturen reichern sich mit der Zeit die Steine in und auf den »Spalten« zwischen den Polygonen an. So entstehen Steinringe, welche die Polygone einschließen (Steinringboden, Steinnetzboden). Die Steine gelangen durch Frosthebung (Bildung von Eis im Lagebett der Steine) allmählich an die Oberfläche. Beim Auftauen gleiten sie von den gewölbten Polygonen in die tiefer liegenden »Spalten« zwischen diesen. In steinfreiem Material entstehen auch Polygone, die lediglich durch gefüllte Spalten getrennt sind (Tetragonal- oder Schachbrettboden). In Hanglagen bewegen sich die Steinmassen hangabwärts; es bilden sich Steinstreifen (Steinstreifenboden).

Der sogenannte Tropfenboden entsteht, wenn in der Auftauzone spezifisch schwereres über spezifisch leichterem Bodenmaterial liegt. Im Zustand völliger Wasserdurchtränkung sinkt das spezifisch schwerere Material in das spezifisch leichtere *tropfenartig* hinein.

Eisspalten, auch Eiskeile genannt, entstehen im periglazialen Raum durch Bodenschwund infolge der Dehydratation der Bodenmasse bei der Eisbildung. Teils treten sie einzeln auf, teils begrenzen sie Polygone, wie oben beschrieben ist. Später sind sie oft mit Fremdmaterial (Sand, Löß) gefüllt und so konserviert worden.

Alle diese Strukturböden sind auch im pleistozänen Periglazial Mitteleuropas gebildet worden und sind teils, besonders im Unterboden oder Untergrund, noch gut erhalten. Sie wurden vielfach durch jüngere Sedimente (meist geringmächtig) zugedeckt, in denen sich eine nacheiszeitliche Bodenbildung vollzog. Aber die meist starke Unregelmäßigkeit in Körnung und Lagerungsdichte der Strukturböden im Untergrund mancher Böden Mitteleuropas verursacht Standortsunterschiede auf kleinem Raum.

Tundra-Gley

In tieferen Lagen, wo Wasser in der Auftauperiode ober- und unterirdisch zusammenfließen kann, bildet sich der mittel- bis hellgraue Tundra-Gley. Vom Gley des gemäßigt warmen, humiden Klimas unterscheidet er sich durch die Dynamik im arktischen Klima. Nur in der Auftauzeit herrschen ähnliche Bedingungen wie im Typischen Gley. Beginnt die Auftauzone im Herbst zu gefrieren, so kann in der noch nicht gefrorenen Zwischenschicht Kryoturbation stattfinden. Die noch schwach gefrorene Oberschicht kann aufbrechen, und der Bodenbrei tritt als sogenannte Erdquelle an die Oberfläche. Ist die Wasseransammlung geringer, so daß ähnliche Feuchtebedingungen wie im Pseudogley vorliegen, so ist die Bezeichnung Tundra-Pseudogley angezeigt. In Mitteleuropa finden wir diese beiden hydromorphen Tundraböden als Paläoböden im pleistozänen Periglazial.

Tundra-Anmoor

Bei sehr nassen Bedingungen und stärkerem Besatz mit Vegetation entsteht ein Tundraboden mit humusreichem, schwärzlichbraunem oder schwärzlichem A_a-Horizont, dem ein mittel- oder hellgrauer G-Horizont folgt. Dieses Tundra-Anmoor bildet oft den genetischen Übergang zwischen Tundra-Gley und Tundra-Moor.

Tundra-Moor

Es wird auch Tundra-Moos oder Tundra-Torfmoor genannt. Von den Mooren des gemäßigt warmen, humiden Klimas unterscheidet es sich durch die ewige Gefrornis, die Vegetation und die starke Oberflächengliederung in Torfhügel und dazwischen gelegene Schlenken. Das Tundra-Moor entsteht durch Vermoosen der Rohhumusauflage arktischer Böden, z. B. des Tundra-Rankers, oder es baut sich auf dem Tundra-Anmoor oder Verlandungstorf auf. Überwiegend bilden *Sphagnaceen* neben anderen Moosarten (*Dicranum*- und *Polytrichum*-Arten) die Substanz dieses Moores; ferner sind Krähenbeere, Moltebeere, Bärentraube, Weißbirke, Zwergbirke und Flechten auf der kleinhügeligen Oberfläche zu finden. Die durch größere Eislinsen gebildeten, bis zu mehreren Metern hoch werdenden Hügel nennt man Pingos oder Palsen; kleine Hügel sind die Bülten und Thufurs. Neben den Torfhügeln gibt es wallartige Formen (Ringmoore) und in Hanglagen strangartige Torfrücken (Strangmoore).

Alpine Rendzinen

treten vor allem in Hochlagen des Hochgebirges auf, und zwar in Gestalt der Syrosem-Rendzina als junge Bodenbildung, als Polster-Rendzina unter lückenhaft verbreiteten alpinen Polsterpflanzen und als Pech-Rendzina mit schwarzem, dichtem, pechartigem Moder. Hier kommt auch die Alpine Rasen-Braunerde mit ausgeprägtem A_h-Horizont vor.

2. Bodentypen des kühlen bis gemäßigt warmen, feuchten Klimas (Podsolregion)

Diese Klimaregion befindet sich zwischen der arktischen und der südlich anschließenden gemäßigt warmen, feuchten Region und ist durch Böden gekennzeichnet, in denen der Podsolierungsprozeß abläuft (Abb. 170, Legenden-Nr. 6). Wo basenarme, quarzreiche Ausgangsgesteine anstehen, welche die Podsolentwicklung begünstigen, greift die Podsolzone auch nach Süden in die gemäßigt warme, humide Region hinein.

Den Bodentypen der Podsolregion im Norden Eurasiens und Nordamerikas sind folgende Wesenszüge gemeinsam:

1. Die Bodenbildung wird gesteuert durch das überwiegend kühle bis gemäßigt warme, feuchte Klima. Niedrige Temperatur und teils hohe Luftfeuchtigkeit bewirken eine große Sickerwassermenge.

2. Die natürliche Pflanzendecke ist der Wald, überwiegend Nadelwald mit schlecht zersetzbarer Streu. Vielfach sind auch rohhumusfördernde Zwergsträucher vorhanden.

3. Starke Verluste an Basen und Pflanzennährstoffen, oft auch an Spurennährstoffen; starke Versauerung steht im Gefolge.

4. Starke Versauerung und schwer zersetzbare Streu bedingen geringe biologische Aktivität, was zur Ansammlung von Moder oder Rohhumus führt.

5. Zerstörung der Tonsubstanz und Wanderung der Spaltprodukte (Hydroxide des Fe und Al, Kiesel- und Phosphorsäure) in einen tieferen Horizont. Dieser Podsolierungsprozeß schafft das typische Profil des Podsols.

6. Generell A-B-C-Profil, das meistens folgendermaßen differenziert ist: O-A_h-A_e-B_{hs}-B_s-C. Stau- und Grundwasser verändern die Horizontfolge unter Einschaltung vernäßter Horizonte, z. B. BS oder BG.

In der Darstellung der Böden Mitteleuropas (Kapitel B XIV a) sind Entstehung, Aufbau und Eigenschaften des Podsols bereits beschrieben, so daß hier eine Ergänzung genügt.

Typischer Podsol

Er besitzt als Eisenhumus-Podsol die charakteristische Horizontfolge O-A_h-A_e-B_{hs}-B_s-C. Selten sind Eisen- und Humus-Podsol, bei denen der B_{hs}-Horizont fehlt und nur ein B_s- bzw. ein B_h-Horizont zur Entwicklung kam. Für den Typischen Podsol sind die Bildungsbedingungen besonders günstig: basenarmes, quarzreiches Gestein (Sand, Sandstein), kühles und feuchtes Klima, rohhumusliefernde Pflanzen. Stauwasser und Grundwasser stören die Normalausbildung des Profils, verbessern aber den Pflanzenstandort (Wasserreserve).

Podsolierte Böden (podzolic soils)

Unter Podsolierten Böden sollen alle diejenigen mit deutlich entwickeltem A_e-Horizont verstanden werden, in welchem sich die Tonzerstörung dokumentiert, indessen aber kein nennenswerter Orterde- oder Ortsteinhorizont entwickelt ist. Der B-Horizont ist vielmehr homogen rostfarbig (bei fehlendem Wassereinfluß und trotz organischer Substanz) oder rostbraun und grau gefleckt (bei Wassereinfluß). Diese Podsolierten Böden entstehen meistens aus silikatreicheren Gesteinen (lockeren und festen), z. B. sind sie weitverbreitet auf den silikatreichen Moränen und Schmelzwasserablagerungen des nordeuropäischen und nordamerikanischen Vereisungsgebietes.

Der Derno-Podsol (= Rasen-Podsol) wird von den sowjetischen Bodenkundlern zu den Podsolen gestellt, obzwar dabei Böden sind, die sich nur durch Tonverlagerung auszeichnen und in diesem Falle unserer Parabraunerde ähneln, teils auch Übergänge zwischen Parabraunerde und Pseudogley darstellen. Indessen kann der Derno-Podsol mit hellgrauem A_e-Horizont den Podsolierten Böden zugeordnet werden. Auch der Hellgelbe Podsolige Boden Weißrußlands zählt dazu. Die in Profilaufbau, Textur und Ausgangsmaterial mannigfaltigen Podsolierten Böden nehmen in Nord-Eurasien, Nord-Amerika, teils auch in höheren Lagen des Hochgebirges, einen breiten Raum ein.

Nordischer Zwergpodsol,

auch Nordischer Nanopodsol genannt, zeigt eine geringe Solum-Tiefe, obzwar alle Horizonte klar entwickelt sind. Dies beruht auf der relativ geringen chemischen Verwitterung in dem kühlen Klima (s. Kapitel über Arktische Böden).

Bändchen-Podsol

Im Gebirge Nordeuropas wurde kleinflächig ein zeitweise nasser Podsol mit auffallend dünnem (etwa 2 cm), hartem B_s-Horizont (Eisenbändchen oder thin iron pan) gefunden, der vereinzelt auch in höheren Lagen der mitteleuropäischen Gebirge und im Hochgebirge Neuseelands vorkommt. Dieses Eisenbändchen staut das Sickerwasser, so daß die darüberliegenden Horizonte meistens naß oder feucht sind, wodurch eine feuchte Rohhumusauflage gebildet wird. Feuchte, Bodensäure und Nährstoffarmut bedingen einen dürftigen Pflanzenstandort.

Staunasse Podsole

Die im Norden dieses Klimaraumes, vor allem in der Taiga, aus sandig-lehmigen Substraten hervorgehenden Podsole sind meistens staunaß. Man kann sie als Übergänge zwischen Podsol und Pseudogley auffassen, die auch aus Nordwestdeutschland bekannt sind. Für diese Podsole ist kennzeichnend: meist feuchter Rohhumus, hellgrauer und meistens mit Konkretionen durchsetzter S_wA_e-Horizont, stark rostbraun und fahlgrau gefleckter BS_d-Horizont. Diese vernäßten, verdichteten und verarmten Podsole sind weitverbreitet im Norden der Sowjetunion und wahrscheinlich auch in Kanada.

3. Bodentypen des mediterranen Klimas und ähnlicher Klimate

Das mediterrane Klima beherrscht die Länder um das Mittelmeer, trifft aber auch zu für den Westen der USA (Teile Kaliforniens), Mittel-Chile, Kap-Provinz sowie den Süden und Südwesten Australiens. Die Bodentypen des mediterranen Klimabereiches (Abb. 170, Legenden-Nr. 9) haben folgende Wesenszüge gemeinsam:

1. Die Bodenbildung läuft unter gegensätzlichen Klimabedingungen ab. Eine relativ milde, feuchte Periode (Jahresniederschlag etwa zwischen 400 und 1000 mm) vom Herbst bis zum Frühjahr wechselt mit einer warmen, trockenen Periode vom Frühjahr bis zum Herbst ab. Dieser periodische Wechsel im Jahresklima ist für die Bodenbildung und die Phänologie des Bodens entscheidend.

2. Die Trockenheit und Wärme vom Frühjahr bis zum Herbst führen zur Dehydratisierung von Eisenverbindungen und daher vielfach zu roten oder rötlichen Bodenfarben.

3. Die Tendenz zur Bildung eines A-B-C-Profils ohne und mit Tonverlagerung ist, im ganzen gesehen, vorhanden.

4. Die *Voraussetzungen* für die Bodenerosion durch Wasser sind günstig, nämlich vorwiegend hängiges Gelände, Niederschläge periodisch und oftmals als Starkregen, und zwar in der Jahreszeit (Herbst bis Frühjahr), in welcher die ackerbaulich genutzten Flächen keinen oder nur geringen Vegetationsschutz haben, ferner ist der im Herbst stark ausgetrocknete Boden sehr erosionsanfällig.

5. Die *erfolgte* Bodenerosion durch Wasser hat im ganzen Mittelmeerraum ein großes Ausmaß erreicht, ausgelöst durch die unter 4. genannten Voraussetzungen, ferner durch die großflächigen Entwaldungen und die Vernichtung der Waldverjüngung durch Schafe und Ziegen. Der Ab- und Auftrag von Bodenmaterial ist infolgedessen vielerorts sehr stark. Die Winderosion hat dagegen keine wesentliche Bedeutung, wohl aber die austrocknende Wirkung des Windes.

6. Die Böden sind teilweise sehr alt; es fehlt weitgehend die pleistozäne Solifluktion. Vor allem enthalten die Umlagerungsprodukte in den Tälern fossiles Bodenmaterial, auf welchem die Bodenbildung weiterging.

7. In den Gebirgen des mediterranen Raumes vollzieht sich ab einer gewissen Höhe (abhängig vom Breitengrad) eine Bodenbildung wie in nördlicheren Breiten; es treten sogar alpine Subtypen der Rendzina, der Braunerde und des Podsols auf.

Die Nomenklatur der Böden des Mediterranklimas ist nicht einheitlich; hier werden weitgehend anerkannte und einfache Bodennamen verwendet.

Ranker

Im Mediterranklima findet man neben dem Braunen (in feuchteren Lagen) den Grauen Ranker (in trockeneren Lagen). Letzterer ist weniger stark chemisch verwittert und verbleibt lange in diesem Entwicklungsstadium. In besonders trockenen Lagen entwickelt sich der humusarme Xeroranker. KUBIENA (1953) hat noch weitere Ranker im mediterranen Raum beschrieben, die sich in der Ausbildung des C_v-Horizontes vom Grauen Ranker unterscheiden (Gantranker, Launaranker). Die Ranker im typischen Mediterranklima haben Sommertrockenheit, geringe chemische Verwitterung, geringen Humusgehalt und langes Verharren in diesem Entwicklungsstadium gemeinsam, so daß man sie als Mediterran-Ranker von den übrigen abtrennen sollte. Sie werden manchmal zu den Braunen Mediterranböden gestellt und wurden früher den mediterranen Trockenwaldböden zugeordnet.

Regosol

Analog zum Ranker hat sich im mediterranen Klima aus Lockergesteinen ein Regosol gebildet, häufig im Gefolge der Bodenerosion. In Italien ist er auf tertiären, oft schluffreichen Tonen sehr verbreitet. Auch diese Regosole zeigen die durch das Mediterranklima bedingten Eigenschaften wie der Ranker, so daß man auch hier von einem Mediterran-Regosol sprechen könnte.

Rendzina

Die Rendzinen des Mediterranklimas unterscheiden sich von denen des gemäßigt warmen, humiden Klimas durch die Sommertrockenheit, meistens auch durch einen geringeren Humusgehalt sowie durch ein weites Farbspektrum von hellgrau bis dunkelgrau, von gelblich bis rot. Gemeinsam ist allen das A_h-C-Profil, die Entstehung aus Carbonatgesteinen, der Kalkgehalt, die gute Humusform, die schnelle Austrocknung, das bodenbedingte, warme Bodenklima sowie der mit Spalten (Karren) und Dolinen durchsetzte Untergrund. Der hellgraue, humusarme, kalkreiche Subtyp in trockenen Lagen wird Xerorendzina, in Spanien Rendzina cinérea genannt. Bei fortschreitender Bodenbildung entwickelt sich im Mediterranklima aus der Rendzina der Rote Mediterranboden. Die Frage ist, ob die Rote Rendzina auch als Roter Mediterranboden aufzufassen ist. Die Bezeichnung Rote Rendzina ist auf jeden Fall richtig, wenn die rote Farbe durch einen roten Lösungsrückstand verursacht ist. Mit zunehmender Höhenlage treten Rendzinen mit höherem Humusgehalt auf, sie gleichen denen Mitteleuropas; in Höhen über 1800 m NN tritt sogar der alpine, humusreiche Subtyp auf. Die Rendzinen sind im mediterranen Raum weit verbreitet.

Roter und Brauner Mediterranboden aus Carbonatgesteinen

Roter und Brauner Mediterranboden oder Red and Brown Mediterranean Soil (aus Carbonatgesteinen) ist im Mediterrangebiet und ähnlichen Klimaräumen die neue und übliche Bezeichnung der Terra rossa (= Kalksteinrotlehm) und Terra fusca (= Kalksteinbraunlehm) KUBIENAS (1953). Da die Farbe bis zum Gelb geht, werden diese Böden in Portugal Roter bis Gelber Mediterranboden genannt. Der rote Typ wurde früher Mediterran-Roterde oder Terra rossa genannt; der braune bis gelbe Typ wurde auch als Gelberde bezeichnet und ist identisch mit der Terra fusca KUBIENAS.

Der Rote Mediterranboden entwickelt sich aus den reineren Carbonatgesteinen mit wenig Lösungsrückstand und warmem Bodenklima in besonders warmen Lagen. Hingegen entsteht der Braune (oder Gelbe) Mediterranboden im feuchten Bodenmilieu, das verursacht sein kann durch mehr Lösungsrückstand (aus tonreicheren Carbonatgesteinen, Mergel), Geländelage (Hangfuß, Hangmulde) und Exposition (Nord-

lage). Wegen der höheren Feuchte ist der letztere Typ der günstigere Pflanzenstandort.

Diese beiden Mediterranböden gehen aus dem A-C-Stadium unter Entwicklung eines B-Horizontes hervor, wobei das Solum entkalkt wird; es kann aber noch isolierte Kalksteinstücke enthalten, die als Reste der Lösungsverwitterung verblieben oder durch Umlagerung sekundär hineingelangt sind. Mit der chemischen Verwitterung schreiten Profilentwicklung, Entbasung und Verarmung fort. Die Eisenform ist überwiegend Goethit; feinkristalliner Hämatit, wahrscheinlich auch Ferrihydrit, färben entscheidend den roten Typ. Die Rotfärbung ist auf Rubefizierung zurückzuführen, d. h. bei der Lösungsverwitterung freiwerdende Eisenminerale werden in wasserarme oder wasserfreie Eisenoxide überführt. Als dominantes Tonmineral ist meistens der Illit, in fortgeschrittenem Entwicklungsstadium ist auch der Kaolinit vorhanden; daneben sind Smectit und Vermiculit vertreten. Meistens entwickeln sich tonreiche, plastische Böden, die ein »Lehmgefüge« (nach KUBIENA) im Mikrobereich und ein polyedrisches Makrogefüge aufweisen. Aus diesem Grunde nannte KUBIENA diese Böden Kalksteinrotlehm und Kalksteinbraunlehm. Das »Lehmgefüge« zeigt eine leicht peptisierbare, bewegliche Feinsubstanz, die mit dem Sickerwasser aus dem Ober- in den Unterboden verlagert (durchschlämmt) werden kann und eine Teilcheneinregelung in Bewegungsrichtung (Fließgefüge) erkennen läßt. So entsteht eine stärkere Profildifferenzierung in A_h-A_l-B_t-C. Die stärker durchschlämmten Terrae hat KUBIENA (1953) Gebleichte Terra rossa und Gebleichte Terra fusca genannt.

Die lange, warme Sommerperiode führt bei der Terra rossa, vor allem in den stark erwärmbaren Lagen, zu einer Alterung und Stabilisierung der Fe- und Al-Verbindungen; in der Regel wird Kieselsäure in der Feuchteperiode abgeführt. Dadurch wird das Gefüge »erdig« im Sinne KUBIENAS (1953), die Feinsubstanz bleibt geflockt, und der Boden erhält ein stabiles, schorfig-krümeliges Gefüge. Das stark fortgeschrittene Stadium dieser Bodenentwicklung nennt KUBIENA (1953) »allitisch«. Diese, aber auch die stark verwitterten Braunen

Mediterranböden sind sehr alt, teils geht ihre Entwicklung bis ins Präpleistozän zurück. Die Roten und Braunen Mediterranböden aus Carbonatgesteinen haben im Mittelmeerraum und ähnlichen Klimaten große Verbreitung; im Rhonetal reichen sie stellenweise über 100 km nach Norden.

Roter und Brauner Mediterranboden aus kalkfreien Gesteinen (Silikat- und Kieselgesteinen)

Auf kalkfreien Gesteinen besteht im mediterranen Klima im Prinzip die gleiche Bodenbildungstendenz wie auf Carbonatgesteinen, aber der Unterschied zwischen den beiden Bodengruppen ist schon infolge des verschiedenen Ausgangsmaterials und der damit gegebenen Eigenschaften sehr groß. Es fehlt diesen Böden die Carbonatreserve und die Verkarstung des Untergrundes, auch der Basengehalt des Solums ist geringer. Sie gehen aus dem Ranker und dem Regosol hervor, wogegen sich die Mediterranböden aus Carbonatgesteinen von der Rendzina her bilden. Der Rote und Braune Mediterranboden aus Silikat- und Kieselgesteinen besitzen im weiteren Entwicklungsstadium auch ein differenziertes Profil A_h-A_l-B_t-C. Sie durchlaufen aber vom Ranker und Regosol her ein Stadium mit A_h-B_v-C-Profil. Dieses Entwicklungsstadium ist identisch mit KUBIENAS (1953) Meridionaler Braunerde und nach früheren Bezeichnungen mit der Mediterranen Braunerde und der Südlichen Braunerde. Es ist heute nicht klar zu übersehen, wie weit der Rote und Braune Mediterranboden aus Silikat- und Kieselgesteinen übereinstimmen mit KUBIENAS (1953) Rotlehm und Braunlehm aus Silikat- und Kieselgesteinen.

Weitere Böden des mediterranen Klimas

Der Zimtfarbige Boden

im Sinne der sowjetischen und bulgarischen Bodenkundler ist rötlichbraun gefärbt und besitzt eine auffallend stark ausgeprägte Profildifferenzierung und Tonverlagerung. Er hat sich typisch auf der Balkanhalbinsel im Übergangsklima zwischen Mediterranklima einerseits und dem gemäßigt warmen, humiden Klima und dem nordöstlichen kontinentalen Klima andererseits aus pliozänem Mergel gebildet.

Die starke Erosion durch Wasser hat im ganzen mediterranen Raum gewaltige Mengen von Verwitterungsmaterial in die Täler transportiert. Dabei handelt es sich teils um steinigen Verwitterungsschutt, teils um Bodenmaterial (Solum); oft ist beides gemischt. Zum großen Teil füllen diese Abtragsmassen schon lange die Täler, teils sind es pleistozäne Terrassen, teils stammen sie aus der Zeit unmittelbar nach der Entwaldung. Auf diesen Sedimenten ging die Bodenbildung weiter, und zwar je nach Wasserregime (Grundwasser, Überflutung) in Richtung Terrestrischer Böden, wie oben beschrieben, oder zu Hydromorphen Böden. Die breiten Talauen sind für die landwirtschaftliche Nutzung besonders wertvoll.

In Tälern und Niederungen des Mittelmeerraumes gibt es kleinere Gebiete mit *schwarzen oder schwärzlichen* Böden, z. B. in Israel, in Mittelitalien, in Andalusien, ferner die tonärmeren *Tirse* in Nordafrika. Sie haben Ähnlichkeit mit der Tschernitza Mitteleuropas und sind besonders fruchtbar.

Im mediterranen Raum treten in besonders trockenen, relativ kleinen Gebieten *Steppenböden*, *Halbwüstenböden* und *Salzböden* auf, die in den folgenden Abschnitten beschrieben werden. Auch werden die hier vorkommenden Böden des Hochgebirges in einem besonderen Abschnitt erläutert.

4. Brunizem und ähnliche Bodentypen

Diesen Bodentypen ist gemeinsam (Abb. 170, Legenden-Nr. 1):

1. Sie befinden sich in dem Übergangsraum zwischen Tschernosem und Grey Brown Podzolic Soil bzw. Derno-Podsol, d. h. in einem kontinentalen Klima mit 600 bis 700 mm Jahresniederschlag. In der Pampa sind die Niederschläge teils noch höher.

2. Sie besitzen ein A_h-B_V-C- oder A_h-A_l-B_t-C-Profil; Tonverlagerung ist meistens vorhanden.

3. Sie haben einen A_h-Horizont mit 30 bis 50 cm Mächtigkeit.

4. Sie gehören zu den fruchtbaren Standorten der Erde.

Brunizem oder Prärieboden

Der Brunizem, früher Prärieboden genannt, fügt sich in Nordamerika räumlich zwischen dem Grey Brown Podzolic Soil und dem Tschernosem ein. Er nimmt den Raum der ehemaligen Langgrassteppe ein und bildet den Übergang zum Tschernosem. Die Niederschlagsmenge liegt bei etwa 700 mm/Jahr und steigt damit über die für den Tschernosem übliche hinaus. Im Norden des Verbreitungsgebietes ist seine Farbe schwärzlichbraun, im Süden rötlichbraun (Temperaturunterschied). Der Brunizem besitzt ein A-B_t-C-Profil und weicht damit stark vom Typischen Tschernosem ab. Der meist krümelige A_h-Horizont, selten mächtiger als 50 cm, ist entkalkt, aber die Basensättigung liegt im mittleren oder hohen Bereich. Meistens sind Wasser- und Lufthaushalt günstig, allerdings hat in ebener Lage ein SB_t-Horizont Staunässe veranlaßt. Dieser fruchtbare Boden bildet größtenteils den Maisgürtel der USA. Im Grenzraum zum Grey Brown Podzolic Soil ist in ebener Lage der *Planosol*, ein Staunässeboden mit B_tS_d-Horizont und dunklem A_h-Horizont entstanden.

Grauer Waldboden

In der Sowjetunion bildet der *Graue Waldboden* die nördliche Begrenzung zum Tschernosemgebiet. Er hat große Ähnlichkeit mit dem Brunizem Nordamerikas, wird aber von den sowjetischen Bodenkundlern als eigenständiger Bodentyp betrachtet. Von Norden nach Süden werden drei Zonen des Grauen Waldbodens unterschieden: Hellgrauer, Grauer und Dunkelgrauer Waldboden. Nach Süden anschließend folgt der *Podsolierte Tschernosem* mit A-B_t-C-Profil in einem Gebiet mit 600 mm Jahresniederschlag. Dieser Subtyp des Tschernosems gehört aufgrund des Klimas und des Profilaufbaues auch zu dieser vierten Bodengruppe.

Pampa-Brunizem

In der Nord-Pampa Südamerikas ist in einem warmen Klima mit 500 bis 1000 mm Jahresniederschlag ein Brunizem mit A_h-B_t-C-Profil, einem 30 bis 70 cm mächtigen A_h-Horizont mit bis zu 18 % Humus, einem pH 6 bis 7 im A_h, aus Löß (mit Tephra) entstanden. Lokal gibt es Übergänge zum Vertisol. Im nördlichsten, warm-feuchten Bereich ist der B_t-Horizont rötlich und die Basensättigung niedriger. In der trockeneren West-Pampa fehlt der B_t-Horizont, das pH liegt höher, noch oberhalb 50 cm ist Carbonat vorhanden; dieser Boden entstand aus gröberen Sedimenten.

5. Bodentypen der semihumiden und semiariden Steppe

Das Gemeinsame der Bodentypen der semihumiden und semiariden Steppe (Abb. 170, Legenden-Nr. 2 und 4), ausgenommen die Salzböden, besteht in folgenden Charakteristika:

1. Sie befinden sich in einem kontinentalen Klima mit relativ geringem Niederschlag (meist zwischen 300 und 500 mm), geringer Luftfeuchtigkeit, starker Verdunstung, warmen Sommern und kalten Wintern. Perkolation, Pflanzenwachstum und Bodenorganismen sind dadurch stark beeinflußt.

2. Infolge geringer Niederschläge und starker Verdunstung ist die Auswaschung löslicher Bodenstoffe (vor allem an Basen) aus diesen Böden, mit Ausnahme des Degradierten Tschernosems, gering. Überwiegend sind diese Böden kalkhaltig; zum mindesten besitzen sie eine hohe Basensättigung.

3. Der überwiegende Teil dieser Bodentypen hat ein A_h-CaC-C-Profil. Die Mächtigkeit des A_h-Horizontes ist bei den einzelnen Typen verschieden.

4. Die Humusform ist bei allen diesen Bodentypen hochpolymer, stabil und stickstoffreich, meist tonverbunden.

5. Das Makrogefüge zeichnet sich allgemein durch gute Krümelung aus; das Mikrogefüge ist überwiegend »erdig« im Sinne KUBIENAS.

6. Die pflanzliche Produktion wird nicht durch die Bodeneigenschaften, sondern durch das Klima mehr oder weniger eingeschränkt.

7. In weiten Gebieten mit diesen Bodentypen ist die Bodenerosion durch Wasser wirksam, wodurch die Böden teils schluchtenartig (Owragi) zerschnitten sind.

8. Im allgemeinen trocknet der Wind diese Böden stark aus; dem kann durch die Anlage von Windschutzstreifen entgegengewirkt werden.

9. Wo zusammenlaufendes Oberflächenwasser und nahes Grundwasser verdunsten, kann es zur Bildung von salzigen Böden kommen, die zusammenfassend unter 7. besprochen werden.

Tschernosem (Schwarzerde) (Tafel 12)

Der Tschernosem wurde bereits bei den Böden Mitteleuropas beschrieben. Weltweit gesehen beträgt die Mächtigkeit des A_h-Horizontes 40 bis 100 cm. Er hat folgende Eigenschaften: grauschwarze Farbe, ideale Krümelung, guter Wasser- und Lufthaushalt, hohe Basensättigung, etwa 4 bis 16 % Humus, hochpolymere, tonverbundene Humusform, große Stickstoffreserve, starke biologische Aktivität. In dem ausgedehnten Tschernosem-Gebiet des europäischen Teiles der Sowjetunion werden von Norden nach Süden (vom feuchteren zum trockeneren Klimabereich) folgende Böden unterschieden. Der *Graue Waldboden* begrenzt das Tschernosem-Gebiet im Norden. Nach Süden folgen: *Podsolierter Tschernosem* mit ziemlich starker Auswaschung der Basen und Tonverlagerung (hier Podsolierung genannt) in einem Gebiet mit heute etwa 600 mm Niederschlag/Jahr; hier liegt ein $A-B_t-C$-Profil vor. *Ausgelaugter Tschernosem* mit Basenverarmung und Bildung eines schwachen B_v-Horizontes zwischen A_h und C. *Typischer* (oder mächtiger) *Tschernosem* mit einem A_h-Horizont von 80 bis 100 cm, 10 bis 16 % Humus, pH etwa 6,5; der untere Teil des A_h-Horizontes zeigt fadenartige Kalkausblühungen (= Pseudomycelien). *Gewöhnlicher Tschernosem* mit einem 60 bis 80 cm mächtigen A_h-Horizont und 6 bis 10 % Humus, ab etwa 50 cm kalkhaltig. *Südlicher Tschernosem* mit einem A_h-Horizont von 40 bis 60 cm Mächtigkeit, 4 bis 6 % Humus, ab etwa 20 bis 40 cm kalkhaltig. Dieser Subtyp geht allmählich in den Dunklen Kastanosem über. Das Tschernosemgebiet reicht ostwärts in Sibirien fast bis nach Alma Ata, nach Westen bis nach Polen und auf die Balkanhalbinsel. Der sibirische Tschernosem liegt im extrem kontinentalen Klima mit etwa 80° C Temperaturschwankung.

Zum Typ des Tschernosems gehören auch solche A-C-Böden im Bereich eines milderen Winters; letzterer erlaubt eine längere biologische Aktivität und damit einen stärkeren Humusabbau. Diese Tschernoseme sind heller im A_h-Horizont, besitzen weniger Humus (1,5 bis 4 %) und zeigen eine starke biologische Tätigkeit (viele Regenwurmgänge). Hierzu gehören z. B. der Krim-Tschernosem, der Tschernosem Bulgariens, der Woiwodina-Tschernosem und schließlich auch der Braune Steppenboden des Oberrheintales.

Der Tschernosem der USA schließt sich westlich an den Brunizem an und besitzt häufig ein A-B-C-Profil, d. h. er ist degradiert. Der A-Horizont ist stets entkalkt und etwa 40 bis 70 cm mächtig. Im Norden zeigt der Tschernosem der USA schwärzliche und dunkelgraubraune Farbtöne, im Süden dagegen infolge höherer Temperatur dunkelbraune bis rötlichbraune Farben. Als starke Degradationsstufe des Tschernosem gilt im Norden der USA und in Kanada der Grey Wooded Soil. Die schwärzlichen Böden der Pampa von Argentinien gehören teils auch zu den Tschernosemen.

Im Klimagebiet des Tschernosems entstehen aus kalkhaltigen Sanden schwarzerdeähnliche Böden, die KUBIENA (1953) und FRANZ (1955) *Para-Tschernosem* genannt haben.

Kastanosem oder Kastanienfarbiger Boden

Der Kastanienfarbige Boden (Abb. 170, Legenden-Nr. 4), von KUBIENA (1953) Kastanosem genannt, fügt sich in der Sowjetunion südlich und in den USA westlich der Tschernosemzone an. Größere Gebiete dieses Bodentyps gibt es im östlichen Asien, südlich der zentralasiatischen Gebirge und in Argentinien; kleinere Vorkommen treten in Kleinasien und Spanien auf. Dem Kastanosem ähnliche Böden gibt es im südlichen und östlichen Afrika sowie in Australien, die aber mehr Ähnlichkeit mit Braunen Halbwüstenböden haben. Der Name »Kastanienfarbiger Boden« wurde von der Farbe des A_h-Horizontes abgeleitet. Das für die Entstehung des Kastanosems entscheidende Klima ist arider als das des Tschernosems. Er wird in der Sowjetunion vom Tschernosemgebiet zur ariden Halbwüste hin heller in der Farbe; danach unterteilt man hier den Kastanosem in einen dunklen, mittelhellen und hellen Subtyp. In den USA ist er im Norden dunkelbraun und im Süden rötlichbraun.

Folgende Eigenschaften charakterisieren den Kastanosem: A-C-, A-CaC-C oder A-B-C-Profil, A_h-Horizont dunkelbraun oder rötlichbraun, oft unterteilt in einen helleren A_{h1} und einen etwas dunkleren A_{h2}, 3 bis 5 % Humus, gute Humusform, krümelig, durchlässig für Wasser und Luft, oft schwach kalkhaltig bis zur Oberfläche, in jedem Falle hohe Basensättigung, Bodenleben durch die Trockenheit etwas beeinträchtigt, Pflanzendecke nicht dicht (Trockensteppe), Solum 30 bis 60 cm, an sich fruchtbar, sofern keine Salzanreicherung im A_h-Horizont vorliegt. Der dunklere Kastanosem, der relativ mehr Niederschlag erhält, dient unter Einschaltung der Brache noch weitgehend dem Getreidebau.

Im Bereich des Tschernosems und des Kastanosems treten in Tälern und Senken grundwasserbeeinflußte Übergänge auf, die Wiesen-Tschernosem bzw. Wiesen-Kastanosem genannt werden. Innerhalb des Kastanosem-Gebietes kann es in Tälern und an Stellen, wo Oberflächenwasser sich sammelt und verdunstet, zur Bildung von Salzböden kommen, die in einem besonderen Abschnitt beschrieben werden. Ferner gibt es in solchen Geländepositionen mehr oder weniger versalzte Kastanoseme (Solonetzartiger Kastanosem), deren physikalische Eigenschaften durch die Versalzung sehr beeinträchtigt sind (säuliges Gefüge, Verschlämmung, Härte im ausgetrockneten Zustand).

6. Bodentypen der Halbwüste und der Wüste

Die Bodentypen der Halbwüste und der Wüste (Abb. 170, Legenden-Nr. 5) sind nicht so eingehend erforscht wie die Böden mit höherem wirtschaftlichem Wert. Leider haben die Forschungen in den verschiedenen ariden Räumen der Erde zu einer verschiedenen Benennung dieser Bodentypen geführt. Die gebräuchlichsten werden hier verwendet. Die Bodentypen der Halbwüste und der Wüste haben folgende Charakterzüge gemeinsam:

1. Sie bilden sich im niederschlagsarmen (meistens < 250 mm/Jahr), lufttrockenen, warmen, verdunstungsstarken Klima.

2. Die physikalische Verwitterung überwiegt die chemische infolge der Trockenheit bei weitem, vor allem wirkt der starke Temperaturwechsel (Insolation).

3. Infolge des geringen Niederschlages und der starken Verdunstung werden Salze und Ionen gebietsweise nur wenig ausgewaschen, vielfach werden sie in den oberen Bodenschichten angereichert; im Extrem bilden sich Salzkrusten (caliche).

4. Zu den Bodengesellschaften der Halbwüste und der Wüste gehören ebenfalls Salzböden, die im 7. Abschnitt beschrieben werden.

5. Der A_h-Horizont ist geringmächtig, schwach humos und besitzt nur wenig Bodenorganismen.

6. Der Pflanzenwuchs ist schwach oder fehlt ganz. Nur Xerophyten können existieren.

7. Weitgehende oder völlige Vegetationsfreiheit erlaubt starke Winderosion mit weitreichender Verfrachtung von Bodenmaterial bzw. Lockersediment und führt bei plötzlichen, starken Niederschlägen zu verheerender Bodenerosion (Schichtfluten, Schluchtenbildung).

Braune und Braunrote Böden der halbariden Tropen

entwickeln sich in Gebieten mit 200 bis 350 mm/Jahr Niederschlag und leiten über zu Böden feuchterer Klimate. Sie haben große Verbreitung südlich der Sahara.

Nördlich der Sahara haben die französischen Bodenkundler im Klimabereich mit 300 bis 500 mm/Jahr *Kastanienfarbige Böden* der *subariden Subtropen* (sols châtains subtropicaux) und im Klimabereich von 200 bis 400 mm/Jahr *Braune Böden der subariden Subtropen* (sols bruns [steppiques] subtropicaux) gefunden. Sie nehmen eine Zwischenstellung zwischen Mediterranböden und Halbwüstenböden ein. Auffallend für diese Böden ist eine Kalkkruste im Unterboden, die aus einer feuchteren Klimaperiode stammt.

Burosem

KUBIENA (1953) hat diesen Namen für einen Braunen Halbwüstenboden vorgeschlagen, der dem Hellen Kastanosem in Richtung zum ariden Bereich folgt. Andere Namen sind: Brauner Boden, Brauner Boden der Halbwüste, Hellbrauner Steppenboden, Brown Desert Soil.

Meistens bedeckt eine Pflanzendecke von *Artemisia-Arten*, die typisch für die Trockensteppe sind, den Burosem. Der A_h-Horizont teilt sich in einen helleren A_{h1} und einen etwas dunkleren A_{h2}, darunter folgt ein ACa oder CaC, der in den C übergeht. Gebietsweise hat sich auch ein B_v-Horizont gebildet, wahrscheinlich in einer früheren, etwas feuchteren Klimaperiode, z. B. gibt es solche Profile gebietsweise im Westen der USA. Sonstige Eigenschaften: braune oder graubraune Farbe, meist kalkhaltig bis zur Oberfläche, teils aber kalkfrei und hohe Basensättigung, krümeliges, lockeres Gefüge, der ACa und CaC teils etwas verfestigt, 1 bis 3 % Humus, geringes Bodenleben. Der an sich einfache Profilaufbau zeigt viele Variationen. Das aride Klima bedingt Übergänge zum Solontschak und zum Solonetz.

Der Burosem tritt im Übergangsgebiet von der Steppe zur Halbwüste, in der sogenannten Trockensteppe, auf, vor allem auf großen Flächen in Südostrußland und im Westen der USA, ferner im allgemeinen im Randgebiet des Hellen Kastanosems zur Halbwüste hin.

Sierosem

Sierosem oder Sierosiom ist die russische Bezeichnung für einen grauen Boden der Halbwüste, auch Grauerde, Grauer Wüstensteppenboden, Grauer Boden der Halbwüste und Grey Desert Soil genannt.

Der Sierosem tritt in noch arideren Gebieten der Halbwüste auf als der Burosem. Dementsprechend lückenhaft ist seine xerophytische Pflanzendecke. Seine wichtigsten Eigenschaften sind: Horizontfolge A_h-CaC-C, geringmächtiger, schwach humoser (0,5 bis 2 %), grauer, meist kalkhaltiger A_h-Horizont, geringes Bodenleben. Gleitende Übergänge bestehen vom Sierosem zum Solontschak und zum Solonetz.

Der Sierosem ist am Rande der Wüste streckenweise verbreitet, besonders große Flächen befinden sich in Turkestan, Südostrußland und im Westen der USA, kleinere Flächen gibt es in Kleinasien und Spanien.

Rötlichbrauner Halbwüstenboden

Der rötlichbraune Typ der Halbwüstenböden hat vieles mit dem Burosem gemeinsam. Er kann kalkhaltig oder bei einer langen Bodenbildungszeit (mit zeitweise feuchterem Klima) kalkfrei sein. In letzterem Falle kann das Solum 50 cm umfassen, wie im Westen der USA beobachtet wurde. Für die Entstehung des Rötlichbraunen Halbwüstenbodens scheinen hohe Sommertemperaturen notwendig zu sein, die auch in früheren Zeiten wirksam gewesen sein können. Nur eine spärliche, xerophytische Pflanzendecke breitet sich auf diesem Boden aus. Auch dieser Halbwüstenboden nimmt große Flächen ein, z. B. im Westen der USA, aber auch sonst in der Randzone zur Wüste hin. Er bildet Übergänge zum Solontschak und Solonetz.

Als eine Eigenart dieses Bodentyps kann ein durch Kieselsäure verfestigter, harter Horizont (hardpan) angesehen werden, der flächenweise auftritt und die Wurzelausbreitung einengt. Wahrscheinlich entsteht ein solcher verhärteter Horizont durch Kieselsäure-Wanderung vom Ober- in den Unterboden.

Lockerer Rohboden der Wüste

Der Lockere Rohboden der Wüste wird als *lockere* Bodenbildung mit meist Einzelkorngefüge den »rohen« Wüstenkrusten gegenübergestellt, um die Rohböden der Wüste nach einem wichtigen Merkmal in zwei Bodentypen zu gliedern. Unweit der Oberfläche kann der Lockere Rohboden der Wüste eine schwache Verkittung aufweisen, indessen ist eine solche im Vergleich zur Wüstenkruste gering. Meistens sind diese Böden kalkhaltig, enthalten nur Spuren von organischer Substanz und teils etwas Salz. In erster Linie gliedert man diese Rohböden nach der Korngröße, nach der Art des Ausgangsmaterials und nach einem etwaigen Salzgehalt (KUBIENA 1953).

Steinpflaster-Wüstenboden

KUBIENA nannte den Steinpflaster-Wüstenboden treffend Hamada-Wüstenboden oder Hamada-Yerma (Hamada = Steinpflaster); er ist auch ein Rohboden der Wüste. Die vorwiegend physikalische Verwitterung in der Wüste zerlegt das Gestein in Fragmente vom Block bis zum Staub. Der Wind bläst von der ganz oder fast vegetationsfreien Oberfläche das feine Bodenmaterial aus, und es bleibt ein Steinpflaster (Steinstreu) zurück. Die Steine an der Oberfläche besitzen oft einen dünnen, glatten, glänzenden Überzug, z. B. den bekannten Wüstenlack aus Limonit, ferner auch andere sogenannte Schutzrinden. Unter dem Steinpflaster folgt in der Regel Verwitterungsmaterial, teils autochthon, meist allochthon, beginnend mit einem A_i-Horizont, dem der C folgt.

Sandwüstenboden

Der Sandwüstenboden stellt als Subtyp des Lockeren Rohbodens (s. oben) den Inbegriff der Wüste dar. Die volkstümliche arabische Bezeichnung *Erg* wird auch in der internationalen wissenschaftlichen Literatur gebraucht; KUBIENA (1953) nannte ihn Sand-Yerma oder auch Sandwüstenboden. Er stellt einen fast humusfreien, feinerdearmen, lockeren, im Einzelkorngefüge befindlichen Rohboden der Wüste dar mit überwiegender Körnung des Sandes (Mittelsand). Bekannt sind die weißlichen, grauen und ockergelben Farben, daneben gibt es rotgelbe bis rote Sande. In den Rissen der Sandkörner befindet sich oft verhärtete, feine Substanz von roter oder gelblicher Farbe, die dem Rohboden seine Farbe verleiht.

Salzstaubboden

Der Subtyp »Salzstaubboden«, von KUBIENA (1953) auch Salzstaub-Yerma genannt, bildet eine lockere, staubige, sehr humusarme Masse, die mit bloßem Auge erkennbare Ausscheidungen von wasserlöslichen Salzen enthält. In extrem trockenen, sommerheißen Gebieten der Wüste ist er zu finden.

Wüstenkrusten (Tafel 23)

Der Bodentyp »Wüstenkruste« unterscheidet sich von den lockeren Rohböden der Wüsten durch eine steinähnliche Kruste (engl. caliche) wechselnder Mächtigkeit (5 bis 200 cm) nahe der Oberfläche. Die Kruste entsteht durch die Ausscheidung von Salzen im oberen Bodenbereich. Gelegentliche Niederschläge, die in den Boden dringen und eine kurzfristige chemische Verwitterung bewirken, werden durch die starke Verdunstungskraft des heißen Klimas wieder nach oben gezogen. Die im Bodenwasser gelösten Stoffe scheiden sich nahe (nicht an) der Oberfläche aus und bilden mit der Zeit eine feste Kruste. Bei mehr Niederschlag ist es auch möglich, daß die im oberen Profilbereich durch Verwitterung gelösten Stoffe eine kleine Strecke im Bodenprofil mit dem Sickerwasser abwärts transportiert und hier ausgefällt werden, ein Vorgang, den wir in kleinerem Ausmaß von der Bildung eines CaC-Horizontes kennen. Alkalisalze sind selten an der Krustenbildung beteiligt, da sie leicht löslich sind und deshalb von den episodischen Niederschlägen abgeführt werden. Doch gibt es in extremen Trockengebieten an tieferen Stellen, wo Wasser zusammenläuft und verdunstet, auch *Alkalikrusten*.

Krusten entstehen auch am Ufer von episodisch mit Wasser gefüllten Senken und Tälern. In ehemaligen Wasserbecken kann durch Austrocknung auch eine Kruste zurückgeblieben sein. In jedem Falle ist für die Bildung der mächtigen Krusten eine lange Zeit erforderlich. Daraus ergibt sich, daß die Krusten teils pleistozänes oder gar präpleistozänes Alter haben. Durch die freie Entfaltung des Windes in der Wüste werden die Krusten oft durch Abblasen des darüberliegenden, lockeren Profilbereiches freigelegt, so daß sie weitreichend die Oberfläche bilden. Andererseits werden Sand, Staub oder Salzstaub auf die Krustenböden äolisch aufgetragen. Man findet auch Decken sandigen Materials über den Krusten, das fluviatil verfrachtet worden ist. Das heute über der Kruste liegende Material stellt nur selten eine autochthone Bildung dar.

Kalkkrustenboden (Tafel 23),

auch Kalkkrusten-Yerma (KUBIENA 1953) oder Nari (volkstümliche Bezeichnung in Palästina) genannt. Die Kalkkruste besteht überwiegend aus Calciumcarbonat. Gips und Kieselsäure sind bisweilen auch darin enthalten. Reine Kieselsäurekrusten sind in der Wüste selten. Das Calcium wird vom Wasser bzw. der Bodenlösung als Calciumhydrogencarbonat transportiert und nahe der Oberfläche unter Abgabe von Kohlensäure als Carbonat ausgefällt. Die Kalkkruste ist meist cremefarbig, teils rötlich, feinkristallin, dicht, oft schichtig und sehr hart.

Gipskrustenboden,

auch Gipskrusten-Yerma (KUBIENA 1953) genannt. Die Gipskruste besteht überwiegend aus Gips; Calciumcarbonat ist häufig beteiligt. Sie entsteht lokal, wo Schwefel in Form von H_2S, SO_2, SO_4 oder in einer anderen Verbindung in den Wüstenboden gelangt; z. B. wird in der Wüste Namib H_2S, das aus dem Plankton der Meeresküste stammt, mit dem Nebel in die Wüste getragen. Die Gipskruste besitzt folgende Merkmale: meistens fahlweiße Farbe, partiell rötlich, matte und rauhe Oberfläche, weich (leicht ritzbar), manchmal einzelne, durch Rekristallisation gebildete, größere Kristalle, manchmal sinterartige, knollige Bildungen.

7. Salzböden

Die Salzböden sind an folgende Entstehungsbedingungen gebunden: geringer Niederschlag, starke Verdunstung, dichte Untergrundschicht, Vorhandensein von Salzen im Ausgangsmaterial des Bodens oder deren Zuführung durch Grund- oder Oberflächenwasser. Meistens treten die Salzböden im Klima der Steppe, Halbwüste und Wüste auf, kleinere Flächen gibt es im Mediterranklima (Spanien, Griechenland) und in anderen sommertrockenen und -warmen Klimaräumen (Jugoslawien, Ungarn). Salzböden der Küstenregion (Lagunen), deren Salze direkt aus dem Meerwasser stammen und deshalb eine andere Zusammensetzung aufweisen als die Salzböden der Trockengebiete, sind begrenzt (z. B. Südfrankreich) und können hier außer acht bleiben. Die Salzböden zeigen folgende gemeinsame Wesenszüge:

1. Sie entstehen in niederschlagsarmen, verdunstungsstarken Klimaräumen und zwar an Stellen, wo Oberflächenwasser sich sammelt oder Grundwasser an die Oberfläche steigen kann.

2. Eine mehr oder weniger dichte Untergrundschicht oder nahes Grundwasser verhindert die Versickerung salzhaltigen Wassers in tiefere Schichten, von wo aus ein Aufsteigen an die Oberfläche unmöglich wäre.

3. Aktuelle oder frühere, kleinere oder größere Salzanreicherung in den oberen Bodenhorizonten.

4. Ungünstiger bodenphysikalischer Zustand (dicht und kohärent oder große, kompakte Gefügeaggregate).

5. Die Bodenorganismen können sich nicht entfalten.

6. Das Pflanzenwachstum ist eingeschränkt, bei mäßiger Salzkonzentration können nur Halophyten existieren; starke Salzausscheidungen an der Oberfläche verhindern jegliches Wachstum.

Auch die Namengebung bei den Salzböden ist nicht einheitlich. Hier sollen die ursprünglichen, russischen Bezeichnungen Verwendung finden, die international gebräuchlich sind; außerdem werden die wichtigsten Synonyme angegeben.

Solontschak (Tafel 24)

Die Bezeichnung Solontschak stammt aus der russischen Fachsprache. Synonyme sind: Szikboden oder Székboden (ungarisch), Zickboden (burgenländisch) (diese Namen werden örtlich auch für Solonetz gebraucht), ferner White Alkali Soil; heute unterscheidet man in den USA Saline Soil (mäßig alkalisch) und Alkaline Soil (stark alkalisch); Kebir (kirgisisch); strukturloser Salzboden (weil Struktur fehlt); Reh, Kalar und Usar (indisch), Trona (ägyptisch).

Eigenschaften des Solontschaks: hellgraue, seltener dunkelgraue, teils etwas grünliche Farben wie beim Gley, überwiegend Eisen (II), nur wenig Eisen (III) als rostgelbe und rostbraune Flecken (Tafel 24), AZ-Horizont mehr oder weniger humushaltig, Salzausscheidungen an der Oberfläche oder in einem tieferen Horizont (überwiegend Sulfat, Chlorid und Carbonat des Natriums, Calciumsulfat auch fast immer vorhanden, teils auch Magnesiumsulfat und Calciumchlorid), bei Austrocknung in allen Horizonten Salze, im Frühjahr meist naß, im Sommer austrocknend, durch den hohen Na-Gehalt kohärente Masse, im Frühjahr Begrünung (wenn Salzgehalt nicht zu hoch), im Sommer verdorren die Pflanzen.

Nach der Salzart können unterschieden werden: *Soda-Solontschak* mit viel Na-Carbonat, *Gips-Solontschak* mit vorwiegend Calciumsulfat, *Calcium-Natrium-Solontschak* mit reichlich Calciumsalzen neben Natriumsalzen, *Kalk-Solontschak* mit viel Calciumcarbonat. Ferner hat Kubiena (1953) beschrieben: *Krypto-Solontschak*, bei dem die Salzausfällung unter der Oberfläche (verdeckt) erfolgt; *Trocken-Solontschak*, der wenig durchfeuchtet wird und im ganzen Profil Salzausscheidungen aufweist; *Nasser Solontschak*, der selten völlig austrocknet und daher nur an der Oberfläche Salze auskristallisiert.

Die salzreichen Solontschake finden sich meistens in Gesellschaft der Halbwüsten- und Wüstenböden, aber auch in der Steppe treten sie auf. Vom Solontschak gibt es viele Übergänge zum Solonetz (Solonetz-Solontschak) und zu den vergesellschafteten terrestrischen Bodentypen.

Die Kultivierung der Solontschake stellt ein altes, schwieriges Problem dar. Die für den Anbau von Kulturpflanzen notwendige Wasserzufuhr bringt oft neues Salz. Der etwa vorhandene, dichte Untergrund oder nahes Grundwasser erlaubt nicht die Entsalzung mittels Durchspülung mit Süßwasser. Hingegen vermögen *durchlässiger* Untergrund und die Zufuhr von salzarmem (süßem) Wasser sowohl die Versalzung zu verhindern als auch gegebenenfalls die Entsalzung zu bewirken und den Kulturpflanzenbau zu ermöglichen.

Solonetz (Tafel 24)

Auch dieser Name kommt aus dem Russischen. Andere Namen sind: Ton-Szikboden, Black Alkali Soil, Schokat (kirgisisch), Struktur-Salzboden (wegen der Säulenstruktur).

Der Solonetz geht in der Regel aus dem Solontschak durch weitgehende oder vollständige Auswaschung der Salze hervor, ohne daß dabei auch eine weitgehende Verdrängung der Na-Ionen aus dem Sorptionskomplex erfolgt. Das Profil zeigt drei charakteristische Horizonte: der grauweiße, humose, dichte A_h-Horizont; der mittelgraue, humushaltige, in Säulengefüge gegliederte, dichte AB-Horizont; der hellgraue, schwach rostgefleckte, kohärente, oft noch salzhaltige G-Horizont. A_h- und AB-Horizont sind schwach alkalisch bis neutral. Das Grundwasser steht tiefer als beim Solontschak, meistens wurde es auf natürliche oder künstliche Weise abgesenkt. Infolge des hohen Gehaltes an Na-Ionen verschlämmt die Bodenmasse leicht, wird dicht und manchmal undurchlässig, der Humus wird teils löslich und wandert mit dem Sickerwasser in den AB-Horizont. Im Frühjahr bildet der Solonetz eine breiige Masse; bei der Austrocknung wird er rissig, sondert sich in Säulenaggregate ab und ist hart. Die Bedingungen für Bodenorganismen und höhere Pflanzen sind ungünstig. Die Kultivierung des Solonetz ist schwierig, weil schon bei einem Tongehalt von 20 % die Verdrängung der Na-Ionen sehr langsam geht. Für den Austausch des Na hat sich die Zufuhr von Gips bewährt.

Zwischen Solonetz und Solontschak gibt es Übergänge, die *Solontschak-Solonetz* genannt werden. Diese besitzen den Salzgehalt des Solontschaks und das Gefüge des Solonetzes. Ferner werden *Kalkfreier* und *Kalkhaltiger Solonetz* unterschieden.

Solod

Auch Solod kommt aus der russischen Fachsprache. Weitere Bezeichnungen sind: Solodi, Soloti, Steppenbleicherde, Salzerdiger Podsol.

Der Solod entwickelt sich aus dem Solonetz, indem Feinsubstanz aus dem Ober- in den Unterboden verlagert wird. Dieser Prozeß wird in erster Linie durch die starke Dispergierung der Na-reichen Tonsubstanz und das Vorhandensein von Kieselsäuresol verursacht. Dadurch entsteht ein mittelgrauer (durch Humus dunkler gefärbter), schwach humoser Oberboden, und darunter folgt der hellgraue Bleichhorizont, der dem A_e-Horizont des Podsols zwar sehr ähnlich ist, aber in ganz anderer Weise entstand. Tiefer folgt ein stark rostbraun und grau gefleckter BG-Horizont (Tafel 24). Neuerdings wird von einigen Bodenkundlern angenommen, daß gebietsweise die oberen Horizonte des Solods von einer jüngeren Sedimentation stammen (Theiß-Niederung). — Der Solod tritt in Gesellschaft des Solonetzes auf und bildet zu diesem Übergänge.

8. Bodentypen der feuchten und wechselfeuchten Subtropen und der Tropen

Keine Bodenregion der Erde läßt sich heute so schlecht überblicken wie die der feuchten Subtropen und Tropen. Darum kann das Bild von den Bodentypen dieses Klimaraumes nicht befriedigend dargeboten werden. Die Diskussionen über Gliederung, Abgrenzung und Benennung der Bodentypen dieses Klimagebietes sind noch nicht abgeschlossen. Deshalb werden hier die eingeführten Bezeichnungen gebraucht, die hauptsächlich von den französischen und belgischen Bodenkundlern in Afrika geprägt wurden; ältere Bezeichnungen werden diesen zugeordnet. Gebietsweise werden andere Namen gebraucht, z. B. ist in Südamerika, aber auch noch anderswo, die Bezeichnung Latosol üblich, während heute in Afrika andere Namen gebraucht werden. Für die subtropischen und tropischen Böden der immerfeuchten und wechselfeuchten Region gelten folgende allgemeine Merkmale (Abb. 170, Legenden-Nr. 8):

1. Sie werden im warmen, niederschlagsreichen, mehr oder weniger luftfeuchten Klima gebildet, teils ist das Klima stets feucht (der Boden bleibt feucht), teils wechseln periodisch Niederschlag und Trockenheit (der Boden ist wechselnd feucht und trocken).

2. Wärme und Feuchtigkeit verursachen eine intensive chemische Verwitterung und Verarmung an Basen und Pflanzennährstoffen; in den wechselfeuchten Böden ist die Stabilisierung bestimmter Bodenstoffe verstärkt (zeitweise Trockenheit).

3. Die spezifische Verwitterung in diesem Klima bewirkt die Abfuhr eines großen Teiles der Kieselsäure in den meisten Böden.

4. Dehydratisierung und Stabilisierung von Al- und Fe-Verbindungen; Bildung von Kaolinit und Gibbsit.

5. Intensiv gelbe bis rote Färbung des Bodens durch wasserarme und wasserfreie Fe-Verbindungen.

6. Starker Abbau der organischen Substanz bei Feuchte und hoher Temperatur (Maximum bei etwa 30° C), so daß die gebietsweise hohe Produktion an organischer Masse nicht zu Humusreichtum führt. Für den Nährstoffumlauf ist dieser Prozeß sehr wichtig. Die geringe Menge hochpolymerer Huminstoffe ist in Tropenböden mit sorptionsschwachen Tonmineralen für die Austauschvorgänge sehr bedeutsam.

7. Die Böden sind in tektonisch ruhigen Gebieten sehr alt.

8. Mächtige Boden-Kolluvien treten örtlich auf und zeugen von der Umlagerung alter Böden; in hügeligen Gebieten ist die Umlagerung fast allerorts.

9. Nach Beseitigung der Vegetationsdecke ist im hängigen Gelände die Erosionsgefahr sehr groß.

10. Die klimatischen Bedingungen für das Pflanzenwachstum sind überwiegend gut (Feuchtigkeit, Wärme), jedoch ist bei der Nährstoffarmut des Bodens das Wachstum weitgehend vom Humusumsatz abhängig (unter Naturbedingungen). Lange periodische Trockenheit (Savanne) mindert den Wert des Pflanzenstandortes.

11. Der Ackerbau fördert sehr schnell und stark den Abbau der organischen Substanz und schafft zu wenig organische Masse nach, so daß die Bodenfruchtbarkeit schon nach 3 bis 6 Jahren Ackerbau erheblich sinkt.

Ferrallitische Böden,

synonym sind die Namen Sols ferrallitiques, Ferrisols, Ferralsols, Oxisols und Latosols, ferner auch Roterde und Gelberde (nach KUBIENA, 1953). Diese Bezeichnungen decken sich in großen Zügen, wenn auch die Definitionen nicht oder nicht ganz übereinstimmen. Unter diesen Bezeichnungen werden verschiedene Bodentypen zusammengefaßt, die sich in Aufbau, Ferrallitisierung, Austauschkapazität, austauschbaren Basen, Basensättigung, Humusgehalt und Gefüge unterscheiden (SCHMIDT-LORENZ, 1970). Die Unterteilung in Typen erfolgt nach dem Grad der Ferrallitisierung, d. h. nach dem Grad der Kieselsäureabfuhr und der Stabilisierung der Fe- und Al-Verbindungen, was im SiO_2/Al_2O_3- und $SiO_2/Al_2O_3 + Fe_2O_3$-Verhältnis zum Ausdruck kommt. Die Ferrallitischen Böden bilden sich unter Waldbestand der Feuchttropen, und zwar auf stark verwittertem Material. Sie machen große Flächen aus in den Tropen mit > 1200 mm/Jahr Niederschlag und höchstens 6 Monaten Trockenzeit, und zwar in Afrika, Südamerika, Asien und Australien. Gemeinsam haben diese Böden: intensiv verwittert, extrem arm an Primärmineralen, langer und nicht in allen Fällen gleicher Entwicklungsweg, Kieselsäureverlust, stabile und teils metastabile Verwitterungsprodukte, reich an sorptionsschwachen Tonmineralen (Kaolinit), Oxiden (des Fe, Al, Mn, Ti) und Gibbsit, extrem basenarm, pH zwischen 6 und 4, sehr alt und tiefgründig (2 bis über 20 m), keine bestimmte Horizontfolge, A_h-Horizont 25 bis 35 cm, Humusgehalt 1 bis 3 %, armer Standort. Die Ferrallitisierung ist abhängig von der Niederschlagshöhe, der Bodentemperatur, dem Ausgangsgestein und der natürlichen Dränung. Basenreiche und kieselsäurearme Gesteine sowie ungehinderte Abfuhr der Kieselsäure begünstigen eine schnelle Ferrallitisierung, während sie auf basenärmeren und kieselsäurereichen Gesteinen und behinderter Kieselsäureabfuhr verlangsamt ist, vor allem die Bildung von Al-Oxiden.

Zu den Ferrallitischen Böden gehören:

a. Typische Ferrallitische Böden,

auch Sols ferrallitiques typiques, Sols fortement ferrallitiques oder Ferrallite genannt. Dieses sind die am stärksten ferrallitisierten Böden; dementsprechend niedrig liegt das SiO_2/Al_2O_3-Verhältnis mit $<1{,}7$ in der Tonfraktion. Eigenschaften: reich an Fe-Oxiden, meist reich an Al-Oxiden (Gibbsit), weniger Tonminerale, extrem verarmt, sehr alte Böden, gewissermaßen das Endprodukt der ferrallitischen Bodenbildung.

b. Locker-Ferrallite

Sie entstehen aus basenreicheren Silikatgesteinen bei gutem Wasserabzug, sind rot bis intensiv dunkelrot, teils aber gelb oder gelblichbraun, sind oxidreich und bestehen aus kleinen stabilen Gefügeaggregaten, die *locker* gelagert sind. Die Zersatzzone dieser Ferrallite besitzt teils stabile goethit- und gibbsitreiche Netzstrukturen. Kommt diese Zersatzzone durch Abtrag der oberen Horizonte an die Oberfläche, so spricht man von Gerüst-Ferralliten.

c. Schwach Ferrallitisierte Böden (Sols faiblement ferrallitiques)

Sie sind weniger stark verwittert, und demzufolge sind die Profiltiefe und der Anteil freier Oxide geringer, der Gehalt an Tonmineralen ist höher, und das SiO_2/Al_2O_3-Verhältnis der Tonfraktion liegt etwa bei 1,7 bis 2,0. Meist entstehen sie aus sauren Kristallinen Gesteinen.

d. Lessivierte Ferrallitische Böden (Sols ferrallitiques lessivés)

Sie zeichnen sich durch Tonumlagerung, teils sogar durch Podsolierung aus. Sie entstehen im Übergangsraum zu den fersiallitischen Böden der Tropen. Sie sind weniger stark verwittert als die oben besprochenen Ferrallite. Varianten dieser Böden zeigen infolge gehemmter Wasserabfuhr Merkmale der Staunässe (Flekken, Konkretionen), teils sind im Profil feste Oxid-Krusten entstanden.

e. Humusreiche Ferrallitische Böden (Sols ferrallitiques humifères)

Sie treten hervor durch einen mächtigen A_h-Horizont mit 7 % und mehr organischer Substanz. Sie entwickeln sich in Hochlagen (etwa > 1500 m) der Tropen, sie sind meist braun oder braunrot gefärbt und an Basen mittel bis stark verarmt; die Ferrallitisierung ist verschieden.

Fersiallitische Böden,

synonym sind Sols ferrugineux tropicaux, Red Yellow Podzolic Soils, Reddish Brown Lateritic Soils, Krasnosem, Jeltosem, Rotlehm, Braunlehm, Graulehm, Buntlehm.

Das ist eine große Bodengruppe mit mehreren, wenn nicht vielen Bodentypen, die z. Z. weltweit nicht korreliert werden können. Mitunter werden auch hierzu die Mediterranböden gezählt, die hier bewußt ausgenommen und in einem besonderen Abschnitt (3.) beschrieben sind. Da die Fersiallitischen Böden weniger stark verwittert sind als die Ferrallite, wäre es gerechtfertigt, solche aus Carbonatgesteinen und solche aus Silikatgesteinen getrennt zu stellen. Indessen wird hier wieder den in den afrikanischen Tropen erfahrenen französischen, belgischen und amerikanischen Bodenkundlern gefolgt. Gemeinsam haben die Fersiallitischen Böden: weniger stark und nicht so tiefgründig verwittert wie die Ferrallite, meist auch jünger als diese, deshalb noch Reserven an Primärmineralen, das Profil ist deutlich horizontiert, Tonverlagerung, höherer Basengehalt, neben Kaolinit immer Illit, aber auch Fe-Oxide, teils Konkretionen.

Zu den Fersiallitischen Böden gehören:

a. Eisenhaltige Tropische Böden,

auch Sols ferrugineux tropicaux oder Sols fersiallitiques tropicaux, Ferruginous Tropical Soils und Tropical Fersiallitic Soils genannt. KUBIENA (1953) hat diese Böden als Braunlehme bezeichnet, die ein A_h-B_v-C- oder A_h-A_l-B_t-C-Profil haben können. Diese Böden befinden sich in Afrika in dem Klimabereich mit 700 bis 1200 mm/Jahr Niederschlag und 6 bis 8 Monaten Trockenzeit; sie entstanden aus sauren Kristallinen Gesteinen. Eigenschaften: Farben gelblich, rötlichgelb, gelblichrot, gelblichbraun, Solum bis 2,5 m mächtig, darunter 1 m Gesteinszersatz, 1 bis 3 %/o Humus, Tonverlagerung, Primärminerale werden langsamer verwittert als in den Tropen mit kürzerer Trokkenzeit, Kieselsäure wird nicht oder nur wenig ausgewaschen, freie Fe-Oxide vorhanden, Bildung von Kaolinit, aber auch Illit, Austauschkapazität höher als in den Ferralliten, Basensättigung meist über 40 %/o und steigt mit der Tiefe und mit abnehmendem Niederschlag an.

Nach dem Grade der Tonverlagerung werden unterschieden: Sols ferrugineux tropicaux non ou peu lessivés und Sols ferrugineux tropicaux lessivés (= Leached Ferruginous Tropical Soils). Sie werden auf sandigen Substraten am schnellsten gebildet und zeigen einen hellen A_l-Horizont; der A_h ist durch Humus dunkler gefärbt. Dichte B_t-Horizonte veranlassen Staunässe, Flecken- und Konkretionsbildung.

b. Rotgelbe Podsolige Böden (= Red Yellow Podzolic Soils)

Unter dieser Bezeichnung sind Böden im Südosten der USA, in Brasilien und Nachbargebieten, in Südostasien und im Norden Neuseelands (hier noch anderer Name) beschrieben worden, die mit den Sols ferrugineux tropicaux lessivés vieles gemeinsam haben, aber auch in einigen Merkmalen oder Eigenschaften differieren. Das liegt in erster Linie an der verschiedenen Entwicklungsgeschichte der weit auseinander liegenden Böden, vor allem in den Unterschieden des Klimas, in dem sich rezent oder präholozän diese Böden gebildet haben. Sie besitzen ein gut gegliedertes Profil mit den Horizonten A_h-A_l-B_t-C. Nach KUBIENA (1953) würden diese Böden als Gebleichter, Enteisenter oder Sandiger Braunlehm einzuordnen sein. Wichtige Eigenschaften: weites Farbspektrum von gelb bis rot, A_h-Horizont geringmächtig und schwach humos, der A_l-Horizont ist gegenüber B_t wesentlich heller (mehr oder weniger je nach Eisengehalt), stark verwittert, basen- und nährstoffarm, Basensättigung < 50 %/o, oft < 35 %/o, Tonverlagerung infolge beweglicher Feinsubstanz, plastisch, neigt im B_t-Horizont zur Verdichtung, verhärtet bei Austrocknung (wenn nicht sandig), enthält viel Kaolinit sowie mehr oder weniger freie Fe-Oxide (danach Färbung), erodiert leicht.

c. Rötlichbraune Lateritische Böden
(= Reddish Brown Lateritic Soils)

entstanden in Südamerika aus basischen Gesteinen, meistens basischen Magmatiten. Sie haben eine mittlere bis hohe Basensättigung und werden deshalb auch Reddish Brown Lateritic Soils of high Base Status genannt. Auch sie zeigen Tonverlagerung und infolgedessen einen B_t-Horizont. Zu diesen Böden gehört die basenreiche, fruchtbare Terra Roxa Estruturada in Süd-Brasilien und in Paraguay.

d. Arme Rötlichbraune Lateritische Böden
(= Dystrophic Reddish Brown Lateritic Soils)

sind das Produkt einer langen, intensiven Verwitterung in den feuchten Tropen. Sie sind infolgedessen reich an Fe-Oxiden, stark entbast und verarmt und werden deshalb auch Reddish Brown Lateritic Soils of low Base Status genannt. In der Nomenklatur KUBIENAS (1953) würden sie als Erdiger Rotlehm zu bezeichnen sein.

Der in Süd-Brasilien gefundene Rubrozem ist auch ein stark verarmter (dystropher) Boden der Tropen. Er entsteht aus basenarmen Gesteinen, hat einen ziemlich mächtigen, schwärzlichen Oberboden und einen rötlichen, grobpolyedrischen B_t-Horizont.

Laterite

Wohl kaum sind mit einem bodenkundlichen Begriff so verschiedene Vorstellungen verbunden wie mit »Laterit«. Er geht zurück auf F. BUCHANAN (1807), der diesen Namen (lat. later = Ziegelstein) für ein Fe-oxidreiches Verwitterungsmaterial in Südindien gebrauchte, das, aus der Tiefe geborgen, weich ist, aber an der Oberfläche verhärtet und sich deshalb zum Bauen eignet. Neuerdings hat man noch den Begriff *Plinthit* (gr. plinthos = Ziegelstein) eingeführt.

Nachdem in der Vergangenheit sehr verschiedene Oxid-Anreicherungen als Laterit aufgefaßt wurden, wird neuerdings vorgeschlagen, den Lateritbegriff im Sinne von BUCHANAN einzuengen und klar zu definieren (SCHMIDT-LORENZ, 1970). Demnach sind Laterite oxidreiche (hauptsächlich Fe- und Al-Oxide) Verwitterungsmassen, die durch die Lateritisierung, d. h. durch die *relative* Oxid-Akkumulation entstanden, indem gleichzeitig Kieselsäure abgeführt wurde. Es ist ein bestimmter, oft viele Meter messender Abschnitt des Verwitterungsprofiles tropischer Böden, in welchem dieser Prozeß abläuft oder abgelaufen ist. Die Lateritisierung läuft in der Tiefe der Gesteinszersatzzone unter oxidativen, mäßig sauren Bedingungen ab, wo aber periodisch Wassersättigung eintritt und Kieselsäure aufgenommen und abgeführt werden kann. Diese kann anderswo als *Silcrete* abgesetzt werden. Gute Dränung des Verwitterungsmilieus, viel Bodenwasser mit niedrigem Elektrolytgehalt fördern die Desilifizierung. Das wichtigste Fe-Oxid des Laterites ist Goethit, fein verteilter Hämatit verursacht manchmal eine Rotfärbung; das wichtigste Al-Oxid ist der Gibbsit. Die Fe-oxidreichen Laterite sind gelb, rot bis violett gefärbt, die Al-oxidreichen weißlich und rosa. Der Laterit ist vor allem auf alten Landoberflächen der Tropen verbreitet. Rezente Lateritisierung findet in tropischen Wechselklimaten statt.

Anreicherungskrusten

In den Tropen gibt es neben der relativen Oxid-Akkumulation eine vielgestaltige absolute, die teils ferrallitisch, teils auch fersiallitisch ist. Mit der Alterung, vor allem an der Oberfläche und im Wechselklima, werden die Oxid-Akkumulationen hart.

Die sehr harten haben auch die Bezeichnung Panzer. Bei der absoluten Oxid-Akkumulation werden die Oxide vertikal im Verwitterungsprofil transportiert und konzentriert, meistens wandern sie in dem feuchten Klima von oben nach unten, wo sie ausgefällt werden; im schroffen Wechselklima kann der Transport aber auch umgekehrt verlaufen. Daneben ist ein lateraler Transport der Oxide möglich. Folgende Hauptformen von Akkumulationskrusten sind bekannt: 1. durch Erosion freigelegte, oxidreiche, stark ausgetrocknete und verhärtete B_t-Horizonte fersiallitischer Böden. 2. Durch Sortierung zu mehr oder minder mächtigen Paketen zusammengetragene und verbackene Konkretionen (Pisolith-Krusten oder -Panzer). 3. Durch Grund- oder Hangwasser lateral zusammengetragene und abgesetzte Oxide, die in Niederungen (Grundwasser) und in Hangfußlagen (Hangwasser) als Grundwasser- bzw. Hangwasser-Krusten oder -Panzer zu finden sind; früher galten diese Bildungen als Grundwasser-Laterit (Ground Water Laterit). Vor allem werden aus weniger tief verwitterten, an amorphen Oxiden reichen fersiallitischen Böden schon bei geringer Hangneigung freie Oxide lateral mehr oder weniger weit (mehrere hundert Meter und mehr) verfrachtet und bei Wasserberuhigung akkumuliert.

Eutrophe Braune Tropenböden,

auch Sols bruns eutrophes tropicaux oder Brown Eutrophic Tropical Soils genannt. Es handelt sich um junge Böden aus basenreichen Magmatiten und Metamorphiten in Gebieten mit 700 bis 1700 mm/Jahr Niederschlag in Gebirgslagen bis etwa 1300 m mit folgenden Eigenschaften: A_h-B_v-C- oder A_h-B_t-C-Profil, basenreich, günstiges Gefüge, gut durchlässig, A_h etwa 25 cm (Mull) mit 4 bis 8 % Humus, Unterboden 80 bis 150 cm, stark biologisch belebt (Bioturbation), große Reserven an Primärmineralen, hohe Austauschkapazität, Sättigung > 50 %, schwach sauer. Dieser Boden entspricht dem Eutrophen Erdigen Braunlehm KUBIENAS. Die Flächen sind nicht groß.

Andosole (jap. an do = dunkler Boden),

auch Humic Allophan Soils, Black Volcanic Soils und Dark Dust Soils genannt. Diese Böden entstehen in tropischem und subtropischem Klima aus feinkörnigen, gut durchlässigen, basischen und intermediären Vulkanaschen mit hohem Gehalt an Vulkan-Glas. Eigenschaften: dunkler und mächtiger (bis 50 cm) A_h-Horizont mit bis zu 25 % Humus, der teils mit dem amorphen Ton gekoppelt ist, hoher Gehalt an Allophan (SiO_2/Al_2O_3 = 3/1), feinkrümelig, locker, aber klebrig, junge Andosole haben hohe Basensättigung, ältere hohe Al-Sättigung, in älteren Andosolen bilden sich Gibbsit, Halloysit oder Kaolinit. Sie sind verbreitet in Chile, NO-Südamerika, Mittelamerika, Ostafrika, Inseln Südostasiens, Südjapan und im Norden Neuseelands.

Dunkelgraue und schwarze Böden der Subtropen und Tropen (Vertisole)

Die Vertisole (lat. vertere = wenden), früher Grumusols genannt, haben große Verbreitung in Ost-Afrika, Indien, SO-Asien, Australien und Südamerika (Abb. 170, Legenden-Nr. 3). In allen diesen Gebieten hat der Vertisol einen Lokalnamen, wie Regur, Black Cotton Soil, Margalitic Soil u. a. Sie bilden sich in einem Klima mit einer weiten Niederschlagsspanne von 300 bis 1300 mm/Jahr und 3 bis 8 Monaten Trockenzeit. Vornehmlich entstehen sie aus den Verwitterungsprodukten basischer Magmatite, Carbonatgesteinen, Mergel und kalkhaltigen, feinkörnigen Alluvionen, wobei die Bildung von Montmorillonit charakteristisch ist. Sie können aber auch in Senken mit dichtem Bodenmaterial entstehen, in die lateral basenhaltige, kieselsäurehaltige Wässer zufließen und die Voraussetzungen für die Entstehung von Montmorillonit gegeben sind.

Das Auffälligste für den Vertisol ist der sogenannte Selfmulching-Effekt, der eine Mischung des Solums ausdrücken soll. Der Vertisol quillt infolge des hohen Montmorillonitgehaltes bei Wasserzufuhr stark, so daß er dicht und luftarm wird. Bei der Austrocknung bilden sich Spalten, die tief ins Solum gehen und Prismen begrenzen. Von der Oberfläche werden kleine Gefügeaggregate von Wasser und (oder) Wind in die Spalten befördert, so daß nun beim nächsten Quellungsvorgang der Zugang an Bodenmasse durch Aufpressung ausgeglichen werden muß. Dabei werden Gefügekörper abgeschert; auf den Scherflächen werden die Tonmineralblättchen ausgerichtet und bilden eine glänzende Tonhaut (Slickensides). Wenn die Verknetung der Bodenmassen regelmäßig vor sich geht, entstehen kleine Aufwölbungen und Einbrüche der Bodenoberfläche, das Gilgai-Mikrorelief.

Die übrigen Eigenschaften sind: Farbe des Oberbodens dunkelgrau bis schwarz, bei besserer Dränung graubraun, A_h-C- oder A_h-B_v-C-Profil, A_h bis über 100 cm mit nur 0,5 bis 4 % Humus, der hochpolymer, fein verteilt und tongebunden ist, 30 bis 80 % Ton (darin bis 90 % Montmorillonit bzw. Smectit), hohe Austauschkapazität, Basensättigung über 50 %, pH steigt mit der Profiltiefe, teils Kalkkonkretionen, teils Fe-Mn-Konkretionen, gute Standorte für Baumwolle.

Der tonarme Vertisol wird Para-Vertisol genannt; er wird in der Trockenzeit hart, zeigt jedoch die Massenbewegung nicht; er kommt auch in Afrika vor. — Der *Tirs* in Nordafrika ist bei höherem Tongehalt eine Lokalform des Vertisols; er gehört aber eher in den Bereich des Mediterranklimas.

Andere, weniger verbreitete Böden der feuchten Subtropen und Tropen

Neben den weitverbreiteten Böden der feuchten subtropischen und tropischen Räumen gibt es noch Böden, die Anfangsstufen der Bodenbildung darstellen oder unter kleinräumigen, besonderen Bildungsumständen entstehen. Ein Teil dieser Böden kommt auch in anderen Klimabereichen vor, aber in dem warm-feuchten Klima ist ihre Dynamik eine besondere. Aus diesem Grunde sollte in der Benennung dieser Böden stets »Tropische« stehen.

a. Rohböden (Tropische Rohböden),

die vor allem auf Erosionsflächen sowie auf frischen Vulkaniten und Flußaufschüttungen auftreten.

b. Ranker,

die Tropische Ranker (Rankers tropicaux, in den Anden Paramo-Ranker) genannt werden sollten, kommen vornehmlich in Erosionslagen und auf jungen Vulkaniten vor. Teils besitzen sie einen mächtigen A_h-Horizont, und in diesem Falle sind es keine Typischen Ranker. Der in der internationalen Literatur verwendete Begriff Lithosole (Lithosolic Soils oder Sols Lithiques) bezieht sich auf Böden mit bis zu 10 cm Solum über Festgestein. Solche Böden sind nach der deutschen Nomenklatur Ranker oder, bei sehr schwacher Entwicklung, Syroseme.

c. Regosole (Tropische Regosole)

entwickeln sich hier vor allem auf jungen vulkanischen Lockerprodukten. Das Regosol-Stadium ist in den feuchten Subtropen und Tropen schnell überschritten.

d. Rendzinen,

die Tropische Rendzinen benannt werden müssen, sind in Erosionslagen, vor allem in höheren Gebirgslagen, anzutreffen.

e. Tropische Podsole

unterscheiden sich im Profilaspekt sehr stark von den Profilen nördlicher Gebiete. Sie entstehen aus silikatarmen, gut durchlässigen Sanden in Gebieten ständig hoher Niederschläge von über 1500 mm/Jahr oder im Strom von Hang- und Grundwasser (Tropischer Gley-Podsol oder Ground Water Podsol). Die Horizonte 0 und A_h sind geringmächtig wegen des schnellen Abbaues der organischen Masse, dann folgt ein mächtiger, weißer A_e-Horizont und darunter ein wenig ausgeprägter, wenig verhärteter B-Horizont. Es handelt sich um einen extrem verarmten Boden.

f. Alluvialböden

der Subtropen und Tropen sind hinsichtlich des Wasserregimes vergleichbar mit den Auenböden. Diese Talböden unterliegen ebenfalls einem mehr oder weniger stark schwankenden Grundwasserspiegel und werden teils zeitweise überschwemmt. Materialmäßig sind sie vielfältig, und zwar ist das Material in Körnung und Mineralgehalt abhängig vom Flußeinzugsgebiet. Meistens handelt es sich um Abtragsmassen ferrallitischer und fersiallitischer Böden; solche sind arm an verwitterbaren Silikaten, ton- und schluffreich, dicht und sauer. Soweit diese Böden noch Material durch Überschwemmung erhalten oder jüngst erhalten haben, sind sie wenig entwickelt; sie sind vergleichbar mit dem Auenrohboden und dem Jungen Auenboden. Höher über dem Flußwasserspiegel, wo die Überschwemmung nicht mehr hinreicht, ist die Bodenbildung in Richtung der Terrestrischen Böden des betreffenden Raumes gegangen, wobei das Ausgangsmaterial stark mitspielt. Wenn die Flüsse der Subtropen und Tropen aus einem Gebirge kommen, bringen sie frisches, silikatreiches Gesteinszerreibsel mit, aus dem fruchtbare Böden entstehen. Die Alluvialböden dieses Klimaraumes stellen oft wertvolle Kulturböden.

g. Gleye, Anmoorgleye und Moorgleye

gibt es in den feuchten Subtropen und Tropen in vielen Subtypen, die als Humic Gley Soils und Low Humic Gley Soils bekannt sind. Sie entstehen in abflußlosen oder abflußgehemmten Senken und Tälern, sind meistens sehr sauer und durch die Humussäuren stark naßgebleicht. Im hügeligen Gelände gibt es viele kleine Vorkommen dieser Art.

An der Küste gibt es streckenweise *Marschen* und *Mangrovesümpfe,* die reich an organischen Stoffen sowie an Sulfiden sind. Nach Entwässerung werden diese Böden sehr sauer und werden deshalb auch Acid Sulphate Soils oder Thiomorphic Gley Soils genannt. Cat Clays sind tonige Marschen mit gelben Absätzen aus Fe(III)-Sulfat.

Auch die *Paddy Soils* (malayisch padi = Reis), die Böden der Naß-Reis-Kultur gehören hierhin; sie werden periodisch überstaut und zwischendurch auch bearbeitet und gedüngt. Teils ist das Wasser als geregeltes Grundwasser vorhanden, teils wird es auf die Kulturflächen geleitet und wirkt mit der Zeit wie das Grundwasser. Durch Reduktion in der Naßphase wird der Boden grau oder bläulichgrau, reduzierte Eisenverbindungen können teilweise in den Unterboden getragen werden, wo sie (im Zuge der Austrocknung) oxidieren und dadurch eine harte Oxid-Anreicherung entstehen kann. Paddy Soils gibt es vor allem in Süd- und Südostasien sowie auf den japanischen und philippinischen Inseln.

h. Moore

sind auch in diesem Klimabereich die Fortentwicklung des Moorgleyes. Meistens gehören sie zu den topogenen Mooren (Niedermoore), die infolge der basenarmen Böden der Umgebung oligotroph oder mesotroph sind und in der internationalen Literatur als Peat Soils oder Swamp-Soils bezeichnet werden. Das Eutrophe Moor ist hier selten. Der überwiegende Teil des Torfes wird von Gras, Schilf und Strauchwerk gebildet. Wenn solche Moore kultiviert werden, tritt ein rapider Abbau des Torfes ein. Das ombrogene Moor kann sich nur in kühleren Gebieten mit hohen, gleichmäßigen Niederschlägen entwickeln.

9. Bodentypen der Hochgebirge

Zu den Böden der Hochgebirge (Abb. 170, Legenden-Nr. 10) zählen diejenigen, die unter den hier herrschenden, auf kleinem Raum wechselnden Bodenbildungsfaktoren entstehen, wobei das Klima der Höhenlage und die Exposition sowie das Gestein und das Relief am wichtigsten sind. Für ihr Auftreten kann man, weltweit gesehen, keine untere Höhengrenze angeben. Diese verschiebt sich mit dem Breitengrad, aber auch mit örtlich gegebenen Einwirkungen der Hangneigung, der Exposition u. a. Sie sind mannigfaltig, da mehrere Bildungsfaktoren wirksam sind, ineinandergreifen und zeitlich wechseln. Die Böden des Hochgebirges sind nur gebietsweise erforscht. Da sie nur extensiv genutzt werden, fehlt der Anreiz zur intensiven Forschung. In dieser Übersichtsbetrachtung müssen die vielfältigen Bildungen zusammengefaßt werden. Dabei wird an Begriffe angeknüpft, die bereits in früheren Abschnitten verwendet wurden; sie stimmen weitgehend mit den Vorstellungen KUBIENAS (1953) überein, die dieser in den Alpen gewonnen hat. In den vorhergehenden Abschnitten wurde hier und da auf Böden des Gebirges hingewiesen; hier soll eine zusammenfassende Darstellung gegeben werden.

Trotz der Vielfalt ihrer Erscheinungsformen lassen sich folgende Wesenszüge der Böden des Hochgebirges herausstellen:

1. Sie werden in dem meist regen- und schneereichen sowie kühlen, jedoch mit der Exposition stark wechselnden Klima hoher Lagen gebildet. Andererseits gibt es auch relativ trockene Hochgebirgslagen (Westalpen, westliche USA, Anden, Mittelasien).

2. Mit steigender Höhe steigt auch die Niederschlagsmenge, und die Temperatur sinkt. Dementsprechend ändert sich die Bodenbildung. Die geographische Breite hat hierauf Einfluß.

3. Mit steigender Höhe nimmt infolge fallender Temperatur die chemische Verwitterung ab und die physikalische Verwitterung zu. Die Exposition modifiziert diese Gesetzmäßigkeit.

4. Fast überall herrscht mehr oder weniger starke Erosionsgefahr durch Wasser; dadurch meist gestörte Profilentwicklung.

5. Flachgründige Böden in Kuppen- und Hanglagen sowie Ansammlung von Bodenmaterial in ebeneren Lagen.

6. Mit steigender Höhe (unter Berücksichtigung der Exposition) vermindert sich die Zersetzung der organischen Substanz, der Humusgehalt der Böden nimmt zu, schließlich entsteht eine Humusauflage. In hohen, steilen und trockenen Lagen verhindert der geringe Pflanzenwuchs die Ansammlung von organischer Substanz.

7. Die niedrigen Temperaturen hemmen die Freisetzung von Stickstoff aus der organischen Substanz und die Bindung von atmosphärischem Stickstoff.

8. Starke Tendenz der Bodenauswaschung, d. h. Verlust an Basen und Pflanzennährstoffen.

9. Mit steigender Höhe Verkürzung der Vegetationszeit und Abnahme des Pflanzenwuchses.

Alpine Frostböden

In der Nähe des ewigen Schnees im Hochgebirge entstehen Frostböden, die sehr ähnlich denen des arktischen Raumes sind. Die letzteren sind im ersten Abschnitt bereits beschrieben, so daß hier nur die Besonderheiten der Alpinen Frostböden aufzuzeigen sind.

Die Frostböden des Hochgebirges kommen durch die Hängigkeit, das Überfahren durch die Gletscher und durch die großen Schmelzwassermengen nicht zu der ruhigen Entwicklung wie die meisten Arktischen Frostböden. Das wulstartige Abgleiten der Alpinen Frostböden ist abhängig von Hanglage und Nässe. Auch die Bildung von *Steinstreifen* wurde beobachtet; in geschützteren, ebeneren Lagen können auch *Polygonböden* entstehen. Wesentlich ist bei den Alpinen Frostböden die starke *Durchknetung* des Bodenmaterials. Sie besitzen infolge der geringen chemischen Verwitterung wenig Feinerde und sind steinreich. Teils hat sich eine mächtige Schuttdecke gebildet, teils ist nur eine dichte Steinstreu vorhanden; in beiden

Fällen wendet KUBIENA (1953) die Bezeichnung *Alpiner Hamada-Rohboden* an. In Reliefsenken des Hochgebirges kann es zur Ansammlung von Schnee und von rohem Schwemmboden kommen, der meist feucht ist und in dem sich auch Polygone bilden können. KUBIENA (1953) hat diesen Subtyp Schneetälchen-Rutmark oder *Nivalen Schneetälchenboden* genannt.

Alpine Gesteinsrohböden

Die alpinen Gesteinsrohböden (ohne Froststrukturen), international zu den Lithosolen gehörig, gleichen im Erscheinungsbild den Gesteinsrohböden des gemäßigt warmen, humiden Klimas, allerdings sind die alpinen den aufgeführten Einflüssen des Hochgebirges ausgesetzt; daher ist eine Abtrennung angezeigt. Auch bei den Alpinen Gesteinsrohböden wird eine Unterteilung nach dem Gestein vorgenommen: *Alpiner Silikat-Rohboden* und *Alpiner Carbonat-Rohboden*. Als Anfangsstadien der Bodenbildung stellen sie den Übergang zwischen den Felsen der Gipfelregion, ferner den nackten Felsen schroffer Hanglagen und dem Alpinen Protoranker bzw. der Alpinen Protorendzina dar.

Alpine Ranker

Der Ranker als flachgründige Bildung aus Silikatgesteinen mit A_h-C-Profil wurde bereits bei den Böden des gemäßigt warmen, humiden Klimas beschrieben. Der Alpine Ranker kann das gleiche Profil zeigen, indes unterliegt er hier der durch das Hochgebirge bedingten Dynamik und Phänologie. Im Hochgebirge bilden sich außerdem noch einige besondere Ranker-Subtypen. Die Rankerbildung beginnt mit dem *Alpinen Protoranker*. Den sehr flachgründigen, biologisch untätigen, filzigen Ranker nennt KUBIENA (1953) *Dystrophen Ranker,* auch Silikatrohboden genannt, die besondere Form des windexponierten Hochgebirges *Eilagranker*. *Alpiner Brauner* und *Alpiner Grauer Ranker* mit Mull oder mullartigem Moder sind häufig; diese werden auch Humussilikatboden genannt. Bei verzögerter chemischer Verwitterung entwickelt sich der Alpine Graue Ranker, der geringe Eisenfreilegung zeigt. Nur in Lagen mit günstiger Feuchte und Wärme bildet sich die Mullform. In höheren Lagen südlicher Hochgebirge entsteht oft eine rohhumusartige Decke, die KUBIENA (1953) als *Tangel* bezeichnet hat; demnach spricht er von *Tangelranker*. Früher wurde die Humusauflage in den Alpen und ähnlichen Hochgebirgen als Alpenhumus, Alpenmull, Alpiner Humusboden, Alpenmodererde, Rasenerde, Humuspolsterboden, Gebirgstrockentorf und noch anderes bezeichnet. Solche Bildungen kommen auch auf Carbonatgesteinen vor (Tangel-Rendzina). Übergänge zum Alpinen Podsol sind *Alpiner Podsol-Ranker* und *Alpiner Ranker-Podsol*. Allen Rankern des Hochgebirges sollte in der Benennung das Wort »Alpiner« vorgesetzt werden, damit die besondere Geländelage mit ihren bodendynamischen Einflüssen erkennbar ist.

Alpine Rendzinen

Die Rendzina wurde bereits bei den Bodentypen des gemäßigt warmen, humiden Klimas beschrieben. Den Namen der Rendzinen des Hochgebirges sollte — wie bei den Rankern — das Wort »Alpine« vorangestellt werden. Während die Rendzinen des gemäßigt warmen, humiden Klimas mehrere Monate des Jahres trocken sind, bleiben die meisten alpinen Subtypen viel länger, auf der Nordexposition immer, feucht; in muldigen Lagen vernässen sie sogar. In niedrigeren Lagen und sonnigen Expositionen des Hochgebirges kommen im Aufbau ähnliche Rendzinen wie im gemäßigt warmen, humiden Klima vor: *Alpine Protorendzina, Alpine Mullartige Rendzina, Alpine Mullrendzina*. Im Kalkhochgebirge (auch Dolomit) tritt unter Polsterpflanzen die sehr flachgründige *Alpine Polsterrendzina* auf, die einen zweigeteilten A-Horizont besitzt, nämlich einen rohhumusähnlichen oberen und einen gut humifizierten unteren. Nach der Farbe des A_h-Horizontes wird eine *graue* und eine *schwarze* Varietät unterschieden. In der Zwergstrauchstufe und der heidekrautreichen Nadelwaldstufe bildet sich über einem gut zersetzten A_h-Horizont eine mehr oder minder mächtige (etwa 10 bis 40 cm), rohhumusartige Auflage (Tangel); demnach spricht man von *Tangelrendzina* (s. bei Alpiner Tangelranker). Im Kalkhochgebirge bildet sich ferner die *Alpine Pechrendzina,* die einen zweigeteilten A_h-Horizont besitzt, nämlich den von Wurzeln filzartig durchsetzten oberen (10 bis 20 cm) und den tiefschwarzen, gut zersetzten, pechartigen unteren Teil (10 bis 15 cm).

Die verschiedenen Subtypen der Alpinen Rendzinen entwickeln sich bei gleicher Höhenlage oft in starker Abhängigkeit von der Exposition auf kleinem Raum, z. B. kann auf der Südseite eines Kalkmassivs die Alpine Mullrendzina und auf der Nordseite die Tangelrendzina entstehen (Ober-Engadin).

Die Alpinen Rendzinen stellen im Hochgebirge des Kalk- und Dolomitgesteins die normale Bodenbildung dar, denn ihre Entstehung ist von Carbonatgesteinen abhängig. Wenn sie nicht zu flachgründig sind, stellen sie gute Böden für die Almweide und für den Wald dar.

Alpine Terrae calcis

Im Hochgebirge treten Reste (meist Umlagerungsprodukte) von Terra fusca und Terra rossa auf, die meistens fossil sind und wegen ihrer Lage den Zusatz »Alpine« erhalten sollten; sie wurden bereits beschrieben.

Alpine Braunerde

Sie bildet sich bei gehemmter chemischer Verwitterung aus Silikatgesteinen, vornehmlich aus basenarmen, und besitzt meistens (wenn keine Akkumulation vorliegt) ein geringmächtiges Solum, aber einen humusreichen, lockeren, relativ mächtigen (etwa 20 bis 30 cm) A_h-Horizont; sie hat eine geringe Basensättigung und niedriges pH. Das $A-B_v-C$-Profil und die geringe Basensättigung zeigen Ähnlichkeit mit der Sauren Braunerde des Mittelgebirges im gemäßigt warmen, humiden Klima. Wegen des Vorkommens in der Grasheidestufe des Hochgebirges hat KUBIENA den Namen *Alpine Rasenbraunerde* geprägt.

Alpine Podsole

Auf basenarmen Silikatgesteinen, besonders auf Sandsteinen und Konglomeraten, bildet sich im Hochgebirge (in den Alpen etwa über 1800 m) oftmals ein Alpiner Podsol, der sich als alpiner Typ durch ein geringmächtiges Profil auszeichnet. Der Alpine Podsol, von KUBIENA (1953) als *Alpiner Rasenpodsol* benannt, kann einen rostfarbigen B-Horizont (*Alpiner Eisenpodsol*) oder einen durch Eisen und Humus kaffeebraun bis schwärzlich gefärbten B-Horizont (*Alpiner Eisenhumuspodsol*) aufweisen. In feuchten, kühlen Lagen kann die Rohhumusauflage ziemlich mächtig sein. Unter Beweidung wird der Rohhumus abgebaut, und der Ortstein zerfällt. Den in höheren Lagen des Hochgebirges unter Grasvegetation auftretenden Podsol mit besonders geringmächtigem Profil hat KUBIENA (1953) als *Alpinen Nanopodsol* (Alpinen Zwergpodsol) bezeichnet.

Zwischen dem Alpinen Podsol und der Alpinen Braunerde gibt es kontinuierliche Übergänge. Zu diesen Übergängen gehört auch die *Stesopodsolige Braunerde* (= Stesomorpher Semipodsol) KUBIENAS. Ebenso kann man die Übergänge als Alpine Podsol-Braunerde und bei deutlich sichtbarer Bleichung als *Alpinen Braunerde-Podsol* betrachten.

Weitere Alpine Böden

Mit den aufgezählten Typen und Subtypen erschöpft sich keineswegs das Mosaik der Hochgebirgsböden. Vor allem gibt es viele Übergangsbildungen zwischen den genannten Typen und Subtypen. In feuchten Lagen haben sich *Gleye* und *Pseudogleye* (auch in Hanglagen) gebildet, ferner Übergänge zwischen diesen und den übrigen Typen und Subtypen. In trockeneren Hochgebirgen haben sich Böden des trockeneren Klimas entwickelt. Zum Beispiel haben die sowjetischen Bodenkundler Gebirgs-Tschernosem, Gebirgs-Kastanosem und Braune Gebirgs-Halbwüsten-Böden erforscht. Dies gibt eine Vorstellung von der großen Spannweite der Bodentypen der Hochgebirge. In den westlichen Alpen hat GANSSEN (Vortrag 1959) Böden eines relativ trockenen Klimas gefunden. Dieses Beispiel zeigt, daß auch in einem geschlossenen Hochgebirge wie den Alpen relativ große klimatische Unterschiede bestehen, die eine entscheidende Wirkung auf die Bodenbildung ausüben. Noch mehr gilt das für einen großen Hochgebirgskomplex wie den innerasiatischen. Hinzu treten noch die vielgestaltigen Böden der Täler des Hochgebirges, und zwar die nassen Böden der schmaleren Täler und die terrestrischen Böden der Hochtäler, die besonders in Asien zwischen den Bergmassiven liegen.

Literatur

AHN, P. M.: West African Soils. – 3. Ed., Vol. I, Oxford University Press, Ely House, London 1970.

ACADEMY OF SCIENCE OF THE USSR: Soil Geographical Zoning of the USSR, Moscow 1962, translated in Israel 1963.

ALBAREDA, J. M., and ALVIRA, T.: Mediterranean Soils of the Spanish Levant and North Africa. – Trans. Fourth Int. Congr. Soil Science, Vol. 2, 1950.

BADEN, W.: Die Kalkung und Düngung von Moor und Anmoor. In: Handbuch der Pflanzenernährung und Düngung von H. LINSER (Herausgeber). – Bd. III, Verlag Springer, Wien - New York 1965.

BLUME, H. P.: Stauwasserböden. – Arbeiten der Universität Hohenheim, Bd. 42, Verlag Ulmer, Stuttgart 1968.

BODENKUNDLICHE GESELLSCHAFT DER DDR: Mineralische Grundwasser- und Staunässeböden, ihre Kennzeichnung, Gliederung und Melioration. Vorträge und Exkursionsmaterial einer wissenschaftlichen Tagung der Kommissionen I, V und VI. – Rostock 1970.

BRÜNE, F.: Die Praxis der Moor- und Heidekultur. – Berlin und Hamburg 1948.

BURINGH, P.: Soils and Soil Conditions in Iraq. – Ministry of Agriculture, Baghdad 1960.

BURINGH, P.: Introduction of the Study of Soils in Tropical and Subtropical Regions. – 2. Aufl., PUDOG, Wageningen 1970.

CONRY, M. J.: Irish Plaggen Soils. – Their Distribution, Origin and Properties. – Journal of Soil Science, Vol. 22, No. 4, 1971.

DAWSON, J. E.: Organic Soils. – Advances in Agronomy, Vol. 8, 1956.

DEWAN, M. L., and FAMONRI, J.: The Soils of Iran. – FAO, Rom 1964.

DIEZ, T.: Entstehung und Eigenschaften von Böden aus tonigen Substraten. – Diss. Bonn 1959.

DOBRZANSKI, B.: Die Rendzinaböden des Gebietes von Lublin (poln.). – Roczniki Gleboznawcze, Bd. 4, 1955.

FÖLSTER, H.: Ferrallitische Böden aus sauren metamorphen Gesteinen in den feuchten und wechselfeuchten Tropen Afrikas. – Göttinger Bodenkundliche Berichte, Nr. 20, 1971.

FRANZ, H.: Zur Kenntnis der »Steppenböden« im pannonischen Klimagebiet Österreichs. – Die Bodenkultur, Bd. 8, 1955.

FAUCK, R.: Les sols rouges sur sables et sur grès d'Afrique Occidentale. – Mémoires ORSTOM, No. 61, ORSTOM, Paris 1972.

GANSSEN, R., Mitarbeit von GRAČANIN, Z.: Bodengeographie mit besonderer Berücksichtigung der Böden Mitteleuropas. – Verlag Koehler, Stuttgart 1972.

GERASIMOV, I. P., and GLAZOVSKAYA, M. A.: Fundamentals of Soil Science and Soil Geography. – State Publishing House for Geography, Moscow 1960, translated in Israel 1965, sec. impr. 1970.

GORSHENIN, K. R.: The Soils of Southern Sibiria. – Academy of Science of the USSR, Moscow 1955, translated in Israel 1961, sec. impr. 1968.

GÖTTLICH, K. H.: Beurteilungsrahmen II für Moor- und Anmoorböden. – Landw. Forschung, Bd. 11, 1958.

GROSSE-BRAUKMANN, G.: Zur Terminologie organogener Sedimente. – Geol. Jb. Bd. 79, Hannover 1971.

HENIN, S., FÉODOROFF, A., GRAS, R., et MONNIER, G.: Le Profil Cultural. – Société d'Editions des Ingénieurs Agricoles, Masson & Cie., Paris 1969.

JENNY, H.: Hochgebirgsböden. In: Handbuch der Bodenlehre von E. BLANCK (Herausgeber). Bd. III, Berlin 1930.

KIVINEN, E.: Uber die Eigenschaften der Gyttjaböden. – Zeitschr. Bodenk. und Pflanzenern., Bd. 9/10, 1938.

KOPP, E.: Über Vorkommen »degradierter Steppenböden« in den Lößgebieten des Niederrheins und Westfalens und ihre Bedeutung für die Paläobodenkunde und Bodengenese. – Eiszeitalter und Gegenwart, Bd. 16, 1965.

KUBIENA, W. L.: Bestimmungsbuch und Systematik der Böden Europas. – Verlag Enke, Stuttgart 1953.

KUNDLER, P.: Waldbodentypen der Deutschen Demokratischen Republik. – Verlag Neumann, Radebeul 1965.

LÅG, J.: Rendzina-ähnliche Böden in Norwegen (engl.). – Meld. Norg. Landbr. Högk., Bd. 36, Nr. 4, 1959.

LAATSCH, W.: Die Dynamik der mitteleuropäischen Mineralböden. – 4. Aufl., Verlag Steinkopff, Dresden und Leipzig 1957.

LAATSCH, W., und SCHLICHTING, E.: Bodentypus und Bodensystematik. – Zeitschr. Pflanzenern., Düngung, Bodenk., Bd. 87 (132), H. 1, 1959.

LOBOVA, E. V.: Soils of the Desert Zone of the USSR. – Academy of Science of the USSR, Moscow 1960, translated in Israel 1967.

LUTZ, J. L.: Die Moore der Oberpfalz. – Die Oberpfalz, Bd. 30, Kallmünz 1936.

Mancini, F.: Delle terre brune d'Italia. – Ann. Acad. Ital. Sc. For., Bd. III, 1955.

Mamytov, A. M.: Soils of Central Tien Shan. – Frunze 1963, translated in Israel 1968.

Mohr, E. C. J., van Baren, F. A. and van Schuylenborgh, J.: Tropical Soils. – A comprehensive study of their genesis. – 3. Aufl., Verlag Mouton-Ichtiar Baru - van Hoeve, The Hague - Paris - Djakarta 1972.

Mortimer, C. H.: Underwater »Soils«: A Review of Lake Sediments. – Journal of Soil Science, Vol. 1, 1949.

Muir, A.: The Podzol and Podzolic Soils. – Advances in Agronomy, Vol. 13, New York 1961.

Musierowicz, A.: Sandige Podsolböden der Wojewodschaft Warszawa (poln.). – Roczniki Nauk. rolniczch. Ser. A 70, 1954.

Mückenhausen, E.: Die wichtigsten Böden der Bundesrepublik Deutschland. 2. Aufl., Verlag Kommentator, Frankfurt/M., 1959, als 1. Aufl. beim A.I.D., Bad Godesberg 1957.

Mückenhausen, E., unter Mitwirkung von Kohl, F., Blume, H.-P., Heinrich, F. und Müller, S.: Entstehung, Eigenschaften und Systematik der Böden der Bundesrepublik Deutschland. – 2. Aufl., DLG-Verlag, Frankfurt (Main) 1977 (mit viel Literatur).

Mückenhausen, E., Scharpenseel, H. W., und Pietig, F.: Zum Alter des Plaggeneschs. – Eiszeitalter und Gegenwart, Bd. 19, 1968.

Mückenhausen, E., unter Mitwirkung von Vogel, F., Heinrich, F., Müller, S.: Fortschritte in der Systematik der Böden der Bundesrepublik Deutschland. – Mitt. der Deutschen Bodenk. Gesellschaft, Nr. 10, Göttingen 1970.

Müller, S., Glatzel, K., Jahn, R., Schlenker G., Werner, J., u. a.: Südwestdeutsche Waldböden im Farbbild. – Schriftenreihe der Landesforstverwaltung Baden-Württemberg, Bd. 23, Stuttgart 1967.

Neugebauer, V.: Der Woiwodina-Tschernosem, seine Beziehung zum Tschernosem in Ost- und Südosteuropa und seine Degradierungsrichtung (tschech.). – Nauk. Zborn. Mat. Srp., Bd. I, 1951.

Overbeck, F.: Die Moore. – Geologie und Lagerstätten Niedersachsens, Bd. III, Bremen 1950.

Papadakis, J.: Soils of the World. – Verlag Elsevier, Amsterdam 1969.

Ramann, E.: Bodenkunde. – 3. Aufl., Verlag Springer, Berlin 1911.

Raychauhuri, S. P. a. o.: Soils of India. – Indian Council of Agricultural Research, New Delhi 1963.

Retzer, J. L.: Alpine Soils of the Rocky Mountains. – Journal of Soil Science, Oxford 1956.

Schenk, E.: Die Mechanik der periglazialen Strukturböden. – Abh. d. Hess. Landesamtes f. Bodenforschg., Nr. 13, Wiesbaden 1955 (1955a).

Schenk, E.: Die periglazialen Sturkturbodenbildungen als Folge von Hydratationsvorgängen im Boden. – Eiszeitalter und Gegenwart, Bd. 6, 1955 (1955b).

Schlichting, E., und Schwertmann, U. (Editors): Pseudogley und Gley. – Transactions of Commissions V and VI of the Int. Soc. of Soil Science, Verlag Chemie, Weinheim/Bergstraße 1972.

Sommerkamp, G. F., Galensa, F., und Kuntze, H.: Probleme Deutscher Marschen. Ein Überblick über den derzeitigen Stand der Forschung. – Zeitschr. f. Kulturtechnik Jg. 1, H. 5, 1960.

Stefanovits, P.: Brown Forest Soils of Hungary. – Akadémia i Kiadó, Budapest 1971.

Stremme, H.: Die Böden Deutschlands. In: Handbuch der Bodenlehre von E. Blanck (Herausgeber). – Bd. III, Verlag Springer, Berlin 1930.

Szabolcs, I.: Salt Affected Soils in Europe. – Hungarian Academy of Sciences, Budapest 1974.

Tacke, B.: Die Humusböden der gemäßigten Breiten. In: Handbuch d. Bodenlehre von E. Blanck (Herausgeber). – Bd. IV, Verlag Springer, Berlin 1930.

Tavernier, R., and Smith, G. D.: The Concept of Braunerde (Brown Forest Soil) in Europe and in the United States. – Advances in Agronomy, Vol. 9, New York 1957.

Troll, C.: Strukturböden, Solifluktion und Frostklimate der Erde. – Geol. Rundschau, Bd. 34, Stuttgart 1944.

Vidal, H.: Subhydrische Bildungen. – Erl. zur Geol. Karte von Bayern 1:25 000, Bl. Ismanig, Bayer. Geol. Landesamt, München 1964.

Vogel, F.: Boden und Landschaft. – Landw. Bildberatung, München 1957.

Werner, D.: Böden mit Kalkanreicherungs-Horizonten in NW-Argentinien. – Göttinger Bodenkundliche Berichte, Nr. 19, 1971.

Wilde, S. A.: Forest Soils. – Verlag The Ronald Press Co., New York 1958.

Wortmann, H.: Ein erstes sicheres Vorkommen von periglazialem Steinnetzboden im Norddeutschen Flachland. – Eiszeitalter und Gegenwart, Bd. 7, 1956.

Woldstedt, P.: Das Eiszeitalter. – Bd. I, II, III, 2. Aufl., Verlag Enke, Stuttgart 1954/58/65.

Zakosek, H.: Die Böden der Rheinpfalz. – Notizbl. des Hess. Landesamtes f. Bodenforschung, Nr. 84, Wiesbaden 1956.

XV. Die Paläoböden (fossilen Böden)

Meistens verstehen die Bodenkundler unter Paläoböden Böden, die älter sind als Holozän, d. h. älter als etwa 10 000 Jahre.

Je weiter wir in die geologische Vergangenheit zurückgehen, um so seltener sind Paläoböden anzutreffen. Oft finden wir lediglich gekappte Profile oder nur Relikte, die verlagert wurden. Es ist schwierig und oft unmöglich, das Alter der präpleistozänen Böden zu bestimmen. Deshalb empfiehlt sich, nur eine Unterteilung in präpleistozäne und pleistozäne Böden vorzunehmen. Bisher sind wir nur in einigen Fällen in der Lage zu entscheiden, ob das Alter eines Bodens bis über das Tertiär zurückgeht. Aus diesem Grunde erscheint es nicht ratsam, die präpleistozänen Böden in tertiäre und prätertiäre Böden zu unterteilen.

a. PALÄOBÖDEN MITTELEUROPAS

Die Paläoböden Mitteleuropas sind relativ gut bekannt und können deshalb eingehender beschrieben werden. Es soll ihnen aber auch deshalb ein breiterer Raum gewidmet werden, weil in diesem Buch die Böden Mitteleuropas grundsätzlich eine eingehendere Darstellung erfahren.

1. Präpleistozäne Paläoböden

Landpflanzen existieren seit dem Silur. Ab dieser Zeit besteht die Möglichkeit, daß der obere Teil der Verwitterungsschicht der Kontinente organische Substanz und Organismen enthielt. Wenn dem so ist, liegt gemäß Definition ein Boden vor.

Selten gelingt es uns, das Alter eines prätertiären Bodens zu bestimmen. Das Alter mancher der ins Tertiär eingeordneten Paläoböden reicht zum Teil bis in die Kreide oder gar in den Jura zurück. SCHMIDT und WOLTERS (1952) haben mit Hilfe der Stratigraphie gezeigt, daß die Bildung des Graulehms in der Umgebung von Aachen schon in der Jura-Formation begonnen hat. Der Graulehm ist ein grauer, toniger Boden, normalerweise reich an Kaolinit, auf der alten Fastebene des Rheinischen Schiefergebirges und anderer Mittelgebirge Mitteleuropas. BRUNNACKER (1970) hat auf den Juraschichten in Süddeutschland einen rötlich-braunen, stark verwitterten Boden gefunden, der in der Unterkreide gebildet wurde. Er hat Ähnlichkeit mit der Terra rossa, die auch Roter Mediterranboden genannt wird.

Gewiß gab es auch in prämesozoischer Zeit Böden, aber bis heute sind keine vollständigen Profile bekannt. Die von ROESCHMANN (1962) beschriebenen Wurzelböden aus dem Oberkarbon können als die ältesten, bekannten Böden betrachtet werden. Die roten Sedimente des Rotliegenden sind als transportiertes Bodenmaterial einer Zeit mit warmem, wechselnd humidem und trockenem Klima zu betrachten. An einigen Stellen Mitteleuropas wird noch der untere Teil (C_v-Horizont) dieser roten, mächtigen Böden gefunden, wie SCHMIDT (1956) in der Eifel zeigen konnte. CHALYSHEV hat 1970 mitgeteilt, daß er graue Böden eines humiden Klimas der Ufim-Epoche des Perms gefunden hat. Diese Böden sind charakterisiert durch die Ansammlung von Eisen als Siderit. Kürzlich wurde die Existenz von Boden-Horizonten in Ablagerungen des Mittleren Buntsandsteins in Südwestdeutschland und im westlichen Teil Nordamerikas durch ORTLAM (1971) nachgewiesen. (Siehe auch VALETON 1958.)

(a) Fersiallitische Böden (Plastosole)

Die lange Periode des Tertiärs hat viel transportiertes Bodenmaterial hinterlassen, aber nur wenige Böden oder Bodenreste in situ (siehe MÜLLER 1958).

Wir haben hinreichende Beweise dafür, daß während des Tertiärs die permotriassische Rumpffläche des Rheinischen Schiefergebirges und auch anderer deutscher Mittelgebirge mit mächtigen Böden bedeckt war (MÜCKENHAUSEN 1953, 1958). Das meiste dieses Bodenmaterials wurde während der Hebung des Rheinischen Schiefergebirges im jüngeren Tertiär und im Pleistozän abgetragen. Wir finden dieses transportierte Material in Form von meist grauen Tonen und weißen Quarzsanden im nördlichen und östlichen Vorland des Schiefergebirges und innerhalb des Schiefergebirges in Senkungsgebieten, wie z. B. im Neuwieder Becken (MÜCKENHAUSEN 1958).

Die Reste dieser Böden auf dem Rheinischen Schiefergebirge, die durch pleistozäne Solifluktion zerstört worden sind, werden gemäß KUBIENA (1953) Graulehm genannt; er gehört zu den Plastosolen. In Zusammensetzung und Tonmineralgehalt ähnelt der Graulehm dem Grauen Hydromorphen Boden, auch Fersiallitischer Boden genannt, der in der Übergangszone zwischen tropischem Regenwald und der Savanne Zentralafrikas gefunden wurde.

Die Durchschnittshöhe des Rheinischen Schiefergebirges während des Tertiärs betrug etwa 200 m ü. M. Es war eine flache oder leicht gewellte Landschaft mit mangelhafter Dränung, und diese ist eine der Bedingungen für die Bildung des Graulehms, nämlich eine lange Feuchtigkeitsperiode während des Jahres. Das Graulehm-Material, das von den Flüssen fortgetragen wurde, war noch weiterer Reduktion ausgesetzt in den Becken der Sedimentation, wodurch die graue Farbe verstärkt wurde.

Die Sedimente in den Senken des Rheinischen Schiefergebirges enthalten selten rote Tone. Es gibt zwei Möglichkeiten, diesen Sachverhalt zu erklären. Entweder wurden die rotfärbenden Eisenverbindungen in den Sedimentationsbecken reduziert, oder es waren nur wenige rote Böden auf den etwas erhöht liegenden, trockeneren Geländebereichen der Peneplain vorhanden. Inzwischen wurden Relikte roter, tertiärer Böden im Westerwald gefunden, die aus Grauwacke und Schiefer des Unterdevons entstanden. Gemäß der Nomenklatur von KUBIENA (1953) handelt es sich hierbei um Rotlehm, der auch zu den Plastosolen zählt. Es ist anzunehmen, daß auf der Fastebene des Rheinischen Schiefergebirges eine Toposequenz entstand mit Rotlehm auf den höher gelegenen und Graulehm in den niederen, ebenen und muldigen Positionen. Diese typologischen Lehme im Sinne KUBIENAS (1953) sind plastische Böden, deren kaolinitreiche Tonsubstanz leicht dispergierbar ist; sie werden deshalb auch Plastosole genannt, neuerdings würde man von Fersiallitischen Böden sprechen. Die starke Mobilität dieser Tonsubstanz führt zu einer Ausrichtung der Tonblättchen, wodurch das mikromorphologische Fluidalgefüge entsteht, das von KUBIENA (1953) als »Lehmgefüge« bezeichnet wurde. Die dicken Tonhäutchen auf den meist polyedrischen Gefügeaggregaten zeigen die intensive, spätere Tonwanderung in diesem Graulehm. Man darf annehmen, daß die Mächtigkeit des Graulehms auf der tertiären Fastebene des Rheinischen Schiefergebirges etwa 10 bis 30 m betragen hat, wobei der obere Teil vorwiegend Kaolinit und der tiefere mehr Illit enthielt.

Der Graulehm und der Rotlehm des Rheinischen Schiefergebirges und der übrigen deutschen Mittelgebirge blieben teilweise an solchen Stellen erhalten, die bei der allgemeinen Hebung der Gebirge zurückblieben, deshalb tiefer lagen und infolgedessen der Erosion wenig ausgesetzt waren. Diese Verbreitung der »Lehme« erlaubt in großen Zügen die Rekonstruktion der weniger gehobenen oder abgesenkten Schollen sowie der Verwerfungslinien.

Im Pleistozän wurden die mächtigen Profile der »Lehme« weitgehend durch Solifluktion zerstört. Nach der letzten Vereisungsperiode bildete sich auf dem umgelagerten, dichten »Lehm«-Material ein besonderer Pseudogley, der gekennzeichnet ist durch starke Entbasung, dichte Lagerung sowie leichte Dispergierbarkeit und deshalb schlecht dränbar ist. Aus diesem Grunde wird dieser staunasse Boden *Graulehm-Pseudogley* genannt; entsprechendes gilt für die rote Variante.

Der *Gebleichte Feuersteinlehm* Südwestdeutschlands, der durch einen hellgrauen A_e-Horizont und starke Entbasung charakterisiert ist, ferner der hier vorkommende *Ockerlehm*, gehören auch zu den präpleistozänen »Lehmen«.

(b) Ferrallitische Böden (Roterde)

Neben dem Rotlehm gibt es in Mitteleuropa auch eine Roterde im Sinne KUBIENAS (1953), die auch Lateritischer Boden oder Ferrallitischer Boden genannt wird. Er entstand in typischer Ausbildung im Vogelsberg aus Basalt und Basalt-Tuff tertiären Alters, so daß der Boden nicht älter als Tertiär sein kann. Es erhebt sich die Frage, warum im Vogelsberg eine andere Bodenbildung stattfand als im Rheinischen Schiefergebirge und in den anderen deutschen Mittelgebirgen. Zunächst liegt im Vogelsberg basaltisches Gestein vor, aus dem im tropischen Klima normalhin Ferrallitische Böden entstehen. Ferner bildet der Vogelsberg eine Erhebung, so daß das Wasser auf und in dem Boden abfließen konnte. Dadurch wurde ein Wasserstau verhindert; andererseits konnte der laterale Wasserstrom Eisen mitnehmen und stellenweise anreichern, wodurch es örtlich zur Bildung von Eisenstein-Knöllchen kam. In diesen Ferrallitischen Böden sind Eisen und Tonsubstanz geflockt, so daß im Sinne KUBIENAS ein »erdiges Gefüge« vorliegt, was zu der Bezeichnung »Roterde« Anlaß gab. Typisch für diese Böden ist generell die relative Anreicherung von Eisen und Aluminium und der Verlust an Kieselsäure.

Neben Rotlehm und der Roterde gibt es kleinflächig auch Gelblehm und Gelberde. Die letzteren Typen sind eisenärmer, was bedingt sein kann durch Eisenarmut des Ausgangsgesteins oder durch Eisenverlust im Zuge der Bodenbildung (s. Literaturverzeichnis).

(c) Edaphoide

In Vulkangebieten besteht bei den präpleistozänen Böden die Möglichkeit, daß die Zersetzung des Gesteins mehr oder weniger hydrothermal bedingt sein kann. Dadurch kann das Gestein gebleicht werden, es kann aber auch rot gefärbt werden, was vor allem dann geschieht, wenn Lava in Kontakt mit Gestein kommt. Heiße Dämpfe des Postvulkanismus können Kaolinitbildung verursachen. Hingegen erzeugen die Dämpfe des basaltischen Vulkanismus häufig Montmorillonit. Es kann aber auch die Lava über rotverwitterte Böden geflossen sein, so daß in diesem Falle Pedogenese und Kontaktmetamorphose zusammengewirkt haben. Da sowohl bei der Pedogenese auf Basalt als auch vulkanogen Montmorillonit entstehen kann, bietet die Anwesenheit von Montmorillonit keinen eindeutigen genetischen Hinweis. Es scheint allerdings der vulkanogen-hydrothermal entstandene Montmorillonit besser kristallisiert zu sein als der pedogenetisch entstandene. Die unter vulkanogen-hydrothermalen Einflüssen veränderten Gesteinsschichten werden Edaphoide genannt (KRESS-VOLTZ 1964).

(d) Terra fusca und Terra rossa

Nach den bisher vorliegenden Untersuchungen ist ein großer Teil der Terrae aus Carbonatgesteinen in den Warmzeiten des Pleistozäns gebildet worden. Es wird auch angenommen, daß die Terra rossa eine Alterungsform der Terra fusca ist. Die lokale Verbreitung der Terrae lehrt, daß die Terra fusca unter feuchteren, die Terra rossa unter trockeneren Bedingungen entsteht. Das Alter scheint demgegenüber eine sekundäre Rolle zu spielen; denn wir finden in Mitteleuropa die Terra fusca und die Terra rossa sowohl als tertiäre als auch als pleistozäne und noch jüngere Bildung. Die im Tertiär gebildeten Terrae enthalten viel Kaolinit und sind dadurch gut von den jüngeren zu unterscheiden. Solche präpleistozän gebildeten Terrae sind in Mitteleuropa nicht mehr als vollständige Profile zu finden, sondern nur als umgelagertes Terrae-Material, oft in Spalten der Carbonatgesteine, oft an der Oberfläche anderem Verwitterungsmaterial (oft Lößlehm) beigemischt. So findet man z. B. tertiäre Terra fusca auf dem Oberen Muschelkalk großflächig Lößlehm beigemischt in der Südeifel (Bitburger Land), aber auch auf dem Muschelkalk Unterfrankens und auf dem Oberen Jura der Alb. Enthalten solche Mischböden einen hohen Anteil an tertiären Terrae, so werden dadurch ihre Eigenschaften stark beeinflußt; es sind schwer bearbeitbare, zur Dichtlagerung neigende Böden, die aber trotzdem gute Weizenstandorte darstellen.

Bei gleichem Alter entscheidet die Feuchte des Verwitterungsmilieus, ob die Terra fusca oder die Terra rossa entstehen kann. Die Terra fusca bildet sich unter feuchteren Bedingungen, die gegeben sein können durch ein kühleres und feuchteres Klima, durch Nordexposition, durch muldige Geländelage oder Hangfußlage oder tonreicheres Carbonatgestein (Tonmergel). Die Bedingungen können einzeln oder in Kombination vorhanden sein, entscheidend ist eine ausreichende Feuchte des pedogenetischen Milieus. Die Entstehung der Terra rossa setzt trockenere Bedingungen voraus, die gegeben sein können durch warme und trockene Sommer (z. B. Mittelmeerklima), durch Süd- und Südwestexposition, durch konvexe Geländelage und Oberhanglage oder tonarmes Carbonatgestein. Im Mittelmeerraum sind diese Bedingungen, vor allem vom Klima her, erfüllt, so daß hier die Neigung zur Terra-rossa-Bildung groß ist. Hingegen werden die Vorkommen von Terra rossa nach Norden hin, also mit abnehmender Sommerwärme, immer geringer. Aus dieser Feststellung resultiert in Mitteleuropa die Annahme, daß die Terra rossa älter als die Terra fusca sein könnte, weil nämlich die Vorkommen dieser Böden mit zunehmendem Alter spärlicher werden.

KUBIENA (1953) hat die Terra fusca als »Kalksteinbraunlehm« und die Terra rossa als »Kalksteinrotlehm« bezeichnet, womit gesagt ist, daß diese Bodentypen das leicht dispergierbare »Lehmgefüge« besitzen. Nur die Typen tertiären Alters besitzen einen hohen Anteil an Kaolinit, während die jüngeren eine illitische Dominanz aufweisen. Selten gibt es in Mitteleuropa eine Terra rossa mit »erdigem Gefüge« im Sinne KUBIENAS (1953), wohl aber in der östlichen Slowakei und in den Mittelmeerländern. KUBIENA nannte sie Erdige Terra rossa.

2. Pleistozäne Paläoböden

Während des Pleistozäns wurden Böden in den Glazialen und Stadialen sowie in den Interglazialen (Warmzeiten) und Interstadialen gebildet. Viele dieser Böden haben mehrere dieser Bodenbildungsperioden durchlebt. Die weiteste Verbreitung haben die Böden der Würm-Interstadiale und die des Riß/Würm-Interglazials, ferner auch die Strukturböden des Würm-Glazials (mit Stadialen). Böden älter als das Riß/Würm-Interglazial sind hingegen selten, weil neue Eisvorstöße sie beseitigten. Nur einige Relikte älterer pleistozäner Böden (vor Riß), die durch Erosion und Solifluktion mehr oder weniger stark verkürzt sind, blieben erhalten.

(a) Paläoböden der Glaziale

Als Zeugen der Bodenbildung der Glaziale finden wir in den Terrassenablagerungen, aber auch in anderen Substraten, Kryoturbationen und Frostspalten (Eiskeile); sie sind typisch für die arktischen Strukturböden. Die Bestimmung des Alters dieser glazialen Böden, d. h. ihre Zuordnung zu einer der Glazialzeiten, ist nur dann möglich, wenn die stratigraphische Stellung des darüber liegenden Sedimentes eindeutig bestimmbar ist. So fand WOLTERS (1950) im nordwestlichen Rheinland Frostspalten in einem tertiären Ton, der bedeckt ist mit einem altpleistozänen Sediment, so daß die Frostspalten der Günz-Eiszeit zugeordnet werden konnten. Sind die Frostböden in Riß-Ablagerungen entwickelt, so ist ihre zeitliche Einordnung in die Würm-Eiszeit gegeben, es sei denn, daß sie noch jünger sind und der Jüngeren Dryas-Zeit angehören.

(b) Paläoböden der Interglaziale und Interstadiale

(1) Paläoböden aus Terrassenablagerungen

Die besten Vertreter alt- und mittelpleistozäner Böden finden wir in den alten Terrassen größerer Flüsse, z. B. des Rheins und der Donau. Es sind aber nie vollständige Profile zu finden, vielmehr sind diese mehr oder weniger verkürzt. Die noch erhaltenen Profilreste sind meistens Teile eines ehemaligen mächtigen B-Horizontes von mehreren Metern. Rostbraune oder rostgelbe Farbe, starke Verwitterung und Entbasung sowie Dichtlagerung sind charakteristische Eigenschaften. Die Dichtlagerung ist in erster Linie bedingt durch eine Einwaschung von Tonsubstanz, welche die Texturkörner mit

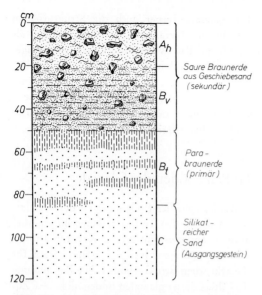

Abb. 171. Saure Braunerde als jüngere Bodenbildung aus aufgetragenem Geschiebesand; darunter gekappte Parabraunerde als ältere Bodenbildung mit Bänder-B_t-Horizont aus silikatreichem Sand.

einer Tonhaut umgibt. Dadurch wird nicht selten Wasserstau in dem doch weitgehend kiesig-sandigen Material veranlaßt. Reste solcher Böden, die einer starken Tonwanderung unterlagen, finden wir auf den Terrassenablagerungen der Günz-, Mindel- und Riß-Eiszeit; die Bodenbildung erfolgte in den Interglazialen Günz/Mindel, Mindel/Riß und Riß/Würm. Die älteren Terrassen unterlagen einigen Bodenbildungsperioden nacheinander und sind daher stark verwittert und verarmt, was z. B. für die Hauptterrasse (Günz) des Rheins zutrifft. Diese alten Terrassenböden haben Ähnlichkeit mit den Red-Yellow Podzolic Soils im südöstlichen Teil der USA. Letztere sind aber mit ihrem Kaolinitgehalt typische Bildungen eines subtropischen Klimas. Das Klima der Interglaziale war jedoch ähnlich dem des heutigen Mitteleuropas, und dieses dokumentiert sich in dem vorherrschenden Auftreten illitischer Tonsubstanz in diesen alten Terrassenböden.

(2) Paläoböden aus Ablagerungen der Riß-Vereisung

Gute Beispiele für pleistozäne Böden finden wir auf den rißeiszeitlichen Ablagerungen. In der Riß/Würm-Warmzeit wurde der Geschiebemergel der Riß-Vereisung 2 bis 4 m tief entkalkt. Intensive Tonwanderung folgte der Entkalkung, so daß eine stark ausgeprägte Parabraunerde entstand. Gegen Ende des Interglazials wurde das Klima feuchter und kühler. Die Parabraunerde mit ihrem relativ dichten B_t-Horizont wurde in einen Pseudogley umgeformt. Nur die auf leicht gewölbtem Gelände befindliche Parabraunerde, wo sich das Sickerwasser weniger staute und seitlich abziehen konnte, erfuhr keine Umformung. Während der letzten Eiszeit (Würm) wurden die im vorhergehenden Interglazial gebildeten Böden durch Solifluktion verschiedenen Ausmaßes mehr oder weniger zerstört, d. h. die meisten Profile wurden gekappt, dann aber in späterer Zeit wieder mit anderem Material überdeckt, so daß oberer und unterer Profilbereich keine pedogenetische Einheit darstellen. Im ganzen wurde das Gebiet der rißeiszeitlichen Ablagerungen durch diesen Prozeß eingeebnet. In postglazialer Zeit bildete sich in dem entkalkten, umgelagerten Bodenmaterial eine Saure Braunerde, die sich teils noch weiter in Richtung des Podsols entwickelte. Das ist die gleiche Bodenbildung zur Sauren Braunerde, die man auf entkalktem, umgelagertem Löß findet.

In den fluvioglazialen Sanden der Riß-Eiszeit wurde im Interglazial Riß/Würm eine Parabraunerde mit einem Bänder-B_t-Horizont gebildet. Diese B_t-Bänder reichen mitunter 2 bis 4 m tief in den C-Horizont hinein. Die ungarischen Bodenkundler nannten diese Böden mit B_t-Bändern Kovárvány. Von dieser Parabraunerde wurden meistens die oberen Horizonte durch solifluktiven Abtrag beseitigt, und durch den gleichen Vorgang wurde fremdes Material aufgetragen. Meistens ist dieses Solum-Material von anderen Parabraunerden, oft von solchen aus Riß-Geschiebemergel. Dieses Solum-Material ist als Geschiebesand bekannt; darin hat sich postglazial eine Saure Braunerde entwickelt (Abb. 171). Die Abfolge dieser Vorgänge hat mithin zu einer Sauren Braunerde mit dem Bänder-B_t-Horizont einer interglazialen Parabraunerde im Untergrund geführt; diese beiden Profilteile haben genetisch nichts gemeinsam. Manchmal sind die gelbbraunen B_t-Bänder in der Würm-Eiszeit durch Kryoturbation mehr oder weniger verbogen worden.

(3) Präholozäne Böden aus Löß

Wir können davon ausgehen, daß in allen 4 oder 5 Glazialen des Pleistozäns Löß gebildet worden ist. Wir finden aber selten Löß oder Böden aus Löß älter als Riß. Selbst Böden aus Riß-Löß treten relativ selten auf und wenn, dann sind es kleine Flächen. In Österreich wurde in einem mächtigen Lößpaket in etwa 10 m Tiefe ein rotbrauner Bodenhorizont gefunden, dessen Entstehung wahrscheinlich ins Mindel/Riß-Interglazial zu stellen ist. Mächtige Löß-Lagen mit mehreren Interglazialböden wurden ferner in Ungarn, Jugoslawien, in der Sowjetunion und der Tschechoslowakei beschrieben.

Der Löß der Riß-Eiszeit hat die gleiche Bodenbildung erfahren wie der Geschiebemergel dieser Zeit. Teils wurde eine Parabraunerde gebildet, weit überwiegend aber ein Pseudogley, wahrscheinlich über das Entwicklungsstadium der Parabraunerde. Dieser interglaziale Pseudogley ist auffallend intensiv hellgrau, gelb und rostbraun gefleckt und vertikal gestreift. Besonders typisch tritt er auf der Hohenloher Ebene auf, wo er infolge der oberflächennahen Eisenverarmung im ausgetrockneten Zustand ziemlich hellgrau gefärbt ist und deshalb als das »Weiße Feld« bezeichnet wird.

Die Böden aus Löß, die in den Interstadialen des Würm entstanden, sind in Mitteleuropa weitverbreitet. Während im ersten Interstadial der Würm-Eiszeit überwiegend ein Pseudogley gebildet wurde, sind für das zweite Interstadial die Basenreiche Braunerde und Parabraunerde typischer. In der Ziegeleigrube Dahmen in Wegberg (N.-Rhld.) finden wir in einem mächtigen Lößpaket von etwa 12 m fünf Bodenbildungen übereinander, von denen nur die oberste postglazialen Alters ist. Die unterste gehört ohne Zweifel dem letzten Interglazial an. Wahrscheinlich gehört der zweitunterste Boden auch noch zum Präwürm. Die drei untersten Böden sind ausgeprägte Pseudogleye, während die beiden oberen den Parabraunerde-Typ repräsentieren.

Wenn in Mitteleuropa Würm-Löß die Oberfläche bildet und als Pseudogley entwickelt ist, so handelt es sich meistens um älteren Würm-Löß, so daß der Pseudogley dem älteren Interstadial des Würms angehört. Der ältere Würm-Löß hat nicht selten einen relativ hohen Anteil an Mittel- und Feinschluff, der nicht zuletzt durch Kryoklastik (im Stadial) aus Grobschluff und Feinstsand entstand. Dadurch wurde die Lagerung des Lößlehmes dichter und die Pseudogley-Entstehung begünstigt. In trockeneren Klimaten Mitteleuropas hat sich aus älterem Würm-Löß auch die Schwarzerde bilden können.

Allgemein wird heute angenommen, daß die Bildung der mitteldeutschen und der pfälzischen Schwarzerde, die aus jüngstem Würm-Löß entstanden, in das Boreal fällt, also im frühen Holozän liegt; somit ist sie zwar nicht fossil, wird aber als subfossil betrachtet. Über die genannten Vorkommen hinaus hat zur gleichen Zeit eine Schwarzerdebildung in anderen Gebieten Mitteleuropas stattgefunden, so z. B. in der Soester Börde, im Niederrheinischen Tiefland, in Nordwürttemberg und im Niederbayerischen Ackergäu; hier findet man stellenweise Reste des ehemaligen A_h-Horizontes einer Schwarzerde in etwa 40 — 60 cm Tiefe. Eine starke Degradation hat diese Schwarzerde zu einer Parabraunerde werden lassen. Andere Parabraunerden aus jüngstem Würm-Löß haben kein Schwarzerde-Stadium durchlebt; vielmehr durchliefen sie die Chronosequenz: Rohboden - Pararendzina - Basenreiche Braunerde - Parabraunerde. Somit hat auch die Parabraunerde aus Würm-Löß einen langen Bildungsweg; das gleiche trifft zu für die Parabraunerde aus Würm-Geschiebemergel. Die Pedogenese umfaßt also auch bei den sogenannten rezenten Böden einen relativ langen Zeitraum.

b. PALÄOBÖDEN AUSSERHALB MITTELEUROPAS

Paläoböden gibt es in allen Räumen der Erde, wo über lange Zeit die Bodenbildung durch den Bodenabtrag nicht oder wenig gestört wurde. Wo indes der Bodenabtrag durch Wasser und Eis in jüngerer geologischer Zeit stattfand, fehlen die Paläoböden, so in den Hochgebirgen und in Bereichen, wo das Inlandeis alte Böden abgehobelt hat. Der Wind kann zwar auch alte, sandige Böden abblasen, jedoch ist dieser Vorgang unbedeutend.

Nur die wichtigsten Paläoböden außerhalb Mitteleuropas können hier erwähnt werden. Die in Mitteleuropa auftretenden und oben schon beschriebenen Paläoböden kommen selbstverständlich unter gleichen und ähnlichen Klima- und Landschaftsbedingungen auch außerhalb Mitteleuropas vor. Zum Beispiel gibt es Paläoböden aus Löß auch in anderen Lößlandschaften der Erde, und solche aus älterem Geschiebelehm und älteren fluvioglazigenen Sanden gibt es in England, Irland, Osteuropa und Nordamerika. Auf alten Verebnungen und Flußterrassen findet man auf der ganzen Erde Paläoböden, weil in dieser ebenen, geomorphologischen Situation die Erhaltungsumstände besonders günstig sind.

1. Paläoböden der kalten Klimaräume

Die Strukturböden des kalten Klimas sind als Paläoböden aus den Periglazialräumen der Glazialzeit bekannt. Aber auch die Strukturböden im Hochgebirge können ein beträchtliches Alter haben. Das gleiche gilt für die Strukturböden Nordeurasiens und Nordamerikas. Zwar können sie erst entstanden sein nach dem Rückgang der letzten Vereisung. Sie zählen somit definitionsgemäß nicht mehr zu den Paläosols; sie sind teils aber subfossil, was besonders für die gut ausgeprägten Polygonböden zutrifft.

2. Paläoböden der kühlen und der gemäßigt warmen, humiden Klimaräume

Im wesentlichen handelt es sich dabei um Paläoböden, die in Mitteleuropa verbreitet und bereits oben beschrieben sind.

3. Paläoböden des mediterranen Klimaraumes

Im Mittelmeerraum und in Landschaften mit ähnlichem Klima sind Paläoböden sehr häufig, wenn auch bei einem Teil derselben die Flächen klein sind. Auf alten Verebnungen und alten Terrassen kommen sehr stark verwitterte, meist intensiv rostgelb und rostbraun gefärbte Reste solcher Böden vor; teils sind sie stark grau, rostgelb und rostbraun gefleckt, wodurch aktuelle oder ehemalige Staunässe angezeigt ist. Solche Böden sind aus Italien bekannt.

Die im Mittelmeerraum bis ins Rhonetal oft anzutreffende Terra rossa ist meistens fossil. Dazu gehören auch die großen Flächen dieses Bodentyps in Dalmatien und Kastilien. Die fossile Terra fusca ist in den Landschaften des Mittelmeergebietes seltener.

Auf der Balkanhalbinsel ist der Zimtfarbene Waldboden, hauptsächlich aus pliozänen Sedimenten entstanden, besonders in Bulgarien verbreitet und gilt als Paläoboden. Das gleiche trifft zu für die Smolnitza mit Ausnahme der auf jungen Terrassen.

4. Paläoböden der semiariden und ariden Klimaräume

In den ariden Räumen der Erde, die in früherer geologischer Zeit, vor allem im Pleistozän, einem feuchteren Klima ausgesetzt waren, entstanden in dieser Zeit andere Böden als heute unter trockenen Bedingungen. So finden wir nicht selten in den heute trockenen Klimagebieten rötliche und braune Böden, die unter feuchteren Bedingungen entstanden. Solche Böden treten fast in allen Halbwüsten und Wüsten der Erde auf. Gut bekannt sind solche Paläoböden in den Trockengebieten des Westens der USA. Selbst im inneren Asien findet man Relikte davon. Der Sand der roten Dünen Afrikas stammt aus rotgefärbten Paläoböden. Die feinen Risse der Sandkörner sind mit roter Bodensubstanz der Paläoböden gefüllt, wodurch der Sand seine rötliche Farbe erhält.

5. Paläoböden der feuchten Subtropen und Tropen

Die alten Kontinentalblöcke der feuchten Subtropen und Tropen sind großflächig mit roten Paläoböden bedeckt. Dazu gehören vor allem die Fersiallite und Ferrallite Afrikas (Mittelafrika), Südamerikas (Brasilien), Indiens und Australiens. Auch die grauschwarzen Böden (Black Cotton Soil, Regur, Margalitic Soil) dieser Landschaften sind fossile Böden, die ehemals unter feuchteren Bedingungen gebildet wurden. Die Red-Yellow Podzolic Soils des Südostens der USA sind zu den Fersialliten zu stellen; sie sind ebenfalls alte Bildungen.

6. Boden-Datierung

Für die *Bestimmung des Alters von Böden* gibt es einige Methoden. Die verläßlichste ist die sichere stratigraphische Einordnung in die erdgeschichtliche Schichtengliederung. Das ist aber nur dann möglich, wenn der Boden in einer Schicht auftritt, deren Alter nach dem Liegenden und Hangenden hin eindeutig feststellbar ist. Oft helfen dabei eingeschlossene Fossilien, im besonderen die Pollen von Pflanzen. Das Alter von Böden und Sedimenten läßt sich ferner mit Hilfe der Halbwertzeit radioaktiver Stoffe feststellen, falls solche vorhanden sind. Enthalten die alten Böden organische Substanz, so kann die C-14-Methode zweckdienlich sein, wenn das Alter rund 50 000 Jahre nicht übersteigt. Besonders dafür geeignet sind Einschlüsse von Holz und Holzkohle; im Humus muß hingegen damit gerechnet werden, daß jüngere organische Masse das Untersuchungsergebnis verfälscht (SCHARPENSEEL 1971, 1972). Die vergleichende Beobachtung, d. h. der Rückschluß von eindeutig datierten auf nicht datierbare Böden auf Grund gemeinsamer Merkmale ist nur bedingt verläßlich; dazu gehören große Erfahrung und völlige Übereinstimmung der Merkmale der verglichenen Böden. Für die Altersbestimmung von Böden ist die neue Methode der Ermittlung des Polaritätswechsels (Umkehrung des Magnetfeldes) nicht geeignet, da die Lage der magnetischen Minerale bei der Bodenbildung verändert wird. Wohl ist sie geeignet für die Altersbestimmung bestimmter Sedimente.

Literatur

ARBEITSKREIS FÜR PALÄOBÖDEN DER DEUTSCHEN BODENKUNDLICHEN GESELLSCHAFT: Inventur der Paläoböden in der Bundesrepublik Deutschland. – Geol. Jb., Reihe F, H. 14, Hannover 1982.
BANERJI, P. K.: Laterizationprocesses: what do we know about them? – Nature and Resources, Vol. XVII, No. 3, 21 – 25, UNESCO, Paris 1981.
BARGON, E. und RAMBOW, D.: Ein lößbedecktes Lateritprofil in Nordhessen. – Zeitschr. Deutsch. Geol. Gesellschaft, Bd. 116, 3. Teil, Hannover 1966.
BRONGER, A.: Bibliography on Paleopedology. – Mitt. Deutsch. Bodenk. Gesellsch., Bd. 35, Göttingen 1982.
BRUNNACKER, K.: Die Geschichte der Böden im jüngeren Pleistozän in Bayern. – Geol. Bavarica, Nr. 34, 1957.
BRUNNACKER, K.: Grundzüge einer Löß- und Bodenstratigraphie am Niederrhein. – Eiszeitalter und Gegenwart, Bd. 18, Öhringen/Württ. 1967.
BRUNNACKER, K.: Reliktböden und Landschaftsgeschichte zwischen Frankenhöhe und Rednitz-Tal. – Geol. Blätter NO-Bayern, Bd. 20, H. 1/2, Erlangen 1970.
BÜDEL, J.: Das System der klima-genetischen Geomorphologie. – Erdkunde, Bd. XXIII, H. 3, 1969.
CHALYSHEV, V. I.: Grey soils of the humid climate of the Ufim epoch of the Permian period. – Pochvovedenie, Nr. 5, Moskau 1970.
EBERT, A., und PFEFFER, P.: Erläuterungen zu Blatt Altenahr. – Preuß. Geol. Landesanstalt, Berlin 1939.
FINK, J.: Die Subkommission für Lößstratigraphie der Internationalen Quartärvereinigung. – Eiszeitalter und Gegenwart, Bd. 19, Öhringen/Württ. 1968.
HARRASSOWITZ, H.: Laterit. – Bornträger, Berlin 1926.
HARRASSOWITZ, H.: Böden der tropischen Region. — Handb. d. Bodenlehre von E. BLANCK (Herausgeber), Bd. III, Berlin 1930.
HEMME, H.: Die Stellung der »lessivierten« Terra fusca in der Bodengesellschaft der Schwäbischen Alb. – Diss. Hohenheim 1970.
JARITZ, G.: Untersuchungen an fossilen Tertiärböden und vulkanogenen Edaphoiden des Westerwaldes. – Diss., Bonn 1966.
KAISER, K.: Wirkungen des pleistozänen Bodenfrostes in den Sedimenten der Niederrheinischen Bucht. – Eiszeitalter und Gegenwart, Bd. 9, 1958.
KLINGE, H.: Eine Stellungnahme zur Altersfrage von Terra-rossa-Vorkommen (unter besonderer Berücksichtigung der Iberischen Halbinsel, der Balearischen Inseln und Marokkos). – Z. Pflanzenern., Düng., Bodenk., Bd. 81, 1958.

Kress-Voltz, M.: Gefüge- und Strukturuntersuchungen an vulkanogenen Edaphoiden. – In: Soil Micromorphology, herausgegeben von A. Jongerius, Verlag Elsevier, Amsterdam – London – New York 1964.
Kubiena, W. L.: Entwicklungslehre des Bodens. – Verlag Springer, Wien 1948.
Kubiena, W. L.: Bestimmungsbuch und Systematik der Böden Europas. – Verlag Enke, Stuttgart 1953.
Ložek, V. und Kulka, J.: Das Lößprofil von Leitmeritz an der Elbe, Nordböhmen. – Eiszeitalter und Gegenwart, Bd. 10, 1959.
Mückenhausen, E.: Fossile Böden in der nördlichen Eifel. – Geol. Rundschau, Bd. 41, Stuttgart 1953.
Mückenhausen, E., Bildungsbedingungen und Umlagerung der fossilen Böden der Eifel. – Fortschritte der Geologie Rheinland und Westfalen, Bd. 2, Krefeld 1958.
Mückenhausen, E., Gerkhausen, W. und Kerpen, W.: Entstehung und Eigenschaften der Böden auf fossilen Verwitterungsdecken der Eifel. – Z. Acker- und Pflanzenbau, Bd. 108, H. 1/2, 1959.
Mückenhausen, E., Die Entwicklung der Böden auf den saaleeiszeitlichen Ablagerungen Nordwestdeutschlands. – Suomen Maataloustieteellisen Seuran Julkaisuja, Acta Agralia Fennica, Hämeenlinna 1971.
Müller, S.: Feuersteinlehme und Streuschuttdecken in Ostwürttemberg. – Jahrbuch Geol. Landesamt Baden-Württemberg, Bd. 3, Freiburg/Br. 1958.
Ortlam, D.: Paleosols and their significance in stratigraphy and applied geology in the Permian and Triassic of Southern Germany. – Paleopedology. Ed. D. H. Yaalon, Jerusalem 1971.
Paas, W.: Rezente und fossile Böden auf niederrheinischen Terrassen und deren Deckschichten. – Eiszeitalter und Gegenwart, Bd. 12, Öhringen/Württ. 1961.
Roeschmann, G.: Die Entstehung der Wurzelböden und kaolinischen Kohlentonsteine des Ruhrkarbons. – Fortschritte der Geologie Rheinland und Westfalen, Bd. 3, Krefeld 1962.
Roeschmann, G. et al.: Paläoböden in Niedersachsen. – Geol. Jb., Reihe F, H. 14, Hannover 1982.
Ruellan, A.: First list of selected references on Paleopedology (Bibliography). – International Union for Quaternary Research, Paleopedology Commission, Bondy/France 1970.
Scharpenseel, H. W.: Radiocarbon Dating of Soils–Problems, Troubles, Hopes. – In: Paleopedology von D. H. Yaalon (Editor), Israel Universities Press, Jerusalem 1971.
Scharpenseel, H. W.: Messung der natürlichen C-14 Konzentration in der organischen Substanz von rezenten Böden – Eine Zwischenbilanz. – Zeitschr. für Pflanzenernährung und Bodenkunde, Bd. 133, H. 3, 1972.
Schmidt, Wo. und Wolters, R.: »Basiston« der Aachener Kreide. Alttertiär und fossile Verwitterung am Nordrand der Eifel. – Geol. Jahrbuch, Bd. 66, Hannover 1952.
Schmidt, Wo.: Neue Ergebnisse der Revisionskartierung des Hohen Venns. – Beihefte zum Geol. Jahrbuch, H. 21, Hannover 1956.
Schönhals, E.: Über fossile Böden im nichtvereisten Gebiet. – Eiszeitalter und Gegenwart, Bd. 1, Öhringen/Württ. 1951.
Smolikova, L.: Stratigraphical significance of Terrae Calcis soils. – INQUA-Abstract papers, Lódz 1961.
Stremme, E. et al.: Paläoböden in Schleswig-Holstein. – Geol. Jb., Reihe F, H. 14, Hannover 1982.
Troll, C.: Strukturböden, Solifluktion und Frostklimate der Erde. – Geol. Rundschau, Bd. 34, 1944.
Steeger, A.: Neue Beobachtungen über Frostspalten und Würgeböden am Niederrhein. – Erdkunde, Bd. 2, Bonn 1948.
Steusloff, U.: Periglazialer »Tropfen«- und Taschenboden im südlichen Münsterland bei Haltern. – Geol. Jb., Bd. 66, 1957.
Valeton, I.: Lateritische Verwitterungsböden zur Zeit der jungkimmerischen Gebirgsbildung im nördlichen Harzvorland. – Geol. Jb. 73, S. 149 – 164, Hannover 1958.
Werner, J.: Zur Kenntnis der Braunen Karbonatböden (Terra fusca) auf der Schwäbischen Alb. – Diss., Stuttgart 1958.
Wiechmann, H.: Graulehmbildung durch hydrothermalen Gesteinszersatz. – Z. Pflanzenern. u. Bodenkunde, Bd. 147, H. 3, Weinheim 1984.
Wirtz, R.: Bijdrage tot de kennis van de paleosolen in de Vogelsberg, W.Duitsland. – Diss., Utrecht 1965.
Wolters, R.: Nachweis der Günz-Eiszeit und der Günz-Mindel-Wärmezwischenzeit am Niederrhein. – Geol. Jahrbuch, Bd. 65, Hannover – Celle 1950.
Wortmann, H.: Ein erstes sicheres Vorkommen von periglazialem Steinnetzboden im Norddeutschen Flachland. – Eiszeitalter und Gegenwart, Bd. 7, Öhringen/Württ. 1956.
Yaalon, D. H. (Editor): Paleopedology. Origin, nature and dating of paleosols. – The Hebrew University, Jerusalem 1971.

XVI. Die Bodenkartierung

a. WESEN DER BODENKARTE

Bodenkarten gehören zu den thematischen Karten; sie stellen kartographisch die Böden als Pflanzenstandorte dar. Da der Boden von vielen Eigenschaften geprägt wird und sich meistens auf kurzen Strecken ändert, ist seine kartographische Wiedergabe schwierig. Zunächst erhebt sich die Frage, welche Eigenschaften des Bodens dargestellt werden sollen, damit ein hinreichendes Bild von seinem Standortswert entsteht. Früher hat man meistens die *Bodenarten*, die Texturen kartiert. Da aber die gleiche Textur einen sehr verschiedenen pflanzenbaulichen Wert haben kann, wurden weitere Eigenschaften hinzugenommen. Neuerdings stellt man in erster Linie die *Bodentypen* dar, daneben aber auch meistens Textur und Ausgangsgestein. Die kartographische Darstellung der Bodentypen ist deshalb vorteilhaft, weil mit dem Bodentyp ein Eigenschaftskomplex Ausdruck findet. Eine weitere Schwierigkeit besteht darin, daß man dem starken Wechsel der Böden kartographisch meistens nicht gerecht werden kann. Wenn man Böden mit verschiedenen Eigenschaften und verschiedenen Wertes auf einer Bodenkarte gegeneinander abgrenzt, so darf nicht vergessen werden, daß eine solche scharfe Grenze nicht besteht, vielmehr in der Regel die verschiedenartigen Böden kontinuierlich ineinander übergehen. Somit ist eine Bodenkarte ein konstruiertes Bild von der Verteilung der nach einem bestimmten Prinzip gekennzeichneten Böden in der Landschaft.

b. GRUNDEINHEITEN DER BODENKARTIERUNG UND BODENGEOGRAPHIE (KATEGORIEN DER BODENGEOGRAPHIE)

Bodenkundlich präsentiert sich die Landschaft gleichsam als ein Mosaik von Böden. Kleine Boden-Mosaikstückchen setzen sich zu größeren und diese wiederum zu noch größeren usw. zusammen. Bei der Kartierung und der geographischen Erforschung der Böden sucht man das Boden-Mosaik zu erfassen. Hierbei wird von der kleinsten, in sich gleichen Bodeneinheit, einem elementaren Bodenkörper als dreidimensionalem Ausschnitt aus der Pedosphäre, den man Pedon nennt, ausgegangen. Ähnliche, kleinste Bodeneinheiten können zur nächst höheren Bodeneinheit zusammengefaßt werden, d. h. benachbarte Isopedons bilden ein Polypedon. Diese werden im Pedotop vereinigt, und dieser stellt die kleinste regionale Einheit dar. Mehr oder weniger gleiche (monomorphe, halbpolymorphe und polymorphe) Pedotope bilden einen Pedokomplex, der in seinen Eigenschaften wenig homogen ist. Die Pedokomplexe schließen sich in einer Landschaft zum Pedochor zusammen. Letzterer stellt ein typisches Verteilungsmuster der Böden einer Landschaft dar. Die Pedochore werden im Bodenbezirk vereinigt. Von diesem erfolgt die weitere Zusammenfassung zum Bodengebiet, dann zur Bodenprovinz und schließlich zur Bodenregion.

Das vorstehende Bild von der Gliederung der Böden der Erde nach dem Prinzip, die Böden in immer höhere Einheiten oder Ordnungen zu vereinigen, ist *eine* der erarbeiteten Möglichkeiten. Für solche Einheiten oder Ordnungen sind verschiedene Namen vorgeschlagen worden, auch ist die Zahl der von den verschiedenen Autoren als notwendig erachteten Einheiten nicht gleich.

E. v. ZEZSCHWITZ (1971) hat in einem Vortrag folgende Übersicht gegeben:

Bodeneinheit
  I. Ordnung
Soil individual, Pedon (KELLOG und SMITH 1960),
Pedotop (HAASE 1961, EHWALD 1966),
Polypedon (JOHNSON 1963),
Elementares Bodenareal (FRIDLAND 1965),
Bodeneinheit (COLIN 1965),
Bodenformeneinheit (MAAS 1968),
Bodenareal (SCHLICHTING 1970),

II. Ordnung
Unreines Polypedon (EHWALD 1966),
Bodenform (COLIN 1965),
Polymorpher Pedotop (HAASE und SCHMIDT 1970),
Bodenkomplex (v. ZEZSCHWITZ 1971),
III. Ordnung
Bodengesellschaft (COLIN 1965),
Bodenkomplex (GANSSEN 1961, EHWALD 1966),
Bodenmosaik (v. ZEZSCHWITZ 1971),
IV. Ordnung
Bodengruppe (v. ZEZSCHWITZ 1971),
V. Ordnung
Bodengesellschaft (MÜCKENHAUSEN 1951),
Bodenbezirk (SCHROEDER 1969),
Elementare Bodenlandschaft (SCHLICHTING 1970),
VI. Ordnung
Bodengebiet (SCHROEDER 1969),
VII. Ordnung
Bodenprovinz (FINK 1958, SCHROEDER 1969),
VIII. Ordnung
Bodenzone (DOKUTSCHAJEW 1899).

Die Gliederung der Böden in Einheiten oder Ordnungen im vorstehenden Sinne ist als theoretische Grundlage der Bodenkartierung anzusehen. Die Vielgestaltigkeit der Böden in vielen Landschaften macht es bei der Bodenkartierung schwierig, das oben vorgestellte Ordnungsprinzip in jedem Falle zu ergründen und der Kartierung exakt zugrunde zu legen. Oft werden nach der Kartiererfahrung die dem Kartiermaßstab angepaßten Kartiereinheiten gewählt und dargestellt. In diesem Falle versteht man unter Kartiereinheit die Zusammenfassung solcher Böden, die etwa gleiche oder ähnliche Eigenschaften im Hinblick auf ihren Standortswert aufweisen. Selbstverständlich läßt sich dieses Ziel um so besser erreichen, je größer der Maßstab ist.

Für die bodengeographische Betrachtung der Landschaft ist die Gliederung der Böden in die oben beschriebenen Einheiten oder Ordnungen wesentlich wichtiger, behält aber auch hierbei mehr theoretische Bedeutung.

c. MASSSTAB

Vom Maßstab der Bodenkarte hängt es natürlich ab, welcher Genauigkeitsgrad der Bodendarstellung beigemessen werden kann. Man muß sich bewußt bleiben, daß beim Maßstab 1:100 000 1 km der Natur auf 1 cm in der Karte reduziert wird, bei 1:50 000 auf 2 cm, bei 1:25 000 auf 4 cm, bei 1:10 000 auf 10 cm und bei 1:5000 auf 20 cm. Das bedeutet z. B.: Eine Bodenfläche von 100 m ⌀ wird im Maßstab 1:100 000 auf 1 mm ⌀ reduziert, bei 1:50 000 auf 2 mm ⌀, bei 1:25 000 auf 4 mm ⌀, bei 1:10 000 auf 1 cm ⌀ und bei 1:5000 auf 2 cm ⌀ (Abb. 172). Eine Bodenfläche von 100 m ⌀ ist mithin erst im Maßstab 1:25 000 mit 4 mm ⌀ darstellbar, eine Fläche von 25 m ⌀ erst im Maßstab 1:5000 mit 5 mm ⌀. Auf einer Bodenkarte noch kleinere Flächen als 4 bis 5 mm ⌀ darzustellen, empfiehlt sich wegen der Übersichtlichkeit nicht.

Wenn nun aber verschiedene Böden im kleinflächigen Wechsel auftreten, so ist die kartographische Darstellung sehr schwierig, und zwar um so schwieriger, je kleiner der Maßstab ist (Abb. 172). In diesem Falle müssen die in ihren Eigenschaften und in ihrem Standortswert verwandten Böden zu Kartier- oder Bodeneinheiten zusammengefaßt werden. Sind die Böden im kleinflächigen Wechsel sehr verschieden, so müssen sie als Bodengesellschaften dargestellt werden, wenn der Maßstab keine getrennte Darstellung erlaubt. Bei fast allen Bodenkarten mit kleinerem Maßstab als 1:25 000 muß man davon ausgehen, daß die auskartierten Flächen keine in Eigenschaften und Standortswert gleichmäßigen Flächen darstellen; dies gilt um so mehr, je kleiner der Maßstab ist. Es ist mit-

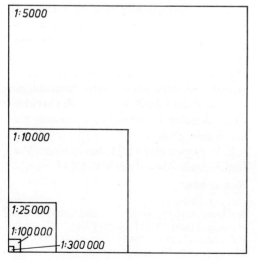

Abb. 172. Schematischer Vergleich von Flächengröße zum Maßstab in einer Karte i. M. 1:300 000, 1:100 000 1:25 000, 1:10 000 und 1:5000.

hin nicht angängig, die Bodeneigenschaften einer bestimmten Parzelle aus einer Bodenkarte kleineren Maßstabes ($< 1:25\,000$) entnehmen zu wollen. Hierfür sollte man mindestens den Maßstab 1:25 000, möglichst einen größeren, fordern.

d. KARTENINHALT

Über den Inhalt von Bodenkarten ist das Wesentliche oben bereits mitgeteilt. Auf den geologisch-agronomischen Spezialkarten im Maßstab 1:25 000 der ehemaligen Preußischen Geologischen Landesanstalt, Berlin, ist bodenkundlich nur die Boden-Textur in flächenhafter Verbreitung und im vertikalen Aufbau bis 2 m Tiefe dargestellt. Das entsprach dem damaligen Forschungsstand, etwa in der Zeit von 1880 bis 1925. Dem Fachkundigen sagen diese Karten viel, wenn er das geologische Substrat mit der Textur im pedologischen Zusammenhang sieht. In jener Zeit enthielten auch andere Bodenkarten nur die Textur. Seit rund 40 Jahren hat man mehr und mehr die Bodentypen, die jeweils einen Bodeneigenschaften-Komplex beinhalten, auf Bodenkarten in den Vordergrund gestellt, indem man sie mit Flächenfarben darstellt. Daneben werden Textur und Ausgangsgestein gesondert im Zusammenhang mit dem Bodentyp wiedergegeben. Bodentypen treten bei weitem nicht immer in typischer Ausprägung auf, vielmehr sind es Abarten des Typs oder Übergänge zwischen zwei oder gar drei Typen. Dennoch korreliert in jedem Falle mit der typologischen Bodenentwicklung ein Bodeneigenschaften-Komplex. Solche Bodenkarten besagen dem Fachmann sehr viel. Indessen ist es dem mit der Bodenkunde weniger Vertrauten mitunter schwer, eine solche Bodenkarte erschöpfend zu interpretieren. Deshalb gehen Überlegungen z. Z. dahin, die für das Pflanzenwachstum entscheidenden Eigenschaften, nämlich Textur und Wasserhaushalt des Bodens, in einfacher und verständlicher Weise darzustellen. Dieses Vorgehen macht natürlich die genaue Erfassung der typologischen Bodenentwicklung und überhaupt die sorgfältige Untersuchung des Bodens im Gelände nicht überflüssig, vielmehr müssen die wesentlichen Standorteigenschaften aus dem Geländebefund in Verbindung mit bodenphysikalischen Laboruntersuchungen abgeleitet werden.

e. KARTENAUSWERTUNG

Als vor etwa 40 Jahren der Inhalt der Bodenkarten bereichert wurde, stieg gleichzeitig auch die Anforderung an den Leser dieser Karten. Deshalb wurden schon damals Auswertungs- oder Interpretationskarten entwickelt. Die gleiche Tendenz zeigte sich etwas später auch im Ausland, vor allem in den USA und der UdSSR.

Die Auswertung von Bodenkarten für einen bestimmten Zweck wird am zweckmäßigsten vom Bodenkundler vorgenommen, der das betreffende Gelände kartiert hat. Er kann seine ganze örtliche Erfahrung bei der Auswertung verwenden. Hierbei ist zu fordern: Die Bodenkarte als Auswertungsgrundlage soll dem neuesten Stand der Bodenforschung gerecht werden, und die Auswertungskarte soll dem Zweck angepaßt und möglichst einfach im Inhalt sowie übersichtlich und klar in der Darstellung sein. Der Benutzer solcher Karten muß in der Lage sein, ohne weitere Studien die von der Karte erwarteten Informationen in kurzer Zeit zu entnehmen.

Eine gute Bodenkarte kann für sehr verschiedene Zwecke ausgewertet werden, d. h. es können sehr verschiedene Auswertungskarten aus ihr entwickelt werden. Dafür folgende Beispiele: Nutzungskarten (pflanzenbauliche Nutzung), Wasserkarte (Wasserspeicherungsvermögen des Bodens, Grundwassertiefe, Stauwasser), Humuskarte (Gehalt an Humus), Kalkungskarte (Menge der Kalkzufuhr), Bodenwertkarte (Übersicht über die Bodenwerte nach der Bodenschätzung), Meliorationskarte (notwendige Meliorationen), Karte für die Flurbereinigung, Planungskarte.

f. HERSTELLUNG

In der BRD liegt die Bodenkartierung im Aufgabenbereich der Länder, und zwar wird sie von den Geologischen Landesämtern (teils Landesamt für Bodenforschung genannt) wahrgenommen, die jeweils über eine Bodenkundli-

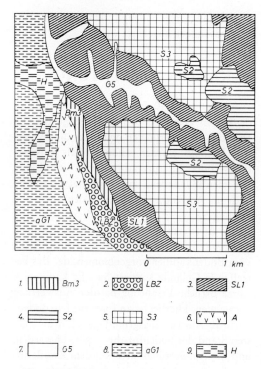

Abb. 173. Ausschnitt (vereinfacht) aus der Bodenkarte von Bayern 1:25 000, Blatt Markt Schwaben (Bayerisches Geologisches Landesamt, aufgenommen von G. RÜCKERT 1964/65).

Erläuterungen der Legende des Kartenausschnittes Abb. 173.

1. Bm3: Braunerde, z. T. pseudovergleyt, aus tiefhumosem, schluffig-lehmigem Kolluvium über Riß-Moräne.
2. LBZ: Parabraunerde aus Niederterrassen-Schotter in engräumigem Wechsel mit Braunerde und Pararendzina. Textur: schwach kiesiger, schluffiger, stark lehmiger Sand bis sandiger, schluffiger Lehm.
3. SL1: Pseudogley-Parabraunerde aus Decklehm. Textur: lehmiger Schluff über schluffigem Lehm.
4. S2: Pseudogley aus Decklehm. Textur: lehmiger Schluff über schluffigem Lehm.
5. S3: Tiefhumoser Pseudogley aus Decklehm. Textur: lehmiger Schluff über schluffigem Lehm bis stark lehmigem Schluff.
6. A: Dunkelgrauer Auenboden aus Hochflutablagerung über Niederterrassen-Schotter. Textur: kiesiger, feinsandiger Lehm über sandigem, lehmigem Kies.
7. G5: Gley aus schluffig-lehmigem Kolluvium.
8. aG1: Kalkiger Anmoorgley aus Hochflutablagerung über Niederterrassen-Schotter. Textur: anmooriger, schwach kiesiger, schluffiger bis toniger Lehm über sandigem, tonigem Kies.
9. H: Niedermoor über Niederterrassen-Schotter, meist mit Hochflutablagerung.

che Abteilung verfügen. Die Bodenschätzung wurde in der Zeit von 1934 bis etwa 1954 von der Finanzverwaltung (Oberfinanzpräsidien) durchgeführt. Die Ergebnisse der Bodenschätzung werden von den Geologischen Landesämtern und den Landesvermessungsämtern für die Herstellung von Bodenkarten im Maßstab 1:5000 verwendet. Im Ausland ist die Bodenkartierung fast immer der Landwirtschaftsverwaltung eingegliedert. In den meisten deutschen Ländern erarbeitet die Forstverwaltung forstliche Standortskarten.

Für die praktische Bodenkartierung werden die Geräte verwendet, die im Kapitel B XX für die Untersuchung des Bodens im Felde aufgeführt sind. Unter bestimmten Voraussetzungen kann (auch in unserem Klimabereich) das *Luftbild* für die Kartierung des Bodens zweckdienlich sein. Wenn das Luftbild zu einer Jahreszeit gemacht worden ist, in der Bodenunterschiede in der Hell-Dunkel-Tönung des Bildes in Erscheinung treten, so hilft das Luftbild sowohl zum Auffinden als auch zum Abgrenzen bestimmter Bodeneinheiten. Im Frühjahr, wenn der vegetationsfreie Boden abtrocknet, erscheinen die schnell abtrocknenden Böden als hellere, die staunassen und schweren Böden als dunklere Grautönung. Humusreiche Böden (Anmoor, Moor) sind ebenfalls sicher an der dunkleren Tönung im Luftbild erkennbar. Der mit landwirtschaftlichen Kulturpflanzen bedeckte Boden zeigt in trockenen Sommern durch den dürftigeren Pflanzenbestand leicht austrocknende Stellen im Acker an. Andererseits weist guter Pflanzenbestand in trockenen Sommern auf gut wasserversorgte Partien im Akkerland hin. Diese Tatsache haben sich die Archäologen zunutze gemacht, um z. B. alte Schanzgräben und Mauerreste, die fördernd bzw. hemmend auf die Pflanzenentwicklung wirken, aufzufinden. Die im Luftbild erkennbare Vegetation vermag in bestimmten Fällen auch indirekt Auskunft über den Boden zu geben, wenn auch der Mensch das natürliche Vegetationsbild unserer Heimat stark verändert hat. Immerhin zeigt z. B. eine Häufung der Kiefer, daß hier sehr wahrscheinlich ein sandiger und zur Trockenheit neigender Boden vorliegt. In Klimaten mit wenig Vegetation (ariderer Gebiete) sagt natürlich das Luftbild weit mehr für die Bodenkartierung aus. Aber auch unter unseren Bedingungen Mitteleuropas sollte das Luftbild mehr als bisher für die Bodenkartierung gebraucht werden; es kann die praktische Kartierarbeit erleichtern, vor allem erlaubt es, die Abgrenzung der Bodeneinheiten schneller und genauer vorzunehmen.

g. VORHANDENE BODENKARTEN

Nachstehend werden die (meist) seit 1945 von den deutschen Bundesländern herausgegebenen wichtigsten Bodenkarten in kurzer Form zusammengestellt und zwar in der Reihenfolge vom kleinen zum größeren Maßstab (die Länder in alphabetischer Reihenfolge).

Bodenübersichtskarte der BRD 1:1 Mio. als Gemeinschaftsarbeit der Geologischen Landesämter.

Bodenübersichtskarte von Baden-Württemberg 1:600 000; Bodenübersichtskarte von Bayern 1:500 000; Bodenübersichtskarte von Hessen 1:600 000 und 1:300 000; Bodenübersichtskarte von Niedersachsen 1:200 000; Bodenübersichtskarte von Nordrhein-Westfalen 1:300 000; Bodenübersichtskarten von Rheinland-Pfalz 1:500 000, 1:300 000 und 1:250 000; Bodenübersichtskarte von Schleswig-Holstein 1:500 000. Von Teilgebieten der deutschen Länder wurden noch weitere Bodenübersichtskarten im Maßstab 1:200 000 bis 1:50 000 gemacht.

Als Standardwerk entsteht in allen deutschen Ländern die Bodenkarte 1:25 000 (Abb. 173). Sie enthält als wichtigsten Bestandteil die Bodentypen (nach der neuen Bodensystematik der BRD), die Textur und das Ausgangsgestein. Um die bodenkundliche Landesaufnahme zu beschleunigen, wird in einigen Ländern neuerdings eine Bodenkartierung 1:50 000 durchgeführt. Der Inhalt dieser Bodenkarte ist etwa der gleiche wie der der Bodenkarte 1:25 000, allerdings weniger detailliert. Die Nordseemarsch wird als geologisch-bodenkundliche Karte 1:25 000, teils auch 1:5000 kartiert.

In mehreren deutschen Ländern werden ferner Bodenkarten im Maßstab 1:10 000 und 1:5000 hergestellt, und zwar sind diese Karten

Abb. 174. Die Bodenkarte 1:5000 auf der Grundlage der Bodenschätzung – die Gestaltung der Karte im ganzen.

meistens auf einen bestimmten Zweck ausgerichtet, z. B. für die Flurbereinigung, für die Forstwirtschaft, für den Wein- und Obstbau u. a.

In den meisten deutschen Ländern wird ein Bodenkartenwerk 1:5000 mit Hilfe der Bodenschätzungsergebnisse hergestellt, wobei vielfach ergänzende Felduntersuchungen gemacht werden. Das Verfahren ist in den einzelnen Ländern nicht einheitlich, vielmehr richtet sich dieses nach den örtlichen Gegebenheiten und Möglichkeiten. Das Kartenwerk bezweckt die Darstellung der Bodenschätzungsergebnisse auf den einheitlichen Maßstab 1:5000 in einer gut lesbaren Form für praktische Zwecke (landwirtschaftliche Wirtschaftsberatung, Käufe, Verkäufe, Beleihungen, Planung u. a.). Als Beispiel wird die vom Geologischen Landesamt und vom Landesvermessungsamt Nordrhein-Westfalen hergestellte Karte 1:5000 (auf der Grundlage der Bodenschätzung) mit drei Abbildungen erläutert. Die Abbildung 174 zeigt die Gestaltung der Karte im ganzen. Die Abbildung 175 gibt einen Ausschnitt aus der Karte mit einer Erklärung der Einzelheiten des Karteninhaltes.

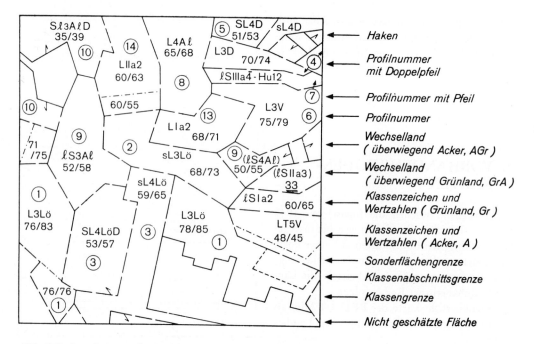

Abb. 175. Ausschnitt aus der Bodenkarte 1:5000 auf der Grundlage der Bodenschätzung mit Erläuterung der Einschreibungen in den auskartierten Flächen und den Grenzen.

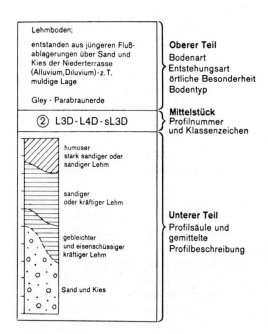

Abb. 176. Profildarstellung mit Erläuterungen auf dem unteren Rand der Bodenkarte 1:5000 auf der Grundlage der Bodenschätzung.

Die Karte ist im Zweifarbendruck ausgeführt; die Topographie ist grau und alle bodenkundlichen Einzelheiten sind grün dargestellt (Höhenlinien sind braun, soweit vorhanden). Die Abbildung 176 gibt ein Bild von den Profildarstellungen im unteren Teil der Karte (Profilleisten). Jedes Profil enthält drei wichtige Mitteilungen: im oberen Teil eine allgemeine Charakteristik des Bodens, im unteren Teil den genauen Profilaufbau, im mittleren Teil die Klassenzeichen der Bodenschätzung und die Profilnummer.

Die Bodenkartierung wird zwar in Eigenverantwortung der einzelnen deutschen Länder durchgeführt, jedoch wird durch eine freiwillige Zusammenarbeit ihrer Geologischen Landesämter eine weitgehende Einheitlichkeit in der Bodenkartierung und in der Gestaltung der Bodenkarten erreicht. Die Bodenkartierung schreitet in der BRD schnell vorwärts, vor allem in der Herstellung der Standardkartenwerke, so daß man davon nur ein Augenblicksbild geben kann.

Literatur

ARBEITSGEMEINSCHAFT BODENKUNDE der Geologischen Landesämter der Bundesrepublik Deutschland: Kartieranleitung – Anleitung und Richtlinien zur Herstellung der Bodenkarte 1:25 000, 3. Aufl. – Hannover 1982.

ARENS, H.: Die Bodenkarte 1:5000 auf der Grundlage der Bodenschätzung, ihre Herstellung und ihre Verwendungsmöglichkeiten. – Fortschritte Geologie Rheinland und Westfalen, Bd. 8, Krefeld 1960.

BURGHARDT, O. und TEKOOK, H.: Die Bodenkarte 1:5000 auf der Grundlage der Bodenschätzung. – Kartographische Nachrichten, 21. Jg., H. 3, Gütersloh 1971.

COLIN, H.: Grundlagen, Möglichkeiten und Ziele einer Bodenkartierung als Beitrag zur landwirtschaftlichen Standortserkundung. – Zeitschrift für Kulturtechnik und Flurbereinigung, 6. Jg., Verlag Parey, Berlin und Hamburg 1965.

DOKUTSCHAJEW, W. W.: Über die Theorie der natürlichen Bodenzonen (russ.). – St. Petersburg 1899.

EHWALD, E.: Leitende Gesichtspunkte einer Systematik der Böden der DDR als Grundlage der land- und forstwirtschaftlichen Standortskartierung. – Sitzungsberichte d. Deutschen Akademie d. Landwirtschaftswissenschaften zu Berlin, Bd. 15, H. 18, Berlin 1966.

FAO-UNESCO: Soil Map of the World at scale: 1:5.000.000, nineteen sheets. – UNESCO, Paris 1971/78.

FINK, J.: Die Böden Österreichs. – Mitteilungen d. Geograph. Gesellschaft Wien, Bd. 100, H. 3, Wien 1958.

FRIDLAND, V. M.: O strukture stroenii počveunogo pokrova. – Pochvovedenie, Nr. 4, Moskau 1965.

GANSSEN, R.: Bodenbenennung, Bodenklassifikation und Bodenverteilung aus geographischer Sicht. – Die Erde, 92. Jg., H. 4, Berlin 1961.

GANSSEN, R., und HAEDRICH, F.: Atlas zur Bodenkunde. – Bibliographisches Institut, Mannheim 1965.

GANSSEN, R. und GRAČANIN, Z.: Bodengeographie. – Verlag Koehler, Stuttgart 1972.

HAASE, G. und SCHMIDT, R.: Die Struktur der Bodendecke und ihre Kennzeichnung. – Thaer-Archiv, Bd. 14, Berlin 1970.

D'HOORE, J. L.: Soil Map of Africa. Explanatory Monograph. – Commission for Technical Cooperation in Africa, Lagos 1964.

JAMAGNE, M.: Bases et techniques d'une cartographie des sols. – Annales Agronomiques, Vol. 18, Paris 1967.

JOHNSON, W. M.: The Pedon and the Polypedon. – Soil Science Society America Proceedings, Vol 28, Nr. 6, Madison 1964.

KELLOG, C. E. and SMITH, G. D.: Soil classification – 7th approximation, Washington 1960.

MERTENS, H.: Wege und Möglichkeiten zur Gestaltung von Bodenkarten 1:5000 unter Benutzung der Bodenschätzungsergebnisse. – Fortschritte Geologie Rheinland und Westfalen, Bd. 16, Krefeld 1968.

MÜCKENHAUSEN, E.: Bodenkarten, ihr Wesen und ihr Zweck. – Allgemeine Vermessungsnachrichten, Nr. 36, 1938.

MÜCKENHAUSEN, E.: Bodenkundliche Arbeiten und Forschungen seit 1945 und die heutigen bodenkundlichen Forschungseinrichtungen Deutschlands. – Berichte zur deutschen Landeskunde, Bd. 8, H. 2, Stuttgart 1950.

MÜCKENHAUSEN, E.: Die Böden der Nordeifel. – Zeitschrift Pflanzenern., Düngung, Bodenkunde, Bd. 54, Verlag Chemie, Weinheim/Bergstr. 1951.

SCHLICHTING, E.: Bodensystematik und Bodensoziologie. – Zeitschr. Pflanzenernährung und Bodenkunde, Bd. 127, Verlag Chemie, Weinheim/Bergstr. 1970.

SCHROEDER, D.: Bodenkunde in Stichworten. – 4. Aufl., Verlag Hirt, Kiel 1983.

SOIL SURVEY STAFF: Soil Survey Manual. – U.S. Dept. Agriculture Handbook No. 18, Washington D.C. 1951.

STREMME, H.: Die Bodenkartierung. – In: Handbuch der Bodenlehre von E. Blanck (Herausgeber), Bd. 10, Verlag Springer, Berlin-Wien 1932.

TAYLOR, N. H. and POHLEN, I. J.: Soil Survey Method. – New Zealand Department of Scientific and Industrial Research, Soil Bureau Bulletin 25, Wellington 1962.

TYURIN, I. V. a. o. (Editors): A Guide to Field Investigations and Mapping of Soils. – Academy of Science of the USSR, Moscow 1954, translated in Israel 1965, sec. impr. 1970.

WACKER, F.: Die Bodenkartierung in der BRD. – Berichte zur deutschen Landeskunde, Bd. 25, H. 1, Bad Godesberg 1960.

v. ZEZSCHWITZ, E.: Grundeinheiten der Bodenkartierung und Bodengeographie in Mitteleuropa. – Vortrag in der Sitzung des Arbeitskreises für Bodensystematik der DBG in München am 2. 3. 1971.

v. ZEZSCHWITZ, E.: Kategorien der Bodengeographie im nordwestdeutschen Mittelgebirgsraum. – Geol. Jahrbuch, Reihe F, Hannover 1974.

XVII. Bodenerhaltung

Unter Bodenerhaltung verstehen wir die Erhaltung der natürlichen Fruchtbarkeit oder Ertragsleistung des Bodens. Weltweit kann diese Aufgabe hier nicht behandelt werden, vielmehr sei sie auf Mitteleuropa begrenzt. Bodenerhaltung und Bodenverbesserung sind begrifflich zu unterscheiden. Bodenverbesserung bedeutet die Verbesserung ertragshemmender Bodeneigenschaften. Darüber wurde an anderer Stelle bereits berichtet. Die Aufgaben der Bodenerhaltung erstrecken sich in Mitteleuropa hauptsächlich auf die Verhinderung oder Verzögerung des Bodenabtrages durch Wasser und Wind und auf forstliche und ackerbauliche Maßnahmen.

Der Boden ist ein wichtiger Bestandteil der Landschaft. Somit gehört die Bodenerhaltung zur Erhaltung und Pflege der Landschaft (Landschaftspflege).

a. BODENABTRAG DURCH WASSER

In der Geologie unterscheidet man Denudation (flächenhafter Abtrag der Verwitterungsmassen) und Erosion durch Wasser (linienhaftes Einschneiden des Wassers mit seiner Geröllfracht). Der Begriff Bodenabtrag (= Bodenerosion) durch Wasser ist eingeengt auf die Verlagerung des Solums.

Der Bodenabtrag oder die Bodenerosion durch Wasser ist im ganzen in Mitteleuropa nicht stark im Vergleich zu anderen Gebieten, wo die Bedingungen für diesen Prozeß effektvoller sind.

1. Erscheinungsformen des Bodenabtrages

Die transportfähig gemachte Bodenmasse wird vom oberflächlich abfließenden Wasser hangabwärts getragen. Auf ebenmäßig gestalteten Hängen findet der flächenhafte Bodenabtrag statt, der auch *Schicht-* oder *Flächenerosion* (engl. sheet erosion) genannt wird (Abb. 177). Der Abtrag wird verstärkt, wenn neben dem abfließenden Wasser noch der Aufprall des Regens hinzukommt (Planschwirkung). Mit zunehmender Hangneigung und steigender Menge ablaufenden Wassers steigt der Bodenabtrag.

Wenn das ablaufende Wasser sich sammeln kann, was in Hangmulden und Furchen der Fall ist, so schneidet das Wasser in den Boden ein, was als *Rillenerosion* (kleine Einschnitte) und *Grabenerosion* (tiefere Einschnitte), im Englischen als gully erosion bezeichnet wird (Abb. 177). Diese Erosionsform kann bis zur Bildung tiefer Schluchten führen, die z. B. in Südrußland (Owragi) und Oberitalien entstanden sind.

Wenn das Wasser auf Hangflächen in den Boden eindringen und in einem Hohlraumsystem (Wurzelröhren, Tiergänge, Hohlräume in aufgeschüttetem Boden und Lockersediment) hangabwärts ziehen kann, so kann dies bei feinsand- und (oder) schluffreicher Körnung zur *Tunnelerosion* (Untergrunderosion, Lößbrunnenerosion) führen. Wasseraustritt (quellige Stellen) im Untergrund und dichte Untergrundschicht begünstigen diese besondere Form der Bodenerosion.

2. Ursachen des Bodenabtrages

(a) Niederschlag

Der Niederschlag ist das Dispergierungs- und Transportmittel für die Bodenverlagerung. Menge und Verteilung des Niederschlages sind dabei entscheidend. Fällt der Niederschlag als sogenannter Landregen, d. h. in kleinen Tropfen und geringer Regendichte (Intensität = mm/min), so kann der Boden in der Regel das Wasser verschlucken; es fließt kein Wasser ab, und deshalb unterbleibt der Bodenabtrag. Da-

Abb. 177. Schicht- und Rillenerosion in feinsandreichem Boden aus Oberem Buntsandstein in der Gemarkung Vlatten, Kr. Schleiden (Rhld.).

bei ist noch weiter wichtig, daß ein Niederschlag geringer Intensität den Boden langsam anfeuchtet, was für die schnelle Aufnahme des Wassers wichtig ist. Fällt hingegen der Regen in dicken Tropfen, so zerschlagen diese die Bodenaggregate, wobei die dispergierten Teilchen hochgeschleudert werden, ein Stückchen hangabwärts niederfallen und dann vom Wasser weitergetragen werden. Dieser Effekt ist besonders wirkungsvoll, wenn die Regentropfen auf trockenem Boden aufschlagen, weil dabei durch die plötzliche und starke Verdrängung der adsorbierten Luft die Zerteilung der Aggregate besonders stark ist (Spritzwirkung = splash). Fällt der Regen auf feuchten oder nassen Boden (Wasserfilm um Bodenpartikel), dann zerfließt die Bodenmasse (Planschwirkung = whirling), wenn die Aggregate nicht sehr stabil sind. Diese Wirkung der aufschlagenden Regentropfen macht den Boden transportfähig, und zwar um so mehr, je schwächer die Aggregierung ist, je größer die Tropfen sind und je höher die Regendichte ist. Plötzliche Starkregen (Gewitterregen) haben den stärksten Bodenabtrag zur Folge. Wenn der Niederschlag überwiegend in der Zeit fällt, wenn der Acker keine oder nur schwach deckende Vegetation hat, wird der Bodenabtrag begünstigt. Bei der Schneeschmelze ist der Abtrag verstärkt, weil plötzlich viel Wasser vorhanden ist, das in den nur schwach aufgetauten Boden nicht einsickern kann. Ansammlungen von Schnee wirken sich besonders stark aus.

(b) Hangneigung

Die vom Wasser mobil gemachten Bodenteilchen werden mit dem Wasser der Schwerkraft folgend hangabwärts getragen. Generell steigt die Abtragstendenz mit zunehmender Hangneigung, jedoch wird der Bodenabtrag noch wesentlich durch die anderen Faktoren mitbestimmt. Feinsand- und schluffreiche, aber relativ tonarme Böden (Böden aus Löß und bestimmte Böden des Oberen Buntsandsteins) werden schon bei einer Hangneigung von 5° stark abgetragen (Abb. 177). Ferner spielt die Verteilung des Niederschlages (Regendichte, Jahreszeit) stark mit. Meistens wird das Bodenmaterial nicht von einem Niederschlag bis in den Vorfluter gespült, vielmehr wandert der Boden bei jedem größeren Niederschlag nur ein Stück hangabwärts; es ist ein »wandernder Boden«.

Während man auf den Niederschlag praktisch keinen Einfluß hat, kann man die Wirkung der Hangneigung auf den Bodenabtrag durch einige Maßnahmen abschwächen. Am meisten wird bereits seit Jahrhunderten die

Abb. 178. Terrassierter Kalksteinhang mit Rendzina bei Pesch, Kr. Schleiden (Rhld.).

Terrassierung der Hänge vorgenommen, um damit das Gefälle zu verringern (Abb. 178). Gleichzeitig wird damit der Hang in schmale, quer zum Gefälle liegende Flächen aufgeteilt, so daß es auf diesen Teilstücken nicht zur Sammlung größerer Wassermengen kommen kann (Abb. 178). In steilen Hängen müssen die einzelnen Terrassen mit Stützmauern gesichert werden. Besonders sind solche Terrassen in den steilen Talhängen angelegt worden, wo Weinrebe und Obstbäume kultiviert werden. In der Feldmark des Mittelgebirges ist durch hangabwärtiges Wenden des Bodens beim Pflügen an der Feldgrenze (hangabwärts) oft eine kleine, wallartige Terrasse entstanden, die meistens mit Strauchwerk bestanden ist und einen wirkungsvollen Schutz gegen die Bodenerosion darstellt. Die Technisierung des Acker-, Obst- und Weinbaues erfordert möglichst große Flächen. Um diese zu erhalten, sind mancherorts im Zuge der Flurbereinigung die Terrassen ganz oder teilweise beseitigt worden. In steileren Hängen der Weinberge wurden bei der Flurbereinigung neue, der Technisierung dienende Terrassenflächen mit Stützmauern und Wegen angelegt. Dabei müssen umfangreiche Bodenbewegungen vorgenommen werden, wobei das Bodenmaterial stark gemischt wird und oft »rohes Material« an die Oberfläche kommt, das für den Bodenabtrag anfällig ist. Dennoch müssen diese Maßnahmen erfolgen! Der gesteigerten Gefahr des Bodenabtrages im neuen Weinberg kann durch Bodenpflege wirksam begegnet werden. Das kann geschehen, indem man den Boden durch Zufuhr von organischem Material (Stalldung, Gründung, Kompost, Müllkompost, Torf) oder sperrigem mineralischem Material (Vulkanasche, Schlacken, Schieferstückchen) oder von Kunststoffen (Styromull) locker hält, damit das Regenwasser schnell einsickern kann und Abfluß vermieden wird. Auch eine Grünmulch-Decke hemmt den Bodenabtrag im Weinberg weitgehend, allerdings ist diese ein Konkurrent um das Wasser.

Bei ackerbaulicher Nutzung ist die Bodenerosion in den Hanglagen der deutschen Mittelgebirge nicht groß mit Ausnahme der lößbedeckten Hänge und der feinsandig-schluffigen Verwitterungsböden. Bei solchen erosionsanfälligen Texturen kann eine schützende Fruchtfolge den Bodenabtrag einschränken. In besonderen Fällen ist der Streifenbau (strip cropping), d. h. der streifenweise Anbau von gut und schwach deckenden Ackerfrüchten quer zum Hang eine wirksame Maßnahme, die sich in den USA gut bewährt hat. Auch die Anlage von Konturfurchen hat sich bewährt. Diese Furchen werden etwa in den Höhenlinien mit 1° Gefälle in Abständen von 20 bis 30 m gezogen; sie leiten das Wasser in Auffanggräben, die es gefahrlos ableiten.

(c) Vegetation

Generell schützt eine Vegetationsdecke den Boden mehr oder weniger vor Abtrag. Am besten vermag dies der *Wald* mit seinem differenzierten Vegetationsaufbau und seiner Streudecke. Dennoch kann in Einzelfällen auch hier vorübergehend, nämlich bei Kahlschlag und durch das Holzabschleppen (Bodenverwundung), ein Bodenabtrag stattfinden. Im besonderen ist das der Fall im Niederwald, der (früher) in kürzeren Abständen abgetrieben wurde, wobei vor allem durch die starke Verletzung der Bodenvegetation der Bodenabtrag meist als Rillenerosion erfolgen kann.

Das *Grünland* schützt selbst in steilen Lagen (alpine Matten) den Boden gut vor Abtrag, solange die Grünlandnarbe geschlossen bleibt. Wird diese aber vernichtet durch Verdorren oder verletzt durch Bodenwühler und den Tritt der Weidetiere, des Wildes und auch des Menschen, so kann hier der Bodenabtrag einsetzen, zumal in Gebieten mit steileren Lagen meistens viel Regen fällt. Die Überbeweidung kann die Gras-Krautdecke lückig machen und damit dem Bodenabtrag Vorschub leisten, ein Vorgang, der auf den zu stark und ungeregelt beweideten Weideflächen halbarider und arider Gebiete verheerende Wirkung zeigt.

Der *Acker* ist am meisten gefährdet, weil er periodisch keine schützende Pflanzendecke trägt. Fällt die Hauptmenge des Regens in der Zeit, in welcher der Acker vegetationsfrei ist, wie das z. B. im Mediterranklima der Fall ist, so bedeutet das eine große Erosionsgefahr. In Mitteleuropa fällt das Niederschlagsmaximum in die Monate Juli und August, in denen die Äcker überwiegend Vegetation tragen. Soweit das Getreide gemäht ist, schützen — allerdings weniger — die Stoppeln mit ihren Wurzeln; das gilt auch für die gegrubberten und geschälten Stoppeln. Von den Ackerfrüchten schützen die Getreidearten besser als die Hackfrüchte, weil letztere weniger den Boden abdecken. Die Einschaltung von Gras, Klee oder Kleegras in die Fruchtfolge ist sehr wirksam gegen den Bodenabtrag, weil diese Kulturen über längere Zeit den Bodenabtrag ganz oder weitgehend ausschalten und die durch diese Kulturen vermehrte organische Substanz auch nach deren Umbruch die Wasseraufnahmefähigkeit des Bodens erhöht und damit den Wasserabfluß mindert. Auch die Direktsaat wird die Gefahr des Bodenabtrages erosionsanfälliger Böden herabsetzen.

Im *Hochgebirge* ist der Schutz der Vegetation für die Erhaltung des Bodens entscheidend. Im Bereich und oberhalb der Vegetationsgrenze fällt der Vegetationsschutz weg; hier herrscht der ungehinderte Abtrag durch Schwerkraft und Wasserabspülung. Wo die Vegetationsdecke der steilen Hänge verwundet wird, greift die Erosion an. Hier ist auch die Gefahr der Beschädigung der Gras-Krautdecke durch die Weidetiere besonders groß. Die Maßnahmen der Bodenerhaltung im Gebirge, die in erster Linie in der hier schwierigen Aufforstung bestehen, sind sehr kostspielig. Sie werden weniger durchgeführt, um den Boden als solchen zu erhalten, als vielmehr der Wasserzurückhaltung wegen.

(d) Boden

Böden mit viel Feinsand und Schluff, vor allem Grobschluff, aber wenig Ton ($< 20 \%$) sind für den Abtrag durch Wasser besonders anfällig. Dazu gehören Löß, Lößlehm, Sandlöß (Flottlehm, Flottsand) sowie bestimmte Verwitterungsböden des Oberen Buntsandsteins und des Keupers und bestimmte Bändertone des Glazials. Diese Texturen haben zu wenig Tonsubstanz, um die große Menge an Feinsand und Schluff zu aggregieren, so daß ein leichtes Dispergieren die Folge ist.

Wenn der Boden im Frühjahr oberflächlich auftaut bei gleichzeitigem warmem Frühjahrsregen, der vom Boden wegen des oberflächennahen Frostes nicht aufgenommen werden kann, findet ein starker Abtrag statt, der besonders aus Südrußland bekannt ist. Ein ähnlicher Vorgang findet statt, wenn sich im nahen Unterboden eine dichte Schicht (z. B. Pflugsohle) befindet, welche die Einsickerung des Wassers hemmt. Dadurch wird der Oberboden mit Wasser übersättigt und kommt bei entsprechender Hangneigung ins Fließen. Schichten, die das Einsickern des Wassers verhindern oder stark bremsen, können durch Unterbodenlockerung bzw. Tieflockerung aufgebrochen werden. Wenn eine solche Schicht tief im Unterboden ansteht, kann auch eine Dränung zweckmäßig sein.

Sehr wichtig ist, daß der Boden stabil aggregiert ist und das Regenwasser schnell versickern läßt. Alle Maßnahmen des Ackerbaues, welche die Krümelstabilität und den überkapillaren Porenraum erhöhen, mindern den Abtrag.

(e) Bodenbearbeitung

Das durch die Bodenbearbeitung feinstrukturierte Feld ist anfälliger für die Bodenerosion als der grobschollige Acker, denn die Schollen haben gegenüber dem aufschlagenden Regen eine ähnliche Wirkung wie eine Steinstreu. Bei gepflügten Böden, die viel Schluff und (oder) feinschuppige Teilchen enthalten, kann der Regen diese Teilchen in kleine Vertiefungen einspülen und so dichte Lagen schaffen, die eine ähnliche Wirkung wie eine Pflugsohle haben. Solche durch Kornsortierung entstandenen Schichten können durch eine mischende Bodenbearbeitung beseitigt werden.

Die Bearbeitung des Ackers der Hanglagen muß zwecks Hemmung des Wasserabflusses quer zum Gefälle erfolgen, damit das Wasser in jeder einzelnen Bearbeitungsfurche (von Pflug, Grubber, Egge, Sämaschine) aufgehalten wird. Im deutschen Mittelgebirge wird diese Erkenntnis seit Jahrhunderten beachtet. Hingegen gibt es in Europa Gebiete, in denen die Felder mit der Langseite hangparallel liegen, so daß die Bearbeitung in Hangrichtung erfolgen muß. Die dadurch entstehenden Bearbeitungsfurchen in Hangrichtung sind die vorgezeichneten Abflußrinnen, in denen sich Wasser sammelt, beschleunigt abfließt und leicht Rillenerosion erzeugt. Wenn die mit der Langseite hangparallel liegenden Felder sehr lang sind, vergrößert sich die Wassermenge hangabwärts, so daß sich auch dadurch die Erosion verstärkt. Deshalb sollten lange, hangparallele Felder aufgeteilt werden, um jeweils am unteren Ende das Wasser abfangen zu können. Die schmalen, hangparallelen Felder sind meistens durch die Realteilung entstanden, indem nämlich die Felder in Hangrichtung geteilt wurden, damit die Erben gleichermaßen am schlechten Oberhang und am besseren Unterhang beteiligt wurden.

Alle Bearbeitungsmaßnahmen, die das Einsickern des Wassers beschleunigen und den Abfluß hemmen, mindern den Bodenabtrag. Die rauhe Oberfläche ist besonders wichtig. In manchen Gebieten ist es heute noch üblich, den mit Winterfrucht bestellten Acker am Hang mit Wasserabflußfurchen (mit dem Pflug gezogen) zu versehen, um die Ansammlung größerer Wassermengen zu verhindern.

3. Folgen des Bodenabtrages

Der Bodenabtrag durch Wasser verkürzt das Bodenprofil. Zunächst geht ein Teil und schließlich der ganze Oberboden verloren. Dann ist entscheidend, wie der Unterboden beschaffen ist. Kommt ein B_v-Horizont einer Braunerde an die Oberfläche, so läßt sich daraus bei guter Ackerkultur eine Krume gewinnen. Kommt jedoch der rohe Unterboden eines Pseudogleyes oder eines Pelosols an die Oberfläche, so ist die Schaffung einer neuen Ackerkrume sehr aufwendig. Herrscht in einem mit Löß überzogenen Hügelland der Bodenabtrag, so fällt dies durch Wertminderung des Standortes weniger auf, weil auf den B-Horizonten und auch auf dem unverwitterten Löß der Ackerbau mit gutem Erfolg möglich ist, hat doch die infolge Erosion entstandene Pararendzina aus Löß noch eine Bodenzahl von etwa 70. Liegt aber der Löß mit nur 0,5 m Mächtigkeit über festem Gestein, so ist ein Abtrag von nur 30 cm eine starke Wertminderung des Standortes. Da der Lößboden schnell erodiert, so ist gerade bei geringmächtigen Lößdecken über festem Gestein, Kies oder Sand geboten, die Bodenerosion zu verhindern. In Hessen ist durch exakte Messungen festgestellt worden, daß in 100 Jahren 1 m Löß abgetragen werden kann (KURON, JUNG). Die Wertminderung gilt auch für Verwitterungsböden aus festem Gestein, die im deutschen Mittelgebirge nicht mehr als 1 m mächtig sind. Jeder Verlust von nur 10 cm Boden bedeutet eine

Tab. 65: *Erträge von Sommergerste und Winterroggen in erodierter Grundmoränen-Landschaft Norddeutschlands (nach* KURON*)*

Sommergerste:	
Hochfläche (nicht erodiert)	24,8 dt/ha
Hang (deutlich erodiert)	18,7 dt/ha
Hangfuß (Sandaufschüttung)	5,2 dt/ha
Senke (Feinerde-Aufschüttung)	30,7 dt/ha
Winterroggen:	
Rücken (stark erodiert)	14,3 dt/ha
Hang (deutlich erodiert)	22,0 dt/ha
Senke (Feinerde-Aufschüttung)	36,4 dt/ha

Abb. 179 Verwehung von anlehmigem Feinsand in einem Spargelfeld bei Ötze, Kr. Burgdorf (Niedersachsen) (Foto R. GEHREN).

Verkleinerung des Wurzelraumes und der Leistungsfähigkeit. Auf einem leicht erodierbaren Boden aus Oberem Buntsandstein am Eifel-Nordrand wurden nach der Beseitigung erosionshemmender Terrassen in 40 Jahren etwa 0,5 m Boden bei einer Hangneigung von nur 5° abgetragen; um diesen Betrag von 0,5 m kommt das Gestein näher an die Oberfläche.

In Norddeutschland hat KURON auf dem Boden der hügeligen Würm-Grundmoräne Ertragsfeststellungen auf erodierten und aufgeschütteten Böden gemacht, welche den enormen Leistungsabfall des erodierten Ackers zeigen (Tab. 65). Der Ertragsabfall auf dem erodierten Acker ist auf den Verlust von Humus und Nährstoffen (vor allem P und K), aber auch auf die bodenphysikalische Ungunst des an die Oberfläche gelangten Unterbodens zurückzuführen. Abgesehen von der Ertragsminderung, äußert sich der Bodenabtrag darin, daß der Acker zu verschiedener Zeit abtrocknet und daher nicht zur gleichen Zeit beackert, besät und beerntet werden kann. Die abgetragenen Bodenmassen am Hangfuß sind zwar fruchtbar, weil sich hier Krumenmaterial akkumuliert hat; es sind jedoch das späte Abtrocknen und die Ernteverzögerung sehr hinderlich.

In den USA sind in den letzten Jahrzehnten viele und genaue Ermittlungen über das Ausmaß des Bodenabtrages durch Wasser unter folgenden Bedingungen angestellt worden: Hangneigung, Regenmenge, Regenverteilung, Boden, Vegetation. Alle Untersuchungen wurden auf einheitlichen Versuchsanlagen durchgeführt, so daß die Ergebnisse vergleichbar sind.

b. BODENABTRAG DURCH WIND

Der Wind kann Bodenteilchen nur von ganz oder weitgehend vegetationsfreien Feldern aufnehmen. Daher ist der Bodenabtrag durch Wind (Winderosion) größeren Ausmaßes in erster Linie in Gebieten mit keiner oder lückiger Vegetationsdecke wirksam, d. h. in Trockengebieten. Aber nicht nur in warmen Klimaten, sondern auch in kalt-trockenen Gebieten, wo das Eis ohne aufzutauen verdunstet und trockene, feine Bodenteilchen der Verwehung preisgibt. In Mitteleuropa und im humiden Klima überhaupt schützt zwar normalhin die Vegetation den Boden, aber zeitweise sind die Äcker frei und unterliegen der Winderosion, wenn Windstärke, Körnung und Trockenheit diese erlauben. In Mitteleuropa besteht die Gefahr des Bodenabtrages durch Wind z. B. auf feinsandreichen Böden Niedersachsens (Abb. 179), im Havelländischen Luch, im Rhinluch und im sandigen Küstengebiet.

Die Verwehung von Bodenteilchen hängt zunächst ab von der Windgeschwindigkeit, der Teilchengröße und deren Dichte; außerdem wirken sich Turbulenz des Windes, Kornform, Gravitation und Luftdichte aus. Diese letzteren Faktoren sind weniger entscheidend. Da die meisten für den Windtransport geeigneten Teilchen Quarz und Silikate etwa gleicher Dichte sind, kann man vereinfachend unterstellen, daß der Erosionseffekt von der Windgeschwindigkeit und der Größe der Körner abhängt (Tabelle 66).

Tab. 66: In Abhängigkeit von der Windgeschwindigkeit (m/s) werden Bodenkörner folgender Größen (mm ⌀) bewegt

Windgeschwindigkeit m/s	Korngröße mm ⌀
bis 0,5	0,05
bis 1,5	0,1
bis 4	0,25
bis 6,5	0,5
bis 15	1,0

Größere Bodenkörner (0,1 bis 1,0 mm) werden rollend und springend bewegt, während kleinere Teilchen schwebend fortgetragen werden. Größere Teilchen stoßen kleinere Teilchen ($<$ 0,1 mm) aus dem Aggregatverband und machen diese damit transportfähig. Trockene Teilchen in der Größenordnung des Lößes (überwiegend $<$ 0,05 mm) können bis in große Höhen und über weite Entfernungen getragen werden. Am anfälligsten für den Windtransport ist der Feinsand, der relativ leicht getragen und nicht kohärent gebunden wird. Deshalb sind ton- und humusarme Feinsandböden am meisten von der Winderosion betroffen. Für den Bodenabtrag durch den Wind ist die Bodenoberfläche noch von Einfluß. Der rauhe (schollige) Boden unterliegt der Winderosion weniger stark als der Boden mit glatter Oberfläche. Die Verwehung feiner Teilchen des Bodens bei der Zerkleinerung von Bodenfragmenten (Saatbettherrichtung) ist beachtlich. Bei starkem Wind können so trockene, kleine Aggregate und staubfeine Teilchen in größerem Ausmaß verweht werden.

Der Bodenabtrag durch Wind mindert im allgemeinen den Wert sowohl des ausgeblasenen Bodens als auch des überdeckten. Der Wind sortiert sehr gut, so daß bestimmte Körnungen an der einen Stelle weggenommen und anderswo akkumuliert werden. An der einen Stelle werden Pflanzenwurzeln freigelegt, an der anderen kleine Pflanzen zugedeckt. Spargelfelder in feinsandreichen Böden sind besonders gefährdet, weil die Pflanze den Boden nicht abdeckt; oft werden die Furchen zwischen den Beeten zugeweht, wie z. B. im Gebiet von Burgdorf (Abb. 179). Der treibende Sand beschädigt auch zarte Blattpflanzen (Rüben). In den betreffenden Gebieten hat sich der Anbau von nicht und leicht verletzbaren Pflanzen (z. B. Roggen und Runkelrübe) streifenweise quer zur Hauptwindrichtung bewährt. Neben der direkten Verletzung der Pflanze leidet sie auch durch starken Winddruck (Windformen der Bäume). Die Austrocknung des Bodens durch den Wind ist in allen Gebieten mit nicht hinreichendem Niederschlag noch nachteiliger als der Bodenabtrag, sofern das Bodensubstrat nicht direkt erosionsanfällig ist.

Die wichtigsten Maßnahmen gegen den Bodenabtrag durch Wind sind bei den feinsandigen Böden: möglichst den Boden bedeckt halten mit entsprechenden Pflanzen, Abdecken mit Mulch, Erzeugung stabiler Bodenaggregate (organischer Dünger), möglichst keine Bearbeitung bei Trockenheit, wenn dies jedoch nötig ist, dann Boden in rauher Scholle liegen lassen, Stoppeln möglichst lange belassen. Gegen Windeinwirkung allgemein und die Winderosion im besonderen haben sich Windschutzhecken auch in unserem Lande (Niedersachsen, Schleswig-Holstein, Kreis Monschau) bewährt. In Südrußland sollen diese vor allem den austrocknenden Wind dem Boden fernhalten. In West-Nebraska (USA) dienen sie der Festlegung großer Flächen mit sandigen Böden. Im Kreise Monschau schützen sie Weidetier und Siedlungen. Die Windschutzhecke soll den Wind bremsen. Dazu soll sie durchlässig sein. Ist sie dicht, so leitet sie den Wind hoch, und er fällt auf der Leeseite in einer Entfernung von der dreifachen Höhe der Windschutzhecke wieder auf den Boden zurück.

c. ERHALTUNG DER WALDBÖDEN

Von Natur ist Mitteleuropa ein Waldgebiet. Der Mensch hat schon vor wenigstens 5000 Jahren begonnen, Waldflächen in Ackerland zu verwandeln. Zunächst betraf dies in erster Linie die Lößgebiete. Da es zu dieser frühen Zeit keine Fruchtfolge und keinerlei Eindämmung des Bodenabtrages durch Wasser gab, setzte ein starker Bodenabtrag auf den neuen Äckern ein. Die mächtigen Decken von Auenlehm in den Tälern Mitteleuropas sind Zeugen der Rodungsperioden. Aber auch die erhalten gebliebenen Wälder wurden durch den Menschen stark verändert; einen unberührten Naturwald gibt es in Mitteleuropa fast nicht mehr.

Die Schädigungen des Naturwaldes *waren* Waldweide, Streunutzung, ungeregelte, stellenweise starke Holznutzung (Raubholzwirtschaft) und Anbau nicht standortgemäßer, den Boden nachteilig beeinflussender Holzarten. Die Waldweide führte zur Auflichtung des Waldes, zur Minderung oder Vernichtung des günstigen Bodenbewuchses und der Baumverjüngung, Aufkommen von Heide und Beersträuchern, Vermehrung des Wasserabflusses und Einsetzen des Bodenabtrages. Der ungeregelte, starke Holzeinschlag und Waldbrand hatten oft ähnliche Folgen. Die Streunutzung (Einstreu für Stallungen) störte den Nährstoffkreislauf des Waldes. Die von den Waldbäumen aus dem Boden (auch aus tieferen Schichten) entnommenen und im Bestandesabfall (Streu) dem Boden zurückgegebenen Nährstoffe werden durch die Streunutzung weitgehend weggenommen. Weiterhin wird dadurch der Stickstoffkreislauf empfindlich gestört, weil durch die Streuwegnahme die Mikroorganismen stark beeinträchtigt werden; besonders schädigend ist für die Walderährung, daß den stickstoffumformenden Organismen das »Futter« entzogen wird. Waldweide und Streunutzung gibt es in unserem Lande dank geregelter Forstwirtschaft nicht mehr.

Der ursprüngliche Naturwald Mitteleuropas war ein Laubmischwald, dessen Bäume den Boden tief durchwurzelten und ihn durchlässig hielten für Wasser und Luft. Selbst die armen Sandböden Nordwestdeutschlands trugen einen Eichen-Birkenwald, die besseren Böden einen Eichen-Hainbuchenwald; auch Rotbuchenwälder hatten eine weit größere Verbreitung als heute. Die in den vergangenen Jahrhunderten durch ungeregelte Holznutzung freien Waldböden wurden, vor allem im vorigen Jahrhundert, mit Fichten und Kiefern als Monokulturen aufgeforstet; viele dieser Flächen waren vorher verheidet. Die Kiefer wurzelt zwar tief, aber ihr schlecht zersetzbarer Bestandesabfall wird leicht zu einer Moder- oder Rohhumusdecke, die der Podsolierung Vorschub leistet. Der Bestandesabfall der Fichte hat die gleiche Wirkung, überdies wurzelt die Fichte flacher, so daß ihr Wurzelwerk den tieferen Unterboden nicht oder schlecht aufschließt. Es besteht die Meinung zu recht, daß diese Nadelhölzer mit ihrem zu Rohhumus neigenden Bestandesabfall die Bodenentwicklung nachteilig beeinflussen; starke Versauerung und schließlich Podsolierung sind auf ärmeren Substraten die Folge. Wenn unter einem Fichtenbestand eine Podsolierung vorliegt, so ist es aber fraglich, ob diese schon vor der Fichtenaufforstung da war oder durch die Fichte veranlaßt ist. Denn vor der umfangreichen Fichtenaufforstung im vorigen Jahrhundert waren ausgedehnte Flächen unseres Landes von Heide eingenommen, welche auch die Podsolierung verursacht haben kann. Die Prozesse der Versauerung und Podsolierung lassen sich heute durch Kalkung und Düngung aufhalten oder sogar umkehren. Allerdings wird z. Z. in unserem Lande nur 0,5 % der Waldflächen gedüngt, so daß nach wie vor vom Standpunkt der Erhaltung des Bodens dem Mischwald der Vorzug zu geben ist. Dem steht gegenüber, daß die Fichte den höchsten Holzertrag bringt (»Brotbaum« des Waldes).

d. ERHALTUNG DER ACKERBÖDEN

Auch der Ackerboden ist ein Bestandteil der Landschaft. Seine Erhaltung, besonders die Erhaltung seiner Fruchtbarkeit ist somit auch ein Faktor der Erhaltung der Landschaft. Hierzu gehören auch die durch Grünland, Gärten und Weinberge genutzten Böden, die aber nicht in dem Maße gefährdet sind wie der Acker. Da der Bodenabtrag für alle Böden in Hanglagen gefahrvoll ist, wurde er in besonderen Kapiteln behandelt.

In der Zeit vor Anwendung von Handelsdüngern bestand für unsere Ackerböden die Gefahr der Verarmung an Nährstoffen. Gärten und Weinberge litten weniger darunter, weil sie bei der Versorgung mit Wirtschaftsdüngern bevorzugt wurden. Zeugen von den Mühen der Landwirte, die Fruchtbarkeit ihrer Äcker zu erhalten und für begrenzte Zeit zu mehren, sind z. B. das Aufbringen von Mergel, Gartenerde und Plaggendung. Dennoch sanken generell die Erträge, weil dem Boden zu viele Nährstoffe entzogen wurden.

In heutiger Zeit ist das Problem des Nährstoffersatzes gelöst. Dafür sind aber Gefahren für den Acker im Zuge der Technisierung und Rationalisierung der Landwirtschaft gekommen. Das Befahren des feuchten oder gar nassen Ackers mit Schlepper und schweren Maschinen führt zweifelsohne zu Verdichtungen im Oberboden und wirkt sich sogar bis in den Unterboden aus. Das Schlepperrad in der Pflugfurche preßt den Unterboden besonders stark durch Druck und Schlupf. Diese Schäden des physikalischen Bodenzustandes wirken sich auf Böden in gutem Humus- und Basenzustand (z. B. Basenreiche Braunerde) weniger stark aus; solche Böden »erholen« sich davon relativ schnell. Indessen können die humus- und basenarmen, ohnehin zur Verdichtung neigenden Böden dies nicht. Die Folgen der Befahrung des Ackers können somit nicht pauschal beurteilt werden.

Da die Technisierung nicht aufzuhalten ist, muß vom Boden her den Schäden entgegengewirkt werden. Dem Boden muß gleichsam die Fähigkeit gegeben werden – wenn er diese nicht von Natur hat –, Schäden im Bodengefüge selbst oder mit geringer Bearbeitungs-Nachhilfe in relativ kurzer Zeit wieder zu beseitigen. Wo nötig, muß der Basenzustand in ein für die Aggregierung notwendiges Optimum gebracht werden, wobei der erstrebte pH-Wert sich nach der Textur zu richten hat. Bei sehr schweren Böden soll er über 7 liegen, bei leichteren Böden kann er tiefer sein im Hinblick auf einen nicht zu schnellen Abbau der organischen Substanz. Phosphordünger unterstützen die Aggregierungsbereitschaft. Um starke Verdichtungen schnell zu beseitigen, bedarf es der mechanischen Lockerung bis zur Verdichtungstiefe.

Ein neues Problem hat sich in der viehlosen Wirtschaft aufgetan. Der Stalldung, der als notwendiger organischer Dünger galt, fehlt nun. Das Stroh auf dem Acker zu belassen und nicht zu verbrennen, ist eine strittige Frage. Biologisch aktive Böden vermögen durchaus das kohlenstoffreiche Stroh bei Zusatz von Stickstoff vor der Sommerung zu zersetzen. Bewährt hat sich, das Stroh zu zerkleinern und gleichmäßig auszubreiten; dann läßt man Klee durch diese Streu wachsen. So erreicht man eine gute organische Düngung. Da das Stroh eine gewisse Zeit zur Rotte braucht, ist es vor der Saat der Winterung im allgemeinen nicht hinreichend zersetzt und macht den Boden partiell zu locker. Diese Gefahr besteht nicht beim Anbau von Sommerung und Blattfrüchten. Natürlich hat sich auch die Gründüngung (Raps, Leguminosen) als Ersatz für den Stalldung bewährt. Entscheidend ist, daß in jedem Falle der Boden regelmäßig mit organischer Substanz versorgt wird. Diese muß um so leichter abbaubar sein, je weniger der Boden biologisch aktiv ist und je kürzer die Zeit bis zur nächsten Saat ist.

Sehr aktuell ist die Frage, ob die Ackerböden die verabfolgten Herbizide und Insektizide auf die Dauer ohne Schädigung der Bodenorganismen verkraften können. Fest steht, daß ein Teil dieser Stoffe schnell abgebaut wird, ein anderer Teil bleibt eine gewisse Zeit im Boden. Wohl der größere Teil schädigt die Mikroorganismen des Bodens nicht oder nur vorübergehend; die Mikroorganismen erholen sich schnell von einer Schädigung. Bestimmte Bekämpfungsmittel scheinen aber nachhaltiger auf die Mikroorganismenwelt und die Fauna (Regenwürmer) des Bodens schädigend zu wirken. Die Entwicklung und Erprobung dieser Bekämpfungsmittel ist in vollem Gange, so daß heute kein abschließendes Urteil möglich ist.

Um den jeweiligen Bodenzustand beurteilen zu können, hat sich die unmittelbare Gefügeuntersuchung bewährt, wie J. GÖRBING und F. SEKERA (1951) gezeigt haben. Das sind Punktuntersuchungen; diese können nur dann für eine ganze Parzelle aussagen, wenn viele Punkte gefügekundlich studiert werden. Um schnell einen Überblick über eine größere Fläche zu gewinnen, bedient man sich des pflanzensoziologischen Verfahrens. Bestimmte Pflanzengesellschaften machen Aussagen über den Basenzustand, über Verdichtungen, über den Wasserhaushalt, über den Reaktionszustand u. a. Zwar wird die naturgegebene Pflanzengesellschaft des Standortes durch die Beackerung verändert, es bleiben aber doch meistens so viele für den Standort typische Pflanzen (Akkerunkrautgesellschaften) erhalten, daß sie spezifische Bodeneigenschaften anzeigen (ELLENBERG 1950).

Die Verwendung von *Müll* und *Klärschlamm* in der Landwirtschaft wirft einige, nicht in allen Teilen gelöste Fragen auf. Bei der Kommunalverwaltung steht die Beseitigung dieser Stoffe bei niedrigsten Kosten im Vordergrund. In der Landwirtschaft heißt die Frage, wie weit diese Stoffe zur Verbesserung der Böden (als Pflanzenstandort) beitragen und ob diese Bodenverbesserung in einem tragbaren Verhältnis zum Kostenaufwand steht. Müll und Klärschlamm sind in ihrer Zusammensetzung von Siedlung zu Siedlung verschieden, und sie ändert sich auch mit der Änderung der Verbrauchsmittel in Haus, Gewerbe und Industrie (KICK 1969).

Der gesiebte und etwa sechs Jahre gelagerte *Müll* aus den Haushaltungen der 20er und 30er Jahre war ein ausgezeichnetes Bodenverbesserungsmittel, wie die Praxis bei Berlin und in den Niederlanden gezeigt hat. Heute ist der Müll aus den Siedlungen von anderer Zusammensetzung, vor allem enthält er einen hohen Anteil kaum zersetzbarer Kunststoffe. Dennoch ist der heutige Müll, wenn er weitgehend von unzersetzbaren Stoffen befreit und hinreichend (künstlich) kompostiert ist, ein Bodenverbesserungsmittel, das vornehmlich in Richtung der Humusanreicherung und der Gefügeverbesserung wirksam ist. In steilen Weinbergen hat sich auch der heutige, verarbeitete Müll als Mittel der Gefügelockerung und gegen die Bodenerosion ausgezeichnet.

Der *Klärschlamm* kann nur vorverarbeitet als Bodenverbesserungsmittel Verwendung finden. Vor allem muß er vorher erhitzt werden, um pathogene Keime zu zerstören. Der heutige Klärschlamm bringt einen hohen Anteil organischer Substanz in den Boden, aber auch Stickstoff, Kali und Phosphor. Er enthält ferner einen relativ hohen Anteil an Schwermetallen, vor allem Cu und Zn, die vom Boden stark sorbiert werden, mithin praktisch nicht auswaschbar sind und sich deshalb bei öfterem Aufbringen von Klärschlamm anreichern. Wo die Grenze der Belastbarkeit des Bodens mit Schwermetallen im Hinblick auf Wachstum und Qualität der Nutzpflanzen liegt, muß erforscht werden. Die Anreicherung von Blei in den Böden des Grenzstreifens (etwa 20 m) verkehrsreicher Straßen gehört zum gleichen Problem, d. h. zur Erhaltung des Bodens als Standort für Nutzpflanzen hoher Qualität.

e. REKULTIVIERUNG

Unter Rekultivierung versteht man die Rückgewinnung eines durch die Nutzung von Lagerstätten (Kohle, Braunkohle, Erze, Bausteine, Schotter, Kies, Sand, Ton) zerstörten Bodens (Pflanzenstandortes). Sowohl der Boden selbst als auch die Art der Zerstörung und seine Wiederherstellung sind sehr verschieden.

Die Rekultivierung ist besonders dann angezeigt, wenn es sich um hochwertiges Ackerland handelt (Ackerzahlen über 70), z. B. bei Bodentypen aus Löß und Flutlehm. In diesen Fällen sollte das hochwertige Bodenmaterial vor dem Abbau der Lagerstätte gesondert abgehoben und gelagert werden, um später nach Ausräumung der Lagerstätte wieder als oberste Bodenschicht des wiedergewonnenen Nutzbodens zu dienen. Bei dieser Arbeit ist noch zu entscheiden, ob auch der Oberboden als **Träger** von Humus sowie der Hauptmenge der Nährstoffe und der Mikroben gesondert abgehoben und bei der Rekultivierung wieder als oberste Schicht aufgetragen werden sollte. Gewiß wäre dies die beste Maßnahme, indessen ist das wohl bei kleineren Bodenaufschlüssen mit dem Bulldozer möglich, jedoch nicht bei der Arbeit mit dem Großbagger. Bei gutem Bodenmaterial (Löß, Lößlehm) ist das nicht sehr nachteilig, weil sich darauf nach dem Aufschütten neuer Nutzflächen in einigen Jahren eine neue Krume gewinnen läßt mit der Ansaat geeigneter Pflanzen (Raps, Leguminosen). Wenn der Unterboden ungünstige Eigenschaften (dicht, sauer, biologisch inaktiv) aufweist, wie das bei Pseudogleyen und Pelosolen zutrifft, so sollte in jedem Fall der Oberboden getrennt abgehoben und beim neuen Boden als oberste Schicht aufgetragen werden. Bei allen sandigen und kiesigen Böden sowie solchen mit viel rohem Verwitterungsschutt sollte man ebenso verfahren, wenn es um die Wiedergewinnung von Ackerland geht.

Bei der Rekultivierung kommt es sehr darauf an, wie die Aufschüttung des neuen Bodens geschieht. Es muß eine Verdichtung in der Aufschüttung vermieden werden. Läßt sich dabei das Befahren mit schweren Geräten nicht vermeiden, so muß nach dem Planieren die Boden-Aufschüttung tief aufgelockert werden (Tieflockerung). Anschließende Ansaat mit Tiefwurzlern (Steinklee, Luzerne) zwecks Schaffung vertikaler, größerer Poren ist sehr zweckmäßig. Das Aufspülen von Bodenmaterial zu neuen Nutzflächen hat sich bei spülfähigem Material, wie feinsand- und schluffreichen Texturen (Löß und Lößlehm), bewährt. Nach dem Aufspülen ist die Schaffung einer neuen Krume und vertikaler Poren durch tiefwurzelnde Pflanzen erforderlich (E. Schulze).

Die Rekultivierung von Sand- und Kiesböden gebietet heute in den meisten Fällen, die geschaffenen Rekultivierungsflächen dem Waldbau zuzuweisen. In diesem Falle ist das gesonderte Ab- und Auftragen des Oberbodens nicht erforderlich. Die Anpflanzung von Pionierhölzern (Grauerle) mit Lupineneinsaat schafft die Voraussetzung für den späteren Anbau anspruchsvollerer Holzarten.

Die *Festlegung von Dünen* gehört auch zur Erhaltung des Bodens. Künstliche Zäune und Palisadenwände bringen den wandernden Sand zur Ruhe. Ein alterprobtes Verfahren ist die Bepflanzung mit tiefwurzelndem Strandhafer und dann, nachdem dadurch eine gewisse Konsolidierung erreicht ist, mit Kiefern. In neuerer Zeit hat man mit Erfolg den losen Sand mit einer Bitumenmasse besprizt, wodurch die Sandkörner aneinanderkleben und nicht mehr verweht werden können.

Die Begrünung von Böschungen an Straßen, Eisenbahneinschnitten, Bauten, Kanälen, Flüssen u. a., von Steinbrüchen sowie von Sand- und Kiesgrubenwänden gehört nur bedingt hierhin. Im übrigen stehen sich bei dieser Maßnahme verschiedene Auffassungen gegenüber. Der Landschaftsgestalter möchte alles Gestein zudecken mit Grün. Der Geologe möchte das bloßgelegte Gestein und seine Lagerung untersuchen können; ihn stört die Bedeckung. Der Freund der Natur möchte beides.

f. BODENSCHUTZ

Der Begriff »Bodenschutz« wird neuerdings mit einem erweiterten Begriffsinhalt betrachtet. Er soll alle Maßnahmen umfassen, welche die Fruchtbarkeit unserer Böden erhalten sollen; es soll aber auch die produktive Bodenfläche möglichst wenig dezimiert werden. In dem voraufgehenden Kapitel XVII, das die Bodenerhaltung betrifft, sind die wichtigsten diesbezüglichen Gefahren der Beeinträchtigung der Bodenfruchtbarkeit und die Maßnahmen zu deren Erhaltung geschildert. Hier ist nochmals hervorzuheben, daß die Gefahren für die Bodenfruchtbarkeit vor allem in der Belastung des Bodens mit Schwermetallen, Schwefeldioxid (und dessen Oxidationsprodukten), Pestiziden sowie in der neuzeitlichen Produktionstechnik des Landbaues gegeben sind. Um diese Gefahren richtig einschätzen zu können, bedarf es hinreichender Kenntnis von den Eigenschaften und der Verbreitung der sehr verschiedenartigen Böden. Diese Forderung kann nur durch eine gute Bodenkartierung erfüllt werden, die deshalb sehr dringlich ist. Zum Beispiel kann der Einfluß des Schwefeldioxids auf eine steigende Versauerung der Böden auch nur im Zusammenhang mit der Verschiedenheit der Böden sachgerecht beurteilt werden. Das sogenannte »Waldsterben« ist nur am Rande ein Problem der Bodenkunde; aber zur Orientierung sei auf die Arbeiten von Biehl et al. und Prinz et al. hingewiesen (s. Literaturverzeichnis).

Literatur

Archer, S. G.: Soil Conservation. – University of Oklahoma Press, Oklahoma 1956.
Astapov, S. V.: Ameliorative Pedology. – Moscow 1958, translated in Israel 1964.
Bennet, H. H.: Soil Conservation. – McGraw-Hill Book Com., Inc., New York and London 1947.
Biehl, H. M., Führ, F., Huber, W. und Papke, H. E.: Saurer Regen – Waldschäden (Tagungsbericht). – Kernforschungsanlage Jülich, Januar 1983.
Boguslawski, v. E.: Ackerbau – Grundlagen der Pflanzenproduktion. – DLG-Verlag, Frankfurt/M. 1981.
Bork, H. R. und Ricken, W.: Bodenerosion, holozäne und pleistozäne Bodenentwicklung. – Catena Supplement 3, Catena Verlag, Gremlingen 1983.

BREBURDA, J.: Bedeutung der Bodenerosion für die Auswirkung der landwirtschaftlichen Nutzung von Böden im osteuropäischen und zentralasiatischen Raum der Sowjetunion. – Gießener Abh. zur Agrar- und Wirtschaftsforschung des europäischen Ostens, Bd. 34, Verlag Harrassowitz, Wiesbaden 1966.

BUCHWALD, K. und ENGELHARDT, W. (Herausgeber): Handbuch für Landschaftspflege und Naturschutz. – Bd. 1 – 4, Bay. Landwirtschaftsverlag, München-Basel-Wien 1968/69.

DIEZ, Th.: Bodenkunde. – In: Pflanzliche Erzeugung, Bd. 1, Teil A, S. 1 – 83, BLV Verlagsgesellschaft, München 1976.

DIEZ, Th.: Vermeiden von Erosionsschäden. – AID-Schrift 108, Bonn 1982.

ELLENBERG, H.: Unkrautgemeinschaften als Zeiger für Klima und Boden. – Verlag Ulmer, Stuttgart 1950.

ELWELL, H. A.: Requirements of a modern soil conservation system. – Rhodesia Agricultural Journal, Salisbury 1972.

GORNIG, Cleve A. I. and HANAKER, J. W. (Herausgeber): Organic Chemicals in the Soil Environment. – Vol. I and II, Verlag Marcel Dekker, New York 1972.

JANERT, H.: Lehrbuch der Bodenmelioration. – Bd. I und II, VEB Verlag für Bauwesen, Berlin 1964.

JUNG, L. und ROHMER, W.: Bodenerosion und Bodenschutz. In: Handbuch der Landwirtschaft und Ernährung in den Entwicklungsländern von P. von Blankenburg und H.-D. Cremer (Herausgeber). – Bd. 2, Verlag Ulmer, Stuttgart 1971.

KICK, H.: Klärschlammverwertung im Landbau. In: Lehr- und Handbuch der Abwassertechnik. – Bd. III, Verlag Ernst & Sohn, Berlin-München 1969.

KLAPP, E.: Lehrbuch des Acker- und Pflanzenbaues. – 6. Aufl., Verlag Parey, Berlin und Hamburg 1967.

KOHNKE, H. and BERTRAND, A. R.: Soil Conservation. – Verlag McGraw-Hill, New York-Toronto-London 1959.

KUNTZE, H.: Bodenerhaltung mit zunehmender Belastung. – Berichte über Landwirtschaft, Bd. 50, H. 1, Verlag Parey, Hamburg und Berlin 1972.

LIEBEROTH, I.: Bodenkunde – Bodenfruchtbarkeit. – 2. Aufl., VEB Deutscher Landwirtschaftsverlag, Berlin 1969.

MORGAN, R.P.C.: Soil Erosion. – Verlag Longman, London – New York 1979.

MÜCKENHAUSEN, E.: Der Bodenabtrag durch Wasser in Deutschland im Vergleich zu anderen Ländern. – Verlag A. Henn, Ratingen 1954.

MÜCKENHAUSEN, E.: Der Boden als Gegenstand der Landschaftspflege. – In: Zehn Jahre Landschaftspflege im Rheinland 1953–1963.

PRINZ, B., KRAUSE, G. H. M. und STRATMANN, H.: Vorläufiger Bericht der Landesanstalt für Immissionsschutz über Untersuchungen zur Aufklärung der Waldschäden in der Bundesrepublik Deutschland. – Schriftenreihe der Landesanstalt für Immissionsschutz des Landes Nordrhein-Westfalen, Essen, Nr. 57, Girardet, Essen 1982.

RICHTER, G. (Hauptbearbeiter): Bodenerosion. Schäden und gefährdete Gebiete in der Bundesrepublik Deutschland. – Bundesanstalt für Landeskunde und Raumforschung, Bad Godesberg 1965.

RICHTER, G. u. SPERLING, W.: Die Bodenerosion in Mitteleuropa. – Verlag Wissenschaftliche Buchgesellschaft, Darmstadt 1976.

RUSSEL, E. J.: Soil Conditions and Plant Growth. – Verlag Longmans, Green and Co., London-New York-Toronto 1950.

SCHROEDER, D.: Bodenkunde in Stichworten. – 4. Aufl., Verlag Hirt, Kiel 1983.

SCHMID, G., BORCHERT, H. und WEIGELT, H.: Bodenmelioration durch Tiefendüngung und Tiefenlokkerung mit Ausgleichsdüngung. – Zeitschr. für Kulturtechnik und Flurbereinigung, Jg. 13, Verlag Parey, Berlin und Hamburg 1972.

SCHWERTMANN, U.: Bodenerosion. – Geol. Rundschau, 66, S. 770–782, Verlag Enke, Stuttgart 1977.

SEKERA, F.: Gesunder und kranker Boden. – 3. Aufl., Verlag Parey, Hamburg und Berlin 1951.

STALLINGS, J. H.: Soil Use and Improvement. – Verlag Prentice-Hall, Inc., Englewood Cliffs, New Jersey 1957.

STECKHAN, H.: Bodenabtrag durch Wind in Niedersachsen. – Neues Archiv f. Niedersachsen, H. 17, S. 313 – 335, 1950.

VIDAL, H.: Der Einfluß von Kulturmaßnahmen auf den Wasserhaushalt und das Klima von Hochmooren. – Bayer. Landw. Jb., Jg. 38, H. 1, 1961.

WISCHMEIER, W. H., JOHNSON, C. B. & CROSS, B. V.: A soil erodibility nomograph for farmland and construction sites. – J. Soil a. Water Conservation, p. 189–192, 1971.

XVIII. Der Kreislauf der Stoffe in der Erdkruste und an deren Oberfläche

Die großen Zusammenhänge der Entstehung, Verfrachtung und Umformung der Stoffe in der Erdkruste und an deren Oberfläche sollen am Schluß der Darstellung des Bodens und dessen Grundlagen aufgezeigt werden. Dabei sollen in großen Zügen 1. das System der Gesteine, 2. das System Boden in Abhängigkeit vom Klima und 3. das System Boden — Pflanze — Atmosphäre vorgestellt werden.

a. KREISLAUF DER GESTEINE

Das *Magma* ist gleichsam der Schmelztiegel, aus dem die primären Gesteine, die *Magmatite*, stammen. Im Magma findet eine Differenzierung der Silikatschmelze statt; somit entstehen Magmatite verschiedener Zusammensetzung, kieselsäurereiche und kieselsäurearme mit allen Zwischengliedern.

Die Magmatite erstarren teils an oder nahe an der Erdoberfläche (Vulkanite), teils entstehen sie tief in der Erdkruste (Plutonite) und kommen erst durch Hebung und Abtragung an die Oberfläche der Erde. In Verbindung mit der Atmosphäre beginnt die *Verwitterung* der Magmatite. Es entstehen Gesteinsströmer verschiedener Größe; speziell durch die chemische Verwitterung gehen auch Stoffe in Lösung (zunächst Alkalien, Erdalkalien).

Das Verwitterungsmaterial bleibt selten am Ort der Gesteinszerstörung liegen, vielmehr wird es vom Wasser und Wind *verfrachtet* (Abb. 180). Je nach Gefälle und Wassermenge trägt das Wasser große und kleine Gesteinsstücke, gleichzeitig auch das Gelöste, fort. Der Wind kann nur kleine Teilchen transportieren. Bei dem Transport der Gesteinsstückchen findet gleichzeitig eine *Sortierung* nach Korngröße und Dichte statt, wodurch stellenweise eine Anreicherung (Lagerstätten) und stellenweise eine Minderung bestimmter Minerale stattfinden. Letztere kann Spurennährstoffmangel der Pflanzen bedingen.

Wenn die Transportmedien das Material nicht mehr tragen können, wird es abgelagert, d. h. es erfolgt eine *Sedimentation*. Aus dem Wasser wird das Gelöste chemisch oder biologisch ausgefällt. Die Meere sind und waren die größten Sedimentationsbecken.

Durch Auflast und Verkittungsprozesse wird das ursprünglich lose oder weiche Sediment hart, d. h. durch *Diagenese* entstehen die festen *Sedimentgesteine* (Abb. 180).

Die Sedimentgesteine können aus ihrer ursprünglich horizontalen Lage durch *Faltung* emporgehoben und damit der *Verwitterung* exponiert werden. Damit schließt sich der *kleine Kreislauf* der Gesteine (Abb. 180).

Bei der Faltung wird ein Teil des Sedimentpaketes (Faltungskern) hohem Druck und höherer Temperatur ausgesetzt, so daß eine Umgestaltung (Umkristallisation) des Gesteins, eine *Metamorphose* erfolgt. So entstehen die *Metamorphite*. Diese können durch Beseitigung (Ab-

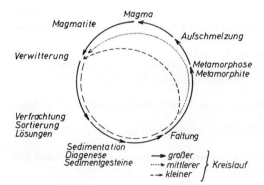

Abb. 180. Der Kreislauf der Gesteine (nach H. CLOOS). Die Pfeillinien geben an, in welcher Reihenfolge die Prozesse der Gesteinsbildung und Gesteinsumbildung ablaufen.

trag) des überlagernden Gesteins an die Erdoberfläche gelangen und hier der Verwitterung und den abtragenden Kräften (Wasser, Eis, Wind) ausgesetzt werden. So schließt sich der *mittlere Kreislauf* der Gesteine (Abb. 180).

Bei dem Faltungsvorgang können die Gesteine tief in die Erdkruste abgetaucht werden, so daß bei dem hier bestehenden Druck und der hier herrschenden Temperatur das Gestein der Aufschmelzung anheim fällt und so wieder ins Magma zurückkehrt. Damit ist der *große Kreislauf* der Gesteine geschlossen (Abb. 180).

b. MOBILISATION UND VERLAGERUNG VON STOFFEN IN ABHÄNGIGKEIT VOM KLIMA

Weltweit betrachtet bestehen bezüglich der Mobilisation und Verlagerung von Stoffen im Boden (= Verwitterungszone der Erdkruste) zwei Extreme, nämlich die sehr warmen, ariden Klimaräume einerseits und die sehr warmen, stark humiden Klimaräume andererseits (Abb. 181).

Die *Mobilisation* von Stoffen aus dem Gestein besagt, daß Ionen und chemische Verbindungen durch Verwitterung frei und mehr oder minder löslich werden. Wärme und Wasser fördern diese Prozesse. Im sehr warmen, ariden Raum fehlt für eine stärkere Mobilisation die entsprechende Wassermenge; darum ist die Verwitterungszone geringmächtig. Hingegen stehen in sehr warmen, stark humiden Räumen hinreichende Mengen an Wärme *und* Wasser zur Verfügung, so daß die Mobilisation der Stoffe (Verwitterung) tief in das Gestein vordringt (Abb. 181). Zwischen diesen Extremen befinden sich Klimate, die weltweit betrachtet ein Kontinuum hinsichtlich der Mobilisation von Stoffen aus dem Gestein darstellen. Während die Mobilisation im sommerwarmen, semihumiden Klima noch gering ist, wächst sie im mäßig warmen, humiden Klima an und verstärkt sich erheblich im warmen, wechselfeuchten Klima (Savanne).

Die Verlagerung von durch Verwitterung mobilisierten Stoffen ist nur im Extrem einseitig gerichtet; sie ist abhängig von dem Wechsel Niederschlag — Trockenheit (Abb. 181). Im sehr warmen, ariden Klima gibt es nur episodische Niederschläge, die zwar auch in den Boden eindringen, dann aber z. T. mit gelösten Stoffen durch die starke Verdunstungsenergie an die Oberfläche gezogen werden, wo sich die gelösten Stoffe anreichern (Krustenbildung). Im sommerwarmen, semihumiden Klima ist die Verlagerungstendenz gering, so daß zwar oft ein Anreicherungshorizont CaC entsteht, aber in der Trockenzeit steigt Wasser mit Gelöstem im Boden nach oben. In unserem mäßig warmen, humiden Klima ist die Verlagerung von Stoffen in den Unterboden und Untergrund deutlich, nur in warmen, trockenen Wetterlagen steigt die Feuchtigkeit nach oben. Weit stärker ist die Verlagerung von Stoffen in den Regenzeiten des warmen, wechselhumiden Savannenklimas; in den Trockenzeiten ist jedoch ein Aufstieg von Wasser und Gelöstem gegeben. Im sehr warmen, stark humiden Klima der immerfeuchten Tropen besteht eine starke Auswaschungstendenz, und zwar sowohl vertikal nach unten als auch lateral in Hanglagen, so daß stark verarmte Böden entstehen; sogar ein beachtlicher Anteil der Kieselsäure wird weggeführt.

Im kalten Klima ist die Verwitterung sehr gehemmt. Die Verdunstung ist hier gering und der Boden über lange Zeit feucht oder naß, so daß die Auswaschung relativ groß ist.

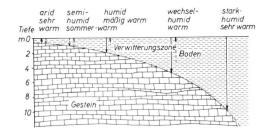

Abb. 181. Schematische Veranschaulichung der Mobilisation und Verlagerung von Stoffen im Boden. Vom sehr warmen, ariden zum sehr warmen, stark humiden Klima verstärkt sich die Mobilisation der Stoffe (aus dem Gestein); das zeigt sich an der Tiefe der Verwitterungszone. Die durchgezogenen Pfeile geben die Hauptrichtung der Stoffverlagerung an, die gestrichelten Pfeile eine schwache Verlagerungstendenz.

c. KREISLAUF DER STOFFE IM SYSTEM BODEN–PFLANZEN–ATMOSPHÄRE UNTER EINSCHLUSS VON DÜNGUNG UND ERNTE

Das komplizierte System Boden — Pflanzen — Atmosphäre (Luftraum) unter Einschluß von Düngung (Handelsdünger, Wirtschaftsdünger) und Ernte ist in der Abbildung 182 anschaulich gemacht. Hierbei sind mitteleuropäische Verhältnisse vorausgesetzt.

Der Boden erhält die für die Pflanzenernährung notwendigen *Stoffe* (Nährelemente) aus folgenden *Quellen* (Abb. 182): 1. durch Verwitterung des Gesteins (Ca, Mg, K, Na, P, S, Fe, Cu, Co, Zn, Mo, Cr, Sr), was als *Freisetzung* oder *Mobilisierung* bezeichnet wird, 2. aus der Atmosphäre (CO_2, N durch N-Bindung und Niederschlag), 3. aus dem Grundwasser, falls dieses den Boden als Standort der Pflanzen erreicht, 4. durch organische Düngung (Wirtschaftsdünger) und abgestorbene Pflanzenreste des Feldes (*Mineralisierung* der organischen Substanz), 5. durch Mineraldünger (Handelsdünger).

Die in den Boden gelangenden *Nährstoffe* können auf folgenden *Wegen verloren* gehen (Abb. 182): 1. durch Auswaschung (Alkalien, Erdalkalien, Nitrate), 2. durch Wassererosion in Hanglagen und Winderosion (Deflation) leicht verwehbarer Bodensubstanz, 3. über den geernteten Pflanzenanteil, der zum Verbraucher geht (alle Elemente der Pflanzensubstanz), 4. Stickstoff durch Denitrifikation im luftarmen Bodenmilieu.

Die Nährstoffe der Pflanzen sind großenteils mehr oder minder stark im Boden festgelegt, wobei man *Immobilisierung,* d. h. nicht austauschbar sowie schwer pflanzenverfügbar, und *Fixierung,* d. h. Festlegung in anorganische Verbindungen, unterscheidet. Die Verfügbarkeit der Pflanzennährstoffe ist also sehr verschieden und unterliegt Veränderungen.

Die Bindungsart der Pflanzennährstoffe:

1. Eingebaut in das Kristallgitter der primären und sekundären Minerale (z. B. Ca im Plagioklas, Mg in Pyroxenen, K im Orthoklas und Illit, P im Apatit). Die Bindungsintensität hängt von der Art des Kristallgitters ab; sie bestimmt das Tempo der Mobilisierung.

2. Eingebaut in organische Substanzen (z. B. N und S im Eiweiß, N und Mg im Chlorophyll, N und P in Nukleinsäuren). Die Bindungsintensität ist verschieden, z. B. ist N im Kerngerüst der Humusstoffe fester gebunden als in Aminosäuren. Von der Bindungsart hängt es ab, wie schnell die Nährstoffe bei der Mineralisierung frei und pflanzenaufnehmbar werden. Das Tempo der Mineralisierung wird durch die Aktivität der Bodenorganismen bestimmt.

3. Sorptive Bindung, d. h. die Nährstoffe als Kationen und Anionen sind an mineralische und organische Austauscher sorbiert. Von der Art der Ionen und ihrer Menge sowie von der Art der Austauscher hängt die Austauschbarkeit der Ionen und damit die Pflanzenverfügbarkeit ab. Der sorptive Anteil der gesamten Nährstoffmenge im Boden ist relativ gering.

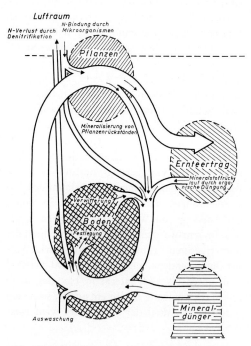

Abb. 182. Der Kreislauf der Stoffe im System Boden – Pflanze – Atmosphäre unter Einschluß von Düngung und Ernte (aus Jenaer Rundschau, 15. Jg., H. 2, Jena 1970, etwas abgeändert).

4. Frei in der Bodenlösung und damit direkt pflanzenverfügbar; im Verhältnis zur gesamten Menge der Nährstoffe im Boden betrifft dies nur einen geringen Teil.

Die Gesetzmäßigkeiten der Bindung und Verfügbarkeit der Nährelemente der Pflanzen sind nicht statisch, vielmehr folgen sie den vielseitigen Prozeßabläufen im Boden, vor allem sind sie pH-abhängig. Das Kalium als einer der Hauptnährstoffe der Pflanzen ist ionogen leicht verfügbar; andererseits wird es durch aufgeweitete, kaliumverarmte Illite fixiert. Der Phosphor als zweiter Hauptnährstoff der Pflanze wird bei niedrigem pH an Fe und Al festgelegt, mit steigendem pH steigt auch seine Pflanzenaufnehmbarkeit. Auch die Calcium-Phosphate sind relativ schwer löslich und schwer verfügbar, besonders wenn sie einen hohen Kristallisationsgrad besitzen. Die Pflanze nimmt den P-Nährstoff als Phosphat-Ionen auf. Diese können im Boden an Tonminerale sowie an die Oberfläche von Al- und Fe-Oxiden sorbiert sein. Ferner liegt der Phosphor in organischen Verbindungen vor. Der Stickstoff als dritter Hauptnährstoff der Pflanzen wird überwiegend als Nitrat, aber auch als NH_4^+ von den Pflanzen aufgenommen. Für die hauptsächlich mikrobiell ablaufende Umformung der Stickstoffverbindungen des Bodens in Nitrat-Stickstoff müssen die Bedingungen für die Mikrobentätigkeit günstig sein (Wärme, Feuchte, Luft, schwach saure bis schwach alkalische Bodenreaktion). Die Spurennährelemente gehören größtenteils zu den Schwermetallen. Bei niedrigem pH sind sie hinreichend löslich für die Ansprüche der Pflanzen, werden aber mit steigendem pH mehr und mehr festgelegt, was sich bei der Aufkalkung saurer, verarmter Böden bemerkbar macht. Eine Ausnahme bildet das Molybdän, dessen Löslichkeit sich mit steigendem pH erhöht. Diese kurze, summarische Darstellung des komplizierten Nährstoffkreislaufes im Boden bedarf unbedingt der Ergänzung durch die Spezialliteratur über die Pflanzenernährung.

Literatur

AMBERGER, A.: Pflanzenernährung. – Verlag Ulmer, Stuttgart 1979.

BAEYENS, J.: Le sol, réservoir de principes nutritifs pour la plante. In: Handbuch der Pflanzenernährung und Düngung von H. LINSER (Herausgeber), Bd. II. – Verlag Springer, Wien-New York 1968.

SCHEFFER, F. und SCHACHTSCHABEL, P.: Bodenkunde. – 11., neu bearbeitete Aufl. von P. SCHACHTSCHABEL, H.-P. BLUME, K.-H. HARTGE und U. SCHWERTMANN, Verlag Enke, Stuttgart 1982.

FINCK, A.: Pflanzenernährung in Stichworten. – 3. Aufl., Verlag Hirt, Kiel 1976.

MENGEL, K.: Ernährung und Stoffwechsel der Pflanze. – 5. Aufl., Verlag Fischer, Jena 1979.

KATALYMOV, M. W.: Mikronährstoffe – Mikronährstoffdüngung. – VEB Deutscher Landwirtschaftsverlag, Berlin 1969.

WIKLANDER, L.: Die Mineralstoffquellen der Pflanze (engl.). In: Handbuch der Pflanzenphysiologie von W. Ruhland (Herausgeber), Bd. IV. – Verlag Springer, Berlin – Göttingen – Heidelberg 1958.

XIX. Bodenschätzung

a. GESCHICHTLICHES

In der Geschichte der Bodennutzung sind schon im Altertum Versuche einer Bodenbewertung zu finden. Eine solche Notwendigkeit ergab sich bei der Verteilung von Grundbesitz, vor allem dann, wenn der Boden nicht in unbeschränkter Menge und nicht in gleicher Güte zur Verfügung war. Das war der Fall in Babylonien, Ägypten, Griechenland und Teilen des Römischen Reiches. Bei den Römern kommt die Berücksichtigung des Bodenwertes darin zum Ausdruck, daß die Größe der Lose an die Siedler je nach Bodengüte verschieden bemessen wurde.

In Mitteleuropa wurde im Mittelalter die Aufteilung des Ackerlandes in Hufen nach der Bodengüte vorgenommen. Die Erhebung des Grundzins und des Zehnten machten ebenso eine Berücksichtigung der Bodengüte und damit auch eine, wenn auch einfache, Bodenbewertung notwendig. Fast alle deutschen Staaten haben im 19. Jahrhundert eine Bodenbewertung vorgenommen, um die Grundlage für eine gerechte Besteuerung des landwirtschaftlichen Grundbesitzes zu schaffen. Im Jahre 1813 erschien die Publikation von ALBRECHT THAER »Versuch einer Ausmittlung des Reinertrages der produktiven Grundstücke«, in der er die Böden in 10 Wertklassen einteilte. Dieses Bewertungssystem wurde zwar im Laufe des 19. Jahrhunderts weiterentwickelt, konnte aber die erhoffte Vollkommenheit begreiflicherweise nicht erreichen, wenn wir die Heterogenität der Böden bedenken. Auch der im Staate Preußen unternommene Versuch, die Böden in 8 Bonitätsklassen einzuordnen, konnte das Problem nicht lösen.

Nach vielen sorgfältigen Vorarbeiten in den zwanziger Jahren dieses Jahrhunderts wurde ein neues Bodenbewertungsverfahren ausgearbeitet und als Gesetz für die Schätzung des Kulturbodens vom 16. 10. 1934 erlassen. Änderungen dieses Verfahrens wurden im Bewertungsänderungsgesetz vom 10. 12. 1965 festgelegt. Die Bodenschätzung wurde unmittelbar nach dem Inkrafttreten des Gesetzes 1934 mit einem großen Stab von Bodenschätzern (etwa 500 Schätzungsgruppen) in Angriff genommen, und zwar nach einem einheitlichen Durchführungsverfahren im ganzen damaligen Deutschen Reich. In der Zeit von 1939 bis 1947 ruhte praktisch diese Arbeit, ging dann in den Hoheitsbereich der neu entstandenen deutschen Länder über und wurde Anfang der fünfziger Jahre nach den gleichen, einheitlichen Grundsätzen zu Ende geführt. Seitdem werden laufend *Nachschätzungen* vorgenommen, die inzwischen in bestimmten Fällen notwendig geworden sind, z. B. bei Rodungsflächen. Aber auch in anderen Fällen hat die Bodenschätzung eine Ergänzung erfahren. Da infolge der Technisierung die schweren Böden (lehmiger Ton und Ton) an ackerbaulichem Wert gegenüber den leichteren Böden verloren haben, war es nötig, ihren Schätzwert herabzusetzen, was inzwischen geschehen ist. Aber auch die extrem leichten Böden (Sande) haben an Wert eingebüßt, weil sie wegen ihres geringen Wasserhaltevermögens hohe Düngermengen gar nicht in Pflanzensubstanz umsetzen können. Deshalb ist auch deren Schätzwert herabgesetzt worden.

b. BEWERTUNGSVERFAHREN

Nach Inkrafttreten des Bodenschätzungsgesetzes sollte die praktische Bodenschätzung in einem Zeitraum von etwa 6 Jahren durchgeführt werden. Wenn auch die Grundlage für eine gerechte Besteuerung im Vordergrund stand, so sollte aber gleichzeitig eine einheitliche Grundlage geschaffen werden für eine planvolle Bodennutzung, für die Flurbereinigung, für die Landesplanung, für Entschädigungen, für Käufe, Beleihungen u. a. Um die-

Tab. 67: Ackerschätzungsrahmen

Boden-art	Ent-stehung	\multicolumn{7}{c}{Zustandsstufe}
		1	2	3	4	5	6	7
S	D		41—34	33—27	26—21	20—16	15—12	11— 7
	Al		44—37	36—30	29—24	23—19	18—14	13— 9
Sl (S/lS)	D		51—43	42—35	34—28	27—22	21—17	16—11
	Al		53—46	45—38	37—31	30—24	23—19	18—13
	V			42—36	35—29	28—23	22—18	17—12
lS	D		59—51	50—44	43—37	36—30	29—23	22—16
	Lö		62—54	53—46	45—39	38—32	31—25	24—18
	Al		62—54	53—46	45—39	38—32	31—25	24—18
	V			50—44	43—37	36—30	29—24	23—17
	Vg			40—34	33—27	26—20	19—12	
SL (lS/sL)	D		67—60	59—52	51—45	44—38	37—31	30—23
	Lö		72—64	63—55	54—47	46—40	39—33	32—25
	Al		71—63	62—55	54—47	46—40	39—33	32—25
	V		67—60	59—52	51—44	43—37	36—30	29—22
	Vg			47—40	39—32	31—24	23—16	
sL	D	84—76	75—68	67—60	59—53	52—46	45—39	38—30
	Lö	92—83	82—74	73—65	64—56	55—48	47—41	40—32
	Al	90—81	80—72	71—64	63—56	55—48	47—41	40—32
	V		76—68	67—59	58—51	50—44	43—36	35—27
	Vg			54—45	44—36	35—27	26—18	
L	D	90—82	81—74	73—66	65—58	57—50	49—43	42—34
	Lö	100—92	91—83	82—74	73—65	64—56	55—46	45—36
	Al	100—90	89—80	79—71	70—62	61—54	53—45	44—35
	V		82—74	73—65	64—56	55—47	46—39	38—30
	Vg			60—51	50—41	40—30	29—19	
LT	D		78—70	69—62	61—54	53—46	45—38	37—28
	Al		82—74	73—65	64—57	56—49	48—40	39—29
	V		78—70	69—61	60—52	51—43	42—34	33—24
	Vg			57—48	47—38	37—28	27—17	
T	D			63—56	55—48	47—40	39—30	29—18
	Al		74—66	65—58	57—50	49—41	40—31	30—18
	V			62—54	53—45	44—36	35—26	25—14
	Vg			50—42	41—33	32—24	23—14	
Mo				45—37	36—29	28—22	21—16	15—10

ses Ziel in dieser kurzen Zeit zu erreichen, mußte das praktische Bewertungsverfahren dem damaligen Forschungsstand der Bodenkunde gerecht werden und gleichzeitig für einen großen Stab von Schätzern schnell erlernbar sein. Vor allem mußte gewährleistet sein, daß die Schätzung *einheitlich* gehandhabt wurde. Zurückschauend ist anzuerkennen, daß dieses Ziel erreicht worden ist. Die Bodenkunde hat in den letzten 30 Jahren große Fortschritte gemacht, und man ist deshalb geneigt anzunehmen, man könne die Bodenschätzung heute wesentlich besser machen. Das stimmte indes nur dann, wenn man die neuen Erkenntnisse in einem praktikablen Verfahrensweg sicher und einheitlich anwenden könnte. Die diesbezüglichen Versuche des Auslandes zeigen, daß das z. Z. nicht möglich ist. Von dieser Warte gesehen, behält unsere Bodenschätzung ihren hohen Wert.

Die praktische Durchführung der Bodenschätzung wird vom Schätzungsausschuß, der aus einem amtlichen und zwei ehrenamtlichen Schätzern besteht, vorgenommen. Diese drei Schätzer begehen im Abstand von 50 m die zu schätzende Fläche, wobei jeder in Abständen von 50 m eine Bohrung bis 1 m Tiefe macht und die für die Wertermittlung notwendigen Feststellungen in das Schätzungsbuch schreibt. So entsteht ein Bohrnetz von 50 m Abstand. Zudem werden Grablöcher (meistens bis 1,5 m tief) gemacht, um den Bodenaufbau genau studieren zu können.

Tab. 68: Einteilung der Bodenarten für die Bodenschätzung

Bodenart	Abkürzung	Teilchen $< 0,01$ mm in %
Sand	S	< 10
Anlehmiger Sand	Sl	10—13
Lehmiger Sand	lS	14—18
Stark lehmiger Sand	SL	19—23
Sandiger Lehm	sL	24—29
Lehm	L	30—44
Schwerer Lehm	LT	45—60
Ton	T	> 60

1. Schätzung des Ackerlandes

Für die Schätzung des Ackerlandes und des Gartenlandes ist ein Ackerschätzungsrahmen (Tab. 67) ausgearbeitet worden. Dabei sind 600 mm durchschnittlicher Jahresniederschlag, 8 ° C durchschnittliche Jahrestemperatur und ebene oder nur schwach geneigte Geländelage zugrunde gelegt worden. Abweichungen von diesen Voraussetzungen werden bei positivem Einfluß auf das Pflanzenwachstum mit Zuschlägen, bei negativem Einfluß mit Abschlägen ausgeglichen. Im Ackerschätzungsrahmen sind 94 Wertzahlen (Bodenzahlen) vorgesehen, die Bodenzahl 100 gilt für den besten Boden des Schätzungsraumes, was für eine gut entwickelte Schwarzerde zutrifft, die Bodenzahl 7 (ebenso 1—6) ist Unland. Der Ackerschätzungsrahmen beginnt mit der Bodenzahl 7, indes muß ackerfähiges Land wenigstens die Bodenzahl 18 haben. Die Bodenzahlen sind als Reinertrags-Verhältniszahlen zu betrachten.

Für das Finden der Bodenzahlen im Ackerschätzungsrahmen sind drei Faktoren notwendig: Bodenart, Entstehungsart und Zustandsstufe.

Bodenart (Textur)

Für die Einteilung der Böden nach der Korngrößenzusammensetzung wurde bei der Bodenschätzung der Anteil abschlämmbarer Teilchen ($< 0,01$ mm ϕ) verwendet. Dies geschah, weil die Korngrößenanalyse einheitlich nach der Spül-Methode KOPECKY-KRAUSS durchgeführt wurde, bei der die Teilchen $< 0,01$ mm abgeschlämmt (abgespült) werden. Bei der praktischen Ausübung der Bodenschätzung im Felde wurde die Bodenart mit der Fingerprobe ermittelt, die immer wieder durch Laboruntersuchungen gleichsam geeicht wurde. Acht Bodenarten und Moor (torfige Substanz) werden unterschieden (Tab. 68). Das ist erfahrungsgemäß mit der Fingerprobe gut möglich. Mit Rücksicht auf das Praktizieren der Fingerprobe wurde bei der Bodenarteneinteilung auf die Trennung von Ton und Schluff verzichtet. Bei der Ermittlung der Bodenart im Felde wird angestrebt, für 1 m Tiefe nur eine Bodenart anzugeben. Deshalb wird bei einem nicht zu schroffen Körnungswechsel die für 1 m Tiefe gemittelte Bodenart aufgezeigt. Wenn z. B. 50 cm lehmiger Sand (lS) über sandigem Lehm (sL) liegt, so ist die gemittelte Bodenart stark lehmiger Sand (SL). Ist jedoch der Unterschied in der Körnung sehr groß, so werden beide Bodenarten aufgeführt, z. B. 50 cm Sand über Ton mit den Abkürzungen S/T.

Entstehungsart

Neben der Bodenart wird die Herkunft des Bodenmaterials für die Wertermittlung herangezogen. In großen Zügen wird das Ausgangsmaterial des Bodens nach Entstehung und geologischem Alter in fünf Entstehungsarten eingestuft. Mit D (D von Diluvium) wird vornehmlich Ausgangsmaterial diluvialen (pleistozänen) Alters bezeichnet. Damit sollen Lockergesteine erfaßt werden, Löß und junge, alluviale Talablagerungen aber ausgenommen sein. Hingegen werden tertiäre und auch arme alluviale Lockersedimente zu D genommen. Die alluvialen (holozänen) Ausgangsmaterialien haben das Zeichen Al (Al von Alluvium), wobei man unterstellt, daß es sich um fruchtbare Schwemmlandböden handelt. Der Löß, ein äolisches Lockersediment diluvialen Alters, wird wegen seiner günstigen physikalischen Eigenschaften als besondere Entstehungsart Lö (Lö von Löß) herausgestellt. Hierzu gehören auch Sandlöß, Schwemmlöß und ähnlich gekörnte Sedimente. Die Verwitterungsböden aus Festgesteinen haben zusammenfassend das Zeichen V (V von Verwitterung). Wenn diese Verwitterungsböden sehr steinhaltig (meist auch flachgründig) sind, wird das V durch g (von grob) ergänzt, also Vg. Wenn die Enstehungsarten D und Al einen beträchtlichen Anteil an Geröll oder Schutt (Steine) enthalten, so wird ebenfalls das g zu dem entsprechenden Zeichen gesetzt (Dg und Alg). Treten in einem Bodenprofil zwei Entstehungsarten übereinander auf, so wird nur die für das Pflanzenwachstum wichtigste angegeben. Sind dafür aber beide wichtig, so erscheinen beide Symbole, z. B. die häufig übereinander befindlichen Entstehungsarten Lö/D.

Zustandsstufe

Als das Bodenbewertungsverfahren ausgearbeitet wurde, wußte man in aller Klarheit, daß mit der Bodenart und der Entstehungsart allein der Bodenwert (Fruchtbarkeitswert) nicht ermittelt werden könne. Die bodentypologische Entwicklung in das Bewertungssystem einzubauen, erschien nicht nur verfrüht, sondern auch für eine einheitliche Handhabung zu schwierig. Deshalb entschloß man sich, die fruchtbarkeitsbestimmenden Eigenschaften des Bodens, die nicht mit Bodenart und Entstehungsart erfaßt sind, in Zustandsstufen zusammenzufassen. Nur sieben Zustandsstufen (1 = beste, 7 = schlechteste) wurden in den Ackerschätzungsrahmen eingebaut, und zwar in der Absicht, die Einordnung der Böden nach ihrem »Zustand« zu erleichtern und den Bewertungsrahmen übersichtlich zu halten. Bei dem Einbau der Zustandsstufe in den Bewertungsrahmen für das Ackerland ging man global von der Vorstellung aus, daß der Boden sich in unserem Klima aus dem Rohboden (ob locker oder fest) zu einem Maximum der Fruchtbarkeit (Leistungsfähigkeit) entwickelt und dann im Verlaufe der Alterung an Fruchtbarkeit und Wert einbüßt. In der Vorstellung von der Zustandsstufe heißt dies, daß der Boden sich von der Zustandsstufe 7 zur Zustandsstufe 1 entwickelt (verbessert) und dann degradiert zur Zustandsstufe 7 zurück. In großen Zügen stimmt das für bestimmte Böden aus bestimmtem Gestein und über einen langen Entwicklungsweg betrachtet. Neben dem Einfluß der typologischen Entwicklung auf den Bodenwert sollten auch andere, den Bodenwert mitbestimmende Eigenschaften (Gefüge, Wasserverhältnisse, Humusgehalt, Krumenmächtigkeit u. a.) in die Zustandsstufe eingehen.

In den Durchführungsbestimmungen des Bodenschätzungsgesetzes vom 12. 2. 1935 sind die wichtigsten Merkmale der Zustandsstufen etwa wie folgt festgelegt:

Zustandsstufe 1: Mächtiger, krümeliger Oberboden, der mit allmählichem Übergang in den mehr oder weniger humushaltigen und meist kalkhaltigen, gut durchlüfteten Unterboden übergeht; keine Rostflecken und keine Anzeichen von Versauerung.

Zustandsstufe 3: Krume enthält weniger Humus als in Stufe 1, deutlicher Übergang zum Unterboden, der oft fahle Flecken und eine graue Färbung zeigt; tiefer entkalkt, beginnende Versauerung, erste Anzeichen von Auswaschung und Verlagerung.

Zustandsstufe 5: Krume setzt sich gegen Unterboden scharf ab, meistens infolge einer Aufhellung des Unterbodens; erste Anzeichen von Verdichtung des Unterbodens und beginnende Rostfärbung, zunehmende Entkalkung und Versauerung; bei Lehmböden meistens ein roher und untätiger Unterboden.

Zustandsstufe 7: Scharfe Grenze zwischen Krume und Unterboden, mehr oder weniger Bleichung im Unterboden; in der Regel starke Entkalkung (Entbasung) und Versauerung; im tieferen Unterboden oder Untergrund starke Verdichtung und Rostfärbung; bei Sandböden Bildung von Orterde oder Ortstein; bei Gleyen Nester von Eisenanreicherung; bei Lehmböden schluffige, tonige, dichte Schichten.

Die Zustandsstufen 2, 4 und 6 sind Übergänge zwischen den kurz beschriebenen 1, 3, 5 und 7; dementsprechend sind ihre Merkmale.

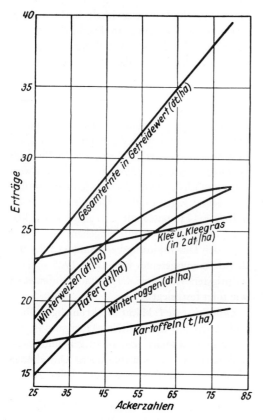

Abb. 183. Erträge in Abhängigkeit von der Ackerzahl der Bodenschätzung (nach E. KLAPP 1967).

Bodenzahl, Ackerzahl

Mit Hilfe der Faktoren Bodenart, Entstehungsart und Zustandsstufe kann aus dem Ackerschätzungsrahmen die Bodenzahl entnommen werden (Tab. 67). Die *Bodenzahl* ist nicht präzise, vielmehr ist eine Zahlenspanne angegeben, innerhalb der der Schätzer je nach Bodenbefund etwas nach oben oder unten einstufen kann. Aus den genannten Faktoren ergibt sich für die geschätzte Bodenfläche das Klassenzeichen, z. B. sL 2 D 72/70 (72 = Bodenzahl, 70 = Ackerzahl). Böden, für die das Klassenzeichen zutrifft, werden auf der Schätzungskarte ausgegrenzt, und zwar wegen der Vermessung mit geraden Grenzen.

In der Bodenzahl ist nur der Wert des Bodens beinhaltet, wobei jedoch bestimmte Bedingungen unterstellt werden: 600 mm/Jahr Niederschlag, 8° C mittlere Jahrestemperatur, ebene bis schwach geneigte Geländelage, günstiger Grundwasserstand und betriebswirtschaftliche Verhältnisse mittelbäuerlicher Betriebe in Mitteldeutschland. Die Bodenzahlen sind also Verhältniszahlen, welche die Reinertragsunterschiede darstellen.

Da die Bezugsgrößen, die der Bodenzahl unterstellt sind, nur selten zutreffen, vielmehr Niederschlag, Temperatur, Geländegestaltung und sonstiges davon abweichen, muß in solchen Fällen eine Korrektur durch Zu- oder Abschläge vorgenommen werden. Auf diese Weise wird die *Ackerzahl* gewonnen. Zum Beispiel kann die Ungunst des Klimas im deutschen Mittelgebirge bis zu 30 % Abschlag nötig machen, hingegen besonders klimabegünstigte Gebiete bis zu 20 % Zuschlag erhalten. Die Ackerzahl bringt mithin jeweils die natürlichen Ertragsfaktoren und damit die natürliche Ertragsleistung eines Pflanzenstandortes zum Ausdruck. Die Möglichkeiten der Ertragssteigerung, die dem Bewirtschafter mit Bodenpflege, Düngung, Saatgut u. a. in die Hand gegeben sind, bleiben bei der Bodenschätzung unberücksichtigt. Die von den unterstellten betriebswirtschaftlichen Voraussetzungen (mittelbäuerlicher Betriebe Mitteldeutschlands) gegebenenfalls vorliegenden Abweichungen werden nicht in der Ackerzahl, sondern bei einer späteren Ermittlung der Betriebs- oder Ertragszahl berücksichtigt.

Die Erträge landwirtschaftlicher Nutzpflanzen nehmen nicht in jedem Falle linear mit der Ackerzahl zu, wie KLAPP (1967) in einer graphischen Darstellung aufzeigt (Abb. 183). Der lineare Anstieg der Erträge mit der Ackerzahl scheint nur für einige Kulturpflanzen zu bestehen.

2. Schätzung des Grünlandes

Für die Bewertung des Grünlandes ist ein besonderer *Grünlandschätzungsrahmen* (Tabelle 69) ausgearbeitet worden, der hinsichtlich der für die Wertfindung notwendigen Faktoren vom Ackerschätzungsrahmen abweicht. Für die Ertragsleistung des Grünlandes sind Temperatur- und Wasserverhältnisse entscheidender als das Ausgangsmaterial, die Bodenart

Tab. 69: Grünlandschätzungsrahmen

Bodenart	Stufe	Klima	Wasserverhältnisse 1	2	3	4	5
S	I (45—40)	a	60—51	50—43	42—35	34—28	27—20
		b	52—44	43—36	35—29	28—23	22—16
		c	45—38	37—30	29—24	23—19	18—13
	II (30—25)	a	50—43	42—36	35—29	28—23	22—16
		b	43—37	36—30	29—24	23—19	18—13
		c	37—32	31—26	25—21	20—16	15—10
	III (20—15)	a	41—34	33—28	27—23	22—18	17—12
		b	36—30	29—24	23—19	18—15	14—10
		c	31—26	25—21	20—16	15—12	11— 7
lS	I (60—55)	a	73—64	63—54	53—45	44—37	36—28
		b	65—56	55—47	46—39	38—31	30—23
		c	57—49	48—41	40—34	33—27	26—19
	II (45—40)	a	62—54	53—45	44—37	36—30	29—22
		b	55—47	46—39	38—32	31—26	25—19
		c	48—41	40—34	33—28	27—23	22—16
	III (30—25)	a	52—45	44—37	36—30	29—24	23—17
		b	46—39	38—32	31—26	25—21	20—14
		c	40—34	33—28	27—23	22—18	17—11
L	I (75—70)	a	88—77	76—66	65—55	54—44	43—33
		b	80—70	69—59	58—49	48—40	39—30
		c	70—61	60—52	51—43	42—35	34—26
	II (60—55)	a	75—65	64—55	54—46	45—38	37—28
		b	68—59	58—50	49—41	40—33	32—24
		c	60—52	51—44	43—36	35—29	28—20
	III (45—40)	a	64—55	54—46	45—38	37—30	29—22
		b	58—50	49—42	41—34	33—27	26—18
		c	51—44	43—37	36—30	29—23	22—14
T	I (70—65)	a	88—77	76—66	65—55	54—44	43—33
		b	80—70	69—59	58—48	47—39	38—28
		c	70—61	60—52	51—43	42—34	33—23
	II (55—50)	a	74—64	63—54	53—45	44—36	35—26
		b	66—57	56—48	47—39	38—30	29—21
		c	57—49	48—41	40—33	32—25	24—17
	III (40—35)	a	61—52	51—43	42—35	34—28	27—20
		b	54—46	45—38	37—31	30—24	23—15
		c	46—39	38—32	31—25	24—19	18—12
Mo	I (45—40)	a	60—51	50—42	41—34	33—27	26—19
		b	57—49	48—40	39—32	31—25	24—17
		c	54—46	45—38	37—30	29—23	22—15
	II (30—25)	a	53—45	44—37	36—30	29—23	22—16
		b	50—43	42—35	34—28	27—21	20—14
		c	47—40	39—33	32—26	25—19	18—12
	III (20—15)	a	45—38	37—31	30—25	24—19	18—13
		b	41—35	34—28	27—22	21—16	15—10
		c	37—31	30—25	24—19	18—13	12— 7

und die Zustandsstufe; letztere wird der Unterscheidung wegen im Grünlandschätzungsrahmen als Stufe bezeichnet. Aus diesem Grunde sind im Grünlandschätzungsrahmen nur vier Bodenarten sowie Moor und nur 3 Stufen (Zustandsstufen) vorgesehen. Das Ausgangsmaterial (Entstehungsart) erscheint nicht im Grünlandschätzungsrahmen, wird aber im Grünlandschätzungsbuch vermerkt. Eingebaut sind hingegen Klima und Wasserverhältnisse (Tab. 69). Mit Bodenart, Stufe, Klima und Wasserverhältnissen wird die *Grünlandgrundzahl* ermittelt.

Bodenarten

Als Bodenarten sind im Grünlandschätzungsrahmen vorgesehen: Sand (S), lehmiger Sand (lS), Lehm (L) und Ton (T); hinzu kommt das Moor (Mo).

Stufen (Zustandsstufen)

Die Stufen des Grünlandes werden mit I, II und III bezeichnet. Die Stufe I bezeichnet den günstigsten Bodenzustand (günstige Basenverhältnisse, durchlässig) und die Stufe III den ungünstigsten Bodenzustand (sauer, dicht). Verglichen mit den Zustandsstufen des Ackerlandes entspricht etwa die Stufe I den Zustandsstufen 2 und 3, die Stufe II den Zustandsstufen 4 und 5 und die Stufe III den Zustandsstufen 6 und 7. Ein Analogon zur Zustandsstufe 1 gibt es beim Grünland nur selten.

Klima

Für das Klima steht im Grünlandschätzungsrahmen nur die *durchschnittliche Jahrestemperatur*. Mit ihr geht, wenigstens in Deutschland, in etwa der Niederschlag konform, d. h. mit sinkender Temperatur nimmt im allgemeinen der Niederschlag zu. Für die Temperatur sind im Grünlandschätzungsrahmen 4 Gruppen vorgesehen: a = 8,0° C und höher; b = 7,9 bis 7,0° C; c = 6,9 bis 5,7° C; d = 5,6° C und tiefer.

Darüber hinaus werden die den Pflanzenwuchs hemmenden und die Heuwerbung beeinträchtigenden klimatischen Sonderverhältnisse, wie hohe Luftfeuchtigkeit, Spätfrost, Frühfrost, Nebel, Schattlagen u. a., besonders berücksichtigt.

Wasserverhältnisse

Bei der Schätzung des Grünlandes wird der Faktor Wasser nach seiner Wirkung auf den Grünlandbestand fünfmal abgestuft. Grundwasser, Stauwasser und Niederschlagswasser werden nicht getrennt beurteilt, weil dies im Einzelfalle unter Einbeziehung von Bodenart und Bodengefüge zu schwierig und zu langwierig ist. Da der Pflanzenbestand die Gesamtwirkung der jeweiligen Wasserverhältnisse gut anzeigt, orientiert man sich daran bei der Festlegung der Wasserverhältnisse in die Stufenskala 1 bis 5. Die Stufe 1 kennzeichnet besonders günstige, die Stufe 5 besonders ungünstige Wasserverhältnisse für den Grünlandbestand. Dabei kann die Ungunst bei »Wasser« sowohl in Trockenheit als auch in Nässe bestehen. Dashalb wird das Zeichen für Wasser (Wa) bei »zu trocken« mit einem Minuszeichen, bei »zu naß« mit einem Pluszeichen versehen (Wa — und Wa +).

Die Stufen der Wasserverhältnisse werden wie folgt gekennzeichnet:

Wasserverhältnis 1: Frischer, gesunder Standort mit gutem Süßgräserbestand.

Wasserverhältnisse 3: Feuchte Standorte, aber keine gestaute Nässe; weniger gute Gräser mit geringem Anteil an Sauergräsern. Trockene Standorte mit noch verhältnismäßig guten, aber härteren Gräsern.

Wasserverhältnisse 5: Nasse bis sumpfige Standorte mit gestauter Nässe (Grund- oder Stauwasser); schlechte Gräser mit hohem Anteil an Sauergräsern (Streuwiese). Sehr trockene Standorte (häufig steile, leicht austrocknende Südhänge) mit weniger guten und vielen harten Gräsern.

Die Wasserverhältnisse 2 und 4 sind sinngemäß zwischen 1, 3 und 5 einzuordnen.

Wertzahlen

Mit den Faktoren Bodenart, Stufe, Klima und Wasserverhältnisse wird mit dem Grünlandschätzungsrahmen (Tab. 69) die *Grünlandgrundzahl* ermittelt. Diese Zahlen bewegen sich zwischen 7 und 88. Auch dem Grünlandschätzungsrahmen kann keine präzise Wertzahl entnommen werden, vielmehr sind Wertspannen angegeben, in denen der Schätzer einen bestimmten Spielraum hat, um begünstigende oder mindernde Fakten berücksichtigen zu können. Diese Grünlandgrundzahlen sind ebenfalls Verhältniszahlen, die bei durchschnittlicher Bewirtschaftung standortbedingte Unterschiede im Reinertrag darstellen. Einflüsse, die davon abweichend Ertrag und Qualität mindern (Hangneigung, Exposition, Nässe, kürzere Vegetationszeit, Schattlage) werden durch Abschläge berücksichtigt, und damit erhält man die *Grünlandzahl,* die nach der Grünlandgrundzahl im Klassenzeichen steht. Ein Beispiel für ein Klassenzeichen des Grünlandes ist L II b 2 55/53. Flächen mit gleichem Bodenbefund und Klassenzeichen werden auf der Schätzungskarte abgegrenzt. Wegen der Vermessung müssen die Abgrenzungen gradlinig sein.

Wechselland

Bestimmte Wasserverhältnisse des Bodens erlauben seine Nutzung als Acker- und als Grünland, z. B. Sandböden mit einem Grundwasserstand von etwa 0,8 bis 1,0 m unter Flur in der Vegetationszeit, ferner mittel- und tiefgründige, sandige Lehmböden des Mittelgebirges mit etwa 800 mm/Jahr Niederschläge und etwa 7,5° C mittlere Jahrestemperatur. Solche Böden können wechselnd als Acker- und Grünland genutzt werden. Sie gelten als *Wechselland* und werden bei der Bodenschätzung als solches gekennzeichnet, indem das Klassenzeichen in Klammern gesetzt wird (Abb. 175). Steht in der Klammer das Klassenzeichen für Acker, so ist Ackerland bevorzugt. Steht hingegen in der Klammer das Klassenzeichen für Grünland, so ist Grünland günstiger. Wenn die Nutzung einer Fläche nicht den naturgegebenen Bodeneigenschaften entspricht, so gelten aber für die Schätzung die natürlichen Eigenschaften. So werden hofnahe Weiden auf naturgegebenen Ackerböden nach dem Ackerschätzungsrahmen bewertet.

c. ERGEBNISSE DER BODENSCHÄTZUNG

Die bei den Bohrungen und Grabungen ermittelten Bodeneigenschaften werden auf eine *Feldkarte* eingetragen und in einem *Feldschätzungsbuch* näher beschrieben. Mit Hilfe dieser Aufzeichnungen werden die Schätzungsbücher für Acker- und Grünland (getrennt) angelegt. Das gleichzeitig festgesetzte Klassenzeichen wird in die *Schätzungsurkarte* eingetragen und mit geraden Linien abgegrenzt. Die *Schätzungsreinkarte* wird aufgrund der Schätzungsurkarte gezeichnet. Als topographische Unterlage für die Herstellung dieser Schätzungskarten dient die Deutsche Grundkarte i. M. 1:5000 oder, falls diese noch nicht vorhanden ist, die Katasterplankarte i. M. 1:5000 oder Katasterpläne größeren Maßstabs. In vielen Gebieten liegen nur letztere vor.

Um die von der gesamten landwirtschaftlichen Nutzfläche der BRD vorliegenden, *einheitlichen,* bodenkundlichen Erhebungen weitestgehend nutzbar zu machen, wird mit Hilfe dieser Unterlagen von den Geologischen Landesämtern und den Landesvermessungsämtern der BRD eine *Bodenkarte im Maßstab 1:5000* auf der Grundlage der Bodenschätzungsergebnisse ausgearbeitet (s. Bodenkartierung, Abb. 174, 175, 176).

Literatur

Arens, H.: Die Bodenkarte 1:5000 auf der Grundlage der Bodenschätzung, ihre Herstellung und ihre Verwendungsmöglichkeiten. – Fortschr. Geol. Rheinl. u. Westf., Bd. 8, Krefeld 1960.

Arbeitsgemeinschaft für technische Verfahren der Flurbereinigung (ATVF): Das Bewertungsverfahren in der Flurbereinigung, 1964.

Bundesgesetzblatt, Teil I, § 13, S. 851, vom 13. 8. 1965: Bewertungsänderungsgesetz.

Bundesgesetzblatt, Teil I, § 50, Abs. 1, S. 1861, vom 10. 12. 1965: Bewertungsgesetz.

Bundesminister der Finanzen: Richtlinien für die Bewertung des land- und forstwirtschaftlichen Vermögens mit Bewertungsgesetz, Bonn 1968.

Bundesminister für Ernährung, Landwirtschaft u. Forsten: Wertermittlung in der Flurbereinigung. – Schriftenreihe d. BELF, Reihe B, Landwirtschaftsverlag Münster-Hiltrup 1982.

Burghardt, O., und Tekook, H.: Bodenkarte 1:5000 auf der Grundlage der Bodenschätzung in Nordrhein-Westfalen. – Kartographische Nachrichten, Jg. 21, H. 3, Verlag Kartogr. Institut Bertelsmann, Gütersloh 1971.

Klapp, E.: Lehrbuch des Acker- und Pflanzenbaues. – 6. Aufl., Verlag Parey, Berlin und Hamburg 1967.

Mückenhausen, E., und Mertens, H.: Bodenkarte auf der Grundlage der Bodenschätzung. – 3. Aufl., herausgegeben vom Landesausschuß für landwirtschaftliche Forschung, Erziehung und Wirtschaftsberatung beim Ministerium für Ernährung, Landwirtschaft und Forsten des Landes Nordrhein-Westfalen, Düsseldorf 1966.

Rothkegel, W., und Herzog, H.: Das Bodenschätzungsgesetz. – Verlag Heymann, Berlin 1935.

Rothkegel, W.: Geschichtliche Entwicklung der Bodenbonitierung und Wesen und Bedeutung der deutschen Bodenschätzung. – Verlag Ulmer, Stuttgart 1950.

Rothkegel, W.: Landwirtschaftliche Schätzungslehre. – 2. Aufl., Verlag Ulmer, Stuttgart 1952.

Strzemski, M.: Die naturwissenschaftliche Bonitierung der Ackerböden (pol.). – Instytut Uprawy Nawozenia i Gleboznawstwa, Pulawy 1974.

Thaer, A.: Über die Wertschätzung des Bodens. – Ann. d. Fortschr. d. Landwirtschaft, Berlin 1811.

XX. Die Untersuchung des Bodens im Felde

a. ALLGEMEINES

Die Art der Untersuchung des Bodens im Felde richtet sich nach dem Zweck dieser Untersuchung. Die meisten solcher Untersuchungen werden bei der Durchführung der Bodenkartierung vorgenommen. Je nach Maßstab und Zweck der Bodenkarte wird die Untersuchung verschieden intensiv sein müssen. Eine großmaßstäbliche Kartierung erfordert eine engmaschige und genaue Untersuchung der Bodenprofile, wogegen bei einer kleinmaßstäblichen Kartierung eine weitmaschige Untersuchung der Bodenprofile genügt; letztere erfordert in der Regel nur die Feststellung von Bodentyp und Textur. Bei der Bodenschätzung werden im Felde nur die Eigenschaften des Bodens ermittelt, die für die Wertfindung notwendig sind. Soll die Untersuchung und Kartierung des Bodens dem Zwecke der Flurbereinigung dienen, so muß besondere Rücksicht auf den Bodentausch und die Bodenmelioration genommen werden. Was auch immer der Zweck der Untersuchung des Bodens im Felde sein mag, ein Minimum an Untersuchungen ist in jedem Falle erforderlich, jedoch sollte angestrebt werden, die Untersuchung so genau wie möglich durchzuführen, um das Ergebnis auch noch in späterer Zeit für andere Zwecke bei Erfordernis zur Hand zu haben. Die im folgenden aufgeführten Bodeneigenschaften können hier nicht näher erläutert werden; näheres darüber ist in den Spezialkapiteln dieses Buches zu finden.

b. UNTERSUCHUNGSGERÄT

Für die Untersuchung des Bodens im Felde ist das Aufschlußgerät zunächst das Wichtigste (Abb. 184). Für steinfreie und steinarme Mineralböden genügen Spaten, Pürckhauer-Bohrer (1 m oder 1,5 m lang) und Peilstange mit Nut (2 m lang). Steinige Böden müssen mit Hacke und Schaufel aufgeschlossen werden. Tiefere Bohrungen bis etwa 4 m können mit dem Pionier-Bohrer (aneinander schraubbare Peilstangen mit Nut von je 1 m Länge) ausgeführt werden. Für die Entnahme von Untersuchungsproben aus dem Moor gebraucht man die Bohrschappe. Den Aufschluß in Marschböden macht man mit dem Marschenlöffel. Bohrungen zum Einsetzen von Meßrohren werden mit dem Rohrbohrer oder Spiralbohrer ausgeführt.

Für die Herausnahme von kleinen Proben aus dem Bodenprofil zum Zwecke der Bestimmung der Textur und des Gefüges benötigt man ein starkes Bodenmesser. Mit diesem kann man auch die Lagerungsdichte des Bodens qualitativ feststellen, indem man das Messer in die Bodenwand drückt. Auch eine kleine Schaufel, die für die Arbeit im Blumenbeet verwendet wird, ist zum Herausnehmen kleiner Bodenproben geeignet.

Zum Messen der Mächtigkeit des Solums und der Horizonte verwendet man am besten einen Maßstab mit Zentimeter-Einteilung von 2 m Länge; für das Foto des Profils sollte der Maßstab breiter als gewöhnlich und die 10-cm-Abstände sollten deutlich markiert sein. Die Abstände von einem Untersuchungspunkt zum anderen werden normalhin mit Schrittmaß ermittelt. Für die präzise Festlegung der Untersuchungspunkte und zum Ausmessen einer Untersuchungsfläche benötigt man ein Bandmaß. Ferner ist ein Klinometer (Neigungsmesser) für die Messung der Hangneigung zweckmäßig.

Für die Ermittlung des Kalkgehaltes des Bodens gebraucht man im Felde eine 10- oder 20%ige Salzsäure. Dolomit kann im Felde mit Alizarinrot S nachgewiesen werden. Das ungefähre pH kann man im Felde mit Mischindikatoren ermitteln. Dafür gibt es Indikator-Papier, z. B. von Merck, und Indikator-Flüssigkeit, z. B. das Hellige-pH-Meter. Solche Hilfsmittel können nur eine grobe Orientierung bieten. Eisen(II) kann mit Rotem Blutlaugensalz (Kalium-hexacyanoferrat-III) als

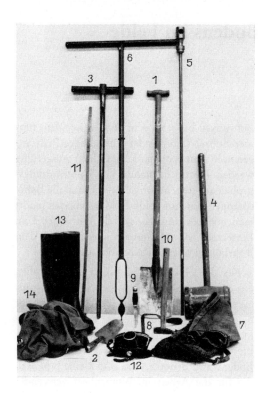

Turnbulls Blau, Eisen(III) mit Gelbem Blutlaugensalz (Kalium-hexacyanoferrat-II) als Berliner Blau nach Zusatz von verdünnter HCl nachgewiesen werden.

Es gibt Testlösungen, in praktischem Tragekasten untergebracht, für eine ungefähre Orientierung über die im Boden (und in der Pflanze) vorhandenen Hauptnährstoffe N, P und K. Da jedoch die Feststellung der pflanzenverfügbaren Nährstoffe im Labor schon schwierig und stark bodenabhängig ist, kann der Test im Felde nur eine Orientierung geben; er ist aber keinesfalls für eine Düngungsempfehlung geeignet.

Die Bestimmung der Bodenfarbe erfolgt mit Hilfe einer Farbtafel (nach MUNSELL oder nach der entsprechenden aus Japan). Da die Farbe am feuchten Boden bestimmt wird, muß eine Flasche mit Wasser zur Hand sein.

Weitere Hilfsmittel: topographische Karte zwecks Orientierung im Gelände und Eintragung der Untersuchungspunkte und der Bodengrenzen, Protokoll-Vordrucke für die Eintra-

Abb. 184. Gegenstände für die Untersuchung des Bodens im Felde: 1 = Spaten; 2 = kleine Schaufel; 3 = Pürckhauer-Bohrer; 4 = Hammer zum Pürckhauer-Bohrer; 5 = Peilstange, 2 m lang (auf dem Bild verkürzt); 6 = Drehbohrer mit Schnecke; 7 = Tragetasche für Spaten und Bohrgerät; 8 = Wolf-Jätehand zum Glätten der Bodenwand; 9 = Bodenmesser; 10 = Geologenhammer; 11 = Zentimeter-Maßstab; 12 = Fotoapparat; 13 = Gummistiefel; 14 = Rucksack; 15 = Feldnotizbuch und Farbtafel; 16 = Geologische Karte; 17 = Weißblechkästchen; 18 = Probebeutel; 19 = Formular für Profilbeschreibung; 20 = Hellige-pH-Meter; 21 = Reagenzienkasten für die Bestimmung von pH, K_2O, P_2O_5 und N; 22 = Flaschen mit Wasser, Salzsäure, Alizarinrot, Reagenzien für Fe (II) und Fe (III).

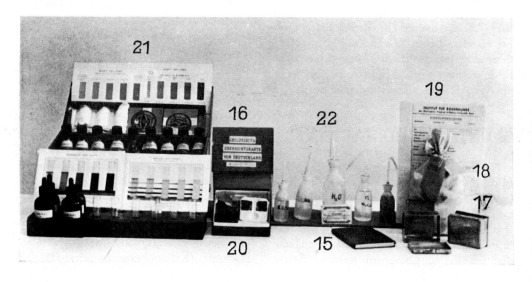

XX. Die Untersuchung des Bodens im Felde

a. ALLGEMEINES

Die Art der Untersuchung des Bodens im Felde richtet sich nach dem Zweck dieser Untersuchung. Die meisten solcher Untersuchungen werden bei der Durchführung der Bodenkartierung vorgenommen. Je nach Maßstab und Zweck der Bodenkarte wird die Untersuchung verschieden intensiv sein müssen. Eine großmaßstäbliche Kartierung erfordert eine engmaschige und genaue Untersuchung der Bodenprofile, wogegen bei einer kleinmaßstäblichen Kartierung eine weitmaschige Untersuchung der Bodenprofile genügt; letztere erfordert in der Regel nur die Feststellung von Bodentyp und Textur. Bei der Bodenschätzung werden im Felde nur die Eigenschaften des Bodens ermittelt, die für die Wertfindung notwendig sind. Soll die Untersuchung und Kartierung des Bodens dem Zwecke der Flurbereinigung dienen, so muß besondere Rücksicht auf den Bodentausch und die Bodenmelioration genommen werden. Was auch immer der Zweck der Untersuchung des Bodens im Felde sein mag, ein Minimum an Untersuchungen ist in jedem Falle erforderlich, jedoch sollte angestrebt werden, die Untersuchung so genau wie möglich durchzuführen, um das Ergebnis auch noch in späterer Zeit für andere Zwecke bei Erfordernis zur Hand zu haben. Die im folgenden aufgeführten Bodeneigenschaften können hier nicht näher erläutert werden; näheres darüber ist in den Spezialkapiteln dieses Buches zu finden.

b. UNTERSUCHUNGSGERÄT

Für die Untersuchung des Bodens im Felde ist das Aufschlußgerät zunächst das Wichtigste (Abb. 184). Für steinfreie und steinarme Mineralböden genügen Spaten, Pürckhauer-Bohrer (1 m oder 1,5 m lang) und Peilstange mit Nut (2 m lang). Steinige Böden müssen mit Hacke und Schaufel aufgeschlossen werden. Tiefere Bohrungen bis etwa 4 m können mit dem Pionier-Bohrer (aneinander schraubbare Peilstangen mit Nut von je 1 m Länge) ausgeführt werden. Für die Entnahme von Untersuchungsproben aus dem Moor gebraucht man die Bohrschappe. Den Aufschluß in Marschböden macht man mit dem Marschenlöffel. Bohrungen zum Einsetzen von Meßrohren werden mit dem Rohrbohrer oder Spiralbohrer ausgeführt.

Für die Herausnahme von kleinen Proben aus dem Bodenprofil zum Zwecke der Bestimmung der Textur und des Gefüges benötigt man ein starkes Bodenmesser. Mit diesem kann man auch die Lagerungsdichte des Bodens qualitativ feststellen, indem man das Messer in die Bodenwand drückt. Auch eine kleine Schaufel, die für die Arbeit im Blumenbeet verwendet wird, ist zum Herausnehmen kleiner Bodenproben geeignet.

Zum Messen der Mächtigkeit des Solums und der Horizonte verwendet man am besten einen Maßstab mit Zentimeter-Einteilung von 2 m Länge; für das Foto des Profils sollte der Maßstab breiter als gewöhnlich und die 10-cm-Abstände sollten deutlich markiert sein. Die Abstände von einem Untersuchungspunkt zum anderen werden normalhin mit Schrittmaß ermittelt. Für die präzise Festlegung der Untersuchungspunkte und zum Ausmessen einer Untersuchungsfläche benötigt man ein Bandmaß. Ferner ist ein Klinometer (Neigungsmesser) für die Messung der Hangneigung zweckmäßig.

Für die Ermittlung des Kalkgehaltes des Bodens gebraucht man im Felde eine 10- oder 20%ige Salzsäure. Dolomit kann im Felde mit Alizarinrot S nachgewiesen werden. Das ungefähre pH kann man im Felde mit Mischindikatoren ermitteln. Dafür gibt es Indikator-Papier, z. B. von Merck, und Indikator-Flüssigkeit, z. B. das Hellige-pH-Meter. Solche Hilfsmittel können nur eine grobe Orientierung bieten. Eisen(II) kann mit Rotem Blutlaugensalz (Kalium-hexacyanoferrat-III) als

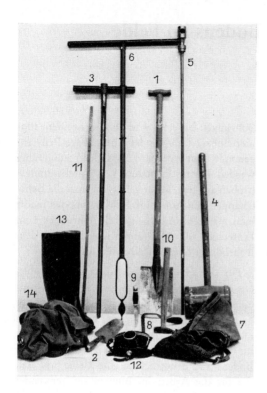

Turnbulls Blau, Eisen(III) mit Gelbem Blutlaugensalz (Kalium-hexacyanoferrat-II) als Berliner Blau nach Zusatz von verdünnter HCl nachgewiesen werden.

Es gibt Testlösungen, in praktischem Tragekasten untergebracht, für eine ungefähre Orientierung über die im Boden (und in der Pflanze) vorhandenen Hauptnährstoffe N, P und K. Da jedoch die Feststellung der pflanzenverfügbaren Nährstoffe im Labor schon schwierig und stark bodenabhängig ist, kann der Test im Felde nur eine Orientierung geben; er ist aber keinesfalls für eine Düngungsempfehlung geeignet.

Die Bestimmung der Bodenfarbe erfolgt mit Hilfe einer Farbtafel (nach MUNSELL oder nach der entsprechenden aus Japan). Da die Farbe am feuchten Boden bestimmt wird, muß eine Flasche mit Wasser zur Hand sein.

Weitere Hilfsmittel: topographische Karte zwecks Orientierung im Gelände und Eintragung der Untersuchungspunkte und der Bodengrenzen, Protokoll-Vordrucke für die Eintra-

Abb. 184. Gegenstände für die Untersuchung des Bodens im Felde: 1 = Spaten; 2 = kleine Schaufel; 3 = Pürckhauer-Bohrer; 4 = Hammer zum Pürckhauer-Bohrer; 5 = Peilstange, 2 m lang (auf dem Bild verkürzt); 6 = Drehbohrer mit Schnecke; 7 = Tragetasche für Spaten und Bohrgerät; 8 = Wolf-Jätehand zum Glätten der Bodenwand; 9 = Bodenmesser; 10 = Geologenhammer; 11 = Zentimeter-Maßstab; 12 = Fotoapparat; 13 = Gummistiefel; 14 = Rucksack; 15 = Feldnotizbuch und Farbtafel; 16 = Geologische Karte; 17 = Weißblechkästchen; 18 = Probebeutel; 19 = Formular für Profilbeschreibung; 20 = Hellige-pH-Meter; 21 = Reagenzienkasten für die Bestimmung von pH, K_2O, P_2O_5 und N; 22 = Flaschen mit Wasser, Salzsäure, Alizarinrot, Reagenzien für Fe (II) und Fe (III).

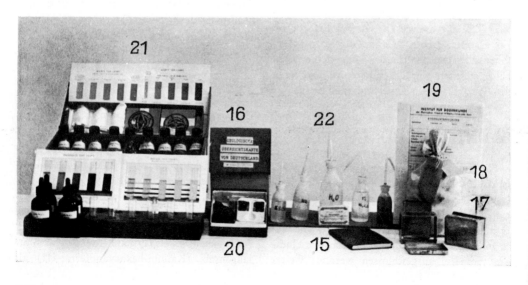

gung aller Beobachtungen am Bodenprofil, Lupe für die Untersuchung von Bodenkörnern u. a., Pflanzenbestimmungsbuch zwecks Bestimmung der Pflanzengemeinschaft am Untersuchungsort und selbstverständlich Farbstifte zur Kenntlichmachung bestimmter Merkmale und Kartier-Einheiten auf der Feldkarte sowie noch anderes; alles das wird untergebracht in einer praktischen Karten- oder Feldtasche.

c. ALLGEMEINE GELÄNDE-ÜBERSICHT

Bevor mit der Untersuchung einzelner Bodenprofile begonnen wird, ist es notwendig, einen allgemeinen Überblick über die Zusammenhänge Geologie — Geomorphologie — Klima — Boden — Pflanze zu gewinnen. Deshalb muß man sich eine Vorstellung verschaffen über: Gebirgsbau, Gesteinsarten und deren Einfluß auf Relief und Bodenbildung, alte Verebnungen und davon abhängig alte Böden, hydrologische Gegebenheiten (Grundwassertiefe, Grundwasserabsenkung, Stauwasser), Humusformen des Waldes in Abhängigkeit von Baumart, Klima und Nutzung (Streunutzung), Daten über das Großklima (Niederschlagsmenge und -verteilung, Jahrestemperatur), Einflüsse des Kleinklimas (Exposition, Spät- und Frühfrost), Pflanzengemeinschaften in Abhängigkeit vom Standort. Um über den Bodenaufbau Grundsätzliches (Solummächtigkeit, gestörte Bodenbildung durch Ab- und Auftrag) zu erfahren, sollen alle erreichbaren Aufschlüsse (Ton-, Mergel-, Sandgruben, Wegeeinschnitte, Baugruben, Steinbrüche u. a.) aufgesucht und studiert, möglichst auch fotografiert werden. Erst wenn diese Übersicht durch das Studium vorhandener Unterlagen (Klima) und Geländebegehungen gewonnen ist, können gezielt die Geländepunkte für die Anlage von Grablöchern und Bohrungen festgelegt werden.

d. UNTERSUCHUNG DES BODENPROFILS

Für eine genaue Untersuchung des Bodenaufbaues (Bodenprofils) muß der Boden aufgeschlossen werden, soweit nicht schon natürliche Profilwände (Ton- und Kiesgruben u. a.) freigelegt sind. Dies geschieht durch Anlegen einer Grube mit Spaten oder Hacke und Schaufel, so daß die glatte Profilwand für eine genaue Untersuchung offen liegt. Für die Untersuchung und Beurteilung des Bodens hat die Arbeitsgemeinschaft Bodenkunde der Geologischen Landesämter der BRD 1982 Richtlinien herausgegeben, womit eine einheitliche Beschreibung und Benennung des Bodens und seiner Merkmale in der BRD angestrebt wird. Auch gibt es dafür DIN-Blätter (s. Literatur).

Zunächst werden *Horizonte* (bzw. Schichten) des Bodens gesucht, abgegrenzt, ihre Mächtigkeit gemessen und festgestellt, ob der Übergang von Horizont zu Horizont scharf (gerade), wellig oder zungenförmig ist. Für die Kennzeichnung der Horizonte verwendet man vereinbarte Symbole. Von allen Horizonten sind die nachfolgenden Feststellungen zu treffen.

Die Feststellung der *Farbe* am feuchten Boden wird mit der Farbtafel nach MUNSELL oder der japanischen Farbtafel vorgenommen, wobei zu beachten ist, daß die Farbe der Bruchfläche eines Bodenstückes oft anders ist als die Farbe des zerriebenen Bodens. Farbunterschiede innerhalb eines Horizontes, wie z. B. die Flecken in den S-Horizonten, sind einzeln zu bestimmen.

Die *Textur* wird im Felde mit der Fingerprobe ermittelt. Eine Kontrolle der Fingerprobe mit der Korngrößenbestimmung im Labor ist von Zeit zu Zeit angebracht. Mit der Textur wird gleichzeitig deren Ausgangsgestein festgehalten.

Neben der Textur sind der *Humusgehalt* und die *Humusform* (letztere meist nur im Wald direkt feststellbar) wichtige Feststellungen. Das geschieht nach der Farbe unter Berücksichtigung der Farbe des mineralischen Anteils (in roten Böden ist der Humusanteil schwer abschätzbar), des Anteils hochpolymerer Huminstoffe, der Humusverteilung und der Bindung an Tonsubstanz (feinverteilter, hochpolymerer, tonverbundener Humus färbt stark dunkel).

Die Bestimmung des *Gefüges* muß sehr sorgfältig erfolgen, weil davon und von der Textur im wesentlichen Wasser- und Lufthaushalt abhängen. Es genügt daher nicht, die Gefügeart anzugeben. Vielmehr muß darüber hinaus präzisiert werden: Größe der Gefügeaggregate, deren Ausprägungsgrad und Dichte (Porengehalt), ob Tonhäutchen vorhanden sind oder nicht u. a. m.

Neben diesen wichtigen Feststellungen sollen weitere Beobachtungen registriert werden: große Poren, Tiergänge, Fleckung, Konkretionen, Bänder, Ausfällungen von Kalk oder Gips, Lagerungsdichte und sonstiges. Für eine etwas genauere Abschätzung der Anteile von Bodenskelett, Flecken und Konkretionen wird eine entsprechende Tafel verwendet (Abbildung 185).

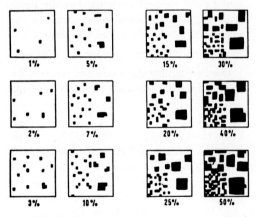

Abb. 185. Tafel zur Schätzung von Flächen- oder Raumanteilen im Bodenprofil, z. B. Bodenskelett, Flecken, Konkretionen (nach Arbeitsgemeinschaft Bodenkunde 1982).

Die vorstehenden Merkmale erlauben, die bodengenetische und bodentypologische Stellung des Bodens festzustellen.

Aufgrund von Bodentyp, Textur und Gefüge können unter Heranziehung von Laboruntersuchungen an gleichen oder ähnlichen Böden halbquantitative Angaben gemacht werden über: Durchlässigkeit des Bodens oder einzelner Horizonte für Wasser (k_f) und Luft, Feldkapazität, nutzbare Feldkapazität, Luftkapazität (Arbeitsgemeinschaft Bodenkunde 1982). Gerade diese halbquantitativen Angaben über die wichtigsten bodenphysikalischen Eigenschaften sind für Melioration und Nutzung der Böden in der Intensivwirtschaft äußerst wichtig.

e. UNTERSUCHUNG DES BODENS IM FELDE FÜR SPEZIELLE ZWECKE

Die im vorstehenden Abschnitt d. aufgeführten Untersuchungen des Bodens im Felde werden heute allgemein bei der großmaßstäblichen Bodenkartierung, vor allem bei der bodenkundlichen Landesaufnahme in der BRD gemacht (Arbeitsgemeinschaft Bodenkunde 1982). Abgesehen davon sind Bodenuntersuchungen im Felde für viele andere Zwecke erforderlich, von denen hier nur einige Beispiele gegeben werden. In solchen Fällen muß sich die Untersuchung auf den Zweck ausrichten.

Für ein *Dränungsprojekt* muß sich die Untersuchung vornehmlich auf die Bodenhydrologie einstellen. Hierbei kommt es auf die vertikale und laterale Wasserdurchlässigkeit des Bodens an. Diese wird im wesentlichen abgeleitet von Textur, Gefüge und typologischer Entwicklung. Die Ermittlung der Porengrößenverteilung und der k_f-Werte im Labor ist von typischen Böden des Untersuchungsgebietes erforderlich.

Für die *Abwasserbeseitigung* muß sich die Untersuchung darauf konzentrieren, wie schnell das Wasser in den Untergrund absickern kann und wo das Wasser verbleibt. Dementsprechend müssen neben der Wasserdurchlässigkeit des Bodens auch die Grundwasserverhältnisse (Fließrichtung, Wasserfassungen) sorgfältig untersucht werden.

Um eine geeignete Parzelle für einen *Düngungs- oder Sortenversuch* ausfindig zu machen, müssen Bohrungen in kurzen Abständen (etwa 5 m) gemacht werden, um die Gewähr für einen gleichmäßigen Bodenaufbau geben zu können. Hierbei kommt es vor allem auf die Untersuchungen der Textur und des Gefüges im durchwurzelten Raum an; denn gleichmäßiger Wasser- und Lufthaushalt des Versuchsfeldes sind grundlegend für die Vergleichbarkeit der Versuchsergebnisse. Meistens liegt auf der kleinen Fläche eines Versuches der gleiche Bodentyp vor, so daß diesbezüglich selten Unterschiede auftreten.

Die Bodenuntersuchungen bzw. Kartierungen für die *Stadt- und Landesplanung* (oder Raumordnung) müssen sich nach der gestellten Aufgabe richten, d. h. dem Bodenkundler muß aufgegeben werden, auf welche Bodeneigenschaften es bei der betreffenden Planung ankommt. Meistens geht es um Bodenwert, Bodeneignung und Wasserverhältnisse. In vielen Fällen ist es angebracht, aufgrund der ermittelten Bodeneigenschaften eine dem Planer direkt dienende Auswertungskarte anzufertigen.

Literatur

ARBEITSGEMEINSCHAFT BODENKUNDE der Geologischen Landesämter der Bundesrepublik Deutschland: Kartieranleitung – Anleitung und Richtlinien zur Herstellung der Bodenkarte 1:25 000, 3. Aufl. – Hannover 1982.
CLARKE, G. R.: The Study of the Soil in the Field. – 5. Ed., Clarendon Press, Oxford 1957.
DIN 19671, Teil 1: Rillen- und Rohrbohrer.
DIN 19671, Teil 2: Gestänge, Flügelbohrer, Bohrschappe, Marschenlöffel, Spiralbohrer.
DIN 19672, Teil 1: Geräte zur Entnahme von Bodenproben in ungestörter Lagerung.
DIN 19672, Teil 2: Geräte zur Untersuchung und Entnahme von Moorbodenproben.
DIN 19680: Bodenaufschlüsse und Grundwasserbeobachtungen.
DIN 19681: Entnahme von Bodenproben.
DIN 19682, Teil 1 – 13: Bodenuntersuchungsverfahren im Landwirtschaftlichen Wasserbau; Felduntersuchungen.
DIN 4220, Teil 1 – 4: Richtlinien zur Untersuchung meliorationsbedürftiger Standorte. 1. Aufnahme, Kennzeichnung und Darstellung. 2. Beschreibung der Feldmethoden. 3. Aufnahme und Darstellung weiterer Standortfaktoren. 4. Pflanzensoziologische Untersuchungen.
Alle DIN-Blätter vertreibt der Beuth-Verlag GmbH, Burggrafenstr. 4 – 7, Berlin 30 und Kamekestr. 2 – 8, Köln (Jahr wird nicht angegeben, da stets das neue Blatt geliefert wird).
FIEDLER, H. J. und SCHMIEDEL, H.: Methoden der Bodenanalyse. Bd. 1, Feldmethoden. – Verlag Steinkopff, Dresden 1973.
FRANZ, H.: Feldbodenkunde. – Verlag Fromme, Wien und München 1960.
MARGULIS, H. et REVON, A.: Pédologie descriptive. – Verlag Privat, Toulouse 1973.
MÜCKENHAUSEN, E. und ZAKOSEK, H.: Bodenkundliche Untersuchungsmethoden. In: Angewandte Geowissenschaften von F. Bender (Herausgeber), Bd. I. – Verlag Enke, Stuttgart 1981.
WILKINSON, B. (Editor): Soil field handbook. – Advisory Paper, ADAS, Ministry of Agriculture, Fisheries and Food, London 1971.

Zusammenfassende bodenkundliche Literatur

AMERYCKX, J.: Algemene Bodemkunde. – Gent 1974.
BLANCK, E. (Herausgeber): Handbuch der Bodenlehre. – Bd. 1 – 10 und 1 Erg. Bd., Verlag Springer, Berlin 1929/39.
BONNEAU, M. et SOUCHIER, B.: Pédologie, 2. Constituants et propriétés du sol. – Verlag Masson, Paris – New York – Barcelona – Milan 1979.
CRUICKSHANK, J. G.: Soil Geography. – Verlag John Wiley & Sons., Inc., New York 1972.
DUCHAUFOUR, Ph.: Atlas écologique des sols du monde. — Verlag Masson, Paris – New York – Barcelona – Milan 1976.
DUCHAUFOUR, Ph.: Pédologie, 1. Pédogenèse et classification. – Verlag Masson, Paris – New York – Barcelona – Milan 1977.
DUCHAUFOUR, Ph.: Précis de Pédologie. – Masson & Cie, Paris 1960.
FIEDLER, H. J. und REISSIG, H.: Lehrbuch der Bodenkunde. – Verlag Fischer, Jena 1964.
FIEDLER, H. J. und HUNGER, W.: Geologische Grundlagen der Bodenkunde und Standortslehre. – Verlag Steinkopff, Dresden 1970.
FINCK, A.: Tropische Böden. – Verlag Parey, Hamburg und Berlin 1963.
FOTH, H. D. und TURK, L. M.: Fundamentals of Soil Science. – 5. Aufl., Verlag J. Wiley & Sons, Inc., New York-London 1972.
FRANZ, H.: Feldbodenkunde. – Verlag Fromme, Wien und München 1960.
GERASIMOV, I. P. und GLAZOVSKAYA, M. A.: Fundamentals of Soil Science and Soil Geography. – States Publishing House for Geography, Moscow 1960, translatet in Israel 1965, sec. impr. 1970.
GIESEKING, J. E. (Editor): Soil Components. – Verlag Springer, Berlin-Heidelberg-New York 1974/75.
KLAPP, E.: Lehrbuch des Acker- und Pflanzenbaues. – 6. Aufl., Verlag Parey, Berlin und Hamburg 1967.
KOVDA, V. A.: The Principles of Pedology. General Theory of Soil Formation. – Vol. I and II, Publishing House »Nauka«, Moscow 1973.
KUBIENA, W. L. Bestimmungsbuch und Systematik der Böden Europas. – Verlag Enke, Stuttgart 1953.
KUNTZE, H., NIEMANN, J., ROESCHMANN, G. und SCHWERDTFEGER, G.: Bodenkunde. – 3. Aufl., Uni-Taschenbücher 1106, Verlag Ulmer, Stuttgart 1983.
LINSER, H. (Herausgeber): Handbuch der Pflanzenernährung und Düngung. – Bd. I, II, III, Verlag Springer, Wien-New York 1965, 1966, 1972.
MOHR, E. C. J., van BAREN, F. A. and van SCHUYLENBORGH, J.: Tropical Soils. A comprehensive study of their genesis. – 3. Aufl., Verlag Mouton–Ichtier Baru-van Hoeve, The Hague – Paris–Djakarta 1972.
MÜCKENHAUSEN, E., unter Mitwirkung von KOHL, F., BLUME, H.-P., HEINRICH, F. und MÜLLER, S.: Entstehung, Eigenschaften und Systematik der Böden der Bundesrepublik Deutschland. – 2. Aufl., DLG-Verlag, Frankfurt/M. 1977.
MÜCKENHAUSEN, E. und ZAKOSEK, H.: Bodenkundliche Untersuchungsmethoden. In: Angewandte Geowissenschaften von F. Bender (Herausgeber), Bd. I. – Verlag Enke, Stuttgart 1981.
MÜLLER, G.: Bodenbiologie. – Verlag Fischer, Jena 1965.
MÜLLER, G. in Zusammenarbeit mit EHWALD, E. FÖRSTER, I. und REUTER, G.: Bodenkunde. – VEB Deutscher Landwirtschaftsverlag, Berlin 1980.
MÜLLER, S.: Böden unserer Heimat. – Franckh'sche Verlagshandlung, Stuttgart 1969.
REHFUESS, K. E.: Waldböden. Entstehung, Eigenschaften, Nutzung. – Verlag Parey, Hamburg und Berlin 1981.
REMEZOV, N. P. and POGREBNYAK, P. S.: Forest Soil Science. – State Publishing House for Forestry, Moscow 1965, translated in Israel 1968.
REUTER, G.: Die Böden. – Fernstudium der Lehrer. Fachkommission Geographie, Leipzig 1961.
RODE, A. A.: Soil Science. – Publishing House for the Wood and Paper Industry, Moscow 1955, translated in Israel 1962, sec. impr. 1963.
SCHEFFER, F. und SCHACHTSCHABEL, P.: Bodenkunde. – 10. Aufl. 1979, 11., neu bearbeitete Aufl. von P. SCHACHTSCHABEL, H.-P. BLUME, K.-H. HARTGE und U. SCHWERTMANN, Verlag Enke, Stuttgart 1982.
SCHLICHTING, E.: Einführung in die Bodenkunde. – Verlag Parey, Hamburg und Berlin 1964.
SCHLICHTING, E. und BLUME, H. P.: Bodenkundliches Praktikum. – Verlag Parey, Hamburg und Berlin 1966.
SCHROEDER, D.: Bodenkunde in Stichworten. – 4. Aufl., Verlag Hirt, Kiel 1983.
TOWNSEND, W. N.: An Introduction to the Scientific Study of the Soil. – 5. Aufl., Verlag Edward Arnold Ltd., London 1973.
VILENSKII, D. G.: Soil Science. – Ministry of Education of the USSR, Moscow 1957, translated in Israel 1963.

Bodenkundliche Zeitschriften

In den nachstehend aufgeführten wichtigsten bodenkundlichen Zeitschriften werden bei weitem nicht alle bodenkundlichen Forschungsarbeiten mitgeteilt, viele erscheinen in den landwirtschaftlichen, forstwirtschaftlichen, gartenbaulichen, geologischen, geomorphologischen, chemisch-analytischen, botanischen, mikrobiologischen und geographischen Publikationsorganen. Davon sind hier nur einige aufgeführt.

Argentinien:	Ciencia del Suelo.
Australien:	Australian Journal of Soil Research.
	Journal of the Soil Conservation Service of New South Wales.
Bangladesh:	Bangladesh Journal of Soil Science.
Belgien:	Pédologie.
Bundesrepublik Deutschland:	Zeitschrift für Pflanzenernährung und Bodenkunde.
	Mitteilungen der Deutschen Bodenkundlichen Gesellschaft.
	Zeitschrift für Kulturtechnik und Flurbereinigung.
	Zeitschrift für Acker- und Pflanzenbau.
	Landwirtschaftliche Forschung.
Bulgarien:	Pochvoznanie i Agrochimiya.
Deutsche Demokratische Republik:	Archiv für Acker- und Pflanzenbau und Bodenkunde (früher Albrecht-Thaer-Archiv).
	Pedobiologia.
	Landwirtschaftliches Zentralblatt, Pflanzliche Produktion (Referatenorgan).
Finnland:	Annales Agriculturae Fenniae.
Frankreich:	Science du Sol.
	Cahiers ORSTOM, Série Pédologie.
	Bulletin de l'Association Française pour l'Etude du Sol.
Großbritannien:	Journal of Soil Science.
	Soil Biology and Biochemistry.
	Soils and Fertilizers (Abstracts of World Literature).
	Clay Minerals.
Indien:	Indian Journal of Agricultural Research.
	Journal of the Indian Society of Soil Science.
Japan:	Soil Science and Plant Nutrition.
	Journal of the Science of Soil and Manure.
Kanada:	Canadian Journal of Soil Science.
	Agrochimica.
Neuseeland:	New Zealand Soil News.
	New Zealand Journal of Agricultural Research.
Niederlande:	Geoderma.
	Plant and Soil.
Österreich:	Bodenkultur.
Polen:	Roczniki Gleboznawcze.
Rom:	Soils Bulletin, Food and Agricultural Organization of the United Nations.
Rumänien:	Stiinta Solului.
Schweden:	Grundförbättring.
Spanien:	Anales de Edafología y Agrobiología.
Südafrika:	Agrochemophysica.
Ägypten:	United Arab Republic Journal of Soil Science.
Ungarn:	Agrokémia és Talajtan.
USA:	Soil Science.
	Soil Science Society of America Proceedings.
	Journal of Soil and Water Conservation.
	Communications in Soil Science and Plant Analysis.
	Advances in Agronomy.
	A Review of Soils Research in Tropical Latin America.
	Journal of Environmental Quality.
USSR:	Pochvovedenie und Agrokhimiya.

Sachregister

Das Sachregister ist in **zwei Abschnitte** aufgeteilt, der erste Abschnitt betrifft die geologischen, geomorphologischen, mineralogischen und petrologischen **Grundlagen** und der zweite Abschnitt die **Bodenkunde** im engeren Sinne. — Bei dem allgemeinen Hinweis erscheint die Seitenzahl im Normaldruck, bei schwerpunktmäßigen Ausführungen ist sie halbfett gedruckt, bei Abbildungen erhält die Seitenzahl ein * und bei Tabellen **.

A. Geologische, geomorphologische, mineralogische und petrologische Grundlagen.

Abdachungsebene 23
Ablation 121, 121*
Abrasionsfläche 116
Absatzgesteine 139
Abschiebung 74
Abspülung, Denudation 96
Abtragungsebene 24
Achsenebene, Tektonik 71*
Ätzkalk 140
Akkumulation des fließenden Wassers **102**
Aktualismus 18, 183
Alabaster 142
Alaun 84
Algen, Verwitterung 91
Algonkium **171**
Allophan 144, 150, 150*
Alluvium 182, 183
Almandin 54
alpine Trias 177
Altwasser 102
—, rinne 104
Aluminiumhydroxid 161
Ammoniak 85
Amphibole 42
Amphibolit 56
Ancylus-See 183
Andalusit 53
Andesit 47
Anhydrit 84, 142
Anmoor 126
Antiklinaltal 107, 107*
Antikline 71*
Antiklinorium 72
Apatit 42
Aragonit 86, 140
Aragonitsinter 140
Archäikum **170**
—, Bottnium 170
—, Svionium 170
archäische Gesteine 170
Artesischer Brunnen 112, 113*
Aschenvulkan 34
Atmosphäre **25**, 79
Atmosphärilien 84
Attapulgit 151, 151*, 152

Auelehm 104
Auenboden 126
Aufschiebung 74
Aufschüttungsebene 23, 104
Augenstein 133
Augit 41
Ausfällungsgesteine 139, **158**, 158*
Auskehlung, Wind 133

Bach 98
Badlands 96
Bänderton 125, 156, 170
Bakterien 91
Bannwald 120
Barrancas 38
Barrentheorie 161
Baryt 142
Basalt 44**, 48
Bauxit 151, 161
Beidellit 146
Bentonit 146
Bergkristall 40
Bergland 24
Bergschlipf 96
Bergschrund 120
Bergsturz 96
Bernstein 164
Bifurkation 102
Bims 36
biogene Carbonate **162**
biogene Sedimentgesteine **162–164**
biologische Verwitterung 89
Biotit 41
Bischofit 142
Bittermergel 160
Bitterspat 85
Blätterstruktur 118
Blattverschiebung 74
Blaubänderstruktur 118
Block, Körnung 153
Blockgebirge 66
Blockgipfel 95
Blocklava 36
Blockmeer 82, 83*, 95, 129
Blockschutt 95*

Blockstrom 95
Bodenchlorit 149
Bodenfließen 83, 93, 128*, 129
Bodenkunde, Angewandte- 18
Bodenwasser 110
Böhmit 151
Bohnerz 143, 160
Bomben, Vulkan 36
Bonebed **164**
Bottnium 170
Brauchwasser 111
Brandung 115
Brandungsgeröll 115, 116
Brandungshohlkehle 115
Brandungsplattform 115
Brandungsschutt 116
Brauneisen 85, 143
Brauneisenerz 160
Braunkohle 163
Braunkohlenstaub 139
Braunkohlenzeit 181
Breccie 52, 88, 153
Brockenlava 36
Bruch, Tektonik 72
Bruchfaltengebirge 66
Bruchschill 116
Brücke, Geomorphologie 95
Buntsandstein 177

Calanchen 96
calcisede Flechten 91
Calcit 55, 86, 140
Calciumbicarbonat 85
Calciumhydrogencarbonat 85
Caldera 34, 38
Cañon 107*
Carbonate, biogene- **162**
Carnallit 142
Carneol 161
Chalcedon 161
chemische Sedimentgesteine **157–162**
chemisch-biologische Verwitterung **90–92**
Chilesalpeter **163**
Chlorit 54, 148, 149*, 152
Cölestin 143
Cordierit 54
Cyanit 53

Dachschiefer 72
Dauerflüsse 99
Dauerfrostboden 128
Dazit 47
Deckenvulkan 32
Deckfalte 72
Decksand 138
Deflation 132*, 133
Delle 93, 93*
Delta 105, 106*
Deltaschichtung 106

Denudation 96, 106
Denudationsterrasse 96
Depression, Geomorphologie 23
Detersion 123
Detraktion 123
Devon **173**
—, Mittel- 173**
—, Ober- 173**
—, Unter- 173**
Diabas 47
Diagenese 153
Diagonaltal 107
Diaspor 151
Diatomeenschiefer 163
Dickit 145
Diluvium 182
Diorit 46
Dislokation 70
Disthen 53
Dogger 178
Dolerit 48
Dolomit 55, 85, 141, 160
Dolomitisierung 160
Dolomitriff 160
Dolomitsand 160
Doppelspat 140
Dreischichtminerale 144
Drenthe-Stadium 124
Drumlin 123, 125*, 127
Dünen
—, Binnen- 134
—, Küsten- 134
—, Strand- 134
—, Wander- 134
Dünenformen, 134*, 135*
—, Barchan 135*
—, Bogendüne 135
—, Flugsandböschung 134*
—, Haldendüne 135, 135*
—, Kupsten 134*, 135
—, Längsdüne 134*, 135
—, Parabeldüne 135, 135*
—, Querdüne 135, 135*
—, Sicheldüne 135, 135*
—, Strichdüne 134*, 135
—, Walldüne 135*
—, Zungendüne 134*, 135
Durchbruchstal 107
—, antezedentes- 108
Dynamometamorphose 52

Ebene 23
—, Küsten- 23
—, Rand- 23
—, Tief- 23
Eindampfungsgesteine 139, 158**, **161**
Einsturzdoline 87
Einzelberggruppe 24
Einzugsgebiet 98
Eis **118–132**
Eisencarbonat 160

Eisenhydroxid 143
Eisenkruste 133
Eisenocker 114
Eisensandstein 155
Eisenspat 85, 141
Eisensulfid 85
Eiskeil 130, 131*
Eiskeilnetz 130
Eislinse 83, 131
Eisrandterrasse 127
Eisspalt 131*
Eisspalten 130, 130*
Eiszeit **124**, 183
—, Donau- 124**
—, Elster- 124**
—, Günz- 124**
—, Mindel- 124**
—, Prätegelen- 124**
—, Riß- 124**
—, Saale- 124**
—, Weichsel- 124**
—, Weybourne- 124**
—, Würm- 124**
Eiszeiten, Ursachen 131
Eklogit 56
Endmoräne 121*
Endmoränenwall 125*
Endogene Dynamik 18, 23, **29–78**
Entwicklung, Leben 167*
Eozän 181
Epidot 54
Epirogenese 58
Epizentrum 76
Epizone 52
Erbsenstein 158
Erdbeben 75
—, Einsturz- 75
—, tektonisches- 75
—, vulkanisches- 75
Erdbebenwellen 26, 77
Erde als Himmelskörper 29
Erdfall 87
Erdgeschichte 17, **166**, 166**, 167*, 168**
Erdkern 26
Erdkörper, Aufbau **25**
Erdneuzeit **180**
Erdöl 164
Erdpfeiler 97, 97*
Erdpyramide 97, 97*
Erdrinde, Zusammensetzung 28**
Erdschlipf 95
Ergußgesteine 43, 46
Ergußtafelland 24
Erosion 84
—, fluviatile- 100, **106**
—, rückschreitende- 100, 107
—, Seiten- 100
—, Tiefen- 100
Erosionsbasis
—, allgemeine- 100
—, örtliche- 100

Erosionsterminante 100
Erschütterungswellen 77
Erstarrungsgesteine 42
Eruptivgesteinsgang 72
Erzgang 72
eustatische Schwankungen 62
Evaporite **161**
Evorsion 100
Exaration 84, 122
Exogene Dynamik 18, 23, **79–139**
Expansionstheorie 67
Externiden 64

Fallen, Tektonik 68, 69*, 70
Falten, Tektonik **70**, 71*
—, disharmonische- 71*
—, geneigte oder vergente- 71*
—, liegende- 71*
—, normale- 71*
—, überschobene- 71*
Faltung
—, alpidische- 180
—, austrische- 180
—, kaledonische- 171
—, variszische- 171
Faltungsreife 64
Fasergips 142
Fastebene 64, 66, 96, 108
Faulschlamm 164
Feinerdebeete 130
Feinschichtung 170
Feldspat 88
Felsburg 94*, 95
Felsenmeer 95, 129
Felsruine 129
Felssturz 95*, 96
Fenster, Tektonik 74
Festgesteine 153
Feuerletten 156
Feuerstein 161
Feuersteinknollen 161
Firn 118
—, feld 118
—, mulde 123
—, region 121
First oder Scheitel, Tektonik 71*
Fiumare 99
Flachbeben 77
Flachland 23
Flachküste 116, 117*
—, Bruchschill 116
—, Küstendüne 117, 117*
—, Schill 116
—, Strandsaum 116
—, Strandwall 116
—, Strömungsrippel 116
Flächenspülung 97
Flechten, Verwitterung 91
—, calciside- 91
—, siliziside- 91
Fleckschiefer 50

Flexur **74**
Fließ 156
Flintenstein 161
Flottlehm 138, 156
Flottsand 138, 156
Flüsse **99**
—, episodische- 99
—, Gefälle 99
—, Oberlauf 99
—, perennierende- 99
—, periodische- 99
—, Unterlauf 99
Flugdecksand 138
Flugsand 138
Flußablagerung 104
Flußanzapfung 108
Flußbarren 105
Flußinsel 102
Flußnetz 98
Flußschlinge 102
Flußspat 42
Flußsystem 98
Flußterrasse 59, 66, 107
Flußtrübe 103
Flutlehm 104
fluviatiles Sediment 104
fluvioglazigene Sande 126
Flysch 180, 182
Flyschgesteine 64
Formationen 166**, 168**
Formsand 154
Fossilien 166
Frane 96
Frostboden 83
Frostmuster 130
Frostsprengung 82
Frostverwitterung **82**
Fruchtschiefer 50
Fumarole 36
Furchen, Erosion 96
Fußfläche, Geomorphologie 133*

Gabbro 46
Ganggesteine 48
Geantikline 58
Gebirge 24
—, durchgängige- 24
—, Falten- 24
—, geöffnete- 24
—, geschlossene- 24
—, Grat- 24
—, Kamm- 24
—, Ketten- 24
—, Kuppen- 24
—, Massen- 24
Gebirge, Bautypen **62**
—, Block- 62
—, Bruchfalten- 62
—, Decken- 64
—, Falten- 62

Gebirgsbildung, Theorien **67**
—, subhercynische- 180
Gebirgsfluß 105*
Gebirgsrumpf 64, 66
Gefrornis, Ewige- 128
Gehängeschutt 92*
Gekriech 92*
Generalstreichen 69*, 70
Geoden 156
Geologie **17**
—, Allgemeine- 18
—, Baugrund- 18
—, Historische- 17
—, Hydro- 18
—, Ingenieur- 18
—, Lagerstätten- 18
—, Regionale- 18
Geomorphologische Begriffe **23**
Geomorphologisches Grundgesetz 23
Geophysik 18
Geosynklinale, paläozoische- 66
Geosynkline 58
Geothermische Tiefenstufe 27
germanische Trias 177
Geröll 102, 153
Geschiebe, kantengerundete- 122
Geschiebeanalyse 122
Geschiebelehm 126
Geschiebemergel 126, 156
Gesteinsmasse, Verlagerung **92**
Gewässer **98**
—, Arbeit der fließenden- 98
—, unterirdische- **114**
Gezeiten 115
Gibbsit 151, 152
Gipfelflur 24
Gips 84, 141
Gipskeuper 178
Gipskruste 84
Glaskopf 143
Glassand 154
Glaukonit 143
glazialer Rinnensee 126
Glazialsee 125*, 128
Gleithang 99, 99*
Gletscher, Wirkung **122**
—, Ablagerung von Gesteinsmaterial **122**
—, erosion 122, 123
—, schrammen 123
—, Transport **122**
—, Wirkung auf den Untergrund **122**
Gletschereis **118**
Gletscherschutt 122
Gletscherschwankung 121
Gletschersee 123*
Gletscherspalten 120, 121*
—, Diagonalspalten 120
—, Längsspalten 120
—, Querspalten 120
—, Radialspalten 120
—, Randspalten 120

Gletschertypen **120**
—, Alaskagletscher 120
—, Gebirgsgletscher 120, 121*
—, grönländischer Gletscher 120
—, Hängegletscher 120, 121*
—, Kargletscher 120, 121*
—, skandinavischer Gletscher 120
—, Talgletscher 120
—, Vorlandgletscher 120
Gletscherzunge 121*
Glimmersand 155
Gneis 55
Goethit 143
Goldsand 155
Gondwanakontinent 179
Gondwanaland, Zerfall 180
Graben, Tektonik 74
Grabental 107, 108
Granat 54
Granatsand 155
Granit 55, 164
Granulit 56
Graphit 55, 164
Graulehm 66
Grundmoräne 121*, 125*, 126, 127**
—, kuppige- 126
Grundwasser **110**
—, absenkung 111
—, deckschicht 110
—, ganglinie 111
—, gespanntes- 110
—, kapillares- 110
—, leiter 110
—, oberfläche 110
—, schwankungsamplitude 111
—, sohle 110
—, speicher 110
—, spende 110
—, spiegel 110
—, stand 110
—, stauer 110
—, stockwerk 111
Grus 153
Guano 163
Gyttja 164

Hämatit 143
Hängegletscher 121*
Härtegrad, deutscher- 111
Härteskala 40
Härtling 74, 98, 98*, 164
Haff 117
Haken, Flachküste 117, 119*
Hakenschlagen 92*
Hakenwerfen 92*
Halit 142
Halloysit 145, 146*, 151
Hamada 133
Hangfußfläche 133
Hangmulde 93*
Harnisch, Tektonik 74

Hauptstreichen 69*, 70
Hauptstreichrichtung 68*
Hochebene 23
Hochflutlehm 104
Hochgebirge 24
Hochland 23
Hochplateau 24
Hohlebene 23
Holozän 182, **183**
Holzopal 161
Hornblende 42
Hornfels 50
Horst, Tektonik 74
Hottensteine 160
Hügelland 24
Hydrargillit 152
Hydratation 88
Hydratbildung 84
Hydroglimmer 147, 148*
Hydrohämatit 143
Hydrolyse 88
Hydrosphäre **25**
Hypozentrum 76
Hypsographische Kurve 21*, 22

Ignimbrit 34
Illit 144*, 146, 146*, 148*, 149*, 152
Imogolit 150, 150*
Ingression 118
Inlandeis 120, **124**
—, Ablagerungen 125*
—, Antarktisches- 121
Insolation 80, **81**, 132, 133*
Interglazialzeit 124, 183
Interniden 64
Interstadiale 183
Isoklinaltal 107
Isoseisten 77
—, karte 77
Isostasie 27

Jotnium 171
Jura **178**
—, Brauner- 178
—, Dogger 178
—, Lias 178
—, Malm 178
—, Mittlerer- 178
—, Oberer- 178
—, Schwarzer- 178
—, Unterer- 178
—, Weißer- 178
juveniles Wasser 110

Känozoikum **180**
—, Quartär 180
—, Tertiär 180
Kainit 142
kaledonische Faltung 171
Kalifeldspat 40
Kalilauge 89

Kalium
—, fixierung 148
—, quelle 148
Kalke 159
—, dichter- 159
—, spätiger- 159
Kalkkonkretion 136
Kalkkruste 84
Kalknatronfeldspat 40
Kalksandstein 88, 155, 160
Kalkschlamm 159
Kalksilikatfels 56
Kalksilikat-Hornfels 50
Kalksinter 88, 114, 158
Kalkspat 86, 140
Kalkstaubverwehung 139
Kambrium **172**
Kames 127
Kanzelform 94*, 95
Kaolinit 143, 144*, 145, 149*, 151
Kar 121*, 123, 128
Karbon **174**
Karelium 171
Kargletscher 121*, 123
Karren 87, 97
Karsee 121*, 123
Karst 84, 87
—, hydrographie 87
—, landschaft 87
—, quelle 88
—, wasser 87, 110, 114
Kastental 106
Kataklase 52
Katazone 52
Kaustobiolithe **163**
Kegelkarst 86*, 87
Kerbtal 106, 107*, 108*, 123
Kernschale, Erde 26
Kernsprung 81, 82*
Kesselstein 111
Keuper 177
—, Gips- 178
—, Kohlen- 178
Kies 153
Kieselerde 163
Kieselgur 163
Kieselkalk 159
Kieseloolith 161
Kieselsäure 89
Kieselsäurehydrat 161
Kieselschiefer 163
Kieselsinter 114, 161
Kieserit 142
Kinematik, Tektonik 70
Kissenlava 36
Klamm 106, 107*
Klapperstein 155
klastische Sedimentgesteine **153–157**, 153**, 154**
Kleinskulpturformen 23
Kliff 115
Klima 79

—, änderung 122
—, zonen 79
Klimabereiche 70, **79**, 80, 80*
—, arider- 80
—, gemäßigt warmer, humider- 80
—, nivaler- 81
—, warmer, humider- 80
Klippe
—, geomorphologische- 95, 115
—, tektonische- 74
Kluftsystem 72
Klufttal 107
Knollenmergel 93*
Knotenkalk 160
Knotenschiefer 50
Kochsalz 142
Kohleneisenstein 160
Kohlensäuerling 114
Kohlensäure 85
Kohlenstoff ^{14}C 170
Kolke 100
Konglomerat 88, 153
Konkretionen 155
Kontaktmetamorphose **50**, 51*
Kontinentalböschung 22
Kontinentalverschiebungstheorie 67
Kontraktionstheorie **67**
Korrasion 84, 93, **133**
Korrasionstal 93
Kramenzelkalk 160
Krater, Vulkan 30*
Kreide, Formation **179**
—, Obere- 179
—, Untere- 179
Kreislauf
— der Luft 79
— des Wassers 79
Kristallaufbau, Tonminerale **144–151**
—, Illit 144*
—, Kaolinit 144*
—, Montmorillonit 144*
Kristallformen, Minerale 41*, 52*, 140*
—, Anhydrit 140*, 142
—, Aragonit 140, 140*
—, Calcit 140, 140*
—, Dolomit 140*, 141
—, Gips 140*
—, Magnesit 140*, 141
—, Steinsalz 140*, 142
—, Sylvin 140*, 142
Kristalline Schiefer 52
Krustenboden 84
Kryoklastik 83
Kryoturbation 83, 129, 129*, 131
Küste **114**
—, atlantische- 117
—, Bodden- 118, 119*
—, Canali 118, 119*
—, Diagonal- 117
—, Fjord- 118, 119*
—, Flach- 116, 117*

—, Förden- 118
—, Haff- 118, 119*
—, Hebungs- 118
—, Ingressions- 118
—, Korallen- 117
—, Längs- 117
—, Liman- 118
—, pazifische- 117
—, Quer- 117
—, Regressions- 118
—, Rias- 118, 119*
—, Schären- 118, 119*
—, Schräg- 117
—, Senkungs- 118
—, Steil- 115, 116*
Küstendüne 117, 117*
Küstenversetzung 117

Längstal 107, 107*
Lagerung, Tektonik 70
Lagerungsarten 68*, 69
—, diskordante- 69*
—, geneigte- 69*
—, horizontale oder söhlige- 69*
—, konkordante- 69*
—, senkrechte oder saigere- 69*
—, überkippte oder inverse- 69*
Lagerungsstörung 70
Lagune 106*, 117
Lakkolith 37
Landschaft, Entwicklung 66
Landschaftsformung 74
Lapilli 36
Latit 47
Lava 30, 36
Lavavulkan 32
Lawine 120
—, schutz 120
—, wall 120
lehmig-steinige Massen, Verlagerung 92
Leitfossilien 18, 166
Leopardensandstein 155
Lepidokrokit 143
Lesedecke, Flachküste 117
Letten 156
Leuzit 40
Lias 178
Lido 117
Limonit 143, 160
Liparit 47
Lithographischer Schiefer 158
Lithosphäre 25
Lockergesteine, Ton- 156
Lockersedimente 153
Lockervulkan 34
Lösungsdoline 87
Lösungsfurchen 97
Lösungsverwitterung 85, 86
Löß **136**, 156, 183
—, Bodenwert 138
—, keil 130

—, kindel 136
—, lehm 136, 156
—, puppen 136
—, Standfestigkeit 138
—, Verbreitung 137*
lößähnliche Sedimente 136
Lydit 163

Maar 34
Mäander 102
Magma 29, 30
—, gang 30*
—, herd 30, 30*
—, schlot 30*
magmatische Körper, Abtragungsformen 38
Magmatismus **29**
Magmatite **38**, **42**, 44**
—, Minerale 39**, 40**, **40–42**
—, Zusammensetzung 28**
Magnesit 141
Magnetit 42, 55
—, sand 155
Mahlstein 100
Malm 178
Mangankruste 133
Manganspat 85, 141
Mangroven-Wald 117
Mantel, Erd- 26
Marienglas 142
Marmor 52, 56
Massenverlagerung **92**
Meer 114
Meeresboden **114**
—, bathyaler Bereich 114
—, Flachseeregion 114
—, Kontinentalhang 114
—, Küstenregion 114
—, Litoralregion 114
—, neritischer Bereich 114
—, pelagischer Bereich 114
—, sublitoraler Bereich 114
Meerwasser 25, 115
—, ozeanische Stratosphäre 115
—, ozeanische Troposphäre 115
Melaphyr 47
Mergel 156, 159
Mesosphäre 25
Mesozoikum **176**
Mesozone 52
Metahalloysit 145, 151
Metamorphite **55**, 55**
—, Minerale **52**, 53**
Metasomatose 160
Meteorkrater 99*
Mineralgang 72
Mineralogie 17
Minette 143, 160
Miozän 181
Mittelgebirge 24
Mofette 36
Molasse 64, 182

Montmorillonit 144*, 145*, 146, 149*
Moräne 122
—, End- 121*, 122, 125
—, Grund- 121*, 125*, 126
—, Innen- 122
—, Mittel- 121*, 122
—, Ober- 122
—, Seiten- 122, 123*
—, Stauch- 122, 125*, 127
—, Stirn- 125
Mudde 164
Mulde oder Synklinale 71*
Muldental 107, 107*
Mure 95
Muschelkalk 177
Muskovit 41
Mylonit 52, 74

Nadeleisenerz 143
Nährgebiet, Gletscher 121
Nagelfluh 88
Nagelkalk 159
Nakrit 145
Nebengestein 30
Nehrung 117
Neozoikum **180**
Nephelin 41
Niedermoor 126
Nördlinger Ries 28, 99*
Nontronit 146
Nunataker 124

Oberfläche der Erde **21–24**
Oberflächenformen **22**
Oberflächengesteine 43
Oberkruste, Erde 26
Obsidian 47
Ölschiefer 164
Oligozän 181
Olivin 42
Oolith 159
oolithischer Sandstein 159
Opal 40, 161
Ordovizium **172**
Orogen 64
Orogenese **62**
Orthogesteine 55**, 56
Orthoklas 40
Os 126
Oszillationsrippel 117
Oszillationstheorie **68**
Owragi 100
Oxidation, Atmosphärilien 85
Ozean 22, 25

Paläogeographie 18
Paläoklimatologie 18
Paläontologie 18
Paläozoikum **171**
Palygroskit 151
Paragesteine 55**, 56
Pedologie 18

Pedosphäre 25
Pelite 154, 154**, 156
Peneplain 66, 108
Periodotit 46
Periglazial 81, 83, 93, 95, 129*, 130
Periglazialboden 128
Periglazialer Raum 128
Perm **175**
Permafrost 128
Petrographie 17
Petrologie 17
Pfeiler, geomorphologische- 95
Pfuhl, Inlandeis 128
Phosphoritlager 163
Phyllit 56
physikalische Verwitterung **81**
physikalisch-biologische Verwitterung **90**
Pikrit 48
Pilze, Verwitterung 91
Pilzfelsen 133
Pingo 131
Pisolith 158
Plagioklas 40
Planetensystem 19
Plattentektonik 68
Pleistozän 182
Pliozän 181
Pluton 36*, 37
Pluton, Abtragungsformen 37*, 38
Plutonismus 29, **37**
Plutonite 38, 42, 44
Polder 23
Polierschiefer 163
Polje 87
Polygone, periglaziale- 130
Polyhalit 142
Ponore 87
Porphyr 47
Porphyrit 47
Postglazial 183
Präglazial 123
Präkambrium 171
Präzipitatkalk 159
Prallhang 99, 99*
Priele 117
Psammite 154, 154**, 155
Psephite 153, 154, 154**
Pyrit **42**, 85
Pyroklastite 36
Pyrop 54
Pyroxene 42

Quartär 180, **182**
—, Alluvium 182
—, Diluvium 182
—, Holozän 182
—, Pleistozän 182
Quarz 40
Quarzit 155
quarzitischer Sandstein 155
Quarzporphyr 47

Quarzsand 154
Quellen
—, Auslauf- 112
—, Mineral- 114
—, Schicht- 112, 113*
—, Spring- 112
—, Stau- 112, 113*
—, Steig- 112, 113*
—, Therme 112
—, Überfall- 112
—, Überlauf- 112, 113*
—, Verwerfungs- 112
Quellhorizont 112
Quellkuppe, Vulkan 34, 34*
Quertal 107

Racheln 96
radioaktive Substanzen 170
Rät 178
Raseneisenstein 143, 160
Rauchwacke 160
Rauhwacke 160
Regenfurchen 96
Regenwasser, Atmosphärilien 85
Regionalmetamorphose 50
Regression, Meer 23, 58, 118
Regressionstal 107
Reichardtit 142
Reliefumkehr 74
Rhyolith 47
Riesentopf, Kolk 100
Ringwall, Vulkan 34
Rinne, subglaziale- 126
Rinnensee, glazialer- 126
Rippel 117*
Röntgendiagramm 149*
Rogenstein 159
Rotliegendes **175**
Rubinglimmer 143
Rückstandsgesteine 158, 158**
Ruinenform, Geomorphologie 94*, 95
Rumpfebene 108
Rumpffläche 108
Rundhöcker 121*, 123
Runsen 96
Ruschelzone 74
Rutschung 93, 93*

Salpetersäure, Atmospärilien 85
Salz **161–162**
—, dom 161
—, garten 142
—, lager 161
—, lagerstätte 162
—, sprengung **83**
—, ton 161
Sander 125, 125*
Sandlöß 138, 156
Sandstein 154, 155
—, Eisen- 155
—, Kalk- 155

—, Leoparden- 155
—, oolithischer- 155
—, quarzitischer- 155
—, Tiger- 155
—, tonhaltiger- 155
Sandtreiben 133
Sandwehen 135
Sanidin 40
Sapropel 164
Sattel oder Antikline 71*
Sattelachse, Tektonik 71*
Saumsenke 64
Schäre, Küste 27
Scheitel oder First, Tektonik 71*
Schelf 22
Schichtfluten 97
Schichtfuge 72
Schichtkamm 98
Schichtstufen 74, 98, 98*, 99*
Schichttafelland 24, 110
Schichtung 68*, 69*
Schichtvulkan 32
Schiefer, Metamorphe- 56
Schieferton 154
Schieferung 68*, 69*, 72
Schildrücken 123
Schildvulkan 32
Schill 116
Schlacken, Vulkan 36
Schlick 117
Schlifffacetten 133
Schluchttal 103*, 106
Schluff 154
Schmelzwasser 121*, 125*
—, ablagerungen 128
—, rinne 125
Schneegrenze 118
Schnittfläche, geomorphologische- 110
Schollenlava 36
Schorre 115
Schotter 153
Schotterebene
—, Münchener- 128
Schrägschichtung 104
Schratten 87, 97
Schrumpfungstheorie **67**
Schüsseldoline 87
Schüttungsgefüge 104
Schuppenbau 74
Schutt 94*, 153
—, fächer 104, 104*
—, halde 94, 94*, 116
—, kegel 94
—, strom 94
Schwankungen, eustatische- 62
Schwarzkalk 159
Schweb 103
Schwefeldioxid, Atmosphärilien 85
Schwelle, Tektonik 58
Schwereanomalien 27
Schweremessung 27

Schwerminerale 54
Schwerspat 142
Schwinde, Bach- oder Fluß- 87
Sedimente, Sedimentation 104
Sedimente, biogene **162–164**
—, biogene Carbonate 162
—, kieselige biogene- 163
—, phosphorsäurereiche biogene- 163
—, Bernstein 164
—, Bonebed 164
—, Chilesalpeter 163
—, Kaustobiolithe 163
Sedimentgesteine **139**, **153**, 164
—, Absatzgesteine 139
—, Ausfällungsgesteine 139
—, biogene Sedimente 139, **162–164**
—, Bodenenstehung 164
—, chemische Sedimente 139, **157–162**, 158**
—, Eindampfungsgesteine 139
—, klastische Sedimente 139, **153–157**, 153**, **154****
—, Oberflächenformung 164
—, Sekundärgesteine 139
—, Trümmergesteine 139
Seegangsrippel 117
Seekreide 159
Seelöß 156
Seifen, Sedimente 103
Seihwasser 111
Seillava 36
Seismik, Angewandte- 77
Seismogramm 77
Seismograph 76
Seitenerosion 100
Seitenmoräne 123*
Seitenverschiebung, Tektonik 74
Septarien 156
Septarienton 156
Sericit 55
Smectit **146**, 147, 148
Störung, tektonische- 70, 72, 73*
Stoßkuppe 34, 34*
Strandsaum 116
Strandverschiebung 58, 59
Strandversetzung 115, 117
Strandwall 116, 117
Stratigraphie 18, 166
Stratosphäre 25
Stratovulkan 32
Streichen, Tektonik 68*, 69*, 70
Stricklava 36
Strömungsrippel 116
Strombank 104, 105*
Stromschnelle 100
Stromstrich, Fluß 99, 99*
Strudel, Fluß 99
Strudelloch 100
Struktur
—, tektonische- 70
—, boden 81, 83, 129
—, formen 23

subglaziale Rinne 126
subhercynische Gebirgsbildung 180
subsilvaner Bodenfluß 93
Svionium 170
Syenit 45
Sylvin 142
Synklinale oder Mulde 71*
Synklinaltal 107, 107*
Synklinorium 72

Täler **107**
—, antezedentes- 107, 107*
—, Antiklinal- 107, 107*
—, asymmetrisches- 107
—, Diagonal- 107
—, diskordantes- 107*
—, Durchbruchs- 107
—, epigenetisches- 107, 107*
—, Graben- 107
—, Isoklinal- 107
—, Kluft- 107
—, konkordantes- 107*
—, Längs- 107, 107*
—, Quer- 107, 107*
—, Regressions- 107
—, Spalten- 107
—, Synklinal- 107, 107*
Tafelberg 24, 60
Tafelland 24
Tafelrumpf 110
Tafelvulkan 32
Tafoni 83
Talbildung 106
Talformen 107*, 123*
—, Cañon 106, 107*
—, Kerbtal 107*, 109*
—, Klamm 106, 107*
—, Muldental 107, 107*
—, Schlucht 106, 107*
—, Sohlental 106, 107*
—, Trogtal oder U-Tal 123*
—, V-Tal 107*, 109*
Talk 54
Talsand 125*, 126
Taschenboden 129, 129*
Tauchfalte 72
Tektonik 18, **57–75**
tektonisches Erdbeben 75
tektonische Störungen 73*
—, Flexur 73*
—, Gang 73*
—, Graben oder Tiefscholle 73*
—, Horst oder Hochscholle 73*
—, Kluft 73*
—, Spalte 73*
—, Staffelbruch oder geologische Treppe 73*
—, Verwerfung, Abschiebung und Aufschiebung 73*
Temperaturverwitterung 80, **81**, 82*
Tephra 30*, 36

Terrasse 105, 126
Terrassensystem 58*, 108
Tertiär 180, **181**
—, Braunkohlenzeit 181
—, Eozän 181
—, Miozän 181
—, Oligozän 181
—, Paleozän 181
—, Pliozän 181
Therme 112
Thermometamorphose 50
Thermosphäre 25
Tiden 115
Tiefbeben 77
Tiefebene 23
Tiefenerosion 100
Tiefengesteine 38, 42
Tiefland 23
Tiefseegraben 22
Tiefseetafel 22
Tiefseeton 156
Tigersandstein 155
Tilke 93, 93*
Tillit 132
Titanit 42
Tobel 106
Tomalandschaft 96
Ton, Sediment 154
Toneisenstein 160
Ton-Festgesteine 156
Tongalle 155
Tongestein oder Tonstein 154, 156
tonhaltiger Sandstein 155
Tonkomplex, amorpher- 89
Ton-Lockergesteine 156
Tonmergel 156
Tonminerale 89, **143**
Tonminerale, Aufbau **144–151**
—, Dreischichtminerale 144
—, Gitteraufbau 144
—, Wechsellagerungsminerale 144
—, Zweischichtminerale 144
Tonminerale, Entstehung **151–152**
—, Attapulgit 152
—, Chlorit 152
—, Halloysit 151
—, Hydrargillit oder Gibbsit 152
—, Illit 152
—, Kaolinit 151
—, Metahalloysit 151
—, Montmorillonit 152
—, **Smectit 146**
—, Synthese 151
—, Vermiculit 152
Tonschiefer 154
Torf 163
—, bildung 125*
Torrenten 99
Toteis, Inlandeis 138
Trachyt 47
Transgression 23, 59

Transport des fließenden Wassers **102**
Travertin 88, 158
Trias **177**
—, alpine- 177, 178
—, germanische- 177
Trinkwasser 111
Tripel 160, 163
Trockental 87
Trog oder Geosynkline 58
Trogschulter 123
Trogtal oder U-Tal 108, 122, 123, 123*, 128
Tropfenboden 130
Tropfsteinhöhle 86*, 87
Troposphäre 25, 79
Trümmergesteine 139
Trümmersprung 82
Tuff 30, 36
Tuffit 36
Tundra 81, 128, 130*
—, boden 129
Tunnelerosion 156
Turm, geomorphologischer- 95
Turmkarst 87
Tutenkalk 159
Tutenmergel 159

Übergangsminerale 149
Überschiebung 74
Uferdamm 104
Uferfiltrat 111
Uferwall 104
Undation 59
Undationstheorie **68**
unterirdisches Wasser 110, **114**
Unterkruste, Erde 26
Unterströmungstheorie **68**
Urkontinent 68
Urstromtal 125*, 126
U-Tal 122
Uvala 87

vadoses Wasser 110
variszische Faltung 171
Vaterit 141
Vereisung 183
Verkarstung **85**, 86, 86*, 87
Vermiculit 148, 152
Verwehung von Staub **138–139**
—, Braunkohlenstaub 139
—, Kalkstaub 139
—, vulkanische Asche 139
Verwerfung 72
Verwerfungsbreccie 74
Verwitterung **81–92**
—, biologische- 89
—, chemische- 84
—, chemisch-biologische- 90
—, durch Höhere Pflanzen 91
—, durch Niedere Pflanzen 90
—, physikalische- 81
—, physikalisch-biologische- 90, 90*

Verwitterungsmassen, Verlagerung 92
—, lockerer Gesteinsmassen 94
—, von lehmig-steinigen Massen 92
—, zusammenhängender Gesteinsmassen 95
Verwitterungsschutt 133, 133*
Vesuvian 54
Vortiefe 54
V-Tal 106, 107*, 109*
Vulkan 29*, 30
—, Abtragungsformen 37*, 38
Vulkanformen **32**, 33*
—, Aschenvulkan 33*
—, gefüllte Kaldera 33*
—, Maar 33*
—, Schichtvulkan 33*
—, Schildvulkan 33*
—, Tafelvulkan 33*
—, Wallberg 33*
Vulkanische Tätigkeit **30**
—, effusive- 30
—, explosive- 32
—, hawaiianische- 30
—, peléeanische- 32
—- plinianische- 31
—, strombolianische- 31
vulkanisches Erdbeben 75
vulkanisches Glas 46
Vulkanismus, Stoffe 29, 30, **35***, **36**, 66
—, Vulkanasche 30
—, Bims 35*
—, Blocklava 35*
—, Bomben 35*
—, Fladenlava 35*
—, Vulkangas 30
—, Kissenlava 35*
—, Lapilli 35*
—, Vulkansand 36
—, Schlacken 35*
—, Vulkanstaub 36
—, Stricklava 35*
—, Tephra oder Asche 30, 35*
Vulkanite 43, 46

Wabenstruktur 83
Wallberg oder Os 125*, 126
Wallberg oder Ringwall 33*, 34
Wanderdüne 117
Wanderschutt 92*
Warmzeiten **124**, 183
—, Cromer- 124**
—, Eem- 124**

—, Holstein- 124**
—, Tegelen- 124**
Warthe-Stadium 124
Warventon 156
Wasser, unterirdisches- **110**–**112**
—, artesisches- 111
—, Boden- 110
—, Grund- 110
—, juveniles- 110
—, Karst- 110
—, vadoses- 110
Wasserbewegung, Fluß 99
Wasserfall 100
Wasserscheide 98
Wasserwalzen 99
Watt 117
Wechsellagerungsminerale 144, 147, 149
Weißlehm 66
Wellungsebene 23
Wetter **79**
Wind, Transport und Sedimentation **134**–**139**
—, Geschwindigkeit 134
—, Sedimentation 134, **134**
—, Transport 134
Wind, Wirkung **132**–**133**
—, Winddruck **133**
—, Winderosion **133**
—, Windkanter 133, 133*
—, Windschliffpolitur 133
—, Windstärke **133**
—, Wüstenlack 133
—, Wüstenpflaster 133
—, Wüstenschutt 133
Windwirkung auf den Boden **139**
Wollastonit 54
Wollsack-Verwitterung 38
Wüstenrinde 143

Xenolithe 30

Yoldia-Meer 183

Zechstein 175
Zehrgebiet, Gletscher 121
Zeitbestimmung, absolute- 170
Zeitskala, relative- 166
Zellendolomit 160
Zerrüttungszone 74
Zirkon 42
Zoisit 54
Zweischichtminerale 144

B. Die Bodenkunde im engeren Sinne

Erläuterungen siehe bei Teil A. Die vielen Namen der bodensystematischen Kategorie „Subtypen" sind des Platzes wegen im Sachregister (Teil B) nicht aufgeführt; sie sind leicht bei den betreffenden Bodentypen zu finden.

Abscherwiderstand 296
Abschlämmbares 191
Absorption 232
Abwasserbeseitigung 550
A-C-Böden 415, **426–433**
Acid Sulphate Soils 500
Ackerboden, Erhaltung **529**
Ackerschätzungsrahmen 539**, 540
Ackerzahl 542
Actinomyceten 353
Adhäsion 197
Adsorption 232
—, wasser 306
Äquivalentdurchmesser 190
agglomeratisches Elementargefüge **283**
Aggregatgefüge **272**
—, Absonderungsgefüge 272, **274**
—, Aufbaugefüge 272, **273**
—, Graupengefüge **278**
—, Korngefüge **275**
—, Krümelgefüge **273**
—, Plattengefüge **278**
—, Polyedergefüge **276**
—, Prismengefüge **277**
—, Säulengefüge **277**
—, Scherbengefüge **276**
—, Schorfgefüge **278**
—, Segregatgefüge 272, **274**
—, Splittergefüge **274**
—, Subpolyedergefüge **275**
—, Wurmlosungsgefüge **273**
Agrosil 300
Algen **353**
Alkalikruste 492
Alkalitätsanzeiger 249
Allophan 233, 382, 385
Alluvialboden 500
Alm 389
Al-Oxide **262**
Alpenhumes 502
Alpenmull 502
Alpine Braunerde 503
Alpine Frostböden 501
Alpine Gesteinsrohböden **501–502**
Alpine Podsole **503**
Alpine Rasenbraunerde 483, 503
Alpine Rendzina 483, 502
Alpine Terrae calcis 503
Alpiner Ranker 427, **502**
Alpiner Rohboden **421**
Alpiner Silikat-Rohboden 502
Altmarsch 470
Aluminiumoxid **205**
Amphibole 202
Anatas 207

Andosol 407, 498
Anionenaustausch **242**
Anionen-Austauschkapazität 235, 243
Anionensorption 242
Anmoor 215, 218
—, gley 418, **468**, 500
Anreicherungshorizont 446
Anreicherungskruste 498
Arthropoda 361
Anthropogenes Moor **479**
Approximation, 7th 401
Aräometer-Methode 190
Araldit 289
Arktischer Strukturboden **423**, 424
Artengruppe, ökologische- 249
Artgewicht 290
Arthropodenmull 365
Auenböden 417, **461–465**
—, Allochthoner- 417, **465**
—, Auenrendzina 417, 463
—, Autochthoner Brauner- 417, **464**
—, Borowina 417, **463**
—, Paternia 417, **463**
—, Rambla 417, **462**
—, Tschernitza 417, **463**
—, Vega 417, 464
Auffrierung 266
Ausblühung 288
Außenlösung, Austauscher 236
Austauscher 232, **233, 234, 239, 240**
Austauschkapazität 232
Austauschkurve 238*, 239, 239*
Azidität, Boden 243
—, aktive- 243
—, aktuelle- 243
—, Gesamt- 243
—, potentielle- 243
Azotobacter 355*

Bändchen-Staupodsol 449
Bakterienkeime 358*
Basenmineralindex 203
Basensättigung 235, **244**, 245*
Bauxit 205, 393
Befeuchtungsfront 320
Befeuchtungszone 320
Benetzungswiderstand 320
Bentonitmehl 300
Beregnungsverfahren 298
Beschwerung, Redox-Potential 257
Bewässerung 391
Bewertungsverfahren **538**
Bindungsart der Pflanzennährstoffe 536
Bint 473
Bioopal 202

Biotit 202
Bioturbation 393
Black Cotton Soil 498
Blausand 475
—, Melioration 475
Bleicherde 446
—, elementargefüge 283, 285
—, horizont 446
Blockgefüge 276
Blutlehm 383, 430
Boden, Definition 188
Bodenabtrag 522–528
—, durch Wasser 522
—, durch Wind 527
—, Erscheinungsformen 522
—, Folgen 526
—, Ursachen 522
Bodenart 189, **191**, 199*, 540, 540**
Bodenartendiagramm 192, 194*
Bodenbakterien 353, 354*, 355*
Bodenbedeckung, Gefüge **269**
Bodenbildung, Faktoren 370–381
—, Gestein 378
—, Klima 370
—, Mensch 377
—, Relief 375
—, Tiere 376
—, Vegetation 373
—, Wasser 374
—, Zeit 381
Bodenbildung, Prozesse 381–393, 379*
—, Bildung von Eisenverbindungen 383
—, Bildung von Tonsubstanz 382
—, Bioturbation 393
—, Entbasung 385
—, Humusbildung 383
—, Krustenbildung 391
—, Lateritisierung 392
—, Naßbleichung 388
—, Podsolierung 387
—, Pseudovergleyung 389
—, Stabilisierung der Tonsubstanz 384
—, Tonverlagerung 385
—, Vergleyung 388
—, Versalzung 390
Bodenbiologie 353–369
Boden-Datierung 513
Bodenentwicklung 370, 394*
Bodenerhaltung 522–533
Bodenfauna 359–369
—, Anzahl 363
—, Beschreibung 359
—, Durchlüftung 363
—, Einteilung 359
—, Feuchtigkeit 362
—, Isolierung 363
—, Lebensbedingungen 362
—, Nahrung 362
—, pH-Wert 363
—, Temperatur 357
—, Verteilung 358

Bodenfragmente 279
—, Bröckel 279
—, Klumpen 279
Bodenfrostgefahr 477
Bodengeographie 515
Bodengliederung, weltweite- 406
Bodenkarten 515–521
—, Auswertung 517
—, Grundeinheiten 515–516
—, Herstellung 517–519
—, Karteninhalt 517
—, Maßstab 516
—, vorhandene- 519
Bodenkartierung 515
Bodenklassifikation 396
—, Frankreichs 404
—, der Niederlande 405–406
—, der Sowjetunion 397–399
—, der USA 399–403
Bodenkolloide 233, 260
Bodenluft 341
—, Austausch 344
—, Zusammensetzung 342
Bodenorganismen und Bodeneigenschaften 363–368
—, CO_2-Bildung 366
—, Huminstoffabbau 366
—, Nährstoff-Festlegung 366
—, Nährstoffgewinn 366
—, Nährstoffverlust 366
—, O_2-Partialdruck 367
—, pH-Wert 367
—, physikalische Eigenschaften 367
—, Profilbildung 368
—, Umwandlung der Nichthuminstoffe 363
Bodenprofil, Untersuchung 549
Bodenreaktion 243, 244, 244**, 249, 265
—, anzeigende Pflanzen 249
—, Einflüsse auf- 245
—, Einwirkung auf den Boden 251
—, Maß für- 244
Bodenschätzung 538, 542*
Bodenskelett 190, 191**
Bodensuspension 190, 260
Bodensystematik 396–420
—, der Bundesrepublik Deutschland 407–420
bodensystematische Kategorien
—, Zusammenstellung 415–418
Bodentiere 360*
Bodentypen 421–505, 422*
—, außerhalb Mitteleuropas 480–503
—, der feuchten und wechselfeuchten Subtropen und Tropen 494
—, der Halbwüste und der Wüste 490
—, der semihumiden und semiariden Steppe 488
—, des kalten, feuchten Klimas 480
—, des kühlen bis gemäßigt warmen, feuchten Klimas 483
—, des mediterranen Klimas 484
Bodenwärme 347
—, Bodenbedeckung 349
—, Bodenbildung 351

—, Bodenfarbe 201, 348
—, Bodenfrost 350
—, Herkunft 347
—, spezifische Wärme 347
—, Wachstumsfaktor 347
—, Wärmeleitfähigkeit 348
Bodenwasser 305–329
—, Bewegung 319
—, Bewegung im wassergesättigten Zustand 324
—, Bewegung im wasserungesättigten Zustand 323
—, Bewegung in der Dampfphase 327
Bodenwassergehalt, Bestimmung 317, 318, 443*, 458*
Bodenzahl 540, 542
Bodentypen
—, Semiterrestrische Anthropogene 418, 475
—, Subhydrische- 418, 475–476
—, Terrestrische- 421–455
—, Terrestrische Anthropogene- 417, 452–455
Böden der Quellwasserbereiche, Quellengley 418, 469
—, Kalkquellengley 418, 469
—, Oxiquellengley 418, 469
—, Rendzina-Quellengley 418, 469
—, Typischer Quellengley 418, 469
Bohrloch-Verfahren 327
Borate 203
Borowina 417, 463
Brackmarsch 418, 471–473
Braune und Braunrote Böden der halbariden Tropen 490
Brauneisen 205, 383
Braunerden, Klasse 416, 436–446
—, Saure- 439, 509*
—, Typische- 436, 437–440
Braunerdegefüge 285
Braunhuminsäure 223
Braunlehm 417, 496
Braunlehmgefüge 287
Braunplastosol 451
Braunschlamm 214
Braunwasser 476
Bruchwaldtorf 472
Brunizem 487
—, Pampa- 488
Bülte 423, 483
Bunkerde 478
Buntlehm 496
Buntplastosol 451
Burosem 490

Calcit 203
Calcium-Natrium-Solontschak 493
C^{14}-Methode 513
C/N-Verhältnis 218, 218**, 219*
Carbid-Methode 319
Ca-Sättigung 236
Cat Clays 500
Charakterpflanze 249
chlamydormorphes Elementargefüge 282
Chronosequenz 394, 412

Classification des sols 404
Clay movement 385
Christobalit 202
Curasol 300

Darg 474
Daten, klimatische- 329
Dauerhumes 220
Degradierter Tschernosem 432
Derno-Podsol 441
Diaspor 205
Dichte 290
—, Lagerungs- 290
—, mittlere- 290
—, Rein- 290
—, Roh- 290
Diffusionsbewegung 287
Dispergierung 189
Dörrfleckenkrankheit 253
Dolomit 203
Doppelbrechung 285, 286, 287
Doppelring-Infiltrometer 326*, 327
Doppelschicht, elektrische- 267
Dränung 391
Dränungsprojekt 550
Dreiecksdiagramm 194*
Drucktonhäutchen 287
Düngungsversuch 550
Durchflußwiderstand 325**
Durchlässigkeit der Böden 324**
Durchlüftungstiefe 344
Durchschlämmung 385, 441
Durchwurzelbarkeit 295
Dwog 471, 473
Dy 214, 418, 476
Dygyttja 476

Edaphoide 508
Edaphon 209
Effloreszenz 288
Eintausch der Kationen 232
Einzelkorngefüge 272
Einzeller 359
Eisbildung, Gefüge 265
Eisenabsätze 288
Eisenhumuspodsol 448
Eisenhydroxid 205, 234
Eisenoxide 205
Eisenoxidhydroxid 205
Eisenpodsol 448
Eisensulfid 389
Eisenverbindungen, Bildung 383
Eisenverlagerung 288
Eiskeil 424, 482
Eiskeilboden 424, 482
Eiskeilpolygon 424
Eislinsen 266, 424
elektrische Doppelschicht 236, 242, 267
Elementargefüge 282, 283*
—, agglomeratisches- 283
—, Bleicherde- 283, 285

—, chlamydomorphes- **282**, 285
—, intertextisches- **282**, 285, 286
—, magmoidisches- **284**
—, mörtelartiges- **284**
—, plektoamiktisches- **282**
—, porphyropektisches- **282**
—, porphyropeptisches- **282**
—, Rendzina- **284**
—, schwammartiges- **284**
Entbasung **385**
Entstehungsart, Bodenschätzung **540**
Entwicklungsreihe des Bodens **394**, 394*
Erdesch 417, **454**
Erdquelle **482**
Erg **492**
Erhaltungskalkung **247**
Eutrophe Braune Tropenböden **498**
Evaporation **328**, 332
Evapotranspiration **333**
Exposition **349**

Facettenboden **423** 482
Fahlerde 416, 436, **445–446**
Faulschlamm 215, **476**
Fehnkultur **479**
Feinboden **190**, 191**
Feinbodengerüst **281**
Feinerde **190**
Feldkapazität **313**, 313*, 316**
—, nutzbare- **315**, 316**
Feldkarte, Bodenschätzung **545**
Feldschätzungsbuch **545**
Feldspat **202**
Fentorf **215**
Fe-Oxide **262**
Ferrallite 417, 451, **496**
Ferrallitische Böden **495–496**, 508
—, Humusreiche- **496**
—, Lessivierte- **496**
—, Locker- **496**
—, Schwach- **496**
—, Typische- **496**
Ferrallitisierung **392**
Ferralsols **495**
Ferrihydrit **383**
Ferrisols **495**
Fersiallitische Böden 392, **496–497**, **506**
—, Arme Rötlichbraune Lateristische Böden **497**
—, Eisenhaltige Tropische Böden **496**
—, Rötlichbraune Lateritische Böden **497**
—, Rotgelbe Podsolige Böden **497**
Feuchthumusformen **226**
Feuchtmoder **215**
Feuchtmull **215**
Feuchtphase **457**
Feuchtrohhumus **215**
Feuchttschernosem **433**
Feuersteinlehm, Gebleichter- **507**
Filmwasser **306**
Filtergeschwindigkeit **324**
Fingerprobe **540**

Fixierung von Pflanzennährstoffen **536**
Flachmoortorf **215**
Flächenerosion **522**
Fließen, gesättigtes **324**
Fließgefüge **284**
Flockung **260–262**
—, energie **261**
—, mechanismus **261**
—, wert **261**
Flotal **300**
Fluvisol **406**
Förna **214**
Fossile Böden **506–514**
Freisetzung von Pflanzennährstoffen **536**
Frostaufbruch **266**
Frostböden, Alpine- **501**
Frostgefüge **266**
Frostmusterboden **423**

Gartenboden 452, **454**
Gebirgstrockentorf **502**
Gebleichter Feuersteinlehm **507**
Gefrornis **423**
Gefüge, erdige **286**
Gefüge höherer Ordnung **284**
Gefügeaggregate, Achsen 275*
Gefügebildung **260–270**
—, Bodenbedeckung **269**
—, Bodenorganismen **264**
—, Bodenreaktion **265**
—, Fe- und Al-Oxide **262**
—, Frost **265**
—, Höhere Pflanzen **269**
—, Ionen-Belag **263**
—, Kieselsäure **263**
—, organische Substanz **264**
—, organo-mineralische Kolloide **263**
—, physikalische Faktoren **265**
—, Quellung und Schrumpfung **267**
—, Tonminerale, Art **262**
—, Tonsubstanz, Menge **262**
—, Wärme **266**
—, Wasser **265**
Gefügedreieck 270*
Gefügeelemente, Mikrogefüge **281**, 288
—, Aggregate **281**
—, Feinbodengerüst **281**
—, Gefügekorn **281**
—, Gefügeplasma **281**, 286
—, Gefügeskelett **281**
—, Hohlräume **281**
—, Korngerüst **281**
—, Matrix **281**
—, Skelett **281**
Gefügeprofil **274**, 274*
Gefügestabilität 252, **295**, 298**
Gefügeverbesserung **298**
—, ackerbauliche Maßnahmen **299**
—, synthetische Stoffe **299**
—, Tieflockerung **300**
—, Tiefpflügen **302**

Gelberde 451, 495
Gelbplastosol 451
Gesamt-Azidität 243
Gesamtgefüge des Bodens **260–304**
Gesamtporenvolumen 290, 291
Gesteinrohboden **424–425**
Gibbsit 205
Gilgai-Mikrorelief 499
Gips 203
Gipskrustenboden 492
Gipskrusten-Yerma 492
Gips-Solontschak 493
gleyartiger Boden 456
Gleye 418, 457*, **465–469**, 500
—, Anmoor- 418, **468**
—, Moor- 418, **468**
—, Naß- 418, **467**
—, Tundra- 418, **468**
Gley-Podsol, Tropischer- 499
Gleysols 407
Gleytypen 375*
Gliederfüßer 361
Glühverlust 230
Goethit 205, 287, 383, 389
Grabenerosion 522
Granat 203
Grasmull 218
Grastorfauflage 473
Grauer Waldboden 488
Grauhuminsäure 223
Graulehm 417, 451, 496, 507
Graulehm-Pseudogley 460, 507
Graupengefüge **278**
Grauplastosol 451
Grauschlamm 214
gravimetrische Methode 318
Grenzhorizont 478
Großschliff 288
Grünalge 355*
Gründüngung 288
Grünland, Schätzung **542**
Grünlandgrundzahl 544
Grünlandschätzungsbuch 544
Grünlandschätzungsrahmen 542, 543**
Grünlandzahl 545
Grundwasser **309**
—, beobachtungsrohr 309
—, deckschicht 309
—, jahresgang 310
—, kapillarer Aufstieg 320
—, laterit 498
—, leiter 309
—, oberfläche 309
—, Schwankungsamplitude 310
—, sohle 309
—, spiegel 309
—, stauer 309
—, stockwerk 309
—, zeitweiliges- 310
gully erosion 522

Gyttja 214, 268, 418, **476**
—, Kalk- 476
—, Mudde 476

Hämatit 206, 287, 383
Haftfestigkeit, Kationen 237
Haftnässe 311
Haftwasser 306, 455
—, Adsorptionswasser 306
—, Filmwasser 306
—, Häutchenwasser 306
—, Kapillarwasser 306
—, osmotisch gebundenes Wasser 306
H-Aktivität 248
Halbwüstenboden, Rötlichbrauner- 491
Hamada 481, 491
Hamada-Rohboden, Arktischer- 481
Hamada-Wüstenboden 491
Hand-Drucksonde 296
Hanggley 418, 469
hardpan 392, 491
Herbizide 249
Hochland, Marsch 474
Hochmoor 418, **478–479**
—, torf 215
Hofmeister'sche Ionenreihen 238
Homogenisierung 377, 393
Honigsand 285
Horizontsymbole **413**
Hornblende, grüne- 203
Hortisol 417, **454**
Hubschwenklockerer 301
Hüllengefüge 265, 285, 288
Humifikation
—, anaerobe- 212
—, saure- 212
Humifizierung 209, 252, 364
Humine 223
Huminsäure 223
—, bildung 222*
—, struktur 222*
Huminstoffe **219–224**
—, Aufbau **221**, 366
—, Bauelemente **221**
—, Bestandteile 222*
—, Bildung **220**, 383
—, Eigenschaften 224*
—, Hemmstoffe 221
—, Stoffgruppen **222**, 223*
—, Synthese **220**
—, Umbildung **220**
Humofina 300
Humus 218, 219**
Humusdurchschlämmung 390
Humusformen **214**, 214*, 217*, 218, 218**
—, semiterrestrische- 215
—, subhydrische- **214**
—, terrestrische- 215
Humushorizonte **214**, 214*
—, Förna 214
—, Humusstoff-Horizont 214
—, Vermoderungs-Horizont 214

Humusqualität **218**
Humussilikatboden 502
Humusspiegel 210
Hydrargillit 205
Hydratation 307
Hydratationszahl 238, 238**
Hygromull 300
Hygropor 300
Hygroskopizität 307
Hymatomelansäure 223

Illimerisation 385
Ilowka 456
Ilmenit 203, 207
Immobilisierung, Pflanzennährstoffe 536
Infiltration 306, **319**
Infiltrationsintensität 327
Infiltrationsrate 306, 320, 326*
Influktuation 306, **319**
Inklination 349
Innenlösung, Ionen 236
Interfloreszenz 288
Intergranularräume 286, 292
intertextisches Elementargefüge **282**, 285, 286, 288
Ionenaustausch 232
Ionenbelag **263**
Ionensorption 232
Ionenverteilung 236*

Jahresniederschläge 329**, 330*
Januar-Temperatur 331*
Jarosit 475
Jeltosem 496
Juli-Temperatur 331*
Jungmarsch 470

Kaliumfixierung 240
Kalkbedarf 247
Kalkbedarfsbestimmung 247
Kalkkruste 391, 392
Kalkkrustenboden 492
Kalkkrusten-Yerma 492
Kalkmarsch 470
Kalk-Mudde 214
Kalkmull 216
Kalkstein-Braunlehm 450, 486, 509
Kalkstein-Rotlehm 450, 486, 509
kapillare Steighöhe 322
kapillarer Aufstieg 320, 321**
Kapillarhub 320
Kapillarität 322
—, aktive- 322
—, passive- 308, 322
Kapillaritätswert 308
Kapillarraum 308, 320
—, geschlossener- und offener- 309, 322*
Kapillarwasser 306, **308**, 308*
—, aufsitzendes- 308*
—, hängendes- 309, 309*
—, stehendes- oder aufsitzendes- **308**
Karten, Boden- **517–521**
—, Auswertung 517

—, Herstellung **517**
—, Inhalt **517**
Kartenhausgefüge 267
Kastanienfarbiger Boden 489
Kastanosem **489**
Kategorien, bodensystematische- 408
Kationen **237–242**
—, Austauschvorgang 237
—, Hydratation 237, 237*
—, Wertigkeit **237**
Kationenaustausch **232**, 233*, 240
—, elektrisches Feld **236**
—, Mechanismus **236**
Kationenaustausch-Kapazität 232, 235**
k_f-Wert 324, 325, 326**
—, Bestimmung **326**
Kieselsäure 203, 233, 263
—, amorphe- 234
—, Bestimmung 204
—, lösliche- 204
Klärschlamm 228
Klassifikation 396
Kleimarsch 470, 471, 473
Klimadiagramm 332*
Klumpenfragmente 279
Knick 471, 472, 473
—, Bint 473
—, Blauer Lack 473
—, Blauer Strahl 473
—, Dwog 473
—, Schwarze Schnur 473
—, Stört 473
Knick-Horizont 473
Knickmarsch 471, 472, 473
Knöllchenbakterien 356
Koagulat 261
Koagulation 260
Körnung 189
Körnungsanalyse 189
Kohärentgefüge **272**
—, brüchig-kohärentes Gefüge **272**
—, kohärentes Hüllengefüge **272**
—, plastisch-kohärentes Gefüge **272**
Kohäsion 197
Kolloide 260
—, hydrophile- 261
—, hydrophobe- 260
kolloid-disperses System 260
Kolloidfraktion 260
Kolluvien 417, 452
—, äolische- 417, 452
—, fluviale- 417, 452
Kompost 228
Kondensation 328
—, innere- 328
—, Kapillar- 328
Kondensationswärme 349
Konturfurchen 524
Kornfraktion 189, 191**
—, Einteilung 190
Korngefüge 275

Korngerüst, Mikrogefüge 281
Kreislauf der Stoffe **534–537**
Kreislauf der Gesteine **534**
Krilium 299
Krümelgefüge **273**
Krustenboden 288
Krustenbildung 391
Kryoklastik 286
Kroyoturbater Boden 423
Kryoturbation 423, 482
Kryptomull 216
Kubiena-Kästchen 288
Kuhlerde 470
Kultosole, Terrestrische- 417, 452

Ladung, Ionen 233
—, permanente- 233
—, pH-abhängige- 233
—, variable- 233
Ladungsdichte **235**
Ladungseinheit 232
Ladungsüberschuß 233
Lagerungsdichte 290, 296
Landesplanung 551
Laterit 288, 392, 497
—, Grundwasser- 392
—, panzer 288, 392, 393
Lateritic Soils 496, 497
—, Dystrophic Reddish Brown- 497
—, Reddish Brown- 496, 497
Laterisierung 392
Latosole 385, 417, **451**, 495
—, Gelberde oder Gelblatosol 451
—, Roterde oder Rotlatosol 451
Laubmoostorf 472
Lebendverbauung 264, 358*, 367
Leber-Mudde 214
Lehme, Textur 192
Lehmgefüge 450, 451, 486, 509
Lehmscherben 286
Leitbahngefüge 286
Leitbahnsystem 286
Leitfähigkeit 319
—, elektrische- 319
—, hydraulische- 323*, 324
—, Wärme-, Bodenfeuchte 319
Lepidokrokit 205, 383, 389
Lessivage 385, 441
Lessivierung 385, 441
Limonit 383
Lithosol 425, 499
Lockerbraunerde 385
Locker-Syrosem 425
Löß 198
—, lehm 198
Luftdurchlässigkeit **275**
—, Messung 345
Luftgehalt 342
Lufthaushalt, Boden 295, 341–346
Luftkapazität 342
Luftpyknometer 291, 291*

Luftvolumen 291
Luvisols 407
lyotrope Reihen 238
Lysimeter 336

Maghemit 206
magmoidisches Elementargefüge **284**
Magnetit 203
Maibolt 475
Makrofeingefüge 274
Makrogefüge 270–280, 271*
—, Aggregatgefüge 270, **272**
—, Einzelkorngefüge 270, **272**
—, Grundformen **270**
—, Kohärentgefüge 270, **272**
Makrogrobgefüge 274
Manganit 207
Manganoxide **207**
Mangrovensümpfe 500
Margalitic Soil 498
marmorierter Boden 456
Marschen 469–475, 500
—, Brack- 418, **471**
—, Fluß- 418, **473**
—, Moor- 418, **474**
—, Organo- 418, **474**
—, See- 418, **470**
Matrix 281
Mediterranboden **484–487**
—, Brauner- **486**
—, Roter- **486**
Mediterran-Ranker 485
Mediterran-Regosol 485
Metallionen 235
Metalloxide **205–208**, 233, 242
Metazoa **359**
Mikrogefüge 274, **281–288**
Mikrogefüge höherer Ordnung **284–287**
—, als Ganzes 284
—, in feinkörnigen Böden **286**
—, in grobkörnigen Böden **285**
—, in tonreichen Böden **286–287**
Minerale, Neubildung 251
Mineralisierung 211, **364**
Missenboden 460
Mobilisation von Stoffen **535**
Mobilisierung 536
Moder 216, 217*, 218, 226
—, mullartiger- 216
—, rohhumusartiger- 216
—, typischer- 216
mörtelartiges Elementargefüge **284**
Molkenboden 388, 460
Mollusca **361**
Moorboden 290
Moore 218, 418, **476–480**
—, Anthropogene- 418, **479–480**
—, Hoch- 418, **478–479**
—, Natürliche- 418, **477–479**
—, Nieder- 418, **477–478**
—, Übergangs- 418, **478**

Moorgley 418, **468**, 500
Mudde 214
—, Kalk- 214
—, Leber- 214
—, Ton- 214
—, Torf- 214
Mull 216, 217*, 226
—, Kalk- 216
—, Krypto- 216
—, Wurm- 216
Muskovit 202
Mykorrhiza 357
—, ektotrophe- 357
—, endotrophe- 357

Nachschätzung 538
Nachtfrost 348
Nadeleisenerz 383
Na-dithionit-Methode 206
Nährhumus 220
Nährstoffe, Biologie **366**
—, Festlegung **366**
—, Gewinn **366**
—, Verfügbarkeit, Reaktion 252, 252*
—, Verlust **366**
Nanopodsol, Nordischer- 482, 484
Naßbleichung **388**
Naßgley 418, **467**
Natriumboden 390
Neutronensonde 319*
Neutronensonde-Methode **318**
Nichthuminstoffe 219
—, Umwandlung 220, 363
Niedermoor 418, **477**
—, Fehn 477
—, Fen 477
—, Flachmoor 477
—, Moos 477
—, Niederungsmoor 477
—, Veen 477
Niedermoortorf 215, 217*
NH$_4$-oxalat-Methode 206
Normalschrumpfung 267
N/S-Quotient 372
Nutzwasserkapazität 315

Oberfläche, spezifische 232, 234
—, äußere- 234
—, innere- 234
Oberflächenpotential 237
Oberflächenversalzung 390
Oberflächenwasser **306**
Ockerlehm 507
Olivin 202
Opal 202
O$_2$-Partialdruck 367
organische Bodensubstanz, allgemein **209–231**, 210*, 234, 242, **264**
—, Ausgangsstoffe **209**
—, Bestimmung 230

—, Gehalt und Menge 218
—, Mineralisierung **211**
—, Umbildung 220
—, Wirkung auf den Boden 229
—, Wirkung auf die Pflanze 230
—, Zersetzung, 252
organische Substanz, Abbaubedingungen **209–213**
—, Hemmung durch hohe Wasserstoff-Ionen-Konzentration **212**
—, Hemmung durch niedrige Temperatur **212**
—, Hemmung durch Pflanzenart **213**
—, Hemmung durch Sauerstoffmangel **212**
—- Hemmung durch Tonsubstanz **213**
—, Hemmung durch Trockenheit **213**
organische Substanz, Bodennutzung **226–229**
—, des Ackerbodens **227**
—, des Gartenbodens **229**
—, des Grünlandbodens **229**
—, des Waldbodens **226**
organo-mineralische Verbindungen 216, **224**
—, Bedeutung **226**
—, Bindungsart **225**
Organomarsch 418, **474**
Orterde 447
Ortstein 447
Ortstein-Staupodsol 449
Owragi 522
Oxide 233
Oxyhumolith 300

Paddy Soil 500
Paläoböden 506, **514**, 423
—, außerhalb Mitteleuropas **511–513**
—, Mitteleuropas **506–511**
—, Pleistozäne- **509–511**
—, Präpleistozäne- **506–509**
Palse 423, **483**
Parabraunerde 416, 436, **440–445**
Pararendzina 415, **429–430**
Paratschernosem 431
Para-Vertisol 499
Paternia 417, **463**
Peat Soils 500
Pedologie
—, Geschichtliches 187
Pelosole 287, 416, **434–435**
—, Ton-Pelosol 416, **434–435**
—, Tonmergel-Pelosol 416, **435–436**
Peptisation **260**
—, Mechanismus **261**
Periglazial 482
Perkolation 319
Permafrost 423
Permeabilität 324
Pfanne, Salzboden 390
Pflanzengemeinschaft 249
pF-Kurve 313*
Pflugsohle 278, 292, 296
pF-Wert 295, **313**
pH-Amplitude 249
pH-Meter 249

pH-Wert, pH-Zahl 244, **358**, **363**, 367
—, Bestimmung **248**
— anzustrebender- 247**
—, im genutzten Boden 246
Phytolithe 202
Pilze 353
Pilzmycel 355*
Pingo 424, 483
Pipett-Methode 190
Pisolith
—, Kruste 498
—, Panzer 498
Plaggenesch 417, 452, **453**
—, Brauner- 453, 454
—, Grauer- 453, 454
Planosol 488
Planschwirkung 523
Plasma 281
—, Gefüge- 281
Plastosole 450–451, 506
—, Braun- 451
—, Bunt- 451
—, Grau- 451
—, Rot- 451
Plattengefüge 266, **278**
Plattenkultur 358
plektoamiktisches Elementargefüge **282**
Plexigum 289
Plinthit 392, 497
Podsole 416, **446–449**
—, Eisen- 448
—, Eisenhumus- 448
—, Humus- 448
Podsole, Podsolregion **483–484**
—, Bändchen- 484
—, Derno- 484
—, Staunasser- 484
—, Typischer- 484
Podsolierte Böden 484
Podsolierung **387**
Podzolic Soils **496–497**
—, Red Yellow- 496, 497
Polaritätswechsel 513
Polyacrylsäure 299
Polyedergefüge **276**
polydisperses System 260
Polykieselsäure 204
Polysaccharide 255, 264
Polyuronide 225, 264
Polyvinylsäure 299
Poren **291–295**
—, Fein- 293
—, form 295
—, gestalt 295
—, Grob- 292
—, Mittel- 292
—, primäre- 292
—, sekundäre- 292
Porenanteil, Porengehalt 291
Porendurchmesser 313*
Porenform 290, **295**

Porengröße **292**
Porengrößenbereiche 292, 292**
—, Bestimmung 295
Porensaugwasser 308
Porensaugwert 308
Porensaugwirkung 308
Porensystem 290
Porenverzweigung 290
Porenvolumen **290**, **291**, 293, 293**
Porenwinkelwasser 308
Porosität 291
porphyropektisches Elementargefüge **282**
porphyropeptisches Elementargefüge **282**
Porung 291
Potential 237
—, elektrisches- 237
—, Oberflächen- 237
Primärteilchen 189
Prismengefüge **277**
Profilbildung, Bodenbiologie 368
Protopedon 415, 476
Protorendzina 428
Protozoa **359**
Pseudogley 389, 417, **455–460**, 457*
Pseudovergleyung **389**
Pufferstoffe des Bodens **254**
Puffersystem 254
Pufferung **254**
—, Bedeutung 255
Pyknometer 290, 291*
Pyroxene 202

Quarz 202
Quelle 310
Quellung **267**
—, druck 267

Kalkquellengley 418, 469
Oxiquellengley 418, 469
Rendzina-Quellengley 418, 469
Typischer Quellengley 418, 469

Råmark 421, 423
Rambla 417, **462–463**
Rammsonde 296
Ranker 415, **426–427**, 485
—, Tropischer- 499
Raseneisenstein 388, 389, 466, 481
Reaktionsbereich 249
—, optimaler- 254*
Reaktions-Zeigerpflanzen **249–251**
—, des Ackers **249**
—, des Grünlandes **250**
—, des Waldes **251**
Redox-Eigenschaften **258–259**
—, Bedeutung für Boden und Pflanze **258–259**
Redox-Potential **255**
—, Beeinflussung **257**
—, Bodeneigenschaften **257**
—, Maß **256**
Regenfaktor 372

Regenkapazität
—, nutzbare- 315
Regenwurmmull 365
Regosol 415, 485
—, Tropischer- 499
Regur 498
Reindichte 290
Rekultivierung **531**
Reliefentwicklung 379*
Rendzina 415, 427, **428–429**, 485
—, Tropische- 500
Rendzina-Elementargefüge **284**
Restschrumpfung 268
Rheintal-Tschenosem 433
rH-Wert 257
Rigolen 300
Rigosol 417, 455
Rillenerosion 522
Ringelwürmer 359
Ringmoor 423, 483
Rißbild 268*
—, Methode 268
Rötliche Parabraunerde 444
Rötliche Pararendzina 430
Rohagit 300
Rohboden 415, **421–424**, 481
—, Alpiner- 415, **421–422**
—, Arktischer- 481
—, Lockerer der Wüste 491
—, Terrestrischer- 421
—, Tropischer- 499
Rohdichte 290
Rohhumus 216, 217*, 218, 226
—, feinhumusarmer- 217
—, feinhumusreicher- 217
—, schmieriger- 217
—, Tangel 217
—, typischer- 216
Rostbraunerde 439
Roterde 417, 451, 495, 508
Rotlehm 417, 451, 496, 507
Rubefizierung 287
Rubinglimmer 383
Rubrozem 497
Rutil 203, 207

Sackung, Moor- 290
Sättigung 235
Sättigungszone 320
Säulengefüge **277**
Säureanzeiger 249
Salzausscheidung 288
Salzbildung 288
Salzboden 288, 390, 490, 493
Salzkruste 390
Salzmarsch 471
Salzstaubboden 492
Salzstaub-Yerma 492
Sandboden 197
Sanddeckkultur 479
Sandmischkultur 479

Sandwüstenboden 491
Sand-Yerma 492
Sapropel 215, 418, **476**
Saugraum 308
Saugsaum 309
Saure Braunerde 439
Schätzung, Boden- **538**, **546**
—, des Ackerlandes **540**
—, des Grünlandes **542**
Schätzungsbuch 540
Schätzungsreinkarte 545
Schätzungsurkarte 545
Scherbengefüge **276**
Schichterosion 522
Schilftorf 477
Schlämmstoffe, Mikrogefüge 286, 287
Schlick 470
Schluff 192
Schluffboden 197
Schneetälchenboden, Nivaler- 501
Schorfgefüge **278**
Schrumpfung 267
Schutzkolloid 261
schwammartiges Elementargefüge **284**
Schwammgefüge 273, 286
Schwarzerde 218, 415, **430–433**, **488–489**
Schwarztorf 478
Schwerminerale 203
Sedimentier-Methode 190
Seekreide 389, 391
Seemarsch 418, **470**
Seggentorf 477
Segregatgefüge 272, **274**
Selektivität, Kationen 239
Selfmulching-Effekt 499
Semisubhydrische Böden (Wattböden) 418, 475–476
sheet erosion 522
Sickerwasser **306**
Siderit 389
Sieb-Methode 190
Sierosem 491
Sietland 474
Silcrete 392, 498
Silikate 233
Silikatrohboden 502
Sinkwasser **306**
Skelett 281
—, Gefüge- 281
Slickensides 499
Smink 474
sol
—, brun eutrophe tropical 498
—, brun lessivé 441
—, faiblement ferrallitique 496
—, ferrallitique 495
—, ferrallitique humifère 496
—, ferrallitique lessivé 496
—, ferrallitique typique 496
—, ferrugineux tropical 496
—, fersiallitique tropical 496
—, lessivé 441

Sole, Kolloide 260
Solifluktion 266
Solod **494**
Solonetz **494**
Solontschak **493**
Solontschak-Solonetz 494
Solteilchen 261
Sorption **232**
Sortenversuch 550
Spatendiagnose 296
Splittergefüge 266, **274**
Spritzwirkung, Bodenerosion 523
Spül-Methode 190
Stadtplanung 551
Stagnogley 417, 456, **460–461**
Stalldung 228
Staukörper 310
Staunässe 311, 455
Staunässegley 456
Staupodsol 416, **449**
—, Ortstein- 449
—, Bändchen- 449
Stauwasser **310**, 320, 455
—, Feuchtphase 311*
—, leiter 311, 457
—, Naßphase 311*
—, sohle 310, 457
—, Trockenphase 311*
Stauwasserböden 417, **455–461**
—, Pseudogley 417, **456–460**
—, Stagnogley 417, **460–461**
Stauzone 311
Steighöhe, kapillare- 322
Steinpflaster-Rohboden
—, Arktischer- 481
Steinpflaster-Wüstenboden 491
Steppenboden 415, **430–433**
—, Brauner- 416, **433**
Steppenschwarzerde 415, **430–433**
Stickstoffbinder
—, symbiotische- 356
—, nichtsymbiotische- 356
Stickstoffmenge, Bodentypen 219**
Stört 473
Streifenbau 524
Streptomyceten 355*
Strohdüngung 228
Strukturboden, Arktischer- 415, **423–424**, 482
Stufe, Bodenschätzung 544
Styromull 300
Styroperl 300
Styropor 300
Subhydrische Böden 418, **476**
—, Dy 418, **476**
—, Gyttja 418, **476**
—, Protopedon 418, **476**
—, Sapropel 215, 418, **476**
Subpolyedergefüge **275**
Substanzvolumen 290, 291, 293
Sumpfton 435, 467
Swamp-Soils 500

S-Wert 235
Syrosem 415, **424–426**
—, aus Festgestein 415, **424**
—, aus Lockergestein 415, **425**
System, Kolloide
—, kolloid-disperses- 260
—, polydisperses- 260
Systematik, Boden- **396**
Szikboden 493

Tangel 217, 502
Tangelranker 427, 502
Tangelrendzina 502
Taschenboden 423, 482
Tauchverfahren 298
Teilgefüge, Mikrogefüge **282**
Terrae calcis 416, **449–450**
—, Terra fusca 416, 450, 486, 508
—, Terra rossa 416, 450, 486, 508
Terrestrische Anthropogene Böden **452–455**
Terrestrische Böden 415, **421–455**
Terrestrische Rohböden 415, **421–426**
Textur 189, **191**, 199*, 540
—, Bestimmung im Gelände **196**
—, Bestimmung im Labor **191**
—, Bodeneigenschaften **197**
—, primäre Minerale **202**
Thermokondensation 328
Thiomorphic Gley Soils 500
Thufur 423, 483
Tirs 499
Titanoxide **207**
—, Anatas 207
—, Ilmenit 207
—, Rutil 207
Tjäle 423
Ton
—, durchschlämmung 385, 390, 441
—, verlagerung 252, **385**, 441
—, wanderung 385, 386, 441
Ton, Textur 192
Tonanreicherungshorizont 265
Tonböden 197
Tonfraktion **191**, 260
Tonhäutchen 267
Ton-Humus-Komplex 224, 365
Tonmergel-Pelosol 416, **435–436**
Tonminerale **207**, 233, 242, **262**, 382
Ton-Mudde 214
Ton-Pelosol 416, **434**
Tonscherben 265
Tonsubstanz
—, Bildung **382**
—, Flockung **262**
—, Stabilität **384**
Torfmarsch 474
Torf-Mudde 214
Torfschlamm 476
Totwasser 316
toxische Wirkung, Reaktion 252
Tränkungsmittel 289

Transpiration 332
Transportzone, Bodenwasser 320
Trittfestigkeit 296
Trockenphase 457
Trockenschrank-Methode 318
Trockensiebverfahren 298
Tropfenboden 423, 482
Trophie 218**
Tropische Böden, seltene **499**
—, Gley-Podsol 499
—, Podsol 499
—, Ranker 499
—, Regosol 499
—, Rendzina 499
—, Rohboden 499
Tschernitza 417, 463
Tschernosem 415, **430–433, 488–489**
Tschernosem, Ukraine
—, Ausgelaugter- 489
—, Gewöhnlicher- 489
—, Podsolierter- 489
—, Südlicher- 489
—, Typischer- 489
Tundra-Anmoor 483
Tundra-Gley 418, 468, 482
Tundra-Moor 483
Tundra-Moos 483
Tundra-Ranker 481
Tundra-Torfmoor 483
Tunnelerosion 522
Turmalin 203
T-Wert 232, 235

Übergänge, bodentypologische- **411**
Übergangsbildungen 413*
Übergangshorizont 413
Übergangsmoor 418, **478**
—, Hochmoor-Übergangsmoor 478
—, Niedermoor-Übergangsmoor 478
—, Zwischenmoor 478
Übergangsmoortorf 215
Umtausch, Kationen 232
Untergrunderosion 522
Untergrundhaken 301
Untersuchung
—, des Bodenprofils 549
—, des Bodens im Felde 547
—, des Bodens im Felde für spezielle Zwecke 550
Untersuchungsgerät, Feld 547

van der Waals'sche Kräfte 225
Vega 417, 464
Verarmungshorizont 446
Verbraunung 383
Verdunstung 337**
—, aktuelle- 333
—, potentielle- 333
Verdunstungskälte 349
Vererdung 287
—, braune- 287
—, rote- 287

Vergleyung **388**
Verlagerung von Stoffen 535
Verlandungsmoor 477
Verlehmung 382
Vermoderungs-Horizont 214
Vernässungsphase, Naßphase 457
Versalzung **390**
Versalzungsgefahr 391
Verschlämmung 297
Verschlämmungsbild 297
Verschlämmungskruste 265
Versickerung 306
Versickerungsrate 306
Versumpfungsmoortorf 215
Vertebrata 361
Vertisol 268, 287, 407, 498
Vertisol-Pelosol 436
Verwitterung 251, 370
Vestopal 289
Vielzeller 359
Vivianit 389
Volumengewicht 290
V-Wert 235, 245

Wärme des Bodens 347
—, abgabe 349**
—, aufnahme 349**
—, kapazität **347, 348****
—, spezifische- 347, 348**
Wärme, Gefügebildung **266**
Wärmegang im Boden 350
—, jährlicher- 351*
—, täglicher- 351*
Wärmehaushalt **347–352**
Wärmeleitfähigkeit 319, 348
Waldboden, Erhaltung **528**
Waldböden, Typen
—, Braune- 436
—, Nasse- 456
Wasserarten des Bodens 305*, 312*, 313*
Wasserbewegung
—, gesättigte- 324
—, ungesättigte- 323
Wasserdurchlässigkeit 324, 325**
Wasser, Gefügebildung **265**
Wasserhaushalt 295, 329
—, der Kulturlandschaft **335**, 335*
—, der Landschaft **329**
—, der Naturlandschaft **333**, 334*
Wasser im Boden **305–340**, 305*
—, artesisches- 310
—, bindung **312**
—, dampf 312
—, hygroskopisches- 307
—, kapazität 312
—, kapazität, maximale- 314
—, kapazität, pflanzenverfügbare- 315
—, osmotisches- 307
—, pflanzenverfügbares- 315
—, spannung 312, 313*
—, totes- 316
—, verfügbares- 315**

Wasserspannung, Bestimmung **317**
Wasserstoffionen 235
Wasserverbrauch, Roggen 333**
Wasservolumen 291
Wechselland, Bodenschätzung **545**
Weißtorf 478
Welkefeuchte 316
Welkepunkt 313*, 316
Welkepunkt, permanenter- 316
Wickelboden 423, 482
Wiesenboden, Bodentyp 433
Wiesenkalk 468
Wiesen-Kastanosem 490
Wiesen-Tschernosem 490
Windgeschwindigkeit 528**
Wippscharlockerer 301
Wirbeltiere im Boden 361
Würgeboden 433, 482
Würmer im Boden 359
—, Niedere- 359
—, Ringel- 359
Wüstenkruste 391, 492
Wüstenlack 392, 491
Wurmmull 216
Wurmlosung 365

Wurmlosungsgefüge **273**
Wurzelboden 506
Wurzelbrand 254
Wurzelkropf 254

Xeroranker 485
Xerorendzina 485

Yerma 491, 492
—, Hamada-Yerma 491
—, Kalkkrusten-Yerma 492
—, Gipskrusten-Yerma 492
—, Salzstaub-Yerma 492
—, Sand-Yerma 492

Zeigerpflanzen 249
Zimtfarbiger Boden 487
Zirkon 203
Zuschußwasser 374
Zustandsstufe, Bodenschätzung 541
Zweier-Skala, Textur 190
Zweischichtenpflug 300
Zwei-Sechser-Skala, Textur 191
Zwergpodsol 448
—, Nordischer- 482

ANHANG
24 farbige Tafeln:

Minerale, Gesteine, Bodendünnschliffe
und Bodenprofile mit Beschreibung

Tafel 1

Typische Minerale der Magmatite

Die Magmatite werden von pyrogenen Mineralen (teils auch Gläsern) aufgebaut. In den Plutoniten sind sie weitgehend mit bloßem Auge identifizierbar, in den Vulkaniten mit Ausnahme der porphyrischen Einsprenglinge nur mit Hilfe des Mikroskopes. In seltenen Fällen lassen günstige Bildungsumstände größere, voll ausgebildete Kristalle entstehen, deren Gestalt deutlich erkennbar ist. Von solchen Mineralen werden besonders wichtige auf der Tafel 1 gezeigt.

Bergkristall als Beispiel für Quarz.
Orthoklas, eingewachsen in Porphyr.
Labradorit als Beispiel für Plagioklas.
Biotit, eingewachsen in Calcit und Grünschiefer.
Augit, eingelagert in Tuff.
Hornblende, eingelagert in Tuff
Olivin als Besalteinschluß.
Apatit, eingewachsen in Calcit.

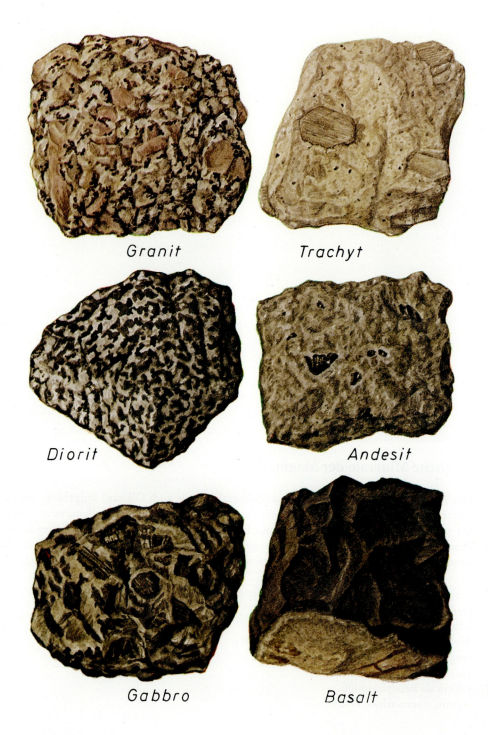

Wichtige Magmatite

Das Magma der Plutone erkaltet tief unter der Erdoberfläche, und infolge der langsamen Erkaltung werden große Kristalle gebildet. Hingegen erkaltet das Magma der Vulkanite an oder nahe an der Erdoberfläche, und infolge der schnellen Erkaltung entstehen kleine Kristalle. Die Mineralzusammensetzung bzw. chemische Zusammensetzung ist in Plutoniten und Vulkaniten gleich. Man unterscheidet nach dem Kieselsäuregehalt in großen Zügen saure, intermediäre und basische Plutonite und Vulkanite, deren wichtigste Vertreter nachstehend aufgeführt sind.

Links Plutonite:
Granit (sauer).
Diorit (intermediär).
Gabbro (basisch).

Rechts Vulkanite:
Trachyt mit großen Sanidinen (schwach sauer).
Andesit mit größeren Hornblenden (intermediär).
Basalt (basisch).

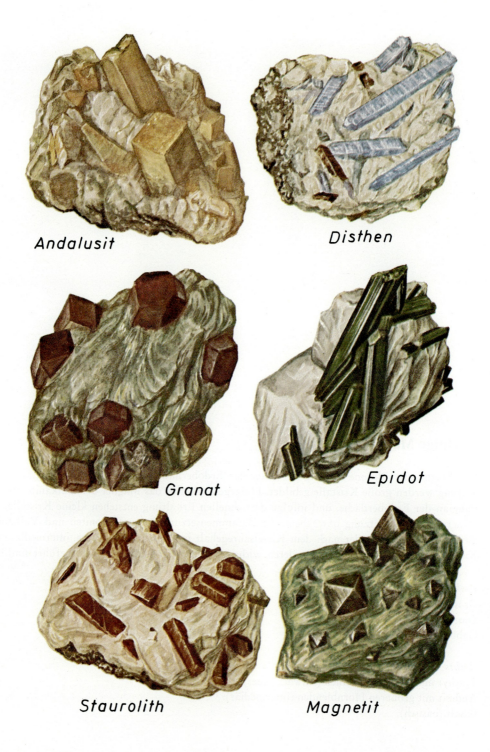

Typische Minerale der Metamorphite

Die Metamorphose, d. h. die Umwandlung der Gesteine, bringt neben den auch in den Magmatiten auftretenden Mineralen spezifische Minerale hervor. Diese können ihre Kristallform im kompakten Gestein ausbilden, wie z. B. Granat und Magnetit, oder sie wachsen in Gesteinshohlräumen, die durch Tektonik oder Lösungsvorgänge entstehen können. Einige typische Minerale der Metamorphite zeigt die Tafel 3 auf.

Andalusit, dicksäulig, aufgewachsen auf Metamorphit.
Disthen, stengelig, eingewachsen in Paragonitschiefer.
Granat als Rhombendodekaeder, eingewachsen in Chloritschiefer.
Epidot, stengelig, auf Kalkspat aufgewachsen.
Staurolith, stengelig und Durchkreuzungszwillinge, eingewachsen in Paragonitschiefer.
Magnetit als Oktaeder, eingewachsen in Chloritschiefer.

Tafel 4

Wichtige Metamorphite

Die Metamorphose vollzieht sich im wesentlichen unter den zwei folgenden Bedingungen: 1. infolge der Erhitzung des Nebengesteins durch das Magma der Plutone und Vulkane (Kontaktmetamorphose), 2. infolge von hohem Druck und hoher Temperatur in tieferen, weiteren Bereichen der Erdkruste (Regionalmetamorphose). Für diese beiden Prozesse der Metamorphose, die mannigfache Gesteine hervorbringen, werden auf Tafel 4 einige wichtige Metamorphite aufgezeigt.

Kontaktmetamorphe Gesteine:
Fruchtschiefer.
Hornfels.

Regionalmetamorphe Gesteine:
Phyllit.
Glimmerschiefer.
Biotitgneis.
Grobkristalliner Marmor.

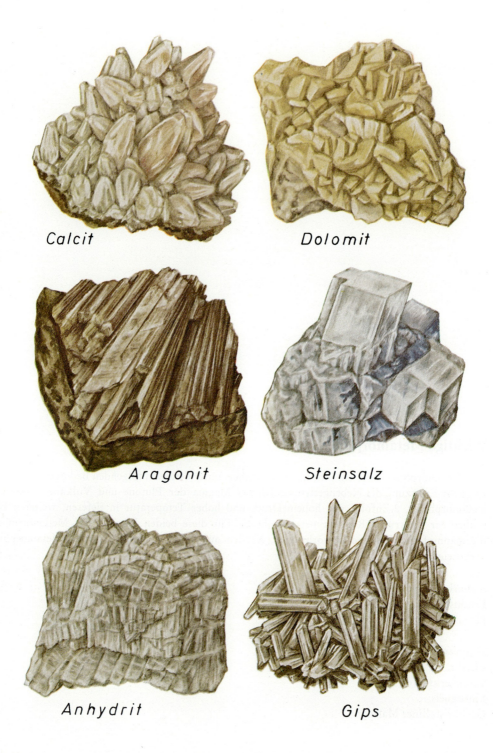

Tafel 5

Typische Minerale der Sedimentgesteine

Die klastischen Sedimentgesteine enthalten naturgemäß vorwiegend die Minerale zerstörter Gesteine (Magmatite, Metamorphite, Sedimente). Daneben gibt es in den klastischen Sedimentgesteinen auch Neubildungen wie z. B. Calcit und Aragonit. Sedimente, die durch Ausfällung aus Meerwasser sowie durch Eindampfung von Meerwasser gebildet wurden, bestehen oft aus nur einer Mineralart oder einigen Mineralarten. Typische Minerale der Sedimente sind als große, gut erkennbare Individuen auf Tafel 5 dargestellt.

Calcit als Skalenoeder.
Dolomit als Rhomboeder.
Aragonit, stengelig.
Steinsalz als Würfel.
Anhydrit, tafelig.
Gips, tafelig und säulig, Zwillinge.

Wichtige Sedimentgesteine

Die klastischen Sedimente entstehen aus den Trümmern anderer Gesteine (Magmatite, Metamorphite, Sedimente). Die Ausfällungsgesteine (Präzipitate) entstehen durch Ausfällungsvorgänge (Kalkstein), die Eindampfungsgesteine durch die Eindampfung von Wasser, wobei Minerale aus der eingedampften Lösung auskristallisieren (Gips, Steinsalz). Bei der Entstehung von organogenen Sedimenten sind Organismen beteiligt (Muschelkalk, Braunkohle). Von den mannigfaltigen Arten der Sedimentgesteine werden auf der Tafel 6 einige wichtige vorgestellt.

Klastische Sedimente:
Konglomerat.
Rotbrauner Sandstein.
Siltschiefer.

Ausfällungsgestein:
Kalkstein.

Organogene Sedimente:
Muschelkalk.
Braunkohle.

Tafel 7

a) Erdiges Gefüge oder Braunerdegefüge (intertextisches Elementargefüge) aus dem B_v-Horizont einer sauren Braunerde aus Granit (Feldberggebiet/Schwarzwald). Pol. Licht, Hohlräume dunkel.

b) Braunlehmgefüge mit eingeregelten Teilchen (porphyropeptisches Elementargefüge) in einem B-Horizont einer Terra fusca aus Ob. Muschelkalk (Helenenberg/Südeifel). Pol. Licht.

c) Konzentrische Anlagerung von Schlämmstoff (durchschlämmte Tonsubstanz; Leitbahngefüge) in einer Pore des B_t-Horizontes einer Parabraunerde (Kleinaltendorf bei Bonn). Bei der Alterung ist die Schlämmstoff-Anlagerung zerbrochen. Wenig pol. Licht, Hohlräume gleichmäßig hellblau.

d) Hüllengefüge (chlamydomorphes Elementargefüge) in einem sandigen B_t-Horizont einer Parabraunerde aus Flutlehm (Leine-Tal bei Hannover). Pol. Licht, Hohlräume schwarz (Probe von K. H. Oelkers).

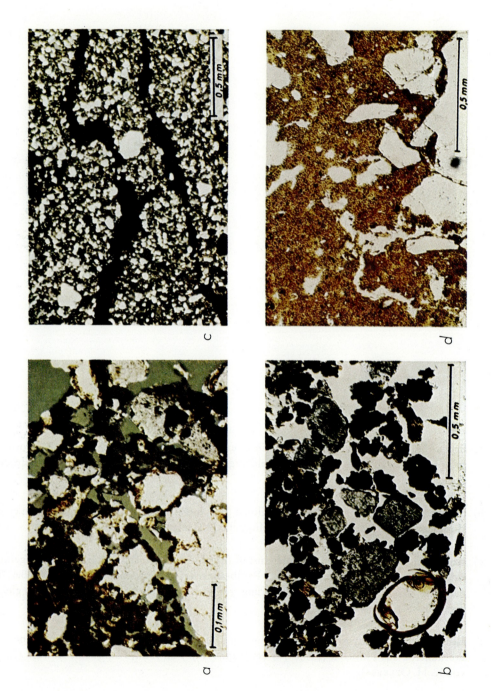

Tafel 8

a) Schwammgefüge im A_h-Horizont einer Mullrendzina aus dolomitischem Kalkstein (Schönecken/Eifel). Wenig pol. Licht. Hohlräume gleichmäßig olivgrün.

b) Agglomeratisches Elementargefüge mit nicht verkitteten Mineral- und Humusteilchen aus einem A_h-Horizont einer Protorendzina aus Dolomit (bei Sötenich/Eifel). Normales Licht, Hohlräume weiß.

c) Gefüge eines feinkörnigen Bodens mit kleinen Intergranularräumen, A_p-Horizont einer Parabraunerde aus Löß (Kleinaltendorf bei Bonn). Die Risse zeigen ein plattiges Makrogefüge an. Pol. Licht, Hohlräume schwarz.

d) Erdiges Gefüge (porphyropektisches Elementargefüge) einer lateritischen Roterde, auch Latosol genannt (Ceylon). Normales Licht, Quarzkörper (scharf begrenzt) und Hohlräume (unregelmäßig begrenzt) weiß (Probe von H. W. Scharpenseel).

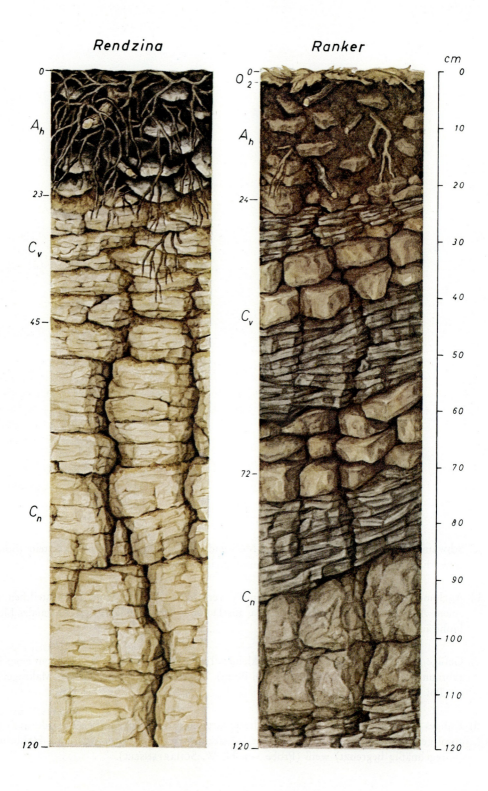

Grauschwarze Mullrendzina

aus weißgrauem, plattigem Kalkstein/Muschelkalk (Unterfranken).

Profilaufbau:

A_h	0– 23 cm	schwarzer (10 YR 2/1),* stark humoser, steiniger, toniger Lehm, Krümel- und Korngefüge, stark durchwurzelt.
C_v	23– 45 cm	gelblich-weißgrauer, plattiger Kalkstein, oben in den Schichtfugen ockerfarbiger, toniger Lösungsrückstand.
C_n	45–120 cm+	weißgrauer, plattiger Kalkstein.
		+–Zeichen bedeutet: C_n geht über 120 cm Tiefe hinaus.

* Die Farben des feuchten Bodens sind den Munsell Soil Color Charts (USA) und den Standard Soil Color Charts (Japan) entnommen.

Eigenschaften: flachgründig; steinige, lehm-tonige Textur; etwa 4 – 7 % organische Substanz; gute, calciumgesättigte, stickstoffreiche Humusform; Krümel- und Korngefüge; geringe Wasserkapazität, daher schnell austrocknend; gut wasser- und luftdurchlässig; warmes Bodenklima; reich an Calcium, meist auch an Magnesium, relativ arm an Kalium, arm an Phosphor**; hohe biologische Aktivität; günstig für die Braugerste bei entsprechendem Klima; Bodenzahl etwa 30 (entsprechend der amtlichen Bodenschätzung).

** Bei den Angaben der Pflanzennährstoffe der Bodenprofile 9 bis 24 wird vom natürlichen Bodenzustand ausgegangen, d. h. der Einfluß des Pflanzenbaues ist nicht berücksichtigt.

Brauner Ranker

aus Schiefer und Grauwacke/Unter-Devon (Eifel).

Profilaufbau:

O	0– 2 cm	bräunlicher Bestandesabfall von Eichen.
A_h	2– 24 cm	brauner bis dunkelbrauner (7.5 YR 4/2), mittelhumoser, steiniger, lehmiger Sand, Krümel- und Subpolyedergefüge, stark durchwurzelt.
C_v	24– 72 cm	schräg liegende Grauwacken und graue Schiefer im Wechsel, schwach verwittert und daher etwas bräunlich.
C_n	72–120 cm+	wie C_v, aber nicht verwittert.

Eigenschaften: flachgründig; steinige, lehmig-sandige Textur; etwa 4–6 % organische Substanz im A_h-Horizont; calcium- und stickstoffarme Humusform; Krümel- und Subpolyedergefüge; geringe Wasserkapazität, daher schnell austrocknend; gut wasser- und luftdurchlässig; arm an Calcium und Pflanzennährstoffen; mäßige biologische Aktivität; Bodenzahl etwa 20.

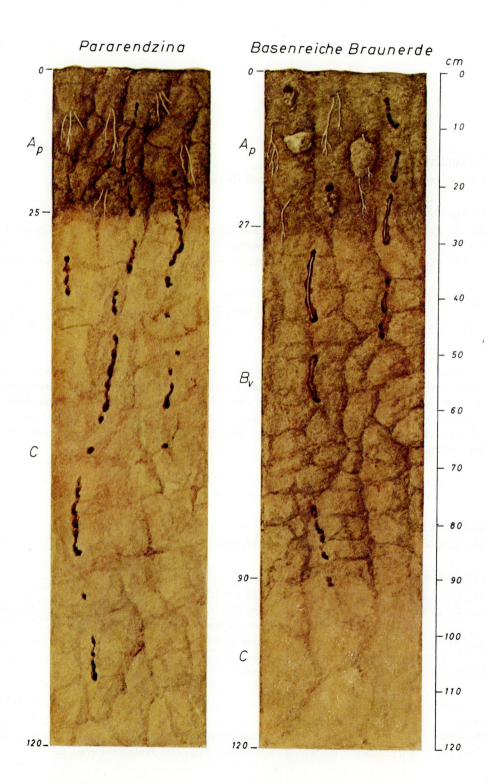

Pararendzina

aus Löß/Jung-Würm (Niederbayerischer Ackergäu).

Profilaufbau:

A_p 0– 25 cm brauner bis dunkelbrauner (7.5 YR 4/2), schwach humoser, lehmiger, feinsandiger Grobschluff, kalkhaltig, Krümel- und Subpolyedergefüge, gut durchwurzelbar.

C 25–120 cm+ ockergelber (2.5 Y 7/4) Löß.

Eigenschaften: sehr tiefgründig; lehmige, feinsandig-grobschluffige Textur; etwa 2 % organische Substanz; gute, calciumgesättigte, stickstoffreiche Humusform; Krümel- und Subpolyedergefüge, der Löß schwach kohärent; ziemlich hohe Wasserkapazität; gut wasser- und luftdurchlässig; warmes Bodenklima; reich an Calcium, mäßige Mengen an Magnesium und Kalium, arm an Phosphor; hohe biologische Aktivität, starker Humusabbau; Bodenzahl etwa 70.

Basenreiche Braunerde

aus Löß/Jung-Würm (Niederbayerischer Ackergäu).

Profilaufbau:

A_p 0– 27 cm brauner bis dunkelbrauner (7.5 YR 4/2), schwach humoser, feinsandig-grobschluffiger Lehm, Krümel- und Subpolyedergefüge, gut durchwurzelbar.

B_v 27– 90 cm intensiv brauner (7.5 YR 5/6), feinsandig-grobschluffiger Lehm, Subpolyedergefüge, gut durchwurzelbar.

C 90–120 cm+ ockergelber (2.5 Y 7/4) Löß, weiße Ausblühungen von Calciumcarbonat.

Eigenschaften: sehr tiefgründig; feinsandig-grobschluffige, lehmige Textur; etwa 2,5 % organische Substanz; gute, calciumgesättigte, stickstoffreiche Humusform; Krümel- und Subpolyedergefüge; hohe Wasserkapazität; gut wasser- und luftdurchlässig; reich an Calcium, mäßige Mengen an Magnesium und Kalium, arm an Phosphor; hohe biologische Aktivität; hohe natürliche Fruchtbarkeit; Bodenzahl etwa 85.

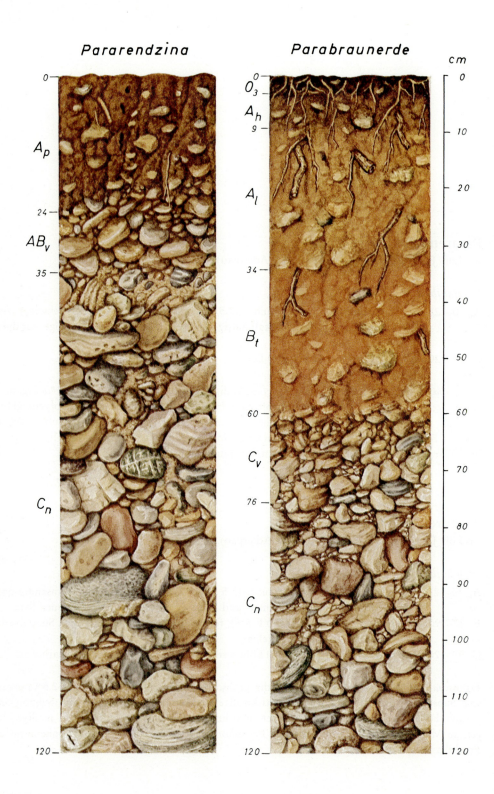

Geröll-Pararendzina

aus vorwiegend Kalk- und Dolomitgeröllen und etwa 30% Silikatgeröllen/Jung-Würm (Münchener Schotterebene).

Profilaufbau:

A_p	0– 24 cm	dunkelbrauner (7.5 YR 4/4), schwach humoser, steiniger, lehmiger Sand, Krümel- und Subpolyedergefüge, gut durchwurzelbar.
AB_v	24– 35 cm	bunte Gerölle (wie in C_n), durchsetzt mit schwach humosem, lehmigem Sand (wie in A_p), durchwurzelbar.
C_n	35–120 cm+	bunte Gerölle, etwa 70% Kalk und Dolomit sowie 30% Silikatgesteine, nicht verkittet.

Eigenschaften: flachgründig; steinige, lehmig-sandige Textur; etwa 2% organische Substanz; calcium- und stickstoffreiche Humusform; Krümel- und Subpolyedergefüge; geringe Wasserkapazität, daher schnell austrocknend; gut wasser- und luftdurchlässig; warmes Bodenklima; reich an Calcium und Magnesium, relativ arm an Kalium und Phosphor; ziemlich hohe biologische Aktivität; Bodenzahl etwa 30.

Rötliche Parabraunerde

aus vorwiegend Kalk- und Dolomitgeröllen und etwa 25% Silikatgeröllen/Alt-Würm (Ebersberger Forst bei München).

Profilaufbau:

O	0– 3 cm	dunkelbrauner (7.5 YR 3/2), zersetzter Bestandesabfall von Laubbäumen.
A_h	3– 9 cm	dunkelbrauner (7.5 YR 4/2), stark humoser, schwach steiniger, lehmiger Sand, Krümel- und Subpolyedergefüge, stark durchwurzelt.
A_l	9– 34 cm	intensiv brauner (7.5 YR 5/6), schwach steiniger, lehmiger Sand, Subpolyedergefüge, gut durchwurzelbar.
B_t	34– 60 cm	rötlichbrauner (5 YR 5/6), schwach steiniger, sandiger Lehm, Subpolyeder- und Polyedergefüge, etwas dicht, noch durchwurzelbar.
C_v	60– 76 cm	bunte Gerölle (wie in C_n), durchsetzt mit sandigem Lehm (wie in B_t).
C_n	76–120 cm+	bunte Gerölle, etwa 75% Kalk und Dolomit sowie 25% Silikatgesteine, nicht verkittet.

Eigenschaften: mittelgründig; schwach steinige, lehmig-sandige und sandig-lehmige Textur; etwa 7–9% organische Substanz im A_h-Horizont; calcium- und stickstoffarme Humusform; Subpolyeder- und Polyedergefüge; mittlere Wasserkapazität und daher nicht leicht austrocknend; bis zum B_t-Horizont gut wasser- und luftdurchlässig, im B_t weniger; im Solum an Basen verarmt, jedoch Vorrat im C-Horizont; geringe biologische Aktivität; Bodenzahl etwa 50.

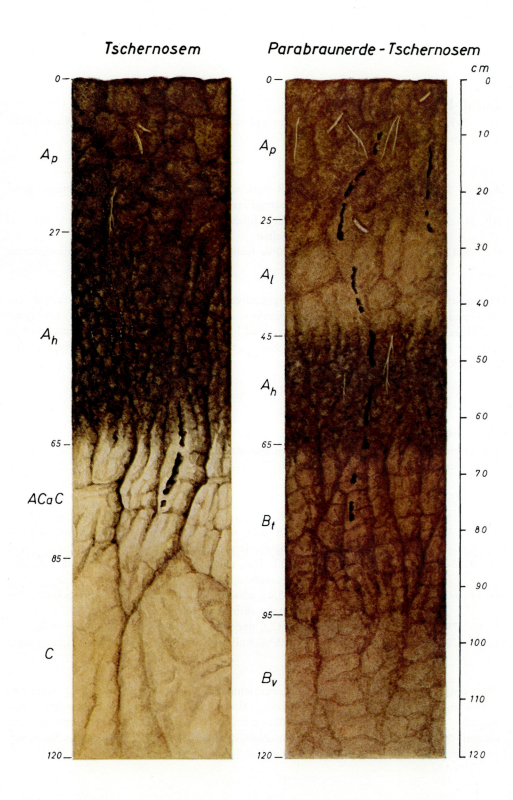

Tschernosem (Steppenschwarzerde)
aus Löß/Jung-Würm (Söllingen, Kr. Helmstedt).

Profilaufbau:

A_p	0– 27 cm	sehr dunkelbrauner (10 YR 3/2), mittelhumoser, feinsandig-grobschluffiger Lehm, Krümel- und Subpolyedergefüge, gut durchwurzelbar.
A_h	27– 65 cm	grauschwarzer (7.5 YR 2/0), stark humoser, feinsandig-grobschluffiger Lehm, Krümel- und Wurmlosungsgefüge, gut durchwurzelbar.
ACaC	65– 85 cm	hellgelber (2.5 Y 8/4), mit Kalk angereicherter Löß, stellenweise humos.
C	85–120 cm+	ockergelber (2.5 Y 7/4) Löß.

Eigenschaften: sehr tiefgründig; feinsandig-grobschluffige, lehmige Textur; etwa 4–5 % organische Substanz bis in 65 cm Tiefe; gute, calciumgesättigte, stickstoffreiche Humusform; Krümel-, Subpolyeder- und Wurmlosungsgefüge; hohe Wasserkapazität; gut wasser- und luftdurchlässig; warmes Bodenklima; reich an Calcium, mäßige Mengen an Magnesium und Kalium, arm an Phosphor; hohe biologische Aktivität; hohe natürliche Fruchtbarkeit; Bodenzahl etwa 95.

Parabraunerde-Tschernosem (Degradierte Schwarzerde)
aus Löß/Jung-Würm (Hildesheimer Börde).

Profilaufbau:

A_p	0– 25 cm	dunkelbrauner (7.5 YR 4/2), mittelhumoser, feinsandig-grobschluffiger Lehm, Subpolyeder-, weniger Krümelgefüge, gut durchwurzelbar.
A_l	25– 45 cm	ockerfarbiger (10 YR 6/6), sehr schwach humoser, feinsandig-grobschluffiger Lehm, Subpolyedergefüge, gut durchwurzelbar.
A_h	45– 65 cm	sehr dunkelgrauer (10 YR 3/1), mittelhumoser, feinsandig-grobschluffiger Lehm, Krümelgefüge, gut durchwurzelbar.
B_t	65– 95 cm	rötlichbrauner (5 YR 4/4), feinsandig-grobschluffiger Lehm (Tonanreicherung), Polyedergefüge, durchwurzelbar.
B_v	95–120 cm+	hellbrauner (7.5 YR 6/6), feinsandig-grobschluffiger Lehm, Subpolyedergefüge.

Eigenschaften: tiefgründig; feinsandig-grobschluffige, lehmige Textur; etwa 3 % organische Substanz bis in 65 cm Tiefe; Humusform weniger calcium- und stickstoffreich als im Tschernosem; Krümel- und Subpolyedergefüge, im B_t Polyedergefüge; hohe Wasserkapazität; Wasser- und Luftdurchlässigkeit nur im B_t gehemmt; mäßige Mengen an Basen, geringe an sonstigen Pflanzennährstoffen; ziemlich gute biologische Aktivität; Bodenzahl etwa 80.

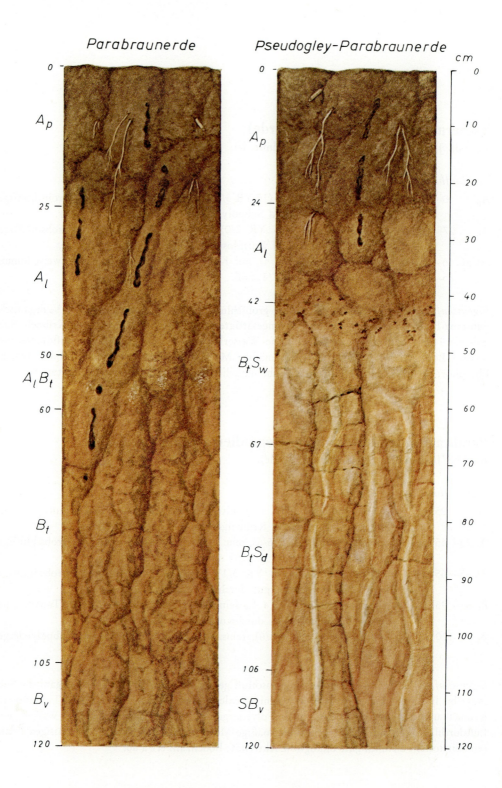

Parabraunerde

aus Löß/Jung-Würm (Kölner Bucht).

Profilaufbau:

A_p	0– 25 cm	brauner bis dunkelbrauner (7.5 YR 4/2), mittelhumoser, lehmig-feinsandiger Grobschluff, Subpolyedergefüge, gut durchwurzelbar.
A_l	25– 50 cm	ockerbrauner (10 YR 6/6), lehmig-feinsandiger Grobschluff, Subpolyedergefüge, gut durchwurzelbar.
A_lB_t	50– 60 cm	Übergang von A_l zu B_t.
B_t	60–105 cm	rötlichbrauner (5 YR 5/6), feinsandig-grobschluffiger Lehm, Polyedergefüge mit Tonhäutchen, etwas dicht, aber durchwurzelbar.
B_v	105–120 cm+	brauner (5 YR 4/6), feinsandig-grobschluffiger Lehm, Subpolyedergefüge, gut durchwurzelbar.

Eigenschaften: tiefgründig; lehmige, feinsandig-grobschluffige über feinsandiger, grobschluffig-lehmiger Textur; etwa 3 % organische Substanz; mittelbasenhaltige und -stickstoffhaltige Humusform; Subpolyedergefüge, im B_t Polyedergefüge mit Tonhäutchen, leicht verschlämmbar; hohe Wasserkapazität; Wasser- und Luftdurchlässigkeit gehemmt; mittlerer Basengehalt, arm an Phosphor; mittlere biologische Aktivität; Bodenzahl etwa 75.

Pseudogley-Parabraunerde

aus Löß/Würm (Südniedersachsen).

Profilaufbau:

A_p	0– 24 cm	brauner bis dunkelbrauner (7.5 YR 4/2), mittelhumoser, lehmig-feinsandiger Grobschluff, Subpolyedergefüge, gut durchwurzelbar.
A_l	24– 42 cm	ockerbrauner (10 YR 6/6), lehmig-feinsandiger Grobschluff, Subpolyedergefüge, gut durchwurzelbar.
B_tS_w	42– 67 cm	rötlichbraun (5 YR 6/6) und hellgrau (7.5 YR 8/0) gefleckter, feinsandig-grobschluffiger Lehm, grobes Polyedergefüge, durchlässig.
B_tS_d	67–106 cm	rötlichbraun (5 YR 6/6) und hellgrau (7.5 YR 8/0) gestreifter und gefleckter, feinsandig-grobschluffiger Lehm, grobes Polyedergefüge mit Tonhäutchen, ziemlich dicht, Wasserdurchlässigkeit sehr gehemmt.
SB_v	106–120 cm+	schwach rötlichbrauner (5 YR 6/4–6/6), feinsandig-grobschluffiger Lehm, Polyedergefüge, noch durchlässig.

Eigenschaften: tiefgründig; lehmige, feinsandig-grobschluffige über feinsandiger, grobschluffig-lehmiger Textur; etwa 3 % organische Substanz; Subpolyedergefüge, tiefer grobes Polyedergefüge mit Tonhäutchen, leicht verschlämmbar; hohe Wasserkapazität; Wasser- und Luftdurchlässigkeit ab etwa 65 cm Tiefe sehr gehemmt; mittlerer Basengehalt, arm an Phosphor; mittlere biologische Aktivität; Bodenzahl etwa 65.

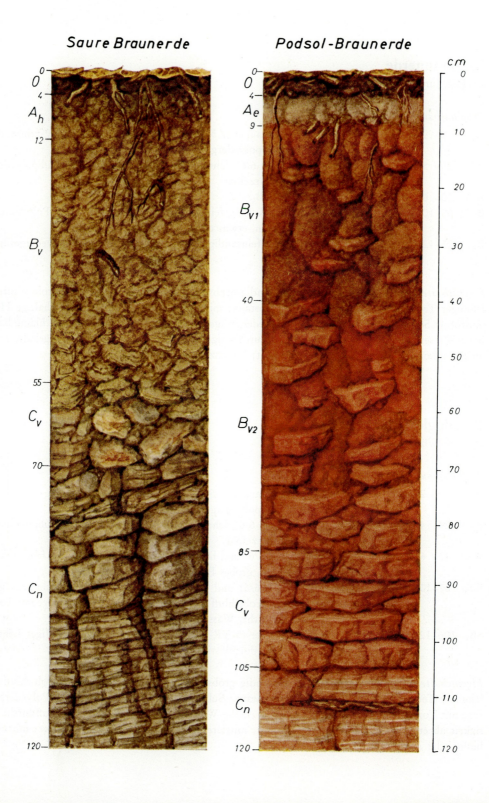

Saure Braunerde

aus Grauwacke und Siltschiefer/Unter-Devon (Eifel).

Profilaufbau:

O	0– 4 cm	sehr dunkelgrauer (7.5 YR 3/0) Moder.
A_h	4– 12 cm	dunkelbrauner (7.5 YR 4/2–5/4), mittelhumoser, schwach steinig-grusiger, feinsandiger Lehm, Subpolyedergefüge, gut durchwurzelt.
B_v	12– 55 cm	brauner (7.5 YR 5/4), steinig-grusiger, feinsandiger Lehm, Subpolyedergefüge, gut durchwurzelbar.
C_v	55– 70 cm	schwach verwitterter, rostbraun gefleckter Siltschiefer.
C_n	70–120 cm+	unverwitterte, etwas schräg liegende, geklüftete Grauwacke und Siltschiefer.

Eigenschaften: mittelgründig; steinig-grusige, feinsandig-lehmige Textur, etwa 5 % organische Substanz; schwach basenhaltige, stickstoffarme Humusform; Subpolyedergefüge; mittlere Wasserkapazität; gut wasser- und luftdurchlässig; arm an Basen und Phosphor; niedrige biologische Aktivität; Bodenzahl etwa 45.

Podsol-Braunerde

aus Sandstein/Buntsandstein, Trias (Unterfranken).

Profilaufbau:

O	0– 4 cm	sehr dunkelgrauer (7.5 YR 3/0) Moder.
A_e	4– 9 cm	blaßrosa bis violettgrauer (7.5 YR 6/2), schwach humoser, anlehmiger Sand, Einzelkorn- bis Subpolyedergefüge, gut durchwurzelbar.
B_{v1}	9– 40 cm	rötlichbrauner (2.5 YR 4/4), schwach steiniger, schwach lehmiger Sand, schwach ausgeprägtes Subpolyedergefüge, gut durchwurzelbar.
B_{v2}	40– 85 cm	rötlicher (10 R 4/6), stark steiniger, sehr schwach lehmiger Sand, schwach ausgeprägtes Subpolyedergefüge.
C_v	85–105 cm	rötlicher, schwach verwitterter, horizontal-plattiger, geklüfteter Sandstein.
C_n	105–120 cm+	wie C_v, aber nicht verwittert.

Eigenschaften: mittelgründig; steinige, schwach bis sehr schwach lehmige Textur; etwa 5 % organische Substanz, basen- und stickstoffarme Humusform; schwach ausgeprägtes Subpolyedergefüge; geringe Wasserkapazität; gut wasser- und luftdurchlässig; sehr arm an Basen und Phosphor; niedrige biologische Aktivität; saurer, verarmter Boden; Bodenzahl etwa 30.

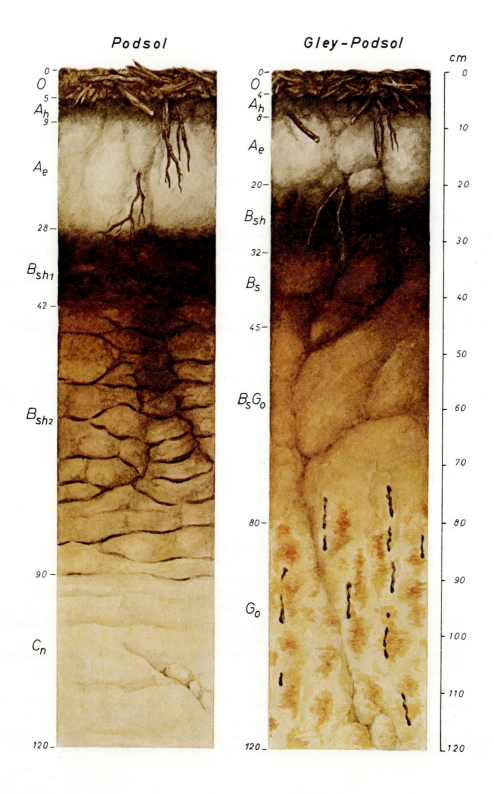

Podsol (Eisenhumuspodsol)

aus Dünensand/Holozän (Emsland).

Profilaufbau:

O	0– 5 cm	brauner, mäßig zersetzter Rohhumus.
A_h	5– 9 cm	sehr dunkelgrauer (7 YR 3/0), mittelhumoser Sand, Einzelkorn- bis schwaches Kohärentgefüge, gut durchwurzelbar.
A_e	9– 28 cm	hellgrauer (10 YR 7/1), sehr schwach humoser Sand, Einzelkorngefüge, gut durchwurzelbar.
B_{sh1}	28– 42 cm	braunschwarzer (10 YR 2/1) Ortstein mit Humus und Sesquioxiden, stark verkittetes Hüllengefüge, kaum durchwurzelbar.
B_{sh2}	42– 90 cm	hellgelblichbrauner (10 YR 6/4), horizontal braun gestreifter (5 YR 4/4) Sand, Einzelkorn- und Hüllengefüge.
C_n	90–120 cm+	blaßgelber (2.5 Y 8/4) Sand.

Eigenschaften: mittelgründig; sandige Textur; etwa 4% organische Substanz im A_h, darüber Rohhumus; sehr basen- und stickstoffarme Humusform; oben und im Untergrund Einzelkorngefüge, im Ortstein verkittetes Hüllengefüge; geringe Wasserkapazität; Wasser- und Luftdurchlässigkeit nur im Ortstein etwas gehemmt; sehr arm an Basen und Phosphor; sehr niedrige biologische Aktivität; sehr saurer, verarmter und trockener Boden; Bodenzahl etwa 20.

Gley-Podsol

aus glazigenem Sand/Pleistozän (Emsland).

Profilaufbau:

O	0– 4 cm	brauner, mäßig zersetzter Rohhumus.
A_h	4– 8 cm	sehr dunkelgrauer (7.5 YR 3/0), mittelhumoser Sand, Einzelkorn- bis schwaches Kohärentgefüge, gut durchwurzelbar.
A_e	8– 20 cm	hellgrauer (10 YR 7/1), sehr schwach humoser Sand, Einzelkorngefüge, gut durchwurzelbar.
B_{sh}	20– 32 cm	braunschwarzer (10 YR 2/1) Ortstein mit Humus und Sesquioxiden, mäßig verkittetes Hüllengefüge, kaum durchwurzelbar.
B_s	32– 45 cm	dunkelrötlichbrauner (2.5 YR 4/4) Sand, schwach verkittetes Hüllengefüge.
B_sG_o	45– 80 cm	rostbrauner (7.5 YR 6/6) Sand, schwach verkittetes Hüllengefüge.
G_o	80–120 cm+	rostbraun (7.5 YR 7/8) und blaßgelb (2.5 Y 8/3) gefleckter Sand, braune, vertikale Wurzelröhren, Einzelkorn- und schwach verkittetes Hüllengefüge.

Eigenschaften: mittelgründig; sandige Textur; etwa 4% Humus im A_h, darüber Rohhumus; sehr basen- und stickstoffarme Humusform; oben weitgehend Einzelkorngefüge, im Ortstein mäßig verkittetes Hüllengefüge, darunter weitgehend schwach verkittetes Hüllengefüge; geringe Wasserkapazität, aber im Untergrund Grundwasser; Wasser- und Luftdurchlässigkeit nur im Ortstein etwas gehemmt; sehr arm an Basen und Phosphor; sehr niedrige biologische Aktivität; sehr saurer, verarmter Boden mit Grundwasser im Untergrund; Bodenzahl etwa 30.

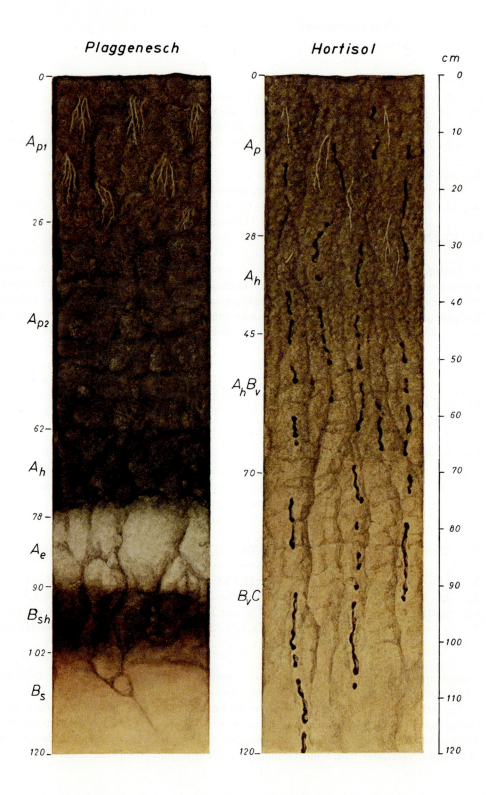

Grauer Plaggenesch
über Podsol aus glazigenem Sand/Pleistozän (Emsland).

Profilaufbau:

A_{p1}	0– 26 cm	sehr dunkelgraubrauner (10 YR 3/2), stark humoser Sand, Einzelkorn- bis Krümelgefüge, gut durchwurzelbar.
A_{p2}	26– 62 cm	sehr dunkelgrauer (10 YR 3/1), stark humoser Sand, Einzelkorn- bis Krümelgefüge, gut durchwurzelbar. Grenze zum Podsol.
A_h	62– 78 cm	grauschwarzer (10 YR 2/1), stark humoser Sand, schwaches Kohärentgefüge, gut durchwurzelbar.
A_e	78– 90 cm	hellgrauer (10 YR 7/1), sehr schwach humoser Sand, Einzelkorngefüge, gut durchwurzelbar.
B_{sh}	90–102 cm	dunkelrötlichbrauner (5 YR 3/2), aufgeweichter Ortstein mit Humus und Sesquioxiden, Hüllengefüge, durchwurzelbar.
B_s	102–120 cm+	rötlich-rostbrauner (7.5 YR 8/6) Sand, schwach verkittetes Hüllengefüge, durchwurzelbar.

Eigenschaften: sehr tiefgründig; sandige Textur; etwa 6 % organische Substanz; basen- und stickstoffarme Humusform; überwiegend schwaches Kohärentgefüge, das leicht in Krümel und Bröckel zerlegbar ist; mittlere Wasserkapazität; gut wasser- und luftdurchlässig; arm an Basen und Phosphor; niedrige biologische Aktivität; durch die Plaggenwirtschaft verbesserter Podsol; Bodenzahl etwa 35.

Hortisol
aus jungem, sandigem Flutlehm/Holozän (Niederrhein).

Profilaufbau:

A_p	0– 28 cm	sehr dunkelgraubrauner (10 YR 3/2), stark humoser, sandiger Lehm, Krümelgefüge, gut durchwurzelbar.
A_h	28– 45 cm	brauner bis dunkelbrauner (10 YR 4/3), mittelhumoser, sandiger Lehm, Krümelgefüge, gut durchwurzelbar.
$A_h B_v$	45– 70 cm	intensiv brauner (7.5 YR 5/4), schwach humoser, sandiger Lehm, Subpolyedergefüge, Wurmröhren, gut durchwurzelbar.
$B_v C$	70–120 cm+	dunkelockerbrauner (7.5 YR 6/6), sandiger Lehm, Subpolyedergefüge, Wurmröhren, gut durchwurzelbar.

Eigenschaften: sehr tiefgründig; sandig-lehmige Textur; etwa 6 % organische Substanz, im A_h etwas weniger; basen- und stickstoffreiche Humusform; Krümelgefüge; hohe Wasserkapazität; gut wasser- und luftdurchlässig; reich an Basen und meist auch ziemlich viel Phosphor; hohe biologische Aktivität; durch Gartenkultur hohe Fruchtbarkeit; Bodenzahl etwa 90.

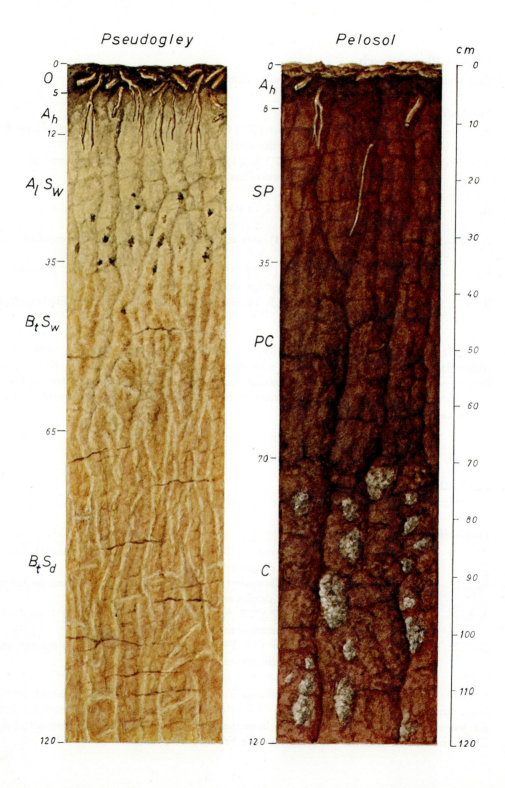

Tafel 17

Pseudogley

aus Löß/Würm (Hohenloher Ebene).

Profilaufbau:

O	0– 5 cm	sehr dunkelgraubrauner (10 YR 3/2) Moder, stark durchwurzelt.
A_h	5– 12 cm	fahlbrauner (10 YR 6/3), mittelhumoser, lehmig-feinsandiger Grobschluff, Subpolyedergefüge, gut durchwurzelbar.
$A_l S_w$	12– 35 cm	hellgrauer (2.5 Y 7/2), lehmig-feinsandiger Grobschluff, dunkelrostbraune Konkretionen, Subpolyedergefüge, durchwurzelbar.
$B_t S_w$	35– 65 cm	rötlichbraun (5 YR 5/6) und hellgrau (2.5 Y 7/2) gestreifter und gefleckter, feinsandig-grobschluffiger Lehm, grobes Polyedergefüge mit Tonhäutchen, noch durchlässig.
$B_t S_d$	65–120 cm+	intensiv rötlichbrauner (5 YR 6/8), vertikal hellgrau gestreifter (2.5 Y 7/2), feinsandig-grobschluffiger Lehm, Prismen- und grobes Polyedergefüge mit Tonhäutchen, dicht und wasserstauend.

Eigenschaften: mittelgründig; lehmige, feinsandig-grobschluffige über feinsandiger, grobschluffig-lehmiger Textur; etwa 5 % organische Substanz, basen- und stickstoffarme Humusform; oben Subpolyeder- und unten grobes Polyedergefüge mit Tonhäutchen; hohe Wasserkapazität; schlecht wasser- und luftdurchlässig; zeitweilig naß und luftarm, zeitweilig trocken; arm an Basen und Phosphor; schwache biologische Aktivität; staunasser, (für die Ackerkultur) dränbedürftiger Boden; Bodenzahl etwa 45.

Pelosol

aus violettrötlichem Tonmergel mit Kalkknoten/Keuper (Südwestdeutschland).

Profilaufbau:

A_h	0– 8 cm	dunkelrötlichbrauner (5 YR 3/2), stark humoser Lehm, Subpolyedergefüge, gut durchwurzelbar.
SP	8– 35 cm	dunkelrotbrauner (2.5 YR 3/6), toniger Lehm, Prismen- und grobes Polyedergefüge, etwas dicht, aber durchwurzelbar.
PC	35– 70 cm	dunkelrotbrauner (2.5 YR 3/4), lehmiger Ton, Prismengefüge.
C	70–120 cm+	violettrötlicher (10 R 4/4) Tonmergel mit grauen Kalkknoten, Prismengefüge.

Eigenschaften: mittelgründig; oben tonig-lehmige und tiefer lehmig-tonige Textur; etwa 6 % organische Substanz; basen- und stickstoffreiche Humusform; Prismen- und grobes Polyedergefüge; hohe Wasserkapazität, aber viel pflanzenunzugängliches Wasser; schlecht wasserdurchlässig, nur im trockenen Bodenzustand gut luftdurchlässig; reich an Basen, wenig Phosphor; nur im A_h gute biologische Aktivität; schwer bearbeitbarer Boden; Bodenzahl etwa 50.

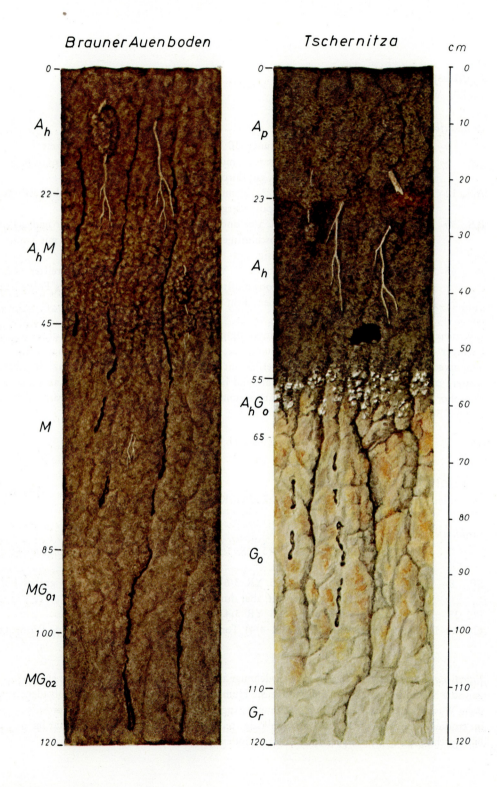

Brauner Auenboden
aus jungem, feinsandig-lehmigem Flutlehm/Holozän (Niederrhein).

Profilaufbau:

A_h	0– 22 cm	sehr dunkelgraubrauner (10 YR 3/2), stark humoser, feinsandiger Lehm, Krümelgefüge, gut durchwurzelbar.
A_hM	22– 45 cm	dunkelbrauner (10 YR 3/4), mittelhumoser, feinsandiger Lehm, Krümelgefüge, gut durchwurzelbar.
M	45– 85 cm	brauner bis dunkelbrauner (7.5 YR 4/2), sehr schwach humoser, feinsandiger Lehm, Subpolyedergefüge, gut durchwurzelbar.
MG_{o1}	85–100 cm	wie M, aber etwas heller (10 YR 4/3), schwach fleckig vom Grundwassereinfluß und Prismengefüge.
MG_{o2}	100–120 cm+	wie MG_{o1}, aber etwas dunkler (10 YR 3/3).

Eigenschaften: sehr tiefgründig; feinsandig-lehmige Textur; stark geschichtet durch episodische Auflandung; etwa 6 % organische Substanz; basen- und stickstoffreiche Humusform; Krümelgefüge; hohe Wasserkapazität; Wassersättigung bei Hochwasser; gut wasser- und luftdurchlässig; reich an Basen, mäßiger Gehalt an Phosphor; hohe biologische Aktivität, besonders viel Regenwürmer; Grünlandboden nachhaltiger, hoher Fruchtbarkeit; Grünlandgrundzahl etwa 80.

Tschernitza
aus jungem, feinsandig-lehmigem Talsediment/Holozän (Leinetal).

Profilaufbau:

A_p	0– 23 cm	sehr dunkelgrauer (10 YR 3/1), stark humoser, feinsandiger Lehm, Krümel- und Wurmlosungsgefüge, gut durchwurzelbar.
A_h	23– 55 cm	sehr dunkelgrauer (10 YR 3/1) (etwas dunkler als A_p), stark humoser, **feinsandiger Lehm**, Krümel- und Wurmlosungsgefüge, gut durchwurzelbar.
A_hG_o	55– 65 cm	hellgrau (10 Y 8/2), rötlichgelb (rostgelb) (5 YR 7/8) und weißlich (Kalkknoten) gefleckter, schwach humoser, feinsandiger Lehm, Polyedergefüge, gut durchwurzelbar.
G_o	65–110 cm	hellgrau (10 Y 8/2) und rötlichgelb (rostrot) (5 YR 7/8) gefleckter, feinsandiger Lehm, Prismengefüge, Wurmgänge, durchwurzelbar.
G_r	110–120 cm+	hellgrauer (10 Y 8/2), feinsandiger Lehm, Prismengefüge und teils Kohärentgefüge.

Eigenschaften: tiefgründig; feinsandig-lehmige Textur; etwa 4,5 % organische Substanz bis in 55 cm Tiefe; basen- und stickstoffreiche Humusform; Krümel- und Wurmlosungsgefüge; hohe Wasserkapazität; keine Überflutung oder Überstauung; gut wasser- und luftdurchlässig; reich an Basen, mäßiger Gehalt an Phosphor; hohe biologische Aktivität, besonders durch Regenwürmer; hohe natürliche Fruchtbarkeit; Bodenzahl etwa 90.

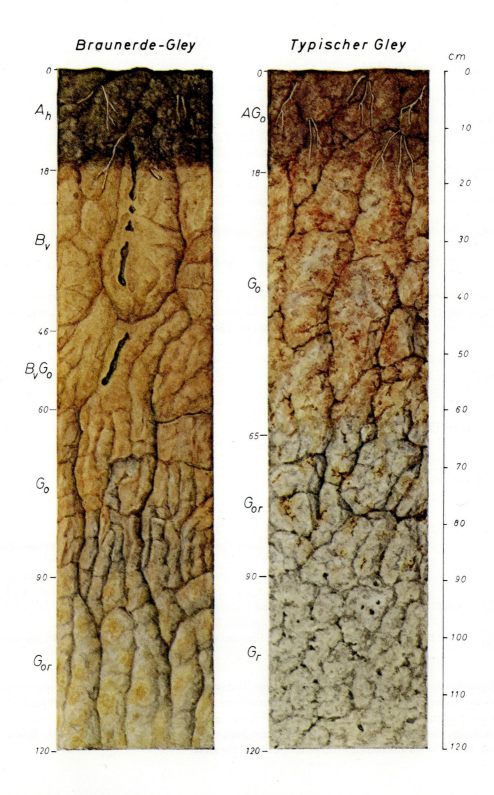

Tafel 19

Braunerde-Gley

aus jungem, sandig-lehmigem Talsediment/Holozän (Niederrhein).

Profilaufbau:

A_h	0– 18 cm	dunkelgraubrauner (10 YR 4/2), stark humoser, sandiger Lehm, Subpolyedergefüge, gut durchwurzelbar.
B_v	18– 46 cm	dunkelockerbrauner (7.5 YR 6/6), sandiger Lehm, Prismen- und Subpolyedergefüge, durchwurzelbar.
B_vG_o	46– 60 cm	Übergang von B_v zu G_o.
G_o	60– 90 cm	hellrötlich (2.5 YR 6/8) und bläulichgrau (5 BG 6/1) gefleckter, sandiger Lehm, Prismengefüge, das in große Polyeder zerfällt, noch mäßig durchwurzelbar.
G_{or}	90–120 cm+	hell- bis mittelgrau (5 Y 7/2) und rötlichgelb (rostgelb) (5 YR 7/8) gefleckter, sandiger Lehm, Prismengefüge.

Eigenschaften: tiefgründig; sandig-lehmige Textur; etwa 5 % organische Substanz; basen- und stickstoffarme Humusform; Subpolyeder und tiefer Prismengefüge; hohe Wasserkapazität; gut wasser- und luftdurchlässig bis in 60 cm Tiefe, darunter weniger; arm an Basen und Phosphor; mäßige biologische Aktivität; zur Verhärtung neigender Boden; Bodenzahl etwa 55.

Typischer Gley

aus jungem, feinsandig-lehmigem Talsediment/Holozän (bei Bonn).

Profilaufbau:

AG_o	0– 18 cm	brauner (10 YR 4/3), schwach rostbraun (5 YR 6/6) gefleckter, stark humoser, feinsandiger Lehm, Subpolyedergefüge, gut durchwurzelbar.
G_o	18– 65 cm	intensiv rötlichgelb (rostbraun) (5 YR 7/8–6/8) und schwach hellgrünlichgrau (7.5 GY 8/1) gefleckter, feinsandiger Lehm, Prismengefüge, schwach durchwurzelbar.
G_{or}	65– 90 cm	Übergang von G_o zu G_r.
G_r	90–120 cm+	grünlichgrauer (7.5 GY 8/1), feinsandiger Lehm, einige Eisensulfid-Fleckchen, Kohärentgefüge.

Eigenschaften: physiologisch mittelgründig; feinsandig-lehmige Textur; durch die Feuchte trotz Basengehalt mäßige Humusform; Subpolyeder, etwas tiefer Prismengefüge; hohe Wasserkapazität, im nahen Untergund Grundwasser; gut wasserdurchlässig, aber im Unterboden meist luftarm wegen zuviel Wasser; relativ viel Basen, arm an Phosphor; geringe biologische Aktivität wegen zeitweiliger Nässe; absoluter Grünlandboden; Grünlandgrundzahl etwa 60.

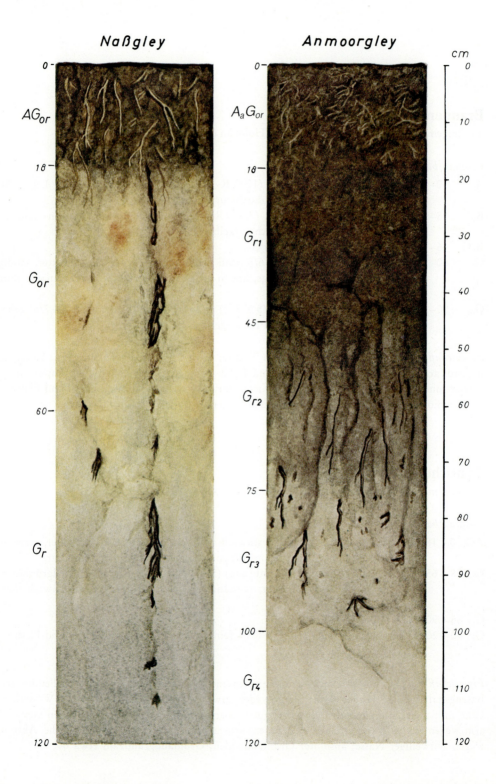

Naßgley

aus jungem, lehmig-sandigem Talsediment/Holozän (Nordwestdeutschland).

Profilaufbau:

AG_{or}	0– 18 cm	sehr dunkelbrauner (10 YR 3/1), rostbraun gefleckter (5 YR 6/8), sehr stark humoser, lehmiger Sand, Krümel- und Subpolyedergefüge, stark durchwurzelt.
G_{or}	18– 60 cm	blaßgelb (5 Y 8/4), rötlichgelb (hellrostbraun) (5 YR 6/8) und grünlichgrau (10 G 6/1) gefleckter, lehmiger Sand, dunkle Wurzelbahnen, schwaches Kohärentgefüge, nur von Sumpfpflanzen durchwurzelbar.
G_r	60–120 cm+	grünlichgrauer (10 G 6/1), lehmiger Sand, schwaches Kohärentgefüge.

Eigenschaften: physiologisch flachgründig; lehmig-sandige Textur; etwa 9 % organische Substanz; basen- und stickstoffarme Humusform; oben Krümel- und Subpolyedergefüge, tiefer schwaches Kohärentgefüge; mittlere Wasserkapazität, aber hoher Grundwasserspiegel; Material zwar gut wasserdurchlässig, aber sehr luftarm wegen hohen Grundwasserspiegels; arm an Basen und Phosphor; geringe biologische Aktivität; absoluter, entwässerungsbedürftiger Grünlandboden; Grünlandgrundzahl etwa 25.

Anmoorgley

aus jungem, sandigem Talsediment/Holozän (Nordwestdeutschland).

Profilaufbau:

A_aG_{or}	0– 18 cm	dunkelgrauer (10 YR 4/1), anmooriger Sand, Wurzeln haben teils rostbraunen Überzug, schwaches Kohärentgefüge, stark durchwurzelt.
G_{r1}	18– 45 cm	dunkelgrauer (10 YR 3/1), sehr stark humoser Sand, schwaches Kohärentgefüge, nur von Sumpfpflanzen durchwurzelbar.
G_{r2}	45– 75 cm	grauer (10 YR (5/1), mittelhumoser Sand, schwaches Kohärentgefüge, nur von Sumpfpflanzen durchwurzelbar.
G_{r3}	75–100 cm	Übergang von G_{r2} zu G_{r4}.
G_{r4}	100–120 cm+	blaßgelber (5 Y 7/3) Sand, Einzelkorngefüge.

Eigenschaften: physiologisch flachgründig; sandige Textur; oben anmoorig, nach unten organische Substanz abnehmend; basen- und stickstoffarme Humusform; schwaches Kohärentgefüge; mittlere Wasserkapazität, aber hoher Grundwasserspiegel; Material zwar gut wasserdurchlässig, aber sehr luftarm wegen hohen Grundwasserspiegels; arm an Basen und Phosphor; geringe biologische Aktivität; absoluter, entwässerungsbedürftiger Grünlandboden; Grünlandgrundzahl etwa 25.

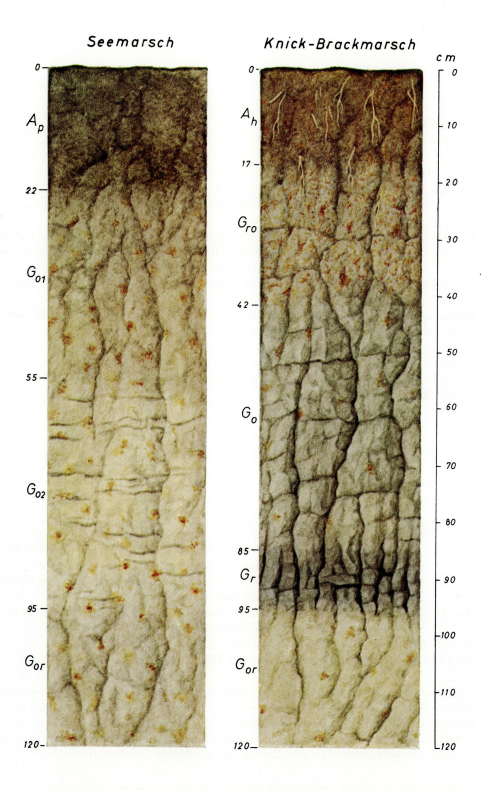

Tafel 21

Seemarsch (Kalkmarsch)
aus Seeschlick/Holozän (niedersächsische Nordseeküste).

Profilaufbau:

A_p	0– 22 cm	dunkelgraubrauner (2.5 Y 4/2), mittelhumoser, feinsandig-schluffiger Lehm, Subpolyedergefüge, gut durchwurzelbar.
G_{o1}	22– 55 cm	hellolivgrauer (5 Y 6/2), rötlichgelb (rostbraun) (7.5 YR 6/8), gefleckter, feinsandig-schluffiger Lehm, Prismen- und Polyedergefüge, durchwurzelbar.
G_{o2}	55– 95 cm	hellgrünlichgrauer (7.5 GY 7/1), rötlichgelb (rostbraun) (7.5 YR 6/8) gefleckter, tonig-schluffiger Feinsand, Prismen- und Plattengefüge, durchwurzelbar.
G_{or}	95–120 cm+	grünlichgrauer (7.5 GY 6/1), feinsandig-schluffiger Ton, Prismengefüge.

Eigenschaften: tiefgründig; oben feinsandig-schluffig-lehmige Textur, tiefer wechselnde Textur; geschichtet durch episodische Auflandung; etwa 3–4 % organische Substanz; basen- und stickstoffreiche Humusform; oben Subpolyeder-, tiefer Prismen- und Polyedergefüge; hohe Wasserkapazität, zeitweilig hohes Grundwasser; Wasser- und Luftdurchlässigkeit etwas gehemmt; reich an Basen, mäßiger Gehalt an Phosphor; ziemlich hohe biologische Aktivität im A_p; guter, entwässerungsbedürftiger Acker- und Grünlandboden; Bodenzahl etwa 75, Grünlandgrundzahl etwa 75.

Knick-Brackmarsch (Knickmarsch)
aus brackischem Schlick/Holozän (niedersächsische Nordseeküste).

Profilaufbau:

A_h	0– 17 cm	dunkelgraubrauner (10 YR 4/2), rötlichgelb (rostbraun) (7.5 YR 6/8) gefleckter, mittelhumoser, feinsandig-schluffiger Ton, Polyedergefüge, durchwurzelbar.
G_{ro}	17– 42 cm	hellolivbrauner (5 Y 6/2), rötlichgelb (rostbraun) (7.5 YR 6/8) gefleckter, schluffiger Ton; grobes Prismen- und Polyedergefüge, dicht (Knick), kaum durchwurzelbar.
G_o	42– 85 cm	grünlichgrauer (10 G 6/1), schwach rötlich (rostbraun) (7.5 YR 6/8) gefleckter, feinsandig-schluffiger Ton, grobes Prismen- und Polyedergefüge.
Gr	85– 95 cm	dunkelbläulichgrauer (5 B 4/1), schwach humoser, feinsandig-schluffiger Ton, grobes Prismen- und Polyedergefüge, dicht (Knick), ehemalige Oberfläche.
G_{or}	17–120 cm+	hellgrünlichgrauer (7.5 GY 7/1), schwach rötlichgelb (rostbraun) (7.5 YR 6/8) gefleckter, feinsandig-schluffiger Lehm, Prismengefüge.

Eigenschaften: physiologisch flachgründig; feinsandig-schluffig-tonige Textur; geschichtet infolge episodischer Auflandung; etwa 4 % organische Substanz; mäßig basen- und stickstoffhaltige Humusform; grobes Prismen- und Polyedergefüge mit dichten Knick-Horizonten; hohe Wasserkapazität, zeitweilig hohes Grundwasser; gehemmte Wasser- und Luftdurchlässigkeit; mäßiger Gehalt an Basen, geringer Gehalt an Phosphor; geringe biologische Aktivität; entwässerungsbedürftiger, schwieriger Grünlandboden; Grünlandgrundzahl etwa 40.

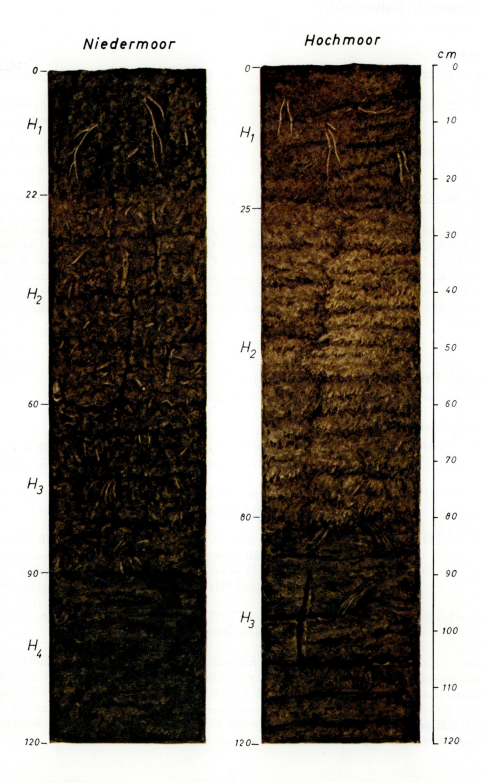

Tafel 22

Niedermoor

aus Niedermoortorf der Pflanzengesellschaften des Schilfs und der Seggen/Holozän (Erdinger Moos).

Profilaufbau:

H_1	0– 22 cm	sehr dunkelgrauer (10 YR 3/1) Niedermoortorf, Krümelgefüge (etwas faserig), gut zersetzt, gut durchwurzelbar.
H_2	22– 60 cm	dunkelrötlichbrauner (5 YR 3/3) Niedermoortorf, faseriges Gefüge, mäßig zersetzt (Humifizierungsgrad nach L. v. Post 4–5).
H_3	60– 90 cm	wie H_2, aber etwas dunkler (5 YR 3/2).
H_4	90–120 cm +	sehr dunkelbrauner (10 YR 2/2) Niedermoortorf, Fasergefüge, mäßig zersetzt (Humifizierungsgrad nach L. v. Post 5).

Eigenschaften: physiologisch mittelgründig; besteht aus organischer Substanz mit geringem Aschengehalt; mäßig basen- und stickstoffhaltige Humusform; nur H_1 hat Krümelgefüge, sonst faseriges Gefüge; sehr hohe Wasserkapazität, hoher Grundwasserspiegel; gute Wasserdurchlässigkeit, Luftdurchlässigkeit durch hohen Grundwasserspiegel unterbunden; mäßiger Gehalt an Basen, geringer Gehalt an Phosphor; nur im H_1 mäßige biologische Aktivität, im übrigen schwach; entwässerungsbedürftiger, nicht trittfester Grünlandboden; Grünlandgrundzahl etwa 40.

Hochmoor

aus Hochmoortorf der Pflanzengesellschaften von Torfmoos und Wollgras/Holozän (Oldenburg).

Profilaufbau:

H_1	0– 25 cm	dunkelrötlichbrauner (5 YR 3/4), jüngerer Moostorf, Krümel- und Fasergefüge, mäßig zersetzt (Bunkerde), gut durchwurzelt.
H_2	25– 80 cm	gelbrötlichbrauner (5 YR 5/6), jüngerer Moostorf, Fasergefüge, schwach zersetzt.
H_3	80–120 cm+	dunkelbrauner (7.5 YR 3/2), älterer Moos- und Wollgrastorf, Fasergefüge, mäßig zersetzt.

Eigenschaften: physiologisch mittelgründig; besteht aus organischer Substanz mit geringem Aschengehalt; sehr basen- und stickstoffarme Humusform; Fasergefüge; sehr hohe Wasserkapazität, ganz mit Wasser erfüllt; mäßig wasserdurchlässig, luftarm wegen zu viel Wasser; sehr arm an Basen und Phosphor; sehr geringe biologische Aktivität; entwässerungsbedürftiger, armer, nicht trittfester Grünlandboden; Grünlandgrundzahl etwa 30.

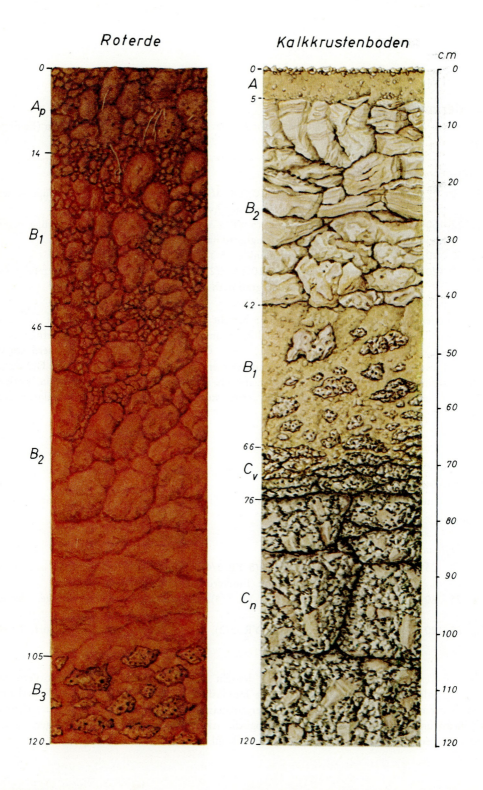

Roterde (Latosol, Ferrallit)

aus basischem Magmatit (Hochland von Katanga/Mittelafrika).

Profilaufbau:

A_p	0– 14 cm	braunroter (2.5 YR 4/6), mittelhumoser, sandiger Lehm, Schorf- und Krümelgefüge, gut durchwurzelbar.
B_1	14– 46 cm	roter (2.5 YR 4/8), sandiger Lehm, Schorf- und Krümelgefüge, gut durchwurzelbar.
B_2	46–105 cm	roter (10 R 5/8), sandiger Lehm, oben noch Schorfgefüge, unten etwas festes Kohärentgefüge, oben noch durchwurzelbar.
B_3	105–120 cm+	dunkelroter (10 R 4/8), sandiger Lehm, Knöllchen von Eisenstein und Bauxit, etwas festes Kohärentgefüge.

Eigenschaften: mittelgründig; sandig-lehmige Textur; etwa 2 % organische Substanz; basen- und stickstoffarme Humusform; oben Schorf- und Krümelgefüge, unten etwas festes Kohärentgefüge; hohe bis mäßige Wasserkapazität; gut wasser- und luftdurchlässig; sehr geringer Basen- und Phosphorgehalt; ziemlich gute biologische Aktivität; sehr verarmter Boden; Bodenzahl etwa 45.

Kalkkrustenboden

aus Granit-Verwitterungsmaterial (Halbwüste Südwestafrikas).

Profilaufbau:

A	0– 5 cm	hellockergelber (2.5 Y 8/4), schwach humoser, grusiger, lehmiger Sand, kalkhaltig, Grusstreu an der Oberfläche, Einzelkorngefüge, gut durchwurzelbar.
B_2	5– 42 cm	gelbliche, plattige, feste Kalkkruste, nicht durchwurzelbar.
B_1	42– 66 cm	hellockergelber (2.5 Y 8/4), steiniger, grusiger, lehmiger Sand, kalkhaltig, Einzelkorngefüge.
C_v	66– 76 cm	durch physikalische Verwitterung plattig abgelöster Granit.
C_n	76–120 cm+	unverwitterter Biotitgranit mit rosa und weißen Feldspäten.

Eigenschaften: sehr flachgründig; grusige, lehmig-sandige Textur; etwa 1 % organische Substanz; basenreiche, aber stickstoffarme Humusform; Einzelkorngefüge; sehr geringe Wasserkapazität; gut wasser- und luftdurchlässig; reich an Basen (kalkhaltig), arm an Phosphor; geringe biologische Aktivität; basenreicher, armer, sehr trockener Standort.

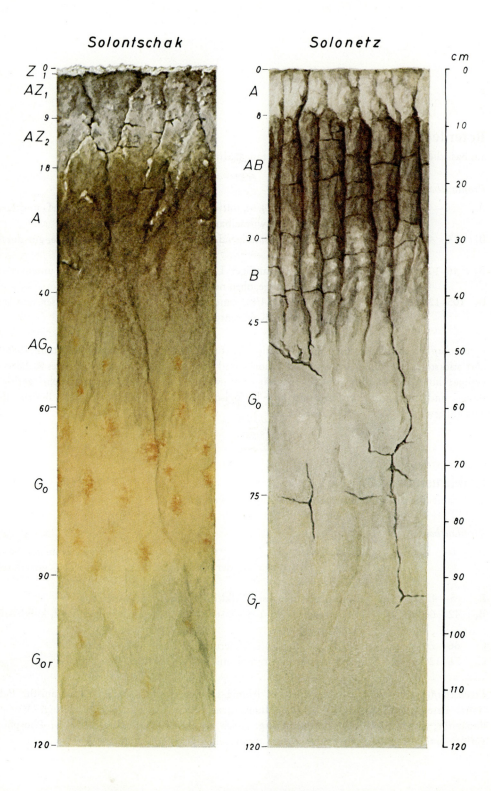

Tafel 24

Solontschak
aus sandig-lehmigem Talsediment/Holozän (Ungarn).

Profilaufbau:

Z	0– 1 cm	grauweiße (2.5 Y 8/0) Salzkruste von Chloriden, Carbonaten und Sulfaten.
AZ_1	1– 9 cm	grauer (2.5 Y 5/0), mittelhumoser, sandiger Lehm, Prismen- und Kohärentgefüge, durchwurzelbar von Salzpflanzen.
AZ_2	9– 18 cm	hellgrauer (2.5 Y 7/0), schwach humoser, sandiger Lehm, Prismen- und Kohärentgefüge, durchwurzelbar von Salzpflanzen.
A	18– 40 cm	olivgrauer (5 Y 4/2), schwach humoser, sandiger Lehm, Kohärentgefüge, wenige senkrechte Spalten, noch durchwurzelbar von Salzpflanzen.
AG_0	40– 60 cm	Übergang von A zu G_0.
G_0	60– 90 cm	hellgelblicher (5 Y 8/4), rötlichgelb (hellrostbraun) (5 YR 6/8) gefleckter, sandiger Lehm, schwaches Kohärentgefüge.
G_{or}	90–120 cm+	hellgrünlichgrauer (7.5 GY 7/3), sehr schwach rötlichgelb (hellrostbraun) (5 YR 6/8) gefleckter, sandiger Lehm, schwaches Kohärentgefüge.

Eigenschaften: physiologisch mittelgründig; sandig-lehmige Textur; etwa 3 % organische Substanz; basenreiche, aber stickstoffarme Humusform (Alkalihumate); oben noch Prismengefüge, tiefer schwaches Kohärentgefüge; hohe Wasserkapazität, aber hoher Grundwasserspiegel; wasserdurchlässig, aber luftarm wegen hohen Grundwassers; hoher Gehalt an Basen, besonders an Alkalien, wenig Phosphor; geringe biologische Aktivität; Salzboden.

Solonetz
aus sandig-lehmigem Talsediment/Holozän (Ungarn).

Profilaufbau:

A_h	0– 8 cm	grauweißer (10 YR 8/1), schwach humoser, sandiger Lehm, Prismengefüge, durchwurzelbar.
AB	8– 30 cm	dunkelgrauer (5 YR 4/1), mittelhumoser, sandiger Lehm, Säulengefüge, schwach durchwurzelbar.
B	30– 45 cm	grauer (5 YR 6/1), sehr schwach humoser, sandiger Lehm, Säulengefüge.
G_0	45– 75 cm	hellgrauer (5 Y 7/1), schwach grauweiß (10 YR 8/1) gefleckter, sandiger Lehm, Kohärentgefüge.
G_r	75–120 cm+	hellgrünlichgrauer (7.5 GY 7/1), sandiger Lehm, Kohärentgefüge.

Eigenschaften: physiologisch mittelgründig; sandig-lehmige Textur; etwa 3 % organische Substanz; basenreiche, aber stickstoffarme Humusform; oben Prismengefüge, tiefer Säulengefüge, noch tiefer Kohärentgefüge; hohe Wasserkapazität; Wasser- und Luftdurchlässigkeit gehemmt; hoher Gehalt an Basen, geringer Gehalt an Phosphor; geringe biologische Aktivität; alkalischer, gefügeungünstiger Boden.